Professional Engineer Welding

| 기술사 · 공학박사 김순채 지음 |

" 여러분의 합격! 성안당이 함께합니다. "

BM (주)도서출판 성안당

■ 도서 A/S 안내

성안당에서 발행하는 모든 도서는 저자와 출판사, 그리고 독자가 함께 만들어 나갑니다.

좋은 책을 펴내기 위해 많은 노력을 기울이고 있습니다. 혹시라도 내용상의 오류나 오탈자 등이 발견되면 "좋은 책은 나라의 보배"로서 우리 모두가 함께 만들어 간다는 마음으로 연락주시기 바랍니다. 수정 보완하여 더 나은 책이 되도록 최선을 다하겠습니다.

성안당은 늘 독자 여러분들의 소중한 의견을 기다리고 있습니다. 좋은 의견을 보내주시는 분께는 성안당 쇼핑몰의 포인트(3,000포인트)를 적립해 드립니다.

잘못 만들어진 책이나 부록 등이 파손된 경우에는 교환해 드립니다.

저자 문의 e-mail : edn@engineerdata.net(김순채)

본서 기획자 e-mail : coh@cyber.co.kr(최옥현)

홈페이지 : http://www.cyber.co.kr 전화 : 031) 950-6300

머리말

21세기를 살아가는 우리는 글로벌 시대에 따라 조선산업과 항공산업의 발달로 지구촌의 어디든지 갈 수가 있고 사업의 파트너로 경쟁하며 살아가고 있다.

기업은 또한 경쟁력을 갖추고자 비용과 품질, 유능한 엔지니어를 보유하므로 기업의 가치를 상승시키고자 부단히 노력을 하고 있으며 선진국형을 지향하는 시스템으로 전환하고 있다. 이러한 기업의 모멘텀은 세계의 여러 회사와 경쟁할 수 있고 한국의 조선산업이 발달하면 용접분야에도 세계시장에서 경쟁의 우위를 차지할 수 있을 것이다.

따라서 용접 분야에 종사하고 있는 엔지니어는 앞으로 전개될 조선, 에너지, 해양플랜트 등 많은 분야에서 작업의 효율화에 따른 경험과 기술축적을 통하여 회사의 이익을 창출하고 자신의 능력과 경쟁력을 갖추므로 미래를 보장받을 수 있을 것이다.

이 수험서는 용접기술사를 준비하는 엔지니어를 위한 길잡이로, 현대를 살아가는 바쁜 여러분에게 희망과 용기를 주기 위한 수험서로 활용되기를 바라며 여러분의 요구조건을 충족하고자 다음과 같은 특징으로 구성하였다.

첫째, 23년간 출제된 문제에 대한 각 분야별 풀이 중심
둘째, 풍부한 그림과 도표를 통해 쉽게 이해하고 답안 작성에 활용 가능
셋째, 주관식 답안 작성을 위한 개요, 본론순인 논술형식으로 구성
넷째, 엔지니어데이터넷(www.engineerdata.net)과 연계해 매 회 필요한 자료를 추가 업데이트가 가능
다섯째, 가장 빠른 합격을 위한 동영상 강의를 통해 체계적인 답안지 작성을 유노
여섯째, 새롭게 출제되는 문제에 대응하는 능력을 배가시켜 합격을 유도

용접기술사 서적이 출판되기까지 준비하는 과정 중에 어려울 때나 나약할 때 항상 기도에 응답하시는 주님께 영광을 돌린다. 출판을 위해 용기를 주시는 최옥현 전무님, 동영상 촬영을 위해 언제나 함께한 김민수 이사에게도 감사함을 전한다. 이 시간에도 한국의 기술서적 출판의 리더로서 발전을 위해 수고하시는 이종춘 회장님께도 감사드린다. 또한, 항상 나의 곁에서 같은 인생을 체험하며 위로하는 가족에게 영광을 돌리며 지금도 나를 위해 기도하시는 모든 성도님께도 주님의 축복하심이 함께하며 은혜가 충만하시기를 기도한다.

끝으로 용접기술사를 구입한 응시자와 엔지니어들이 자신의 목표가 성취되시기를 간절히 소망하며 여러분의 앞날에 무궁한 발전이 있기를 기원합니다.

감사합니다.

공학박사/기술사 김순채

합격전략

기술사를 준비할 때 다음 사항을 검토해 보고 자신의 부족한 부분을 채워 나간다면 여러분의 목표를 성취할 것이라 확신한다.

1. 체계적인 계획을 설정하라.

대부분 기술사를 준비하는 연령층은 30대 초반부터 60대 후반까지 분포되어 있다. 또한 대부분 직장을 다니면서 준비를 해야 하며 회사일로 인한 업무도 최근에는 많이 증가하는 추세에 있기 때문에 기술사를 준비하기 위해서는 효율적인 계획에 의해서 준비를 하는 것이 좋을 것으로 판단된다.

2. 최대한 기간을 짧게 설정하라.

시험을 준비하는 대부분의 엔지니어는 여러 가지 상황으로 보아 너무 바쁘게 살아가고 있다. 그로 인하여 학창시절의 암기력, 이해력보다는 효율적인 면에서 차이가 많을 것이므로 기간을 길게 설정하는 것보다는 짧게 설정하여 도전하는 것이 유리하다.

3. 출제 빈도가 높은 분야부터 공부해 나가라.

기술사에 출제된 문제를 모두 자기 것으로 암기하고 이해하는 것은 대단히 어렵다. 그러므로 출제 빈도가 높은 분야부터 공부를 하고 그 다음에는 빈도수의 순서에 따라 행하는 것이 좋다. 여기서 출제빈도는 분야에서 업무에 중요성이 있는 이론이 여러 번 출제된 경우, 최근에 개정된 관련 법규, 최근에 이슈화된 사건이나 관련이론 등이다. 단, 매년 개정된 관련 법규는 해가 지나면 다시 출제되는 경우는 거의 없다.

4. 답안지 연습 전, 제 3자로부터 답안지 검증을 받아라.

기술사에 도전하는 대부분 엔지니어들은 자신의 분야에 자부심과 능력을 가지고 있다. 그로 인하여 교만한 마음을 가질 수도 있기 때문에 본격적으로 답안지 작성에 대한 연습을 진행하기 전에는 제 3자에게(기술사, 학위자) 조언을 받아서 문장의 구성체계를 충분히 조언을 받고 잘못된 습관을 개선한 다음에 진행해야 한다. 왜냐하면 채점은 본인이 하는 것이 아니고 제 3자가 하기 때문이다. 하지만 검증자가 없으면 관련 논문을 참고하는 것도 답안지 문장의 체계를 이해하는 데 도움이 된다.

5. 실전처럼 연습하고, 종료 10분 전 답안지를 확인하라.

시험 준비를 할 때는 그냥 눈으로 보고 공부를 하는 것보다는 문제에서 제시한 내용을 간단한 논문 형식, 즉 서론, 본론, 결론의 문장 형식으로 연습하는 것이 실제 시험에 응시할 때 많은 도움이 된다. 단, 답안지 작성연습은 모든 내용을 어느 정도 파악한 다음 진행을 하며 막상 시험을 치르게 되면 머릿속에서 정리가 되면서 연속적으로 작성을 해야 합격의 가능성이 있으며 각 교시 종료 10분 전에는 반드시 답안이 작성된 모든 문장을 검토하여 문장의 흐름을 매끄럽게 하는 것이 좋다(수정은 두 줄 긋고, 상단에 추가함).

6. 채점자를 감동시키는 답안작성을 한다.

공부를 하면서 책에 있는 내용을 완벽하게 답안지에 표현한다는 것은 매우 어렵다. 때문에 전체적인 내용의 흐름과 그 내용의 핵심 단어를 항상 주의 깊게 살펴서 그런 문제에 접하게 되면 문장에서 적절하게 활용하여 전개를 하면 된다. 또한 모든 문제의 답안 작성을 할 때는 문장을 쉽고, 명료하게 작성하는 것이 좋다. 그리고 문장으로 표현이 부족할 때는 그림이나 그래프를 간단히 작성하여 설명하면 채점자가 쉽게 이해할 수 있을 것으로 사료된다. 또한, 기술사란 책에 있는 내용을 완벽하게 복사해 내는 능력으로 판단하기보다는 현장에서 엔지니어로서의 역할을 충분히 할 수 있는가를 보기 때문에 출제된 문제에 관해 포괄적인 방법으로 답안을 작성해도 좋은 결과를 얻을 수 있다.

7. 자신감과 인내심이 필요하다.

나이가 들어 공부를 한다는 것은 대단히 어려운 일이다. 어려운 일을 이겨내기 위해서는 늘 간직하고 있는 자신감과 인내력이 중요하다. 물론 세상을 살면서 많은 것을 경험해 보았겠지만 "난 뭐든지 할 수 있다"라는 자신감과 답안 작성을 할 때 예상하지 못한 문제로 인해 답안 작성이 미비하더라도 다른 문제에서 그 점수를 회복할 수 있다는 마음으로 꾸준히 답안을 작성할 줄 아는 인내심이 필요하다.

8. 2005년부터 답안지가 12페이지에서 14페이지로 추가되었다.

기술사의 답안 작성은 책에 있는 내용을 간단하고 정확하게 작성하는 것이 중요한 것은 아니다. 주어진 문제에 대해서 체계적인 전개와 적절한 이론을 첨부하여 전개를 하는 것이 효과적인 답안 작성이 될 것이다. 따라서 매 교시마다 배부되는 답안 작성 분량은 최소한 8페이지 이상은 작성을 해야 되며, 준비를 하면서 자신이 공부한 내용을 머릿속에서 생각하며 작성하는 기교를 연습장에 수없이 많이 연습하는 것이 최선의 방법이다. 예를 들면, 대학에서 강의하는 교수들이 쉽게 합격하는 것은 연구 논문을 많이 발표하고 논리적인 사고력이 풍부하여 상당히 유리하기 때문이다. 또한, 2015년 107회부터 답안지 묶음형식이 상단에서 왼쪽에서 묶음하는 형식으로 변경되었으니 참고하길 바란다.

9. 1, 2교시에서 지금까지 준비한 능력이 발휘된다.

지금까지 준비한 노력과 열정이 1교시 문제를 받아보면서 자신감과 희망을 가질 수가 있다. 1교시를 잘 치르면 자신감이 배가 되고 더욱 의욕이 생기게 되며 정신적으로 피곤함을 이겨낼 수 있는 능력이 배가된다. 따라서 1, 2교시 시험에서 획득할 수 있는 점수를 가장 많이 확보하는 것이 유리한다.

10. 3교시, 4교시는 자신이 경험한 엔지니어의 능력이 효과를 발휘한다.

오전에 실시하는 1, 2교시는 자신이 준비한 내용에 대해서 많은 효과를 발휘할 수가 있다. 그렇지만 오후에 실시하는 3, 4교시는 오전에 치른 200분의 시간이 자신의 머릿속에서 많은 혼돈을 유발할 가능성이 있다. 그러므로 오후에 실시하는 시험에 대해서는 침착하면서 논리적인 문장 전개로 답안지 작성의 효과를 주어야 한다. 신문이나 매스컴, 자신이 경험한 내용을 토대로 긴장하지 말고 채점자가 이해하기 쉽도록 작성하는 것이 좋을 것으로 판단된다. 즉, 문장으로의 표현에 자신이 있으면 문장으로 완성하고, 자신이 없으면 많은 그림과 도표를 삽입하여 전개를 하는 것이 훨씬 유리하다.

11. 암기 위주의 공부보다는 연습장에 수많이 반복하여 준비하라.

단답형 문제를 대비하는 수험생은 유리할지도 모르지만 기술사는 산업 분야에서 기술적인 논리 전개로 문제를 해결하는 능력이 중요하다. 따라서 정확한 답을 간단하게 작성하기보다는 문제에서 언급한 내용을 논리적인 방법으로 제시하는 것이 더 중요하다. 그러므로 연습장에 답안 작성을 여러 번 반복하는 연습을 해야 한다. 요즈음은 컴퓨터로 인해 손으로 글씨를 쓰는 경우가 그리 많지 않기 때문에 답안 작성에 있어 정확한 글자와 문장을 완성해 가는 속도가 매우 중요하다.

12. 면접 준비 및 대처방법

어렵게 필기를 합격하고 면접에서 좋은 결과를 얻지 못하면 여러 가지로 정신적인 부담이 되는 것은 사실이다. 하지만 본인의 마음을 차분하게 다스리고 면접에 대비를 한다면 좋은 결과를 얻을 수 있다. 가 분야의 면접관은 대부분 대학 교수와 실무에 종사하고 있는 분들이 하게 되므로 면접 시 질문은 이론적인 내용과 현장의 실무적인 내용, 최근의 동향, 분야에서 이슈화되었던 부분에 대해서 질문을 할 것으로 판단된다. 이런 경우 이론적인 부분에 대해서는 정확하게 답변하면 되지만, 분야에서 이슈화되었던 문제에 대해서는 본인의 주장을 내세우면서도 여러 의견이 있을 수 있는 부분은 유연한 자세를 취하는 것이 좋을 것으로 판단이 된다.

질문에 대해서 너무 자기 주장을 관철하려고 하는 것은 면접관에 따라 본인의 점수가 낮게 평가될 수도 있으니 유념하길 바란다.

▣ 필기시험

직무 분야	재료	중직무 분야	용접	자격 종목	용접기술사	적용 기간	2023.1.1.~2026.12.31

○ 직무내용 : 용접분야에 관한 고도의 전문지식과 실무경험을 바탕으로 부품의 설계 및 제조과정에서 용접공정에 대한 신기술을 계획, 연구, 설계, 분석하고, 금속 및 비금속의 특성에 따른 접합기술을 개발, 시험, 운영, 평가하며, 이에 관한 지도, 감리 등의 기술업무 수행

검정방법	단답형/주관식논문형	시험시간	4교시, 400분(1교시당 100분)

시험과목	주요항목	세부항목
용접법, 용접야금, 용접재료, 용접구조설계, 용접시공관리, 용접 관련 장치, 안전위생, 용접부 검사, 용접에 관한 법규 및 규격, 기계공작법 및 생산관리에 관한 사항	1. 용접법	1. 피복아크용접, CO_2용접, 가스텅스텐아크용접, 가스메탈아크용접, 서브머지드아크용접, 레이저용접, 플라즈마 용접 등 2. 압접 및 고상용접 3. 고에너지 용접 4. 솔더링/브레이징 5. 용사 6. 열절단 7. 플라스틱 접합 등 각 프로세스의 원리 및 특성
	2. 용접 야금	1. 금속재료 일반(합금, Fe-C상태도, 연속냉각변태선도) 2. 철강 및 비철재료 3. 열처리 4. 용접성 5. 용접이음부(용접금속 및 열영향부 조직과 특성) 6. 용접결함(재료별 용접 결함의 발생기구 및 방지 대책) 7. 이종재 용접
	3. 용접 재료	1. 종류 2. 기호 3. 제조방법 4. 포장
	4. 용접설계	1. 역학일반 2. 용접 변형 및 잔류응력 3. 용접이음 설계 4. 용접이음 강도 계산 5. 용접부 응력 선도 6. 용접품질 기준 7. 정하중/동하중 용접 구조물 8. 기타 구조물 설계 9. 설계 관련 규격

시험과목	주요항목	세부항목
	5. 용접시공관리	1. 용접 순서 2. 용접 결함 3. 용접 경제성 4. 보수 용접
	6. 용접 관련 장치	1. 용접기 2. 운반/이송 기기 3. 절단기기 4. 재료 보관 5. 건조 6. 환기
	7. 안전위생	1. 흄과 분진 2. 소음 3. 전기적 위험 4. 폭발 및 화재 위험 5. 용접 작업 시 안전
	8. 용접부 검사	1. 파괴시험 2. 비파괴시험
	9. 용접에 관한 규격	1. 용접 품질관리 시스템 2. 용접절차 인정 3. 용접사 기량인정 4. WPS/PQR 5. 용접관리자 6. 용접 관련 국내·외 규격
	10. 기계공작법 및 생산관리에 관한 사항	1. 용접재료 가공 2. 생산관리
	11. 신기술 동향 등	1. 원가절감, 생산성 향상, 신재료, 신기술 개발 및 공정 개선에 관한 사항 2. 용접분야 주요 시사이슈 등

▣ 면접시험

직무 분야	재료	중직무 분야	용접	자격 종목	용접기술사	적용 기간	2023.1.1.~2026.12.31

○ 직무내용 : 용접분야에 관한 고도의 전문지식과 실무경험을 바탕으로 부품의 설계 및 제조과정에서 용접공정에 대한 신기술을 계획, 연구, 설계, 분석하고, 금속 및 비금속의 특성에 따른 접합기술을 개발, 시험, 운영, 평가하며, 이에 관한 지도, 감리 등의 기술업무 수행

검정방법	구술형 면접시험	시험시간	15~30분 내외

면접항목	주요항목	세부항목
용접법, 용접야금, 용접재료, 용접구조설계, 용접시공관리, 용접 관련 장치, 안전위생, 용접부 검사, 용접에 관한 법규 및 규격, 기계공작법 및 생산관리에 관한 전문지식/기술	1. 용접법	1. 피복아크용접, CO_2용접, 가스텅스텐아크용접, 가스메탈아크용접, 서브머지드아크용접, 레이저용접, 플라즈마 용접 등 2. 압접 및 고상용접 3. 고에너지 용접 4. 솔더링/브레이징 5. 용사 6. 열절단 7. 플라스틱 접합 등 각 프로세스의 원리 및 특성
	2. 용접 야금	1. 금속재료 일반(합금, Fe-C상태도, 연속냉각변태선도) 2. 철강 및 비철재료 3. 열처리 4. 용접성 5. 용접이음부(용접금속 및 열영향부 조직과 특성) 6. 용접결함(재료별 용접 결함의 발생기구 및 방지 대책) 7. 이종재 용접
	3. 용접 재료	1. 종류 2. 기호 3. 제조방법 4. 포장
	4. 용접설계	1. 역학일반 2. 용접 변형 및 잔류응력 3. 용접이음 설계 4. 용접이음 강도 계산 5. 용접부 응력 선도 6. 용접품질 기준 7. 정하중/동하중 용접 구조물 8. 기타 구조물 설계 9. 설계 관련 규격

시험과목	주요항목	세부항목
	5. 용접시공관리	1. 용접 순서 2. 용접 결함 3. 용접 경제성 4. 보수 용접
	6. 용접 관련 장치	1. 용접기 2. 운반/이송 기기 3. 절단기기 4. 재료 보관 5. 건조 6. 환기
	7. 안전위생	1. 흄과 분진 2. 소음 3. 전기적 위험 4. 폭발 및 화재 위험 5. 용접 작업 시 안전
	8. 용접부 검사	1. 파괴시험 2. 비파괴시험
	9. 용접에 관한 규격	1. 용접 품질관리 시스템 2. 용접절차 인정 3. 용접사 기량인정 4. WPS/PQR 5. 용접관리자 6. 용접 관련 국내·외 규격
	10. 기계공작법 및 생산관리에 관한 사항	1. 용접재료 가공 2. 생산관리
	11. 신기술 동향 등	1. 원가절감, 생산성 향상, 신재료, 신기술 개발 및 공정 개선에 관한 사항 2. 용접분야 주요 시사이슈 등
품위 및 자질	12. 기술사로서 품위 및 자질	1. 기술사 갖추어야 할 주된 자질, 사명감, 인성 2. 기술사 자기개발 과제 3. 용접산업발전 방안 및 제언 4. 문제해결사례

※ 10권 이상은 분철(최대 10권 이내)

제 회

국가기술자격검정 기술사 필기시험 답안지(제1교시)

제1교시	종목명	

수험자 확인사항 ☐ 체크바랍니다.	1. 문제지 인쇄 상태 및 수험자 응시 종목 일치 여부를 확인하였습니다. 확인 ☐ 2. 답안지 인적 사항 기재란 외에 수험번호 및 성명 등 특정인임을 암시하는 표시가 없음을 확인하였습니다. 확인 ☐ 3. 지워지는 펜, 연필류, 유색 필기구 등을 사용하지 않았습니다. 확인 ☐ 4. 답안지 작성 시 유의사항을 읽고 확인하였습니다. 확인 ☐

답안지 작성 시 유의사항

1. 답안지는 표지 및 연습지를 제외하고 총 7매(14면)이며, 교부받는 즉시 매수, 페이지 순서 등 정상 여부를 반드시 확인하고 1매라도 분리되거나 훼손하여서는 안 됩니다.
2. 시험문제지가 본인의 응시종목과 일치하는지 확인하고, 시행 회, 종목명, 수험번호, 성명을 정확하게 기재하여야 합니다.
3. 수험자 인적사항 및 답안작성(계산식 포함)은 지워지지 않는 검은색 필기구만을 계속 사용하여야 합니다.
4. 답안 정정 시에는 두 줄(=)을 긋고 다시 기재 가능하며 수정테이프 사용 또한 가능합니다.
5. 답안작성 시 자(직선자, 곡선자, 템플릿 등)를 사용할 수 있습니다.
6. 문제의 순서에 관계없이 답안을 작성하여도 되나 주어진 문제번호와 문제를 기재한 후 답안을 작성하고 전문용어는 원어로 기재하여도 무방합니다.
7. 요구한 문제 수보다 많은 문제를 답하는 경우 기재순으로 요구한 문제 수까지 채점하고 나머지 문제는 채점대상에서 제외됩니다.
8. 답안작성 시 답안지 양면의 페이지순으로 작성하시기 바랍니다.
9. 기 작성한 문항 전체를 삭제하고자 할 경우 반드시 해당 문항의 답안 전체에 대하여 명확하게 ×표시(×표시한 답안은 채점대상에서 제외)하시기 바랍니다.
10. 수험자는 시험시간이 종료되면 즉시 답안작성을 멈춰야 하며, 종료시간 이후 계속 답안을 작성하거나 감독위원의 답안지 제출지시에 불응할 때에는 당회 시험을 무효 처리합니다.
11. 각 문제의 답안작성이 끝나면 바로 옆에 "끝"이라고 쓰고, 최종 답안작성이 끝나면 줄을 바꾸어 중앙에 "이하 여백"이라고 써야 합니다.
12. 다음 각호에 1개라도 해당되는 경우 답안지 전체 혹은 해당 문항이 0점 처리됩니다.

〈답안지 전체〉
1) 인적사항 기재란 이외의 곳에 성명 또는 수험번호를 기재한 경우
2) 답안지(연습지 포함)에 답안과 관련 없는 특수한 표시를 하거나 특정인임을 암시하는 경우
〈해당 문항〉
1) 지워지는 펜, 연필류, 유색 필기류, 2가지 이상 색 혼합사용 등으로 작성한 경우

※ 부정행위처리규정은 뒷면 참조

HRDK 한국산업인력공단
Human Resources Development Service of Korea

부정행위 처리규정

국가기술자격법 제10조 제6항, 같은 법 시행규칙 제15조에 따라 국가기술자격검정에서 부정행위를 한 응시자에 대하여는 당해 검정을 정지 또는 무효로 하고 3년간 이법에 따른 검정에 응시할 수 있는 자격이 정지됩니다.

1. 시험 중 다른 수험자와 시험과 관련된 대화를 하는 행위
2. 답안지를 교환하는 행위
3. 시험 중에 다른 수험자의 답안지 또는 문제지를 엿보고 자신의 답안지를 작성하는 행위
4. 다른 수험자를 위하여 답안을 알려주거나 엿보게 하는 행위
5. 시험 중 시험문제 내용과 관련된 물건을 휴대하여 사용하거나 이를 주고 받는 행위
6. 시험장 내외의 자로부터 도움을 받고 답안지를 작성하는 행위
7. 미리 시험문제를 알고 시험을 치른 행위
8. 다른 수험자와 성명 또는 수험번호를 바꾸어 제출하는 행위
9. 대리시험을 치르거나 치르게 하는 행위
10. 수험자가 시험시간에 통신기기 및 전자기기[휴대용 전화기, 휴대용 개인정보 단말기(PDA), 휴대용 멀티미디어 재생장치(PMP), 휴대용 컴퓨터, 휴대용 카세트, 디지털 카메라, 음성파일 변환기(MP3), 휴대용 게임기, 전자사전, 카메라 부착 펜, 시각표시 외의 기능이 부착된 시계]를 사용하여 답안지를 작성하거나 다른 수험자를 위하여 답안을 송신하는 행위
11. 그 밖에 부정 또는 불공정한 방법으로 시험을 치르는 행위

HRDK 한국산업인력공단
Human Resources Development Service of Korea

[연 습 지]

※ 연습지에 성명 및 수험번호를 기재하지 마십시오.
※ 연습지에 기재한 사항은 채점하지 않으나 분리 훼손하면 안 됩니다.

[연 습 지]

※ 연습지에 성명 및 수험번호를 기재하지 마십시오.
※ 연습지에 기재한 사항은 채점하지 않으나 분리 훼손하면 안 됩니다.

HRDK 한국산업인력공단
Human Resources Development Service of Korea

번호

HRDK 한국산업인력공단
Human Resources Development Service of Korea

2쪽

HRDK 한국산업인력공단
Human Resources Development Service of Korea

차례

chapter 1 용접법

chapter 2 재질별 용접법

chapter 3 특수용접

chapter 4 용접야금

chapter 5 용접설계

chapter 6 용접시공

chapter 7 용접안전

chapter 8 용접부 검사

chapter 9 용접 결함

chapter 10 용접 부식과 피로

chapter 11 용접 일반(용접규격/용접장치/생산관리/용접재료/신기술)

chapter 부록 과년도 출제문제

제1장

용접법

1. 피복아크 용접 시 아크의 적정길이

1 개요

SMAW(Shield Metal Arc Welding)는 가장 일반적인 용접방법으로 피복제를 입힌 용접봉에 전류를 가해서 발생하는 Arc열로 용접을 시행하는 방법이다. Arc는 청백색의 장렬한 빛과 열을 발생하는 것으로 온도가 가장 높은 부분은 약 6000℃에 달하며, 보통 3500~5000℃ 정도이다.

Arc의 성질은 다음과 같다.

(1) Arc는 100~500A의 전류와 4000~5000℃의 많은 열을 발생한다.

(2) Arc 전압은 음극 및 양극의 전압강하와 Arc 기둥 전압강하의 합으로 표시된다.

(3) 온도 분포는 전체의 60~75%의 열량이 양극 쪽에서, 25~40%의 열량이 음극 쪽에서 발생한다.

2 피복아크 용접 시 아크의 적정길이

용접 전압은 아크 길이를 결정하는 변수가 되며, 적정 아크 길이는 심선의 길이와 대략 같은 정도이다.

(1) 아크 길이가 너무 길면 용입이 적고, 표면이 거칠며, 아크가 불안정해질 뿐만아니라, spatter의 발생도 많아진다.

(2) 반대로 짧아지면 용접봉이 자주 단락되고, slag 혼입의 우려가 있다.

2. 탄산가스 아크 용접의 특성

1 개요

탄산가스 아크 용접은 불활성가스 대신에 경제적인 탄산가스를 이용하는 용접방법으로 역시 전극은 소모성(용극식, 熔極式)을 주로 사용하며 비소모성 전극(非熔極式)을 사용하는 방법도 있다. 탄산가스는 활성이므로 고온의 아크에서는 산화성이 크고 용착금속의 산화가 심하여 기공 및 그 밖의 결함이 생기기 쉬우므로 Mn, Si 등의 탈산제를 함유한 와이어를 사용한다. 순수한 CO_2가스 이외에 CO_2-O_2, CO_2-CO, CO_2-Ar, CO_2-Ar-O_2 등이 사용되기도 한다. CO_2가스는 고온아크에서 $2CO_2 \leftrightarrow CO + O_2$로 되므로 탄산가스 아크 용접의 실드 분위기는 CO_2, CO, O_2 및 O가스가 혼합된다. 탈산제가 사용되는 이유는 CO의 기포로 인한 용접결함을 방지하기 위함인데 다음과 같은 작용을 한다.

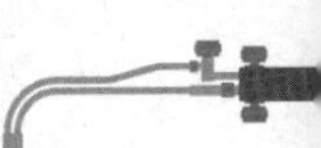

(1) 실드 가스인 이산화탄소가 고온인 아크열에 의하여 분해된다.

$CO_2 \leftrightarrow CO+O$

(2) 위의 산화성 분위기에서 용융철이 산화된다.

$Fe + O \leftrightarrow FeO$

(3) 이 산화철이 강(鋼) 중에 함유된 탄소와 화합하여 다음처럼 일산화탄소 기포가 생성된다.

$FeO+C \leftrightarrow Fe+CO\uparrow$

(4) 그러나 Mn, Si 등의 탈산제가 있으면 아래 반응이 일어나 용융강(熔融鋼) 중의 산화철을 감소시켜 기포의 발생을 억제한다.

$FeO+Mn \leftrightarrow MnO+Fe$, $FeO+Si \leftrightarrow SiO_2+Fe$

(5) 탈산 생성물인 MnO, SiO_2 등은 용착금속과의 비중차에 의해 슬랙을 형성해 용접비드 표면에 떠오르게 된다.

2 특성

탄산가스 아크 용접은 분위기가 산화성이므로 알루미늄, 마그네슘, 티타늄 등에는 사용하지 않는데 그 이유는 용융표면에 산화막이 형성되어 용착을 방해하기 때문이다. 이중 flux-cored wire(복합와이어)를 사용하는 방법은 속이 빈 와이어에 Mn, Si, Ti, Al 등의 탈산제 및 아크안정제를 넣은 것으로, 아크가 안정되므로 직류뿐 아니라 값싼 교류를 모두 사용할 수 있다. 자성을 가진 용제를 탄산가스 기류에 송급하는 방법을 유니온 아크 용접법이라고 하는데, 아크가 발생하여 와이어에 전류가 흐르면 와이어 주위에 자장이 형성되고 이로 인해 용제(flux)가 자성화(磁性化)되어 와이어에 흡착되어 마치 피복용접봉 같은 역할을 하게 된다. 따라서 이 방법을 자성 플럭스방법이라고도 한다. 플럭스를 사용하면 슬랙이 발생하게 된다. 순탄산가스 아크 용접 중의 와이어에서의 합금원소가 이행할 때 각 성분이 남는 비율은 연강일 경우 C는 일반적으로 산화감소하여 50~80%, Si는 30~60%, Mn은 40~60%이나 Cr, Ni, Mo는 거의 줄어들지 않는다. 단, Ti는 산화감소하여 남는 비율이 약 30%에 불과하다.

3. 전기 아크 용접에서 모재의 용입이 깊고 용접봉이 부(-)극인 극성

1 개요

직류인 경우 양극(+)에 발생하는 열량이 음극(-)에 발생하는 열량보다 훨씬 많다. 그 이유는 전자가 음극에서 양극으로 흐르기 때문(전류는 양극에서 음극으로 흐르고 전자는 이와 반대)에 전자의 충격을 받는 양극에서 발열량이 많다. 따라서 용접봉을 연결할 때 전원을 고려

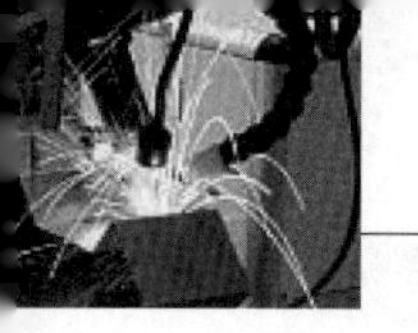

하여야 한다. 그러나 교류인 경우 양극과 음극이 주파수에 의해 바뀌므로 발생하는 열량은 각 극에서 거의 비슷하다.

2 전기 아크 용접에서 모재의 용입이 깊고 용접봉이 부(-)극인 극성

직류(DC)전원을 사용하는 경우 용접봉을 음극에, 모재를 양극에 연결한 경우를 직류 정극성(直流正極性, direct current straight polarity, DCSP)이라 하는데, 이 경우는 용접봉의 용융이 늦고 모재의 용입(penetration)이 깊어진다. 반대로 용접봉을 양극에, 모재를 음극에 연결한 경우를 역극성(直流逆極性, direct current reverse polarity, DCRP)이라 하는데 이때는 용접봉이 전자의 충격이 더 세므로 용접봉의 용융속도가 빠르고 모재의 용입이 얕아지게 된다. 따라서 극성이 유해물질 발생에 영향을 미치는 한 인자가 된다.

4. 아크 용접 중 전류가 비대칭되어 아크가 한쪽으로 쏠리는 현상

1 개요

아크 쏠림 현상은 모재, 아크, 용접봉과 흐르는 전류에 따라 그 주위에 자계가 생기면, 이 자계가 용접물의 형상과 아크 위치에 따라 아크에 대해 비대칭이 되고 아크가 한 방향으로 강하게 불리어 아크의 방향이 흔들려 불안정하게 된다. 이 현상은 주로 직류에서 발생되며 교류에서는 파장이 있으므로 거의 생기지 않는다.

2 아크 용접 중 전류가 비대칭되어 아크가 한쪽으로 쏠리는 현상

(1) 아크 쏠림 발생 시

1) 아크가 불안정하다.
2) 용착 금속 재질이 변화한다.
3) 슬래그 섞임 및 기공이 발생한다.

(2) 아크 쏠림 방지책

1) 직류 용접을 하지말고, 교류 용접을 사용할 것.
2) 모재와 같은 재료 조각을 용접선에 연장하도록 가용접할 것.
3) 접지점을 용접부보다 멀리 할 것.
4) 긴 용접에는 후퇴법으로 용접할 것.
5) 짧은 아크를 사용할 것.

5. 아크 용접 용융부(Weld Pool)의 유동(convection)에 미치는 표면장력(surface tension)

1 개요

소모성 전극을 사용하는 GMA(gas metal arc) 용접은 높은 생산성과 자동화 효율로 널리 이용되고 있다. GMA 용접 공정의 개선은 스패터 저감(또는 전극금속의 손실 저감), 용접 비드 외관 및 용접 금속과 열영향부의 성질을 향상시키는 것이다. 최근 들어 에너지의 절약과 인건비의 상승 문제, 그리고 고품질 용접 및 생산성 향상 등에 관심이 높아지고 있어, 위와 같은 용접공정의 개선의 노력은 매우 중요하다. 용접공정의 개선은 용접재료의 개발도 있지만, 단락이행에서 스패터 저감을 목적으로 전류 파형제어 기술을 바탕으로 하는 용접전원 장치의 개발도 활발하게 이루어지고 있다.

2 아크 용접 용융부(Weld Pool)의 유동(convection)에 미치는 표면장력(surface tension)

GMA 용접에서 금속이행(metal transfer)은 연속적으로 공급되는 소모성 전극(consumable electrode)의 끝단에서 용융된 금속(용적)이 용융지(weld pool)로 이행하는 현상이다. 용적은 내력(internal force)인 표면장력(surface tension force)에 의하여 전극의 끝단에 부착되어 있으며, 용적의 이탈을 위해서는 용적에서 용융지 방향으로 표면장력보다 큰 외력(external force)이 작용하여야 한다. 용적에 작용하는 힘에는 일반적으로 그림 1에 나타낸 바와 같이 중력(gravitational force, F_G), 전자기력(electromagnetic force, F_{em}) 및 항력(plasmadrag force, F_d)의 외력과 표면장력의 내력(F_Y), 4가지로 표현하고 있다.

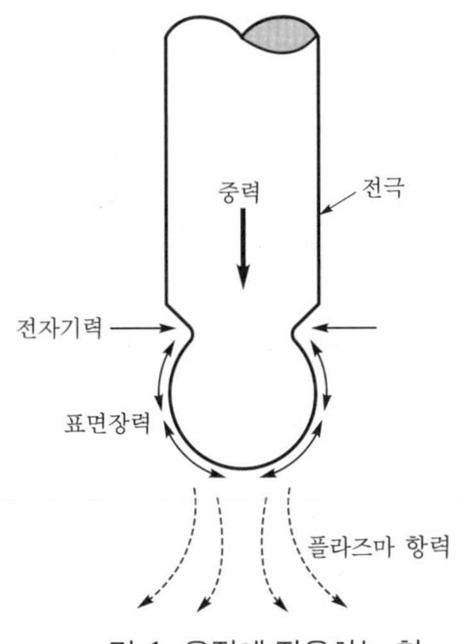

그림 1. 용적에 작용하는 힘

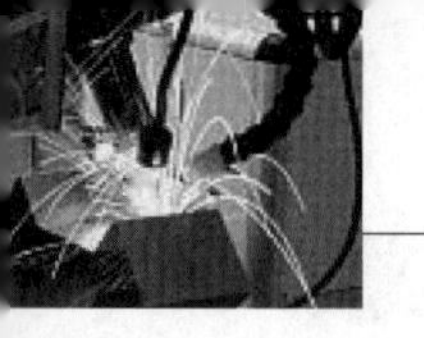

작용하는 힘의 크기를 통해 용적의 이탈 조건을 식 (1)과 같이 힘 평형모델(static forcebalance model)로 나타낼 수 있으며, 전류변화에 따른 용적에 작용하는 각각의 힘들의 변화를 그림 2에 나타내었다.

$$F_d + F_G + F_{em} > F_\gamma \quad (1)$$

여기서, 표면장력은 용적과 전극이 접촉하는 넥(neck)에 작용하며, 식 (2)로 나타낼 수 있다.

$$F_\gamma = 2\pi R_e \gamma \quad (2)$$

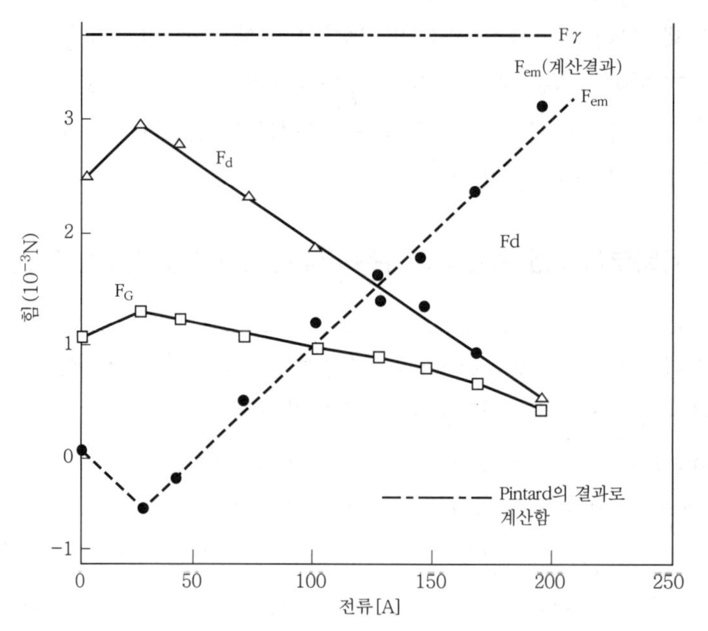

그림 2. 용적에 작용하는 전류와 힘의 관계

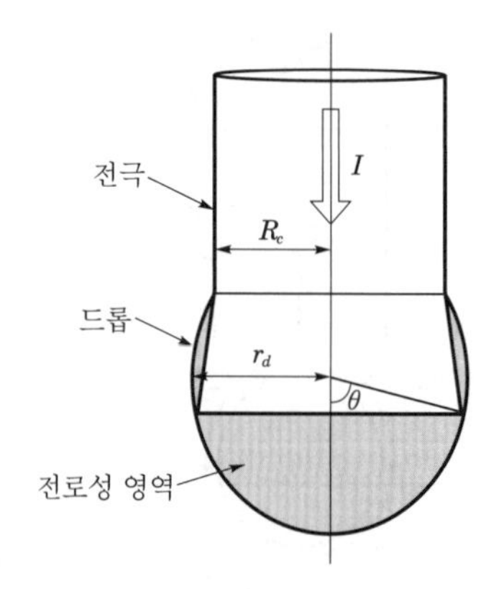

그림 3. 아크가 용적을 감싸고 있는 영역의 역학적인 관계

위 식에서 γ는 용적과 와이어에 대한 표면장력 계수이며, R_e는 그림 3에 보인 바와 같이 전극의 반지름이다. 따라서 표면장력은 그림 2에 보인 바와 같이 전류와 무관하며, 250A 이전까지는 매우 큰 힘으로 작용한다. 아크용접 시 와이어를 통해 흐르는 전류에 의해 자기장이 형성되기 때문에 전류의 방향에 상관없이 아크 기둥의 내부로 조여지는 힘이 발생한다. 이와 같은 현상을 핀치효과(pinch effect)라 하며, 이때 발생하는 전자기력을 핀치력(pinch force) 혹은 로렌쯔힘(Lorentz force)이라고도 한다.

6. 다전극 서브머지드 아크 용접법(submerged arc welding)

1 원리

분말의 용제를 용접한 용접부위에 살포하여, 그 속에 심선의 끝을 파묻은 상태에서 모재와의 사이에서 아크를 발생시켜 그 아크의 열로 용제, 심선, 모재를 녹여 용접하는 방법이다.

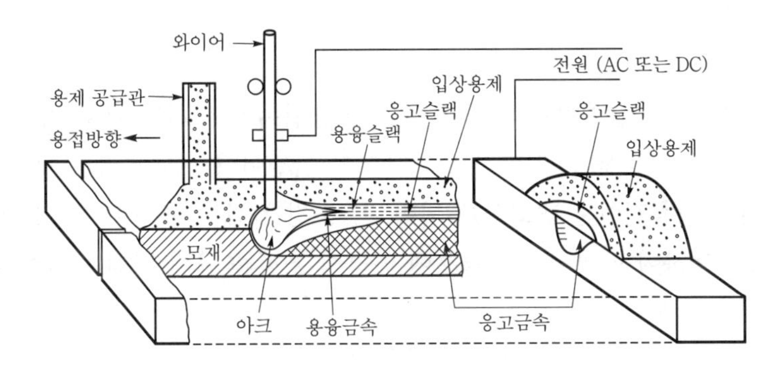

그림 1. 서브머지드 아크 용접의 아크 상태와 용착상황

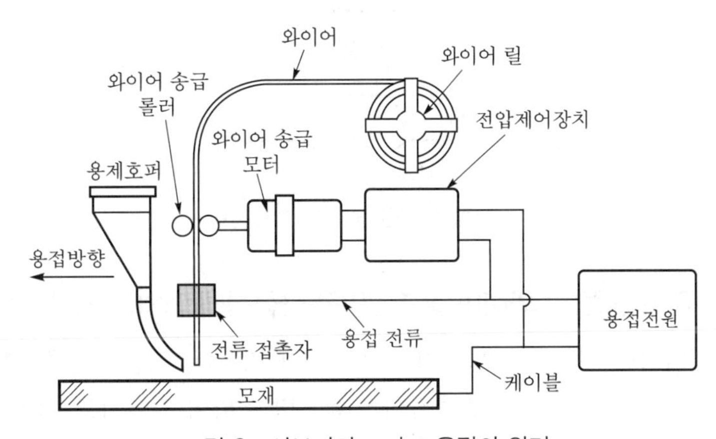

그림 2. 서브머지드 아크 용접의 원리

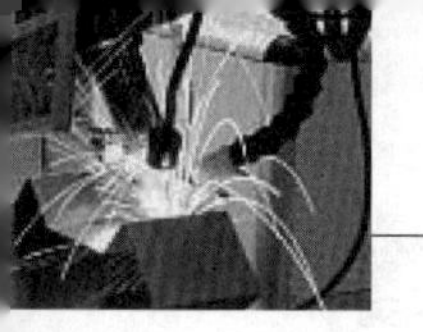

2 특징

비교적 좁은 장소내에 급속한 고열의 발생을 가능하게 하고 또한 용접부의 급랭을 효과적으로 방지할 수 있어 용접부의 기계적 성질이 양호하다. 보통의 아크 손 용접의 수배의 전류를 사용하므로 심선의 용융속도가 매우 크고, 아크는 전극와이어 끝에서 집중적으로 발생하므로 용입도 깊고, 비교적 두꺼운 판도 홈을 마련하지 않고 맞대기 용접을 할 수 있다.

3 용도

주로 연강, 저합금강, 스테인리스강 등의 구조용 압연강재의 용접에서 비교적 긴 용접선을 가지는 두꺼운 판의 대형구조물 분야까지 많이 이용되는 중요한 용접법이며, 비철금속에서는 동합금이나 내열합금 등에도 이용될 때가 있다.

7. 가스금속 아크 용접 시 와이어 돌출길이가 용접성에 미치는 영향

1 개요

토치 팁 선단에서 아크 점까지 와이어 길이를 돌출길이라고 하며 용접 중에는 이 길이를 일정하게 유지시켜 주어야 한다. 일반적으로 아크의 안정이나 스패터의 부착 등에서 전류에 따라 적정한 와이어 돌출길이는 변화하게 되며, 각 조정 볼륨의 표시 값은 그림에 표시된 돌출길이를 기준으로 정하여진 것이므로 경우에 따라서 조정 볼륨에 의해 보강할 필요가 있다.

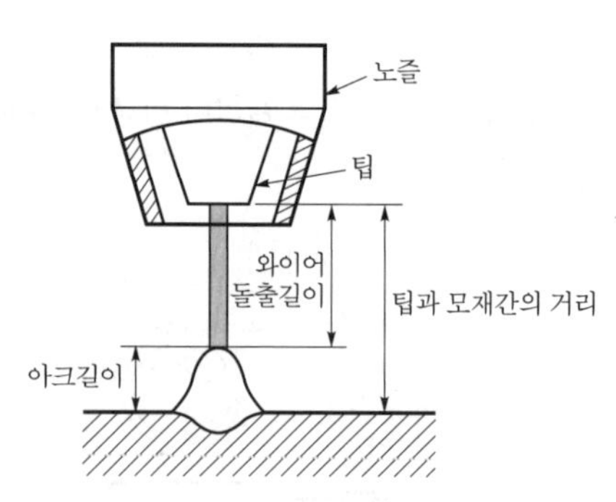

그림 1. 표준 와이어 돌출길이

2 가스금속 아크 용접 시 와이어 돌출길이가 용접성에 미치는 영향

돌출길이가 길어지면 저항열이 많아져 용착속도가 커지며, 처음 용접할 때는 돌출길이를 용접봉의 직경의 8배 정도로 하고 돌출길이가 짧으면 용입이 깊어지고, 돌출길이가 길면 용입이 얕아진다.

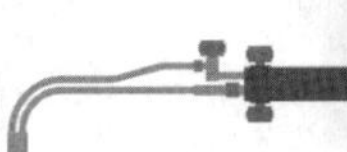

8. 플라즈마 아크 용접의 작동원리

1 개요

플라즈마란 용어는 가스가 충분히 이온화되어 전류가 통할 수 있는 상태를 말하며 물체는 고체, 액체, 기체로 이루어져 있다. 이와 같은 세 가지의 상의 관계는 온도가 증가함에 따라 상의 상태가 변한다. 만약 가스상태의 물질에 에너지, 즉 열이 가해지면 가스의 온도가 급격히 증가한다.

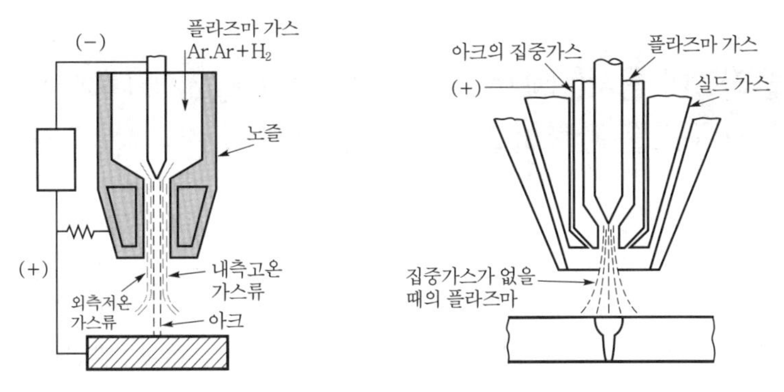

그림 1. 플라즈마 토치

여기서 충분한 에너지가 가해지면 온도가 더욱 증가하여 가스는 각자의 분자상태로 존재할 수 없게 되어 물질의 기본 구성 요소인 원자로 분해된다. 온도가 더욱 높아지면 원자들은 전자를 잃어버려서 양이온으로 되고 이렇게 되면 주위의 물질들은 양이온과 자유전자로 이루어지는데 이러한 상태를 제 4의 물질상태, 즉 플라즈마 상태라고 한다.

2 플라즈마(Plasma) 아크 용접의 원리

기체가 방전되어 아크의 열원 안을 통과할 때, 고온에 의하여 기체의 원자가 전자와 이온으로 분리되어지는 이 상태를 플라즈마(초고온기체)라고 말하며, 플라즈마 용접은 그림 1과 같이 방전아크를 냉각하여 소구경의 수냉노즐로 TIP끝단까지 아크를 집중시킨다.

아르곤가스가 고온 아크를 통과하면서 플라즈마로 변화되며, 그 열원은 다른 용접법보다 열 집중도가 매우 높은 플라즈마 기류를 동반하여 한 줄기의 열원이 되므로 침투도가 높고(키홀효과) 용접 폭이 좁아 모재에 미치는 열 변형이 적어 뒤틀어짐이 없는 안정적인 용접을 가능하게 한다.

3 플라즈마 아크(Plasma ARC)의 발생원리

플라즈마(Plasma)는 노즐 내 전극봉의 위치로 인하여 TIG(티그)와 같은 접촉형태로 아크

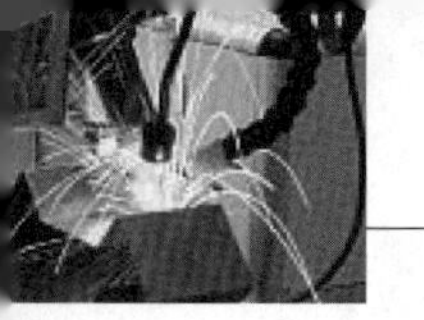

를 발생시키지 못하며, 따라서 파일로트 아크(Pilot arc)를 발생시켜 아크를 형성시킨다.

고주파발생기를 사용하여 텅스텐 전극과 구속노즐(인서드 팁) 사이에 파일로트 아크를 발생시키며 이 아크는 파이로트 가스류에 의하여 구속노즐의 구멍으로부터 플라즈마류가 분출한다.

다음에 텅스텐전극과 모재 사이에 전압을 차차 증가시키므로 플라즈마(메인 아크)가 발생하게 되고, 이 플라즈마 아크는 수냉하는 구속 노즐공으로 구속되고 실드가스로 극단으로 냉각하는 고에너지밀도의 아크열원을 모재에 공급할 수 있는 용접법이다.

9. 플라즈마 용사(plasma thermal spraying)법에 대해서 용사 토치 구조를 간략히 그리고 그 원리와 실무적 작업기술

1 개요

역극성 아크(Non-Transfer Arc)에 의해 불활성 가스로부터 생성되는 플라즈마흐름에 피막재료{분말 혹은 선형재료(금속, 비금속, 세라믹(주로 금속산화물, 탄산물), Cermet 등)}을 투입하고, 순간적으로 용융(중심온도 : ~수만℃)시켜 완전 용융된 분말 용사재를 고속(속도 : 마하 2)으로 분사 모재에 충돌시켜 급랭 응고해서 피막을 형성시키는 코팅 방법이다.

2 플라즈마 용사(plasma thermal spraying)법에 대해서 용사 토치 구조를 간략히 그리고 그 원리와 실무적 작업기술

(1) 화염용사(Flame Spraying, FS)

화염용사는 산소와 연료가스를 1:1~1:1.1의 비율로 하며, 화염온도는 3000~3350K 정도, 화염속도는 80~100m/s 정도이다. 용사재료는 분말이 아닌 선이나 봉형으로도 공급할 수 있다. 사용재료에 따라서 용선식, 용봉식 및 분말식 화염용사로 나눌 수 있다.

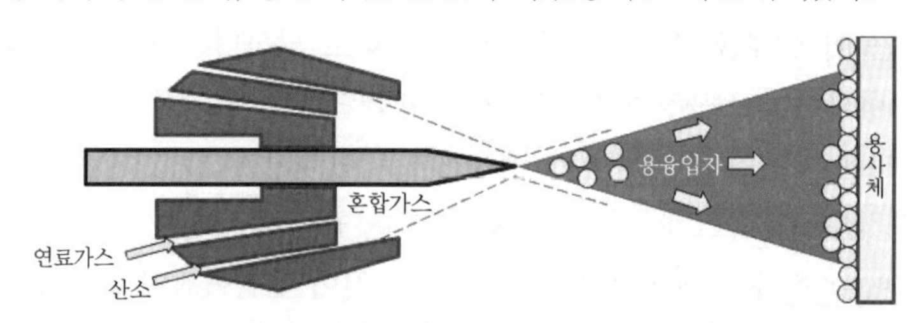

그림 1. 화염용사(Flame Spraying, FS)

(2) 폭발용사(detonation-gun spraying, D-gun spraying)

폭발용사는 수냉되는 내부직경이 25mm 정도인 긴 관과 작동가스 공급부, 점화장치 및 분

말공급부로 되어 있다. 이 방법은 산소와 아세틸렌을 관에 공급하고 분말을 주입한 후, 가스를 폭발 연소시켜 고온 · 고속의 화염을 만들고, 이것을 열원으로 하여 분말을 용융시킴과 동시에 용융된 입자를 가속시켜 피복하는 것이다. 용사입자의 비행속도가 빠르기 때문에 치밀하고 결합성이 높은 피막을 얻을 수 있다. 화염의 최고온도는 4500K이고 용융 입자의 비행속도는 750~900m/sec이며 점화속도는 1~15cycle/sec이다.

(3) 고속화염용사(high-velocity oxygen fuel spraying, HVOF)

고속화염용사는 연료가스를 산소와 함께 고압에서 연소시켜 고속의 제트를 발생시키는 것이다. 분말은 공급가스로 제트에 주입되고, 작동가스는 연소실에서 연소되어 노즐을 통하여 토치밖으로 분사된다. 화염의 온도는 3170~3440K이며 분사되는 제트의 속도는 2000m/sec 정도이다.

(4) 아크용사(arc spraying)

아크용사는 두 개의 선재를 전극으로 하고, 전극 끝 부분에 아크를 발생시켜 재료를 용융시킴과 동시에 압축공기 제트로 분사 · 비행시켜 피막을 형성하는 기술이다. 아크로 재료를 용융시키기 때문에 고능률 용사가 가능하고, 대형소재의 피막형성, 소모소재의 오버레이 용사에 적당하다. 반면에 용사재료는 전도성이 요구되며, 아크열에 의하여 재료의 성분이 변화하므로 미리 조성을 조정한 선재를 사용할 필요가 있다.

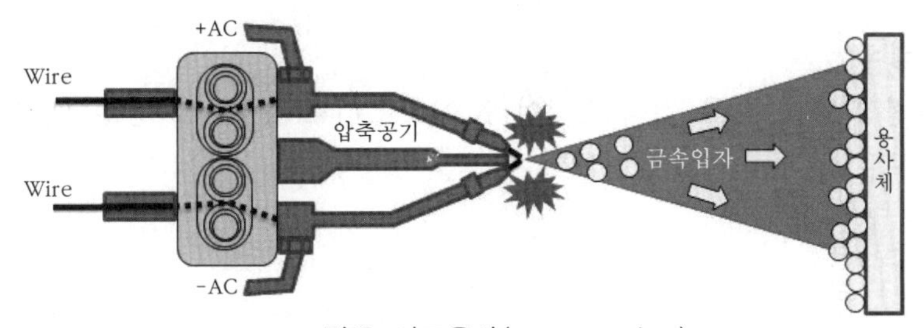

그림 2. 아크용사(arc spraying)

(5) 대기 플라즈마용사(Atmospheric Plasma spraying)

Ar, He, Ne 등의 가스를 아크로 플라즈마화 하고, 이것을 노즐로부터 배출시켜 초고온, 고속의 플라즈마 제트를 열원으로 하는 피막형성 기술이다. 플라즈마 발생장치는 Cu로 된 원형의 양극과 W로 된 음극으로 구성되며, 발생장치에서 전기 아크 방전이 작동가스를 플라즈마화 하여 제트를 형성한다.

(6) 진공 플라즈마용사(Vacuum Plasma spraying)

플라즈마 토치와 전기아크 발생기로 구성되며, 플라즈마 토치는 작동가스가 공급되는 진공노즐로 되어 있다. 분말은 송급구에 의해 진공의 플라즈마 제트 내로 공급된다.

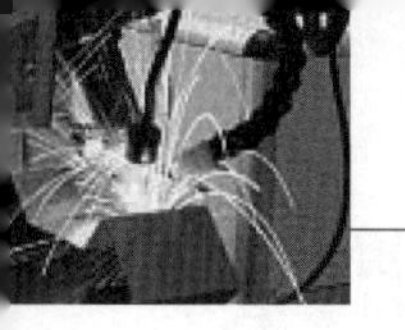

(7) 분위기 제어 플라즈마용사

불활성 가스 체임버에서 플라즈마용사하는 방법이다. 따라서 불활성 가스 플라즈마용사라고도 한다.

10. 담수 또는 해수 중에서 수행하는 수중아크 용접방법

1 개요

수중에서 실시하는 용접방법은 여러 가지이며 그 방법으로는 특징이 있고 시공 조건(시공 공간, 용접대상물, 수심, 물결, 수온, 투명도 등)을 충분히 고려하여 설계상 필요한 강도를 확보할 수 있는 용접방법을 채용할 필요가 있다.

2 수중아크 용접방법

(1) 건식법

가변압식(수중실 방식), 1기압식(대기압실 방식, 대기해방 방식)이 있으며 일반적으로 수중의 용접한 곳을 그 주위에 공간을 형성하도록 특수 챔버로 만들고 그 가운데 물을 배제하여 공기 중에서 용접하는 방법이다.

(2) 미니 건식법

이동 방식, 고정상 방식, 국부 건식 방식이 있으며 스터드 용접으로 용접부만을 체임버로 가려서 용접을 한다,

(3) 습식법

습식은 수중에서 직접 실시하는 간편한 용접이며 용접장소의 현장이 복잡한 경우 용접선이 짧으면서도 부분적으로 현상이 급변하는 경우 혹은 응급 처치를 하여야 하는 경우 등에는 필수의 방법이다. 이 방법은 용접열원 및 용접장소가 물로 둘러싸여 있으므로 매우 간단한 방법으로 용접부에 기체공동을 만들어 열원의 안정성 확보와 용접장소에 물의 침입을 막는 데에 여러 가지의 연구가 이루어지고 있다.

(4) 습식 수중 아크 용접

용접에 필요한 국부적인 기체 공동의 형성과 용접작업을 동시에 해야 하며, 또한 수증기와 용융 금속의 반응, 용접부의 냉각 속도 증대 등에 의해 균열이나 기공 등 용접결함이 발생하기 쉽다. 그러나 고체 용기를 사용하지 않으므로 용접 치수에 제약이 없고 설비비도 싸다.

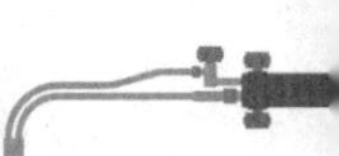

11. 레이저-아크 하이브리드 용접공정의 원리와 그 효과

1 개요

레이저용접은 빛의 일종인 레이저(LASER; Light Amplification by Stimulated Emission of Radiation)를 고밀도(~10^6W/cm^2)로 집속시켜 재료를 가열/용융시켜 접합하는 방법이다. 레이저는 위상이 고른 단일 파장의 빛이므로 매우 작은 크기로 집속이 가능하여, 금속뿐만 아니라 유리, 세라믹, 플라스틱, 목재 등 대부분의 재료를 가공할 수 있다. 특히 빔 품질이 우수한 펄스레이저를 사용하는 경우 빔 직경이 작고 에너지 밀도가 높기 때문에 전자, 의료용장비 등의 정밀가공이 가능하다. 레이저의 이러한 특징은 에너지의 투입량이 적기 때문에 변형이 적다는 장점이 있으나, 사용상의 큰 제약을 초래하기도 한다. 가령 맞대기 이음과 같이 정해진 부위를 용접해야 하는 경우 이음부 간극의 정밀관리(통상 두께의 10% 이내)가 요구되며, 레이저빔을 용접선에 정확히 조사(빔 직경의 30% 이내)하여야 한다. 이러한 사용상의 제약은 재료의 두께가 얇을수록 어려움이 증대되며, 용접선의 길이가 긴 경우 레이저용접 장치는 에너지 변환효율이 낮고 장치가 복잡하기 때문에 제조비용이 고가이며 출력이 증대될수록 가격은 기하급수적으로 증대한다. 또한 알루미늄, 동 및 그 합금 등과 같이 재료의 비저항이 낮고 열전도도가 우수한 소재는 레이저의 흡수율이 낮기 때문에 이들 재료를 용접하기 위해서는 상대적으로 높은 출력의 레이저를 필요로 한다. 한편 레이저 용접부는 냉각속도가 매우 빠르므로 합금 원소가 다량 첨가된 고강도강 혹은 알루미늄 등에서는 기공 혹은 균열이 발생하기 쉽다.

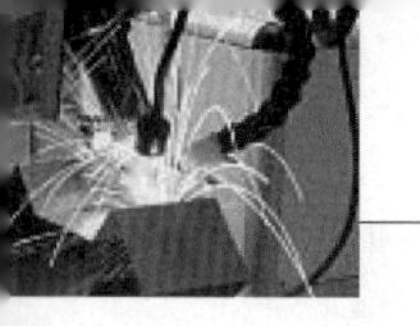

2 레이저-아크 하이브리드 용접공정의 원리와 그 효과

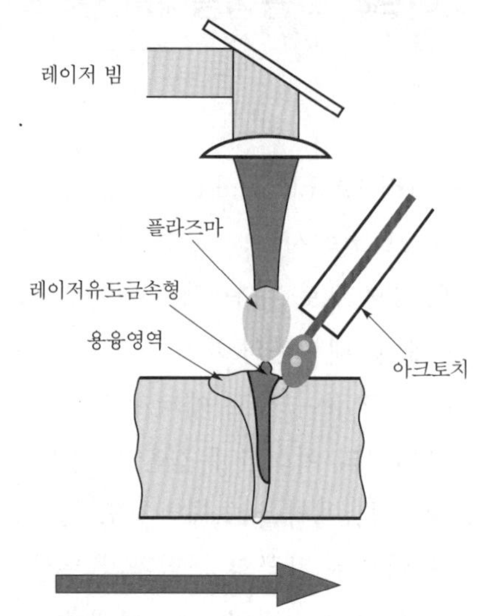

그림 1. 레이저-아크 하이브리드 용접공정의 원리

레이저-아크 하이브리드용접기술은 높은 투자비에도 불구하고 레이저 용접이 지니는 장점은 유지를 하면서도 단점을 극복할 수 있기 때문에 활발한 연구가 진행되고 있다. 하이브리드 용접에서 투자비, 시스템구성 및 기술적인 측면에서 큰 비중을 차지하는 것은 레이저발진기이다. 따라서 하이브리드 용접공정을 레이저의 형태에 따라 분류하면 현재 산업적으로 이용가능한 대출력레이저인 CO_2 레이저와 Nd:YAG 레이저로 구별된다.

(1) CO_2 레이저-아크 하이브리드 용접

CO_2 레이저는 빔 전송이 어려우며, 레이저빔과 플라즈마의 상호작용에 따른 공정상의 단점에도 불구하고 꾸준한 연구가 진행되고 있다. 연속발진형태의 레이저 중에서 산업적으로 이용 가능한 것은 최대출력 50kW 가량이며, 빔품질, 경제성을 고려하더라도 최대출력 20kW의 레이저가 상용화되었다. 따라서 CO_2 레이저와 아크의 하이브리드 용접으로 두께 10mm 이상의 두꺼운 소재를 1 pass로 용접하는 것이 가능하다. 그러나 CO_2 레이저와 아크의 하이브리드 용접에서는 용입깊이 증가는 기대하기 어렵고 용접와이어에 의한 용접부 성분조절 혹은 간극허용도 개선을 목적으로 하는 것이 바람직하다. 두께 6mm 이상의 두꺼운 소재를 사용하는 조선산업에서는 CO_2 레이저를 이용한 하이브리드 용접이 적합하다.

CO_2 레이저와 아크의 하이브리드 용접은 소재가 두껍고, 용접선이 직선이며, 규격화된 제품을 반복생산하는 분야에 적용이 증가할 것으로 기대된다.

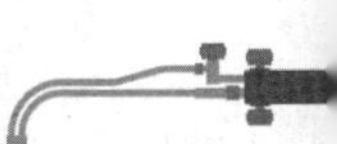

(2) Nd : YAG 레이저 아크하이브리드 용접

Nd:YAG 레이저는 빔의 광섬유 전송이 가능하여 복잡한 형상의 용접에 적합하다. 한 파장이 짧기 때문에 재료에 대한 흡수율이 높고, 특히 플라즈마에 의한 간섭이 적기 때문에 하이브리드 용접에 유리하다. 그러나 연속발진형태의 레이저의 경우 산업적으로 이용 가능한 레이저의 최대출력이 상대적으로 낮다. 현재 사용되고 있는 발진기의 최대출력은 4kW이며, 두께 8mm 이하의 비교적 얇은 판재의 용접에 적용되고 있다.

Nd:YAG 레이저와 아크의 하이브리드 용접은 이음부 형상이 복잡한 자동차차체 혹은 부품의 용접에 적용되고 있다. 이 용접법은 알루미늄합금의 용접에 특히 우수한 효과를 보이는 것으로 알려졌으며, 이 분야에 상업적으로 적용되었다.

Nd:YAG 레이저와 아크의 하이브리드 용접은 3차원 곡선과 같이 복잡한 형상, 알루미늄 등 열전도율이 큰 소재 및 이동성이 요구되는 현장용접분야에 적용이 증가할 것으로 기대된다. 또한 발진기의 출력증가와 더불어 두께 8mm 이상 두꺼운 소재의 용접도 가능할 것으로 예측된다.

12. GMAW(Gas Metal Arc Welding)

1 원리와 특성

가스방호 금속아크 용접에서는 용접부위가 밖에서 공급되는 아르곤, 헬륨, 이산화탄소 등의 가스혼합물로 된 불활성기체들로 감싸져 보호된다. 피복되지 않은 소모성 선재의 용접봉은 노즐을 통해 용접아크부분으로 자동 공급된다. 액상의 용접부가 산화되는 것을 방지하기 위해, 불활성기체의 보호막 외에도 용접봉 자체에 환원제를 첨가시킨다. 따라서 이 공정을 이용하면 용접부위에 슬래그가 적어지고, 그 결과로 용접 중에 슬래그를 제거하지 않고도 다층용접을 할 수 있다.

2 구성

MIG용접에는 반자동식과 전자동식이 있으며, 전자는 토치의 조작을 손으로 하고 전극선만을 자동 송급하는 것이다.

MIG반자동 용접에 필요한 것은 토치, 와이어, 보호가스계, 직류 용접기, 제어장치, 기타 안전한 보호기구 및 지그나 고정기구 등이다.

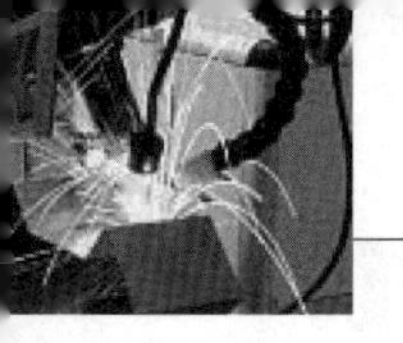

13. GMAW(Gas Metal Arc Welding)에서 와이어 송급속도를 일정하게 하면서 아크 길이를 조절하려면 용접기에서 어떤 볼륨을 조절

1 토치와 와이어

와이어는 콘택트 튜브의 내부를 습동하여 일정한 속도로 송급된다. 가스 노즐은 수냉식의 금속통이다. 와이어(전극선)는 정확한 치수로 된 지름 0.5, 0.8, 1.0, 1.2, 1.6, 2.0, 2.4, 3.2mm의 금속선이 사용되나, 표면에 먼지, 스케일, 두꺼운 산화막, 기름 등이 부착하지 않도록 하고 충분히 청정한 상태에서 사용할 필요가 있다.

판 두께가 얇은 물품의 용접에는 작은 지름의 와이어를 사용해야 하므로 토치의 머리부에 송급 롤러를 옮기고 가는 선 반대로 릴에서 잡아당기는 형식을 사용한다. 이것을 사용하면 0.4mm까지의 가는 선을 사용할 수 있고, 알루미늄에서는 1.6mm 두께까지의 박판 및 스테인리스강에서는 0.8mm까지 박판의 MIG용접이 가능하게 된다.

2 제어장치

와이어 릴(wire reel)에 감은 용가재 와이어는 가변속 모터로 구동되는 한 쌍의 롤러에 끼워져서 일정한 속도로 토치의 노즐에서 송출된다. 반자동식(수동식)에서는 송급속도가 1,000~11,500mm/min 정도로 원격제어할 수 있고, 또 진공관 조속기가 붙어 있다. 아크를 발생하기 전에 원격제어의 버튼을 눌러서 와이어만 이송할 수 있다.

냉각수를 흐르게 하면서 토치의 방아쇠를 당기면 아르곤이 흐르기 시작하며, 긁기 조작으로 아크를 발생(scratch start)하면 동시에 릴레이 작용으로 와이어의 송급이 시작된다. 용접 완료와 동시에 다시 토치의 방아쇠를 당기면 아르곤과 냉각수가 작업 중에 릴레이 작용으로 정지하여 아크의 발생이 불가능하게 된다.

14. 불활성가스 금속아크 용접에서 용적이행

1 개요

GMAW에서 용융금속이 이행하는 양상(mode)은 크게 두 가지로 분류된다. 하나는 와이어 선단에서 생성된 용적이 와이어로부터 이탈되어 금속방울 상태로 아크 기둥을 거쳐 용융지로 이행하는 형태로 이를 자유비행 이행이라고 한다. 이것은 다시 이행되는 용적의 크기에 따라 입상용적 이행과 스프레이 이행으로 분류된다.

다른 하나는 와이어 선단에 형성된 용적이 용융지와 순간적으로 접촉하여 가교(bridging)

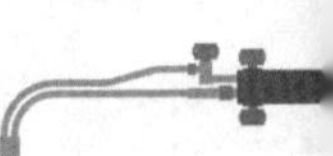

를 형성한 상태에서 용융금속이 용융지로 흘러내리는 형태인데, 가교가 형성된 상태에서는 전기적 단락이 발생하기 때문에 이를 단락이행이라라고 한다.

2 불활성가스 금속아크 용접에서 용적이행

(1) 단락(short circuiting) 이행

단락이행은 보호가스 조성에 관계없이 저전류, 저전압 조건에서 나타나는 이행형태이다. 그림 2에는 단락이행 과정과 그에 수반되는 용접전류-전압의 순간적인 변화를 보여주고 있다.

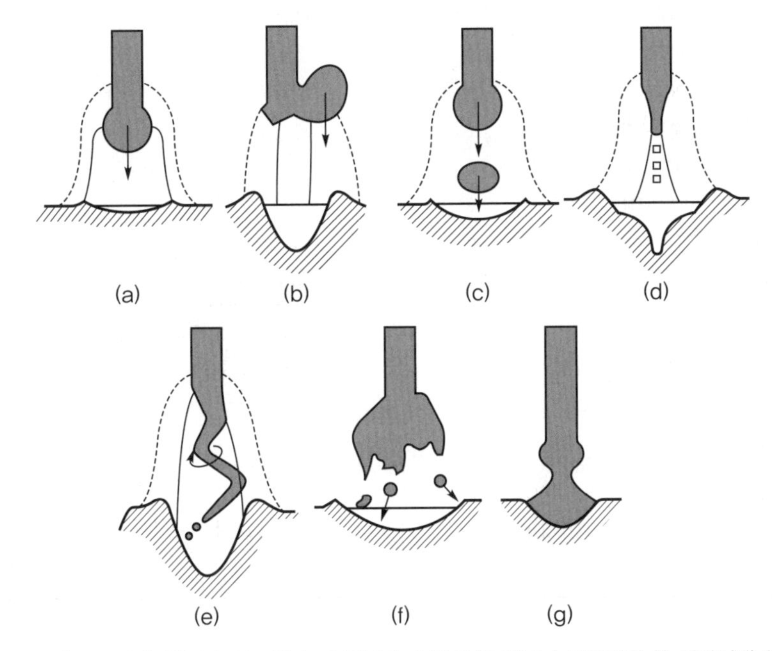

(a) 입상용적이행 (b) 반발이행 (c) 프로젝티드이행 (d) 스트리밍이행 (e) 회전이행 (f) 폭발이행 (g) 단락이행

그림 1. GMA용접의 용적이행 현상

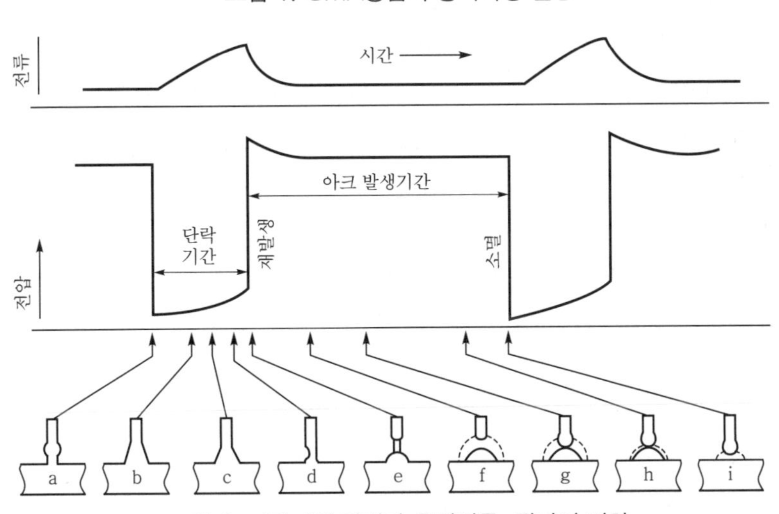

그림 2. 단락이행 과정과 용접전류, 전압의 변화

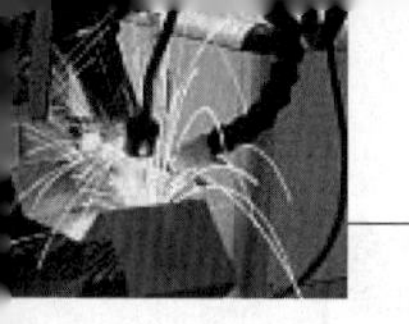

먼저, 와이어 선단에서 형성된 용적이 충분히 성장하지 못한 상태에서 용융지와 접촉하게 되면, 전기저항이 급격히 저하하고 용접아크는 소멸된다. 따라서, 단락과 동시에 용접전압은 거의 수직으로 감소하고, 용접전류는 단락이 유지되는 동안(a-d) 급격히 상승한다.

표 1. 국제용접학회(IIW)의 금속이행 현상 분류

이행 현상 명칭	용접기법(예)
1) 자유비행(free flight)이행	
• 입상용적(globular)이행	저전류 GMAW
- 드롭(drop)이행	CO_2
- 반발(repelled)이행	GMAW
• 스프레이(spray)이행	
- 프로젝티드(projected)이행	중저전류 GMAW
- 스트리밍(streaming)이행	중전류 GMAW
- 회전(rotating)이행	고전류 GMAW
• 폭발(explosive)이행	SMAW
2) 브리징(bridging)이행	GMAW(단락조건), SMAW
• 단락(short circuiting)이행	용가재를 첨가하는 용접
• 연속브리징(bridging without interruption)	
3) 슬래그 보호(slag-protected)이행	SAW
* 플럭스유도(flux-wall guided)이행	SMAW, FCAW, ESW
* 기타	

용융금속은 단락이 유지되는 동안 중력과 용융지로부터의 흡인력(표면장력)에 의해 용융지로 이동하게 되는데, 단락 말기에는 단면적이 적어지면서 전류 밀도가 증가하여 저항열에 의한 단락부의 온도 상승과 전자기력에 의한 핀치효과가 추가되어 용융금속의 이행은 더욱 촉진되며 결국 와이어와 용융지는 분리된다(e). 용융지와 와이어가 분리되는 순간 아크는 재생성되면서 아크전압 상태로 급상승하게 되고, 전류는 아크가 유지되는 동안 점차적으로 감소하여 최종적으로 아크 전류 상태가 되면서 한 주기를 마무리하게 된다.

단락이행 과정에서 용접전류는 상승과 하강을 반복하게 되는데, 상승 및 하강속도는 용접전원의 인덕턴스에 의해 결정된다. 그림 3은 CO_2 용접에서 일어나는 단락이행 과정을 고속 촬영하여 순차적으로 보여주는 것이다.

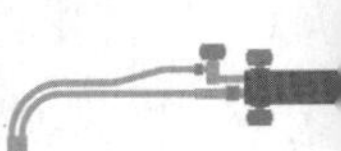

단락이행 과정에서 가장 큰 역할을 하는 힘은 전자기력, 중력과 표면장력인데, 표면장력의 크기는 보호가스의 조성에 따라 변화한다. 따라서 보호가스의 조성은 단락 기간과 횟수 등에 큰 영향을 주게 된다.

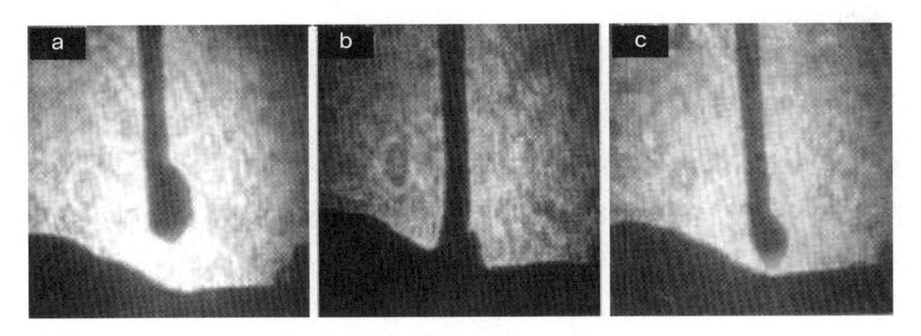

그림 3. CO_2 용접에서의 단락이행 과정

(2) 입상용적(globular)이행

GMAW에서 전류가 비교적 낮은 경우에는 보호가스 조성에 관계없이 입상용적이행하는 형태가 나타난다. 그러나 보호가스가 CO_2나 He일 경우에는 사용 가능한 용접전류 전 범위에서 입상용적이행이 나타난다. 입상용적이행은 이행되는 용적의 직경이 용접 와이어의 직경보다 크다는 것과 용적이 용융지와 직접 접촉하지 않는다는 것이 특징인데, 와이어 선단에서 와이어 직경의 2-3배 정도의 크기로 성장된 용적이 중력에 의해 이탈되어 초당 수 개에서 수십 개씩 용융지로 자유낙하되는 형태로써, 그림 4에는 입상용적이행 과정을 단계별로 보여주고 있다.

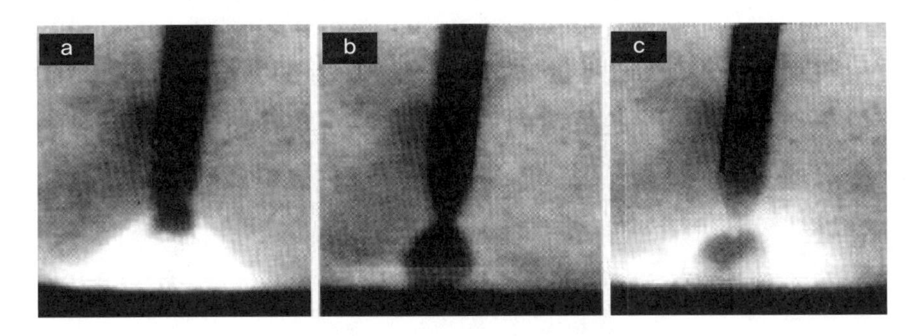

그림 4. 입상용적(drop) 이행과정

이러한 용적이행 조건에서 아크 길이가 짧아지게 되면(즉, 용접 전압이 낮아지면) 성장된 용적이 용융지와 접촉되기 쉽기 때문에 순간적인 단락현상이 나타나게 된다. 순간 단락이 발생하면 급격한 전류 상승을 동반하여, 용적은 급격히 가열되고 폭발성으로 분산되기 때문에

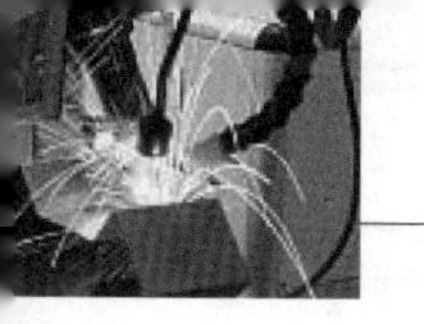

심한 스패터를 발생하게 된다. 따라서 입상용적이행이 안정적으로 이루어지기 위해서는 용적이 완전히 이탈될 수 있을 정도의 아크 길이를 유지할 필요가 있다. 한편, 입상용적이행에 있어서 보호가스의 조성은 용적이행 및 아크 안정성에 커다란 영향을 미친다. 먼저, Ar가스를 주성분으로 하는 조성에서는 용적이 구형이며, 아크는 용적 전체를 감싸고 있어 이행이 매우 안정적으로 이루어진다.

그러나 CO_2의 경우에는 아크가 용적의 하단부에만 집중되어 있어 용적에는 전자기적인 반발력이 작용하게 된다. 결국 CO_2 용접에서는 그림 5와 같이 용적이 매우 불규칙한 형상을 가질 뿐만 아니라 이행과정에서 큰 스패터가 다량 발생한다. 이와 같이 입상용적이행에서는 용적형상이 반발력 유무에 따라 상이한 관계로, 전자를 드롭(drop)이행, 후자를 반발(repelled)이행이라고 구분하기도 한다.

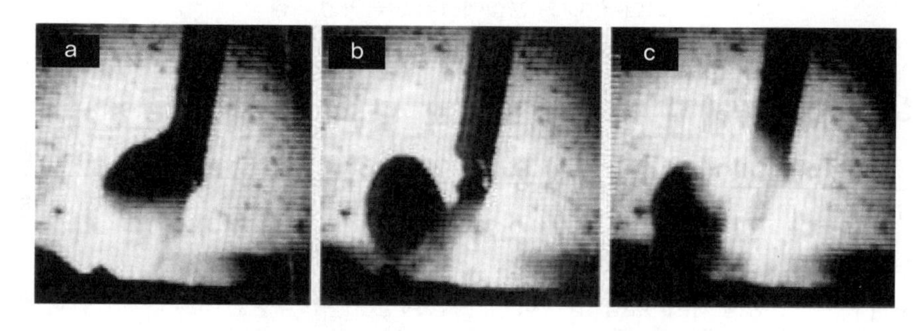

그림 5. CO_2 용접(플럭스 코어드 와이어 사용)에서의 용적이행

(3) 스프레이(spray)이행

Ar가스를 주성분으로 하는 보호가스 분위기에서는 용접전류가 증가함에 따라 그림 6에서 보여주는 바와 같이 특정 전류에서 용적의 크기가 급격히 변화한다. 이러한 전류를 천이전류라고 하는데, 용접전류가 천이전류보다 낮은 경우에는 입상용적이행이 나타나고, 그 이상일 때는 와이어의 직경보다 작은 용적들이 초당 수백회 정도의 높은 빈도수로 이행하는 현상이 나타난다.

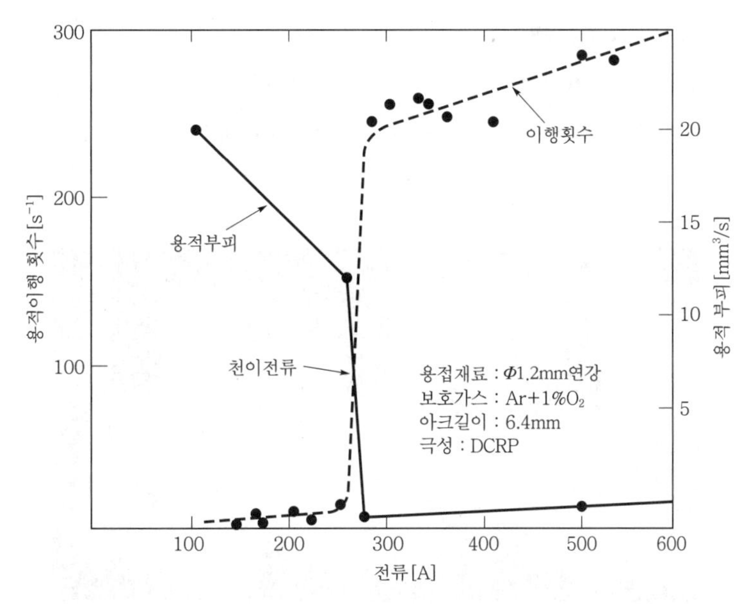

그림 6. 용적의 크기 및 이행횟수에 미치는 용접전류의 영향

이러한 이행 형태를 스프레이이행이라고 하는데, 입상용적이행이 스프레이이행으로 바뀌는 천이전류는 용접재료의 화학조성 및 와이어 직경에 따라 표 2와 같다. 스프레이이행에서는 전자기력이 가장 큰 영향을 미치는 힘이 되는데, 전자기력은 와이어 축에 수직한 방향으로 작용하며 핀치효과가 있어 용적이 크게 성장하기 전에 와이어 선단으로부터 이탈시켜 용융지로 투사하는 원동력이 된다. 스프레이이행 형태는 전류가 증가함에 따라 프로젝티드(projected)이행, 스트리밍(streaming)이행 및 회전(rotating)이행 등으로 구분된다. 실제 용접 아크를 자세히 관찰하여 보면 프로젝티드이행인 경우는 삼각형 모양의 아크 기둥만이 보이고, 스트리밍이행인 경우에는 삼각형의 아크 기둥 중앙에 용적이 물줄기를 이루고 있는 검은선을 관찰할 수 있으며, 회전이행의 경우에는 아크 기둥이 종 모양으로 바뀌면서 매우 큰 소음을 낸다.

표 2. 용접재료 및 직경에 따른 천이전류

용접와이어 종류	와이어 직경	보호가스	천이전류(A)
연강	0.9	$Ar+2\%O_2$	165
	1.2		220
	1.6		275
스테인리스강	0.9	$Ar+2\%O_2$	170
	1.2		225
	1.6		285
알루미늄	0.8	Ar	95
	1.2		135
	1.6		180

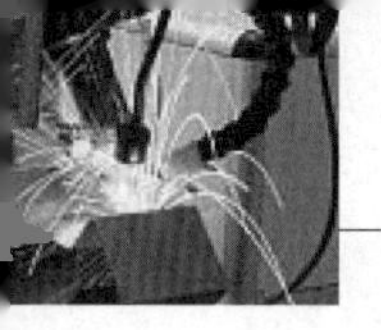

1) 프로젝티드(projected)이행

와이어 직경과 비슷한 크기의 둥글고 작은 용적이 와이어 선단부에서 빠른 속도로 모재로 방출된다. 이 형태는 스프레이이행으로 천이한 초기이행 형태로서 와이어의 끝이 뾰족하지 않다(그림 7). 아크는 매우 안정적이며 소음도 적다.

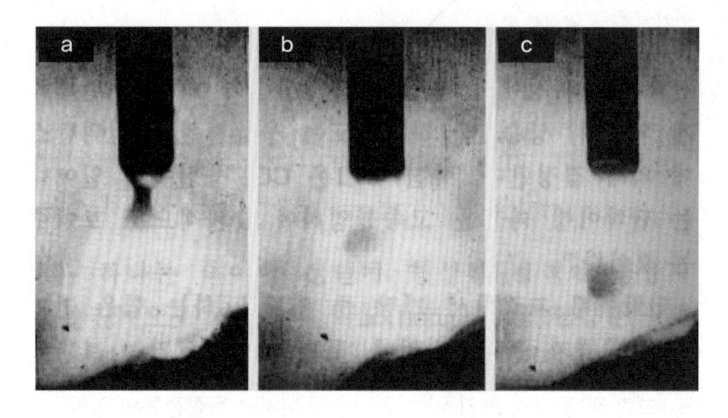

그림 7. 프로젝티드이행

2) 스트리밍(streaming)이행

프로젝티드이행 조건에서 전류를 증가시키면 나타나는 형태로서, 와이어 선단이 연필심과 같이 뾰족한 모양을 하고 있다. 뾰족한 와이어의 끝으로부터 매우 미세한 용적이 빠르게 형성되어 용융지로 투사되기 때문에 외관상으로는 액체가 흐르듯이 연속적으로 이행하는 것처럼 보인다(그림 8). 아크는 안정하며 소음도 매우 적다.

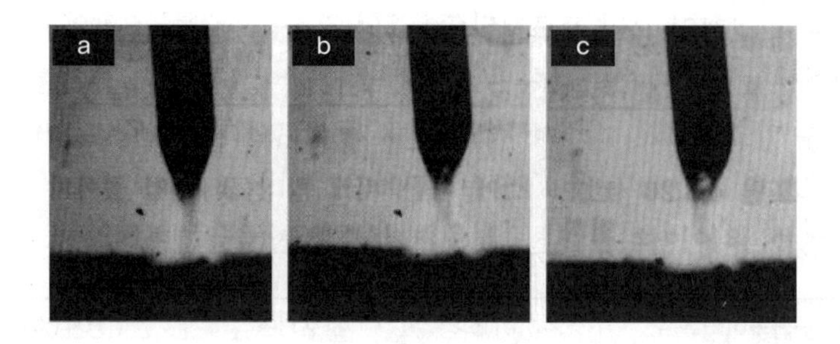

그림 8. 스트리밍이행

3) 회전(rotating)이행

스트리밍이행 조건보다 높은 전류에서 발생하는 이행 형태로서, 저항열과 아크열에 의해 용융된 와이어의 끝이 전자기력의 영향을 받아 나선형 궤적을 그리면서 빠른 속도로 용융지로 이동하는 형태이다(그림 9). 불안정한 회전이행 조건으로 용접이 이루어지면 아크가 불안하고 대형 스패터를 일으킨다.

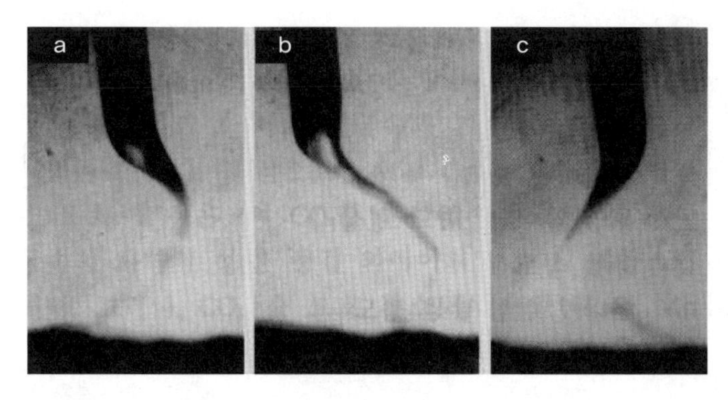

그림 9. 회전이행

15. Hot Wire GTAW의 작동원리와 특징

1 원리

TIG용접으로 용착속도를 증가하는 방법으로 Hot-Wire기법이 있다. 공급와이어에 전류를 연결하여 저항가열로써 와이어를 예열하여 용융지에 투입한다. 스패터나 슬래그의 발생이 없고 흄도 적어지고 저수소로 지연균열의 염려가 적어지므로 예열온도를 낮게할 수 있는 등의 TIG용접의 특징을 그대로 이용할 수 있다. 그림 1은 Hot-Wire TIG용접의 원리를 나타낸 것이다.

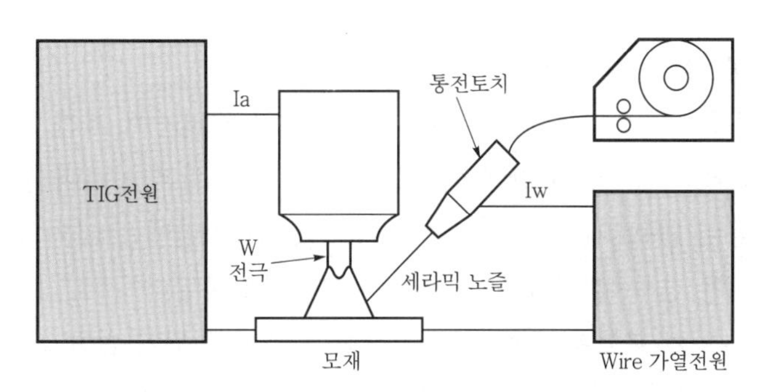

그림 1. Hot-Wire TIG용접의 원리

Hot-TIG는 아크없이 와이어 통전만 해도 와이어가 거의 용융상태에 도달한다. 와이어 용융속도는 아크전류와 관계없이 증감이 가능하다. 따라서 필요한 만큼 모재를 용융하고 필요한 만큼 용착금속을 얻을 수 있다. 이것이 Hot-Wire TIG의 큰 특징이다.

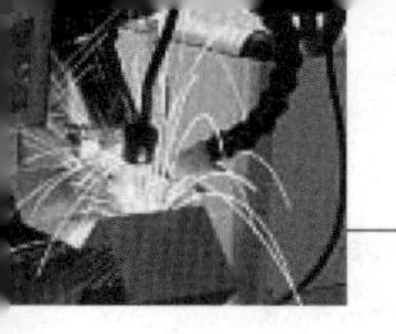

2 특징

그림 2는 Hot-Wire TIG기법에 따른 아크와 와이어 전류파형의 조합을 나타낸 것이다. 종래는 그림 2(a), (b)와 같이 직류 또는 교류의 연속적인 전류로 와이어를 가열하였다. 여기에 반하여 최근에는 그림 2(c), (d)와 같이 펄스전류로 와이어를 가열하는 방법이 실용화되고 있다.

이 방법에는 다음의 2가지 큰 특징이 있다.

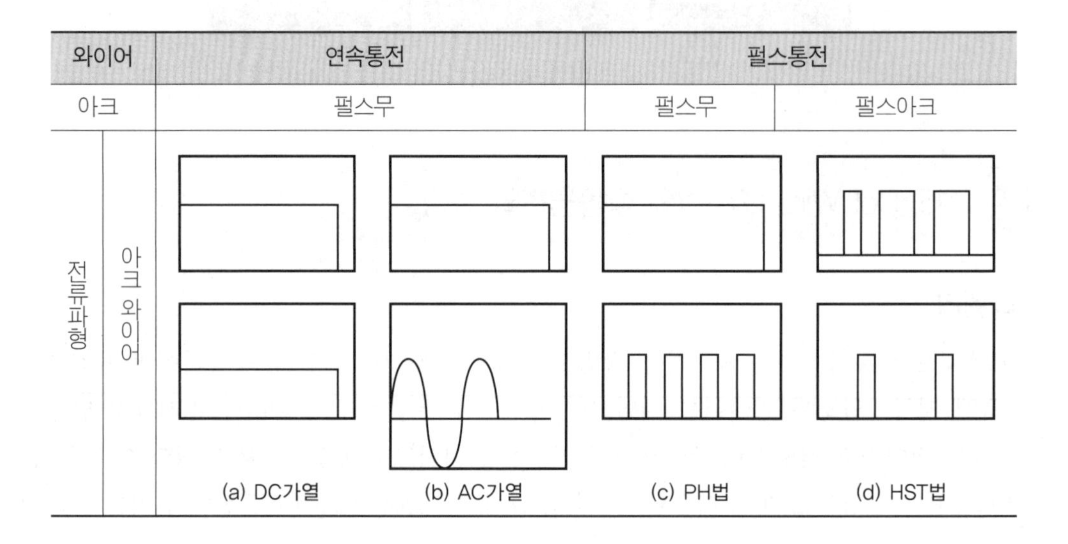

그림 2. Hot-Wire TIG용접의 전류파형

(1) 아크의 자기 블로우 문제해결

와이어 통전에 의해 아크의 자기 블로우는 펄스전류의 통전중지 기간 중에 발생하지 않는다. 그 기간(전체기간의 70~80%) 간에 아크는 목표하는 곳에 위치하여 통상과 같이 모재를 용융시킨다. 예를 들어 PH법의 경우 통전기간이 3 ms인 동안에는 자기 블로우가 생기다가 비 통전기간이 7 ms인 경우 이 기간동안 다시 아크가 안정화된다.

그 결과로 아크의 자기 블로우의 존재는 실질적인 문제가 되지 않게 되었다. 여기에 양손 반자동 TIG는 와이어 삽입위치가 임의로 되므로 와이어 위치에 따라 아크의 상태가 크게 변하게 되어 작업이 어렵게 될 수 있다. 와이어 삽입위치의 영향을 작게 하는 점으로 펄스통선 가열은 효과를 발휘한다.

(2) 와이어에서의 아크발생 문제

펄스전류의 통전 휴지기간 중에 와이어전압으로, 와이어는 모재와 접촉되었는지를 탐지한다. 그림 3은 그러한 원리를 도시한 것이다.

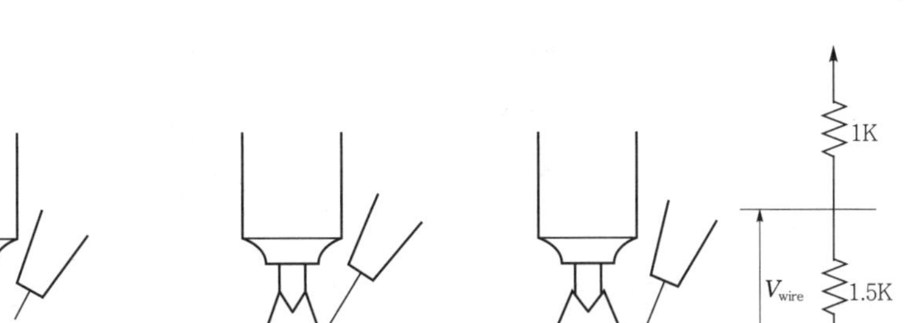
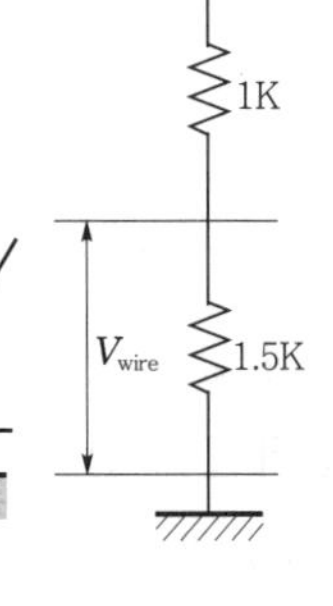

그림 3. 와이어 비 통전기간 중의 와이어전압

와이어 선단이 모재와 접촉했을 때만이 와이어전압은 0V가된다. 그 신호로부터 와이어와 모재간의 접촉상태를 탐지하며, 와이어가 모재로부터 떨어져 있을 때에는 와이어를 전원에서 분리하여 통전을 정지하고 접촉되어 있을 경우에만 통전하도록 제어(접촉검출방식)한다. 이로 인하여 와이어와 텅스텐 전극간, 또는 와이어와 모재간의 아크가 발생하는 경우가 없다.

16. 저항용접의 원리 및 용접 공정변수와 그들의 영향

1 개요

저항용접의 원리는 도체에 전류를 흐르게 하면 도체 내부의 전기 저항에 의하여 열 손실을 일으킨다. 일반적으로 전기회로에서는 이와 같은 손실을 최소화하는 방향으로 기술을 발전시키고 있으나 저항용접은 발열 손실을 오히려 적극적으로 활용하는 용접기술이다. 즉 저항용접이란 압력을 가한 상태에서 큰 전류를 흘려주며 금속끼리의 접촉면에서 생기는 접촉저항과 금속의 고유저항에 의하여 열을 얻고 이로 인하여 금속이 가열 또는 용융하면 가해진 압력에 의하여 접합이 이루어지도록 하는 공법을 말한다.

2 용접 공정변수와 그들의 영향

용접 공정변수은 돌기용접과 같은 저항용접은 판과 판을 밀착시킨 후 전류를 인가하여 발생하는 줄 발열을 접합 에너지로 이용하는 공정이므로 측면의 상태의 면적은 용접부의 형성에 큰 영향을 준다. 그러나 돌기용접은 돌기와 판의 접촉 부위가 용융되므로 점 용접과는 달리 돌기의 변형 과정이 용접성에 영향을 미친다.

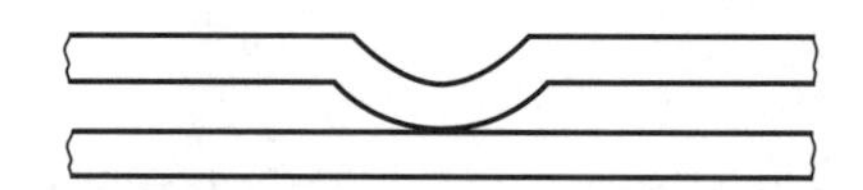

그림 1. 돌기용접의 용접부 조인트 예

주요 용접 공정변수와 그들의 영향을 간단히 기술하면 용접 전류는 돌기용접 시 각각의 돌기에 투입되는 용접 에너지는 동일한 재질 및 두께에 대한 점 용접에 필요한 에너지보다 적다. 돌기 용접에서는 발열이 진행되어 돌기가 완전히 붕괴되기 전에 용융부를 형성하도록 하여야 한다.

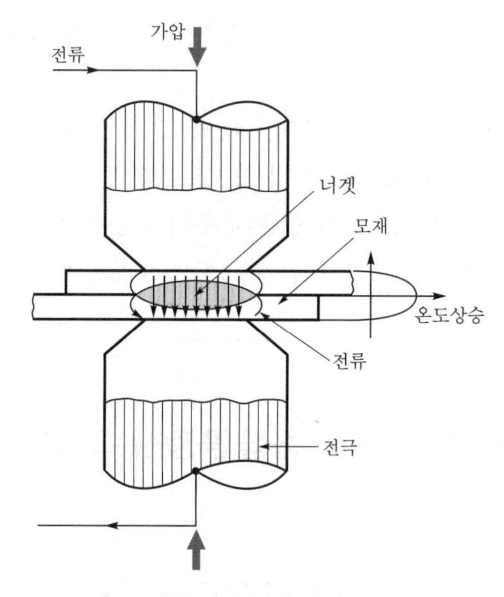

그림 2. 저항 점 용접의 원리

일정한 조건에서 용접에 쓰일 용융 금속의 양을 낮추어 용접 품질에 악영향을 끼치므로 주의하여야 한다. 용접 시간은 돌기 용접에서 통전 시간은 같은 모양의 돌기를 가진 조건에서는 돌기의 수에 무관하다. 생산성을 고려하여 짧은 용접 시간의 부여가 바람직하다면 그 만큼 높은 용접 전류를 필요로 하나 이것은 과열에 의한 스패터의 발생을 야기시킬 가능성이 높아진다.

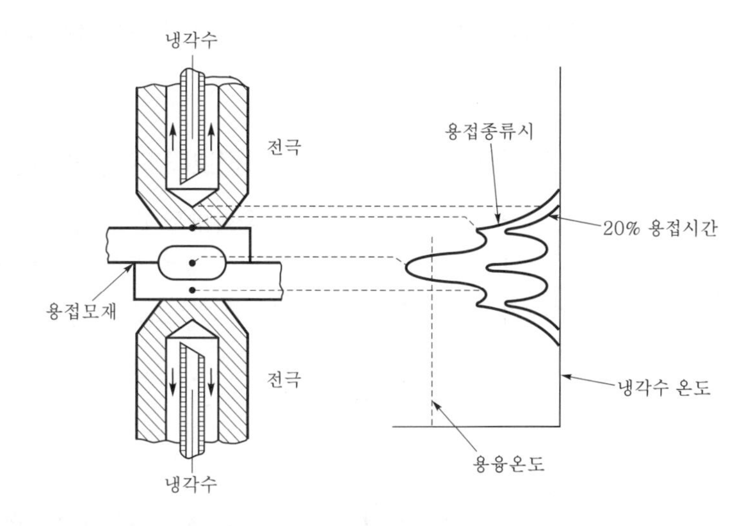

그림 3. 저항 점 용접의 온도 분포

일반적으로 하나의 용접부를 대상으로 할 때 점 용접에서보다 돌기 용접에서 더 긴 용접 시간과 낮은 용접 전류를 사용한다. 다중 펄스 용접 방법은 용접 입열량의 제어가 용이하고 두꺼운 소재 낮은 열전도도를 가진 재료를 용접하는 데 유리하다. 전극 가압력은 돌기 용접에 사용되는 전극 가압력도 용접의 대상이 되는 재료 돌기의 모양 및 수에 의하여 결정된다. 또 돌기 용접 시의 전류 밀도는 통전 전의 돌기 붕괴 정도에 따라 변화한다. 피용접재의 재질 두께 및 돌기 형상이 정해졌다면 통전이 시작되기 전의 돌기 붕괴 형태는 전극 가압력에 작접 영향을 받는다.

통전 과정에서 발열에 의한 돌기의 용융이 시작되면 돌기는 급격히 붕괴되며 이 때에도 적당한 가압력이 유지되어야 한다. 적정영역 내에서 가압력을 높이면 피용접재 상호간의 초기 통전면이 확대되고 그 결과 스패터의 발생이 없는 너깃을 얻을 수 있다. 그러나 가압력이 지나치게 높으면 너깃 형성의 임계 전류치도 함께 증가하여 양호한 용접부를 얻기 어렵게 되며 경우에 따라서는 냉접이 된다.

17. 플라즈마 아크 용접(PAW)의 전류밀도가 TIG용접보다 더 높게 되는 이유

1 개요

TIG와 플라즈마 용접법은 거의 유사하여, 가장 일반적으로 사용하는 용접방법이며 일반적으로 박판인 경우에 TIG를 주로 사용하고, 다소 후판인 경우에는 TIG로 여러 층을 용접하기

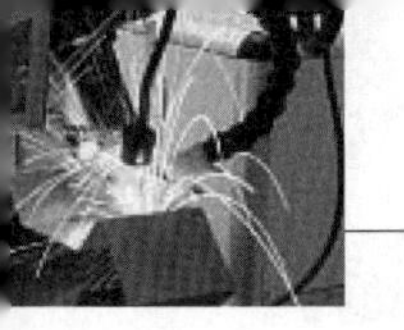

보다는 플라즈마 용접법으로 1층으로 용접하면 작업시간 단축이 이루어지기 때문에 주로 사용한다.

2 플라즈마 아크 용접(PAW)의 전류밀도가 TIG용접보다 더 높게 되는 이유

TIG보다 플라즈마의 입열량이 높기 때문에 1패스 당 용착량도 많고, 용접깊이도 깊다. 1번의 레이저 용접이 출력의 문제로 1패스 당 용입깊이가 얕기 때문에 그 대신에 플라즈마 용접을 대체하여 사용하며, 용접깊이가 10mm를 초과할 경우에는 J그루브 개선과 TIG로 여러 층을 용접하면 된다.

18. 완전용입이 요구되는 맞대기 Root Pass를 피복 아크 용접과 키홀(key hole)형성

1 제1층 비드

제1층은 V홈의 폭이 좁고 깊이가 깊어서 슬래그의 섞임, 용입 불량 등이 되기 쉬우므로 용접 전류를 85~90A(φ3.2mm 용접봉 사용시) 정도로 한다.

용접봉 끝을 V홈의 바닥 옆 가장자리에 가볍게 접촉시켜 아크를 일으켜 봉이 녹는 대로 진행하고, 직선을 긋는 기분으로 직선 비드를 만든다. 이때 주의해야 할 것은 V홈의 밑면을 잘 녹이고 그림 1과 같이 뒷면에 파형, 즉 이면 비드가 생기도록 해야 한다.

이렇게 하기 위해서 전류를 잘 조정하는 것은 물론이고 용융 풀을 잘 보고 V홈의 밑을 적당히 녹여서 용융 풀의 직전에 녹은 용철이 떨어지지 않을 정도로 약 3mm의 열쇠 구멍(key hole)을 만들며, 이것이 용융 풀의 진행과 같이 연속적으로 옮겨 가도록 해야 한다. 이 열쇠 구멍이 너무 커지면 밑으로 용락이 되어 큰 구멍이 생기며 용적이 흘러내리고 용접이 되지 않는다. 또, 열쇠 구멍(key hole)이 생길 정도가 아니면 밑 부분이 녹지 않아 용입불량이 된다.

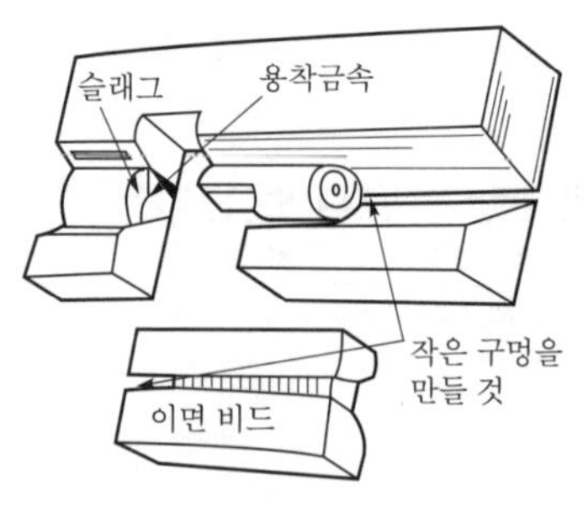

그림 1. 제1층 비드와 이면 비드

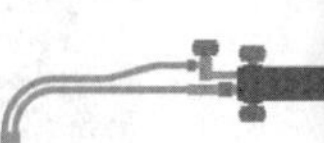

2 키홀(key hole)

이 용접은 제1층 용접이 가장 중요하고 어렵다. 용접 중에 열쇠 구멍(key hole)은 용접봉의 경사 각도를 바꿈으로써 어느 정도 조절할 수가 있다. 열쇠 구멍(key hole)이 커졌을 때는 용접봉을 진행 방향으로 눕히고 열쇠 구멍(key hole)이 생기지 않으면 봉을 일으켜 세워 준다. 이 조작으로 용융 풀의 녹는 상태를 조절하여 작은 구멍을 일정한 크기로 유지하면서 진행한다.

3 제2층 비드

제1층 비드가 끝나면 슬래그를 슬래그 해머로 제거한 후 다시 와이어 브러시로 청소하고 제2층 비드를 만든다. 용접 전류는 φ3.2mm 봉일 때 100~120A로 조정하여 작은 반달형 위빙을 하면서 제1층 비드의 표면을 충분히 녹이며 슬래그의 섞임에 주의한다. 이때, 아크 길이가 길어지면 용입 불량이나 슬래그의 섞임 현상이 발생한다.

19. 서브머지드 아크 용접 플럭스의 기능과 제조방법

1 개요

서브머지드 아크 용접은 대기로부터 아크를 보호하기 위해 용착부에 입상(粒狀)이나 용융상의 용제(granular or fusible flux)가 호퍼에서 공급관을 통하여 공급하고, 용제 속에 전극와이어를 송급하여 용접봉과 모재 사이에 아크를 발생시켜 용접하는 방법이다.

서브머지드(sumerged)란 아크가 어떤 물질(용제)밑에 잠겨 있다는 뜻으로 아크가 용제에 감추어져 있어 보이지 않는다. 실상은 전극과 모재 사이에 발생하는 아크뿐만이 아니라 sparks, spatter, smoke도 용제 속에 잠겨 있는 형태를 띤다.

흄도 발생하나 다른 용접보다는 적게 발생한다. 용가재는 주로 비 피복와이어전극(bare wire electrode)으로 공급되나 용가재를 와이어 형태로 따로 공급하기도 한다. 서브머지드 아크 용접은 용융지가 용제에 의해서 보호(실드)되므로 대기에서 격리되어 산소, 질소, 수분의 침입이 없고 아크열의 열손실이 적어 용입이 큰 높은 능률로 용접을 할 수 있다. 이 서브머지드 아크 용접은 주로 두께가 두꺼운 것의 용접에 사용되어 탄소강, 합금강 및 스테인리스 강 등에 사용되며 비철금속에는 잘 사용하지 않는다. 입자상 용제는 아크 경로의 앞부분에서 공급되어 소결(燒結, sinter)되어져 용접금속의 표면에 용융 슬래을 형성한다.

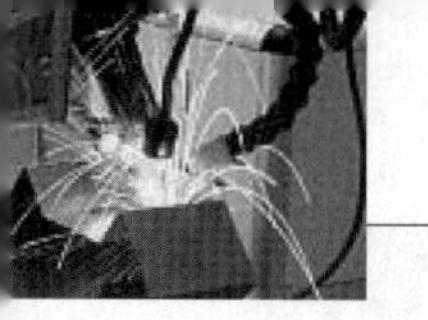

2 서브머지드 아크 용접 플럭스의 기능과 제조방법

용제는 제조 방법에 따라 분류하면 다음과 같다.

(1) 용융형 용제(fused flux)

광물성 원료를 일정한 비율로 혼합하여 아크로에 넣어 1,300℃ 이상으로 가열해서 응고시킨 후 분쇄하여 알맞은 입도(粒度)로 만든 것으로 유리모양의 광택이 난다.

(2) 소결형 용제(sintered flux)

광물성 원료 및 합금 분말을 규산나트륨과 같은 점결제와 더불어 원료가 용해되지 않을 정도의 비교적 저온상태(400~1000℃)에서 일정한 입도로 소결하여 제조한 것으로 분류된다. 용제는 조성상 조건은 다음과 같다

1) 저산화 망간용제-MnO를 거의 함유하지 않은 것,
2) 중산화 망간 용제-14~22%의 MnO를 함유한 것,
3) 고산화 망간 용제- 30% 이상의 MnO를 함유한 것으로 분류한다.

이 용제의 역할은 다음과 같다.

1) 아크를 보호하는 역할,
2) 합금을 제공하는 역할,
3) 아크를 안정화시키는 역할,
4) 아크를 용접 비드모양을 결정하는 역할을 한다.

전극와이어로 쓰이는 심선은 비피복선을 코일모양으로 감은 것을 사용하는데 보통 동도금을 하여 사용하며, Mo, Ni, Cr 등이 첨가되어 있다. 망간 함유량과 몰리브데늄 함유량에 따라 고망간계, 중망간계, 저망간계 및 Mn-Mo계 와이어로 분류한다. 서브머지드 아크 용접은 자동금속 아크 용접법(automatic metal arc welding), 잠호 용접이라고도 하며 미국 유니온 카바이드사가 발명하여 유니온 멜트 용접법 또는 링컨 용접법이라고도 한다.

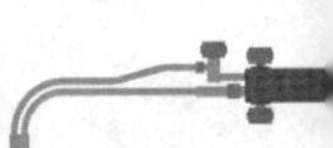

20. 가스금속 아크 용접(GMAW)에서 극성-전류-용입-금속이행 형태관계

1 원리

용가재로서 작용하는 소모전극 와이어를 일정한 속도로 용융지에 송급하면서 전류를 통한다. 와이어와 모재 사이에서 아크가 발생하며 연속적으로 송급되는 와이어가 아크의 높은 열에 의해 용융되어 아크 기둥을 거쳐 용융지로 이행한다. 용융부위는 가스노즐을 통하여 공급되는 보호가스에 의해 주위의 대기로부터 보호된다.

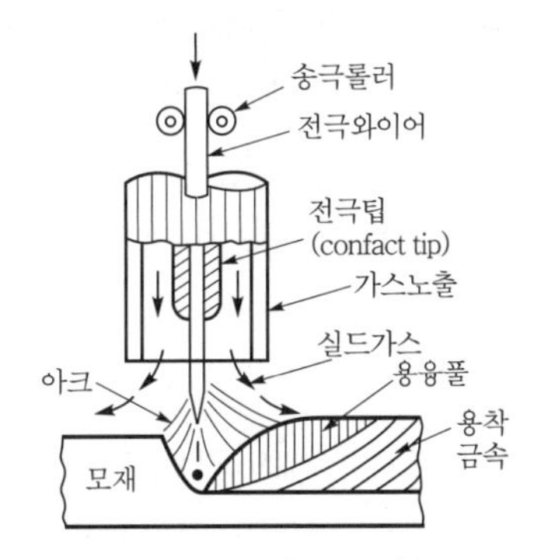

그림 1. 가스금속 아크 용접(GMAW)

2 가스금속 아크 용접(GMAW)에서 극성-전류-용입-금속이행 형태관계

용융금속의 이행형태에 있어 변수로 작용하는 것은 보호가스, 사용전류와 전압, 용접재료와 용접전원의 제어특성을 들 수 있으며, 이러한 것들은 작업의 능률과 용입, spatter의 발생량 증감 및 bead의 형성 등에 영향을 미친다.

용적에 작용하는 힘으로 중력과 표면장력, 전자기력, 항력이 있고 중력과 전자기력, 항력은 전류의 크기에 따라 영향을 받지만 표면장력은 전류의 영향을 거의 받지 않으며 전류가 낮으면(225A 이하) 표면장력의 영향은 크게 된다(단락이행시). 전자기력은 250A 이상에서 가장 큰 힘으로 작용하고 중력과 항력은 전류가 증가할수록 힘이 감소한다.

국제용접학회의 금속이행의 분류로는 Mode에 따라 2가지로 나뉘는데 Wire선단에서 생성된 Wire의 용적이 아크기둥을 거쳐 용융지로 이행하는 자유비행이행(Free flight)이 있고 이것은 용적의 입자에 따라 입상용적(Globular)과 스프레이(Spray)이행으로 나뉜다. 다른 하나는 Wire선단이 순간적으로 모재와 접촉하여 가교를 형성한 상태로 용융금속의 용융지로 흘러 들어가는 형태로 단락이행(Drop, Short)이라 한다.

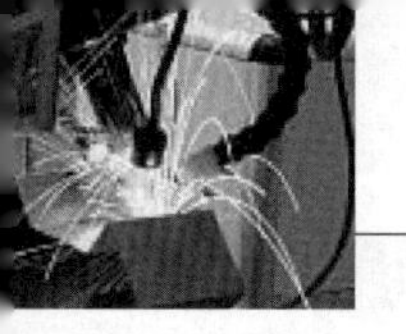

3 이행형태의 분류

(1) 단락이행

단락이행은 보호가스의 조성에 상관없이 저전류, 저전압에서 나타나는 이행의 형태로 단락과 동시에 용접전압은 급격히 감소하고 용접전류는 급상승함으로 용접봉의 용융금속이 모재로 이행하게 되며 이때 작용하는 힘으로 표면장력과 전자기력에 의한 핀치효과로 용융금속의 이행을 촉진한다(초당 100회 이하). 단락이행에 작용하는 힘 중 표면장력의 크기는 보호가스의 조성에 따라 변화하고 따라서 보호가스의 조성은 단락기간과 횟수에 큰 영향을 준다.

(2) 입상이행

GMAW에서 저전류 사용시 나타나는 이행형태이며 보호가스 또는 He인 경우는 사용가능한 모든 전류범위에서 나타나는 이행형태이다. 특징으로 Wire의 직경보다 용융지의 직경이 2~3배 정도 크며 용적이 용융지와 직접 맞닿지 않는 것이 특징이다. 작용하는 힘으로 중력에 의하여 2~3배 큰 용적이 자유로이 낙하하는 형태이며 초당 수십에서 수백으로 이행한다.

(3) 스프레이이행

Ar gas를 주성분으로 전류가 일정범위을 넘어가면(천이전류영역) Spray이행의 형태를 갖는다(천이전류영역 이하이면 입상이행). Wire의 직경보다 작은 용적을 초당 수백회 이상으로 이행하는 형상으로 전자기력이 주로 작용하여 이행하는 형태이며, 전자기력은 Wire의 축에 수직한 방향으로 작용하여 핀치효과가 있어 용적이 일정량 이상으로 증가하면 Wire의 선단으로부터 이탈시켜 용융지로 투사하는 원리이다. Spray형태에서 전류가 증가하면 프로젝티드(projected), 스트리밍(streaming), 회전(rotation)이행으로 전환된다.

1) 프로젝티드(projected)이행

와이어 직경과 비슷한 크기의 둥글고 작은 용적이 와이어 선단부에서 빠른 속도로 모재로 방출된다. 이 형태는 스프레이이행으로 천이한 초기이행 형태로서 와이어의 끝이 뾰족하지 않다.

2) 스트리밍(streaming)이행

프로젝티드이행 조건에서 전류를 증가시키면 나타나는 형태로서 와이어 선단이 연필심과 같이 뾰족한 모양을 하고 있다. 뾰족한 와이어의 끝으로부터 매우 미세한 용적이 빠르게 형성되어 용융지로 투사되기 때문에 외관상으로는 액체가 흐르듯이 연속적으로 이행하는 것처럼 보인다.

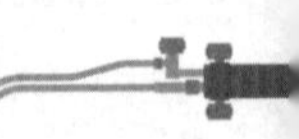

3) 회전(rotating)이행

스트리밍이행 조건보다 높은 전류에서 발생하는 이행 형태로서 저항열과 아크 열에 의해 용융된 와이어의 끝이 전자기력의 영향을 받아 나선형 궤적을 그리면서 빠른 속도로 용융지로 이동하는 형태이다, 불안정한 회전이행 조건으로 용접이 이루어지면 아크가 불안하고 대형 Spatter를 일으킨다.

21. GTA 용접의 스타트(Start) 방식

1 개요

텅스텐 전극은 토륨이 함유한(Tho$_2$2%) 텅스텐이 사용되고 있는데, 이것은 에밋션 효과가 뛰어나 아크가 안정되기 때문이다. 또 전원에 펄스파를 중첩시킴에 따라 아크가 안정되어 저입열 용접이 가능해진다.

2 스타트(Start) 방식

아크의 스타트는 터치스타트는 불가하며, 비접촉으로 고주파 발생장치에 의해 스타트한다. 이것은 융점이 낮은 공정(W와 Ti)생성물에 의한 오염을 방지하기 위해 필요하다. 블로우홀의 발생을 방지하기 위해서는 모재 및 용접 와이어의 청정, 이물혼입방지, 용접속도가 너무 빠르거나 용접전류가 너무 높지 않도록 적정한 조건을 주는 것이 필요하며, 박육용접 티탄관은 티탄조를 연속적으로 관상에 다단롤에 의해 성형하고 자동용접(TIG)에 의해 제조되어 복수기관을 비롯한 많은 열교환기용 관으로서 사용되고 있다.

22. 저항브레이징(Resistance Brazing)의 기본원리와 종류

1 브레이징의 정의

브레이징이란 450°C 이상에서 접합하고자 하는 모재(base metal) 용융점(melting point) 이하에서 모재는 상하지 않고 용가재와 열을 가하여 두 모재를 접합하는 기술이다. 더 자세히 말하자면 450°C 이상의 액상선 온도(liquidus temperature)를 가진 용가재를 사용하며 모재의 고상선 온도(solidus temperature) 이하의 열을 가하여 두 모재를 접합하는 방법을 브레이징(brazing)이라 할 수 있다.

용가재(filler metal)를 가지고 접합하는 방법은 크게 웰딩(welding), 브레이징(brazing), 솔

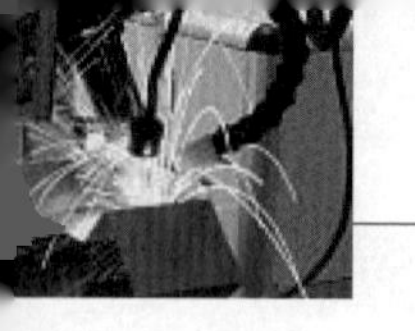

더링(soldering)으로 나눌 수 있다. 흔히 웰딩(welding)을 용접, 브레이징(brazing)을 경납땜, 솔더링(soldering)을 연납땜으로 말하기도 한다.

상기 3가지 공법의 차이는 솔더링은 450°C 이하의 용가재를 가지고 접합하는 방법을 칭하며, 웰딩과 브레이징은 450°C 이상의 온도에서 행해지나 그 차이점은 웰딩은 접합하고자 하는 모재의 용융점(melting poing) 이상에서 접합하는 방법이며, 브레이징은 용융점(melting point) 이하에서 모재(base metal)는 상하지 않고 용가재(filler metal)를 사용하여 열을 가하여 두 모재를 접합하는 기술을 의미한다.

2 브레이징의 원리

브레이징 시 일정한 온도(brazing temperature)에 이르면 브레이징 용재(brazing filler metal)가 양 용재 사이로 녹아 스며들어가서 브레이징이 되어야만 이상적인 브레이징이라 할 수 있다. 이때 양 모재와 용가재(filler metal)의 친화력의 정도를 나타내는 성질을 젖음성(wetting)으로 표현할 수 있으며 양 모재 접합간격(joint gap) 사이로 흘러 들어가게 하는 현상이 모세관 현상(capillary action)이라 표현할 수 있다.

이때 물론 중력(gravity)이 작용할 수 있다. 그러나 브레이징의 주된 기본원리는 모재를 가열한 후 용가재를 가하여 접합을 하면 젖음성(wetting)에 의해 용가재가 양 모재에 녹아서 모세관 현상(capillary action)에 의해 양 모재 사이로 흘러 들어가는 것이라 할 수 있다.

표 1. 브레이징, 솔더링, 웰딩의 주요 특성

구분	브레이징(BRAZING)	솔더링(SOLDERING)	웰딩(WELDING)
작업온도	450°C 이상 모재 용융점 이하	450°C 이상 모재 용융점 이하	450°C 이상 모재 용융점 이하
작업 후 모재형태	상하지 않음	상하지 않음	상한 경우 있음
작업 후 변형정도	거의 없음	거의 없음	심함
작업 후 잔류응력	없음	없음	있음
주요 가열원	가스저항, 유도가열, 노, 적외선 등	인두, 초음파, 오븐, GAS 등	플라즈마, 전자빔, 아크 저항, 레이저 등
강도	좋음	나쁨	좋음
외관	좋음	좋음	나쁨
자동화 가능성	좋음	좋음	좋음
다부품 접합	양호	양호	나쁨
기밀성	양호	양호	양호

만일 용가재가 브레이징해야 할 모재와 젖음성이 나쁘면 접합이 이루어지지 않을 것이며, 접합간격이 크면 양 모재 사이에 용가재(filler metal)가 가득 차지 않음에 따라 불완전한 접합이 될 것이다. 일반적으로 브레이징시 모재가 장시간 대기 중에 방치되었거나 또는 가열시 공기 중의 산소 등과 결합하여 산화물 등이 생겨서 불활성상태가 되어 있는 경우에는 액

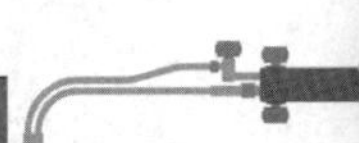

상 금속이 젖기(wetting)가 힘들어질 것이다. 또한 금속을 브레이징할 때 플럭스를 사용하거나 환원성 분위기 또는 진공분위기 중에서 가열함으로써 산화물 생성을 억제하여 용가재가 잘 젖게끔 만들어야 할 것이다. 이 일이 끝나면 올바른 모세관 현상에 의해 용가재가 양 모재 사이로 잘 흘러 들어가야 할 것이다. 특히 모세관 현상은 브레이징하고자 하는 가공품의 정밀도와 연관이 많이 있다. 즉 브레이징에 이상적이게 제품을 설계하지 못할 경우는 작업성이 떨어질 뿐 아니라 원가상승, 불량률 증가의 원인이 될 것이다. 즉 브레이징을 할 때, 중력은 자연 발생적으로 작용하며 제품을 조립할 때 중력을 고려하여 장착해야 할 것이다. 모세관 현상과 중력은 용재의 흐름에 많은 영향을 미치고 젖음성(wetting)은 용재의 친화력과 많은 연관이 있다.

23. 피복아크 용접(SMAW) 시 사용되는 직류 및 교류 용접기의 장단점을 5가지 비교 설명

1 직류 및 교류 용접기

(1) 직류 아크 용접기

종류는 전동 발전식과 엔진 구동형이 있으며 박판용접에 유리하고 전력 공급설비가 없는 야외작업에 편리하다.

(2) 교류 아크 용접기

종류는 가동 철심형, 가동 코일형, 탭 전환형, 가포화 리엑터형이 있으며 출력전류의 조절이 가능하고 소형 경량으로 운반이 편리하며 전력 소비가 적다(무부하 손실이 적다).

2 직류 및 교류 용접기의 장단점을 5가지 비교 설명

표 1. 직류와 교류아크 용접기의 비교

항목	직류 용접기	교류 용접기
극성이용	가능	불가능
무부하전압	낮음	높음
비피복 용접봉	가능	불가능
전격위험	적다	많다
아크 안정	우수	약간 불안
가격	비싸다	싸다

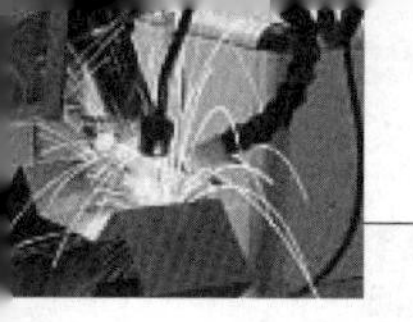

24. CO_2 용접에서 솔리드 와이어(Solid wire)와 플럭스코어 와이어(Flux cored wire)를 사용하여 용접할 때 용접특성 비교

1 솔리드 와이어(Solid wire)와 플럭스코어 와이어(Flux cored wire)

Solid wire의 대전류 용접은 입상이행의 아크이기 때문에 flux cored wire에 비해 스패터가 많고 bead 외관이 매끄럽지 않다. 하지만 능률적인 측면에서 flux cored wire에 비해 우수하다.

동일 전류 값에서 Solid wire에 의한 용융속도가 크다. 즉, 가는 지름의 wire는 전류 밀도가 높아 용융속도가 빠르다. 용입깊이 또한 높은 전류밀도에서 다른 용접에 비해 커지며 용입이 깊게 된다. flux cored wire의 CO_2에서는 flux안에 아크안정제, 슬래그생성제 등이 포함되어 있으므로 스프레이에 가까운 작은 입자의 금속이행의 아크로 되어 다음과 같은 특징이 있다.

(1) 스패터가 적다.

(2) 비드 외관이 깨끗하다.

(3) 용접부가 아름답다.

그러나 용융속도 용입에 대해서는 solid wire의 능률성에 미치지는 못하다.

25. 건타입 아크스터드 용접의 작동원리와 장점 및 적용방법에 대하여 설명

1 개요

스터드 용접기에 의해 할 수 있는 2가지의 스터드 용접방식의 종류는 Drawn Arc와 Short Cycle/Gas가 있으며 각 과정은 조금 다르고 용도에 따라 필요에 따라 정확한 과정을 선택하는 것이 중요하다.

2 종류 및 특성

(1) Drawn Arc 용접 과정의 원리

스터드 용접 제어 시스템은 대 전류를 0.1초-1.5초 이하의 짧은 시간으로 제어할 수 있는 기술이며, 스터드 Gun에는 스터드 볼트를 모재로부터 당기어 용접 아크를 발생시키는 전자석회로가 있고 스터드 볼트를 잡아주는 Chuck과 세라믹 페룰(아크 실드)을 잡아주는 페룰 그립이 있다. 용접과정이 끝나면 세라믹 페룰이 스터드볼트 주위로 용융금속을 잡아주어 용접 비드를 생성한다.

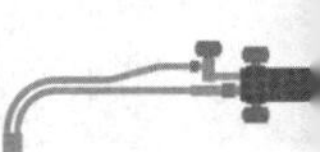

(2) Short Cycle 용접 과정의 원리

쇼트 사이클 스터드 용접의 용접시간은 0.01~0.1초의 극히 짧은 시간을 제어하는 것이 Drawn arc 용접과 다르며, 스터드 볼트의 직경에 따라 300A에서 1800A로 사용하며 Drawn arc 공정과 아주 유사한 용접 주기 방식으로 진행하지만 세라믹 페룰을 사용치 않고 용접과정의 마지막인 용접 비드가 생기지 않는다. Drawn arc 스터드 볼트의 끝에는 알루미늄 볼을 박기 위해 2차 가공이 필요하지만 Short Cycle 스터드 볼트는 알루미늄 볼을 박는 2차 가공이 필요 없다.

3_ 용접 모재의 두께

스터드 직경 1/4 이상의 모재 두께는 스터드의 인장력과 전단력을 신장시킬 것이며 용접 모재에 비틀림과 다수의 굽힘이 반복되는 경우 모재 두께의 비율, 과부하에 따른 높은 하중이 적용될 때에는 만족스런 결과는 없을 것이다.

4_ 스터드 용접기의 전류와 시간조절

용접전류 조견표는 대략적인 용접 세팅을 표시하는 것으로 이 세팅은 시각 검사에 의해 그때 확인되는 마지막 조건을 얻기 위한 출발점이며 초기 사용시 특수 목적에 근접하게 용접 세팅을 돕기 위한 것이며 그라운드케이블의 연결 상태, 주위 온도, 모재의 재질, 용접케이블의 접속상태, 표면상태, 용접자세 등의 요인에 의해 적정전류, 적정시간의 조건을 찾아 기록하여 다음 작업 시 응용하도록 한다. 조견표는 용접기 전면에 표시된 도표에 의해서 세팅을 하며 도표에는 실선과 점선의 표시가 이중으로 되어 있다. 점선은 페룰을 사용하지 않는 Short cycle방식의 표시이고 또 다른 하나인 실선 표시는 우리가 일반적으로 페룰을 사용하는 용접법이며 이 실선과 점선 2종류의 용접 선택은 용접기 전면 판넬에 있는 토-글 스위치로 간단히 선택할 수 있으며 표시방법을 충분히 이해하고 사용을 한다.

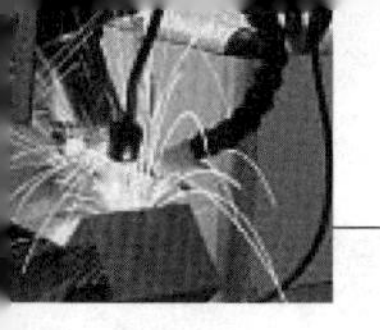

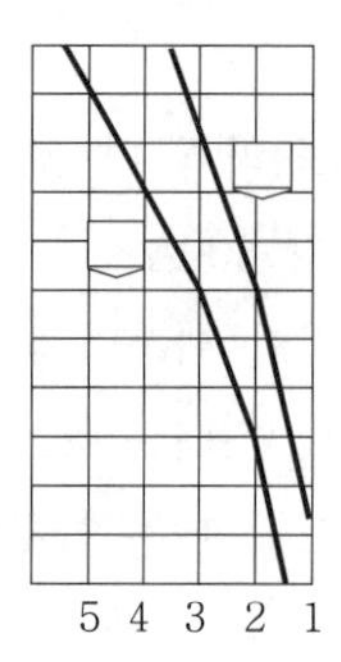

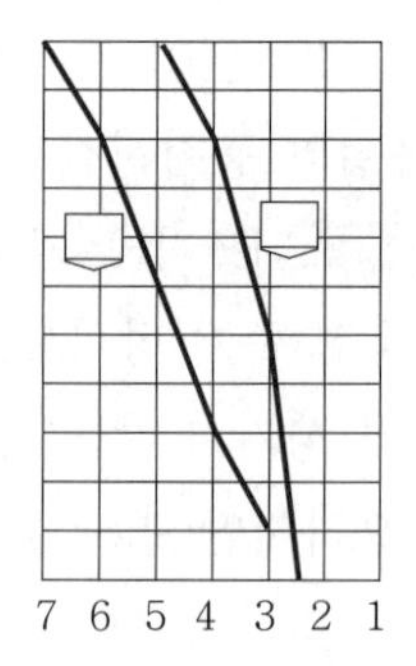

그림 1. (Angle Type 볼트기준)

Gap : 5, 리프트 : 2.0, (Flat Type 볼트기준), Gap : 3.4, 리프트 : 3.0

스터드 지름 16mm일 때

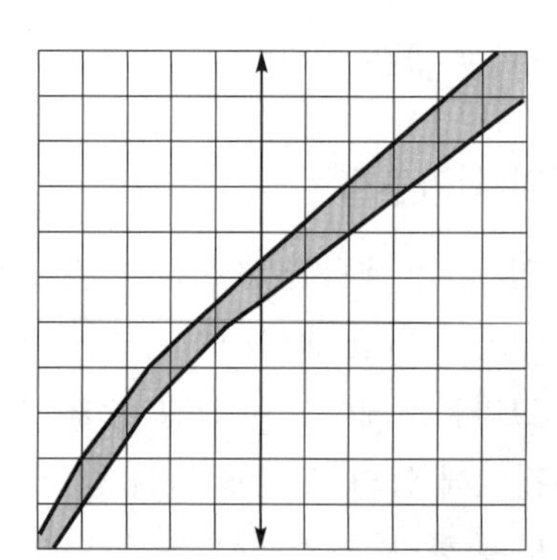

그림 2. (예 : 스터드 지름 16mm일 때 전류는 1200A, 시간은 0.6초)

26. GMA(Gas Metal Arc) 용접에 사용되고 있는 토치의 진행방향인 전진법과 후진법의 장단점 3가지를 쓰고 설명

1 개요

용접 진행방향에 대한 토치 방향에 따라 전진법과 후진법으로 구분되며, 그림에서 보는 바와 같이 전진법에서는 토치를 용접진행 방향 반대쪽으로 15-20°로 유지하는 방법이고, 후진법은 용접 진행방향으로 기울이는 방법이다. 아크 안정성, 용융지의 보호효과 측면에서 후진법이 양호하기 때문에 일반적인 용접에서는 후진법이 사용된다. 그러나 Al 합금과 같이 용융지 전방에 있는 모재에 대해 청정작용이 필요할 경우에 있어서는 전진법이 유리하다.

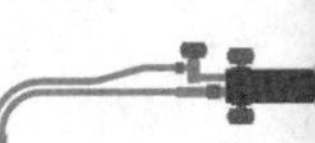

2 전진법과 후진법

(1) 전진법

1) 용접선이 잘 보이고 정확한 운봉이 가능하다.
2) 비드 높이가 낮고, 평탄한 비드가 형성된다.
3) 스패터가 많으며, 진행 방향쪽으로 흩어진다.
4) 용융금속이 아크보다 앞서기 쉬워 용입이 얕아진다.

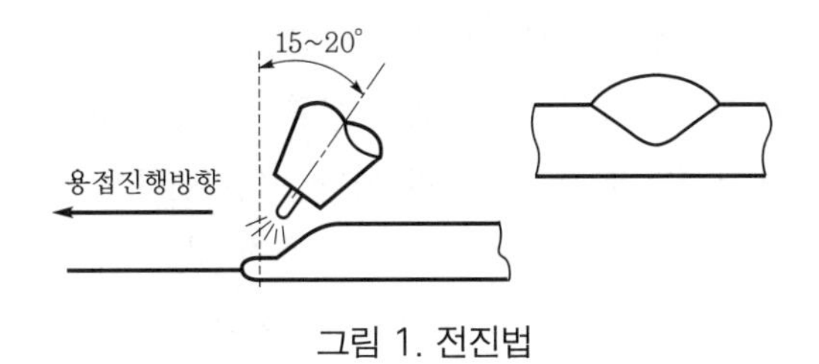

그림 1. 전진법

(2) 후진법

1) 용접선이 가려서 정확한 운봉이 불가능하다.
2) 비드 높이가 높고, 폭이 좁은 비드가 형성된다.
3) 스패터의 발생이 전진법보다 적다.
4) 용융금속이 앞으로 나가지 않으므로 깊은 용입을 얻을 수가 있다.
5) 비드형상이 잘 보이기 때문에 비드 폭, 높이 등을 제어하기 쉽다.

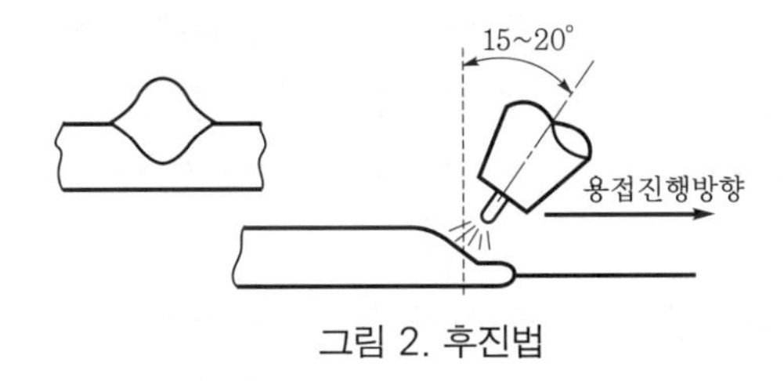

그림 2. 후진법

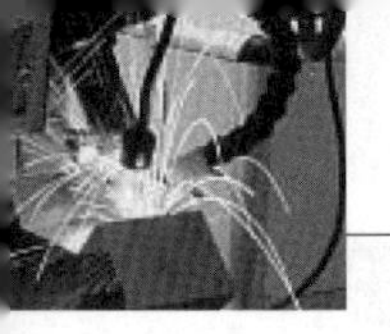

27. GTA(Gas Tungsten Arc) 용접작업에서 토치(torch)전극을 1-2% 토륨(Thorium)텅스텐을 사용하는 유리한 점 3가지를 쓰고 설명

1 개요

텅스텐(W)은 금속 중에서 융점이 가장 높고(3410℃), 밀도는 19.26g/㎤로서 가장 높은 금속 중에 속한다. 이와 같이 무거운 금속이라 그 광석은 중석(重石)이라 불리운다. 이 밖에 텅스텐은 매우 높은 탄성률(414GPa)을 가질 뿐만 아니라 또한 탄성적으로 등방적인 금속이다. 높은 융점 및 낮은 증기압, 그리고 가는 선으로 신선할 수 있는 능력 등이 텅스텐이 20세기초 전구의 필라멘트로 응용될 수 있었던 이유가 된다. 1950년대의 핵 및 우주시대의 열림과 함께 텅스텐의 전성기를 맞게 되었다. 특히 우주선의 추진 및 에너지 생산분야에서 고온응용이 크게 요구되면서 텅스텐과 그 합금에 대한 의존도가 계속 증대되었다. 고온특성 외에도 텅스텐의 높은 밀도와 강도, 그리고 탄성률에 의존하는 응용의 폭은 매우 넓다

2 텅스텐 전극봉(Tungsten Electrode)에 대한 일반사항

(1) 전극봉 규격에 따른 전류 전달 능력은 보호가스의 종류, 전극봉 호울더의 냉각효과, 용접자세, 사용 전원 극성, 토치의 종류 등에 의해 결정된다.

(2) 텅스텐 전극봉 규격은 0.25, 0.5, 0.6, 2.4, 3.2, 4.0, 4.8, 6.4mm 등이 있으며 고품질, 고정밀 용접으로 Al, Cu 등의 비철금속 용접에도 많이 사용한다.

(3) 텅스텐 전극봉 규격을 결정하는 좋은 방법은 사용전류에서 전극봉 끝이 녹아내리지 않을 정도의 가장 작은 규격의 전극봉을 선택하는 것이 가장 좋다. 그 이유는 높은 전류에 의헤 전극봉 끝이 녹아 용융지에 들어가고 너무 낮으면 아크 발생 및 와류현상이 발생할 염려가 있다.

(4) 전극봉 가공방법은 직류 정극성(DCSP)일 경우 전극봉을 뾰족하게 가공하여 사용하고 교류(AC)와 DCEP일 때는 전극봉을 둥글게 가공하여 사용하여야 한다.

3 텅스텐 전극봉의 종류

(1) 세륨 텅스텐 전극봉(Cerium Tungsten) EWCe

회색(Gray), DC, 저 전류 전극봉, 정밀 금형에 특히 널리 사용한다.

(2) 1% 토륨 텅스텐(Thorium Tungsten) EWTH-1

노랑(Yellow), DCEN 또는 DCEP 텅스텐 전극봉에 토륨을 1% 함유한 전극봉으로 전류 전도성이 좋아 아크가 안정되어 전극의 소모가 적어 직류 정극성에 사용되며 주로 강, 스테인리스, 동합금 용접에 적합하며 순 텅스텐보다 비싸지만 수명이 길다

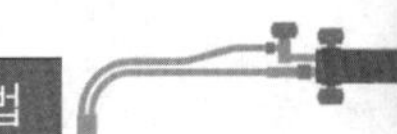

(3) 2% 토륨 텅스텐(Thorium Tungsten) EWTH-2

빨강(Red), DCEN 또는 DCEP 텅스텐 전극봉에 토륨을 2% 함유한 전극봉으로 1%보다 수명이 길고 전류 전도성이 좋아 아크가 안정되어 전극의 소모가 적어 주로 항공기부품과 같은 박판 정밀용접에 사용한다.

(4) 지르코늄 텅스텐(Zirconium Tungsten) EWZr

갈색/백색(Brown/White), 교류고주파 지르코늄 텅스텐 전극봉은 AC이고 전류 전극봉으로 순 텅스텐 전극봉보다 수명이 길고 교류용접에 보다 효과적이다. 0.7~0.9 백색(White) 지르코늄 텅스텐 전극봉은 알루미늄 용접에 우수하다.

(5) 란탄 텅스텐(Lanthanum Tungsten) EWL

흑색/골드(Black/Golden), 철, 스테인리스, 알루미늄, 각종 금형 용접에 사용하고 알루미늄에 특히 탁월하며 란탄 텅스텐 전극봉(Lanthanum Tungsten) 0.8~1.2%는 흑색(Black)이고 1.3~1.7%는 골드(Golden)이며 1.8%~2.2%는 하늘색(Sky Blue)이다.

(6) 순 텅스텐 전극봉(Pure Tungsten) EWP

청색/녹색(Blue/Green), 교류고주파로 가격이 싸고 비교적 낮은 전류를 사용하는 교류 용접에 주로 이용된다.

(7) 스트립 전극봉

텅스텐 전극봉의 새로운 개발형태로서 2%의 토륨띠를 순 텅스텐봉의 가장자리의 전길이에 삽입한 것으로 결과적으로 순 텅스텐 전극봉과 토륨 전극봉의 장점을 결합한 것이다.

28. 지상식 LNG 탱크의 내조(内槽)에 사용되는 9% Ni강을 피복아크 용접(SMAW) 시 용접재료와 이유, 아크쏠림 현상의 방지방법

1 개요

LNG 저장 탱크는 PC-외부탱크 일체식으로 방액벽을 프리 스트레스트 콘크리트(PC: Pre-stressed concrete)제로 하여 외부탱크에 밀착시킨 형태로 사용하며, 내부탱크 소재로 9% Ni steel이 해상의 부유식 저장탱크에 주로 사용되고 있으며, 최근에 7% Ni steel과 High Mn steel이 개발되어 실용화 단계에 있다. 9% Ni steel 소재의 가격을 낮추기 위해서 일본에서는 7% Ni-TMCO steel을 개발해서 육상의 고정식 저장탱크 건설에 적용하고 있다. LNG 저장

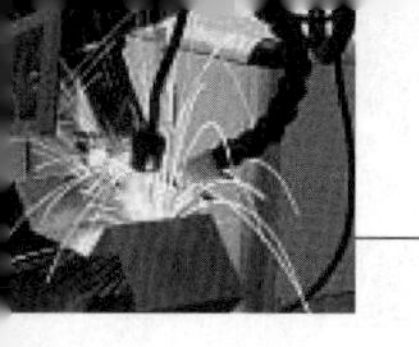

탱크 운반선에 9% Ni steel이 주로 많이 사용되고 있지만, LNG 탱크와 같은 대형 구조물을 용접하는 데 있어서 용접금속의 강도 및 열팽창 계수가 모재와 유사해야 하고, 극저온에서의 높은 충격인성, 우수한 용접작업성 등이 수반되어야 한다.

2 주로 사용하는 용접재료와 이유를 설명하고 피 용접재의 자화(磁化)에 의한 아크 쏠림(magnetic arc blow) 현상

9% Ni steel을 용접하는 데 있어서 용접금속의 고온균열, 용접열영향부의 균열, 성분의 희석, 용입부족, 아크쏠림 등의 문제점이 나타날 수 있다.

(1) 9% Ni steel과 Ni계 합금은 용접과정에서 직전 Pass의 잔존 열에 대한 영향을 받기 때문에 다층용접(Multi pass welding)이 9% Ni steel 모재의 용접금속 성능에 큰 영향을 미친다.

(2) 용접금속의 고온균열은 Ni계 합금은 오스테나이트 조직이기 때문에 기본적으로 고온균열이 발생하기 매우 쉬우며, 용접전류, 운봉비가 높을수록 내부균열이 발생하는 문제가 있다.

(3) 용접열영향부의 균열은 고니켈합금으로 9% Ni steel을 용접하는 경우에는 용접열영향부에 균열이 발생할 가능성은 거의 없지만 흡수한 용접재료를 사용한 경우에는 열영향부에 저온균열이 발생할 가능성이 있다.

(4) 성분의 희석은 9% Ni steel과 Ni계 합금은 화학성분이 크게 상이하기 때문에 9% Ni steel 모재의 희석이 용접금속 성능에 큰 영향을 미친다.

(5) 용입부족은 Ni계 합금은 9% Ni steel에 비하여 융점이 150℃ 정도 낮기 때문에 탄소강의 용접에 비해 용입량이 작아 용입불량을 일으키기 쉽다.

(6) 아크쏠림은 Ni steel은 연강에 비해 자장의 영향으로 자성을 띄기 쉬어 9% Ni steel 용접에 있어서는 자기 아크쏠림이 문제로 발생한다.

29. PAW(Plasma Arc Welding)의 아크 특성 2종류를 설명

1 원리

기체를 높은 온도로 가열하면 가스원자가 양이온의 원자핵과 음이온의 전자로 해리되어 혼합된 상태를 'Plasma'라고 부르며 일반 아크 용접에서 아크기둥도 일종의 Plasma 상태이다.

텅스텐 전극과 수냉동합금 노즐 선단 사이 혹은 모재 사이에 아크를 발생시키고 전극 주위에 Ar, Ne, He 등의 동작가스를 선회기류로 공급하면 노즐 내부에서 고온의 아크열로 가열되어 팽창된 고온의 가스(Plasma)가 단면수축노즐을 통해 고속으로 분출하는 Plasma Jet를 이용한 용접법이다. 수축노즐을 통하여 아크를 수축시키면 전류밀도가 증가하며 온도가 증가

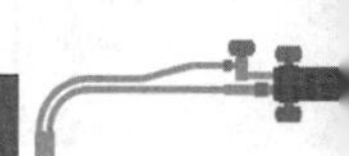

하여, 아크 Plasma의 온도는 10,000~18,000℃의 고온의 기체가 되는데 여기에는 Arc의 열적 핀치효과와 자기적 핀치효과에 기인하는데 '열적 Pinch Effect'는 Arc Plasma의 주위를 동작 가스로 냉각하면 Plasma의 열손실이 커지게 되므로 열손실을 최소한으로 하도록 그 단면을 수축시킨다.

이로 인해 전류밀도가 커지므로 Arc전압이 증가하며 고에너지 밀도의 고온의 Arc Plasma가 얻어진다. 또 고전류밀도의 Plasma Arc 주위에는 자기장이 형성되며 Arc에 흐르는 전류와의 상호작용으로 Arc단면이 수축하여 전류밀도는 증가하지만 이와 같은 Magnetic Pinch Effect의 영향은 Thermal Pinch Effect보다 크지 않다. 이 효과는 대전류일수록 크게 발생한다.

2 플라즈마(Plasma)

가스가 충분히 이온화되어 전류가 통할 수 있는 상태(제 4의 물질상태)로 원자에 열을 가하면 전자를 잃어버려서 양이온으로 되고, 이렇게 되면 주위의 물질들은 양이온과 자유전자로 이루어지는데 이러한 상태를 Plasma 상태라 한다.

용접에서 가장 중요한 Plasma의 성질은 전류를 잘 통하는 '자유전자'를 가지고 있는 점으로 Arc용접에서 Arc상에 전류가 흐르는 것은 Arc가 Plasma 상태이기 때문이다.

3 아크형식

(1) 이행형 아크(Transferred Arc)

전기 전도체인 모재를 (+)극으로 접속하고 텅스텐 전극을 (−)극으로 한 직류 정극성 방식으로 에너지가 높아 주로 용접에 많이 사용하고 전도체 용접 및 절단에 사용한다.

(2) 비이행형 아크(Nontransferred Arc)

수냉합금 노즐의 선단을 (+)극으로 하고 텅스텐 전극을 (−)극으로 한 용접방식으로 비이행형은 모재쪽에 전기접속이 필요치 않아 비금속물질 즉 내화물, 암석, 콘크리트나 주철, 비철, 스테인리스강 등의 절단 및 용사에 주로 사용하며 비전도체 절단 또는 용접모재에 용접 가열량을 최소화시킨 상태에서 용접시 사용한다.

동작가스는 Arc기둥의 냉각작용과 전극을 보호하며 Ar이나 Ne, He를 소량 혼입하면 수소는 Ar, Ne보다 열전도도가 커서 열적 핀치효과가 촉진되어 가스의 분출속도가 증가된다. 또한 해리된 수소는 모재와의 충돌시 냉각되어 분자상의 수소로 변할 때 발열반응을 요하므로 모재의 입열량이 증가하여 용접속도가 빨라진다. 그러나 과대한 수소의 혼합은 기공과 균열을 초래하는 경향이 있다.

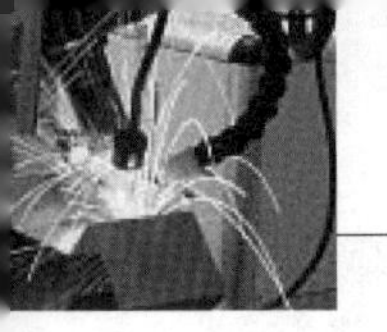

30. 가스메탈아크 용접(Gas Metal Arc Welding, GMAW)에서 용접봉의 용적이행(Metal Transfer) 형태

1 원리

기본적으로 용가재로써 작용하는 소모성 Wire를 일정한 속도로 용융지에 송급하면서 전류를 통하여 Wire와 모재 사이에 Arc를 일으켜 용접하는 방법이며 용융부위는 가스노즐을 통하여 공급되는 보호가스에 의하여 대기로 보호된다. Ar과 같은 불활성 가스로부터 보호되는 것을 MIG용접이라 하고 순수한 탄산가스만으로 사용하는 탄산가스 아크 용접(CO_2용접)과 탄산가스와 Ar을 혼합하여 용접하는 MAG용접으로 분류된다.

2 용적이행(Metal Transfer) 형태

용융금속의 이행형태에 있어 변수로 작용하는 것은 보호가스, 사용전류와 전압, 용접재료와 용접전원의 제어특성을 들 수 있으며 이러한 것들은 작업의 능률과 용입, spatter의 발생량 증감 및 bead의 형성 등에 영향을 미친다. 용적에 작용하는 힘으로 중력과 표면장력, 전자기력, 항력이 있고 중력과 전자기력, 항력은 전류의 크기에 따라 영향을 받지만 표면장력은 전류의 영향을 거의 받지 않으며 전류가 낮으면(225A 이하) 표면장력의 영향은 크게 된다(단락이행시). 전자기력은 250A 이상에서 가장 큰 힘으로 작용하고 중력과 항력은 전류가 증가할수록 힘이 감소한다. IIW, 즉 국제용접학회의 금속이행의 분류로는 Mode에 따라 2가지로 나뉘는데 Wire선단에서 생성된 Wire의 용적이 아크기둥을 거쳐 용융지로 이행하는 자유비행이행(Free flight)이 있고 이것은 용적의 입자에 따라 입상용적(Globular)과 스프레이(Spray)이행으로 나뉜다. 다른 하나는 Wire선단이 순간적으로 모재와 접촉하여 가교를 형성한 상태로 용융금속의 용융지로 흘러 들어가는 형태로 단락이행(Drop, Short)이라 한다.

(1) 단락이행

단락이행은 보호가스의 조성에 상관없이 저전류, 저전압에서 나타나는 이행의 형태로 단락과 동시에 용접전압은 급격히 감소하고 용접전류는 급상승함으로 용접봉의 용융금속이 모재로 이행하게 되며, 이때 작용하는 힘으로 표면장력과 전자기력에 의한 핀치효과로 용융금속의 이행을 촉진한다(초당 100회 이하). 단락이행에 작용하는 힘 중 표면장력의 크기는 보호가스의 조성에 따라 변화하고 따라서 보호가스의 조성은 단락기간과 횟수에 큰 영향을 준다.

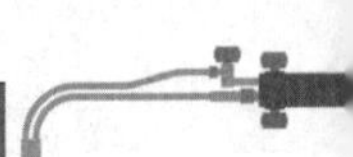

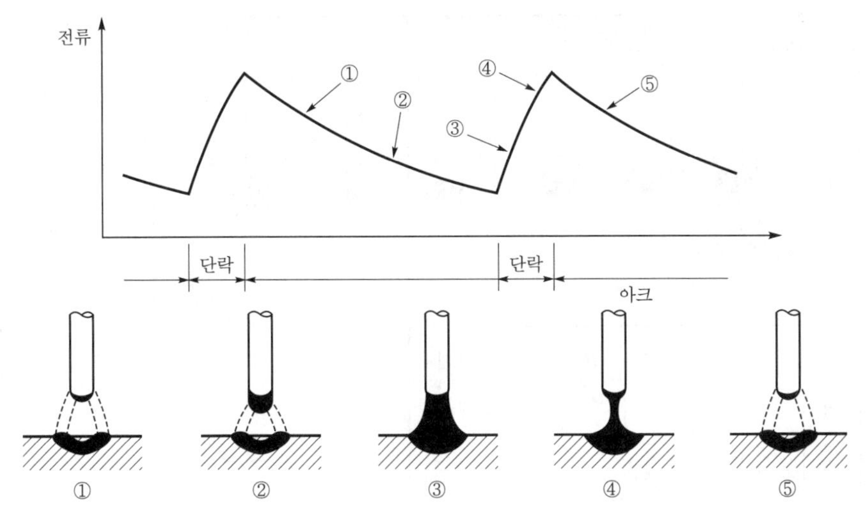

그림 1. 단락이행

(2) 입상이행

GMAW에서 저전류 사용시 나타나는 이행형태이며 보호가스가 CO_2 또는 He인 경우는 사용가능한 모든 전류범위에서 나타나는 이행형태이다. 특징으로 Wire의 직경보다 용융지의 직경이 2~3배 정도 크며 용적이 용융지와 직접 맞닿지 않는 것이 특징이다. 작용하는 힘으로 중력에 의하여 2~3배 큰 용적이 자유로이 낙하하는 형태이며 초당 수십에서 수백으로 이행한다. 이러한 이행의 형태에서 아크길이가 짧아지거나 아크전압이 낮아지면 성정된 용적이 용융지와 접촉하여 순간적으로 전류상승으로 단락되어 가열됨으로 폭발하여 심한 spatter를 발생시킨다. 입상이행이 안정적으로 이루어지기 위해 용적이 완전히 이탈할 수 있는 정도의 아크길이를 유지하는 것이 필요하다. 입상이행에서 보호가스의 조성은 아크의 안정성과 용접이행에 커다란 영향을 미치는데 Ar 사용(저전류영역)시 용적의 형태는 구형으로 Drop이행의 형태를 가져오고 CO_2 사용(고전류영역)시는 보호가스가 하단부에 깔림으로 아크를 완전히 감싸주지 못함으로 전자기력 반발력으로 용적이 안정치 못하게 되며 Repelled(반발)이행을 한다.

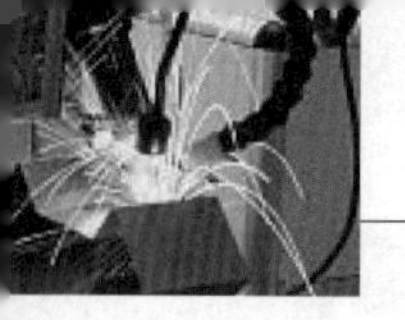

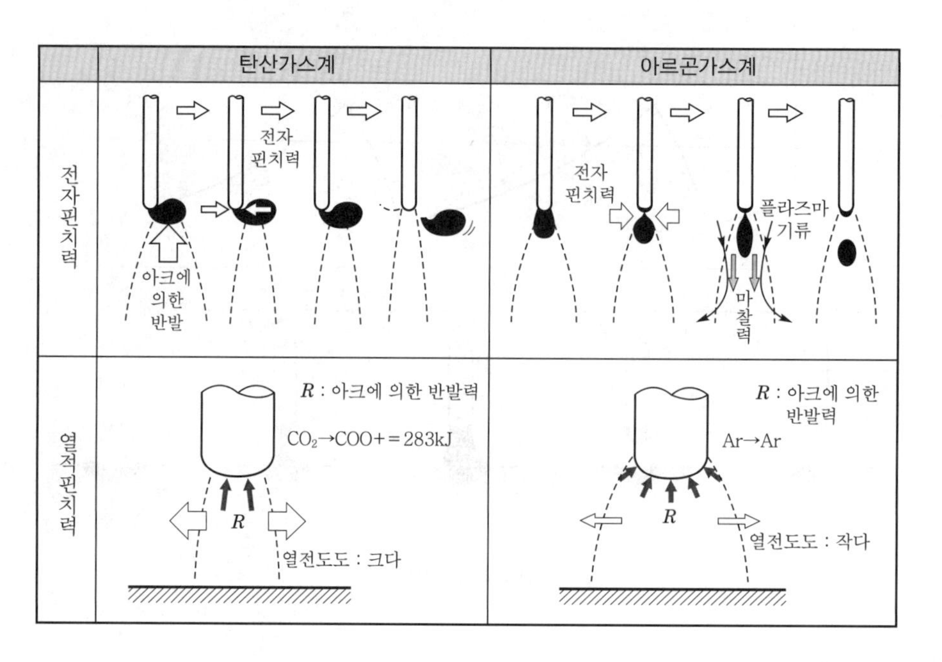

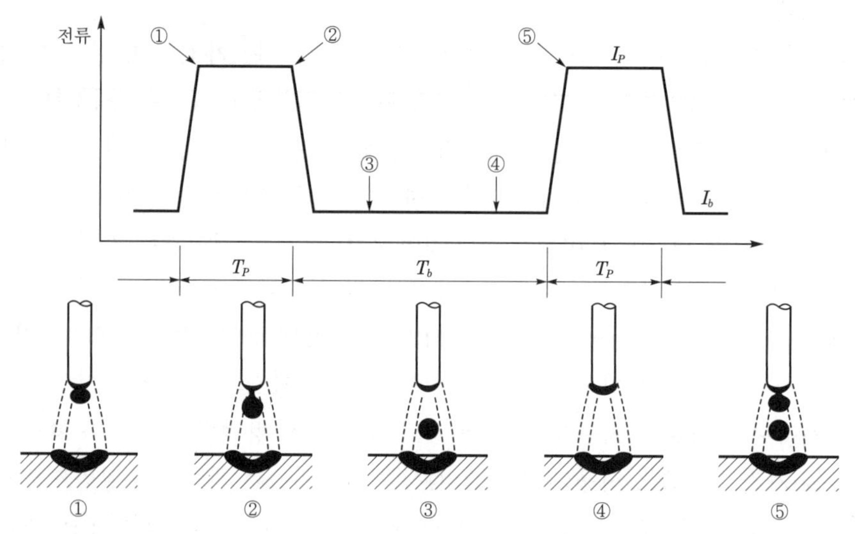

그림 2. 입상이행

(3) 스프레이이행

Ar gas를 주성분으로 전류가 일정범위를 넘어가면(천이전류영역) Spray이행의 형태를 갖는다(천이전류영역 이하이면 입상이행). Wire의 직경보다 작은 용적을 초당 수백회 이상으로 이행하는 형상으로 전자기력 힘이 주로 작용하여 이행하는 형태이며, 전자기력은 Wire의 축에 수직한 방향으로 작용하여 핀치효과가 있어 용적이 일정량 이상으로 증가하면 Wire의 선단으로부터 이탈시켜 용융지로 투사하는 원리이다.

Spray형태에서 전류가 증가하면 프로젝티드(projected), 스트리밍(streaming), 회전(rotation)이행으로 전환된다. 천이전류의 영역은 강종에 따라 Wire의 직경에 따라, 또 사용되는 보호가스의 종류에 따라 차이가 있으며 연강의 경우 Wire의 직경이 0.9, 1.2, 1.6mm일 때 사용되는 보호가스가 $Ar+O_2$(2%)을 혼합하여 사용하면 천이전류는 165A, 220A, 275A로 각각 분류할 수 있다. 스테인리스강의 경우 연강과 같은 Wire의 직경을 사용할 경우 170A, 225A, 285A로 각각 분류되고, 알루미늄의 경우 강의 특성을 고려하여 순수 Ar gas를 사용하였을 경우 95A, 135A, 180A로 분류할 수 있다.

표 1. 재료 및 와이어 직경에 따른 천이전류

용접와이어 종류	와이어 직경	보호가스	천이전류(A)
연강	0.9	$Ar+2\%O_2$	165
	1.2		220
	1.6		275
스테인리스강	0.9	$Ar+2\%O_2$	170
	1.2		225
	1.6		285
알루미늄	0.8	Ar	95
	1.2		135
	1.6		180

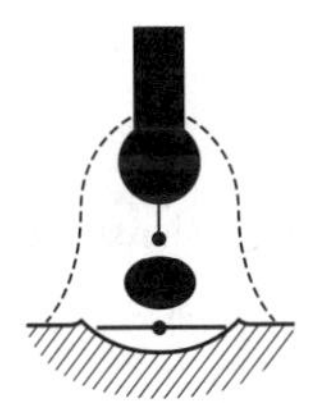
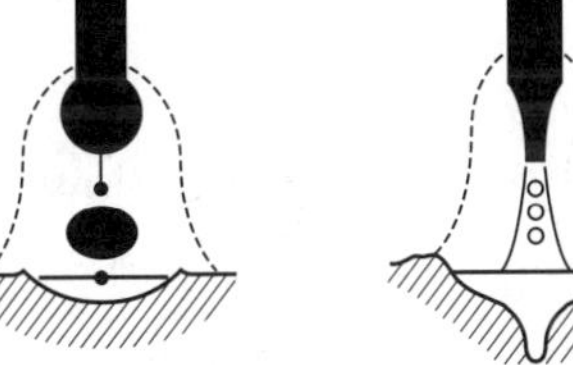
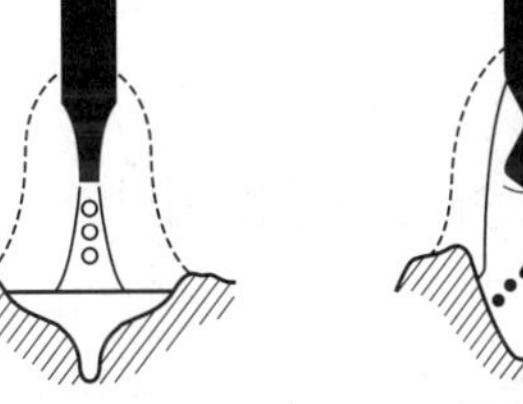

(a) 프로젝티드이행 (b) 스트리밍이행 (c) 회전이행

그림 3. 스프레이이행 형태의 분류

(1) 프로젝티드(projected)이행

와이어 직경과 비슷한 크기의 둥글고 작은 용적이 와이어 선단부에서 빠른 속도로 모재로 방출된다. 이 형태는 스프레이이행으로 천이한 초기이행 형태로서 와이어의 끝이 뾰족하지 않다.

(2) 스트리밍(streaming)이행

프로젝티드이행 조건에서 전류를 증가시키면 나타나는 형태로서, 와이어 선단이 연필심과 같이 뾰족한 모양을 하고 있다. 뾰족한 와이어의 끝으로부터 매우 미세한 용적이 빠르게 형

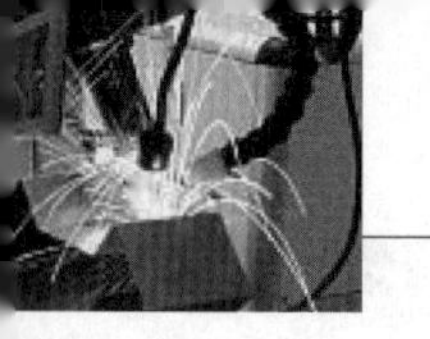

성되어 용융지로 투사되기 때문에 외관상으로는 액체가 흐르듯이 연속적으로 이행하는 것처럼 보인다.

(3) 회전(rotating)이행

스트리밍이행 조건보다 높은 전류에서 발생하는 이행 형태로서, 저항열과 아크열에 의해 용융된 와이어의 끝이 전자기력의 영향을 받아 나선형 궤적을 그리면서 빠른 속도로 용융지로 이동하는 형태이다. 불안정한 회전이행 조건으로 용접이 이루어지면 아크가 불안하고 대형 Spatter를 일으킨다.

31. 아크쏠림(Arc Blow) 발생원인과 방지대책

1 개요

Arc용접에서 철 자성물질(Ferromagnetic Material)을 용접할 때 Arc의 편향 또는 소멸을 동반할 때가 있다. 만일 용접이 성공적으로 행하여지더라도 이러한 현상들로 인해 과도한 스패터, 불완전 용융, 불균일한 비드를 형성하거나 내부결함을 유발시킬 수 있으며 위와 같은 현상을 '아크쏠림'이라 한다.

2 발생원인

아크가 자장의 영향을 받아 용접점을 이탈하는 현상을 'Arc Blow' 혹은 'Magnetic Blow'라고 하는데, 용접 중에 전류가 만드는 자장이 평형을 잃어버릴 때 자장이 Arc에 작용하여 Arc가 정상상태에서 벗어나 용접점이 밖으로 벗어나는 현상을 말한다.

전류가 흐르는 도체 주위에는 어떤 방향으로 자장이 발생되며, 그 방향은 가장 저항이 적은 통로를 빠져나가게 된다. 판재 용접의 경우 판재 양쪽 끝 부위에서 아크가 내부로 향하여 강하게 흡인되는 데 반해, 중앙부분에서는 Arc Blow가 발생되지 않으며 이것은 주로 봉 주위의 판 내에 있는 자장이 용접선의 시작부와 끝 부위에서 비대칭현상이 심하기 때문이다.

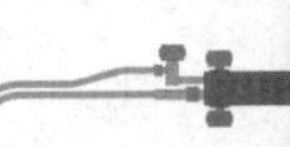

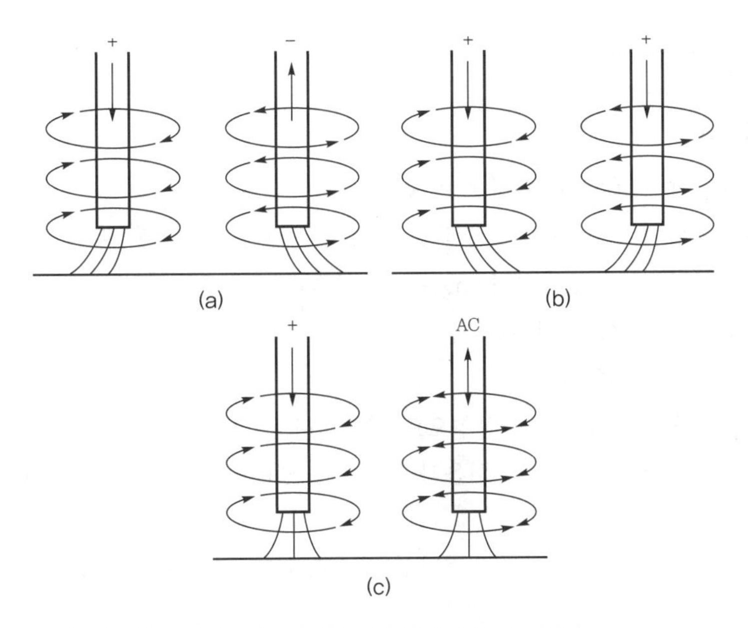

(a) 아크가 다른 극일 때 : 자장은 증가되고 아크는 밖으로 향한다.
(b) 아크가 같은 극일 때 : 자장은 서로 반대방향이고 아크는 안쪽으로 향한다.
(c) 아크가 직류와 교류 시 : 작은 자장과 작은 아크가 발생한다.

그림 1. 두 개의 아크가 접촉할 때의 자장의 반응관계

Arc Blow의 발생 원인에는 크게 2가지 기본 형식이 있는데 이것은,

(1) 전류가 용접봉으로부터 모재를 통해 접지로 나갈 때(혹은 반대로 돌아서 나갈 때) 전류경로의 방향전환에 의한 Arc Blow 현상과,

(2) 자성재료의 용접에 있어서 용접봉의 위치가 모재에 대하여 한쪽으로 치우쳐 있을 때 Arc Blow가 발생하는 현상이다.

3 발생위치

전기적 자장의 생김과 Arc쏠림의 위치는 용접의 시작과 끝부분(1/8 ~ 1/4의 위치)에서 내부로 향하여 강하게 끌린다.

4 아크쏠림 발생시 문제점

(1) 아크가 불안정하다.
(2) 기공(Blow Hole)이 발생한다.
(3) 슬래그(Slag)가 섞인다.
(4) 용착금속의 재질변화가 있다.
(5) 비드(Bead) 형상이 불량하다.
(6) 큰 스패터(Spatter)가 발생한다.

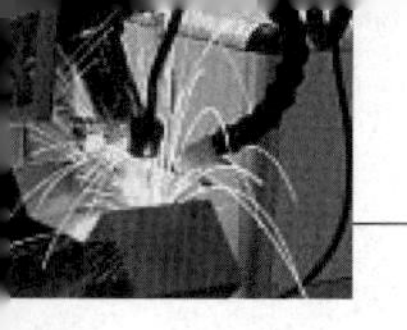

(7) 언더컷(Undercut)이 발생한다.

5 방지대책

(1) 교류 용접(모재 내에서 와전류 발생)을 한다.
(2) 큰 가용접부 또는 이미 용접이 끝난 용착부로 향하여 용접한다.
(3) 후퇴 용접법(Back Step Welding)을 사용한다.
(4) 접지점을 용접부에서 멀리한다.
(5) 짧은 아크를 사용한다.
(6) 용접봉 끝을 아크쏠림 반대방향으로 기울인다.
(7) 받침쇠, 긴 가접부, Seam의 처음과 끝에 엔드탭(End Tab)을 사용한다.
(8) 전원을 2개로 연결한다.
(9) 접지 케이블이 감기지 않도록 적당한 길이로 한다(원주용접을 할 경우).
(10) Earth를 하는 곳은 녹, 페인트 등 오물이 없도록 한다.
(11) 치구의 아크 근방은 비자성체로 만든다.

32. 용접부 입열량과 용접속도(cm/min) 계산

1 용접 입열량

용접 입열량이란 용섭시 용접부에 공급된 열량으로서 용접비드 1cm당 투입된 열량으로 [J/cm]의 단위로 나타낸다. 용접 중에는 용접아크에 의한 열, 용접봉의 코팅이나 용융부에서 발생하는 화학에너지, 금속이행에 의한 입열 등이 있으나 대부분의 열은 용접아크에 의해서 발생되며 그 크기는 다음과 같다. 입열량은

$$Q = \frac{EI}{V}\eta \text{ [J/cm]}$$

여기서, E : 전압(V) I : 전류(A)
V : 용접속도(cm/sec) η : 아크효율

2 용접 입열량의 영향

(1) 입열량이 많으면 냉각 속도가 늦어서 농도 불균일에 의한 확산할 수 있는 시간적 여유가 크고, 조성적 과랭에 의한 모재 쪽에 온도구배가 낮아서 덴드라이트, 셀룰라 성장이 쉽다.

(2) 입열량이 증가할수록 냉각속도가 늦어지고, BF(Bainitit Ferrite), AF(Acicular Ferrite)의 양이 많아져서 연성이 높아지지만 경도값이 감소한다.

(3) 입열량이 많으면 잔류 응력이 많아져서 변형이 일어나기 쉽고, 입열량이 줄어들수록 마르텐사이트가 생성되어 경도값은 증가하고 취성이 강해진다.

(4) 입열량이 적으면 용착부족이 우려된다.

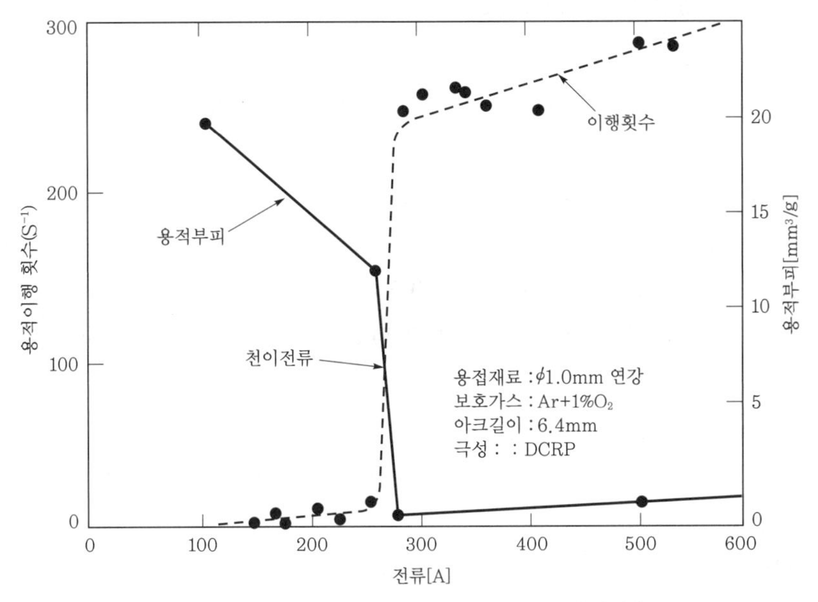

그림 1. 사용전류에 따른 용적의 부피 및 이행횟수

33. 피복금속아크 용접(SMAW)에서 용접봉에 피복된 피복재의 역할 3가지를 설명하고 그 역할을 수행하기 위해 사용되는 물질들을 하나씩 설명

1 피복재의 역할

심선 주위에 피복되어 있는 피복재는 다음과 같은 역할을 한다.

(1) Arc를 발생할 때 피복재가 연소하여 이 연소 Gas가 공기 중에서 용융금속으로의 산소, 질소의 침입을 차단하여 용접 금속을 보호한다.

(2) 용융 금속에 대하여 탈산 작용을 하며, 용착 금속의 기계적 성질을 좋게 하는 합금 원소의 첨가 역할을 한다.

(3) Arc의 발생과 Arc의 안정성을 좋게 한다.

(4) Slag를 만들어 용착 금속의 급랭을 방지하고 미려한 용접 Bead를 만든다.

2 피복재의 주요 성분

용접봉의 피복재는 용접시에 대부분이 용융 Slag로 되며 대부분은 산화물인 것이다. 이들 Slag를 구성하는 산화물은 다음과 같다.

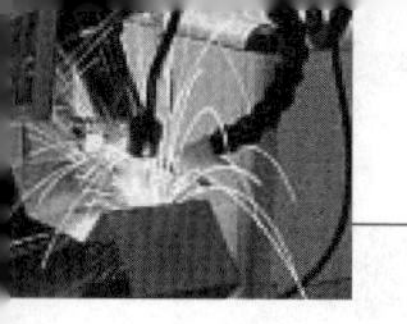

(1) 염기성 : MgO, FeO, MnO, CaO, Na_2O, K_2O

(2) 중성 혹은 양성 : TiO_2, Al_2O_2, Fe_2O_3, Cr_3O_3, Ti_2O_3

(3) 산성 : P_2O_3, SiO_2의 3종류가 있으며, 주요 성분들을 보면 다음과 같다.

1) 피복가스 발생 성분(Gas Forming Materials) : 4~25%

용융된 강이 공기 중의 산소와 질소의 영향을 받아 산화철이나 질화철이 되지 않도록 보호 가스를 발생시켜 용융 금속을 공기와 차단하며 유기물은 셀룰로오스, 전분, 펄프 등이 있고, 무기물은 석회석, 마그네사이트 등이 있다.

2) Arc 안정성분(Arc Stabilizers) : 4~25%

Arc의 발생과 지속을 쉽게 하는 것에는 탄산바륨($BaCO_3$), 산화티탄(TiO_2), 철분 등이 있다.

3) Slag 생성 성분(Slag Formers) : 5~50%

용접부 표면을 덮어 산화와 질화를 방지하고 탈산 등의 작용을 하며, 용착 금속의 냉각 속도를 느리게 한다.

4) 탈산 성분(Dioxidizers) : 6~25%

용융 금속 중에 침입한 산소와 그 밖의 불순 가스를 제거하는 것으로서 페로망간(FeMn), 페로실리콘(FeSi) 등이 있다.

5) 합금 성분 (Alloying Elements) : 6~25%

용융된 강 중에 필요한 원소를 보급하여 좋은 용착 금속을 만들며, 페로크롬(FeCr), 페로몰리브덴(FeMo), 페로실리콘(FeSi), 페로망간(FeMn) 등이 있다.

6) 고착 성분(Binding Agents) : 16~25%

피복재에 혼합시켜 심선의 주위를 고착시키는 규산나트륨(Na_2SiO_3=N), 규산칼륨(K_2SiO_3=k) 등이 있다.

7) 윤활 성분(Slipping Agents) : 8~12%

34. 고상 용접(Solid State Welding)

1 개요

고상 용접은 엄밀한 의미에서 전기 용접과는 다르나 다소 관련성이 있으며, 고상 용접 원리는 대단히 간단한 것으로 2개의 깨끗하고 매끈한 금속 면을 원자와 원자의 인력이 작용할 수 있는 거리에 접근시키고 기계적으로 밀착하면 용접이 된다.

2 고상 용접(Solid State Welding)

현재 실용되고 있는 고상 용접에는 다음과 같은 것이 있다.

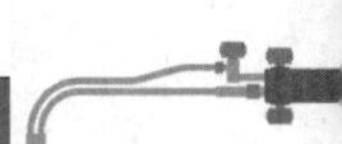

(1) 로울 용접 : 압연기 로울러의 압력에 의한 용접이다.

(2) 냉간 압접 : 외부에서 기계적인 힘을 가하여 접합한다.

(3) 열간 압접 : 접합부를 가열하고 압력 또는 충격을 가하는 접합방법이다.

(4) 마찰 용접 : 접촉면의 기계적 마찰로 가열된 것을 압력을 가하는 접합방법이다.

(5) 폭발 용접 : 폭발의 충격파에 의한 용접이다.

(6) 초음파 용접 : 접합면을 가압하고 고주파 진동에너지를 그 부분에 가하여 용접한다.

(7) 확산 용접 : 접합면에 압력을 가하여 밀착시키고 온도를 올려 확산으로 하는 용접 또는 고체의 인서트를 접촉면에 사용하는 일도 있다.

고상 용접 중에서 로울 접합, 열간 압점, 마찰 용접, 폭발 용접, 초음파 용접 등은 공기 중에서 하나 냉간 압접 및 확산 용접은 표면이 더러워지는 것을 방지하기 위하여 적당한 내산화막을 만들든가 또는 진공 중에서 작업한다.

35. 키홀 용접(Keyhole Welding)

1 원리

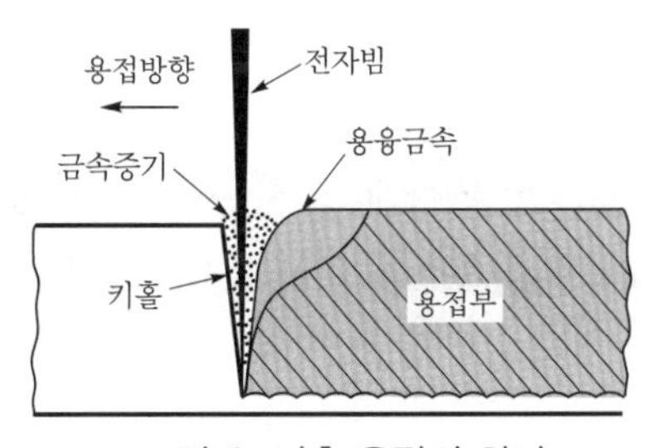

그림 1. 키홀 용접의 원리

전자빔 용접 또는 고출력 레이저 용접에서 용융 풀(pool)에 증기압 등의 작용으로 작은 구멍을 만들면서 용접이 이루어지는 상태를 말한다. 칠징재료에 집속된 대출력 탄산가스 레이저를 조사하면 에너지 밀도 10^4W/mm^2 정도, 또는 그 이상에서 물질의 급속한 기화 및 제거 작용으로 증기압이 형성된다. 또한 용융된 금속에서는 표면장력 등 각종 힘들이 작용하기 때문에 일정한 크기의 키홀이 유지된다.

2 특징

이와 같이 용융지에 키홀이 형성된 상태로 용접이 이루어지면 아크 용접 등 종래의 용접과 같이 열전도형의 반달형 용융지를 만들지 않고 재료의 두께방향으로 좁고 깊은 키홀을 중심으로 열전달이 이루어진다. 키홀 모드로 형성된 용접부는 비드의 깊이가 넓이에 비하여 크다.

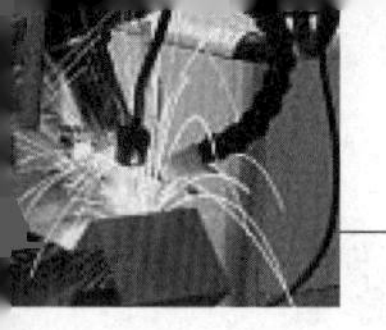

연강	2~6mm
스테인리스판	2~9mm
알루미늄판	3~8mm

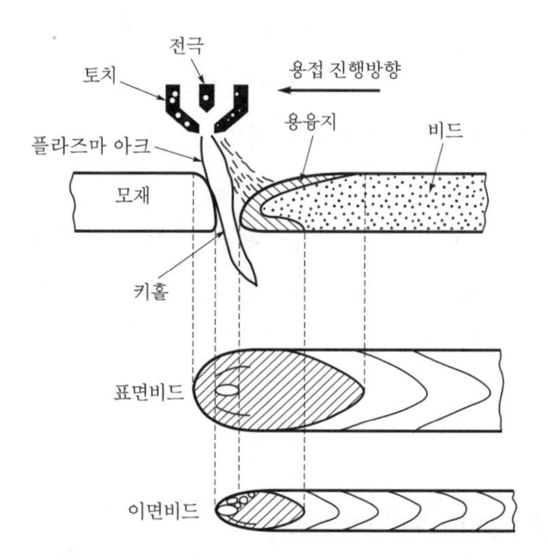

그림 2. 키홀 용접에 따른 표면비드와 이면비드

36. GMAW(Gas Metal Arc Welding) 로봇 용접 시 보호가스로 100%Ar 대신에 80%Ar + 20%CO_2 혼합가스를 사용하는 이유를 용접성 측면에서 설명

1 개요

일반적으로 잘 알려진 바대로 비드 외관의 경우 Ar을 85% 혼합하고 낮은 속도를 용접한 조건에서 가장 미려한 비드를 확보할 수 있었으며, CO_2 100% 용접의 경우 스패터가 많이 발생하는 것을 확인하였다. 또한, CO_2 100%의 보호가스를 사용한 경우 Ar 100%의 경우보다 크레이터의 함몰이 더 심하게 일어났음을 관찰할 수 있다.

2 GMAW(Gas Metal Arc Welding) 로봇 용접 시 보호가스로 100%Ar 대신에 80%Ar+20%CO_2 혼합가스를 사용하는 이유를 용접성 측면에서 설명

비드단면을 보면 Ar 100% 조건에 비해 CO_2 100%와 Ar 85%에 CO_2 15%를 혼합한 조건에서 용입이 더 깊은 것을 알 수 있다. 이는 사용한 보호가스에 포함된 산소의 영향으로 표면장력이 온도에 따라 증가하여 용융풀이 비드 중심에서 아래로 작용하게 되면서 용입이 깊어지게 된 것이다. 또한, 용접 시 지속적으로 인가된 입열에 따라 용접이 끝나는 시점에서는 일

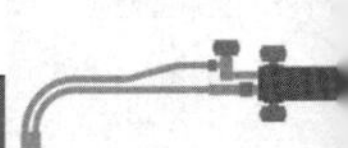

반적으로 크레이터 전류를 설정 전류에 50% 이상을 낮추어 사용하기 때문에 용접쇳물이 줄어들어 크레이터가 더욱 함몰된 것이다. 보호가스를 Ar 85%에 CO_2 15% 조건에서 용접한 경우에 비드 폭, 용입이 가장 넓고 깊음을 알 수 있다. 이는 자동차 차체 GMA 용접공정에서 나타나는 용접이음의 갭 문제를 충분히 해결할 수 있는 조건이라고 판단된다. 물론 보호가스의 비용이 증가할 수는 있으나, 비가동에 따른 생산성을 비교하여 현장 적용을 고려해볼 수 있을 것으로 판단된다.

37. GTAW(Gas Tungsten Arc Welding)에서 아크(Arc) 발생방법

1 개요

아크는 가스분위기에서 양극과 음극 사이의 전기방전(electric discharge)에 의하여 발생하는 고전류 플라즈마이며, 저항열에 의하여 약 6,000~25,000K의 고온이 발생한다. 아크 용접은 열원으로 이러한 고온의 아크를 이용하는 것임으로 용접을 위해서는 아크를 발생시켜야 한다.

2 GTAW(Gas Tungsten Arc Welding)에서 아크(Arc) 발생방법

아크 용접에서 아크 발생방법은 전극간의 접촉식과 비접촉식으로 나눌 수 있으며, 접촉식은 SMAW, GTAW에서 사용하는 터치(touch) 스타트 또는 스크레치 방법과 GMAW와 SAW에서 사용하는 와이어 용융방법이 있다. 터치 스타트 방법은 용접봉을 모재에 접촉한 후 떨어지는 순간에 아크를 발생시키는 것이다. 와이어 용융방법은 와이어가 모재에 접촉하게 되면 높은 접촉저항으로 인하여 저항열이 발생하게 된다. 이로 인하여 와이어 선단이 용융되고 용융된 용적은 모재와 단락이 형성되고 전류에 의한 핀치력에 의하여 단락이 파단되면서 아크가 발생된다. 그리고 비접촉식은 GTA에서 주로 사용하는 것으로 전극 사이에 고주파 고전압을 가하여 아크를 발생시키는 방법이다.

38. 경납땜(Brazing)

1 개요

브레이징에 의한 접합기술은 이미 B.C 3000년경에 고대 바빌로니아에서 귀금속의 장식품을 만드는 데 이용되었다. 최근에는 스테인리스 파이프의 金브레이징에 의한 로켓 부스타의

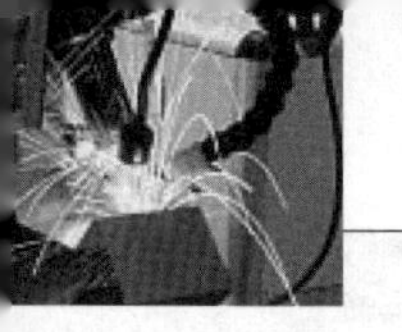

제작, LSI의 프린터 배선, 파인 세라믹스와 금속을 브레이징하여 첨단기술에 없어서는 안 될 중요한 접합기술로 주목을 받고 있다.

브레이징은 접합하고자 하는 모재(base metal)의 용융점(melting point) 이하에서 450도 이상의 열을 가하여 모재는 상하지 않고 용가재(filler metal)와 모재를 접합하는 기술이다.

원리는 모재(base metal)를 가열한 후 용가재(filler metal)를 가하여 접합을 하면 젖음성(wetting)에 의해 용가재(filler metal)가 모재(base metal)에 녹아서 모세관 현상(Capillary action)에 의해 모재(base metal) 사이로 흘러들어가 모재(base metal) 사이의 틈을 채우게 된다.

2 경납땜

(1) 특성

1) 모세관 현상(Capillary action)

브레이징시 용융삽입금속(melting filler metal)이 모재(base metal)의 접합간격(joint gap) 사이로 흘러 들어가게 하는 힘, 점도(온도와 상관관계), 용융삽입금속(melting filler metal)의 밀도, 접합면의 중력에 의한 위치에 좌우된다.

2) 젖음성(Wetting)

용가재(brazing filler metal)가 모재(base metal) 사이로 스며 들어갈 때의 친화력의 정도이다. 모재(base metal)에 먼지나 산화막 같은 것이 있다면 불활성 상태가 되어서 액상 용융금속이 젖기(wetting) 어렵다.

(2) 브레이징의 장점

1) 이종금속부품 접합 가능
2) 크게 다른 부품이라도 접합 가능
3) 강한 접합강도
4) 미려하고 정교한 접합부
5) 세척성, 기밀성, 내부식성 등에 다양한 특성유지
6) 수동 및 자동화 용이
7) 다양한 용재 형상제 가능

(3) 브레이징의 종류(방법)

1) Type 1 - 토치(torch) 또는 가스버너 브레이징
2) Type 2 - 노(Furnace) 브레이징
3) Type 3 - 인덕션(Induction) 브레이징
4) Type 4 - 저항(Resistance) 브레이징

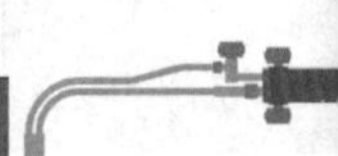

5) Type 5 - 딥(Dip) 브레이징

▶고진공 브레이징은 고진공(10^{-6}torr)을 분위기로 사용하는 노(Furnace) 브레이징을 말한다.

(4) 노(Furnace) 브레이징의 특징

1) 노 내에서 제품전체가 가열된다.
2) 정밀한 온도 제어가 비교적 쉬우며 균일한 품질을 얻을 수 있다.
3) 대량 생산에 적합하다.
4) 브레이징 시 제품이 산화되지 않기 때문에 깨끗한 제품을 얻을 수 있다.
5) 밀봉제품의 경우 FLUX 제거가 곤란할 경우 좋다.
6) 고강도 및 좋은 브레이징 JOINT를 얻을 수 있다.
7) 복잡한 제품의 브레이징이 용이하다.

(5) 진공 브레이징 공정

세척 → 조립 → 브레이징 → 냉각 순이며 다음과 같다.

1) 세척제

제품에 부착되어 있는 모든 기름, 먼지, 산화막을 제거해야 한다. 이런 것들은 삽입금속이 제품에 흐름을 방해하며 접합면에 기포가 생기게 한다. 또한 진공브레이징에서 제품의 청결도는 진공도와 깊은 관계가 있다. 세척이 제대로 안된 제품에서는 고온에서 GAS, 불순물, 증기가 발생한다. 이럴 경우에는 좋은 진공상태를 유지하기 힘들어진다. 고진공 상태는 제품이 산화되는 것을 막아주고 높은 온도에서 발생하는 GAS를 계속적으로 펌핑하여 제품의 표면 청결도를 유지하기 때문에 세척은 중요하다.

2) 조립

세척이 끝난 제품을 조립하기 전에 버(Burr)를 제거한다. 버(Burr)가 제거된 제품을 놓고 알코올로 닦는다. 제품을 놓고 접합부위에 삽입금속을 충전한 후 치구를 사용하여 조립한다. 치구를 사용할 때 제품의 열팽창을 고려해야 한다. 특히 열팽창 계수가 크게 다른 금속의 접합시에는 브레이징 온도 도달시 접합면의 변화를 고려해야 한다.

(6) 고진공 브레이징 삽입금속(Melting filler metal)

1) Ag

Ag은 72%, Cu는 28%를 함유하며 액상 고상선으로 온도는 780℃이며 브레이징 온도는 825℃이다. 귀금속 삽입금속 중에서도 가장 대표적이며, 접합온도가 다른 삽입금속에 비교하여 낮고 모재에 열영향부가 적고 접합작업이 쉽다. 각종 재료에 접합성이 우수하기 때문에 전자제품의 접합, 공업기기, 설비 등의 대형부품재의 접합을 비롯하여 세라믹스나 Ti 합금과

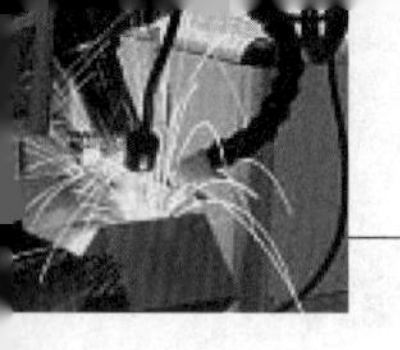

같은 신소재의 접합에도 사용되고 있다.

2) Ni

Ni에 융점을 낮추기 위하여 공정조성을 이루는 B, Si 및 P를 첨가하고, 기계적 성질을 증가시킬 목적으로 Co, Cr 등을 첨가한 합금이다. 접합 이음부는 고온강도가 좋고 내식성 및 고온 내산화성이 우수하므로 항공기, 각종 엔진, 터빈, 원자로 등에 많이 사용되고 앞으로 전망이 기대되는 삽입금속이다.

3) Al

Al은 표면에 형성된 산화피막이 안정하고 견고하여 고온 진공 중에도 제거가 곤란하기 때문에 브레이징하기가 힘들다. 그래서 Al 합금을 중심재로 하고, 한쪽 혹은 양면에 삽입금속을 클래드(clad)하여 사용한다. 이것을 브레이징 시트(brazing sheet)라 한다.

Al판재(3DD3)

Al삽입금속
(BA4DD4)

브레이징 시트의 고상선 온도는 559℃이고 액상선 온도는 591℃이며 브레이징 온도는 590~605℃이다.

39. 업셋 용접(Upset welding) 및 플래시 용접(Flash welding)의 과정과 특성비교

1 업셋 용접

(1) 원리

모재를 접촉시켜 가압, 통전하면 접촉저항과 고유저항 열에 의해 압접하며 온도가 도달되면 추가 압력이 작용하여 접합하고 전류를 차단하여 용접이 완료된다. 접합 온도는 융점 이하이고 가압력을 증가시 적용 온도를 낮게 할 수 있으며 가압력에도 한계가 있기 때문에 단면이 너무 큰 것의 용접은 곤란하다.

(2) 특징

접합면 사이에 산화물 등 불순물 잔류가 쉬우며 flash 맞대기 용접에 비하여 용접 속도가 늦는다.

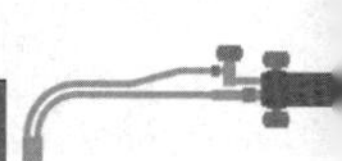

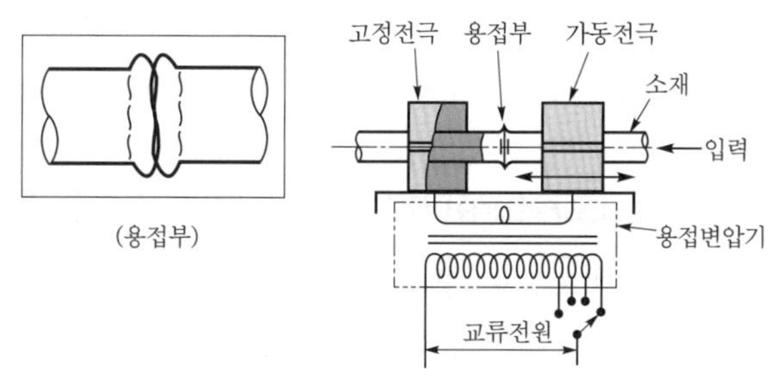

그림 1. 업셋 용접

2 플래시 용접

(1) 개요

모재를 서서히 접근시켜 통전하면 단면의 국부적 돌기에 전류가 집중되어 flash(불꽃)가 발생하고 더욱 접근하여 접촉시키면 나머지 부분에서도 flash가 계속 발생되면서 접합된 용융금속이 밖으로 밀려 나오며 미용융부가 업셋 용접과 같이 접합한다.

(2) 특징(업셋 용접에 비교한 특징)

가열 범위가 좁아 열영향부가 적고 접합면에 산화물이 잔류하지 않으며 열이 능률적으로 집중 발생하므로 용접 속도가 크고 소비 전력이 적다.

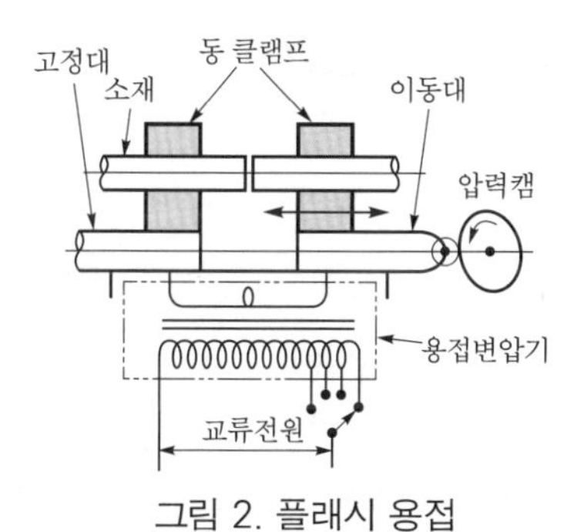

그림 2. 플래시 용접

40. 층간온도(Interpass Temperature)가 아크용접성에 미치는 영향

1 개요

층간온도는 용접부의 기계적이고 미세구조적인 성질과 관련하여 예열만큼 중요하다. 예를 들어 용접금속의 항복강도와 최대 인장강도는 둘 다 층간온도에 영향을 준다. 높은 값의 층간온도는 용접금속의 강도를 감소시키는 경향이 있다. 부가적으로 더 높은 층간온도는 일반적으로 더 미세한 입자조직을 만들고 Charpy V 노치인성전이온도(Charpy V notch toughness transition temperatures)를 개선시킨다. 그러나 층간온도가 대략 260℃를 초과하면 이러한 경향을 반전시킨

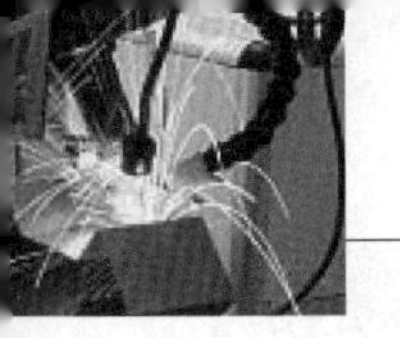

다. 예를 들어 North bridge 지진에 대한 American Welding Society(AWS)의 입장성명서에서 층간 온도는 노치인성=질김(notch toughness)이 요구될 때 290℃를 초과하지 말 것으로 추천하고 있다.

2 층간온도(Interpass Temperature)가 아크용접성에 미치는 영향

특정한 기계적 용접금속의 성질이 필요한 경우 최대 층간온도를 제어하는 것이 중요할 수 있다. North bridge 지진에 대한 AWS 입장성명서와 같이 노치인성이 관련되며 다른 많은 것들이 있을 수 있다. 예를 들어 설계자가 매우 높은 층간온도(즉, 크기 또는 용접절차로 인해)로 예상되는 특정 부품에 대해 최소 강도수준이 필요한 경우 최대 층간온도를 미리 지정해야 한다. 그렇지 않으면 용접금속의 강도가 너무 낮아질 수 있다. ASTM A514와 같은 담금질 및 템퍼링(Q&T)강의 경우 또한 최대 층간온도가 필요하다. 모재의 열처리특성으로 인해 용접금속과 열영향영역에서 적절한 기계적 특성을 제공하는 데 도움이 되기 위해 층간온도의 최댓값 제한 내에서 온도를 제어하는 것이 중요하다. 하지만 최대 층간온도는 항상 요구되지 않음을 기억해야 한다. 사실 AWS D1.1-98 Structural Welding Code에서 Steel은 그러한 제어를 요구하지 않는다.

41. 저항용접방법 중 프로젝션용접의 원리, 특징과 용접기 및 피용접재가 갖추어야 할 조건

1 원리와 특징

프로젝션용접(Projection welding)은 제품의 한쪽 또는 양쪽에 돌기(Projection)를 만들어, 이 부분에 용접전류를 집중시켜 압접하는 방법이다. 1개의 돌기보다는 2개 이상의 돌기부를 만들어서 1회의 작동으로 여러 개의 점용접이 되도록 한 것이 특징이며, 작은 용접을 확실히 할 수 있고 얇은 판과 두꺼운 판, 열전도나 열용량이 다른 것을 쉽게 용접할 수 있다.

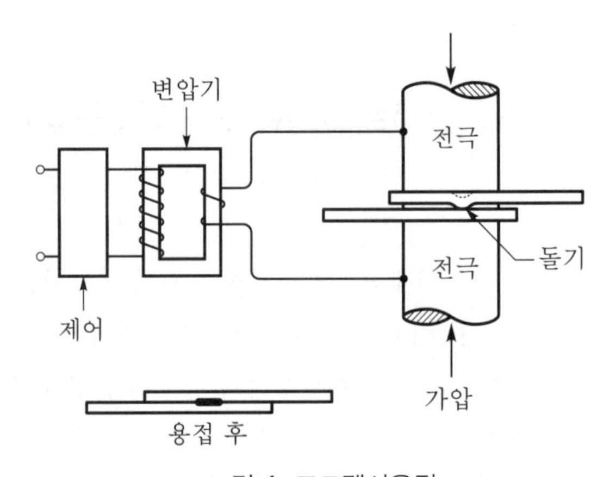

그림 1. 프로젝션용접

2 장단점

(1) 장점

① 용접속도가 빠르고 용접피치를 작게 할 수 있다.
② 전극의 수명이 길고 작업능률이 높다.
③ 외관이 아름답다.
④ 여러 가지 변형적인 저항용접이 가능하다.
⑤ 응용범위가 넓고 신뢰도가 높은 용접이 된다.

(2) 단점

모재 용접부에 정밀도가 높은 돌기를 만들어야 정확한 용접이 되며 용접설비가 비싸다.

3 프로젝션용접기

프로젝션용접기의 구조는 점용접기와 유사하나 특수한 전극을 부착할 수 있는 구조가 필요하며, 여러 개의 돌기(보통 2~4개 정도)에 똑같은 가압력이 분포되도록 기계적 정밀도가 높고 큰 강성을 필요로 하는 가압부가 필요하다. 여러 점을 동시에 용접할 때는 T홈을 가진 넓은 전극판인 가압판이 있어 여기에 특수 전극을 끼우도록 되어 있으며, 점용접보다 가압력이 크기 때문에 공기가압식이 사용되고 있다.

4 용접조건

프로젝션용접의 요구조건은 다음과 같다.
① 프로젝션은 전류가 통하기 전의 가압력에 견딜 수 있을 것
② 상대 판이 충분히 가열될 때까지 녹지 않을 것
③ 성형 시 일부에 전단 부분이 생기지 않을 것
④ 성형에 의한 변형이 없어야 하며 용접 후 양면의 밀착이 양호할 것

프로젝션용접에서는 판두께보다도 오히려 프로젝션의 크기와 형상이 문제가 되며 프로젝션의 수에 따라 전류를 증가시켜야 한다.

42. AW-400인 용접기 30대 설치 시 전원변압기 용량계산 (단, 400A의 개로전압(무부하전압)은 80V, 사용률은 50%, 용접기의 평균사용전류는 200A일 때)

1 개요

전기용접기는 단속부하이므로 최대 전력에 상당하는 변압기 용량을 설치할 필요가 없고, 단속부하를 열용량이 등가인 연속부하로 생각하여 변압기 용량을 산출한다.

2 전기용접기에 공급하는 변압기 용량

전기용접기는 스폿(spot)용접기이거나, 아크용접기이거나 단속부하이므로 다음과 같은 사용률을 적용한다.

$$사용률 = \frac{통전시간}{통전시간+휴지시간}$$

예를 들어 60Hz 전원을 사용하는 스폿용접기 1대로 1초간에 9Hz만 통전하고 나머지는 휴지한다고 하면

$$사용률 = \frac{9}{9+51} = 0.15\%$$

그러므로 사용률을 a, 단속부하의 입력을 P라 한다면 변압기 용량은 다음과 같다.

① 용접기 1대 경우의 변압기 용량 : $P=P_0\sqrt{a}$[kVA]

② 용접기 N대 경우의 변압기 용량 : $P \fallingdotseq NP_0\sqrt{a}$[kVA]

여기서, P_0 : 용접기 용량

그리고 용접기의 정격용량을 나타내는 방법에는 규정에 의하여 사용률이 50%인 경우에 사용률 50%의 정격용량을 그대로 변압기 용량으로 하는 방법도 있다.

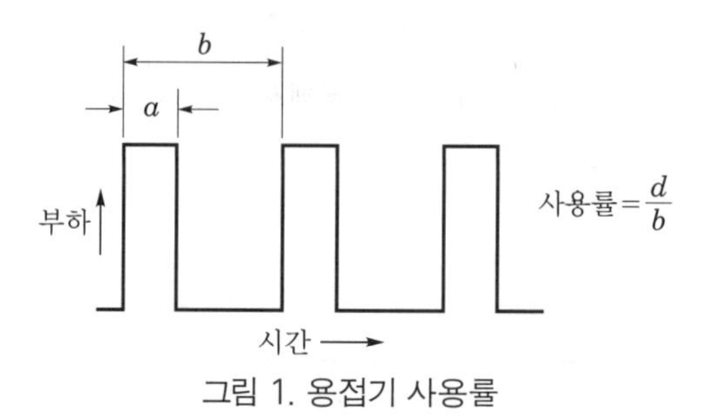

그림 1. 용접기 사용률

① 용접기 1대의 경우 변압기 용량 : $P_{50}=P_0\sqrt{0.5}=0.7P_0$[kVA]

② 용접기 N대의 경우 변압기 용량 : $P_{50}=NP_0\sqrt{0.5}=0.7NP_0$[kVA]

여기서, P_{50}: 사용률 50%의 정격용량

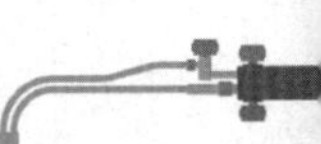

③ 교류 아크용접기인 경우 변압기 용량=1차 정격입력의 합×1/2[kVA]

④ 저항용접기인 경우 변압기 용량=정격용량의 합×0.8[kVA]

43. 직류용접기와 교류용접기의 비교(종류와 전류조정법)

1 개요

아크용접기는 직류용접기와 교류용접기가 있다. 직류용접기는 동력용 전원을 사용하여 전동기를 회전하고, 이것에 직결된 직류발전기를 돌리거나 전동기 대신 엔진에 직류발전기를 직결하여 발전함으로써 용접전류를 얻는다.

2 직류용접기와 교류용접기의 비교

아크용접기는 주로 사용되는 전원에 의하여 직류 아크용접기와 교류 아크용접기로 분류된다.

- 아크용접기 : 직류 아크용접기, 교류 아크용접기
- 직류 아크용접기 : 회전형, 정지형
- 직류 아크용접기(회전형) : 전동발전기형, 엔진 구동형
- 직류 아크용접기(정지형) : 정류기형, 방전관형
- 교류 아크용접기 : 가동철심형, 가동코일형, 탭 전환형, 가포화 리액터형

(1) 직류 아크용접기

직류 아크용접기의 분류는 표 1과 같다.

표 1. 직류 아크용접기의 종류별 특징

종류	특징
발전형 (모터형, 엔진 구동형)	•완전한 직류를 얻는다(모터형, 엔진 구동형). •옥외나 교류전원이 없는 장소에서 사용한다(엔진 구동형). •회전하므로 고장 나기 쉽고 소음이 난다. •구동부, 발전기부로 되어 가격이 고가이다(모터형, 엔진 구동형). •보수와 점검이 어렵다(모터형, 엔진 구동형).
정류기형 (가포화 리액터형, 가동철심형, 가동코일형)	•직류를 얻는 데 소음이 나지 않는다. •취급이 간단하고 발전기형보다 가격이 싸다. •교류를 정류하므로 완전한 직류를 얻지 못할 수가 있다. •고장이 적으나 정류기 파손에 주의하여야 한다(셀렌 80℃, 실리콘 150℃ 이상에서 파손). •보수 점검이 발전기형보다 간편하다.

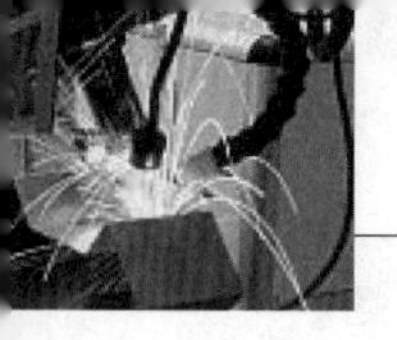

(2) 교류 아크용접기

교류 아크용접기는 보통 1차측을 200V의 동력선에 접속하고, 2차측의 무부하전압은 70~80V가 되도록 만든다. 일종의 변압기로서 리액턴스에 의해서 수하특성을 얻고 있으며 누설자속에 의하여 전류를 조성하고 있다. 따라서 구조가 비교적 간단하고 가격도 싸며 보수도 용이하므로 널리 이용되고 있다. 또 자기쏠림의 방지에도 효과가 있다. 교류용접기를 전류 조정의 방법에 의하여 분류하면 다음과 같다.

표 2. 교류 아크용접기의 종류별 특성

종류	특징
가동코일형	•1차, 2차 코일 중의 하나를 이동하여 누설자속을 변화하여 전류를 조정한다. •아크 안정도가 높고 소음이 없다. •가격이 비싸며 현재 사용이 거의 없다.
탭 전환형	•코일의 감긴 수에 따라 전류를 조성한다. •적은 전류 조정 시 무부하전압이 높아 전격의 위험이 크다. •탭 전환부 소손이 심하다. •넓은 범위는 전류 조정이 어렵다. •주로 소형에 많다.
가포화 리액터형	•가변저항의 변화로 용접전류를 조성한다. •전기적 전류 조정으로 소음이 없고 기계수명이 길다. •조작이 간단하고 원격제어가 된다.

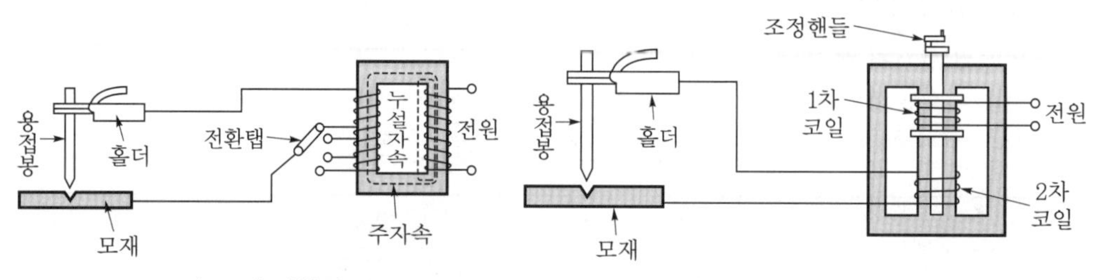

그림 1. 탭 전환형

그림 2. 가동코일형

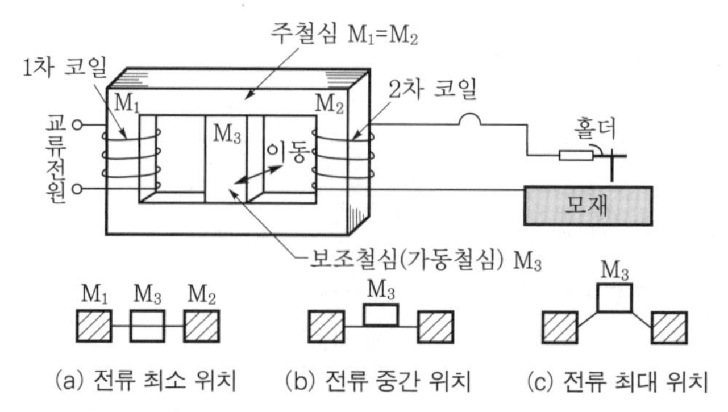

그림 3. 가동철심형

44. 원유저장탱크를 더운 지역과 추운 지역에 각각 설치하고자 할 때 각 탱크 소재와 용접법 선정 시 유의사항

1 개요

액화가스 및 원유 정제, 원자력, 화력플랜트 등 에너지산업의 발달과 더불어 표 1과 같이 저온 또는 고온·고압하에서 제품을 안전하고 효율적으로 생산하거나 운반 및 운전할 수 있는 설비의 제작이 필요하게 되었다. 저온에서 액화시키거나 액화시킨 물질을 저장하고 수송하는 설비가 점차 대형화되어감에 따라 저온용 용기에 쓰이는 재료의 강도와 저온인성에 대한 요구성능도 매우 엄격해지고 있다.

표 1. 설계온도와 압력용기 강재의 관계

설계온도(℃)	압력용기 강재
-273 ~ -196	스테인리스강
-196 ~ -10	알루미늄킬드강, Fe-Ni강
-10 ~ 350	탄소강, Si-Mn강, Mn-Mo-Ni강
350 ~ 450	조질강, Mn-Mo강, Mn-Mo-Ni강
450 ~ 500	C-Mo강, 2.25Cr-1Mo강
500 ~ 550	1Cr-0.5Mo강, 1.25Cr-0.5Mo강, 2.25Cr-1Mo강
550 ~ 600	2.25Cr-1Mo강, 오스테나이트 스테인리스강
600 이상	오스테나이트 스테인리스강

2 각 탱크 소재와 용접법 선정 시 유의사항

(1) 저온용 강재용 용접재료

저온용 강의 용접에는 피복아크용접(Shielded Metal Arc Welding), 서브머지드 아크용접(Submerged Arc Welding), 가스실드 아크용접(Gas Shield Arc Welding : CO_2, MAG, MIG, TIG)법 등이 오래전부터 활용되고 있으며, 최근 플라스마 및 레이저를 이용한 용접도 사용되는 추세이다. 용접재료의 선택에 있어서는 해당 저온용 강의 종류, 강도, 열처리의 유무, 판두께와 구조물의 사용목적에 따라 하중, 저온인성, 내식성, 기밀성, 능률성, 경제성 등을 종합적으로 충분히 고려하여야만 한다.

강재에 대응하는 용접재료는 각각의 규격에 근거하여 일차적으로 선정하지만 용접부의 성능은 용접재료의 Flux 성분, 재료관리상태, 용접방법, 용접조건(예 후열처리, 용접전류, 용접속도 등), 용접자세, 용접패스 및 적용방법 등에 의하여 영향을 받게 되므로 이러한 요인들에 대하여 사전에 충분히 주의하고 확인한 후 시공해야 한다.

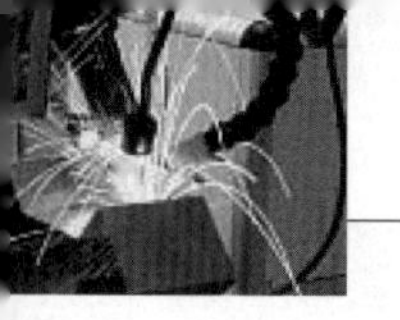

(2) 중 · 고온 강재용 용접재료

중·고온 압력강재에 사용되는 용접재료는 주로 저합금 내열강용 용접재료로 일반 500MPa급 용접재료에 함유된 원소(C, Si, Mn)에 Cr, Mo, Ni, V 등의 내열성을 향상시키는 합금원소들을 첨가한 소재가 대부분을 이루고 있다. 석유화학플랜트, 발전용 보일러 등 고온·고압하에 사용되는 각종 압력용기 및 보일러용 강재에 적용되는 용접재료의 요구특성은 다음과 같다.

① 기계적 성질(강도, 인성, 내크리프성 등) 우수
② 안정한 아크성능 및 양호한 비드형상 확보
③ 열처리에 의한 취화(소려 취성) 최소화
④ 내균열성, 가공성이 우수한 용접부의 성능 확보
⑤ 사용환경하에서의 우수한 내산화성 제공

(3) 저합금계 내열압력용기강의 용접재료

C-0.5% Mo계, Cr-Mo계, Mn-Mo-Ni & Ni-Cr-Mo-V(원자력압력용기)계로 크게 나누어 분류할 수 있다. Mn-Mo-Ni계 강의 용접재료는 고온·고압하에 장시간 원자로에 노출 시 취화현상이 일어나므로 강재 및 용접부의 인성 확보가 중요하여, Cu, P, V, Sn 등과 같은 미량성분에 대해서도 관리가 엄격해야 한다. 특히 용접금속은 담금질과 풀림 등의 열처리를 통해 형성된 모재에 대비해 상당한 차이가 있으므로 용접부의 강도와 인성 확보가 최우선으로 선결되어야만 한다.

이러한 기술적인 한계를 극복하기 위해서는 기존의 용접재료인 Mn-0.5% Mo Base에 인성향상을 목적으로 Ni이 첨가된 용접재료가 개발되어 있다. 500℃ 후판 내열합금용으로 인장강도 550~690MPa, 항복강도 345MPa, 연신율 20% 이상이 요구되는 내열강 부품소재용인 Mn-0.5Mo-0.5Ni계 피복아크용접용 용접재료는 CaO, CaF_2, Fe-Si를 주요 Flux 성분으로 하는 저수소계로, AWS A5.5 E8018-NM1 또는 전용의 E9016-G타입이 개발되어 있으며, 일본 및 유럽의 경우 MIG나 TIG용접재료로 ER80S-G 및 ER90S-G를 상용화하였고, SAW용 용접재료도 AWS A5.23의 F9P4-EG-G용 용접재료가 개발되어 있다. Mn-Mo-Ni계 이외에도 Ni-Cr-Mo-V, C-Mo, Cr-Mo계 등 대부분의 강재에 대응하여 용접재료들이 개발 및 상용화되어 있다.

중·고온 강재용 용접재료는 다음과 같은 몇 가지 관점을 고려해 선택한다. 일반적으로 동일 강종의 용접일 경우 사용모재와 가능한한 동일한 조성 및 물성을 가진 용접재료를 선정하며, 특히 용착금속 내 입계편석에 따른 취화 방지를 위해 P, Sb, Sn, As 등의 억제가 필요하다. 내열강의 경우 E9016-B3 피복봉에서 X-bar값((10P+5Sb+4Sn+As)/100[ppm])과 J-Factor값((Mn+Si)(P+Sn)×104[%])을 제어해주어야 하므로 합금과 불순물이 제어된 용접재료 설계가 중요하다.

또한 장시간 후열처리 시에도 Temper embrittlement가 발생하지 않도록 성분설계를 해 주어야 한다. 이종재의 저합금계 내열강들 간의 용접을 시행할 경우에는 사용온도 및 적용 분위기 등에 따라 합금성분 함량이 낮거나 상대적으로 낮은 강도를 가진 용접재료를 기준으로 선정

하는 것이 일반적이다. 하지만 Cr 함량이 높은 강재와의 접합인 경우(예 탄소강+9% Cr-1% Mo 강 등)에는 표 2를 참조하여 용접 시 후열처리를 실시하는 과정에서 모재와 용접금속의 경계부에 탈탄 및 침탄층이 생성되게 되면 강도상의 문제가 발생하게 된다. 이러한 경우 용접재료는 탈·침탄층의 형성을 방지하기 위해 C 고정화원소인 V, Nb 등을 소량 첨가한 저수소계의 용접재료를 선택하는 것이 효과적이다.

표 2. 저합금강의 예열 및 층간온도

종류	C-0.5Mo	1.25Cr-0.5Mo	2.25Cr-1Mo	3Cr-1Mo	5Cr-0.5Mo	7Cr-0.5Mo	9Cr-1Mo	Mn-Mo-Ni
온도	100~200	150~300	200~350	200~350	250~350	250~350	250~400	150~250

45. 적외선 브레이징(Infrared Brazing)

1 개요

적외선 브레이징(Infrared Brazing)은 적외선을 열원으로 이용하는 방법으로서, 최근 강력한 수정등(Quartz Lamp)이 개발됨으로써 Honeycomb 구조물을 제작하는 데 이용하기 시작되었다.

2 적외선 브레이징

이 방법은 무접촉으로 브레이징을 하는 방법으로 조건의 제어가 간단하고 연속가공이 가능할 뿐 아니라 짧은 시간에 국부가열이 되기 때문에 브레이징부에 대해 열의 영향이 작은 특징을 가지고 있다.

46. SAW, FCAW, SMAW, GTAW의 용착효율

1 개요

TIG용접에 있어서는 1분간에 몇 그램 정도가 용착되는지를 살펴보면 피복아크용접은 20~30g, CO_2용접에서는 70~100g 정도의 금속이 용착되며 봉의 굵기, 전류치와 밀접한 관계가 있다.

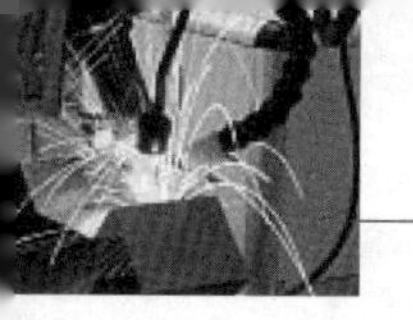

2 SAW, FCAW, SMAW, GTAW의 용착효율

TIG용접의 용착은 전류치와 용접봉을 삽입하는 타이밍에 의해 큰 영향을 받는다. 일반적으로는 2.4mm봉을 사용하는 경우 3~8g 정도가 수동티그용접의 용착속도라고 생각할 수 있다. 예를 들어 10kg의 용접재료에서 몇 kg의 용접금속을 얻을 수 있는지 그 비율을 %로 나타낸 것이 용착효율이다.

피복아크용접의 경우는 잔봉을 고려하여 50~55% 정도이며, 10kg의 용접봉을 녹이면 약 5kg의 용착금속이 형성되고 나머지 5kg은 잔봉, 슬래그, 스패터가 된다. CO_2용접의 경우는 약 95%라고 말할 수 있다. 그리고 TIG용접의 경우는 슬래그, 스패터는 생기지 않지만 잔봉관리에 따라 차이가 있긴 하나 거의 100%에 가깝다고 할 수 있다.

47. 아크용접의 용융풀에서 발생하는 대류현상(4가지)

1 개요

용접부의 열유동에 대한 연구는 해석적인 방법이 시도된 이래 주로 전도(conduction)만이 고려된 에너지방정식에 대한 용접부의 수치해석이 수행되었다. 왜냐하면 용접 중에 용접부는 열원에 의해 매우 복잡한 거동을 보이기 때문이다. 그러나 1980년대 중반부터 대류현상을 고려한 해석이 수행되고 있으며 용접부의 대류현상을 고려한 용접풀(pool) 해석이 보다 정밀한 용접부 형상예측에 필수적이다. 용접풀의 대류현상을 일으키는 구동력은 크게 전자기력, 표면장력, 부력 및 플라즈마 아크가스의 충돌력이 있다.

2 아크용접의 용융풀에서 발생하는 대류현상(4가지)

아크용접공정 중에 용융풀의 대류를 고려한 해석을 하기 위해서는 다음과 같은 구동력(driving forces)이 고려될 수 있다.

① 자체 유도자기장과 모재로 흐르는 용접전류 사이의 상호작용에 의한 전자기력(electro-magnetic force or Lorentz force)

② 용융풀의 표면에서 온도구배 및 용융풀의 표면활성화요소가 존재함으로써 발생되는 표면장력(surface tension force or Marangoni flow effect)

③ 플라즈마 아크가스유동에 의한 용융풀 표면에 작용하는 플라즈마가스의 항력(gas drag force)

④ 용융풀 내부의 온도구배에 따른 부력(buoyancy force)

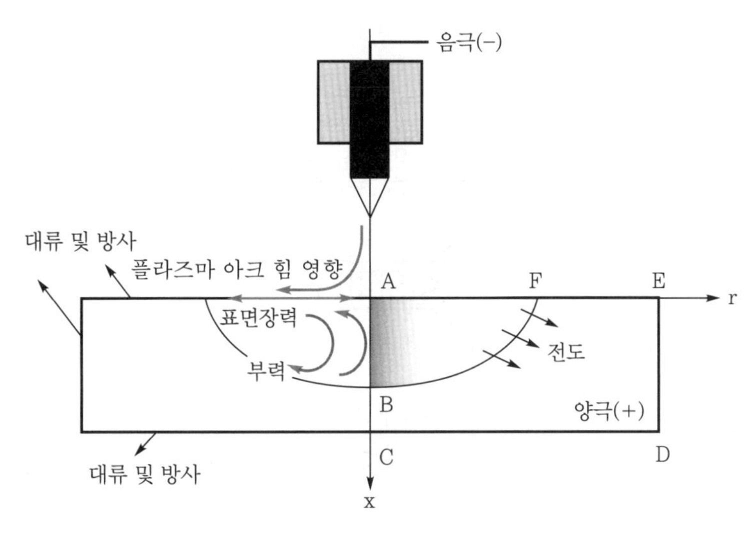

그림 1. GTAW의 대류현상 4가지

48. 박판용접에서 적용되고 있는 저항용접의 3대 요소

1 개요

저항용접의 원리는 도체에 전류를 흐르게 하면 도체 내부의 전기저항에 의하여 열손실을 일으킨다. 일반적으로 전기회로에서는 이와 같은 손실을 최소화하는 방향으로 기술을 발전시키고 있으나, 저항용접은 발열손실을 오히려 적극적으로 활용하는 용접기술이다. 즉 저항용접이란 압력을 가한 상태에서 큰 전류를 흘려주어 금속끼리의 접촉면에서 생기는 접촉저항과 금속의 고유저항에 의하여 열을 얻고, 이로 인하여 금속이 가열 또는 용융하면 가해진 압력에 의하여 접합이 이루어지도록 하는 공법을 말한다.

2 박판용접에서 적용되고 있는 저항용접의 3대 요소와 저항발열의 원리

(1) 저항용접의 3대 요소

$$Q = I^2Rt[\mathrm{J}] = 0.24I^2Rt[\mathrm{cal}]$$

여기서, I: 전류(A), R: 저항(Ω), t: 통전시간, 1cal=4.2J, 1J=0.24cal

저항용접의 3대 요소는 가압력, 전류, 통전시간을 의미한다.

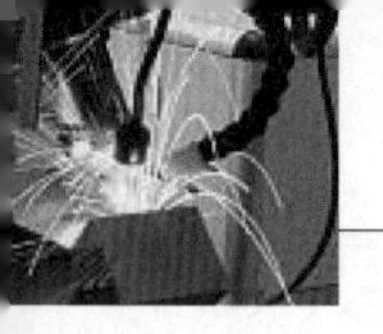

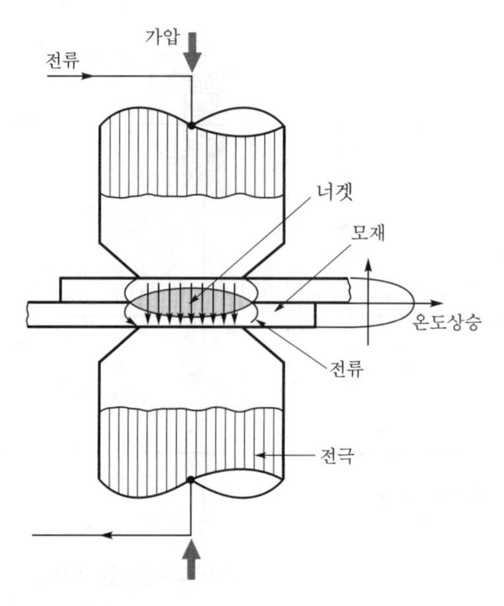

그림 1. 저항용접의 원리

(2) 저항발열의 원리

저항발열의 원리는 저항을 가진 금속에 전류가 흐를 때 발생하는 열량, 즉 저항열(또는 줄열) Q에 의하며 저항발열량 Q는 다음과 같이 전류밀도의 식으로 표현할 수도 있다.

$$Q = I^2Rt = I^2\rho\frac{L}{A_s}t = \rho\delta^2LA_st = \rho\delta^2Vt[\mathrm{J}]$$

여기서, ρ : 고유저항[Ω], L : 도체의 길이[cm], A_3 : 도체의 단면적[cm²]

V : 도체의 체적($=LA_s$)[cm³], δ: 전류밀도(I/A_s)[A/cm²]

제2장

재질별 용접성

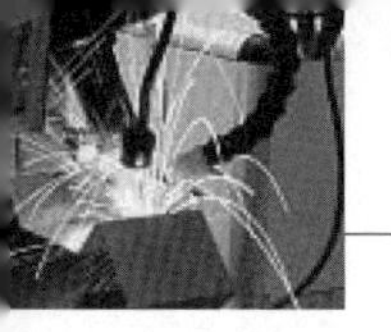

1. 구리합금의 용접 시 필요한 예열목적과 후판 고장력강의 용접 시 예열 목적의 차이

1 동과 그 합금의 용접

동(copper)은 전기 및 열의 양도체이기 때문에 전기 재료로 많이 사용되고, 내식성도 커서 다방면에 많이 사용된다. 용접에서는 열전도성이 크기 때문에 석면 등으로 보열하거나 예열을 충분히 하며, 높은 전류를 사용해야 한다. 용접봉은 모재의 강도보다 큰 인청동, 규소 망간동, 청동의 피복봉이 쓰인다.

황동(brass)은 Cu와 Zn의 합금으로서 Zn의 함량이 20~40%이다. Zn의 비등점이 960℃이며, 고온도의 용접열로 기화하여 생긴 독성의 아연 및 산화 아연증기 때문에 작업이 곤란하다.

2 고장력강의 용접

고장력강(high tensile steel)은 인장강도 50kg/mm² 이상의 강을 말하며, 인장강도를 높이기 위하여 Mn, Si, Ni, Cr, Mo, V, Ti 등을 첨가한 것이다. 인장강도가 100kg/mm² 이상인 것도 있다. 고장력강의 용접에는 연강 용접법이 그대로 이용되나, 연강에 비하여 열영향인 경화가 심하므로 예열 및 후열처리를 하여 연성(延性)을 부여한다. 냉간균열을 방지할 목적으로 용접봉을 470℃ 정도에서 1시간 정도 건조시켜 수분을 0.1% 이하로 한 저수소계 용접봉을 사용하며, 공기 중의 수분이 용접부에 들어오므로 습도가 낮은 곳에서 용접하는 것이 좋다.

2. Al합금 용접 시 기공발생과 용접입열이 접합품질에 미치는 영향과 관리방법

1 개요

경량화와 고비강도라는 측면에서 알루미늄 합금은 오늘날의 산업계가 요구하는 에너지 절감 및 고효율화를 동시에 만족시킬 수 있기 때문에 항공재료를 비롯하여 선박 및 자동차 그리고 철도차량에 이르기까지 다양한 분야에 대한 적용이 시도되고 있다. 하지만 알루미늄 합금은 기존의 철강재와 비교하여 수소용해도, 산화피막 형성, 열전도도, 열팽창률, 응고수축률 등의 측면에서 크게 차이가 나므로 철강재가 차지하는 부분을 대체하기란 어느 정도 한계가 있다. 알루미늄 합금은 일반 금속재료에 사용되고 있는 대부분의 용접법에 의해 용접이 가능하지만 합금의 종류에 따라서는 용접이 난이하므로 용접법의 특징이나 알루미늄 합금의 물성에 대응하는 시공조건의 선정이 필요하다.

2 Al합금 용접 시 용접입열이 접합품질에 미치는 영향과 관리방법

(1) 용접기공

Al합금 주조시에 발생하는 기공은 수소가 기공 발생에 주원인이라는 사실은 널리 알려져 있으며 용접부의 기공을 이해하는 데 도움이 된다.

수소가 Al합금 용접부에 기공을 발생시키는 것은 고온 용융상태와 응고구간에서의 수소의 용해도의 급격한 변화 때문이다. 알루미늄의 수소 용해도는 융점 바로 밑에서는 약 0.036cc/100g이다. 그리므로 용접 용융지가 응고할 때 고상의 용해도 이상의 수소는 가스 buble로 제거되며, 표면으로 부유하지 못하고 주상정 및 결정립 계면에 잔류하게 되면 기공이 된다. 기공은 수소원자가 응고시 partition에 의해(평형분배계수, K=0.05) 편석이 되는 고액계면(solid-liquid interface)에 핵 생성한다. 조그만 핵이 생성되기 위해서는 기공내부 압력이 대기압력과 표면장력의 합보다 최소한 같거나 커야 한다. 일단 핵이 생성되면 주상립계에서 성장하거나 아니면 떨어져 나와 다른 핵과 합쳐(coalescence) 성장한다. 이러한 기공 발생은 용융지뿐 아니라 열영향부, 특히 부분용융부(partially melted zone)에도 발생한다.

(2) 용접입열

알루미늄 합금에 대하여 같은 입열조건으로 용접을 하더라도 용입깊이는 그림 1과 같이 다르게 나타난다. 알루미늄 합금 A7075와 A5083의 경우 A6061에 비하여 2배 이상의 차이를 보이며 좁고 깊은 용접부를 형성하고 있다. 이러한 경향은 알루미늄 합금이 가지고 있는 합금성분의 차이에 의한 것으로, 용접시 증기압이 높은 합금 성분인 Zn나 Mg이 증발하면서 용입깊이를 증가시킨다고 알려져 있다. 이송속도 증가에 따른 용입비는 A7075 및 A5083은 이송속도가 증가함에 따라 입열량이 감소하기 때문에 용입깊이가 줄어들고, 용입비도 감소하고 있다. A6061은 키홀형성에 의한 용융이 아닌 전도성 모드에 의한 용융발생으로 입열량에 따른 큰 차이는 보이지 않는다.

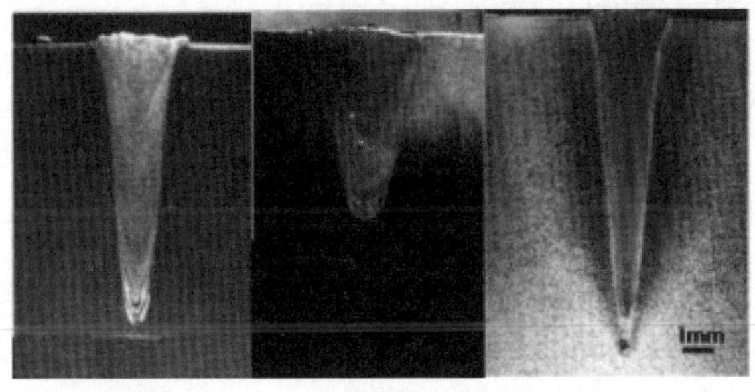

(a) A5083　　(b) A6060　　(c) A7075

그림 1. 알루미늄합금의 용입깊이(120kV, 20mA, 700mm/min)

3. 세라믹과 금속의 접합방법

1 세라믹과 금속의 접합방법

코팅된 알루미늄 산화물의 기판 사이에 니켈 박막을 중간에 삽입하여 고체 확산접합을 하게 되면 세라믹의 접합이 가능하다.

접합방법은 약 25micron의 두께를 가지는 티타늄과 니켈의 다층계면이 알루미늄 산화물의 다결정 기판에 증착되었으며 각각의 코팅은 Ti_2Ni, TiNi, $TiNi_3$ 중 하나의 금속간 화합물을 구성하는 성분으로 제작하였다. 코팅된 알루미늄 산화물의 기판들은 4내지 12Mpa의 압력으로 고체 확산을 발생하게 하여 접합시켰다.

2 문제점

세라믹과 금속을 접합시키는 데 있어서 가장 문제가 되는 두 가지를 살펴보면

(1) 대부분의 필러금속의 용융점이 너무 낮다는 것.

(2) 기계적인 강도가 너무 낮은 금속간화합물이 확산접합과정에서 생성된다는 것이다.

종래에는 니켈과 티타늄의 합금 시스템을 이용하게 되면 확산시 필요한 반응성을 부여하게 되며, 또한 용융점도 높기 때문에 필러금속으로 적합하다는 사실을 지적하여 왔다. 코팅재와 접합재의 구조와 성분은 X선 회절방법과 주사전자현미경과 EDS(Energy Dispersive Spectroscopy)를 이용하여 조사하였다.

접합결과 가장 높은 전단강도를 가지는 것으로는 NiTi을 최종조성으로 가지는 Ni와 Ti의 5중 코팅이며 접합시 가한 압력은 12Mpa, 시간은 300분 그리고 온도는 약 900℃라고 알려져 있다. Ti_2Ni의 조성을 가지는 합금의 전단강도는 예상했던 것보다 대부분 낮게 나타났으며 $TiNi_3$의 경우는 강도가 거의 사라져버렸다.

4. 열가소성 플라스틱 배관재(바깥지름=50~300mm)를 맞대기 이음을 하기 위한 용접방법 3가지

1 개요

플라스틱은 용접용 플라스틱과 비용접용 플라스틱으로 크게 나눌 수 있다. 전자를 열가소성 수지(thermo-plastics)라 하며, 후자를 열경화성 수지(thermosetting plastics)라 한다. 열가소성 플라스틱이란 열을 가하면 연화하며, 더욱 가열하면 유동하는 것으로 열을 제거하면 온도가 내려가 처음 상태의 고체로 변하는 것을 말한다. 열경화성 플라스틱이란 열을 가해도 연화하는 일이 없고, 더욱 열을 가하여 온도를 상승시키면 유동하지 않고 분해를 하며, 열을

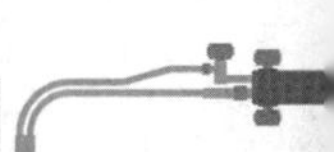

제거하면 처음 상태의 고체로 변하지 않는 플라스틱을 말한다. 따라서 앞의 플라스틱은 용접이 가능하며 보통 용접용 플라스틱이라 부른다. 열경화성 플라스틱은 현재로는 용접이 불가능하며, 접합 방법으로는 접착제에 의한 접착이나 리벳, 볼트, 너트에 의한 기계적 접합이 사용되고 있다.

2 열가소성 플라스틱 배관재를 맞대기 이음을 하기 위한 용접방법 3가지

용접용 열가소성 플라스틱은 우리들의 생활과 대단히 밀접한 것으로서 폴리염화비닐, 폴리에틸렌, 폴리아미드, 폴리프로필렌, 메타크릴, 불소 수지 등이 있으며, 용접이 안 되는 열경화성 플라스틱에는 페놀(phenol-formaldehade), 요소, 멜라민, 폴리에스테르, 규소 등의 수지가 있다.

용접의 방법으로는 열기구 용접, 마찰 용접, 열풍 용접, 고주파 용접 등이 있다. 최근에는 플라스틱 성질이 잘 알려져 있으며 용접 장치와 기술이 발달되어 용접의 자동화로 인한 제품의 대량생산이 가능해지고 있다.

SECTION 5. 후판 고장력 강판에 대한 가접 용접 시는 가접길이를 30mm 이상 하는 이유

1 개요

TMCP기술은 주로 열처리와 추가적인 합금 첨가 없이 후판 제조과정에서 상변태와 미세조직을 제어함으로써 강도와 인성을 동시에 향상시키는 기술이다. TMCP의 경우는 원하는 오스테나이트 조직을 얻기 위해서 가열온도와 압연온도를 정밀하게 제어하는 한편 압연 후에 냉각을 정밀하게 제어함으로써 목적하는 미세조직과 물성을 얻게 된다. 즉 TMCP기술은 목적하는 물성과 조직을 얻기 위해서 가열, 압연, 냉각의 전 과정을 통하여 오스테나이트 조직과 상변태를 제어하는 야금학적인 기술이다.

이러한 과정에 의하여 생산된 TMCP강재는 열처리에 의해서 제조된 강재에 비해서 낮은 온도에서 충격인성이 매우 우수하며, 이는 TMCP에 의해서 매우 미세한 조직을 얻은 것에 기인한 결과이다.

2 후판 고장력 강판에 대한 가접 용접 시는 가접길이를 30mm 이상 하는 이유

고장력강에서는 소입열 용접 시에도 최고 강도가 상승하거나, 예열처리가 필요했었다. 그러나 TMCP형 고강도강에서는 낮은 Ceq로 제조가 가능하기 때문에 이러한 문제는 발생하지 않는다. 이러한 TMCP형 고강도강은 강도, 인성이 우수하고 예열 없이 용접이 가능하므로 조선소의 용접시공 시 효율 향상에 크게 공헌하였다고 생각한다.

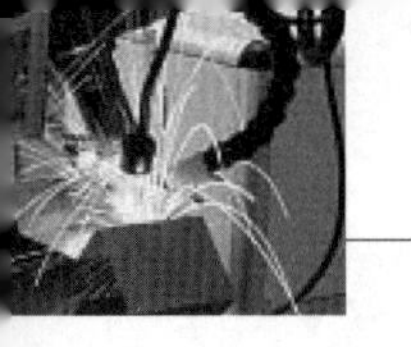

또한 TMCP형 고강도강은 높은 용접 입열량에서도 용접부의 충격인성 열화가 적기 때문에 용접 입열량을 크게 높일 수 있다. 따라서 TMCP로 제조된 고강도후판은 일반적 제조공정에 의해서 제조된 후판에 비해서 용접 Pass수를 줄임으로써 용접생산성 측면에서도 상당한 진보를 가져왔다. 따라서 후판 고장력 강판에 대한 가접 용접 시에 가접길이를 30mm 이상 하는 이유는 위에서 언급한 특성 때문에 가접길이는 30mm 이상 유지하여 작업의 효율성에 중점을 두기 때문이다.

6. 각종 재료의 용접성

1 개요

용접기술의 발달에 따라 대부분의 금속재료는 용접이 가능하나, 재료에 따라 최적 용접을 위한 방법이 다르다. 주어진 조건에서 피용접재의 용접의 용이성 및 성능을 의미하는 용접성(熔接性; weldability)이 있다. 용접성이 좋다는 것은 용접의 필요조건에 쉽게 달할 수 있다는 것이 된다.

2 각종 재료의 용접성

용접성은 피용접재, 용가재 및 용접방법 등의 용접조건에 의하여 결정되며, 그 중에서 피용접재 및 용가재가 용접성에 영향을 미치는 성질은 이 재료의 강도, 인성, 연성, notch 취성, 탄성계수 등의 기계적 성질과 비열, 융점, 열팽창계수, 용금의 표면장력 등의 물리적 성질이다. 재료에 따라서는 용접이 곤란하거나 불가능한 것들도 있으나, 각종 방법을 연구하여 이를 극복해 가고 있다.

표 1. 각종 용접재료의 용접성

재료 \ 용접법	용융용접								고상용접			납접	용단	
	가스 용접	피복아크용접	서브머지드아크용접	티그미그용접	일렉트로슬래그용접	저항용접	전자빔용접	테르밋 용접	열간단접	냉간압접	마찰압접		가스절단	플라즈마아크절단
탄소강 및 저합금강	A*	A	A	A*	A	A	A	A	A	B*	A	A	A	A*
스테인리스강 및 고합금강	B	A	A	A	A	A	A	C	A	C	A	A*	B	A
Ni-Co 및 고합금강	B	A*	C	A*	-	A	A	C	A	C	A**	A*	C	A*
Cu 및 그 합금	A*	A*	C	A	-	A**	A**	C	A	A*	A	A	C	B*
Al 및 그 합금	B	C	C	A*	-	A	A**	C	A	A	A**	A	C	A
Mg 및 그 합금	B*	C	C	A**	-	A**	C	C	B	C	-	A	-	B
Ti, Zr 및 그 합금	C	C	C	A	-	A**	A	C	A	C	A	A	A	A
주철	A	A*	C	B	B*	C	C	A*	A	C	B	A	B	C

〔비고〕 A : 가능(실용적), B : 가능(비실용적) C : 불가능
*: 시공조건에 제약, **: 재료에 제약

 7. 동과 황동을 용접하였을 때 용접부위의 조직분포와 기계적 성질

1 동(copper)

동은 전기 및 열의 양도체이기 때문에 전기 재료로 많이 사용되고, 내식성도 커서 다방면에 많이 사용된다. 용접에서는 열 전도성이 크기 때문에 석면 등으로 보열(保熱)하거나 예열을 충분히 하며, 높은 전류를 사용해야 한다. 용접봉은 모재의 강도보다 큰 인 청동, 규소 망간동, 청동의 피복봉이 쓰인다.

2 황동(brass)

황동은 Cu와 Zn의 합금으로서 Zn의 함량이 20~40%이다. Zn의 비등점이 960℃이며, 고온도의 용접열로 기화하여 생긴 독성의 아연과 산화 아연증기의 독성 때문에 작업이 곤란하고, 용접부는 다공성(多孔性)으로 되며, Zn 함유량의 감소로 변색이 되는 등의 용접에 어려움이 있다. 용접봉은 모재와 같은 조성의 것이 좋고, 될 수 있으면 Zn 함량이 많은 것은 피하는 것이 좋다. gas 용접에서는 산화 불꽃을 사용하고, torch를 모재에서 약간 멀리한다. 특히 금속 arc 용접에서는 Zn 함량이 많은 것은 곤란하다.

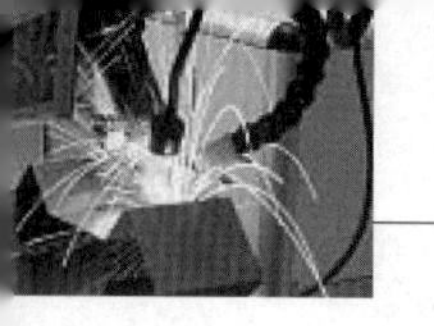

3 동과 황동의 용접방법

(1) 순수 구리의 열전도는 연강의 8배 이상이므로 국부적 가열이 어려워 충분히 용입된 용접부를 얻으려면 예열을 해야 하며, 구리의 열팽창 계수는 연강보다 50% 이상 커서 용접 후 응고 수축 시 변형이 발생될 수 있다.

(2) 황동의 용접의 경우 아연 증발로 인한 중독을 일으킬 수 있다. 산소를 함유한 정련구리를 용접할 때에는 수소의 존재에 의해 수소 취성을 일으킬 수 있으며, 순수 구리의 경우 산소와 납이 불순물로 존재하여 균열 등의 결함이 발생할 수 있다.

(3) 황동 용접은 산화불꽃을 사용하여 용접하고 용접 전에는 예열이 필요하며 기공을 없애기 위하여 용접 후 피닝 작업을 한다.

(4) 용접 시 용제로는 붕사 또는 붕산 등이 사용되고 가장 널리 사용되는 용접봉으로 박판에는 티그, 후판에는 미그를 사용하며, 전극봉은 토륨이 들어있는 봉을 사용한다. 예열 없이는 작업이 불가능하며, 슬래그 잠입과 기공 발생의 우려가 있다.

(5) 구리 합금의 용접조건은 구리에 비하여 예열온도가 낮아도 좋으며 비교적 큰 루트간격과 홈 각도를 취하며 가접을 많이 한다.

8. 소유즈 6호에 의한 우주용접 실험에 실시한 용접 3가지 이상

1 소유즈 6호에 의한 우주용접 실험에 실시한 용접 3가지 이상

우주공간에서의 금속 용접에는 우주구조물의 조립, 보수 및 고장난 위성의 수리, 보강 등을 목적으로 우주 Station을 나와서 하는 경우와 service bay module 내에서 하는 경우로 나눌 수 있다.

(1) 전자빔 용접

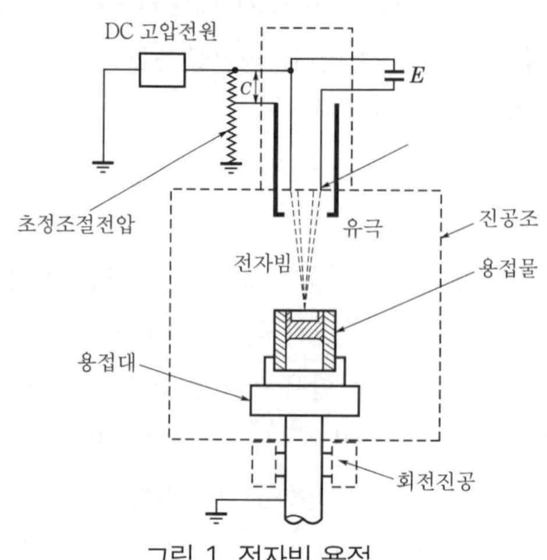

그림 1. 전자빔 용접

무중력, 고 진공 조건에서의 스테인리스강 및 Ti합금의 용접외관은 지상용접에 비하여 큰 차이는 없으며, Al합금의 용착금속에는 지상용접에 비하여 많은 기공이 보였다. 이것은 무중력 때문에 특히 비중이 작은 Al합금에서는 기포가 용융금속 중에서 일어나지 않고, 용융지에서 방출 속도가 늦게 되어 이 현상이 두드러졌다.

전자빔에 의한 무중력 하에서의 용단은 지상용접에 비해 스테인리스강, Al합금과 함께 외관이 다소 차이가 나지만 절단면이 매끈하여 좋은 결과를 나타내었다.

(2) 플라즈마 아크 용접

용접부에 기공이 없는 양호한 용접이음으로 무중력의 영향을 거의 받지 않았으며, 단 Ti합금에서 주로 용접선에 따라 약간의 기공 발생이 보였다.

(3) GMAW 용접

미소 중력하의 용융금속 중의 기포의 상승속도는 중력감소와 함께 급격히 저하한다. 또 기포의 직경은 반대로 크게 되는 경향이 있으며 용적의 표면장력(적은 장력)은 중력의 저하와 함께 현저히 증가한다. 용적은 아크의 발생 후 와이어 선단에서 만들지만 그 크기는 용적의 표면장력, 전자력(핀치효과) 및 아크의 길이 등에 의존한다.

용접자극의 진동은 무중력 하에서는 용적이행 현상에 영향을 미치지 않는다. 즉, 무중력 하에서는 용융금속의 표면장력이 크게 되고, 그 때문에 응고시에 용융금속을 용접단에서 끌어당기는 형이 되어 비드의 중앙이 올라가는 현상을 일으키며 용입 깊이는 지상용접에 비해 저하하는 경향이 있다.

(4) 납땜

지상에 비해 Void 및 미소결합의 발생이 작고, 양호한 납땜의 조직을 얻을 수 있으며 용융납의 확산성 및 충전성은 거의 같다. 초 진공이기 때문에 모세관 현상이 촉진되며, 납땜면의 유막 오염이 없기 때문에 양호한 요철(meniscus)이 형성되었다.

2 문제점

(1) 주위조건의 영향

1) 기압의 영향

초 진공(10^{-11} Torr 이상)이기 때문에 용접부의 산화방지와 기공발생이 억제되고, 불순물과 비금속 게재물의 부상제거가 용이하여 양호한 용접조직을 얻을 수 있다.

2) 무중력의 영향

열 대류, 부력, 정수압 등 중력에 기인한 각종 물리적 현상이 없어지거나 완화되어 용융금속의 질량편석이 없다. 또한 비중이 다른 원소를 균일하게 용융이 가능하며 균일한 조직을

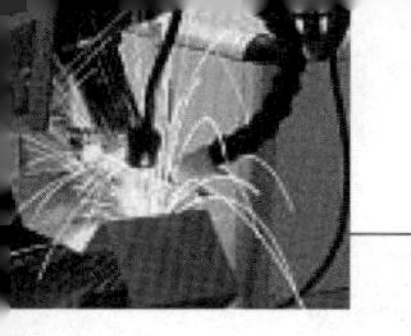

얻을 수 있다. 중력의 저하는 용융금속의 용착성 저하의 초래 및 강도저하, 열대류, 부력상실에 의한 용융금속의 기포 방출이 곤란하여 기공이 발생하기 쉽다.

3) 온도의 영향

태양 측 표면과 반대 면은 온도차가 심하다(±400k°).

4) 지자기의 영향

자계강도는 1/150 감소하여 우주선 및 우주구조물의 전류, 전자기 등 전원의 요소에 얼마간 영향을 준다. 따라서 각종 전기 용접에서는 그 조건 설정에 이 영향을 고려할 필요가 있다.

(2) 기타

1) 우주티끌, 방사선의 영향 등이 있다.
2) 에너지 및 시간의 영향
3) 우주공간에는 에너지, 그 이외 모든 물질에 한계가 있기 때문에 용접이 단시간에 종료되는 것이 요구된다. 따라서 Spot, 스터드, 전자빔, 레이저 용접 등이 바람직하다.
4) 부재의 치수, 형상, 중량의 제한
5) Space shuttle 운반에 의한 제한으로 비중이 적은 Al합금 중심으로 한 치수가 작고, 단순형상이 좋다.

(3) 인적조건

복수의 가공에 숙련이 필요하다.

3 우주용접

용접에 가장 영향을 주는 요소는 초진공, 무중력 및 온도차로 초진공은 대부분의 용접에 관해서 산화 등의 악영향은 일반적으로 양호한 결과를 얻을 수 있다. 특히 진공의 필요가 없는 전자빔 용접은 우주용접에 최적으로 휴대용 전자총에 의한 편리함과 취급이 쉽고 가장 유효한 방법이다. 또 납땜법도 초진공은 습성이 좋고 모세 현상에 의한 침투작용이 촉진되어 양호한 납땜 이음을 쉽게 얻을 수 있다. 무중력 상태는 용융금속의 질량편석을 억제하고, 균일한 조직을 만드는 이점이 있지만 기포의 부상과 방출속도의 저하가 기공을 쉽게 발생시켜 아크 용접, 가스 용접 등 용융 용접은 이 영향을 받는다. 따라서 이 영향을 받지 않는 Spot 스터드 용접 등의 압접법이 추천된다. 온도차 문제는 우주공간에서는 용접면이 태양 측에 접하고 있는 경우와 뒤 측에 있는 경우에서는 그 표면의 온도차가 심하다. 그 때문에 용융 용접처럼 비교적 가열시간이 길고 큰 용융지를 형성하는 경우에는 용융금속이 비등, 증발한 용접결함이 생기는 경우가 있다. 이 점을 생각하면 Spot, Projection 등의 저항 용접 또는 스터트 용접 등의 압접법이 유효한 방법이다.

9. 알루미늄 합금의 용접

1 개요

알루미늄의 특징은 비중이 작고(2.69) 용융점이 낮으며(660.2℃) 전기의 전도율이 좋다. 가볍고 전연성이 커서 가공이 쉬우며 은백색의 아름다운 광택이 있고 변태점이 없으며 시효 경화가 일어난다.

2 알루미늄 합금의 용접

(1) 용접 시 고려사항

알루미늄은 철강에 비하여 일반 용접봉으로는 용접이 극히 곤란한 이유는 비열 및 열전도도가 크므로, 단시간에 용접 온도를 높이는 데에는 높은 온도의 열원이 필요하다. 용융점이 비교적 낮고, 색채에 따라 가열 온도의 판정이 곤란하여 지나친 융해가 되기 쉽다. 산화알루미늄의 용융점은 알루미늄의 용융점(658℃)에 비하여 매우 높아서 약 2050℃나 되므로, 용융되지 않은 채로 유동성을 해치고 알루미늄 표면을 덮어 금속 사이의 융합을 방지하는 등 작업을 크게 해친다.

산화알루미늄의 비중(4.0)은 보통 알루미늄의 비중(2.7)에 비해 크므로, 용융금속 표면에 떠오르기가 어렵고 용착금속 속에 남는다. 강에 비해 팽창계수가 약 2배, 응고수축이 1.5배 크므로, 용접변형이 클 뿐 아니라 합금에 따라서는 응고균열이 생기기 쉽다. 액상에 있어서의 수소 용해도가 고상 때보다 대단히 크므로, 수소가스를 흡수하여 응고할 때에 기공으로 되어 용착금속 중에 남게 된다.

(2) 알루미늄 합금의 용접종류

알루미늄 합금의 용접종류는 다음과 같다.

1) 불활성 가스 아크 용접(아르곤 아크 용접)

① 용제를 사용할 필요가 없다.

② 슬래그를 제거할 필요가 없다.

③ 직류 역극성을 사용할 때 청정작용이 있어 용접부가 깨끗하다(MIG 용접시는 이 극성을 사용한다).

④ 아크 발생시 텅스텐과 모재의 접촉을 피하기 위해 고주파 전류를 쓴다(아크 안정과 아크 스타트를 쉽게 할 목적). TIG 용접에서는 이것을 응용하고 있다.

⑤ 텅스텐 전극의 오염을 방지해야 하며 오염되면 용접부가 나빠지며 전극 소모가 크다.

⑥ 가스 용접보다도 열이 집중적이고 능률적이므로 판의 예열은 필요치 않을 때가 많다.

⑦ MIG 용접에서는 와이어로 Al 선을 사용하며 대전류를 사용한다.

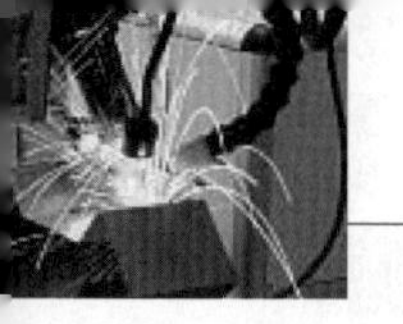

⑧ 순수 Ar보다 2~3% 산소를 첨가하면 좋다.

2) 가스 용접법

① 불꽃은 탄화된 불꽃을 사용한다.

② 200~400℃의 예열을 한다.

③ 얇은 판의 용접에서는 변형을 막기 위하여 스킵법과 같은 용접순서를 채택하도록 한다.

3) 저항 용접법

① 산화피막을 제거하고 청소를 깨끗이 한다.

② 저항 용접 중 Al은 점 용접법이 가장 많이 쓰인다.

③ 짧은 시간에 대전류의 사용이 필요하다.

10. 주철의 용접이 힘든 이유를 상태도를 이용하여 설명하고, 이를 가능케 하기 위한 방법들을 열거하고 그 이유

1 개요

주철은 Fe-C계 평형상태도에서 C는 2.0~6.7%의 Fe-C 합금인데 보통 C는 1.7~3.5%, Si는 0.6~2.5%, Mn은 0.2~1.2%, P는 0.1% 이상의 조성을 가지고 있다. 주철은 강에 비하여 용융점이 낮으며(약 1150℃) 탕류가 좋으므로 주물을 만들기 쉽고, 가격이 낮으므로 대소 각종의 주물을 만드는 데 사용된다. 그러나 주조 그대로는 가난성이 없고 또한 실온에서 대부분 연성이 없는 것이 보통이다. 주철의 용접은 주로 주물의 결함 보수 혹은 파괴된 주물의 수리인 것이다. 그리고 주물은 취성이 있어 용접이 매우 곤란하므로 용접을 하려면 우선 주철의 특성을 잘 알아두는 것이 중요하다.

2 주철의 용접이 힘든 이유

(1) 주철은 연강에 비해 여리며 주철의 급랭에 의한 백선화로 기계가공이 곤란할 뿐 아니라 수축이 많아 균열이 생기기 쉽다.

(2) 일산화탄소 가스가 발생하여 용착금속에 블로우 홀이 생기기 쉽다.

(3) 장시간 가열로 흑연이 조대화된 경우, 주철 속에 기름, 흙, 모래 등이 있는 경우에 영착이 불량하거나 모재의 친화력이 나쁘다.

(4) 주철의 용접법으로 모재 전체를 500~600℃의 고온에서 예열하며 예열, 후열의 설비를 필요로 한다.

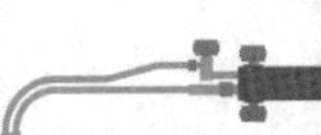

3 주철의 용접법

(1) 고온 예열 용접법

용접하려고 하는 주물을 약 540~560℃로 전체 혹은 일부를 예열하여 주철봉을 사용하여 아크 용접 혹은 가스 용접을 하는 방법이다. 용접 중이나 용접 직후에는 될 수 있는 한 고온을 유지하게 하고 또한 후열이나 서냉을 하여야 한다. 백선화를 방지하기 위하여 흑연화를 촉진할 필요가 있어서 Si, Al을 적당량 포함시킨 주철 성분의 용접봉을 사용하는 것도 좋다. 주철의 가스 용접에서 용제의 사용은 매우 중요하며, 용제의 기능은 산화물의 용해 제거, 용융 금속의 보호와 유동성을 가지게 하는 것이다.

(2) 저온 예열 용접법과 예열하지 않은 용접법

이 방법은 모재를 보통 예열하지 않든가 약간 예열(약 300℃)하여 용접하는 것으로 아크 용접과 가스 용접법에 사용하는 용접봉은 순니켈봉, 고 니켈철-합금봉(Ni 60% 이상), 모넬 금속봉(Ni 70%, Cu 30%), 토빈 청동봉(Cu 60%, Zn 30%, Sn 1%), 연강봉 등이 있다.

11. Austenite계 스테인리스강의 용접 시 고려하여야 할 문제점과 대책방안

1 Austenite계 스테인리스강의 용접 시 고려하여야 할 문제점과 대책방안

(1) 용접금속의 고온균열

오스테나이트 스테인리스강 용접금속은 고온 균열을 일으키기 쉽다. 이는 완전한 오스테나이트로 될수록 균열이 되기 쉽다. 이를 방지하기 위해 5~15% 정도의 페라이트를 함유하면 균열을 방지할 수 있다.

(2) 모재열영향부의 입계부식

용접열에 의하여 용접 금속에 인접하여 있는 부분은 조대화되고 이것에 연달은 부분은 탄화물의 석출이 일어나 입계부식이 일어난다. 이것은 고체 탄소가 Cr탄화물로 되어 입계에 강산으로 석출하기 때문에 입계의 양쪽에 Cr이 희박하게 되어 입계부식이 된 것이다. 입계부식을 방지하기 위하여 C를 적게 하던가 Ti나 Nb 등의 원소를 첨가하여 1000℃에서 수냉하는 용체화 처리 등의 방법이 있다.

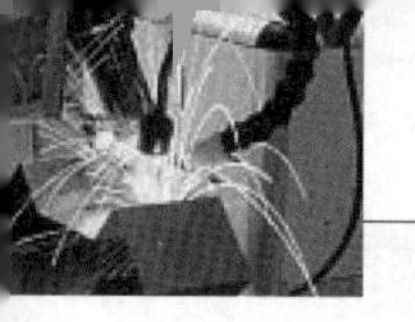

12. MCP 고장력강재와 Normalized 강재의 제조 Process와 조직적 상이점

1 TMCP강재

제조과정에서 용접성을 떨어뜨리는 합금원소를 첨가하지 않고 열처리를 통해 강도와 용접성을 높인 고기능 강판이다. 강을 Ac_3 또는 A_{cm} 이상으로 가열하여 오스테나이트화로 한 후 공기 중에서 냉각하여 강재의 성질을 표준상태로 만들기 위함이다.

2 Normalized 강재

목적으로는 주조조직을 미세화, 내부응력 제거, 결정조직과 기계적, 물리적 성질 개선, 구상화 풀림의 전처리가 있으면 normalize하는 방법에 따라 작업공정을 분류하며 다음과 같다.

(1) 보통 불림(normal Normalizing)

온도는 Ac_3+30~50℃(아공석강), A_{cm}+30~50℃(과공석강)로 가열하여 공랭하며 조직은 표준조직 또는 불림조직(normal structure)이라 하며 아공석강의 경우에는 페라이트와 펄라이트의 혼합조직, 공석강의 경우에는 펄라이트, 과공석강은 펄라이트와 시멘타이트 조직으로 되어 있다.

(2) 2단 불림(Stepped Normalizing)

온도는 오스테나이트화 온도보다 30~50℃ 높은 온도로 가열하고 임계구역까지 공랭하고 그 후 서냉하며 대형부품(직경 75mm 이상) 고탄소강 등에서 백점, 내부 균열 방지 효과가 있다.

(3) 항온 불림

온도는 강재를 오스테나이트화 온도로부터 50℃ 높은 온도로 가열하고 등온처리한 후 약 550℃에 해당하는 염욕에 투입하고 항온을 유지시켜 변태 완료시킨 후 공랭 또는 수냉 처리한다.

조직은 미세 펄라이트조직이고 기계 구조용 탄소강이나 저탄소 합금강의 피절삭성 향상에 좋은 효과를 준다.

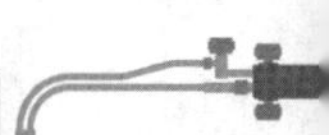

13. Duplex Stainless Steel의 용접성

1 개요

Duplex Stainless Steel은 가장 최근에 개발된 강종으로 점차 그 사용 영역이 확대되어 가고 있는 강종이다. 이 강종은 기존의 오스테나이트 스테인리스강에 Cr의 함량을 더 높이고 약간의 Mo를 추가한 강종으로 보통 25% 정도의 Cr에 2~3% Mo를 포함하는 강종이며 대표적인 재질은 SAF 2205, SAF 2507이다.

2 특징

기존 오스테나이트 스테인리스강이 입계부식(Intergranular Corrosion) 및 응력부식균열(Stress Corrosion Cracking)에 민감한 단점을 보완하기 위해 개발된 강종으로 페라이트(Ferrite) 기지위에 50% 정도의 오스테나이트(Austenite)조직이 공존하는 두 개의 상(Dual Phase)의 조직이다. Austenite조직이 존재함으로 인해 페라이트 스테인리스강보다 양호한 인성을 가지고 있다. 또한, Ferrite조직이 존재함으로 인해 오스테나이트 스테인리스강보다 약 2배 이상의 강도를 가지고 있어서 기계 가공 및 성형이 어렵다.

오스테나이트 스테인리스강보다 열팽창 계수가 낮고, 열전도도는 높아서 열 교환기 등의 튜브(tube)재질로 적합하다. Chloride 등에 대한 저항성이 커서 VCM Project 등의 열 교환기용 재료로 사용되고 있다. Ni함량이 적어서 경제적이고 열처리에 의해 경화될 수 있다. 60℃ 이하에서는 충격치가 급속히 감소하며, 300℃ 이상에서는 페라이트(Ferrite)조직의 분해가 일어나서 취성이 발생하므로 통상적인 사용온도는 -50~250℃ 정도로 제한된다. Duplex Stainless Steel은 오스테나이트(Austenite)조직과 페라이트(Ferrite)조직의 상분률이 매우 중요하다. 상분률이 깨어지면 원하는 특성을 얻을 수 없고 취성이 발생하여 적절하게 사용할 수 없다.

3 용접성

전반적으로 용접성은 매우 양호한 재질로 평가되지만, 입열조절이 무척 중요하다. 따라서 다층 용접시 각 패스(Pass) 사이의 내부 패스온도(Inter pass Temperature)와 이송속도(Travel Speed)의 조절이 매우 중요한 조절인자로 작용한다. 용접시 입열이 부적절하면 두 개의 상(Dual Phase)의 상분률(狀分率)이 깨어지므로 통상 0.5~1.5KJ/mm 정도로 엄격히 제한한다. 내부 패스온도(Interpass Temperature)는 최대 150℃ 정도로 규제한다.

용접봉은 모재보다 2~3% 정도 Ni함량이 많은 재료를 선정하고, 지나친 급랭이나 서냉이 되지 않도록 한다. 용접시 800~1000℃ 범위에서 장시간 유지되면 해로운 두 번째 상(Secondary Phase)이 생겨서 기계적 성질 및 내식성의 저하를 가져오므로 피해야 한다. 대

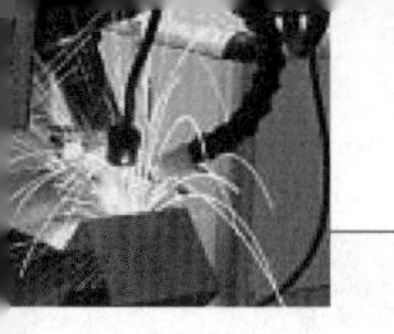

개 용접 후 열처리(PWHT)는 실시하지 않으나, 해로운 두 번째 상(Secondary Phase)을 피하기 위해 1100℃ 정도의 온도에서 5~30분간 후열처리를 한다. Code상 규정은 없지만 용접부에 대한 충격시험(Impact Test)을 요구하는 경우가 많으며, 별도의 비파괴 검사(NDT)를 실시하지 않고 용접부의 건전성을 평가하는 가장 손쉬운 방법은 경도(Hardness)측정과 페라이트(Ferrite)량 측정이다.

페라이트(Ferrite)량을 측정하고 경도(Hardness)를 측정하면 대략적인 용접부의 건전성을 평가할 수 있다. 경도 측정은 Code상 반드시 적용해야 하는 규정은 아니다. 페라이트(Ferrite)함량은 오스테나이트 스테인리스강(Austenitic Stainless Steel)의 용접부 검사에 적용한 것과 동일한 방법을 적용하면 된다. 페라이트(Ferrite)함량 37~52% 정도에서 통상적인 경도(Hardness)는 브리넬(Brinell)경도로 238~265 정도가 나오면 적정선이다. 이 경도 값에 관해서는 사전에 기준치를 정하는 협의가 필요하다.

14. 알루미늄 합금의 용접성 비교

1 개요

알루미늄(aluminium, Al)은 산업분야에서 약 8%를 차지하고 있는 원소로서, 철강 다음으로 많이 사용되고 있으며 그 성질은 다음과 같다.

(1) 비중이 작다(2.7).

(2) 열 및 전기 전도도가 구리 다음으로 좋다.

(3) 공기 중에서는 산화 피막을 만들며, 내식성이 좋다.

(4) 산, 알칼리에 침식되며, 해수에도 약하다.

(5) 기계적 성질이 연약하며, 가공성이 대단히 좋다.

알루미늄의 기계적 성질은 순도, 열처리 조건, 시험 온도 등에 따라 달라진다. 알루미늄의 연성은 순도가 높을수록 좋으나, 불순물의 함유량에 따라 달라진다. 인장 강도는 12% 부근에서 높아짐을 알 수 있다. 알루미늄은 판, 선, 파이프 또는 은박으로서, 여러 가지의 공업 기기, 전기 기구, 가정용품 등에 쓰인다.

2 알루미늄 합금의 용접성 비교

(1) Gas Tungsten Arc Welding

Al 합금의 교류 GTAW 용접에서는 Cleaning 작용에 의해 모재의 산화 피막이 제거되기 때문에 Ar 가스에 의한 보호 기능과 높은 집중열에 의해 외관이 우수한 건전한 용접부가 얻어진다. GTAW 직류 역극성을 사용할 수도 있으나, 교류를 사용하는 것이 보다 건전한 용접부를 얻을 수 있다. 실제 용접에 있어서 용접봉을 Arc로 녹여서 용접하기는 매우 어렵다. 알루미늄 합금의 표면에 형성된 산화물로 인해 용융이 어렵기 때문이다. 따라서 용접금속은 모재만의 용융물이거나 모재와 일부 용접봉의 혼합물이 되기 쉽다. 현장 용접에서는 용접봉 사용이 반드시 필요한 것은 아니며, 모재를 녹여서 시행하는 용접도 많이 적용된다. 용접시에는 용접금속을 보호하기 위한 Shielding Gas를 충분하게 사용해야 한다. 용접부 보호가 불충분하게 되면 용접금속의 산화로 인한 결함과 기공 등이 발생하게 된다.

(2) Gas Metal Arc Welding

1) Short Circuit Arc 용접

주로 박판의 구조물을 용접할 때 적용되는 용접 방식이다. 용융 금속이행(Metal Transfer)이 단락시에만 이행하는 것이다. 전극 Wire 직경 ø0.6~1.2mm, 용접전류 20~150A의 범위에서 3mm 이하의 박판에 적용된다.

2) Pulsed Arc 용접

MIG 용접에서는 사용하는 전극 Wire 직경에 따라 임계 전류가 결정된다. 이 전류 이상에서는 안정한 스프레이상(Spray)의 용적이행이 되지만, 그 이하에서는 Drop 또는 Globular 이행이 되어 안정한 이행 및 Arc가 얻어지지 않는다. 펄스 Arc 용접은 용접전류가 임계전류 이하에서도 주기적으로 그 전류보다는 높은 피크(Peak) 전류를 주는 것에 의해 인공적으로 안정한 Arc를 얻기 때문에 박판 및 중후판에 적용된다. 전극 Wire 직경으로서는 ø1.2, ø1.6, ø2.4의 것이 사용된다.

3) Spray Arc 용접

보통 GMAW라면 이것을 지칭하며 사용 Wire 직경은 ø1.0~2.4mm로서, 임계전류 이상의 전류를 사용한다. 용접전류는 100~500A의 넓은 범위가 이용된다.

(3) 가스 용접

가스 용접은 장치가 간단하고 가격이 저렴하며 박판의 용접이 용이한 장점이 있지만, Al 표면의 강고한 산화 피막을 제거하기 위해서는 부식성이 강한 염화물 등의 Flux를 사용하여야 한다. 또 열 집중이 떨어지기 때문에 변형이 발생하기 쉽고 균열, 강도면에서 적용 가능한 합금의 종류가 제한된다. 열원으로서는 산소-아세틸렌, 산소-수소가스 등이 이용된다.

(4) 기타

이상에서 거론된 용접 방법 이외에 알루미늄 용접에 적용되는 용접법으로는 스터드 용접(Stud Welding), 전자빔 용접(Electron Beam Welding), Plasma Arc 용접, 레이저 용접 등이 있다. 최근에는 자동차 제조에 Stud Welding뿐만 아니라 레이저 용접이 많이 적용되고 있다.

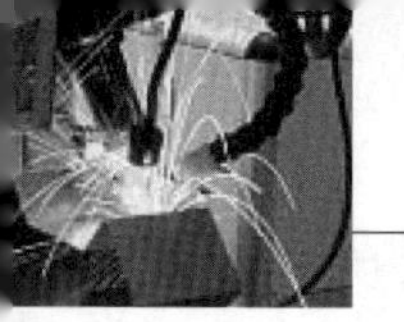

표 1. 알루미늄합금의 분류 및 특성

구분	합금명	대표조성	특성	용도	비고
비열처리용	1XXX (Pure AL)	99%Al	연성, 용접성, 내식성 가공성이 우수	전기, 공조, 화학 식품공업	대표합금 : A1100, A1050, A1060 등
	3XXX(Al-Mn)	1.2%Mn 1.0%Mg	적정강도, 성형성, 내식성이 우수	주방용품, 판금재료 Can Body	대표합금 : A3003, A3004 등
	4XXX(Al-Si)	13%Si	내열성, 내마모성이 우수	피스톤, 용접봉	대표합금 : A4032, A4043 등
	5XXX(Al-Mg)	5.5%Mg 1.0%Mn 0.3%Cr	용접성, 성형성, 내식성이 우수하고 넓은 범위의 강도	장갑차, 선박용재료 용접구조물, 압력용기	대표합금 : A5083, A5052, A5082 등
열처리용	2XXX(Al-Cu-Mg)	6.8%Cu 1.8%Mg	기계적 성질 및 절삭성이 우수하고 내식성이 떨어진다.	항공기 구조재 리벳용 소재	s.s→Gp zoon→θ''→θ'→θ($CuAl_2$) s.s→Gp zoon→S'→S($AlCuMg_2$) 대표합금 : A2024, A2011, A2117 등
	6XXX(Al-Mg-Si)	1.5%Mg 1.5%Si	성형성, 내식성, 표면처리성이 우수하고 적정강도	건축용 재료 구조용 재료	s.s→Gp zoon→β''→β' (Mg_2Si) 대표합금 : A6063, A6061, A6005A 등
	7XXX(Al-Zn-Mg)	4~8%Zn 1~3%Mg	우수한 강도 및 용접성	항공기 구조재 방산용 재료	s.s→Gp zoon→η''→η' ($MgZn_2$) 대표합금 : A7075, A7003, A7050 등

표 2. 알루미늄합금의 분류

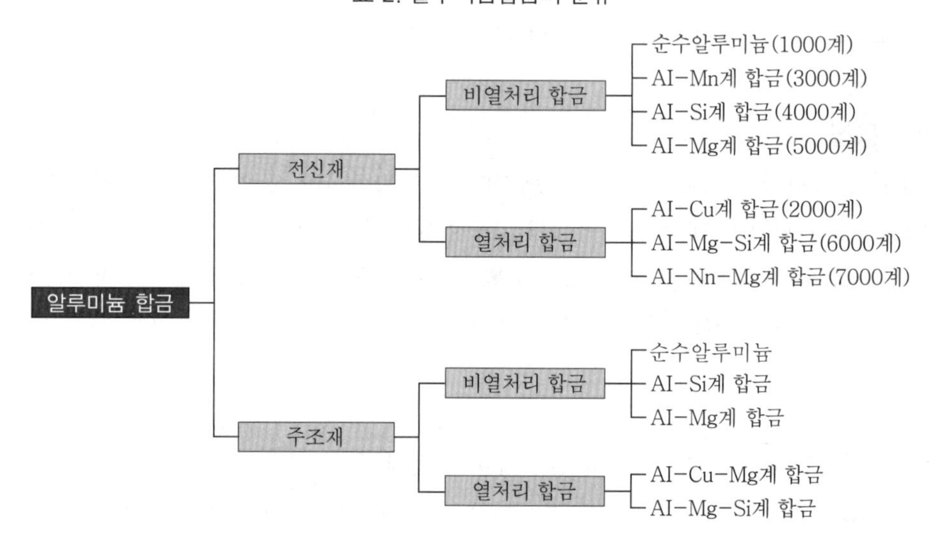

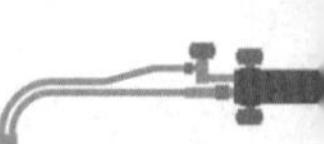

15. 탄소함량이 0.23% 이하인 탄소강재를 용접할 때에 입열조건 (용접전류, 전압, 속도) 이외에 예열결정에 고려해야 하는 인자

1 개요

저탄소강은 어떤 용접법으로도 용접이 가능하지만 용접성으로서 특히 문제가 되는 것은 노치취성과 용접균열이다. 연강의 용접에서는 판 두께가 25mm 이상에서는 급랭을 일으키는 경우가 있으므로 예열(preheating)을 하거나 용접봉 선택에 주의해야 한다.

연강을 피복 아크 용접으로 하는 경우 판 두께의 증대에 따라 용접균열이 생기기 쉽고 서브머지드 용접에서는 용착금속의 노치인성이 낮아지는 것이 문제가 되며 용접봉은 피복 용접봉으로서 저수소계(E4316)를 사용하면 좋으며 균열이 생기지 않는다. 이에 대해 일미나이트계(E4301)는 판 두께 25mm까지는 문제가 되지 않으나 두께가 30~47mm일 때는 온도 80~140℃ 정도로 예열해 줌으로써 균열을 방지할 수 있다.

2 저탄소강의 용접성

저탄소강의 용접성으로서 특히 문제가 되는 것은 노치인성과 용접균열이다.

(1) 노치인성

국제용접학회에서는 인장강도 37~65kgf/mm^{2}의 용접구조용 강의 노치인성으로서는 0℃의 V샤르피 충격치가 3.5kgm/cm^2 이상이어야 하는 것을 권장하고, 구조물의 사용온도가 특히 낮고 또 큰 응력을 받는 경우에는 -20℃에서 3.5kgm/cm^2 이상의 충격치를 요구하고 있다. 후자는 0℃에서는 6kgm/cm^2 이상의 충격치에 비슷하다. 과거 몇 년 전의 우리나라의 SM 41W재의 림드강에서는 IIW에서 규정하는 C급 강에 불합격하는 것이 상당히 많고, 또 취성파괴한 미국용접선의 균열에 스타트로 된 연강판과 같은 정도의 림드강이 판 두께 18~25mm 중에 얼마나 포함되어 있는 것은 경계하여야 한다. 현재에는 림드강 대신에 세미킬드강의 양질의 것이 제작되어 노치인성은 크게 향상하고 있다.

(2) 용접균열

연강의 용접금속 균열의 하나로서 앞에서 설명한 서브머지드 아크 용접에 의한 림드강의 유황 균열 문제가 있다. 최근 림드강 대신에 밴드가 적은 세미킬드강이 사용되고 있으므로 이 문제는 거의 해소되었다. 후판은 용접에 의한 구속균열이 생기기 쉽고, 또 노치인성도 나쁘므로 어느 정도의 두께 이상의 어닐링한 것을 사용한다.

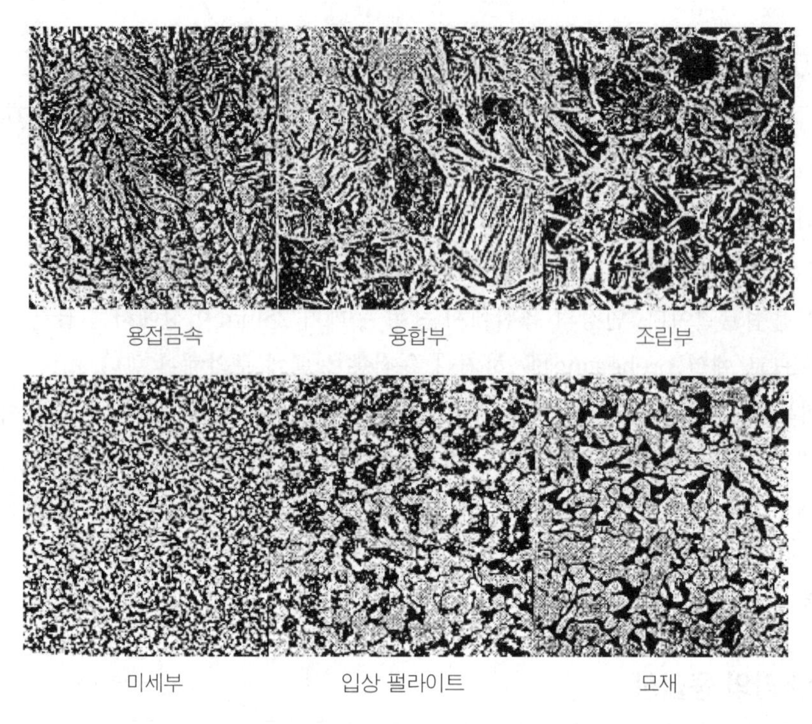

그림 1. 저탄소강의 용접부의 현미경조직

16. 고장력강을 비드온 플레이트(Bead-on-Plate) 용접하는 경우, 용접열영향부(HAZ)의 통상 최고가열온도와 조직학적 특징

1 개요

용접열에 의하여 조직이 변한 융합부에 인접한 모재 부분을 열영향부(heat-affected zone, HAZ)라 하며, 뚜렷한 경계는 없으나 편의상 용접부를 구분하면 그림 1과 같다.

그림 2는 용접부의 조직과 온도를 나타낸 것이다. 용착금속은 한번 용융한 금속이 응고한 부분이며, 주조조직을 나타내며 모재에서 명확히 구별할 수 있다. 일반적으로 C는 저온측에서 고온측으로 이동하므로 융합부에서는 C가 많아지고 용접부에 인접된 모재에는 C가 적어지며, 융합부는 급랭에 의한 영향을 크게 받게 된다.

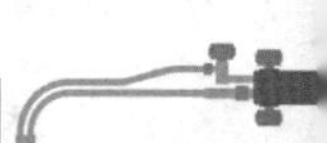

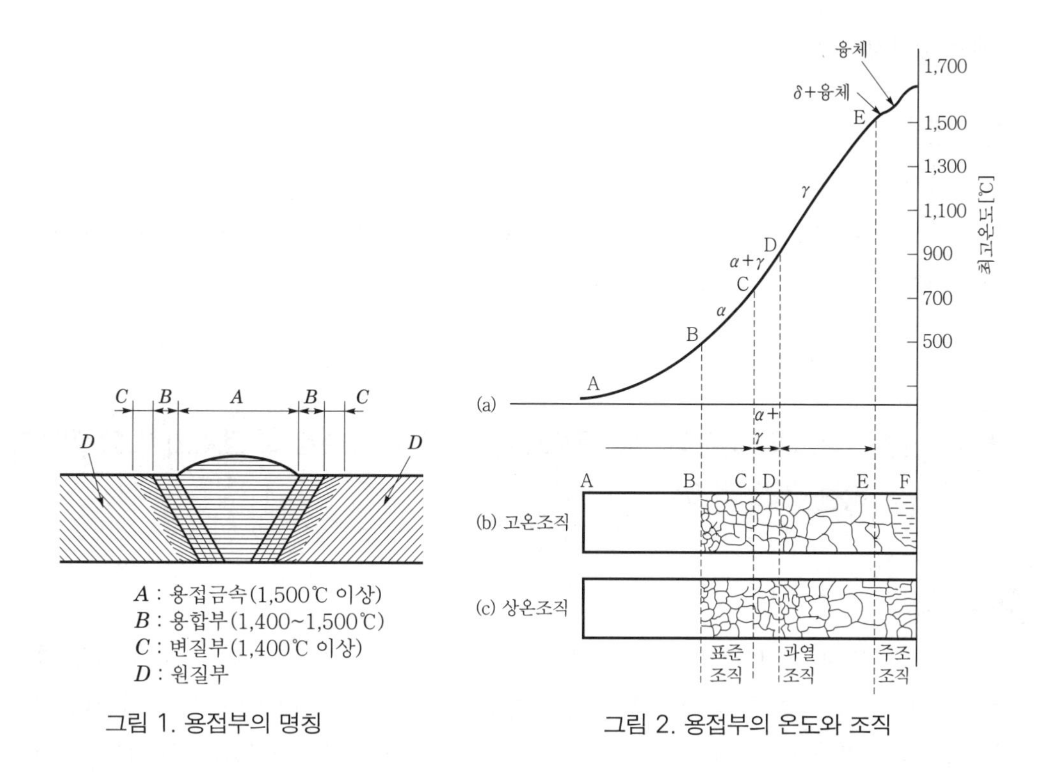

그림 1. 용접부의 명칭

그림 2. 용접부의 온도와 조직

2 조직과 온도관계

용접열영향부(HAZ)를 통상 최고가열온도와 조직학적 특징에 따라 CGHAZ(Coarse-grain HAZ), SCHAZ(Subcritical HAZ), ICHAZ(Intercritical HAZ), FGHAZ(Fine-grain HAZ)의 4가지로 세분하며, 그림 1에서 살펴보면 D는 CGHAZ(Coarse-grain HAZ)영역으로 원질부이며 온도가 가장 낮고, C는 SCHAZ(Subcritical HAZ)영역으로 온도가 1400℃ 이상이다. 또한, B는 ICHAZ(Intercritical HAZ)영역으로 융합부이며 온도는 1400-1500℃이다.

A는 FGHAZ(Fine-grain HAZ)영역으로 용착금속부분이며 온도는 1500℃ 이상이다. 따라서 높은 쪽에서 낮은 쪽으로 순서대로 배열하면 FGHAZ(Fine-grain HAZ)>ICHAZ(Intercritical HAZ)>SCHAZ(Subcritical HAZ)>CGHAZ(Coarse-grain HAZ)가 되며, 인성이 가장 안 좋은 부분은 변질부가 된다.

17. 클래드강 (clad steel)

1 정의

극연강, 연강, 저합금강 등을 모재로 하고 그 한쪽 면 또는 양쪽 면에 모재와는 다른 종류의 강철 또는 기타의 금속을 합판재로 하여 열간압연, 용접, 폭착(爆着) 등으로 클래드시킨

강재로 합판강재라고도 한다.

2 적용

모재의 한쪽 면에 합판재를 클래드시킨 것을 일면 클래드강, 양면에 합판재를 클래드시킨 것을 양면 클래드강이라고 한다. 클래드 메탈의 두께는 전체 판 두께의 10~20% 정도인 것이 많고 스테인리스강, 니켈클래드강, 니켈합금클래드강, 알루미늄클래드강 등이 있다.

18. 오스테나이트계 스테인리스강이 일반적으로 후열처리가 요구되지 않는 기술적 이유

1 개요

오스테나이트계 스테인리스강의 조성은 일반적으로 16~25% Cr과 7~20% Ni를 함유한 Fe-Cr-Ni의 삼원계를 중심으로 한다. Fe-C합금에 Cr과 Ni를 첨가한 경우 평형상태도를 그림 1에 나타내었다. Cr은 페라이트(α-Fe, δ-Fe) 조직을 안정화시켜 그림 1(b)와 같이 폐오스테나이트루프(closed γ loop)를 형성시킨다. Ni는 오스테나이트(γ-Fe) 조직의 안정 구역을 확장하고, 마르텐사이트 조직이 형성되기 시작하는 온도를 낮추어 그림 1(c)에서와 같이 상온에서 오스테나이트 조직을 안정화시킨다.

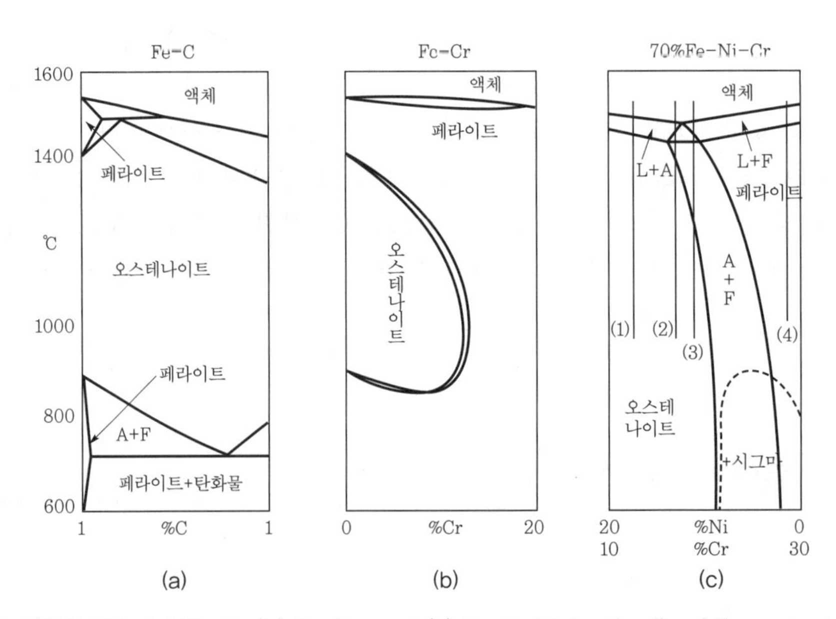

그림 1. 평형상태도: (a) Fe-C; (b) Fe-Cr; and (c) Fe-Cr-Ni for the fixed Fe content(70%).

예를 들어 STS 304 용접부에 존재하는 페라이트상과 오스테나이트상의 STEM 사진과 EDS 분석표를 그림 2에 나타내었다. 페라이트는 Cr-rich상이고 오스테나이트는 Ni-rich상임을 알 수 있다.

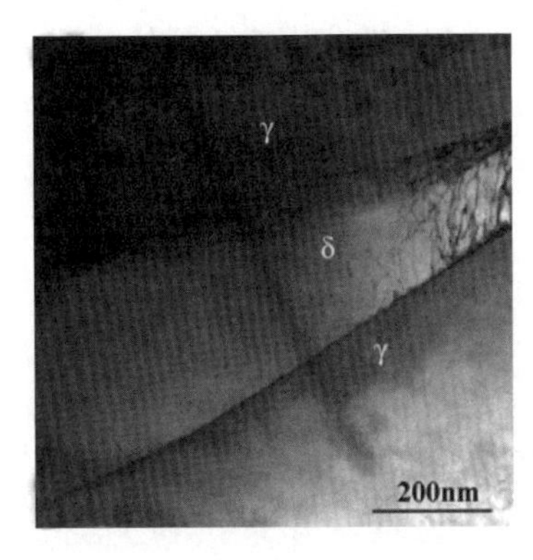

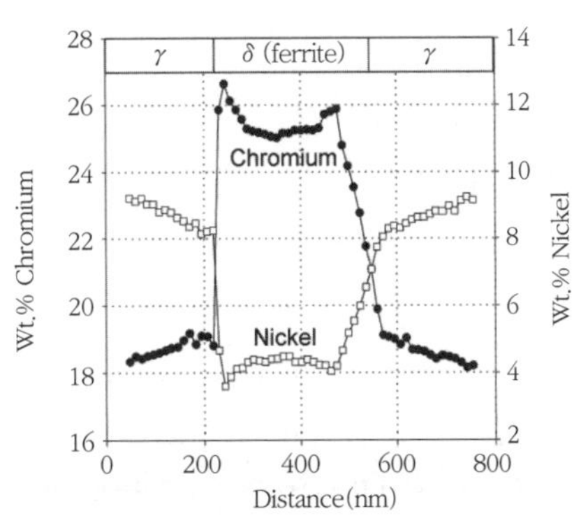

그림 2. STS 304 용접부에 존재하는 페라이트상과 오스테나이트상의 STEM 사진과 EDS분석표

그러나 2상의 경계 boundary layer에서는 Cr과 Ni의 조성이 상의 중심과 차이가 있음을 확인할 수 있다. 이는 오스테나이트계 스테인리스강에서 Cr, Ni 등의 합금원소의 확산속도가 빠르지 않음을 증명하고, 이 현상은 예민화(sensitization) 현상을 일으키는 원인이 되기도 한다. 오스테나이트계 스테인리스강은 합금 원소의 조성에 따라서 냉간가공 후 마르텐사이트 조직으로 변태할 수 있는 준 안정성 오스테나이트계 스테인리스강, 냉간가공 전후 조직의 변화가 없는 안정성 오스테나이트계 스테인리스강이 있다. 또한 합금의 조성에 따라서 취성을 나타내는 σ-상이나 x-상이 나타나며, 이러한 상의 석출은 상온에서 오스테나이트계 스테인리스강의 충격인성을 저하시키는 요인이 된다

2 오스테나이트계 스테인리스강이 일반적으로 후열처리가 요구되지 않는 기술적 이유

오스테나이트 조직은 온도가 낮아짐에 따라 C 고용량이 급격히 감소한다. 냉각속도가 충분히 느린 경우, 후열처리를 하는 경우 또는 용접열을 가한 경우 결정립계를 따라 탄화물이 석출하여 강의 내식성이 감소된다. 이를 극복하기 위하여 STS 321, 347, 348 등의 재료는 Ti이나 Nb를 첨가하여 Cr 탄화물의 결정립계 석출을 방지한다. 또한 C의 함량을 0.03% 이하로 낮추어 탄화물의 석출을 억제한 저탄소 오스테나이트 스테인리스강(304L, 316L)이 개발되었다.

저탄소 오스테나이트계 스테인리스강의 경우에는 항복응력이 낮아지며, 이를 보완하기 위하여 0.18%까지 N을 첨가시킨 저탄소 오스테나이트계 스테인리스강(304LN, 316LN)도 있다. 기존의 스테인리스강은 우수한 내식성에도 불구하고 고온 또는 염화물의 농도가 높은 가혹한 환경에서는 국부부식 발생이 우려된다. 이를 개선하기 위한 합금원소 개량의 결과로 고

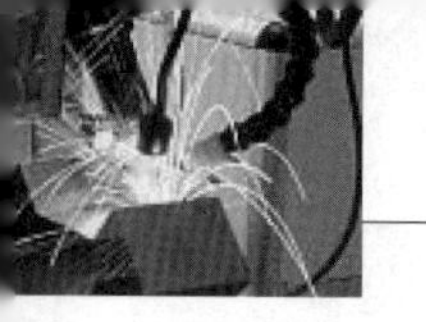

급화된 슈퍼 오스테나이트 스테인리스강이 개발되었다.

슈퍼 오스테나이트계 스테인리스강은 일반적으로 Cr≥20wt.%, Mo≥5wt.% 그리고 N≥0.15wt.%를 함유하고 있다. 오스테나이트계 스테인리스강은 일반적으로 내식성이 우수하고 연성 및 내열성이 우수할 뿐 아니라 용접성도 양호하다. 그러나 오스테나이트 미세조직의 안정화 및 내공식성 개선을 위해 다량 함유시킨 Mo와 Cr은 사용 중 또는 용접공정 후 열이력의 증가와 더불어 σ-상과 x-상 같은 Cr-rich 또는 Mo-rich 석출물을 생성시켜 내식성과 인성을 크게 저하시킬 수 있다는 우려가 있다.

19. 오스테나이트계 스테인리스강 용도별 용접재료

1 내식용도

스테인리스강의 내식성이 우수한 것은 소재 표면에 Cr을 주성분으로 하는 부동태 피막을 형성하기 때문이다. 소재 사용조건과 부식환경에 의해 이 부동태 피막이 파괴되면 여러 가지 형태의 부식이 일어나게 된다. 용접부의 경우 용체화 처리를 하게 되면 균질한 조직이 얻어지지만, 용접에 의해 500~800℃ 정도로 가열되었거나 이 온도역을 서냉하게 되면 HAZ 입계에 Cr 탄화물이 석출하여 입계 예민화 현상이 나타나 내식성을 떨어뜨리게 된다. 이 같은 현상을 막기 위해서는 소재 측면에서는 저탄소계 스테인리스강이나 Ti, Nb 등을 첨가해 탄소를 고정시키는 안정화 스테인리스강을 사용하는 것이 바람직하며, 용접시공 측면에서도 용접 입열량을 삭게끔 제어하고 패스간 온도를 낮게 관리할 필요가 있다. 또 모재에 비해 용접금속에서는 피트(pit) 등이 발생하기 쉽기 때문에 1000℃ 이상의 균질화 열처리가 바람직하지만 열처리가 어려운 경우에는 Cr, Mo 등 내 피트성 향상에 유효한 합금성분을 다량 함유한 용접재료를 사용하는 것이 바람직하다.

SCC(응력부식균열) 측면에서는 그림 1에서와 같이 페라이트가 균열의 전파를 억제하는 효과가 있기 때문에 용접금속에 페라이트가 함유되도록 용접재료를 선정해 사용하는 것이 바람직하며, 응력제거소둔은 잔류응력은 저감시킬 수 있지만 탄화물석출, 시그마상 생성 등의 문제가 발생할 수 있기 때문에 바람직하지 않다.

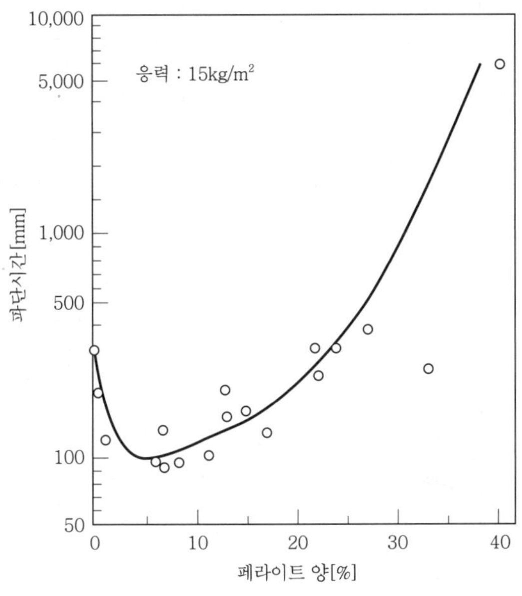

그림 1. (154℃) 용액에서의 페라이트 양과 파단시간과의 관계

2 고온용도

오스테나이트계 스테인리스강의 내산화성, 고온강도가 우수하기 때문에 고온용도로는 폭넓게 사용되고 있다. 고온용도로 사용되는 오스테나이트계 스테인리스강의 경우 용접금속에 페라이트가 함유되어 있으며, 650~900℃의 온도구간에서 장시간 사용시 전술한 바와 같이 페라이트로부터 취약한 시그마상이 생성되기 때문에 연성과 인성이 크게 떨어지게 된다.

이 시그마상은 Cr, Nb, Mo 등의 합금원소 함유량이 많을수록 쉽게 생성되며, 강종과 용도에 따라서 고온균열에 대한 내식성도 저하시킬 수 있기 때문에 용접금속 중의 페라이트 양을 낮게 억제할 수 있는 용접재료 또는 완전 오스테나이트 조직을 얻을 수 있는 용접재료를 사용하는 것이 바람직하다.

3 저온용도

오스테나이트계 스테인리스강은 저온인성도 우수하기 때문에 LNG선, 저온 저장탱크 등의 저온용도로도 광범위하게 사용되고 있다.

이 같은 오스테나이트계 스테인리스강을 저온용도로 이용할 때의 문제점이 낮은 항복강도인데 최근에는 질소첨가, TMCP(Themo-Mechanically Controlled Process)를 이용하여 강도를 높인 강종도 개발되고 있다. 따라서 저온용도로 이용되는 소재를 용접할 때 가장 주의하여야 할 점이 강도 및 저온인성 확보이다. 용접금속의 고강도화를 위해서는 C, N, Mo, Ti 등의 석출강화형 원소 또는 고용강화형 원소를 첨가하는 것이 바람직하다.

그림 2는 용접금속의 강도에 미치는 N의 영향을 조사한 결과로서 N 첨가가 항복강도 향상

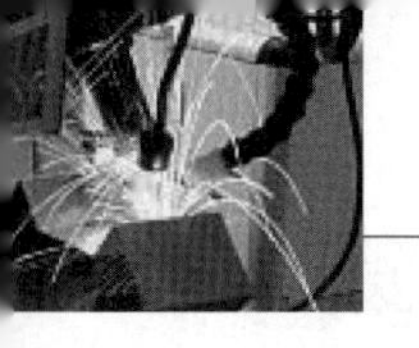

에 유효함을 알 수 있다. 그러나 N의 과다한 첨가는 용접시 기공을 방생시키고 용접작업성을 저하시킬 수 있기 때문에 주의하여야만 한다. 또 용접금속에 페라이트가 함유되어 있는 경우에도 페라이트가 저온인성을 열화시키기 때문에 전술한 강화원소가 첨가된 용접재료를 사용하는 경우에도 충분한 주의를 할 필요가 있다. 페라이트 양이 증가함에 따라 강도는 증가하고 있는데 이는 조직미세화 효과 때문이다. 저온 인성의 경우 페라이트의 형성도 영향을 미치며 페라이트 양이 작은 영역뿐만 아니라 높은 영역에서도 양호한 인성이 얻어지는 것을 알 수 있다.

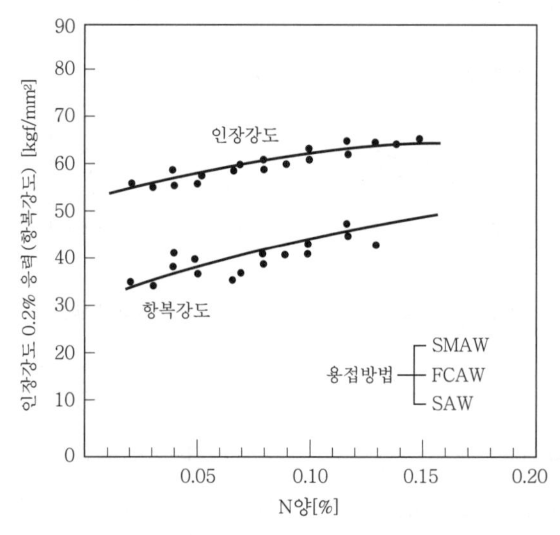

그림 2. 용접금속의 강도에 미치는 N양의 영향

오스테나이트계 스테인리스강이 저온용으로 이용되는 경우에는 시그마상에 의한 기계적 성질 및 내식성 저하가 문제로 되지 않기 때문에 탄소, 질소 등 강화원소를 적정량 첨가하고 다량의 침상 페라이트를 분산시킴으로써 강도와 인성을 동시에 향상시킨 용접재료로도 최근 개발되어 실용화되어 있다.

20. 스테인리스강의 용접부 시공조건 및 전·후처리

1 개요

스테인리스강의 용접에는 거의 모든 종류의 용접방법을 적용할 수 있다. 두께 0.1~100mm의 소재를 대상으로 두께별로 적용이 가능하여 두께 1mm 정도의 박판재의 용접에는 티그(GTAW), 플라즈마, 전자빔, 레이저 용접 등을 적용할 수 있으며 두께 25mm 이상의 후판재 용접에는 피복 아크, 미그(GMAW), 서브머지드 아크, 전자빔, 일렉트로가스 용접이 적당하다. 레이저의 경우 최근 레이저 용량이 커지고 빔 접속기술이 발달됨에 따라 후물재의 용접도 가능해졌다.

2 스테인리스강의 용접부 시공조건 및 전 · 후처리

(1) 시공조건

1) 그루브 형상

스테인리스강 용접시 매우 중요한 것 중의 하나가 그루브 가공이다. 그루브가 지나치게 좁으면 용입불량, 슬래그 혼입 등의 결함이 발생하기 쉬워 용접 이음부의 성능을 저하시킬 수 있으며, 반대로 지나치게 넓으면 용접재료의 소모량이 많고 용접 입열량이 커져야 한다. 또한 변형이 심하게 발생하고 HAZ가 넓어질 뿐만 아니라 용접균열이 쉽게 발생하게 된다. 따라서 성능이 우수한 용접부를 얻기 위해서는 용접방법, 소재의 두께, 이음부 형상 등을 고려하여 적절한 그루브 형상을 선정하여야만 한다.

2) 지그 및 고정장치

오스테나이트계 스테인리스강은 열팽창 계수가 크기 때문에 용접변형이 심하게 일어난다. 이 변형은 적절한 순서에 따라 용접을 하고 지그, 고정장치를 이용함으로써 방지가 가능하다. 변형을 방지하기 위한 몇 가지 방법을 소개하면

① 용접부 형상에 따라 좌우 대칭의 순서로 용접한다.
② 용접선 양쪽을 무거운 물체로 누른다.
③ 뒷면 비드 쪽에 동으로 된 냉각판을 대어 용접부를 급랭시킨다.
④ 구속 지그를 이용한다.
⑤ 가접을 이용하여 역 변형을 준다. 이때 가접의 순서, 가접의 길이 등을 고려하여야 한다.

3) 받침쇠(Bocking strip)

받침쇠를 사용하는 목적은 한면 용접을 할 때 발생하는 용접결함을 방지하기 위한 것이기 때문에 받침쇠의 재질은 모재와 같은 것을 사용하는 것이 바람직하다.

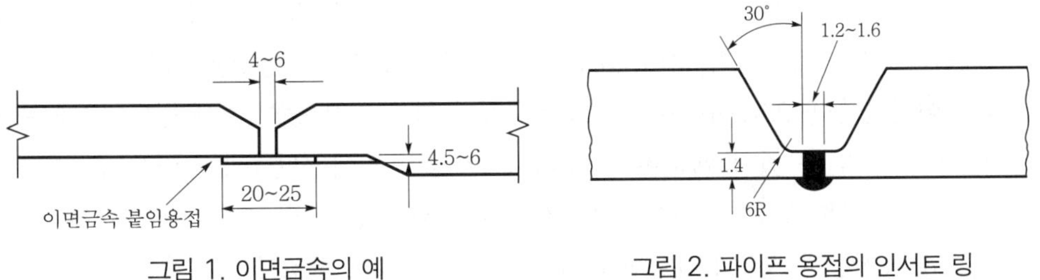

그림 1. 이면금속의 예　　　그림 2. 파이프 용접의 인서트 링

일반적으로 이용되고 있는 받침쇠의 형상을 그림 1에 나타냈다. 관을 용접하는 경우에는 받침쇠 대신에 받침링(Insert ring)을 사용하며 이 경우 그루브 칫수를 그림 2에 나타냈는데

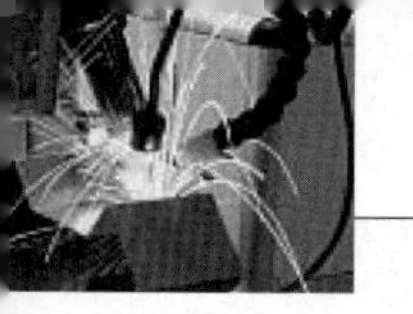

초층 용접에는 티그 용접을 해야만 한다. 그러나 아르곤이나 헬륨 등의 가스로 뒷면 비드를 보호하는 방법을 이용하면 받침쇠를 사용하지 않아도 무방하다.

4) 그루브 면 청소

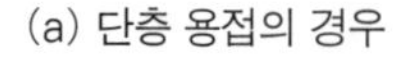

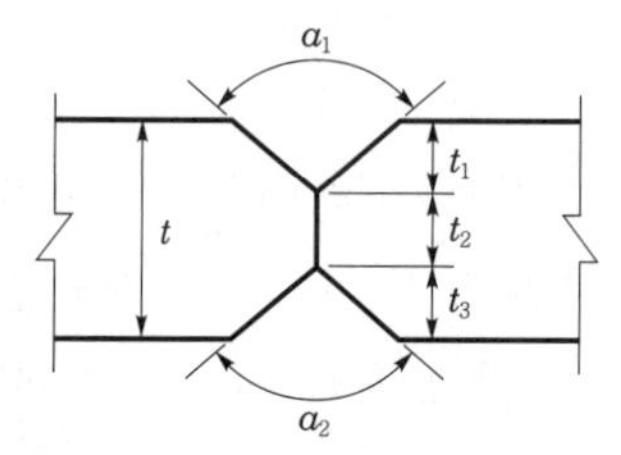

판두께(t)	α_1(°)	α_2(°)	t_1(mm)	t_2(mm)	t_3(mm)
6	0	0	0	6	0
9	0	0	0	9	0
12	0	0	0	12	0
16	80	80	5	6	5
20	30	30	7	7	6

(b) 다층 용접의 경우

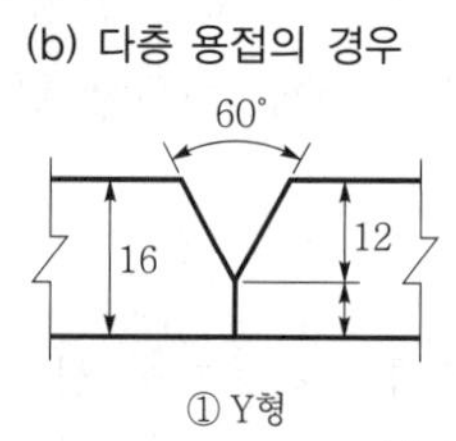

① Y형

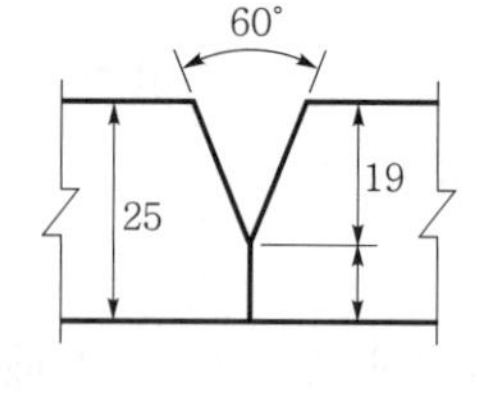

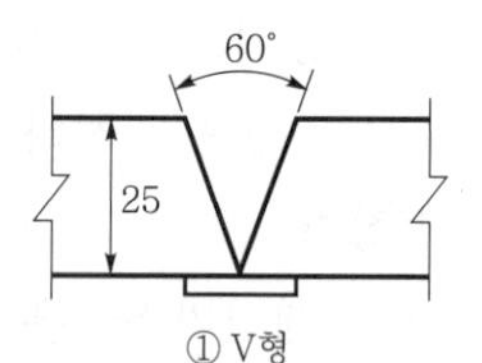

① V형

그림 3. 서브머지드 아크 용접 그루브 보기

그루브 면에 녹, 수분, 기름, 스케일, 페인트 등으로 오염되어 있으면 용접결함이 발생하기 쉽기 때문에 제거해 주어야 한다. 그루브 면의 청소는 그라인더, 연마지 등을 사용하는 기계적인 방법과 소재에 적합한 화학약품을 사용하여 오염물질을 제거한 후 물로 씻어주는 화학적인 방법이 있으며 두 가지를 함께 사용할 수도 있다.

(2) 전 · 후처리

1) 피복 아크 용접

스테인리스강용 피복 아크 용접봉에 이용되는 피복재로서는 라임계, 티타니아계 및 라임티타니아계가 있으나 직류, 교류 모두 사용할 수 있는 라임 티타니아계가 주로 이용된다.

스테인리스강 용접시공에 있어서 주의점은 용접에 필요한 그라인더, 쇠솔, 망치 등의 보 조기구 스테인리스강 전용이라야 하며, 탄소강 또는 다른 소재와 공용으로 사용해서는 안 된다는 점이다. 이들을 공용으로 사용하면 보조기구에 부착한 철분 등이 스테인리스강에 부착 해 녹 문제를 야기시킬 수 있기 때문이다. 스테인리스강 용접에 사용되는 용접봉은 잘 관리가 되어야 하는데 용접봉이 습기를 함유하면 스패터, 블로우 홀 등의 결함이 발생하게 된다. 오스테나이트계 용접봉의 경우 150~250℃에서 30~60분 정도 건조시키는 것이 바람직한데 온도가 250℃를 넘으면 심선의 열팽창계수가 크기 때문에 피복에 균열이 발생할 우려가 있다. 균열이 발생하면 용접시 피복재가 떨어져 나갈 수 있고 작업성을 떨어뜨리며 용접결함을 유발시키기 때문에 충분히 주의하여야만 한다.

용접 시에는 피복 아크의 용접성에 영향을 미치는 인자들, 즉 피복재의 종류, 용접조건으로는 용접전류, 아크길이, 용접봉 각도, 용접속도, 온봉법, 적층하는 방법 등이 용접하려는 조건에 적합하게 선택하여야만 한다. 이들 각각의 인자들을 검토해 보면 다음과 같다.

① 용접전류

용접봉의 직경에 적합한 조건을 선택하여야만 한다. 예를 들어 전류밀도(전류/봉의 단면적)가 너무 높으면 스패터가 튀기 쉽고 많은 양의 합금성분이 산화에 의해 소실된다. 이 현상이 심각한 경우에는 용착금속의 조성이 규격을 만족시키지 못하는 경우도 생기게 된다.

특히 오스테나이트계 스테인리스강의 경우 전기저항이 높기 때문에 용접봉이 과열되어 적열현상(용접봉이 가열되어 빨갛게 됨)이 발생하고 용접봉이 타게 되어 용접결함의 발생 가능성이 높아진다. 반대로 용접전류가 너무 낮은 경우에는 충분한 용입이 얻어지지 않기 때문에 융합불량이 생기기 쉽다. 오스테나이트계 스테인리스강 용접봉의 직경별 적정 용접전류는 다음과 같다.

- ø 2.6 : 50~70A
- ø 3.2 : 70~110A
- ø 4.0 : 110~150A
- ø 5.0 : 140~180A
- ø 6.0 : 170~210A

② 아크길이

아크길이는 용접작업에 지장을 주지 않는 한 짧게 해야 성능이 우수한 용접부를 얻을 수 있다. 아크 길이가 길면 아크 분위기가 대기의 영향을 받아 질소, 산소 등이 유입될 가능성 이 많아지며, 용착금속에 이들의 함량이 높아지면 결함발생, 용접부 성능저하가 일어나게 된다.

③ 용접자세

용접자세는 용접 작업성에 매우 중요하기 때문에 충분히 검토할 필요가 있다. 그루브는 용접봉의 직경에 적합한 각도로 가공되어야 하며, 용접자세는 가능한 한 아래보기 자세를 채택해야 지그를 적극적으로 또한 효과적으로 이용할 수 있다. 위보기나 수평자세의 경우는 아래보기에 비해 10~20% 정도 낮은 전류를 적용하여야만 한다.

④ 용접속도

용접속도는 용접전류와 함께 용접입열량(용접전류×전압/속도)에 크게 영향을 미친다. 용접속도가 너무 빠르면 입열량 부족으로 융합불량, 슬래그 혼입 등이 발생하며, 너무 느리면 과열에 의해서 HAZ가 넓어지고 결정립이 커져 내식성은 물론 내균열성, 기계적 성질도 악화시키게 된다. 이와 같은 이유로 운봉법으로서는 스트링 비드(직선상으로 용접하는 방법)가 바람직하며 위빙 비드를 적용하는 경우에는 위빙 폭을 봉의 직경의 2.5배 이하로 하는 것이 좋다. 두께가 두꺼운 판재를 용접하는 경우에는 융합불량과 같은 결함을 방지하기 위하여 양면 용접이 바람직하다.

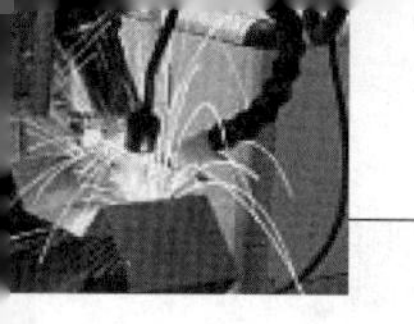

맞대기 용접을 할 때는 판재 양끝에 동일 재질로 판을 대어 결함이 생기기 쉬운 용접 시작부와 크레이터부를 용접 이음부 바깥에 위치시키는 것이 좋다.

⑤ 예열

오스테나이트계 스테인리스강의 경우 일반적으로 예열은 하지 않는다. 예열을 하게 되면 냉각속도가 늦어져 입계 탄화물 석출에 의한 입계 예민화 현상이 나타나 내식성을 떨어뜨리게 된다. 그러나 구속도가 대단히 큰 경우에는 고온균열을 방지하기 위해서 예열이 필요한 경우가 있는데 이때는 고용화 열처리(1050~1100℃)를 해주어야 한다.

표 1. 각종 용접전류에 대한 아르곤 가스 유량

용접전류(A)		심선직경		아르곤 용접	
DCSP	DCRP	inch	mm	chf	lpm
5~20		0.020	0.5	6~14	3~7
15~80		0.040	1.0	8~15	4~8
70~150	10~20	1/16	1.6	12~18	6~9
150~250	15~30	3/32	2.4	15~20	7~10
250~400	25~40	1/8	3.2	20~30	10~15
400~500	40~55	5/32	4.0	25~40	12~20
500~800	55~80	3/16	4.8	30~50	15~25
800~1100	80~125	1/4	6.4	40~60	20~30

2) 티그 용접

티그 용접은 미그 용접과 함께 불활성 가스 용접법의 일종이다. 이 용접법은 스테인리스강의 용접에 폭넓게 사용되고 있으며, 두께 3mm 이하의 박물재 용접에 유효하다. 티그 용접은 피복제나 플럭스가 필요 없고 불활성 가스 중에서 용접을 행하기 때문에 깨끗한 용접금속을 용이하게 얻을 수 있고 품질도 우수하다. 불활성 가스로는 일반적으로 아르곤을 이용하지만 목적에 따라서는 7% 이하의 수소가 혼합된 아르곤 가스, 헬륨을 이용하기도 한다.

용접부로 공급되는 아르곤 가스의 양이 너무 적으면 용접부 보호효과가 충분하지 않게 되며, 반대로 너무 많으면 난류가 형성되어 아크의 안정성을 해치게 되며 용접부의 품질도 저하시키게 된다. 표 1에 용접전류별 적정 유량을 나타냈다.

전극으로는 순 텅스텐 또는 토륨이 첨가된 텅스텐이 사용되며 극성과 불활성 가스의 종류에 따라서 최고 허용전류의 값이 결정된다. 토륨 첨가 텅스텐 전극은 통상 토륨이 1~2% 첨가되어 있는데 순 텅스텐 전극에 비하여 전자 방사능이 우수하고 전극온도가 낮아도 아크 발생이 용이하다.

순 텅스텐 전극은 전극 팁 부분의 온도가 높아지고 용접 중 모재와 용접재료와 접촉하거나 금속 증기에 의해서 쉽게 오염된다. 이처럼 오염된 전극은 전자 조사능을 떨어뜨려 양호한 용접이 어려워져 이를 해결하기 위해서는 과소 또는 과대전류를 피하고 용접부재와의 접촉을 가능한 한 줄여야 하며 아크를 끈 후 전극이 약 300℃까지 냉각될 때까지 가스를 공급해 주는 것이 좋다.

용접재료의 경우 피복 아크 용접봉과 마찬가지로 관리가 필요하다. 두께 3mm 이하의 재료를 용접하는 경우에는 용접재료가 필요 없지만 두께가 3mm 이상이거나 이종재료를 용접하는 경우는 용접재료를 사용하여야 한다. 이 경우 용접재료 표면에 부착되어 있는 녹, 스케일, 기름때 또는 수분은 용접결함과의 전극의 소모가 많아지므로 완전히 제거해야 한다.

3) 미그 용접

스테인리스강의 미그 용접은 통상 직류 역극성을 이용하여 실시한다. 미그 용접의 특징은 전류밀도가 피복 아크 용접의 6배 정도, 티그 용접의 2배 정도가 크다. 미그 용접에서 와이어가 모재로 용착해 가는 데는 3가지 형태가 있다. 3가지 이행행태는 단락이행(Dip transfer), 입상용적이행(Grobular transfer) 및 스프레이이행(Spray transfer)이다. 이 이행현상은 용접조건에 따라 달라지는데 저전압, 저전류 밀도(1.6에서 230A 이하)에서는 단락이행, 중전압, 중전류 밀도(1.6에서 230~250A)에서는 입상용적이행, 대전압, 대전류 밀도(1.6에서는 250A 이상)에서는 스프레이이행이 일어나게 된다.

미그 용접 아크는 방향성이 매우 강해서 자세에 상관없이 용접할 수 있는 장점이 있다. 또 용접속도가 매우 빠르기 때문에 티그 용접에 비해서 고능률이며 주로 3mm 이상의 소재에 적용된다. 용접속도를 결정하는 와이어의 용융속도는 단위 시간당 용융하는 와이어의 길이 또는 무게로 표시되는데 용융된 금속의 일부는 스패터 또는 증발되어 손실되며 나머지가 모재에 용착된다.

용착 효율은 스프레이이행이 약 98%로 가장 높고 입상용적이행, 단락이행에서는 약간 낮아진다. 보호가스로는 아르곤 가스가 이용되는데 100% 아르곤 가스는 용적이 크게 되기 쉽고 입상용적이행이 곤란하기 때문에 펄스전원을 이용하는 경우가 많다.

순 아르곤에 1~5%의 산소를 섞게 되면 아크가 매우 안정되어 입상용적이행, 단락이행도 가능해진다. 또 두께 3mm 이하의 소재를 용접할 때에는 용도에 따라 10~20%의 탄산가스(CO_2)를 혼합한 가스를 사용하기도 한다.

21. 9% 니켈강의 용도와 이점은 무엇이며, 적용가능 용접방법

1 _ 9% Ni강

9% Ni강은 미국 INCO사가 개발한 합금망으로 -196℃의 액체 질소까지의 저온용기재로서 사용되고 있다. LNG제조에서는 금속제 이중각 평저원통종 형식의 내조재로서 사용되고

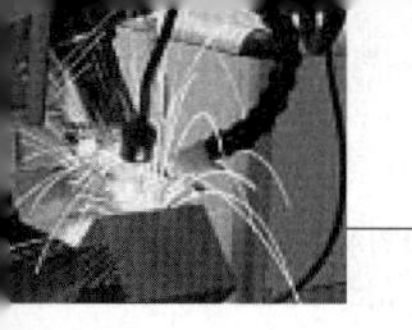

있다. 일본에서는 1970년 도쿄전력(주), 도쿄가스(주) 공동의 네기시기지 저장탱크에 처음으로 적용된 이래 저장탱크를 가동 중에 있다. 9% Ni강 및 용접재료의 개량개발과 용접조인트의 파괴형성에 관한 연구는 특히 일본에서 눈부신 발전을 했다. 저온에서의 우수한 형성을 전제로 한 높은 강도를 가지는 것이 이 재질의 특징이다. LNG저장용으로는 열처리 방식으로서 QT-Type이 사용되는 일이 많고, 가공성도 통상 Ferrite계의 강재가 있는 점으로 Gas절단, 굴곡가공도 용이하다.

2 9% Ni강의 용접

9% Ni강의 용접으로는 통상 70%의 Ni 함유로 완전 오스테나이트 조직인 Inconel계 용접재료가 이용되고 있다. 근년 용접자동화는 눈부신 것으로 저장탱크 Stem용접의 TIG용접 적용과 그 용접재료의 개발, Stem의 용접적용시에 내 균열성이 우수하고 작업성이 양호한 용접재료의 개발이 우수한 강재의 저온형성과 병행하여 오늘날 LNG 저장탱크에서 9% Ni강을 적용하고 있다.

70% Ni계 용접재료는 그 용접금속의 강도가 9% Ni강의 강도에 비하여 낮다. 그 때문에 설계응력도 용접부의 강도를 기준으로 하고 있다. 또 일본에서 많이 실시되고 있는 용접조인트 광폭인장시험으로는 용접부 결속 혹은 HAZ의 경우에도 파단경로는 용접금속이 모재에 비하여 약하기 때문에 항상 용접금속을 밖에서, 즉 용접금속이 오스테나이트계이므로 그 최종 파단응력도 항상 용접금속의 인장강도와 동등 이상인 것이 확인되고 있다. 그런 의미에서 강도가 모재와 비교하여 낮은 70% Ni계 오스테나이트 용접재료는 취성파괴의 면에서도 바람직한 선택이라 말할 수 있다.

22. 오스테나이트계 스테인리스강을 절단하려 할 때 가스 절단법보다는 분말가스 절단법을 적용하여야 하는 기술적 이유

1 개요

오스테나이트계 스테인리스강은 일반적으로 가공경화가 심하고 열전도율이 낮으며, 칩 절단도 잘 되지 않아 공구 마모가 빠르고 가공면도 거칠어지기 쉽다. 특히 절삭 날에서 0.1mm 이내에서 가공경화가 크게 나타나므로, 이송률과 절삭깊이를 0.1mm 이하로 한 경우는 절삭력으로 경화된 부분을 절삭하게 되어 공구수명이 더 심하게 짧아지고, 또 이송률과 절삭깊이가 너무 작으면 칩 절단도 더 어려워지는 문제도 있다.

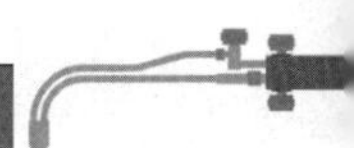

2 재질에 따른 절단법

기계적인 절단이 아닌 열절단, 즉 용접원리를 이용한 금속의 절단법은 다음 표 1과 같이 구분할 수 있다. 열절단에는 가스절단, 아크절단, 플라즈마절단으로 나눌 수 있는데 이들을 용단(fusion cutting)이라 하기도 한다. 가스절단은 산소가스와 금속과의 산화반응을 이용하여 금속을 절단하는 방법이고, 아크절단은 아크열을 이용하여 절단하는 방법이다. 가스절단은 강 또는 합금강의 절단에 이용되며, 비철금속에는 분말가스절단 또는 아크절단이 이용된다.

가스절단은 산소-아세틸렌 가스불꽃으로 절단부위를 약 800~900℃로 예열한 후 순도가 높은 고압의 산소를 분출시키면 강철에 접촉하여 급격한 연소작용에 의해 산화철이 되는데 이 산화철은 강보다 용융점이 낮으므로 용융과 동시에 절단된다. 용융된 지점이 산소기체의 분출력으로 밀어내져 부분적인 홈이 생기게 되고 이 작업이 반복되어 절단이 되는 것이다. 그러나 스테인리스강이나 알루미늄인 경우 절단 중 생성되는 산화크롬(Cr_2O_3) 또는 산화알루미늄이 모재보다 융점이 높아 쉽게 절단하지 않는다.

이 경우 내화성의 산화물을 용해 제거하기 위하여 적당한 분말상태의 용제(flux)를 산소기류에 혼입하던가 또는 가스불꽃에 철분을 혼입하여 불꽃의 온도를 높여 절단하는 방법을 분말절단(power cutting)이라 한다.

표 1. 절단법의 분류

산소절단	가스절단, 분말절단, 산소아크절단	
아크절단	금속아크절단	
	탄소아크절단	
	불활성 가스 아크절단	TIG 절단, MIG 절단
플라즈마절단	플라즈마 제트절단, 플라즈마 아크절단	

아크절단은 전극과 절단 모재 사이에 아크를 발생시켜 아크열로 모재를 용융시켜 절단하는 방법인데, 이때 압축공기나 산소기류를 이용하여 용융금속을 불어내면 능률적이 된다. 가스가우징(gas gouging)이란 가스절단과 비슷한 토치를 사용하여 강재(鋼材)의 표면에 둥근 홈을 파내는 방법으로 가스 따내기라고 번역되기도 한다.

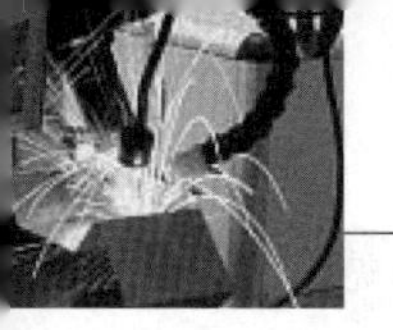

23. 탄소강과 오스테나이트계 스테인리스강의 접합

1 스테인리스강의 용접특성

(1) Martensite계 스테인리스강

STS 410이나 403 등은 800~850℃가 변태점이고 이 온도 이상에서 방랭하면 Martensite 조직이 된다. 따라서 용접금속과 열영향부는 심하게 경화하여 균열발생의 위험성이 있어 적어도 200℃ 이상의 예열이 필요하고 일반적으로 200~400℃의 예열을 시행한다.

(2) Ferrite계 스테인리스강

열영향부의 Martensite 조직의 발생이 적다. 높은 예열온도의 시행은 열영향부 조직의 조대화와 고 Cr스테인리스강에서는 475℃ 취화의 원인이 되므로 피하지 않으면 안 된다. 그러나 확산성수소에 의한 지연균열 발생의 위험성이 있으므로 예열은 필요하여 100~200℃의 온도가 적절하다. 예열온도는 모재의 판 두께, 구속도에 따라 판 두께가 두껍고 구속도가 클수록 높은 예열온도를 필요로 한다.

(3) Austenite계 스테인리스강

후판으로서 구속도가 큰 경우를 제외하고는 예열을 시행하지 않는 것이 보통이다. 예열 및 패스간 온도가 높으면 탄화물의 생성온도역인 500~900℃에서의 냉각속도가 늦어지고, 입계에 탄화물 석출이 쉽게 되어 내식성이 떨어짐과 동시에 응고과정에서도 서냉되어 불순물이 입계에 모이기 쉽게 되어 고온균열 감수성이 커지게 된다. 따라서 예열 및 패스간 온도는 낮은 쪽이 바람직하다. 즉 예열은 시행하지 않고, 패스간 온도는 250℃ 이하로 해야 한다.

2 이종재 용접에서의 용접예열 및 패스간 온도

조합되는 모재의 필요로 하는 예열온도에서 높은 쪽을 선택하는 것이 보통이며, 표 1은 이종재 이음매의 예열온도 예를 나타내었다.

표 1. 이종재 이음매의 예열온도 예

<table>
<tr><th>스테인리스강
연강, 저합금강</th><th>Martensite계
(STS 410)</th><th>Ferrite계
(STS 405, 430 등)</th><th>Austennite계
(STS 304, 304L, 316, 316L, 321, 347)</th></tr>
<tr><td>연강</td><td rowspan="4">200~400℃</td><td rowspan="2">100~200℃</td><td>-</td></tr>
<tr><td>0.5% Mo강</td><td rowspan="3">100~200℃</td></tr>
<tr><td>1.25% Cr-0.5% Mo강</td><td>150~300℃</td></tr>
<tr><td>2.25% Cr-1% Mo강</td><td>200~350℃</td></tr>
</table>

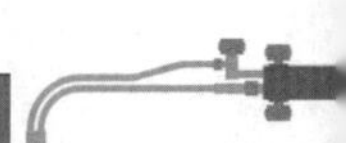

예열온도가 너무 높아지면 용입이 깊어지고 적절한 화학성분의 금속이 얻어지지 않으므로 주의를 요한다. Austenite계 용접재료를 적용하는 경우 용접금속의 수소 고용도가 높아, 열영향부의 수소확산이 적으므로 지연균열은 잘 발생되지 않아 예열온도를 얼마간 낮게 할 수 있다.

24. 재료두께에 따른 맞대기 용접부의 개선형상(Groove)

1 홈 용접(Groove weld)의 덧붙임과 마무리

설계에서 마무리를 지정하지 않는 홈 용접에 있어서는 표 1에 표시한 범위내의 덧붙임인 경우 용접한 대로 두어도 좋다. 다만, 덧붙임이 표 1의 값을 초과할 때에는 비드 형상, 특히 끝단부를 그라인더로 매끄럽게 마무리하여야 한다. 마무리 작업 시 모재의 판 두께를 0.5mm 이상 얇게 하는 작업을 해서는 안 된다.

표 1. 홈 용접의 덧붙임(mm)

비드폭 (B)	덧붙임높이 (h)
B<15	h≤3
15≤B<25	h≤4
B≥25	h≤4/25 · B

홈 용접에서는 기본적으로 안쪽 개선부에 가우징(Gouging)을 하도록 한다. 가우징 후에는 그라인더, 와이어 포일 등으로 전극 카본이나 가우징 찌꺼기를 제거하도록 한다.

25. 탄소강의 용접 후 열처리(PWHT) 차트(chart) 검토 시 확인해야 할 필수사항

1 개요

PWHT는 용접을 하면 바로 용접된 그 자리보다는 그 주변이 용접 열에 의해 구조적으로 약해지는 현상이 발생하는데 열에 의해 약해진 부위를 HAZ(Heat Affected Zone)라 하며, 이 부분에 대해 잔류응력의 제거, 응력 집중의 완화조치, 조직 안정화와 같은 용접 후 처리가 필요하게 된다.

2 탄소강의 용접 후 열처리(PWHT) 차트(chart) 검토 시 확인해야 할 필수사항

Shop이나 Field에서 열처리할 것인지를 검토한 후 적용 규격에 따라 탄소강의 용접 후 열처리(PWHT) 차트(chart) 검토 시 확인해야 할 필수사항은 다음과 같다.

(1) Holding time

(2) Holding temperature

(3) Heating rate

(4) Cooling rate 등 지정하여야 한다.

26. 듀플렉스 스테인리스강(Super Duplex Stainless Steel)의 특성과 종류

1 개요

듀플렉스 스테인리스강은 탄소강이나 304L, 316L과 같은 일반적인 스테인리스강에 비해 비싸다고 생각할 수 있다. 그러나 가격대비 성능, 수명, 유지비용, 신뢰감과 안정성, 자재소모의 감소, 화학 반응 억제제 사용과 같은 공정제어 비용 감소와 같은 여러 요인들을 생각해 본다면, 듀플렉스강을 사용하는 것이 전체적인 비용은 오히려 낮다.

그림 1. 듀플렉스 스테인리스강의 미세(micro) 구조

듀플렉스 스테인리스강은 이중의 구조를 가지고 있다. 그림 1은 ferrite 근간의 구조(검은 부분)에 austenite 구조(밝은 부분)이 깊숙히 박혀 있음을 보여준다. 여기에서 Austenite / Ferrite의 구성 비율은 거의 50 : 50이다.

2 듀플렉스 스테인리스강(Super Duplex Stainless Steel)의 특성

(1) 응력부식 균열에 대한 우수한 저항성

(2) 높은 기계적 강도

(3) 틈새 부식 및 공식(空食)에 대한 우수한 저항성

(4) 다양한 환경 하에서 일반적으로 발생하는 부식에 대한 높은 저항성

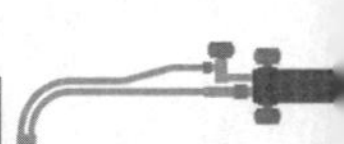

(5) 낮은 열팽창계수
(6) 침식에 의한 부식 및 피로 부식에 대한 높은 저항성
(7) 우수한 용접성
(8) 낮은 주기적 교체 비용

3 종류

(1) Super 듀플렉스(UNS S32750)

Super 듀플렉스 스테인리스강은 매우 극심한 부식환경 조건에서 사용되어지는 높은 수준의 합금강이다. 이 합금강은 바닷물(해수)과 같이 주로 염화물이나 염화 화합물을 포함한 환경에서 사용되어지도록 개발되었다. 따라서 다량의 크롬과 몰리브덴 질소 등이 포함되어 있다.

표 1. 화학 성분(weight-%)G

Grade	Cr	Ni	Mo	N	C max	Si max	Mn max	P max	S max
UNS S32750	25	7	4	0.3	0.030	0.8	1.2	0.030	0.015
UNS S31803	22	5	3.2	0.18	0.030	1.0	2.0	0.030	0.015
UNS S32304	23	4.5	-	0.1	0.030	1.0	2.0	0.035	0.015

(2) Midium 듀플렉스(UNS S31803)

medium 듀플렉스 스테인리스강은 높은 부식저항력을 가지고 있다. 이 재질의 제품은 여기에서 열거하는 세 가지 등급 중에서 가장 널리 사용된다. 수년 동안의 연구, 개발을 통해 몰리브덴과 질소의 함유량을 더욱 증가시켰으며, 이를 통해 부식저항성 및 용접성을 개선시킨 재질이다.

(3) Low 듀플렉스(UNS S32304)

low 듀플렉스 스테인리스강으로서 위의 두 가지에 비해서 몰리브덴이 포함되어 있지 않으며 낮은 수치의 니켈이 포함된다. 이 재질은 표준 오스테나이트 계열인 304L/316L을 대체할 수 있는 고강도 및 낮은 가격의 재질로서 개발되었다.

표 2. 표준 규격

Grade	Seamless and welded tube and pipe
UNS S32750	ASTM A789; A790
UNS S31803	ASTM A789; A790; NFA 49-212
UNS S32304	ASTM A789; A790

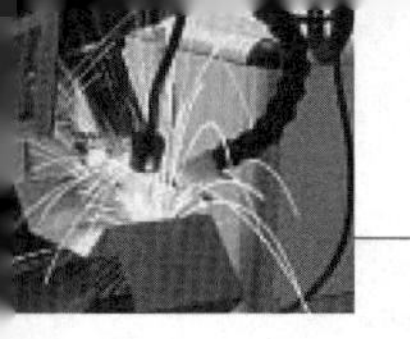

27. 스테인리스강 용접부의 델타페라이트

1 개요

가압 경수형 원자력발전소의 내부 구조물과 주요 배관에는 우수한 부식 저항성, 연성 및 용접 특성을 가진 오스테나이트계 스테인리스강 및 해당 용접부가 널리 사용되고 있다. 이러한 오스테나이트 스테인리스강 **용접부**(Austenitic Stainless Steel Weld, ASSW)는 용접 과정에서의 고온 균열(Hot Cracking)을 방지하기 위하여 일정 함량 이상의(약 5vol% 이상) 델타페라이트(δ-ferrite)가 포함되도록 요구되고 있다. 하지만 델타페라이트는 고온의 가동 환경에서 장시간 노출됨에 따라 열취화(Thermal Embrittlement)가 발생하여 항복 강도와 인장강도를 증가시키고 파괴 인성, 샤피 충격 에너지 및 찢김 계수를 감소시켜 원전 장기 건전성을 저하시킨다고 알려져있다.

2 스테인리스강 용접부의 델타페라이트

압력용기용 소재인 열간 압연 클래드강을 SAW 공정으로 맞대기 용접을 하여 WPS 조건으로 압력용기 제작시 다층 및 보수용접 후 열처리했을 때 델타 페라이트 양이 용접부에 미치는 영향을 평가하면 다음과 같다.

(1) 클래드재 δ-ferrite 성분은 강의 제조와 용접 후 응고 과정에서 잔존하여 나타난 결과로 사료된다.

(2) 클래드재 용접부 조직은 전형적인 수지상으로 주조 조직임을 확인할 수 있었다.

(3) 기계적 성질(인장강도, 경도, 충격치)은 점진적으로 증가하는 경향을 보였으나, 열처리 유지시간에 따라 어닐링 효과가 나타나 기계적 성질을 감소시키는 경향을 보였다

28. 마찰교반접합(FSW, Friction Stir Welding)의 원리를 기술하고, 철강소재에는 아직 실용화가 활성화되지 못하고 있는 이유

1 개요

FSW는 접합부재의 접합면에 막대모양의 공구를 밀어 넣고, 접합부를 따라서 공구를 회전 이동하면서 접합하는 기술로 마찰열을 이용하여 융점보다 약간 낮은 온도에서 부재를 연화시켜 접합한다. 재료를 녹이지 않고 강하게 접합할 수 있기 때문에 접합 후의 변형이나 뒤틀림이 적다는 것이 특징이며, 또 산화물 분산형 금속의 접합 등에서는 아크 용접은 용해 시에 비중의 차이로 금속의 산화물이 편향하여 강도가 열화된다. FSW는 반대로 교반으로 결정이

미세화하여 강도가 향상된다고 한다. 특수 형상의 비소모식 툴을 고속으로 회전시켜 접합하고자 하는 부재 사이에 삽입한 후, 일정한 속도로 이동시키면 발생된 마찰열에 의해 모재는 소성변형과 조직의 재결정에 의해 결합이 되는 고상접합이다.

그림 1. 마찰교반 용접단계

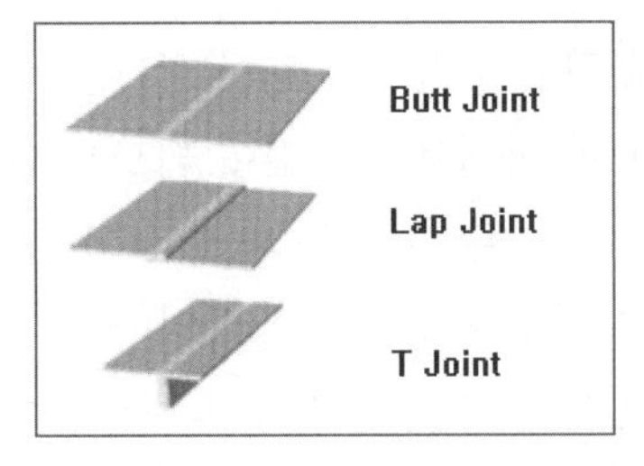

그림 2. 일반적인 접합형상

2 마찰교반접합(FSW, Friction Stir Welding)의 원리를 기술하고, 철강소재에는 아직 실용화가 활성화되지 못하고 있는 이유

(1) 마찰교반 용접공정

1) 특수 형상의 비소모성 툴을 고속으로 회전시킨다.
2) 적정 회전수에 도달했을 때 툴을 접합하고자 하는 부재 사이에 삽입시킨다.
3) 핀이 삽입되고 숄더가 부재 표면에 접촉되고 마찰열이 충분히 발생되면 툴을 용접선을 따라 이동시킨다.
4) 모재는 소성변형되고 조직이 재결정되면서 접합이 된다.

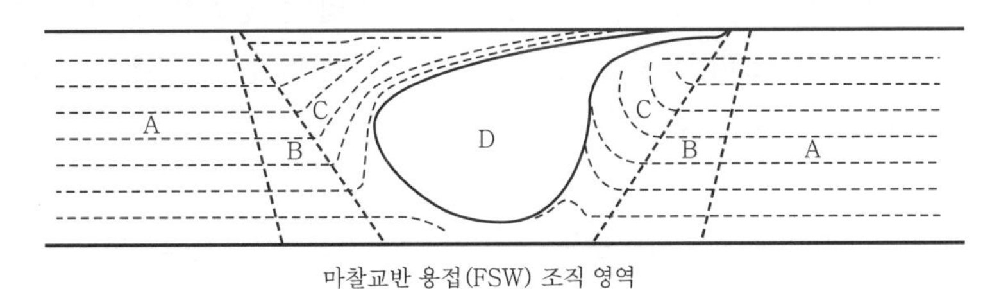

마찰교반 용접(FSW) 조직 영역

그림 3. 마찰교반 용접(FSW) 조직 영역

A : Base Metal [모재 영역]
B : Heat Affected Zone [열적 에너지만 받은 영역]
C : Thermo-Mechanical area zone [열과 기계적 에너지를 동시에 받은 영역]
D : Stir Zone [동적 재결정이 일어난 영역]

(2) 문제점

현재 상태로서는 가공시에 마찰력을 증가하게 되면 마찰계수가 크게 되고 그로 인하여 높은 부하가 걸리게 된다. 따라서 여기에 적용되는 공구와 장치들은 내마모성과 내열성이 있어야 하므로 공구의 수명과 비용이 증가하므로 향후 소재의 개량 등을 통해 공구 수명을 향상시키고 관련장치의 연구와 검토가 필요하다.

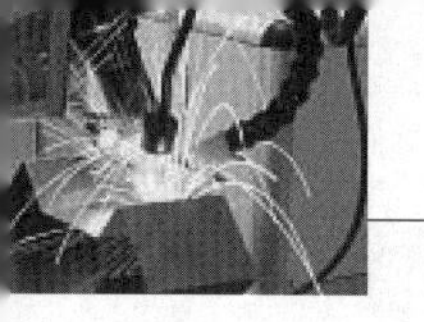

29. 고압력용기 용접 시 주의사항 및 최적 용접방법

1 용접설계 시 유의점

(1) 용접에 적합한 설계를 해야 한다.

(2) 가능한 한 아래보기 용접이 되도록 한다.

(3) 용접길이는 될 수 있는 대로 짧게, 또한 용착량도 강도상 필요한 최소한으로 한다. 용접선을 감소시키기 위하여는 광폭의 판을 이용, 또는 간단한 주단조부품을 병용하는 것이 좋은 경우가 있으며, 또한 용접량이 관대하게 되면 변형이 증대하고 관대한 덧붙이는 오히려 피로강도를 저하시켜 유해하다.

(4) 용접이음형상에는 많은 종류가 있으므로 그 특성을 잘 알아서 선택한다.

(5) 용접하기 쉽도록 설계해야 한다(용접간격 고려).

(6) 용접이음이 한곳에 집중되지 않게 한다(용접선이 겹치지 않게 한다).

(7) 결함이 생기기 쉬운 용접은 피해야 하며 약한 필릿 용접은 하지 않아야 한다(스티프너(stiffener) 사용, 돌림 용접).

2 동체 및 노즐의 용접

(1) 동체(Shell)의 용접 이음부

동체 및 압력을 받는 부분의 길이 방향 이음부 및 원주 방향 이음부는 원칙으로 맞대기 양쪽 용접으로 하지만, 이것이 불가능한 것은 백킹을 쓰는 방법 등 충분한 용입이 얻어지는 방대기 한쏙 용접으로 할 수가 있다. 압력용기 구조규격(또는 JIS의 규격)에는 맞대기 용접에 의한 수동 용접 이음부를 다음과 같이 규정하고 있다.

표 1. 맞대기 용접에 의한 수동 용접 이음부의 재료두께별 용접이음

재료두께(mm)	용접이음 형상
6 이상 16 이하 12~38 19 이상	V형, 또는 J형, X형, K형, 양면 J형 또는 U형, H형

Shell의 길이 방향 이음부에 있어서, 두께가 다른 철판을 맞대기 용접하는 경우는 원칙적으로 두꺼운 철판의 중심과 얇은 철판의 중심을 일치시키는 것이 좋다.

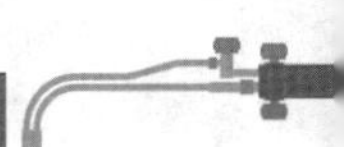

(2) 노즐의 용접

1) 노즐과 Shell의 용접

2) Shell과 노즐 또는 보강판의 용접

Shell과 노즐 또는 보강판의 용접선과는 2t(t : 모재두께) 이상 뗀다.

3 용접설계 시 반영하여야 할 특정항목

(1) 용접열 영향을 회피하기 위한 필요 최소거리

필릿 용접 · 맞대기 용접 · 에지 용접이음의 어느 경우에도 접합부에서 대략 판 두께(t)의 2배 이상을 떼는 것이 원칙이다. 열 영향이 미치지 않는 거리를 판 두께(t)의 2배 이상으로 잡는 이유는 필릿 용접의 경우, 접합부의 강도를 확보하기 위하여 용접요압부의 「목차수」를 최저 판 두께분 이상으로 확보할 필요가 있기 때문이다.

(2) 용접이음의 열 영향과 인장강도의 관계

맞대기 용접이음에 걸리는 하중이 정적 인장하중인가, 반복 충격하중인가에 따라 용접법을 포함한 설계사의 대응을 바꾸어야 한다. 설계상의 대응을 적절히 하지 않으면 용접부의 파손 등 트러블이 일어나는 설계를 할 가능성이 높다.

(3) 용접이음의 열 영향과 충격강도의 관계

맞대기 용접이음을 사용하는 경우에는 부재의 접합부가 되는 용접금속부를 중심으로 하여 그 인접 주변부에서 용접열에 의하여 조립역, 세립역, 취화역이 형성되고 충격강도 등의 기계적 성질이 현저히 저하하는 부분이 발생하므로 대응설계를 하여야 한다.

(4) 모재두께가 다른 접합부의 용접

모재의 치수가 다른 부분의 접합이 필요한 경우도 많다. 모재의 치수, 즉 판 두께(t)에 큰 차이가 있는 부분을 접합할 경우에는 하중에 의한 응력이 접합부에 집중된다. 또 접합부, 즉 용접금속 주변부에는 열 영향에서 기계적 성질이 일부 열화되는 부분도 존재한다.

응력이 집중하고 그 장소에 강도상으로 열화한 부분이 존재하면 당연히 접합부에서 응력을 지지하지 못하게 되어 균열이 생기고 최종적으로는 파손사고에 이른다. 이를 방지하기 위해서는 접합부에 응력이 집중하지 않도록 설계하여야 한다.

(5) 플랜지 용접접합 부분의 응력집중 방지

플릿 용접에 한하지 않고 맞대기 용접 · 에너지 용접에서도 용접부 주변에는 반드시 열영향부가 생기게 마련이다. 나중에 풀림에 의한 용접 시의 잔류응력 제거와 용접에 의한 부재의 조직 변질부에 대한 개질을 제대로 하지 않으면 피로강도나 충격강도 등 기계적 성질이 저하

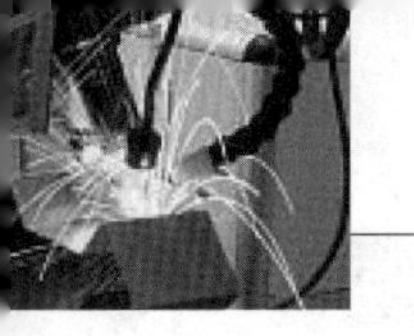

하거나 취화역 부분에 응력이 집중하여 균열발생에 의한 파손사고 등의 트러블로 이어진다.

(6) 용접 후 표면다듬질과 피로방지

용접 구조물의 설계에서는 구조체의 측면에 함부로 부속품을 용접 고정해서는 안 된다. 구조체의 측면에 부속품을 용접 고정하면 부속품 부분에 직접 하중이 걸리지 않더라도 구조체의 피로강도가 극단적으로 저하되는 현상을 나타내기 때문이다. 한편, 부득이하여 부속품을 용접 고정하지 않을 수 없을 때는 용접 후 전체를 다듬질 가공하면 어느 정도 피로강도의 저하를 억제할 수 있다.

(7) 용접부의 비파괴검사방법 지정

1) 용접구조물을 설계할 때에는 이음 등의 접합부에서 용접결함이 생길 가능성이 많다는 사실을 염두에 두고 설계하여야 한다.
2) 용접부에 대한 결함유무의 검사와 시험법을 반드시 도면상에 함께 지정한다.
3) 용접결함이 잠재할 경우에는 본래의 기계적 성질이 저하된다는 사실을 알고 접합부에서 결함도가 생긴 경우에도 기계적 성질로서의 강도를 확보할 수 있도록 설계허용값을 낮게 설정하는 것이 중요하다.
4) 용접결함 상태의 판정에는 침투탐상시험, 자기탐상시험, 방사선탐상시험, 초음파탐상시험, 와류탐상시험, 서모그래피, 전기저항법, AE시험 등 결함의 내용에 따라서 구분 사용하고 있다. 또한, X선 투과시험은 방사선 탐사시험 중의 한 가지 방법이다.

30. 주철(Cast iron) 용접부의 특성

1 주철 용접이 어려운 이유

(1) 급랭에 의한 백선화로 기계 가공이 곤란할 뿐 아니라 수축이 많아 균열이 생기기 쉽다.

(2) 일산화탄소 가스가 발생하여 용착 금속에 기공이 생기기 쉽다.

(3) 장시간 가열로 인한 흑연의 조대화, 주철 속에 기름, 흙 등의 불순물로 인하여 용착 불량이나 모재의 친화력이 떨어진다.

2 주철의 용접

모재 전체를 500~600℃의 고온으로 예열하고 용접하는 열간 용접과 상온 또는 저온에서 용접하는 냉간 용접법이 있다.

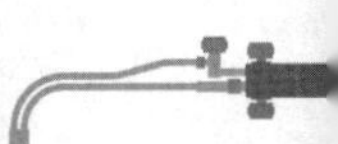

(1) 열간 용접

1) 주철은 탄소 함유량이 많아 취성이 생기기 쉬워 국부적인 수축에도 깨지기 쉽다. 그러므로 540~560℃ 정도로 충분히 예열한 후 아크 용접, 가스 용접을 한다.
2) 가스 용접을 할 때는 중성 불꽃 또는 탄환 불꽃을 이용하며, 600℃ 정도로 후열 처리 후 풀림 처리한다.
3) 가스 용접을 할 때는 용제를 사용하여 용접하며, 주로 붕사+탄산소다+중탄산소다를 사용한다.
4) 용접봉은 백선화를 막고 흑연화를 촉진시키기 위해 규소, 알루미늄을 함유한 것이 좋으며, 강도를 필요로 하는 경우 니켈을 함유한 용접봉이 좋다.

(2) 냉간 용접

1) 주로 아크 용접법을 사용하며 가스 용접을 사용하기도 한다. 모재를 전혀 예열하지 않거나 200~400℃ 정도로 예열한다.
2) 가열에 의한 모재의 뒤틀림, 균열의 발생은 적지만 용접부가 급열 급랭되어 백선화되기 쉬워 전류를 낮게, 위빙을 하지 않는 짧은 단속 용접이 좋다.
3) 고온에서 피닝 처리에 의한 잔류응력을 제거하면 좋다.
4) 용접봉으로는 니켈봉, 니켈 합금봉 등이 사용된다.

3 주철의 보수 용접

(1) 스텃법

용접 경계부의 바로 밑부분의 모재가 갈라지는 약점을 보강하기 위하여 6~9㎜ 정도의 스텃 볼트를 박은 다음 이것과 함께 용접을 하는 방법이다.

(2) 로킹법

스텃 볼트 대신 용접부 바닥면에 둥근 고랑을 파고 이 부분에 걸쳐 힘을 받도록 하는 방법이다.

(3) 비녀장법

가늘고 긴 균열의 보수를 할 때 용접선에 직각이 되게 꺽쇠 모양으로 직경 6~10mm 정도의 강봉을 박고 용접을 하는 방법이다.

(4) 버터링법

모재와 융합이 잘되는 용접봉을 적당한 두께까지 용착시킨 후에 고장력강 봉이나 연강과 융합이 잘되는 모넬메탈봉으로 용접하는 방법이다.

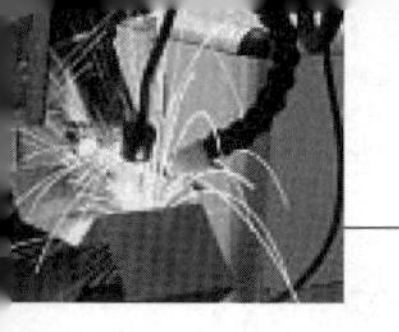

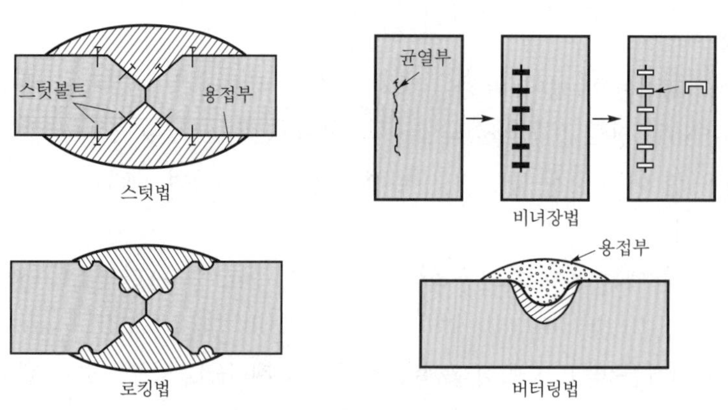

그림 1. 주철보수 용접방법

31. 기계설비 또는 마모된 부품에 대한 오버레이 용접(Overlay welding) 시공 시 고려사항

1 용접수정 최대범위

용접수정이 가능한 깊이는 10mm 또는 자재두께의 10% 중 적은 것 이하이고 개별면적이 6,450mm^2 이하이어야 한다.

2 결함의 수정방법

(1) 기공 또는 슬래그가 혼재할 때는 그 부분을 연마 또는 가우징하고 다시 용접한다.

(2) 언더컷이 생겼을 때는 직경이 작은 용접봉으로 용접하고, 오버랩이 생겼을 때는 그 부분을 깎아내고 다시 용접한다.

(3) 균열일 때는 균열 끝에 구멍을 뚫은 스톱홀을 만들고 필요한 경우 부근의 용접부도 홈을 만들어 다시 용접한다.

3 수정용접 절차

용접절차와 용접사검정은 KS 또는 동등이상의 코드 요구사항과 아래 (1)내지 (8)의 추가 요구사항이 만족되어야 한다.

(1) 수정할 부분은 기록된 절차에 따라 적절하게 용접준비를 하고 예열을 실시하여야 한다.

(2) 용착금속은 저수소계 용접봉을 사용한 피복금속 아크 용접법에 의한 용접을 실시하고, 최대 비드 폭이 용접봉심 직경의 4배이어야 한다.

(3) 저수소계 용접봉은 건조시켜야 하며 다음의 주의사항이 요구된다.

1) 모든 용접봉을 사용하기 전에 427℃±14℃의 온도에서 30분~1시간 동안 건조한다. 용접봉을 건조로 내에 넣을 때 건조로의 온도가 149℃를 초과하지 않아야 한다. 건조시간의 건조로 온도가 260℃ 이상일 때 온도의 상승이 시간당 167℃ 이하이어야 하고, 260℃ 이상의 온도에서 건조지속시간을 포함하여 5시간을 초과하지 않아야 한다.
2) 용접봉을 건조한 후 그 온도가 66℃ 이하까지 떨어지기 전에 107℃~149℃의 온도범위를 유지시킬 수 있는 휴대건조기에 옮겨 담아야 한다.
3) 건조기 외부로 일단 불출된 후 회수되는 용접봉은 휴대건조기에 담아 상기 1)항의 주어진 온도에서 재 불출하기 전까지 8시간 이상 건조시켜야 한다.
4) 원칙적으로 용접봉을 1회 이상 재건조해서는 안 되지만, 만일 2회 이상 재 건조를 한 후 용접봉을 시험하여 사양의 모든 요구사항을 만족하면 예외로 한다.

(4) 용접 중 용접부위는 최소 177℃의 온도로 예열하고 유지되어야 하며, 최대 층간온도는 232℃이어야 한다.

(5) 용착금속의 초층은 용접봉 최대직경 3.2mm를 사용하여 그 부분을 완전히 용착시켜야 하고, 대개 초층의 1/2은 후속층의 용착 전에 그라인더로 제거하여야 하며, 최대직경 4.0mm의 용접봉으로서 전 용접비드와 열영향 부위의 불림(tempering)을 안전하게 할 수 있는 방법으로 용착시켜야 한다.

(6) 규정된 용접전류와 전압 범위 내에서 열입력이 관리되어야 한다.

(7) 용접 수정작업 후 그 용접부분은 최소 2시간 동안 204~260℃의 온도를 유지하여야 한다.

(8) 용접 수정작업은 검사관의 입회하에 실시되어야 한다.

4_ 수정용접의 시험

완성된 용접부분은 요구되는 비파괴시험을 실시하기 전에 최종층의 표면이 매끄럽게 연마되어야 한다. 용접 완료 후 그 용접물에서 크랙이 발생할 수 있는 가능한 시간인 최소 48시간이 경과한 후 비파괴시험은 실시하여야 한다. 용접수정한 부분에 대한 비파괴시험의 상세 판정기준은 KS에 따른다.

32. 티타늄(Ti) 합금의 일반특성과 티타늄 용접 시 보호가스의 역할을 3단계 영역으로 구분하여 설명

1_ Titanium의 특성

Titanium은 다음과 같은 특성으로 인해 그 활용도가 점차 증대되어 가고 있는 소재이다.

Titanium은 우수한 내식성과 함께, 철의 절반 정도의 무게만으로도 철과 유사한 수준의 강

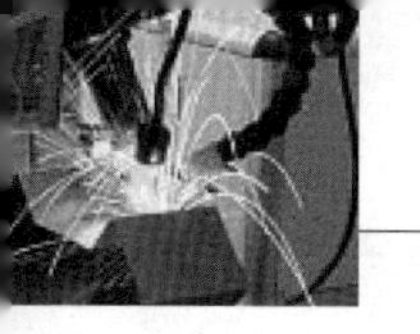

도를 나타내는 특성이 있다. Titanium은 매우 활성이 커서 고온 산화가 문제시되고 있지만, 상온 부근의 물 또는 공기 중에서는 부동태 피막이 형성되어 금이나 백금 다음 가는 우수한 내식성을 가진다. 이러한 이유로 과거에는 우주 항공 분야와 화학 공장 등 특정한 용도로만 사용되었으나, 최근에는 산업 전반에 걸쳐서 그 활용도가 증대되고 있다.

표 1. 티타늄의 물리적 성질

밀도(20℃)	4.54g/cm²(α형)
α ⇒ β 변태에 의한 용적 변화	5.5%
융점	약 1668℃
α ⇒ β 변태점	약 882℃
열팽창 계수(20℃)	8.5×10^{-6}/℃
열전도도	0.035cal/cm/cm²/℃/sec
비열(25℃)	0.126cal/g
도전율(Cu에 대하여)	2.2%
고유 저항(0℃)	80μΩ-cm
결정구조 α형(상온)	조밀6방형
결정구조 β형(882℃ 이상)	체심입방형

Titanium의 융점이 약 1670℃ 정도로 매우 높아서 완전한 Ingot의 제작이 곤란하고, 특히 고온에서는 급격히 산화되어 본래 요구되는 성질이 없어지기 때문에 열간 가공과 용접이 곤란하며 높은 항복 응력 때문에 냉간 가공 또한 어렵다는 단점이 있다. 이와 같은 특성 때문에 Titanium을 생산하는 Mill Maker측에서는 어려움을 겪지만 실제로 구조물을 제작하는 Fabricator측의 어려움도 그에 못지않다. 그 중에서도 용접이 가장 큰 문제점으로 지적되는데, 이는 Titanium이 상온에서 안정한 산화피막이 생겨서 부식을 방지하지만 600℃ 이상의 고온에서는 반응성이 아주 좋아서 O_2, N_2, H_2 등의 원소로 오염되어 내식성을 저하시키거나 용착 금속내부에 Porosity 등의 결함을 발생시키게 되어 내식성뿐만 아니라 기계적 성질까지 모두 저하시키기 때문이다.

표 2. Titanium Grade별 화학 성분

Grade	Ti	N	C	H	Fe	O	Pd
1	Rem	0.03	0.10	0.015	0.20	0.18	
2	Rem	0.03	0.10	0.015	0.30	0.25	
3	Rem	0.05	0.10	0.015	0.30	0.35	
7	Rem	0.03	0.10	0.015	0.30	0.25	0.12 ~ 0.25

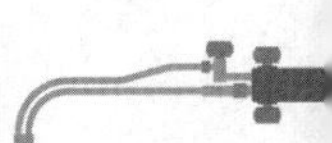

표 3. 순수 Titanium의 인장 강도

Grade	인장 강도 (Kg/cm²)	항복 강도 (Kg/cm²)	연신율 Min. (%)
1	25	18 ~ 32	24
2	35	28 ~ 46	20
3	46	39 ~ 56	18
7	35	28 ~ 46	20

Titanium은 다른 금속과 비교하여 보면 용점이 높고 Carbon Steel, Stainless Steel에 비해 밀도, 열팽창계수 및 탄성계수 등이 작은 특징이 있다.

순수 Titanium의 인장강도는 주로 산소의 함량에 따라 결정되는데, 여러 불순물에 따른 순수 Titanium의 Grade와 화학 성분 및 인장 강도를 표 2, 3에 나타내었다. 특히 순수 Titanium은 산소, 질소, 수소 등 불순물의 함량이 증가함에 따라 강도는 증가하나 연신율이 감소하는 특징을 가지고 있으며, 온도에 따른 강도 및 Creep 특성이 300℃까지는 안정되어 있으나 온도 증가에 따라 급격한 강도의 저하가 나타난다.

2 티타늄 용접 시 보호가스 역할의 3단계 영역

(1) 용접부 특성

Titanium은 산소, 질소, 탄소와 Fe 등의 불순물의 양에 따라 현저하게 경도가 증가한다. 수소의 경우에는 강도 및 경도의 변화는 별로 없으나 충격치에서 아주 큰 영향을 미친다. 그 이유는 Titanium 내 대기가스의 용해도는 9~14.5% 정도이지만 고용 강화 때문에 0.5% 정도만 있어도 연성이 95% 정도 감소되기 때문이며, 수소는 250℃ 이상에서 Titanium내에 8% 정도의 용해도를 갖지만 상온에서는 용해도가 아주 낮기 때문에 Hydride Phase가 Grain과 Grain Boundary 주위에 석출되어 Notch Sensitivity를 증가시키기 때문이다.

1) 용접부 Shielding

Titanium을 대기로부터 보호하기 위한 방법으로는 진공이나 불활성 분위기하의 용기 속에서 용접하는 등 여러 가지 Process가 있으나 가장 보편적으로 사용하는 것은 Shielding Gas 분위기에서 용접하는 것이다. Shielding Gas는 대기에 의한 용접 금속의 오염을 방지할 뿐만 아니라 용착부와 열영향부가 상온까지 냉각되는 동안에 대기로부터 차단시키는 역할을 한다. 일반적으로 Shielding Gas는 Argon이 주로 사용되며, 역할에 따라 다음의 3가지로 구별한다.

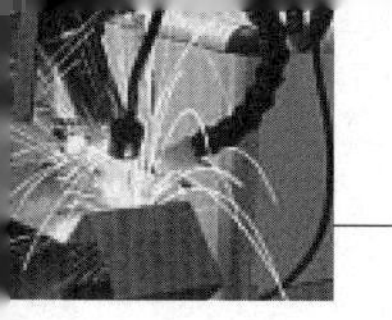

표 4. 상용 티타늄 합금과 용접봉

ASTM Grade	Composition	UTS (min) Mpa	Filler	Comments
1	Ti-0.15O_2	240	ERTi-1	Commercially pure
2	Ti-0.20O_2	340	ERTi-2	,,
4	Ti-0.35O_2	550	ERTi-4	,,
7	Ti-0.20O_2-0.2Pd	340	ERTi-7	,,
9	Ti-3Al-2.5V	615	ERTi-9	Tube components
5	Ti-6Al-4V	900	ERTi-5ELI	Aircraft alloy
23	Ti-6Al-4V ELI	900	ERTi-5ELI	Low interstitials
25	Ti-6Al-4V-0.06Pd	900	Matching	Corrosion grade Filler alloys

① Primary Shielding

용융 금속의 Weld Puddle과 그 근처 모재 주위를 Shielding하는 것으로 Torch나 Gun Nozzle을 사용한다. 사용 Nozzle의 크기는 0.5~0.75inch 사이로 해당 Joint에 사용하기 쉬운 최대의 것을 사용한다. 이때 Gas의 압력은 5kg/cm² 이상으로 하는 것이 좋다.

② Secondary Shielding

용융 후 냉각되는 용접부와 열영향부에 산화 문제가 생기지 않을 정도의 온도(약 200℃)로 냉각될 때까지 대기로부터 Shielding하는 것이다. Titanium의 경우 열전도도가 낮기 때문에 열영향부가 넓게 되고 용접하고 있는 바로 앞은 shielding할 필요가 없는 반면 용접부 바로 뒤에 냉각되는 용착 금속은 일정 온도로 냉각될 때까지 Shielding을 해야 하는 단점이 있다.

③ Back up Shielding

Torch 반대쪽의 Hot Weld Metal Root부를 보호하기 위해 행한다. 특히 Pipe 용접 시에는 Pipe내부에 불활성 Gas를 불어 넣어서 Purging해야 한다. 이때 Pipe내부의 압력이 너무 크면 Root Pass에서 Bead의 외관이 좋지 않게 된다. 용접 중에 계속 Purging을 하고 Purge Dam 출구에서 나오는 유량을 감지해 조절하도록 해야 한다.

33. 자동차의 정량화를 위하여 사용되고 있는 초고장력강(UHSS, Ultra High Strength Steel)의 종류를 5가지 들고, 각각의 조직과 용접특성

1 개요

일반강은 50kgf/mm² 이하를 대부분 말하고 50~55kgf/mm² 합금원소를 높여 노멀라이징 상태로 사용하는 것을 비조질강이라 하며 이것은 열간가공을 하므로 용접입열을 상승시켜도 열영향이 약해지는 일은 없지만, 60kgf/mm² 고장력강은 보통 물담금질 후 600~650℃로 뜨임 처리한 강부터 조질강(QT)이라 부르며 최근 70kgf/mm², 80kgf/mm², 100kgf/mm² 등은

Mn, Si, Cr, Ni, Mo, V, Cu 등을 첨가하여 템퍼 마르텐사이트 조직을 갖는 초고장력강을 제조하고 있다.

표 1. 최근 실용화되고 있는 세계 최고의 초고장력강

항목	S8900QL (EN 10137규격)	MAXIL890QL (ILSENBURG)	OPTIM RAEX 900QC(RUUKKI/Finland)	HITEN980S (JFE/Japan)	WELDOX900E (SSAB/Sweden)	XABO 890 (Thyssen)
항복점 (N/mm^2)	890Min.	890Min.	900Min.	885Min.	900Min.	890Min.
인장강도 (N/mm^2)	940~1100	940~1100	950Min.	950~1130	940~1100	940~1100
열처리	Q&T	Q&T	Q&T	Q&T	Q&T	Q&T
Bedding/Gas Cutting	Good	Good	Good	Good	Good	Good
Drilling/Welding	Good	Good	Good	Good	Good	Good
예열	필요	필요	필요	필요	필요	필요

2 용접성

싸보나 웰독스나 하이텐 980소재는 담금 뜨임된 QT소재로 일반적으로 특성을 알고 주의만 하면 수동, 자동, 반자동, 용접에 만족할 만한 결과를 얻을 수가 있으며, 용접재료는 고장력강 용접에 수반되는 각종 결함발생을 방지하기 위해 저 수소봉이나 염기성 분위기에서 만든 후락스 와이어나 용착금속의 인성이 우수한 것을 사용할 필요가 있다.

사용 전 재 건조는 후락스 코드 와이어나 서브머지드 후락스 경우에는 250~350℃로 1시간 건조해서 사용한다. 개선가공은 가스절단으로 하고 복잡하고 정밀한 경우에는 기계가공으로 한다. 예열은 사용재료, 판 두께, 용접방법, 특수한 구조물, 용접부 구속정도, 주위환경에 따라 조건을 선정한다. 용접 개시 전에 용접부 청소를 깨끗이 하고 아크길이는 가능한 짧게 하고 위빙 폭은 봉 지름의 3배 이하로 한다. 위빙 폭이 너무 크면 인장강도가 저하하고 기공이 생기기 쉽다.

34. 스테인리스강을 가스절단하기 어려운 이유

1 개요

산소절단은 금속과 산소가스의 반응열로 금속을 절단하는 방법으로 일반적으로 산소 아세틸렌 절단을 말한다. 연소 가스로는 아세틸렌 외에 수소·천연가스·석탄가스·프로판가스 등을 사

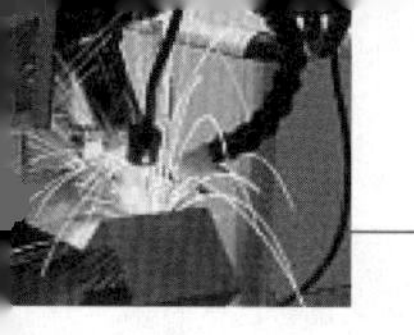

용할 수 있다. 가열불꽃과 산소를 분출하게 하는 기구를 가스절단기라고 하며, 절단하는 물품의 두께나 크기에 따라 사용하는 기구의 치수가 달라진다. 절단기의 본체는 중심에 산소를 보내는 관과 주위에 가열불꽃용 가스를 보내는 관이 있고, 각각 유량을 조절하는 장치를 갖고 있다.

절단기의 분사구에서 나오는 가스 불꽃으로 금속을 예열하여 온도가 800~900℃가 되었을 때 절단기 중심에서 고속으로 산소를 공급하면 강은 연소하여 산화철이 된다. 산화철은 강재보다 녹는점이 낮으므로 분출되는 산소에 의해 절단된다. 절단기 끝에는 탈착이 되도록 나사로 된 노즐이 달려 있다. 절단할 재료의 두께가 클수록 노즐 구멍의 지름이 큰 것을 사용하는데, 절단속도는 판의 두께가 클수록 느려진다.

2 스테인리스강을 가스절단하기 어려운 이유

주철이나 스테인리스강과 같이 산화되기 어려운 금속일 때나 산화반응을 방해하는 산화피막이 생기는 금속일 때는 산화반응이 이루어지기 쉬운 분말 상태인 산화철 또는 비금속 플럭스를 산소와 병용하여 절단을 하며, 이것을 분말절단이라고 한다. 가열불꽃 대신에 산소 아크 제트를 써서 절단하는 방법은 산소아크절단이라고 하며, 극히 산화되기 어려운 금속에 대해서는 가스 반응열로 금속을 녹여 흘러나오게 함으로써 절단한다.

3 적용 예

가스절단은 여러 종류의 금속을 쉽게 절단할 수 있을 뿐 아니라, 기계적인 절단 방법으로는 120mm 두께의 강재도 절단할 수 있으며 수중절단도 가능하다. 이 경우 가열 불꽃으로는 수소가스를 사용하는데, 절단 부분에는 압축공기를 보내어 물을 배제하면서 절단한다. 산소절단을 할 경우 산소의 순도는 그 사용량과 절단능률에 크게 관계되며, 순도가 높은 산소를 사용할수록 적은 양의 산소로 절단을 할 수 있다.

가스절단과 같은 방법으로 재료 표면에 홈을 파기도 하고 성형용으로 사용하는 것이 있다. 이와 같은 것으로 가스홈파기법이 있다.

35. Cr-Mo강의 용접부에서 후열처리(PWHT)를 실시하는 이유

1 개요

용접 과정에서 경화된 조직은 다양한 형태의 취성에 노출되기 쉽고 모재에 비해 상대적으로 불순물이 많아 급랭된 조직의 높은 에너지 영역을 형성, 부식환경에 노출되었을 때 우선적으로 부식되어 구조물의 안정적인 사용에 문제을 야기시킨다. 따라서 용접후 열처리는 용접과정에서 발생하는 응고 잔류응력을 제거하고 용접부에 포함된 수소를 배출하는 데 그 목적이 있다

2 Cr-Mo강의 용접부에서 후열처리(PWHT)를 실시하는 이유

저합금 내열강은 모재의 특성에서 언급한 것과 같이 연강에 비하여 여러 종류의 합금원소를 함유하기 때문에 자경성(고온 공기 중에서 방랭함에 따라 소입되는 성질)이 증대한다.

이러한 결과 저합금 내열강 용접에서는 용접부, HAZ부의 연성, 인성 등이 미흡하여 각종 용접결함을 초래할 가능성이 높다.

주요 결함으로는 균열발생을 들 수 있으며 이를 배제하기 위하여 용접 시공에서는 주로 용접 전 · 후 열관리, 즉 예열, 후열 등을 필히 실시하고 또한 응력제거 열처리를 실시하고 있다.

결함의 균열로는 저온균열, 고온균열, 응력제거열처리(PWHT) 균열 등이 나타나고 있다. 저합금강은 합금원소가 많으므로 탄소강과 비교해서 금속조직 중 경화조직의 발생이 저온균열에 큰 영향을 미친다. 경화조직의 발생은 금속의 화학조성과 냉각속도의 상호관계에서 이루어진다. 특히, $2\frac{1}{4}$Cr-1Mo강계의 용접부는 대부분 Martensite + Bainite 조직으로 되어 현저하게 경화되는 것을 알 수 있다.

SECTION 36. 고온용 압력용기에서 탄소강 또는 저합금강의 내부에 오스테나이트계 스테인리스강을 오버레이(Overlay) 용접하여 사용하는 이유

1 개요

압력용기라 함은 대기압 이상의 운전환경에서 기체나 유체에 의해 작동되는 산업설비라고 정의할 수 있다. 인간이 사용하고자 하는 의도에 맞게 실로 다양한 용도의 압력용기가 이용되고 있지만, 크게 산업설비라는 관점에서 발전분야와 석유화학분야에서 그 용도가 빛을 발하고 있다.

이 두 분야에서 사용되는 압력용기는 모두 고온, 고압, 고부식 등 운전환경이 매우 가혹하다는 공통점이 있고, 앞으로도 효율을 높이기 위한 노력이 수반되어 운전환경은 더욱더 가혹해질 것이 예상된다.

압력용기의 내면 오버레이 용접은 용기의 내면에 내식성 및 내수소성을 부가하기 위해서 스테인리스강, 인코넬 등의 고합금재료를 용접하는 것을 말한다. 이때 오버레이 용접부의 성분제어와 두께를 확보하는 것이 중요하고, 운용 중 모재와 오버레이층의 박리가 발생되지 않도록 하기 위해 압력용기 제작 전에 소형시험편에 의한 모사실험을 통하여 용접조건의 최적화가 필수적으로 요구된다

2 오버레이 용접

오버레이 용접은 부재조립이나 부착을 위해 형상을 조정하는 조형오버레이 용접과 용기에 부가적인 기능을 주기 위한 이종오버레이 용접이 있다. 조형오버레이 용접은 그림 1에 나

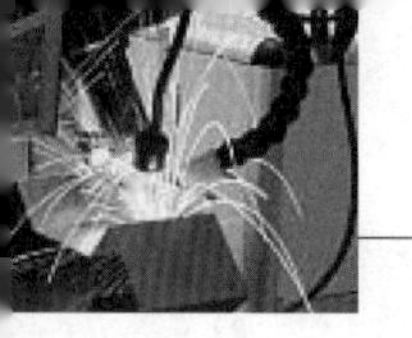

타낸 바와 같이 용기본체에 노즐 등 외부 부착물을 붙이거나 내부 부착 등에 이용된다. 모재와 동일한 성분의 용접재료를 사용해서 이음부 용접과 동일한 성능을 확보한다. 용기내면의 STS, NI합금 등을 붙이는 경우에는 경판으로부터 노즐의 내면까지 유체가 접하는 모든 면을 오버레이 용접한다.

따라서 오버레이금속에 필요한 성분확보를 위한 용접시공과 검사는 매우 중요하다. 용기의 내면을 오버레이 용접하기 위해서 비교적 두께가 얇고 넓은 스트립(Strip)전극을 사용한 SAW나 ESW은 효율이 높아 각종 재질의 오버레이 용접에 폭넓게 적용되고 있으며, 실제 용접광경을 그림 2에서 보여주고 있다.

오버레이 용접부의 화학성분과 연성확보를 위해서는 초층 모재용융 희석율의 관리가 중요하다. 스트립전극을 사용하면 와이어형 전극에 비해 희석율을 낮출 수 있고 편평하고 균일한 비드를 얻을 수 있기 때문에 Shell, 경판, 노즐, 내면 오버레이 용접에도 널리 적용된다. 용접조건의 설정에 있어서 전류, 전압, 속도 외에 전극돌출길이, 플럭스도포량, 모재경사 등의 항목도 관리되어야 한다. 그림 3에 모재경사와 희석율의 관계를 나타낸다. 모재의 경사가 높아질수록 희석율이 높아지는 것을 알 수가 있다.

SMAW나 GMAW 등에 의한 오버레이 용접은 통상 2층 이상으로 용접이 이루어진다. 이와 같이 수동이나 반자동의 오버레이 용접은 사람이 직접 용접을 수행하므로 패스마다 희석율의 차이가 나타나 초층의 화학성분을 안정하게 확보하는 것이 어렵다. 오스테나이트 스테인리스강이나 13Cr강의 오버레이 용접에서 초층에는 STS 309나 STS 430과 같이 Cr/Ni 또는 Cr함량이 높은 용접봉이 각각 적용된다.

그림 1. 셀과 노즐의 결합을 위한 오버레이 용접

(a) Strip SAW

(b) Strip ESW

그림 2. 스트립 전극에 의한 오버레이 용접

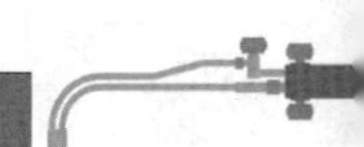

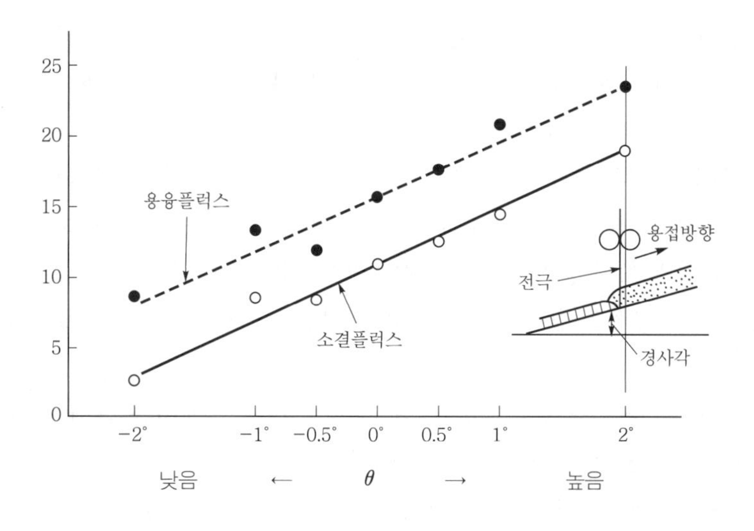

그림 3. 모재경사와 희석율의 관계

오스테나이트계 스테인리스 용접에는 고온균열을 방지하기 위해 Scheffler diagram 등에 의해 계산된 δ페라이트를 수 % 함량할 수 있도록 한다. 희석율이 크면 δ페라이트가 적어져 용접금속에 균열이 발생한다. 반대로 희석율이 작으면 Cr이 높은 δ페라이트가 증가하기 때문에 용접 후 열처리에 취약한 시그마상을 형성한다. 오버레이금속의 δ페라이트양이 많으면 용접 후 열처리 후에 연성이 극단적으로 저하한다. SMAW는 용접사의 기량편차에 의해 용접부 품질의 결과가 크게 나타나기 때문에 자동오버레이 용접으로의 변환이 바람직하다. 또한 전극을 요동시켜서 비드 폭을 증가시켜 희석율을 감소시키는 GMAW, GTAW 및 PAW오버레이 용접도 널리 적용되고 있다.

37. 20mm의 동일한 두께를 갖는 인장강도가 350MPa인 연강판과 1500MPa 고장력 강판을 각각 용접하려 한다. 각각 강판의 예열 필요성을 판단하는 근거와 예열온도 산출방법에 대하여 설명

1 예열에 관한 일반사항

(1) 다음의 경우는 예열을 해야 한다.

1) 강재의 밀시트에서 다음 식에 따라서 계산한 탄소당량, C_{eq}가 0.44%를 초과할 때

$$C_{eq}=C+\frac{Mn}{6}+\frac{Si}{24}+\frac{Ni}{40}+\frac{Cr}{5}+\frac{Mo}{4}+\frac{V}{14}+\left(\frac{Cu}{13}\right)(\%)$$

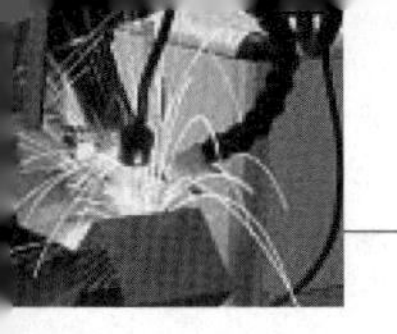

다만 (　)항은 Cu≥0.5%일 때에 더한다.

2) 경도시험에 있어서 예열하지 않고 최고 경도(H_v)가 370을 초과할 때

3) 모재의 표면온도가 0℃ 이하일 때

(2) 모재의 최소예열과 용접층간 온도는 강재의 성분과 강재의 두께 및 용접구속 조건을 기초로 하여 설정한다. 최소예열 및 층간온도는 용접절차서에 규정한다. 최대 예열온도는 감독자 또는 감리원의 별도의 승인이 없는 경우 230℃ 이하로 한다.

(3) 이종금속 간에 용접을 할 경우는 예열과 층간온도는 상위등급을 기준으로 하여 실시한다.

(4) 두꺼운 재료나 높은 구속을 받는 이음부 및 보수 용접에서는 균열방지나 층상균열을 최소화하기 위해 규정된 최소온도 이상으로 예열한다.

(5) 용접부 부근의 대기온도가 -20℃보다 낮은 경우는 용접을 금지한다. 그러나 주위온도를 상승시킨 경우, 용접부 부근의 온도를 요구되는 수준으로 유지할 수 있으면 대기온도가 -20℃보다 낮아도 용접작업을 수행할 수 있다.

2 예열온도

(1) 예열은 용접선의 양측 100mm 및 아크 전방 100mm의 범위 내의 모재를 표 1에 표시한 최소 예열온도 이상으로 가열한다.

(2) 모재의 표면온도가 0℃ 미만인 경우는 적어도 20℃ 이상 예열한다.

(3) 특별한 시험자료에 의하여 균열방지가 확실히 보증될 수 있거나 강재의 용접균열 감응도 P_{cm}이 표 1에 규정하는 조건을 만족하는 경우는 강종, 강판두께 및 용접방법에 따라 표 2에 값을 조절할 수 있다. 이 경우 예열온도는 다음 식과 같이 조설하거나 규성에 명시된 P_{cm}의 값에 따른 최소 예열온도를 따른다.

$$T_p(℃)=1{,}440P_w-392$$

여기서, T_p : 예열온도 (℃)

$$P_w=P_{cm}+\frac{H_{GL}}{60}+\frac{K}{400{,}000}$$

여기서, H_{GL} : 용접금속의 확산성수소량, K : 용접계수의 구속도

(4) 2전극과 다전극 서브머지드아크 용접의 최소예열과 층간 온도는 감독자 또는 감리원의 승인을 받아 조절할 수 있다.

3 예열방법

(1) 예열방법은 전기저항 가열법, 고정버너, 수동버너 등에서 강종에 적합한 조건과 방법을 선정하되 버너로 예열하는 경우에는 개선면에 직접 가열해서는 안 된다.

(2) 온도관리는 용접선에서 75mm 떨어진 위치에서 표면온도계 또는 온도쵸크 등에 의하여 온도관리를 한다.

(3) 온도저하를 고려하여 아크발생 시의 온도가 규정 온도인 것을 확인하고 이 온도를 기준으로 예열직후의 계측온도로 설정한다.

4 가용접의 최소 예열온도

가용접의 최소 예열온도 및 용접층간 온도는 아래의 표 1에 준한다.

표 1. 최소 예열온도(℃)

강종	용접 방법	판두께(mm)에 따른 최소 예열온도(℃)			
		t≤25	25<t≤40	40<t≤50	50<t≤100
SM 400	저수소계 이외의 용접봉에 의한 피복아크용접(SMAW)	예열 없음	50	-	-
	저수소계 용접봉에 의한 피복아크용접	예열 없음	예열 없음	50	50
	SAW, 가스실드아크용접 (GMAW 또는 FCAW)	예열 없음	예열 없음	예열 없음	예열 없음
SMA 400W	저수소계 용접봉에 의한 피복아크용접	예열 없음	예열 없음	50	50
	SAW, 가스실드아크용접 (GMAW 또는 FCAW)	예열없음	예열 없음	예열 없음	예열 없음
SM 490 SM 490Y	저수소계 용접봉에 의한 피복아크용접	예열 없음	50	80	80
	SAW, 가스실드아크용접 (GMAW 또는 FCAW)	예열없음	예열 없음	50	50
SM 520 SM 570 SN 490	저수소계 용접봉에 의한 피복아크용접	예열 없음	80	80	100
	SAW, 가스실드아크용접 (GMAW 또는 FCAW)	예열 없음	50	50	80
SMA 490W SMA 570W	저수소계 용접봉에 의한 피복아크용접	예열 없음	80	80	100
	SAW, 가스실드아크용접 (GMAW 또는 FCAW)	예열 없음	50	50	80
HSB 500 HSB 500L HSB 500W HSB 600 HSB 600L HSB 600W	저수소계 용접봉에 의한 피복아크용접	예열 없음	예열 없음	예열 없음	예열 없음
	SAW, 가스실드아크용접 (GMAW 또는 FCAW)				
HSB 800 HSB 800L	저수소계 용접봉에 의한 피복아크용접	예열 없음	50	50	50
	SAW, 가스실드아크용접 (GMAW 또는 FCAW)	예열 없음	50	50	50
HSB 600W	저수소계 용접봉에 의한 피복아크용접	50	50	50	50
	SAW, 가스실드아크용접 (GMAW 또는 FCAW)	예열 없음	50	50	50

주 : 이 표에서 '예열 없음'이란 모재의 표면온도가 0℃ 이하일 경우에는 20℃ 정도로 가열한다는 것을 뜻한다.

표 2. 최소 예열온도 조절 가능한 P_{cm} 조건

강재두께	SM 400 SMA 400	SM 490 SM 490Y	SM 520 SM 570 SMA 490 SMA 570	HSB 500 HSB 500L HSB 600 HSB 600L	HSB500W HSB 600W	HSB 800 HSB 800L	HSB 800W
t≤25	0.24 이하	0.26 이하	0.26 이하	0.20 이하	0.22 이하	0.25 이하	0.27 이하
25〈t≤50	0.24 이하	0.26 이하	0.27 이하	0.20 이하	0.22 이하	0.25 이하	0.27 이하
50〈t≤100	0.24 이하	0.27 이하	0.29 이하	0.20 이하	0.22 이하	0.25 이하	0.27 이하

주 : 산정식

$$P_{cm}(\%) = C + \frac{Si}{30} + \frac{Mn}{20} + \frac{Cu}{20} + \frac{Ni}{60} + \frac{Cr}{20} + \frac{Mo}{15} + \frac{V}{10} 5B$$

표 3. P_{cm}에 따른 최소 예열온도

P_{cm}	용접 방법	예열온도(℃) 판 두께 구분(mm)		
		t≤25	25〈t≤40	40〈t≤100
0.21	저수소계 용접봉에 의한 피복아크용접	예열 없음	예열 없음	예열 없음
	SAW, 가스실드아크용접	예열 없음	예열 없음	예열 없음
0.22	저수소계 용접봉에 의한 피복아크용접	예열 없음	예열 없음	예열 없음
	SAW, 가스실드아크용접	예열 없음	예열 없음	예열 없음
0.23	저수소계 용접봉에 의한 피복아크용접	예열 없음	예열 없음	50
	SAW, 가스실드아크용접	예열 없음	예열 없음	예열 없음
0.24	저수소계 용접봉에 의한 피복아크용접	예열 없음	예열 없음	50
	SAW, 가스실드아크용접	예열 없음	예열 없음	예열 없음
0.25	저수소계 용접봉에 의한 피복아크용접	예열 없음	50	50
	SAW, 가스실드아크용접	예열 없음	예열 없음	50
0.26	저수소계 용접봉에 의한 피복아크용접	예열 없음	50	80
	SAW, 가스실드아크용접	예열 없음	예열 없음	50
0.27	저수소계 용접봉에 의한 피복아크용접	50	80	80
	SAW, 가스실드아크용접	예열 없음	50	50
0.28	저수소계 용접봉에 의한 피복아크용접	50	80	100
	SAW, 가스실드아크용접	50	50	80
0.29	저수소계 용접봉에 의한 피복아크용접	80	100	100
	SAW, 가스실드아크용접	50	80	80

주 : 이 표에서 가스실드아크용접은 GMAW 또는 FCAW를 뜻한다.

38. 듀플렉스 스테인리스강(STS 2205)과 AISI 1018 탄소강의 GTAW 점용접(spot gas tungsten arc welding)으로 이종용접할 때 용접 열영향부의 특성

1 개요

페라이트와 오스테나이트 상이 거의 1:1의 비율로 혼합된 미세조직을 갖는 듀플렉스 스테인리스강(Duplex stainless steel)은 내식성과 기계적 성질이 우수하여 해수처리설비, 해수담수화설비, 탈황설비, 석유화학탄소강 등에 많이 사용되고 있다. 듀플렉스 스테인리스강과 탄소강으로 구성된 이종금속재료 용접부는 스테인리스강의 사용 측면에서 용접과 열처리 특히 용접 후 균열방지, 내식성 확보가 중요하다.

2 특성

미국 Clarkson university는 판 두께 6mm인 STS2205 듀플렉스 스테인리스강과 AISI 1018 탄소강으로 구성된 이종금속재료 용접부를 용접전류 150A, 용접전압 14V, 아크타임 15초의 용접조건을 사용하여 GTAW 점용접을 실시하였다.

그 결과 STS2205 듀플렉스 스테인리스강과 AISI 1018 탄소강으로 구성된 이종금속재료 GTAW 점용접부의 비드 형상을 그림 1에 나타냈다.

여기서 그림 1A는 이종금속재료 점용접부의 횡단면을, 그림 1B는 STS2205 듀플렉스 스테인리스강 용접부의 측면을, 그리고 그림 1C는 이종금속재료 점용접부를 위에서 관찰한 평면을 각각 나타낸다. 이를 보면 AISI 1018 탄소강에 비해 응고온도가 낮은 STS2205 듀플렉스 스테인리스강의 용융지가 넓게 나타났다.

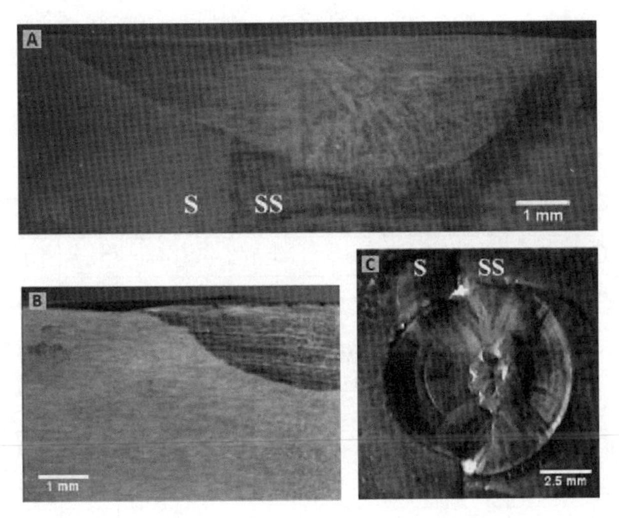

그림 1. STS2205 듀플렉스 스테인리스강/AISI 1018 탄소강의 용접부 형상

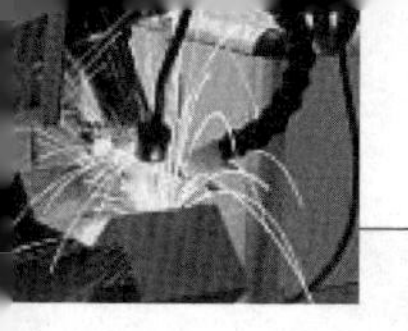

39. 원자력발전 연료피복관 소재를 스테인리스강보다 지르코늄(Zr) 이나 알루미늄 합금을 사용하면 유리한 점

1 피복재의 개념 및 재료요건

(1) 피복재의 개념

핵연료피복재(fuel cladding)는 핵연료를 감싸서 핵연료가 냉각재와 직접 접했을 때 일어나는 부식이나 기계적 침식을 방지하고 연소 중에 생성된 핵분열생성물이 냉각재로 옮겨가는 것을 방지하기 위한 역할을 한다. 피복재는 원자로의 고압, 고온, 조사 및 부식 등의 환경에 노출되어 있기 때문에 여러 가지 조건이 요구된다.

(2) 재료요건

피복재가 갖추어야 할 조건은 다음과 같다.

1) 중성자 흡수 단면적이 적을 것.
2) 중성자 조사에 의한 재질 변화가 적을 것.
3) 고온에서 기계적 강도가 높고 크리프 및 피로 특성이 좋을 것.
4) 열전도성이 좋을 것.
5) 열팽창률이 핵연료의 열팽창률과 큰 차이가 없을 것.
6) 적정의 고융점을 가질 것.
7) 냉각재에 대한 내식성이 좋을 것.
8) 핵연료와 화학반응을 하지 않을 것.
9) 성형가공성이 좋을 것.
10) 용접성이 좋을 것.
11) 가격이 저렴할 것.

표 1. 주요 고체원소의 열중성자 흡수단면적

1 barn 이하		1~10 barn		10 barn 이상	
C	0.0045	Zn	1.1	Mn	13
Be	0.009	Nb	1.1	W	19
Bi	0.032	Ba	1.2	Ta	21
Mg	0.059	Sr	1.2	Co	35
Si	0.13	K	2.0	Ag	60
Pb	0.17	Ge	2.3	Li	67
Zr	0.18	Fe	2.4	Au	94
Al	0.23	Mo	2.4	Hf	115

1 barn 이하		1~10 barn		10 barn 이상	
Ca	0.43	Ga	2.7	Hg	380
Na	0.49	Cr	2.9	Ir	440
S	0.65	Ti	3.3	B	750
	Cu	3.6	Cd	2400	
	Ni	4.5	Sm	6500	
	Te	4.5	Gd	44000	
	V	4.7			
	Ti	5.6			
	Sb	6.7			

이와 같은 요건에 맞는 피복재는 특수한 경우를 제외하고는 금속이다. 또한 위의 조건 중에서 가장 중요한 점은 열중성자 흡수단면적이 적어야 한다는 것이다. 표 1은 주요 원소의 열중성자 흡수단면적을 보여준다.

2 연료피복관 소재

기계적 강도와 내부식성이 좋고 중성자 흡수단면적이 적은 금속인 Al, Mg, Mg 합금, Zr 합금, 스테인리스강 등이 현재 피복재로 사용되고 있으며 표 2에 나타나있다. 수냉각 열중성자로에서는 냉각재로서 물을 사용하기 때문에 열중성자 경제성과 내식성의 관점에서 지르칼로이(Zircaloy) 합금이 사용되며, 스테인리스강은 열중성자 흡수단면적은 크지만 고온강도와 내식성을 고려하여 초기의 열중성자로에 사용된 바 있고 주로 고속증식로 등에 사용된다. 마그네슘은 베릴륨 다음으로 중성자 흡수단면적이 적지만 물에 대한 내식성이 나쁘고 대기 중에서 쉽게 산화되므로 수냉각로에서 사용할 수 없다. 따라서 현재 가동 중인 경수로 등 열중성자로용 피복재가 갖추어야 할 요구조건을 가장 잘 만족하는 지르코늄 합금이 핵연료피복관의 주재료로 사용하게 되었다.

표 2. 주요 원자로의 핵연료와 피복재

원자로형		핵연료	피복재
경수로	PWR BWR	이산화우라늄 이산화우라늄	Zircaloy-4, ZIRLO, M5, MDA, NDA Zircaloy-2
중수로	CANDU	이산화우라늄(천연)	Zircaloy-4
고속증식로		(U, Pu)O_2	오스테나이트 스테인리스강, 페라이트 마르텐사이트강(FMS)
개량가스로		이산화우라늄	20~25Nb 스테인리스강

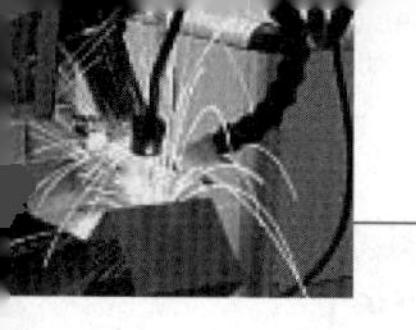

가압경수로(PWR)는 연소도에 따른 핵연료의 완만한 핵반응도 변화를 냉각수의 붕소(B) 농도로 조절하므로 냉각수에 붕산(boric acid, H_3BOg_3)을 첨가하고 있다. 그리고 붕산 첨가에 따른 산성 분위기를 완화시키기 위해 수산화리튬(lithium hydroxide, LiOH)도 첨가하는데, LiOH는 지르코늄 합금의 부식을 촉진시키므로 첨가량에 제한을 받는다. 따라서 가압경수로의 냉각수는 약한 산성이다. 이러한 분위기에 용존산소가 존재하면 부식이 촉진되므로 가압경수로에서는 수소를 첨가하여 용존산소를 제거한다.

이에 따라 가압경수로의 냉각수는 수소를 함유하므로 상대적으로 내식성은 약하지만 수소화에 저항성이 큰 피복재가 요구된다.

비등경수로(BWR)는 연소도에 따른 핵반응도의 완만한 변화를 붕산첨가 대신에 냉각수유량을 조절하는 방법으로 제어하므로 냉각수가 중성 분위기이다. 그러므로 냉각수의 용존산소를 비교적 높게(0.4ppm 이하) 관리하여도 부식에 큰 영향이 없으므로 용존산소를 별도로 제거하지 않는다. 따라서 수소화에는 약하지만 내식성이 강한 합금을 피복재로 사용하고 있다. 표 3은 PWR, BWR 경수로 핵연료의 일반적인 운전조건을 나타낸다.

표 3. 경수로 핵연료의 운전조건

	PWR	BWR
충전연소 MWd/kgU	60	55
노출시간 days	1500	1800
중성자 영향 cm^{-2}, E>MeV	1E22	1E22
시스템 압력 bar	158	70
클래딩 후프응력 N/mm^2	-100	-60
클래딩 온도 ℃	290~400	280~320
냉각반응 O_2 ppb	1	300
H_2 ppm	3	0.003
B ppm	1500-0	-
Li ppm	2	-

비록 액체금속로 등 고속로에서는 오스테나이트 스테인리스강이나 페라이트 또는 페라이트 마르텐사이트강(ferritic martensitic steel, FMS, 또는 FM강) 등이 피복재로 사용되지만, 여기서는 경수로, 중수로 등 수냉각 열중성자로 핵연료 피복관에 사용하는 Zr합금 피복재는 원자로 노심의 1차 냉각계통의 고온/고압의 물과 핵분열을 일으키는 핵연료를 격리시켜 연소중에 생성된 핵분열생성물이 냉각재 중으로 옮겨가는 것을 방지하고, 핵분열에 의해 생성된 열을 효과적으로 냉각수에 전달하는 역할을 하는 핵심 구성품이 핵연료 피복관(fuel cladding tube)이다. 따라서 핵연료 피복관 재료는 조사에 안정하고 고온/고압 하에서 기계적 건전성 및 내부식성이 우수한 특성을 가져야 한다.

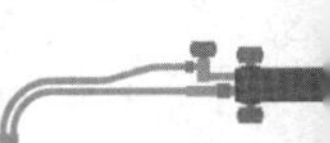

40. KS강재 규격에는 SS재(KS D 3503; 일반 구조용 압연강재)와 SM재(KS D 3515; 용접 구조용 압연강재)의 강도상 중요한 용접 구조물에 사용되는 강재와 사용 이유

1_ 일반 구조용 압연강재(SS재)

이 강재는 가장 많이 사용되고 있는 강종인데, 주요 강도부의 재료를 제외하고는 대부분의 기계 및 구조물의 보조재료로서 강판, 평강, 봉강 및 형강 등으로 사용되고 있으며, 상온 이상 350℃까지의 온도 범위에서 안전하게 사용할 수 있다. 용접성에 있어서 SS400은 판 두께가 50mm를 초과하지 않는 한 거의 문제되지 않으며, SS490 및 SS540은 용접하지 않는 곳에 사용한다. 판 두께가 50mm 이상인 경우 용접이 필요할 때는 SS400을 사용해서는 안 되며, 용접구조용 압연강재(SWS)를 사용한다. 다만, 이 강재는 용접성 및 저온 인성을 보증하는 검사가 실시되지 않으므로 저 품질의 강재 혼입에 주의해야 한다.

또한 일반 구조용 압연강재는 탄소 %가 낮으므로 침탄용강의 대용으로 사용될 경우가 있으나 탈산이 불충분한 강이므로, 침탄에 의해서 이상 조직이 되기 쉽고, 연화점이 생기기 쉬우므로 이러한 결점을 잘 알고 사용해야 한다.

2_ 용접 구조용 압연강재(SM재)

용접 구조용 압연강재의 특징은 용접성이 우수하고 탄소(C), 실리콘(Si) 및 망간(Mn) 함량을 규정하고 있으며, 대부분의 강종이 세미킬드강(semikilled steel) 또는 킬드강(killed steel)이다. 용접 구조용 압연강재 중 B 및 C종은 충격시험에 의한 저온인성을 보증하고 있어서 취성파괴를 일으킬 염려가 없다. SWS490 이상에서는 용접 시 충분한 주의와 적당한 열처리가 필요하다.

일반적으로 용접균열은 $H_v<350$, 탄소당량$<0.44\%(C+Si/24+Mn/6+Ni/40+Cr/5+Mo/4+V/14)$이면 발생하지 않으나, 그 이상의 경우에는 예열한 후 한다. 저온 인성은 B종은 0℃, C종은 −10~−20℃ 정도까지 보증된다. 또한 SWS-Y종은 Nb를 첨가한 강종으로, 항복비(항복강도/인장강도)가 높은 것이 특징이다.

41. 페라이트계 스테인리스강 박판 용접에 있어서 가능한 저입열, 고속용접을 추구하는 이유

1_ 개요

스테인리스강은 여러 종류가 있는데 니켈이 함유되었는지, 철의 오스테나이트 구조가 안

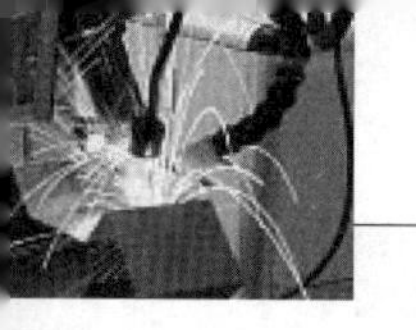

정되었는지 등 이런 결정구조는 스테인리스강을 자성에 띠지 않도록 만들며, 낮은 온도에서 약해지지 않도록 해준다. 또한 탄소를 집어넣으면 좀 더 경도와 내구력이 높아진다. 열처리를 하면 스테인리스강은 면도날, 칼붙이, 도구 등으로 사용할 수 있다. 많은 스테인리스강에는 망간이 들어있는데, 망간은 니켈보다 값이 싸면서 니켈처럼 철의 오스테나이트 구조를 유지시켜주며 스테인리스강은 결정구조로 구분 지을 수 있다.

2 페라이트계 스테인리스강 박판 용접에 있어서 가능한 저입열, 고속용접을 추구하는 이유

페라이트계 스테인리스강을 용접하는 경우, 100~150℃ 정도의 예열과 후열처리를 실시하여 용접부에서 확산성 수소의 방출을 촉진시켜야 저온균열을 방지할 수 있다. 대부분의 페라이트계 스테인리스강의 용접부는 용융선을 따라 조립화가 현저히 일어나지만, 마르텐사이트 변태가 일어나지 않아 경화현상은 비교적 인정되지 않으나 일부 강종(403, 430)의 열영향부에서는 입계에 마르텐사이트가 형성되어 경화 현상이 일어나므로 후열처리가 필요하며 강종에 따라 700~850℃의 범위에서 선정한다.

42. 가스텅스텐 아크 용접법(GTAW)을 궤도용접에 어떻게 적용하는지와 적용범위에 대하여 설명

1 개요

고정된 파이프(배관)의 원주(Orbit)를 따라 가이드 링을 설치해 놓고 용접 토치가 그 위를 주행하면서 자동 용접되도록 한 장치를 말하는데, 이러한 용접 방법을 '오비탈 용접(Orbital Welding)' 또는 '파이프 자동용접'이라고 부른다. Orbital-Welding이란 용어는 본래 라틴어 ORBIS=circle(원형)이라는 용어에서 유래했다. 주로 우주공학에서 적용돼왔고, 명사로 Orbit(n.) 또는 형용사의 Orbital(adj.)의 용어로 사용이 됐으며, 인공위성이나 탄도 로켓 몸체의 궤적 등의 용어에 사용이 됐다.

그리고 지난 1970년을 전후해 미국에서 원자력발전소, 항공기산업 등에 적용하기 위해 개발이 시작되었다. 그 후 우리나라에서도 원자력발전소 건설 등에 쓰이긴 했으나 관련 미국업체가 사용한 것으로, 우리나라에는 도입되지 않고 있다가 서울올림픽을 전후해 한국중공업에서 처음으로 장비를 구입해 발전소용 보일러 튜브에 적용하기 시작한 것이 그 효시라고 할 수 있다.

이후 오비탈 용접기는 위생관, 반도체, 플랜트 등을 중심으로 확대되기 시작했다. 오비탈 용접기가 보급되는 이유는 설비중심의 산업이 발전하면서 손으로 용접할 수 없는 부분을 용접하거나(제작, 수리 보수용), 파이프가 갖고 있는 특성에 맞춘 용접법이 요구되는 경우가 많아지기 때문이다. 화학공장 배관, 식음료 배관, 제약, 반도체, 위생 배관, 해양, 송유관, 보일러 배관, 각종 설비 배관 등 배관 용접이 필요한 곳에는 모두 사용 가능하다.

2 오비탈 용접설비의 구성

(1) 용접 전원 장치 및 제어판
(2) 용접 컨트롤러
(3) 용접헤드(Head)
(4) 토치 케이블
(5) 가이드 링
(6) 와이어 송급장치
(7) 냉각수 순환장치

3 가스텅스텐 아크 용접법(GTAW)을 궤도용접에 적용

오비탈 용접(Orbital, 궤도용접)은 GTAW법을 기계화시킨 형태의 용접법으로 수동 GTAW에서는 용접작업자가 용접토치를 움직이면서 용접전류를 조정하는 데 반하여, 궤도 GTAW에서는 튜브나 파이프에 고정된 궤도 구조물에 용접헤드가 설치되어 있으며, 용접대상인 튜브나 파이프는 정지되어 있고 용접헤드가 부착된 구동부가 용접 이음부를 회전하면서 원주용접을 한다. 오비탈 용접기는 용가재(용접봉)를 공급하면서 용접할 수 있는 기종과 용가재 없이 제살용접(튜브 끝단부를 용융시켜 용접)을 수행할 수 있는 기종이 있다.

43. Narrow Gap Welding

1 개요

대부분의 용접프로세스에서 추구되는 공통적인 목적은 용접부의 결함을 최소화하기 위한 용접부의 품질확보와 용접실시간을 단축할 수 있는 프로세스의 제어기능을 향상시키는 방향으로 나아가고 있다. 용접실시간의 감소는 생산력향상과 제작비용을 줄일 수 있는 절대적인 목표라 할 수 있으며, 여기에는 크게 두 가지의 방향을 고려할 수 있다. 첫째는 자동화된 기기를 이용하여 용착율을 증가시키는 방법으로 용접장치개발부문에 초점을 모으는 것이며, 둘째는 용접부체적과 용착금속량을 줄이기 위해 조인트형상을 변경하는 것인데, 이 두 가지 방법은 개별적이거나 또는 상호 보완적으로 진행된다.

특히 작업물의 조인트 형상변경은 맞대기 용접에서는 아주 중요한 문제로서 비교적 쉽게 접근할 수 있는 효율적인 방법으로 인식되며, 용접그루브의 개선각도를 극도로 축소 시킨 협

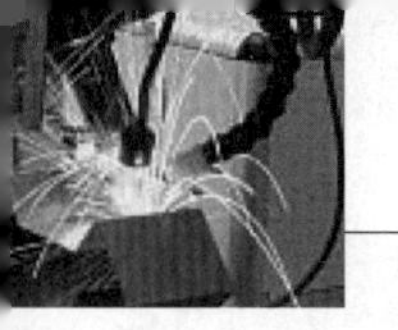

개선 용접(Narrow-gap Welding)은 이러한 맥락에서 개발되어 현재 많은 용접프로세스에 적용되고 있는 용접기술 중의 하나이다.

협개선 용접은 이미 오래전부터 후판압력용기와 배관의 원주용접에 이용되어 온 진보적인 기술로서 다양한 용접프로세스에 적용이 시도되고 있다. 일반적으로 협개선은 맞대기 용접에서 두 접합물의 그루브개선각도가 0°~3°인 경우이며, 3°~10°일 때는 준(Semi-) 협개선으로 정의되고 있으나 명확히 구분되는 것은 아니다.

2 내로 갭 용접(Narrow Gap Welding)

적용 가능한 용접법은 다음과 같다.

(1) GMAW

(2) SAW(Submerged Arc Welding)

(3) Electro gas Welding

(4) Flux cored arc welding 등

(1) Narrow gap welding의 장점

1) 용착금속의 양이 작기 때문에 용접입열이 작아도 되는 고능률 용접이다.

2) 용접부의 적절한 비드형성으로 기계적 성질이 우수하다.

3) 용접이음부의 체적이 작으며 상하 대칭형인 용착금속으로 변형이 매우 작다.

4) 고품질의 용접부가 얻어진다.

(2) Narrow gap welding의 단점

1) 용접 장치비가 매우 고가이다.

2) 장치의 설치가 어렵고 시간이 걸린다.

3) 30mm 이상의 후판의 아래보기 자세에만 적용 가능하다.

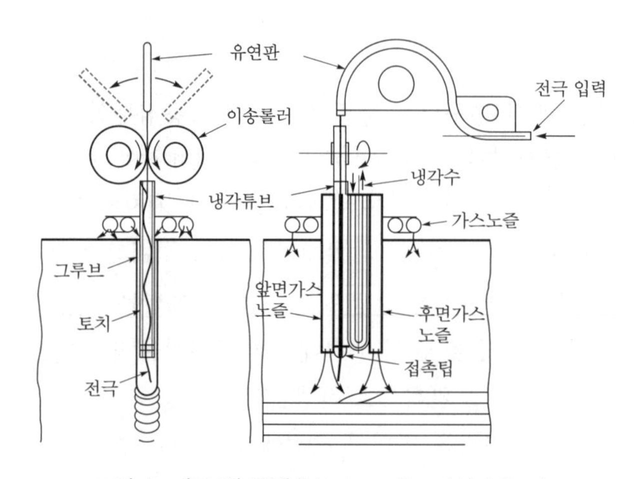

그림 1. 내로 갭 용접(Narrow Gap Welding)

44. 우주왕복선 애틀랜티스호의 연료라인 벨로우즈(Bellows)에서 두께가 얇은 고 Ni 합금인 인코넬(Inconel)의 미세균열을 보수하는 적절한 용접법

1 개요

인코넬 합금은 내부식성과 고온에서의 우수한 기계적 특성으로 원전 압력기기의 주요 재료로서 사용되고 있다. 초기에는 오버레이 용접에 600합금 소재가 사용되었으나 장기간 운전 후 발생되는 응력부식에 의한 균열 손상을 방지하기 위해 점차 690합금으로 대체되었다. 690합금은 크롬 함유량을 증가시켜 반연속적인 입계 탄화물에 의해 응력 부식균열의 저항성을 향상시킨 소재이다. 690합금 용접금속은 고온균열에 민감하고 기공, 용입불량 등의 결함이 발생하기 쉽다. 특히 연성저하 응고구간에서 발생하는 연성저하균열(DDC: Ductility Dip Cracking) 결함에 민감하여 이를 방지하기 위해서는 적절한 시공 조건의 설정과 용접 재료의 선택이 중요하다.

인코넬 오버레이의 용접 프로세스는 주로 아크 용접이 사용되고 있으며, 용착효율이 높은 스트립 용접 이외에 최근에는 자동화된 고능률 가스텅스텐 아크 용접(GTAW) 등 고품질 용접의 적용이 확대되고 있다. 또한 인코넬 오버레이는 원전기기의 수명연장을 위한 예방 용접에도 적용된다. 이 경우에는 690합금 소재를 사용한 템퍼비드 기법이 요구되며 코드 요건에 따른 이종재질 간의 공정절차 확립이 필요하다.

2 인코넬 용접특성

인코넬 용접은 고청정도 유지, 용융금속의 저유동성, 얕은 용입 등의 특성을 갖고 있다. 용접 구역은 고청정도가 요구되며 두꺼운 산화물이나 인, 황, 납 등의 취화원소에 유의해야 한다. 니켈 용융금속은 유동성이 낮아 고 전류하에서는 기공 결함을 가지므로 용접 시 와이어 직경의 3배 이내로 위빙 기법을 적용한다.

니켈 합금의 용접부는 연강이나 스테인리스강에 비해 용입 깊이가 얕다. 용접 개선면 각도는 일반 V 이음부에서는 10~20° 더 크게 하고 루트면은 1.6mm 정도로 적게 한다. 필렛 형태에서 용접비드는 일반 용접과는 달리 약간 볼록한 형태가 결함 방지에 유리하며, 이것은 잔류응력에 의한 응력 집중을 완화시켜 균열에 대한 민감성을 낮추게 한다. 690합금은 Ni-Cr-Fe계의 고용강화형 합금으로 완전한 오스테나이트 조직을 갖고 있다. 용접부는 균열에 민감하므로 용가재는 불순물이 적고 연성저하균열 저항성이 높은 재료를 선택해야 한다. 산화된 불순물로 이루어진 용융부의 부유물은 오염된 비드 표면을 형성하므로 매 층간 크리닝에 유의한다.

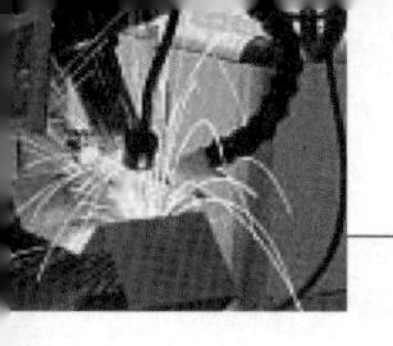

3 오버레이 용접시공

인코넬 오버레이 용접은 원전기기의 튜브시트, 주기기 노즐 등에 적용된다. 주로 적용하는 용접 프로세스는 서브머지드 아크 스트립 오버레이, 일렉트로 슬래그 스트립 오버레이, 가스 텅스텐 아크 용접 및 수동용접(SMAW) 등이 있다.

45. 전자제품 제조에 많이 사용되는 납땜의 특징과 원리

1 개요

연성납땜(soft soldering)은 316℃보다 용융온도가 낮은 땜납 금속(fillermetal)을 이용하여 금속을 접합시켜주고, 경성납땜(hard solder)은 316~427℃ 사이의 온도에서 접합시켜준다. 경납땜(brazing)은 427℃보다 높은 용융점을 가진 땜납 금속을 이용한다는 점이 납땜과 다르다. 많은 조립작업자는 납땜작업을 많이 한다. 대략 4가지의 납땜작업이 전자산업에서 쓰이는데 대표적인 것이 손납땜, 딥핑, 웨이브, 롤 방법이다.

납땜작업은 다음과 같이 세 단계가 있다.

(1) 용제나, 산 및 알카리 등으로 세척과 탈지를 한다.
(2) 납땜되는 부분에 산화된 금속면을 제거하고 용해한다.
(3) 용융하기 위하여 합금을 가열하고 납땜한다.

2 전자제품 제조에 많이 사용되는 납땜의 특징과 원리

(1) 핸드납

땜 손으로 하는 납땜은 주로 최종적인 조립과 세부적인 작업을 요할 때 납땜기를 이용하여 작업한다. 먼저 접촉되는 금속은 깨끗이 세척하고 녹여야 한다. 이 경우 작업자는 세척용제와 종종 작업대에 뚜껑이 열려져 있는 플럭스에 노출된다. 세척 후 납땜기로 납땜을 하게 되며, 종종 납땜총으로 접합하는 경우도 있다. 납땜이 녹아 금속결합이 될 때 많은 용제나 흄(포름알데하이드, 하이드로젠시안, 톨루에 다이이소시아네이트 등)이 발생되기 때문에 적절한 국소배기시설이 갖추어져 있어야 한다.

(2) 디핑과 파동식 납땜

담그는 납땜은 매우 뜨거운 납땜이 녹아 있는 조가 준비되어 있어야 한다. PCB가 일단 조립되면 선반에 걸어두어 금속접착 부분은 세척 및 탈지가 이루어지게 된다. 가끔 PCB는 플럭스조에 들어가게 되며 플럭스를 이용하여 납땜하는 작업이 있는데, 이때 열이 가해지면 플럭스가 방출되어 증기가 되며 수지 플럭스의 분해산물인 포름알데하이드가 생길 수 있다.

포름알데하이드 증기와 하이드로크로릭산이 반응하여 발암물질인 비스클로로메틸에테르(BCME)가 생성되어 폐암에 걸리게 될 수 있다. 최종적으로 PCB는 용융된 납땜조에 들어가게 된다.

디핑하는 납땜조를 파동납땜(WAVE)으로 부르기도 한다. 세척과 플럭싱한 후 PCB는 뜨거운 납땜조 위에 있게 되며, 파동을 일으키는 기계를 작동하여 PCB에 골고루 납땜을 하게 된다.

(3) 회전식 납땝

회전식(Roll)은 조립된 PCB를 선반 위에 걸어 넣고 디핑식으로 세척을 한 후 통에 뜨거운 납땜과 플럭싱 물질을 롤러를 사용하여 본체에 접합하는 방식이다. 롤러는 PCB위를 통과하여 피 납땜물질이 고루게 된다. 이런 커다란 화학물질로 된 탱크는 매우 위험하다. 탱크조에서 화학물질이 튀기거나 해로운 흄, 증기, 금속분진에 노출될 수 있다. 작업자는 보호장비를 완벽하게 갖추고 작업에 임해야 할 것이다.부품을 부착한 프린트기판의 납땜은 원칙적으로는 납 틈에 의한 방법(납딥법)이 공장에서 사용되고 있다.

(4) 수동납땜

부착부품이 적은 프린트판, 소량생산, 특히 열에 약해 저온납땜을 필요로 하는 부품이나 세척액에 약한 부품을 부착한 프린트판의 납땜에 한정된다. 프린트판 납땜인 두 끝의 적정온도는 230℃ ~250℃이다. 전자기기 조립의 수동납땜용으로는 일반적으로 송진이 든 납을 사용한다. 이것은 납의 심의 축 방향으로 연속적으로 플럭스를 주입한 것이다. 그리고 주입되는 플럭스는 활성화 로진이 사용되며 함유량은 중량비로 1~3% 정도이다. 이 플럭스는 대별해서 네 가지 작용이 있다.

1) 모체표면의 산화막을 제거한다.
2) 가열 중 발생하는 납의 산화를 방지한다.
3) 융해된 납이 갖는 표면장력을 감소시켜 모세관현상을 도와 납의 흐름을 좋게 한다.
4) 납땜된 부분을 아름답게 한다. 자동납땜 통에는 플래트식과 플로우식이 있다.

(5) 자동납땜

장치에는 엔드레스(endless)와 직선식이 있으며, 일반적으로 플럭스는 활성화한 로진계의 것을 사용한다. 활성화 로진계의 플럭스는 80℃±5℃ 온도에서 최고의 플럭스 작용을 발휘한다. 납땜작업은 복잡한 전기적 공정에서부터 단순한 기계적 공정까지 넓게 사용된다. 납땜과정은 모재금속의 세척, 융제처리, 납땜, 납땜 후의 세정과정 등이 포함된다.

46. 현장용접에서 GTAW(Gas Tungsten Arc Welding)시공 시 이종용접 재료의 선정 시 고려사항

1 개요

이종금속재료의 용접은 두 재료간의 화학성분과 물리적 성질의 차이 때문에 동종금속재료의 용접부에 비해 미세조직의 형태와 분포가 복잡하며, 용접부의 기계적 성질에서도 많은 차이를 보인다. 따라서 이종금속재료 용접부의 품질을 높이기 위해서는 내식성과 기계적 성질을 확보하고 고온균열과 같은 용접결함을 방지해야 하며, 이를 위해서는 적절한 용접재료의 선정, 용접금속의 희석률과 미세조직의 제어, 용접변수를 포함한 최적의 용접작업 절차서를 작성하는 것이 중요하다.

2 현장용접에서 시공 시 이종용접 재료의 선정 시 고려사항

고온 · 고압 분위기, 부식 분위기에서 가동하는 장비가 증가함에 따라 가열장치, 반응장치, 배관장치 등의 설비에 많은 종류의 고합금 재료가 사용되고 있다. 그런데 해당 설비전체를 고합금 재료로 제작하면 비용이 많이 소요됨으로 저합금 재료/고합금 재료의 이종금속재료 복합구조 시스템으로 제작비용을 절감하는 방법을 많이 사용한다. 저합금 철강재료와 고합금 철강재료를 조합하는 이종금속재료 복합구조 시스템에 사용되는 소재의 종류와 조합은 저합금 철강재료에는 구조용 탄소강, 미세립강, QT강재, 내후성강, 주강 등이 포함되며, 고합금 철강재료에는 Cr-Ni 스테인리스강, 내열강, 저온용강 등이 포함된다.

페라이트계 구조용강과 오스테나이트계 스테인리스강과 같이 서로 나른 재질을 성공적으로 제작하기 위해서는 이종금속간의 용접·접합기술을 확보하는 것이 필수적이다. 표 1에서는 저합금 철강재료(예: 구조용 탄소강)와 고합금 철강재료(예: 스테인리스강)를 사용하여 이종금속 용접부를 제작할 때 용접예열처리, 용접재료 선정, 용접공정 및 변수, 용접 후 열처리, 500~800℃ 사이의 냉각시간($t_{8/5}$), 그리고 Schaeffler diagram 관점에서 검토해야 할 내용들을 정리하였다.

표 1. 이종금속 용접시공에서 주요 검토사항

변수		탄소강(저합금 철강재료)	스테인리스강(고합금 철강재료)
용접예열처리		수소유기 균열방지	적용안함
용접재료 선정		충격인성, 항복강도	동일한 화학성분, 페라이트 석출량
용접공정 및 변수		용접비드 형상, 경제성	용접비드 형상, 희석, 고온균열 감수성
용접 후 열처리		용접 열영향부의 최고 경도값 감소	예민화 영역, 입계 탄화물 석출
기타	$t_{8/5}$범위	용접 열영향부의 미세조직, CCT곡선	
	Schaeffler diagram		고온균열 감수성, 페라이트 석출량

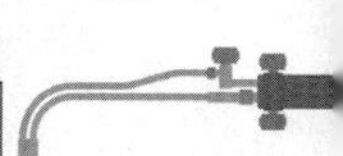

3 적용 사례[STS304L 스테인리스강/연강(mild steel)의 GTAW(Gas Tungsten Arc Welding)]

(1) KS ER309L 용접재료를 사용하여 STS304L 스테인리스강과 연강으로 구성되는 이종재료 이음부를 용접하면 용접금속이 우수한 내식성을 발휘할 수 있는 화학성분을 가지게 된다.

(2) 용접금속의 화학성분을 정확히 유지하고 용접시공 절차에 의해 발생하는 용접입열량을 알맞게 조절하면 목적하는 용접부의 기계적 성질을 충분히 얻을 수 있다. 일반적으로 스테인리스강과 연강으로 구성되는 이종재료 이음부를 용접할 때는 두 모재 중에서 기계적 성질이 높은 쪽의 용접재료을 선정하여 사용하는 것이 필요하다.

(3) 스테인리스강/연강의 이종재료 용접부의 내식성을 확보하는 방법의 하나로서 스테인리스강 모재와 용접금속에 대한 용접입열량을 일정 수준 이하로 제한하는 것이 효과적이다.

(4) 즉, 용접입열량을 제한하면 용착된 용접금속과 연강과의 희석률이 감소하게 된다. 이에 따라 용착금속 중의 합금성분이 줄지 않고 유지되면서 용접부의 내식성을 원하는 수준으로 확보할 수 있게 된다.

(5) 한편 탄소와의 친화력이 Cr보다 더 높은 안정화 원소인 Ti, Nb를 함유한 용접재료(KS ER321, KS ER347)를 사용하여도 Cr－carbide 탄화물이 결정립계에 석출하는 것을 방지할 수 있게 된다.

47. 화학용 저장탱크의 용접설계 시 재료선정에 고려사항

1 개요

염산과 같이 부식성을 야기하는 화학물질을 저장하는 탱크는 재료의 선택에 있어서 충분한 검토를 하여 진행하여야 한다. 온도의 영향, 탱크의 재질, 주변환경, 보관 중에 화학반응 여부, 보관압력과 사용압력의 관계를 검토하여 안전한 용접설계를 진행해야 한다. 따라서 부식에 강한 비금속재료나 온도가 낮은 경우에는 플라스틱을 선택하는 것이 바람직하다.

2 재질 선정 시 고려사항

(1) 저온 물질 취급(0℃ 이하)의 경우

1) 일반적으로 탄소강과 저합금강은 대부분의 사용 환경에서 좋은 인성(Toughness)과 전연성(Ductility)를 갖지만, 0℃ 이하의 저온 물질 취급 시에는 취성파괴(Brittle fracture)가 일어나기 쉽다. 따라서 이러한 저온에서 사용될 때는 관련 코드(Code)에 따라 적절한 충격 시험(ImpactTest) 요구조건을 만족해야 한다.

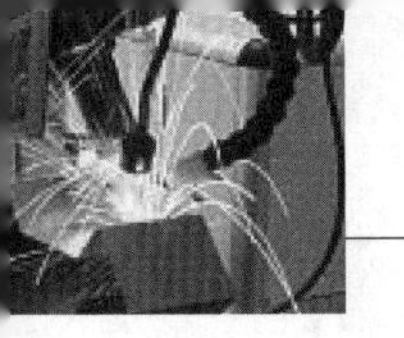

2) -45℃의 저온에서는 인성을 향상시키기 위해 노말라이징(Normalizing) 열처리를 하여 사용한다.
3) -45℃에서 -101℃까지의 온도에서는 3.5%의 니켈을 함유한 합금을 사용하며, -101℃ 이하에서는 9%의 니켈강이나 오스테나이트 스테인리스강을 주로 사용한다.

(2) 상온에서부터 고온까지 유체 취급의 경우

1) 오스테나이트 스테인리스강은 현장에서 열처리 시 예민화 온도(500~800℃)범위에 장시간 노출될 경우 입계부식(Intergranular corrosion) 발생 가능성이 있으므로 현장에서 후열처리하지 않는 것이 바람직하다.
2) 고온강도가 요구된다.
3) 오스테나이트 스테인리스강은 용체화 풀림(Solution annealing)처리를 해야 하며, 이 처리는 일반적으로 1,150℃에서 약 10분 동안 유지한 후에 물속에 급랭한다. 안정화 열처리(Stabilizing heat treatment)는 일반적으로 885±15℃에서 4시간 동안 유지한 다음 공기 중에서 냉각한다.

(3) 주요 재질의 사용 시 고려할 사항

1) 오스테나이트 스테인리스강은 염화물(Chloride) 같은 유체에 노출되면 염화응력부식균열(Chloride stress corrosion cracking, CSCC)이 일어날 수 있으므로 가능한 이들 유체에 사용해서는 안 된다.
2) 크롬을 포함하지 않은 니켈과 이들의 합금은 316℃ 이상의 온도에서 소량의 황(Sulfur)을 함유하고 있는 유체에 노출되면 입계부식을 일으키므로 이들 유체에서 사용해서는 안 된다. 니켈합금은 황산, 염산, 불화수소산, 가성소다 용액에 대해 내식성이 우수하다.
3) 구리합금은 보통 260℃ 이하에 주로 사용되며, 구리와 이들 합금은 암모니아, 황화수소, 아세틸렌이나 아민을 포함하는 유체에 사용해서는 안 된다. 또한 티타늄과 그 합금은 316℃이상의 온도에서는 취성을 일으키므로 고온에 사용하지 않으며, 보통 260℃ 이하에서 사용된다.
4) 주철은 취약하며 강도가 낮으므로 가연성의 탄화수소를 취급하는 압력이 포함된 설비에는 사용하지 않는다. 그러나 주철은 경도가 높아서 충돌이나 침식, 캐비테이션 같은 유속으로 인한 부식에 대한 영향을 감소시키므로 펌프, 밸브 등에 사용된다.

48. 주철의 종류 중 가단주철(malleable cast iron)

1 개요

철-탄소계의 상태도로 표현하면 탄소를 2.0% 이상 함유하는 철합금을 주철이라고 하고, 2.0% 이하인 탄소함유량의 철합금을 강(鋼)이라고 한다. 즉 탄소함유량에 강과 주철의 경계가 있다. 이 2.0%라는 값은 오스테나이트 속에 대한 탄소의 용해도한(溶解度限)이다. 따라서 이 것 이상으로 탄소가 용융철에 녹게 되면 응고 시에 흑연을 정출할 수 있다. 단순히 고려하면 일반적인 화학조성의 주철은 강의 기지 속에 흑연이 체적률에서 10% 정도 존재하는 재료라고 할 수 있다. 물론 흑연이 전혀 정출하지 않고 탄소가 시멘타이트(Fe_3C)의 형태를 취하는 백색주철도 존재한다.

2 가단주철

가단주철(malleable cast iron)은 가단성이 좋은 선철, 즉 백선으로 주조하고 보통주물의 특성을 유지하면서 형상을 무너뜨리지 않을 정도의 열처리를 실시함으로써 화학변화에 의해 점성이 강한 성질을 얻고자 한 주철로서 백심 가단주철, 흑심 가단주철, 펄라이트 가단주철이 있다.

① 백심 가단주철 : 탈탄작용에 의해 백선주물 표면층에서 시멘타이트(Fe_3C)의 탄소를 제거한 것으로, 파면이 백색이기 때문에 백심 가단주철이라고 부르고 있다.

② 흑심 가단주철 : 백선주물의 풀림에 의해 표면층의 시멘타이트를 철(Fe)과 흑연(temper carbon)으로 분해시켜 가단화(可鍛化)한 것으로, 파면은 주변이 하얗고 내부가 흑색이기 때문에 흑심 가단주철이라고 부르고 있다.

③ 펄라이트 가단주철 : 소지조직을 펄라이트화한 것이다.

49. 동관을 Torch brazing할 때 전처리, 용제, 용가재, 가열, 후처리, 검사방법

1 개요

철을 소재로 하는 용접은 모재와 용접재가 동시에 용융되어 용접이 이루어지나, 동관의 용접 방법은 모재는 녹지 않고 용접재만 용융되어 겹침부에 충진하는 접합방식으로 엄격히 용접이 아닌 접합이며, 방법으로는 솔더링(Soldering)과 브레이징(Brazing)이 있다.

450℃를 기준하여 450℃ 미만에서의 솔더링, 450℃ 이상에서의 브레이징으로 구분할 수 있으며, 저온에서 접합함으로써 모재변형을 극소화해 용접 부위의 안정과 수명의 극대화 및 공사비

용의 절감측면에서 고려된 접합방식이다.

2 동관을 Torch brazing할 때 전처리, 용제, 용가재, 가열, 후처리, 검사방법

(1) 솔더링의 특징 및 필요성

브레이징용접에 비하여 저온에서 용접함으로 모재변형을 최소화할 수 있으며 솔더(solder)의 퍼짐이 좋아 용접성의 안정을 기할 수 있어 하자가 없고 수명을 대폭 연장할 수 있다. 기능공이 아닌 일반인도 손쉽게 할 수 있어 대중성 및 인건비 절감효과가 좋다. 특히 용접 후 매립하는 건축배관에는 더욱 효과적이며 전기가열방식으로 할 경우 플럭스의 변화상태와 솔더의 충진상태를 정확히 포착할 수 있고 과열을 육안으로 확인할 수 있어 용접의 안정을 기할 수 있으며, 가스 사용으로 인한 화재 및 폭발의 위험성이 없다.

(2) 용접부(겹침부) 틈새

겹침부의 틈새는 모세관 현상과 접합부의 인장강도와 밀접한 관계가 있다. 그림 1은 틈새와 인장강도와의 관계를 표시한 것으로 겹침부 틈새가 0.04mm 부근에서 가장 높은 인장강도를 갖는 동관의 용접접합에서 요구되는 겹침부의 틈새는 0.04~0.127mm가 적당하다.

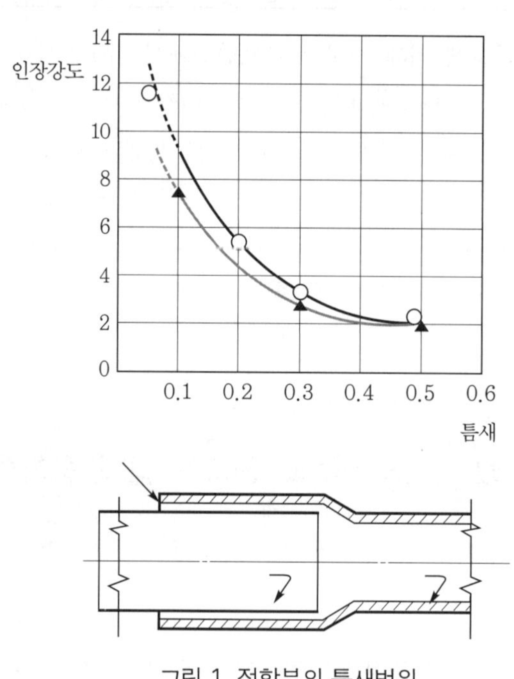

그림 1. 접합부의 틈새범위

(3) 용접재료

1) 솔더메탈(solder metals)

솔더링에 사용되는 용접재를 솔더메탈이라고 하며, 솔더메탈은 35종으로 구분되고 주석의 함

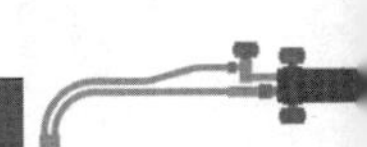

량 또는 안티몬이나 은의 함량을 기준하여 호칭한다. 차종에 달하는 각각의 솔더메탈은 적당한 온도를 가지고 있으며, 특히 건설분야 및 상수도배관에 사용되는 대표적인 재질은 SN50과 Sb5, SN96으로 다음과 같은 특성을 갖는다.

① SN50 : 일반적인 목적에 사용되는 대중적인 금속판, 관, 기타 구조물의 솔더링에 적합하며, 접합부의 강도는 Sb5보다 낮다(온도와 압력이 낮은 곳에 사용).

② Sb5, SN96 : 온도가 최고 240℃까지 올라가는 전기전자부품의 연결이나 태양열난방, 공조, 위생배관, 냉장고, 냉동기, 에어컨 등 장비류에 들어가는 동관의 솔더링에 상용된다(접합부의 강도는 SN50보다 높다).

2) 플럭스(Flux)

용접접합에서 플럭스의 역할은 연마작업으로 완전히 제거되지 못한 여분의 산화물을 제거하며, 접합 중 산화를 방지하거나 억제함으로써 용접재의 확산이 잘 되도록 하는 역할을 한다. 특히 솔더링에서 플럭스의 역할은 용접접합의 성패를 좌우할 정도로 중요하며, 플럭스는 부식성과 비부식성으로 구분되는데, 부식성을 가진 것이 산화물 제거에 효과적이다. 다음 표 1은 플럭스의 선택기준으로, 동관접합용으로는 OA타입 플럭스를 사용한다.

표 1. 플럭스타입별 적용

기호	주성분	화학적 활성도	적용성(금속)
R	송지(불활성)	하	정밀한 전자제품(동)
RMA	송지(약활성)	하	보통의 전자제품(동)
RA	송지(활성)	중	일반적인 전기제품(동)
OA	유기산+아미노염	보통	일반적 집합(동, 니켈, 동합금)
IS	무기염+산	고(부식성)	기계 및 구조물접합(강을 포함한 모든 연납땜, 가는 금속)

(4) 접합부의 강도

용접재는 시스템의 사용압력온도 등을 고려하여 적정한 것을 선택함이 중요하다. 솔더링의 상용온도 및 압력 이상이 요구되는 시스템에서는 브레이징접합을 하여야 한다.

(5) 용접접합방법

용접접합방법은 전기가열기(JAYA)를 사용하여 용접하는 방법을 설명하며, 가스불을 사용하는 용접을 응용하도록 한다.

(6) 용접순서

길이를 측정하여 직각절단(동파이프커터기, 전동커터기)한 후 리머를 사용하여 덧살을 완전

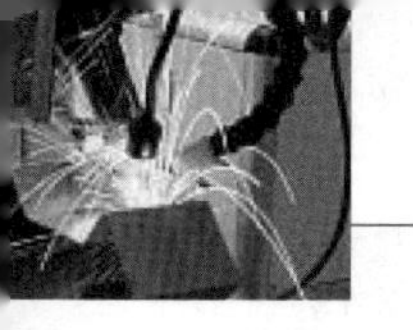

히 제거하고, 찌그러진 관은 확관기를 사용하여 진원이 되도록 교정한다. 솔더링에서 확관은 하지 않으며, 꼭 필요한 경우는 400℃ 미만(터지지 않을 정도)으로 저온가열한 후 확관하여 사용한다(과열이 되면 용접접합이 되지 않는다).

1) 연마작업 및 플럭스 도표

표면상태가 양호한 동관도 반드시 연마작업을 한다(생산과정에서 묻은 기름, 산화물 또는 이물질 등을 완전히 제거한다). 샌드페이퍼를 사용하는 것보다 수세미를 사용하는 것이 효과적이다. 플럭스 도포는 솔더링에서 용접접합의 성패를 좌우할 정도로 중요하고 연마작업으로 제거하지 못한 이물질을 제거하는 역할과 용접재의 확산 충진을 도와 완벽한 용접접합을 위하여 접합부 내면 또는 외면에 붓을 사용하여 고르게 발라야 한다. 끝부분 약 3mm 정도는 가열 시 거품 및 가스의 피난처로서 바르지 않는 것이 바람직하다. 동관 또는 부속을 플러스용기에 담가 도포하지 않는다.

2) 조립 및 가열작업

① 동관을 이음쇠 정지턱까지 완전히 삽입하여 조립하며 조립 시 틈새가 넓을 경우 확관기를 사용하여 틈새를 기준치에 맞추어 조립한다.

② 가열작업은 솔더링에서 제일 중요하며, 특히 과열되지 않도록 주의한다.

용접홀더를 그림 2와 같이 ①번 용접 부위에 밀착시키고 홀더에 부착된 가열스위치를 눌러서 가열을 시작한다. 초기 가열에서 플럭스가 끓으며 회색 거품이 나고 2~3초가 경과하면 플럭스가 취색으로 변하는데(변하지 않은 플럭스는 용접재를 플럭스가 끓을 때 대고 있을 것), 이때 용접재를 접촉하여 용접재가 녹으면 스위치를 끄고 용접재가 녹아 들어가는 것을 육안으로 확인하며, 용접재 투입이 더 필요할 경우 스위치를 다시 누르고, 놓고 하는 반복동작으로 용접한다. 적정온도는 약 200~250℃에서 용접하면 특히 좋은 용접상태를 얻을 수 있다.

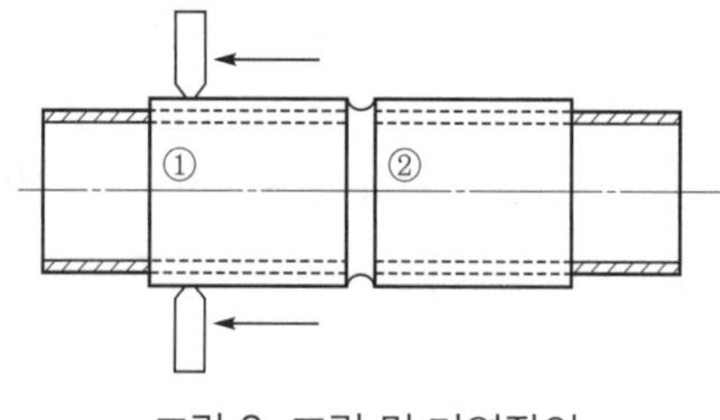

그림 2. 조립 및 가열작업

③ 용접 부위 하단에 맺히는 눈물현상(용접재를 과다 투입하여 하단부에 뭉쳐 맺힌 상태)이 없도록 하여 용접재의 손실을 줄일 것

④ 가열순서는 그림 2의 ①번 용접 후 ②번으로 옮겨 용접하며 이음쇠 중간에 몰려 한 번에 가열, 용접하여 과열되는 일이 절대 없도록 할 것

⑤ 용접 시 용접재(솔더메탈)가 끓지 않을 정도가 가장 좋은 용접온도(240℃)이며, 용접재가 끓으면 기포 발생으로 겹침부에 기포공간이 생겨 누수의 요인이 될 수 있다. 끓는 온도가 초과되면 용접재가 산화되어 재용접이 불가하므로(과열되어 용접 부위가 시커멓게 변한 상태) 누수가 생긴 부위는 끊어내고 부속을 사용하여 재용접한다.

(7) 후처리 및 검사

용접 부위의 용접재가 완전히 응고되기 전에 움직이거나 물로 급랭시키지 않도록 한다. 300℃ 이상의 광열에서는 상당시간 움직이지 않아야 하므로 과열하지 말아야 한다. 잔여 플럭스를 젖은 걸레를 사용하여 깨끗하게 닦아준다. 수압을 넣어 누수를 확인하고 누수되는 부분은 물기를 완전히 제거한 후 누수 부위를 가열하여 빼낸 다음 처음 용접하는 방법대로 재용접을 시행한다.

50. 일반구조용 압연강재와 용접구조용 압연강재의 특성과 용접성

1 개요

SS400은 용접구조에 사용해도 좋으나 판두께의 두꺼움에 따라 강철의 조직이 거칠어지므로 취성이 증가하고, 또한 수축응력에 따라 다축응력상태가 발생할 염려가 있기 때문에 22mm 이하일 때만 사용되는 것으로 하며, 이것을 넘는 판두께에 대해서는 SM400재를 사용하기로 한다. 용접구조용 강은 저온인성 판정기준이 되는 샤르피(Charpy) 흡수에너지에 따라 A, B, C 3종류의 규격이 있다.

SM490은 A재에 있어서는 0℃에서의 CVN 노치 최솟값에 대한 규정이 없고, B재에 있어서는 2.8kgf·m 이상, C재에서는 4.8kgf·m 이상으로 판두께에 따라 사용한계를 정한 것이다. SWS490YA와 SWS520은 최후강도에만 차이가 있고 항복점, 연신율, 기타 기계적 성질은 모두 같다. SM490는 진정강(killed steel)과 반진정강(semi killed steel)이 있다. 반진정강으로 제조된 SM490이 별문제 없이 사용될 수 있는 범위는 판두께 25mm 정도까지이다.

2 일반구조용 압연강재와 용접구조용 압연강재의 특성과 용접성

(1) 일반구조용 압연강재(SS재)

가장 많이 사용되고 있는 강종으로써, 주요 강도부의 재료를 제외하고는 대부분의 기계 및 구조물의 보조재료로써 강판, 평강, 봉강 및 형강 등으로 사용되고 있으며, 상온 이상 350℃까지의 온도범위에서 안전하게 사용할 수 있다. 용접성에 있어서 SS400은 판두께가 50mm를 초과하지 않는 한 거의 문제되지 않으며, SS490 및 SS540은 용접하지 않는 곳에 사용한다. 판두께가 50mm 이상인 경우 용접이 필요할 때는 SS400을 사용해서는 안 되며, 용접구조용 압연강

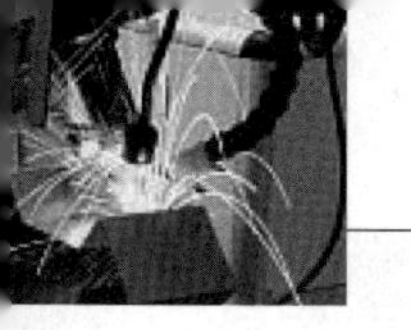

제(SWS)를 사용한다. 다만, 이 강재는 용접성 및 저온인성을 보증하는 검사가 실시되지 않으므로 저품질의 강재 혼입에 주의해야 한다. 또한 일반구조용 압연강재는 탄소함유량이 낮으므로 침탄용 강의 대용으로 사용될 경우가 있으나, 탈산이 불충분한 강이므로, 침탄에 의해서 이상조직이 되기 쉽고 연화점이 생기기 쉬우므로 이러한 결점을 잘 알고 사용해야 한다.

(2) 용접구조용 압연강재(SM재)

용접구조용 압연강재는 용접성이 우수하고 탄소(C), 실리콘(Si) 및 망간(Mn) 함량을 규정하고 있으며, 대부분의 강종이 세미킬드강(semikilled steel) 또는 킬드강(killed steel)이다. 용접구조용 압연강재 중 B 및 C종은 충격시험에 의한 저온인성을 보증하고 있어서 취성파괴를 일으킬 염려가 없다. SWS490 이상에서는 용접 시 충분한 주의와 적당한 열처리가 필요하다.

일반적으로 용접균열은 $H_v<350$, 탄소당량〈0.44%(C+Si/24+Mn/6+Ni/40+Cr/5+Mo/4+V/14)이면 발생하지 않으나, 그 이상의 경우에는 예열한 후 한다. 저온인성은 B종 0℃, C종 −10~−20℃ 정도까지 보증된다. 또한 SWS-Y종은 Nb를 첨가한 강종으로 항복비(=항복강도/인장강도)가 높은 것이 특징이다.

51. 석출경화형 스테인리스강

1 개요

석출경화형 Stainless Steel은 Austenite와 Martensite계의 결점을 없애고 이들의 장점을 겸비하게 한 강이다. 즉 Austenite계의 우수한 내열성 및 내식성을 가지고 있지만 강도가 부족하고, Martensite계는 경화능이 있으나 내식성 및 가공성이 좋지 못하므로 양계의 부족한 점을 충족시키며 좋은 특성을 살리기 위해 석출경화현상을 이용한 것이 이 강종이다. 현재 규격화된 것은 KS에 3종, AISI규격에 7종, JIS규격에 2종이 있다.

2 석출경화형 스테인리스강

석출경화형 스테인리스강으로 대표적인 것은 STS630과 STS631이 있다.

STS630은 흔히 17-4 PH강이라고 알려졌으며, Austenite-Martensite 변태점이 상온 위에 있기 때문에 고용화 열처리를 하면 Martensite가 되고, 여기에다 석출경화 열처리를 단 1회만 하면 충분하므로 단일 열처리 Martensite강(Single Treatment Martensite Steel)이라고 구분한다.

STS631은 흔히 17-7 PH강이라 알려졌으며, 변태점이 상온 이하에 있으므로 중간 열처리로 변태점을 상온 이상으로 끌어올려 Austenite-Martensite로 변태시킨 다음에 석출경화 열처리를 하므로 이중처리 Martensite(Double Treatment Martensite Steel)라고 한다. 여기에는 AISI 632 및 633이 있다.

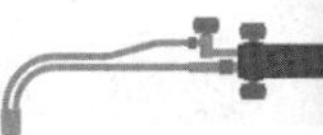

52. 레이저를 이용하는 이종금속용접 시 고려사항

1 개요

이종재료의 용융접합의 경우의 예를 보면 알루미늄과 철강재료와 같은 금속 간 화합물을 생성하는 이종재료의 조합은 일반적으로 용접·접합이 대단히 어려워 거의 불가능한 것으로 생각해왔다. 그러나 최근 고성능 YAG레이저, 반도체레이저 또는 CO_2레이저를 사용하여 알루미늄합금과 철강재료 또는 티타늄합금, 마그네슘합금과 철강재료 등의 용접에 있어서 레이저 조사(照射) 위치와 조사방법, 이음매형상, 용융상황 등 여러 가지를 검토하여 두 가지의 이음매 경계면에서 용융을 억제하거나 경합금만이 용융되도록 하면 양호한 접합특성이 얻어짐을 발견하였다.

2 레이저를 이용하는 이종금속용접 시 고려사항

레이저 이종금속 접합에서는 통상의 용접과 같이 맞대기접합이나 중복접합에 있어서 이종금속을 서로 크게 용융시켜 혼합시키면 고액공존영역(固液供存領域)이 넓은 조성이나 금속 간 화합물을 생성하는 조성의 영역이 광범위하게 형성하여 고온균열이 발생한다. 그러므로 이종재료 접합에서는 한쪽의 재료를 용융시키고, 다른 쪽의 용융을 억제하는 용융방법을 채용하는 것이 중요하다.

또한 레이저로서는 고휘도(高輝度)의 레이저 쪽이 일반적으로 용접용 열원으로는 유리하나, 알루미늄합금이나 마그네슘합금 등의 박판용접이나 브레이징을 이용하는 용접에서는 파워밀도가 어느 정도 높지 않은 조건에서 반도체레이저도 이용할 수 있다. 특히 박판의 경우는 입열의 제어로 다른 열원의 이용을 할 수 없기 때문에 펄스(YAG)레자가 유리하다. 다만 펄스레자의 경우 연속 레자조사로 고온균열이 일어나기 쉬우므로 용접부의 조성에 주의하지 않으면 안 된다.

53. 이종재료 용접 시 버터링용접을 실시하는 이유

1 개요

현대 산업의 발전과 함께 많은 플랜트분야에서 용접은 그 중요성을 더해가고 있다. 용접은 두 개 이상의 금속조각이 단일구조의 역할을 하도록 접합하는 유일한 방법으로써, 구조물의 모든 방향에서 강도를 확보할 수 있는 단일구조의 생산을 가능하게 한다. 또한 용접은 모든 상용금속을 접합하는 데 사용되고, 서로 다른 강종과 강도가 다른 금속들도 접합할 수 있다.

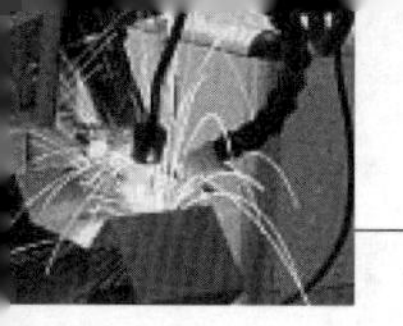

2 이종재료 용접 시 버터링용접을 실시하는 이유

버터링을 하는 이유는 다음과 같다.

① 순수한 용착금속을 얻기 위함이다. 예를 들어 탄소강에 STS용접재료로 버터링을 하고, 버터링이 된 곳에 STS용접재료를 이용하여 용접한 뒤 순수한 용착금속의 특성을 평가하게 된다. 만약 용접재료와 유사한 모재가 있다면 버터링은 불필요하다.

② GTAW와 SMAW 순 용접하는 곳은 주로 파이프용접에서 사용한다. 파이프용접 시 용접부 갭이 있고, 이곳을 GTAW로 1~2층 정도 용접하여 갭을 없앤 다음 SMAW로 용접하게 된다. 파이프용접 시 초층부터 SMAW로 용접하게 되면 입열이 높아 용락 등에 의해 용접불량이 발생할 수 있기 때문에 저입열의 TIG용접을 우선 적용하게 된다.

③ GTAW는 Inconel 52/62/82/92 용가재(filler metal)를, SMAW는 Inconel 112/132/152/182를 선택하는 이유는 각 규격에 따라 용접재료를 선택하여 용접하는 것이다.

제3장

특수용접

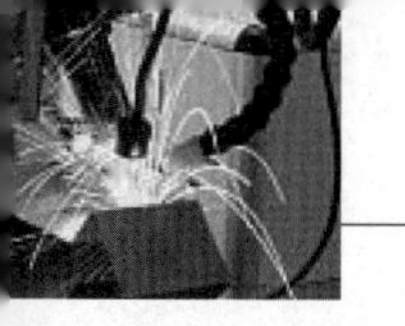

1. 브레이징

1 정의

브레이징이란 450℃ 이상에서 접합하고자 하는 모재(base metal) 용융점(melting point) 이하에서 모재는 상하지 않고 용가재와 열을 가하여 두 모재를 접합하는 기술이다. 더 자세히 말하자면 450℃ 이상의 액상선 온도(liquidus temperature)를 가진 용가재를 사용하며 모재의 고상선 온도(solidus temperature) 이하의 열을 가하여 두 모재를 접합하는 방법을 브레이징(brazing)이라 할 수 있다.

용가재(filler metal)를 가지고 접합하는 방법은 크게 웰딩(welding), 브레이징(brazing), 솔더링(soldering)으로 나눌 수 있다. 흔히 웰딩(welding)을 용접, 브레이징(brazing)을 경납땜, 솔더링(soldering)을 연납땜으로 말하기도 한다.

상기 3가지 공법의 차이는 솔더링은 450℃ 이하의 용가재를 가지고 접합하는 방법을 칭하며, welding과 브레이징은 450℃ 이상의 온도에서 행해지나 그 차이점은 웰딩은 접합하고자 하는 모재의 용융점(melting point) 이상에서 접합하는 방법이며, 브레이징은 용융점(melting point) 이하에서 모재(base metal)는 상하지 않고 용가재(filler metal)를 사용하여 열을 가하여 두 모재를 접합하는 기술을 의미한다.

표 1. 브레이징, 솔더링, 웰딩의 주요 특성

구분	브레이징(BRAZING)	솔더링(SOLDERING)	웰딩(WELDING)
작업온도	450°C 이상 모재 용융점 이하	450°C 이하 모재 용융점 이하	450°C 이상 모재 용융점 이상
작업 후 모재형태	상하지 않음	상하지 않음	상할 수 있음
작업 후 변형정도	거의 없음	거의 없음	심함
작업 후 잔류응력	없음	없음	있음
주요 가열원	가스저항, 유도가열, 로, 적외선 등	인두, 초음파, 오븐, GAS 등	플라즈마, 전자빔, 아크, 저항, 레이저 등
강도	좋음	나쁨	좋음
외관	좋음	좋음	나쁨
자동화 가능성	좋음	좋음	좋음
다부품 접합	양호	양호	나쁨
기밀성	양호	양호	양호

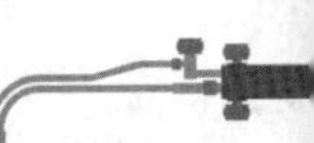

2 브레이징의 원리

브레이징 시 일정한 온도(brazing temperature)에 이르면 브레이징 용재(brazing filler metal)가 양 용재 사이로 녹아 스며들어가서 브레이징이 되어야만 이상적인 브레이징이라 할 수 있다.

이때 양 모재와 용가재(filler metal)의 친화력의 정도를 나타내는 성질을 젖음성(wetting)으로 표현할 수 있으며, 양 모재 접합간격(joint gap) 사이로 흘러 들어가게 하는 현상이 모세관 현상(capillary action)이라 표현할 수 있다.

이때 물론 중력(gravity)이 작용할 수 있다. 그러나 브레이징의 주된 기본 원리는 모재를 가열한 후 용가재를 가하여 접합을 하면 젖음성(wetting)에 의해 용가재가 양 모재에 녹아서 모세관 현상(capillary action)으로 양 모재 사이로 흘러 들어가는 것이라 할 수 있다.

만일 용가재가 브레이징해야 할 모재와 젖음성이 나쁘면 접합이 이루어지지 않을 것이며, 접합간격이 크면 양 모재 사이에 용가재(filler metal)가 가득 차지 않음에 따라 불완전한 접합이 될 것이다. 일반적으로 브레이징 시 모재가 장시간 대기 중에 방치되었거나 또는 가열 시 공기 중의 산소 등과 결합하여 산화물 등이 생겨서 불활성상태가 되어 있는 경우에는 액상 금속이 젖기(wetting)가 힘들어질 것이다. 또한 금속을 브레이징할 때 플럭스를 사용하거나 환원성 분위기 또는 진공 분위기 중에서 가열함으로써 산화물 생성을 억제하여 용가재가 잘 젖게끔 만들어야 할 것이다. 이 일이 끝나면 올바른 모세관 현상에 의해 용가재가 양 모재 사이로 잘 흘러 들어가야 할 것이다.

특히 모세관 현상은 브레이징하고자 하는 가공품의 정밀도와 연관이 많이 있다. 즉 브레이징에 이상적으로 제품을 설계하지 못할 경우는 작업성이 떨어질 뿐 아니라 원가상승, 불량률 증가의 원인이 될 것이다. 즉 브레이징을 할 때 중력은 자연 발생적으로 작용하며, 제품을 조립할 때 중력을 고려하여 장착해야 할 것이다. 모세관 현상과 중력은 용재의 흐름에 많은 영향을 미치고, 젖음성(wetting)은 용재의 친화력과 많은 연관이 있다.

3 브레이징의 이점

브레이징 기술은 오늘날 급격한 산업발달과정 속에서 가장 광범위하게 사용되는 접합기술의 하나이다. 특히 우주항공산업, 자동차산업, 냉동 및 공조산업, 가정용품 산업, 액세서리산업, 기타 산업 전반에 걸쳐 널리 사용되고 있으며, 그 이유는 다음과 같은 이점이 있다.

(1) 이종금속 부품 접합이 가능하다.

동종금속이든 이종금속이든 다양한 접합이 가능함에 따라 원가절감이 가능하고 동시에 새로운 부품의 개발도 가능하다.

(2) 크게 다른 부품이라도 접합이 가능하다.

크게 다른 제품, 특히 크기 및 두께가 다른 제품의 접합이 용이함에 따라 원가절감 및 다양한 부품의 설계가 가능하다.

(3) 접합강도가 강하다.

다른 접합보다 비교적 강한 접합강도를 가진다. 철과 비철을 브레이징할 경우 접합부의 인장강도(TENSILE STRENGTH)가 모재보다 강한 경우가 있으며, 스테인리스강의 경우 브레이징 접합부가 130,000PSI 이상의 인장강도를 갖게끔 설계가 가능하다.

(4) 미려하고 정교한 접합부를 얻을 수가 있다.

브레이징 후 깨끗한 joint를 얻을 수 있음에 따라 좀처럼 그라인딩이나 줄질 등 기계적인 가공을 할 필요가 없다.

(5) 세척성, 기밀성, 내부식성 등 다양한 특성을 유지할 수가 있다.

접합부가 금속 야금학적인 접합이기 때문에 연성, 내충격성, 내진동성, 기밀성, 열전도성, 내식성 등 다양한 특성을 갖는 브레이징이 가능하다.

(6) 수동 및 자동화가 용이하다.

손 torch 하나 가지고서도 간단히 브레이징이 가능하며, 아울러 대량 생산하는 제품은 자동 브레이징/솔더링 기계에 의하여 자동화가 용이하다.

(7) 다양한 용재 형상제 가능

봉, 선재, 판재, 특수형상, 페이스트 등 다양한 형상의 재료 선택이 가능함에 따라 다양한 엔지니어링이 가능하다.

2. 전자빔 용접법(electron beam welding)의 특징

1 원리

이 용접법은 고진공 중에서 고속의 전자빔을 접합부에 대고 그 충격발열을 이용하여 행하는 용접법이다. 용접법은 그림과 같이 고진공(高眞空)에서 적열(赤熱)된 필라멘트에서 전자빔을 접합부에 조사(照射)하며 그 충격열을 이용하여 용융 용접하는 방법이다.

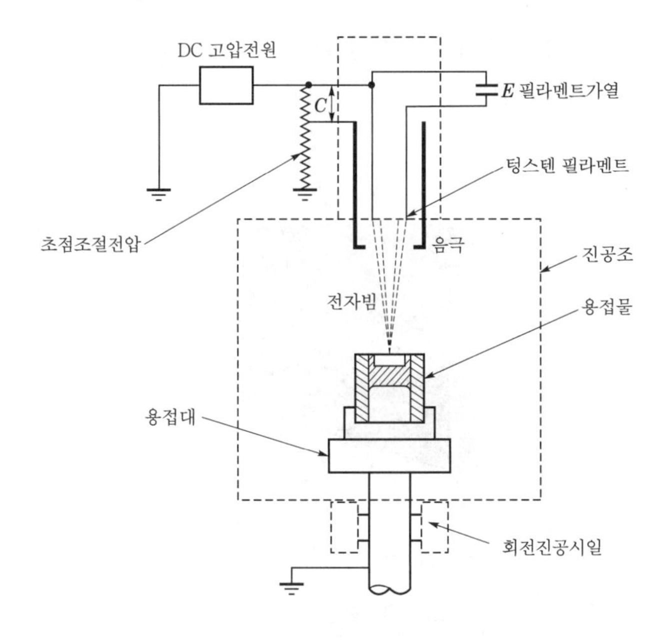

그림 1. 전자빔 용접법의 원리

2 특징

전자빔 용접장치는 통상 아크 용접 장치에 비하여 20배나 고가이며 용접에 요하는 시간이 길게 되므로 결과적으로 고가인 용접법이지만, 용융금속에 가스가 침입하지 않으므로 ①기공이 없고, ②산화물도 없으며 매우 우수한 용접부를 얻을 수 있다. 따라서 대기 중에서 용접이 곤란한 Ti, Zr, Ta, Mg 등의 활성금속이나 Si, Ge 같은 반도체재료의 용접에 사용된다.

3. 확산 용접(Diffusion welding)의 특징

1 개요

확산 용접(Diffusion welding, DFW)은 확산과 접합에 충분한 시간을 가지고 열(T_{max} : $0.5T_m$)과 압력을 가하여 접촉면 사이에 경계면을 넘어 원자가 이동하는 고상확산에 의한 접합방법으로 확산 접합(diffusion bonding)이라 한다.

2 특징

(1) 접합면을 가압 밀착시켜 재결정 온도 부근까지 가열시켜 원자의 확산에 의해 접합하는 방법이다.

(2) 접합면이 대기 중에 오염되지 않게 진공 중에서 행한다.

(3) Mo, W , Zr과 같은 고 융점에서 활성적인 금속의 접합이 가능하다.

(4) 이종금속의 접합도 가능하다.

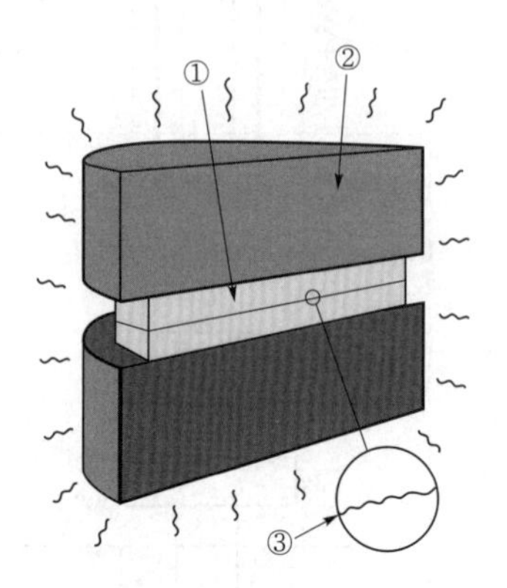

① 모재, ② 압력을 가함, ③ 접촉부분

그림 1. 확상 용접

4. HIP(Hot Isostatic Pressing : 열간등방압 가압성형)

1 개요

HIP(Hot Isostatic Pressing : 열간등방압 가압성형)의 특징은 고온 하에서 피처리체에 같은 방향으로 압력을 가해 확산을 진행시키는 점에 있는데, 고성능재료의 제조를 가능하게 한다. 최근 장치개발, 응용기술 개발과 더불어 일반산업분야는 물론 electonics분야, 화학공업분야, 항공 · 우주분야 등에 있어서도 이 기술이 채용되는 경향에 있다.

2 HIP처리방법

HIP장치는 압력용기 내부에 저항가열로가 내장된 구조로, 외부로부터 가스압(보통은 Ar 혹은 N_2), 가열전력을 공급하여 고압고온처리를 시행한다. 현재, 공업적으로 실용화되어 있는 HIP장치에서는 최고 200MPa, 2200℃라는 고압고온 가스분위기 발생이 가능한 도구가 되어 있다.

HIP처리방법은 그림 1에서 나타난 두 가지로 크게 구별된다.

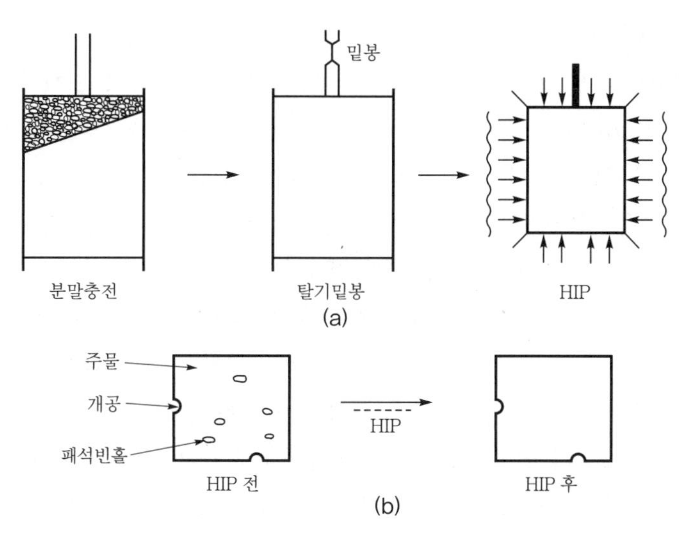

그림 1. HIP처리 프로세스

(a)는 분말을 고화, 성형하는 방법으로 금속 혹은 유리캅셀을 이용한다. 이 방법은 확산 접합, 고압함침 시에도 이용된다. (b)는 주물, 소결품 내부결함을 제거하는 방법으로 약 95% 이상의 이론밀도를 갖고 있으면 캅셀이 필요하지 않다.

3 분말의 가압소결

(1) 초소성합금

초합금 및 Ti합금을 대상으로 통산성의 차세대 프로젝트로 개발 중인 기술이다. 미국에서는 초합금분말을 열간 밀어내기에 의해 성형하고, 그때의 동적 재결정을 이용하여 초소성 단조에 필요한 미세결정입자를 얻는 기술을 실용화하고 있다(게이트 라이징법). 일본에서는 미립분말을 이용하여 저온고압에서 HIP성형하여 미세결정 소재를 얻고 있다. 이 경우 밀어내기

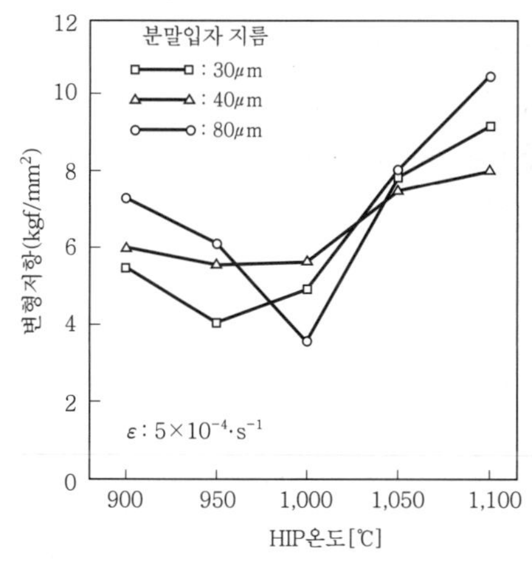

그림 2. 인장시험 결과(1050℃)

C	Cr	Co	Mo	V	Ti
0.07	12.4	18.5	3.14	0.76	4.39
Al	B	Zr	Ni	O	N
5.04	0.02	0.05	Bal.	60ppm	22ppm

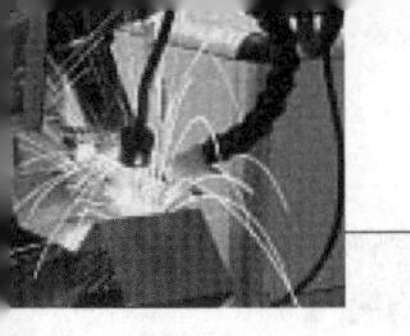

법과 달리 조직에 방향성이 없이 균일하고, 또 단조용 비레트 형상에 주유도가 있기 때문에 주조 press의 부담이 적게 끝나는 장점이 있다. 표의 성분을 갖은 IN100 초합금분말을 나누어 직경이 30, 40, 80μm의 분말로 만들었다. 이 세 종류의 분말을 스테인리스제인 캅셀로 진공을 충전하고 900~1000℃, 170MPa, 1h의 조건에서 HIP하였다.

HIP재부터 시험편을 베어내고, 1050℃에서 인장시험을 실시하였다. 결과를 그림 2에 나타냈지만, 세 종류의 입도분말 모두 HIP온도가 950~1000℃일 때에 가장 낮은 변형저항을 나타냈다. 950℃보다도 낮은 온도에서는 변형저항이 높아지고 있지만, 이것은 HIP재의 재결정이 충분히 일어나지 않고 아직 분말제조시의 응고조직이 남아 있기 때문이다.

한편, 1000℃ 이상에서 다시 변형저항이 높아지는 것은 결정의 조대화가 일어나기 때문이다. 그림 3은 분말의 입경과 변형 속도 감수성 지수(m치) 및 전체 신장의 관계를 나타낸 것이다. m치는 모두 0.4 이상의 수치를 나타내고, 전체 신장은 입경이 80㎛의 분말을 이용한 경우에 최대 512%의 수치를 나타냈다.

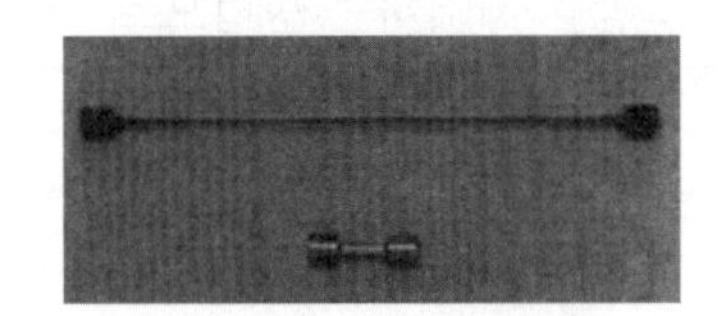

사진 1. 초합금 시험편의
초소성 신장상태

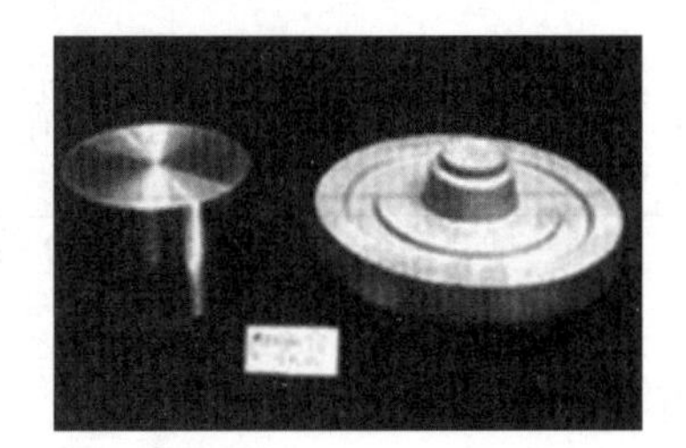

사진 2. 빌레트 및 초소성 단조리스크

사진 1은 HIP법으로 만든 초합금 시험편의 초소성 신장상태를 나타냈다. 보통재의 20배 이상 큰 신장을 얻을 수 있고, 이 같은 상태에서 단조하면 굉장히 복잡한 형상을 한 디스크를 쉽게 만들 수 있다. 사진 2는 IN100의 HIP성형 빌레트 및 초소성 단조디스크를 나타냈다. HIP조건은 1000℃, 170MPa, 3h였다. 단조는 400t의 초소성 단조 프레스를 이용하여 1050℃, 변형속도 $2\times10^{-4}\cdot s^{-1}$의 조건에서 유리 윤활제를 도포한 Mo합금형(TZM)을 사용하여 시행하였다. 단조품은 ø150mm의 보스가 달린 디스크로, 내면을 micro관찰한 결과 보이드 등의 결함은 인정되지 않고 극히 균일한 조직을 나타내고 있었다.

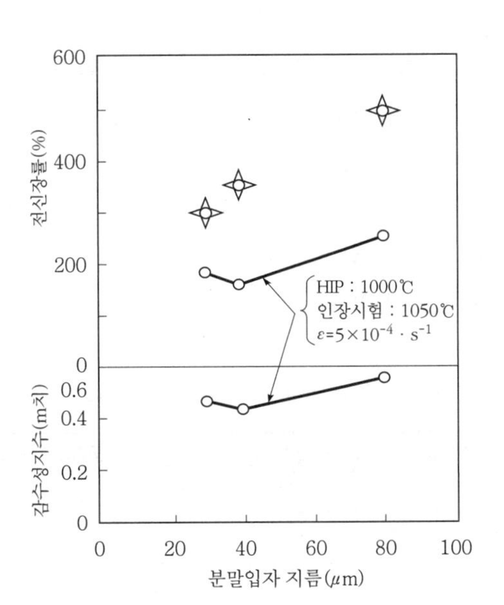

그림 3. 분말의 입경과 변형속도 감수성지수(m치) 및
전체 신장률과의 관계

(2) LSI용 고순도 Mo 및 W target재

최근 MOS형 LSI제조 프로세스에서 집적기술 개발에 동반하여, 폴리실리콘을 사용한 전극 배선 저항에 기인한 신호 지연이 문제가 되고 있다.

표 1. 고순도 몰리브덴의 타겟재 제조공정

고로 프로그램	비고
시판 99.9% Mo파우더	고순도 초산 중에서의 용해
↓	
Mo 산성용액	크린에어 중에서의 건조
↓	
수산화 Mo결정	고순도 H_2 중에서의 2단계 환원
↓	
(수소환원)	냉간정수압 프레스, 캅셀화 열간정수압 프레스
↓	
고순도 Mo파우더	(1450, 1000atm)
↓	
소결	이중용액(진공도 mbar수준)
↓	
OEB용액	100mm600mm
↓	
Mo 인고트	진공도 mbar 수준에서의 30000kN 프레스에 의한 등온단조
↓	
열처리	
↓	
Mo target판	250mm두께20mm

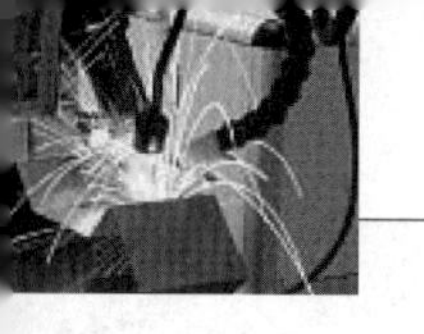

MOS gate에 사용한 얇은 막 재료에 있어서 중요한 조건인 전기저항, 열저항, 팽창률, 열전도 및 실리콘과의 접융 안정성 등의 관점으로부터 보면 고융점 금속 및 그들 실리사이드가 굉장히 유효하다고 생각되는데, 특히 융점 2000℃ 이상 동시에 저항율 10$\mu\Omega$cm 이하의 Mo와 W가 최적이라 불리고 있다. 그런데 오늘날 시판되고 있는 고융점 금속에는 MOS소자의 동작성에 영향을 미치는 Na나 K같은 알카리금속, U나 Th같은 방사성 원소, 게다가 Fe이나 Ni같은 천이금속 등의 많은 불순물이 함유되어 있다.

표 2. 고순도 몰리브덴의 타겟재 분석결과

원소(ppm)	고순도 target재	종래의 target재
U	<0.001	0.7
Na	<0.01	10.0
K	<0.03	10.0
Fe	<0.01	50.0
Ni	<0.05	15.0
Cr	<0.01	25.0
순도(%)	99.999	99

더불어, 반도체 공업에서 많이 이용되고 있는 Si나 Al에 비해, 이 종류의 고융점금속의 정제기술은 미개발이다. 그리고 금속 중의 불순물 제거를 목적으로 한 정제에서 전자빔(EB) 용해가 몇 가지 이점을 갖고 있음은 잘 알려져 있는데, 최근 HIP법과 조합하여 고순도의 재료를 얻는 프로세스가 개발되고 있다. 고순도 Mo target재의 제조공정을 표 1에 나타냈다.

이 공성에서는, 화학성제 후 고순도 5N분말(순도 99.999%)을 주위로부터의 오염을 방지하기 위해 HIP로 소결하고 전자빔 용해용 전극으로 하는 점에 특징이 있다.

HIP-전자빔법에 의해 얻어진 고순도 Mo target재와 종래의 소결법에 의한 target재의 분석결과를 표 2에 나타냈다.

특히 대기 중에서는 극히 안정된 산화물로서 존재하고 있고 그 제거가 곤란했던 U가 저감하고 있다는 것이 주목된다. 또한, 당 프로세스는 알카리 금속, 천이금속의 저감에도 현저한 효과가 있음을 알 수 있다. 같은 결과는 W에 대해서도 얻을 수 있고, 이 같은 방법으로 만들어진 재료는 이미 마그네트론 배터링 시스템용 디스크상태 target재로 실용화되어 있다.

(3) 조제무첨가 Si_3N_4

Si_3N_4은 공유결합성이 강하기 때문에 종래의 소결기술에서는 고밀도화시키는 것은 곤란하고, 소결을 촉진하기 위해 Y_2O_3, Al_2O_3, MgO 등을 조제로서 첨가함으로써 소결체가 제조되고 있다. 그 때문에 Si_3N_4 자체의 본래 특성이 살아있지 않은 것이 현 상황이다.

여기서는 Si_3N_3분말을 2000℃, 200MPa급 고온 HIP장치를 이용하고, 조제무첨가로 소결했

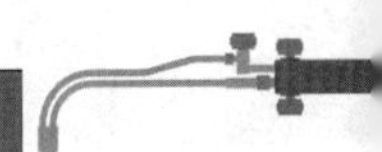

을 경우에 대해 논하겠다. 비표면적이 $8m^2/g$의 Si_3N_4분말을 러버프레스법에 의해 40×40×15mm의 각형 블럭으로 성형한 후, HIP 소결시의 실용 유리재와 반응을 방지하기 위해 성형체 표면에 두께 약 3mm의 BN분체층을 부여하였다.

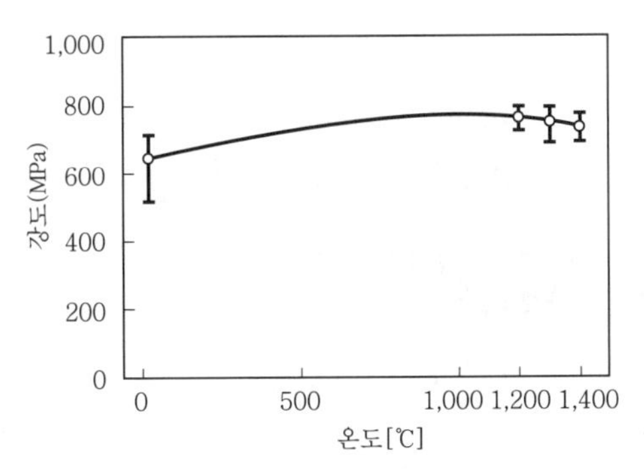

그림 4. HIP처리재의 세점의 휘는 강도와 시험온도 측정결과

이 성형체를 바이콜글라스(SiO_2 96.3%, B_2O_3 2.9%, Al_2O_3 0.4%, Na_2O 0.02%) 분말 속에 묻힌 상태에서 hot press의 흑연형에 넣고, 질소기류 중 1350℃에서 1축 가압하여 바이콜글라스 분말을 기밀한 실층으로 변환하였다(프레스실법). 실된 성형체를 고온 HIP장치를 이용하여 HIP처리하였다. HIP처리 조건은 2000℃, 150MPa, 2h이다. HIP처리재의 세점의 휘는 강도와 시험온도 측정결과를 그림 4에 나타냈다. 1400℃에서도 753MPa라는 높은 강도를 유지하고 있고, 동시에 1300℃와 비교하여 그 저하가 적고 Si_3N_4재료로서는 극히 양호한 강도특성을 갖고 있음을 알 수 있다.

5. 저온분사코팅

1 원리

Cold spray 코팅기술은 용사공정 기술 중 비교적 최근에 나타난 공정이다. 이 기술은 1980년도 중반에 러시아에서 개발된 기술로 thermal spray 공정기술은 분말을 코팅하는 데 열과 운동을 동시에 사용하는 반면에, cold spray는 상온에 가까운 낮은 온도의 고속 가스흐름에 의한 운동 에너지만을 이용한다.

일반적으로 HVPC(high velocity particle consolidation) 기술로 알려진 cold spray 기술은 300~1500m/s 의 초음속 가스흐름 내에 1~50μm 분말을 주입하여 모재 표면에 충돌과 동시에 높은 변형을 유도하여 코팅을 형성시키는 기술이다.

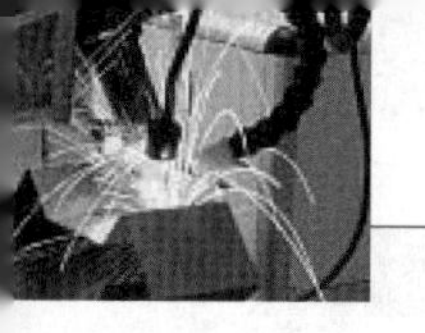

2 특성

Cold spray를 통한 코팅은 높은 운동에너지를 가지는 상온에 가까운 입자가 모재와 충돌하는 계면에서 일종의 폭발용접(explosive welding) 과정과 유사한 개념을 통하여 모재에 결합하게 된다.

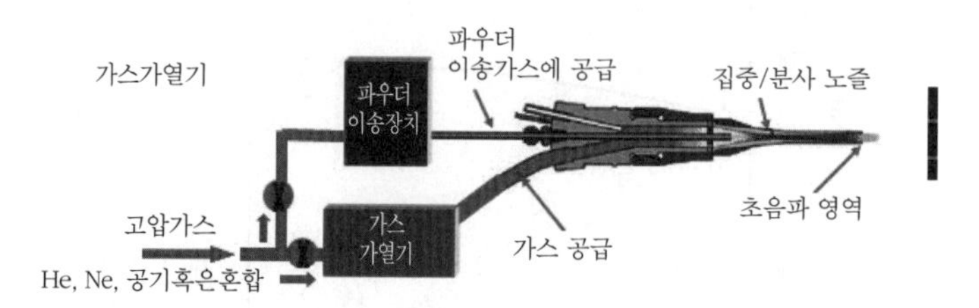

그림 1. 저온분사 시스템

높은 열을 이용하는 열용사코팅 공정이 가지는 제한요소인 모재의 열적 제한성, 코팅입자의 공정 중 산화, 상변화 및 잔류응력의 형성과 같은 문제점을 가지는 반면에 공정 특성상의 cold spray는 이러한 문제점이 거의 없어 기술의 유용성이 높다. 반면에 cold spray는 운동에너지만을 이용하여 코팅하게 되므로 코팅소재가 열용사에 비해 제한성이 커 금속, 합금 및 일부 세라믹의 경우 금속 결합재를 첨가하여 코팅한다. 그러나 금속소재의 열용사 시 형성되는 산화물 형성이 없고 기공의 함량이 매우 낮아서 열용사에 의한 코팅에 비해 열전도도 및 전기전도도가 높게 나타난다.

Cold spray 용사코팅기술은 공정의 특성상 코팅소재 선택의 폭이 열용사법에 비해 좁고 연성을 가지는 금속소재 중심으로 이루어지고 있는 단점을 제외하고는 적용 가능한 소재범위 내에서 모재나 코팅의 열적 변형이 적어서 유용한 공정으로 인식되므로 그 적용이 매우 확대될 것으로 예상된다.

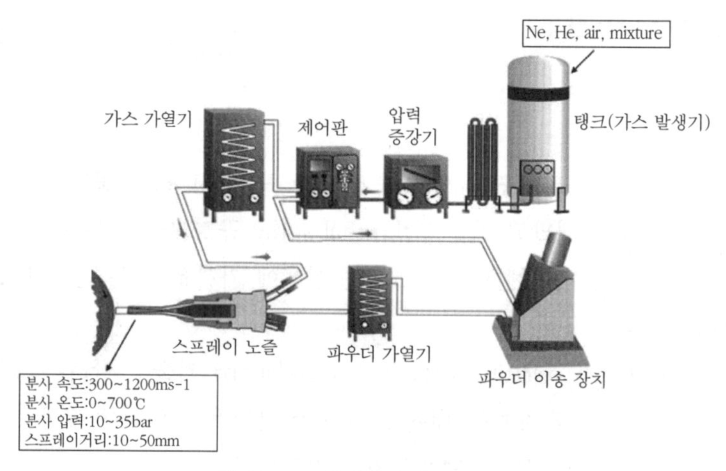

그림 2. 스프레이시스템 개요도

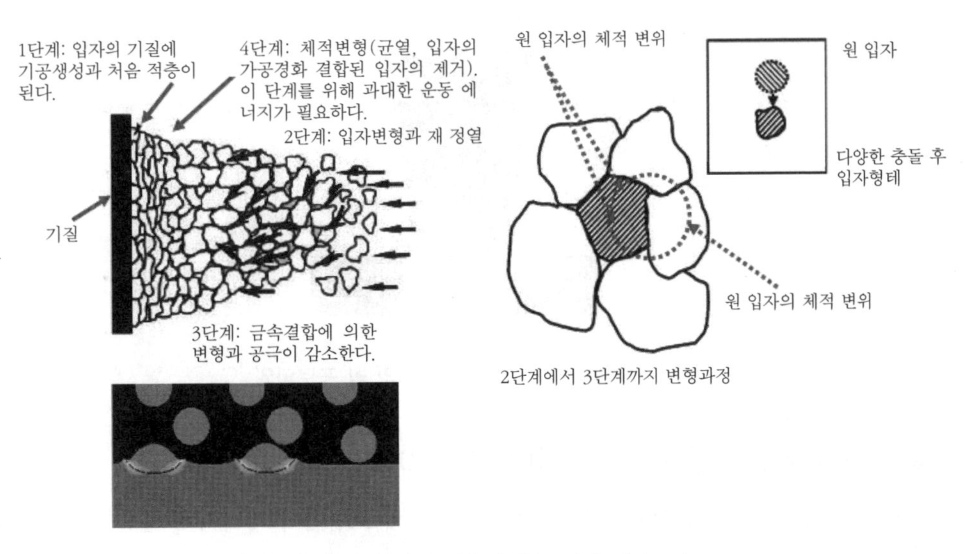

그림 3. 저온분사 코팅의 적층원리(코팅 Build up)

6. 레이저를 이용하는 플라스틱 용접(Plastic Welding)의 원리와 특징

1 원리

레이저 플라스틱 용착을 위해서는 레이저 빔을 흡수하는 플라스틱 재료(흡수재)에 레이저 빔을 투과하는 플라스틱 재료(투과재)를 포개어 놓고, 클램핑지그를 통해 용착되어야 할 두 모재 사이에 갭(Gap)이 최소화될 수 있도록 유지한 상태에서 투과재 쪽으로부터 레이저 빔을 조사하는 방법으로 용착시킨다. 흡수재는 카본블랙처럼 레이저 빔을 흡수하는 물질을 혼련한 플라스틱이다(그림 1).

레이저 빔은 투과재를 통과한 후에 흡수재 중의 카본블랙에 흡수됨으로서 흡수재의 분자고리를 진동하여 발열하고, 그 열에 의하여 흡수재가 용융하면서 동시에 용융풀을 형성하게 되는데, 이때 투과재도 흡수재로부터 열전달을 받아 용융하면서 용착된다. 냉각과정을 거쳐 두 모재의 용착이 완료되는 원리를 갖고 있다.

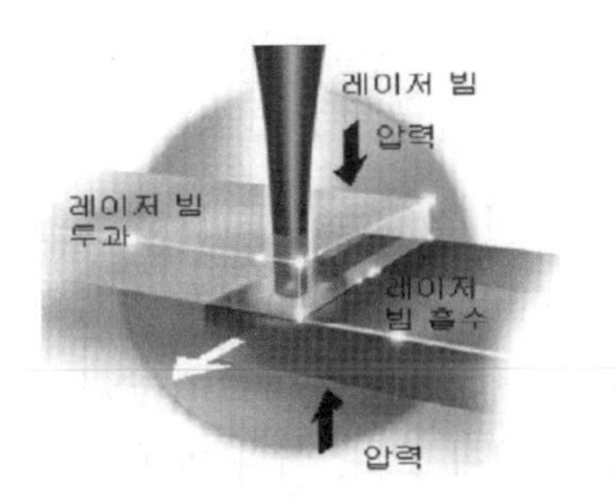

그림 1. 레이저 용착의 원리

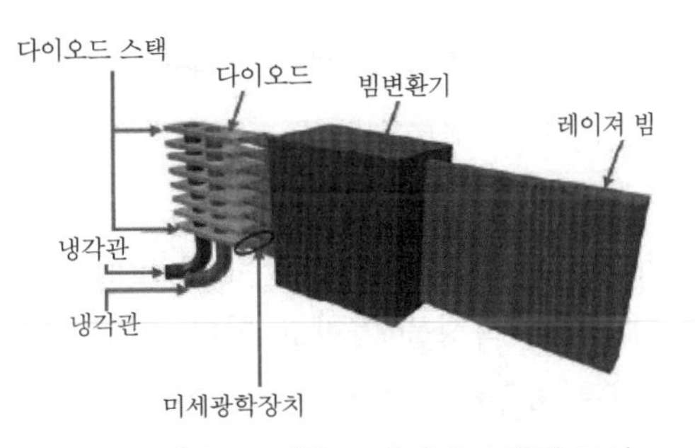

그림 2. 다이오드 레이저 스택의 구성

그림 3. 다이오드 레이저의 빔 프로파일

2 레이저 소스의 선택(고출력 다이오드 레이저(HPDL))

HPDL은 일종의 반도체 레이저로 타 레이저에 비해 소형이며 에너지 효율면에서 50%에 달할 만큼 매우 높은 경제성을 띠고 있어, 자동차 부품생산라인과 같이 높은 장비의 내구성과 신뢰성을 요구하는 양산라인에 적합한 장점이 있다.

그림 2에서와 같이 레이저 다이오드에 높은 전류를 가해 이때 발생되는 NIR영역대의 파장을 갖는 높은 출력이 발진된다. 다이오드 레이저의 파장대는 일반적으로 λ=808~1,100 nm이며 다이오드 레이저는 일종의 반도체로 소재는 갈륨(Gallium), 인듐(Indium) 또는 알루미늄(Aluminium)으로 만들어진다. 플라스틱의 레이저 용착을 위하여는 대부분의 경우 100~300Watts면 일반적인 열가소성 수지를 용융시키는 데 충분한 출력이라 할 수 있다.

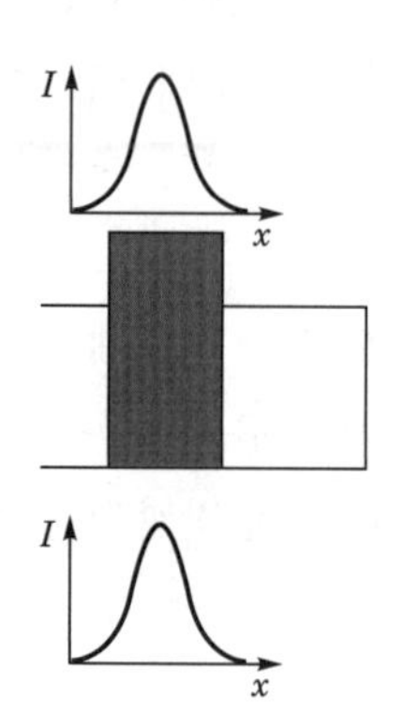

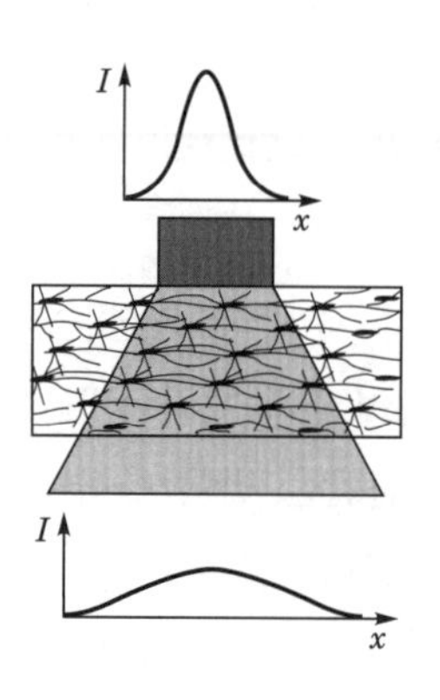

그림 4. 비결정형 및 결정형 구조에서의 빔 투과 특성

그림 5. 반-동시용착법

일반적으로 그림 3에서와 같이 다이오드 레이저의 에너지 프로파일은 탑-햇(Top-Hat)분포를 나타내며, Nd:YAG레이저 등의 경우 빔 중앙의 에너지 밀도가 높은 가우시안(Gaussian) 분포를 나타내는 특성을 가지고 있다. 가우시안 분포를 나타내는 레이저는 주로 용착폭이 500㎛ 이하를 요구하는 초소형 제품에 적용이 적합한 특성이 있다. 이와 반대로 레이저 빔 중앙부의 에너지가 고른 분포를 나타내는 다이오드 레이저 빔의 경우 500㎛ 이상의 비교적

큰 제품의 용착에 적합한 특성을 나타내고 있다.

3 적용 가능한 플라스틱의 선택

레이저를 이용한 플라스틱의 용착에서는 수지의 특성이 매우 중요하다. 만약 레이저 빔이 수지에 조사되면 수지와 상호작용, 즉 투과, 반사, 흡수성에 의하여 레이저 빔이 약화된다. 투과율은 전체 조사된 레이저 출력 중에서 실제로 소재를 통과하는 비율을 의미한다. 따라서 이 투과율이 용착될 하단부에 얼마만큼 도달하느냐가 중요한 관건인데, 이는 레이저의 파장대와 수지의 특성과 밀접한 관계가 있다.

그림 4와 같은 구조를 갖는 비결정형(Amorphous structure) 열가소성수지의 경우 소재 두께 2mm에서 보통의 경우 투과율 90~95%에 이른다. 그러나 부분결정형(Semi-crystalline structure) 수지의 경우(예 : PBT) 투과하는 과정에서 빔의 굴절로 인해 투과율이 저하됨을 볼 수 있으며, 통상 2mm의 두께에서 30~40%로 저하된다.

반사율은 레이저 빔이 제품에서 반사되는 비율을 의미한다. 이는 제품의 표면에서 반사되는 비율과 제품 내부에서 반사되는 비율을 합친 것이다. 표면의 반사는 주위의 공기와 제품 표면의 굴절에 기인한 것으로 일반적으로 4~5%로 추정하며, 내부적인 반사는 레이저가 투과하면서 제품 내부에서 굴절되어 다시 반사되는 비율을 의미한다. 이는 특히 폴리머의 구조가 균일하지 않은 수지에서 높아지며 수지의 두께에 따라서 증가한다. 레이저가 투과되는 궤적 길이가 길수록 상호작용에 의하여 반사되는 비율이 높아진다. 따라서 예를 들어 제품의 두께가 2mm의 경우 파장대에 따라 다르고 또한 첨가제에 따라 다르지만 그 반사율이 80%까지 높아질 수 있다.

비결정형 구조의 열가소성 수지의 경우 내부 구조가 균일하여 반사가 거의 없으며 표면에서의 반사만이 있을 뿐이다. 투과층과는 반대로 흡수를 요하는 흡수층의 경우 흡수율을 높이기 위해 흑색의 카본블랙 또는 각 종의 색상을 나타내는 특수 첨가제를 소량 첨가하여 사용하기도 한다.

4 레이저 플라스틱 접합법

(1) 반-동시용착법(Quasi-Simultaneous Welding)

반-동시용착법은 레이저 빔이 일정한 영역 내에서 스캐너를 이용하여 매우 빠른 속도(예 : 최대 10m/sec)로 용착부위를 따라서 수 회에 걸쳐 조사하는 방식이다. 이때, 매우 빠른 속도로 수 회에 걸쳐 용착부위에 조사하므로 거의 동시에 용착부위가 용융되면서 용착이 가능한 장점이 있다. 또한, 이 경우 용착부위의 갭(Gap)을 어느 정도 극복할 수 있으며, 동시용착법과 비교하여 상당히 높은 작업의 유연성을 가지고 있다. 그러나 단점은 스캐너의 위치가 고정되어 제품의 위치와 항상 최적의 위치는 아닐 수 있고 작업영역이 제한적이므로 대형제품인 경우 또는 형상이 복잡한 경우에는 적용이 어려운 특징이 있다. 전체 용착부위와 동일

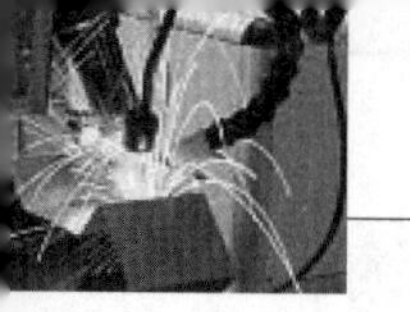

한 초점을 형성하며 용착시 제품 및 레이저는 모두 고정된 상태이다(그림 5).

(2) 궤적이동용착법(Contour Welding)

가장 많이 사용되는 공법 중의 하나인 궤적이동용착법은 용착부에 레이저 빔을 순차적으로 전달하는 공법으로 국부적으로 에너지가 전달되어 용융되는 범위가 적으므로 수지가 용융되어 흐르는 것을 최소화할 수 있다. 이런 장점들이 높은 유연성과 3차원 형상과 같은 복잡한 형상의 제품에 적용하는 데 용이하다.

그림 6. 궤적이동용착법

그림 7. 동시용착법

그림 8. 마스크용착법

이 방법의 경우 별도의 용착 돌기의 디자인을 통해 갭(Gap)을 최소화하여 100㎛를 초과하지 않도록 주의해야 한다. 이는 제품 사출 시부터 허용공차범위의 일정한 관리가 필요하다(그림 6).

(3) 동시용착법(Simultaneous Welding)

용착부위 선제가 동시에 용융되어 용착되는 동시용착법은 여러 개의 다이오드 레이저를 제품의 용착부위와 동일하게 정렬하여 동시에 조사하는 방식이다. 동시용착법의 장점은 전체 용착부위가 동시에 용융되고 가압력이나 용착할 제품 간의 갭(Gap)이 고정적으로 용착품질을 관리하기가 용이하나 초기 투자비용이 높으며 제품의 형상 변경이 불가능하다는 단점이 있다. 그러나 궤적이동용착법과 비교하면 동시용착법의 경우 용착 시간이 상당이 짧기 때문에 생산량이 많은 제품의 경우에 적용이 적합하다(그림 7).

(4) 마스크용착법(Mask Welding)

마스크용착법이란 필요한 부분만이 열려있는 마스크를 레이저헤드와 제품 사이에 위치시켜 제품의 원하는 부분만을 조사하여 용착시키는 방법이다. 즉, 레이저가 조사되지 않아야 할 부분은 마스크에 의하여 레이저 빔이 차단되는 효과를 볼 수 있다. 이때, 제품의 크기와 용착형상 등은 일차적으로 마스크와 레이저 빔의 품질에 의하여 좌우되며, 마스크의 경우 최소 100μm 정도까지 제작이 가능하다. 또한 한 번의 마스크 이동으로 여러 개의 복잡한 용착부위의 용착이 가능한 장점이 있다. 주로 적용분야는 아주 정밀한 용착선이 필요로 하는 초

소형 제품에 적용될 수 있다. 마스크 방식에는 일반적으로 다이오드 레이저를 이용한 선형빔(Line beam)을 사용하는데(예 : 20×1mm^2), 레이저 빔이 마스크에 도달하기 전에 필히 에너지가 균일한 평행광의 조사가 필수적인 조건이다. 마스크의 제작은 레이저 절단을 이용하거나 포토마스크 방식으로 크롬 도금된 유리로 제작되며, 포토마스크 방식으로 제작된 마스크가 형상이나 유연성 면에서 장점이 있다.

7. 용접용 레이저로서 상용화된 가스레이저와 고체레이저의 종류, 특징을 비교 설명

1 개요

일반적으로 레이저란 말은 레이저 빛을 발생하는 장치를 지칭하기도 한다. 레이저 빛(또는 레이저광)은 유도 방출로 증폭된 빛이기 때문에 백열전구나 형광등, 태양등 등 기존의 광선에서 나오는 빛과는 다른 독특한 성질을 갖고 있다. 첫째는 단색성(monochromatic)으로서 레이저 빛은 한 가지 파장으로 된 빛이다.

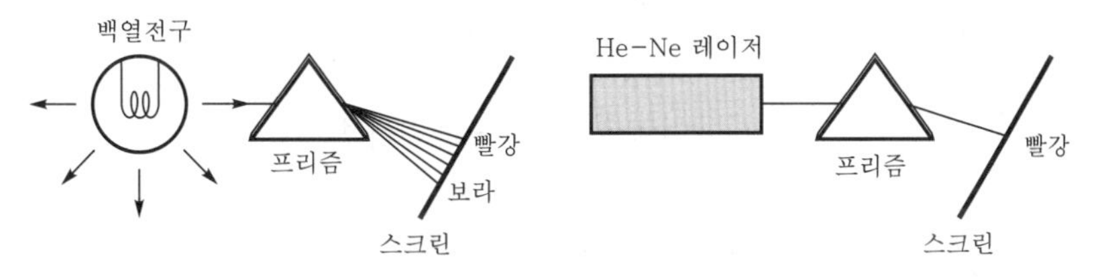

그림 1. 레이저광의 단색성

백열전구에서 나오는 빛은 빨주노초파남보의 여러 가지 색깔의 빛이 섞여 있으나 레이저 빛에서는 한 가지 색깔만이 존재한다. 만약 두 가지를 프리즘으로 분산시켜 보면 그 차이를 알 수 있다. 둘째, 백열전구에서 나오는 빛은 전구에서 멀어지면 빛의 세기가 급격히 줄어들지만 레이저 빛은 거리가 아무리 멀더라도 빛의 세기가 거의 줄어들지 않는다. 이를 레이저 빛은 지향성(directional)이 있다고 말한다.

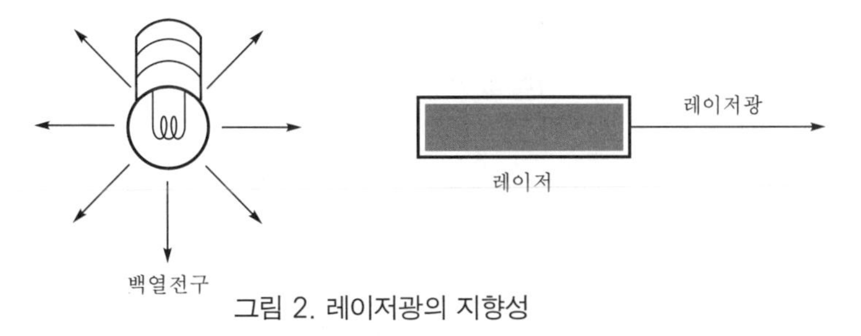

그림 2. 레이저광의 지향성

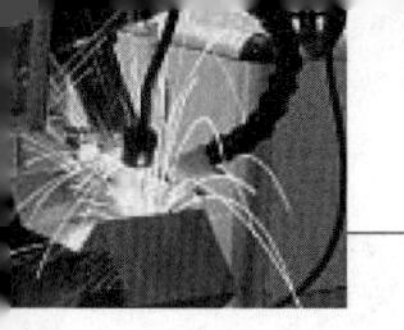

일상생활에서 빛의 지향성을 갖도록 한 장치로서 포물경으로 빛을 평형하게 반사시키는 플래쉬가 있는데 어느 정도의 지향성을 가지지만 레이저에 비해서는 떨어진다.

세번째의 중요한 성질은 레이저광은 간섭성(coherent) 빛이라는 것이다. 이것 또한 백열등에서 볼 수 없는 성질로서 백열등에서 나오는 빛을 선속 분할기로 나눈 다음 중첩시키면 스크린 상에 간섭무늬가 생기지 않으나 레이저광에서는 밝고 어두운 띠 모양의 간섭무늬를 볼 수 있다.

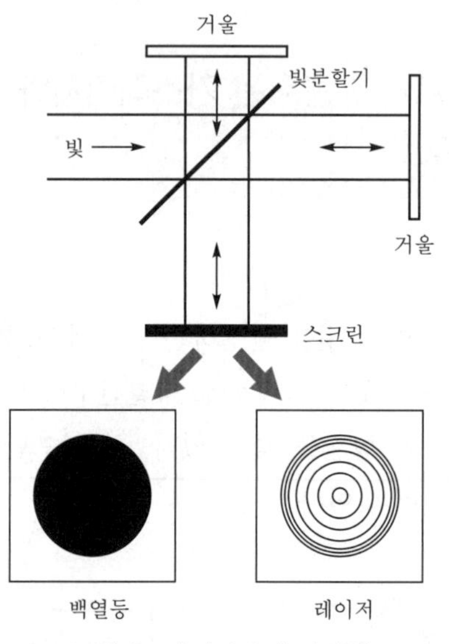

그림 3. 레이저광의 간섭성

이것은 백열등의 빛이 무질서한 반면 레이저 빛은 질서 정연하기 때문에 가능한 것이다.

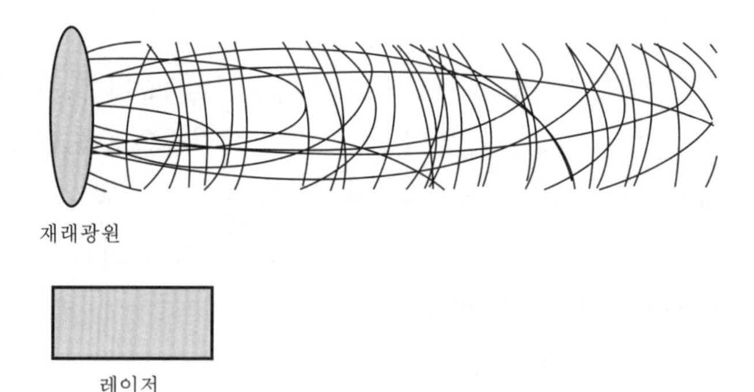

그림 4. 재래광원과 레이저의 비교

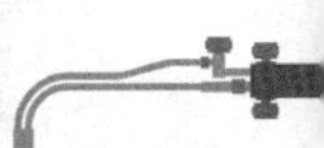

2 가스레이저와 고체레이저의 종류 및 특징

(1) 레이저를 이루는 세 가지 구성요소

레이저는 한 쌍의 거울이다. 두 거울이 정면으로 마주보고 있으면 그중 하나는 100%에 가까운 반사율을 가진 거울로서 입사하는 광을 전부 반사시키는 전반사경이고, 다른 하나는 입사광 중 일부는 통과시키고 나머지는 반사시키는 거울로서 부분 반사경이라 불린다. 이 두 거울을 공진기(resonator)라 한다.

둘째, 마주한 두 거울 사이에 특별한 원자(또는 분자)로 채워진 물체가 있다. 이것은 두 거울 사이를 왕복하는 빛이 유도과정으로 증폭되어 센 빛이 되도록 하는 광 증폭기(optical amplifier)이다. 셋째로, 증폭기가 광의 증폭이 가능하도록 외부에서 에너지를 가하는 장치인 펌프(pump)가 있다. 이 세 가지는 특별한 경우를 제외하고는 거의 대부분 레이저에 있어서 공통적인 요소이다.

(2) 증폭의 상태에 따른 레이저의 종류

레이저의 종류는 증폭기의 상태에 따라 기체레이저, 액체레이저, 고체레이저, 반도체레이저의 네 가지로 분류하는데, 기체레이저에 속하는 것으로는 He-Ne 레이저, CO_2 레이저, Ar 레이저 등이 있고, 액체레이저로는 염료(dye)를 알코올, 에틸렌글리콜 등과 같은 용매에 녹여서 증폭기로 쓰는 색소 레이저(dye laser)가 있으며, 루비(ruby)레이저, Nd:YAG레이저 등은 대표적인 고체레이저이다. 반도체레이저는 요즘 응용도가 많은 GaAlAs 등이 있다. 레이저광의 파장범위는 100nm(1nm=10^{-9}m)의 자외선에서부터 가시광, 적외선을 거쳐 마이크로파에 해당하는 100m에 이르기까지 광범위하게 분포되어 있으며 레이저 발진이 가능한 매질 또한 무수히 많다.

레이저는 발진 방식에 따라 연속(CW)동작 방식과 펄스(pulse)동작 방식이 있다. 연속 발진은 레이저 빛이 일정한 세기로 나오는 것을 말하고, 펄스동작 방식은 순간적으로만 레이저 빛이 발생하는 것을 말하는데 Q-switching이나 mode-locking 등과 같은 1ns 이하의 매우 짧은 펄스를 만드는 기술도 개발되었다. 레이저 장치에서 나오는 레이저 빛의 세기는 1mW 정도의 약한 출력에서부터 10kW 이상의 센 빛을 내는 산업용 대형 레이저도 있다.

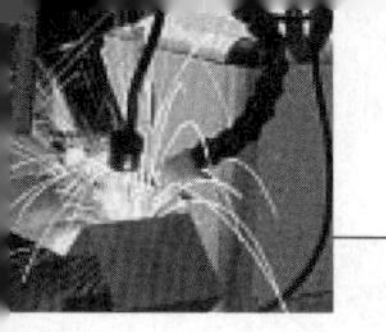

8. 서브머지드 용접법에서 FAB편면(One side welding) 용접에 대하여 설명하고, 주요 용접자세와 FAB 백킹재 취부 상태를 그림으로 도시하고 각각의 명칭을 설명

1 개요

조선 작업에 적용되는 서브머지드 아크 용접(SAW)의 부위는 길이 3~4m 이상 철판 두 장을 용접하여 한 장의 평판으로 만드는 용접부이다. 사용 용접전류가 높기 때문에 용접능률은 매우 우수하나, 용접 시 분말 형태의 플럭스를 도포하기 때문에 용접자세가 하향에 국한되어 적용 부위는 제한된다. 조선 용접의 약 10% 내외를 차지하고 있다.

이 기법은 조선소들의 규모 및 설비 형태에 따라 SAW 양면용접(single wire 사용 혹은 tandem wire 사용), FCB(Flux Copper Backing), FAB(Flexible Asbestos Backing) 등을 이용한 편면용접 등으로 구분되어 사용되고 있다.

2 서브머지드 용접법에서 FAB편면(One side welding)용접과 주요 용접자세와 FAB 백킹재 취부 상태를 설명

(1) 맞대기 이음부의 편측용접

FAB(Flexible Asbestos Backing) 용접은 맞대기 이음부를 한쪽에서만 용접하는 것을 의미하는데, 조선소 등의 철구조물 공장에서는 Cu, 플럭스 등의 백킹재를 사용하며 다전극 SAW로 편측에서 용접하며 반대쪽의 용입도 충분한 이면비드를 얻는 용접이 실용화되어 있다. 편면용접(One side welding)이라고도 하며 강판을 반대로 뒤집는 공정을 생략할 수 있으므로 생산능률을 높일 수 있다.

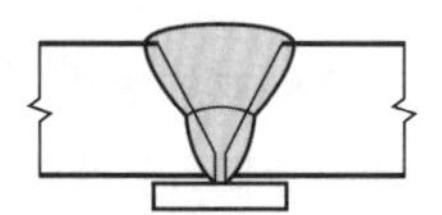

(1) 백킹 있는 편측용접

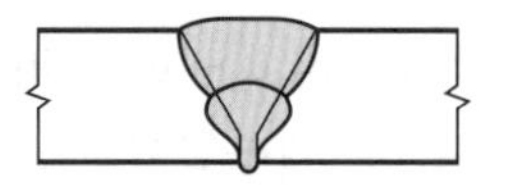

(2) 백킹 없는 편측용접

(2) 겹치기 이음부의 편측용접

겹치기 이음부의 한쪽에서만 필릿용접을 하는 것을 말한다.

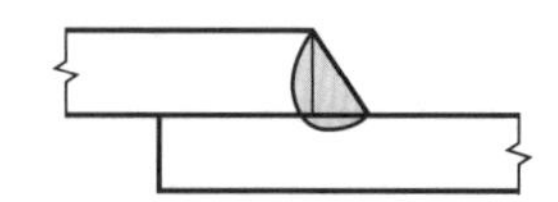

(3) T이음부의 편측용접

T이음부의 한쪽에서만 필릿용접하는 것을 말하며 그루브가 있는 경우와 없는 경우가 있다.

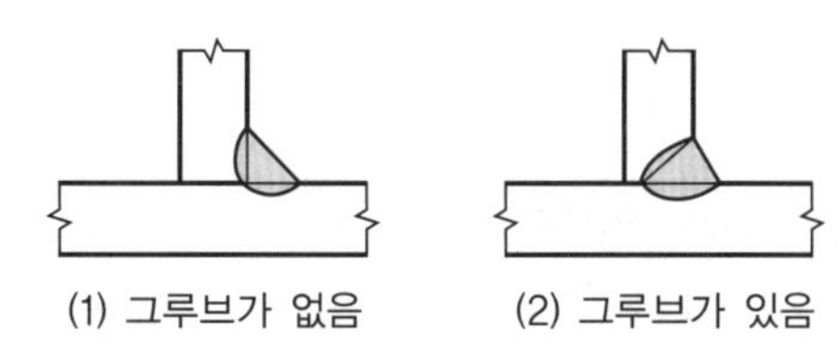

(4) 플레어 이음부 편측용접

플래어 이음부의 한쪽에서만 용접하는 것을 말한다.

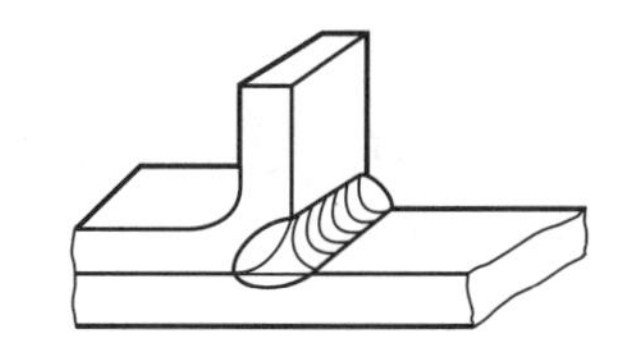

9. 공정저온용접법의 원리, 용접방법, 사용 용접봉, 용접특성에 대하여 설명

1 원리

공정이란 2개 이상의 금속이 용융상태에서는 균일한 융액(融液)이 되나 냉각 시에는 어느 일정온도에서부터 2종 이상의 결정이 생겨 응고점 이하의 고체에서 2개 이상의 결정립(結晶粒)이 혼합된 조직이 된다. 이때 공정이 생기는 온도를 공정점(共晶點)이라 한다. 이와 같이 공정합금의 용융점이 공정합금이 아닌 금속에 비하여 낮다는 성질을 이용한 용접을 저온용접(低溫熔接; low temperature welding) 또는 공정저온용접(共晶低溫熔接)이라 한다.

2 용접방법, 사용 용접봉, 용접특성

이 용접에서는 모재를 예열하고 공정합금인 용접봉을 사용하여 직류 또는 교류의 arc 용접 또는 gas 용접을 한다. 이 용접은 용가재인 용접봉의 용융온도가 모재의 용융온도보다 낮으므로 일종의 납접이라고도 할 수 있다. 모재의 용융온도보다 낮은 온도에서 용접하기 때문에 전력 및 gas의 소비량이 적고, 모재의 변형과 변질이 적다. 또한 공정합금은 유동성이 좋고, 결정이 치밀하여 용접강도가 크다.

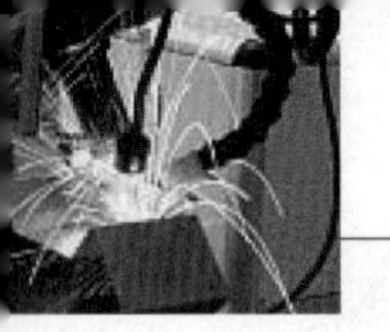

10. 멜트인(Melt-in)용접

1 개요

PAW의 용접 시 용융기법은 멜트-인(Melt-in)기법과 키홀(Keyhole)기법이 있는데, 멜트인 기법은 플라즈마 용접에서 가장 많이 사용하는 방법으로 사용전류 범위가 200A 이내이며 전극이 팁에서 들어간 거리가 작고 플라즈마 가스 유량이 적어서 아크가 연하고 덜 집중된 상태에서 이루어지는 용접이다.

2 특성

전극이 팁에서 들어간 최소거리(setback)는 전극 끝이 팁 끝과 같을 때인데, 이렇게 전극을 조정하면 플라즈마 유량이 감소되는 반면에 전극 끝의 전류 값은 커지게 된다. 이 방법은 GTAW 용접과 아주 유사하여 아크 발생이 쉽고 전극이 보호되며 낮은 전류에서도 아크 안정성이 향상된다. 또 용접입열과 변형이 감소되어 용입조절과 비드 형상이 향상되는 이점이 있으며, 주로 이용되는 곳은 코너/가장자리 부위의 용융용접, 직각 맞대기 용융용접, 표면용융용접 등이다.

11. 자동차용 강판의 레이저 용접에 고체 레이저와 기체 레이저의 종류와 특징을 설명

1 고체 레이저

활성매질이 고체 모결정에 불순물로서 다른 금속이온들을 첨가시킨 재료로 구성한다.

(1) 루비 레이저

단결정 루비봉 주위에 나선형 Xe 전구를 사용하여 광학적인 펌핑으로 루비봉의 양면을 서로 평행한 평면이 되도록 연마시킨 후 금으로 반사코팅한다. 처리하며 3준위 레이저로 루비는 결정에 불순물로서 Cr_2O_3를 약 0.03~0.05 %함유하고 있으며, 일부 Al^{+3} 위치에 Cr^{+3}가 치환되어 있고, 이 Cr^{+3}가 분홍색의 광선을 방출시키는 데 기여한다. 루비봉은 열전도도가 매우 적어서 열축적을 야기시키기 때문에 냉각작용이 필요하고 루비봉의 절단형태에 따라 비편광된 빔 혹은 선형 편광된 빔이 발진되고 694.3nm이며 다이아몬드 천공, 경도가 큰 재료의 천공, 펄스 홀로그라피에 사용한다.

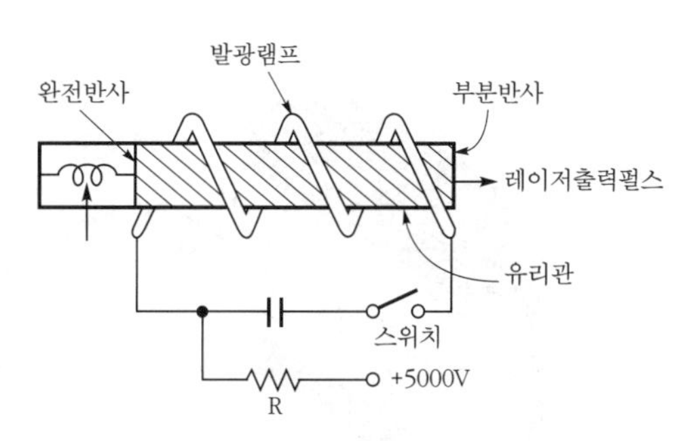

그림 1. 루비 레이저

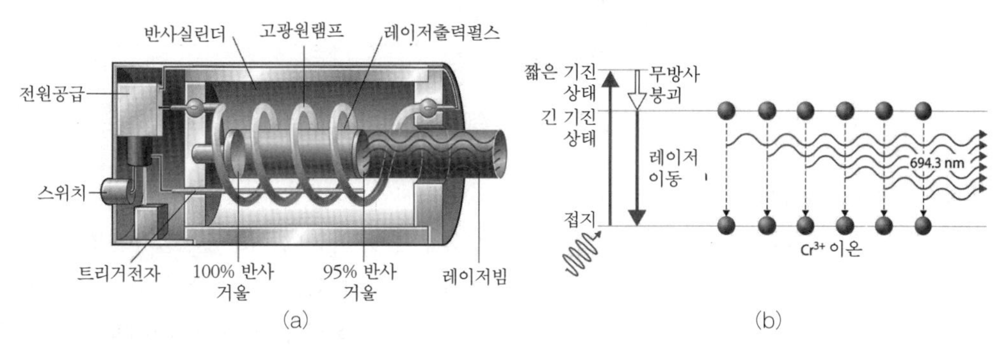

(a) (b)

그림 2. 루비 레이저의 구조와 특성

(2) Nd : YAG 레이저

4준위 레이저로 YAG(Yttrium Aluminum Garnet : $Y_3Al_5O_{12}$)에 Y원자의 약 0.5~1.5%를 Nd 원자로 치환시킨 단결정으로 비교적 큰 열전도(0.14W/cm ℃)이므로 적당한 냉각작용으로 펄스와 연속파 발진이 가능하다. Nd가 결정격자에 치환되어 Nd^{+3} 이온으로 있게 되면 여러 개의 낮은 에너지 준위들을 주게 되고, 적외선 구역의 파장은 1064nm이며 텅스텐 또는 수은과 같은 광대역의 스펙트럼을 가진 광원을 이용하여 광학적으로 펌핑한다. Nd는 유리 레이저는 단결정인 YAG에 Nd^{+3}을 치환시키는 대신에 유리에 Nd^{+3}을 첨가시킨 것으로 펄스 당 에너지 0.01~100J인 펄스를 300Hz 정도 얻을 수 있다.

초음파광학 조정기를 사용하면 반복 Q-스위칭 동작이 가능하고 광학적 펌핑 시 흡수대 5250~8700Å 범위이기 때문에 다이오드 펌핑이 가능하다. 2차 조화파 소자 BBO(barium borate), LBO(lithium borate)와 같은 비선형재료에 의해 532nm로 발진하고, 3차 조화파 소자 KD*P(potassium dideuterium phosphate)355nm 파장을 발진한다.

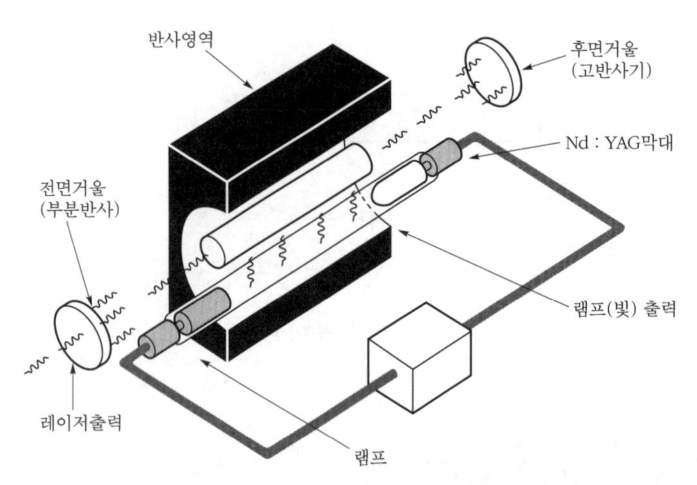

그림 3. Nd : YAG 레이저

(3) Nd : glass 레이저

단결정인 YAG에 Nd^{+3}을 첨가시키는 대신에 비정질인 유리봉에 Nd^{+3}을 첨가시킨 것으로 Nd 첨가량이 많고, 광학적인 여기작용 시 흡수대가 더욱 넓어 Nd : YAG 레이저에 비하여 출력효율이 크다. 연속발진은 안되고 매초 당 펄스 수가 수 Hz 이하로 제한되며, 내부응력과 변형을 거의 제거시킬 수 있어 고출력밀도로부터 야기되는 손상을 상당히 억제가 가능하다. 레이저 봉 내에서 온도차는 굴절률차이를 유발시켜 빔을 뒤틀리게 할 수 있어 스라브구조를 개선한다.

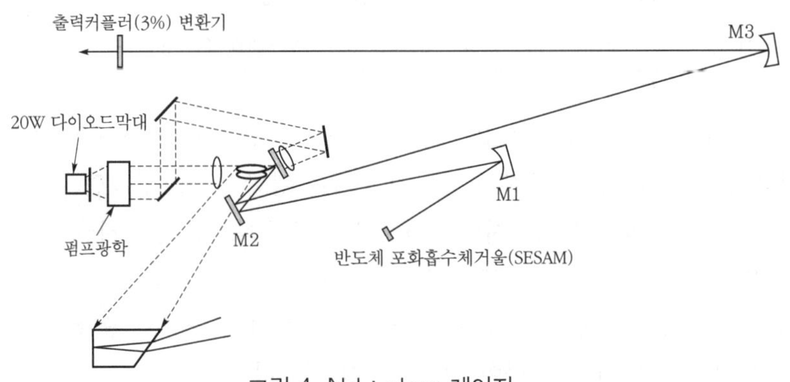

그림 4. Nd : glass 레이저

(4) Ti-sapphire 레이저

초정밀재료 가공에 사용하며 활성매질은 사파이어에 Ti을 첨가시킨 재료로 열전도가 YAG에 비해 약 5배 정도 크며, 여기작용은 ~0.5㎛ 근방의 레이저 혹은 Nd : YAG 레이저의 2차 조화파(0.53㎛)로 수행한다. Ti-sapphire 파장 0.66~1.2㎛, 펄스길이 50fsec 이하의 짧은 펄스 방출이 가능하고 재료가공 시 열전도에 의한 영향과 열충격을 방지할 수 있으며 각종 생체제로, 다이아몬드, 세라믹, 금속 등의 정밀절단 및 정밀천공에 적용한다.

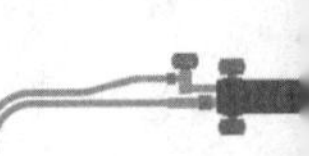

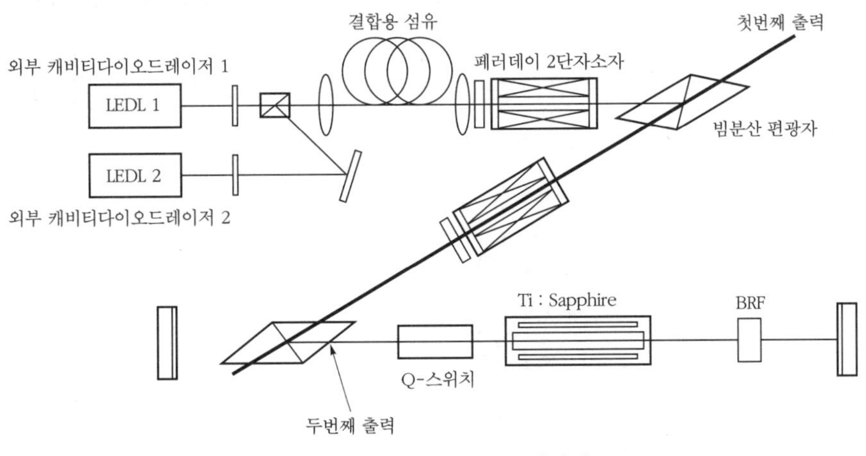

그림 5. Ti-sapphire 레이저

2 기체 레이저

고체에 비하여 균질성이 있고 전기적인 방법으로 가스방전관 내에서 전자들에 의하여 원자들을 야기시키며 원자기체 레이저(He-Ne 레이저), 이온기체 레이저(Ar^{+3} 레이저), 분자기체 레이저(CO_2 레이저)가 있다.

(1) 원자 레이저(He-Ne 레이저)

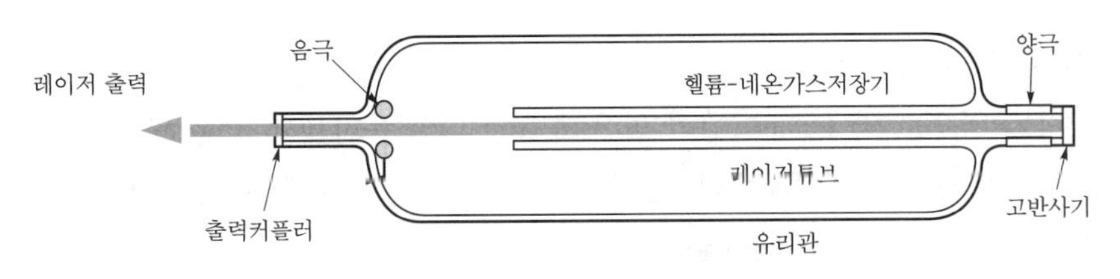

그림 6. 원자 레이저(He-Ne 레이저)

4준위 레이저로 가시광선 구역의 지속파를 방출하고 활성매질이 Ne이나, He과 Ne이 약 10 : 1 정도로서 전체기압 약 10torr 정도의 혼합가스를 전기적인 방법에 의하여 펌핑한다. Ne 원자들의 에너지 준위들이고, He원자는 Ne원자들에 대한 충분한 여기작용을 주기 위한 것이다. 파장은 632.8nm이고 특별한 프리즘을 레이저 공진기 공동 내에 삽입시켜 요망되는 파장은 공진기 공동에서 왕복진행하여 선택된 파장을 발진하고 레이저 이득은 가스관의 직경에 반비례한다.

(2) 이온 레이저(Ar^{+} 레이저)

4준위 레이저로 가시광선의 지속파를 방출시키는 레이저로서 Ar^{+1} 이온을 레이저의 능동매질로 하며, 푸른색의 488.0nm와 초록색의 514.5nm의 파장으로 불활성 기체이온 레이저로서

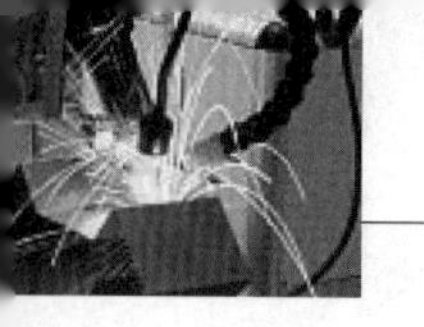

kr^+레이저는 붉은색 647.1nm, 노란색 568.2nm, 초록색 520.8nm, 푸른색 472.6nm파장을 가진다.

공진기 튜브는 흑연 혹은 B대와 같은 특수 세라믹재료로 제조하고 수냉식 냉각을 하며 눈수술, Raman 분광기 같은 분광분석과 홀로그라피 등에 사용한다.

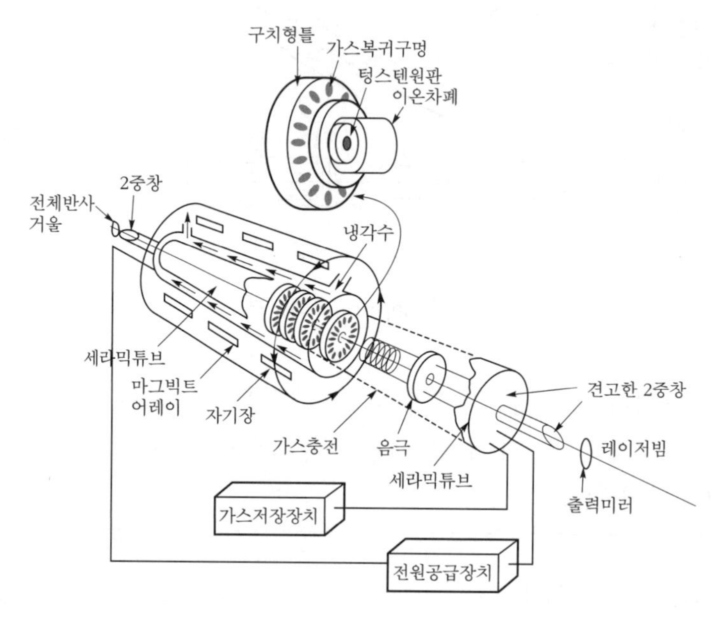

그림 7. 이온 레이저

(3) 분자 레이저(CO_2 레이저)

10.6㎛ 적외선구역으로 약 15% 이상의 높은 효율과 CO_2 분자들의 진동 및 회전준위들 사이의 전이에 의한 분자기체 레이저이다. 원자내의 전자진동, 원자들의 진동 및 회진운동 진동운동을 하며 진동운동은 대칭(symmetric stretching)운동(대칭모드 $v_1=4.2\times10^{13}H_z$), 비대칭(asymmetric stretching)운동(비대칭모드 $v_3=7.0\times10^{13}H_z$), 굽힘(bending)운동(굽힘모드 $v_1=2.0\times10^{13}H_z$)이다.

능동매질 CO_2 이외에 비슷한 용적의 N_e와 H_e가스를 첨가하여 $CO_2 : N_e : H_e$=1:5:10의 비율이며 가스압력 약 20torr이다.

여기된 N_e 가스가 CO_2 분자와 충돌하여 N_e가 지닌 에너지를 CO_2에 전달하며, CO 가스가 생성되면 10.6㎛의 파장을 강하게 흡수하며, 수분 이내에 레이저발진을 동력시킴과 동시에 광학부품과 전극들을 손상시킨다. 여기작용은 전기적인 방전 혹은 유전체를 통과하는 강력한 RF 전기장에 의하여 수행하며 분류는 다음과 같다.

1) 축류형 CO_2 레이저(axial flow type CO_2 laser)

공진기 축방향에 따라 가스가 흐르며 저속출류형 레이저는 TEM 00에 근접한 빔을 얻고, 고속축류형 레이저는 출력이 600W~6kW 정도이고 다중모드로 발진한다.

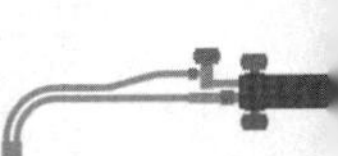

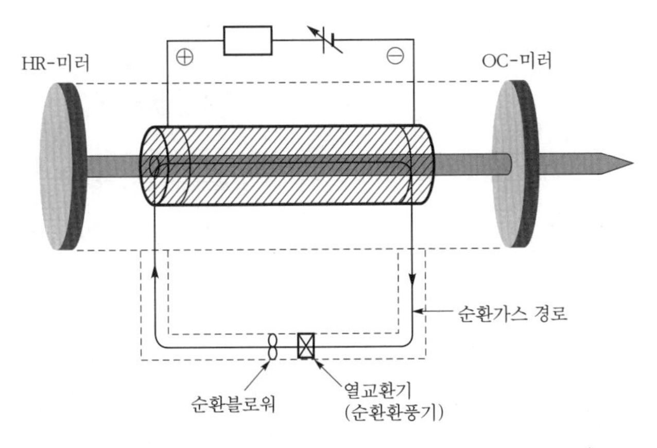

그림 8. 고속축류형 레이저(axial flow type laser)

2) 횡류형 CO_2 레이저(transverse flow type CO_2 aser)

공진기축에 수직한 방향으로 빠르게 가스를 공급하며 음극과 양극 사이의 거리가 짧아 매우 고전류에서도 비교적 저전압을 방전이 유지한다.

3) 횡적여기 CO_2 레이저(TEA CO_2 laser)

횡류형 방전방법을 이용하며 가스압력을 대기압 혹은 그 이상으로 증가시킨다.

4) 가스동력학적 CO_2 레이저(gasdynamic CO_2 laser)

열역학적인 방법에 의하여 밀도분포 반전을 얻으며 광학부품 재료는 Ge, ZnSe, GaAs가 있다.

12. 수중용접 방법 중 습식용접(Wet Welding)의 특성과 적용

1 개요

수중용접의 목적은 드라이 도크 등 수리시설이 없는 곳에서 긴급수리는 수중용접으로서 대체할 수 있으며, 파손된 철판을 수중용접으로 고정시키고 수밀성을 유지하는 이차적인 수단으로 사용할 수 있다. 수중용접 시 표면청소는 용접할 표면을 청소하여 준비하는 것은 극히 중요한 일이다. 두터운 페인트, 녹, 해초물 등이 있으면 용접이 잘 되지 않으므로 비드 용접 시에는 항시 용접융착면을 깨끗이 하여야 한다.

수중용접에 불리한 조건은 수중용접 작업을 할 고정된 작업대를 설치할 수 없는 경우 파도가 강한 수면 근처에서 작업할 때 안정된 작업대를 설치하기 힘들며 작업대는 용접물에 고정하는 것이 좋다. 철판이 아주 휘었거나 뒤틀어졌을 경우, 용접면의 청소상태가 불량했을 경우(녹, 해초류 등), 수중 시야가 확보되지 않는 경우 등이 있으며, 수중용접 기술은 수평 위치의 필렛 용접이다.

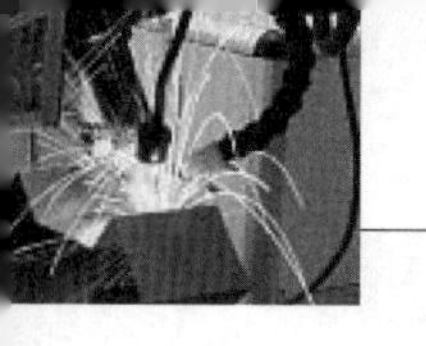

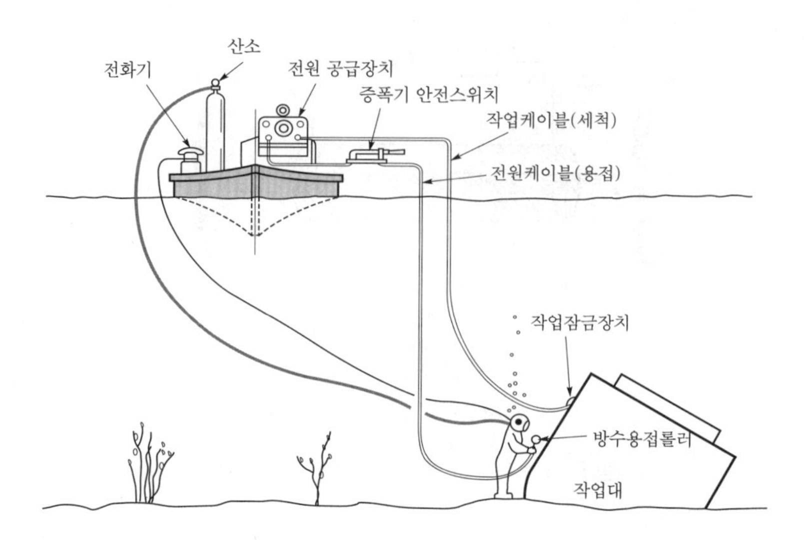

2 수중용접 방법 중 습식용접(Wet Welding)의 특성과 적용

(1) 특성

아크 주위는 많은 기포가 발생되며 기포의 수소가스는 용융하는 용접금속에 흡수되며 유공과 수소는 균열을 발생시킨다. 수중용접 작업은 육상용접과 같은 작업능력보다 제한되고 아크 시에 발생되는 수질오염, 짧은 수중 시정으로 더욱 제한이 된다.

짧은 시간동안 사용될 수 있으나 가능한 빨리 양호한 용접물로 대체해야 하고, 여러 가지 노력들이 용접할 수 있게 gas bubble을 만들어 내며 피복된 전극으로 가스금속아크 용접을 한다.

(2) 적용

수중용접을 위한 전원은 항상 DC 전압이고 300~400Amp가 유지되어야 하며 모터발전용접기는 간혹 수중용접을 위해 사용되고 있다. 용접기의 프레임은 선박에 부착되어야 하고 추가로 용접회로는 양극 형태 스위치를 갖추어야 하며 knife switch가 육상에서 조작한다.

전극회로에 나이프 스위치는 안전을 위해 필요하며 용접전류는 용접자가 용접 중에만 전극 홀더에 연결한다. 용접봉은 물에 절연되는 특수한 용접 전극봉을 사용하고, 모든 연결물은 물이 금속부분에 접촉할 수 없게 완전히 절연되어야 한다. 만일 절연이 누수되면 금속 conductor와 전류부분에 접속하게 되어 아크를 사용할 수 없을 것이며, 또한 누수지점에 구리선이 급히 부식될 것이다. 수중용접의 필요성은 oil, gas 분리 산업과 심해 offshore에서 급증하고 있다.

수중에서 실시하는 용접방법은 여러 가지가 있으며, 시공 조건(시공 공간, 용접대상물, 수심, 물결, 수온, 투명도 등)을 충분히 고려하여 설계상 필요한 강도를 확보할 수 있는 용접방법을 채용할 필요가 있다.

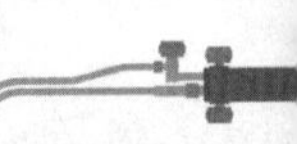

1) 건식

가변압식(수중실 방식), 1기압식(대기압실 방식, 대기해방 방식)

2) 미니 건식

이동방식, 고정상방식, 국부 건식방식, 스터드 용접.

건식은 일반적으로 수중의 용접한 곳을 그 주위에 공간을 형성하도록 특수 체임버로 만들고 그 가운데 물을 배제하여 기중에서 용접하는 방법이며 미니 건식의 경우는 용접부 만을 체임버로 가려서 용접을 한다.

3) 습식

습식은 수중에서 직접 실시하는 간편한 용접이며, 용접장소의 현장이 복잡한 경우, 용접선이 짧으면서도 부분적으로 현상이 급변하는 경우, 혹은 응급 처치를 하여야 하는 경우 등에는 필수의 방법이다. 이 방법은 용접열원 및 용접장소가 물로 둘러싸여 있으므로 매우 간단한 방법으로 용접부에 기체공동을 만들어 열원의 안정성 확보와 용접장소에 물의 침입을 막는 데에 여러 가지의 연구가 이루어지고 있다. 습식 수중 아크 용접은 용접에 필요한 국부적인 기체 공동의 형성과 용접 작업을 동시에 해야 하며, 또한 수증기와 용융금속의 반응, 용접부의 냉각속도 증대 등에 의해 균열이나 기공 등 용접결함이 발생하기 쉽다.

그러나 고체 용기를 사용하지 않으므로 용접 치수에 제약이 없고 설비비도 싸므로 피복 아크 용접봉을 사용하는 수중 피복 아크 용접은 수중에서는 가장 간편하고 직접적인 용접법으로 적합하다는 연구결과도 있다.

수중용접봉은 일미나이트계(KS E4301)가 제일 적합하고 발전기용량은 직류 300Amp 이상 사용하며, 수중절단은 가스절단과 아크절단이 있으나 직류용접기를 이용한 산소아크절단이 많이 사용되고 있다. 산소아크절단은 금속중공관을 전극으로 하여 피 절단물과의 사이에 아크를 발생시켜 피 절단물을 용융시키고, 금속중공관 중에서 산소가스를 분출시켜 용융금속을 날리면서 절단한다. 또 이 산소가스는 용융금속과의 사이에 화학반응을 일으키고 용융점의 열보전작용도 하며 금속중공관(일반적으로 가우징봉이라고 함) 발전기 용량은 직류 600Amp 이상이어야 한다. 육상 용접보다 높은 전류를 사용하며 또한 물에는 전기 전도성이 있으므로 전기 충격의 위험성을 막기 위해서는 모든 안전수칙을 엄격히 준수해야 한다.

13. 주철의 용접에서 저온으로 용접하는 냉간 용접 (Cold Welding Method)

1 주철의 용접에서 저온으로 용접하는 냉간 용접(Cold Welding Method)

냉간 용접법(cold welding process)은 주철 용접을 할 때에 모재에 예열을 전혀 주지 않거나 국부적으로 저온 예열을 하고 될수록 낮은 입열로 용접하는 방법이다. 이때에는 용접부의

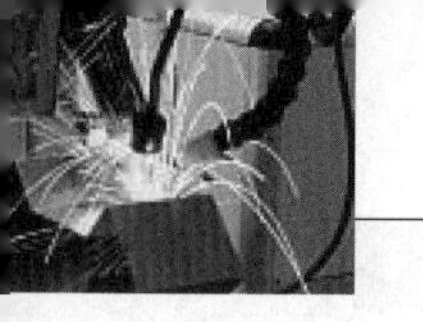

급열급랭으로 인한 백선화를 방지하기 위해서 그러한 경향이 적은 니켈 또는 니켈계의 합금 용접봉을 주로 사용한다.

2 용접방법

가능한 한 가는 지름의 용접봉을 사용하고 저 전류로써 위빙을 하지 않고 짧은 비드를 놓는다. 뜀 스컴법 또는 대칭법에 의해서 열응력의 집중을 피하고 비드마다 열 변형이나 잔류 응력을 경감시키는 것이 중요하다.

14. 고전류 매몰아크 용접법

1 특징

일반적인 아크용접에서 용입 깊이를 깊게 하는 방법으로 매몰아크를 이용한다. 매몰아크란 와이어 선단이 모재 표면부 또는 용융금속 표면부보다도 깊은 위치에 있는 상태에서 아크가 발생하는 현상을 말한다. 그림 1에 매몰아크와 일반아크의 차이점을 보인다. 매몰아크의 문제점은 아크 안정화가 매우 어렵고, 특히 고전류역에서는 더욱 어렵다는 것이다. 따라서 지금까지 매몰아크를 이용하는 용접법은 널리 보급되지 못하였다. 그러나 최근에 매몰아크의 연구가 다수 이루어져 용접선류 300A 정도에서의 안정화 기술이나 판 두께 10mm 정도를 1 패스 관통용접으로 가능한 방법이 개발되어 있다.

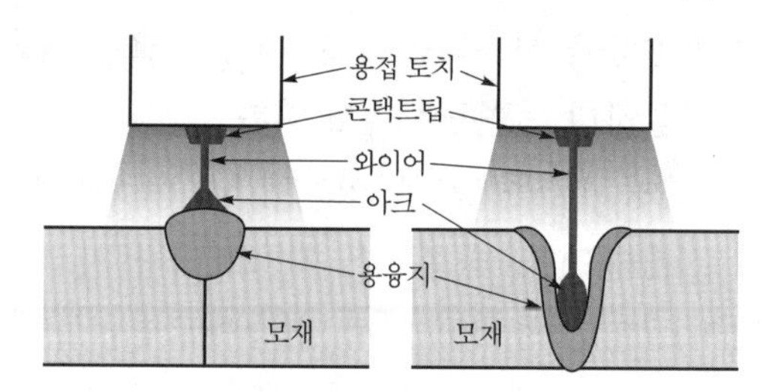

그림 1. 일반아크(왼쪽)와 매몰아크(오른쪽) 양상의 차이

2 적용 사례

일반적인 정전압 특성의 용접전원을 이용하여 500A 이상의 고 전류역에서 매몰아크를 관찰하면 용융지 내부에 형성된 공간(매몰 공간)의 개구부가 크게 요동하여 매우 불안정한 용융지 거동을 보인다. D-Arc 용접법으로 명명된 개발 용접법에서는 이 요동을 억제하며 용접을 안정화시키기 위해 디지털 인버터제어에 의해 전원 외부 특성을 최적화시켜 전압 진폭 제어를 실행하여 500A 이상의 고 전류역에서도 안정된 매몰아크를 실현시켰다. 판 두께 19mm의 후강판 용접 시에 대해 D-Arc 용접법과 일반 MAG 다층용접과 비교하면 그루브 단면적을 약 67% 저감에 따라 1 패스용접화로 용접시간을 약 80% 단축하고, 용접으로 인한 각 변형량도 85% 저감할 수 있었다. 용접시간의 단축에 의해 소비전력 및 와이어 소비량도 삭감이 가능하며 공수를 포함한 전 비용(total cost)은 약 80% 저감할 수 있다는 결과를 얻을 수 있었다.

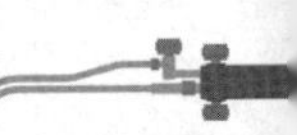

15. 탄산가스(CO_2) 아크용접의 스타트순서

1 개요

직류용접법의 일종으로 용접 와이어는 +극, 모재는 −극을 갖고 탄산가스의 분위기 속에서 용착금속의 산화나 질화를 막으며, 전원으로부터 얻어지는 전력에 의하여 와이어와 모재 간에 Arc를 발생시킨 발열로써 와이어의 용융액을 모재에 깊이 침투시켜 두 개 이상의 금속편을 하나로 접합시키는 용접방법이다.

2 탄산가스(CO_2) 아크용접의 스타트순서

아크의 발생은 다음과 같다.

① 용접 전원스위치를 켜고 적정 용접조건을 설정한다.

② CO_2가스유량을 15L/min로 조정한다.

③ 와이어 끝단과 모재 간격이 약 3mm로 될 때까지 모재에 접근하여 토치스위치를 잡아 눌러서 아크를 발생시킨다.

재스타트의 경우는 이전의 용접에 의해서 와이어 끝단이 둥글게 되며, 이의 아래쪽에 Slag가 부착되는 경우가 많고, 이것이 아크 발생을 방해하는 경우가 있다. 그래서 다음 그림 2의 b와 같이 와이어 끝단을 모재에 문지르는 것과 같이 한다.

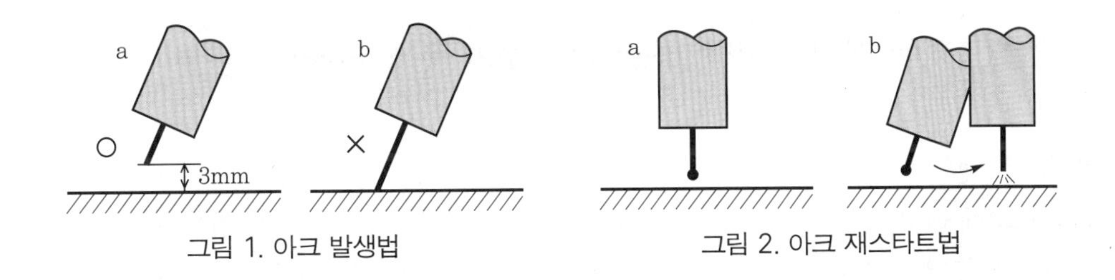

그림 1. 아크 발생법　　그림 2. 아크 재스타트법

16. AVC(Automatic Voltage Control)와 아크 오실레이터 (Arc Oscillator)

1 AVC

AVC(Automatic Voltage Control)의 작동원리는 다음과 같다.

① GTAW에서 자동화에 사용되거나 산성을 증가시키기 위한 부수적인 장치이다.

② 아크전압이 아크길이에 비례하여 변화하는 특성을 이용하여 아크길이를 일정하게 제어하

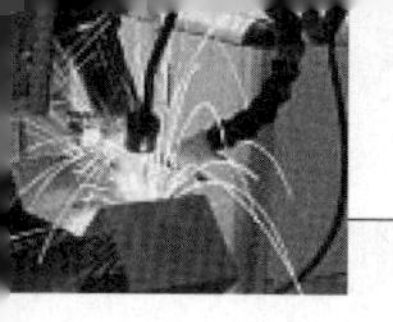

는 데 사용한다.

③ 이 장치는 측정된 용접전압과 설정전압을 비교하여 용접토치를 상하로 이동시켜 아크길이를 일정하게 유지한다.

④ 파이프의 자동용접과 같이 용접자세의 변화에 따른 아크길이의 변화를 감지하여 아크길이를 일정하게 유지시킨다.

⑤ 그러나 용접전압과 아크길이의 관계를 정확하게 알 수 없기 때문에 VC에 용접전압을 입력하는 대신 원하는 아크길이로 전극봉을 위치시키고 용접을 행하면서 용접전압을 측정하고 전압을 입력시켜 유지함으로써 아크길이를 일정하게 유지한다.

2 아크 오실레이터

아크 오실레이터(Arc Oscillator)의 작동원리는 다음과 같다.

① 용접토치의 전방에 설치된 전자석을 이용하여 자기장을 발생시켜 아크가 용접전류와 자기장의 방향에 대하여 직각으로 휘어지도록 고안한 장치이다.

② 아크의 휘는 거리와 주파수는 전자석의 자기장 세기와 주파수에 비례한다.

③ 부착위치에 따라 다양한 기능을 사용할 수 있다. 즉 토치의 전방에 부착하면 용접선에 직각방향으로 아크를 움직여 위빙동작을 대체할 수 있으며, 토치 측면에 부착시키면 아크를 용접선의 전방으로 향하므로 고속용접에 적용할 수 있다.

17. GTAW에서 슈퍼티그(Super TIG)의 목적과 특징

1 개요

슈퍼티그(Super TIG)는 세계적으로 산업계에서 고수되어온 철사모양의 원형 용접봉(와이어)을 폭이 큰 띠모양으로 바꾸어 중간에 오목한 홈이 있는 C형으로 성형한 것이다. 같은 전류로 용접했을 때 용접봉이 녹아 용접부에 용착되는 속도가 종전보다 Super-TIG용접으로 명명된 이 용접 신기술이 2~5배가 빨랐다. 관점의 전환에 의해 얻어진 발명으로 플라즈마에너지를 획기적으로 잘 흡수하였기 때문이다.

2 슈퍼티그(Super TIG)의 목적과 특징

현재 이들 해양플랜트에 자주 적용되는 9% 니켈강 용접의 경우 조선소에서 가장 많이 쓰는 용접방식(FCAW, SAW)을 사용한다. 이 경우 고온균열시험과 굽힘시험에서 균열문제가 발생, 저가의 인코넬와이어를 쓰지 못하고 고가의 하스텔로이계의 와이어를 써야 했다.

그러나 Super-TIG용접기술은 고가가 아닌 저가의 인코넬625 C형 용가재를 사용해도 효율이

높은 것으로 나타났다. 용접봉 비용도 절반 수준까지 낮아지고 생산성도 기존의 FCAW, SAW 대비 동등 이상으로 높기 때문에 용접원가가 현저히 낮아지는 것으로 분석됐다.

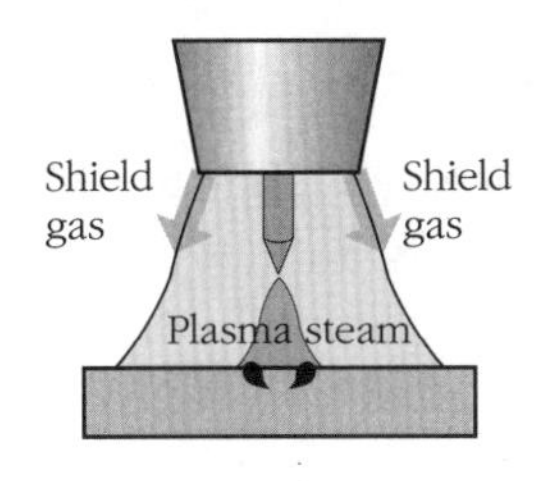

(a) φ1.2(기존 TIG용접)

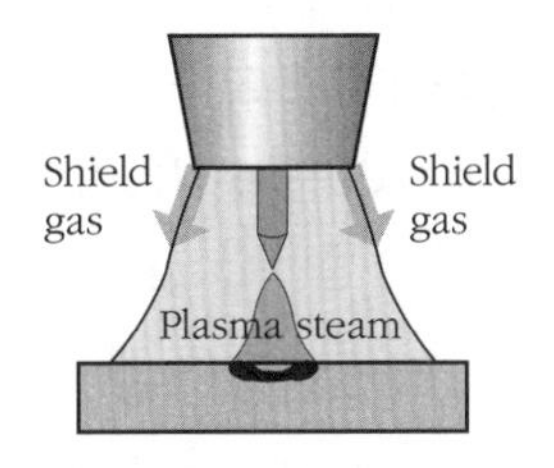

(b) C-Filler(Super TIG용접)

그림 1. 용접특성 비교

18. 가스텅스텐 아크용접기에 고주파 발생장치가 설치되어 있는 이유와 취급상의 주의사항

1 개요

불활성 가스텅스텐 아크용접(TIG)은 텅스텐봉을 전극으로 써서 가스용접과 비슷한 조작방법으로 용가재(filler metal)를 아크로 용해하면서 용접한다. 이 용접법은 텅스텐을 거의 소모하지 않으므로 비용극식 또는 비소모식 불활성 가스 아크용접법이라고도 한다.

2 가스텅스텐 아크용접기에 고주파 발생장치가 설치되어 있는 이유와 취급상의 주의사항

교류용접 시 용접 중에도 계속 작동하며 직류용접(정극성, 역극성)에 사용되는 고주파장치는 아크를 발생할 때만 작동되고 아크 발생 뒤에는 작동하지 않으며, TIG용접의 고주파 전원 사용 시 장점은 다음과 같다.

① 비접촉에 의한 용착금속오염을 방지한다.
② 일정한 간격을 유지하여 아크를 발생하기 때문에 전극봉의 수명이 연장된다.
③ 긴 아크 유지가 용이하다.
④ 동일한 전극봉 크기로 사용할 수 있는 전류범위가 크다.
⑤ 낮은 전류의 용접이 용이하다.
⑥ 전극봉이 많은 열을 받지 않는다.
⑦ 전자세 용접이 용이하다.

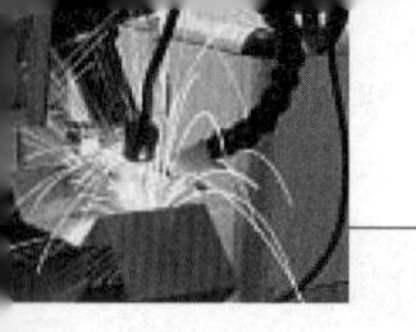

용접기로부터의 노이즈 발생원과 그 방지대책은 TIG용접기는 아크 스타트 시에 고주파 발생장치에 의한 고주파 전압을 텅스텐 전극과 모재와의 사이에 인가하여 아크 스타트를 시키는 방식이 일반적으로 사용된다. 또한 인버터제어식 용접기에서는 인버터제어기술의 진전과 함께 제어주파수가 고주파화되었다. 고주파 중에서 비교적 강력한 것이 다른 전자기기에 영향을 미칠 수가 있으므로 용접 시 모든 전자기기장치를 가능한 영향을 받지 않도록 이격시킨다.

19. MIG용접에서 직류역극성을 사용하는 이유

1 개요

극성에 따라 달라지게 되는 MIG용접의 용입은 피복아크용접과 TIG용접법의 용입상태와 현상이 반대이다.

2 MIG용접에서 직류역극성을 사용하는 이유

그림 1과 같이 역극성의 경우 용접봉이 양극일 때 스프레이형의 금속이행을 하고, 용융금속의 미세입자에 충돌하여 모재를 격렬히 가열하므로 유두상의 깊은 용입이 생긴다. 반대로 용접봉이 음극을 띠는 정극성의 경우 아르곤의 양이온과 모재에서 방사하는 금속 양이온이 전극의 선단 아래쪽에서 충돌하여 용적을 들어 올려 낙하를 방해하므로 전극의 선단이 편평한 머리부를 만들게 된다. 입상형의 금속이행이 일어나 모재의 용입은 비교적 얇고 평평한 모양을 띤다.

MIG용접은 주로 그림 1의 (a)와 같은 직류용접의 역극성을 이용한다. 금속이행은 Globular(용적), Short-circuiting(단락), Spray(스프레이), Pulsed-spray의 4가지로 나눈다.

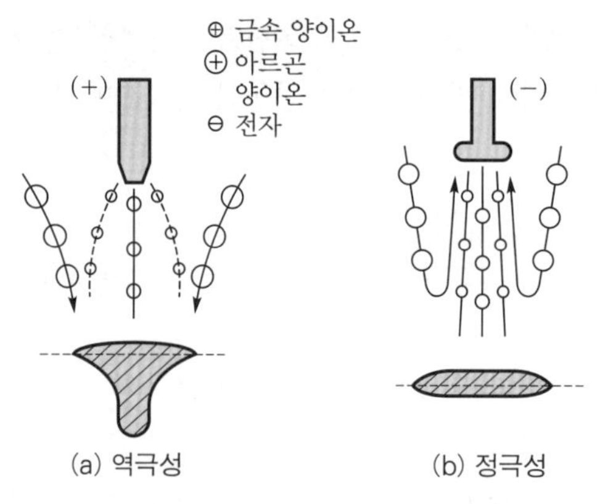

그림 1. MIG용접에서 역극성과 정극성

20. 가스텅스텐 아크용접(GTAW)에서 아르곤(Ar), 헬륨(He) 보호가스를 사용할 때 각각의 용접부 특성 비교

1 개요

GTAW의 원리는 TIG용접은 비소모성 텅스텐용접봉과 모재 간의 아크열에 의해 모재를 용접하는 방법으로서 그림 1과 같이 용접부 주위에 불활성 가스를 공급하면서 용접하는 것이다.

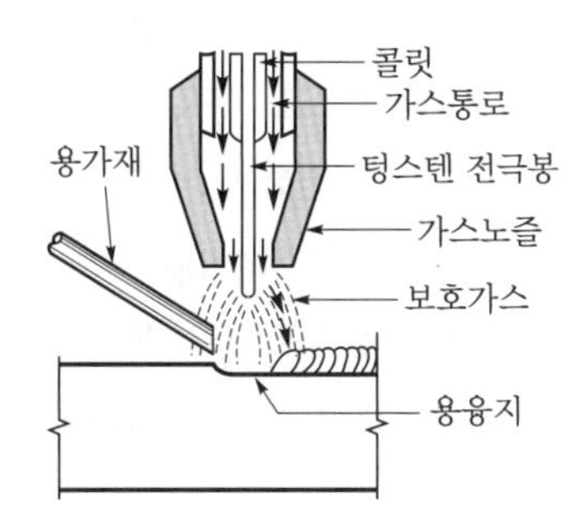

그림 1. GTAW의 원리

2 보호가스(Shield gas)

주로 아르곤과 헬륨을 많이 사용하며 각각의 특징은 다음 표와 같다.

특징	아르곤(argon)	헬륨(helium)
열적 핀치력	낮다.	높다.
아크전압	낮다(열의 발생이 적다).	높다(열의 발생이 많다).
아크 발생	헬륨보다 쉽다.	아르곤보다 어렵다.
열영향부(HAZ)	헬륨보다 넓다.	아르곤보다 좋다.
가스소모량	적다(분자량 40).	많다(분자량 4).
아크안정성	좋다.	아로곤보다 나쁘다.
모재두께	박판에 좋다(열의 발생이 적다).	후판에 좋다(열의 발생이 많다).
청정작용	있다(DCEP, AC).	없다.
용입(penetration)	얕다.	깊다.
기타	수동용접에 좋다.	자동용접에 좋다.

혼합가스는 헬륨(25% 또는 50%)과 아르곤(75% 또는 50%)을 혼합한 가스로, 순아르곤일 때보다 용입이 깊고, 아크안정성은 거의 같다.

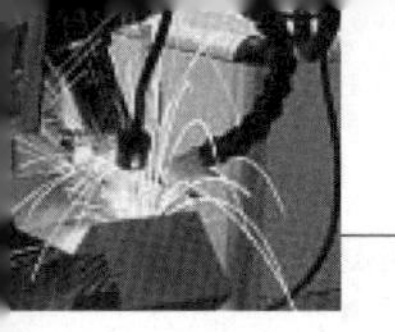

 21. 서브머지드 아크용접에서 다전극용접방식의 종류

1 개요

서브머지드 아크용접은 아크나 용융지가 용제에 의해서 실드(shield)되어 대기에서 격리된 상태에서 용접이 이루어지므로, 대기 중의 유해원소(산소, 질소, 수분 등)의 침입이 없고 심선에 대전류를 통할 수 있으므로 아크열에 의한 열에너지의 손실이 대단히 적으며, 용입이 크고 높은 능률로 용접할 수 있다. 이 경우 용적(globular)은 비교적 작은 입자의 스프레이(spray)상으로 되어 모재에 용착한다. 아크전압을 높이면 비드의 폭이 넓어지고, 용접전류를 크게 하면 용입이 깊어진다. 심선의 용융속도, 즉 용접봉의 용착속도는 거의 전류에 비례하게 되나 능률을 한층 더 향상시키기 위하여 2개 이상의 전극을 사용하는 다전극법(multiple electrode)을 사용하는 방법이 있다. 서브머지드 아크용접은 용접속도가 피복용접속도가 피복아크수용접에 비해서 판두께 12mm의 연강판에서 2~3배, 25mm일 때 5~6배, 50mm일 때 8~12배나 되므로 능률이 높다.

2 서브머지드 아크용접에서 다전극용접방식의 종류

서브머지드 아크용접의 다전극용접의 종류는 다음과 같다.

① 탠덤식 : 비드폭이 좁고 용입이 깊다.

② 횡병렬식 : 2개의 심선을 공동 전원에 연결하며 비드폭이 넓고 용입이 낮다.

③ 횡직렬식 : 2개 심선을 독립전원에 연결하며 모재엔 연결하지 않는다. 비드폭이 넓으나 용입이 얕아 SUS를 일반 강에 덧붙임(육성)할 때 사용(용입 10% 이하)한다.

 22. CO_2가스를 사용하는 flux cored arc welding의 장단점을 shield metal arc welding과 비교

1 개요

플러스코어드 아크용접(FCAW, Flux Cored Arc Welding)의 원리는 GMAW와 유사하나, 이름 자체가 의미하는 바와 같이 와이어 중심부에 플럭스가 채워져 있는 플럭스코어드와이어(FCW)를 사용한다. 따라서 FCAW는 FCW를 일정한 속도로 공급하면서 전류를 통하여 와이어와 모재 사이에 아크가 발생되도록 하고, 발생된 아크열로 용융지와 용접비드가 형성되도록 하는 용접법이다.

FCAW는 보호가스 사용 여부에 따라 가스보호 FCAW와 자체 보호 FCAW로 분류된다. 가스

보호 FCAW(그림 1)에서는 외부에서 별도의 보호가스를 공급하여 용융부가 보호가스뿐만 아니라 플럭스에서 생성된 슬래그에 의해 보호된다. 따라서 자체 보호 FCAW(그림 2)에서는 외부에서 추가적인 보호가스가 공급되지 않기 때문에 FCW의 플럭스에서 발생하는 가스와 슬래그에 의해 용접부가 보호되며, 이것은 SMAW의 원리와 유사하다.

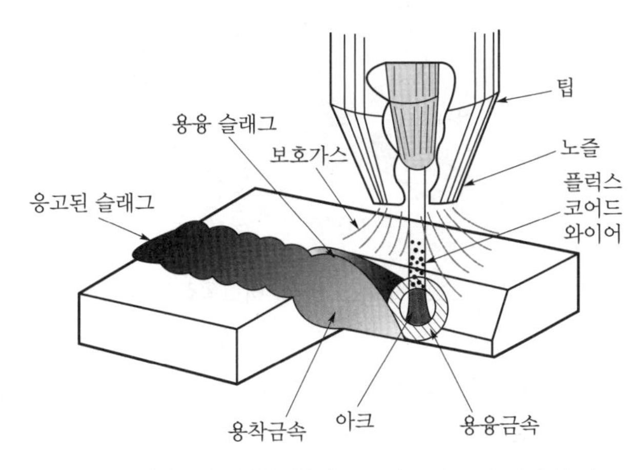

그림 1. 가스보호 플럭스코어드 아크용접의 원리

2 CO_2가스를 사용하는 flux cored arc welding의 장단점을 shield metal arc welding과 비교

코어와이어는 내부에 충진된 재료에 따라 슬래그를 형성하는 플럭스가 주성분일 경우에는 플럭스코어드와이어라고 하며, 금속분말이 주성분일 경우에는 특별히 메탈코어드와이어라고 부른다. 메탈코어드와이어는 슬래그가 생성되지 않고 보호가스를 필히 사용해야 하기 때문에 GMAW와이어의 일종으로 분류하기도 한다.

FCAW에서는 플럭스가 용융되어 슬래그를 형성하기 때문에 SMAW에서와 같이 응고된 슬래그는 브러시나 치핑해머 등으로 철저하게 제거하여야 한다.

이러한 측면에서 FCAW는 SMAW와 GMAW의 특성을 조합시킨 용접법이라고 할 수 있는데, 여기서는 FCW의 주용접법인 CO_2아크용접, MIG용접을 중심으로 solid wire와 대비하여 장단점은 다음과 같다.

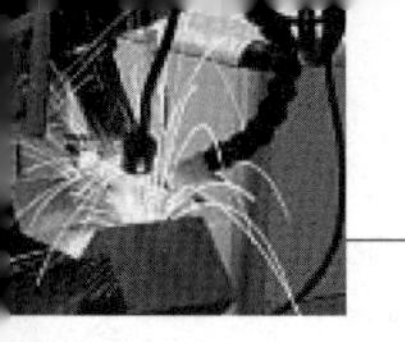

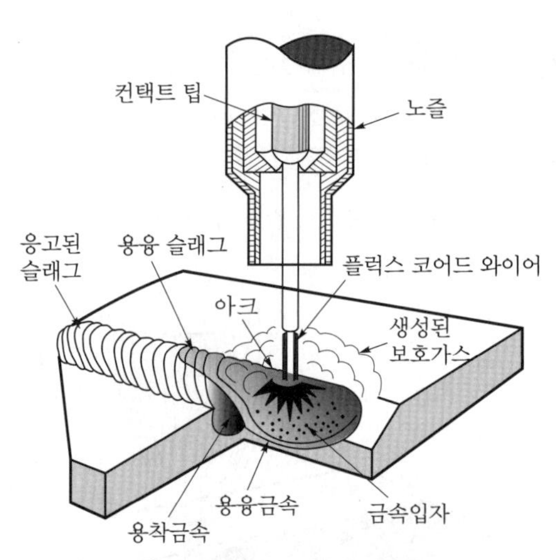

그림 2. 자체 보호 플럭스코어드 아크용접의 원리

(1) 장점

① 용착속도가 빠르다. 하향이나 횡, 수평 필릿용접에서는 solid wire에 비하여 10% 이상 용착속도가 빠르며, 특히 vertical이나 overhead의 경우는 flux 작용에 의하여 고전류에서 용접이 가능하므로 2배 이상의 속도 차이가 난다. 이는 FCW의 외피금속을 따라 전류가 흐름으로 전류밀도가 상승하기 때문이다.

② 전자세 용접이 가능하다. Solid wire의 경우 vertical이나 overhead의 경우 용융물이 흘러내려 적용에 어려움이 있고 높은 기량이 요구되나, FCW는 Flux에 의한 슬래그 보호로 용융물이 흘러내리지 않아 전자세 용접이 가능하다.

③ 용접비드 외관 및 형상이 양호하고 슬래그의 박리성이 좋으며 spatter의 발생량이 작다. 용제가 필요 없으므로 용접 후에도 슬래그의 혼입이 없어 후처리가 간단하다. 모든 자세의 용접에 적용이 가능하고 용접의 전류밀도가 크므로 용입이 깊고 용접속도가 빨라 능률적이다. 또한 상승특성의 아크전원을 사용함으로 아크가 안정이며 Spatter가 적고, 특히 표 1에서 나타낸 바와 같이 수직상진용접에서 고전류 사용이 가능하며 용착속도가 빠른 것이 큰 장점이다.

표 1. 용접기법 및 자세에 따른 용착속도 비교

용접법(용접재료)	용접자세	적정 용접조건		용착속도 (g/min)
		전류(A)	전압(V)	
피복아크용접 (D5016, 4mm)	아래보기	170	25	24
	수직상진	140	23	22
CO_2용접 (1.2mm, 솔리드와이어)	아래보기	280	30	87
	수직상진	130	20	28
FCA용접 (1.2mm, FCW)	아래보기	300	32	88
	수직상진	200	24	45

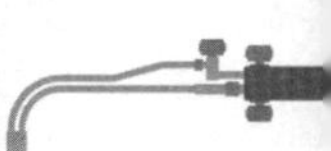

(2) 단점

Solid wire에 비하여 용착효율(88%)이 작으며(solid wire 95%), 흄의 발생량이 많아 작업요건에 어려움이 있고 가격이 비싸다. 사용되는 전류가 200A 이하인 경우는 보호가스의 조성에 관계없이 입상이행의 형태를 보여주는데, 입상이행 시 wire에서의 용융풀이 모재와 맞붙은 경우 전류가 갑자기 상승하여 폭발함으로써 spatter가 다량으로 발생하게 되며 CO_2 보호가스인 경우 반발이행으로 spatter가 많이 발생하게 되므로 주의해야 한다.

23. 일렉트로 슬래그용접과 일렉트로 가스용접의 원리, 특성 비교

1 개요

일렉트로 슬래그용접법(electro slag welding)은 전기용융법의 일종으로 아크열이 아닌 와이어와 용융슬래그 사이에 흐르는 전류의 저항열을 이용하여 용접을 하는 특수 용접법이며, 일렉트로 가스용접법(electro gas welding)은 수직 전용 용접이라는 점에서는 일렉트로 슬래그용접과 같지만 사용되는 열원이 아크라는 점에서 크게 다르다.

2 일렉트로 슬래그용접과 일렉트로 가스용접의 원리, 특성 비교

(1) 일렉트로 슬래그용접(ESW, Electro Slag Welding)

일렉트로 슬래그용접법은 전기용융법의 일종으로 아크열이 아닌 와이어와 용융슬래그 사이에 흐르는 전류의 저항열을 이용하여 용접을 하는 특수 용접법으로 보통 매우 두꺼운 판과 후판의 용접에 사용한다. 용융된 슬래그 풀에 용접봉을 연속적으로 공급하며, 주로 용융슬래그의 저항열에 의하여 용접봉과 모재를 연속적으로 용융시키는 방법이다.

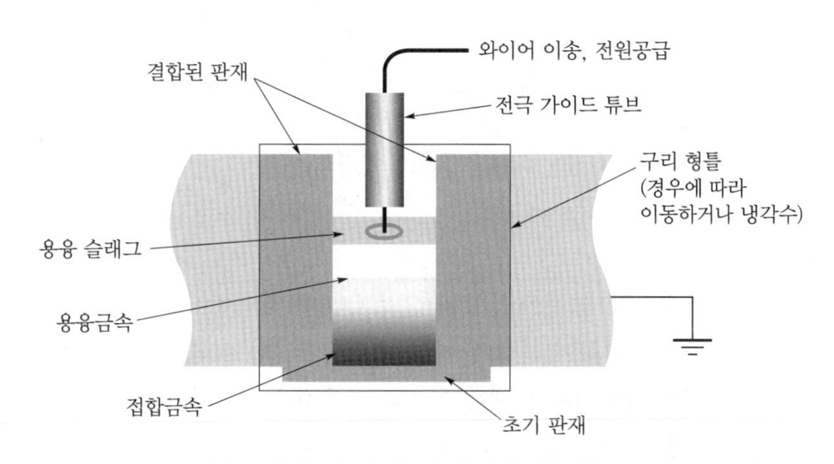

그림 1. 일렉트로 슬래그용접에 쓰이는 장치

1) 용접원리

처음 아크를 발생시킬 때는 모재 사이에 공급된 플럭스(용제) 속으로 와이어를 밀어 넣고서 전류를 통하여 순간적으로 아크가 발생하며 서브머지드 아크용접과 유사하지만, 처음 발생되는 아크가 꺼져버리고 저항열로 용접이 계속된다는 점에서 서브머지드 아크용접과 다르다. 처음 발생된 아크에 의해 용융된 모재와 용접와이어, 그리고 플럭스가 화합하여 전기저항이 큰 용융슬래그를 형성하고, 발생된 아크는 꺼지면서 슬래그에 의한 저항열로서 용접이 계속된다.

2) 용접전류

주로 교류의 정전압특성을 갖는 대전류를 사용하며 피용접물의 두께에 따라 400~1,000A, 전압은 35~50V 정도이다. 전극은 서브머지드 아크용접과 거의 같은 계통의 것이 사용되고 있다.

(2) 일렉트로 가스용접(EGW, Electro Gas Welding)

일렉트로 가스용접법(electro gas welding)은 수직 전용 용접이라는 점에서는 일렉트로 슬래그용접과 같지만 사용되는 열원이 아크라는 점에서 크게 다르다.

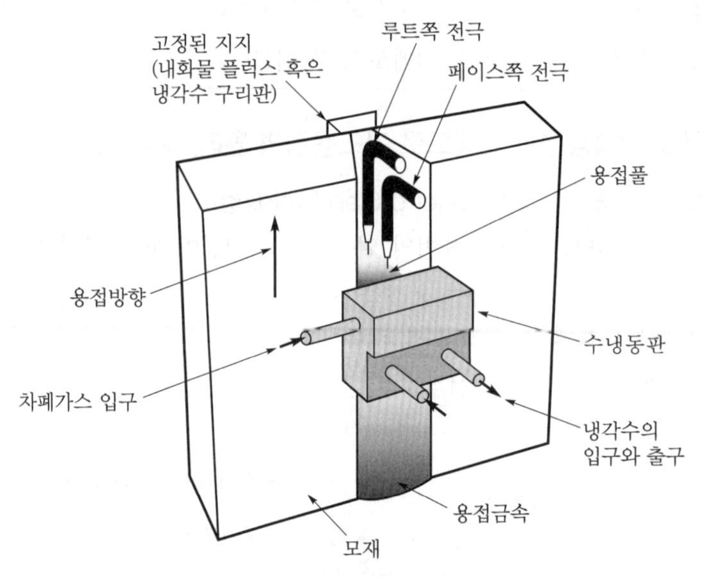

그림 2. 일렉트로 가스용접

1) 용접원리

수냉동판으로 용접 부위를 둘러싸고 그 안으로 CO_2를 집어넣어 보호가스분위기를 만든 이후에, 와이어가이드노즐을 통하여 복합(용접)와이어를 송급하여 복합와이어 끝과 모재 간에 발생하는 아크에 의해 복합와이어와 모재를 용융하여 용접을 진행한다. 보호가스는 모재의 재질에 따라서 사용되며 강에 대해서는 주로 CO_2가 사용되지만 CO_2-Ar, Ar-O_2 등의 혼합가스를 사용할 때도 있다.

제4장
용접야금

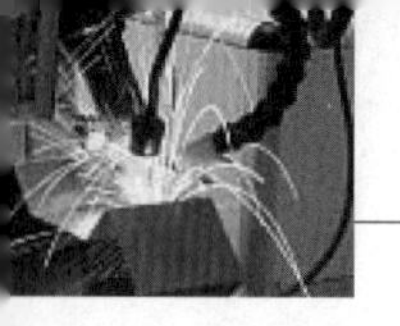

1. 탄소당량(Carbon Equivalent)

1 정의

Cold Cracking에 미치는 합금원소의 영향을 탄소를 기준으로 탄소를 등가로 환산한 것인데 탄소당량은 일종의 경험적 수치이며, 강재의 성분량과 이것이 경화성에 미치는 영향을 수치로 표현한 것들을 보태어 구한 값이다. 일반적으로 탄소성분이 높을수록 임계점에서의 냉각속도가 빠르므로 예열이 필요하며 저수소계 용접봉을 써야 한다.

2 관련식

(1) 철강의 성질, 특히 용접부의 기계적인 성질은 탄소량에 의해 크게 변화하는데, 망간을 비롯해 기타 합금원소도 약간의 영향을 미친다. 이 영향력을 탄소의 영향력으로 환산한 것을 탄소당량이라고 하며, 기호 C_{eq}로 나타낸다.

$$C_{eq}(\%)=C+(Mn)/6+(Si)/24+(Ni)/40+(Cr)/5+(Mo)/4+(V)/14$$

(2) 또한 보통 주철에 있어서는 합금원소의 영향을 Fe-C이원계 상태도에 적용시켜 그 성분의 영향을 설명하는데, 특히 탄소, 규소, 인의 양에 크게 좌우되므로 그 탄소당량의 식은 다음 식에 의해 계산된다. $C_{eq}(\%)=C\%+1/3\ (Si\%+P\%)$

3 탄소당량의 활용 및 용도

(1) HAZ의 경화기준.

(2) 용접재료 선택, 예열, 후열여부 판단기준(탄소당량 0.44% 이상은 예열 및 후열 필요).

(3) 강재의 저온균열 감수성 평가.

(4) 구조용강의 용접열영향부 경화성 판정.

(5) 탄소강의 Under Bead Cracking 판정.

(6) 저합금강의 용접성 판정.

2. 용접부(Weld metal)의 결정립 미세화 방법을 2가지 이상 나열

1 개요

페라이트계 스테인리스강은 니켈을 함유하지 않은 스테인리스강으로서, 일반적으로 오스

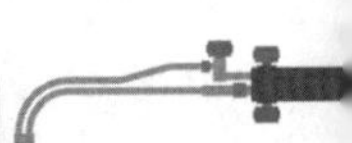

테나이트계 스테인리스강에 비해 낮은 가격과 내부응력 부식 특성이 우수하다는 장점을 갖는다. 또한, 온도변화에 의한 열팽창률이 적어 그 이용 및 수요가 점차 증가하고 있는 소재이다.

이러한 페라이트계 스테인리스강은 특히 자동차 배기계용 파이프로의 이용에 대해 적극 검토되고 있으며, 실제로 여러 방면에서 자동차 배기계 관련 제품의 생산에 사용되고 있다.

일반적인 자동차 배기계 관련 제품의 제작공정은 크게 파이프를 제작하는 조관용접 공정 및 제작된 파이프를 적당한 사이즈로 확관 및 설계에 알맞게 밴딩하는 가공공정을 포함하는 조립공정으로 나눌 수 있으며, 특히 자동차 배기계용 조관공정에서 적용되는 용접방법으로는 크게 TIG 용접, ERW 용접, LBW 용접방법 등이 있다.

이들 용접방법들 중 TIG 용접은 가장 오래전부터 사용되어 온 용접 방법으로, 용접 장치 및 설비의 초기 투자비가 저렴하여 최근까지도 널리 사용되고 있는 방법이다.

2 용접부(Weld metal)의 결정립 미세화 방법을 2가지 이상 나열

TIG 용접은 ERW 용접이나 LBW 용접에 비해 용접부의 결정립이 조대해지는 단점이 있기 때문에, 용접 이후에 수행되는 밴딩 혹은 확관과 같은 가공 공정 시 용접부에 균열이 발생하는 등 용접부의 가공성이 저하되는 단점을 가진다.

따라서 이러한 문제를 해결하고 용접부 결정립을 미세화시키기 위한 방법은 다음과 같다.

(1) 용접 직후 용접부를 급랭시키는 방법이 나타났으나 급랭에 의한 용접부의 경도가 높아질 수 있으며, 별도의 설비 및 장치가 필요하기 때문에 비용이 증가되는 문제점이 존재한다.

(2) 또한 Ne가 함유된 복합 쉴딩가스를 이용하여 용접 시 강재 내의 원소와의 반응을 이용하여 질화물을 형성시키고, 이 질화물을 결정립 핵 생성 사이트로 작용하도록 하여 결정립을 미세화시키는 방법도 종래에 나타났으나, 이 방법은 용접부 내에 Ne가 과다 혼입되어 용접부가 경화될 우려가 있다.

3. 용접부(Weld metal or fusion zone) 응고에서의 Epitaxial 성장과 경쟁성장(competitive growth)에 대하여 설명

1 개요

Arc Welding의 경우 arc열에 의하여 생성된 용융지(Molten Pool)가 응고하는 과정은 금형 주물의 응고과정과 비슷하게 생각되나 실은 응고의 제 1단계에서 양자간에 큰 차이가 있다. 즉, 금형에 주입된 용융금속이 응고하는 경우는 금형과 이에 접한 주조금속과는 응고 후 별도로 분리할 수 있으며, 양자가 서로 융합해서는 안 될 것이다.

이에 반하여 융접의 경우에는 금형 속에 있는 용융금속과 금형이라고 볼 수 있는 모재 용

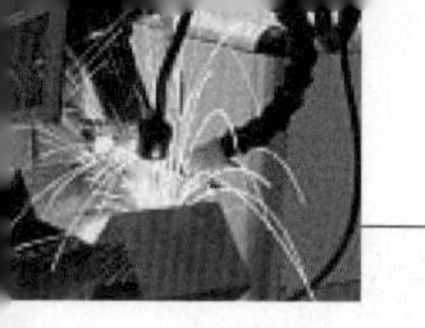

융부 단면과는 완전히 융합되어야 할 것이다. 금형주조 부분의 응고에서는 금형에 접한 주조 금속이 열적 과냉각(Thermal Supercooling)을 받아 그 내부에 결정핵이 생성되어 이것이 성장하는 과정을 거칠 것이다.

2 용접부(Weld metal or fusion zone) 응고에서의 Epitaxial 성장과 경쟁성장(competitive growth)에 대하여 설명

Epitaxial structure란 결정이 다른 결정면위에 일정한 방향으로 성장하여 형성된 구조를 말하며, 예를 들면 반도체 등에서 단결정 기판위에 기상 또는 액상으로 결정축을 맞추어 결정을 성장시킨 구조이다. 그런데 아크 용접에 의한 용접부 응고구조는 용융지(weld pool)의 응고시 고체-액체 계면에 있는 고체결정들에서 핵생성으로 생성된 결정들에 의해 형성된다. 이들 각 결정립들은 처음에는 용융경계를 따라 연속적인 결정립으로 형성되고, 이어 용융경계가 전방으로 이동하면 이들 결정립들이 주상정 형태로 계속 성장하게 된다. 또 결정립들 사이의 경쟁에 의해 결정입자의 크기가 결정으로 경쟁성장(competitive growth)을 하며, 그 결과 응고모드는 응고조건에 따라 planar, cellular, cellular-dendritic과 columnar dendritic으로 형성된다.

 4. FSW(Friction Stir Welding)법에 의한 용접부의 형성

1 원리

접촉면의 고속회전에 의한 마찰열을 이용하여 압접하는 방법이며, 그림과 같이 부재의 한 쪽을 고정하고 나머지는 이에 가압접촉시키면 접촉면은 마찰열로 급격히 온도가 상승하므로 적당한 압접온도에 달하였을 때, 강압을 가하며 업셋(upset)시키고 동시에 회전을 정지하고 압접을 완료한다. 보통 콘벤셔널형(Conventional type)이라 하며 그 밖의 플라이 휠형(flywheel type)도 있다.

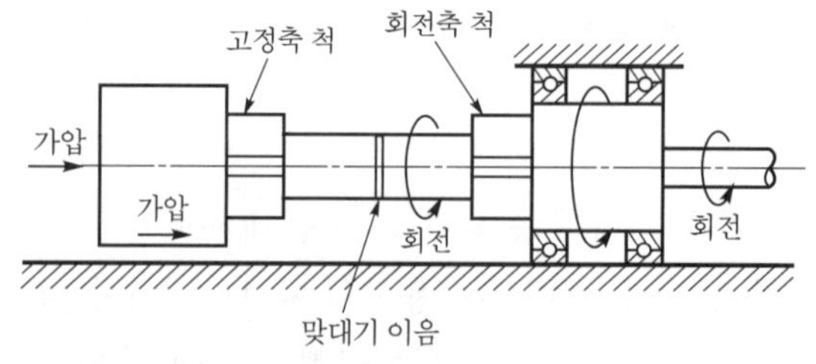

그림 1. 콘벤셔널형 마찰압접의 원리

2 FSW(Friction Stir Welding)법에 의한 용접부의 형성

마찰로 접합면의 청정이 이루어지므로 산화물, 불순물은 전단작용으로 제거된다. 용접결과는 극히 양호하며, 철강제는 물론이고 많은 비철금속, 이종금속의 접합이 가능하다.

사진 1. 마찰용접

(1) 고품질의 접합강도

컴퓨터로 제어되는 마찰열, 진공, 순간압접으로 두 용접재의 표면입자까지 철저히 접합시키며 마찰용접 접합부의 인장강도는 각 모재(母材)보다 높게 되며, 사진에서 보는 것처럼 인장강도 실험결과 접합부분은 끊어지지 않고 모재(母材)의 다른 부분이 끊어지고 있다. 고탄소강의 경우 마찰용접 시의 고열로 인해 열영향부가 모재에 비해 경화(硬化)될 수 있다.

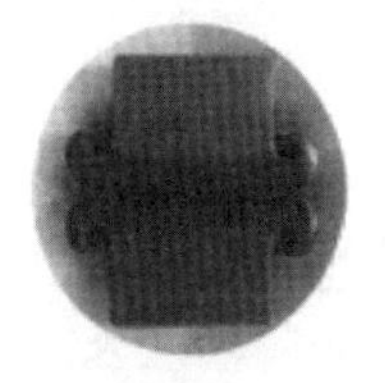

사진 2. 마찰용접부위 단면

사진 3. 마찰용접 부분의 100배 확대(S45C)

(2) 비철금속, 이종금속의 접합이 자유롭다

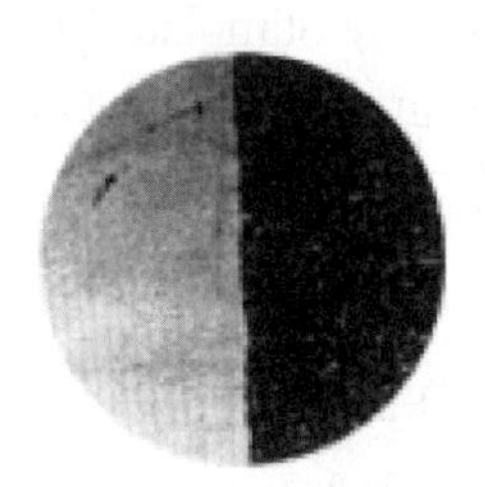

사진 4. 〔Al+Cu〕 마찰접합

동종재는 물론, CO_2용접, 저항용접, 전자빔용접 등 기존의 용접방식에는 곤란한 이종금속, 비철금속까지 자유롭게 접합시킨다.

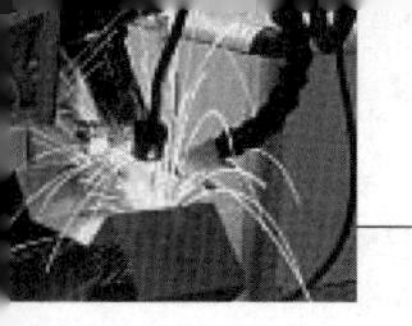

(3) 용접정밀도가 높다

극히 스피디한 마찰공정으로 열의 영향을 받는 부분이 적고 모재(母材)에 미치는 영향이 거의 없으므로 RT, MT, UT 등의 비파괴 검사에도 결함이 없다.

(4) 다양한 분야, 다양한 제품과의 접합에 폭넓게 적용

굵기와 크기가 서로 다른 ROD + ROD, ROD + PIPE, PLATE + PIPE, PLATE + ROD 등 어떤 형태끼리도 접합이 가능하게 되어, 과거 복잡한 형상 등의 이유로 용접이 불가능했던 부품까지 마찰용접법을 이용, 효과적으로 생산할 수 있게 되었다.

(5) 비용이 저렴하다

마찰용접 자체의 임가공비도 높은 생산성과 자동화된 공법으로 인해 타 용접방식에 비해 저렴할 뿐 아니라, 일체형 단조품이나 자유단조에 비해 금형비와 재료비 자체의 비용을 대폭 절감하여 제조공정 자체도 줄일 수 있다.

5. 고밀도(Electron Beam or Laser) 용접에서 원소기화(elemental evaporation)와 용입(Penetration)

1 개요

레이저(LASER)란 Light Amplification by Stimulated Emission of Radiation의 약어로서 "방사선의 유도방출에 의한 빛의 증폭"이란 뜻인데, 원자핵 주위의 정하여진 궤도를 돌고 있는 전자는 자기고유의 궤도 이외의 다른 궤도에서는 좀처럼 존재하기 어렵다. 따라서 정해진 궤도의 전자들은 고유의 에너지준위를 갖고 있으므로 외부로부터 에너지가 주어지면 전자는 에너지를 흡수하여 더 높은 준위의 궤도로 이동하면서 불완전한 상태로 된다. 이 상태를 여기상태(Excited State)라고 하며, 원래 상태로 돌아가면서 이때 두 준위 사이의 에너지 차이만큼 방출하게 된다.

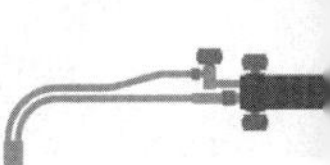

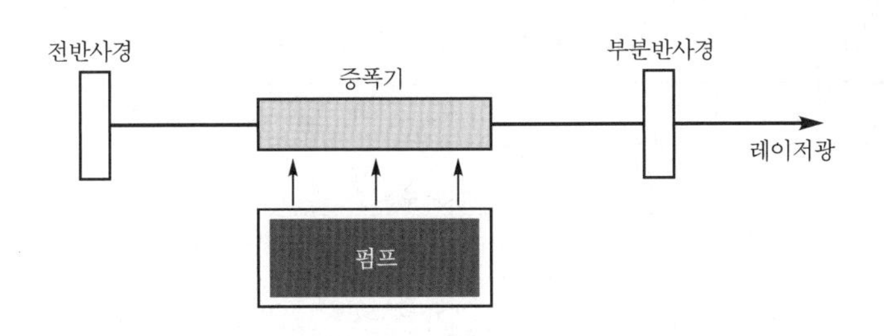

그림 1. 레이저의 구성요소

방출에는 자발적 방출(Spontaneous Emmision)과 자극방출(Stimulated Emmision)의 두 가지가 있을 수 있는데, 스스로 안정화되어 빛을 방출하는 자발적 방출에 비해 자극방출은 외부의 빛에 자극을 받아서 빛을 방출하는 것으로서 이때 자극을 시킬 수 있는 빛은 방출될 빛과 파장이 같아야 한다. 이를 유도방출(induced emidion)이라고도 한다. 이 빛의 유도방출이 레이저빔의 발생기구로써 유도방출된 광자(Photon)를 거울을 이용하여 증폭시켜 강도가 큰 레이저빔을 얻게 된다. 모든 레이저는 그림 1과 같이 3가지 구성요소로 되어있다.

3가지 구성요소는 첫째 한쌍의 거울이다. 두 거울이 정면으로 마주 보고 있으면 그중 하나는 100%에 가까운 반사율을 가진 거울로서 입사하는 광을 전부 반사시키는 전반사경이고, 다른 하나는 입사광 중 일부는 통과시키고 나머지는 반사시키는 거울로서 부분반사경이라 불린다. 이 두 거울을 공진기(resonator)라 한다. 둘째, 마주한 두 거울 사이에 특별한 원자(또는 분자)로 채워진 물체가 있다. 이것은 두 거울 사이를 왕복하는 빛이 유도과정으로 증폭되어 센 빛이 되도록 하는 광증폭기(optical amplifier)이다. 셋째로 증폭기가 광의 증폭이 가능하도록 외부에서 에너지를 가하는 장치인 펌프(pump)가 있다. 이 세 가지는 거의 대부분의 레이저에 있어서 공통적인 요소들이다. 레이저 용접에 이용되는 레이저로서는 CO_2 레이저와 Nd : YAG 레이저가 이용된다.

2 고밀도(Electron Beam or Laser) 용접에서 원소기화 (elemental evaporation)와 용입(Penetration)

레이저 용접은 레이저빔의 특성을 이용하여 고정밀, 적은 열영향의 용접이 가능하다. 일반적인 용접에 비해서 레이저 용접은 열영향부가 좁으며, 용접부 근처의 금속은 과도한 열에 노출되지 않는다. 이러한 장점은 레이저 용접이 선택될 수 있는 첫 번째 조건이다.

레이저 용접은 비용의 측면에서도 몇 가지 장점이 있다. 첫 번째로 용접 전 · 후처리가 필요 없을 수 있고 우수한 용접재현성을 보이며, 자동화가 용이하고 컴퓨터제어가 가능하여 작업생산성을 향상시킬 수 있어서 비용절감이 가능하다.

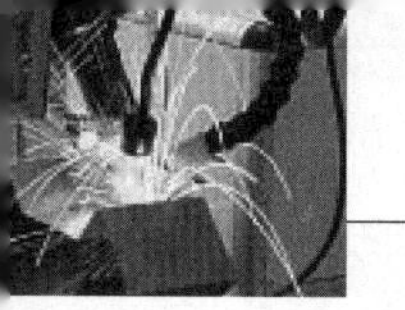

표 1. 레이저 용접의 주요 특성

특징	비고
높은 에너지 밀도 "키홀" 용접	뒤틀림이 적음
높은 공정속도	비용측면에서 효과적임
빠른 용접시작/끝	아크 용접과의 차이점
분위기 압력 하에서 용접가능	전자빔 용접과의 차이점
X-Ray가 발생치 않음	전자빔 용접과의 차이점
용가재가 필요치 않음	플럭스 세척이 필요 없음
Narrow Weld	뒤틀림이 적음
비교적 적은 열영향부	열에 민감한 재질의 용접가능
아주 정밀한 용접가능	얇은 두께 용접가능
비드형상이 양호함	적은 세척
자기장에 영향을 받지 않음	전자빔 용접과의 차이점
산화 등의 영향이 적음	보호가스에 크게 좌우됨
휘발원소의 적은 손실	
자동화가 용이	일반적으로 자동화됨

레이저빔은 전자빔 다음으로 가장 높은 출력밀도(Power Density)를 가지고 있어서 용접분야에서 고밀도 에너지원으로서 각광받고 있다. 높은 출력밀도는 에너지를 흡수할 수 있는 모든 재료에 대해서 "증발(Evaporation)"을 일으키게 된다.

레이저 용접의 기본적인 원리는 이러한 재료의 증발에 의해서 생긴 홀(Hole)의 발생과 용접이 진행함에 따라서 홀이 진행함과 동시에 용융상태의 금속이 그 홀을 채우게 되는 "키홀(Key-Hole)" 용접이다.

키홀의 직경은 CO_2 레이저의 경우 약 0.2~1mm 정도이며, 키홀이 형성됨에 따라 용입깊이가 폭에 비해 커진다. 레이저 용접의 주요한 특성을 표 1에 나타내었다. 레이저 용접의 형태에는 2가지가 있다.

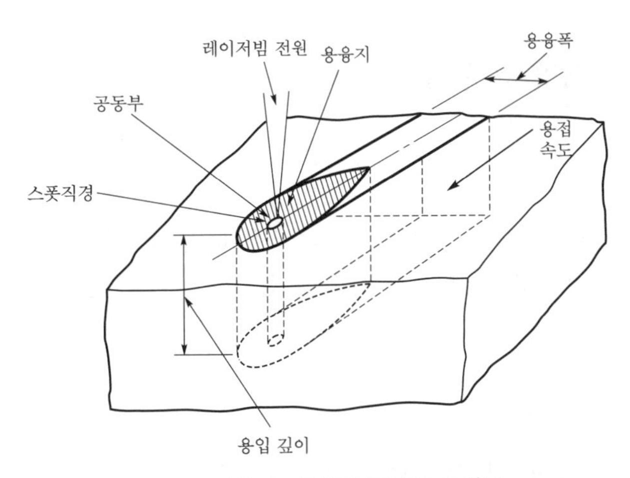

그림 2. 심용입 용접의 모식도

전도 용접(Conduction Welding)과 심용입 용접(Deep Penetration Welding)이 그것으로서, 전도용접은 금속을 기화시켜서 키홀을 형성할 만큼 충분한 출력밀도를 가지지 못했을 경우 금속표면에 흡수된 레이저 에너지의 열전도에 의해 재료를 용융시키는 것으로서 레이저 에너지의 효율은 크지 못하다. 따라서 얇은 판재 혹은 소형부품의 용접에 적용하며, 가로세로비(용접 깊이/용접 폭)가 대체로 0.5 정도로서 보통 수십 W에서 수 kW 이하의 지속파 혹은 펄스레이저를 사용한다.

또 다른 용접모드인 심용입 용접은 두꺼운 금속의 용접에 적용시키는 것으로서 그 가로세로비가 2~10 정도의 깊은 용접층을 얻을 수 있다. 이 용접을 위해서는 보통 수 kW 이상의 지속파를 줄 수 있는 고출력 레이저를 사용한다. 이러한 심용입 용접은 금속을 기화시킬 수 있는 단위 길이 당 충분한 에너지를 재료에 적용하여 용융지(melt pool)에 홀을 만드는 "키홀 용접"이다. 그림 2에 심용입 용접의 모식도를 나타내었다. 기화물질은 레이저빔의 에너지밀도와 용접속도 사이의 균형에 의해서 안정화된다. 따라서 레이저빔의 에너지밀도와 용접속도는 서로 보완되어 선택되어야 한다. 너무 높은 에너지밀도는 과도한 용융을 보이고, 너무 낮은 에너지밀도는 키홀을 형성할 만한 충분한 기화를 만들지 못한다. 용접속도가 너무 빠르면 불완전한 용입이 나타나고, 너무 느리면 아주 넓은 용접 폭과 과도한 용융이 나타나게 된다. 키홀의 깊이 대 폭의 비는 1~4 이상이어야 한다.

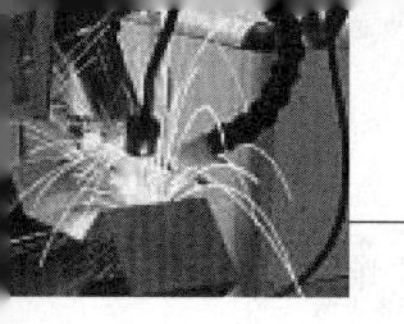

6. 저수소계 용접봉의 건조

1 개요

고장력강(高張力鋼; high tensile steel)은 인장강도 50kg/mm² 이상의 강을 말하며, 인장강도를 높이기 위하여 Mn, Si, Ni, Cr, Mo, V, Ti 등을 첨가한 것이다. 인장강도가 100kg/mm² 이상인 것도 있다.

2 저수소계 용접봉의 건조

고장력강의 용접에는 연강 용접법이 그대로 이용되나, 연강에 비하여 열영향인 경화가 심하므로 예열 및 후열처리를 하여 연성(延性)을 부여한다. 냉간균열(冷間龜裂)을 방지할 목적으로 용접봉을 470℃ 정도에서 1시간 정도 건조시켜 수분을 0.1% 이하로 한 저수소계 용접봉을 사용하며, 공기 중의 수분이 용접부에 들어오므로 습도가 낮은 곳에서 용접하는 것이 좋다.

7. 플럭스 코어드 와이어(Flux Cored Wire)와 솔리드 와이어(Solid Wire)의 비교

1 플럭스 코어드 와이어

그림 1. 플럭스 코어드 와이어

입향하진 포함한 전자세 용접이 가능한 범용의 CO_2 아크 용접 티타니아계 플럭스 코어드 와이어이다. 아크가 부드럽고 안정하며, 스패터가 적으며, 박리성이 좋은 슬래그가 비드를 균일하게 덮기 때문에 양호한 비드외관과 형상을 얻을 수 있는 등 우수한 용접작업성이 최대의 장점이다.

용착속도가 빠르며 하향, 수평필렛, 입향(상진, 하진) 등의 용접이 동일 전류역에서 적용

가능하기 때문에 각종 용접자세가 혼재하는 구조물에 있어서 대단히 능률적이다. 플럭스 코어드 와이어의 용도는 조선, 교량, 철골, 건축, 기계, 차량, 제관 등 연강 및 50kgf/mm^{2}급 고장력강을 사용하는 각종 구조물의 맞대기 필렛용접에 적용한다.

표 1. 용착금속의 화학성분(%) (실드가스 : CO_2)

C	Mn	Si	P	S
0.04	1.27	0.61	0.015	0.010

표 2. 용착금속의 기계적 성질(실드가스 : CO_2)

항복점 N/mm^2(kgf/mm^2)	인장강도 N/mm^2(kgf/mm^2)	연신율(%)
520(53)	580(59)	29

2 솔리드 와이어(Solid Wire)

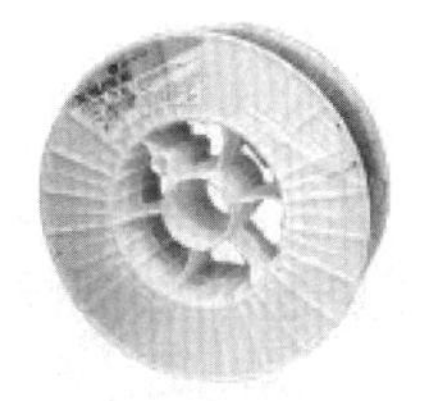

그림 2. 솔리드 와이어(Solid Wire)

쇼트 아크에서도 아크의 안정성이 양호하고 스패터도 적은 전자세 용접용 솔리드 와이어이며, 용착금속의 유동성이 양호하여 박판의 고속용접에 적합하다. 또한 내균열성도 양호하므로 편면용접에도 사용되고, 아르곤과 이산화탄소 혼합가스 용접에 있어서도 넓은 전류범위에서 아크 안정성이 양호하며, 스패터가 적고 비드가 아름답다. 솔리드 와이어의 용도는 자동차, 차량, 적기제품, 조선, 철골, 교량 등 각종 구조물의 맞대기 및 필렛용접의 전자세 용접에 사용한다.

표 3. 용착금속의 화학성분(%) (차폐가스 : CO_2)

C	Mn	Si	P	S
0.08	1.08	0.45	0.012	0.012

표 4. 용착금속의 기계적 성질(실드가스 : CO_2)

항복점 N/mm^2(kgf/mm^2)	인장강도 N/mm^2(kgf/mm^2)	연신율(%)
450(46)	560(57)	29

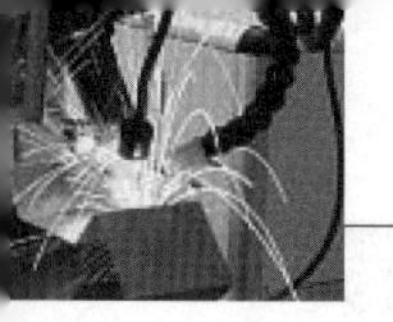

8. 유황으로 인하여 FeS가 형성되어 열간가공 중 900~1200℃ 온도 범위에서 재료가 갈라지는 현상

1 개요

유황으로 인하여 FeS가 형성되어 열간가공 중 900~1200℃ 온도 범위에서 재료가 갈라지는 현상을 적열취성이라 하며, 적열온도 범위에서 열간가공 중 가공방향 직각으로 균열이 발생되는 현상을 말한다.

2 원인과 방지대책

원인은 주로 강중에 함유되는 황과 산소에 의해 나타난다. 황에 의한 적열취성은 FeS-FeO에 의한 것으로 망간을 첨가하면 MnS에 의해 고온에서의 소성이 증가하므로 적열취성을 방지할 수 있다(900℃ 근방). 산소에 의한 적열취성은 900~1,200℃ 영역에서 나타난다. 원인은 결정립계에 FeO가 존재하기 때문이다.

9. 저합금강재 압력용기의 내면을 내식성 향상을 목적으로 육성용접하는 경우에 어떠한 방법이 사용되며 용접 후 열처리 시에 주의해야 할 사항

1 개요

육성용접은 내마모, 내식성, 내열성을 갖는 용접재료를 모재 표면에 용착시킴으로써 부품의 표면특성을 향상시킬 수 있으므로 해양플랜트, 원자력발전소, 조선, 자동차 등에 사용되는 부품에 적용되고 있다. 또한 독성이 있는 유체 및 화학 물질을 취급하는 산업에서도 사용되어, 유체에 닿게 되는 부위의 부식 방지를 위해 적용된다. 특히 각종 화학물질을 취급하는 화학플랜트를 비롯해 해수의 염분으로 인해 부식 속도가 빠른 해양플랜트에도 적용되며, 가격경쟁력이 높아 최근 해양플랜트 산업의 경쟁력 강화를 위해서 육성용접 부품의 사용이 급증하고 있으며, 육성용접을 이용한 해저용 장비의 원천기술개발과 연구개발이 활발히 진행되고 있다. 해양플랜트 부품은 극한 환경에 노출되기 때문에 특정부위만 손상되는 문제점이 나타난다. 따라서 경제성을 고려하여 부식과 마모에 영향을 받는 부위만 특성을 부여할 수 있는 육성용접이 적합하며, 최근 이러한 연구들이 활발하게 진행되고 있다.

2 저합금강재 압력용기의 내면을 내식성 향상을 목적으로 육성용접하는 경우에 어떠한 방법

육성용접은 목적하는 재료를 모재 표면에 용착시키는 공정으로서, 높은 열을 사용하기 때문에 공정 중 발생한 열로 인해 소재의 인성저하, 조직 불균질, 잔류응력 집중, 용접부의 취성과 같은 기계적 특성변화에 대한 문제점이 발생하게 된다. 또한 육성용접 후 인코넬조직은 주조조직이 형성되어 인코넬 특유의 조직인 오스테나이트 조직을 형성시키지 못하기 때문에 기계적 특성이 저하된다. 이러한 문제점을 해결하기 위해 용접 후 열처리(postweld heat treatment, PWHT)가 진행되며, 각각의 2차 열처리를 통하여 소재의 조직을 미세화하고 균질화하여 기계적 특성 향상이 가능하다. 가스 텅스텐 아크 용접(gas tungsten arcwelding, GTAW) 방법을 통해 저탄소강인 모재 표면에 내마모성 및 내식성이 우수한 인코넬 625 합금을 육성용접재로 사용하고, 육성용접층의 특성을 향상시키기 위한 1차 열처리와 모재인 저탄소강의 특성을 향상시키기 위한 2차 열처리를 각각 진행한다.

3 용접 후 열처리

후열처리 대상인 대형 압력용기로서 설치장소에서 직접 용접하는 부위의 응력제거를 하기가 곤란한 것은 국부가열 응력제거 방법 혹은 그밖의 유효하다고 인정되는 방법으로 잔류응력을 제거하여야 한다.

(1) 탄소강 노 내에서의 응력제거

① 서서히 가열하여 각 부분이 600℃ 이상 650℃ 이하가 되도록 할 것. 이 온도는 T÷25(T는 용접부의 최대두께, mm 단위)의 시간을 유지할 것.

② 냉각은 노 안에서 서서히 행할 것. 다만, 온도가 300℃ 이하로 떨어진 이후에는 노 밖에서 공랭할 것.

③ 전체를 둘로 나누어 응력제거를 하는 경우에는 가열부의 겹침부분을 1,500mm 이상으로 하고, 또한 노 밖으로 나오는 부분의 온도 구배가 재질에 유해하지 않도록 보온할 것.

(2) 탄소강의 국부가열

표 1. 피가열물의 온도 및 해당온도의 유지시간

피가열물의 온도(℃)	유지시간 (단위 : 판 두께 25mm당 시간)
600	1시간 이상
570	2시간 이상
540	3시간 이상
510	5시간 이상

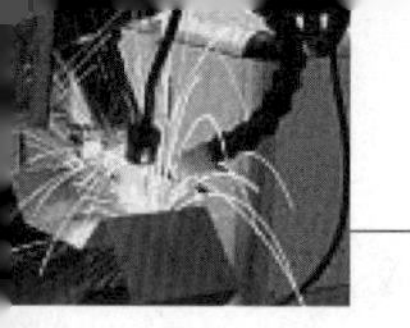

① 탄소강의 국부가열에 의해 응력제거를 하는 경우에는 용접선을 중심으로 해서 판 두께의 12배(관에 대해서는 개선폭의 3배) 이상의 폭을 규정에 따라 가열 및 냉각을 하여야 한다.

② 현장 용접 등과 같이 600℃ 이상 가열하는 것이 곤란한 경우에는 피가열물의 온도 및 해당온도의 유지시간은 표 1에 따라야 한다.

(3) 국부가열이 가능한 용접부분

다음에 열거하는 용접부분의 열처리는 국부적인 가열 방법에 따라 수행해 주어도 좋다.

① 동체, 관 등의 둘레 이음

② 노즐, 와셔 등을 부착하는 용접부분(동체판의 일부를 떼어서 부착물을 맞대기 용접한 부분 제외)

③ 중요도가 낮고 국부가열의 방법으로 지장 없다고 인정되는 용접부분

10. 오스테나이트계 스테인리스강 용접부(Weld metal)에서 크롬당량(Cr_{eq})/니켈당량(Ni_{eq}) 비율 변화에 따른 응고모드(mode)를 논하고 고온균열 감수성 설명

1 크롬당량(Cr_{eq})/니켈당량(Ni_{eq}) 비율 변화에 따른 응고모드(mode)

오스테나이트 조직을 갖는 재료들이 민감하며 페라이트 조직을 나타내는 재료들은 균열 저항성이 크다(많은 페라이트계 합금들도 고온에서는 오스테나이트 조직을 나타낸다). 오스테나이트계 스테인리스강인 STS347, 321의 경우는 NbC, TiC 등에 의한 침투기구에 의해서 발생하며 STS310은 편석기구에 의해서 발생한다. 오스테나이트계 스테인리스강 중에서도 합금조성이 Cr_{eq}/Ni_{eq}가 1.5보다 크면 고온에서 HAZ 결정립계를 따라서 어느 정도의 페라이트가 형성되기 때문에 균열 감수성을 저감시키게 된다(균열이 발생하지 않음). 또한 (S+P)의 함량을 낮추는 것도 균열을 막는 데 효과적이다. Ni기 초합금의 경우 Inconel718, Waspaloy, HastelloyX 등의 초합금에서는 MC탄화물(NbC, TiC)의 조성적 액화에 의한 침투기구에 의해서 균열이 발생하며, HY130강과 같은 고강도강에서는 편석기구에 의해서 발생한다.

2 고온균열 감수성

항상 HAZ/PMZ 결정립계에 위치하며 통상 fusion line에 매우 가깝거나 fusion line을 가로질러 용융역으로 연결되어 있다. 균열은 통상 HAZ 최고 온도로부터 냉각 시에 발생하는데 금속 조직학적 검사에 의해서 확인 가능하며 비드 표면과 단면을 관찰하면 구별할 수 있다.

이 균열들은 통상 매우 작아서 NDT에 의해서 검출이 안 되는 경우도 있다. 파면은 입계 파면의 형상을 보이며 종종 표면이 부분적으로 용융된 입자들로 덮혀있다. 균열이 이동된 입계(migrated grain boundary)를 따라서 발생하면 평평한 입계 파면을 보이며, 균열이 용접금속 응고 결정립계를 따라 발생하면 수지상의 파면을 보인다.

11. 304L 스테인리스 강재의 응력부식 균열현상과 방지를 위한 모재 재질변경과 모재에 포함할 합금원소의 종류

1 개요

응력부식은 부식환경에 노출되어 사용 중인 금속 구조물이 인장응력을 동시에 받을 때, 응력과 부식의 협동적인 작용에 의하여 일어나는 일종의 취성파괴이다. 스테인리스강의 응력부식은 피팅이나 틈새부식처럼 염화물을 포함하는 용액에서 자주 일어나는데, 주로 50℃ 이상의 고온에서 일어나며 염화물 농도가 낮아 피팅이나 틈새부식이 일어나지 않는 환경에서도 일어날 수 있다. 또한 응력부식은 용액의 pH가 상당히 낮고 염화물의 농도가 높으면 상온에서도 일어난다. 석유나 가스정과 같이 염화물 환경에 황화수소(H_2S)가 첨가되면 응력부식은 더욱 빠른 속도로 일어난다. 이외에 고온의 알칼리성 환경(pH14, 온도 120℃)에서도 응력부식이 일어날 수 있다.

응력부식 균열은 부동태 피막을 형성하여 비교적 내식성이 우수한 내식재료에서 설계응력보다 낮은 응력으로 일어나기 때문에 큰 문제가 된다. 외부에서 구조적으로 가해지는 인장인력이 없더라도 성형과 용접 같은 재료제조 및 가공공정 중에 발생된 잔류응력만으로도 응력부식을 일으킬 수 있다. 이런 잔류응력들은 적당한 온도에서 어닐링처리하여 제거할 수 있는데 구조물이 클 경우에는 제거가 불가능하다.

균열이 일어나는 동안 균열외의 대부분의 표면은 실제로 부식공격을 받지 않는다. 응력부식 균열은 일종의 극단적인 국부부식의 한 형태로 미세한 나뭇가지 형태로 입내 혹은 입계를 따라 전파한다. 응력부식 균열은 외부에서 감지하기가 거의 불가능하고 이로 인한 재료파괴는 종종 예고없이 갑자기 일어나는데 이는 균열전파속도가 매우 빠르기 때문이다. 극심한 경우, 균열이 시작되면 구조물 부품의 파괴가 2~3일 혹은 수 시간 내에도 일어날 수 있다.

2 304L 스테인리스 강재의 응력부식 균열현상과 방지책

염화물 환경에서 스테인리스강의 응력부식이 일어나는 원인은 부동태 피막이 염소이온의 화학적 공격 혹은 인장응력 하에서 재료변형에 의하여 국부적으로 파괴되기 때문이다. 이곳에서 형성된 피팅 형태의 국부부식은 피팅 내부의 환경을 산성화시키고 염화물의 농도를 증

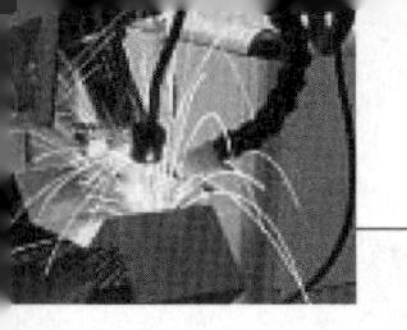

가시킨다.

그 결과 피팅과 같은 국부부식은 인장응력 하에서 점차 균열로 발전한다. 응력부식을 일으키는 염화물은 자연환경의 대부분의 물에서 다양한 농도로 존재하며, 또한 염소를 포함하는 가스켓과 단열재료로부터 발생될 수 있다.

오스테나이트 스테인리스강은 보일러나 발전소의 열교환기용 재료로 많이 쓰이고 있다. 이러한 환경에서 오스테나이트 스테인리스강은 비교적 내식성이 우수하지만 염화물과 용존 산소의 함량을 임계치 이하로 낮추어야 응력부식 발생을 방지할 수 있다.

오스테나이트 스테인리스강은 원자력발전소에서와 같이 240~280℃의 고온의 분위기에 장기간 노출되면 입계에 Cr 탄화물 석출에 의한 예민화로 입계부식에 민감하게 되어 입계응력 부식 균열이 일어난다. 특히 입계응력 부식균열은 파이프나 판재의 용접 열영향부의 예민화로 많이 발생한다. 이를 방지하기 위해서는 재료선택 시 탄소함량을 낮춘 304L 혹은 316L을 선택하는 것이 좋다.

석유정제공정 중 황으로부터 형성되는 Polythion Acid는 예민화된 오스테나이트 스테인리스강 표면에 형성된 황화물이 습기와 산소와 반응하여 생성되는 것으로 알려졌다. 스테인리스강의 응력부식에 대한 저항성은 합금의 구조와 조성에 의존하는데, 일반적으로 오스테나이트계 스테인리스강보다 페라이트계나 이상 스테인리스강이 응력부식 저항성이 높다.

12. 저수소계 용접봉의 건조와 대기노출 허용한도

1 저수소계 용접봉의 건조

(1) 연강용 피복아크 용접봉은 사용 전 230~260℃에서 최소한 2시간 이상 건조시켜야 하며, 고장력강용 피복아크 용접봉은(저합금강용 포함) 사용 전에 370~430℃ 온도에서 최소한 1시간 이상 건조시켜야 한다.

(2) 용접봉함이 손상되었거나 밀봉 포장함을 개봉한 직후 또는 용접봉을 건조로에서 반출한 직후 용접봉은 최소한 120℃가 유지될 수 있는 저장로에 보관해야 한다.

(3) 밀봉 포장함을 개봉한 후나 또는 건조로나 저장로에서 꺼낸 후, 대기에 노출된 용접봉은 표 1에 준하여 사용하여야 한다.

표 1. 용접봉의 재건조 조건

강의 종류	피복의 계통	건조온도(℃)	건조시간(분)	유지온도(℃)
연강용	일미나이트계	80~120	60	50
	저수조계	300~350	60	50
고장력강용	저수조계	300~350	60	50

2 저수소계 용접봉의 대기노출 허용한도

(1) 저수소계 용접봉의 대기노출 허용한도는 표 2에 준해야 한다.

표 2. 저수소계 용접봉의 대기노출 허용한도

용접봉		시간
저수소계 피복류로 50kg/mm²급 이하의 강재용	D50X6, D53X6	최대 4
저수소계 피복류로 50kg/mm²급 이하의 강재용 또는 저수소계 피복류로 저합금강으로 분류된 용접봉	D(A)50X6, D(A)50X6	최대 4
	D(A)58X6	최대 2
	D62XX	최대 1

(2) 연강용 피복아크 용접봉은 표 2의 한도시간 내에 사용하고자 할 때는 최소 120℃의 온도를 유지할 수 있는 저장로에서 최소한 4시간 이상 건조시킨 후 사용해야 한다.

(3) 고장력강용 피복아크 용접봉은 370~430℃의 온도에서 최소한 1시간 이상 건조시킨 후 사용해야 한다.

(4) 용접봉은 한번 이상 재 건조시켜서는 안 되며, 또한 젖은 용접봉을 사용해서는 안 된다.

13. FSW(Friction Stir Welding)법의 철강재 적용 시 접합 툴 재료

1 개요

최근 자동차를 비롯한 수송기 산업에서 연료소비를 감소시켜 이산화탄소 배출을 억제할 목적으로 알루미늄이나 마그네슘과 같은 경량금속이나 고강도 플라스틱, 고장력 강판의 사용을 증대하고 있다. 그 중 대표적인 경량금속으로 타 소재보다 상대적으로 사용량이 증가하고 있는 소재가 알루미늄합금이다.

알루미늄합금은 항공기의 다양한 부품으로 가장 많이 사용되어 왔으나 최근에는 자동차용 외판재, 특히 트렁크 리드나 본네트, 도어에 적용하려는 시도가 점차 증가하고 있다. 이러

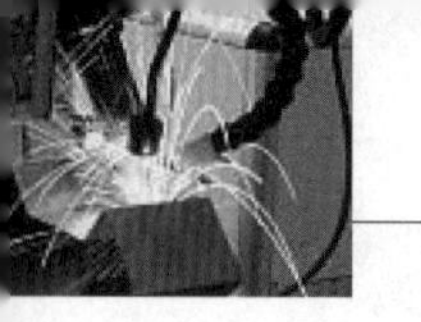

한 자동차의 무빙 파트에는 주로 Al 6xxx계열과 Al 5xxx계열이 많이 사용된다. 따라서 이러한 알루미늄합금과 종래에 주로 사용하던 자동차용 철강 재료와의 접합 기술이 필요하게 되었다. 하지만 알루미늄합금과 철강 재료 사이의 큰 용융온도 차이와 두 소재가 서로 반응하여 발생하는 다양한 금속간 화합물 때문에 종래에 주로 적용하던 용융용접이 쉽지 않아 적합한 대체 용접기술이 필요하다.

2 FSW(Friction Stir Welding)법의 철강재 적용 시 접합 툴 재료

이종용접 수행을 위해서는 용융용접보다 낮은 온도에서 접합이 이루어지는 고상용접이 다소 유리할 것으로 판단된다. 최근 고상용접의 대표적인 방법이 마찰교반용접으로 소재가 용융되지 않을 정도의 마찰열과 소성유동현상을 이용하여 접합하는 방법이다. 마찰교반용접은 1991년 영국의 TWI(The Welding Institute)에서 개발된 이후 주로 알루미늄이나 마그네슘, 동과 같은 비철금속의 접합에 사용되어지고 있다가 최근에는 강도가 높은 철강 재료에도 범위를 확대하고 있다. 철강재료와 같이 강도가 높은 재료에 마찰교반용접을 수행하기 위하여 크게 두 가지 문제를 해결해야 하는데, 그 첫번째는 접합 툴의 기계적 특성 향상이다. 따라서 철강재료 마찰교반접합 툴은 공구강에 초경(WC)을 코팅하여 사용하거나 초경, PCBN(Poly-Crystalline Cubic Boron Nitride)을 많이 사용하고 있다가, 가장 최근에는 미국의 Mega-stir에서 PCBN에 W/Re 분말을 섞어 PCBN보다 강도가 우수한 소재 개발에 대한 연구를 진행하고 있다. 둘째는 접합속도 향상에 관한 것으로 이를 해결하기 위한 방법으로 레이저와 같은 복합열원을 이용한 하이브리드 용접에 관한 연구가 꾸준히 진행되고 있다.

14. Al합금의 모재 및 용접재료에 미량의 Ti 및 Zr 원소를 첨가하는 이유

1 Al합금의 모재 및 용접재료에 미량의 Ti 및 Zr 원소를 첨가하는 이유

Al합금의 주요 합금원소는 Cu, Mg, Zn, Si, Mn가 있는데, Mn은 강도를 증가시키고 Mg, Si는 내식성, 강인성을 향상시킨다. Cu, Zn, Mg은 열처리로 인하여 고강도를 생성하며 Ti, B, Zr, Na, Sn은 결정립을 미세화시킨다.

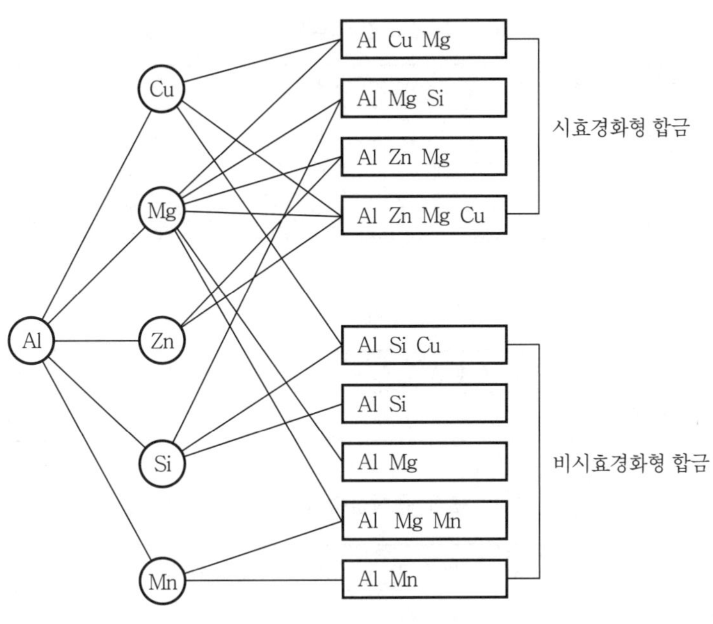

그림 1. 알루미늄합금의 분류

15. 초고장력강의 후판용접에서 초저수소계(Ultra Low Hydrogen) 용접재료

1 특징

W 8016G의 용접재료는 LPG탱크, LPG저장탱크 등의 저온용 알루미늄킬드강, TMCP강용 극저수소계 용접봉으로 전자세 용접이 가능하고, 용착금속에 1.6% Ni 성분이 함유되어 있으며, 40℃~-50℃에서도 용착금속의 저온인성이 우수하다.

2 작업상의 주의점

(1) 입열이 과다하면 충격값이 떨어지므로 적절한 입열량을 선정하여야 한다.

(2) 용접봉 사용 전에 350~400℃에서 60분간 건조한다.

(3) 아크 발생부는 기공발생을 방지하기 위하여 후진법이나 사금법을 사용한다.

(4) 아크 길이를 가능한 짧게 유지한다.

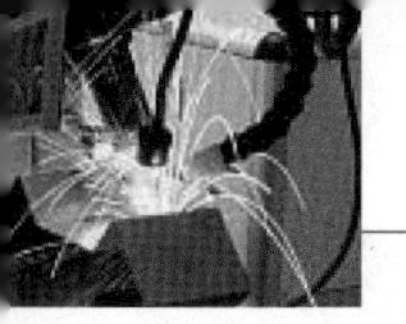

표 1. 용접 조건의 범위(AC 또는 DC)

봉 지름 mm	2.6	3.2	4.0	5.0
봉 길이 mm	350	350	400	400
F	55~85	90~130	130~180	190~240
V-up & OH	50~80	80~115	120~170	150~200

표 2. 용착금속 화학성분(%)

C	Mn	Si	P	S	Ni
0.06	1.05	0.50	0.010	0.009	1.61

표 3. 용착금속의 기계적 성질

항복강도(N/mm²)	인장강도(N/mm²)	연신율(%)	충격치J(-46℃)	PHWT
530	612	29	110	AW
511	600	32	120	690℃ X 1hr S·R

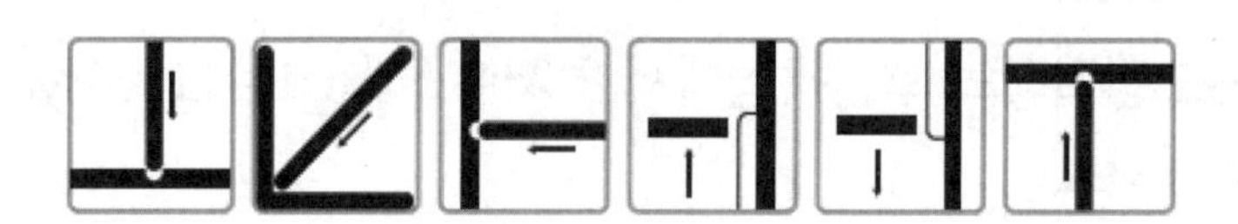

그림 1. 용접자세

3 용착금속의 수소량(확산성 수소량)의 비교

(1) 일미나이트계 : 43ml/100g

(2) 라임티타니아계 : 36ml/100g

(3) 고셀룰로오스계 : 50ml/100g

(4) 고산화티탄계 : 45ml/100g

(5) 저수소계 : 5ml/100g

16. 700MPa급 이상 고장력강의 경우 600℃ 전후의 용접 후 열처리(PWHT) 후 용접부 인성이 용접 직후(as welded)의 경우보다 오히려 저하되는 경우

1 개요

일반적으로 강재의 고강도화 및 고인성화를 위해서는 다양한 미세 합금원소의 첨가가 요구되나 합금원소의 첨가는 강재 용접성을 저하시키므로, 첨가되는 합금의 원소량을 최소화하며 압연과 냉각을 통하여 고강도 강재를 제조할 수 있는 TMCP(Thermo Mechanical Controlled Process)공법으로 고강도 및 고인성 강재를 제조하고 있다. 이 TMCP 강종인 HSB600강은 저합금 원소를 함유하고, 제어압연과 가속냉각 공정에 의해 제조된다. 일반적으로 조선이나 강교 등 강구조물 제작 시 신뢰성 향상을 위해 조립공정 이후 용접 후 열처리(Post Weld Heat Treament, PWHT)는 강구조물에 실시되고 있으며, 이는 PWHT가 저응력 파괴, 내식성, 크리프 성능을 향상하기 때문이다.

500A급 인버터용접기를 사용하며 아래보기자세에서 직경이 1.2mm인 K81T(AWS규격 : E81T1-Ni1) 와이어를 이용하여 맞대기 이음 용접하였다. 패스 간 온도는 평균 100℃였고, 가스 분위기에서 GMA(Gas Metal Arc welding) 용접하였다. 입열량은 WPS를 참고하여 2.2kJ/mm를 기준으로 입열량이 작은 조건은 1.5kJ/mm, 입열량이 높은 조건은 3.6kJ/mm로 설정하여 용접하였고, 용접 후 600℃에서 40시간 동안 PWHT를 실시하였다

2 700MPa급 이상 고장력강의 경우 600℃ 전후의 용접 후 열처리(PWHT) 후 용접부 인성이 용접 직후(as welded)의 경우보다 오히려 저하되는 경우

(1) 미세조직 구성

조직 구성분율에 따라 기계적 성질이 어떻게 변화되는지를 알기 위해 입열량별로 용접된 상태(as-welded)에서 조직을 정량화하기 위해 실험방법에서 언급된 IIW 기법을 사용하여 미세조직의 구성분율을 측정하였다. 표 1은 입열량별 용접된 상태 시편의 미세조직을 정량화하여 구한 분율 표이다. 입열량이 증가함에 따라 AF분율은 감소하고 PF와 FS의 분율은 증가하였다. 낮은 입열량인 1.5kJ/mm에서는 AF가 전체 미세조직의 89%를 구성하고 있으며, 입열량이 증가할수록 PF와 FS미세조직의 비율은 증가하였다. FC(Ferrite Carbide)는 강의 공석조성에서 냉각속도가 빨라 펄라이트로 생성되지 못하고 페라이트와 탄화물 덩어리로 구성된 강 용접부에서 나타나는 조직으로 세 입열량 모두에서 미량 관찰되었다.

표 1. 미세조직 정량화 분율(%)

condition	heat-input (kJ/mm)	AF	PF	FS	FC
As-welded	1.5	89.14	6.42	4.25	0.19
2.2	82	11.84	6	0.16	
3.6	75.92	15.22	8.66	0.2	

(2) 인장시험

그림 1은 용접된 상태와 PWHT 처리된 용접부에서 입열량에 따른 인장강도의 변화를 나타내고 있다. 용접된 상태에서 용접부 인장강도는 528~592MPa, 연신율은 22.4~27%이고, PWHT에서 용접부의 인장강도는 414~537MPa, 연신율은 23~28%로 두 조건을 비교하면 PWHT 후에 인장강도는 55~114MPa만큼 감소되었고, 연신율은 1% 가량 증가하였다.

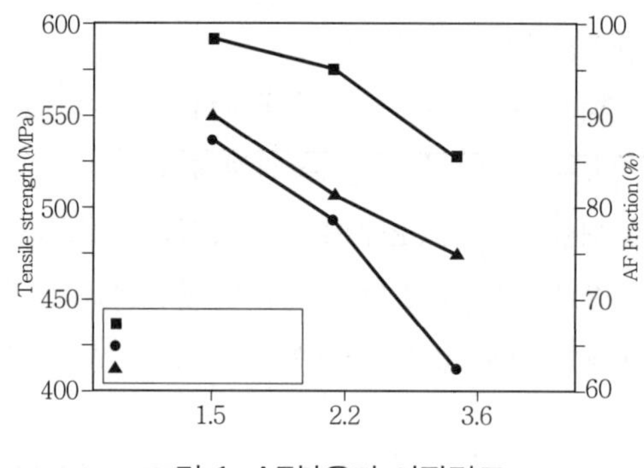

그림 1. AF분율과 인장강도

그림 1에 나타낸 입열량별 AF분율 곡선과 인장강도 값의 곡선은 거의 비슷한 비율로 입열량이 증가함에 따라 값이 저하되었다. 이는 미세한 페라이트 래스들의 상호 연결된 AF의 생성량과의 관계 때문으로 AF량이 증가하면 용착금속의 강도와 인성이 증대되는 효과가 있기 때문이다. 이에 따라 기계적 특성은 AF의 비율에 따라 변화됨을 확인할 수 있다

17. 보수용접 분야에 응용되고 있는 분말 인서트 금속의 효과

1 개요

GE에서 개발한 일방향 응고합금인 GTD111 합금은 가스터빈 버켓(Bucket)의 재료로 많이 사용되고 있다. 이 재료는 열피로와 고온부식, 에로전 등에 의해 균열이 발생할 수 있는데,

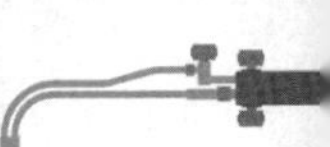

파손 시 가격 측면과 환경 차원에서 교체보다는 수리하여 사용하려는 추세에 있다. 수리기술에는 아크 용접, 전자빔 용접, 브레이징, TLP 등이 있다. 그러나 일방향 응고합금 GTD111의 경우 용접 감수성이 매우 크므로 용접 시 용접균열을 야기할 수 있으며, 특히 용접부의 다결정화로 인해 모재 본질의 강화기구가 소실되므로 보수기술로서는 천이액상 확산접합(TLPB: Transient Liquid Phase Bonding)이 가장 적합한 접합법으로 생각되고 있다. 모재분말을 삽입금속 분말과 혼합하여 천이액상확산 접합에 사용할 경우, 접합부의 성분이 기본적으로 모재와 유사하므로 접합공정을 단축시킬 수 있을 것으로 사료되었다.

2_ 보수용접 분야에 응용되고 있는 분말 인서트 금속의 효과

모재분말과 삽입금속 분말을 각각 50wt%씩 혼합하여 삽입금속으로 사용하여 1463K에서 72ks동안 접합을 실시할 경우 일방향 응고로 접합이 완료됨과 동시에 모재부와 접합부의 성분이 매우 유사했다는 보고가 있다. 그러나 접합부와 인접한 모재에서 생성되는 다량의 붕화물에 의해 기계적 성질이 악화될 것으로 사료되었다. 이에 삽입금속과 혼합하는 모재 분말의 성분에서 붕소(B)와 화합물을 형성하기 쉬운 고융점 원소를 제거함으로써 혼합분말의 융점을 떨어뜨림과 동시에 접합 후 붕화물 생성을 억제시킬 수 있을 것으로 예상되었다. 일반적으로 천이액상확산 접합 초기과정에서 액상 삽입금속과의 계면반응 및 확산반응에 의해 모재의 용융이 발생하게 된다. 그러나 혼합분말을 사용할 경우, 액상 삽입금속은 모재와 반응함과 동시에 융점이 높은 모재성분의 분말과도 반응할 것으로 예상되며 기계적 성질이 향상될 것으로 생각한다.

18. 산소동(Oxygen bearing copper)의 수소취화 현상

1_ 개요

동은 전술한 우수한 가공성과 전기적 특성 등 많은 장점 때문에 판재, 봉, 관, 선 등의 형상으로 산업전반에 걸쳐 다양하게 사용된다. 일반적으로 시장에서 판매하는 순동은 전기 분해하여 만든 전해동(Electrolytic copper) 또는 음극동(Cathode copper)이라 하며 순도는 99.96% 이상이다. 이 전기동 지금을 다시 용해하여 산소량에 따라 3종류의 동으로 제조하여 사용한다.

2_ 산소동(Oxygen bearing copper)의 수소취화 현상

전해동은 전기분해되는 동안 불순물로서 Sb, As, Bi나 S, Pb, H_2를 포함하고 있다. 이 상태에서는 원하는 순동의 기계적 성질 등 제성질을 충분히 얻을 수가 없으므로, 재용해시켜 불순물을 제거하고 과잉의 산소를 0.02~0.04%로 조정한 것을 강인동(터프피치 동, 전해인성 동)이라고 한다. 강인동은 Cu 99.9% 이상이며 특성은 다음과 같다.

(1) 강인동을 수소(H_2)가 존재하는 분위기에서 400~600℃ 이상으로 가열하면, 수소원자는 매우 작기 때문에 동 내부로 침투하여 산소와 반응한다. 이로 인해 수증기 기포(H_2O)가 결정립계나 결정립 속에 생기며 기포가 고압으로 팽창하면서 균열(Crack)을 일으킨다. 이러한 현상을 수소취성(Hydrogen embrittlement)이라고 한다. 아래 식은 수소에 의한 동 내부의 수증기 형성 반응식을 보인 것이다.

Cu_2O(동 내 산화물)+H_2(동 내 수소) → 2Cu+ H_2O(수증기)

(2) 수소를 함유한 환원 가스 속에서 강인동을 고온으로 가열하거나 브레이징, 솔더링 등을 하는 것은 좋지 않다.

(3) 일반적으로 전연성(펴지거나 늘어나는 성질), 드로잉, 가공성, 내식성 등이 우수하다.

19. 저합금강의 SAW 용접 시 용접부 내의 침상형 페라이트 (Acicular ferrite) 형성에 미치는 인자 4가지를 설명

1 개요

원자력 발전소 압력용기 강재로 사용되고 있는 ASME SA508 class 3강은 주요 합금원소로 C, Mn, Ni, Mo을 함유하고 단조되어 후판으로 제조되는 저합금 페라이트계 강이다. 원자력 압력용기는 이 강을 용접하여 제소되며, 사용수명 기간동안 용기로서 건전성을 유지할 수 있게 우수한 기계적 성질이 요구되고 있다. 특히 용접부를 포함한 압력용기는 그 수명동안 고속 중성자 조사 때문에 재료의 열화를 피할 수 없다. 압력용기 등 구조용강 용접금속에서 가장 요구되는 성질은 고인성이다.

2 저합금강의 SAW 용접 시 용접부 내의 침상형 페라이트(Acicular ferrite) 형성에 미치는 인자 4가지를 설명

고인성은 용접미세조직 관점에서는 침상 페라이트(acicular ferrite, AF)의 구성 비율에 달려 있음은 잘 알려져 있다. 이것은 침상 페라이트는 페라이트 래드가 짧은 니들(needle)형상을 하고 결정립 내에서 불규칙하게 배위되어 서로 광주리 엮는 형상(basket weave)으로 얽혀있기 때문이다. 이와 같이 서로 얽혀있는 성질과 미세한 결정립 크기 때문에 취성 균열성장에 최대 저항을 갖는 것으로 알려져 있다.

입열량은 그림 1(a), (b)와 (c)는 1.6, 3.2와 5.0kJ/mm에서 용접된 것을 광학현미경으로 관찰된 미세조직이다. 그림 1(a)는 입열량 1.6kJ/mm에서 용접된 것으로 미세조직으로는 주로 상부 베이나이트와 작은 크기의 니들(ferrite needle)형태의 페라이트는 적게 생성되었으나, 입열량 3.2kJ/mm에서 용접된 미세조직은 침상형태의 페라이트들이 서로 얽혀있는 침상 페라이트(AF)가 주된 미세조직과 소량의 다각형 페라이트(polygonal ferrite)로 구성되었고, 입열량이 더욱 증가된 그림 1(c)의 5.0kJ/mm에서는 페라이트형상이 조대화된 입계 페라이트와 둥근 다각형(polygonal) 페라이트가 증가되었다.

입열량이 1.6에서 3.2kJ/mm로 증가함에 따라 침상 페라이트가 더 많이 생성되었는데, 이것은 용접 아크열에 의해 모재가 용착금속으로 되는 희석효과(dilution effect)가 있었기 때문으로 사료된다. 그러나 입열량이 5.0kJ/mm로 증가하였을 때는 희석효과가 감소된 것으로 사료된다.

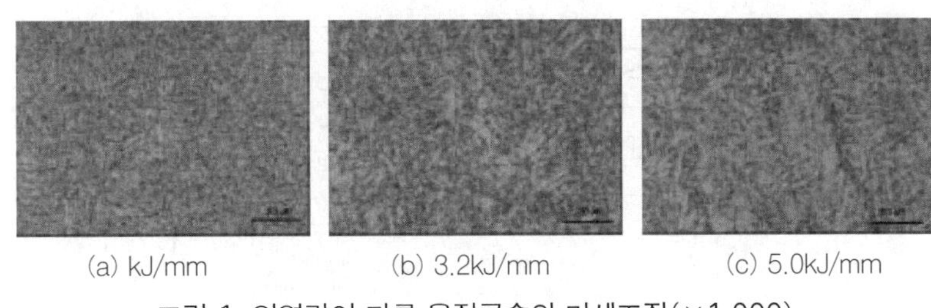

(a) kJ/mm (b) 3.2kJ/mm (c) 5.0kJ/mm

그림 1. 입열량이 다른 용접금속의 미세조직(×1,000)

20. 응력-변형률 선도

1 개요

물체에 작용하는 힘을 점진적으로 증가시키면 물체의 형상변화인 변형(deformation)과 내부의 저항력인 응력(stress)도 점진적으로 증가한다. 물체 변형률(strain)의 크기를 수평축으로 하고 변형에 따른 물체 내부의 응력을 수직축으로 하여 그래프로 나타낸 것을 응력-변형률 선도라고 부른다. 이 선도는 인장시험기(tension test machine)에 표준시편을 고정한 다음 외부에서 힘을 가하면 구할 수 있다.

2 응력-변형률 선도

(1) 점 O-A : 비례한도(proportional limit)(비례응력 : σ_p)

응력과 변형률이 비례관계를 가지는 최대응력을 말한다. 응력(stress)이 변형률(strain)에 비례한다.

(2) 점 B, C : 항복점(yield point)(항복응력 : σ_{yp})

응력이 탄성한도를 지나면 곡선으로 되면서 σ가 커지다가 점 B에 도달하면 응력을 증가시키지 않아도 변형(소성변형)이 갑자기 커진다.

이 점을 항복점이라 한다. B를 상항복점, C를 하항복점이라 하고 보통은 하항복점을 항복점이라 한다.

(3) 점 D : 최후강도 또는 인장강도(극한응력 : σ_u)

항복점을 지나면 재료는 경화(hardening)현상이 일어나면서 다시 곡선을 그리다가 점 D에 이르러 응력의 최대값이 되며 이후는 그냥 늘어나다가 점 E에서 파단된다.

재료가 소성변형을 받아도 큰 응력에 견딜 수 있는 성질을 가공경화(work-hardening)라 한다.

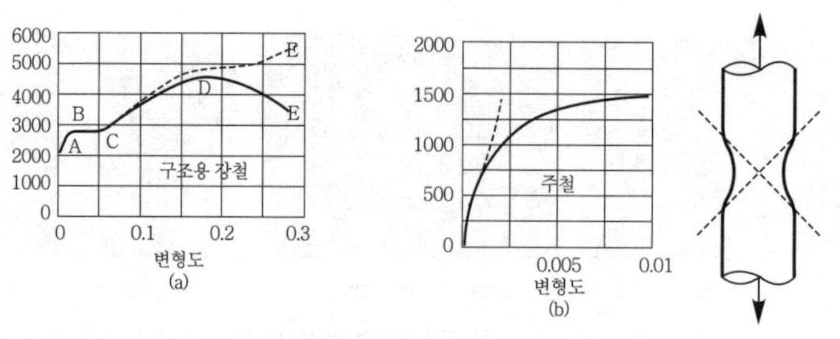

그림 1. 응력과 변형률 선도(연강)

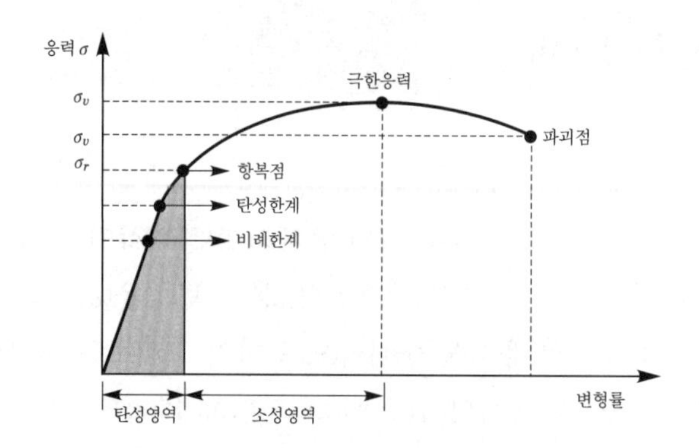

그림 2. 응력과 변형률 선도에 의한 탄성과 소성영역

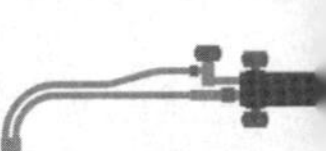

21. 금속재료의 강화기구 5가지에 대하여 기술

1 개요

금속의 강도란 소성 변형에 대한 저항성을 나타내는 말이다. 즉, 어떤 강도를 갖는 재료를 영구 변형시키거나 가시적인 변형(소성 변형)을 일으키기 위해서는 어떤 응력이 필요하다는 것으로 이해할 수 있다. 금속 결정들의 유동응력은 원자의 결합강도에 기초한 계산에 의한 이론적인 전단강도에 비해 상당히 낮게 나타난다. 그 이유는 금속 결정 내에 존재하고 있는 전위 때문인 것으로 밝혀졌다.

즉, 금속 결정에 외력이 가해지면 전위의 이동에 의해 변형이 일어나기 때문에 이상적인 전단강도보다도 훨씬 작은 응력에 의해서도 금속 결정의 변형이 일어나는 것이다. 따라서 모든 강화기구는 일반적으로 전위의 이동도(mobility)를 감소시키고, 전위가 결정 내에서 어느 거리만큼 움직이는 데 필요한 응력을 상승시키는 것이라 할 수 있다.

2 금속재료의 강화기구 5가지에 대하여 기술

(1) 금속재료의 항복현상

우리가 재료에 어떤 응력을 가할 때 그 응력이 항복 응력보다 훨씬 낮은 경우에는 전위가 불순물 원자, 제 2상 결정립계 또는 다른 전위와의 상호작용에 의해 고착되어 있기 때문에 전위는 이동하지 못한다. 따라서 이같이 낮은 응력에서는 탄성변형만이 일어난다. 그러나 응력이 높아져서 전위가 움직이게 되면 재료는 소성 변형을 시작하게 되는데, 소성 변형의 초기에는 가동전위의 수가 적고 이동속도도 느려서 응력-변형률 곡선의 기울기는 탄성 변형 영역의 기울기에서 약간 벗어날 뿐이다. 계속 응력이 가해지면 전위의 증식이 일어나고, 전위의 평균속도도 증가하여 소성 변형률이 탄성 변형률보다 훨씬 커져 응력-변형률 곡선이 소성 변형에 의해 지배받게 된다.

이처럼 재료의 항복 현상은 재료 내에서 전위의 이동도와 관계가 깊고, 재료 내에서의 전위의 이동도는 전위와 다른 결함과의 상호작용에 의해 좌우된다.

(2) 고용체 강화

일반적으로 용매원자의 격자에 용질원자가 고용되면 순금속보다 강한 합금이 된다. 이는 고용체를 형성하면 그것이 치환형 고용체이건 침입형 고용체이건 간에 격자의 뒤틀림 현상이 생기고, 따라서 용질원자의 근처에 응력장(應力場, stress field)이 형성된다. 이 용질원자에 의한 응력장이 가동 전위의 응력장과 상호작용을 하여 전위의 이동을 방해하여 재료를 강화시키게 되는 것이다. 이러한 형태의 강화를 고용체 강화(固溶體强化, solid solution strengthening)라고 한다. 예를 들면 Cu-Ni계 합금에서 치환형 원자인 Ni을 용매 격자인 Cu

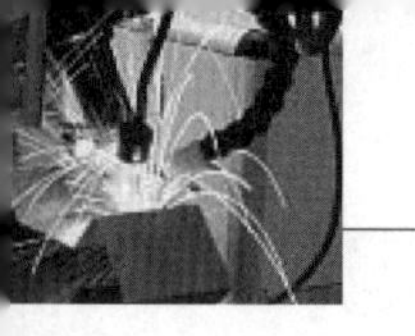

속에 첨가하면 순동(純銅)보다 높은 강도를 나타낸다. 또한 Cu에 Zn을 40% 이하로 첨가해도 역시 순동에 비교하여 높은 강도를 나타낸다. 고용체 강화의 효과는 2가지 인자에 의해서 결정된다. 첫째로, 용매원자와 용질원자 사이의 원자 크기 차이가 클수록 강화 효과는 커진다. 즉, 용매원자와 용질원자 사이의 원자 크기 차이가 날수록 용매 격자의 변형이 심해지므로 슬립이 일어나기가 어려워진다.

그림 1은 이를 나타낸 것으로서, Cu와 원자 크기가 비슷한 Ni이나 Zn보다는 Cu에 비해서 원자 크기가 많이 차이나는 Be이나 Sn이 강화에 기여하는 효과가 훨씬 크다.

둘째로, 첨가되는 합금 원소량이 많을수록 강화 효과는 커진다.

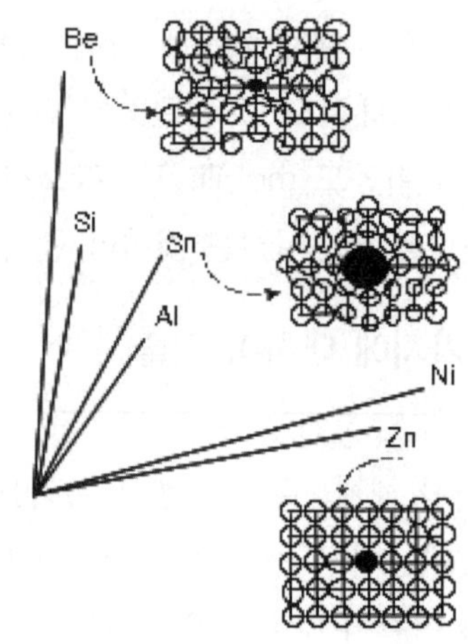

그림 1. Cu의 항복강도에 미치는 합금원소의 영향

(3) 석출강화

석출강화란 열처리 과정을 통하여 과포화 고용체로부터 제 2상을 석출시켜서 강화시키는 현상을 말한다. 석출강화의 기본원칙으로 기지(matrix)와 석출물(precipitate)의 특성이 합금의 여러 가지 성질에 영향을 미치는 인자들은 다음과 같다.

1) 기지상은 연성이 크고, 석출물은 단단한 성질을 가져야 한다. 즉, 석출물은 전위 슬립에 대한 강력한 장애물 역할을 담당하고, 기지상은 합금에 최소한의 연성을 부여하는 것이다.
2) 석출물은 불연속으로 존재해야만 하는 반면에 기지상은 연속적이어야만 한다. 만약 석출물이 그림 2(a)의 오른쪽 그림처럼 연속적이라면 균열이 전체조직을 통하여 전파할 수 있게 된다. 그러나 불연속적인 석출물에서 균열이 발생하면 그림 2(a)의 왼쪽 그림처럼 석출물과 기지상 계면에서 균열 전파가 저지된다.

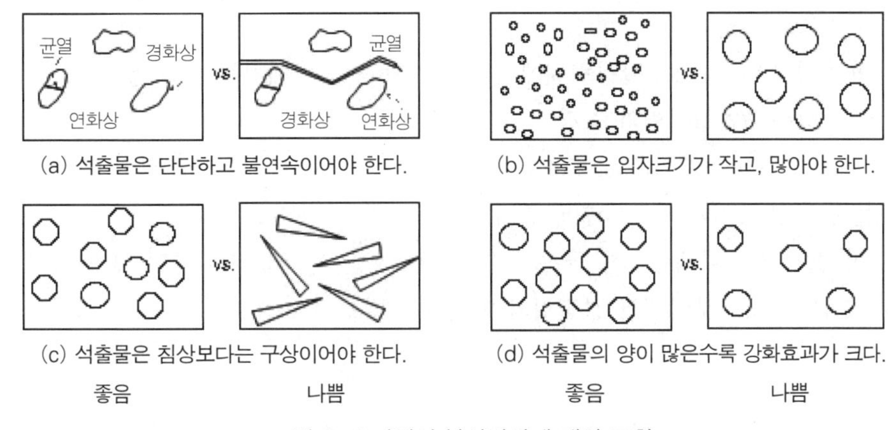

그림 2. 효과적인 분산강화에 대한 고찰

3) 석출물 입자의 크기가 미세하고 그 수가 많아야 한다.
4) 석출물 입자의 형상이 구형에 가까울수록 응력집중을 일으키지 않으므로 균열 발생 가능성이 적어진다.
5) 석출물의 부피분율이 클수록 강도는 커진다.

(4) 분산강화

분산강화란 강화상인 제 2상이 석출에 의하지 않고 인위적으로 첨가된 경우에 나타나는 강화 현상을 말한다. 기지와 부정합 상태를 이루고 있는 매우 단단한 제 2상 입자가 합금을 강화시켜서 주로 고온 성질을 우수하게 한다. 이러한 합금에 사용되는 분산입자(dispersoid)는 기지에 대한 용해도와 성분 원소의 확산 속도가 작고 융점이 높으며, 또한 형성 자유 에너지가 커서 화학적 안정성을 가져야 한다. 이러한 목적을 위해서 분산강화형 합금 제조에는 분말 야금법(粉末冶金法, powder metallurgy)이 주로 이용되고 있다. 분산강화에 가장 흔히 이용되는 강화상은 산화물이다. 예를 들면 TD-nickel이나 TD-nichrome은 100~1000Å의 직경을 갖는 등축상의 ThO_2 입자를 2vol% 정도 분산시켜서 강도를 향상시킨 고온 구조용 재료이다. 이 재료와 이러한 강화 현상은 항공기 제트 엔진의 가스 터빈 블레이드(gas turbine blade)의 가동 온도인 1200℃ 정도의 고온에서도 매우 우수한 강도를 나타낸다.

(5) 결정립 미세화 강화

일반적으로 다결정 재료에 있어서 결정립계 그 자체는 고유의 강도를 갖고 있지 않으며, 결정립계에 의한 강화는 결정립 내의 슬립을 상호 간섭함에 의해 일어난다고 알려져 있다. 따라서 결정립계 면적이 클수록, 즉 결정립 크기가 작아질수록 재료의 강도는 증가한다. Hall과 Petch는 인장 항복응력과 결정립 크기와의 사이에 다음과 같은 식이 성립함을 발견하였다.

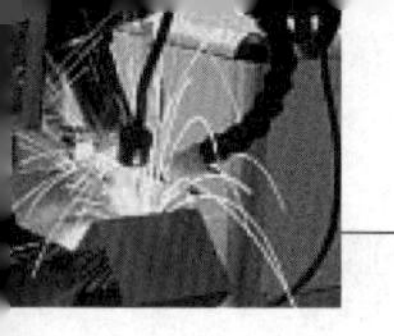

$$\sigma_y = \sigma_i + kd^{-1/2} \quad (1)$$

여기서, σ_y : 항복 강도, σ_i : 결정립내에서 전위의 이동을 방해하는 마찰 응력

k : 상수, d : 결정립의 직경

이 식을 Hall-Petch 관계식(Hall-Petch relationship)이라 하는데, 대부분의 결정질 재료의 항복강도는 결정립 크기가 미세할수록 증가한다는 것을 나타내고 있다.

이와 같이 결정립이 미세할수록 금속의 항복 강도뿐만 아니라 피로강도 및 인성이 개선되므로 실제로 금속 재료 분야에서 결정립의 미세화는 매우 중요한 기계적 성질 개선책으로 이용되고 있다.

22. Fe-C 상태도를 그리고 주요 온도, 상, 반응(포정, 공정, 공석)을 표시하고 설명

1 개요

순철은 단체로서는 존재하기 어렵고, 탄소와의 친화력이 크므로 철-탄소합금으로서 존재한다. 순철의 변태는 철-탄소 평형선도상에서 0%탄소량의 합금으로 표시되어 있다. 즉 종축에 온도, 횡축에 철의 탄소함유량을 0%부터 시작하여 우방으로 취하여, 철의 변태상태를 나타낸 것이 철-탄소 평형상태도(그림 1)이다. 그림에는 표시되어 있지 않으나 탄소량 6.67%의 것은 탄화철(Fe_3C, 일종의 화합물)이며 시멘타이트(cementite)라 불리운다. 일반적으로 C0.03~1.7%(또는 2.0%)를 함유하는 Fe-C합금을 강이라 하고, C1.7%(또는 2%) 이상을 가지는 것을 주철이라 한다. 탄소는 강속에서는 시멘타이트로 함유된다.

2 Fe-C 상태도

탄소강에는 변태를 일으키는 점이 4개 있고 각각 A_1, A_2, A_3 및 A_4 변태점이라 부른다. A_1 변태점은 순철에서는 없었던 것으로, 탄소량에 관계없이 일정온도(723℃)에서 나타나며 탄소 0.83%일 때는 A_3변태점과 일치한다. A_1변태점은 강을 냉각할 때 고용체인 오스테나이트가 철과 시멘타이트와의 기계적 혼합물로 분열하는 변태점이다. A_3변태점은 탄소함유량이 감소할수록 상승하고 이 점보다 온도가 높은 범위에서는 탄소강은 오스테나이트조직이 된다. 순철에 C가 첨가되면 α철, γ철 및 δ철은 모두 C를 용해하여 각각 α, γ, β 고용체를 만든다. 그 용해도는 온도에 따라 다르나 α고용체의 탄소용해도는 727℃에서 약 0.05%, 상온에서는 0.08%의 매우 근소한 값이며, 공업적으로는 거의 순철의 경우의 α철과 같은 것으로 보아도 상관없다.

이를 조직학적으로 페라이트(ferrite)라고 부르며 연하고 연성이 크다(원래는 α-페라이트

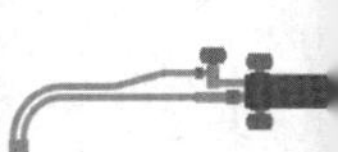

라 함. δ-페라이트는 중요성이 없음). γ고용체는 1130℃에서 최대로 1.7℃(또는 2%)의 C를 용해한다. 고용체를 오스테나이트(austenite)라고 부르며 끈기 있는 성질을 가진다.

S점은 특별히 중요한 점이며, γ고용체로부터 α고용체로의 상변화가 이루어지는 최저온도를 가르킨다. S점(탄소량 0.83%)에서는 강은 A_1점 이하에서는 조직전부가 오스테나이트로부터 페라이트와 시멘타이트가 동시에 석출하여 생긴 펄라이트(pearlite)라 부르는 층상의 미세한 조직으로 되나, 탄소량이 이보다 적은 강에서는 펄라이트와 페라이트와의 혼합조직이 되고, 탄소량이 감소함에 따라 페라이트량이 증가하고 C가 0.03%로 줄이면 전 조직이 페라이트가 된다. C 0.83% 이상에서는 펄라이트에 유리시멘타이트가 섞이고, C양이 증가할수록 유리시멘타이트의 양이 증가한다.

C 0.83%를 가지는 강을 공석강(eutectoid steel)이라 하고, 0.83% 이하의 강을 아공석강(hypo-eutectoid steel), 0.83%이상의 강을 과공석강(hyper-eutectiod steel)이라 한다. S점은 공석점(eutectoid point)이라 하는데 S점에서는 가열 시는 페라이트와 시멘타이트가 반응하여 오스테나이트가 되고, 냉각 시는 오스테나이트는 페라이트와 시멘타이트를 동시에 석출한다. 이를 공석반응(eutectoid reaction)이라 한다. 마찬가지로 상태도의 C점은 주철의 경우 1135℃에서 용액으로부터 오스테나이트와 시멘타이트 가동 시에 정출되어 나오는 점이며 이를 공정반응(eutectic reaction), C점은 공정점(eutectic point), 이때의 공정조직을 레데브라이트(ledeburite)라 한다. 또 그림에서 ES선을 cm선이라 하며 가열 시는 시멘타이트는 오스테나이트에 용해되고, 냉각 시는 오스테나이트로부터 시멘타이트가 석출되는 변태선이다. 또한 HSB선에서 가열 때는 오스테나이트 J가 δ고용체 H와 A_{cm}용액 B로 갈리게 되나 냉각 때는 용액 B와 δ고용체 H가 반응하여 오스테나이트 J가 되는 선이며 HJB선을 포정선, J점은 포정점이라 한다.

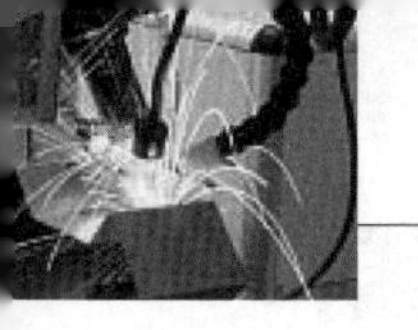

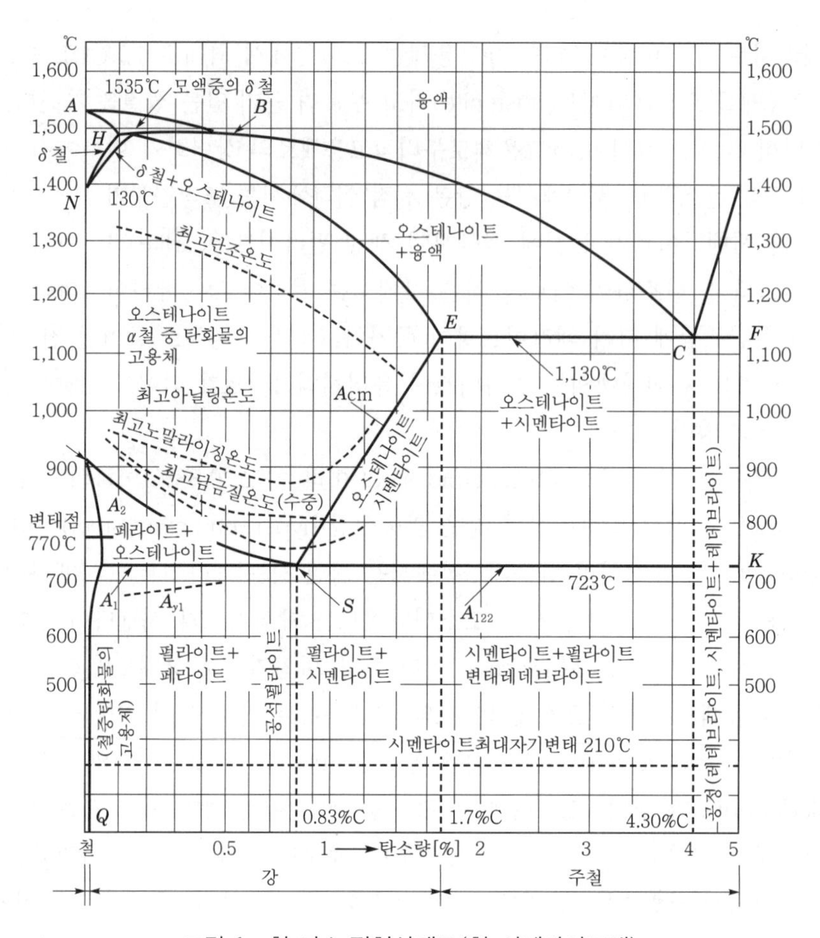

그림 1. 철-탄소 평형상태도(철-시멘타이트계)

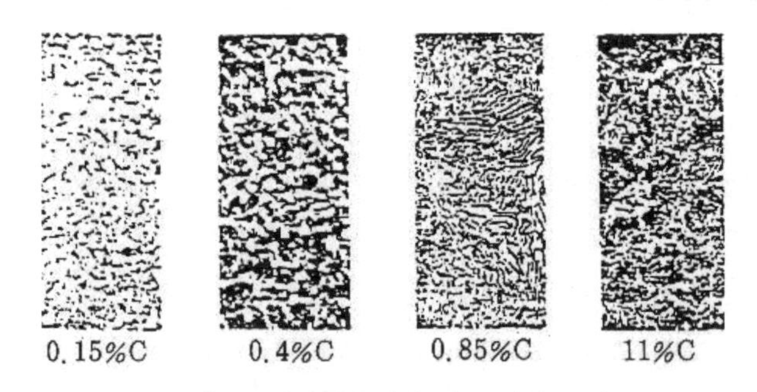

그림 2. 탄소함유량에 따른 강의 조직

지금 상태도에서 강을 용해상태로부터 서랭하면 액상선부터 응고하기 시작하여 고상선에 달하면 응고가 끝나고 오스테나이트조직이 된다. 더욱 온도가 내려가면 아공석강에서는 A_3선에 연하여 α-고용체 즉 페라이트가 석출되기 시작하고, 남은 오스테나이트는 온도강하와 더불어 점차 탄소농도가 증가하여 A_1점에서 0.83%가 되어 공석정으로 분열한다. 즉 펄라이트로 변화한다. 그리고 상온에서는 초석페라이트(0.03%)를 둘러싼 펄라이트조직이 된다.

과공석강에서는 A_{cm}선에서 유리시멘타이트를 석출하기 시작하고 남은 오스테나이트는 A_{cm}선에 연하여 탄소농도가 감소되며 A_1점에서 0.83%가 되어 공석정으로 분열하고, 상온에서는 초석시멘타이트와 펄라이트와의 조직이 된다.

공석강에서는 A_1점까지는 γ-고용체인 채로 강하하여 여기서 전부가 공석정으로 분열하여, 상온에서는 펄라이트만의 조직이 된다. 가열의 경우는 상술한 변화가 역으로 발생한다. 그림 2는 탄소량에 따른 강의 조직을 나타내는 예이다. 상변화는 금속이 서서히 냉각 또는 가열될 때에 발생되는 것이지만, 급랭될 때는 정상적인 상반응이 생길 충분한 시간의 경과가 허용되지 않으므로 전연 다른 결과를 얻게 될 것이다. 이 사실이 바로 금속열처리의 기초가 되는 것이다.

SECTION 23. 주조 응고와 용접 응고의 차이점

1 용접과 주조의 차이점

용융 Pool이 극히 작아서 용융과 응고가 근접하여 동시 또는 연속적으로 일어나며, 용융 Pool의 온도가 극히 높아 용융금속의 대류 등에 의한 교반이 심하다. 용융금속의 양에 비해 Mold 역할을 하는 모재의 질량이 상대적으로 커 응고속도가 극히 빠르다. 응고금속은 모재와 특정한 결정학적 상관관계를 가지고 성장한다.

2 응고조직을 결정짓는 주요인자

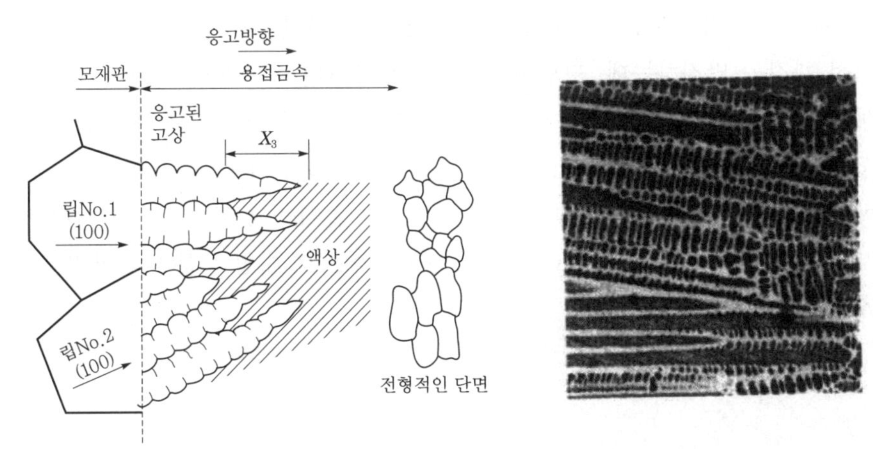

그림 1. Cell 수지상 계면의 성장모식도와 응고조직 사진

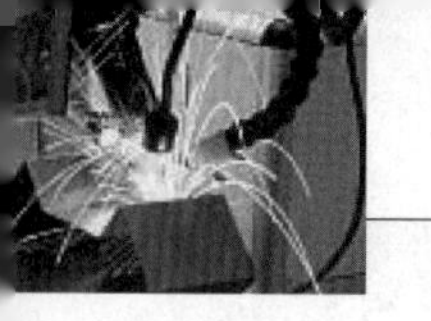

응고조직을 결정짓는 주요인자는 결정의 성장속도, 온도구배, 용질의 농도 등이 있으며 결정조직에 관련된 용접금속의 주상결정은 용융 경계부의 모재측의 미용융 결정립과 동일한 방위관계로 Epitaxial Growth이다.

Stray 결정은 주상정 중에서 〈100〉방향과 등온도선이 직교하는 것만이 선택적으로 성장하며 등축정은 Bead 중앙부 근처에서 생성되는 등축적인 입상정이다. 조성적 과랭과 결정성장 계면의 형태 변화는 다음과 같다.

(1) 용접 시의 응고의 경우 응고속도가 빨라 상태도상에서와 같이 평형응고가 이루어지지 않고 비평형 응고가 이루어진다. 더욱이 용질원자를 포함하고 있으므로 용질원자의 비평형 분배에 의한 조성적 과랭이 발생하며, 그 정도에 따라 응고 전면의 계면의 형태는 크게 달라진다.

(2) 일반적으로 용융금속 중의 온도구배가 작고 조성적 과랭의 정도가 클수록 평활 계면성장, Cell상 계면성장, Cell상 수지상 계면성장, 주상수지상 계면성장, 등축수지상 성장으로 응고계면의 형태가 변화하게 된다. 그림 1은 Cell상 수지상 계면성장의 계면형상 모식도와 응고조직을 나타낸 것이다.

24. Nd : YAG 레이저 용접 시에 사용되는 광섬유(Fiber)의 종류

1 개요

루비(ruby) 레이저와 더불어 대표적인 고체레이저로 손꼽히며 화학적인 조성은 Nd^{+3}이온이 Y^{+3} 대신에 약 1% 정도 YAG(yttrium aluminium garnet)결정에 들어 있는 Nd : $Y_3Al_5O_{12}$로써 근적외선 파장을 발진하는데, 크립톤(Kr)가스가 봉입된 아크램프로 광 펌핑하여 밀도반전이 형성된다. 펄스 발진에서는 Xe가스의 플래시램프를 사용한다. 펄스 동작뿐만 아니라 연속 발진도 가능한데, 파장이 1.064um이므로 용접도 가능하고 second harmonic generation이라는 비선형 광학 기술을 이용하면 파장이 절반으로 줄어들어 532nm의 가시광 영역이 되므로 여러 가지 용도로 이용된다. 그러나 YAG는 결정이므로 대형 증폭기의 제작은 불가능한 결점이 있다.

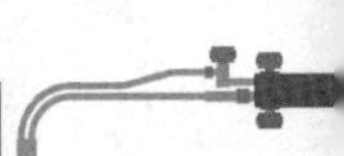

2 Nd-YAG 레이저 용접 시에 사용되는 광섬유(Fiber)의 종류

광 Fiber의 종류에는 SI(Step Index) Type과 GI(Grate Index) type이 있다. 그림과 같이 Fiber내의 운반모드는 SI형이 Core와 Clad 사이에서 전반사(全反射)되고, GI형은 Core의 내부에서 방사상으로 전송이 된다.

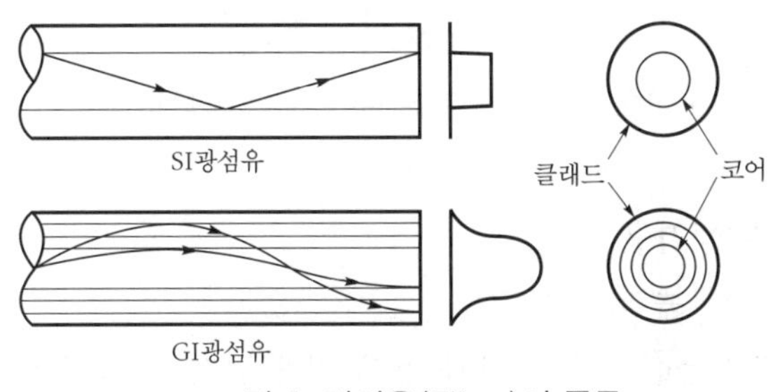

그림 1. 광섬유(Fiber)의 종류

25. 스테인리스강의 공식(Pitting corrosion)에 대하여 설명하고, 공식을 억제시키는 원소와 촉진시키는 원소

1 공식(Pitting Corrosion)

Pitting은 부동태 피막을 파괴시킬 수 있는 높은 염소 이온 농도가 존재하는 분위기 하에서 스테인리스강이 놓일 때 부동태 피막이 국부적으로 파괴되어 그 부분이 우선적으로 용해되므로 발생한다.

2 스테인리스강의 공식(Pitting corrosion)에 대하여 설명하고, 공식을 억제시키는 원소와 촉진시키는 원소

부식의 특징은 처음 부식이 발생되는 데 다소 시간이 걸리나 일단 pit가 생기면 pit내부는 small 양극(Active상태)이 되고 외부 전체는 large 음극(Noble상태)이 되며 부식이 급가속으로 진행되어 수일 만에 관통된다. Pit부 입구는 매우 적어 조그만 구멍이 뚫려 있는 형태이나 내부는 크게 확대되어 존재하므로, 외부에 작은 결함이 존재할 경우도 수일 내 파단이 발생할 가능성이 있기 때문에 즉시 보수를 하는 것이 좋다.

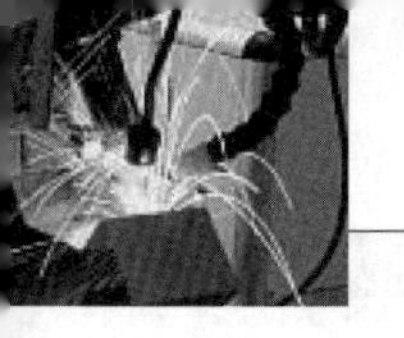

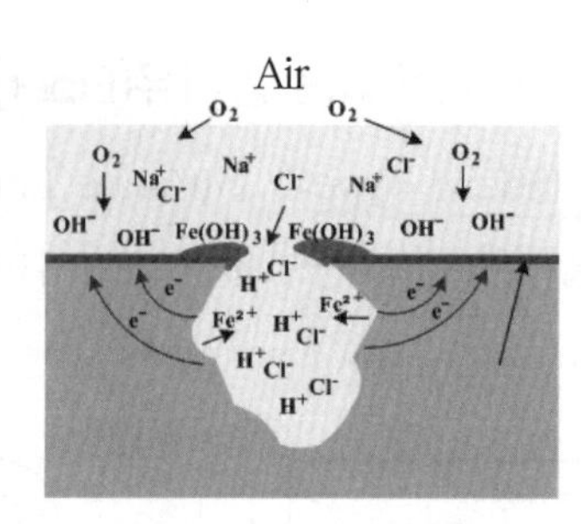

그림 1. 철 표면에 공식이 발생한 사례

(1) Pitting Corrosion 발생기구

Pitting Corrosion 발생기구는 다음과 같다.

부동태 피막 파괴 → 부식 pit 형성 → pit내 용액 정체 발생 → 용존산소 고갈 → 양이온 과다 → 염소 이온 끌어들임(전하평형을 위해) → HCl 형성($M^+Cl^-+H^+Cl^-$) → 부식 가속화

(2) 공식 발생에 미치는 제조건의 영향 및 대책

1) Cl^- 농도가 낮은 쪽이 유리하다.
2) 온도는 낮을수록 유리하다.
3) 용존 산소 혹은 산화제(Fe_3^+, CU_2^+) 존재 시 불리하다.
4) pH는 산성쪽일수록 불리하다.
5) 내공식성 향상 원소 첨가 시 유리 : Mo, N, Cr, Ni 등이다.
6) 304<316(L)<Duplex<Super Austenitic 순이다.
7) Pitting 유발 인자가 낮을수록 유리하다.
8) 소재 상태는 매끈하게 처리된 표면일수록 내 Pitting성이 양호하다.
9) 표면에 좁은 틈새가 있는 경우는 용액의 잔류에 의해 불리하다.

SECTION 26. 철강재료의 청열취성(Blue Shortness)과 상온취성

1 청열취성

청열취성은 yield drop이 일어나는 취성이다. C와 N과 같은 격자간원자(interstitial atom)가 칼날 전위와 상호작용하여 전위의 움직임을 어렵게 하다가 어느 순간 서로 떨어져서 전위는 보다 쉽게 움직이므로 응력이 갑자기 떨어진다. 250~400℃에서의 가공에서는 청열취성이 일어난다.

탄소강의 탄성 계수, 탄성 한계, 항복점 등은 온도가 증가함에 따라 감소하며, 인장력은

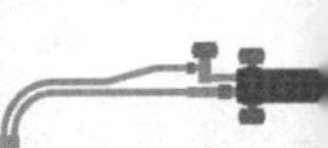

200~300℃까지는 증가하지만 그 후에는 점차 감소한다. 신축 정도는 온도의 증가에 따라 감소하여 인장력이 최대가 되는 점에서 최소치를 나타내고 점차 다시 커진다. 또한 충격치는 200~300℃에서 가장 적다. 따라서 탄소강은 200~300℃에서 가장 취약해지며, 이 온도 범위에서 생기는 산화막이 청색이기 때문에 청열취성이라 한다.

2 상온취성(常溫脆性, 低溫脆性; cold shortness)

온도가 상온 이하로 내려가면 충격치가 감소하여 쉽게 파손되는 성질을 말하며, 예로서 강(鋼)중에 P가 많으면 Fe_3P가 형성되어 결정 경계에 석출한다. P가 적으면 강중에 고용(固溶)되고 경도와 강도가 다소 증가하고 연율이 감소한다. 강중의 P는 상온취성의 원인이 된다. P가 소량이고 균일하게 분포되어 있으면 별로 해롭지 않으나, P는 편석이 생기기 쉽고 충격치를 감소시키는 경향이 있으므로 소량으로 제한한다. P에 의한 유해 정도는 C량이 많을수록 크고, 공구강에서는 0.025% 이하, 반경강에서는 0.04% 이하, 연강에서는 0.06% 이하로 제한한다.

SECTION 27. 탄소강에 미치는 합금원소(C, Mn, Si, P, S)의 영향

1 개요

탄소강은 0.04~1.7%의 탄소를 함유하는 Fe-C합금으로서 강(Steel)이라고도 한다. 탄소강은 탄소의 함유량에 따라 저탄소강(0.3% 이하), 중탄소강(0.3~0.6%), 고탄소강(0.6% 이상)으로 구분된다.

2 탄소강에 미치는 합금원소(C, Mn, Si, P, S)의 영향

탄소강에 미치는 합금원소(C, Mn, Si, P, S)의 영향은 다음과 같다.

(1) 탄소(C)

1) 강의 근본이 되는 원소로서 강의 기계적 성질에 가장 큰 영향을 주며, 탄소 함량이 증가하면 경도, 강도는 증가하나 연신율, 단면 수축율은 감소된다.
2) 용접성은 0.20%C 이상인 경우 저하된다.
3) 오스테나이트에 고용하여 quenching시 마르텐사이트 조직을 형성시킨다.
4) 탄소량의 증가와 함께 quenching 경도를 향상시키지만 quenching시 변형유발 가능성을 크게 한다. Fe, Mo, V 등의 원소와 화합하여 탄화물을 형성하므로 강도와 경도를 향상시킨다.

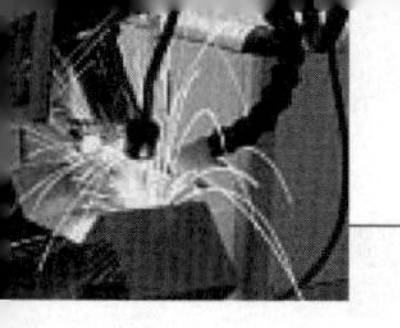

(2) 규소(Si)

1) Matrix내에 고용되어 경도 및 인장강도를 높이나 충격치는 감소된다.
2) 강 속의 규소는 선철과 탈산제에서 잔류된다. SiO_2와 같은 화합물을 형성하지 않는 한 페라이트 속에 고용되므로 탄소강의 기계적 성질에는 영향을 미치지 않는다.
3) 규소는 강한 탈산제이고 45% 첨가량까지는 강도를 향상시키지만, 2% 이상 첨가 시에는 인성을 저하시키고 소성 가공성을 해치므로 첨가량에 한계가 있다.
4) 템퍼링시 연화저항성을 증대시키는 효과도 있다.

(3) 망간(Mn)

1) 대부분 강을 만드는 과정에서 용해되나 일부는 황(S)과 결합하여 "MnS"형태로 존재하여 피삭성, 연신율을 향상시킨다.
2) 연신율을 감소시키지 않고 강도를 증가시키며, 소입성을 향상시킨다.
3) MnS의 형성으로써 강 속의 S의 양이 감소하므로 결정립계에 형성되는 취약하고 저융점화합물인 FeS의 형성을 억제시킨다.
4) Mn에 의해서 펄라이트가 미세해지고 페라이트에 고용강화를 시킴으로써 탄소강의 항복강도를 향상시킨다.
5) Quenching시 경화깊이를 증가시키지만 많은 양이 함유되어 있을 때는 Quenching 균열이나 변형을 유발시킨다.
6) Mn은 강의 내산성 및 내산화성을 저해하는 원소이다.

(4) 인(P)

1) 인이 강 속에 균일하게 분포되어 있으면 문제가 없으나 보통 철(Fe)과 결합하여 Fe_3P의 해로운 화합물을 형성한다. 이 화합물은 극히 취약하고 편석되어 있으며, 풀림처리를 하여도 균질화되지 않고 단조, 압연 등의 가공을 하면 길게 늘어난다.
2) 충격저항을 저하시키고 템퍼링취성을 촉진하며 쾌삭강에서는 피삭성을 개선시키는 원소이다.
3) 상온에서 충격치를 감소시켜 상온 취성의 원인이 된다.
4) 입계에 편석하고 입자조대화를 촉진시키므로 불순물로 간주된다.

(5) 황(S)

1) 보통 Mn과 결합하여 MnS 개재물을 형성한다. 강중의 Mn양이 충분치 못할 때에는 Fe와 결합하여 FeS를 형성하기도 한다.
2) FeS로 결합하면 입계에 망상으로 분포되어 인장강도, 연신율 및 충격치를 감소시키며 가공 시 파괴의 원인인 고온 취성을 일으킬 수 있다.
3) 일반적으로 Mn, Zn, Ti, Mo 등의 원소와 결합하여 강의 피삭성을 개선시킨다.

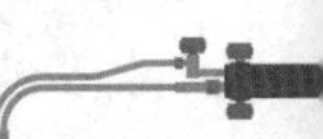

28. 바우싱거 효과(Bauschinger effect)

1 정의

소재를 가공할 때 처음에는 인장 변형시키고 나중에 압축 변형시키거나, 또는 그 반대의 순서로 가공하는 일이 종종 있다. 그 예로는 소재를 굽혔다 펴는 작업, 판재 교정압연작업, 역 드로잉(reverse drwaing) 등이 있다. 금속을 소성영역까지 인장시켰다가 하중을 제거한 후 압축하면, 압축 시 항복강도가 인장 시보다 작아지는 경우가 있다. 이 현상을 바우싱거 효과라고 하며, 정도의 차이는 다소 있으나 모든 금속 및 합금들은 이러한 거동을 보인다.

2 적용

물론 이 효과는 하중경로가 반대일 경우, 즉 압축한 후 인장하는 경우에도 나타난다. 하중이 작용된 반대방향의 항복응력이 저하되기 때문에, 이 현상을 변형연화(strain softening) 혹은 가공연화(work softening)라고도 한다. 이 현상은 비틂의 경우에도 관찰된다.

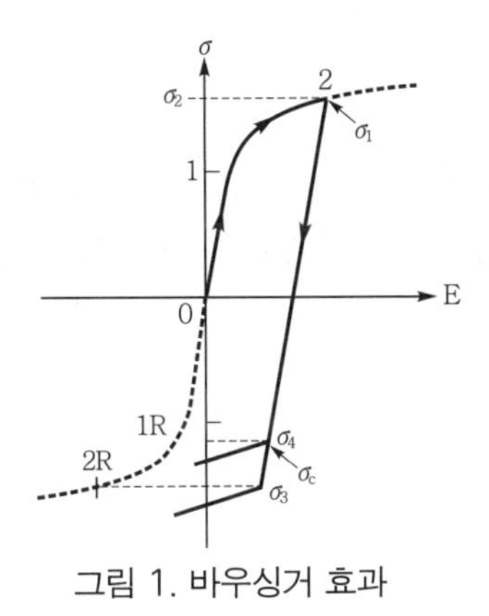

그림 1. 바우싱거 효과

29. 오버레이 용접에서 희석률 정의와 희석률과 용접성의 관계

1 오버레이 용접에서 희석률 정의

희석률(dilution) 10% 의미는 오버레이 용접 시 형성되는 용융부의 합금성분이 모재부분에 일부 용융되어 10%가 섞이고, 나머지 90%는 용접재가 용융되어 상호 혼합되어 형성된 것을 뜻한다. 따라서 희석률이 증가할수록 오버레이 용접부의 내마모성 등이 저하하게 된다. 50% 내외의 희석률을 가지는 서브머지드 용접(SAW)과는 달리 플라즈마 아크 용접의 경우는 대략 5%, 레이저 용접은 1~10%로 매우 낮은 희석률을 가진다. 대체로 아크 용접법의 경우 과다한 희석률이 문제가 되는데, 고탄소 고크롬 오버레이 용접재를 저탄소 일반강 모재 표면에 수동

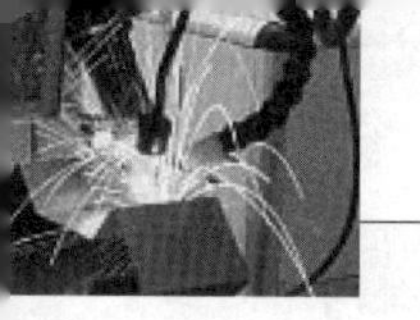

아크 용접을 할 경우 용접 중의 희석률은 오버레이층의 물성에 밀접한 영향을 미치게 된다.

2 오버레이 용접에서 희석률과 용접성의 관계

오버레이 용접재료의 합금조성은 대부분 모재보다 합금원소 함량이 높기 때문에 희석률이 증가할수록 오버레이 용접부의 합금원소 함량이 낮아져 성능이 저하된다.

PTA용접 시 희석률이 증가할수록 전체 저 융점상의 양이 감소하고 액화균열 감수성은 희석률이 증가할수록 감소하는 경향을 보이므로 최적의 희석률 결정이 용접시공상 주의해야 할 하나의 항목이다. GMA 오버레이 용접에서 희석률을 최적화하는 방법으로는 먼저 용접공정을 통한 비드형상 제어를 고려해볼 수 있다. 하드페이싱용 합금조성은 대부분 모재보다 합금원소 함량이 높기 때문에 희석률이 증가할수록 오버레이 용접부의 내마모성은 저하한다.

접합부 신뢰성을 위해 10% 정도의 희석률은 필요하지만 희석률이 과도한 경우에는 원하는 내마모 성능을 위해 다층용접을 적용해야 하므로 높은 희석률은 용접비용을 증가시키는 원인이 된다. 용융금속의 모재에 대한 희석은 용접파형과 관련이 있으며, 일반적으로 용접전압 및 전류의 증가는 입열량을 높여 희석률을 증가시킨다.

30. 고탄소강이나 합금강 용접 시 발생하는 잔류 오스테나이트(Austenite)를 제거하기 위한 서브제로(Subzero) 처리

1 개요

서브(sub)는 하(下), 제로(zero)는 0℃를 의미하고 0℃ 이하의 온도에서의 뜨임 열처리를 말하며 영하처리, 심랭처리, 냉동 처리, 칠(chill) 처리는 모두 같은 뜻이다.

2 고탄소강이나 합금강 용접 시 발생하는 잔류 오스테나이트(Austenite)를 제거하기 위한 서브제로(Subzero) 처리

고탄소강이나 고합금강에 있어서는 일반적으로 실온에서 담금질한 상태로는 오스테나이트(Austenite) 조직이 약 5~20%로 잔류하면 이것이 시일이 경과되면 마르텐사이트(Martensite)로 변화하기 때문에 모양과 치수 그리고 경도에 변화가 생긴다. 이러한 현상을 경년변화라고 한다.

이와 같은 현상을 방지하기 위해 서브제로 처리가 필요한데, -180℃ 정도로 냉각하면 조직 전체가 마르텐사이트 조직으로 변화한다. 이 상태에서 다시 실온으로 회복시킨 다음 저온 템퍼링(tempering)을 하여 β마르텐사이트 조직으로 처리하는 과정을 서브제로 처리라고 하며 처리 시점은 일반적으로 퀜칭(소입) 후 바로 하는 것이 보통이나, 예리한 모서리가 존재하는 금형의 경우 크랙이 발생할 가능성이 있기 때문에, 한 시간 가량 약 100℃에서 템퍼링을 실시한 후 서브제로를 실시하는 것이 좋다.

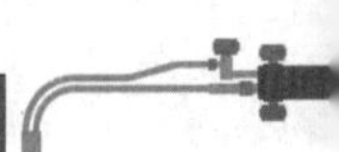

31. 철강재료 제조제강법에서 강괴(steel ingot)의 분류

1 개요

강괴의 종류는 탈산 정도에 따라 Killed강, Rimmed강, Semi Killed강으로 분류한다. 탈산제의 종류는 Fe-Mn(약탈산제)와 Fe-Si, Al(강탈산제) 등이 있다.

2 강괴(steel ingot)의 분류

철강재료 제조제강법에서 강괴(steel ingot)는 다음과 같이 분류된다.

(1) 킬드강(Killed steel ingot, 진정강)

Fe-Si, Al 등의 강탈산제로 충분히 탈산시킨 강괴로 강질이 대체로 균질하며 기계적 성질이 양호하고 방향성이 좋다. 기포나 편석은 없으나 표면에 헤어크랙이 생기기 쉽고 중앙 상부에 큰 수축관이 생겨 불순물이 집적된다. 적용 범위는 균질을 요하는 합금강, 침탄강, 탄소 0.3% 이상에 적용한다.

(2) 림드강(Rimmed steel ingot)

평로, 전기로, 전로 등에서 생산된 용강을 Fe-Mn으로 가볍게 탈산시킨 강괴로 용강에 비등작용(boiling action)이 일어난다. 응고 후 많은 기포가 발생하며 테두리에 주상정이 생긴다. 기포, 편석으로 강질이 균일치 못하나 압연, 단접으로 표면순도가 높으며, 적용 범위는 압연봉, 파이프, 보통 저탄소강(0.15% C 이하)의 구조용 강재로 쓰인다.

(3) 세미킬드강(Semi killed steel ingot)

킬드강보다 탈산도가 적고 저탄소강, 중탄소강에 Al으로 가볍게 탈산한 강이다. 킬드강과 림드강의 중간 성질의 강이며 소형의 수축공과 수소의 기포만 존재한다. 적용 범위는 구조용 강(0.15~0.3% C), 강판, 원강의 재료에 사용한다.

(4) 캡드강(Capped steel ingot)

용강을 주입한 후 뚜껑을 씌워 비등을 억제시켜 림드 부분을 얇게 하여 내부편석을 적게 한 강으로, 적용 범위는 박판, 스트립, 주석철판, 형강 등의 원재료에 사용된다. 림드강괴를 변형시킨 강괴로, 내부결함은 적으나 표면결함이 많다.

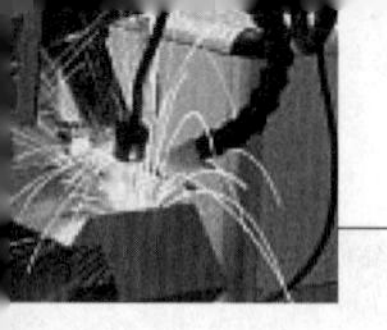

32. 전기로(electric furnace)의 장단점 및 크기, 종류

1 개요

전력을 공급하여 물체를 가열시키는 노를 총칭하여 전기로라고 호칭하며, 그중에서 줄열(Joule's heat)에 의해서 피가열물을 가열하는 노를 저항가열로라 부른다. 이중금속 또는 비금속발열체를 설치하고, 여기에 전류를 통하여 줄열에 의해서 간접적으로 피가열물을 가열하는 방식을 간접식 저항로라고 부르며, 직접적으로 피가열물에 전류를 통하여 가열시키는 방식을 직접식 저항로라고 한다. 일반적으로 간접식 저항로는 단순히 전기로(electric furnace or kiln)라고 부르고, 직접식 저항로는 흑연화로, 카바이드로와 같이 주로 용도별로 나누어 부른다.

2 전기로의 장단점 및 크기, 종류

전기로(electric furnace)의 장단점 및 크기, 종류는 다음과 같다.

(1) 직접식 저항로

직접식 저항로는 도전성이 있는 피가열물에 전극을 연결시키고 직접 충전시켜 가열하는 방식으로, 상온에서는 저항값이 커도 고온이 되면 도전성을 갖게 되는 카바이드 및 용융염 등을 적당히 예열시켜 직접 통전할 수 있게 바꾸어주는 방식이다. 탄화규소로, 흑연화로, 카바이드로 및 특수 전원을 사용하는 알루미늄전해로 등을 들 수 있으며 동선의 가열, 강선의 열처리 등에 주로 사용된다.

(2) 간접식 저항로

간접식 저항로는 주로 열방사에 의해서 피가열물을 가열하는 발열체로와, 탄소입자를 발열매체로 하여 열의 전도 및 방사를 이용한 크리프톨로(kryptol furnace) 및 용융염을 매체로 한 염욕로 등이 있으나, 여기서는 우리가 총칭하여 '전기로'라고 부르는 발열체로를 기준으로 한다. 전기로, 즉 간접식 저항가열로는 이용범위가 아주 광범위하고 다양하기 때문에 여러 가지 분류되고 있으며, 사용되는 범위에 따라 표 1과 같이 구분된다.

표 1. 사양에 따른 간접식 저항가열로(전기로)의 분류

구분	저항로의 형식
노 내 분위기	대기로, 산화로, 분위기로, 진공로 등
처리목적	소성로, 소결로, 침탄로, 소준로, 질화로, 반응로, 확산로, 건조로 등
가반온상	Conveyor Belt Furnace, Pusher Plate Tunnel Furnace, Roller Hearth Kiln Working Beam Furnace, 회전판 노, 고정판 노 등
사용발열체	탄화규소로, 몰리브덴로, MoSi2로, 니크롬선로
DESIGN	Box Furnace, Tube Furnace, Pot Furnace, Tunnel Furnace, Bell Furnace 등
사용온도	저온로, 고온로, 초고온로
적재방식	Front Loading Furnace, Bottom Loading Furnace, Top Loading Furnace

사양에 따른 전기로의 형식은 표 1과 같으나 일반적으로 간접식 저항로의 경우 피가열물의 적재 및 처리방법에 따라 연속로(Continuous Type Furnace)와 비연속로(Batch Type Furnace)로 크게 구분된다.

33. 표면개질법에서 가스질화법과 가스연질화법

1 개요

금속소재의 열처리와 표면개질기술은 한정된 지구자원을 절약하고, 에너지사용량을 줄이며 tribology를 통하여 환경보존문제에 크게 공헌할 수 있는 기술이다. 대부분의 기계부품은 금속제품이며, 연결 부위의 마모가 그 수명을 거의 결정한다. 그러므로 부품의 표면개질을 통해 마모특성을 개선시키면 기계의 수명을 크게 연장시킬 수 있다. 그러므로 열처리를 통한 표면개질의 중요성은 이 마모에 의한 가치를 평가해보면 알 수 있을 것이다

2 가스질화법과 가스연질화법

가스질화와 가스연질화와 차이는 종래의 가스질화는 침탄법을 대체하여 강도와 정밀도가 더욱 크게 요구되는 부품에 시행하며, 질화강(SACM645), 다이스강(SKD61) 등 고급재료에 사용한다. 처리시간이 25~100시간의 장시간이 소요되며 경화층의 깊이가 깊고 표면경도도 높다. 반면 가스연질화는 가벼운 기분으로 약간의 표면성능 개선이라는 뜻이 강하여 탄소강 등 저급재료에 사용하는 예가 많다. 처리시간이 대부분 1.5~2.5시간 이내이고 화산층보다는 화합물층이 대부분이며, 경화층 깊이는 얇고 표면경도도 가스질화보다 낮다. 표 2는 가스질화와 가스연질화의 특성을 비교한 것이다.

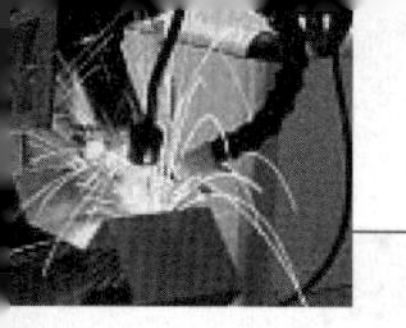

표 1. 각종 질화법의 비교

분류	경화층(mm)	표면경도(H_v)	질화제	질화온도(℃)	장점	단점
가스질화	• 화합물층 최대 0.03 • 확산층 최대 0.6	고합금강 (1,000~1,200)	NH_2(암모니아 가스)	• 520~530 • 550~590	• 높은 경도 • 내마모성 • 피로강도	• 백층 연마 제거 • 장시간 소요 • 전용 강종이 필요
염욕질화	• 화합물층 최대 0.04 • 확산층 최대 0.4	• 탄소강 (400~600) • 합금강 (600~1,200)	CN염, CNO염	550~580	• 단시간 • 내소착성 • 피로강도 • 모든 강에 적용 가능 • 설비비 적음 • 어떤 형상도 적용	• 배수처리에서 CN 제거대책
가스연질화	• 화합물층 최대 0.02 • 확산층 최대 0.004	• 탄소강 (400~600) • 합금강 (600~1,200)	RX가스, CO_2, NH_2	550~600	• 내마모성 • 내소착성 • 피로강도 • 내식성 • 물처리대책 불필요	• 설비비가 비쌈 • 오스테나이트 강에 부적당
플라즈마질화	• 화합물층 최대 1/1000 • 확산층 최대 0.4	• 탄소강 (400~600) • 합금강 (600~1,200)	N_2+H_2	350~600	• 질화성 양호 • 넓은 조건 설정 가능 • 화합물층이 양호	• 형상과 크기 제한 • 급랭 불가능 • 양산 곤란
염욕침황질화	• 화합물층 최대 0.04 • 확산층 최대 0.4	• 탄소강 (400~600) • 합금강 (600~1,200)	CN염+금속황화물	560~570	• 내소착성	• 배수처리설비 필요
가스침활질화	• 화합물층 최대 0.02 • 확산층 최대 0.5	• 탄소강 (400~700) • 합금강 (700~1,200)	NH_2, CO_2, N_2X가스	400~620	• 내마모성 • 내소착성 • 피로강도 • 내식성 • 제진성 • 스테인리스강에 적당	• 침황가스공급 장치 및 배기 가스설비 필요

표 2. 가스질화와 가스연질화 비교

구분	가스질화	가스연질화
재질	고급강(SACM, SKH, SKD, SCM, SUP)	저급강(SPC, 탄소강, 주철, STKM)
목적하는 조직	확산층, Al, Cr과 N화합물층 (Fe-Al-N, Fe-Cr-N)	화합물층, Fe와 N화합물층(Fe_3N, Fe_4N)
경화층 깊이	깊다(0.1~0.3mm).	얕다(8~15mm).
표면경도	높다(H_v 700~1,200).	낮다(H_v 400~700).
처리시간	길다(25~100시간).	짧다(90~150분).
용도	단발부품(금형종류, Drive-Shaft, Eject-Turbine, Cam)	양산부품(OA부품, 자동차부품, 미싱부품)

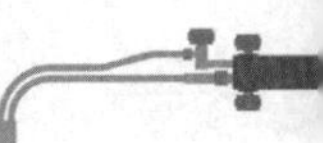

34. 용착금속의 수소량시험

1 개요

G-BOP시험은 여러 가지 한계가 있음에도 불구하고 과거 여러 연구자들은 그들의 시험결과를 정량화하고자 노력하였다. 여러 가지 용접재료 및 기법을 사용하여 G-BOP시험을 실시한 결과로부터, 용착금속부의 저온균열 감수성은 합금원소량이 증가할수록, 그리고 확산성 수소량이 증가할수록 증가한다고 하였다.

2 용착금속의 수소량시험

균열 방지에 필요한 예열온도를 다음과 같은 수식으로 정량화하였다.

$$\beta\tau_c=3.75(CE-0.40)+\log H_f$$

여기서, β: $\beta_o/2.3$와 β_o은 기하학 및 경계조건에 따라 일정하다.

τ_c : 균열이 발생하지 않도록 하기 위한 예열온도

CE : C+Mn/6+Cr/5+Mo/5+Ni/15(in wt.%)

H_f: 융합금속 mL/100g 내 수소함량

3.75(CE−40)+logH_f로 표시되는 용착금속의 저온균열 감수성은 화학조성과 확산성 수소량의 상대적 비중을 보여주고 있는데, CE가 낮은 경우에는 확산성 수소량의 비중이 상대적으로 높아지기 때문에 저강도 용착금속의 저온균열은 대부분 확산성 수소량에 의존하고 있음을 보여준다. 그러나 CE가 높은 고강도 용접재료에 있어서는 확산성 수소량의 영향이 상대적으로 적게 나타난다고 하였다.

한편 Hart는 여러 가지 화학조성을 가지는 SMA용접재료에 대하여 G-BOP시험을 수행하고, 다음 식과 같이 정의되는 10% CPT, 즉 10% 균열이 발생하는 예열온도(10% 균열예열온도)를 합금조성, 냉각속도($\Delta t_{300\sim500}$), 확산성 수소량(H_2)의 함수로써 표현하였다.

$$10\%\ CPT=188.4CE_w-108.3$$

여기서, CE_w=C+0.378Mn+0.145Ni+0.468Cr+0.299Mo−0.012$\Delta t_{300\sim500}$+0.039H_2

35. 열처리종류 중 불림과 풀림의 목적과 차이점

1 불림(Normalizing)

(1) 불림의 목적

강을 표준 상태로 만들기 위한 열처리 가공으로 인한 불균일한 조직을 제거하고 결정립을 미

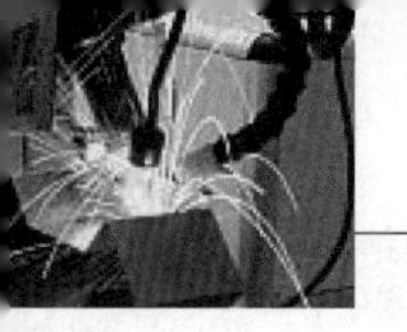

세화시켜 기계적 성질을 향상시킨다.

(2) 조작

가열은 A_3선 또는 A_{cm}보다 30~50℃로 가열하며, 보유시간은 보통 두께 25mm당 1~2시간의 비율이다. 대기 중에 냉각하면 결정립이 미세해져 강인한 미세 펄라이트조직이 된다.

(3) 불림의 방법

① 보통 불림 : 일정한 불림온도에서 상온까지 대기 중에 냉방한다.
② 2단 불림 : 불림온도로부터 불빛이 없어지는 온도(약 550℃)까지 공랭한 후 pit 혹은 서랭 상태에서 상온까지 서랭한다. 구조용 강(0.3~0.5% C)은 초석 페라이트가 펄라이트로 되어 강인성이 향상된다. 대형의 고탄소강(0.6~0.9% C)에서는 백점과 내부균열이 방지된다.
③ 등온불림 : 등온변태곡선의 상부 베이나이트 생성온도(약 550℃) 부근에서 등온변태시킨 후 상온까지 공랭하며 저탄소합금강은 절삭성이 향상된다.
④ 2중불림 : 930℃에서 공랭하면 전체 조직이 개선되고, 820℃에서 공랭하면 펄라이트가 미세화되어 자동차의 차축과 저온용 저탄소강의 강인화에 적용된다.

2 풀림(Annealing)

(1) 풀림의 목적

금속합금의 성질을 변화시키며 일반적으로 가공경화된 재료를 연화한다. 일정조직의 금속이 형성되며(조직의 균질화, 미세화, 표준화) 가스 및 불순물의 방출과 확산을 일으키고 내부응력을 저하시킨다.

(2) 풀림의 방법

① 저온풀림(A_1점 이하에서 실시) : 중간풀림, 응력제거풀림, 재결정풀림
② 고온풀림(A_1점 이상에서 실시) : 완전풀림, 확산풀림, 항온풀림
③ 완전풀림 : A_3, A_2, A_1점보다 30~50℃ 높은 온도에서 충분히 유지 후 서랭하는 열조작
④ 확산풀림 : 황화물의 편석을 없애고 Ni강에서 망상으로 석출된 황화물의 적열취성을 막기 위해 1,100~1,150℃에서 풀림
⑤ 응력제거풀림 : 잔류응력을 제거하기 위해 500~600℃로 가열 후 서랭
⑥ 중간풀림 : 압연 또는 신선작업에서 냉간가공 도중에 경화된 재료를 연화의 목적으로 풀림
⑦ 재결정풀림 : 냉간가공한 재료를 600℃ 부근에서 응력이 감소되고 재결정이 일어남
⑧ 구상화풀림 : 시멘타이트조직을 구상화하기 위한 목적의 풀림

36. 용접금속의 결정립을 미세화하는 방법

1 개요

결정립 미세화(grain refinement) 강화는 결정립의 크기를 줄임으로써 재료의 강도와 기계적 특성을 개선하는 데 사용되는 방법이다. 이것은 소성변형과 같은 물리적 방법이나 결정립 미세화제 첨가 및 급속응고방법과 같은 기술을 통해 가능하다

2 용접금속의 결정립을 미세화하는 방법

용접금속의 결정립 미세화는 다음과 같다.

① 응고하고 있는 용융금속에 진동을 주면 결정이 미세화된다.

② 결정을 미세화하는 방법에는 자기교반, 초음파 진동, 합금원소를 첨가하는 방법이 있다.

③ 용융금속의 진동작용은 결정을 미세화하고 기공 발생을 방지하며, 용접균열을 방지하고 잔류응력 발생을 방지한다.

④ 합금원소의 조건

㉠ 탄화물, 질화물 등의 고융점을 만든다.

㉡ 융액 중에서 미세한 고상으로 석출한다.

㉢ 융액과의 접촉각이 작아야 한다.

㉣ Al, Ti, V, Cr 등이 유용한 첨가원소이다.

⑤ 용접시공에서는 보호가스에 질소를 혼입시켜 결정립을 미세화하거나, 용접 중에 풍압을 가하거나 응고 직후에 가압하여 용접부의 주조조직 파괴와 동시에 결정립을 미세화한다.

제5장

용접설계

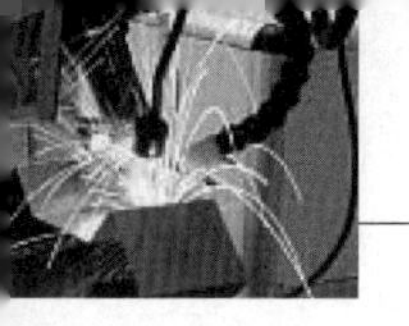

1. 용접 잔류응력을 경감하기 위한 방법

1 잔류응력 발생이유

용접열로 가열된 모재의 냉각 및 용착강의 응고 냉각에 의한 수축이 자유로이 이루어질 때 위치에 따라 그 차이가 있으면 용접 변형이 발생하며, 용접 변형이 발생하지 않도록 하면 용접부는 외부로부터 구속받은 상태가 되어 잔류응력이 발생한다.

2 응력의 영향

(1) 재료의 인성이 빈약한 경우에는 파단강도가 심히 저하된다.
(2) 뒤틀림의 발생은 제품의 정밀도를 저하시키고 외관손상을 야기한다.
(3) 박판에서 뒤틀림이 발생하고, 후판은 잔류응력이 발생한다.

3 대책

(1) 모재에 줄 수 있는 열량을 될 수 있으면 적게 한다.
(2) 열량을 한곳에 집중시키지 말아야 한다.
(3) 홈의 형상이나 용접순서 등을 사전에 잘 고려한다.
(4) 용착방법을 효율적으로 선택한다.
(5) 응력제거 열처리는 다음과 같다.

① 피이닝법 : 치핑해머로 비드 표면을 연속적으로 가볍게 때려서 소성변형을 시켜 잔류응력을 경감시킨다.
② 응력제거 소둔법 : 변태점 이하에서 단시간(1~2시간) 유지하면 크리프(creep)에 의한 소성변형으로 잔류응력은 소실된다.
③ 저온응력 경감법 : 가스 화염으로 비교적 낮은 온도(150~200℃)로 가열한 후 곧 수냉하는 방법으로 주로 용접선 방향의 인장응력을 완화한다.

2. 용접부에 발생하는 잔류응력과 용접변형의 교정방법

1 용접 잔류응력의 생성원인

용접부의 잔류응력은 용접 후 국부적으로 발생하는 냉각시간차에 의해서 발생하는 현상이다. 일반적으로 금속은 응고 시 부피축소가 되고 최후에 응고되는 쪽에서 냉각과정 중 부피축소를 할려고 하는데, 이미 주위는 충분히 냉각되어 축소를 할 수 없으므로 열팽창과 탄소성 변형이 평형을 이룬다.

그 결과 일반적으로 용접 후 Welded metal이 가장 나중에 응고하여 인장응력이 발생하고 먼저 응고한 곳에서는 압축응력이 발생한다.

2 잔류응력이 용접부의 기계적 성질에 미치는 영향

용접 잔류응력의 제일 큰 값은 소성응력에 근접하며, 소성변형 이상을 인가하더라도 응력의 크기는 그렇게 크게 발생하지 않고 소성 변형만 발생된다. 그러므로 용접구조물에 진동을 주면 구조물 자체가 진동으로 인해 구조물 내부에 응력이 발생한다.

이러한 응력과 잔류응력이 합해져서 탄성한계를 넘으면 소성영역에 도달하고 구조물은 소성변형을 하게 된다. 탄성변형은 복원이 되지만 소성변형은 하중이 제거되더라도 복원되지 않으므로 진동에 의한 하중이 제거되면 소성 변형은 남아있고, 그 결과 초기 응고 시 필요한 변형부분을 이러한 소성변형이 채워 준다. 그러면 필요한 변형이 작기 때문에 결과적으로 변형에 의한 응력은 감소하며, 결과적으로 용접에 의한 잔류응력은 이완된다.

3 용접부의 잔류응력에 의해서 발생하는 용접변형과 교정방법

(1) 용접부에 수축응력과 용접결함을 적게 하기 위하여 동시에 한곳에 다량의 열이 집중되지 않도록, 용접열의 분포가 균등하게 되도록 용접순서를 정한다.

(2) 700mm 이상의 대구경강관은 2명 또는 4명의 용접공에 의해 대칭위치에서 동시에 용접하여야 한다.

(3) 용접이음은 그 용접이 완료될 때까지 연속적으로 행한다.

(4) 다층용접은 용접비드의 두께를 대략 3mm 이하로 유지하는 것이 바람직하다. 이것은 피이닝을 효과적으로 하고 다음 층에 의한 용융작용으로 불림(Normalizing) 효과가 있는 장점이 있다.

(5) 제 2층 용접은 제 1층 용접이 완료된 직후 그 온도가 적어도 200℃ 이상일 때 행하는 것이 좋다.

(6) 다층 용접 시는 각 층마다 슬래그, 스패터 등을 완전히 제거하고 청소한 뒤 용접한다.

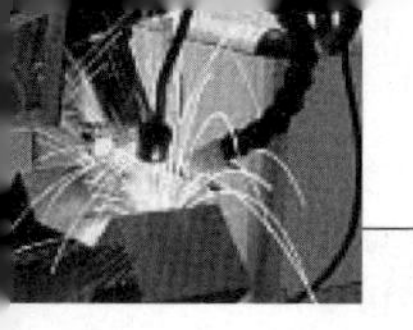

3. 그루브용접 및 필릿용접의 목두께

1 개요

용접부에서 용접이 이루어진 최소 유효폭을 말한다. 목두께에는 이론 목두께, 실제 목두께 및 유효 목두께가 있다. 이론 목두께(theoretical throat)는 설계상의 치수이고, 용접이음의 설계에 이용되며, 일반적으로 목두께라고 하면 이론 목두께를 가리키는 경우가 많다.

2 그루브용접 및 필릿용접의 목두께

(1) 그루브용접에서 이론 목두께는 완전용입의 경우에는 덧살 높이를 고려하지 않은 용접금속의 두께, 즉 접합하려는 부재의 두께가 되고, 부재의 두께가 다른 경우에는 얇은 쪽 부재의 두께가 된다. 부분용입의 경우에는 그루브 깊이가 되지만, 루트 용입의 치수가 지정되었을 때는 그것을 그루브 깊이에 가산한 크기로 하며, 양면 그루브일 때는 그들의 합계를 취한다.

(2) 필릿용접의 이론 목두께(theoretical throat of fillet weld)는 필릿용접 크기로 정하는 삼각형 이음의 루트에서 측정된 높이로 한다. 또 설계에 이용되는 목두께의 단면적은 이론 목두께와 용접의 유효길이의 곱이다.

3 실제 목두께(actual throat)와 유효 목두께(effective throat)

(1) 실제 목두께(actual throat)는 실제로 용접된 후의 용접금속의 최소 두께이며 용접이음부 강도시험 등에 이용된다. 그루브가 있는 부분용입 용접부와 필릿 용접부에서는 용접 루트에서 용접부 표면까지의 최단거리이다.

(2) 유효 목두께(effective throat)는 용접 루트에서 덧살을 제외한 용접표면까지의 최단거리이며 설계값과 실제값을 비교할 때 이용된다.

4. 압력 용기의 철판두께를 계산할 때 부식여유두께와 그 이유

1 사용 철판의 최소두께(제10조)

동체 및 기타 압력을 받는 부분에 사용하는 용접 이음하는 철판의 최소두께는 다음의 규정을 따라야 한다.

(1) 탄소강 및 저합금 강판 : 3mm

(2) 고합금 강판 : 부식이 예상되지 않는 경우는 1.5mm, 부식이 예상되는 경우는 2.5mm

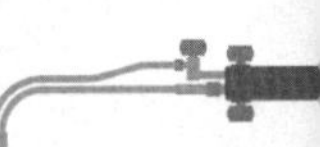

이다.

(3) 비철금속판 : 부식이 예상되지 않는 경우는 1.5mm, 부식이 예상되는 경우는 2.5mm이다.

2 부식여유(제11조)

두께 계산에 사용될 부식여유는 다음의 규정을 따라야 한다.

(1) 부식이 예상되는 압력용기 부분에 대해서는 계산식에 의해서 정해지는 두께에 부식여유를 더해 주어야 한다.

(2) 탄소강 및 저합금강의 부식 여유는 1mm 이상으로 한다. 다만, 스테인리스강 및 내식성 재료는 0으로 할 수 있다.

(3) 라이닝된 용기의 경우 모재의 부식여유는 생략할 수 있다.

3 압력 용기의 철판두께를 계산할 때 부식여유를 주는 이유

압력 용기의 철판두께를 계산할 때 부식여유를 주는 이유는 압력용기의 내부에는 다양한 화학물질을 운반하므로 금속의 산화작용이 발생할 수 있으며 외부에서는 대기의 온도와 습도에 의해서 부식이 될 수가 있다. 또한, 내부에는 압력이 가해지는 상태에서 운반을 하므로 용기의 강도가 저하되어 안전사고를 유발할 수가 있기 때문에 충분한 강도를 유지하기 위해서이다.

5. 강용접부의 변형방지 및 잔류응력 제거방법

1 개요

용접부의 잔류응력은 용접 후 국부적으로 발생하는 냉각시간차에 의해서 발생하는 현상이다. 일반적으로 금속은 응고 시 부피축소가 되고 최후에 응고되는 쪽에서 냉각과정 중 부피축소를 하려고 하는데, 이미 주위는 충분히 냉각되어 축소를 할 수 없으므로 열팽창과 탄소성 변형이 평형을 이룬다.

2 강용접부의 변형방지 및 잔류응력 제거방법

일반적으로 용접 후 Welded metal이 가장 나중에 응고하여 인장응력이 발생하고 먼저 응고한 곳에서는 압축응력이 발생한다. 일반적으로 용접 잔류응력의 제일 큰 값은 소성응력에 근접한다. 하지만 소성변형 이상을 인가하더라도 응력의 크기는 그렇게 크게 발생하지 않고 소성변형만 발생된다. 그러므로 용접구조물에 진동을 주면 구조물 자체가 진동으로 인한 구

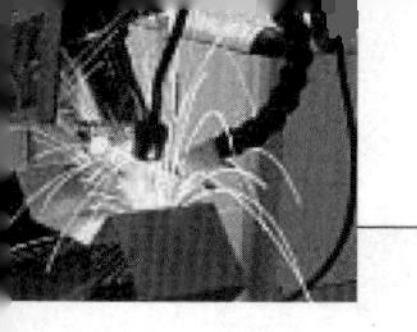

조물 내부에 응력이 발생한다.

이러한 응력과 잔류응력이 합해져서 탄성한계를 넘으면 소성영역에 도달하고 구조물은 소성변형을 하게 된다. 탄성변형은 복원이 되지만 소성변형은 하중이 제거되더라도 복원되지 않는다. 그러므로 진동에 의한 하중이 제거되면 소성변형은 남아있고, 그 결과 초기 응고 시 필요한 변형부분을 소성변형이 채워주고 필요한 변형이 작기 때문에 결과적으로 변형에 의한 응력은 감소하여 용접에 의한 잔류응력은 제거할 수 있다.

6. 용접구조물의 제작상 고려하여야 할 기본원칙

1 개요

어떤 구조물의 일부 혹은 전부의 제작 방법으로 용접을 채용할 때, 재질적 혹은 경제적으로 적당한 용접 재료와 이음 형상을 선택하여 타당한 용접 방법과 순서를 결정하고, 용접 후의 검사와 사후 처리의 방법을 선정하는 것이 필요하다.

2 용접구조물의 제작상 고려하여야 할 기본원칙

용접구조물의 제작상 고려하여야 할 기본원칙은 다음과 같다.

(1) 용접 재료

(2) 이음의 기계적 성질

(3) 용접 시공법

(4) 변형과 잔류응력의 발생

(5) 용접 비용의 계산

(6) 용접 검사법에 대하여 올바른 지식이 절대적으로 필요하다.

7. 용접용 강재를 선택하는 데 고려하여야 할 사항

1 개요

용접성을 좋게 만들기 위해서는 강에 함유되어있는 탄소량이 적은 것이 용접성이 좋은데 탄소량이 많을수록 용접성이 나빠지기 때문이다. 또한 주철보다는 주강의 제품이 용접에 의한 보수가 쉬우며, 좋은 용접구조물을 만들기 위해서는 급변하는 부분의 용접은 충분히 검토를 해야 하며 열이나 기계응력에 대한 잔류응력을 완화시켜야 한다.

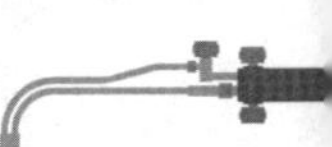

또한, 가능한 응력집중이 발생하지 않도록 이음부를 설계하고 용접을 하기 위해서 이 밖에도 여러가지 강재의 성질과 기계적 구조를 고려해야 한다.

2 용접용 강재를 선택하는 데 고려하여야 할 사항

강중에 탄소량이 적은 것이 용접성이 양호하다. 그 이유는 융접은 용접봉과 모재를 고온도로 가열하여 융해 융합하는 것이기 때문에 모재는 고온으로 된다. 그리고 용접 후에 용착금속과 모재는 급열 급랭의 영향을 받게 되어 그 온도의 변화와 온도 분포는 매우 복잡하게 된다. 보통 온도 분포는 아크의 바로 밑을 정점으로 하여 산골짜기 같은 곡선을 그리며, 용착금속부에서 멀리 떨어짐에 따라 온도가 급격히 낮아진다.

이와 같은 급열 급랭의 영향에 대해 경강과 연강을 비교해 보면, 경강일 때 약 800~900℃의 온도에 급열 급랭된 부분은 담금질의 효과를 받아서 경도가 높아지며, 충격치는 취성의 성질로 되고 담금질이 된 부분은 균열의 발생이 되기도 한다. 그러나 연강은 탄소량이 적으므로 이 담금의 효과에 대한 악영향을 그리 받지 않으면서 충분한 용접이 가능하다.

8. 용접 설계자가 용접이음 선택 시 주의사항

1 개요

용접 설계의 경우 구조 전체가 외력에 대해 균형을 이루고 각 부분의 안정성이 가능하면 균등하게 하며 형상, 강도, 강성 등의 불연속성을 피해서 합리적이고 알기 쉬운 구조로 해야 한다.

2 용접 설계자가 용접이음 선택 시 주의사항

(1) 가능하면 아래보기 자세로 용접이 되도록 설계하여야 하며, 현장에서 용접하는 횟수를 줄이고 공장용접이 많도록 한다.

(2) Fillet용접이음은 피하고 맞대기 이음으로 설계하는 것이 좋으며, 선택되는 홈의 형상에 주의해야 한다.

(3) 작업순서는 작업성을 양호하게 하는 것을 원칙으로 하지만, 이에 따른 변형이 없도록 주의해야 한다.

(4) 맞대기용접인 경우, 용입부족 현상을 막기 위하여 이면용접이 가능한 구조물이 되도록 설계해야 한다.

(5) 용접작업에 지장이 없을 정도의 공간을 남겨야 한다.

(6) 두께가 서로 다른 맞대기 이음에서는 두꺼운 모재의 단면에 1/4 이하의 테이퍼가공을

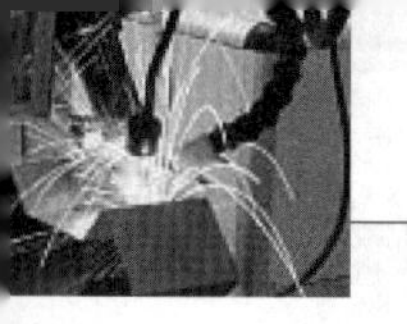

하여서 용접부의 기계적 성질을 높여야 한다.

(7) 용접선의 교차를 최대한도로 줄여야 한다. 부득이한 사정으로 교차되는 경우는 Scallop을 만들도록 설계하면 좋다.

(8) 용접선을 어느 한곳에 집중시키거나 너무 가까이 배치하지 않도록 설계해야 한다.

(9) 충격이나 반복하중이 가해지는 구조물에는 이음형상의 선택에 만전을 기해야 한다.

(10) 내식성을 요할 때는 이종금속간의 용접설계를 피하도록 한다.

(11) 용접부는 가능한 한 모멘트가 걸리지 않도록 하고, 만일 모멘트가 걸릴 경우 적당한 보강을 한다.

(12) 국부적인 열의 집중을 막아 재질의 변화를 극소화하는 것이 좋다.

(13) 잔류응력 및 변형을 최소로 하기 위해 접합부의 홈 형상을 될 수 있는 한 용접량이 적은 것으로 선택한다.

9. 용접이음의 설계상 주의할 점

1 개요

구조물을 접합하는 방법은 볼트, 리벳, 용접이 있다. 볼트는 보수유지를 위해, 리벳은 반영구적으로 구조물을 유지하기 위해, 용접은 영구적 결합방법이다. 용접은 용접봉과 모재를 용융된 상태에서 접합을 하므로 현장에서 작업 시 최적의 조건을 유지하여 설계상으로 충분한 강도를 유지하도록 해야 한다.

2 용접이음의 설계상 주의할 점

용접이음의 설계상 주의할 점은 다음과 같다.

(1) 용접결함

용접부에 발생하는 균열, 기공, 비금속 개재물 등은 이음부의 강도를 저하시키고 그 기능을 열화시킨다.

(2) 변형과 잔류응력

용접부의 급열, 급랭에 의한 변형 및 잔류응력의 발생은 불가피하며, 이를 방지하기 위해서는 이음부의 설계 및 최소화할 수 있는 시공을 택하여야 한다. 즉 용접 Jig 및 용접법, 용착법, 용접순서 등의 충분한 배려가 있어야 하며, 변형방지를 위한 고정구의 사용을 적극적으로 활용한다.

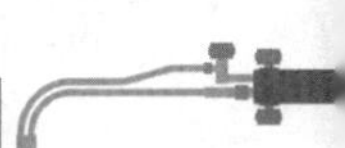

(3) 경화 및 취화

탄소함량이 0.5% 이상이 되면 용접부가 경화되어 균열 감수성이 증가한다.

저합금 고장력강에서는 종종 취화현상이 일어나 충격치가 크게 저하한다. 따라서 구조재료의 선정 및 용접법과 시공 중 예열 및 후열처리에 주의를 하여야 한다.

(4) 진동 흡수율

강의 용접구조물은 일반적으로 주물에 비해 반복하중이나 진동 하중시에 진동 감쇠율이 크게 뒤져서 가능한 진동흡수가 용이하고 응력집중을 완화시키는 구조설계가 필요하다.

(5) 용접부의 열용량 균일화

용접구조물이 매우 클 때는 용접부의 칫수, 형상을 가능한 비슷하게 하거나 같게 함으로써 용접 시 열용량을 균일화하여 가열속도 및 냉각속도가 일정하게 되도록 설계하면, 용접이음부의 열평형상태가 유지되며 잔류응력의 완화 및 결정조직의 균일화가 달성되어 양호한 이음부를 얻을 수 있다.

(6) 재료의 이방성

강재에 있어서 판 두께방향의 기계적 성질은 그 압연방향에 따라 크게 변화한다. 특히 Sulphur Band 등, 두께방향으로 결함이 있는 경우에는 그 방향의 강도가 크게 저하하므로 두께방향으로 하중이 걸리는 구조설계는 가능한 한 피한다.

10. 용접이음의 강도

1 맞대기 이음

(1) 두께가 같은 모재의 경우

1) 인장하중 작용 시

용접부가 받을 수 있는 인장하중 P는

$$P=\sigma_t(al),\ P=\sigma_t(tl)$$

여기서, l : 용접길이

a : 목두께로서 모재의 두께 t와 같다.

2) 굽힘하중 시

$$\sigma_b=\frac{M_b(a/2)}{\frac{la^3}{12}}=\frac{6M_b}{la^2}$$

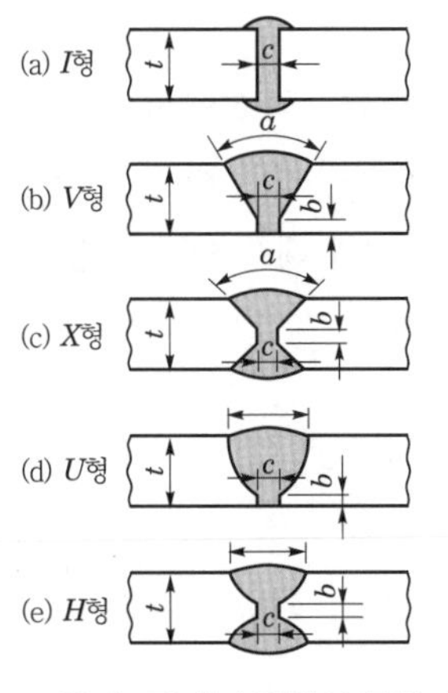

그림 1. 맞대기용접의 목두께

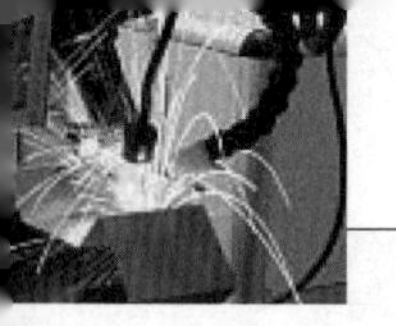

2 필릿용접 이음

(1) 목(throat)두께의 산정

용접부는 덧살을 제외한 직각 이등변삼각형에서 정하며 용접부의 목두께 a는

$a = f\cos 45°$, f는 용접치수

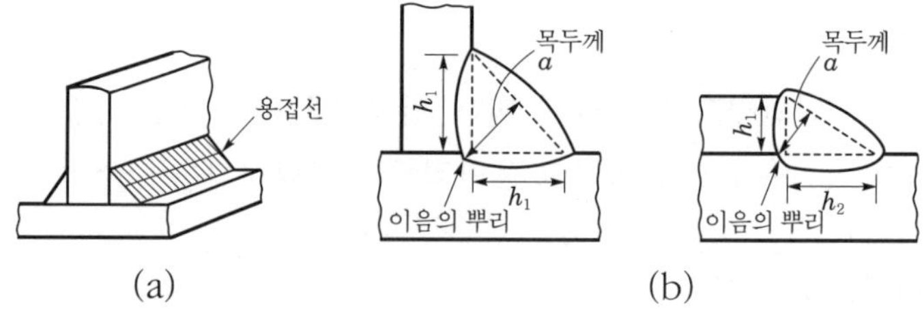

그림 2. 필릿용접의 목두께

(2) 측면 필릿용접

1) 하중이 축선 중앙을 따라 작용하는 경우 측면 필릿용접 이음에서 전단응력은

$$\tau = \frac{P}{A_s}$$

여기서, A_s는 목 단면의 면적이다.

용접부 저항력에 대하여 쓰면

$$P = \tau \times 2\left(\frac{f}{\sqrt{2}}l\right)$$ 여기서, l : 용접부의 길이이다.

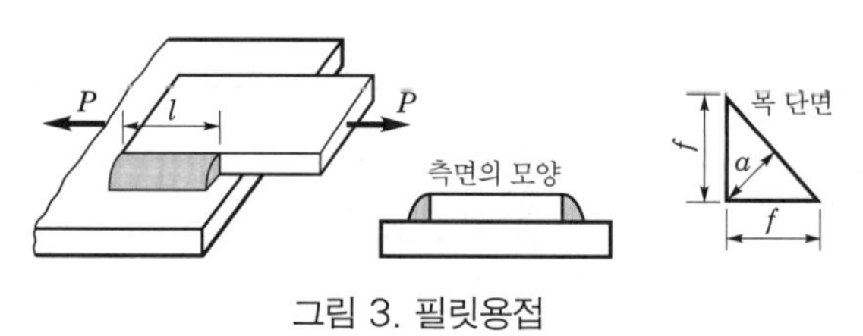

그림 3. 필릿용접

2) 하중이 축선에서 벗어나 편위된 경우 하중이 도심점에 대하여 모멘트 평형을 이루도록 용접길이의 비율을 조정한다.

외력 P에 대항하는 용접부의 저항력 P_1, P_2라 하면

$$P = P_1 + P_2$$

$$P_1 = \tau(al_1) = \tau\left(\frac{f}{\sqrt{2}}l_1\right)$$

$$P_2 = \tau(al_2) = \tau\left(\frac{f}{\sqrt{2}}l_2\right)$$

전단응력은

$$\tau = \frac{P}{A}, \quad \tau = \frac{\sqrt{2}\,P}{f(l_1 + l_2)}$$

여기서, A : 총 목두께 부분의 단면적

도심점에 대한 모멘트 평형

$$x_1 P_1 = x_2 P_2$$

정리하면

$$x_1 \tau(a l_1) = x_2 \tau(a l_2), \qquad x_1 l_1 = x_2 l_2$$

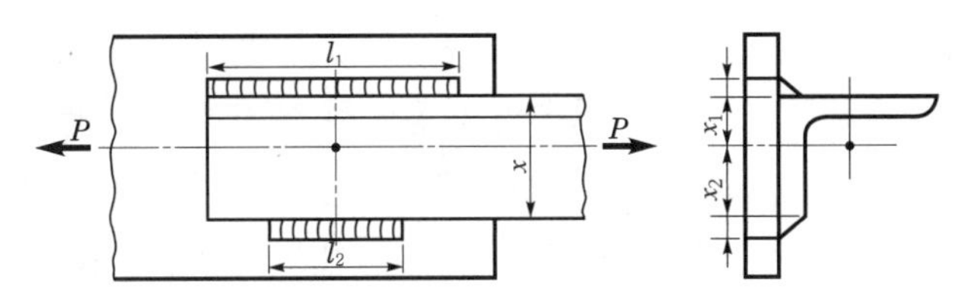

그림 4. 하중이 축선에서 벗어나 편위된 경우

3 효율

$$\eta = k_1 \times k_2 = 형상치수 \times 용접치수$$

여기서, k_1 : 맞대기 압축 0.85, 굽힘 0.80, 인장 0.75, 전단 0.65, 필릿 0.65

k_2 : 양호한 용접 시 1

11. 용접이음부의 허용응력을 결정하기 위한 안전율

1 안전율

용접이음의 안전율에 영향을 미치는 인자로는 모재 및 용착금속의 기계적 성질, 재료의 용접성, 하중의 종류, 시공조건 등에 따라 다르나 일반적으로 사용할 수 있는 각종재료에 대한 안전율로 언윈(Unwin)이 발표한 것으로는 표 1과 같다.

표 1. 안전율

재료	정하중	동하중		충격하중
		반복하중	교변하중	
주철, 취약한 금속	4	6	10	15
연강	3	5	8	12
구리 및 유연한 금속	5	6	9	15

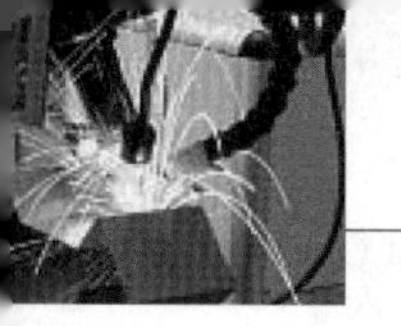

2 허용응력

표 2. 제닝에 의한 연강 용접이음의 허용응력

이음		비피복용		피복용	
		정하중(kg/m²)	동하중(kg/m²)	정하중(kg/m²)	동하중(kg/m²)
맞대기	인장	9.1	3.5	11.2	5.6
	압축	10.5	3.5	12.6	5.6
	전단	7.9	2.1	7.0	3.5
전면, 측면필릿		7.9	2.1	9.8	3.5

용접이음의 허용응력을 결정하는 중요한 방법에는 2종류가 있다. 하나는 용착금속의 기계적 성질을 기본으로 안전율을 고려하여 이음의 허용응력을 지정하는 방법이고, 다른 하나는 이음효율을 정하여 모재의 허용응력에 이음효율을 곱한 값을 이음의 허용응력으로 하는 방법이다. 강재의 허용응력으로는 보통 정하중에 대하여 인장강도의 1/4값(연강에서는 항복점의 약 1/2)이 취해지고 있으며, 최근 고융점을 갖는 고장력강에 대하여는 인장강도의 1/3응력이 쓰인다. 연강에서 각종 용접이음의 허용으로는 표 2와 같은 제닝의 수치가 이용되는데, 필릿이음에서는 전면, 측면이음이 같은 값이다. 안전율과 사용응력, 허용응력 및 인장강도(극한강도)의 관계는 다음과 같다.

$$\text{안전율}[S] = \frac{\text{인장강도(극한강도 : }\sigma_u)}{\text{허용응력}(\sigma_a)}$$

$$\text{사용응력의 안전율}[S] = \frac{\text{인장강도(극한강도 : }\sigma_u)}{\text{사용응력}(\sigma_w)}$$

표 3은 일본기계학회에서 제안한 연강용접이음의 안전율 및 허용응력을 나타낸 것이다.

표 3. 연강용접이음의 안전율 및 허용응력

하중		안전율	허용압력(kg/mm²)	비고
정하중	인장	3.3~4.0(3.0)	7.0~10.0(9.0~12.0)	(1) 괄호내의 숫자는 모재에 대한 값을 참고삼아 적은 것이다. (2) 필릿용접에서는 본 표 중의 허용응력에 이음효율 80%를 곱한다.
	압축	3.0~4.0(3.0)	7.5~12.0(9.0~12.0)	
	전단	3.3~4.0(3.0)	5.0~8.5(7.2~10.0)	
동하중	인장압축	6.0~8.0(5.0)	3.5~6.0(5.4~7.0)	
	전단	6.0~8.0(4.5~5.0)	2.5~4.5(4.3~5.6)	
진동하중	인장압축	9.5~13.0(8~12)	2.0~3.5(4.8~6.0)	
	전단	9.5~13.0(8~12)	1.5~3.0(3.6~4.8)	

12. 용접이음부의 허용응력(Allowable Stress)과 이음효율을 결정하는 방법

1 허용응력

강재의 허용응력으로는 보통 정하중에 대하여 인장강도의 1/4의 값(연장에서는 항복점의 약 1/2)이 취해지고 있으며 최근 고항복점을 갖는 고장력강에 대하여는 인장강도의 1/3(항복점의 약 40%)의 응력이 쓰인다. 이것은 구조물이 부하를 받았을 때에 재료가 항복하지 않는 것을 전제로 하는 탄성설계(elastic design)에 의한 것이다.

표 1. 용접이음의 정적 허용응력(kg/mm²)

종별 각국	맞대기 이음			필렛 이음	비고
	인장	압축	전단		
JIS	7.0~10.0	7.5~10.0	5.0~8.5	0.8맞대기	SS 39기준
AWS	14.2	14.2	9.2	7.0	
BIW	14.2	14.2	10.2	10.2	
DIN	10.0~11.2	12.6~14.0	7.7	9.1	ST 37기준

2 이음효율

이음효율(joint efficiency)은 이음의 파괴강도 모재의 파단강도의 몇 %인가 하는 크기를 나타내는 수치이다. 인장에서는 이음과 모재의 인장강도비, 전단에서는 이음과 모재의 전단응력비를 사용한다. 이음의 허용응력을 결정하는 주요한 방법에는 2종류가 있다. 그중 하나는 용착금속의 기계적 성질을 기본으로 해서 안전율을 고려하여 이음의 허용응력을 직접 지정하는 방법이며, 또 하나는 이음효율을 정하여 모재의 허용응력에 이음효율을 곱한 값을 이음의 허용응력으로 하는 방법이다.

13. 보일러용 압력용기에서의 후프응력(Hoop Stress)

1 개요

기체나 유체를 넣는 탱크 안에 내부 압력 P가 작용하는 압력 용기의 모양이 원통이나 구와 같을 경우, 벽 두께 t가 반지름 R에 비하여 작을 때에는 그 벽면에는 거의 균일한 응력이 분포하는데, 이 응력을 막 응력(Membrane Stress)이라 한다.

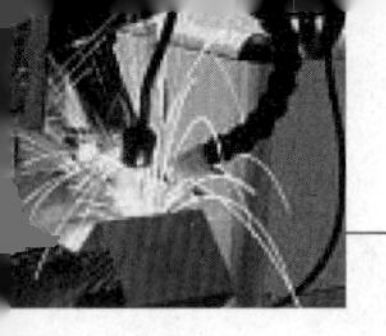

2 보일러용 압력용기에서의 응력(Stress)

(1) 얇은 원통벽의 응력

1) 길이 방향의 응력

$\sigma_1 2\pi Rt = p\pi R^2$ 에서 $\sigma_1 = \dfrac{pR}{2t}$

2) 원주 방향의 응력

$\sigma_2 2tb = p2Rb$ 에서 $\sigma_2 = \dfrac{pR}{t}$

원주 방향의 응력은 길이 방향의 응력의 2배가 되고, 원주 방향의 응력을 후프응력(Hoop Stress)이라고 한다.

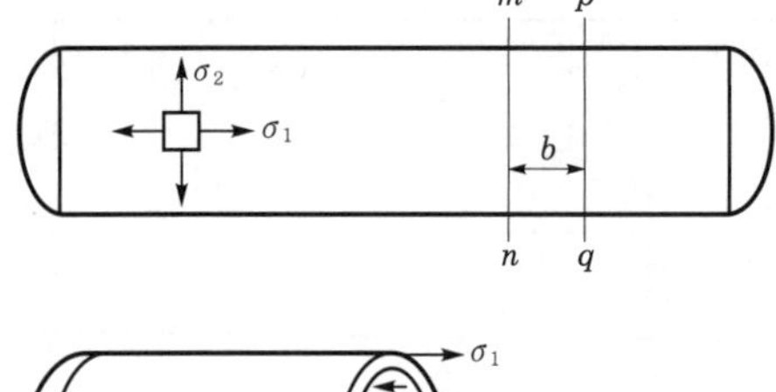

그림 1. 길이 방향 응력관계

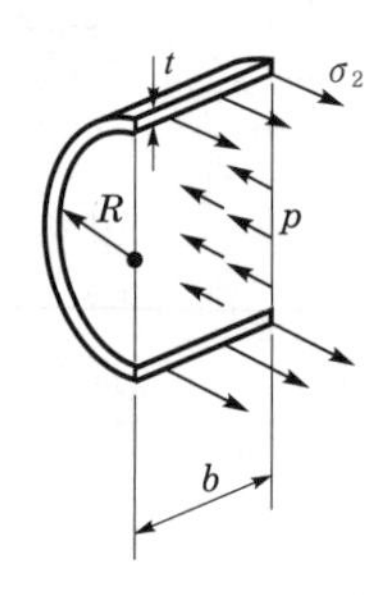

그림 2. 원주 방향 응력관계

(2) 얇은 구벽의 응력

$p\pi R^2 = \sigma 2\pi Rt$ 에서 $\sigma = \dfrac{pR}{2t}$

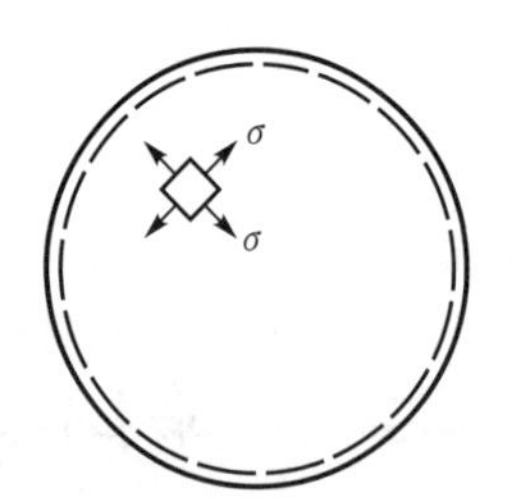

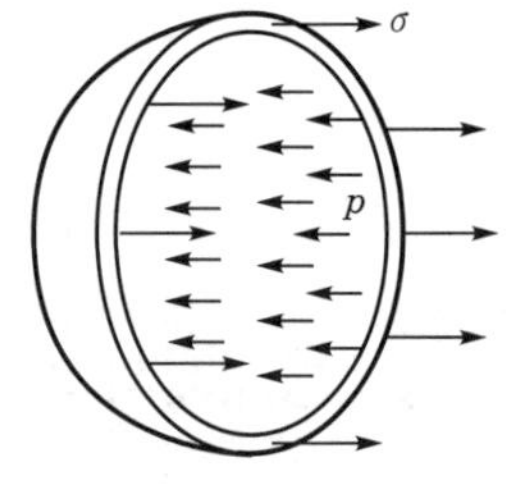

그림 3. 얇은 구벽의 응력

14. 마모의 종류

1 개요

마모는 표면의 상대운동 결과로 미세한 입자들이 접촉면에서 이탈되는 현상으로 정의되며, 모든 기계 장치에서 불가피하게 발생되는 현상이다. 마모의 원인으로는 응착, 부식, 절삭, 피로, fracture 및 화학적 상호작용 등이 알려져 있다. 그러나 대부분의 경우 마모는 한가지 원인에 의해서 발생되는 것이 아니라 여러 가지 원인이 복합적으로 작용하여 나타나게 된다.

2 마모의 종류 및 발생기구

마모의 종류 및 발생기구를 살펴보면 다음과 같다.

(1) 응착마모(Adhesive Wear)

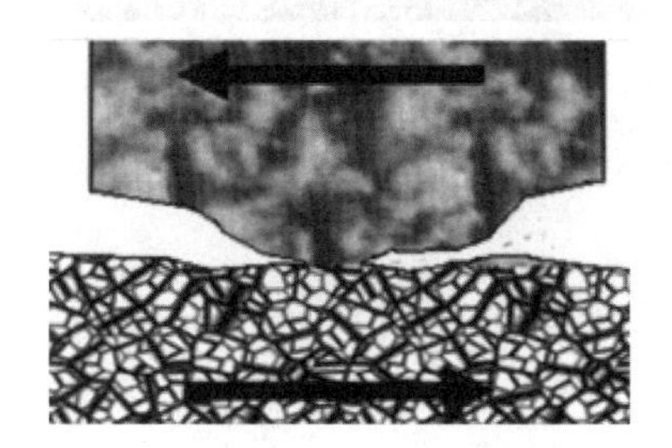

그림 1. 응착마모(Adhesive Wear)

두 표면이 접촉하여 상대운동을 할 때, 두 표면의 원자들 간에 존재하는 인력에 의하여 두 접촉면이 응착되어서 한 접촉면으로부터 파편이 떨어져 나오는 형태의 마모를 말한다.

(2) 절삭마모(Abrasive Wear)

거칠고 단단한 표면이나 혹은 거친 입자를 포함한 연한 표면이 상대운동을 할 때, 연한 표면에 절삭작용을 하여 물질이 제거되는 형태의 마모를 말한다.

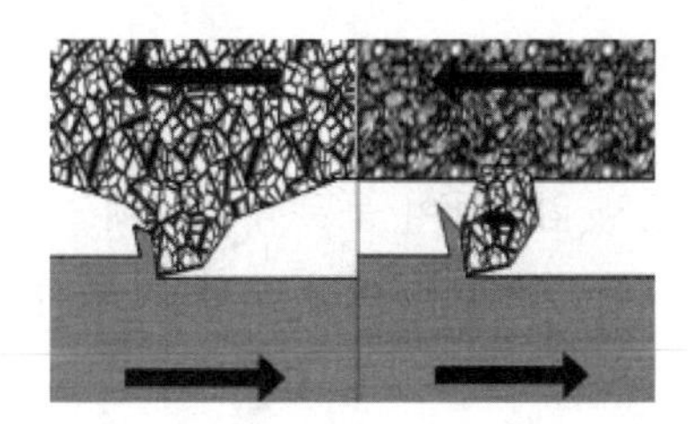

그림 2. 절삭마모(Abrasive Wear)

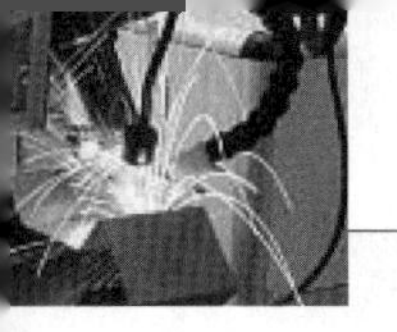

(3) 부식마모(Corrosive Wear)

상대운동이 부식적인 환경에서 일어날 때, 접촉표면을 둘러싸고 있는 주위환경과 접촉표면과의 화학적인 작용으로 생긴 화합물이 표면으로부터 떨어져 나가는 것을 말한다.

(4) 표면 피로마모(Surface Fatigue Wear)

이 형태의 마모는 한 궤도를 따라 반복적인 상대운동이 있을 때 발생한다. 반복하중은 표면 혹은 표면 아래에 크랙을 형성하게 하는데, 이 크랙이 결과적으로 그 표면의 파괴를 야기시킨다.

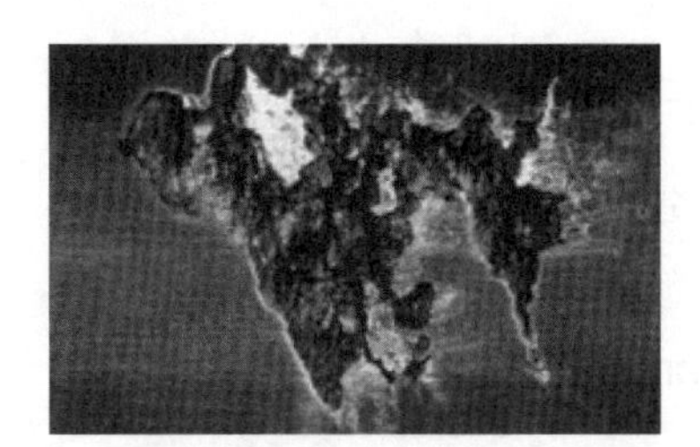

그림 3. 표면 피로마모(Surface Fatigue Wear)

(5) 미동마모(Fretting)

접촉표면들이 작은 진폭의 진동을 받게 될 때 일어나게 된다. 접촉표면이 작은 진폭의 진동을 받으면 접촉표면으로부터 매우 작은 마모입자가 생성하게 되고(응착마모), 이 입자들은 곧 산화되어 단단한 산화물을 만들며(부식), 이 산화물들이 절삭마모를 일으키게 된다. 따라서 이러한 형태의 마모는 미동 부식마모(Fretting Corrosion)라고 불려지기도 한다.

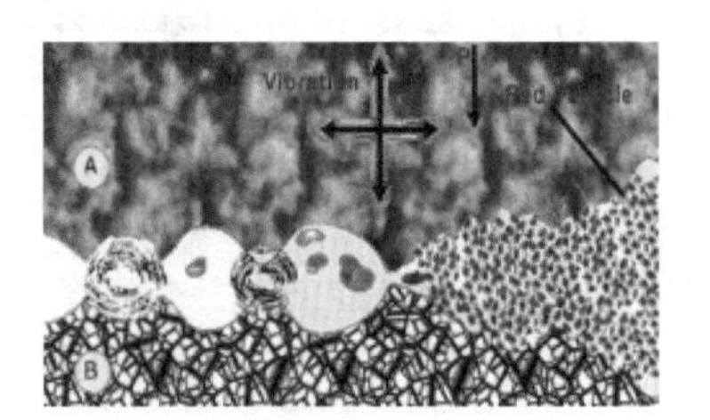

그림 4. 미동마모 (Fretting)

(6) 침식마모(Erosive Wear)

고체의 표면에 고체나 혹은 액체 입자들이 부딪쳐 마모되는 현상을 말한다. 낙수에 의하여 바위에 구멍이 뚫리는 것은 침식마모의 좋은 예라고 할 수 있다.

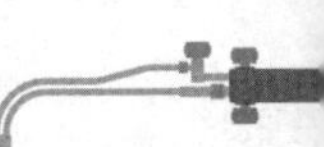

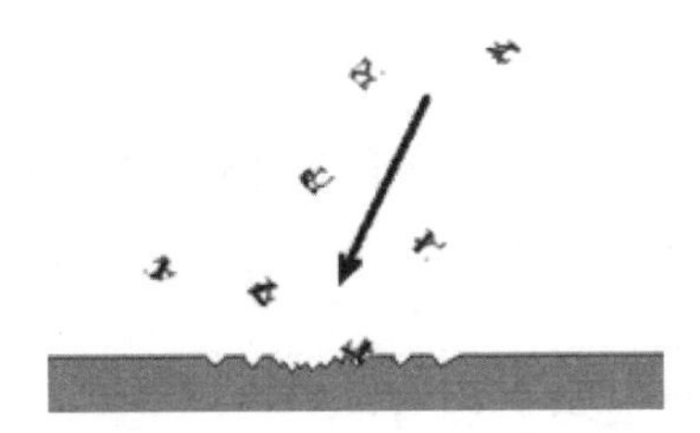

그림 5. 침식마모(Erosive Wear)

15. 용접관련 계산문제

예제 1

회전각속도 24000[rpm]으로 305[PS]의 동력을 전동하는 가스터빈의 축경이 42[mm]일 때 다음을 구하여라.

1) 용접부의 전단응력(단, 모재의 전단응력 4[kgf/mm²], 용접계수 0.75, 형상계수는 1이다)

2) 용접부의 두께 a

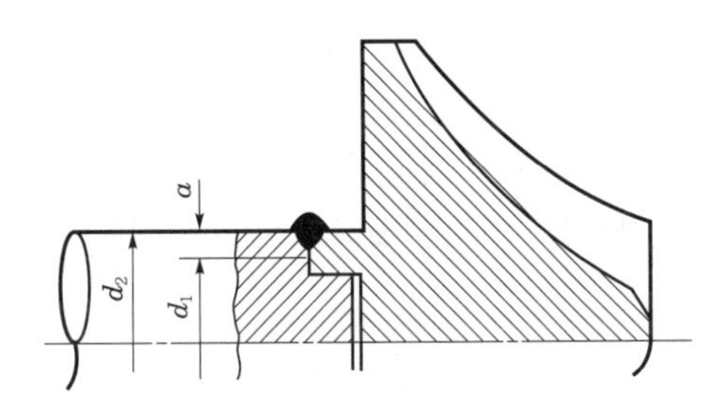

풀이 1

1) 용접효율 $\eta = k_1 \times k_2 = 1 \times 0.75$

용접부의 허용 전단응력 $\tau' = \eta \times \tau = 0.75 \times 4 = 3\,[\text{kgf/mm}^2]$

2) $T = 716200\dfrac{H}{N}$ 에서 $T = 716200 \times \dfrac{305}{24000} = 9102\,[\text{kgf}\cdot\text{mm}]$

$$\tau = \frac{Tr_{\max}}{I_P} \text{ 와 } I_P = \frac{\pi(d_2^4 - d_1^4)}{32}$$

$$d_1^4 = d_2^4 - \frac{16}{\pi} \times \frac{T \times d_2}{\tau} = 42^4 - \frac{16}{\pi} \times \frac{9102 \times 42}{3}$$

$$d_1 = 39.6144\,[\text{mm}]$$

용접두께 $a = \dfrac{d_2 - d_1}{2} = \dfrac{42 - 39.6144}{2} = 1.2\,[\text{mm}]$

예/제 ❷

그림과 같이 전단응력만을 받는 용접이음에서 허용 전단응력이 8[kgf/mm²]라 할 때에 이음에 허용되는 하중의 크기는 얼마인가?

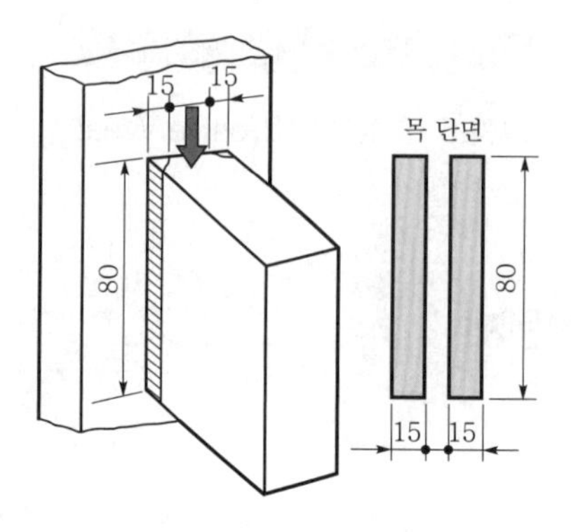

풀이 ❷

$$P = \tau \times 2\left(\frac{fl}{\sqrt{2}}\right)\text{에서} \quad P = \frac{8 \times 2 \times 15 \times 80}{\sqrt{2}} = 13576.45\,[\text{kg}]$$

예/제 ❸

그림과 같은 겹치기 양면 이음을 필릿용접하려고 한다. 작용하중 5000[kgf], 허용 인장응력 7[kgf/mm²]라고 할 때 유효길이는 얼마 이상이어야 되는가? (단, 강판의 두께 t=15[mm]이다.)

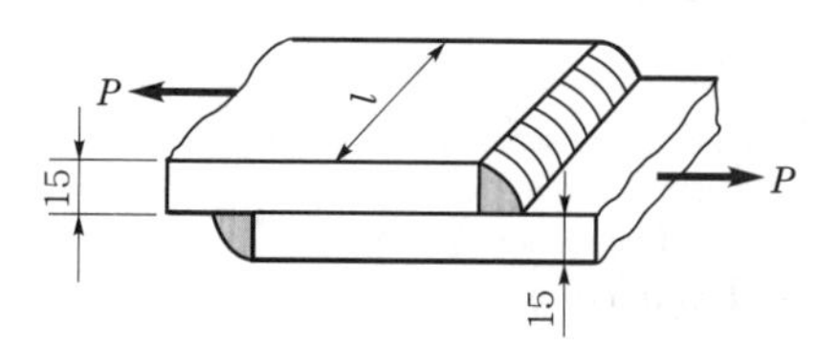

풀이 ❸

$$P = \sigma_a \times 2\left(\frac{fl}{\sqrt{2}}\right)\text{에서} \quad l = \frac{\sqrt{2}\,P}{\sigma_a 2f} = \frac{\sqrt{2} \times 5000}{7 \times 2 \times 15} = 33.67\,[\text{mm}]$$

예/제 ❹

그림에서 인 형강 y=70[mm]인 곳에 하중 10[ton]이 걸릴 때 용접부 길이 l_1과 l_2를 구하여라. 단, 허용 전단응력 τ_a=7[kgf/mm²], 용접사이즈 f=10[mm]이다.

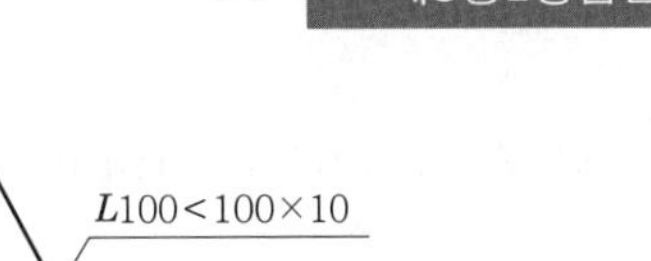

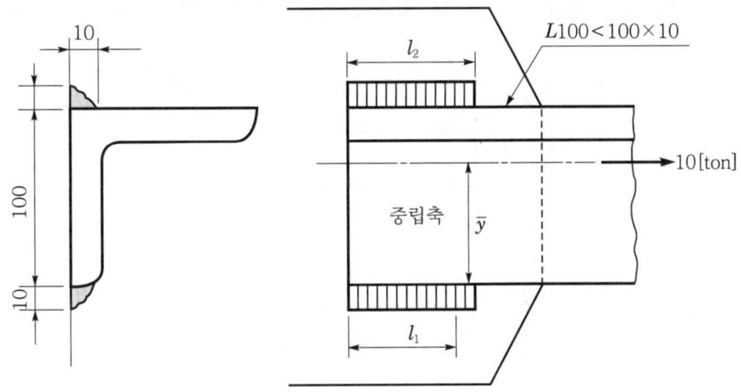

풀이 ❹

기하학적 조건 $y_1 + y_2 = 100\,[\mathrm{mm}]$

$y_2 = 100 - y_1 = 100 - 70 = 30\,[\mathrm{mm}]$

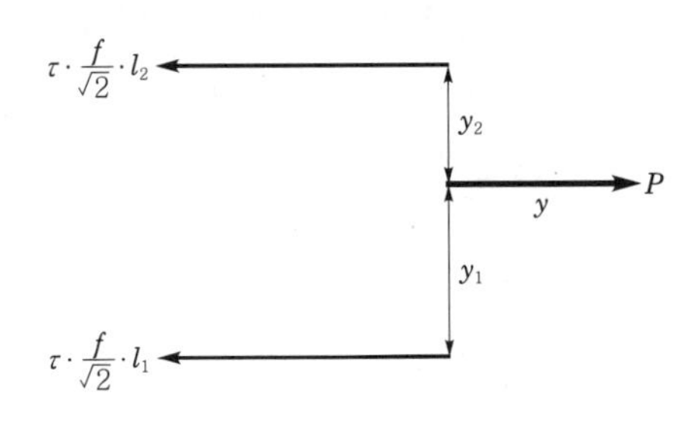

수평방향의 힘의 평형 $\tau_a \times \dfrac{f}{\sqrt{2}} \times l_1 + \tau_a \times \dfrac{f}{\sqrt{2}} \times l_2 = P$

$$l_1 + l_2 = \frac{\sqrt{2} \times P}{\tau_a \times f} = \frac{\sqrt{2} \times 10000}{7 \times 10} = 202.03\,[\mathrm{mm}]$$

중립축에 대한 모멘트 평형에서 $\tau_a \dfrac{f}{\sqrt{2}} \times l_2 \times y_2 = \tau_a \dfrac{f}{\sqrt{2}} \times l_1 \times y_1$

$$l_2\, y_2 = l_1\, y_1$$

$$l_1 = \frac{y_2}{y_1 + y_2}(l_1 + l_2) = \frac{30}{100} \times 202.03 = 60.61\,[\mathrm{mm}]$$

$$l_2 = \frac{y_1}{y_1 + y_2}(l_1 + l_2) = \frac{70}{100} \times 202.03 = 141.42\,[\mathrm{mm}]$$

예/제 ❺

브래킷을 프레임에 그림과 같이 양쪽 필릿용접을 했을 때 수평하중 P[kgf]의 최대값을 구하여라. (단, f=8[mm], l=8[mm], e=8[mm], 허용 인장응력 σ_a=20[kgf/mm²]으로 한다)

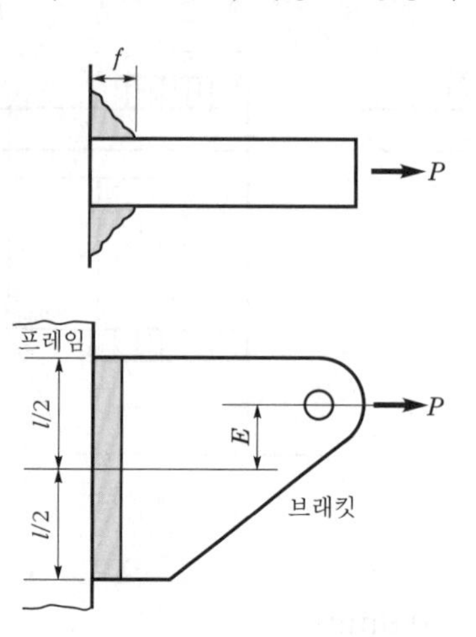

풀이 ❺

$$\sigma_t = \frac{P}{A} = \frac{P}{2\times(f/\sqrt{2})\times l} = \frac{P}{\sqrt{2}\,fl} = \frac{P}{\sqrt{2}\times 8\times 100} = \frac{P}{1131.37}$$

$$\sigma_b = \frac{M_b \times y_{\max}}{2\times I_{yy}} = \frac{(Pe)(l/2)}{2\times \dfrac{(f/\sqrt{2})l^3}{12}} = \frac{3\sqrt{2}\,e\,P}{f/l^2} = \frac{3\sqrt{2}\times 25\times P}{8\times 100^2} = \frac{P}{754.25}$$

최대 작용응력 $\sigma_{\max} = \sigma_t + \sigma_b = \dfrac{P}{452.55}$

$\sigma_{\max} \le \sigma_a$이어야 한다.

$$\frac{P}{452.55} \le 20$$

최대하중은 $P = 9051$[kgf]

예/제 ❻

지름이 50[mm]인 봉을 강판에 그림과 같이 필릿용접을 하였다. 용접이음에서의 합성력을 구하여라.(단, f=10[mm]이고, 비틀림 모멘트 T=25000[kgf/mm]이다)

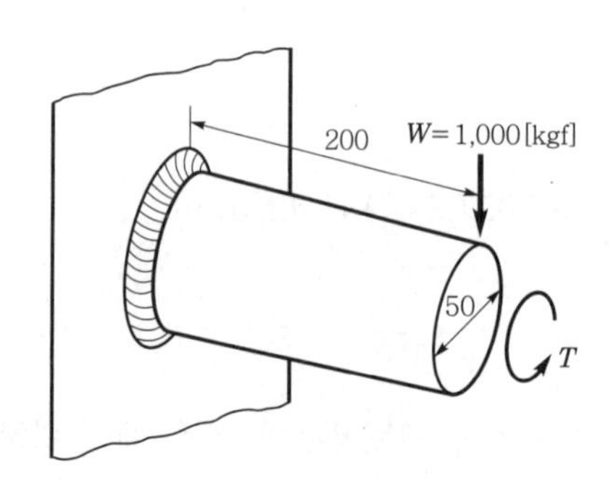

풀이 ❻

$$y_{\max} = \frac{D+\sqrt{2}f}{2} = \frac{50+\sqrt{2}\times 10}{2} = 32.07\,[\text{mm}]$$

$$I_{yy} = \frac{\pi}{64}(D+\sqrt{2}f)^4 - D^4 = \frac{\pi}{64}(50+\sqrt{2}\times 10)^4 - 50^4) = 524093.9\,[\text{mm}^4]$$

$$\sigma_b = \frac{M\times y_{\max}}{I_{yy}} \text{에서} \quad \sigma_b = \frac{1000\times 200\times 32.07}{524093.9} = 12.24\,[\text{kgf/mm}^2]$$

전단응력은 다음과 같다.

$$\tau_{\max} = y_{\max} = 32.07$$

$$I_P = \frac{\pi}{32}(D+\sqrt{2}f)^4 = \frac{\pi}{32}(50+\sqrt{2}\times 10)^4 - 50^4 = 1048187.8\,[\text{mm}^4]$$

$$\tau = \frac{T\tau_{\max}}{I_p} \text{에서} \quad \tau = \frac{25000\times 32.07}{1048187.8} = 0.764\,[\text{kgf/mm}^2]$$

굽힘응력이 서로 직각방향으로 작용하므로 합성응력은 다음과 같다.

$$\sigma = \sqrt{\sigma_b^2 + \tau^2} = \sqrt{12.24^2 + 0.764^2} = 12.26\,[\text{kgf/mm}^2]$$

예제 ❼

그림과 같이 형강이 네 곳에 필릿용접되어 500[kgf]의 하중을 받고 있다. 용접부에 생기는 최대응력을 구하여라.

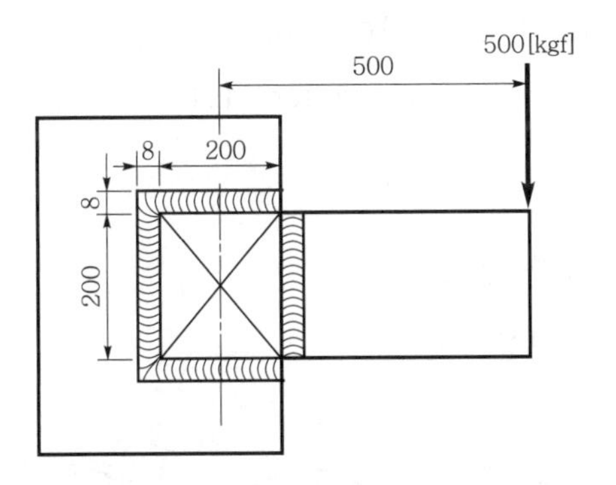

풀이 ❼

하중에 의한 직접 전단응력은

$$\tau_d = \frac{P}{A} = \frac{5000}{2\times 0.707(b+h)} = \frac{5000}{2\times 0.707\times 8\times(200+200)} = 1.11\,[\text{kgf/mm}^2]$$

중심점에서 가장 먼 거리 $\tau_{\max} = \sqrt{100^2+100^2} = 141.42\,[\text{mm}^2]$

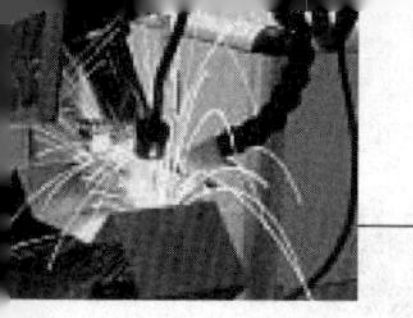

$$I_P = \frac{(b+h)^3}{6} \times 0.707f = \frac{(200+200)^3}{6} \times 0.707 \times 8 = 6.03 \times 10^7 \, [\text{mm}^4]$$

굽힘모멘트에 의한 최대 전단응력은

$$\tau_t = \frac{P_e \ \tau_{max}}{I_P} = \frac{5000 \times 500 \times 141.42}{6.03 \times 10^7} = 5.863 \, [\text{kgf/mm}^2]$$

$$\theta = \tan^{-1}\frac{200}{200} = 45^\circ$$

합성응력 τ_{max}는

$\tau_{max} = \sqrt{\tau_d^2 + \tau_b^2 + 2\tau_d\tau_b\cos\theta}$ 에서

$$\tau_{max} = \sqrt{1.11^2 + 5.863^2 + 2 \times 1.11 \times 5.863 \times \cos 45} = 6.69 \, [\text{kgf/mm}^2]$$

16. 압력용기의 용접이음 강도

1 개요

보일러용 용접이음은 기밀과 강도를 동시에 요구한다. 최근의 용접기술의 눈부신 발전에 힘입어 리벳이음으로부터 용접이음으로 많이 대체되고 있는 실정이다. 원통의 길이방향의 이음을 세로이음(longitudinal seam)이라 하며 축의 반경방향의 응력에 의해 손상이 일어나고, 원둘레 방향의 이음을 원주이음(circumferential seam)이라 하며 축 방향 응력에 의해 손상이 일어난다.

2 압력용기의 용접이음 강도

그림 1로부터 축의 반경방향의 응력은

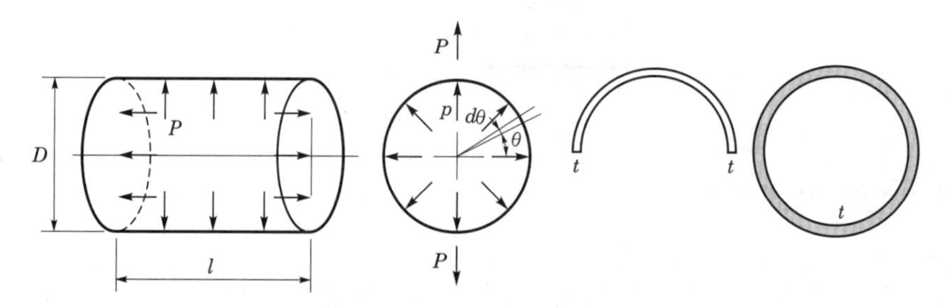

그림 1. 보일러용 리벳이음

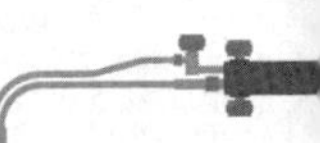

$$P=\int_0^{\pi} p\left(\frac{D}{2}d\theta\cdot l\right)\sin\theta = p\frac{D}{2}l\left[-\cos\theta\right]_0^{\pi} = pDl \quad (1)$$

$$\therefore \sigma_{t1} = \frac{P}{A} = \frac{pDl}{2tl} = \frac{pD}{2t} \quad (2)$$

축 방향 응력은

$$P = p\frac{\pi D^2}{4} \quad (3)$$

$$\sigma_{t2} = \frac{P}{A} = \frac{p\frac{\pi D^2}{4}}{\pi Dt} = \frac{pD}{4t} \quad (4)$$

(2)와 (4)식으로부터 $\sigma_{t1}=2\sigma_{t2}$이므로 σ_{t1}에 의한 손상만을 고려해도 무방하다. 즉, 세로이음은 원주이음보다 강하게 만들어야 하며, σ_{t1}으로부터 설계식을 유도한다. 즉,

$$\sigma_{t1} = \frac{pD}{2t} \leq \sigma_a \quad (5)$$

$$\therefore t = \frac{pD}{2\sigma_a \cdot \eta} + C \quad (6)$$

단, η는 이음효율이며, C는 부식을 고려한 두께 증가 값으로 보통 1[mm] 정도를 취한다.

이상은 얇은 원통의 경우이지만, JIS에서는 다음의 식을 규정하고 있다.

$$t = \frac{pDx}{200\sigma_a\eta - 1.2p} + C \quad (7)$$

17. 분배계수(Partition coefficient: K) 값

1 정의

분배계수(distribution coefficient 또는 partition coefficient, K)는 서로 섞이지 않는 두 액체 A와 B가 두 액체 층을 이루고 있을 때, 두 액체에 다 녹을 수 있는 어떤 용질 M을 넣어 주면 이 용질은 두 액체 층에 분배되어 평형을 이루게 된다. 이러한 평형상태에서는 액체 A로부터 액체 B로 이동하는 용질 분자 수와 액체 B로부터 액체 A로 이동하는 분자의 수가 서로 같으며, 따라서 평형을 다음과 같이 나타낼 수 있다.

M(A) ⇔ M(B)

여기서 M(A)와 M(B)는 각각 용매 A와 용매 B에 용해되어 있는 용질분자를 나타낸다. M(A)와 M(B)의 농도를 각각 Ca와 C_b로 나타내면 다음과 같은 관계가 성립할 것이다.

K= Ca/C_b

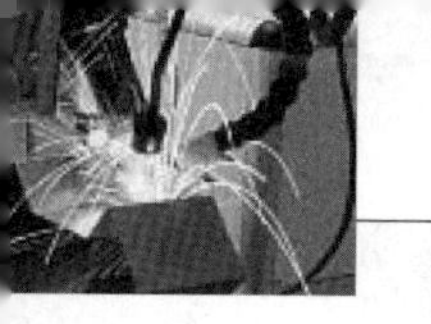

이와 같이 정의되는 평형상수 K를 분배계수(Distribution Coefficient)라고 하는데, 주어진 온도에서는 용질의 양에 관계없이 일정한 값을 나타낸다.

즉, 두 액체 층에 용해되어 있는 용질의 농도 비는 일정하다는 것을 알 수 있게 된다. 일반적으로 물과 유기 용매 사이의 분배계수의 크기는 용매의 종류, 용질의 종류, 온도에 따라서 변화한다.

2 영향

이상적으로 용질의 분배계수가 순수한 A와 순수한 B에서의 용질의 개별적인 용해도의 비와 같게 된다. 어떤 두 액체가 전혀 섞이지 않을 수는 없으므로 실제로 이는 근사값이 된다. 두 용매가 서로 녹는 양은 용매 특징에 따라 변하고, 따라서 K값에 영향을 주게 된다.

용질이 섞이지 않는 액체의 한 쪽에 전혀 녹지 않을 경우 용질 값이 0이나 무한대가 되는 것은 명백하며, 실제로는 이러한 극한의 값은 얻을 수 없다. K값이 1.0보다 크고 A의 양이 B의 양보다 크다면, 용질은 용매 A에 더 많이 존재하게 되며 용질이 용매 B에 존재하는 양은 K값에 의존하게 된다.

18. 용접구조물의 용접설계 시 유의사항을 5가지 이상 나열

1 개요

용접구조물의 신뢰성은 용접부의 품질에 크게 좌우된다. 구조물의 여러 조립 공정 중에서 아직까지 가장 낮은 신뢰성과 품질수준을 유지하는 것이 용접공정이라고 인식되어 있다.

이에 대한 근본적인 개선을 위해서는 용접설계 시점부터 용접공정을 충분히 이해하여 생산성과 품질까지 고려한 설계가 되도록 해야 하고, 시공 관리 시에도 설계 개념 또는 설계자의 의도를 제대로 이해하여 용접을 실시해야 높은 품질수준을 유지할 수 있다.

2 용접구조물 설계 시 주의사항

용접설계에 있어서는 용접의 단점에 대하여 충분히 이해하고 단점에 대한 대책 연구가 중요하다.

용접설계상 일반적인 주의사항은 다음과 같다.

(1) 용접에 적합한 설계를 한다.

(2) 용접길이는 가능한 한 짧게, 용착량도 강도상 필요한 최소치로 한다.

(3) 각종 이음의 특성을 잘 알고 사용하며 용접하기 쉽도록 설계한다.

(4) 약한 필렛용접 이음을 피한다.

(5) 반복하중을 받는 이음에서는 이음표면을 평활하게 한다.

(6) 구조상의 노치를 피한다.

19. 용접부 잔류응력 제거방법 중에서 정하중에 의한 기계적 응력이완(MSR, Mechanical Stress Relieving)의 원리

1 개요

용접작업 시에 발생하는 잔류응력은 용접이음부의 피로강도를 저하시키거나 취성균열 및 응력부식균열의 진전을 용이하게 하고, 용접이음부의 파괴에 직접, 간접적으로 기여하는 등 용접구조물에 해로운 영향을 많이 준다. 따라서 용접부의 품질을 확보하기 위해서는 균열생성, 균열전파와 같은 손상개념에서 용접 잔류응력의 문제를 해결하는 것이 필요하다.

용접부의 잔류응력을 완화시키거나 제거하는 방안으로는 용접 후 열처리 작업, 고주파 가열 응력개선법(IHIS), 워터젯피닝(water jet pinning)법, 기계적 응력완화법(mechanical stress relief method, MSR), 레이저 피닝처리 등이 있다. 각각의 용접제품에 대해 가장 적합한 잔류응력 처리방안을 채택하기 위해서는 용접구조물의 안정성과 함께 경제적인 요소를 함께 고려할 필요가 있다.

용접부에 발생한 잔류응력을 올바르게 처리하고 평가하기 위해서는 용접 잔류응력의 크기를 정확하게 분석하는 것이 중요하다. 잔류응력의 측정법에 있어서 비파괴적인 방법으로는 X선 회절법과 중성자 회절법, 파괴적인 방법으로는 스트레인 게이지를 사용한 Hole drilling법(ASTM E837)이 있다. 한편 비파괴적인 방법과 파괴적인 방법으로 측정한 값을 비교하여 측정값의 신뢰성을 높이는 것이 매우 중요하다.

2 정하중에 의한 기계적 응력이완(MSR, Mechanical Stress Relieving)의 원리

후열처리법에 따라 용접 구조물에 열을 가하면 항복응력이 낮아지고, 상대적으로 잔류응력이 높게 걸린 부분부터 소성변형을 일으켜 가열된 구조물이 냉각되면서 상온에서는 잔류응력이 다시 완화되는 과정을 거치게 된다.

후열처리법에 대한 연구는 상당히 많이 진행되어 왔으며, 그 시공방법 및 피로 수명 향상 효과에 대한 결과를 찾아볼 수 있다. 그러나 후열처리법은 기계적 응력 완화법에 비하여 비경제적이며 이완 대상의 크기에 제약을 받는 단점이 있다. 이러한 이유로 후열처리법의 적용이 어려운 대상에 대하여 기계적 응력 완화법이 이용된다.

기계적 응력 완화법을 적용하면, 구조물의 항복응력이 변하지 않는 상태에서 잔류응력과

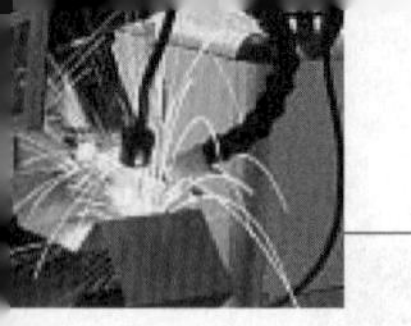

함께 외부하중을 가하여 응력을 중첩시킴으로써 구조물 내의 실제 응력이 항복응력을 넘게 되어 소성변형과 함께 잔류응력이 완화된다.

20. 용접이음 설계시 주의사항과 용접순서 결정 시 고려사항

1 용접설계 시 주의할 점

(1) 경제성을 고려한 이음 설계

가능하면 광폭의 판을 사용하여 전체 용접선의 길이를 줄이는 방법도 고려하여야 한다. 반자동, 전자동 용접법을 채용하는 것도 한 방법이 될 수 있다.

(2) 작업이 용이한 이음 설계

부재의 조립 순서, 용접자세, 용접방법을 고려한 이음 설계가 되어야 한다. 용접 시 봉의 삽입각도, 작업자의 시야를 고려하여야 한다.

(3) 강도 확인

대형 구조물에서는 부재의 가공 정밀도나 조립 정밀도를 고려한다.

2 용접구조물의 조립순서 결정시 고려사항

(1) 구조물의 형상을 유지한다.
(2) 용접변형 및 잔류응력을 경감시킨다.
(3) 큰 구속 용접은 피하여야 한다.
(4) 적용할 수 있는 용접법, 이음형상을 고려한다.
(5) 변형제거를 쉽게 해야 한다.
(6) 작업환경의 개선 및 용접자세 등을 고려한다.
(7) 장비의 취급과 지그를 활용해야 한다.
(8) 경제적이고 고품질을 얻을 수 있는 조건으로 설정한다.

21. 자동차 차체(Body) 소재로 사용되는 연강(Mild steel)과 초고강도강(Advanced high strength steel)의 저항용접용 로브곡선(Lobe curve, X축 : 용접전류, Y축 : 용접시간)들을 그림으로 나타내고, 이들 두 강종들의 로브곡선 간 차이점에 대하여 기술하고 그 차이 나는 이유를 설명

1 개요

자동차 산업에서 승객과 보행자의 안전규제 강화에 따른 차체 고강도화 및 CO_2 등의 가스 배출 저감을 위한 차체 경량화가 필수적으로 요구됨에 따라 첨단 고강도강(Advanced High Strength Steel, AHSS)의 적용이 급격히 증가하고 있다. 첨단 고강도강을 차체에 적용하기 위해서는 용접이 필수적이며, 원가 측면에서 유리한 전기저항 점용접(Resistance Spot Welding, RSW)이 차체 용접에서 80% 이상으로 가장 많이 적용되고 있다. 일반적으로 비산(expulsion)은 저항열에 의해 모재가 녹은 용융금속(molten metal)이 너깃(nugget) 밖으로 빠져나가는 현상을 말하며, 전기저항 용접성을 좌우하는 중요한 인자 중 하나이다. 또한 비산은 용접변수와 원소재의 기계적, 전기적, 열적 성질 등의 복합적인 인자에 의해 발생되기 때문에 비산예측과 제어는 상당히 어렵다

2 첨단 고강도강판 전기저항점 용접의 로브곡선(lobe curve)

로브곡선(lobe curve)은 자동차산업에서 전기저항점 용접성을 평가하는 지표로 사용되고 있다. 일반적으로 로브곡선은 전극의 가압력을 고정한 상태에서 용접전류와 용접시간에 따라 최소 너깃직경(4t1/2 또는 5t1/2) 또는 최소 인장강도를 만족하는 하한전류와 비산이 발생되는 상한전류(또는 비산한계전류) 사이의 폭을 이용하여 용접성을 평가한다.

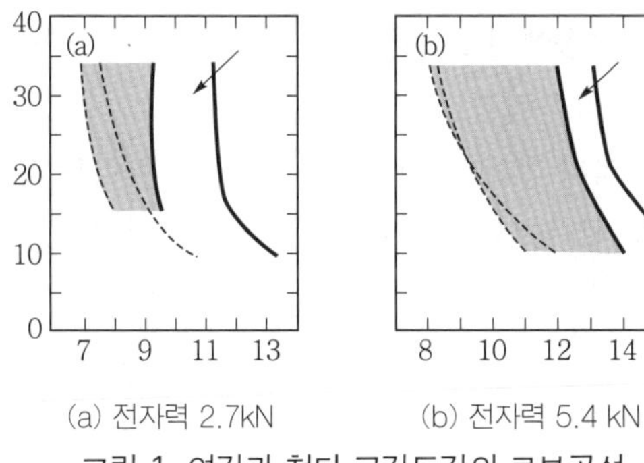

(a) 전자력 2.7kN (b) 전자력 5.4 kN

그림 1. 연강과 첨단 고강도강의 로브곡선

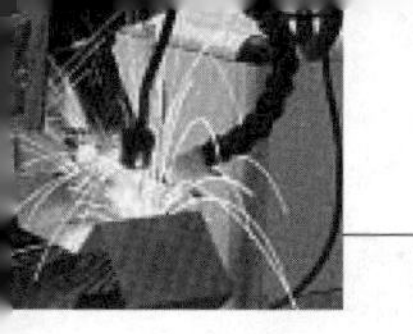

그림 1은 연강(Mild steel)과 첨단 고강도강(AHSS)의 로브곡선을 나타낸 것이다. (a)는 가압력을 2kN로, (b)는 가압력을 5.4kN로 고정했을 시 각각의 로브곡선을 나타낸다. 이 결과로부터 첨단 고강도강은 연강에 비해 비산이 저 전류에서 발생이 되고, 적정용접 폭이 좁으며, 특히 가압력이 낮을 시 아주 좁다. 즉, 첨단 고강도강의 전기저항 점용접 시 비산 발생이 연강에 비해 상당히 쉽다는 것을 알 수 있다.

고강도강판이 연강보다 비산 발생이 쉬운 이유는 첨가된 합금원소의 함량이 많아 전기저항이 높아져, 과도한 저항열이 발생되기 때문에 비산이 잘 일어난다.

22. 쉐플러선도(Schaeffler Diagram)를 이용하여 용접재료를 선택하는 방법

1 개요

Austenitic Stainless Steel은 가장 널리 사용되는 Stainless Steel 재료로 304/316SS가 대표적인 강종이다. 고온 산화성이 적고 뛰어난 내식성으로 인해 산 알카리 등의 광범위한 부식 환경에 적절하게 사용 가능하다.

전반적으로 양호한 내식성을 보이지만 Chloride 성분이 있는 곳에서의 사용은 Chloride Stress Corrosion Cracking의 위험성으로 인해 제한된다. 적절한 강도를 가지면서도 연신이 크고 충격에 강하며 성형성이 좋아 가공하기 쉽다.

2 쉐플러선도(Schaeffler Diagram)를 이용하여 용접재료를 선택하는 방법

쉐플러선도(Schaeffler Diagram)는 0.6%의 탄소 성분을 가진 Ni당량으로 약 18%를 갖는 탄소강과 18Cr/10Ni의 스테인리스강과의 결합을 고려한 도표를 말한다. 이 두 소재를 용접하게 되는 경우 두 소재만의 합금이 만들어져 D2의 조성을 갖게 된다. 이 D2의 재료에 C성분의 용접봉으로 30% 희석율(SMAW적용 시)로 용접하게 되면, 용착금속은 페라이트 성분이 거의 0%에 가깝게 되어 용착금속에서 고온균열이 발생하기 쉬워진다.

따라서 페라이트를 많이 형성시키기 위해서는 용접 시 희석율을 낮출 수 있도록 낮은 전류로 용접하거나 GTAW용접법의 채택이 바람직하다. 또 페라이트상을 더 많이 만들 수 있는 방법으로는 C의 용접봉보다 페라이트상을 더 많이 생성시킬 수 있는 용접봉으로 교체하여 용접하는 방법도 가능하다.

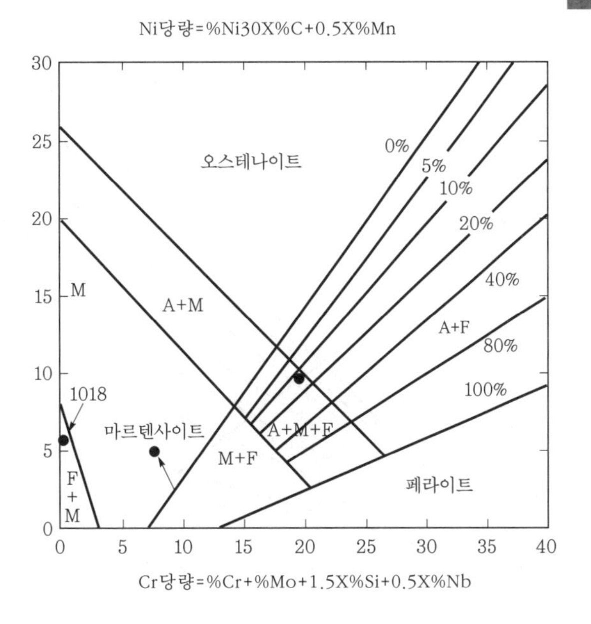

그림 1. 쉐플러선도와 Cr과 Ni당량 계산식

23. 쉐플러 다이어그램(Schaeffler Diagram)과 드롱 다이어그램(DeLong Diagram)에서 크롬당량값과 니켈당량값을 계산함에 있어서, 크롬당량과 니켈당량값 계산에 사용되는 원소들을 3개씩 각각 설명

1 Schaeffler Diagram

0.6%의 탄소 성분을 가진 Ni당량으로 약 18%를 갖는 탄소강과 18Cr/10Ni의 스테인리스강의 결합을 고려한 도표를 말한다. 이 두 소재를 용접하게 되는 경우 두 소재만의 합금이 만들어져 D2의 조성을 갖게 되며, 이 D2의 재료에 C성분의 용접봉으로 30% 희석율(SMAW적용시)로 용접하게 되면 용착금속은 페라이트 성분이 거의 0%에 가깝게 되어 용착금속에서 고온균열이 발생하기 쉬워진다.

따라서 페라이트를 많이 형성시키기 위해서는 용접 시 희석율을 낮출 수 있도록 낮은 전류로 용접하거나 GTAW 용접법의 채택이 바람직하다. 또 페라이트상을 더 많이 만들 수 있는 방법으로는 C의 용접봉보다 페라이트상을 더 많이 생성시킬 수 있는 용접봉으로 교체하여 용접하는 방법도 가능하다.

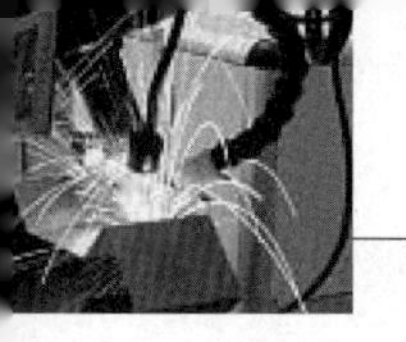

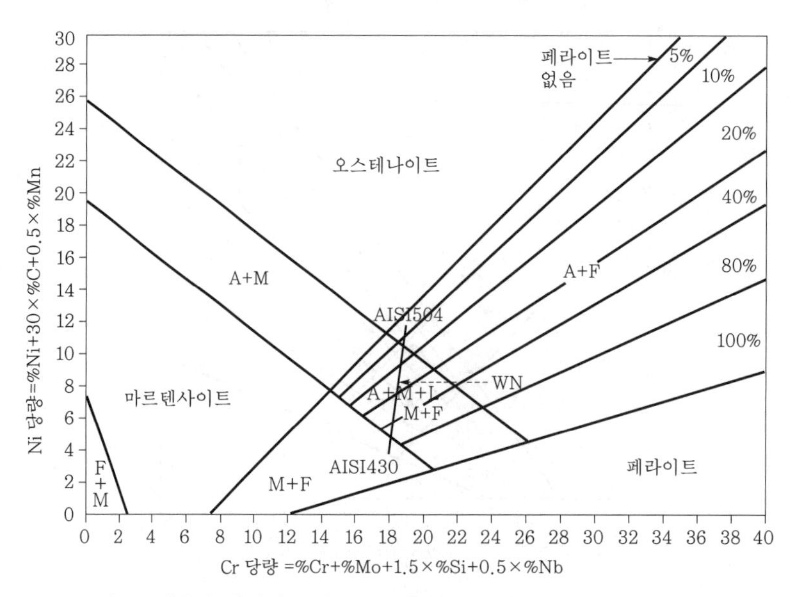

그림 1. 쉐플러 다이어그램, 50%희석율 때 너겟 용접의 미세조직 예측

2 Delong Diagram

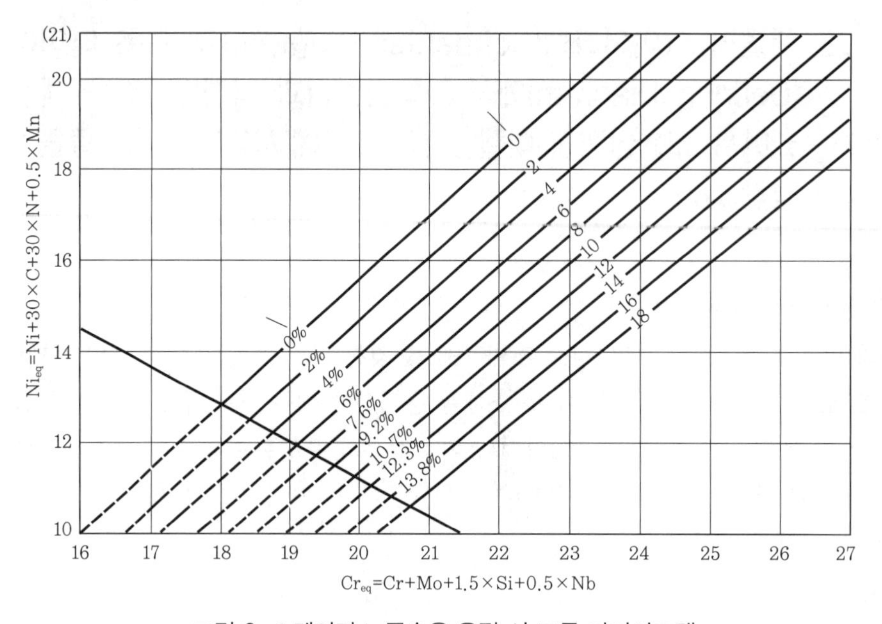

그림 2. 스테인리스 금속을 용접 시 드롱 다이어그램

Schaeffler Diagram 작성 시 고려되지 않은 공기 중의 질소의 양을 고려하여 용착금속의 상을 예측한 도표이다. 즉, 용접 시 용착금속에 혼입되는 공기 중의 질소는 강력한 오스테나이트계 생성 촉진 물질이다. 그래서 Schaeffler Diagram에서 ±4%의 범위에서 페라이트 양이 측정 가능하지만 용착금속의 질소의 양을 고려한 Delong Diagram을 이용하면 ±2%의 범위

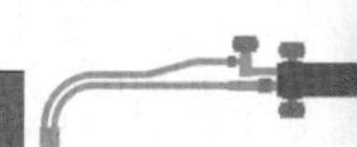

에서 용착 금속의 페라이트 양을 측정할 수 있다. 따라서 용착금속의 상 예측에서는 Delong Diagram을 사용하는 것이 더 정확하다.

3 크롬당량과 니켈당량값 계산에 사용되는 각각의 원소들을 3개씩 설명

쉐플러 다이어그램(Schaeffler Diagram)에서 크롬당량값과 니켈당량값을 산정하는 계산식은 다음과 같다.

X축에 Cr 당량=%Cr+%Mn+15×%Si+0.5×%Nb

Y축에 Ni 당량=%Ni+30×%C+0.5×%Mn

드롱 다이어그램(DeLong Diagram)에서 크롬당량값과 니켈당량값을 산정하는 계산식은 다음과 같다.

X축에 Cr 당량=Cr+Mo+1.5×Si+0.5×%Nb

Y축에 Ni 당량=Ni+30×C+30×N+0.5×Mn

쉐플러 다이어그램(Schaeffler Diagram)과 드롱 다이어그램(DeLong Diagram)에서 크롬당량값과 니켈당량값에 사용되는 X축과 Y축의 원소는 다음과 같다.

(1) Cr

13%까지 첨가하여 오스테나이트 영역을 확장시키고 대량 첨가해도 취화를 일으키지 않는 탄화물을 형성시킨다. 10% 이상 첨가하면 스테인리스강이 되며 내산화성, 내황화성을 향상시키므로 구조용강, 공구강, 스테인리스강, 내열강 등에 거의 모두 함유되어 있는 가장 보편적인 합금원소이다.

(2) Ni

크롬과 함께 가장 중요하고 보편적인 합금용 원소이다. 강의 조직을 미세화시키고 오스테나이트와 페라이트에 잘 고용되므로 기지강화에 이용된다. 크롬이나 몰리브덴과 공존하면 우수한 경화능을 나타내고 대형 강재의 열처리를 용이하게 만들며 오스테나이트 안정화 원소이므로 크롬과 조합하여 오스테나이트계 스테인리스강, 내열강 등에 사용된다.

강의 저온인성을 강화시키며 용접성, 가단성을 해치지 않는다. 탄소나 질소의 확산을 느리게 만들기 때문에 내열강의 열화를 방지하고 팽창률, 강성률, 도자율 등이 향상된다.

(3) Si

0.1~0.3% 정도 탄소강에 함유되며 탈산제로 사용되므로 SiO_2 또는 규산염(silicate)을 형성하며 기계적 성질에는 영향을 거의 주지 않는다. 강력한 탈산제로 4.5%까지 첨가하면 강도가

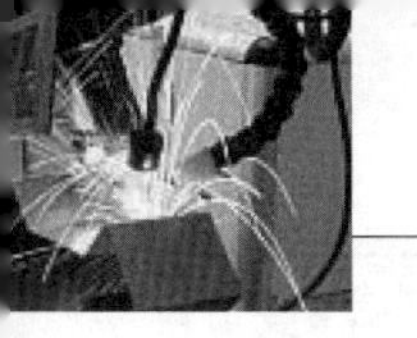

향상되지만 2% 이상 첨가하면 인성이 저하되고 소성가공성을 해치기 때문에 첨가량에 한계가 있다. 뜨임 시 연화저항성을 증대시키는 효과도 있다.

(4) Nb

강력한 결정립 미세화 원소로 결정립 조대화 온도를 상승시키며, 경화능을 저하시키고 뜨임취성을 감소시킨다.

(5) Mn

망간은 최소 0.35% max.(AISI 1005)에서 1.00% max.(AISI 1085)까지 함유되며, 황과 반응하여 연한 회색의 불순물인 MnS(manganese sufide)를 형성한다.

MnS는 연성이 있어 입내에 분포되며 소성가공 시 가공방향으로 늘어나며 FeS(iron sulfide)와 동시에 형성되나, FeS는 입계에 형성되며 녹는점이 낮고 취성을 가지므로 MnS를 형성하는 것이 바람직하다. 망간을 첨가하면 펄라이트를 미세화시키고 페라이트의 고용강화 효과를 가져오므로 탄소강의 항복강도를 향상시킨다. 또한 망간의 첨가로 오스테나이트에서 급랭 시 경화능을 향상시키지만, 망간 함량이 많이지면 급랭 시 균열 발생과 뒤틀림이 심해진다.

강에 점성을 부여하기 때문에 1.0~1.5%의 망간이 첨가된 강을 강인강이라고 부른다.

(6) C

강의 강도를 높이는 데 가장 효과적이며 중요한 원소이다. 오스테나이트에 고용되어 담금질 시 마르텐사이트 조직을 형성시킨다. 탄소량 증가에 따라 담금질 경도를 향상시키지만 담금질 시 변형 가능성을 크게 만든다. 철, 크롬, 몰리브덴, 바나듐 등의 원소와 화합하여 탄화물을 형성하고, 강도와 경도를 향상시킨다.

24. 잔류응력의 완화법 중에서 응력제거 어닐링 효과에 대하여 5가지를 설명

1 응력제거 어닐링 stress relief annealing)의 정의

금속재료를 일정 온도에서 일정시간 유지 후 냉각시킨 조직으로 주조, 단조, 기계가공, 냉간가공 및 용접 후에 잔류응력을 제거하며, 보통 500~700℃로 가열 일정시간 유지 후 서냉한다. A_1점 이상에서는 변태로 인하여 응력이 발생되고, 또 응력이 제거되는 온도가 625℃ 정도 되므로 보통 500~700℃에서 하며, 응력제거로 인한 조직상의 변화는 일어나지 않더라

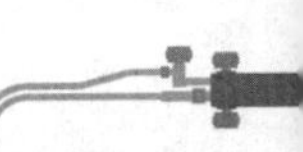

도 제품을 사용하고 있는 동안의 사고 등이 감소된다. 이 종류의 풀림은 A_1 변태점 이하에서 이루어지므로 저온풀림이라 한다.

2 응력제거 어닐링(Stress relief annealing)의 방법

(1) 주철

인공시효(고온시효)는 500~600℃로 3~6시간 가열 후 노냉하며, 자연시효(건조)는 장시간 방랭한다.

(2) 구조용강

응력제거 풀림(SRA)은 625±25℃로 전체를 가열하지만 대형 부품일 때는 국부 가열하며 보유시간 25mm당 1hr 가열 후 노냉한다.

(3) 스테인리스강

Ferrite계 Stainless steel(STS430, 18Cr)은 790~840℃ 25mm당 2시간 가열 후 공랭하며, Martensite계 Stainless steel(STS403, 13Cr)은 700~790℃ 25mm당 2시간 가열 후 공랭한다. Austenite계 Stainless steel(STS304, 18Cr-8Ni)은 고용화 열처리로 1000~1150℃로 가열 후 급랭하며, 응력부식 균열방지를 위해 800~900℃(보통 870℃) 25mm당 2시간 가열 후 공랭한다.

PH계 Stainless steel(STS631, 17-7PH)은 고용화 열처리로 1000~1150℃로 가열 후 급랭한다.

3 응력제거 풀림에 의해 기대되는 효과

(1) 용접 잔류응력의 제거
(2) 응력부식에 대한 저항력 증대
(3) 수소방출에 의한 자체파괴의 방지
(4) 치수의 빗나감 방지
(5) 용접부의 연성증가
(6) 열영향부의 뜨임연화
(7) 노치인성 및 강도변화

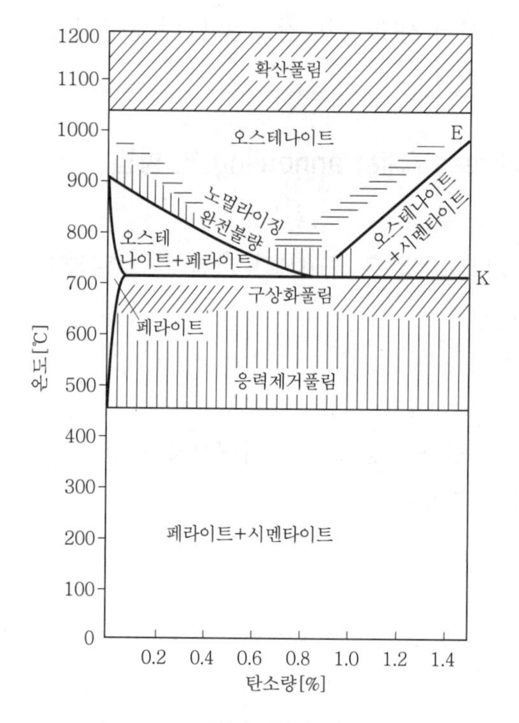

1200
1100
1000
900
800
700
600
500
400
300
200
100
0
온도[℃]
확산풀림
오스테나이트
E
노멀라이징
완전불량
오스테
나이트+페라이트
오스테나이트
+시멘타이트
K
구상화풀림
페라이트
응력제거풀림
페라이트+시멘타이트
0.2 0.4 0.6 0.8 1.0 1.2 1.4
탄소량[%]

그림 1. 풀림 선도

제6장
용접시공

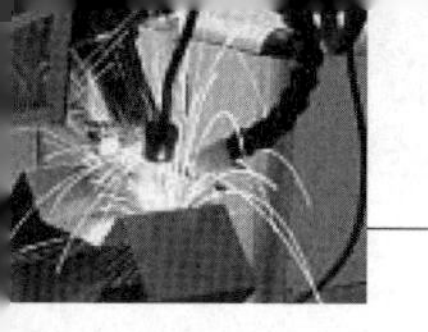

1. 웜홀(worm hole)

1 개요

공동은 통상 가스가 이탈되는 방향으로 길게 늘어지는 형상을 띠게 되는데 이를 분리하여 Worm hole이라 한다. 때때로 Herring-Bone이라 불리는 공동이 나타나는데, 이는 가스작용과 수축작용이 복합적으로 발생된 경우로 용접속도가 지나치게 빠른 것이 원인이 될 수 있다.

이러한 공동은 Pipe로 불려지기도 하나 학자에 따라서는 이를 주물 또는 용접부 Create부근에서 발생된 순수한 수축작용에 의한 것으로 정의하기도 한다.

그러나 순수한 수축기공은 용접부에서는 매우 드문 현상이다. 통상적으로 기공자체는 재질의 사용상 그다지 유해한 것으로 판단하지 않을 수 있으나 기공이 존재하는 용접부는 다른 유해한 결함도 발생될 수 있기 때문에 주의를 기울이지 않으면 안 된다. 실제로 선형기공은 대부분 평면결함을 동반하는 경우가 많다.

2 발생원인

용접의 현장 작업과 관련하여 용가재의 건조불량, 탈산제가 부적절한 Filler Wire의 사용, 고상과 액상용접 금속 사이에서 Gas의 용해성(Solubility)의 차 등이 기공생성의 주원인이 된다. 알루미늄 용접부에서 기공의 생성은 액상과 고상에서의 용해 차가 주 원인이 될 수 있다. 즉 청결이 불충분한 개선가공 또는 Filler Wire의 수화산화막(Hydrated Oxide Film)으로부터 생성된 수소가 액상 용접 금속에서의 용해는 아주 좋으나, 고상용접 금속에서는 상대적으로 용해도가 떨어지기 때문에 알루미늄 용접부의 고화 시 기공을 형성하게 된다, 또 다른 원인으로는 보강판을 밀착한 맞대기 용접부나 이중 Fillet 용접부에서와 같이 밀폐된 가스가 기공 형성의 역할을 하게 된다.

2. 용접입열(Heat Input)

1 용접입열(Heat Input)

용접입열(weld heat input)은 용접부의 외부에서 주어지는 열량을 말하며, 용접이음을 위하여 충분해야 한다. 피복 아크 용접에서 아크가 용접의 단위 길이 1cm당 발생하는 전기적 에너지 H는 아크 전압 E[V], 아크 전류 I[A], 용접 속도 V[cm/min]라 할 때 다음과 같이 주어진다.

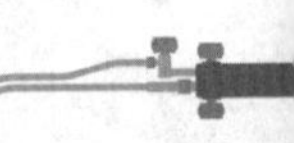

$$H=\frac{60EI}{V}\ [\mathrm{J/cm}]$$

여기서, H : arc가 용접의 단위 길이 1cm당 발생하는 전기적 에너지

E[V] : arc전압(20~40V)

I[A] : arc 전류(50~400A)

V[cm/min] : 용접속도(8~30 cm/min)

그러나 실제 용접입열은 전기적 에너지(H)와 화학적 에너지의 합으로 피복제의 분해 시 발생하며, 실제 모재에 주어지는 열에너지는 다음 식에 의한 전기에너지보다 작다. 열효율은 입열의 몇 %가 모재에 흡수되는지의 비율을 의미하며, 순 용접입열(net weld heat input)은 다음과 같다.

$$Q_{\mathrm{net}}=\frac{\eta I}{V}$$

여기서, η: 용접법의 종류 arc의 길이 모재의 판두께 이음모양, 예열온도, 용접봉의 지름, 피복제의 종류와 두께 모재와 용접봉의 열전도율 등이다.

예를 들면 피복 arc 용접 및 gas shield arc 용접은 70~85%, Submerged arc 용접은 90~100%이다. arc 용접에 있어서 용접봉 심선과 모재의 용융에 직접 소요되는 열량은 순 입열의 1/4~1/2=용융효율(melting efficiency)로 열전도율×(용융온도−초기온도(용접전 판의 예열온도))에 의한다.

3. 용사(thermal spraying 또는 metallizing)의 가스식 용사법과 전기식 용사법에 이용되는 용사법 5가지 이상

1 개요

부품의 표면에서 요구되는 기능, 품질특성에 가장 적합한 재질을 선정하여 그 재질을 부품의 표면에 용사 코팅하는 기술로서 최근에는 설비가 작고, 얇고, 가벼우면서 오래 사용할 수 있는 고성능을 요구하고 있다. 이러한 욕구를 충족시키는 값싸고 고품질 제품만이 경쟁에서 살아남을 수 있으며, 이러한 요구에 가장 경제적이고 폭넓게 응용될 수 있는 분야로 용사의 특징은 다음과 같다.

(1) 모재의 재질은 금속, 비금속, 세라믹, 플라스틱, 나무 등 모재의 재질에 무관하다.

(2) 코팅재질은 금속, 세라믹, 초경합금, 수지 등 거의 모든 재질을 이용할 수 있다.

(3) 코팅할 때 모재에 미치는 열 영향은 100°C 전후로 모재의 치수변형, 금속적 변형이 없다.

(4) 부품의 치수 형상에 작업의 제한이 없고, 현장시공도 가능하다.

(5) 부품의 필요 부분만 선택적으로 적용할 수 있으며, 한 부품에 여러 기능을 동시에 부여할 수도 있다.

(6) 코팅층에 미세한 기공이 있어 열 충격과 윤활특성이 특히 우수하다.

(7) 표면가공의 정도는 경면가공에서 거친 상태 등 자유로이 조절이 가능하다.

용사의 이점은 다음과 같다.

(1) 부품 수명 연장 및 기능이 강화된다.

(2) 보수 유지비 절감 및 기존 부품의 반복 보수가 가능하다.

(3) 경질 크롬도금 대체로 친환경적이며 표면기능의 다양화가 가능하다.

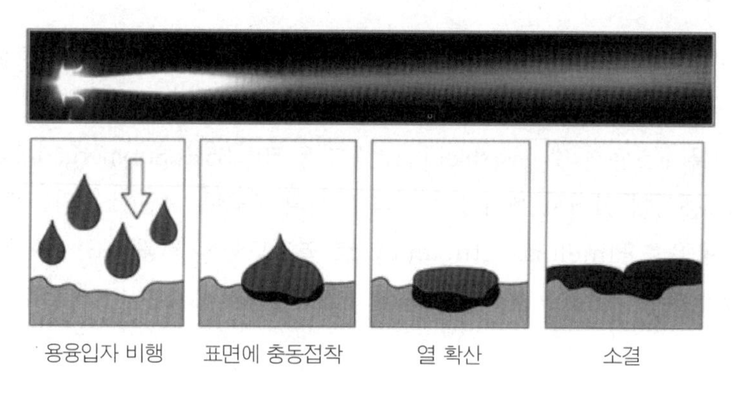

그림 1. 용사의 원리

응용분야는 내마모, 내열, 내부식, 전기적 특성이 필요한 항공기 제트엔진, 발전설비, 자동차, 철도차량, 선박, 전기, 전자부품, OA기기부품, 의료기기, 제철, 제지, 인쇄, 섬유, 화학설비, 유리초자, 시멘트설비, 레저가구, 주방가구 등 산업에서 생활용품 등에 폭넓게 적용할 수 있다.

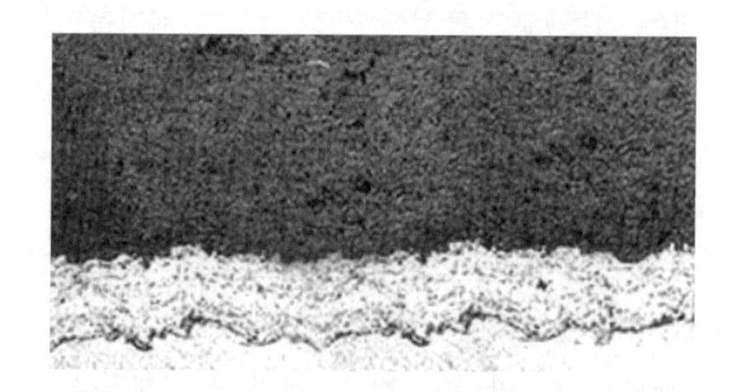

그림 2. 용사피막의 단면조직

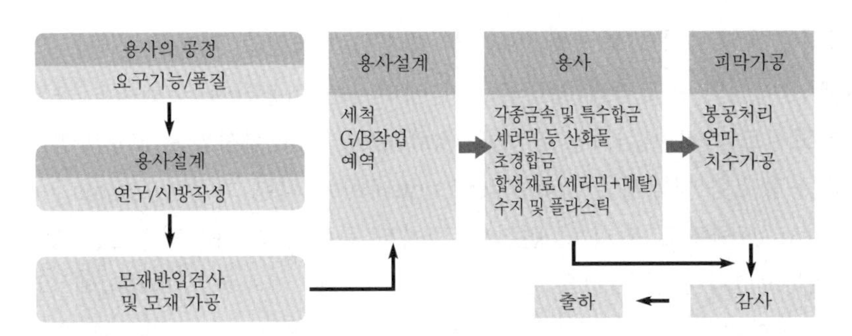

그림 3. 용사의 작업공정

2 용사(thermal spraying 또는 metallizing)의 가스식 용사법과 전기식 용사법에 이용되는 용사법 5가지 이상

(1) 플라즈마 용사법

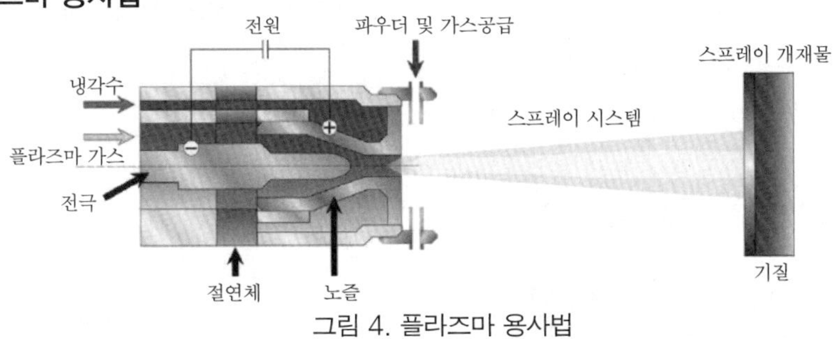

그림 4. 플라즈마 용사법

역극성 아크(Non-Transfered Arc)에 의해 불활성 가스로부터 생성되는 플라즈마흐름(속도 : 마하 2, 중심온도 : 16,500℃)에 피막재료를 투입하고, 순간적으로 용융시켜 완전 용융된 분말 용사재를 고속으로 분사 밀착시켜 피막을 형성시키는 코팅 방법이다. 용사재료는 금속, 비금속, 세라믹(주로 금속산화물, 탄화물), Cermet로 광범위하고, 탁월한 내마모성, 내열성, 내식성, 전기전도, 차폐성, 전파복사성, 육성 및 초경 등의 우수한 피막을 얻을 수 있으며, 또한 육성보수도 가능하며, 용사 시의 가공물의 표면 온도가 150℃ 이내로 제어되기 때문에 모든 모재에도 코팅이 가능하다.

(2) 플라즈마 제트 용사법

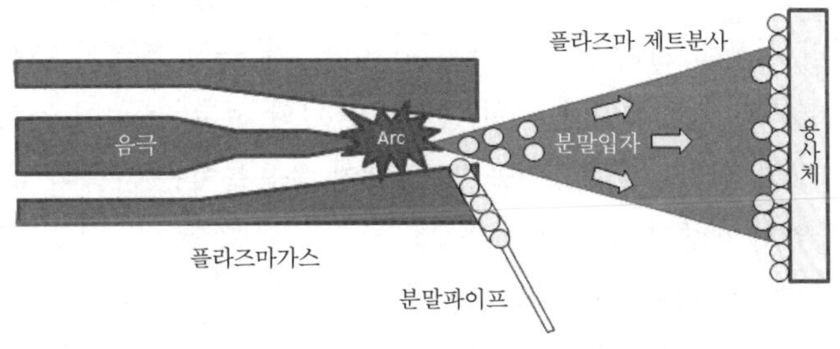

그림 5. 플라즈마 제트 용사법

종래의 플라즈마 용사법의 출력을 3배 이상 증가시킨 고전압, 저전류 부하의 Extended Arc 방식에 의해 경이적인 초고출력(250 Kw)의 에너지를 이용하여 극초음속(속도 : 3,000m/sec.)에서 최고경도의 피막(산화크롬 : DPH300 1900)을 형성시키는 코팅방법이다. 이 방법은 광범위한 용융코팅 에너지를 Computer controller에 의한 최적의 Plasma jet를 채택함으로써 경도, 밀도, 표면조도, 산화도, 변질도, 밀착도 등에서 타 용사법으로는 그 추종이 불가능한 획기적인 최고의 품질을 얻을 수 있다. Robot 등의 정확한 시방작업에 의해서 난이한 형상의 소재부품까지도 최고의 품질을 기대할 수 있으며 응용분야는 다음과 같다.

1) 섬유의 각종 Roll, 각종 Guide류
2) 제지공업의 Calendar roll, Gloss machine roll, Stone roll
3) 철강, 비철공업의 각종 Roll, 각종 Pump/valve 부품, Back-up roll
4) 전자공업의 각종 Computer 부품, Robot 부품
5) 기타 산업의 전력, 유리, 시멘트, 인쇄, 기타 기계부품류, 원적외선 Heater
6) 반도체 생산설비 중 절연방식 제품, Tray
7) 화학공업의 Pump sleeve, Mechanical seal, Piston plunger 등

(3) HVOF 용사법(JP-5000 용사법)

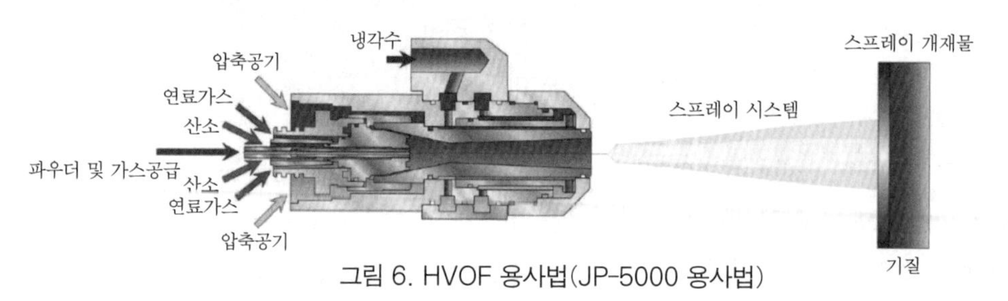

그림 6. HVOF 용사법(JP-5000 용사법)

Rocket 연소실로부터 고압(연소압력 : 13 Bar) 상태로 토출되는 극초음속의 Jet흐름(속도 : 2100m/sec. 이상)의 가열, 가속 에너지를 이용하여 최대의 충돌 운동에너지에 의해 용사재를 연화(Soften) 및 가속시킴으로써 극히 치밀한 고밀도의 피막을 형성시키는 새로운 용사방법이다.

용사재로서는 저융점의 금속, 비금속, 초경합금, 금속탄화물(WC), 금속붕소 화합물이 주로 사용된다. 용사재의 비행속도(속도 : 900m/sec. 이상)가 극히 빠르기 때문에 공기 중에서의 체재시간이 짧아서 조직의 물성변화(산화, 변질)가 거의 없고, 조직이 강하고 치밀한 고밀도의 초경피막(WC : DPH300 1400)을 얻을 수 있으며 응용분야는 다음과 같다.

1) 섬유, 제지 공업의 각종 특수 Roll
2) 철강공업의 각종 특수 Roll, Mould, Liner, 압연 Roll 등
3) 비철공업의 냉연, 열연용 Roll

4) 플라스틱공업의 사출/압출 Screw, 각종 Roll
5) Mechanical seal, Plunger, Piston Rod 등
6) 중공업 : 대형엔진 Valve, 발전기 Turbine Blade
7) 전자산업 : OA기 Blade

(4) Wire Metallizing 용사법(Gas 용사법)

그림 7. Wire Metallizing 용사법(Gas 용사법)

아세틸렌과 산소(3100℃), 프로판과 산소(2700℃)의 연소를 열원으로 하여 각종 금속, 합금선재를 연속적으로 용사하여 피막을 형성시키는 방법이다. 새로운 기계부품이면 성능 향상에, 또 마모나 부식을 받는 부품이면 저렴한 비용으로 신품과 같은 성능을 얻을 수 있으므로 광범위한 산업분야에 적용할 수가 있다.

(5) Wire Metallizing 용사법(Arc Jet 용사법)

그림 8. Cone Crusher Mantle Shaft 육성보수

전기 Arc를 열원으로 하여 용사하는 방법으로 피막이 치밀하고 경도가 높아지는 효과를 얻을 수 있으며 응용분야는 다음과 같다.
1) 내마모성, 내식성을 위한 스테인리스강 코팅(비용이 극히 저렴하다)
2) Tank, Tower 등의 방청코팅(Al, Zn)

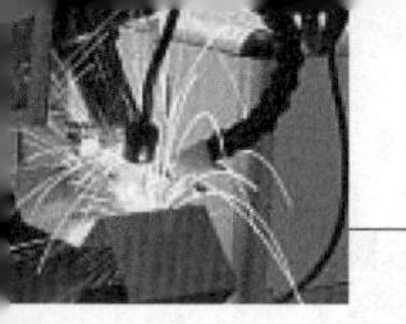

3) 전기전도, 전자파 차폐 코팅
4) 화학공업의 Pump sleeve, Piston plunger, Mechanical seal 등
5) 각종 Roll shaft 등의 보수육성 코팅
6) 자동차부품, Synchronized ring, Piston ring, Bushing

(6) 세라믹과 불소수지 코팅

세라믹의 용사피막은 발군의 경도(Hv>1000)를 가지고 피막표면에 요철이 심하게 전개되어있기 때문에 이 요철부에 Teflon 불소수지를 함침 코팅함으로써 이 새로운 피막은 2개의 특성을 구비한 내마모성, 내약품성, 이형성, 비흡수성 및 내열성(300°C)이 우수한 피막이 얻어지며 응용분야는 다음과 같다.

1) 도금조 Tank/Heater
2) 식품용 각종 기계장치류, 주방기기 제품
3) 약품용 교반 Tank
4) 제지 Roll
5) 화공약품 Pump 부품(Mechanical seal, Sleeve, Elbow, Tee, Pump casing 등)
6) 전기차폐성, 이형성

그림 9. 세라믹과 불소수지 코팅

(7) 자용성 합금 용사법

그림 10. 자용성 합금 용사법

Ni-Cr, Co-Cr 및 이들에 WC를 함유시킨 재료를 주성분으로 하고, B 및 Si를 Fluxing 제로서 첨가하여 만들어진 자용성 합금분말을 산소와 아세틸렌(수소)의 화염을 열원으로 하여 용융분사해서 용사층을 형성시킨 다음, 1010°C~1180°C에서 재 용융함으로써 모재와의 경계에서 합금층을 형성시킴과 동시에 초경합금의 피막을 형성시키는 방법이다. B 및 Si는 용사층 내의 금속산화물을 B_2O 및 SiO_2로 환원하여 용사층의 표면으로 부상되기 때문에 기공이 없는 치밀한 피막을 얻을 수 있어, 특히 내마모의 목적에 많이 사용되고 있으며 응용분야는 다음과 같다.

1) 섬유, 제지공업의 Knife holder of chipper, Chipper disk, Conveyor 부품, Spindle, Bobbin 등
2) 철강, 비철공업의 각종 Roller, Universal-coupling/Spindle, 각종 Pump/valve 부품, 수(유)압 Plunger, Fan Blade
3) 석유, 화학 공업의 Thermo-couple, 사출/압력 Screw, Piston rod, Pipe elbow, 각종 Pump/Valve 부품
4) 전력의 각종 펌프/Valve 부품, Guide vane, Turbine liner, Runner 등
5) 기타 산업의 원자력, 해양개발, 차량, 선박, 인쇄, 기타, 기계부품 등
6) 전선, 신선공장의 Capstan, Guide roll

그림 11. 자용합금 용사한 Sleeve류(Ni-Cr-B-Si)

그림 12. 자용합금 용사한 각종 금형제품류(Ni-Cr-B-Si-WC)

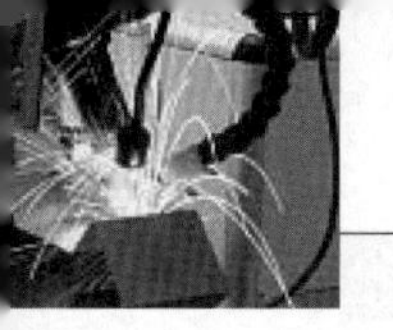

4. 크리프(Creep) 현상

1 정의

기계재료가 고온에서 하중을 받으면 그림 1에서와 같이 순간적으로 기초변율이 생기고, 다음에 시간이 경과함에 따라 서서히 증가되는 변형이 생겨 파단하게 된다. 이와 같이 재료가 어떤 온도 밑에서 일정한 하중을 받으며 얼마동안 방치해 두면 스트레인(strain)이 증대하는 현상을 크리프라고 한다.

2 특징

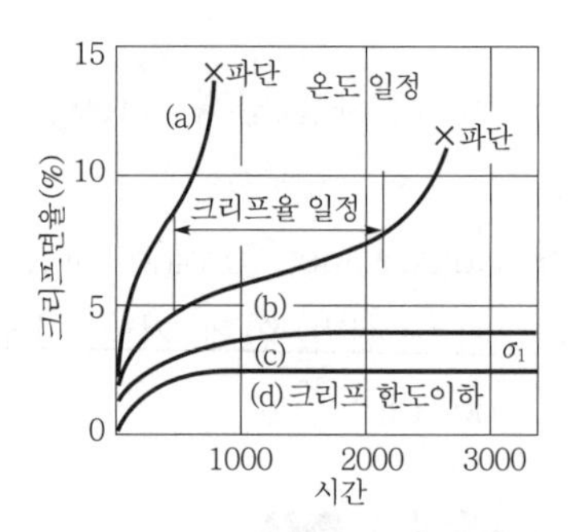

그림 1. 응력과 크리프

크리프에 의하여 생긴 스트레인을 크리프 스트레인(Creep Strain)이라고 한다.

크리프를 고려한 허용응력은 장시간 고온으로 응력을 받는 부재의 파손은 크리프 강도를 취하여 안전율로 나눈 허용응력을 결정하는 법과, 사용 중에 일어날 수 있는 변형의 총량이 허용치 이내에 있는 응력으로서 허용응력을 취하는 방법도 있다.

(1) $허용응력 = \dfrac{\text{Creep 강도}}{안전율}$

(2) 허용응력=변형총량 허용치내 응력

그림 1은 응력과 크리프 관계에서 온도가 일정할 때 변화과정을 나타낸다.

5. 용접 후 열처리(PWHT)

1 개요

용접 후 열처리란 용접부의 성능을 개선하고 잔류응력의 유해한 영향을 제거하기 위해서 금속의 변태점 이하의 적절한 온도에서 용접부 또는 기타 부분을 균일하게 가열하고, 일정시간 유지한 다음 균일하게 냉각하는 것을 말한다. 이때 일반적으로 주의할 사항은 다음과 같다.

(1) Quenching-Tempering강에서 가열온도는 원칙적으로 Tempering 온도 이하로 한다.

(2) 일반적으로 균일한 가열과 냉각이 요구되는 범위는 400℃ 이상이다.

(3) 유지시간은 용접부 두께에 따라 변한다.

2 방법

넓은 의미에서의 용접 후 열처리는 다음과 같은 열처리가 포함된다.

(1) 응력제거(Stress relief treatment)

(2) 완전소둔(Full Annealing, 완전풀림)

(3) 용체화 열처리(Solution heat treatment)

(4) 소준(Normalizing, 불림)

(5) 소준-소려

(6) 소입-소려

(7) 소려(Tempering, 뜨임)

(8) 저온응력제거

(9) 석출열처리

이외에도 용접부의 냉각을 피하고 수소를 제거하는 방법으로 용접 직후의 후열(Port Heating)이 있다. 또한 보통 열처리로 불리지는 않지만 용접에 의한 변형을 수정하는 방법으로 소위 점가열(Spot Shrinking)과 선가열(Straight line treatment) 등이 있다. 초후판에 대해서는 제품에 요구되는 최종 PWHT외에 공정 도중에 특정 용접부의 비파괴 검사를 상온에서 확실하게 실시하기 위한 목적으로 중간 PWHT가 행해지기도 한다.

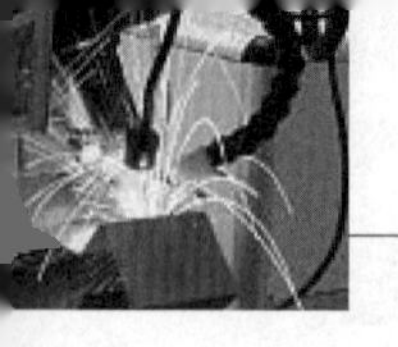

6. 금속의 양면 또는 한 면에 다른 금속을 완전히 결합시키기 위한 클래딩 용접방법을 3가지 이상 제시하고 설명

1 개요

클래드는 성질이 다른 금속을 합치는 것에 의해 단일의 금속에서는 얻어지지 않는 새로운 기능이나 보다 고도의 성능을 발휘시키는 재료이다. 이와 같은 기술은 역사적으로 상당히 오래전부터 이용되어 왔으며, 예를 들면 일본도는 저탄소강과 고탄소강을 절묘하게 배열해 접합시켜 제조한 것으로, 그 기술의 원형은 7세기에 확립되었다고 한다. 이 기술은 부엌칼 등 칼 종류에 많이 활용되었으며, 18세기 중엽에는 이미 바이메탈의 제조에 이 방법을 이용한 흔적이 있다.

압연법에 의한 클래드강의 공업제품은 칼이며, 19세기에 미국에서 제조되었다. 1930년대 초기에 니켈의 원가 절감과 강도의 보충을 위해 INCO사와 LUCEN사가 니켈 클래드강을 공동으로 공업화하여 판매하고 있다. 그 후 스테인리스 클래드강이 개발, 제조되었다. 이들의 클래드강이 ASTM에 규정된 것이 1943년이다. 현재 석유정제, 화학반응용기, 조선에서의 케미컬 탱커, 해수 담수화 장치 등, 각 용도에 따른 각종 클래드가 개발, 제조되어 착실하게 그 수요가 증가하고 있다.

2 클래딩 용접의 종류와 장점

클래딩은 다양한 접합기술 중의 한 분야이며, 모재(코어) 금속에 피재를 기계적, 물리적으로 접합시키는 접합 방법으로 다음과 같다.

(1) Explosive impact bonding(폭발력을 이용한 압접)

(2) Electromagnetic impact bonding(EMIB, 전자기적 반발력을 이용한 압접)

(3) Hot isostatic pressing(HIP, 열간 정수압 가공)

(4) Hot isostatic cladding(HIC, 열간 정수압 접합)

(5) Mechanical bonding(압연, 압출과 같은 기계적 접합) 등의 방법이 있다.

이들 접합방법 중에서 Mechanical bonding법이 가장 경제적이며, 가장 널리 응용되고 있다. 단일 금속판재 대신 이종금속 접합판재를 사용함으로써 다음과 같은 장점을 가지고 있다.

1) 기능성이 요구되지 않는 모재 또는 피재에 비금속을 채용함으로써 귀금속의 양을 줄일 수 있다.

2) 공정 수를 줄여 노동력을 줄일 수 있다.

3) 사용 환경에 따라 다양한 종류의 피재를 적용할 수 있으므로 제품 설계의 폭이 넓어진다.

4) 모재 또는 피재를 경금속으로 대체함으로써 경량화가 가능하다.

5) 고기능성 모재 또는 피재를 적용함으로써 제품의 질을 높일 수 있다는 이점을 가지고 있으며, 판재는 물론 파이프, 와이어 등의 형재에도 적용 가능하다.

3_ 응용분야

적용 가능 분야로는 다음과 같다.

(1) 주방용기

(2) 자동차 라디에이터 등 열교환기

(3) 화학 플랜트 및 각종 탱크, 압력용기류

(4) 가전제품 및 전자부품

(5) 조선 등이 있다.

부식성이 심한 약품을 운반하는 케미컬 탱크의 적하 탱크에 대해 라이닝이 이용되는 것도 있지만, 부식문제 때문에 현재는 스테인리스강 또는 스테인리스 클래드강이 전부 사용되고 있다.

클래드강 분야로서는 약간 판 두께가 얇기 때문에(보통 6~15mm) 강재로서의 경제성이 어려운 범주임에도 불구하고 많은 실적을 가지고 있다. 그 이유는, 건조 및 운행 중에 클래드강이 다음과 같은 뛰어난 기능성을 발휘하기 때문이다. 즉, 조선소의 건조에 있어서는 가스 절단이 가능, 용접 등 열가공에 의한 수축이 작고, 스테인리스강 용접재료의 절감이 가능, 연강의 용접이 가능, 발라스트 탱크 측의 도장이 용이한 점 등의 많은 이점이 있기 때문이다. 또한 운행 후에는 복합강판이므로 오스테나이트계 스테인리스강 특유의 공식, 응력부식균열 등의 부식에 대해 전파저지 기능이 있으며, 검출 및 보수가 용이하다는 점에서 선주 및 사용자로부터 높은 평가를 받고 있다.

7. Ti 및 Ti 합금 용접 시의 주의사항 및 그 대책

1_ 개요

티탄의 용접과 종래부터 널리 보급되고 있는 일반금속재료에 있어서의 용접과의 상이점은, 티탄 및 티탄 합금은 고온에서는 극히 활성이기 때문에 공기 중의 산소, 질소 및 습분을 비롯해 재료에 부착해 있는 기름류 등이 용접온도에서 반응하며 불순물로서 흡수되어, 재질의 오염열화를 일으킬 뿐 아니라 블로우 홀드의 용접결함이 발생하는 원인이 된다. 이 때문에 오염물질을 차단, 또는 완전제거의 환경에서 용접작업을 행하는 것이 요점이다.

2 Ti 및 Ti 합금 용접 시의 주의사항 및 그 대책

티탄의 용접성은 양호하지만, 티탄합금에 있어서는 금속응고조직의 재료특성이나 열처리형 합금에서의 열영향부 등 용접야금 특성을 파악하여, 용접성이 우수한 티탄합금을 선택하는 것이 필요하다. α형 티탄합금은 본질적으로 순티탄과 같은 경향을 나타내고 일반적으로는 용접성이 양호하다.

$\alpha+\beta$ 티탄합금은 그 금속조직에 있어서 α립과 β립과의 형상이나 분포상태에 의해 재료특성의 개량이 도모되고 있고, 이들의 조절은 주로 가공열처리에 의한다. 일반적으로는 배합원소로서 다량의 β안정형 원소를 포함하는 티탄합금은 용접성이 저하하는 것이라고 생각하고 있다. 그러나 $\alpha+\beta$형 티탄합금 중에서 가장 많이 양산되어 사용되고 있는 Ti-6Al-4V합금은 용접성이 양호하다.

또 β형강력 티탄합금은 β안정형원소를 다량으로 배합하여, 가공경화나 열처리강화가 되는 경우는 용접가공을 실시하지 않고 사용되는데, 티탄합금 제품의 비용저하의 관점에서 양호한 용접성을 가진 β형 티탄합금의 필요성은 크다.

티탄의 용접은 판재 등의 가공 때에 사용되는 압연윤활유나 절삭유 등의 부착을 완전히 제거하는 크리닝과 용접에 의해 고온으로 노출되는 부분을 아르곤가스로 국부적으로 덮어, 공기를 완전히 차단하는 방법이 필요하다.

(1) 청정성

용접을 위한 기계가공이나 관소재의 슬리팅 가공 시 절삭유 등을 가능한 사용하지 않고, 또 사용해도 제거작업이 용이한 것을 사용하는 것이 필요하다. 절삭면 부근의 부착물은 아세톤 등의 유기용제를 사용해서 세정하며, 용접작업 시 가열을 받는 부분도 청정하게 하는 것이 필요하다. 산화물이나 표면에 얇게 생성되어있는 산화층이 있으면 스테인리스제 와이어브러시를 사용해서 제거하는 것이 좋으며, 그라인더에 의한 연삭은 숫돌 분말이 가공면에 파고들어 남는데, 이 분말은 일반 산화물이므로 산소오염이나 블로우 홀 발생 등의 결함의 원인이 되기 때문에 주의가 필요하다. 부득이하게 그라인더 가공한 경우에는 줄이나 스크레이퍼 등으로 표면을 마무리한다.

(2) 아르곤 실드

피 용접제가 소형이며 수가 적고, 고품질이 요구되는 항공기부품 등의 경우에는 물품 전체를 글로브달린 박스 등의 밀폐용기에 넣어 진공펌프로 배기한 후 Ar가스로 치환하는 방법도 행해지고 있다. 그러나 길이가 긴 용접관의 연속용접이나 대형부품의 용접인 경우에는 필요한 부분만을 국부적으로 Ar가스로 실드한다. 이 경우 용접에 의해 고열로 폭로되는 부분은 산화의 염려가 없어지는 저온으로 냉각되기까지 거의 완전히 공기를 차단하여 Ar실드를 계속하는 것이 필요하고, 이를 위해 용접용 전극의 실드치구는 뒤에 긴 애프터 실드가 부속되

어있다. 실드의 좋고 나쁨은 최종적으로 이음매 성능으로 평가해야 하지만, 간편법으로서 용접면이나 열영향부의 변색으로 판정하는 것도 가능하며, 더욱이 굽힘시험을 병용하면서 실용적인 판정이 이루어지는 것도 있다.

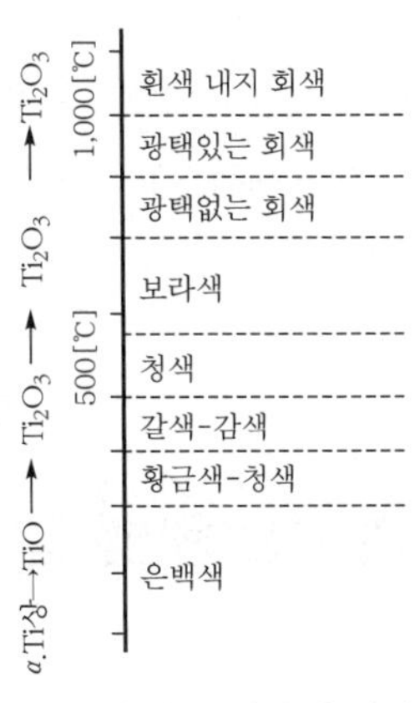

그림 1. 티탄의 공기중단 시간에 따른 가열에 의한 표면변색

티탄의 산화물색조는 TiO_2가 흰색 내지 회색, Ti_2O_3가 짙은 청색, TiO가 황금색으로 표면에 생성되는 얇은 산화오염층도 변색하므로, 용접 열영향부가 밝고 엷은 다갈색으로 변색되어 있을 경우는 용접부의 표면부분의 연성에 약간의 저하가 있지만, 이음매 성능에는 거의 영향이 없어 허용한도로 되는 경우가 많다. 광택이 없는 흑회색 내지 흰색을 나타내는 경우는 용접부는 취약해진다. 티탄을 대기 중에서 약 1000℃까지 가열한 경우의 변색은 그림 1에 나타난 바와 같다.

3 TIG의 용접작업

표 1. 티탄 및 티탄합금의 TIG용접 조건

판 두께 (mm)	텅스텐(mm)	와이어지름 (mm)	용접속도 9(cm/min)	전류(A)	아르곤 가스유량		
					torch	after	back
0.5	0.8	1.6	60	20~30	6~8	20~30	20~30
1	2.4	1.6	50	20~30	15	20~30	30~40
3	2.4	1.6	25~30	①130~145 ②150~195	15	20~30	30~40
5	3.2	1.6	20~26	①130~150 ②170~190 ③170~190	25	20~30	30~40

텅스텐 전극은 토륨 들어간(Tho$_2$2%) 텅스텐을 권장하는데, 이것은 에밋션 효과가 뛰어나 아크가 안정되기 때문이다. 또 전원에 펄스파를 중첩시킴에 따라 아크가 안정되어, 저입열용

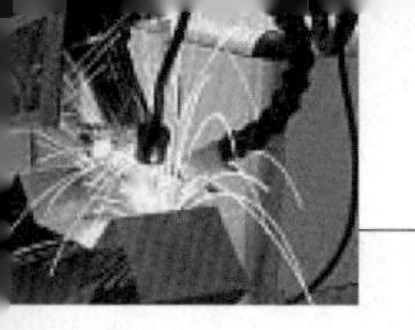

접이 가능해진다. 아크의 터치스타트는 불가하며, 비접촉으로 고주파 발생장치에 의해 스타트한다. 이것은 융점이 낮은 공정(W와 Ti)생성물에 의한 오염을 방지하기 위해 필요하다.

블로우 홀의 발생을 방지하기 위해서는 모재 및 용접 와이어의 청정, 이물혼입 방지, 용접속도가 너무 빠르거나 용접전류가 너무 높지 않도록 적정한 조건을 주는 것이 필요하며, 표1은 티탄의 자동 TIG용접 조건의 예를 나타낸다. 박육용접 티탄관은 티탄조를 연속적으로 관상에 다단롤에 의해 성형하고, 자동용접(TIG)에 의해 제조되어, 복수 기관을 비롯한 많은 열교환기용 관으로서 사용되고 있다.

8. 완전 용입용접과 부분 용입용접에 대하여 비교 설명

1 개요

그림과 같이 녹은 모재부의 홈에 용착금속이 충분히 차 있지 않으면 모재와 용착금속의 경계에 오목한 부분이 생기는데 이를 언더필(underfill)이라 하며, 전류가 과대하여 모재가 파이는 것을 언더컷(undercut)이라 한다. underfill은 용접부 단면적의 감소를 가져오고, undercut 부위는 응력이 집중되는 노치효과를 초래한다. 용융금속이 넘쳐서 표면에 융합되지 않은 상태로 덮여 있을 때 이를 오버랩(overlap)이라 하며, 이 부분에 응력이 집중되어 균열의 원인이 되기도 한다. 이들의 원인을 나열하면 다음과 같다.

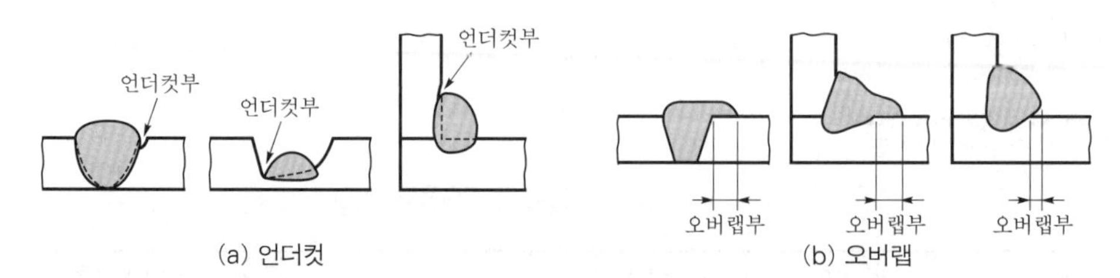

그림 1. 언더컷과 오버랩

(1) Underfill의 원인은 용접속도가 너무 클 때 발생하며, Undercut의 원인은 전류가 과대하여 arc를 짧게 할 수 없을 때와 용접봉의 사용방법이 부적절할 때이다.

(2) Overlap의 원인은 다음과 같다.

1) arc가 너무 길어서 용착금속의 집중을 저해할 때

2) 용접봉의 용융점이 모재의 것보다 너무 낮을 때

3) 용접전류가 다소 부족하여 용적이 클 때

4) 용접속도가 너무 느릴 때

2 완전 용입용접과 부분 용입용접에 대하여 비교 설명

(1) 완전 용입용접

용접 유효 목 두께가 판 두께 이상으로 확보되는 건전한 용접부로 이음부의 판 폭에 대해서도 충분히 용접되어 일반적으로 이음부 소재의 전 판 두께 전 폭을 용접하는 것이다.

(2) 부분 용입용접

응력의 흐름으로 보아 완전 용입과 같이 전단면의 유효 용접면적이 불필요할 때에 채택하는 용접으로 H형강의 플랜지와 웨브의 용접, 기둥과 기둥의 이음 등이 있다.

9. 연강 맞대기 용접의 용접부의 특성

맞대기 용접이란 금속선, 봉, 판 등의 끝 면을 맞대어 용접하는 것이다.

1 업셋 버트 용접

단순히 맞대기 용접이라고도 한다. 전류를 통하기 전에 용접재를 압력으로 서로 접촉시키고, 이것에 대전류를 흐르게 하여 접촉 부분이 전기 저항열로 가열되어 용접 온도에 달하였을 때 다시 가압하여 융합시키는 방법이다.

이때 용접 부분은 고온으로 되고 열소성 상태로 되어 있으므로 가압하면 접촉부는 블록형으로 부풀어 모재의 길이가 다소 짧게 된다. 피용접재를 세게 맞대고 여기에 대전류를 통하여 이음부 부근에서 발생하는 저항 발열에 의해 가열시켜 적당한 온도에 도달하였을 때 축 방향으로 센 압력을 주어 용접하는 방법이다. 압력은 수동식으로 가하는데, 이때는 스프링 가압식이 많이 쓰이고 있다. 대형 기계에서는 공기압, 유압, 수압 등이 사용되고 있다.

전극은 전기 전도도가 좋은 순 구리 또는 구리 합금의 주물로서 만들어지고 있다. 변압기는 보통 1차 권선 수를 변화시켜 2차 전류를 조정한다. 이것은 2차 권선 수가 대부분 단권이기 때문이다. 이 밖에 전류 조정기, 전원 개폐기, 자동 전류 차단기가 있다. 맞대기 용접법에서는 가스 압접법과 같이 이음부에 개재하는 산화물 등이 용접 후에도 남아 있기 쉽고 용접하기 전의 이음면의 끝맺음 가공이 특히 중요하다. 맞대기 용접법은 플래시 버트 용접법에 비하여 가열 속도가 늦고 용접 시간이 길다.

2 플래시 버트 용접법

용접할 재료를 서로 접촉시키기 전에 적당한 거리에 놓고 서로 서서히 접근시키면서 대전류를 통전시킨다. 용접 재료가 서로 접촉하면 돌출된 부분에서 전기 회로가 생겨 이 부분에

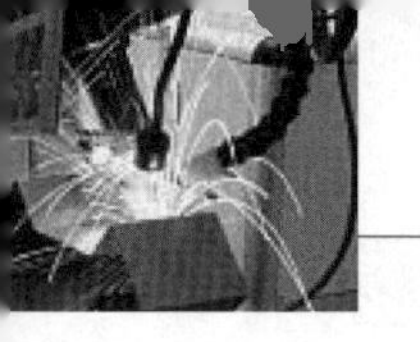

전류가 집중되며 스파크가 발생되어 접촉부가 백열 상태로 된다. 용접물이 더욱 접근됨에 따라 다른 접촉부가 같은 방식으로 스파크가 생겨 모재가 가열됨으로써 용융 상태가 된다. 적당한 고온에 달하였을 때 강한 압력을 가하여 압접한다. 특징은 다음과 같다.

(1) 가열 범위가 좁고 열 영향부가 작다.
(2) 용접면에 산화물이 생기지 않는다.
(3) 신뢰도가 좋고 이음 강도가 크다.
(4) 동일한 전기 용량에 큰 물건의 용접이 가능하다.
(5) 용접 시간이 짧고 소비 전력이 적다.
(6) 종류가 다른 재료의 용접이 가능하다.

10. 점용접 시의 강용접 부위의 기계적 성질을 좌우하는 인자

1 개요

스폿용접은 저항발열을 이용해서 금속의 접합을 하는 저항용접법의 일종이다. 일반적으로 금속은 전기를 잘 전달하는 성질을 갖고 있다.

금속재료의 양단 사이에 전압(V)을 인가했을 때 흐르는 전류 I(A)는 인가한 전압 V에 비례해서 $V=IR$라는 관계가 성립된다.

저항 R의 금속재료에 전류 I가 흐르면 금속재료 내에서 전력이 소비되어 발열하며 온도상승이 되고 시간 t(sec)의 사이에 발생하는 열량을 $H[J]$로 하면 $H=VIt=I^2Rt$로 된다.

이것을 칼로리(calory)로 나타내며, $Q=0.24I^2Rt$이다.

2 점용접 시의 강용접 부위의 기계적 성질을 좌우하는 인자

강용접 부위의 기계적 성질을 좌우하는 인자로서는 용접 전류, 통전시간, 가압력, 모재 표면의 상태, 전극의 재질 및 형상, 용접피치 등 여러 가지가 있으나, 이중 가장 큰 영향을 미치는 것으로는 용접 전류, 통전시간, 가압력인데 이들을 저항 용접의 3대 요소라고 한다.

11. 플라즈마 용사(plasma thermal spraying)법에 대해서 용사 토치 구조를 간략히 그리고, 그 원리와 실무적 작업기술

1 개요

역극성 아크(Non-Transfer Arc)에 의해 불활성 가스로부터 생성되는 플라즈마흐름(마하 2)에 피막재료{분말 혹은 선형재료(금속, 비금속, 세라믹(주로 금속산화물, 탄산물)), Cermet 등}를 투입하고, 순간적으로 용융(중심온도 : 16,500℃)시켜 완전 용융된 분말 용사재를 고속(속도 : 마하2)으로 분사 모재에 충돌시켜 급랭 응고해서 피막을 형성시키는 코팅 방법이다.

2 플라즈마 용사(plasma thermal spraying)법에 대해서 용사 토치 구조를 간략히 그리고, 그 원리와 실무적 작업기술

(1) 화염용사(Flame Spraying, FS)

화염용사는 산소와 연료가스를 1:1~1:1.1의 비율로 하며, 화염온도는 2,730~3,070℃ 정도, 화염속도는 80~100m/s 정도이다. 용사재료는 분말이 아닌 선이나 봉형으로도 공급할 수 있다. 사용재료에 따라서 용선식, 용봉식 및 분말식 화염용사로 나눌 수 있다.

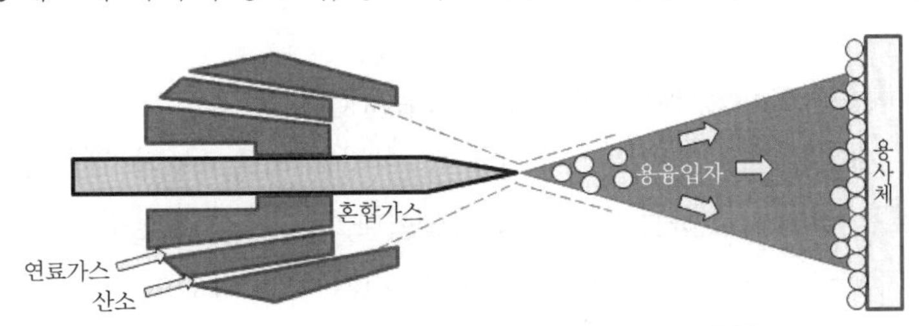

그림 1. 화염용사(Flame Spraying, FS)

(2) 폭발용사(detonation-gun spraying, D-gun spraying)

폭발용사는 수냉되는 내부직경이 25mm 정도인 긴 관과 작동가스 공급부, 점화장치 및 분말공급부로 되어 있다. 이 방법은 산소와 아세틸렌을 관에 공급하고 분말을 주입한 후, 가스를 폭발 연소시켜 고온·고속의 화염을 만들고, 이것을 열원으로 하여 분말을 용융시킴과 동시에 용융된 입자를 가속시켜 피복하는 것이다. 용사입자의 비행속도가 빠르기 때문에 치밀하고 결합성이 높은 피막을 얻을 수 있다. 화염의 최고온도는 4,200℃이고 용융 입자의 비행속도는 750~900m/sec이며 점화속도는 1~15cycle/sec이다.

(3) 고속 화염용사(high-velocity oxygen fuel spraying, HVOF)

고속 화염용사는 연료가스를 산소와 함께 고압에서 연소시켜 고속의 제트를 발생시키는 것이다. 분말은 공급가스로 제트에 주입되고, 작동가스는 연소실에서 연소되어 노즐을

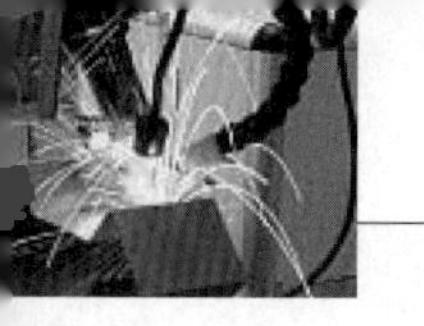

통하여 토치 밖으로 분사된다. 화염의 온도는 3170~3440K이며, 분사되는 제트의 속도는 2000m/sec정도이다.

(4) 아크용사(arc spraying)

아크용사는 두 개의 선재를 전극으로 하고, 전극 끝부분에 아크를 발생시켜 재료를 용융시킴과 동시에 압축공기 제트로 분사·비행시켜 피막을 형성하는 기술이다. 아크로 재료를 용융시키기 때문에 고능률 용사가 가능하고, 대형소재의 피막형성, 소모소재의 오버레이 용사에 적당하다. 반면에 용사재료는 전도성이 요구되며, 아크열에 의하여 재료의 성분이 변화하므로 미리 조성을 조정한 선재를 사용할 필요가 있다.

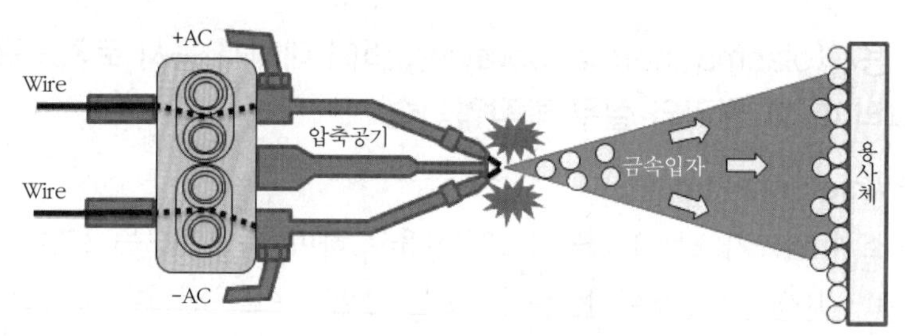

그림 2. 아크용사(arc spraying)

(5) 대기 플라즈마용사(Atmospheric Plasma spraying)

Ar, He, Ne 등의 가스를 아크로 플라즈마화 하고, 이것을 노즐로부터 배출시켜 초고온, 고속의 플라즈마 제트를 열원으로 하는 피막형성 기술이다. 플라즈마 발생장치는 Cu로 된 원형의 양극과 W로 된 음극으로 구성되며, 발생장치에서 전기 아크 방전이 작동가스를 플라즈마화 하여 제트를 형성한다.

(6) 진공 플라즈마용사(Vacuum Plasma spraying)

플라즈마 토치와 전기아크 발생기로 구성되며, 플라즈마 토치는 작동가스가 공급되는 진공노즐로 되어 있다. 분말은 송급구에 의해 진공의 플라즈마 제트 내로 공급된다.

(7) 분위기 제어 플라즈마용사

불활성 가스 체임버에서 플라즈마 용사하는 방법이다. 따라서 불활성 가스 플라즈마용사라고도 한다.

12. 용접선 자동추적 아크센서의 작동원리

1 개요

해저 파이프라인 자동 용접 시스템에서 용접기의 특성에 따라 팁(Tip)-모재간의 거리 변화에 따른 전류(A) 및 전압(V)값 변화를 이용하여 품질 제어가 가능한 용접선 자동 추적용 아크센서(Arc sensor), 즉 인공지능을 이용한 최적 용접조건 설정과 용접 품질 및 용접선 자동추적을 동시에 행할 수 있는 인공지능형 아크센서(Arc sensor)이다.

2 용접선 자동추적 아크센서의 작동원리

아크센서(Arc sensor)의 목적은 종래의 용접선 자동추적뿐만 아니라 인공지능의 한 분야인 적응 공진이론(Adaptive resonant theory)을 도입하여, 용탕(Weld pool)에 의한 오버랩(Overlap) 발생부를 사전 인지하도록 하므로, 이로 인한 오버랩(Overlap) 발생을 방지하여 용접조건에 따른 용접 품질을 보장하도록 해주기 위함을 그 목적으로 한다.

품질 제어가 가능한 용접선 자동추적용 아크센서(Arc sensor)의 구성은 용접부 형상에 대한 자료를 입력하는 조건 설정용 LCD와 이 설정된 조건을 통하여 출력된 신호가 최적 조건으로 출력되는 기능을 가진 신경회로망을 거쳐서 용접결함을 유발하는지에 대한 검사를 하는 퍼지 로직으로 보내지고 이와 같은 단계를 거쳐서 출력된 신호는 오버랩(Overlap) 등과 같은 용접결함을 방지하는 기능을 가진 적응 공진 제어기를 반드시 거쳐서 주기억 장치에 입력되는 구조로 구성되어 있는데, 이 주기억 장치에 입력된 신호는 모터 제어용 아날로그 신호로 변환된다.

13. 용접 후 열처리(PWHT)의 목적

1 개요

용접을 하면 바로 용접된 그 자리보다는 그 주변이 용접열에 의해 구조적으로 약해지는 현상이 발생한다. 열에 의해 약해진 부위를 HAZ라 하며, 이 부분에 대해 잔류응력의 제거, 응력집중의 완화조치, 조직안정화와 같은 용접 후 처리가 필요하게 된다.

2 용접 후 열처리(PWHT)의 목적

(1) 용접 잔류응력 및 변형대책

용접 잔류응력 완화와 형상치수의 안정

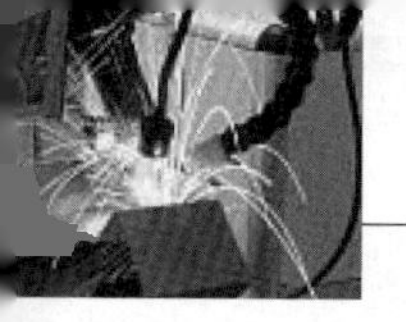

(2) 모재, 용접부 및 구조물의 성능개선

1) 용접 열영향부의 연화와 조직의 안정
2) 용착금속 연성증대
3) 파괴인성의 향상
4) 항유가스의 제거
5) 크리프 특성 개선
6) 부식에 대한 성능 향상
7) 피로 강도 개선

3 PWHT의 문제점

(1) 모재 등의 성능저하

고장력강 등은 tempering 온도를 넘는 온도에서 PWHT를 수행하면 재료의 조질효과를 잃게 되어 강도나 인성이 떨어지며, Cr-Mo강에서 고온으로 장시간 열처리를 하면 용착금속의 조립 Ferrite생성이 진행되어 강도가 저하한다.

(2) 재균열 발생

Ni-Cr-Mo-V-B강, Cr-Mo-V-B강, Cr-Mo-B강, Cr-Mo-V강 등에서는 PWHT시에 열열향부에 균열이 발생하는 경향이 있다.

4 PWHT의 실시여부 및 조건의 검토

PWHT의 실시여부 및 조건의 검토는 설계단계에서 시행되어야 한다.

(1) 재료의 선정

용접성에 의한 재료선정과 사용조건으로 요구되는 성능에 의한 재료선정을 한다.

(2) PWHT의 적용

1) 거대한 구조물
2) 현장에서 건설되는 구조물
3) 형상치수가 가열에 대하여 불안정한 구조물
4) 복잡한 구조물

5 PWHT 시공방법

(1) 노내 PWHT

온도는 가열부를 대상으로 열전대를 이용하여 계측하는 것이 원칙이나 노내 온도에서 가열부 각부의 온도를 추정할 수 있을 때는 이 방법이 인정되는 경우도 있다.

(2) 국부가열 PWHT

가열방법에는 전기저항가열, 전기 유도가열, 버너가열, 화학반응에 의한 발열체 등 시공 대상이나 시공 장소 등의 조건에 따라 결정된다.

(3) 현지 전체 PWHT

대형 탱크와 같이 노내 PWHT가 불가능한 구조물은 현지 전체 PWHT가 적용된다.

14. 용접로봇 구동시스템의 종류 및 장단점

1 개요

로봇의 구동시스템은 유압, 공압, 전기모터 등 여러 가지 방법이 있다. 공압과 유압은 기본적으로 피스톤을 이용한다. 피스톤의 한 쪽에 공기나 기름 등의 유체를 밀어 놓으면 피스톤이 밀려가는 원리로 로봇의 특정 부위가 움직이게 되는 것이다.

2 구동시스템의 종류 및 장단점

(1) 전기구동방식

전기모터의 경우에는 원형 혹은 선형의 톱니를 이용해 회전운동을 회전운동이나 직선운동으로 바꾸어 로봇의 특정 부위를 움직인다. 전기식 시스템에 의한 경우 위치제어, 속도제어 등이 용이하고 신뢰도가 높아 다른 구동방식에 비하여 가장 유리하며 현재 가장 많이 사용되고 있다.

(2) 유압구동방식

유압구동은 공사장에 흔히 보이는 포크레인에 적용하는 구동방법으로 관절과 관절에 피스톤이 있고 그 피스톤의 양끝 쪽에 호스가 있다. 한쪽 호스에 기름이 들어가면 피스톤이 밀리면서 포크레인의 관절이 펴지거나 굽혀지게 되는 것이다.

유압구동 시스템은 부피나 무게에 비하여 힘이 좋으며 이에 따라 특히 손목부의 구동장치로 유리하다. 또한 힘의 전달이 간단하며 큰 가속도를 얻을 수 있으나 문제점으로는 기름의 누설에 따른 유지, 보수와 유압펌프의 가격 및 마찰, 온도에 따른 변화 등이 있다.

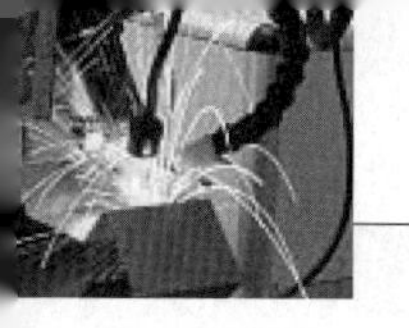

(3) 공압구동방식

공압은 유압에 비해 가격이 저렴하며 구조가 간단하고 무게도 가벼우나 정확한 위치 제어가 실제적으로 어렵다. 이에 따라 응용분야는 "pick and place"와 같은 단순작업 환경에 많이 사용된다.

15. 아연도금강판의 저항점용접(Resistance spot welding)이 곤란한 이유

1 개요

저항용접은 용융측 면적으로 전류밀도를 저하시키는 점이 요인이나, 합금화아연도금강판은 표면이 철-아연 합금으로 되어있어 순 아연에 비하여 단단하고 융점이 높아 용접성이 양호하며 피복아크용접도 냉연강판과 동일수준으로 양호하다.

2 저항 점용접(Resistance spot welding)이 곤란한 이유

아연도금층은 철에 비해 전기전도성이 좋아 판 접촉면에서의 전기저항을 적게 하여 발열량이 적다. 아연은 철에 비해 융점이 낮아 용접 시 아연이 따라 올라와 전극에 부착되기 때문에 연속용접성이 다소 저하되고, 아연은 철에 비해 연하기 때문에 전극 가압력에 의해 비교적 넓은 판 접촉면적으로 인하여 전류밀도가 다소 저하된다.

아연도금 강판을 연속적으로 spot용접하면 아연이 전극을 감싸 용접성을 저하시키며 이 경향은 아연 도금량이 많을수록 커지는데, 도금량이 적은 아연도금 강판은 5000회 이상 연속용접이 가능하지만 후 도금재의 경우 적절한 전극조건이 필요하고 합금화 용융 아연도금은 5000회 이상의 연속용접이 가능하다.

16. 마그네슘합금의 특징과 주의사항

1 개요

마그네슘합금은 밀도가 알루미늄합금의 2/3, 철계 합금의 1/5 수준으로 현재까지 상용화된 합금 중 가장 경량 소재이며, 엔진 효율을 향상시키고 자동차, 항공기 등 운송 수단의 경량화 및 연비 향상에 적합한 소재이다. 자동차의 경량화를 위한 노력에 따라 알루미늄, 마그네슘, 강화 플라스틱 등 많은 재료가 사용되고 있지만, 환경 친화 및 Recycling 지향의 관점에

서 마그네슘합금의 사용이 급증하고 있는 추세이다. 다른 경량 재료와 비교했을 때 마그네슘합금은 우수한 비강도 및 비탄성 계수를 가지고 있다. 그 밖에 진동 및 충격에 대한 감쇠 능력(Damping capacity), 전자기파에 대한 차폐성(EMI shielding)이 탁월하고 전기, 열전도도, 열간 가공성 및 고온에서의 피로, 충격 특성이 우수하여 세계적으로 에너지 절약 및 환경 공해 규제가 대폭 강화됨에 따라 자동차, 항공기, 전자 부품 및 IT 부품 등에 경량화 소재로서 각광받고 있다.

2 마그네슘합금의 특징

마그네슘의 밀도는 1.74g/cm³로 실용 구조용 금속 가운데에서 가장 가벼우며, 그 외에 아래와 같은 여러 가지 특성이 있다.

(1) 밀도가 낮다.
(2) 슬립계가 적다.
(3) 전자파 차폐성능이 우수하다.
(4) 진동 혹은 충격에 대한 감쇄능이 우수하다.
(5) 절삭성이 우수하다.
(6) 상온에서 소성변형이 어렵다.
(7) 산화력이 강하다.
(8) 열팽창계수가 크다.
(9) 열 및 전기전도도가 높다.

상기의 특성은 사용되는 용도에 따라 장점 혹은 단점이 되기도 한다. 가령, 마그네슘의 높은 비강도는 구조용 소재로 적합하고, 우수한 전자파 차폐성능은 휴대용 전자기기의 케이스로 적합하며, 열전도도는 방열부품으로 사용하는 경우에 장점으로 작용한다. 그러나 낮은 상온 연신율은 복잡한 부품의 프레스가공을 어렵게 하며, 산화력 및 열팽창은 용접공정에서 장애로 작용한다.

3 마그네슘합금의 주의사항

마그네슘합금의 용접은 아크 용접, 저항용접, 마찰교반용접, 레이저 용접 등에 가능하다. 그러나 철강 재료와 달리 용접 과정 중에 상변태를 하지 않기 때문에 용접부는 모재에 비하여 강도가 저하되며, 산화성이 강하고 열 및 전기전도도가 높기 때문에 용접이 쉽지 않다. 레이저 용접은 에너지밀도가 높고, 용접속도가 빠르며, 용접부가 작기 때문에 마그네슘합금의 용접에는 타 용접공정에 비하여 상대적으로 용접부 특성이 우수한 것으로 알려졌다.

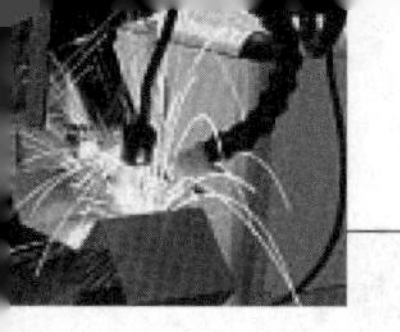

 17. 초음파 용접에서 주로 사용하는 주파수

1 개요

초음파 용접은 가압상태에서 접합계면에 초음파 진동으로 마찰하면서 가열하여 양쪽 표면의 산화물을 제거하고, 더욱 고온으로 되면 두 금속 표면이 밀착하게 되어 원자간의 고상 확산접합이 되도록 하는 용접법이다. 용접하려는 두 장의 금속편을 받침 위에 둔 다음, 상부로부터 누르고 5~40kHz의 초음파 진동을 옆에서 강렬하게 가하여 두 장의 용접편간의 마찰열에 의해 접착시키는 방법이다. 초음파 용접이 가능한 것은 얇은 것에 한정되므로 이 방법으로는 접합부 표면의 변형이 적고, 용접면의 표면 처리에 주의할 필요가 없으므로 알루미늄이나 동박의 용접, 전기 접점의 제작 등에 이용된다.

2 초음파 용접에서 주로 사용하는 주파수

용접물을 겹쳐서 용접팁과 하부 앤빌 사이에 끼워 놓은 후 압력을 가하면서 18Khz 이상의 초음파 주파수로 횡진동으로 가진하여 진동 에너지에 의해 진동 마찰열을 발생시켜 압접하는 방법원리이다. 인간의 가청 범위를 능가하는 주파수인 초당 18,000cycle 이상의 주파수를 가진 진동파장을 말한다. 초음파 진동에 의해 2개의 금속 접합면에 기계적인 진동에 의한 물리적인 확산작용으로 강력한 접합이 이루어지며, 일반적인 초음파 용접기의 사용 주파수는 15,000 Hz~40,000Hz를 사용한다.

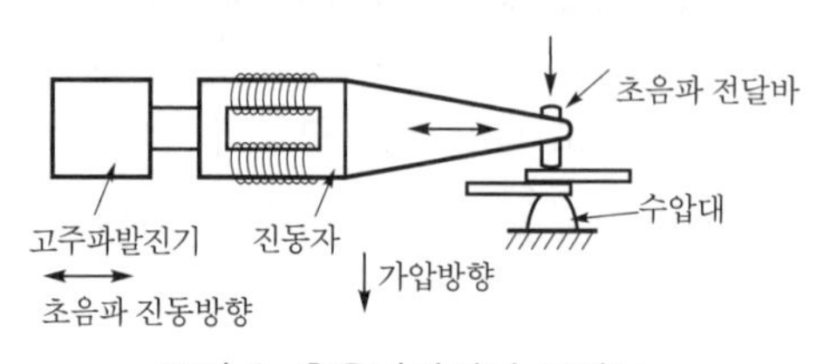

그림 1. 초음파장치의 구성도

 18. GTAW 펄스용접에서 저주파 펄스용접(Low frequency pulse welding)의 목적

1 개요

불활성 가스 아크 용접방식의 한 변형이며, 종래의 용접 전류에 펄스 전류를 중첩하여 펄스 전류의 주기와 같은 횟수로 용융풀에 불어넣는 TIG와 MIG 용접의 어느 쪽이나 적용된다. 배경 전류는 아크의 안정을 유지하고, 펄스 전류는 용적이행의 역할을 한다. 펄스 아크의 횟

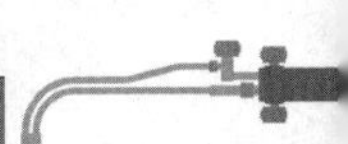

수는 매초 50내지 100회를 일반적으로 사용한다. 펄스 아크 용접의 장점은 펄스 전류와 배경 전류를 개별적으로 조정할 수 있으므로 용접열 입력의 조정이 용이하며, 특히 얇은 판의 용접에 적합하다. 또 소전류로 전자세의 용접이 가능하며, 용도는 종래의 불활성 가스 아크 용접과 거의 같으나 특히 얇은 판의 용접에 적용된다.

2 GTAW 펄스용접에서 저주파 펄스용접(Low frequency pulse welding)의 목적

텅스텐 전극을 사용하여 발생한 아크열로 모재를 용융하여 접합하며, 용가재를 사용하기도 한다. 보호가스로는 불활성 가스인 Ar 또는 He 등을 사용하므로 TIG(Tungsten Inert Gas) 용접으로 부르기도 한다. 생산성은 떨어지나 아크가 안정되고 용접부 품질이 우수하므로 산화나 질화에 민감한 재질의 용접과 SMAW를 적용하기 곤란한 경우에 사용된다.

펄스 GMAW 기법은 고주파 펄스와 저주파 펄스를 혼합하여 줌으로써 저주파 펄스 GTAW 공정에서와 같은 미려한 비드 외관을 얻을 수 있다. 극성가변(Polarty control)의 기능을 갖는 AC 펄스 GMAW 공정은 알루미늄합금의 박판 용접에 효과적이다.

19. Root Gap의 치수가 과대 및 과소의 경우 최초용접(First Fit-up)에 미치는 영향

1 개요

구조용접용 FCAW WPS를 작성할 때는 갭이 거의 없는 조건과 갭을 유지하여 백킹재를 대고 작업하는 조건으로 구분한다. 만약 Full 용접(FP 혹은 CJP)이 요구되는 경우에는 갭이 없는 경우 백 비드를 건전하게 형성하기 어려우므로 통상적으로 가우징을 하여 양면용접을 하게 되며 갭을 주어 백킹재를 대고 용접하는 경우에는 백킹재가 미려한 이면 비드의 형성을 돕기 때문에 한쪽 면에서 용접을 완료한다.

2 Root Gap의 치수가 과대 및 과소의 경우 최초용접(First Fit-up)에 미치는 영향

(1) Over Size(과대)

과도한 Heat-Through 현상이 발생되면, 한쪽 혹은 두쪽 모두 부재 모서리가 용융되어 Undercut 발생원인이 된다.

(2) Short Size(과소)

적은 용착금속이 적용되어 모재와의 급격한 온도구배가 생성됨에 따라 공차간 터짐현상이 발생한다.

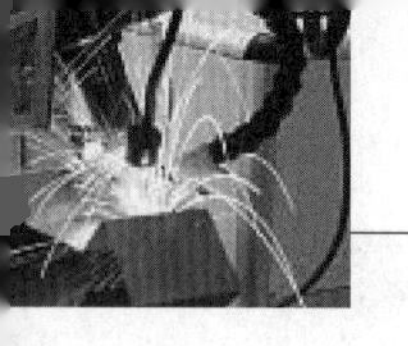

20. 맞대기 용접의 이음

1 이음형상

맞대기 용접(홈 용접, Groove Welding)의 적용 판 두께는 표준 홈 개선에서 I형은 6mm 이하, V형은 6~20mm, K형은 12mm 정도이고, 그 이상일 때는 X, U, H형이 사용되며, 특히 두꺼운 판에는 H형이 사용된다. 용접이음 설계에서 홈의 특징은 다음과 같다.

(1) I형 홈은 홈가공이 쉽고, 루트간격을 좁게 하면 용착금속의 양도 적어서 경제적인 면에서 우수하다.

(2) U형 홈은 홈가공이 비교적 쉽지만 판의 두께가 두꺼워지면 용접금속량이 증대한다. 루트 반지름은 될수록 크게 하고 개선각도는 작게 하는데, 그 이유는 충분한 용입과 용착량을 줄이는 데 있다.

(3) X형 홈은 양쪽에서 용접에 의해 완전한 용입을 얻는 데 적합하다. 홈의 형상은 비대칭이 많이 쓰인다.

2 맞대기 용접이음 설계 시 주의사항

맞대기 용접이음 설계 시 주의사항은 다음과 같다.

(1) H, X 및 양면 J형 개선은 부재의 표면 및 양면에서 용접하는 경우에 이용되는데, 이면 측을 용접하기 전에 표면 측의 용착금속 루트(Root)를 따내기 하여야 한다.

이 경우 이면의 따내기를 할 때 X형 및 K형 개선은 곤란하지만, H형 및 양면 J형 개선에서는 비교적 용이하다.

(2) 이면용접을 한 이음은 모든 하중에 적합하며 그 이음효율은 90% 정도가 되는데, 덧붙이 및 이면비드, 이면용접 부분을 부재의 표면까지 깎아내고 평탄하게 다듬질할 경우 100%까지도 된다. 그러나 한면 용접이음의 효율은 75% 정도이다.

(3) V, K, J 및 양면 J형 개선은 T이음, 모서리이음, 플랜지(Flange)이음 등에서와 같이 부재의 한쪽 면에 개선가공을 할 수 없는 경우에 사용한다.

왜냐하면, 이와 같은 개선은 루트의 완전용접을 얻을 수 있을 뿐만 아니라 슬래그 혼입을 피할 수 있기 때문이다.

(4) 개선의 형상은 개선 가공비를 고려하여 선택한다. 그러나 중요한 구조물에서는 개선 가공비에 관계없이 이음의 안전성을 고려하여 선택한다.

21. 후판용접 시 단층용접과 다층용접의 야금학적 효과

1 개요

SAW용융부에는 수지상결정이 용융경계(Bond)부에 직각으로 현저히 발달되어 있다, 그러나 다층용접에서는 변태점 이상으로 가열되어 Normalizing처리가 되므로 결정립이 미세화한다. SAW는 용입이 매우 커서 용접금속 성분과 모재의 성분영향이 비교적 큼으로 고장력강의 모재에 연강의 심선을 사용하여도 모재와 큰 차이가 없는 성분의 결과를 얻을 수 있고, 기계적 성질과 인성을 만족할 수 있다.

2 후판용접 시 단층용접과 다층용접의 야금학적 효과

용접층수에 따라 용착금속의 화학성분이 변화하는데, 저탄소강 고망간의 No36심선에 Composition Gr80(고강도 저합금강, 80KSI : 인장강도)을 조합 사용하여 초층을 용접하는 경우 모재의 성분에 가까운 화학조성비을 가져오고, 층을 겹쳐 용접하여 올라갈수록 C값은 감소하고 Mn과 Si량은 증가한다. Mn의 증가는 심선에 의하며, Si증가는 Composition의 SiO_2의 환원 때문에 증가한다. 결국 다층용접으로 갈수록 인장강도 및 경도는 증가하나 연성의 값이 감소하여 내충격성이 다소 감소한다.

SiO_2가 가장 많은 Gr20을 사용하는 경우 Si는 현저히 증가하게 되고, 1%에 달하여 노치인성을 저하함으로 Gr20을 다층용접에 적용하는 것은 바람직하지 못하다.

MnO을 주성분으로 하는 Gr50을 사용하면 Si량은 현저히 감소시킬 수 있으나 Mn량이 과도하게 증가하게 됨으로 일반적으로 No40A, No43 등의 저 Mn심선을 함께 사용하면 기계적 성질을 만족할 만한 용접부을 얻을 수 있다. 후판에서 다층용접을 실시하는 경우 용접비드가 겹친 쪽으로 모양이 변하고 하층의 주상정은 상층으로 연속하여 성장한다.

22. 용접클래딩(Weld cladding)에서 희석률(Dilution)의 정의와 희석률 감소방안

1 용접클래딩(Weld cladding)에서 희석률(Dilution)의 정의

희석률은 모재 또는 선행된 용접금속과 용가재가 혼합되는 현상을 말한다. 이러한 희석의 정도를 나타내는 것을 희석률이라고 하고, 용접금속(용착금속+모재의 용융부)에 대한 모재의 용융부의 면적비로 나타낸다. 자용합금 용사피막의 용융에 있어서 소재표면이 융합됨으로써 생기는 자융합금의 변화 비율은 보통 다음 백분율로 나타낸다.

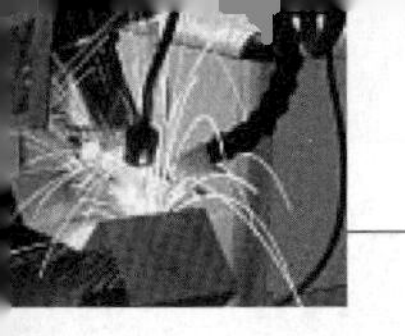

희석률=B/(A+B)×100%

2 용접클래딩(Weld cladding)에서 희석률(Dilution)의 감소방안

클래딩 속도가 증가함에 따라 희석률은 작아진다. 이것은 이송속도가 느리면 용접봉으로부터 너무 많은 용융금속이 용착되고 용융금속이 아크 전방으로 흘러 들어가 모재에 일종의 완충 작용을 하기 때문에 용입이 잘 되며, 반대로 이송속도가 빠르면 용접 입열이 모재를 녹이는 데 충분한 시간을 갖지 못하게 되어 용입이 잘 되지 않는다.

23. CO_2아크 용접에서 350A의 용접전류로 작업할 때 Ø1.6와이어보다 Ø1.2와이어의 경우가 더 높은 용착속도를 나타내는 이유

1 CO_2아크 용접에서 350A의 용접전류로 작업할 때 Ø1.6와이어보다 Ø1.2와이어의 경우가 더 높은 용착속도를 나타내는 이유

저항 $R[\Omega]$의 전선에 전류 I[A]를 t[초]동안 흘릴 때 공급되는 전기에너지를 표시할 때 전력량이라 하며, 그 단위를 [J] 또는 Wh로 표시한다. 만일 I[A]의 전류가 흐른다면 매초 I[C]의 전하가 통과하게 되므로

$$P=IV=I^2R[\text{J/sec}] \quad (1)$$

만큼의 일을 하게 된다. 한편 1[J] 또는 0.24[cal]의 열량에 해당하므로 이 일로 인하여 매초당 발생하는 열량은

$$q=0.24IR[\text{cal/sec}] \quad (2)$$

가 되며, t초 동안에 발생하는 전 열량은

$$Q=I^2Rt[\text{J}]=0.24I^2Rt[\text{cal}] \quad (3)$$

가 된다. 이때 발생하는 열량을 Joule열(Joul heat)이라 하며, 이의 정량적 관계를 나타내는 식을 Joule의 법칙이라 한다. 식 (3)에서 저항은 다음과 같이 표현할 수가 있다.

$$R=\rho\frac{l}{A} \quad (4)$$

여기서, R : 저항, ρ : 재료의 저항계수, l : 전선의 길이, A : 단면적

식 (3)과 식 (4)에서 살펴보면 열량은 저항, 전류, 시간에 비례하고 저항은 길이에 비례하고 단면적에 반비례하여 단면적이 작을수록 열은 더 많이 발생하므로 용착속도는 빠르게 된다.

24. 배관용접에서 파이프의 5G 맞대기 용접을 실시한 결과 파이프 길이 축소가 예상치 3mm보다 현저히 큰 5mm인 경우의 원인과 대책

1 원인

맞대기 용접이음에서 V형, U형 홈용접 이음 등의 한면 홈용접 이음에서는 용접이 한 방향으로만 이루어지기 때문에 이음 양단이 튀어 올라 변형이 발생하게 된다.

이 변형은 후판인 경우에 첫 패스나 두 번째 패스 정도에서는 그다지 크지 않으나, 세 번째부터는 급격히 증가한다. 이것은 루트부의 첫 패스를 지점으로 하여 2층 이상의 가로방향 응력이 판을 회전시켜 주기 때문이다. 이를 방지하기 위해서는 변형이 발생되는 반대방향으로 역 변형을 주어 상쇄시켜야 한다.

2 대책

(1) 개선 각도는 작업에 지장이 없는 한도 내에서 작게 한다.
(2) 판 두께가 얇을수록 첫 패스의 개선 깊이를 크게 한다.
(3) 판 두께와 개선형상이 일정할 때 용접봉 지름이 큰 것을 이용하여 패스 수를 줄인다.
(4) 용착속도가 빠른 용접방법을 선택한다.
(5) 구속 지그 등을 이용한다.
(6) 역 변형 시공법을 이용한다.

25. 가우징 작업과 뒷면용접

1 가우징 작업

가우징 작업은 아크 에어 가우징이 널리 사용되고 있는데, 이 방법은 일부 흑연으로 된 탄소봉에 구리도금한 것을 전극으로 하고 직류 역극성으로 아크를 발생시켜 홀더의 구멍에서 분출하는 압축공기에 의하여 용융금속을 불어 내어 홈을 파는 방법이며, 작업능률이 빠르고 조작이 간단하고 응용범위가 매우 넓다.

2 뒷면용접

두꺼운 판의 제 1층 용접에서 뒷면에 균열이나 기공 등 용입불량이 생기기 쉬우므로 맞대기 이음 용접을 할 때에는 받침쇠를 대고 완전히 용융시키든지, 또는 1층, 2층 용접 후 모재를 뒤집어서 용접 부위를 가우징(gauging) 작업으로 결함을 완전히 제거한 다음에 뒷면용접을 실시한다.

26. 용접금속(Weld metal)의 인성(Toughness)을 향상시키는 방법

1 개요

용융선 근방에 있는 용접열영향부의 조립부(coarse grained HAZ)는 용접 시 가열과 역 변태에 의해 오스테나이트가 조대화하여 인성이 제일 낮은 곳이며, 다층용접의 경우 다음 층의 재가열을 받아 국소적인 취화영역(local brittle zone)을 형성하므로 용접 시에 주의가 필요하다.

용접부에서 입내 페라이트를 이용하여 용접금속과 용접열영향부를 고인성화하기 위해서는 결정립계로부터의 변태를 억제하여 입내 페라이트의 분율을 높여야 하며 이를 위해 강재의 조성을 제어할 필요가 있다.

2 용접금속(Weld metal)의 인성(Toughness)을 향상시키는 방법

용착부의 인성을 향상시키기 위해서는 용접금속의 구성성분을 조절하거나 조직변태의 미세화가 가능한 시공조건이 요구된다. 이를 위해서는 용접재료의 개선(결정립 미세화유도성분 첨가)이나 한 단계 높은 grade(2Y→3Y)의 제품이 적용될 수 있도록 하며, 적정한 입열 조건의 준수는 물론 적정기준의 비드폭 준수가 필요하다.

27. 강판의 가스절단에서 드래그 라인(Drag Line)의 정의와 드래그 길이에 미치는 인자

1 개요

기계적인 힘이 아닌 열에너지를 이용하여 금속을 국부적으로 용융시킴으로써 여러 가지 재질의 금속을 원하는 크기의 형상으로 자르는 작업을 절단이라 하며, 금속의 산화반응을 이용한 산소가스 절단, 프라즈마(Plasma) 절단 등이 있다.

2 강판의 가스절단에서 드래그 길이(Drag Line)의 정의와 드래그 길이에 미치는 인자

가스절단을 일정속도로 실시하면 절단 홈의 밑으로 갈수록 드래그의 방해, 산소의 오염, 산소속도의 저하 등에 의해 절단면이 거의 평행한 곡선을 나타내는 것을 드래그 라인이라 하며, 드래그라인의 처음과 마지막 양끝 거리를 드래그 또는 드래그 길이라 한다.

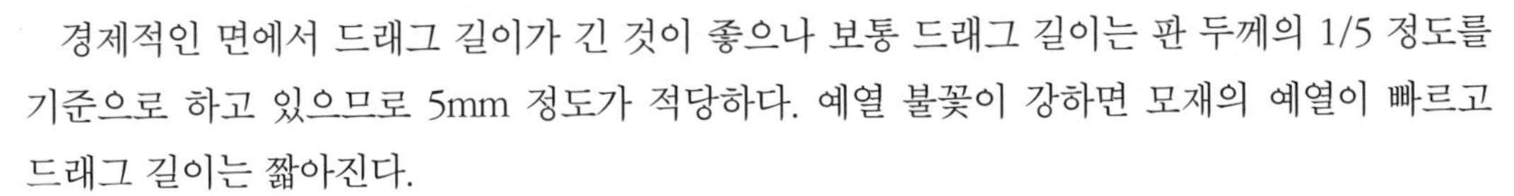

경제적인 면에서 드래그 길이가 긴 것이 좋으나 보통 드래그 길이는 판 두께의 1/5 정도를 기준으로 하고 있으므로 5mm 정도가 적당하다. 예열 불꽃이 강하면 모재의 예열이 빠르고 드래그 길이는 짧아진다.

$$드래그[\%] = \frac{드래그길이[mm]}{판두께[mm]} \times 100$$

28. Al GMAW(MIG) 용접에서는 스프레이이행으로 용접하는 이유

1 개요

용접와이어에는 그림 1처럼 용접 와이어를 소전류가 동일 방향으로 통전되고 있다고 생각할 수 있으므로 용접와이어에는 와이어 내부로 힘이 작용한다. 용접와이어 끝단에 형성되는 용접은 액체로서 유동성이 있으므로 이처럼 힘이 가해지면 목이 생긴다. 한번 목이 발생하면 단면적의 감소에 따라 목에서의 전류밀도가 다른 곳보다 높아지므로 목은 가속도적으로 성장하여 용적을 용접와이어에서 이탈시키며, 이 힘을 전자기적 핀치력이라고 한다.

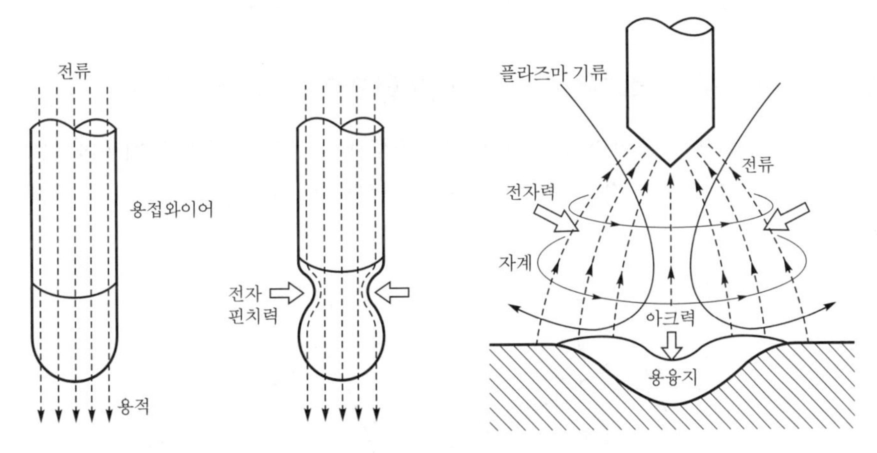

그림 1. 전자 핀치력 플라즈마 기류 발생의 예

그림 1은 아크를 모델화시킨 것이고, 아크력 주변에는 바깥쪽에서 안쪽을 향해 전자기력이 작용하므로, 이 전자기력에 따라 플라즈마 기류가 발생한다. 플라즈마 기류의 유속은 10~100m/sec 정도이고, 아크 형상에 따라 여러 가지 경우를 생각할 수 있다. 아크력을 구성하는 가스는 이 고속기류에 따라 모재 방향으로 가속을 높이고 용융지에는 그 동압에 따른 패임이 발생한다.

마그(미그) 용접에서의 아크 또는 용접와이어 선단에 형성되는 용적의 거동은 그림 2처럼 실드가스의 종류에 따라 크게 변화한다.

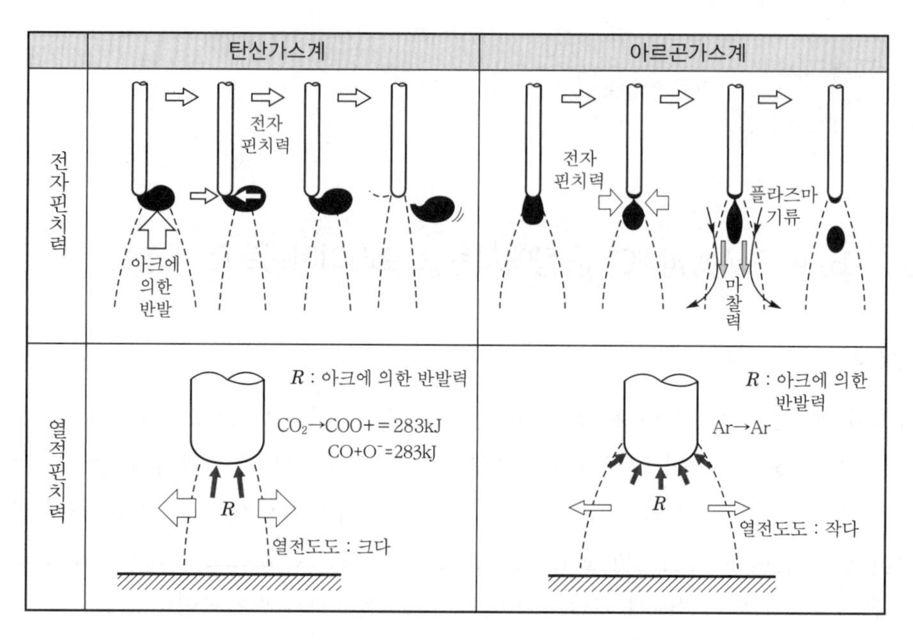

그림 2. 용적이행에 미치는 실드가스의 영향

2 Al GMAW(MIG) 용접에서는 스프레이이행으로 용접하는 이유

소전류영역의 탄산가스 용접이나 마그(미그) 용접에서는 아크의 반력에 따른 용적의 반발 작용이나 전자기적 핀치력의 작용이 약해지므로 용적의 이행현상은 그림 3과 같이 단락이행이 된다.

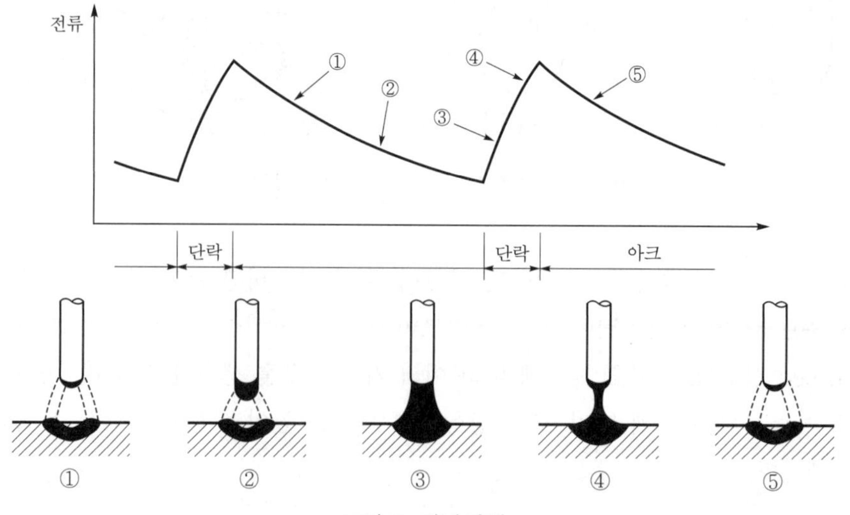

그림 3. 단락이행

단락이행에서는 용접와이어 선단에 형성된 용적이 아크기간의 후반에서 용융지로 단락하고, 그 용적은 표면장력에 의해 용융지로 떨어져 나감과 동시에 단락에 따라 아크저항이 없어지므로 전류가 증가하여(최근에는 이때의 전류를 적극적으로 제어하는 파형기술이 구사됨) 전자기적 핀치력이 증가해서 용적에 목이 생긴다. 그리고 그 목은 가속도적으로 성장하고, 용적과 용융지 사이의 단락이 끊어지면 다시 아크가 발생한다(아크재점호, reignition of arc). 발생한 아크는 아크기간의 경과와 동시에 용적이 성장하여, 아크길이가 짧게 되어 다시 단락하고, 이것을 되풀이한다. 소전류영역의 용접에서의 용적이행 형태는 통상 위에서 서술한 단락이행이지만, 마그(미그) 용접에서는 용접파형을 제어하는 것에 따라 스프레이이행이 가능하다.

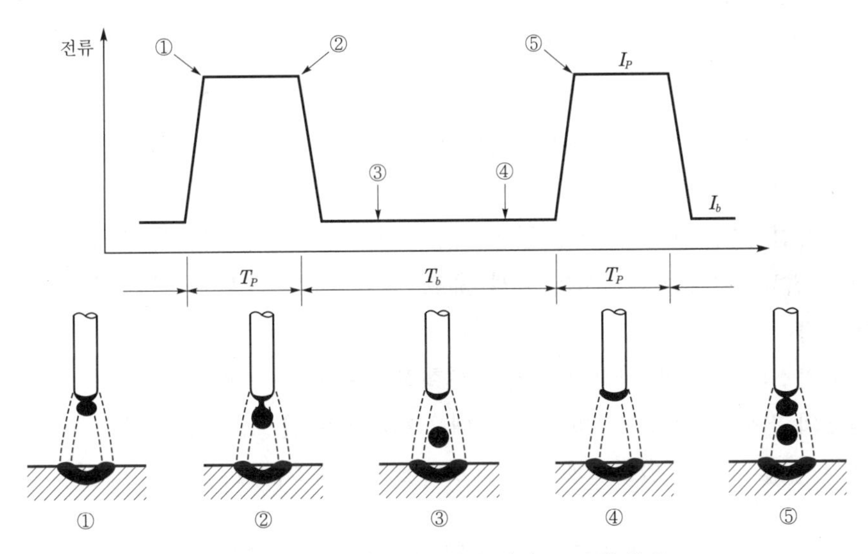

그림 4. 펄스 MAG(MIG)용접과 그 이행 형태

그림 4는 그 용접파형의 제어 방법과 용접이행 형상을 표시한 것으로 이 방법은 펄스 마그(미그) 용접으로 불리고 있다. 펄스 마그(미그) 용접은 대전류의 펄스 전류 I_p와 소전류의 베이스 전류 I_p를 주기적으로 반복시킨 전류파형의 제어 방법으로 펄스 전류기간 T_p에서는 용적을 형성하는 동시에(앞에서 언급한 아르곤 가스계와 같이), I_p에 의한 강력한 전자기적 핀치력과 플라즈마 기류에 의한 마찰력에 따라 용적을 용접와이어 끝단에서 이탈시킨다. I_p 또는 T_b를 용접와이어의 재질이나 직경을 고려해 적절한 수치로 선정하는 것에 따라서, 용적은 펄스 주기와 같은 주기로 규칙적으로 용접와이어에서 이탈하고, 용융지에 단락하지 않고 모재로 이행해서 스패터는 전혀 발생하지 않는다.

이처럼 용적이 한 펄스당 한 방울씩 규칙적으로 이행하는 것을 1펄스 1드롭(one pulse one drop)이라고 하며, 이 1펄스 1드롭이행은 사실상 프로젝션이행에 속하게 된다. 또, 베이스 전류 I_p는 아크를 추정하기 위해 이용될 수 있어, 용접전류나 아크전압은 그 기간 T_p를 증

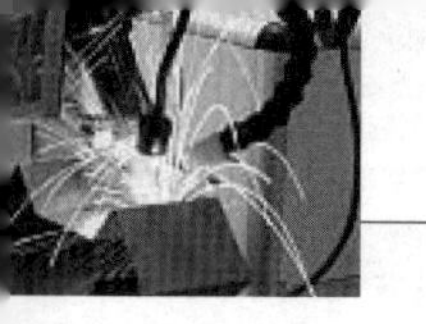

감시켜 설정하므로 소전류영역에서도 프로젝션이행이 안정하게 이행된다.

29. LNG수송용 용기 소재에 요구하는 물성은 무엇이며, 주로 사용되는 재료

1 개요

액화천연가스(LNG)란 메탄을 주성분으로 하는 천연가스를 영하 162℃로 냉각하여 그 부피를 1/600로 감소시킨 무색, 투명한 초저온 액체를 말하며 석탄, 석유와 같은 다른 화석연료들에 비해 환경부담이 적고 경제적이기 때문에 날로 수요가 급증하고 있다. 특히, 지속적인 산업화에 따른 지구의 환경오염 문제가 심각하게 제기되면서 LNG는 깨끗하고 사용이 편리하다는 점에서 가장 유망한 대체에너지원으로 등장하여 가정용, 상업용, 산업용으로 매우 다양하게 사용되고 있다.

이러한 액화천연가스의 수송, 저장 등이 대형화되면서 수반될 수 있는 비극적인 사고가 발생되지 않기 위해서는 초저온에서의 설계, 재료, 용접, 시공, 관리 등 여러 가지 기술들이 선행되어야 한다.

액화 천연가스의 수송 및 저장이 점차로 대형화함에 따라 초대형 재해의 원인이 될 수 있으므로 가스의 저장 및 운송탱크의 소재는 매우 까다로운 안정성을 요구한다. 이에 선진각국은 저온용 소재의 개발 및 안정성과 신뢰도 평가에 만전을 기하고 있다.

2 LNG수송용 용기 소재에 요구하는 물성과 주로 사용되는 재료

현재 초저온(액화질소온도 : 77K) 및 극저온(액체헬륨온도 : 4K)기술은 에너지 송전기술, 의료, 화학공업, 기초과학 등에 연결되어 활발하게 연구가 진행되고 있다.

일반적으로는 -10℃ 이하에서 사용되는 소재를 저온용 소재라고 하며, 주로 저온에서는 취성파괴가 없는 fcc 및 hcp구조를 가진 오스테나이트계 철강, 알루미늄 합금, 니켈기 합금, 그리고 티타늄 합금이 많이 사용되고 있다.

그러나 Ni를 함유한 페라이트계 철강도 액화천연가스 온도까지는 안정하게 사용할 수 있다는 것이 밝혀짐에 따라, 오스테나이트 강에 비해 가격 경쟁력에서 절대적인 우위를 점하고 있는 페라이트계 Ni강에 대한 관심이 증대하게 되었고, 외국의 경우 대부분의 대형 LNG 저장탱크는 페라이트계 Ni강으로 건설되고 있다.

국내에서는 현재 저온용이라는 구체적인 사양의 소재가 생산되고 있지는 않지만, 국내에서 생산되고 있는 소재 중에 저온에서도 사용할 수 있는 것으로는 AISI 304, 304L, 316, 316L 등 오스테나이트계 스테인리스강과 알루미늄 합금이 있으며, 9% Ni강도 포항제철에서 개발되어 적용단계에 있다. 그러나 국내에서 생산되는 소재의 경우 지금까지는 주로 내식용 또는 상온에서의 구조용 소재로만 이용되어 왔으며, 국산소재의 저온물성에 대한 Database가 확보되지 않아 초저온에서 사용실적은 거의 없는 실정이다.

액화천연가스(Liquefied Natural Gas)는 편리성, 환경에 대한 관심의 증가 및 가스사용 기술의 발전과 더불어 그 이용이 점차 증가하고 있으며, 이에 대응하여 기지건설 및 저장설비 확충이 계속되고 있다. 그러므로 사용소재의 저온취성에 대한 충분한 강도와 안전성이 보장되어야만 하고, 이러한 극한의 사용 환경으로 인해 저장설비의 안정성은 LNG 사용에 있어서 매우 중요한 요소이다. 또한, LNG 저장설비는 사용기간 중 LNG의 주입, 저장, 송출 및 보수에 따른 반복하중을 받으므로 사용소재는 강도, 인성 이외에도 피로에 대한 안정성을 가져야 한다.

따라서 초저온에서 사용되는 소재의 신뢰도를 평가할 만한 기계적 특성 및 물리적 특성 데이터의 확보가 매우 중요하다. 그리고 저장설비에 적용되는 소재의 금속학적 거동을 이해하는 것이 무엇보다 선행되어야 한다.

30. 확산성 수소(diffusible hydrogen)가 용접부에 미치는 영향

1 개요

용접금속에 용해된 수소 중 결정격자 내를 자유로이 확산할 수 있는 원자상 또는 이온화된 수소를 말한다. 확산성 수소는 용접 후 실온에서도 장시간 방치하면 거의 전부가 외부로 방출된다. 원자상의 수소는 원자반경이 대단히 작기 때문에 결정격자 내에서 비교적 자유로이 확산할 수 있지만, 전위 등에 고착된 수소 혹은 비금속 개재물 등에서 분자상으로 변한 수소 등은 확산하기가 어렵기 때문에 이러한 수소를 비확산성 수소(non-diffusible hydrogen)라 한다. 확산성 수소의 측정에는 글리세린치환법, 가스크로매토그래프법, 진공유출법, 수은법 등이 사용된다.

용접금속의 냉각에 따라 확산성 수소는 외부로 방출되지만 일부는 모재 쪽으로 확산하고, 용착금속 중에 수소량이 많을수록 확산량이 많다. 모재 쪽으로 확산한 수소는 비드밑 균열의 발생에 중요한 원인이 된다.

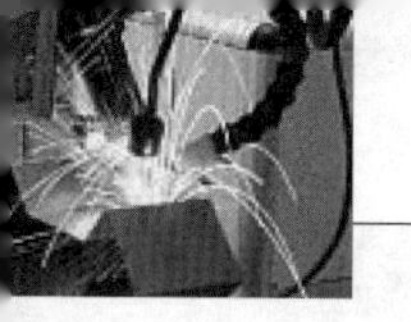

2 확산성 수소(diffusible hydrogen)가 용접부에 미치는 영향

(1) 모재의 탄소당량 C_{eq}(%)

대체로 0.4% 이상이면 저온균열의 가능성 높아지며, 예를 들면 SS400은 통상 탄소당량이 0.4% 이하이다.

(2) 확산성 수소

일반 피복아크 용접봉으로 건조한 것은 용착금속 100g당 5ml 정도, 저수소계 용접봉은 2ml이하의 확산성 수소가 발생되며 플럭스코어드 와이어는 당연히 저수소계 용접봉보다는 많은 양의 확산성 수소가 발생되지만, 솔리드 와이어는 거의 저수소계 용접봉 정도의 확산성 수소가 발생하므로 유리해진다(비드외관 등은 나빠지겠지만).

일반적인 규정에서는 확산성 수소는 50℃의 글리세린에 용접 시험편을 48시간 담그어서 발생되어 나오는 확산성 수소(용접비드 표면에서 거품 같이 수소가 뽀글뽀글 스며나옴)를 모아서 그 부피를 용착금속 100g당으로 환산한다.

(3) 구속도

모재의 두께가 커지면 구속도는 증가하게 되며, 일반 연강은 통상 1.5인치(약 38mm) 이상이면 구속도가 커지고 용접 후 냉각 시에 구속응력이 커져서 저온균열이 자주 생길 수 있게 되므로 예열을 하도록 요구한다.

31. 선박구조물의 용접자동화 방안

1 개요

선박을 건조하는 데 있어서 선종에 따라 약간의 차이가 있지만 대부분의 선박은 90% 이상이 용접관련 기술에 의해 건조되고 있다. 선박건조에 용접기술이 1920년대에 적용된 이래 용접기술은 조선산업의 주된 기술로서 선박의 건조과정의 전반에 걸쳐 널리 이용되고 있으며, 용접기술의 발전과 더불어 조선산업의 기술이 발전되고 있음을 부인할 수 없다.

선박건조에 있어서 용접기술이라 함은 단순히 용접이음작업이라고만 인식되어졌지만, 용접기술에 의존한 설계공정에서의 구조배치, Nesting Plan에 의해 용접이음부의 양이 결정되고, 생산공정에서는 블록단위, 작업방법 등에 의해 용접자세, 조건 등이 결정되므로 생산성향상에 가장 중요한 영향을 미치는 분야이다.

용접기술의 발전은 조선산업이 국가의 중추적인 산업으로 역할이 시작된 1970년대의 용접결함 방지차원의 기술에서 시작되어 전자, 재료, 기계, 컴퓨터산업의 발전과 더불어 용접작업의 고속화, 자동화, 로봇화로의 기술로 발전되었고, 선박의 건조과정에 획기적인 변화를 가져왔으며, 또한 많은 변화를 예고하고 있다고 보아도 무방할 것이다.

용접관련 기술에 의한 생산성 향상에는 용접작업을 설계기준과 일치되게 하는 사전준비과정이 있다. 이는 공정단계별로 부재의 정밀도를 유지하여 적정 Gap 등 용접 Joint부의 형상을 정규대로 유지함으로서 용접작업의 생산성 향상을 도모할 수 있다.

또 용접환경적인 측면에서는 용접작업이 용이하도록 공법 등을 개선하여 용접생산성이 좋은 자세, 즉 작업 stage의 상류화, 아래보기 자세 등을 지향함으로서 용접자동화, 로봇화가 적용되어 용접작업의 생산성 향상을 도모할 수 있다. 그리고 용접기법 개선, 자동화, 로봇화를 적용함으로서 용접단위공정의 결함방지, 고능률화를 도모하여 생산성 향상을 실현할 수 있다.

2 선박구조물의 용접자동화 방안

(1) 자동화의 목적

조선공업에서의 용접자동화는 각 조선소의 작업물량, 작업환경, 물류흐름에 따라 결정된다. 일본 조선소의 경우 70년대 초 호황 때 증설하였던 설비 및 작업자들을 80년대에 대폭 감축하였으나, 90년대 수주량 증가에 따른 생산물량을 처리하기 위해 설비 투자와 인력의 확보가 필요하였다. 설비 증설은 문제가 없었으나 조선업이 3D업종으로 간주되어 작업자를 확보할 수가 없었으며 특히 숙련된 작업자가 부족하였다.

따라서 자동화 투자는 미숙련자 혹은 노약자도 작업할 수 있는 작업장 및 작업환경을 개선하기 위해 투자되었다. 이에 비해 국내조선소의 경우 자동화의 투자는 주로 생산성 향상을 위해 집중되었으며 장점은 다음과 같다.

1) 용접 Arc Time율 향상을 통한 생산성 향상
2) 1인 다 아크를 통한 비용 절감
3) 숙련 노동자의 부족화에 대응한 생력화
4) 작업자 기량에 의존하지 않는 용접품질의 향상 및 안정화
5) 안전사고 방지 및 작업 환경 개선

(2) 조선용접의 자동화 순서

조선소에서 용접자동화의 일반적인 도입 순서는 다음과 같다.

1) 수동 작업의 치구화
2) 반자동 용접의 확대 적용
3) 단위 기계에 의한 용접자동화

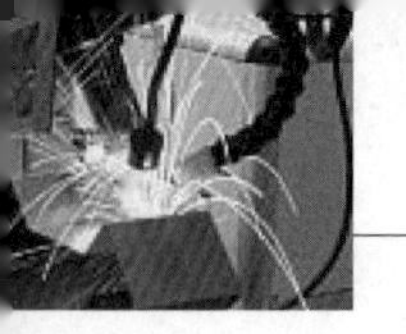

4) 전용 용접설비에 의한 자동화

5) 전 블록흐름 자동화 및 용접 공정의 자동화

6) 지능 장비에 의한 무감시 및 무인화 용접

조선소마다 약간씩 차이가 있지만 대형 조선소의 경우 4단계를 완성하고 최근에는 5단계의 자동화를 진행 중에 있다. 5단계를 완성하기 위해서는 용접설비의 자동화도 중요하지만 작업물의 이송장치, 취급장치 및 용접장치의 이송장치 등도 자동화되어야 한다.

32. 모재단면에 그루브(groove) 형상을 가공하는 경우 고려사항

1 고려사항

효율적으로 용접하기 위하여 용접하는 모재 사이에 만들어진 가공부를 말한다. 그림에서 나타낸 바와 같이 그루브는 판 두께, 용접법, 용접자세 등에 따라서 여러 가지 형상으로 구분된다.

그루브는 기계가공, 열절단 등에 의하여 가공하며 그루브 면의 절삭유, 스케일 등 오염물질은 화학약품, 와이어 브러쉬, 그라인더, 숏 블라스트 등으로 깨끗이 제거하여야 한다.

2 모재 끝의 절개모양에 따른 분류

I형 홈, V형 홈, X형 홈, U형 홈, H형 홈 등

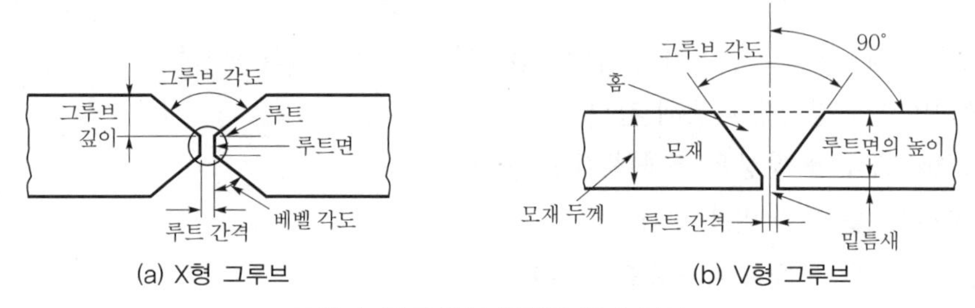

그림 1. 홈의 각부 명칭과 홈의 형상

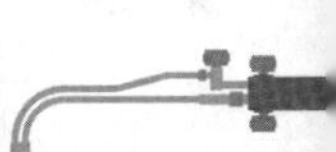

표 1. 그루브의 종류

형식	그루부의 형상	각부 치수
I형		t=0.8~6[mm] α=1~3
V형	X형 V형	t=3.2~19[mm] θ=60~90° b=1.5~2.5 α=2~4
X형		t=9~32[mm] θ=60~90° b=2~4 α=2.5~4

33. 알루미늄용접에서 산화피막 제거이유와 전처리 과정

1 알루미늄용접에서 산화피막 제거이유

알루미늄합금 모재의 표면은 상온 상태에서 매우 얇고 강한 산화피막으로 덮여 있다. 이 산화피막은 융점이 약 2040k로서 매우 높기 때문에 모재가 용융되더라도 손상되지 않는다. 하지만 그냥 그대로 용접하면 산화피막이 결정수(Al_2O_3 · "E $3H_2O$)를 함유하고 있기 때문에 용융 알루미늄이 입상으로 응집하고 서로 융합되지 않아 용접부의 융합불량이나 기공을 발생하는 단점이 있다.

특히 모재의 표면에 기름, 오물, 먼지 등의 이물질이 있으면 이들이 분해되어 수소를 발생시키고 기공을 만들기도 한다. 분해되지 않는 이물질이 용접부에 그대로 남아 있으면 건전한 용착금속을 얻을 수 없다.

2 전처리 과정

용접 전에 모재 표면을 항상 깨끗하게 할 필요가 있으며, 불활성가스(inert-gas) 아크 용접에서는 아르곤 분위기 중에 아크로 인한 청정작용으로 산화피막을 제거하기도 하지만 모재 표면의 산화피막, 기름, 그 외의 이물질을 반드시 미리 제거해야 하는 등 알루미늄의 용접에 있어서는 철강제 용접의 경우보다 더욱 더 모재의 전처리 과정에 유의하여야 한다.

한편, 산화피막을 제거하는 모재 표면의 전처리 방법으로는 유기용제, 기계적, 화학적 방법이 있으나 조선소에서는 간편한 기계적인 방법을 주로 많이 사용한다. 기계적 처리방법은 기름기가 없는 스테인리스강제 와이어브러시로 표면의 산화막을 제거하는 방법으로 전처리한 모재는 녹이나 이물질 등이 끼어들지 않게 즉시 용접하는 것이 원칙이다.

따라서 대형 구조물과 같이 용접길이가 긴 경우나 조립 탑재 등 일정상의 문제로 전처리 후 작업대기시간이 어느 정도 이상 필요한 경우에는 대기기간 중 폴리에틸렌 또는 비닐 등을

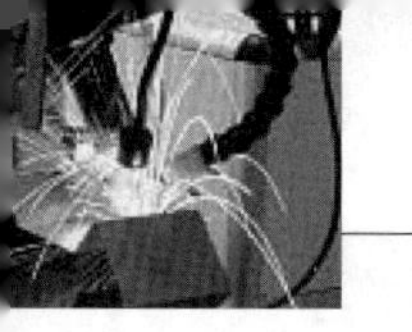

이용하여 모재 표면을 보호하고, 먼지부착이나 수분의 결로 방지처리를 해두는 것이 바람직하다.

34. GTAW에서 전극봉의 끝단부 가공이유

1 개요

표 1. 텅스텐 전극봉의 종류

종류	구분 색깔 (Color code)	사용전원	특성
순 텅스텐 (Pure tungsten)	초록 (green)	교류 고주파	가격이 싸고 비교적 낮은 전류를 사용하는 용접에 이용된다.
1% 토리아 텅스텐 (thoria tungsten)	노랑 (yellow)	DCEN 또는 DCEP	순 텅스텐보다 비싸지만 수명이 길고, 전류 전도성이 좋다.
2% 토리아 텅스텐	빨강(red)	DCEN 또는 DCEP	1%보다 수명이 길고 주로 항공기 부품 같은 박판 정밀 용접에 사용한다.
지르코니아 텅스텐 (zirconia tungsten)	갈색 (brown)	교류 고주파	텅스텐보다 수명이 길고 주로 교류 용접에 이용한다.

각 용접에서 정확한 종류와 사이즈의 전극봉을 사용하는 것은 중요하며, 적당한 전극봉으로 용접해야 만족할 만한 결과를 얻는다.

2 GTAW에서 전극봉의 끝단부 가공이유

(1) 전극 가공

1) DCEN으로(연강 또는 스테인리스강) 용접할 때는 끝을 뾰족하게 가공하는데, 전극봉 끝의 경사각에 따라 비드 형상, 아크력, 언더컷 및 험핑비드에 영향을 준다.

2) AC(알루미늄, 마그네슘), DCEP(알루미늄, 마그네슘 등의 박판)로 용접할 때는 끝을 볼(ball)형상으로 가공하거나 가공전 상태의 텅스텐 전극봉을 DCEP로 용접하거나 구리판에 아크를 발생시키면 전극봉 끝이 자동적으로 반원의 볼(ball)형상이 된다. 이러한 볼형상의 크기는 전극봉 직경의 1.5배 이상 되지 않아야 한다.

(2) 전극봉 끝의 경사각에 따른 비드 형상

그림 1에 가공된 전극 끝의 형상을 나타내었다.

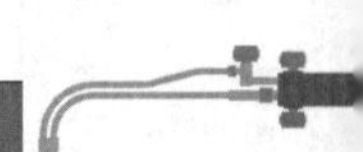

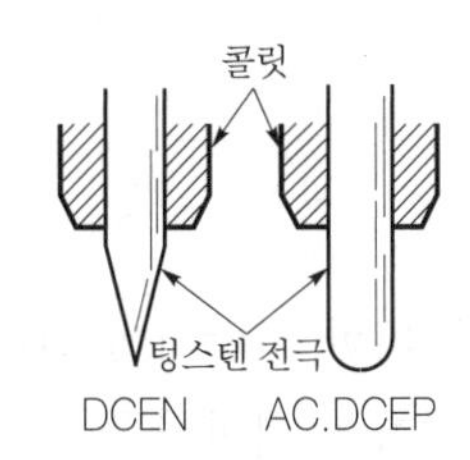

그림 1. 가공된 전극 끝 형상

DCEN 전극은 경사각에 따라 비드 형상이 달라지는데, 그 이유는 전자가 전극봉의 경사진 표면으로부터 수직으로 발산되기 때문이다. 다음 그림 2의 30° 각도인 경우와 같이 연필처럼 길게 경사진 경우는 아크가 약하며, 용입이 얕고 비드폭이 넓어진다. 반대로 끝이 무뎌질수록 아크가 집중되어 용입이 깊어진다.

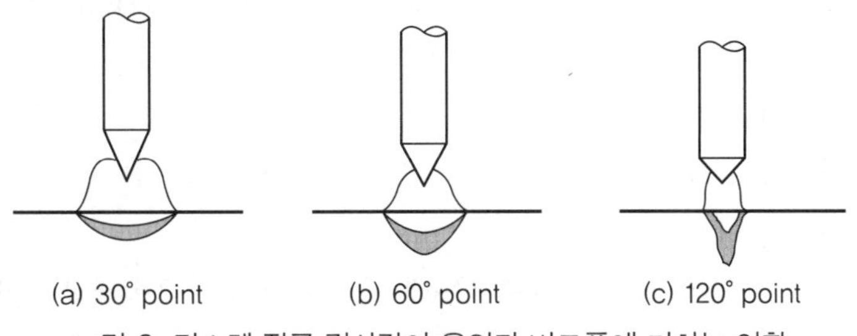

그림 2. 텅스텐 전극 경사각이 용입과 비드폭에 미치는 영향

(3) 텅스텐 전극봉의 수명을 단축시키는 요인

1) 너무 높은 전류를 사용함으로써 전극봉 끝이 녹아내린다.
2) 용접이 끝난 후 보호 가스를 제대로 공급하지 않아 텅스텐이 산화된다.
3) 용접 중 텅스텐 전극봉이 모재 또는 용가재와 부딪칠 경우 전극봉 끝이 오염된다.
4) 가스 노즐 속으로 공기가 침투하여 전극봉이 산화되어 용융지에 녹아 들어간다.

35. 항공기제작 시 알루미늄합금 판넬을 접합할 때 용접보다 리벳팅 하는 이유

1 알루미늄합금 판넬의 장점

대기에서 운용되는 비행기는 튼튼하고 신뢰할 수 있으며 정비가 간단하여야 한다. 세미모노코크(semi-monocoque) 구조 분야에서 알루미늄 합금은 항공기 제작자가 즐겨 선택하는 소재로 다음과 같은 장점이 있다.

(1) 중량 대비 강도가 높다.
(2) 부식에 강하다.
(3) 저비용이며 구하기 쉽다.
(4) 증명된 내구성과 햇빛과 습기에 대한 저항력이 있다.
(5) 재료적 특성에 대한 광범위한 실험적 데이터를 가지고 있다.
(6) 작업이 용이하다(단순한 도구와 공정 복합소재를 가공할 때와 같은 온도 조절 혹은 방진(dust-free) 환경이 필요 없다).
(7) 가공성이 뛰어나 만들 수 있는 모양에 거의 제한이 없다.
(8) 불량 점검이 쉽다.

2 용접보다 리벳팅 하는 이유

용접보다 리벳팅을 하는 것은 수리하기가 쉽고, 리벳과 파스너(fastener)는 쉽게 교환할 수 있으며, 리벳형은 다음과 같은 장점을 가지고 있다.
(1) 장시간 노출하여도 부식되지 않는다.
(2) 내구성이 있고 견고하다.
(3) 점검과 정비가 용이하다.
(4) 충격 시에도 최고의 안전성을 발휘하는데, 충격에너지는 금속재료가 변형되는 동안에 점차로 흡수되기 때문이다. CH701의 랜딩 기어는 많은 양의 에너지를 흡수한다. 또한, 알루미늄 합금의 항공기는 낙뢰를 맞았을 때 안전하게 승객과 장비를 보호한다.

36. 스폿용접과 프로젝션용접(Projection welding)의 비교 및 돌기성형의 구비조건과 주요공정 변수

1 개요

저항용접 중 스폿용접과 프로젝션용접의 구분은 다음과 같다. 즉 전극 팁의 형상에 의해서 전류밀도가 커지도록 되어 있으면 스폿용접이고, 피 용접재의 형상에 의해 전류밀도가 크게 되어 있으면 프로젝션용접이라고 할 수 있다.

그림 1(a), (b)는 스폿용접과 프로젝션용접의 개념을 비교하여 나타낸 것인데, 스폿용접은 전류밀도를 높게 하여 발열량을 크게 하기 위하여 전극 팁을 뾰족하게 유지하여야 한다. (b)의 프로젝션용접은 피용접재의 형상이 전류가 선택적으로 흘러서 전류밀도가 높게 될 수 있도록 준비되어 있으므로 전극 팁의 형상이 뾰족하지 않아도 된다. 스폿용접과 프로젝션용접을 요약하여 비교하면 다음과 같다.

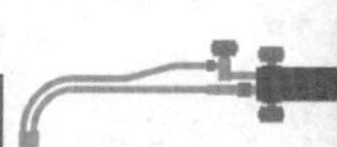

2 스폿용접과 프로젝션용접(Projection welding)의 비교 및 돌기성형의 구비조건과 주요공정 변수

(1) 스폿용접

그림 1(a) 전극의 형상과 가압에 의해서 전류 통로가 제한적으로 형성되며 전류밀도를 높이기 위해 뾰족한 전극 팁 형상과 가압을 이용하는데 저항열은 전극 사이의 좁은 전류 통로에서 발생하여 접촉부를 용융한다.

(2) 프로젝션용접

그림 1(b) 피 용접재의 돌기와 가압에 의해서 전류 통로가 제한적으로 형성하여 전류밀도를 높이기 위해 피 용접재의 돌기부와 가압을 이용하며, 저항열은 돌기부와 그 상대 피 용접재의 제한된 전류 통로에서 발생하여 접촉부를 용융(돌기부가 먼저 녹는 것이 일반적 현상)한다. 그러나 원형 단면을 가진 피 용접재와 판재를 용접하는 경우에는 스폿용접과 프로젝션용접의 중간 상태라고 할 수 있다.

즉 전극 팁의 크기가 너무 커서는 전류밀도가 낮아져서 용접하기가 곤란하고, 전극 팁의 크기가 너무 작아서는 과열하기 쉬워서 전극의 소모가 심하게 된다. 따라서 전극 팁의 크기는 적절하게 허용범위를 가져야 하며, 용접 중 전극 팁의 크기가 변하면 품질에 영향을 미치게 되므로 주의를 요한다.

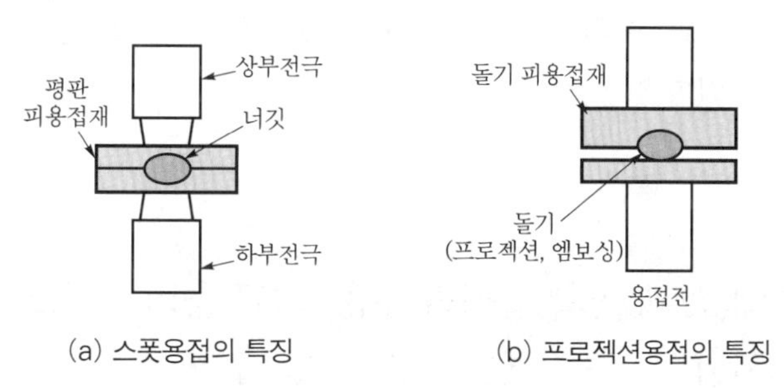

(a) 스폿용접의 특징 (b) 프로젝션용접의 특징

그림 1. 스폿용접과 프로젝션용접 비교

SECTION 37. 용접의 갭극복성(gap bridge ability)

1 개요

조선산업에서 맞대기 용접 시에는 부재가공 오차, 핏업(fit-up) 오차, 용접 중 열변형 등에 의하여 불가피하게 이음부에 갭(gap)이 발생하므로 갭브리징(gapbridging) 능력이 뛰어난 용접공정의 적용이 요구된다.

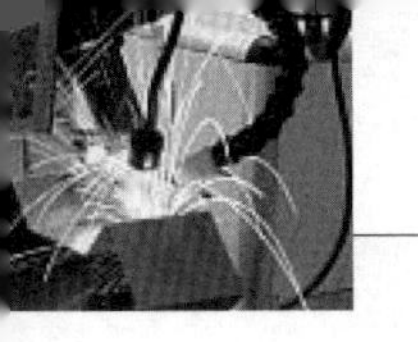

조선산업에서 부재의 절단 시에는 가공물의 사이즈가 크기 때문에 기계적 절단법이 아닌 열절단법을 주로 사용한다. 열절단법은 기계적 절단의 절삭공구에 해당하는 열원의 형상과 크기가 일정하지 않고 자유롭게 변하는 전이기체이므로 피절단재와의 상호작용에 의해 절단면의 형상이 수시로 변할 수 있는 단점이 있으므로 맞대기 용접 시 간극의 크기를 관리하는 것이 필요하다.

일반적으로 절단품질은 기계적 절단, 레이저 절단, 플라즈마 절단, 가스절단 순인데 경제성은 이와 반대이다. 따라서 간극에 대한 허용치를 확대시킬 수 있다면 보다 더 경제적인 절단공정을 이용하여 선박제조의 생산원가를 낮출 수 있는 이점이 있다.

2 용접의 갭극복성(gap bridge ability)

평판의 맞대기 용접에서 주로 이용되는 서브머지드아크 용접(submerged arc welding, SAW) 공정은 일반적으로 직경 2.4mm 이상의 대구경 용접와이어를 사용하기 때문에 갭브리징 능력이 뛰어날 뿐만 아니라 대전류를 사용할 수 있고 열효율이 가장 높다는 장점이 있다. 그러나 대입열 공정으로 인한 열변형이 심하여 후가공 공수가 많고 턴오버(turn-over)를 통한 양면용접을 해야 하는 단점이 있다. 따라서, 최근 SAW의 단점을 극복하기 위하여 레이저-아크 하이브리드 용접에 대한 관심이 높아지고 있다. 레이저-GMA(Gas Metal Arc) 하이브리드 용접공정에서의 갭브리징 능력은 기존 공정인 SAW에 비해서는 다소 부족하지만, 단독 레이저 용접에 비해서는 월등하다. 일반적으로 단독 레이저 용접은 0.1~0.2mm, 용가재를 첨가하는 레이저 용접은 0.4mm 이하, 그리고 레이저-아크 하이브리드 용접은 1.0mm 정도의 갭브리징 능력을 가지고 있다.

38. 스칼럽(scallop)의 목적과 수문, 강교 등의 강구조물에 적용 시 주의사항

1 개요

철골 부재 용접 시 이음 및 접합부위의 용접선이 교차되어 재용접된 부위가 열영향을 받아 취약해지기 때문에 모재에 부채꼴 모양의 모따기를 한 것을 말한다. scallop 가공은 절삭가공기 또는 부속장치가 달린 수동 가스 절단기를 사용하여 scallop의 반지름 30mm를 표준으로 한다.

2 스칼럽(scallop)의 목적

(1) 용접선의 교차 방지

(2) 열영향으로 인한 취약방지

(3) 용접균열, 슬래그 혼입 등의 용접결함 방지

3 적용부위

(1) 기둥과 기둥의 이음

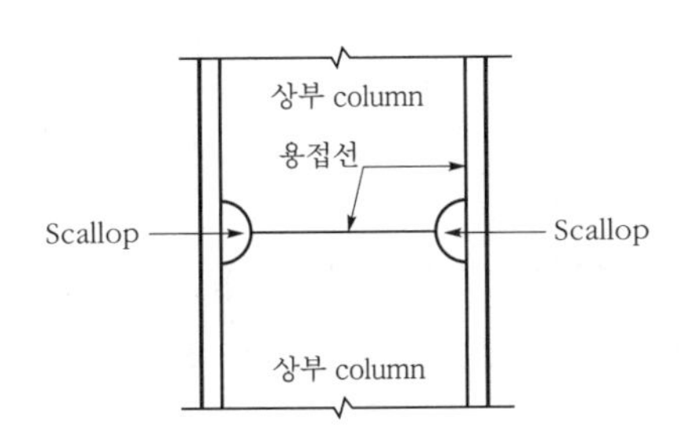

(2) 보와 보의 이음

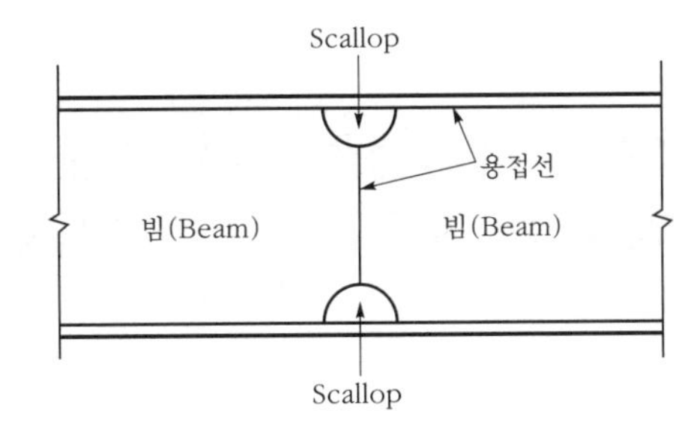

(3) 기둥과 보의 접합

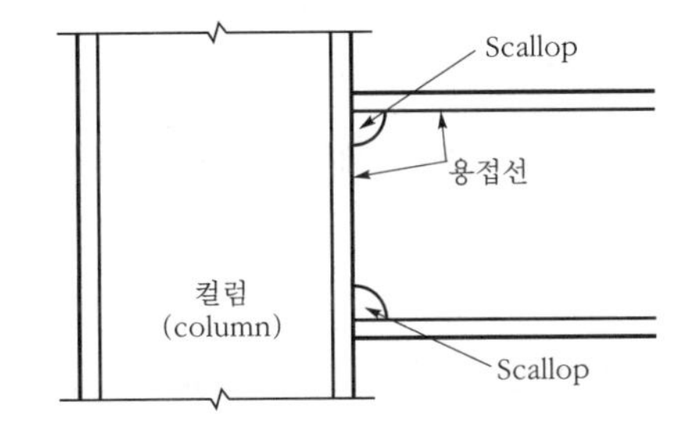

4 시공 시 유의사항

(1) 반지름 30mm가 scallop의 표준이다.

(2) 조립 형강의 경우 scallop내 Web fillet의 회전 용접부를 피하기 위해 scallop 반지름을 35mm로 할 수가 있다.

(3) 용접 비드선의 이중 겹침을 피한다.

39. 용접 비드의 시단(시작점)과 종단(끝점) 처리방법

1 용접 비드의 시단(시작점)과 종단(끝점) 처리방법

용접 비드의 시점과 끝점을 불완전하게 마무리 처리하면 구조물에 많은 영향을 줄 수가 있다. 용접은 두 개의 소재를 접합하므로 완전하게 용융되어 접합이 되지 않으면 노치가 발생하고 그로 인하여 집중하중이 발생한다.

또한 내부응력으로 인하여 구조물에 크랙과 산화작용으로 부식을 유발하여 구조물의 강도가 약할 수가 있으므로 시작점과 끝점에는 돌림용접을 하고 응력을 완화하여 구조물의 강도에 영향이 없도록 해야 한다.

40. 반자동 아크 용접 시 용접용 토치는 그립(grip)과 케이블(cable)로 구분되는데, 용접용 토치 취급 시 주의사항

1 개요

아크용접 토치에는 전자동과 반자동이 있으며 전자동은 주행대차에 와이어 송급롤러 및 모터와 함께 용접헤드를 구성한다. 일반적으로 많이 사용되는 공랭식 반자동 CO_2 가스용접용 토치의 구조를 나타낸 것으로 그립(grip)과 케이블(cable)로 구분되어 있다.

2 용접용 토치 취급 시 주의사항

용접 팁(welding tip)은 접촉 팁 또는 콘텍트 튜브(contact tube)라고도 하며, 가는 구리관으로 되어 있어 토치 노즐 속에 들어 있다. 용접와이어가 이송하면서 통전되면 예열이 되어 아크를 일으킨다. 팁에는 구멍의 내경이 표시되어 있으므로 사용하는 와이어 굵기에 맞는 것을 선택하여 사용한다. 용접 케이블은 와이어 피터스, 스프링 라이너 등이 있으며 필요에 따라 냉각수 호스도 함께 들어있으며 CO_2 아크 용접 시 용접용 터치 취급 시 주의사항은 다음과 같다.

(1) 노즐에 부착된 스패터는 자주 청소를 하여 CO_2 가스가 불균일하지 않도록 유지한다.

(2) 토치케이블을 가능한 한 직선으로 유지하여 곡선으로 인해 원활한 와이어 송급을 할 수 없거나 전류가 감소하지 않도록 주의하여 작업을 한다.

(3) 와이어 굵기에 적합한 팁을 사용하여 와이어가 원활하게 공급되어 와이어 공급의 불량으로 결함이 발생하지 않도록 한다.

(4) 팁 구멍의 마모상태를 점검하여 작업자의 작업조건에 문제가 발생하지 않도록 한다.

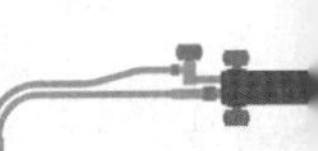

(5) 작업조건에 따라 소모품과 불량 부품의 교환이 작업에 지장 없이 진행되도록 한다.

41. 조선분야에서 사용하는 가장 일반적인 대입열 용접방법 2가지를 용접자세별로 설명

1 개요

최근 조선산업에서는 선박의 전용선화 및 대형화에 따라 고강도 극후물재(두께 100mm 이상 철판)의 적용이 증대되고 있다. 특히 8000TEU급 이상의 컨테이너선의 경우 종강도를 만족하기 위해서 상부구조 및 해치코밍 부위에는 355MPa이상, 70mm이상의 선급용 고장력강 EH36/EH40 강재가 적용되고 있다.

2 가장 일반적인 대입열 용접방법 2가지를 용접자세별로 설명

이러한 극후판의 적용은 용접 공수가 증가되므로 용접 생산성 향상을 위하여 기존의 다층용접 FCAW 대신, 강재 두께 55mm 이하에서는 1Pole EGW공정을 적용하고, 55mm 이상은 1Pole EGW공정과 FCAW공정 및 2Pole EGW공정 고능률 대입열 용접 공정이 이루어지고 있다. 그러나 EGW공정은 기존의 다층용접의 경우와 달리 피용접재 및 용접재료의 물성에 큰 영향을 미치므로, 극후판 용접의 경우 용접입열 과다에 따라 입열량의 제한은 물론 용접 후 열처리를 요구하고 있다. 그리고 용접 후 필연적으로 발생하는 용접 잔류응력은 구조물의 강도적 신뢰성을 저하시키는 원인이 되므로 건전한 구조물을 설계하고 제작 및 확보하기 위해서는 반드시 고려해야 할 중요한 문제이다.

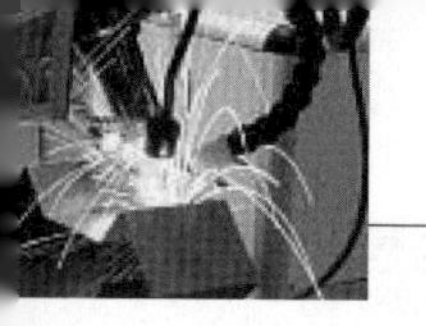

42. 고주파 유도용접과 고주파 저항용접 비교, 고주파의 특징인 근접효과(Proximity Effect)와 표피효과(Skin Effect)

1 고주파 유도용접과 고주파 저항용접

고주파용접(high frequency welding)은 450kHz 정도까지의 높은 주파수를 이용하며 전기저항용접의 seam 용접과 같다. 관의 맞대기 용접을 위하여 개발된 것으로 2개의 접촉자(contacts)를 통하여 성형된 관의 가장자리에 전류를 보내어 저항열로 가열시키고 roller로 압착함으로써 용접을 완료하는 고주파 저항용접법과 성형된 관의 가장자리를 고주파 유도열로 가열한 후 roller로 가압하여 용접을 완료하는 고주파 유도용접법이 있다.

2 근접효과(Proximity Effect)와 표피효과(Skin Effect)

(1) 표피효과(Skin Effect)

직류전류가 전선을 통과할 때는 전부 같은 전선밀도로 흐르지만, 주파수가 있는 교류에 있어서는 전선의 외측부근에 전류밀도가 커지는 경향이 있다. 이 같은 현상을 전선의 표피효과(skin effect)라고 한다. 이유는 전선단면내의 중심부일수록 자속수가 커져서 인덕턴스가 증대되므로 중심부에는 전류가 잘 흐르지 못하고 표면으로 몰려 흐르게 되기 때문이다.

따라서 전선에 직류가 흐를 때보다 직류와 같은 크기의 실효치 교류가 흘렀을 때 전력손실이 많아지는데, 전선내의 평균전력손실을 전류의 2승의 평균치로 나눈 값을 실효교류저항(effective alternating current resistance)이라고 하며, 이 실효저항을 직류저항으로 나눈 값을 표피효과 저항비(skin effect resistance ratio)라고 한다. 이 표피효과 저항비는

$\frac{R_{AC}}{R_{DC}} = \emptyset\,(mr)$로 된다.

$$m = 2\pi\sqrt{\frac{2f\mu}{\rho}}$$

여기서, μ : 투자율, ρ : 고유 저항, f : 주파수

전선단면적이 커질수록, 주파수가 증대될수록 커져서 표피효과 현상이 두드러지게 나타난다. 그러나 일반송전선은 연선을 사용하므로 소선자체가 가늘기 때문에 표피효과는 그다지 문제시되지 않으며, 직류저항을 그대로 교류저항으로 보아도 좋다.

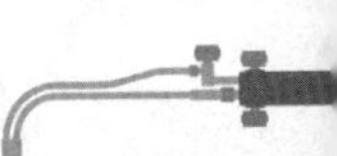

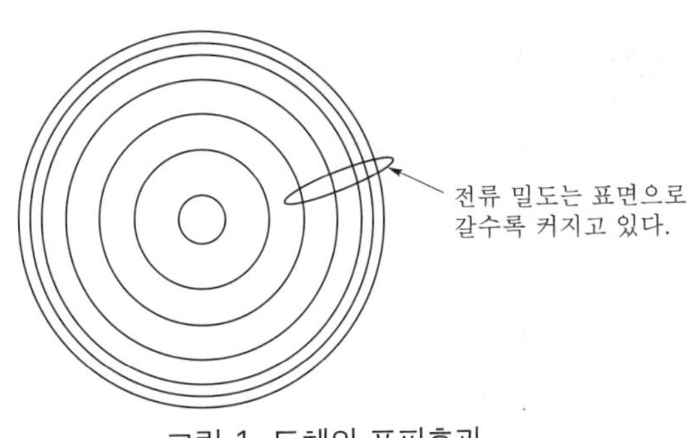

그림 1. 도체의 표피효과

표 1. 경동선의 교류 저항(R_{AC})의 직류 저항(R_{DC})에 대한 비

경동선의 단면적(mm²)	$\frac{R_{AC}}{R_{DC}}$					
	50[Hz]			60[Hz]		
	50[℃]	65[℃]	75[℃]	50[℃]	65[℃]	75[℃]
500	1.055	-	-	1.073	-	-
1000	1.192	1.175	1.164	1.262	1.242	1.225

(2) 근접효과(Proximity Effect)

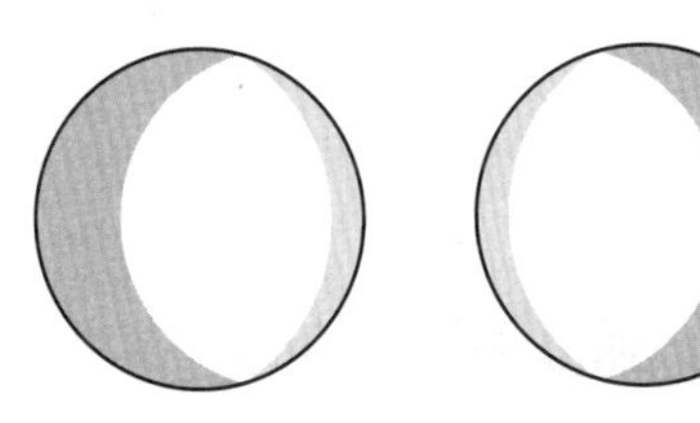

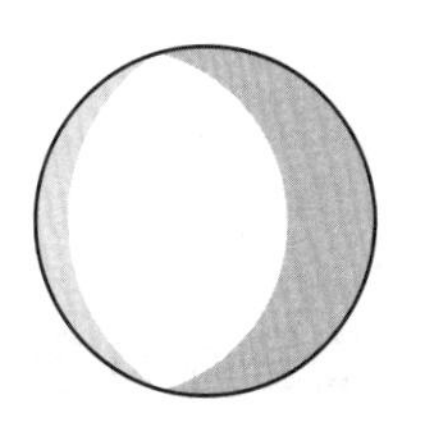

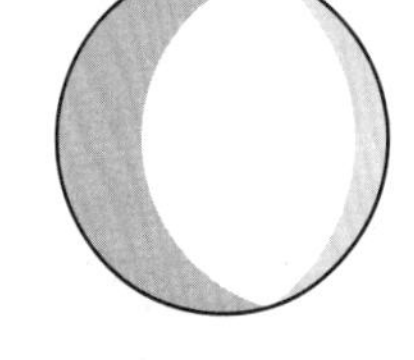

그림 2. 근접효과

많은 도체가 근접해 배치되어 있는 경우, 각 도체에 흐르는 전류의 크기 방향 및 주파수에 따라서 각 도체의 단면에 흐르는 전류의 밀도분포가 변화하는 현상을 근접효과라 한다. 또한 표피효과(skin effect)는 근접효과의 일종으로 1가닥의 도체일 경우이고, 근접효과는 2가닥 이상의 평행도체에서 볼 수 있는 현상으로서 주파수가 높을수록, 또 도체가 가까이 배치되어 있을수록 현저하게 나타난다.

양 도체에 같은 방향의 전류가 흐를 경우 바깥쪽의 전류밀도가 높아지고, 그 반대인 경우에는 서로 인력이 발생하여 가까운 쪽으로 전류밀도가 높아진다.

43. 페라이트계 스테인리스강인 STS430의 아크 용접부에서 인성이 저하하는 이유와 방지대책

1 개요

STS430은 Cr을 약 16% 함유하는 페라이트계 스테인리스 강종으로서, 오스테나이트계 스테인리강 대비 상대적으로 낮은 가격과 우수한 내식성, 심가공특성 그리고 표면품질 등을 특징으로 하며, 페라이트계 스테인리스 강재의 용접 시 용접입열에 의한 모재나 HAZ(열영향부)의 결정립성장에 의한 충격인성 저하 및 내식성 저하가 문제시되는 것으로 알려져 있다.

2 페라이트계 스테인리스강인 STS430의 아크 용접부에서 인성이 저하하는 이유와 방지대책

페라이트계 스테인리스강은 변태점이 없고 소입경화성도 없으며 800℃에서 급랭한 소둔상태에서 최대의 연성이 얻어진다. 기계적 성질은 연강과 유사하지만, 일반적으로 고 Cr강으로 인하여 충격 흡수에너지가 저하하게 된다.

페라이트계 스테인리스강의 기계적 성질은 C+N 함유량의 영향이 크며, C+N 함유량이 적으면 인성이 낮고 연성이 양호해진다. 인성의 저하원인을 방지하기 위해서 최근에 정련기술의 발전으로 C+N 함유량을 0.01% 정도로 낮춘 페라이트계 스테인리스강이 개발되어 우수한 인성을 보유한다.

44. 아크스터드 용접 시 알루미늄(Al) 볼(ball)을 첨가하여 용접하는 경우가 있는데 그 이유를 설명

1 개요

스터드 용접이란 강봉, 알루미늄봉, 볼트류 등과 같은 것들을 모재에 녹여서 용접시키는 아크 용접의 일종이다. 스터드 용접의 방법은 두 가지가 있으며, 아크스터드용접과 콘덴서 충방전식 용접법으로 분류된다.

2 아크스터드 용접 시 알루미늄(Al) 볼(ball)을 첨가하여 용접하는 경우가 있는데 그 이유를 설명

스터드 용접은 크게 저항 용접에 의한 것과 충격 용접에 의한 것으로 구분되며, 사이에 아크를 발생시켜 용접한다. 특징은 자동 아크 용접으로 볼트, 환봉, 핀 등을 용접한다.

0.1~2초 정도의 아크가 발생하며 셀렌 정류기의 직류 용접기를 사용하는데 짧은 시간에 용접되므로 변형이 극히 적고 철강재 이외에 비철 금속에도 쓸 수 있다. 아크를 보호하고 집중하기 위하여 도기로 만든 페롤을 사용하며, 알루미늄 봉은 용접부의 용융성을 좋게 하기 위해 첨가하여 사용한다.

45. 강을 연화하고 내부 응력을 제거할 목적으로 실시하는 소둔(Annealing)방법 중 완전소둔, 항온소둔, 구상화소둔에 대하여 각각의 열처리 선도를 그려 설명

1 개요

풀림은 기본적으로 연화(軟化)를 목적으로 행하는 열처리로서, 일반적으로 적당한 온도까지 가열한 다음 그 온도에서 유지한 후 서랭하는 조작을 말한다. 그 밖의 처리목적으로는 내부 응력의 제거, 절삭성 향상, 냉간가공성 향상 등을 통하여 기계적 성질을 개선하기 위한 것이다. 풀림에는 완전풀림, 항온풀림, 구상화풀림, 응력제거풀림, 연화풀림, 확산풀림, 저온풀림 및 중간풀림 등의 여러 종류가 있다. 그림 1은 여러 가지 풀림처리 시 처리온도 범위를 나타낸 것이다.

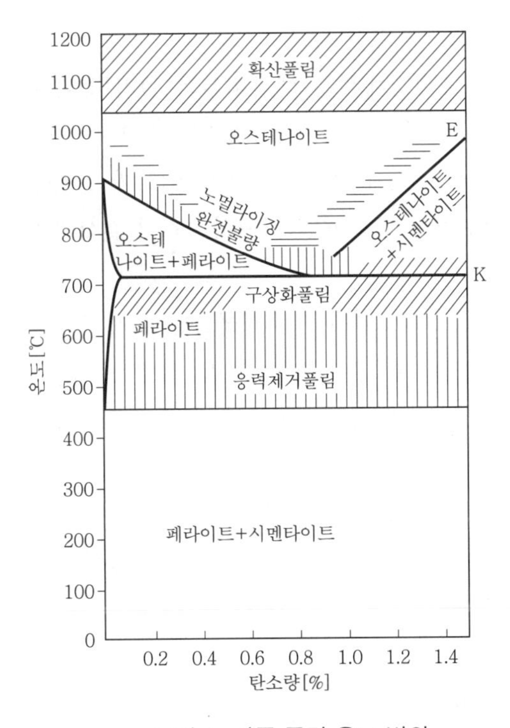

그림 1. 각종 풀림 온도 범위

2 풀림의 분류

(1) 완전풀림(full annealing)

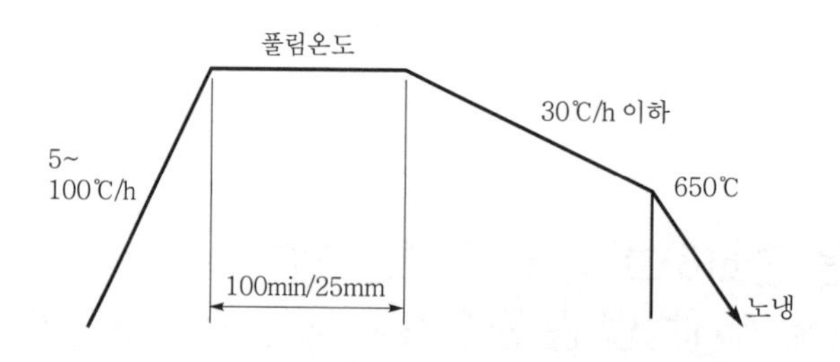

강종	풀림온도[℃]
SKH3	840~900
SKH4A	850~910
SKH51	800~880
SKH57	800~880

그림 2. 고속도강의 풀림곡선

완전풀림은 아공석강에서는 A_{c3}점 이상, 과공석강에서는 A_{c1}점 이상의 온도로 가열하고, 그 온도에서 충분한 시간동안 유지하여 오스테나이트 단상 또는 오스테나이트와 탄화물의 공존 조직으로 한 다음, 아주 서서히 냉각시켜서 연화시키는 조작방법으로서 일반적으로 풀림이라고 하면 완전풀림을 의미한다.

따라서 이 경우의 조직은 아공석강에서는 페라이트와 펄라이트, 과공석강에서는 망상 시멘타이트와 조대한 펄라이트로 된다. 일반적으로 열간압연 또는 단조작업을 행한 강재는 조직이 불균일하다든지, 잔류응력이 존재한다든지, 또는 연화가 불충분하여 절삭가공이나 소성가공이 곤란할 때가 많다. 이 경우 금속재료를 연화시켜서 절삭가공을 쉽게 하기 위해서는 완전풀림을 한다.

이와 같은 처리는 탄소량이 약 0.6% 이하인 기계구조용 강에 적용되며, 탄소량이 이것보다 많은 공구강에서는 구상화풀림이 적합하다. 완전풀림의 가열온도는 아공석강에서는 A_{c3}점 이상 30~50℃, 과공석강에서는 A_{c1}점 이상 약 50℃ 높은 온도가 적당하며, 너무 높은 온도에서 가열하면 결정립이 조대화되므로 주의하여야 한다.

그림 2는 고속도 공구강의 완전풀림방법을 나타낸 것으로서, 특히 한번 퀜칭 후 다시 퀜칭을 반복할 때에는 필히 중간에 풀림처리를 해야만 한다. 이 공정을 생략하면 결정립이 조대해져서 극히 취약해지기 때문이다.

(2) 항온풀림(isothermal annealing)

완전풀림의 일종으로서 단지 항온변태를 이용한다는 차이만 있을 뿐이다. 즉 완전풀림은 강을 오스테나이트화한 다음 서서히 연속적으로 냉각해서 강을 연화시키는 것인 데 비하여, 항온풀림은 강을 오스테나이트화한 후 TTT곡선의 nose온도에 해당되는 600~650℃의 노속에 넣어 이 온도에서 5~6시간 동안 유지한 다음 꺼내어 공랭하는 것이다. 그림 3은 일반적인 항온풀림과 완전풀림의 처리곡선을 비교하여 나타낸 것이다.

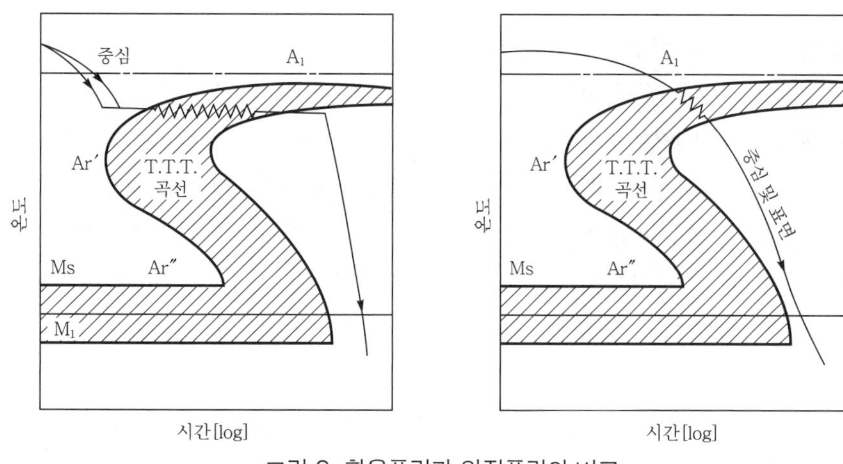

그림 3. 항온풀림과 완전풀림의 비교

고속도강과 같은 합금강은 아주 서랭하지 않으면 페라이트 변태가 끝나지 않으며, 잔류 오스테나이트는 베이나이트나 마르텐사이트로 변태하므로 충분히 연화시킬 수 없게 된다. 그러나 이와 같은 합금강도 어느 일정한 온도에서 유지시켜 항온 변태를 시키면 단시간 내에 변태가 끝나므로 쉽게 연화된다. 항온풀림은 자동차부품용의 기계구조용 저합금강뿐만 아니라 합금공구강 및 고속도 공구강과 같이 합금원소를 많이 함유하는 공구강에서 풀림시간을 단축시키기 위해서 현장에서 흔히 이용된다.

(3) 확산풀림(diffusion annealing)

일반적으로 응고된 주조조직에서 주형에 접한 부분은 합금원소나 불순물이 극히 적고, 주형 벽에 수직한 방향으로 응고가 진행됨에 따라 합금원소와 불순물이 많아지며, 최후로 응고한 부분에 합금원소가 가장 많이 잔존하게 된다. 이와 같은 현상을 편석(遍析, segregation)이라 한다. 강괴의 경우 편석은 1300℃ 정도에서 수 시간 동안 가열하는 균질화 처리와, 그 다음의 열간가공에 의해서 어느 정도 균질화되지만 완전히 해소되지는 못한다.

따라서 이러한 상태의 주괴를 단조나 압연을 하면 편석된 것들이 가공방향으로 늘어나 섬유상 편석이 나타난다. 인(P), 몰리브덴(Mo) 등이 많이 함유된 강에서는 그 경향이 더욱 두드러지게 나타난다. 이와 같은 주괴 편석이나 섬유상 편석을 없애고 강을 균질화시키기 위해서는 고온에서 장시간 가열하여 확산시킬 필요가 있다.

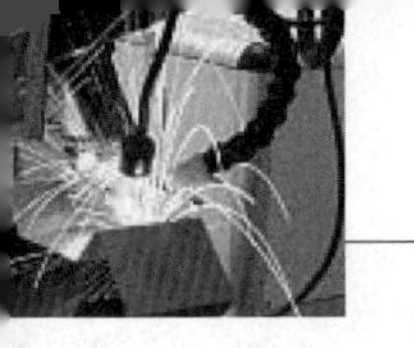

이와 같은 열처리를 확산풀림 또는 균질화풀림이라고 한다. 가열온도는 합금의 종류나 편석 정도에 따라서 다르며, 주괴편석 제거를 위해서는 1200~1300℃, 고탄소강에서는 1100~1200℃, 단조나 압연재의 섬유상 편석을 제거하기 위해서는 900~1200℃ 범위에서 열처리하는 것이 적당하다. 확산풀림을 할 때 풀림온도가 높을수록 균질화는 빠르게 일어나지만 결정립이 조대화되므로 주의하여야 한다.

(4) 구상화풀림(spheroidizing annealing)

펄라이트를 구성하는 층상 시멘타이트나 또는 망상(網狀)으로 나타나는 초석시멘타이트가 그대로 존재하면 기계가공성이 나빠지고, 특히 퀜칭열처리 시 균열이나 변형발생을 초래하기 쉬워진다. 즉 소성가공이나 절삭가공을 쉽게 하기 위해서, 기계적 성질을 개선하기 위해서, 또는 퀜칭 시 균열이나 변형발생을 방지할 목적으로 탄화물을 구상화시키는 열처리를 구상화풀림이라고 한다. 이 구상화처리는 보통 제강회사에서 실시하는 것이 일반적이다. 이 처리는 특히 공구강에서는 매우 중요한 처리이며, 퀜칭의 전처리로서 탄화물을 필히 구상화시킬 필요가 있다.

시멘타이트가 구상화되면 단단한 시멘타이트에 의하여 차단된 연한 페라이트 조직이 상호 연속적으로 연결되고, 특히 가열시간이 길어짐에 따라 구상 시멘타이트는 서로 응집하여 입자수가 적어지므로 페라이트의 연속성은 더욱 좋아진다. 따라서 경도는 저하되고 소성가공이나 절삭가공이 용이해진다. 즉, 구상화풀림에 의해 과공석강은 절삭성이 향상되고, 아공석강에서는 냉간단조성 등의 소성가공성이 좋아지게 되는 것이다. 그림 4는 열처리 조직에 따른 피삭싱의 차이를 나타낸 것이다.

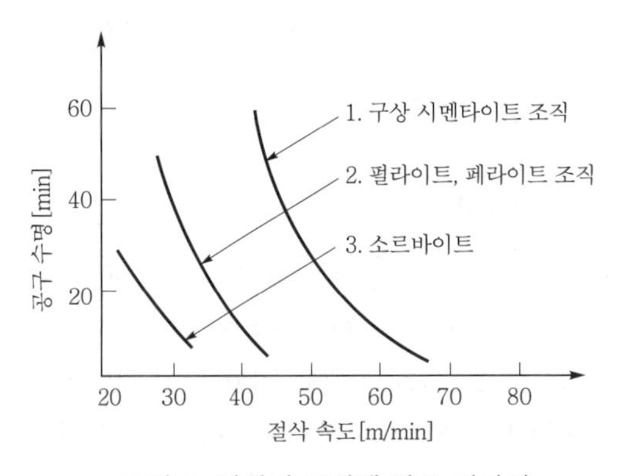

그림 4. 열처리 조직에 따른 피삭성

또한 전술한 바와 같이 공구강 등에서는 탄화물을 구상화시킴으로써 퀜칭경화 후 인성을 증가시키며, 퀜칭균열 방지효과도 있다. 구상화풀림 방법에는 그림 5와 같은 4가지가 주를 이루고 있다.

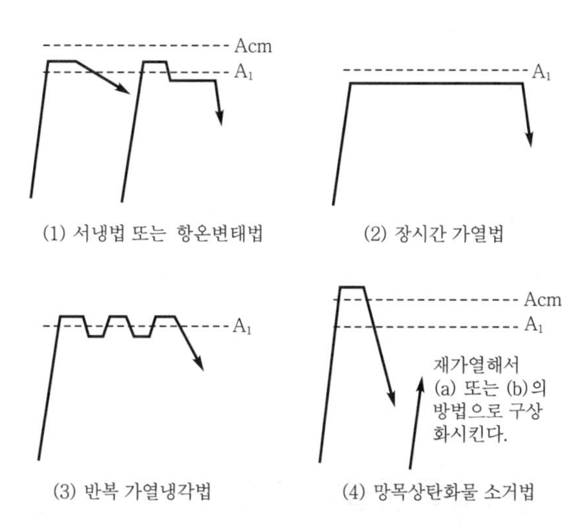

그림 5. 탄화물의 구상화처리 방법

(5) 연화풀림(softening annealing)

대부분의 금속 및 합금은 냉간가공을 하면 가공경화에 의하여 강도가 증가되고 취약해져서 이 때문에 어느 가공도 이상으로 가공할 수 없게 된다. 특히 강에서는 탄소량이 많을수록 가공경화도가 커진다. 이렇게 경화된 것을 절삭가공을 한다든지, 또는 더 많은 냉간가공을 하고자 할 때에는 강을 일단 연화시킬 필요가 있다. 이를 위해서는 적당한 온도로 가열하여 가공조직을 완전히 회복시키거나 재결정 및 결정립 성장을 시켜야 한다.

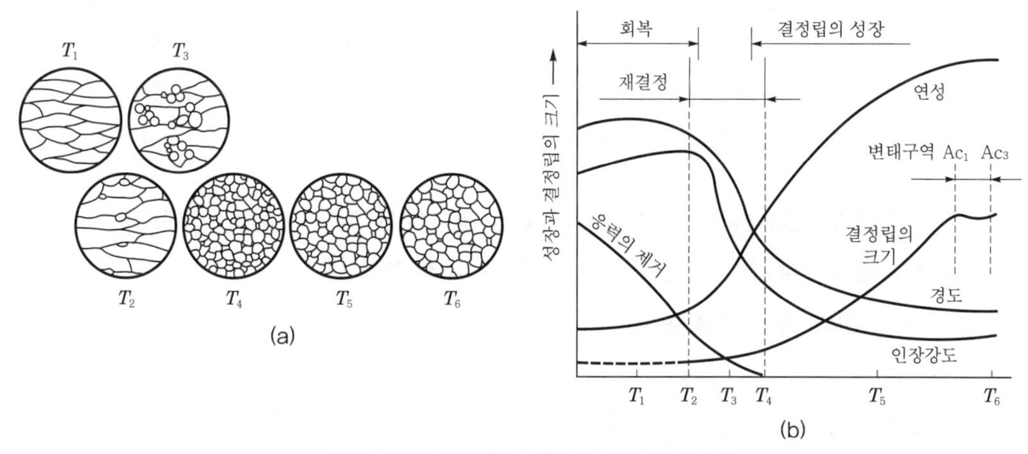

그림 6. 냉간가공재의 가열에 의한 성질변화

냉간가공재를 가열할 경우의 조직과 성질의 변화를 그림 6에 나타내었다. 그림 6에서 보는 바와 같이, 연화과정은 3단계로 이루어진다. 즉 가열온도의 상승과 함께 회복, 재결정 및 결정립 성장의 과정으로 변화된다. 첫 단계인 회복은 가공에 의해서 증가된 전위밀도 감소와

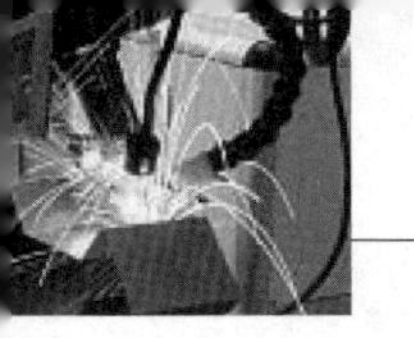

전위의 재배열로 인한 연화이고, 재결정은 변형된 입자 속에서 변형되지 않은 새로운 결정입자로 대체하는 과정이며, 온도가 더욱 높아지면 미세한 입자가 응집, 조대화되는 결정립 성장 단계로 된다.

이러한 변화는 내부에너지를 감소시킴으로써 보다 안정한 상태로 가고자 하는 현상 때문이며, 이러한 내부응력의 감소에 의해서 연화되는 것이다. 이와 같이 재결정에 의해서 경도를 균일하게 저하시킴으로써 소성가공 또는 절삭가공을 쉽게 하기 위한 풀림을 연화풀림이라고 하는데, A_1점 위 또는 아래의 온도에서 가열한다.

46. 전면 필릿 용접과 측면 필릿 용접에 대하여 그림으로 도시하여 설명하고, 필릿 이음 시 각장(다리길이)과 목두께에 대하여 설명

1 개요

일반적으로 필릿 용접 이음에서는 다리길이에 따라 양쪽에 다리길이(각장)가 같은 등각 필릿 용접과 다리길이가 다른 부등각 필릿 용접이 있으며, 필릿 용접의 연속성에 따라 연속, 단속 필릿 용접으로 구분한다. 또한 하중의 방향에 따라 전면 필릿 용접과 측면 필릿 용접, 경사 필릿 용접으로 구분한다.

이러한 필릿 용접은 홈 용접에 비해 준비 작업이 쉽고 용접에 의한 변형과 잔류 응력이 적으며, 조립도 쉬우므로 전체적으로 볼 때 경제성이 크기 때문에 지장이 없는 한 설계상 필릿 용접 이음이 많이 쓰인다. 그러나 용접 결함이 생기기 쉬워 이음의 루트부에 생긴 결함을 제거할 수 없고, 비드 양단에는 단면이 급변하기 때문에 이러한 부분에 응력 집중이 크게 되어 피로 강도가 떨어지므로 굽힘, 충격 하중에 성능이 약하게 된다.

2 전면 필릿 용접과 측면 필릿 용접에 대하여 그림으로 도시하여 설명하고, 필릿 이음 시 각장(다리길이)과 목두께에 대하여 설명

(1) 필릿 용접 이음 홈의 각부 명칭

필릿 용접 이음 홈의 각부 명칭은 그림 1과 같다(KSB 0106).

1) 다리길이(각장, Leg length) : 필릿의 루트부에서 토(toe)까지의 거리(그림 1의 h)
2) 목두께(Thickness of throat) : 이론 목두께와 실제 목두께가 있는데, 이론 목두께는 필릿 용접의 가로 단면 내에서 이에 내접하는 2등변 삼각형의 루트부터 빗변까지의 거리를 말하며, 약간의 용입은 무시한 두께를 말한다. 실제 목두께는 용입을 고려한 용입의 루트부터 필릿 용접의 표면까지의 최단 거리를 말한다(그림 1의 b는 이론 목두께이다).

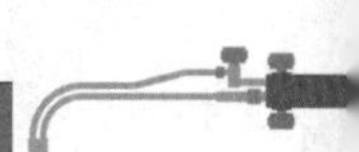

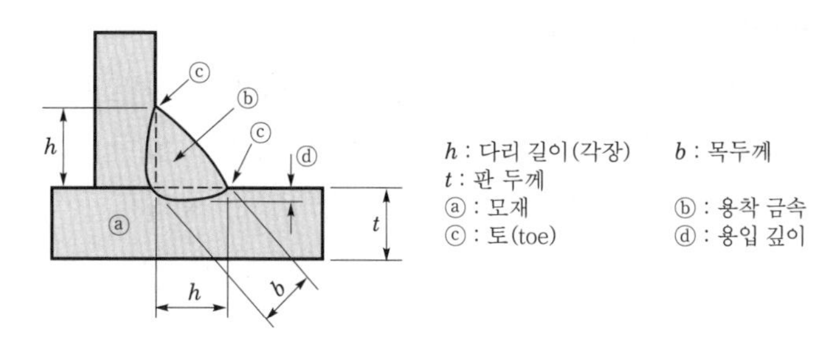

그림 1. 필릿 용접 이음 홈의 각부 명칭

3) 비드의 형상 : 필릿 용접부의 비드 형상은 볼록형과 평면형, 오목형이 있다(그림 2 참조).

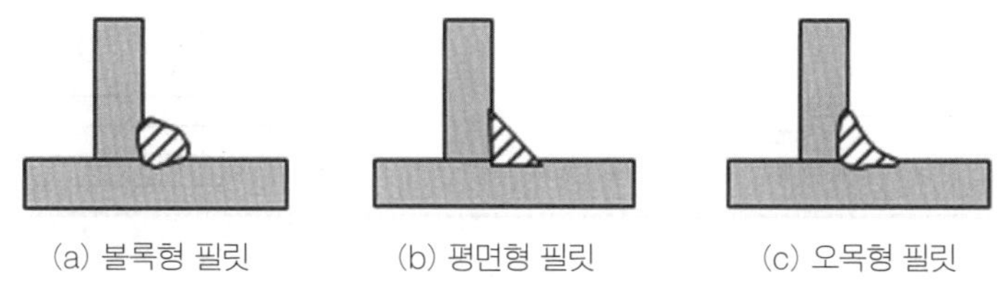

그림 2. 필릿 용접 이음의 표면 형상

(2) 필릿 용접 이음의 치수 결정

필릿 용접 이음의 치수는 필릿 강도 계산에 중요한데 그 크기는 판 두께 t에 비하여 작거나 커서는 안 되며, 일반적으로 필릿 용접의 다리길이는 양면 필릿 용접에서는 판 두께의 3/4 정도로 하고 있으나 대부분의 경우는 회사 규격으로 정하고 있다(표 1 참조).

또한 루트 간격이 커지면 다리길이가 증가되며 결국 유효 목두께가 감소되므로 필릿 용접 이음의 루트 간격은 0.8mm 이하로 하는 것이 적당하다.

표 1. 아래보기 및 수평 필릿의 크기(미국 GE사의 예)

도시	판두께(t mm)	패스 수	보통 필릿크기(mm)	최소 필릿 크기(mm)
	4.8	1	4	3.2
	6.4	1	4.8	3.6
	8	1	6.4	4.8
	9.5	1	8	6.4
	11	1	9.5	6.4
	12.7	2	11	9.5
	16	2	12.7	9.5
	19	아래보기 3 수평 4	16	9.5
	25.4	아래보기 3 수평 4	22	9.5
	28.6~35			12.7
	63.5 이상			12.7

1) 측면 필릿 용접 이음의 유효 길이

측면 필릿 용접 이음의 유효 길이는 목두께의 60배 이상으로 하면 길이 방향의 응력분포가 끝단에서 현저하게 커지게 되므로 일정 길이 이상으로 정하고 있다. 그리고 필릿 용접 이음에서는 완전 용입은 경제적인 문제 등으로 항상 요구하지는 않으며, 독일 규격(DIN 4100)의 경우는 목두께의 최대 60배, 최소 15배로 하고 있다.

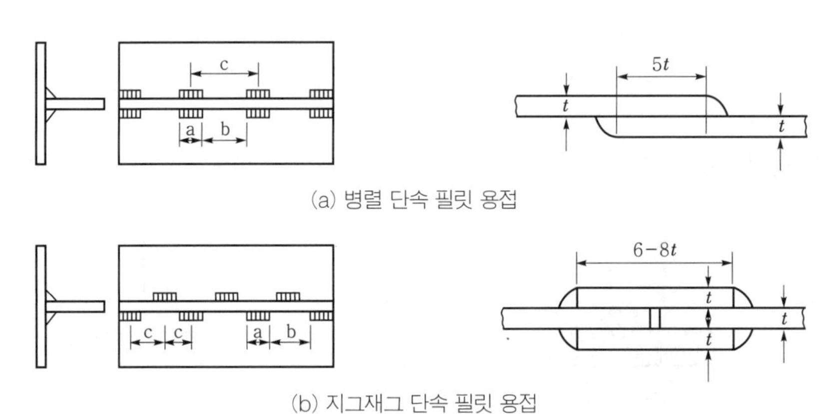

그림 3. 단속 필릿 용접의 용접부와 비용접부의 길이

2) 단속 필릿 용접 이음의 용접부와 띄우는 거리

단속 필릿 용접 이음은 용접부 중에서 일부분씩 끊어서 용접하는 방법으로 단속 필릿 용접 길이(a)는 필릿 크기(h)의 4배 정도로 하고 최소 25mm 이상으로 하며 용접의 시점과 종점을 포함한다(그림 3 참조). 또한 용접을 하지 않는 부분의 길이(b)는 하중선의 편심 또는 좌굴 현상을 고려하여 최소 판 두께의 30배 이하, 최대 300mm로 한다.

3) 겹치기 필릿 용접 이음의 치수

겹치기 필릿 용접(그림 4 참조)은 한쪽(single)만 하는 경우와 양면(double), 그리고 저글(joggle)의 3가지가 있으며 한쪽 겹치기 이음은 가능한 사용하지 않는 것이 좋다. 그리고 겹치는 부분의 길이(b)는 구조물의 종류에 따라 다르지만 일반적으로 다음과 같이 설계하고 있다.

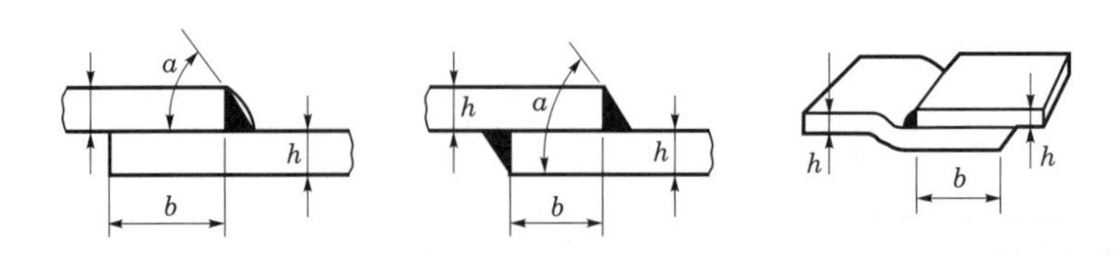

그림 4. 겹치기 필릿 이음의 종류

(3) 필릿 용접 이음의 설계상 주의사항

필릿 용접 이음은 용접부의 개선 가공이 필요 없으며 부재의 조립도 간단하므로 용접비용

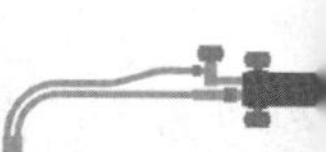

도 적게 드는 이음이나 맞대기 용접 이음과 같이 연속성이 부족하므로 높은 응력이나 동적 응력을 받는 곳에는 적합하지 않다. 그러므로 강도를 중요시하지 않는 곳에 사용된다. 또한 필릿 용접부의 형상도 하중의 방향에 따라 한쪽 필릿 용접, 양쪽 필릿 용접, J형 맞대기 용접부 중에서 필요에 따라 선택 사용해야 된다.

47. 자동 및 반자동 용접 시 발생하는 번백(Burn back) 현상

1 번백(Burn back) 현상

아크 기동 시 Wire가 Tip에 녹아붙는 것을 Burn back 현상이라고 하는데, CO_2용접에서는 전류값에 따라서 Arc 상태가 변화하고 Wire 선단의 용적의 크기나 단락횟수가 달라지며 직류 Reactor의 크기에 따라서 Arc상태가 달라진다. Inverter 제어 전원에서는 전자 Reactor의 채용으로 직류 Reactor의 크기가 작으므로 Burn back 현상이 대폭 개선되어 아크 기동 실패가 거의 없다.

48. TIME(Transfer Ionized Molten Energy)을 이용한 용접원리, 금속이행, 혼합가스의 특성

1 개요

TIME(Transfer Ionized Molten Energy)는 차폐하여 금속을 이동시키기 위해 가스혼합의 개발과 연구를 여러 해 동안 진행하고 있다. 여기에는 특수한 가스와 노즐을 채용한다. 용접의 작업공정은 엄밀한 용접환경으로 매우 청결하며, 가스는 노즐과 결합되어 차폐와 모재의 용접을 제어하기 위해 헬륨, 아르곤, 카본, 그리고 산소의 4가지 가스를 혼합하여 아크의 영향을 제어하는 것이다.

2 특성

가스의 혼합은 아크의 혼합부에서 가스의 확산으로 제어한다. 안정된 플라즈마를 보여주는 고속 사진촬영은 용접의 방법에 따라 축에 분사되는(선형제어) 전극으로부터 용융되어 전극의 끝단에서 생성된다. 이온화된 플라즈마는 금속에 전이동안 와이어의 작동과 전극의 회전으로 강제적으로 제어한다. 표준가스에 의해 전극에서 금속으로 전이는 전극에 동일한 중심을 가지지는 않으며 임계 와이어 이송속도, 전극의 불균형 영향으로 금속에 전이, 전극

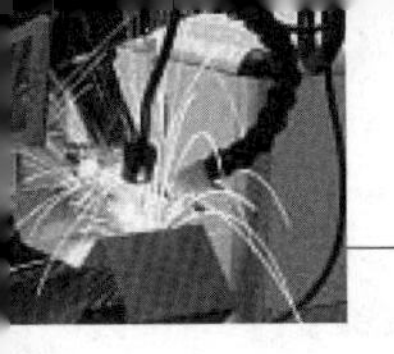

의 끝단 부분에서 발생하는 현상 때문이다.

TIME(Transfer Ionized Molten Energy) 과정에서 TIME가스로 사용되는 플라즈마는 전극에 동심원 반응을 가지며 중력, 핀치, 플라즈마 흐름, 표면장력, 그리고 아크에 가해지는 힘은 방향을 가지지 않는다. 용융은 전극이 안정이 되면 전이가 되고 모재에 집중적으로 침투되므로 아크 에너지와 결합하여 전이가 된다.

금속의 전이의 획일적인 방법은 모든 위치에서 용접이 허용되고 또한 용접기계의 표준에 따르게 된다. TIME 과정은 여러 해 동안 다양하게 평가와 연구를 진행하고 있는데, 15~35m/min의 와이어 이송률은 많이 알려져 있고 용접방법은 모든 부분에서 우수하며 GMAW 장비를 표준으로 적용하고 있다.

49. 고장력강과 베이나이트 조직(Bainite) 생성과정

1 개요

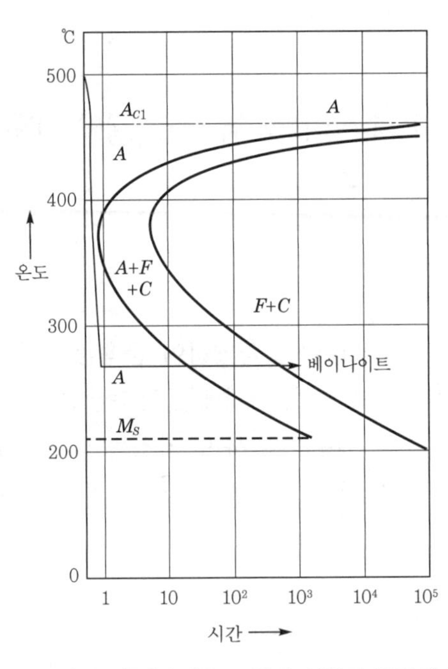

그림 1. 베이나이트 조직의 시간과 온도의 관계

공석강을 그림과 같이 오스테나이트 온도에서 250℃~550℃ 온도로 냉각하면 베이나이트라 하는 마르텐사이트와 펄라이트의 중간상태의 미세조직이 형성된다.

펄라이트와 달리 층상구조가 아니지만(nonlamellar structure) 공석반응에 의해 형성되는 미세구조라는 점이 마르텐사이트와도 다르다.

펄라이트와 유사한 페라이트와 시멘타이트의 2상의 혼합구조이며, 오스테나이트-베이나이트 변태는 이중적인 특성을 갖는데, 경우에 따라서 오스테나이트-펄라이트 변태 특성과 오스테나이트-마르텐사이트 변태의 특성을 나타낸다.

베이나이트 형성온도에 따라 250℃~350℃에서 형성된 조직을 하부 베이나이트(lower Bainite)라고 부르고, 350℃~550℃에서 형성된 것을 상부 베이나이트(upper Binite)라고 하며, 표면기복(표면이완)현상이 마르텐사이트와 마찬가지로 베이나이트에서도 나타난다.

2 고장력강과 베이나이트 조직(Bainite) 생성과정

(1) 상부 베이나이트

공석강을 오스테나이트 영역에서 펄라이트 변태 코(nose)를 통과하지 않고 냉각하여 350℃~550℃ 사이의 온도로 등온 열처리하면 페라이트와 시멘타이트 2개의 상으로 구성된 상부 베이나이트가 형성된다. 시멘타이트는 층상구조(lamellar structure)인 펄라이트와 달리 봉상(rod)형태를 보인다. 시멘타이트와 페라이트는 개별적으로 오스테나이트에서 핵생성되어 탄소 확산에 의해 성장한다. 베이나이트의 시멘타이트와 페라이트는 펄라이트에서의 시멘타이트와 페라이트가 오스테나이트와 방위 관계를 갖지 않는 것과 다르게 각각 오스테나이트와 방위관계를 갖는다.

(2) 하부 베이나이트

공석강을 오스테나이트 영역에서 펄라이트 변태 코(nose)를 거치지 않고 냉각하여 250℃~350℃ 사이의 온도로 등온 열처리하면 형성된다. 변태온도가 낮으므로 확산이 느리게 되고 따라서 과포화된 페라이트 판이 먼저 형성되며 페라이트 내부에서 시멘타이트가 석출된다. 베이나이트에서는 마르텐사이트와 달리 쌍정이 형성되지 않는다.

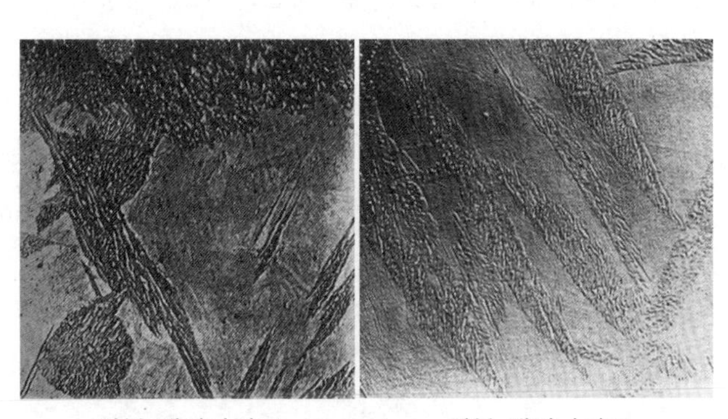

상부 베이나이트　　　　하부 베이나이트

그림 2. 공석강의 445℃와 315℃에서 등온변태 과정으로 얻어진 상부 베이나이트와 하부 베이나이트의 미세조직 사진(10,000배)

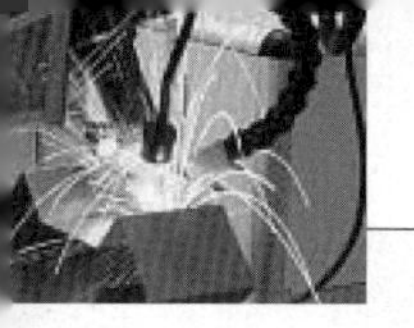

50. 카이저 효과(Kaiser Effect)와 펠리시티 효과(Felicity Effect)

1 개요

AE기법은 1988년 Maji와 Shah 등이 구조물의 손상도 평가를 위해 적용하기 시작하여, 최근 구조물의 건전성평가에 대한 관심이 커지고 구조물 내부의 파괴특성을 구명하기 위한 연구에 적용하기 위해 사용하였다. AE 신호는 재료의 변형 또는 파괴될 때 축적되어 있던 변형에너지 방출 시에 발생하는 지진과 같은 탄성파이며, 대부분이 결정 및 교결입자들로 구성된 암석 및 콘크리트에서는 결정이나 입자의 전위, 입자 경계부의 활동, 미세균열의 발생 및 전파 등이 일어날 경우 파괴면의 형성과 함께 이루어지는 에너지 방출의 형태로서 발생하게 된다.

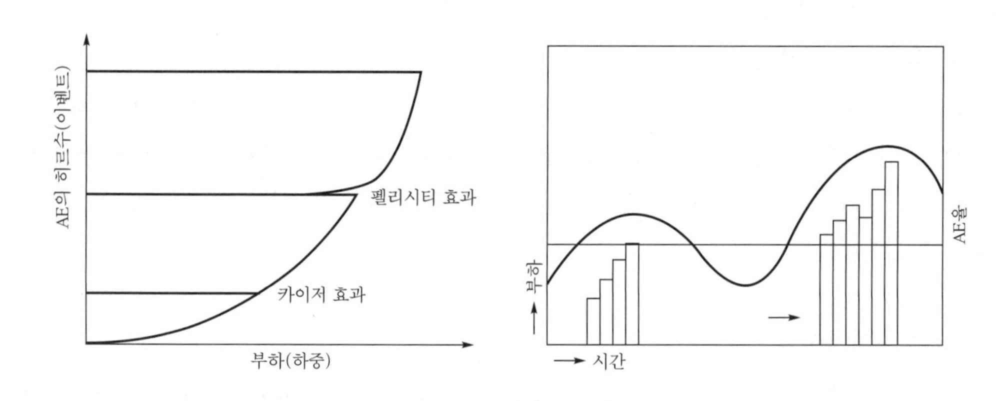

그림 1. 카이저 효과와 펠리시티 효과

2 카이저 효과(Kaiser Effect)와 펠리시티 효과(Felicity Effect)

AE의 특징 중 그림 1과 같이 한번 응력을 받은 재료는 재차 하중을 가하면 이미 경험한 응력 이하에서는 AE 신호가 방출되지 않으며, 전보다 높은 하중을 받을 때 AE신호를 방출하는 것이다. 이 특성을 카이저 효과라 한다. 카이저 효과의 현상을 역으로 이용하면 비탈면의 현지 응력을 추정할 수 있을 뿐만 아니라 기존의 비탈면의 응력이력에 대한 추정이 가능하다. 또한, 비교적 높은 응력수준의 재차 하중을 가하면 이전에 가한 최대응력에 도달하지 못해도 AE가 발생하는 현상을 펠리시티(felicity) 효과라고 한다.

51. Al용접부에 발생하는 블로우 홀(blowhole)의 발생에 가장 큰 영향을 미치는 원소를 쓰고, 이 원소가 용접금속에 침입되는 발생원에 대하여 설명

1 개요

블로우 홀(Blow hole)과 피트(Pit)는 용접결함 중 구조상 결함의 한 형태인데 곰보처럼 구멍이 패인 상태를 피트라고 하고, 용접금속 안에 공기가 갇혀 그대로 굳어진 것을 기공, 즉 블로우 홀이라고 한다.

2 블로우 홀(blowhole)의 발생에 가장 큰 영향을 미치는 원소를 쓰고, 이 원소가 용접금속에 침입되는 발생원에 대하여 설명

블로우 홀(blow hole)의 발생 원인은 원질부와 열영향부(HAZ)의 급격한 온도차에 의한 냉각속도에 기인한 문제로 판단된다. 첫째 원인은 조관 및 중간공정, 전체공정에 대한 인발유(오일성분), 수분 등의 잔류에 의한 열인가시 일부는 연소되고 일부는 유동성이 증가되어 잔류 원인물질이 기공으로 잔류하게 된다. 해결방안으로 우선 조관 공정에 대한 인발유를 극소화할 수 있도록 전처리(Cleaning Action)를 철저히 한 후 공정을 진행하는 것과, 열처리 Lot에 따른 기공발생에 대하여는 기술적으로 과열이 추가적으로 인가되는 과정에서 생성되는 것으로 판단된다.

(1) 결함발생 원인은 다음과 같다

1) 조관 분위기 속에 기체(수소, 산소, 일산화탄소 등) 성분이 너무 많은 경우
2) 조관 공정상의 습기가 유입되거나 인발유 등 기름 성분이 많은 경우
3) 조관부가 급랭될 경우
4) 조관부에 기름, 녹 등 이물이 부착해 있는 경우

(2) 결함방지 대책은 다음과 같다

1) 전처리 및 조관부 예열 및 후열
2) 후열로 냉각 속도를 지연하는 등의 대책을 실행한다.

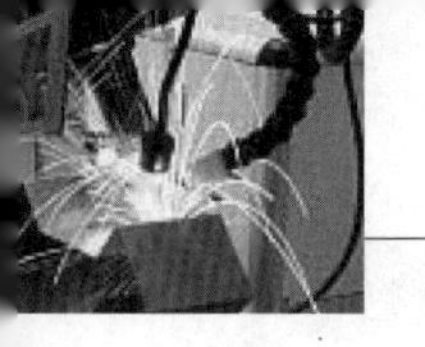

52. 강재 두께와 용접부의 냉각속도와의 관계

1 개요

예열이 필요한 이유로서, 기온이 낮은 경우의 용접과 모재의 판이 두꺼운 경우의 용접에서는 용접부의 냉각속도가 빠르고, 첫 패스 용접부에 수축균열이 발생하기 쉽다. 따라서 용접부를 예열하는 것은 냉각속도를 늦춤으로써 용접부의 확산성 수소의 방출을 촉진시켜 냉각균열 발생을 방지하는 것이 목적이다. 또 용접부에서는 수분, 기름, 녹, 도료 등 용접에 유해한 것이 개재할 경우가 있는데 재질, 재료 두께에 관계없이 개선부분을 가볍게 예열하는 것은 이물질을 제거하는 데 중요하다.

2 강재 두께와 용접부의 냉각속도와의 관계

용접부의 냉각속도는 용접입열량, 판 두께, 개선형상, 외기온도 등에 의해서 변화하지만, 냉각속도와 열영향부의 변화, 재료의 취약화 등의 관계는 일반적으로 강재의 탄소당량에 영향을 받는다.

입열량

$$H=\frac{60EI}{V}\ [\text{Joule/cm}]$$

여기서, E : 전압(V), I : 전류(A), V : 용접속도(cm/min)

탄소당량은

$$C_{eq}=C+\frac{Mn}{6}+\frac{Si}{24}+\frac{N}{40}+\frac{Cr}{5}+\frac{Mo}{4}+\frac{V}{14}$$

일반적으로

$$C_{eq}=C+\frac{Mn}{6}+\frac{Si}{24}+\frac{N}{40}$$

강재, SS41, SB41P, SWS41 등은 탄소당량이 낮으므로, 외기온도가 0℃ 이하인 경우를 제외하고는 그다지 예열이 필요하지 않지만, 판이 두꺼운 경우와 구속이 큰 경우에서는 예열이 필요하다.

예열온도는 정확하게는 경사 y 슬릿시험을 행하여 실험치에서 구하는 것이 좋다. 대기온도가 낮은 경우는 예열을 하여도 냉각속도가 빠르므로, 적절한 때에 측정해가면서 용접과 예열을 반복하는 것이 좋다. 한랭지에 있어서 예열작업은 대기온도가 낮은 까닭에 재질, 판 두께에 관계없이 적절한 예열을 하는 것이 좋다.

표 1. 탄소량과 예열온도

탄소량(%)	예열온도(℃)
0.20 이하	90 이하
0.20~0.30	90~150
0.30~0.45	150~260
0.45~0.80	260~420

53. 대입열 용접부의 인성(toughness)과 용접 열영향부의 연화(softening)현상에 대하여, TMCP(Thermo-Mechanical Control Process)강과 일반압연강을 비교하고 설명

1 개요

컨테이너의 특성상 Hatch Coaming부와 Upper Deck부에 적용되는 강재 또한 다량의 컨테이너를 지지하기 위해서 고강도/후물화되어 가는 추세이다. 후물재의 적용은 용접 공수가 증가하고 생산성이 저하되므로, 최근 조선현장에서는 생산성 향상 및 원가절감 차원에서 대입열 용접을 활용하고 있다. 이를 위하여 대입열 용접 공정의 적용은 물론 선급용 강재 및 용접재료의 대입열 용접부 성능 확보가 요구된다. 대입열 용접 시 강재의 용융선 근처의 용접 열영향부는 결정립 성장 및 취약한 미세조직을 형성하여 저온 인성을 크게 저하시키고, 모재에 가까운 용접 열영향부에서는 연화 현상을 발생시켜 용접부 강도가 저하되는 문제점이 주로 발생하였다. 하지만 최근에는 이런 문제점을 해결하기 위해 대입열 용접에 사용되는 강재의 미세조직을 제어하여 고온에서 안정한 AlN, Tin, TiO_2 등의 석출물을 이용한 용접 열영향부의 저온 인성을 향상시키는 연구가 활발히 진행되고 있다.

2 대입열 용접부의 인성(toughness)과 용접열영향부의 연화(softening)현상에 대하여, TMCP(Thermo-Mechanical Control Process)강과 일반압연강을 비교하고 설명

(1) HAZ의 연화현상

용접 시 나타나는 용접부 heat Cycle중 HAZ부위에서 A_{C1} 이하로 가열된 영역은 tempering 효과를 받아 TMCP강에 존재하는 준안정조직, 즉 bainte조직이나 α-martensite조직이 안정조직으로 변화하면서 기계적 성질, 특히 강도가 모재부강도보다 저하하여 연화되는데, 이는 주로 대입열 용접 시에 용접부의 냉각속도가 가속냉각 강판 제조 시에 적용된 냉각속도보다 낮을 때에 발생하며 이때 얻어진 조직이 가속냉각조직보다 연화하기 때문이다(여기에 후열을

하면 용접부의 강도저하는 더욱 심해진다).

(2) 판재의 소성변형 및 절단 시 Campering

TMCP강재의 가속 냉각 시에 판내의 온도 불균일에 의하여 발생하는 열응력에 따라 여러 가지 형태의 소성변형을 일으키는데, 대표적인 변형은 wave변형, gutter변형, Heat-tail curl 변형 등이 있다. 또 소성변형을 일으킬 정도의 열응력이 발생하지 않는 경우는 잔류응력으로 판재에 남아 있다가 TMCP강재를 소절단할 때에 판이 휘어버리는 Camber현상이 나타난다.

(3) TMCP강 용접부 연화에 따른 기계적 성질의 변화

열영향부의 연화현상은 용접 후 냉각속도가 제강 시 TMCP강이 가속냉각 공정에서 받는 냉각속도보다 느릴 때 모재보다 연화되며, 용접입열 크기에 따라 연화되는 정도 및 연화영역이 달라지게 된다. 즉 용접 입열량이 클수록 연화정도가 더욱 커지고 열영향부의 모재 쪽으로 연화영역이 확대된다.

그러므로 TMCP강의 용접 시에는 모재강도보다 적어지지 않는 즉 연화현상이 발생되지 않는 용접 입열(용접조건)을 선정 검토할 필요가 있다. 또한 용접 후 A_{C1} 변태온도 이하에서의 후열처리에 의해서도 연화현상이 심하게 발생한다.

(4) TMCP강 용접부 연화에 따른 피로균열 전파속도

연화부에서의 피로균열 전파속도는 모재부보다 매우 빠르게 진행된다. 특히 연화영역에서는 피로강도가 저하하나 bond line부근의 인장강도 및 경도 값이 큰 지역에서는 피로강도가 상승한다.

54. 오스테나이트계 스테인리스강과 연강/압력용기용 탄소강/AISI 1018 탄소강/AISI 516-70 탄소강을 이종용접할 때 용접재료의 선정 및 용접조건의 설정기준

1 개요

해양플랜트 산업에서 최근 심해유전 개발이 수행됨에 따라 요구성능과 경제성을 고려하여 이종금속 용접에 대한 연구가 활발히 진행되고 있다. 이종금속은 주로 용융용접으로 시공되고 있으며 융점, 열전도도, 열팽창계수 등 재료물성이 다르기 때문에 서로 다른 두 금속을 용접하면 용접부 및 용접부 주변에 재료불일치에 의한 미세조직의 변화 및 잔류응력이 발생하게 된다.

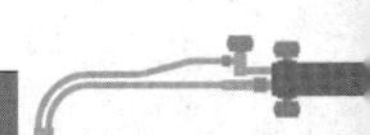

특히 강종별로 격자구조와 물성치가 달라서 용접 후 응고 시 균열과 기공이 발생하기 쉬우며, 용접금속에서는 새로운 상이 생길 가능성이 높고 다양한 현상이 발생하기 때문에 적절한 용가재 및 용접방법을 선택하여야 한다.

플랜트 산업에서 탄소강과 오스테나이트계 스테인리스강의 이종금속 용접이 널리 이용되고 있으며, 오스테나이트계 스테인리스강은 일반적으로 16~25% Cr과 7~20% Ni를 함유한 강으로 내식성이 우수하고 연성 및 내열성이 우수할 뿐 아니라 용접성도 양호하다. 이중 18% Cr-12% Ni에 Mo을 약 2.5% 첨가한 316L은 오스테나이트 계열의 대표적인 내열강으로서 주로 화력과 원자력 발전소의 증식로, 배관 및 밸브, 튜브를 비롯한 고온 구조물의 소재 등으로 사용되는 재료이다.

압력용기용 탄소강 A516 Gr.70은 용접성, 절삭성 및 가공성이 우수하며, 저 · 고온 압력용기, 저장용 탱크, 원자로 냉각재 배관, 탑조류 등에 사용되고 있다. 압력용기는 고온, 고압, 고부식 등 운전환경이 매우 가혹하며, 장기간 운전에 대한 안전성 보증을 위해 용기를 제작하는 용접방법이나 기타 시공법에 대한 신뢰성 확보는 매우 중요한 문제이다.

2 STS304L 스테인리스강/연강(mild steel)의 GTAW(gas tungsten arc welding)

(1) KS ER309L 용접재료를 사용하여 STS304L 스테인리스강과 연강으로 구성되는 이종재료 이음부를 용접하면 용접금속이 우수한 내식성을 발휘할 수 있는 화학성분을 가지게 된다.

(2) 용접금속의 화학성분을 정확히 유지하고 용접시공 절차에 의해 발생하는 용접입열량을 알맞게 조절하면 목적하는 용접부의 기계적 성질을 충분히 얻을 수 있다. 일반적으로 스테인리스강과 연강으로 구성되는 이종재료 이음부를 용접할 때는 두 모재 중에서 기계적 성질이 높은 쪽의 용접재료을 선정하여 사용하는 것이 필요하다.

(3) 스테인리스강/연강의 이종재료 용접부의 내식성을 확보하는 방법의 하나로서 스테인리스강 모재와 용접금속에 대한 용접입열량을 일정 수준 이하로 제한하는 것이 효과적이다.

(4) 즉 용접입열량을 제한하면 용착된 용접금속과 연강과의 희석률이 감소하게 된다. 이에 따라 용착금속 중의 합금성분이 줄지 않고 유지되면서 용접부의 내식성을 원하는 수준으로 확보할 수 있게 된다.

(5) 한편 탄소와의 친화력이 Cr보다 더 높은 안정화 원소인 Ti, Nb를 함유한 용접재료(KS ER321, KS ER347)를 사용하여도 Cr-carbide 탄화물이 결정립계에 석출하는 것을 방지할 수 있게 된다.

3 STS316L 스테인리스강/압력용기용 탄소강의 FCAW(flux cored arc welding)

(1) KS STS316L은 18% Cr-12% Ni에 Mo을 약 2.5% 첨가한 오스테나이트 계열의 대표적

인 내열강으로서 주로 화력과 원자력 발전소의 증식로, 배관 및 밸브, 튜브를 비롯한 고온 구조물의 소재 등으로 사용된다. 압력용기용 탄소강 A516 Gr.70강은 용접성, 절삭성 및 가공성이 우수하며 저온 · 고온 압력용기, 저장용 탱크, 원자로냉각재 배관, 탑조류 등에 사용되고 있다.

(2) 판 두께 16mm의 STS316L과 A516 Gr.70강을 루트간격 3mm, 개선각 60°로 맞추어 이종금속 용접을 실시하였다. 용접와이어는 오스테나이트계 스테인리스강용인 KS ER309L MoT1-1을 사용하였으며, 초층은 GTAW용접으로, 2~4 패스는 100% CO_2 보호가스 분위기 하에서 플럭스코어드 와이어 아크 용접으로 위빙 용접하여 용접성을 평가하였다.

(3) 이종금속 용접부는 모두 FA(ferrite-austenite)모드로 응고되었고 미세조직은 VF(vermicular ferrite)와 일부 LF(lath ferrite)가 형성되었으며 용접 입열량이 증가함에 따라 페라이트가 조대화하였다.

(4) 이종금속 용접부에서 경도와 강도는 용접입열량이 증가할수록 감소하였다. 수평경도는 A516 Gr.70 강의 용접 열영향부에서 최고 경도 값을 나타냈으며, 수직경도는 패스와 용접입열량이 증가할수록 감소하였다. 한편 이종금속 용접부의 충격에너지는 용접입열량이 증가할수록 상승되었다.

4 STS304 스테인리스강/AISI 1018 탄소강의 GTAW(gas tungsten arc welding)

(1) STS304 스테인리스강과 AISI 1018 탄소강으로 이종금속 용접을 실시하면 용접시공 과정에서 고온으로 가열된 저합금강 용접금속이 급속냉각 과정을 거치면서 오스테나이트가 마르텐사이트로 변태를 하고 격자의 부피가 5% 정도 팽창하면서 변태응력에 의한 잔류응력이 발생한다. 따라서 이종금속 용접부의 인장잔류응력을 감소시켜 주기 위해서는 오스테나이트에서 마르텐사이트로 상변태가 시작되는 변태개시 온도(Ms)를 가능한 낮추고 용접부의 냉각이 완료되는 온도보다 약간 높은 온도에서 상변태가 종료되도록 하는 것이 필요하다.

(2) 미국 Clarkson university는 판 두께 3mm의 STS304 스테인리스강과 AISI 1018 탄소강을 GTAW법으로 용접전류 150A, 용접전압 18V, 용접속도 4mm/sec의 용접조건하에서 이종금속용접을 실시하여 용접부의 미세조직과 잔류응력의 분포를 평가하였다.

(3) 그 결과 AISI 1018/STS304을 사용한 이종금속재료 용접부의 미세조직은 Schaeffler Diagram을 사용하여 예측할 수 있다. AISI 1018 모재의 Cr_{eq}(0.3)과 Ni_{eq}(6), STS 304모재의 Cr_{eq}(20)과 Ni_{eq}(10), 그리고 AISI 1018 모재측의 희석률 43%와 STS304 모재측의 희석률 56%를 사용하여 Schaeffler Diagram에서 도출된 AISI 1018/STS304 이종금속재료 용접부의 미세조직은 마르텐사이트 조직을 나타냈다.

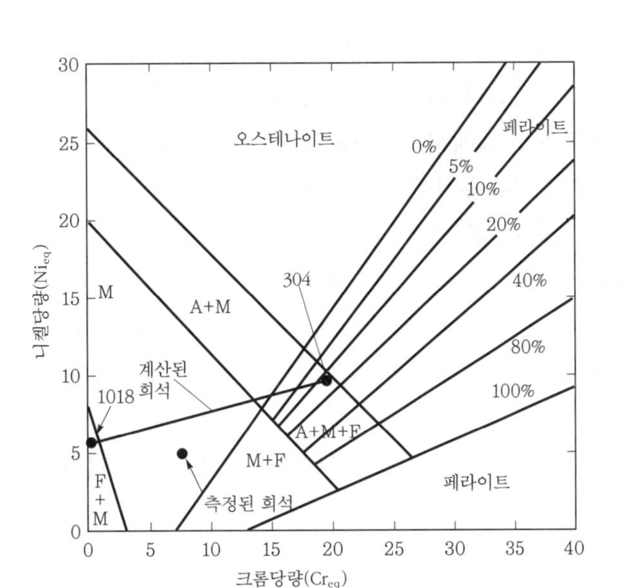

그림 1. Schaeffler Diagram을 사용하여 예측한 이종금속재료 용접부의 미세조직

(4) AISI 1018/STS304을 사용한 이종금속재료 용접부는 Schaeffler Diagram을 통해 분석된 바와 같이 용접금속 내에서 마르텐사이트 조직이 생성되었기 때문에 용접금속의 경도가 용접 열영향부보다 약 Hv200 정도로 급격하게 높은 분포를 나타냈다.

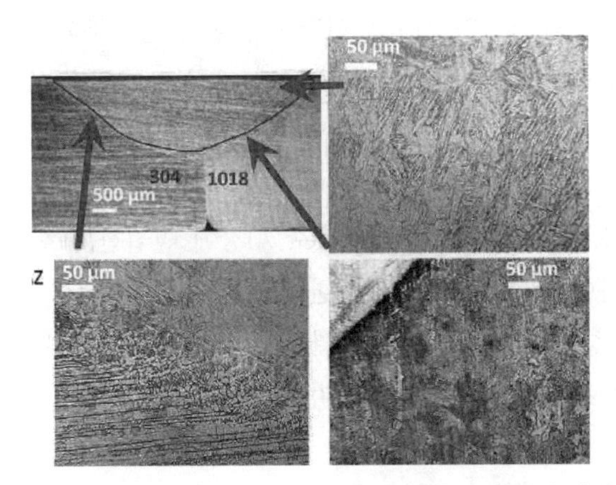

그림 2. AISI 1018/STS304 이종금속재료 용접부의 미세조직

(5) AISI 1018/STS304을 사용한 이종금속재료 용접부의 잔류응력 분포를 보면, AISI 1018측에서 잔류응력이 크게 감소되었다. 이것은 용접과정에서 열팽창계수가 높은 STS304측의 팽창에 따른 인장 하중이 AISI 1018측 용접부에 부가되고 STS304측은 압축상태가 되는 것에 기인한다.

(6) AISI 1018/STS304을 사용한 이종금속재료 용접부는 화학성분이 변하고 급랭을 거치면

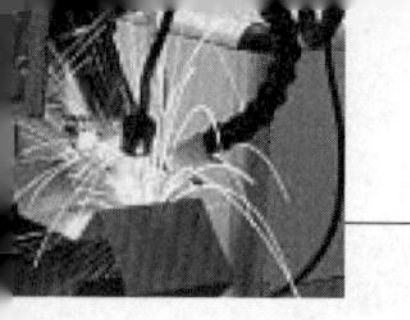

서 마르텐사이트 미세조직을 갖게 된다. 그런데 용접금속의 냉각과정에서 FCC(오스테나이트)격자가 BCC(마르텐사이트)격자로 상변태를 일으키면 체적의 팽창이 일어나게 되고, 용접금속 주변의 열영향부와 모재에서는 이와 같은 과정을 동시에 겪으면서 인장하중을 받게 되며, 그 결과 압축성분의 잔류응력이 남게 된다. 한편 STS347(18Cr-12Ni-Nb) 오스테나이트계 스테인리스강과 합금성분이 많은 ASTM A213 T22(2.25Cr-1Mo)강의 GTAW 이종금속 용접부에서 오스테나이트 조직과 마르텐사이트 조직이 혼합된 약 50~100㎛ 크기의 영역에서 경도분포가 Hv400 정도로 급격하게 변화되는 상태를 보이는데, 이 구간을 약 50mm 정도로 넓게 하여 이종금속재료 용접부의 경사기능을 강화시켜 주는 효과를 얻었다.

5 STS316L 스테인리스강/AISI 516-70 탄소강의 GTAW(gas tungsten arc welding)

KS STS316L은 Mo(2~3%)과 Cr, Ni을 함유하고 내식성과 내부식성이 우수한 오스테나이트계 스테인리스강으로서 해양구조물 설치에 널리 사용된다. A516강은 C를 0.21~0.26% 함유하는 탄소강으로 중 · 저온용 압력용기에 사용되고 있다.

판 두께 6mm의 STS316L과 A516 Gr.70강을 루트간격 2~3mm, 개선각 60°로 하여 이종금속 용접을 실시하였다. 용접와이어는 오스테나이트계 스테인리스강용인 직경 2mm의 KS ER309(AWS)를 사용하였으며, Ar보호가스 분위기 하에서 GTAW 직류역극성(DCRP)으로 용접전류 120~180A, 용접입열량 9.0~13.5kJ/cm의 용접조건을 적용하였다.

그 결과 이종금속 용접부에서 STS316L에 인접한 용접 열영향부와 용융선 부근의 페라이트 조직과 혼합역(mixed zone)의 미세조직은 용접입열량이 증가할수록 조대화되는 경향을 나타냈다.

용융선에 인접한 용접 열영향부에서는 경도가 높은 미세조직이 형성되면서 모재와 용접금속보다 높은 경도분포를 나타냈다. 이는 A516 Gr.70강에 인접한 용접 열영향부에서 상부 베이나이트와 페라이트 사이드플레이트를 포함한 경도가 높은 미세조직이 형성되었기 때문이다. 이종금속 용접부의 경도와 강도는 용접입열량이 낮을수록 높았다. 그리고 이종금속 용접부의 부식은 A516 Gr.70강측에서 발생하였으며 STS316L측에서는 발생하지 않았다.

55. 페라이트계 스테인리스강과 저탄소강/용융아연도금강을 저항점 용접으로 이종용접할 때 용접 열영향부의 특성

1 STS430 스테인리스강/DQSK 저탄소강의 저항점용접(spot welding)

(1) 개요

페라이트계 스테인리스강인 AISI430과 구조용 탄소강재인 DQSK(drawing quality special killed)강으로 구성된 이종금속재료 저항점용접부(Resistance Spot Welding)에서 용융부(fusion zone)를 통과하여 전파되는 계면손상(Interfacial failure)과 용접너깃이 분리되는 박리손상(Pullout failure)을 방지하고 품질을 확보하기 위해서는 용접전류를 포함하는 용접조건에 따른 용접부의 미세조직과 경도 등의 야금학적 특성이 중요하다. 판 두께 1.5mm인 AISI430 페라이트계 스테인리스강과 DQSK구조용 탄소강재의 저항점용접 조건은 가압력을 3.3kN, 용접부 너깃형성을 위한 통전전류를 6~11kA 범위에서 사용하였으며, AISI430 페라이트계 스테인리스강측의 용접부 조직을 그림 1에 나타냈다.

(2) 특성

용접 열영향부(HAZ)는 용접과정에서 최고 도달 온도의 분포에 따라 ① 100% δ-페라이트로 구성되는 고온역 용접 열영향부(HTHAZ, 그림 1D)와 ② δ-페라이트와 오스테나이트가 혼합된 저온역 용접 열영향부(LTHAZ, 그림 1E)로 구별된다. 고온역 용접 열영향부의 미세조직은 용융선(fusion line)과 가까울수록 결정립이 크게 성장한다.

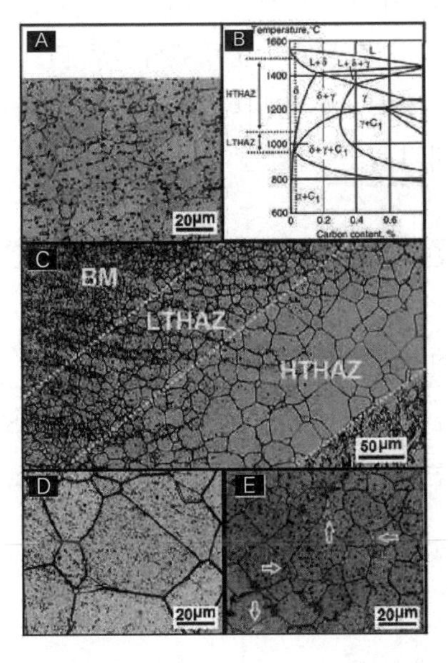

그림 1. AISI430 페라이트계 스테인리스강측의 용접부 조직

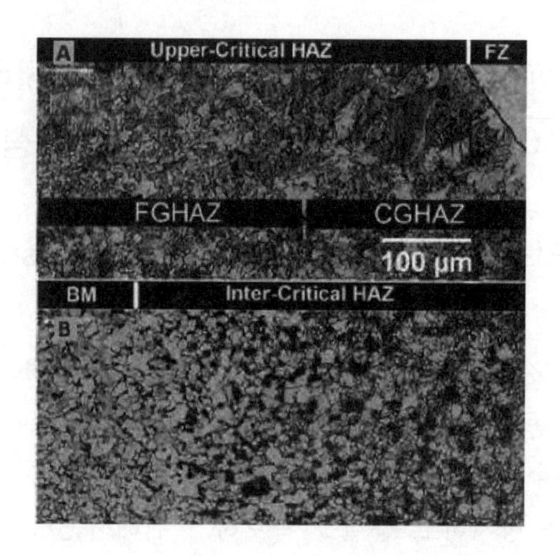

그림 2. DQSK 구조용 탄소강측의 용접부 조직

DQSK 구조용 탄소강측의 용접부 조직을 그림 2에 나타냈다. 용접 열영향부(HAZ)는 냉각과정에서 마르텐사이트 변태와 공석변태가 일어나는데, 용접과정에서 최고 도달 온도의 분포에 따라 ① 상부 임계 용접 열영향부(UCHAZ, 그림 2A)와 ② 임계간 용접 열영향부(UCHAZ, 그림 2B)로 구별된다. 한편 상부 임계 HAZ는 용접과정에서 최고 도달 온도의 크기에 의해 결정립이 조대한 용접 열영향부(CGHAZ)와 결정립이 미세한 용접 열영향부(FGHAZ)로 분리된다.

DQSK 구조용 탄소강 용접 열영향부의 경도는 모재보다 높다. 모재의 미세조직은 근본적으로 페라이트로 구성되어 있다. 결정립이 조대한 용접 열영향부의 경도가 모재에 비해 높은 것은 이들 지역에 마르텐사이트와 펄라이트 미세조직이 생성되었기 때문이다. 한편 용융부(fusion zone)에 Cr성분이 풍부한 경화성의 마르텐사이트 미세조직이 생성됨에 따라 용융부의 경도는 용접 열영향부와 모재보다 높게 나타났다. 치환형 고용강화 원소인 Cr성분은 페라이트와 마르텐사이트를 강화시켜 주는 역할을 한다.

2 STS430 스테인리스강/용융아연도금강의 저항점용접(spot welding)

(1) 개요

탄소강에 용융아연도금 공정을 거쳐 생산되는 강재로서 내식성과 표면품질이 우수한 용융아연도금강판(Galvanized stlle)과 페라이트계 스테인리스강인 STS430으로 구성된 이종금속재료 저항점용접부에 요구되는 특성으로는 용접부의 인장강도, 용접부 외관품질, 연속타점 전극수명 등이 필요하다.

(2) 특성

저항점용접의 가압력을 2.25~2.45kN으로 변화시켰으며, 용접부 너깃형성을 위한 1단

통전전류를 4~6kA(통전시간 7cycle), 열처리를 위한 2단 통전전류를 5~9.5kA(통전시간 11cycle)로 변화시켰다. 그 결과에 의하면 1단 통전에 따른 저항점용접부는 너깃의 화학조성 변화와 급속응고에 의한 마르텐사이트 생성, 그리고 용접 중 가압에 의한 응력증가에 의해 경도가 상승한다.

즉, 1단 통전에 의해 형성된 너깃은 원 모재인 STS430 페라이트계 스테인리스강보다 Cr함유량이 낮아져서 그림 3에 표시된 line A보다 페라이트+오스테나이트 영역이 넓어진 line B를 따라 응고가 빠른 속도로 진행되는데, 이 과정에서 오스테나이트가 마르텐사이트로 상변태를 일으켜서 응고가 완료된 용접너깃의 미세조직은 페라이트+마르텐사이트의 혼합조직을 갖게 된다.

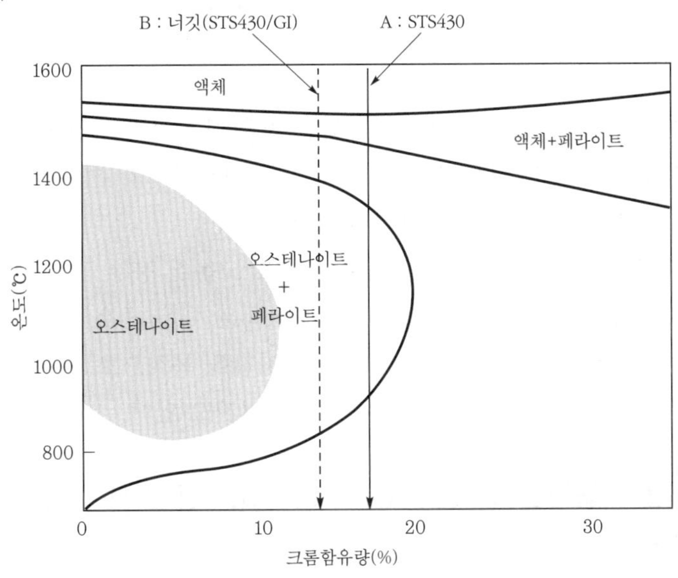

그림 3. STS430 스테인리스강의 Phase Diagram

3 결론

내식성이 요구되는 조선 및 해양구조물, 정유산업이나 에너지산업 등에서 설비 전체를 스테인리스강 단독으로 제작하는 것보다는 설비의 내식성을 확보하기 위해 탄소강 구조물에 스테인리스강을 적용하는 이종금속재료 용접구조물로 제작하는 것이 설비의 경제성과 사용성능을 높이는 데 효과적이다.

스테인리스강과 탄소강을 사용하는 이종재료를 용접하는 경우에는 용접부의 성능이 저하되지 않도록 스테인리스강과 탄소강 용접모재간의 밀도, 비열, 열전도, 도전율 등 물리적 성질과 화학성분, 그리고 용접부의 미세조직, 기계적 성질 및 내식성에 대한 종합적인 분석과 검토가 필요하다.

특히 이종금속 용접부에서 조기손상의 주요 원인 중의 하나로 페라이트강/스테인리스강 이종금속용접 계면에서의 탄화물의 생성을 억제해야 한다. 스테인리스강/연강 이종재료 이

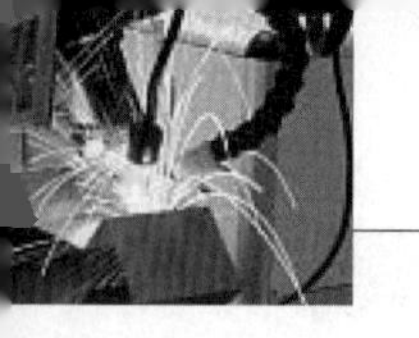

음부의 구속도가 높으면 용접 시 가열과 냉각에 의해 용접부에 높은 수준의 구속응력이 도입되면서 용접금속과 용접 열영향부에 용접균열이 발생할 가능성이 크게 증가한다. 이를 방지하기 위해서는 용접입열량을 낮추거나 또는 용접 전에 예열을 실시하여 용접부의 냉각속도를 느리게 만들어 주는 것이 효과적이다.

56. 솔리드 와이어를 사용하는 MAG(Metal Active Gas)용접 시 스패터(spatter)의 저감방안

1 개요

소모성 전극을 사용하는 GMA(gas metal arc)용접은 높은 생산성과 자동화 효율로 널리 이용되고 있다. GMA 용접 공정의 개선은 스패터 저감(또는 전극금속의 손실 저감), 용접 비드 외관 및 용접 금속과 열영향부의 성질을 향상시키는 것이다.

최근 들어 에너지의 절약과 인건비의 상승 문제 그리고 고품질 용접 및 생산성 향상 등에 관심이 높아지고 있어, 위와 같은 용접공정의 개선의 노력은 매우 중요하다. 용접공정의 개선은 용접재료의 개발도 있지만, 단락이행에서 스패터 저감을 목적으로 전류 파형제어 기술을 바탕으로 하는 용접전원 장치의 개발도 활발하게 이루어지고 있다.

2 솔리드 와이어를 사용하는 MAG(Metal Active Gas)용접 시 스패터(spatter)의 저감방안

단락이행에서 전류 파형제어의 기본원리는 스패터가 발생하는 순간에 전류를 낮추어 스패터의 발생을 억제하는 것이다. 그러나 이러한 전류 파형제어 기술은 단락 시 전류의 상승이 불가피하고, 이로 인하여 입열이 증가하므로 저 입열이 필요한 초 박판 용접에 적용이 어려우며, 외란이 있을 경우 정밀한 파형제어가 어려워져 스패터를 현저하게 줄이는 것이 어렵고 나아가 고속용접에 적용하는 것도 쉽지 않다.

전류 파형제어 기술의 단점을 극복할 수 있는 방법은 전류 파형제어와 동시에 기계적 제어를 행하는 것이다. 기계적 제어 기술은 와이어의 펄스화된 송급을 통하여 강제적으로 아크 및 단락 주기를 제어하는 것으로, 단락주기가 일정하여 아크와 단락의 시점을 예측할 수 있으므로 전류 파형제어를 정확하게 할 수 있도록 도와줄 수 있다.

기계적 제어 기술은 1980년대 초 구소련에서 토치의 바이브레이션을 통하여 와이어의 송급 속도를 제어하였으나, 장치가 매우 복잡하고 자동화가 어려워 실용화되지 못하였다. 그러나 최근 소형화된 고출력의 스텝모터(step motor) 및 서보모터(servo motor)를 이용하여 직접 와이어의 모션을 제어함으로써 2000년 초반에 Fronius 사의 CMT(cold metal transfer) 및

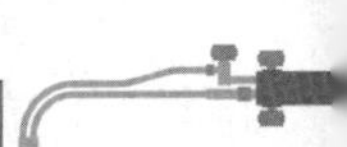

Jetline 사의 CSC(controlled short circuit)기법이 실용화되었다.

이 기계적 제어 기술은 단락 시 최소한의 전류에서 금속이행이 가능하기 때문에 기존의 펄스용접에 비해 약 10~20% 더 얇은 박판의 용접이 가능한 것으로 보고되고 있다.

57. 안정화 처리한 오스테나이트계 스테인리스강인 STS347과 STS321의 특징을 화학성분의 관점에서 설명하고, 안전화 처리한 강의 용접 열영향부(HAZ)에 발생하는 입계부식 특성을 오스테나이트계 스테인리스강인 STS304와 비교하고 설명

1 오스테나이트계 스테인리스강의 종류 및 특성

오스테나이트계 스테인리스강의 조성은 일반적으로 16~25% Cr과 7~20% Ni를 함유한 Fe-Cr-Ni의 삼원계를 중심으로 한다. Fe-C 합금에 Cr과 Ni를 첨가한 경우 평형상태도를 그림 1에 나타내었다.

Cr은 페라이트(α-Fe, δ-Fe)조직을 안정화시켜 그림 1(b)와 같이 폐오스테나이트루프(closed γ loop)를 형성시킨다. Ni는 오스테나이트(γ-Fe)조직의 안정 구역을 확장하고, 마르텐사이트 조직이 형성되기 시작하는 온도를 낮추어 그림 1(c)에서와 같이 상온에서 오스테나이트 조직을 안정화시킨다.

페라이트는 Cr-rich상이고 오스테나이트는 Ni-rich 상임을 알 수 있다. 그러나 2상의 경계 boundary layer에서는 Cr과 Ni의 조성이 상의 중심과 차이가 있음을 확인할 수 있다. 이는 오스테나이트계 스테인리스강에서 Cr, Ni 등의 합금원소의 확산속도가 빠르지 않음을 증명하고, 이 현상은 예민화(sensitization) 현상을 일으키는 원인이 되기도 한다.

오스테나이트계 스테인리스강은 합금 원소의 조성에 따라서 냉간가공 후 마르텐사이트 조직으로 변태할 수 있는 준안정성 오스테나이트계 스테인리스강, 냉간가공 전후 조직의 변화가 없는 안정성 오스테나이트계 스테인리스강이 있다. 또한 합금의 조성에 따라서 취성을 나타내는 σ(시그마)-상이나 x-상이 나타나며, 이러한 상의 석출은 상온에서 오스테나이트계 스테인리스강의 충격인성을 저하시키는 요인이 된다.

오스테나이트 조직은 온도가 낮아짐에 따라 C고용량이 급격히 감소한다. 냉각속도가 충분히 느린 경우, 후열처리를 하는 경우 또는 용접 열이력을 가한 경우 결정립계를 따라 탄화물이 석출하여 강의 내식성이 감소된다. 이를 극복하기 위하여 STS 321, 347, 348 등의 재료는 Ti이나 Nb를 첨가하여 Cr탄화물의 결정립계 석출을 방지한다. 또한 C의 함량을 0.03% 이하로 낮추어 탄화물의 석출을 억제한 저탄소 오스테나이트 스테인리스강(304L, 316L)이 개발되었다.

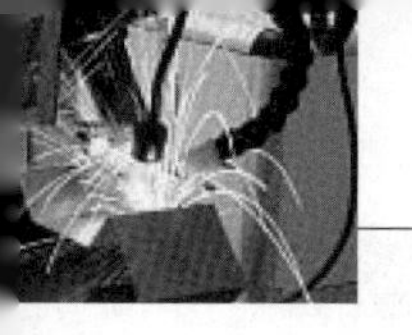

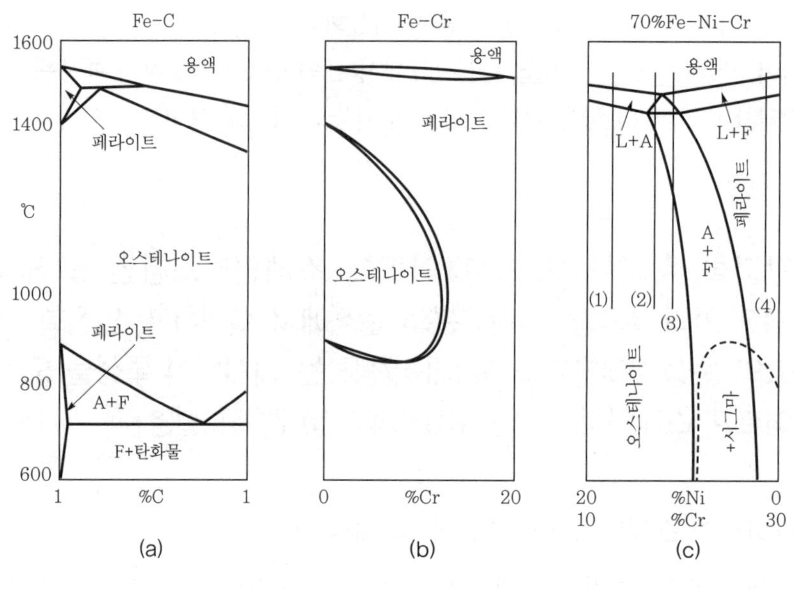

그림 1. 평형상태도

저탄소 오스테나이트계 스테인리스강의 경우에는 항복응력이 낮아지며, 이를 보완하기 위하여 0.18%까지 N을 첨가시킨 저탄소 오스테나이트계 스테인리스강(304LN, 316LN)도 있다. 기존의 스테인리스강은 우수한 내식성에도 불구하고 고온 또는 염화물의 농도가 높은 가혹한 환경에서는 국부부식 발생이 우려된다.

이를 개선하기 위한 합금원소 개량의 결과로 고급화된 슈퍼오스테나이트 스테인리스강이 개발되었다. 슈퍼오스테나이트계 스테인리스강은 일반적으로 Cr≥20wt.%, Mo≥5wt% 그리고 N≥0.15 wt.%를 함유하고 있다.

오스테나이트계 스테인리스강은 일반적으로 내식성이 우수하고 연성 및 내열성이 우수할 뿐 아니라 용접성도 양호하다. 그러나 오스테나이트 미세조직의 안정화 및 내공식성 개선을 위해 다량 함유시킨 Mo와 Cr은 사용 중 또는 용접공정 후 열이력의 증가와 더불어 σ-상과 x-상 같은 Cr-rich 또는 Mo-rich 석출물을 생성시켜 내식성과 인성을 크게 저하시킬 수 있다는 우려가 있다.

2 탄화물의 석출에 따른 용접부식

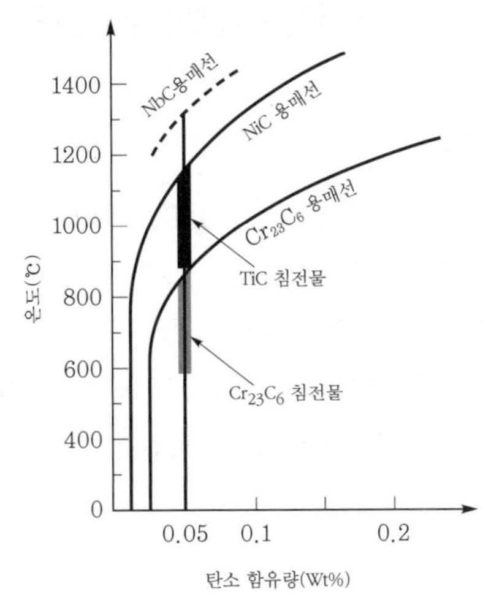

그림 2. 304 스테인리스강에 대한 탄소의 상태도

상온에서 오스테나이트 조직의 C용해도는 대단히 낮으며, Cr과 Fe와의 친화력이 강하기 때문에 $M_{23}C_6$ 형태의 탄화물을 쉽게 형성한다. 따라서 0.05% 이상의 C가 함유된 오스테나이트계 스테인리스강의 열영향부(HAZ)는 입계부식(intergranular corrosion) 형태의 용접부식에 노출되기 쉽다. 입계부식은 입계에 쉽게 생성되는 Cr-Fe 복합탄화물의 석출로 인해 주위에 Cr결핍층이 생성되는 예민화(sensitization) 영역 때문에 발생한다. 탄화물이 석출되는 온도는 그림 2에서와 같이 합금원소에 따라 다르다. $M_{23}C_6$ 탄화물은 600~850℃, TiC 탄화물은 900~1100℃, NbC 탄화물은 1100~1300℃ 온도영역에서 주로 석출이 된다.

용접 시편에서 탄화물의 석출에 따른 영향은 용접부의 위치에 따라 다르게 나타난다. 용접부 내부와 용접부 경계에서 인접한 열영향부에서는 용접 시 최고온도가 탄화물 석출 온도보다 높고 냉각속도도 매우 높기 때문에 탄화물 석출이 쉽지 않고 용접부식(weld decay)도 발생하지 않는다.

그러나 용접부 경계에서 조금 떨어진 열영향부에서는 용접 시 최고온도가 탄화물 석출온도와 일치하고 예민화 온도에서 지체되는 시간이 증가하여 탄화물이 석출될 수 있고 용접부식에 대한 위험이 크다. 용접부 경계에서 멀리 떨어진 열영향부에서는 용접 시 최고온도가 탄화물 석출 가능 온도 영역보다 낮기 때문에 용접부식의 우려가 없다. 용접부식이 발생하는 예민화 영역을 줄일 수 있는 방법은 강한 탄화물 석출 원소(Ti, Nb, Mo)를 합금원소로 첨가하거나 탄소의 함량을 줄이거나 용접 입열량을 줄이는 방법이 일반적이다.

58. 용접현장에 고장력강 후판을 용접하는 경우, 패스간 온도 (inter-pass temp.)의 상한을 규제하는 이유

1 층간온도의 정의와 규제이유

층간이란 용접의 층(PASS)과 층 사이를 뜻하는 것으로, 1개의 층을 용접한 후에 그 다음 층을 용접하기 전에 앞서의 층이 갖는 온도를 층간온도라고 한다.

예를 들어 오스테나이트 스테인리스강의 층간온도를 175℃로 규정한다는 의미는 175℃ 이하로 유지하여 용접부위가 빨리 냉각되도록 하여 425~870℃ 범위에 머무르는 시간을 가능하면 적게 하기 위한 것이다(입계부식을 방지하기 위함).

2 층간온도 결정방법

각 CODE 또는 발주자의 요구에 따라 시행하며, 일반적인 내용을 정리하면 다음과 같다.

(1) 스테인리스강과 비철금속 : 177℃를 원칙으로 하고 260℃를 넘지 않아야 한다.

(2) 탄소강과 저 합금강 : 427℃를 원칙으로 하며, impact test가 있는 경우나 overlay인 경우는 PQ test의 최대 pass간 온도보다 56℃ 이상 증가할 수 없다.

(3) 조질강의 층간온도를 최고 230℃로 규정하고 있다.

(4) AWS D1.1 CODE에서 조질강 ASTM A709는 최대 268℃로 규정하고 있다.

(5) ASME CODE에서는 예열 및 후열에 대한 규정은 있으나 층간 온도에 대한 명확한 규정은 없다.

3 예열과의 관계

예열이 최소 몇 ℃ 이상이라고 규정하는 것(하한치 규정)과는 상반된 의미를 지니며, 층간온도가 너무 높으면 냉각속도가 느려져 대입열 용접의 경우와 같이 조직이 조대화 및 취화의 문제가 생기므로 PASS간 온도의 상한치를 규정한다.

4 층간온도 유지방법

온도쵸크(chalk)나 온도지시계(pyrometer)를 사용하여 측정하면서 pass간 온도의 상한을 유지한다.

59. 판 두께 16mm 강판을 맞대기(Butt-Joint)용접하는 경우, 3패스(3-Pass)로 용접하는 방법과 5패스(5-Pass)로 용접하는 방법 중 어느 쪽 용접부의 충격치가 높은지 쓰고, 그 이유를 설명

1 개요

기계구조물의 고강도강의 사용이 증가함에 따라 용접부의 피로파괴 평가 시 잔류응력 및 변형 등의 초기 결함을 고려한 설계에 대한 요구가 점차 증가하고 있다. 이러한 경향은 기계구조물의 신뢰성 및 효율 향상을 위한 사용, 운전 조건의 가혹화 그리고 환경문제 등에 기인하여 점점 더 강화될 것으로 예상된다. 용접부에서는 용접 열에 의한 용융 및 응고과정에서 수축이 일어나기 때문에 용접 후 변형과 잔류응력이 발생한다. 용접부의 변형은 용접구조물의 치수 정밀도에 영향을 미칠 뿐만 아니라 제품의 가치를 저하시킨다.

2 판 두께 16mm 강판을 맞대기(Butt-Joint)용접하는 경우, 3패스(3-Pass)로 용접하는 방법과 5패스(5-Pass)로 용접하는 방법 중 어느 쪽 용접부의 충격치가 높은지 쓰고, 그 이유를 설명

그림 1은 각각 맞대기 및 필릿이음 용접비드부의 각 패스별 비드형상 및 추출된 비드형상을 나타낸 것인데, 용융점인 1465℃를 기준으로 각 용융부(fusion zone)와 열영향부(heat affect zone)를 패스별로 구분하여 해석결과를 도시하였으며, 최종적인 비드형상과 매우 일치함을 확인할 수 있었다. 충격치의 시간에 대한 패스별 온도분포를 나타낸다.

맞대기이음부의 경우로 1-3pass의 경우 모재 윗면은 용융이 되지 않은 관계로 해석상의 결과로는 850℃ 이하로 나타나는 것을 알 수 있으며, 2-3pass 및 4-5pass의 경우 이전 패스의 용융부의 일부분이 다음 패스의 용접에 의해 재 용융됨으로 다음 패스에서 이전 패스의 열영향부의 크기가 결정되는 것을 확인할 수 있다.

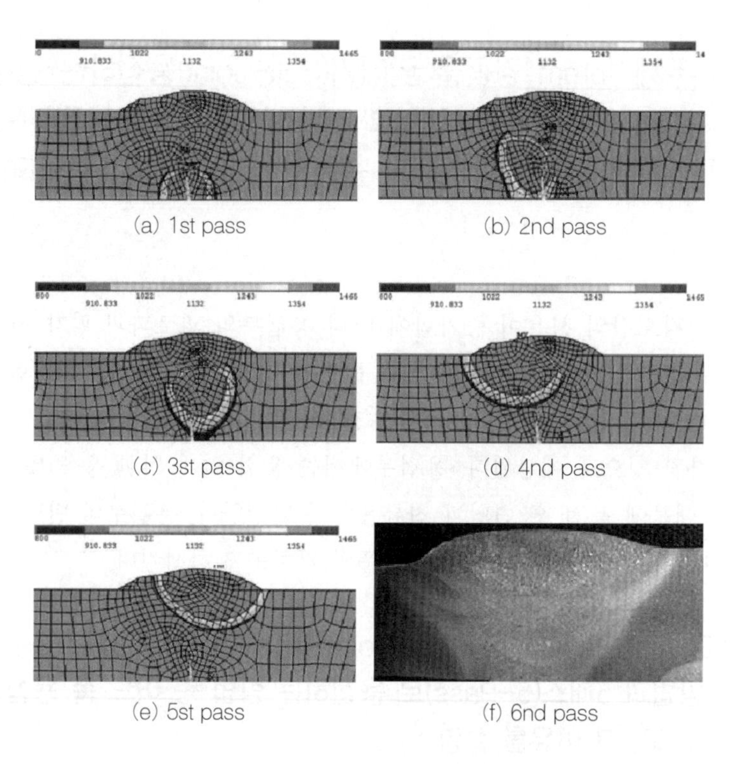

(a) 1st pass (b) 2nd pass
(c) 3st pass (d) 4nd pass
(e) 5st pass (f) 6nd pass

그림 1. 버트조인트의 열 이동경로 분석

다층 용접금속의 충격인성의 해석은 매우 복잡하며, 조직 자체의 요인 이외에도 후속 패스에 의한 재가열 영역의 존재가 인성을 향상시키는 또 다른 요인으로 작용함을 알 수 있다. 한편 입열이 일정하고 패스간 온도만을 변경하여 시험한 경우는 적층이 동일하여 재가열 영역의 존재도 동일하다. 따라서 재가열 영역의 존재가 큰 영향을 미치지 않아 충격인성은 패스간 온도의 증가에 따라 지속적으로 저하한다. 하지만 입열을 변경하는 경우는 적층이 달라져 재가열 영역의 존재가 큰 영향을 미치게 되는 것이다. 따라서 입열을 변경하여 다층용접하는 경우 용접금속 충격인성 향상을 위해서는 적층관리도 중요함을 알 수 있다.

60. PREN(Pitting Resistance Equivalent Number)에 대해 설명

1 내공식지수(PREN : Pitting Resistance Equivalent Number)

스테인리스강의 내식성을 평가하는 여러 지수 중 Pitting에 대한 내성을 평가하는 값이 PRE이다. PRE값이 30 이상이면 해안지역에서 사용가능하며, 특히 PRE지수가 40 이상인 경우에는 다량의 Mo와 N을 첨가하여 만든 제품으로 원자력발전소, 탈황설비, 해수설비 및 화학

Plant 등 고내식 환경에서 주로 사용되는 Super Stainless Steel이 있다.

$$PREN=Cr+3.3Mo+(16\sim30)N$$

여기서, Cr : 크롬 함유량

Mo : 몰리브덴 함유량

N : 질소 함유량

Pitting Resistance Equivalent Number(PREN)은 공식에 대한 스테인리스 저항 강종을 비교하여 PREN 수치를 계산한 것으로 저항이 높을수록 수치도 높다(그러나 단지 PREN 만으로 강종적용을 예측할 수는 없음).

표 1. 강종별 PREN

Steel grade	PREN
1.4003	10.5~12.5
1.4016	16.0~18.0
1.4301	17.5~20.8
1.4311	19.4~23.0
1.4401/4	23.1~28.5
1.4406	25.0~30.3
1.4439	31.6~38.5
1.4539	32.2~39.9
1.4547	42.2~47.6
1.4529	41.2~48.1
1.4362	23.1~29.2
1.4462	30.8~38.1
1.4410	>40
1.4501	>40

61. 오스테나이트계 스테인리스강을 활용하여 기기 제작 또는 시공 시 요구되는 용체화 열처리(Solution Heat Treatment)

1 개요

그림 1과 같이 오스테나이트 스테인리스강은 크롬탄화물이 발생하여 크롬 공핍영역이 발생하는 예민화가 될 가능성이 있다. 이와 같이 예민화가 진행된 스테인리스강은 입계균열부식 등이 발생할 수 있다. 용체화 열처리를 수행하면 크롬탄화물들이 용해되어 이러한 예민화를 방지하는 것은 널리 알려진 사실이다.

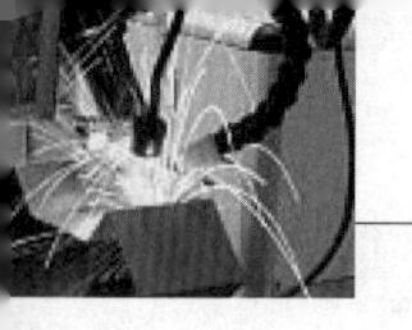

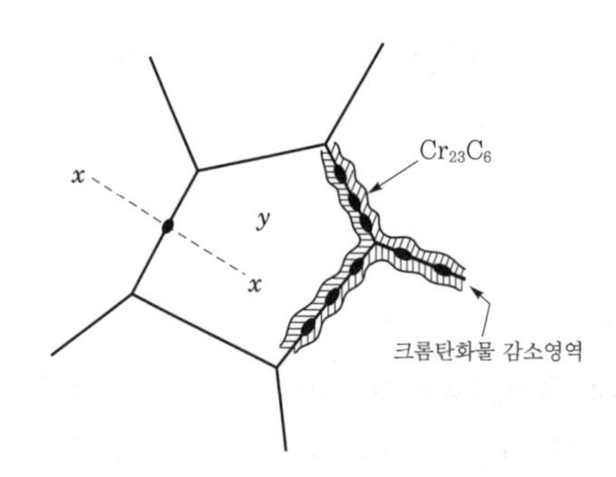

그림 1. 입자 경계부에서 크롬과 카바이드 성분

2 오스테나이트 스테인리스강의 용체화 열처리

오스테나이트 스테인리스강은 용체화 풀림(Solution annealing)처리를 해야 하며, 이 처리는 일반적으로 1,150℃에서 약 10분 동안 유지한 후에 물속에 급랭한다. 안정화 열처리(Stabilizing heat treatment)는 일반적으로 885±15℃에서 4시간 동안 유지한 다음 공기 중에서 냉각한다.

용체화 처리는 오스테나이트 스테인리스강의 강도, 가공성 향상, 내식성 개선, 수명연장을 위해 처리한다.

62. 폭발압접 원리와 정상적인 폭발압접일 경우 발생되는 접합계면의 금속조직 형태

1 원리

폭발접합은 폭약의 폭발로 발생되는 순간적인 높은 충격에너지를 이용하여 금속을 접합시키는 고상접합(soild state welding) 방법의 일종으로 접합시공은 그림 1에 나타냈는데 경사법(inclined arrangement)과 평행법(paralled arrangement)이 있다. 모재(parent plate)와 접합재(flyer plate)를 anvil 위에 일정한 간격(stand off) 또는 일정한 각도를 유지하도록 설치하고 폭약의 폭발로부터 접합재의 표면을 보호하기 위하여 완충재(buffer)을 접합재의 표면에 덮는다.

그리고 그 위에 적당량의 폭약을 도포한 다음 그 일단에 설치된 뇌관으로 기폭하여 화약을 폭발시키면 접합재가 일정한 각도로 모재에 고속으로 충돌함으로써 모재 표면에서 접합이 이루어지게 된다. 폭발접합의 원리는 폭약의 폭발로 접합재와 모재 사이에서 발생한 jet에 의해 접합표면에 존재하는 오염층이 제거되어 접합에 필요한 표면이 얻어지고, 동시에 폭약의 폭발 시 생긴 높은 폭발압력에 의해 접합되기 때문에 폭발접합을 위해서는 금속제트(metal

jet)의 발생은 필수적이다.

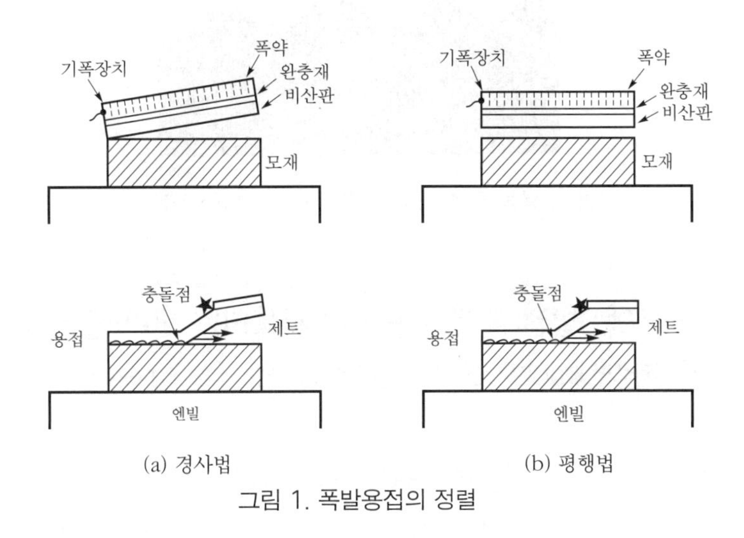

그림 1. 폭발용접의 정렬

2 폭발압접 원리와 정상적인 폭발압접일 경우 발생되는 접합계면의 금속조직 형태

폭발접합된 금속의 접합계면은 규칙적인 파동의 형태를 띠는 것이 특징이다. 폭발접합 과정에서 접합재와 모재의 충돌점에서 발생되는 압력이 접합되는 금속의 전단강도에 비해 훨씬 크기 때문에 금속은 유체와 같은 거동을 하여 소성적으로 흐르게 되는데, 접합계면의 파동은 유체가 장애물 주위를 흐르는 모습과 비슷하여 유속이 느릴 경우 유체가 장애물 주위를 유연하게 흐르지만 유속이 빠를 경우 유체는 장애물 주위에서 급격한 요동을 하는 모습과 비슷하다. 폭발접합의 경우는 충돌점에서의 높은 압력이 장애물 역할을 한다.

이 파동은 모재에서의 이송속도가 어떤 임계값 이상인 경우에 생기게 되는데, 이 임계값 이하에서는 접합공정과 관련된 접합변수들이 약간만 변화하여도 접합계면에서 미접합부가 생길 수가 있다. 그림 2에서 금속이 고화된 포켓이 존재할 수가 있는데 이는 제트를 형성하고 있는 접합재와 모재의 성분으로 이루어져 있으며, 접합과정에서 접합재의 운동에너지 일부가 열로 변화함으로 인해 접합계면에서 온도가 급상승하여 제트 재료의 일부가 용융되어 급랭한 부분이다.

이의 특성은 폭발접합된 두 금속이 고용체를 형성할 경우는 연성을 갖게 되지만 금속간화합물을 형성할 경우에는 매우 취약하여 접합부의 성능에 많은 영향을 끼치게 된다.

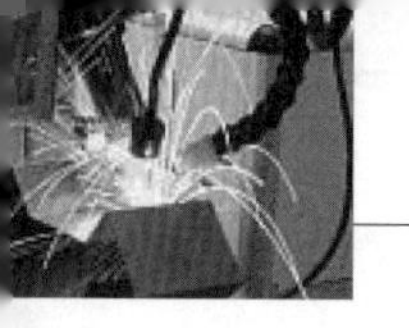

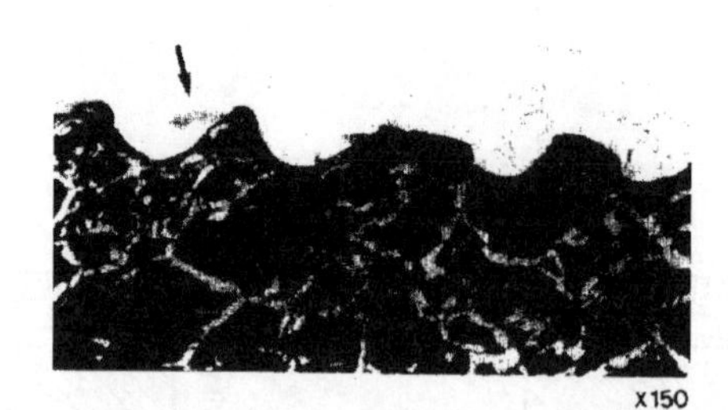

그림 2. 황동(6:4)에 대한 폭발용접에 의한 카본 포켓

63. 화공 또는 발전 플랜트 등에서 사용되는 배관 용접물의 모의용접 후열처리(Simulated Post Weld Heat Treatment)

1 용접 후 열처리(PWHT : Post Weld Heat Treatment)

배관, 밸브 등 철강 기기의 제작과정 또는 원전 현장에 설치 과정에서 용접을 하게 될 경우 열로 인해 잔류응력(Residual Stress)이 발생되므로 이를 제거하기 위해 용접 후 해당기기에 적정한 열을 가해준다.

2 모의후열처리(S-PWHT : Simulated Post Weld Heat Treatment)

용접 후 열처리를 장시간 고온에서 실시할 경우 재료의 성질이 변화될 수 있으므로, 기기 제작 시 모재와 동일한 시편을 제작하여 모의로 일정 시간과 온도 하에 열처리한 후 재료의 성질이 기준을 만족하는지를 재료시험(인장, 충격시험)을 통해 확인하고 그 결과를 기록하여 기기 납품 시 제출하며 기기의 제작 및 현장 시공과정에서 용접 후 열처리를 할 때는 모의후열처리한 시간과 온도의 범위 내에서 후열처리를 실시해야 한다.

64. 용접 시 용접금속에 흡수되는 질소와 수소, 산소가 용접부에 미치는 영향

1 수소의 영향

용접금속 내에는 일반강재에 비해 수소량이 10^3~10^4배로 존재하고 이들 수소는 여러 가지 문제점들을 만들어낸다.

(1) 수소 취성

철이 수소를 용해하면 취화하여 연성이 저하하고, 단면 수축률의 감소 등을 일으켜 그 기계적 성질을 저하한다. 그러나 극저온 혹은 급속 부하의 경우에는 수소의 확산 속도가 늦기 때문에 취성이 나타나지 않는 경우도 있다. 용접 금속 중의 수소는 시간이 경과(응고가 진행됨)함에 따라 농도가 낮은 쪽으로 확산하여 간다. 용융선상의 HAZ부가 가장 경화도가 높고 수소 취화를 일으키므로 파단 강도는 저하하고 용접부에 가해지는 인장 잔류 응력에 따라 어느 정도의 잠복기간을 거쳐 균열이 일어난다.

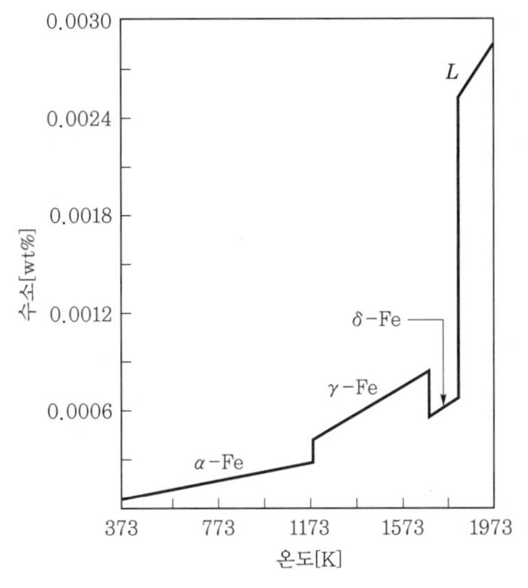

그림 1. 강중의 수소 용해도(1atm, H_2)

이 수소 취화는 다음과 같은 특성을 보인다.

1) 약 -150℃~150℃ 사이에서 일어나며, 실온보다 약간 낮은 온도에서 취화의 정도가 제일 현저하다.
2) 견고하고 강한 재질일수록 취화의 정도가 현저하다.
3) 잠복기간을 거쳐서 용접 균열이 일어난다.

이러한 수소 취성은 전기 도금을 실시한 고장력 강재의 경우에도 심각한 문제를 일으킬 수 있다. 도금 과정에서 침입된 수소에 의해 강재의 파단 강도가 약 1/5 정도가 되기도 한다.

(2) Under Bead Cracking

용접 Bead직하의 열 영향부에서 발생하는 균열로 이것은 용접 금속으로부터 확산된 수소가 주요 원인이다. 급랭 상태의 용접 조직에서 수소가 외부로 방출되지 못하고 모재 쪽으로 향한 수소는 Bond 인접부까지 확산하여 Bond부분에서 수소가 집중하게 된다. 집중된 수소는 수소 취화를 일으키고 내부 응력과의 상호 작용에 의해 균열을 발생시킨다. 이 균열은 열 영향부가 경화된 경우 쉽게 발생하며, 용접부의 Ms점 근방의 냉각 속도에 영향을 크게 받는다. 이와 같은 수소 취성을 방지하기 위해서는 기본적으로 수소의 방출 시간을 가능한 길게 하고, 수소의 용해량을 작게 하는 것이다.

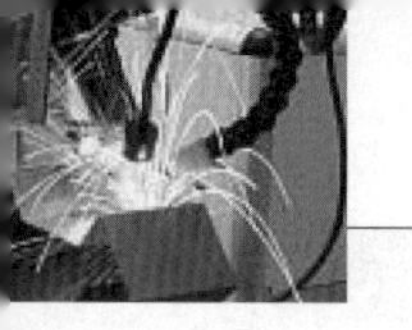

즉, Arc용접에서 입열을 크게 하여 용융금속의 고온 유지 시간을 길게 함으로써 수소의 방출을 촉진시킬 수 있으며, 수소 균열을 일으킬 수 있는 마르텐사이트 조직의 석출을 저지할 수 있다. 또한 용접 전후에 예열과 후열을 실시하여 같은 효과를 기대한다.

(3) Fish Eye(銀点)

용접부를 파단한 경우 파단면에 Fish Eye상의 점으로 수소가 존재하는 경우에 잘 발생된다. 이것은 수소가 용접금속내의 공공 및 비금속 개재물 주변에 집중되어 취화를 일으켜 시험편을 파단하면 국부적인 취화 파면으로 관찰된다. 파단면에 고기의 눈과 같이 원형으로 수소가 집중(석출)되어 있기 때문에 Fish Eye라고 불린다.

(4) 미소 균열

수소를 많이 함유한 용접금속 내부에는 0.01~0.1mm 정도의 미소 균열이 다수 발생하여 용접금속의 굽힘강도를 저하시키는 경우가 있다. 이 미소균열은 비금속 개재물의 주변 및 결정 입계의 열간 미소 균열 등에 수소가 집적되어 발생된다. 이로 인해 용착 금속의 연성이 저하되고 피로강도 및 굽힘강도가 저하한다.

(5) 선상 조직(Ice Flow Like Structure)

이것도 수소가 국부적으로 집중하여 존재하는 현상으로 Fish Eye에 비해 가늘고 긴 선상으로 석출하여 용착 금속 중의 SiO_2 등의 개재물 및 기포 주변에 많이 집중되어 전술한 각 현상과 마찬가지로 용접 금속의 연성을 저하시켜 취성 파괴의 원인이 된다.

2 질소의 영향

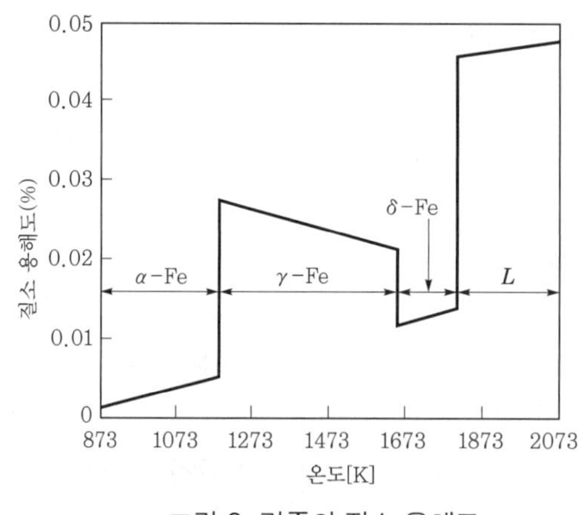

그림 2. 강중의 질소 용해도

용접 금속 중에 가스가 침입하거나 기타 가공 또는 열처리에 의해서 용접 금속의 기계적

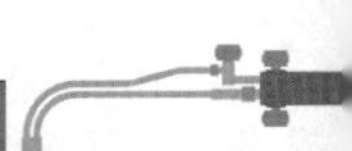

성질, 특히 연성이나 인성이 저하하는 현상을 취화라고 한다. 용접 금속 내에 산소는 고용하지 않고 산화물로서 존재하지만 질소는 질화물로서 존재하는 동시에 고용되어 있어서 이로 인해 다음과 같은 문제점들이 예상될 수 있다.

(1) 석출 경화

강(Steel)을 저온에서 Tempering하면 시간의 경과와 더불어 경도가 증가한다. 이것은 소입할 때 과포화 고용된 질소 및 탄소가 각각 질화물 및 탄화물로 석출되어 경화를 일으키기 때문이다. 산소는 고체 상태의 철에 고용되지 않기 때문에 응고부 석출현상을 일으키지 않지만, 질소의 확산을 조장하여 질화물의 생성을 용이하게 하여 석출 경화를 조장한다고 보고되어져 있다.

(2) Quench Aging

강중의 산소, 질소, 탄소의 용해도는 저온에서 급격히 감소하기 때문에 약 600℃ 이상에서 급랭하면 이들의 원소가 과포화 상태에서 서서히 석출하는 현상을 일으킨다. 이것이 담금질 시효(Quench Aging)이다.

(3) Strain Aging

냉간 가공된 강을 실온에서 장시간 방치하거나 저온에서 가열(Tempering)하면 시간의 증가와 함께 경도가 증가하고 신율 및 충격치가 저하하는 현상이다. 냉간 가공의 Slip으로 전위가 증가한 곳에 산소나 질소가 집적되어 전위 이동을 방해한다. 냉간 가공 후 일어나는 시효현상을 변형 시효(Strain Aging)라고 한다.

질소의 증가와 더불어 충격값의 저하율은 증가하고 동일한 질소량에서 탄소량의 증가에 따라 충격값의 저하율은 감소한다. 산소도 Strain Aging을 조장하지만 그 영향은 질소보다 적다. 용접 금속이 급랭되면 내부 응력(변형)이 남게 되고, 또한 질소, 산소량이 많으면 용접 금속은 냉간 가공이 없어도 Strain Aging을 일으키는 경우가 많다. 이 현상은 냉간 가공에 의해 격자 결함이 증가되고 질소가 많이 고용되면 이것이 전위 주변에 차차 모여들어 전위의 이동을 방해하기 때문에 시간의 경과와 더불어 강의 경도는 증가한다.

(4) 청열 취성(Blue Shortness)

200~300℃범위에서 저탄소강을 인장 시험하면 인장 강도는 증가한다. 연성이 저하하는 경우를 청열 취성이라고 한다. 이 현상은 변형 시효와 같은 이유에 의해서 일어난다고 생각된다. 청열 취성의 주요 요인은 질소이며, 산소는 이것을 조장하는 작용을 한다. 또 탄소도 다소 영향이 있다. Ti 등 질화물을 형성하는 원소를 첨가하면 청열 취성은 나타나지 않는다. Si 등도 효과가 있다. 취화가 일어나기 시작하는 온도도 질소량이 많으면 저하한다.

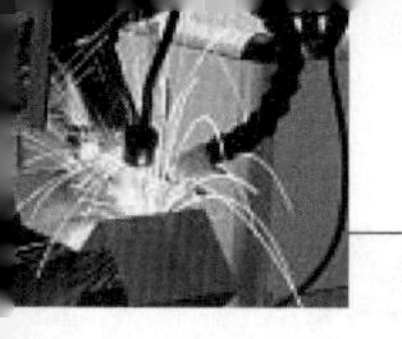

(5) 저온 취성

실온 이하의 저온에서 취약한 성질을 나타내는 현상을 말한다. 저온 취성은 산소 및 질소가 현저한 영향을 미치는 것으로 알려져 있다. 용접 금속은 통상 산소나 질소가 강재보다 많고, 또 주조 조직이 있는 등의 원인으로 일반적으로 Notch 취성이 높다. 이러한 이유로 탈산이 불충분한 Rimmed강에서 천이 온도가 일반적으로 높고 Killed강은 비교적 낮다. Al, Ti 등 강력한 탈산 및 탈 질소 성분을 포함한 강에서 천이 온도는 매우 낮다.

천이 온도는 결정 입도에도 영향을 받아 강력 탈산 및 탈 질소 처리에 의해 결정핵이 증가하며, 미세 화합물이 결정 내부와 입계에 존재하여 조립화를 방지하기 때문에 천이 온도는 일반적으로 낮다. 저온 취성을 예방하기 위한 방법으로는 저수소계 용접봉을 사용하여 수소의 발생원인을 최소화하고, 용접 금속의 성분이나 용착 방법 조정으로 개선할 수 있다.

(6) 뜨임 취성(Temper Embrittlement)

용접 구조물은 용접 후 응력을 제거하기 위하여 변태점 이하에서 Annealing을 하고 있다. 그러나 어떤 합금 원소를 함유한 용접 금속은 응력 제거를 위한 Annealing 열처리로 경도가 증가하고 신율 및 Notch 인성이 현저히 저하되는 현상이 있다. 이렇게 강을 Annealing하거나 900℃전후에서 Tempering하는 과정에서 충격값이 저하되는 현상을 뜨임 취성이라고 한다. 뜨임 취성은 Mn, Cr, Ni, V 등을 품고 있는 합금계의 용접 금속에서 많이 발생한다. 이 취성의 원인은 결정립의 성장과 결정립계에 석출한 합금 성분 때문이다.

산소, 질소가 많으면 결정립이 성장하기 쉽고, 탄소가 많으면 합금 성분의 석출이 현저하게 되기 때문에 뜨임 취성을 방지하기 위해 이들 원소의 함량을 가능한 저하시키는 것이 좋다. 고강도 합금계의 다층 육성 용접 금속에서 앞의 용접층이 뒷층의 용접으로 뜨임 취화를 받는 경우도 있다.

(7) 적열 취성(Hot shortness)

불순물이 많은 강은 열간 가공 중 900~1200℃ 온도범위에서 적열 취성을 나타낸다. 이 취성의 주요 원인으로는 저융점의 FeS의 형성에 기인된다고 볼 수 있지만, 산소가 존재하면 강에 대한 FeS의 용해도가 감소하기 때문에 산소도 이 취화의 한 원인으로 볼 수 있다. Mn을 첨가하면 MnS 및 MnC를 형성하여 이 취성을 방지하는 효과를 얻을 수 있다.

3 산소의 영향

산소는 1500℃ 이상의 고온에서만 용해하고 그 용해도가 다른 원소에 비해 매우 크다. 용융철과의 반응은 피복제의 염기도, 용접봉의 탈산제 함유량 및 합금원소의 종류에 의해 크게 좌우되며, 용접봉 직경, 용접 조건 등에도 영향을 받는다. 용융철 중에 산소와의 친화력이 Fe보다 큰 원소를 첨가하면 용강중의 산소와 결합하여 탈산 산화물이 생기며 이 반응이 탈산

작용이다.

용접 시에는 대기 중으로부터 용융금속으로 산소가 침투하고 각종 원소를 산화하여 소모시킨다. 또한 응고 시에는 CO_2기체로 되어 기공을 생성시킨다. 더욱이 응고 시에는 용접 금속의 기계적 성질을 약화시키기 때문에 용접금속 중에서의 탈산은 매우 중요한 문제이다. 용강중의 산소 함유량(O%)은 용융 Slag 중의 FeO 함유량(FeO%)에 거의 비례한다. 이론적으로 산소 함유량은 용융강 중의 원소량, 용융 Slag의 염기도, 용융 Slag중의 탈산생성물의 함유량에 따라 좌우된다. 계와 저수소계를 비교할 때 저수소계의 산소 함유량이 적은 것은 Slag의 염기도가 크기 때문이다.

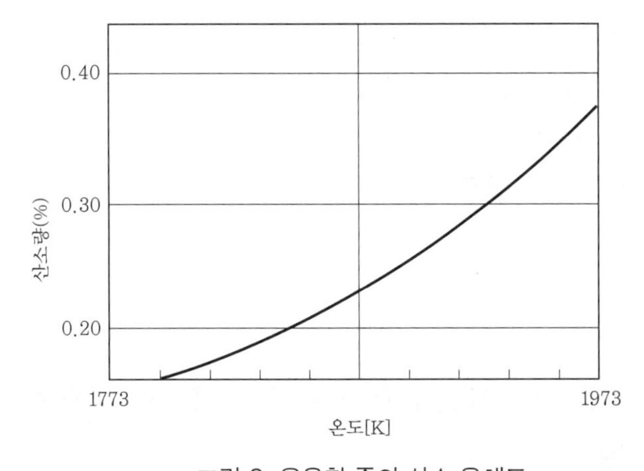

그림 3. 용융철 중의 산소 용해도

65. 배관 용접 제작 공장에서 탄소강 작업장과 스테인리스강 작업장을 격리하는 이유

1 개요

스테인리스강의 용접방법은 용접되는 모재의 종류, 용접금속의 요구성능, 용접자세, 용접능률, 경제성 등을 고려하려 가장 적합한 방법을 선정하여야 한다. 오스테나이트계 스테인리스강에 이용할 수 있는 용접방법으로는 피복아크 용접(SMAW), 티그용접(GTAW), MIG용접(GMAW), 서브머지드아크 용접(SAW), 전자빔(EBW), 레이저 용접(LBW) 등의 거의 모든 종류의 용접방법을 들 수 있다.

2 배관 용접 제작 공장에서 탄소강 작업장과 스테인리스강 작업장을 격리하는 이유

스테인리스강이란 Fe-Cr-C를 기본 합금원소로 하고 Ni이나 Ni, Mn 등을 추가 합금원소로

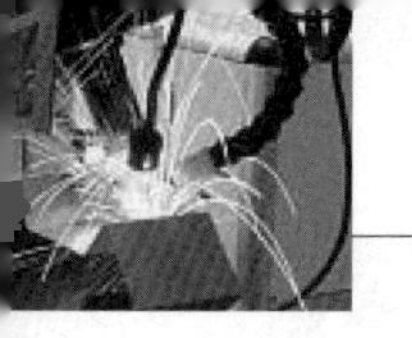

사용하여 대기 중, 수중, 산(예외 염산) 등에 잘 견디는 성질인 내식성이 좋은 합금강이다. 강에 Cr이나 Ni을 많이 첨가한 Stainless steel은 여러 가지로 탄소강 및 여타의 합금강과 다른 독특한 성질을 갖는다. 이러한 Stainless steel 고유 특성을 탄소강과 비교해 보면 다음과 같다.

(1) 스테인리스강의 열전도도가 탄소강보다 낮다(용접시 국부적 가열 등으로 변형에 민감하게 된다).

(2) 스테인리스강의 열팽창 계수가 탄소강보다 크다. 이 때문에 용접에 의해 변형이 커지고 용접 후 냉각 중 용접부에 응력이 크게 발생하게 된다.

(3) 스테인리스강은 탄소강에 비해 내식성이 크며 고온에서의 내산화성도 커진다. 또 염산에는 쉽게 부식되지만 기타의 산에 대해서는 영향을 받지 않는다.

(4) 대기 중에서는 융점에 가까운 온도에까지 가열하여도 산화에 대한 저항성이 커진다. 이러한 성질 때문에(즉 산화크롬이 형성되어) 산소 절단이 어렵다.

(5) 마르텐사이트계의 스테인리스강은 경화능이 크다.

(6) 오스테나이트 스테인리스강에서는 자성이 없다(비자성체이다).

66. 현재 선박건조에 가장 많이 적용되는 용접법은 무엇이며 그 이유를 설명

1 공법 및 설계구조적인 측면

선박건조의 Software측면에서 작업공법, 용접이음의 배치방법, 구조물의 형상, 설비의 규모, 이음부의 형상에 따라 용접생산성은 엄청난 차이를 나타낸다. 공법적인 측면에서는 작업공정 분석을 통한 공정단계별 적정물량 배분 및 작업의 단순화 등을 도모하는 것이 생산성을 향상시키는 데 밀접한 관계가 있으며, 설계구조적인 측면에서는 생산성을 고려한 구조배치기술, Seam의 최소화를 위한 Nesting기술 등도 매우 중요한 기술이다.

자동차 운반선 Car Deck의 경우에는 이때까지 박판의 Butt Joint작업으로 인해 용접작업 및 용접으로 인한 변형의 교정작업 등에 많은 생산시수가 소요되었으나, 설계구조적인 측면에서 Butt Joint를 Lapping Joint로 개선하여 Spot Welding을 적용함으로서 용접작업 및 변형으로 인한 교정작업의 생산시수가 현저히 감소하였다.

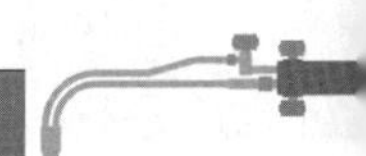

표 1. 공정단계별 물량비율

구분	조립					Pre-Erection	Erection
	T-Bar Fab.	소조립	중조립	주판(SAW)	대조립		
VLCC(300K)	9.7	28.3	10.8	4.3	38.8	2.2	6.7
B/C(150K)		21.7	7.3	4.2	58.1	3.5	5.2
Cont.(3600TEU)	1.4	30.7	15.9	4.7	40.6	1.9	4.8

공정단계별 용접물량 비율을 보면 탑재물량이 수년전의 20-30%의 수준에서 작업의 상류화, 공법개선 등 선박의 건조기술 향상으로 10% 미만으로 감소되었다. 이는 상류화 측면에서 탑재물량이 조립물량으로 단순히 물량 이동보다는 용접자동화 등 Line System이 적용이 가능한 Stage화되어 선박의 건조기간 단축에도 많은 기여를 한 것이다.

그러나 조립단계의 세부공정별 물량비율에서 나타나듯이 대조립단계의 물량이 50%수준에 있으므로 대조립단계에서의 용접작업의 자동화 및 Robot화가 시급함을 알 수 있으며, 또한 대조립 물량을 소조립과 중조립단계로 물량이동이 적정하게 배분되도록 공법개선 등의 R&D 활동도 Stage별 용접작업의 장치화와 더불어 적극적으로 추진되어야 함을 알 수 있다.

2_공정단계별 용접에 미치는 영향

(1) Unloading

하역설비의 규모에 따라 재료의 규격이 결정되어 발주되므로 용접이음부의 양과 밀접한 관계가 있으며, 하역 시 Handling에 의한 변형 등도 용접생산성을 저하시키는 요인 중의 하나이다.

(2) Treatment

Shop Primer의 재질 및 두께에 따라 용접결함에 영향을 미친다.

(3) Cutting

절단장비의 Maintenance, 즉 Rail의 직선도, Gantry의 직각도 불량에 의해 절단편차 및 절단열에 의한 변형문제로 후공정에서의 용접성에 영향을 미친다.

(4) Forming

선박의 30~40%는 곡으로 형성되어 있으며, 곡가공 작업 시 정밀도의 편차가 발생할 경우 용접이음부에 과대 Gap으로 직결되어 용접물량 증가로 생산성을 저하시킬 뿐만 아니라 용접 준비단계인 취부작업에서도 많은 수정작업을 유발시킨다.

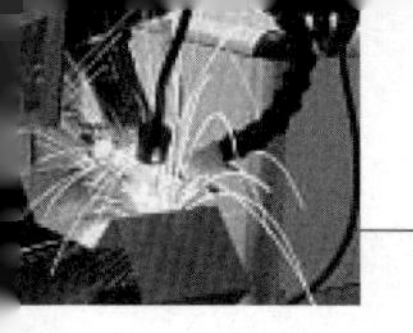

(5) Sub-Assembly

Conveyor System에 의한 부재이동 및 Robot에 의한 용접작업 등 일괄 Line생산체제를 갖출 수 있으므로 생산성이 가장 높은 Stage이다. 그러나 조립작업에 있어서 첫 번째 공정으로 용접열에 의한 변형/수축이 필수적으로 발생되므로 부재의 치수관리가 매우 중요한 과제 중의 하나이다.

(6) Grand-Assembly

선박건조 물량의 50% 이상이 처리되는 공정으로 블럭의 형상에 따라 크게는 평블럭과 곡블럭으로 분류할 수 있으며 작업방법도 현저한 차이를 보이고 있다. 평블럭의 경우는 Line System화 되어 부재의 취부작업의 자동화 장치, 용접작업의 자동화장치 등이 설치되어 있으므로 용접관련기술에 의한 생산성 향상을 위한 각 장비별의 사양에 일치되도록 하는 선공정에서의 부재의 정밀도 관리가 중요한 실정이다. 곡블럭의 경우는 전 공정에 걸쳐 대부분의 조립작업이 수작업에 의존하고 있으며, 부분적으로 간이자동화가 설치되어 운용되고 있는 실정이다. 그것도 공정단계별로 부재의 정밀도 유지 불량으로 최적화가 되지 못하므로 인해 가동율이 저조한 실정이다.

(7) Pre-Erection

선박의 건조공정에서 Bottle Neck 공정인 Dock 공정의 작업을 최소화하여 선박건조의 절대적인 작업기간을 줄일 수 있도록 하는 측면에서 운용되는 공정이다. 지상에서 블럭의 조인트작업만 수행되는 공정이지만, 선공정제품의 치수관리의 수준과 용접순서에 따라 용접이음부의 형상에 밀접한 영향을 받는다.

즉 용접이음부의 형상이 Wide Gap 등으로 절대적인 용접물량이 증가되어 생산성 저하를 초래하고 있으며, 용접작업의 준비단계인 취부작업에서도 단차에 대한 조정작업 및 이음부의 적정 Gap 유지를 위한 재작업이 발생되고 있다.

(8) Erection

Dock단계에서의 블럭끼리 이음작업의 환경은 매우 위험하고 협소하므로 생산성이 가장 낮은 공정이다. 작업환경뿐만이 아니고 Joint작업 및 용접작업 그 자체도 선공정에서의 누적편차, Goliath Crane에 의한 미세 조정작업의 어려움, 대기온도에 의한 제품의 신축현상, 용접진행과정에서의 수축 등의 문제점이 다발하여 Joint부의 적정 Gap유지를 위한 재작업이 매우 많은 실정이다. P.E 및 Erection공정의 경우 블럭제작 및 탑재기술의 수준, 즉 공정단계별 정밀도 관리능력 부족으로 인한 블럭 이음부의 단차 조정작업을 원활히 하도록 하는 용접보류 물량이 20%를 점유하고 있다.

표 2. Dock에서의 본 작업율

항목	Fitting Work점유율	Welding Work점유율
준비 작업	8%	9%
본 작업	21%	32%
조정 작업	46%	32%
기타(휴식, 이동)	26%	27%

표 2는 선진조선소의 Dock공정에서 작업항목별 Time분석인데, 본 작업의 비율이 전체작업의 20~30%수준으로 정밀도의 불일치로 인한 조정작업의 비율이 더 많음을 나타내고 있다. 이는 국내조선소에서는 선진조선소보다 더 많은 재작업을 수행하고 있음을 유추할 수 있다.

3 현재 선박건조에 가장 많이 적용되는 용접법과 이유

표 3. 연도별 용접재료 소용량 현황

용접방법	연도별 추이도(재료사용량 기준)				
	1985	1987	1988	1994	1995
SMAW	73.6%	13.6%	9.8%	2.5%	1.9%
FCAW	12.0%	65.6%	63.0%	67.3%	71.5%
GRAVITY	4.0%	9.0%	16.7%	17.2%	14.3%
SAW	10.4%	11.8%	10.5%	13.0%	12.3%

용접기법은 표 3에서처럼 용접재료 소요량 기준으로 '80년대의 SMAW(수동용접)에서 '90년대에는 FCAW(반자동용접)으로 전환되면서 용접작업에 있어서 많은 생산성 향상을 가져왔다. 그러나 일부 조선소에서는 Fillet용접에 있어서는 Gravity용접이 15%수준으로 높은 비율을 점유하고 있으며, FCAW에 있어서도 장치화 되지 않으므로 작업환경 및 용접작업의 생산성 측면에서 많은 연구개발이 되어야 함을 나타내고 있다.

67. 오스테나이트계 스테인리스강의 용접 열영향부 조직의 특성과 용접후 열처리(PWHT)를 일반적으로 실시하지 않는 이유

1 개요

스테인리스강은 우수한 내식성과 기계적 성질 때문에 많은 산업에서 널리 사용되고 있다.

특히 오스테나이트계 스테인리스강의 용접기술은 발전플랜트 및 석유화학 등 에너지 산업에서 중요한 역할을 담당하고 있다. 일반적으로 오스테나이트계 스테인리스강의 용접부 및 열영향부에서는 고온응고균열(solidification cracking)과 용접부식(weld decay)이 발생할 수 있다. 현재 용접기술의 발전으로 대부분 이들 결함에 대한 대응기술은 밝혀져 있다. 그러나 점점 더 가혹한 해수 · 부식 분위기에서 사용되는 해양플랜트 및 원자력 등 발전플랜트에는 내식성이 더욱 우수한 슈퍼오스테나이트계 스테인리스강이 개발되어 적용되고 있으며, 이에 대한 용접기술도 보고되어 있다.

2 오스테나이트계 스테인리스강의 용접 열영향부 조직의 특성

(1) 오스테나이트계 스테인리스강의 용접 열영향부 조직의 특성

오스테나이트계 스테인리스강의 조성은 일반적으로 16~25% Cr과 7~20% Ni를 함유한 Fe-Cr-Ni의 삼원계를 중심으로 한다. Fe-C합금에 Cr과 Ni를 첨가한 경우 평형상태도를 그림 1에 나타내었다. Cr은 페라이트(α-Fe, δ-Fe) 조직을 안정화시켜 그림 1(b)와 같이 폐오스테나이트루프(closed γ loop)를 형성시킨다. Ni는 오스테나이트(γ-Fe) 조직의 안정구역을 확장하고, 마르텐사이트 조직이 형성되기 시작하는 온도를 낮추어 그림 1(c)에서와 같이 상온에서 오스테나이트 조직을 안정화시킨다. 오스테나이트계 스테인리스강은 합금 원소의 조성에 따라서 냉간가공 후 마르텐사이트 조직으로 변태할 수 있는 준 안정성 오스테나이트계 스테인리스강, 냉간가공 전후 조직의 변화가 없는 안정성 오스테나이트계 스테인리스강이 있다. 또한 합금의 조성에 따라서 취성을 나타내는 α-상이나 γ-상이 나타나며, 이러한 상의 석출은 상온에서 오스테나이트계 스테인리스강의 충격인성을 저하시키는 요인이 된다.

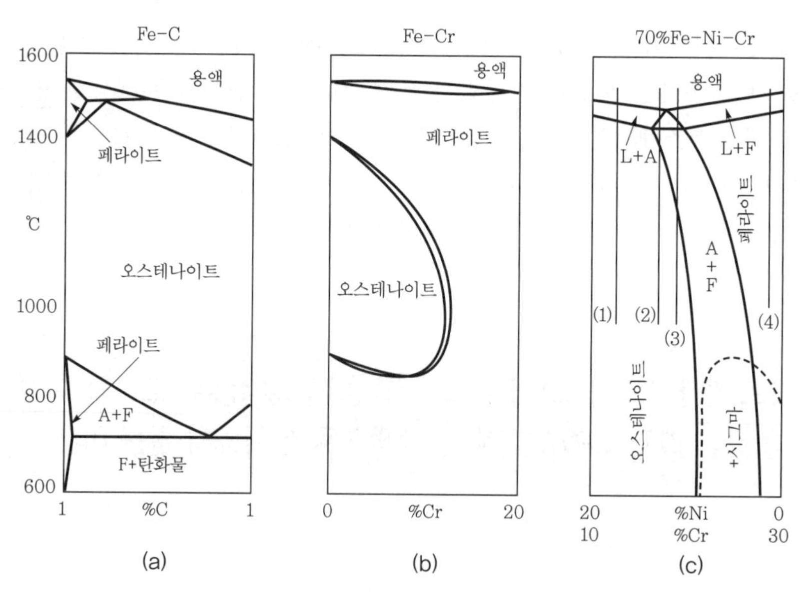

그림 1. 철의 성분이 70%인 상태도

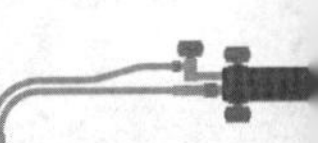

(2) 용접 후 열처리(PWHT)를 일반적으로 실시하지 않는 이유

오스테나이트 조직은 온도가 낮아짐에 따라 C 고용량이 급격히 감소한다. 냉각속도가 충분히 느린 경우, 후열처리를 하는 경우 또는 용접 열이력을 가한 경우 결정립계를 따라 탄화물이 석출하여 강의 내식성이 감소된다. 이를 극복하기 위하여 STS 321, 347, 348 등의 재료는 Ti이나 Nb를 첨가하여 Cr 탄화물의 결정립계 석출을 방지한다. 또한 C의 함량을 0.03% 이하로 낮추어 탄화물의 석출을 억제한 저탄소 오스테나이트 스테인리스강(304L, 316L)이 개발되었다. 저탄소 오스테나이트계 스테인리스강의 경우에는 항복응력이 낮아지며, 이를 보완하기 위하여 0.18%까지 N을 첨가시킨 저탄소 오스테나이트계 스테인리스강(304LN, 316LN)도 있다. 기존의 스테인리스강은 우수한 내식성에도 불구하고 고온 또는 염화물의 농도가 높은 가혹한 환경에서는 국부부식 발생이 우려된다.

이를 개선하기 위한 합금원소 개량의 결과로 고급화된 슈퍼오스테나이트 스테인리스강이 개발되었다. 슈퍼오스테나이트계 스테인리스강은 일반적으로 Cr≥20wt.%, Mo≥5wt.% 그리고 N≥0.15wt.%를 함유하고 있다. 오스테나이트계 스테인리스강은 일반적으로 내식성이 우수하고 연성 및 내열성이 우수할 뿐 아니라 용접성도 양호하다. 그러나 오스테나이트 미세조직의 안정화 및 내공식성 개선을 위해 다량 함유시킨 Mo와 Cr은 사용 중 또는 용접공정 후 열이력의 증가와 더불어 α-상과 γ-상 같은 Cr-rich 또는 Mo-rich 석출물을 생성시켜 내식성과 인성을 크게 저하시킬 수 있다는 우려가 있다.

68. 알루미늄 합금의 용접과정에서 발생하는 열에 의한 열영향부의 강도저하

1 개요

알루미늄 합금은 경량, 고성능 특성으로 인해 최근 들어 에너지 절약과 환경 보존 차원에서 그 활용범위가 넓어지고 있다. 이와 관련하여 알루미늄 합금의 용접기술은 그 중요성이 한층 높아지고 있는 추세이며, 선박, 철도차량, 자동차, 항공기 등 수송기계의 몸체와 부품제조과정에서 알루미늄 합금 용접공정의 사용은 점차 확대되고 있다.

알루미늄 합금 용접부는 용접 시의 열사이클로 인해 열처리재와 비열처리재에 따라 그 기계적 특성이 현격하게 변화한다. 비열처리재의 경우에는 모재의 인장강도와 같게 되나 열처리재에서는 용접 열영향부에서 연화가 일어나 강도 저하가 일어나며, 연화의 정도는 용접방법에 따라서도 변화하기 때문에 실구조물 조립 시는 용접부의 강도 변화에 특히 유념할 필요가 있다.

2 알루미늄 합금의 용접과정에서 발생하는 열에 의한 열영향부의 강도 저하

그림 1은 7000계 합금의 용접부 주위의 미세조직을 개념적으로 나타낸 것이다. 열영향부(HAZ)는 일반적으로 용접금속에 인접한 융합역(국부 용해역), 고용역, 과시효역(연화역)을 형성하며 과시효역은 모재와 연결된다. Al합금은 열전도율이 크므로 용접 시 비교적 넓은 열영향부를 형성한다. 따라서 용접부는 야금학적으로 불연속부가 되므로 용접부의 강도가 저하되고, 경우에 따라서는 내식성도 저하된다.

Al-Zn-Mg 합금의 용접부에 가까운 부분은 잘 발달된 주상정으로 되어 있고, 용접부에서는 소위 epi-taxial growth를 이루고 있으며, 각 결정립은 橫技가 없는 cell 또는 cellular dendrite 조직으로 되어 있다.

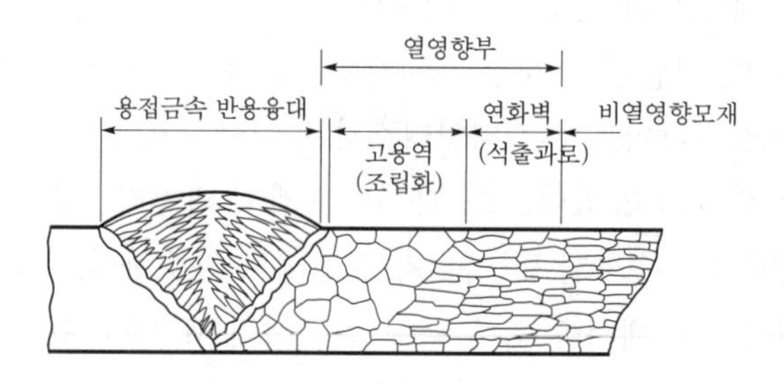

그림 1. 7000계 합금의 용접부 근방의 조직

후판에서 다층용접을 행한 경우는 용접 bead가 겹친 쪽에서 모양이 변하고, 하층의 주상정이 상층으로 연속하여 성장한다. 열처리에 의해 강화된 7000계 합금은 기계적 성질은 우수하지만, 용접된 경우

(1) 용접금속이 모재와 다른 주조조직을 나타내고

(2) 열영향부는 arc 열에 의해 연화역이 생긴다. 그 결과 용접부의 기계적 성질은 저하된다. 그림 2는 대표적인 열처리 합금(T6)의 용접부 주위의 경도분포를 나타내었다.

Al-Zn-Mg합금은 용접 입열이 과다해지면 모재 열영향부의 시효성이 나빠지고 dendrite-cell-size가 커져서, 일반적으로 용접금속의 결정입도나 DAS(Dendrite Arm Spacing)가 작을수록 용접금속의 기계적 성질이 좋으므로 용착금속의 강도는 저하한다. 그림 3은 7039합금에 있어서의 용접입열 제한을 나타낸 것이다.

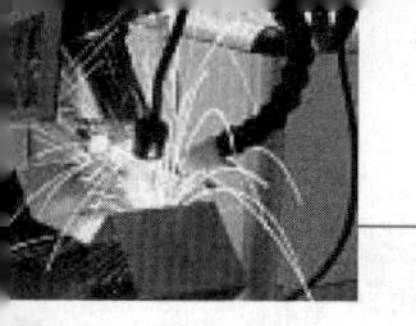

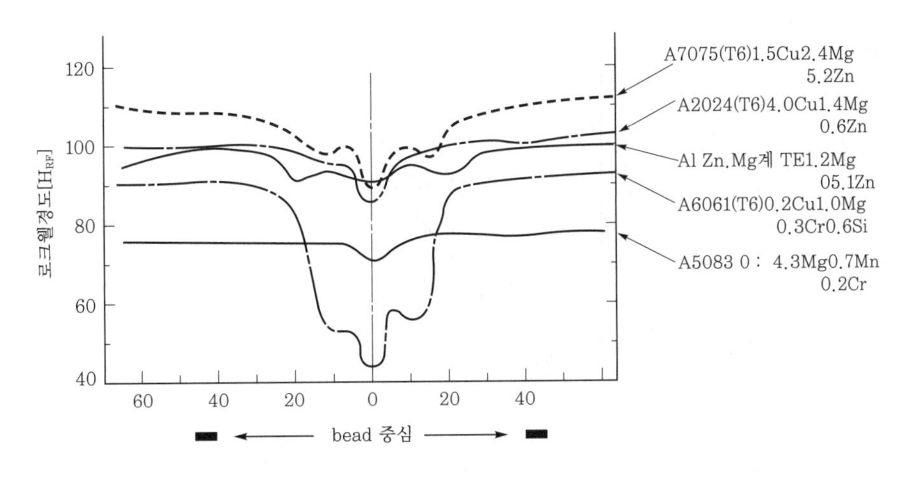

그림 2. Al합금의 TIG용접 후의 경도분포

열영향부는 경도회복 상황으로부터 3부분으로 나눌 수 있다. 제 1영역은 3개월 후에 모재 경도까지 회복하는 부분이다. 제 2영역은 어느 정도까지는 회복하지만, 모재 경도까지는 회복하지 않는 부분으로 기구적으로 가장 복잡한 부분이다. 제 3영역은 모재경도에 거의 가까운 비열영향부이다. 제 2영역과 같이 열영향부에서 연화역이 생성되는 원인으로서 주로 4가지 사항을 고려할 수 있다.

(1) 원자공공 농도의 차

(2) 용질의 과포화도가 작다.

(3) 석출 입자의 크기의 불균일

(4) 석출 입자의 조대화

T4재에서는 원자공공 농도의 차, T6재에서는 공공농도의 차 및 석출 입자의 크기의 불균일 때문이라고 사료되며, 용접조건 등에 따라서 석출 입자의 조대화에 의한 연화역의 생성도 고려할 수 있다.

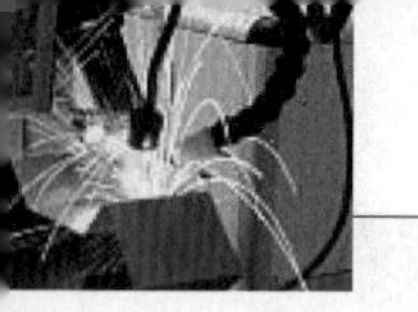

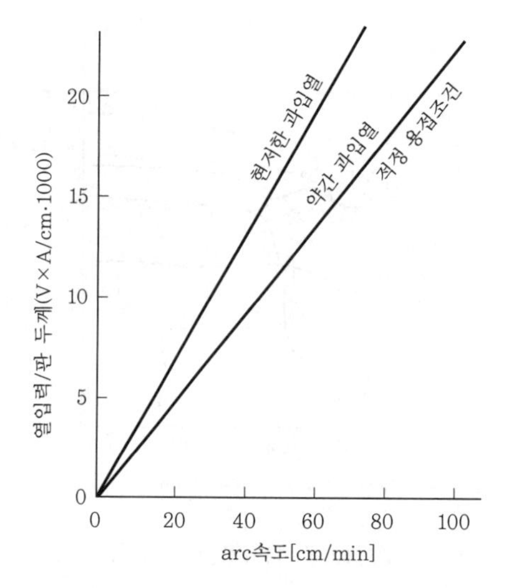

그림 3. 7039합금의 용접입열 제한

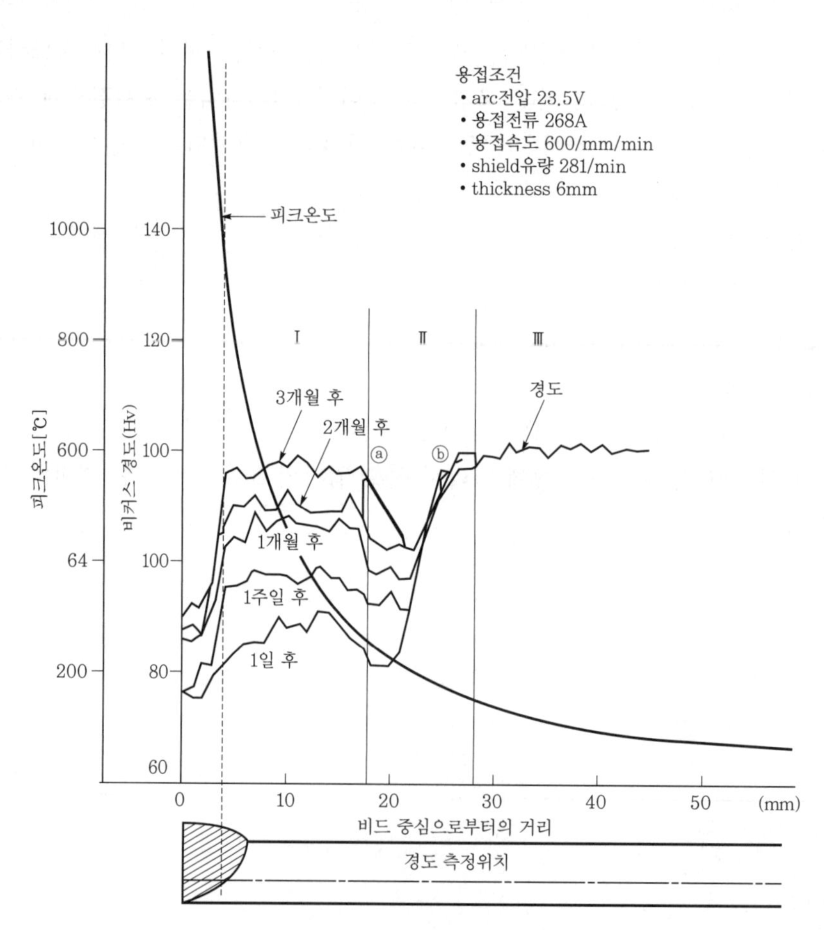

그림 4. Al-Zn-Mg계 합금 용접부 및 열영양부의 경도분포

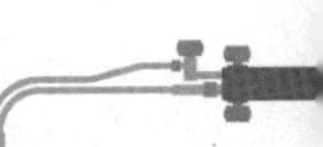

69. 니켈(Ni)강의 용접성(Weldability)에 대하여 설명하고, 니켈강을 피복금속아크 용접 (SMAW)으로 시공할 때의 주의사항

1 니켈(Ni)강의 용접성(Weldability)

낮은 저온도(−100℃ 이하)에서 사용되는 9% 니켈강은 그 용도가 주로 LNG의 수송용 탱크, 저장용 탱크의 건조용이며, 이 온도역에서 충분한 인성을 얻기 위해 강중의 불순물을 극히 적게 하고 결정조직으로 마르텐사이트 상의 미세결정을 형성시켜 저온인성을 향상시킨 것이다. 9% 니켈강은 니켈 함유량의 증가로 2.5% 니켈강보다 담금질 경화성이 심하므로 열영향부의 경화가 심하며 냉간균열 발생의 위험이 높지만, 일반적으로 인코넬계 용접봉을 사용하기 때문에 실제로는 예열을 100℃ 정도로 하면 충분하리라 판단된다.

2 니켈강을 피복금속아크 용접(SMAW)으로 시공할 때의 주의사항

비교적 높은 온도역에서 사용되는 알루미킬드강의 용접봉은 고장력 저수소계를 사용하고 2.5% 니켈강에서는 같은 니켈 함유량의 용접봉 사용이 가능하다. 3.5% 니켈강에는 모재보다 니켈이 약간 높은 용접봉을 사용하든가 고니켈의 오스테나이트계 용접봉을 사용한다. 9% 니켈강에서는 이미 페라이트계의 동질 용접봉으로서는 충분한 인성을 얻기 힘들고 현재는 고니켈 합금(인코넬) 용접봉을 사용하고 있다. 이들 용접봉은 용접 금속 중의 수소 함유량을 현저히 줄인 것으로 보관중일 때도 흡습을 방지해야 하며, 사용할 때도 사전에 건조(35~400℃/hr)시켜서 사용할 필요가 있다.

70. 용접부에 존재할 수 있는 확산성 수소와 비확산성 수소

1 개요

수소취성이란 재료 내부로 유입된 수소로 인해 인장강도, 연성, 단면감소율 등의 기계적 물성이 저하되는 현상으로 재료의 취약한 미세조직, 확산성 수소, 재료에 작용하는 응력 등이 복합적으로 작용하여 발생한다고 알려져 있다.

수소취성 발생 기구로는 수소에 의해 금속-금속 또는 금속-이차상 간의 결합력이 약화된다는 계면분리(Decohesion) 이론, 재료 내부의 미세공공 또는 균열에서 수소가 분자상태로 결합하여 발생된 압력에 의해서 재료의 인장강도보다 낮은 응력 하에서 파괴가 일어난다는 내압이론, 수소가 전위의 움직임을 빠르게 하여 슬립변형이 국부화됨으로써 소성 불안정이 발생하여 재료의 기계적 물성이 열화된다는 HELP(Hydrogen Enhanced Localized Plasticity)

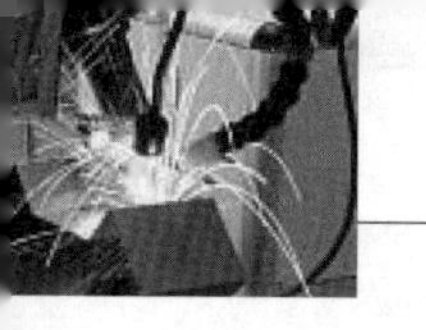

이론 등 여러 가지 이론이 제시되었지만, 수소취성의 모든 현상을 설명할 수 있는 이론은 아직까지 제시되지 못하고 있는 실정이다. 다만 입계, 전위, 쌍정 등의 구조결함 내에 집적되었던 확산성 수소에 의해 수소취성이 발생한다는 점에는 선행연구자들이 일치된 견해를 보이고 있다.

2 용접부에 존재할 수 있는 확산성 수소와 비확산성 수소

일반적으로 금속재료에 직접 되었던 수소의 방출 거동은 낮은 온도영역에서 방출되는 확산성 수소(diffusible hydrogen)와 높은 온도영역에서 방출되는 비확산성 수소(non-diffusible hydrogen)로 분류할 수 있다.

확산성 수소는 60kJ/mol 이하의 낮은 방출 활성화 에너지를 나타내며 이에 해당하는 집적위치(trapping site)는 입계, 전위, 미세공공 등에 해당한다. 비확산성 수소는 60kJ/mol 이상의 방출 활성화 에너지를 나타내며 이에 해당하는 집적위치는 TiC 등의 석출물과 개재물 등이 이에 해당한다. 따라서 재료 내부에서 응력 집중부로의 확산이 상대적으로 자유로운 확산성 수소가 수소취성의 주요한 원인이라고 할 수 있다.

71. 용접작업에서 포지셔너(Positioner)의 종류와 사용 시의 장점

1 정의

용접용 포지셔너(Welding positioner)는 여러 용접 자세 중에서 용접 능률이 가장 좋은 아래보기 자세로 용접할 수 있도록 위치 조정이 가능한 기구이다 .

2 용접작업에서 포지셔너(Positioner)의 종류와 사용 시의 장점

피용접 물체가 자유롭게 회전이 가능하며 0°~135°의 범위 내에 임의의 위치로 경사시켜 용접 위치를 정하는 장비로, 특히 피용접물을 Clamping하는 Gripper는 연동척의 원리를 응용하여 피용접물이 동심 운동을 하면서 반자동 또는 자동용접의 응용이 가능한 장비이다. 용접 매니플레이터(Welding manipulator)는 포지셔너나 터닝 롤러를 조합시켜 용접물을 아래보기 자세화하여 작업 능률과 품질향상을 얻고자 하는 기구이다. 포지셔너의 종류는 다음과 같다.

(1) 벨트식 터닝 포지셔너

(2) 터닝 포지셔너

(3) 3축 상하 포지셔너

(4) 매니플레이터

그림 1. 용접용 포지셔너

72. 피복금속아크 용접(SMAW)으로 인해 발생한 용접변형을 교정하는 변형 교정방법

1 강재의 교정하는 표면온도

용접에 의해서 생긴 부재의 변형은 프레스나 가스화염 가열법 등에 의하여 교정할 수 있다. 가스화염 가열법에 의해 교정을 실시하는 경우의 강재 표면온도 및 냉각법은 표 1에 의한다.

표 1. 가스화염법에 의한 선상가열시의 강재 표면온도 및 냉각법

강 재		강재 표면온도	냉 각 법
조질강(Q)		750℃ 이하	공랭 또는 공랭 후 600℃ 이하에서 수냉
열가공제어강 (TMC, HSB)	Ceq>0.38	900℃ 이하	공랭 또는 공랭 후 500℃ 이하에서 수냉
	Ceq≤0.38	900℃ 이하	가열 직후 수냉 또는 공랭
기타강재		900℃ 이하	적열상태에서의 수냉은 피한다.

2 교정방법의 승인

본 규정 이외의 비틀림 제어 및 수축에 따른 변형교정은 교정방법과 절차서를 제출하여 담당원의 승인을 받아 시행한다.

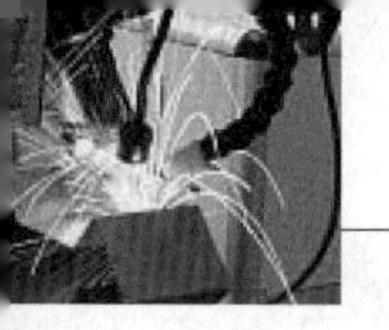

73. FCW(Flux Cored Wire)용접에서 와이어 돌출길이에 대하여 설명

1 개요

플러스 코어드 아크 용접(Flux Cored Arc Welding, FCAW)의 원리는 GMAW와 유사하나, 이름 자체가 의미하는 바와 같이 와이어 중심부에 플럭스가 채워져 있는 플럭스 코어드 와이어(FCW)를 사용한다. 따라서 FCAW는 FCW를 일정한 속도로 공급하면서 전류를 통하여 와이어와 모재 사이에 아크가 발생되도록 하고, 발생된 아크열로 용융지와 용접비드가 형성되도록 하는 용접법이다.

FCAW는 보호가스 사용여부에 따라 가스보호 FCAW와 자체보호 FCAW로 분류된다. 가스보호 FCAW에서는 외부에서 별도의 보호가스를 공급하여 용융부가 보호가스뿐만 아니라 플럭스에서 생성된 슬래그에 의해 보호된다.

2 FCW(Flux Cored Wire)용접에서 와이어 돌출길이에 대하여 설명

FCW에서는 와이어 돌출길이를 보통 25mm 이상으로 길게 하여 사용하며 자체보호 FCW의 용융속도와 용착속도가 매우 높은 것이 특징이다. 또한 보호가스를 사용하지 않기 때문에 옥외의 바람이 부는 곳에서도 조작하기 쉬우므로 작업자의 피로도가 적어서 작업 능률이 향상될 수 있다.

그러나 탈산제와 탈질제로써 사용되는 Al은 아크 주위의 O_2와 질소의 영향을 억제하는 역할을 하지만, 용착금속 중에 Al의 함량이 증가하여 연성과 저온 충격강도를 저하시킨다. 이러한 이유 때문에 자체보호 FCW 방법은 비교적 안정이 크게 요구되지 않은 부위의 용접에 사용한다.

74. SMAW(Shield Metal Arc Welding)에서 용접봉을 선택 시 작업성 측면과 용접성 측면에서 고려해야 할 중요사항

1 개요

SMAW(Shield Metal Arc Welding)는 가장 일반적인 용접방법으로 피복제를 입힌 용접봉에 전류를 가해서 발생하는 Arc열로 용접을 시행하는 방법이다.

Arc는 청백색의 장렬한 빛과 열을 발생하는 것으로 온도가 가장 높은 부분은 약 6000℃에 달하며, 보통 3500~5000℃ 정도이다. 이 열에 의해 용접봉과 모재의 일부가 녹게 되는데, 이때 녹는 모재의 깊이를 용입(penetration), 모재가 녹는 부분을 용융지(molten pool)라 부른다. 여기에 용접봉이 녹아 이루어진 용적(glouble)이 용융지에 융착되고, 모재의 일부로서 융

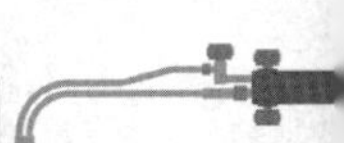

합되어 용융금속(deposited metal)을 만든다. SMAW는 용접장비의 구성이 간단하고 조작이 쉬운 장점이 있으며, 피복제의 연소과정에서 발생하는 gas를 이용해서 용접부을 보호하게 된다.

2 SMAW(Shield Metal Arc Welding)에서 용접봉을 선택 시 작업성 측면과 용접성 측면에서 고려해야 할 중요사항

용접봉은 용접결과를 좌우하는 큰 인자가 되므로 사용목적에 알맞게 선택하여야 한다. 각 작업 시에 알맞은 피복제에 따른 용접부의 선택은 다음과 같다.

(1) 내압 용기, 철 구조물 등 비교적 큰 강도가 걸리는 후판 용접부에는 강도, 인성, 내균열성이 우수한 저수소계(E4316)를 1~2층에 사용하고, 그 위층에는 작업성이 좋고 일반 구조물에 적합한 일미나이트계를 사용한다.

(2) 박판 구조물에는 큰 강도가 요하지 않으므로 비드 외관이 좋고 작업성이 우수하여 용입이 적은 라임티탄계(E4303) 또는 고산화티탄계(E4313)를 사용한다.

(3) 수직 자세나 위보기 용접과 같은 좁은 홈 용접에는 슬래그 생성량이 아주 적은 고셀룰로오스계(E4311)를 사용한다.

(4) 아래보기 및 수평 필릿 용접에는 작업성 및 능률이 좋은 철분산화티탄계(E4324)를 사용한다.

75. TMCP(Thermomechanical Control Process)강과 일반구조용 압연강재의 제조법의 차이점과 용접시공상 유의점

1 TMCP강(Thermo Mechanical Control Process Steels)

최근 구조물이 고층화, 장스팬화 되어감에 따라서 강재는 매우 두꺼우면서 고강도, 횡저항 능력의 확보 및 우수한 용접성이 요구된다. 그러나 종래의 고장력강은 고강도를 확보하기 위하여 탄소당량(C_{eq})이 높게 되어 용접성이 떨어지는 문제점이 야기되었다. 이러한 문제점을 해결하고 매우 두꺼운 경우에도 강도의 저감이 필요 없는 강재가 요구되고 있다.

TMCP강은 제어압연과 제어냉각 공정을 병용하여 제조되는 강재로서 고강도 고인성화가 달성되기 때문에 동일강도를 가진 종래의 강에 비하여 탄소당량을 낮게 유지할 수 있고, 소입열용접에 대한 내균열성이나 대입열용접에 대한 열영향부의 인성 등의 관점에서 볼 때 용접성이 뛰어난 것이 특징이며, 취성파괴에 대해서도 우수한 저항성을 나타낸다.

이 강재는 강도를 높이는 성분인 탄소량을 적게 하는 대신, 저온 압연과정에서 강도를 높인 TMCP강(Thermo Mechanical Control Process Steel) 후판재로 일반 후판재보다 25% 비

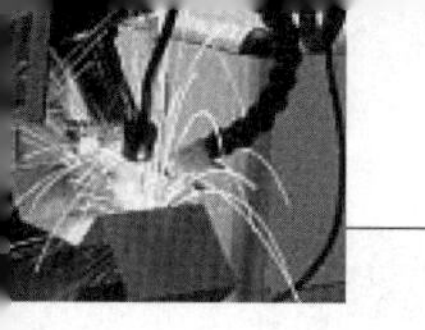

싼 고부가가치 강이다. 특히 영하 50℃ 이하에서도 견디는 힘이 뛰어나고 ㎟당 항복 강도가 36kg(일반재는 30kg 이하)에 이르는 고강도강이면서도 탄소 함유량이 적어 용접성이 뛰어나며 극한지역 해양 구조물용 소재로 가장 적합하다는 평가를 받고 있다.

2 일반구조용 압연강재

강을 가열하여 압연기의 롤 사이를 통과시켜 용도에 따라 판, 봉, 형, 선, 통관 등의 형상으로 성형 가공한 열간압연강재와 상온에서 압연한 냉간압연강재가 있다. 압연가공온도가 재료의 재결정온도 이상일 때를 열간압연이라고 하는데, 열간압연은 가소성이 양호한 상태에서 압연하기 때문에 변형을 쉽게 할 수 있고 단조품과 같은 좋은 성질을 얻을 수 있다. 그러나 산화 때문에 표면이 아름답지 못하고 정도가 낮으며, 또 얇은 것을 만들 수 없는 결점이 있다.

한편 압연가공온도가 재료의 재결정온도보다 낮은 경우를 냉간압연이라고 하는데, 냉간압연은 제품의 표면이 아름답고 정도가 높으며 극히 얇은 것도 만들 수 있다. 따라서 냉간압연 제품은 열간압연제품에 비해 제품의 정밀도가 높고 표면이 아름답다 할 수 있다. 일반적으로 강재라고 하는 경우에는 보통강인 압연강재를 일컫는 경우가 많다. 압연강재의 품종은 형상에 의해 조강, 강판, 강관으로 분류되며, 다시 소분류로 나누어진다.

일반구조용 압연강재는 KS에서는 인장 강도에 따라 네 가지(SB 34, SB41, SB50, SB55)가 있고, KS의 압연강 중에서 그 사용량이 많다. 특히 SB41(인장강도 41～52kgf/mm^2)의 사용량이 대부분을 차지하며, 거의 모든 구조물이나 기계의 보조 부분의 재료로서 사용된다. 그러나 SB재는 용접성이나 저온 인성이 확실하지 못하므로 강도가 높고 판 두께가 두꺼운 강재인 경우에는 용접을 피하는 것이 좋으며, 판 두께가 50mm 이하인 SB41의 경우일 때에는 용접하여도 문제가 되지 않는다.

76. 가스(Gas)절단

1 개요

가스절단은 철의 연소반응을 이용하여 금속을 절단하는 방법으로 금속의 절단방법 중 가장 경제적이며 널리 이용되고 있다. 조선, 철강, 제철에 있어서 강재의 절단가공으로부터 조립작업에 이르기까지 그 이용범위가 넓으며 작업방법에는 수작업, 반자동, 전자동 그리고 소형에서 대형절단에까지 다양하다.

2 가스절단의 원리

가스절단은 철과 산소의 화학반응을 이용한 절단방법으로, 우선 절단부위를 예열염으로 적당한 온도(산소발화 온도)까지 예열시킨 후 순수한 산소를 강하게 불어주게 되면 예열된 부위가 격렬하게 연소되며 산화철이 생성된다. 생성된 산화철은 모재보다 용융점이 낮으므로 발생된 연소열에 의거 용융되며 동시에 산소 분류에 의하여 제거되어 절단된다. 이를 화학반응식으로 나타내면 다음과 같다.

$$Fe+\frac{1}{2}O_2=FeO+64\text{kcal}$$

$$2Fe+\frac{3}{2}O_2=Fe_2O_3+190.7\text{kcal}$$

$$3Fe+2O_2=Fe_3O_4+266.9\text{kcal}$$

발열반응으로 발생되는 열량은 계속되는 절단부를 예열하는 데 도움이 되며, 가스절단이 가능한 기본적인 조건은 다음과 같다.

(1) 생성된 금속산화물의 용융온도가 모재의 용융온도보다 낮을 것.
(2) 금속산화물의 유동성이 좋아 모재로부터 용이하게 분리시킬 수 있을 것.
(3) 모재 중 불연소물이 적을 것.

그리고 가스절단을 보다 효율적으로 행하기 위해서는 다음 사항이 필요하다.

(1) 순도가 높은 산소를 이용할 것.
(2) 절단 산소기류의 모양이 일정하고 유속이 빠른 점화구를 이용할 것.
(3) 열효율이 좋은 가스를 택할 것.
(4) 열효율이 좋은 점화구를 택할 것.

77. 가용접(Tack welding)에 대하여 설명하고, 가용접 시 주의할 점 5가지를 설명

1 개요

가용접이란 일반적으로 공작물의 휨이나 비틀림을 방지하기 위해 모재(母材)의 양단 또는 뒷면에 가접(假接)하는 용접방법을 말하며, 조선업에서 부재의 본 용접을 하기 전에 용접부위를 일시적으로 고정시키기 위해서 용접하는 것이다.

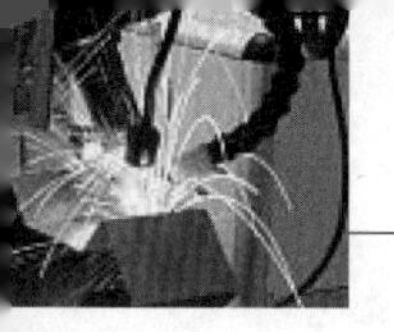

2 가용접 시 주의할 점 5가지를 설명

가접하는 위치, 크기, 수 등은 부재의 사용목적, 크기, 형상, 판 두께 등에 의해 결정되지만, 용접길이가 짧고 아크(Arc)의 스타터(Starter)와 크레이터(Crater)의 모임이 되어 용입(鎔入)이 나쁘고 기공(氣孔) 등의 결함(缺陷)이 발생하기 쉬운 부분이 되므로 다음과 같은 주의가 필요하다.

(1) 가접한 뒤에 본 용접이 실시되는 경우가 많기 때문에 가용접을 할 때는 본 용접과 똑같이 용접면의 청소에 주의한다.

(2) 가접한 위치 등이 응력이 집중되는 부분이므로 철판부재의 단부, 모서리부 등은 피해서 선정한다.

(3) 특수한 강도를 필요로 하는 부재에는 본 용접 중에 가접한 개소에 오면 이것을 제거한 뒤 본 용접을 실시한다.

3 주요 위험요인

(1) 가용접 불량에 의한 부재의 전도

론지, 앵글 등을 세워 조립하면서 한 쪽에 일부만 가용접(Tack)을 하고 취부선을 맞추기 위해 레버풀러(Lever Puller)를 당기다가 가용접 부분이 터지면서 부재의 전도에 의한 협착 위험이 있다.

(2) 가용접 전 크레인 훅 분리에 의한 협착

부재와 주판 사이에 가용접 전에 부재를 구속하고 있던 크레인 훅을 분리할 경우 부재 진도에 의한 협착위험이 있다.

(3) 보강재 없이 가용접 실시

부재를 사람이 잡고 있거나 지렛대를 세워 놓고 가용접 실시로 부재의 전도에 의한 협착위험이 있다.

78. 금속재료 용접을 위한 예열의 목적과 4가지 소재(탄소강, 알루미늄, 오스테나이트계 스테인리스강, 주철)의 예열온도 결정방법

1 금속재료 용접을 위한 예열의 목적

용접예열처리는 용접부에서 저온균열이 발생하기 쉬운 재료에 대하여 용접을 시작하기 전에 피용접물 전체 또는 용접부 부근의 온도를 올리는 열처리로서 다음과 같은 목적으로 실시

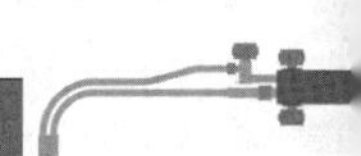

한다.

(1) 용접작업성의 개선열전도가 큰 재료와 후판재료의 경우 용접예열에 의한 입열량의 증가로 용접모재를 충분히 용융시켜 주며, 용접 groove내에 묻어 있던 오물과 수분을 예열로 제거하여 용접부에 기공(blowhole)이 발생하는 것을 방지한다.

(2) 용접금속과 용접 열영향부의 균열방지 용접예열의 최대효과는 용접 저온균열 감수성이 높은 고장력강, 고탄소강, 합금강 등을 용접할 때 용접부의 냉각속도를 느리게 하여 용접부의 경화를 방지하고 확산성 수소를 방출시켜 용접부의 저온균열을 방지하는 데 있다. 이 경우 경화성이 높은 강재일수록 표 1과 같이 높은 용접 예열온도를 채택한다. 이를 보면 Cr-Mo강재는 Cr양이 증가할수록 용접 예열온도가 함께 증가하는데, 대표격인 $2\frac{1}{4}$Cr-1Mo강의 경우 용접예열과 용접 중의 pass간 온도는 200℃ 이상이 필요하다.

Martensite계통 stainless steel의 경우에는 350℃의 용접예열과 용접 후 열처리가 필요하며 ferrite계 stainless steel의 경우에는 재료 자체의 경화성은 없으나 용접 후 연성이 부족하기 때문에 100~150℃ 정도의 예열이 좋다. Cr-Mo강과 austenite계 강재와의 이종재료를 결합하는 경우에는 austenite 강측은 예열하지 않고 층간온도도 낮게 하며, 가능하면 Cr-Mo 강측을 예열한다.

(3) 용접부 잔류응력/변형 감소 및 연성개선 용접예열에 의해 용접부 부근의 온도구배를 낮게 하면 용접변형과 잔류응력이 감소하게 된다.

표 1. 각종 재료의 용접 예열온도(℃)

재료	예열온도(℃)	재료	예열온도(℃)	재료	예열온도(℃)
HT50	20~100	1/2Mo강	100~200	청동	150~200
HT60	60~100	18Cr강	100~200	5Cr-1/2Mo	250~350
HT70	80~150	Mn-Mo강	150~250	9Cr-1Mo	250~400
HT80	100~180	1/2Cr-1/2Mo	150~250	13Cr-1Mo	250~400
주강	20~100	11/4Cr-1/2Mo	150~300	Mn-Mo-Ni	150~250
주철	150~300	21/4Cr-1Mo	200~350	TS403, 410	150~200

2 예열온도를 결정하는 방법

(1) 냉각시간을 고려한 실험식 이용법

용접열 사이클 중 800~500℃ 온도범위의 냉각시간이 용접부의 성질과 용접균열에 영향을 주며, 강판 두께에 대응하여 적절한 예열온도와 용접입열의 크기를 결정해야 한다.

(2) 균열감수성 지수(Pc, Pw) 이용법

예열온도에 영향을 미치는 인자는 모재의 경화성, joint 종류, 모재두께와 joint의 구속상

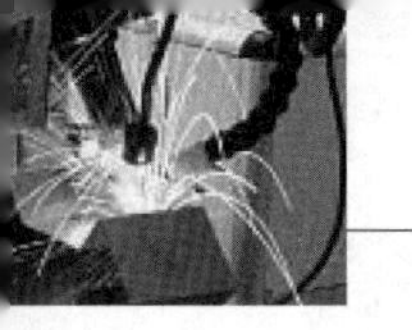

태, 용접방법, 용접입열량, 용접금속강도, 적층법, 용접재료의 흡습상태, 기온과 습도, 가열방법 등이 있으며 이들의 영향을 고려한 용접균열 감수성 지수(P_c) 개념을 도입하여 예열온도를 정량적으로 취급할 수 있다. 고장력강의 경우 저온균열에 영향을 미치는 인자, 즉 균열감수성 조성(P_{CM}), 판 두께, 용접금속의 수소량 등으로 용접균열 감수성 지수(P_c)를 정의하고 이를 균열발생의 관점에서 예열온도와 상관관계를 맺을 수 있다.

$$T_o[℃]=1440P_c-396$$
$$P_c=P_{CM}+t(600)+H(60)$$

여기서, t : 판 두께(mm), H : 용접금속의 확산성 수소량(cc/100g)

3 예열방법

(1) 가열장치 : gas burner와 전기저항선 발열체(strip heater)가 일반적으로 사용되며 적외선 heater, 유도가열, 국부가열 furnace 등이 사용된다.

(2) 가열형식 : 일반적으로 국부예열을 실시하며 전체예열을 하는 경우도 있다. 국부예열의 가열범위는 용접선을 중앙에 두고 각각 50~100mm 정도로 가열하며, 온도측정은 용접선으로부터 30~50mm 지점에서 측정한다.

(3) 온도측정 : optical pyrometers, gas thermometers, thermo electric pyrometers, resistance thermometers, radiation pyrometers, 재료표면의 color change 검사, temperature crayons, cones, pellets, liquids 등이 사용된다.

79. 나이프 라인 어택(Knife line attack)의 방지대책

1 개요

스테인리스강을 용접하면 아크열에 의해 모재가 액상과 고상이 혼합하여 존재하는 부분용해역(Partially Melted Zone, PMZ)과 아크열의 영향을 전혀 받지 않는 모재(Base Metal, BM) 사이에서 형성되는 용접 열영향부는 모재의 미세조직이 아크열에 의해 변태를 일으켜서 용접부의 성능을 크게 약화시키므로, 용접 열영향부의 크기를 최소화하는 용접시공 기술과 용접모재의 개발이 중요하다.

2 나이프 라인 어택(Knife line attack)의 방지대책

오스테나이트계 스테인리스강의 경우는 Schaefflers diagram, DeLong's diagram 등을 이용하여 용접부에 5~10%의 δ-ferrite가 생성될 수 있도록 용접재료의 화학성분과 희석률

(dilution ratio)을 조합하여 용접시공을 하는 것이 필요하다.

용접입열에 의한 예민화 작용으로 용접부에 발생하는 웰드디케이(weld decay)는 C 함량이 많아 Cr 탄화물을 형성하기 쉬운 AISI 304 및 AISI 316 스테인리스강에서 자주 발생하므로 주의가 요구된다. 오스테나이트계 스테인리스강 용접부의 입계부식을 방지하기 위해서는 Ti, Nb과 같이 C와 친화력이 강하여 안정한 탄화물을 만드는 안정화 스테인리스강 모재와 용접재료를 사용해야 한다.

만일 예민화 온도 이상의 고온 상태에서 Ti 탄화물과 Nb 탄화물이 분해되면 나이프 라인 어택(knife line attack)이 발생하게 되므로 안정화된 Ti 탄화물과 Nb 탄화물이 재생성되도록 880℃ 근방에서 용접부에 대한 안정화 열처리가 필요하다.

80. 저항 스폿 용접에서 사용되는 전극팁의 역할

1 개요

겹쳐 놓은 모재의 앞쪽 끝을 적당하게 성형한 전극으로 누르고, 여기에 전류를 통하면 접촉면의 전기저항이 크므로 발열하게 된다. 접촉면의 저항은 곧 소멸하게 되나, 이 발열에 의하여 재료의 온도가 상승하여 모재 자체의 저항이 커져서 온도는 더욱 상승한다. 여기에 강한 압력을 가하여 용접을 하는 것이 스폿 용접이다.

2 저항 스폿 용접에서 사용되는 전극팁의 역할

전극은 구리 혹은 구리 합금(구리카드뮴 합금, 구리텅스텐 합금 등)재로, 그 재질은 전기와 열전도가 좋고 연속 사용하더라도 내구성이 있으며 고온에서도 기계적인 성질이 유지되는 것이어야 한다. 그 끝 모양은 R형, C형, F형, CF형, P형 등이 있다.

스폿 용접의 막대 모양 전극 대신에 회전원판 전극을 사용하여 원판의 회전과 더불어 차례차례 스폿 용접을 해나가는 것을 심 용접(seam welding)이라고 한다. 스폿 용접은 저탄소강, 고탄소강, 저합금강, 알루미늄과 알루미늄 합금, 스테인리스강, 주석도금판 등 각종 금속들에 사용되고 있다.

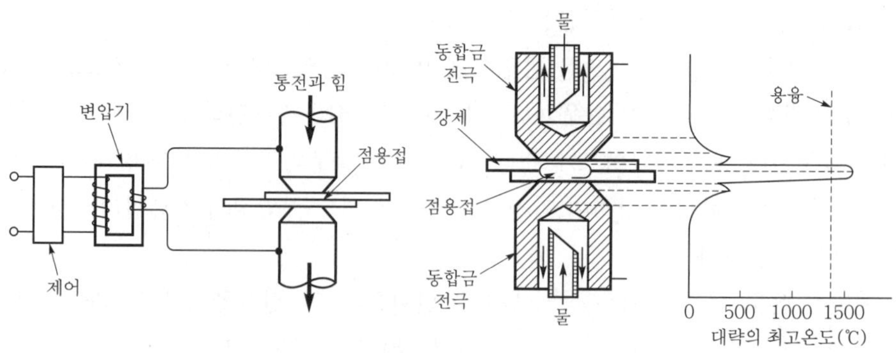

그림 1. 스폿 용접법

81. 저항심 용접(resistance seam welding)방법 중, 매쉬심 용접(mash seam welding)과 겹치기 심 용접(lab seam welding)의 차이점에 대하여 설명

1 매쉬심 용접(mash seam welding)

(1) 정의

매쉬심(Mash-Seam) 용접은 접합하려는 피 용접재를 일정간격 겹친 후 겹침부에 저항발열을 가하여 반용융상태가 되면 가압력에 의해 압착되어 용접부가 생성되는 접합법이다. 매쉬심 용접은 레이저 용접 등과 함께 테일러드 블랭크 공법에 많이 사용되며, 원판전극(WE, Wheel Electrode)과 평판전극(FE, Flat Electrode) 매쉬심 용접이 있다.

(2) 적용

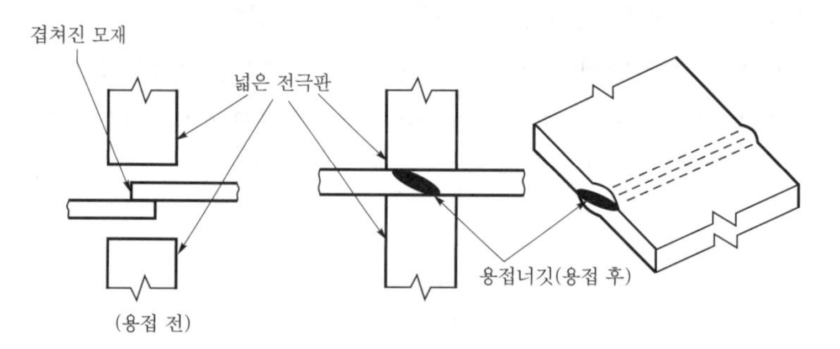

그림 1. 매쉬심 용접(mash seam welding)

레이저 용접의 경우 장치가 고가이고, 피 용접재의 치수정밀도가 높아야 하는 단점을 가지고 있다. 원판전극을 사용하는 매쉬심 용접의 경우는 전극에 열이 많이 발생하여 냉각장치가 커지고 복잡해지는 단점을 가지고 있다. 이러한 점을 보완한 방법이 FE 매쉬심 용접이다. FE 매쉬심 용접은 커다란 FE로 긴 용접부를 한 번에 용접하여 연속 용접부를 형성하는 저항용접법으로 테일러드 블랭크 공법에서 많이 사용되고 있다. 그러나 FE 매쉬심 용접의 경우 용접기의 용량이 상당히 커지고 용접부 양 끝단의 접합에 문제점을 나타내는 단점을 가지고 있다.

2 겹치기 심 용접(lab seam welding)

(1) 정의

겹치기 심용접(lap seam welding)은 원판 모양의 전극 사이에 두 개의 모재를 포개고 전극에 압력을 건 상태로 전극을 회전시키면서 연속적으로 하는 심용접법이다.

(2) 적용

심용접 중에서 기본적인 이음이며, 이 이음의 강도는 모재보다도 다소 크다. 보통 겹친 판에 6mm 정도까지 용접이 가능하다.

82. 표면 경화 용접의 그리트 블라스팅법(Grit Blasting Method)

1 개요

샌드블라스트 크리닝법의 분사장치는 압축공기를 사용하여 연마재를 가공물에 분사시키기 때문에 에어콤프레셔, 에어탱크, 수분분리기, 연마재, 압송탱크, 호스 연마재(호스와 에어호스), 연마재 노즐, 노즐 홀더 등으로 되어 있으며, 그 외에 제진장치(분사실 연마재 및 연마재 선별기기가 부대설비로 필요)가 있다.

(1) 압축공기

샌드블라스트에 사용되는 연마재는 반드시 건조모래로 하며, 연마재가 건조되어 있지 않으면 분사기의 구내에서 연마재의 흐름이 방해를 받게 되고 쇼트 등의 강립을 이용할 때에는 자체가 녹이 슬게 되어 충분한 효력을 가질 수 없다.

(2) 노즐의 구경과 형상

노즐의 구경은 2.3~13mm의 8종류가 있다.

(3) 연마재(abrasive)

샌드블라스트에서 가장 중요한 것이 바로 연마재이다. 입자의 크기, 형상, 무게 등은 직접

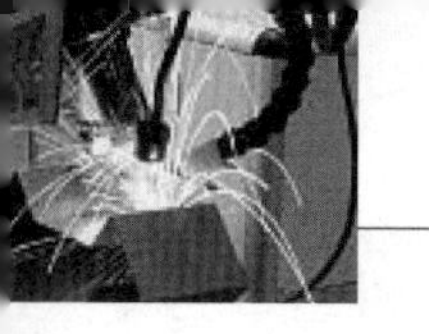

금속의 처리면에 대한 형상과 작업능률과 연결되어 표면처리에 큰 영향을 주고 있기 때문이다.

2 표면 경화 용접의 그리트 블라스팅법(Grit Blasting Method)

그리트 블라스트 크리닝법(grit blast cleaning)은 쇼트를 잘게 부순 강쇄립을 그리트라 하여 입자는 각이 진 것이 많을수록 연삭작용도 큰데, 이것을 쇼트와 같은 방법으로 압축공기에 의해 블라스트 분사하거나 원심력을 이용하여 금속면을 연삭한다.

83. 플럭스코어 와이어로 용접 시 CO_2 가스를 100% 사용할 때와 혼합가스(Ar 80%+CO_2 20%)를 사용할 경우의 비드 형상, 용착량, 작업성, 결함발생, 용적이행모드 등에 대하여 설명

1 개요

용접은 접합하고자 하는 두 개 이상의 물질의 접합부분을 열로 용융시켜 서로 다른 두 물질의 원자 결합을 재배열하여 결합시키는 방법으로, 아크 용접, 가스 용접 등 다양한 용접방법이 존재한다. 이와 같은 용접방법 중 아크 용접은 전극과 모재의 표면 사이에 발생하는 전기적 아크열에 의해 두 금속을 접합시키는 것으로, 통상 보호가스와 플럭스를 이용하여 대기의 O_2, N_2 등으로부터 용접부를 보호하고, 와이어를 용가재로 하여 용접된다.

이때 상기와 같은 아크 용접에 사용되는 와이어는 대부분 표면에 화학반응 또는 전해반응으로 구리가 도금된 와이어나 도금이 되지 않은 무도금 와이어가 국내외에서 주로 사용되고 있다. 또한, 일반적으로 제조업에 사용하고 있는 아크 용접으로는 가스메탈 아크 용접(Gas Metal Arc Welding), 플럭스코어드 아크 용접(Flux Cored Arc welding) 또는 서브머지드 아크 용접(Submerged Arc Welding) 등을 들 수 있는데, 그 중 가스메탈 아크 용접과 플럭스코어드 아크 용접과 같은 아크 용접은 이산화탄소(CO_2), 아르곤(Ar), 헬륨(He) 등 1종 이상의 가스를 보호가스로 사용하여 연속적으로 송급이 가능한 솔리드 와이어나 플럭스코어드 와이어를 공급하고, 와이어의 선단에서 아크가 발생하도록 하여 와이어가 녹아 접합되는 용접법이다.

상기 서브머지드 아크 용접은 용융형 플럭스, 소결형 플럭스를 사용하여 연속적으로 송급이 가능한 솔리드 와이어를 공급하고, 용접 시 플럭스에 의해 만들어지는 슬래그가 형성되어 그 선단에서 아크가 발생하도록 함으로써 와이어가 녹아 접합되는 용접법이다.

이때 가스메탈 아크 용접과 플럭스코어드 아크 용접의 천이 전류영역 이상(250A)에서 보호가스로 아르곤(Ar) 가스를 사용하면, 아크 용접 시 용적의 금속이행모드는 용적의 윗부

분에서 아크가 발생하고, 용적이 와이어의 직경보다도 작은 미세한 분무형 용적이행(spray transfer)을 한다.

이와 같은 분무형 용적이행은 용적이행 형태 가운데에서 가장 우수한 이행형태인데, 스패터의 발생이 적고 용접비드 형상이 우수하며 고속 용접에도 적합한 것으로 알려진 용적이행으로, 고품질의 용접을 필요로 하는 분야에서 이용된다.

2 CO_2 가스를 100% 사용할 때와 혼합가스(Ar 80%+CO_2 20%)를 사용할 경우 비교

아르곤 가스는 그 비용이 이산화탄소 가스의 약 5배로 매우 고가이기 때문에 실제 현장에서의 용접시공에 있어서는 아르곤 가스보다 이산화탄소 가스를 보호가스로 이용하는 경우가 더 많다. 이러한 이산화탄소 가스는 저가인 동시에 능률이 높은 용접 방법이기 때문에 철강재료의 용접 등의 가스메탈 아크 용접이나 플럭스코어드 아크 용접 시 보호가스로서 폭넓게 이용되고 있다. 특히 자동용접의 급속한 보급에 의해 조선, 건축, 교량, 자동차, 건설기계 등의 각종 분야에 사용되고 있으며, 그 중에서도 조선, 건축, 교량의 분야에서는 후판(厚板)의 고전류 다층용접에 사용되고, 자동차, 건설기계의 분야에서는 박판(薄板)의 필렛용접에 사용되는 경우가 많다.

이산화탄소 가스를 보호가스로 사용하는 경우에는 천이 전류영역 이상의 아르곤 가스용접이나 Ar-CO_2 혼합가스를 보호가스로 사용하는 용접 시와 비교하여 2~4배의 큰 용적이 용접 와이어 선단에 매달리고, 용적의 아래에 아크가 발생하는 입상용적이행(globular transfer)을 하기 때문에 모재(즉 강판)와의 단락이나 재아크시 스패터가 다량으로 발생하게 되며, 아크가 안정화되지 않아 비드형상이 안정되지 않는 문제점이 있는데, 특히 고속용접에 있어서 비드형상이 凹凸(이른바, 험핑비드(humping bead))이 되기 쉽다.

또한, 천이 전류영역 이하에서 용접 시 아르곤 가스를 보호가스로 사용하거나 Ar-CO_2 혼합가스를 보호가스로 사용하는 경우에도 상기 이산화탄소 가스를 보호가스로 사용할 때와 마찬가지로 천이 전류영역 이상의 아르곤 가스 용접이나 Ar-CO_2 혼합가스 용접 시와 비교하여 1~4배의 큰 용적이 용접 와이어 선단에 매달리는 등 용적의 금속이행 모드가 입상용적이행으로 형성되기 때문에 주로 박판 용접에 사용되고 있으며, 용접속도가 낮고 아크 조절이 쉽지 않은 문제점을 가지고 있다.

이에 상기와 같은 문제점을 해결하기 위하여 칼륨(K)의 첨가에 의해 스패터 발생량을 절감하는 방법이 있으나, 이는 보호가스로서 CO_2가스를 100% 사용하는 용접에서 아크의 안정화를 통한 스패터 저감 및 비드 형상 안정화 효과를 얻을 수 없었다.

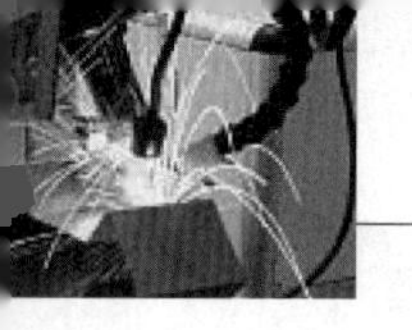

84. 험핑비드(Humping bead)의 정의를 쓰고, 주로 어떤 용접조건 하에서 발생될 수 있는지를 설명

1 개요

가스텅스텐 아크 용접 공정의 용접생산성을 증가시킬 목적으로 용접속도를 높여서 고속용접을 실시하기 위해서는 용접비드의 품질을 일정한 수준으로 유지하는 것이 요구된다. 그런데 고속용접 과정에서 용접부의 용입깊이와 용접비드의 외관에 많은 영향을 주는 용접전류와 용접속도의 균형이 맞지 않으면, 용접비드의 표면이 불룩하게 튀어나오는 그림 1과 같은 험핑 현상이 발생하여 비드외관이 불균일한 용접비드가 만들어지므로 이를 방지하는 것이 중요하다.

2 험핑비드(Humping bead)의 정의를 쓰고, 주로 어떤 용접조건 하에서 발생될 수 있는지를 설명

박판재를 대상으로 하는 고속의 단층(single pass) 제살용접부에서는 완전용입(complete joint penetration)형 험핑비드가 발생하게 된다. 용융지의 중간부분에서 측면 채널(lateral Channel)이 순간적으로 응고되면서 용융금속이 후방으로 흐르지 못하고 측면 채널에 축적되면서 양쪽의 측면에서 용융금속의 응고가 연속적으로 진행되어 응고금속의 돌기가 만들어지는데, 종국에는 양쪽의 돌기가 연결되고 합쳐지면서 완전용입형 험핑비드가 형성된다.

완전용입형 험핑비드의 주요 특징은 다음과 같다.

(1) 용접금속이 모두 험핑부에 축적되며 험핑부와 험핑부의 중간부분에는 응고금속이 존재하지 않는 천공부(perforation part)가 주기적으로 생성되는 험핑비드의 형상(morphology of humping bead)을 보인다.

(2) 완전용입형 험핑비드는 험핑아크에 의해 만들어지는 용융지의 선두부에서 형성되지 않는 대신 용융지의 중간부에서 형성되는 특성을 갖는다.

(3) 고속용접이 진행됨에 따라 용융금속의 평행흐름(제 2단계)→측면 축적(제 3단계)→양쪽 돌기의 연결과 합침(제 4단계) 과정이 반복적으로 나타나면서 험핑비드가 주기적으로 발생하게 된다.

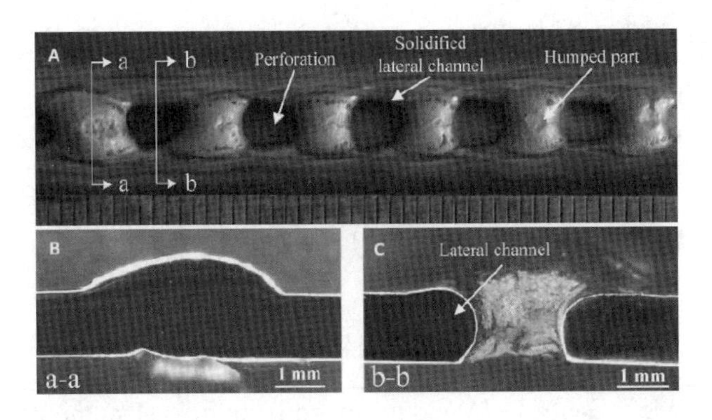

그림 1. 완전용입형 험핑비드 형상(A-비드 외관, B-험핑부의 단면형상, C-천공부의 단면형상)

85. GMAW(Gas Metal Arc Welding) 로봇 용접 시 보호가스로 100% Ar 대신에 80% Ar+20% CO_2 혼합가스를 사용하는 이유를 용접성 측면에서 설명

1 개요

우리나라 자동차 생산라인에 있어 점용접을 할 수 없는 폐구간 등에 사용되는 GMA 용접 공정에서는 대부분 CO_2 100%의 보호가스를 사용하여 자동차를 생산하고 있다. CO_2 100%를 사용하는 용접은 보호가스의 특성으로 인해 반발이행과 단락이행의 금속이행 모드를 가지며, 이때 나타나는 불안정한 아크로 인해 스패터 비산량이 많고, 융착 및 용락 등의 문제가 발생하기도 하여 차체 안정화단계에 들어선 자동차 생산라인의 많은 비가동의 원인을 제공하기도 한다.

2 GMAW(Gas Metal Arc Welding) 로봇 용접 시 보호가스로 100% Ar 대신 80% Ar+20% CO_2 혼합가스를 사용하는 이유를 용접성 측면에서 설명

일반적으로 잘 알려진 비드 외관의 경우 Ar을 85% 혼합하고 낮은 속도를 용접한 조건에서 가장 미려한 비드를 확보할 수 있었으며, CO_2 100% 용접의 경우 스패터가 많이 발생하는 것을 확인하였다. 또한, CO_2 100%의 보호가스를 사용한 경우 Ar 100%의 경우보다 크레이터의 함몰이 더 심하게 일어났음을 관찰할 수 있다. 비드단면을 보면 Ar 100% 조건에 비해 CO_2 100%와 Ar 85%에 CO_2 15%를 혼합한 조건에서 용입이 더 깊은 것을 알 수 있다. 이는 사용한 보호가스에 포함된 산소의 영향으로 표면 장력이 온도에 따라 증가하여 용융풀이 비드 중심에서 아래로 작용하게 되면서 용입이 깊어지게 된 것이다. 또한, 용접 시 지속적으로 인가된 입열에 따라 용접이 끝나는 시점에서는 일반적으로 크레이터 전류를 설정 전류에 50% 이

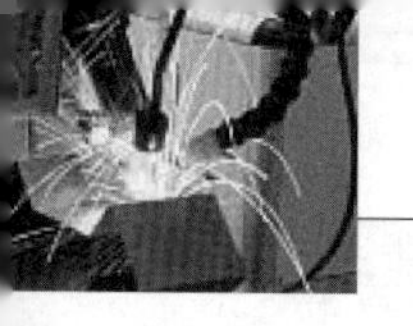

상을 낮추어 사용하기 때문에 용접쇳물이 줄어들어 크레이터가 더욱 함몰된 것이다. 보호가스를 Ar 85%에 CO_2 15% 조건에서 용접한 경우에 비드 폭, 용입이 가장 넓고 깊음을 알 수 있다. 이는 자동차 차체 GMA 용접공정에서 나타나는 용접이음의 갭 문제를 충분히 해결할 수 있는 조건이라고 판단된다. 물론 보호가스의 비용이 증가할 수는 있으나, 비가동에 따른 생산성을 비교하여 현장 적용을 고려해볼 수 있을 것으로 판단된다.

표 1. 용접시험 조건

No	Shield Gas(%)	Welding speed(m/min)	Heat Input(kW/min)
1	CO_2-100	0.6	101
2	CO_2-100	1.2	102
3	CO_2-15+Ar-85	0.6	87
4	CO_2-15+Ar-85	1.2	102
5	Ar-100	0.6	134
6	Ar-100	1.2	14

표 2. 비드단면 외부형상

No	Shield Gas(%)	Welding speed(m/min)	Bead section image
1	CO_2-100	0.6	
3	CO_2-15+Ar-85	0.6	
5	Ar-100	0.6	

86. 그루브용접 및 필릿용접의 목두께

1 개요

용접부에서 용접이 이루어진 최소 유효폭을 말한다. 목두께에는 이론 목두께, 실제 목두께 및 유효 목두께가 있다. 이론 목두께(theoretical throat)는 설계상의 치수이고, 용접이음의 설계에 이용되는데, 일반적으로 목두께라고 하면 이론 목두께를 가리키는 경우가 많다.

2 그루브용접 및 필릿용접의 목두께

(1) 그루브용접에서 이론 목두께는 완전용입의 경우에는 덧살 높이를 고려하지 않은 용접

금속의 두께, 즉 접합하려는 부재의 두께가 되고, 부재의 두께가 다른 경우에는 얇은 쪽 부재의 두께가 된다. 부분용입의 경우에는 그루브 깊이가 되지만, 루트 용입의 치수가 지정되었을 때는 그것을 그루브 깊이에 가산한 크기로 하며, 양면 그루브일 때는 그들의 합계를 취한다.

(2) 필릿용접의 이론 목두께(theoretical throat of fillet weld)는 필릿용접 크기로 정하는 삼각형 이음의 루트에서 측정된 높이로 한다. 또 설계에 이용되는 목두께의 단면적은 (이론) 목두께와 용접의 유효길이의 곱이다.

3 실제 목두께(actual throat)와 유효 목두께(effective throat)

(1) 실제 목두께(actual throat)는 실제로 용접된 후의 용접금속의 최소 두께이며 용접이음부 강도시험 등에 이용된다. 그루브가 있는 부분용입 용접부와 필릿 용접부에서는 용접 루트에서 용접부 표면까지의 최단거리이다.

(2) 유효 목두께(effective throat)는 용접 루트에서 덧살을 제외한 용접 표면까지의 최단거리이며 설계값과 실제값을 비교할 때 이용된다.

87. 액체질소가스(LNG) 용기용 소재로 사용되는 9% Ni강을 아크 용접하기 전에 탈자화시키는 이유

1 개요

9% 니켈강용 용접재료는 용접금속의 강도 및 열팽창계수가 모재와 비슷하고 극저온에서의 높은 충격인성이 요구되며 용접작업성도 우수하여야 한다.

LNG탱크와 같은 대형 구조물은 용접 후 열처리가 불가능하기 때문에 용접된 상태에서 우수한 저온인성을 확보할 수 있어야 한다. 이러한 특성을 만족하는 재료로서 종래부터 고니켈계 합금이 주로 사용되고 있으나 고니켈계 합금을 이용하여 9% Ni강을 용접하는 것은 일종의 이종재료 용접이기 때문에 용접시공 시 여러 가지 주의점이 필요하다. 일반적으로 나타나는 문제점은 표 1과 같이 요약할 수 있다.

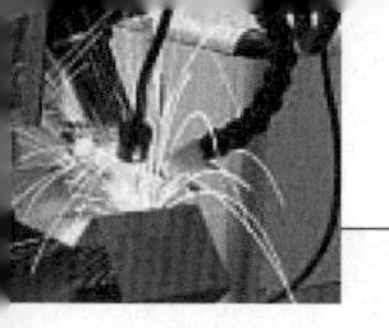

표 1. 9% 니켈강의 용접 시 문제점

항목	문제점
균열	고온, 균열(특히 크레이터)
침투력	침투력이 부족함
희석	희석된 용접금속
열팽창계수	모재와 용접금속 사이에 열팽창계수의 차이에 기인한 열응력
강도	연성의 용접금속
비용	고니켈로 비쌈

2 액체질소가스(LNG) 용기용 소재로 사용되는 9% Ni강을 아크 용접하기 전에 탈자화시키는 이유

연강에 비해 니켈을 함유하는 강은 자장의 영향으로 자성을 띄기 쉬워 9% 니켈강 용접에 있어서는 자기 아크쏠림이 문제로 된다. 자화된 9% 니켈강에서는 아크쏠림에 의해 용접금속부가 한 쪽으로 치우쳐 융합불량이 발생하기도 하고, 심한 경우에는 용접이 불가능하게 된다. 9%Ni 강은 탈자처리를 하여 50Gauss 미만이 되도록 출하하고 있어 운송 시에 자화되지 않도록 세심한 주의를 하여야 한다.

또 arc air gouging 및 grinding 시에도 강판 단면에 80~100Gauss 정도의 큰 자장이 발생될 수 있으므로 주의해야 한다. 용접 전원도 직류보다 교류를 사용하면 아크쏠림을 방지할 수 있다. 이러한 목적을 위해 9% 니켈강 용접을 위해 교류 전용 수동 용접봉이 개발되어 적용되고 있다.

88. 용접덧살(Reinforcement)의 형상에 따라 피로강도에 미치는 영향을 설명하고, 현장에서 기하학적 형상을 개선시켜 피로강도를 향상시키는 방법

1 개요

덧살이 피로강도에 미치는 영향으로 첫째는 덧살이 존재할 때의 토우각의 영향을 살펴보고, 둘째는 덧살을 제거했을 때의 영향을 살펴보면 용접덧살(Reinforcement)의 형상에 따라 피로강도에 미치는 영향을 확인할 수가 있으며, 현장에서 기하학적 형상을 개선시켜 피로강도를 향상시키는 방법을 제시할 수가 있다.

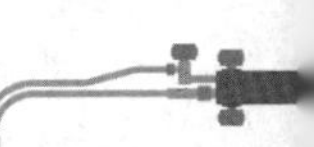

2 용접덧살(Reinforcement)의 형상에 따른 피로강도 영향과 기하학적 형상의 개선으로 피로강도 향상방법

먼저 토우각의 영향을 알아보기 위해 실험 전 측정해 놓은 4개의 토우각과 피로 시험결과 균열이 시작된 지점의 위치를 확인한 결과, 토우각이 가장 작은 부위에서 균열이 시작되었음을 알 수 있다. 또한 부분용입 시편의 경우에도 중앙의 미 용입부에서 균열이 진전되었으며 파단되지 않은 대부분의 시편부위와 유사하게 파단되었다.

다음은 덧살을 완전히 제거한 후 피로시험 결과를 같은 응력상태에서 제거하지 않은 시편의 결과와 비교하기 위하여 덧살을 제거하고 실험하였으며, 표 1에서처럼 완전용입이나 노백가우징의 경우는 피로수명이 매우 길어졌으나, 부분용입 시편의 경우에는 잔존 면적의 감소로 인해 피로수명이 짧아졌음을 알 수 있다. 따라서 토우각이 작을수록 피로수명이 증가함을 알 수 있었으며, 이로써 덧살이 피로수명에 큰 영향을 미치고 있음을 알 수 있다.

표 1. 응력과 덧살의 관계

구분	12.7mm		19.1mm		
	완전용입	노백가우징	완전용입	노백가우징	부분용입
응력(Mpa)	400	400	400	400	250
덧살이 있는 경우 (사이클)	39,685	66,730	56,944	30,320	126,487
덧살이 없는 경우 (사이클)	미피단	581,581	283,367	123,760	49,774

SECTION 89. 플라즈마 절단 슬래그 부착현상의 원인과 방지대책

1 플라즈마 절단 슬래그 부착현상의 원인

불규칙한 절단면인 상하 베벨이 혼재된 경우 절단면의 상면 베벨은 절단된 곳에 표시된 오목한 또는 볼록한 절단면으로

(1) 노즐이 손상된 경우,

(2) 토치 직각도가 나쁜 경우,

(3) 전극과 노즐의 정렬이 틀어진 경우 발생한다. 이런 경우, 아크가 제품의 직선 경로를 이탈하는 원인이 되며 종종 제품의 한 면은 상면 베벨, 반대쪽 면은 하면 베벨이 나타날 수 있다. 제품의 단면은 직사각형이 아닌 평행하게 보이며 때때로 절단면이 평탄하지 않을 수 있고, 오히려 한쪽은 오목하고 다른 한쪽은 볼록하다. 이는 소모품이 심하게 마모되었거나

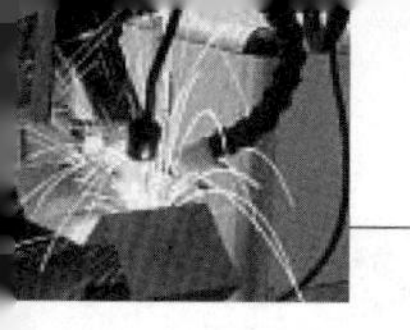

정렬이 잘못된 경우에 발생할 수 있다.

2 슬래그 부착의 방지방법

반자동 플라즈마 절단에서 발생되는 절단속도가 빨라지면 모재의 아래 쪽이 좁아서 경사각이 증가하는 경향의 절단 홈 뒤쪽에 제거하기 힘든 드로스(슬래그)가 부착되는 문제점을 방지할 수 있다. 따라서 절단 속도가 너무 느리면 슬래그 부착 및 절단 홈의 폭이 증대되고, 너무 빠르면 슬래그 부착 또는 절단 불능(불꽃이 위로 뿜어 오름)이 되므로 재질에 따른 실험을 통해 결과를 도출하여 최적의 조건을 설정하여 작업을 해야 한다.

90. 압력용기의 현지용접에서 보수용접 시공의 재료별(고장력강, 저합금강, 스테인리스강) 유의점 및 보수용접 시공 상의 주의사항

1 개요

현지용접의 필요성은 압력용기의 대형화 요구에 대응하기 위해 각 메이커의 제작공장 설비의 능력제약이나 납입처로의 수송조건의 제약에 의해 현지에서의 제작이 필요한 경우가 있다.

현재 50년 이상 가동되고 있는 압력용기가 많다. 이들 압력용기는 사용 중에 여러 가지 손상을 입었기 때문에 용접보수를 실시하지 않으면 안 되는 경우가 많다. 대표적으로 노즐 가스킷 홈(Nozzle gasket groove)의 손상이나 용기내면의 내식성을 위해 오버레이 용접된 각종 스테인리스강의 손상을 들 수 있다.

2 현지용접 시공에서의 유의점

최근 제작되고 있는 압력용기의 주류로 되어 있는 2.25Cr-1Mo-V강은 종래의 2.25Cr-1Mo강에 비해 합금의 첨가에 의해 고강도화 되어 용접부의 저온균열 감수성이 높게 되어 있다. 따라서 용접시공관리에 있어서 특별한 배려가 필요하다.

현지의 압력용기 제작공사에서 유의점을 열거하면 다음과 같다.

(1) 사양서 및 도면의 확인
(2) 용접기기의 확인
(3) 검사기기의 확인
(4) 열처리기재의 확인
(5) 재료관리
(6) 용접재료의 관리

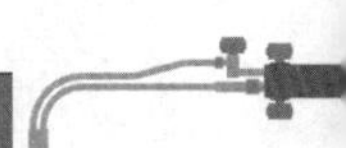

(7) 용접사의 기량

(8) 용접 중의 열관리

(9) 용접조건(전류, 전압, 속도)과 관리

(10) 기후나 작업환경에 대한 배려

(11) 각종 용품의 확인이며, 이 중에서 특히 중요한 것은 용접사의 기량과 용접전후의 열관리이다.

3 현지 용접보수 공사의 특징과 주의점

(1) 용접보수의 적용 여부결정

오래된 손상을 입은 기기에 대한 용접보수의 적용 여부는 여러 가지 검토항목을 종합적으로 고려하여 판단한다. 그 검토항목을 열거하면 다음과 같다.

1) 기기 제작 시의 재료강도, 인성과 검사기록의 확인
2) 손상의 원인과 재발방지의 대책
3) 손상의 형태
4) 운전조건
5) 재료의 열화정도
6) 용접 후 열처리의 필요성 및 실시 가부
7) 비파괴검사나 내압시험의 필요성 및 실시 가부
8) 용접작업이나 용접 후 열처리에 의한 변형대책의 필요성이나 그 대책의 가부
9) 용접보수작업의 기간
10) 작업환경이나 안전성, 경제성 등이다.

(2) 보수용접 시공에서의 재료별 유의점

고장력강은 강도와 판 두께 증가와 더불어 퀜칭 경화성이 커져서 용접성이 나빠진다. 또한 용접 후 열처리에 의해 강도저하가 생길 수 있으므로 후열처리는 강도 저하를 고려해서 실시해야 한다.

저합금강은 열영향부의 경화와 연성저하, 용접금속과 열영향부의 지연균열이나 열처리에 의한 재열균열, 용접부의 인성과 장시간 가열에 의한 템퍼링 취화에 대한 고려가 필요하다. 오스테나이트계 스테인리스강은 예민화나 고온균열 방지를 위해 보통 예열을 시행하지 않고 층간온도를 150℃ 이하로 유지하여 과대한 용접입열을 피하는 것이 중요하다. 고온균열 방지를 위해 용접금속 중에 수%의 페라이트가 포함되도록 용접재료나 시공방법을 관리할 필요가 있다. 아연계 재료나 도료 등의 혼입으로 아연취화 균열에 주의할 필요가 있다.

마르텐사이트계 스테인리스강은 용접부의 급랭에 의한 경화로 균열방지를 위해 200~400℃의 예열이 필요하며 연성, 인성의 향상이나 용접부의 경도저하 목적으로 후열처

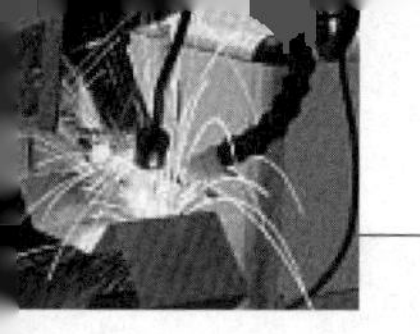

리가 필요하다. 페라이트계 스테인리스강은 용접부의 취화나 균열을 방지하고 연성확보를 위해 100~200℃의 예열이 필요하며, 475℃ 취화나 σ상(시그마) 취화를 방지하기 위한 열처리에 유의할 필요가 있다.

(3) 보수용접 시공 상의 주의점

계획된 보수용접 시공 방법의 타당성을 용접시공법 확인시험으로 사전에 확인할 필요가 있다. 이 용접 시공법 확인시험의 기록에 기초하여 재료와 적용 판 두께에 따른 용접시공 요령서를 작성한다. 용접사는 해당법규나 규격에 정한 유자격자로 충분한 기능과 지식의 소지자여야 하고, 용접시공 관리자는 용접보수에 관한 충분한 지식과 경험의 소지자여야 한다. 용접재료는 제작시의 것과 동일한 것으로 하고, 저온균열의 방지를 위해 피복아크 용접은 저수소계 용접봉을 사용하는 것이 바람직하다. 저수소계 용접봉의 기상조건에 따른 흡습과 건조관리가 중요하다.

예열의 목적은 용접부의 냉각속도를 늦추어 경화정도를 완화시킴과 동시에 수소의 확산을 용이하게 하여 저온균열을 방지하는 것이다. 예열에서 중요한 것은 판 두께 전체(내외표면)를 규정의 온도로 균일하게 가열하기 위해 표면 가열로 끝내지 않고 판 두께 방향의 온도구배를 확인할 필요가 있다. 중간응력 제거 어닐링은 탈 수소처리와 용접잔류응력의 저감을 목적으로 하며, 극후물의 보수용접이나 구속이 큰 부위의 보수용접부에 적용한다. 용접 후 열처리는 국부가열로 실시되기 때문에 높은 열응력의 발생을 방지하기 위해 가열범위나 보온범위를 충분히 고려하여 온도구배를 완화시키는 것이 필요하다.

91. 용접절차시방서의 인정 두께 범위 및 인정시험 종류 (ASME Sec. IX 기준)

1 용접절차시방서의 인정 두께 범위

완전용입 및 부분용입 홈용접부는 공히 기계적 시험으로 인정하며, 인장시험과 굽힘시험을 기본으로 하여 요구 시 노치인성시험을 추가한다. 인장시험편은 감소단면(reduced section) 강판, 감소단면 강관, 봉형(turned) 및 전체단면(full-section) 강관 시험편이 있으며, 전 두께(full thickness) 시험편 대신 분할(multiple) 시험편을 적용할 경우 시험편 각 세트는 한 위치에서 전체두께를 대표할 수 있도록 구성되어야 한다. 굽힘시험은 유도굽힘시험을 기본으로 하며, 횡표면굽힘 및 횡루트굽힘 시험편으로 구성되나 두께가 두꺼운 시험재의 경우에는 횡측면굽힘 시험편으로, 길이가 짧은 경우에는 종표면굽힘 및 종루트굽힘 시험편 또는 QW-462.3(a)(b)의 축소(subsize)시험편으로 대체하기도 한다.

2 용접절차시방서의 인정시험 종류(ASME Sec. IX 기준)

용접절차의 인정은 용접부의 종류에 따라 홈용접부, 필릿용접부 및 스터드용접부 등으로 구분한다. ASME BPVC Sect. IX의 경우 주요 용접부에 요구되는 시험은 표 1과 같다. 건조기술기준 등에 의해 노치인성시험이 추가되거나 시방서 등에 의해 방사선투과검사, 액체침투탐상검사, 부식시험, 각종 경도시험, CTOD(crack tip opening displacement), 화학성분 분석 등이 추가되기도 한다. 홈용접부 시험재는 시험편의 건전성 확보를 위한 참고용으로 방사선투과시험을 실시하기도 한다. 필릿용접은 홈용접부 시험재에 의해 인정되며, 건조기술기준 등에 비압력부로 규정된 용접부에 한해 필릿용접시험에 의한 인정이 허용된다. AWS의 경우 육안검사가 요구된다. 각 시험의 주요 목적은 다음과 같다.

(1) 인장시험 : 인장강도, 파단형태, 파면위치
(2) 유도굽힘시험 : 건전성(soundness)과 연성
(3) 노치인성시험 : 용접부의 노치인성, 흡수에너지, 전단파면율, 횡팽창율
(4) 필렛용접시험 : 치수, 형상 및 건전성
(5) 스터드용접시험 : 굽힘(또는 햄머링)건전성, 토크(또는 인장)강도와 마크로 건전성

표 1. 인정시험의 종류

구분	기술기준	요구되는 시험		비고
홈 용접부	QW-451.1	인장시험	QW-150	필릿용접 포함
	QW-451.2	유도굽힘시험	QW-150	(QW-451.4)
	-	노치인성시험	QW-170	해당시
필릿 용접부	QW-451.3	마크로검사	QW-183	
스터드 용접부	QW-202.5	스터드용접시험	QW-192	굽힘, 토크, 마크로

92. 용접구조물 가공 시 발생되는 버(Burr)

1 개요

버(burr)는 절삭가공 시 가공면의 끝부분에서 공구의 모서리부 이탈 시 피삭재의 절삭저항에 기인한 밀림 현상과 이에 따른 소성변형으로 인하여 모서리에 발생하는 가공품의 거칠은 상태를 의미한다.

2 용접구조물 가공 시 발생되는 버(Burr)

(1) 버(burr)의 발생원인

버(burr)는 주로 공작물이나 판금물의 홀 가공, 레이저 가공 시에 발생하며 버가 가공품에 미

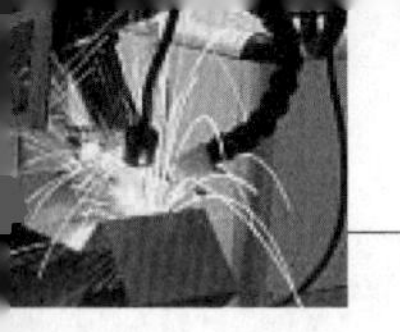

치는 가장 큰 영향은 다음과 같다.

1) 버(burr) 제거를 위한 추가 공정(생산성 저하)

공작물의 표면에 붙어 있던 버가 말끔히 제거되지 않은 상태로 금형 작업 시 스크래치를 발생하여 불필요한 불량을 발생하거나 조립 부분에 붙어 표면 조도를 낮춰 조립성에 영향을 주는 등 영향을 주기 때문에 버를 제거하는 후공정을 디버링(deburring)이라 한다.

2) 버(burr)는 공작기계에서 표면을 가공할 때 발생하는 칩(Chip)과 같은 원리로 발생하며 공작물의 내부보다는 입구/출구에 집중적으로 발생한다.

(2) 버(burr)의 최소화를 위한 방안

버(burr)는 공작물을 가공할 때 도구(Tool)의 선정에 의해 영향을 받고 공구의 코팅 정도, 형상, 재료의 선택에 따라 가공 정도와 버의 발생을 최소화할 수 있으며 가공 시 표면에 절삭유와 같은 냉각수를 도포함으로써 버(burr)의 발생을 조금이나마 억제할 수 있다.

93. 마르텐사이트계 스테인리스강 용접 시 주의해야 할 사항

1 개요

마르텐사이트계 스테인리스강은 AISI 400계열에 속하는 Iron-Chromium Alloys이지만 열처리가 가능하고 여러 가지 강도와 경도를 만들어 낼 수 있으며 고온에서의 Austenitic 상태가 냉각에 따라 단단한 Martensitic 상태로 변태를 일으키도록 Cr과 철의 균형이 잡혀진 금속조직을 갖고 있다.

항상 자성을 띠고 있으며 냉간 성형이 좋고 용접도 잘 되지만 내식성의 특성을 유지하려면 경화 열처리 후 Annealing이 필요하다. 부분적으로 열을 가할 때 Cr이 한곳으로 몰려서 Cr이 희박해진 곳에 부식되기 쉬운 조직이 생긴다. 고온에서 열처리하면 Cr-Carbide가 분해되며 급랭으로 담금질하면 다시 탄화됨을 방지한다.

2 마르텐사이트계 스테인리스강 용접 시 주의해야 할 사항

마르텐사이트계 스테인리스강 용접 시 주의해야 할 사항은 다음과 같다.

(1) 전기비저항이 연강의 3배 이상으로 용접변형이 발생하지 않도록 한다.

(2) 열전도도가 연강의 1/2이하로 용접변형이 발생하지 않도록 한다.

(3) 소입경화성이 크기 때문에 열영향부의 인장강도, 내력, 경도를 높이고 연성, 인성, 내식성은 저하하며 취화되므로 200~400℃로 예열하거나 경화성을 줄인 STS 405를 사용한다.

(4) 결정립 조대화로 열영향부의 연성, 인성, 내식성저하, 열영향부의 균열이 발생한다.

94. 금속가공 시 고온가공의 장단점 및 공작물의 가열방법

1 개요

내열강, 내열합금, 담금질한 고속도강 등은 고경도이고 절삭저항이 매우 커서 상온에서는 절삭하기 곤란하므로 연화온도까지 가열하여 경도, 전단강도를 감소시켜 절삭을 행하면 절삭저항, 소요동력이 감소하여 효과적이다. 공구도 함께 가열되므로 고온경도가 높은 초경합금 공구나 세라믹 공구 등을 사용한다.

2 장단점

(1) 장점

1) 절삭저항이 감소(피삭성 향상)한다.
2) 구성인선의 미 발생으로 다듬질 면이 매끈하다.
3) 공구수명이 약 10배 이상 향상된다.
4) 절삭저항이 상온에서의 1/2정도이므로 소비동력이 감소한다.
5) 가공 변질층의 두께가 얇아진다.
6) 저속에서도 버가 없어지고 취성재료도 고온에서 연성이 증대되어 연속칩이 형성된다.

(2) 단점

1) 가열장치에 경비가 소요된다.
2) 각종의 조정에 시간이 소요된다.
3) 결정조직의 변화, 가공 면에 얼룩이 발생한다.
4) 공작물의 열팽창으로 치수정밀도 저하한다.
5) 통상적으로 작업이 어렵다.

3 공작물의 가열방법

(1) 노 가열

노중에서 가열하고 꺼낸 후 공작기계에 장착하여 절삭하고 냉각이 빠른 소형부품은 적용이 곤란하며 고온절삭에서의 일반적 가열방법은 국부 가열법을 취한다.

(2) 가스 가열법

산소-아세틸린 가스에 의해 절삭 부분을 국부적으로 가열하며 공작물의 절삭부위에 집중해서 가열이 곤란하고 재료의 내부까지 가열되나 간단한 설비와 손쉬운 가열방식으로 가장 경제적이다.

(3) 고주파 유도 가열법

공구직전에 고주파 유도 코일을 장착하고 이 속에 공작물을 통하는 것으로 편리하나 설비비가 높고 열효율이 낮다.

(4) 아크 가열법

공구대에 탄소전극을 장착하여 탄소전극과 공작물 사이에 아크를 발생시켜 가열하며, 공작물 표피의 절삭부위에만 집중할 수 있고 열효율이 높으므로 가장 우수한 방법이다.

(5) 전기저항 가열법

공구, 공작물간에 저전압 대전류를 통하여 절삭점에서의 저항발열을 이용한 것으로 제어나 조작이 용이하여 실용성이 높지만 세라믹공구와 같은 부도체의 적용에는 곤란하다.

(6) 복사 가열법

수은 램프의 강한 광원의 복사열을 이용한다.

95. 특수 내마모 강판(Abrasion resistant plate)의 맞대기 용접시공 방법

1 개요

AR plate(특수 내마모 강판)는 Abrasion Resistant Plate의 약자로서 현재로서는 ASTM, JIS 또는 DIN 등 국제규격에 규정되어 있으며 각 제조회사마다 고유 브랜드명(FORA, WELTEN AR, HARDOX, CREUSABRO, RAEX AR 등)으로 판매되고 있으나, 통상 "AR Plate"라는 명칭으로 불러지고 있다.

AR plate는 강재 고유의 내마모성을 나타내는 브리넬경도 수치에 따라 AR235, AR285, AR320, AR360, AR400, AR500으로 구분되며, 끝의 3자리 수는 해당 강재의 브리넬경도 최소치를 나타낸다.

2 특징

(1) 강판 내부의 균일한 경도로 S45C 열처리 강판보다 최소 4배 이상 20배의 내마모성 수명을 보유한다.

(2) 초 고장력강으로 기존 철판두께의 30%를 감소하여 사용이 가능하다.

(3) 저온(영하)에서 뛰어난 인성 및 반복되는 충격마모에 강력한 피로 파손 저항성을 보유한다.

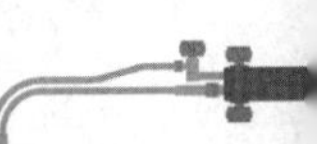

(4) 유지보수 비용, 생산성 증대, 장비 사용수명 연장으로 전체적인 경제성이 실현된다.

(5) 작업 용이성으로 산소절단, 전기용접의 용이성 및 기계가공성이 용이하다.

3 제작공정

AR plate는 모두 저탄소 보론(BORON)을 함유한 합금강으로서, 920℃로 가열 후 급랭시킨 열처리된 강판으로, 퀀칭 방법에 따라 물리적 성질에 차이가 있다.

(1) 수냉 담금질(water quenching) : 일반적인 AR plate 생산공정에 적용한다.

(2) 유냉 혹은 공랭경화(oil or air hardening) : 가공 경화능으로 내마모성 증가 및 높은 인성·충격치를 보유한다.

4 특수 내마모 강판(Abrasion resistant plate)의 맞대기 용접시공 방법

(1) 용접 시 준비사항

일반 구조용 강판과 내마모 강판을 용접 시에는 저온균열(Cold cracking=Hydrogen cracking=Delayed cracking) 발생을 최소화하는 것이 중요하다. 용접 부위(Weld joint)에서의 잔류응력과 수소 잔존이 저온균열 및 수축균열의 주원인이 되며 균열 발생 방지대책은 다음과 같다.

1) 용접 전 모재를 예열한다(겨울철).

2) 용접 전 이음매 표면을 깨끗이 닦고 건조를 시킨다.

3) 수축응력(Shrinkage stress)을 최소화하기 위해서 용접물간의 전 구간에 걸쳐 정확한 이음매를 유지해야 한다.

4) 반드시 저수소계 용접봉을 선택한다.

(2) Preheating(예열 처리)

1) 예열은 Tack welding과 Root bead welding 과정에서 가장 중요하다.

2) 용접 중 또는 용접 후 온도가 높을수록 강에 잔존하는 수소는 쉽게 빠져 나간다.

3) 후판의 급속냉각 방지를 위해 예열이 필요하며 후판의 탄소당량이 박판보다 높기 때문이다.

4) 주위에 습기가 많고, 주변온도가 +5℃ 이하이면, 예열 기준온도에서 25℃ 정도 부가하여 예열을 진행한다.

5) 탄소량이 서로 다른 강과 강을 용접할 경우와, 모재와 용접봉의 탄소량이 다를 경우는 탄소량이 많은 쪽의 강 또는 용접봉을 기준으로 예열을 결정해야 한다.

(3) 용접시공(Welding Method)

1) 용접재로서는 AWS E70161/ E7018/E7028 또는 이와 동등한 철분-저수소계 용접재를 사

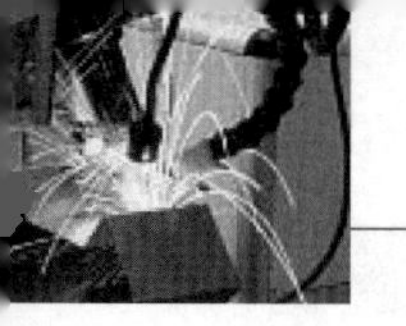

용해야 하며 예열없이 사용한다(단, t<20~50mm).

2) 만일 용접부위도 AR Plate와 같은 경도를 유지하려면 Root bead 또는 Tack weld는 반드시 AWS E7016/E7018의 용접봉으로 밑깔기를 하고, 나머지 beed는 AWS E 11018/E12018 등의 철분-저수소계 용접재로 용접한다. 또한, 용접부 표면에 AR Plate와 같은 내마모성이 필요한 경우, 표면 경화용(Hard facing) 용접재로 마지막 Top layer를 해준다.

3) 각 pass 마다 용접부의 온도는 가능한 150~200℃를 유지시켜 준다.

(4) Post-heating(후열 처리)

1) AR plate는 기본적으로 후열처리가 필요하지 않으나 후열처리는 강에 잔존하는 수소의 제거를 용이하게 한다.

2) 후열처리의 온도는 예열 온도와 같아야 된다.

96. 용접작업 전 용접기 전원스위치상태점검에 대하여 일상점검과 3~6개월 점검 및 연간점검

1 개요

용접(welding)은 접합하고자 하는 두 개 이상의 금속재료를 열에너지 또는 기계적 에너지를 이용하여 접합하는 것을 말한다. 부재의 절단, 접합, 제작이 가능하여 산업현장에서 광범위하게 적용되고 있으나, 상시 사고위험이 높아 젊은 기술인의 현장업무 기피현상과 용접기술자의 고령화에 따른 문제까지도 수반되고 있다.

2 일상점검과 3~6개월 점검 및 연간점검

용접작업 전 용접기 전원스위치상태점검에 대하여 일상점검과 3~6개월 점검 및 연간점검은 다음과 같다.

(1) 일상점검

① 진동이나 타는 냄새의 유무, 케이블 접속 부분의 발열, 단선 여부 등 점검

② 전원 내부의 송풍기가 회전할 때 소음이 없는지 점검

③ 케이블의 접속 부분에 절연테이프나 피복이 벗겨진 부분은 없는지 점검

(2) 3~6개월 점검

① 전기적 접속 부분의 점검 : 전원의 입력측, 출력측 용접케이블의 접속 부분에 절연테이프

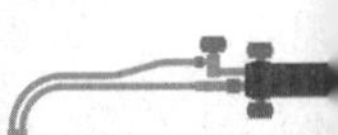

의 해체상태, 접촉의 불량, 절연의 상태 점검

② 접지선은 전원케이스에, 접지는 완전하게 되었는지 확인

③ 용접기 내부의 불순물 제거는 정류기 냉각팬 및 변압기 권선 간에 먼지가 쌓이면 방열효과가 낮아지므로 측면 및 상면을 열어 압축공기로 먼지 제거

(3) 연간점검

제어컨트롤 PCB의 제어릴레이 손상 및 부품의 열화를 점검 후 교체 및 수리한다.

97. 강의 열처리 종류와 특징

1 개요

열처리란 금속 또는 합금에 요구되는 성질, 즉 강도, 경도, 내마모성, 내충격성, 가공성, 자성 등의 제반 성능을 부여하기 위한 목적으로 가열과 냉각의 조작을 여러 가지로 조합시키는 기술이다. 이러한 열처리는 금속 또는 합금의 재결정, 원자의 확산, 상변태(相變態)를 이용하는 것이다. 열처리는 기계부품제조공정 중 필수적인 공정으로, 부품에 요구되는 여러 가지 기계적 성질을 향상시켜 기계의 기능 향상 및 수명을 연장시킬 수 있다.

2 강의 열처리 종류와 특징

(1) 담금질(quenching hardening)

강의 담금질은 강의 경도를 높이기 위하여 행하는 것이며, 아공석강의 경우는 A_{c3}점 이상으로, 과공석강의 경우는 A_{c1}점보다 약간 고온으로 각각 가열하여 급랭하면 경하고 여린 마텐자이트가 생긴다. 이와 같이 급랭하여 경화시키는 열처리조직을 담금질이라 한다.

담금질이 되려면 최소한 A_{r1}점 이상의 온도부터 냉각하지 않으면 경화되지 않는다. A_{r1} 변태의 내용은 다음의 두 변화로 분해하여 생각할 수 있다.

① 철원자의 격자가 γ-Fe의 배열(면심입방격자)로부터 α-Fe의 배열(체심입방격자)로 변화한다.

② 탄소가 시멘타이트로서 철원자가 격자로부터 유리된다.

γ-Fe은 탄소를 고용할 수 있으나, α-Fe은 원래 상온에서는 탄소를 거의 고용할 수 없으므로 위의 변화 ①로 탄소를 고용한 α-Fe이 과도적으로 생겨도 변화 ②가 계속하여 일어나야 한다. 따라서 변태를 표시하면

변화 ① 변화 ②

탄소를 고용한 γ-Fe(Ⅰ) → 탄소를 고용한 α-Fe(Ⅱ) → α-Fe과 시멘타이트의 혼합물
(오스테나이트) (마텐자이트) (펄라이트)

과 같이 된다. 즉, 강을 A_{c1}점 이상으로 가열하여 급격히 냉각하면 변태에 요하는 시간이 주어지지 않고, 변화 ①의 진행 중에 강의 온도는 현저히 저하되어 그 변화를 마칠 무렵에는 온도저하로 인하여 변화 ②는 일어나지 못하고, 변화 ①에서 생긴 마텐자이트 조직을 얻는다. 이것이 담금질의 원리이다. 냉각속도가 이보다 크면 변화 ①도 완료되지 못하고 상온에서는 오스테나이트+마텐자이트의 조직이 얻어지며, 만약 냉각속도가 다소 완만하면 변화 ②가 다소 진행된 트루스타이트 조직이 생긴다.

냉각속도가 매우 클 때뿐만 아니라, 마텐자이트변화가 끝나는 온도(M_f점)가 실온 이하인, 탄소량이 높은 강의 경우도 일부의 오스테나이트는 그대로 남게 된다. 이러한 오스테나이트를 잔류오스테나이트라 한다. 가열의 경우를 $A_{c'}$, 냉각의 경우를 $A_{r'}$라 하여 A_1변태를 표시하면 그림 1과 같이 된다. 즉 서랭에서는 700℃ 내외이나 냉각속도가 커짐에 따라 $A_{r'}$변태는 차차 저온측으로 옮겨간다.

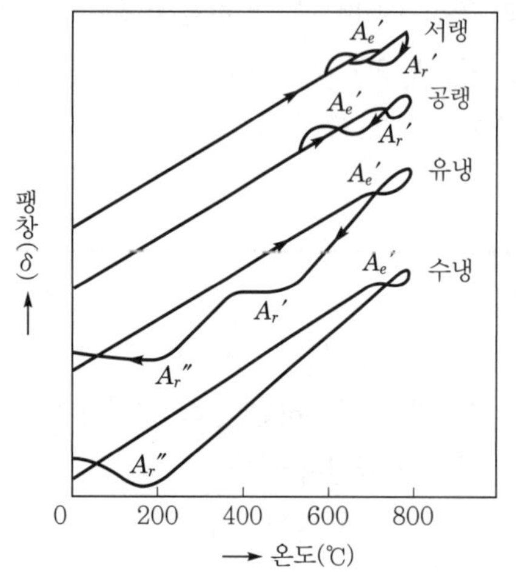

그림 1. 냉각속도에 따른 변태점 변화

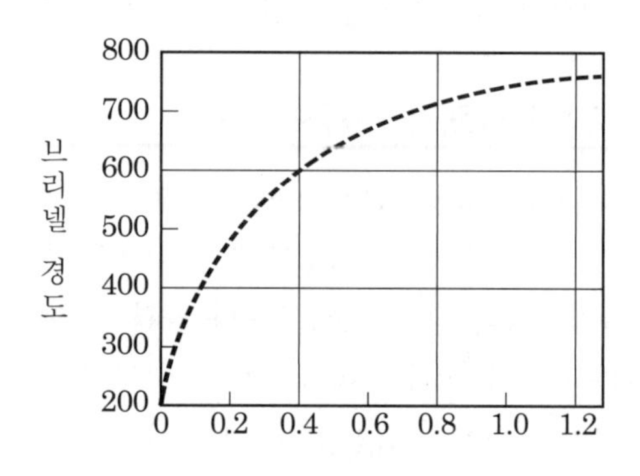

그림 2. 완전 담금질강의 경도

유냉이 되면 그 변태량도 작아지고 저온측에서는 $A_{r''}$의 마텐자이트변태를 발생하고, 수냉이 되면 $A_{r''}$의 마텐자이트변태만 행해진다. $A_{r''}$변태가 행해지기 시작하는 냉각속도를 하부임계냉각속도(lower critical cooling rate), $A_{r'}$변태가 전혀 행해지지 않게 되는 냉각속도를 상부임계냉각속도(upper critical cooling rate)라 한다.

강의 담금질온도는 탄소의 함유량에 따라 다르며, 그림 1 냉각속도에 A_3 또는 A_1변태점 이상 약 50℃ 높은 온도로부터 행한다. 또한 따른 변태점변화 강의 담금질경도도 탄소함유량에 따라 다르며, 그림 2와 같이 탄소량이 적은 것은 마텐자이트의 생성이 적으므로 경도도 낮다. 그러나

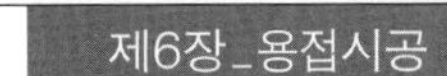

탄소량이 0.6% 이상이 되면 그 이상 탄소량이 증가해도 경도는 그다지 변화하지 않는다.

표 1은 물(18℃)의 냉각능력을 100으로 했을 때의 각종 냉각제의 냉각능력을 표시하였으며 수치가 큰 것일수록 냉각속도가 크다. 담금질하는 소재의 온도에 따라 동일 냉각제라도 냉각능력이 다르므로 주의를 요한다.

표 1. 각종 냉각제

종류	냉각능력		종류	냉각능력	
	720~550℃	220℃		720~550℃	220℃
10% NaOH용액	206	136	기계유	18	20
10% NaCl용액	196	98	물(50℃)	17	95
물(0℃)	106	102	비눗물	7.7	116
물(18℃)	100	100	물(75℃)	4.7	131
수은	78	162	물(100℃)	4.4	71
물(25℃)	72	111	정지공기	2.8	7.7
채소유	30	5.5	진공	1.1	0.4
글리세린	20	89			

1) 질량효과

강을 담금질할 때 큰 소재에서는 표면은 냉각속도가 빠르지만, 소재 내부는 냉각속도가 느리다. 즉 표면은 담금질이 잘 되어 경도가 증가하나, 내부는 담금질이 적게 되어 경도도 낮다. 또 동질의 재료를 동일 조건에서 담금질할 때 직경이 큰 것과 작은 것을 비교하면 작은 것이 담금질이 더 잘 되고 경화된다. 이와 같이 재료의 질량이 다르면 경화층의 깊이가 다르다. 이 현상을 담금질에서의 질량효과(mass effect)라 하고, 경화층의 깊이가 작은 것, 즉 내부까지 담금질이 충분히 되지 않는 것을 질량효과가 크다고 한다. 보통강은 질량효과가 크지만 고합금강과 같은 특수강은 작다.

2) 담금질 균열

담금질한 재료의 형상에 따라 담금질한 뒤에 균열이 생길 때가 있다. 이 균열이 담금질 직후에 생길 때도 있으나, 일반적으로 재료의 온도가 상온 가까이 저하했을 경우 생길 때가 많다. 담금질 직후에 생기는 것은 강재를 급랭했을 때 내외의 수축률의 차가 생겨 열변형 발생이 원인이다. 재료의 온도가 내린 뒤에 생기는 균열은 내부와 외부의 냉각속도의 차로 인하여 오스테나이트로부터 마텐자이트로 변태할 때에 이 변태가 균일하게 행해지지 않아서 외부와 내부 사이에 반대의 지체가 생기면 마텐자이트가 오스테나이트보다 훨씬 체적이 크므로 체적팽창이 일어난다. 재료가 이 팽창력에 견디지 못할 때 생기는 균열이 담금질 균열(quenching crack)이다.

담금질 균열은 이 밖에 강 속에 슬래그 등의 불순물이 존재하거나, 결정립이 조대하거나, 담

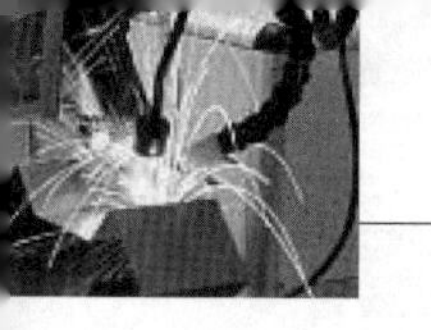

금질이 불균일하거나, 설계가 부적당할 때도 발생한다. 일반적으로 이를 방지하려면 담금질 조건이 좋은 강재를 선택하는 것이 필요하다. 또 담금질한 후 상온까지 냉각시키지 않고 200℃ 정도의 온도에 적당한 시간 유지하든가, 유중에서 서랭시키면 이를 방지할 수 있다.

(2) 템퍼링(tempering)

담금질하면 마텐자이트조직 때문에 강은 경하게 되나, 동시에 여리게 되므로 사용목적에 따라 쓸모없게 된다. 이런 경우 A_{c1} 이하의 적당한 온도로 재가열하여 물, 기름, 공기 등으로 적당한 속도로 냉각함으로써 재료에 인성(끈기 있는 성질)을 주며, 경도를 낮추는 조작을 시행하는데, 이를 템퍼링(tempering)이라 한다. 담금질 상태는 급랭으로 변태의 전부 또는 일부가 저지된 것이며, 상온에서는 안정된 상태가 아니며 기회만 있으면 보다 안정된 상태로 돌아가려는 경향을 가지고 있다. 다만 상온에서의 강의 점성이 크므로 이 변화가 억제되어 있는 데 지나지 않는다. 따라서 여기에 열을 가하여 억제된 작용을 완화시켜주면 이 변화는 용이하게 진행하여 완화된 정도에 따라 '오스테나이트→마텐자이트→트루스타이트→소르바이트'로 차례로 변화한다. 진행의 정도는 가열온도와 가열시간에 따라 정해진다. 템퍼링 온도에 따라 강의 조직은 다음과 같이 변화한다.

α-텐자이트 → β-마텐자이트 → 트루스타이트 → 소르바이트 → 펄라이트
(100~150℃) (250~350℃) (450~500℃) (650~700℃)

이와 같은 조직의 변화와 더불어 그 여러 성질도 변하므로 용도에 적합한 성질을 얻으려면 각각 적당한 온도에 템퍼링하여 사용해야 한다. 그리하여 담금질과 템퍼링의 비교적 간단한 두 과정에 의하여 강의 성질의 넓은 범위를 얻을 수가 있다.

(3) 어닐링(annealing)

주강, 강괴 또는 고온가공을 받은 강재는 결정이 조대해지고, 인장강도나 연신율이 작으므로 인성을 회복시키기 위하여 결정을 조정할 필요가 있다. 이러한 목적으로 아공석강에서는 A_{c3}점 이상 30~50℃, 과공석강에서는 A_{c1}점 이상 30~50℃의 범위에서 적당한 시간 동안(최대 단면의 매 간격 약 45분/inch) 가열하여 오스테나이트의 미세한 결정립으로 회복시킨 후 서서히 노 내에서 냉각시킨다. 이 조작을 어닐링(annealing)이라 한다.

이러한 어닐링은 완전 어닐링(full annealing)이라 하여 연화어닐링(process annealing)과 구별된다. 완전 어닐링으로 강은 그전에 가졌던 조직의 흔적이 지워지고 새 결정조직으로 변하며, 연하고 연성을 가지게 된다. 그 조직은 비교적 조대한 페라이트나 시멘타이트와 펄라이트가 된다. 또한 존재하였던 내부응력이나 주조결과 갇혔던 가스도 방출된다.

연화어닐링은 주로 냉간가공 중 가공경화한 재료를 연화시키거나 또는 가공에 의하여 생긴 잔류응력을 제거하기 위하여 행하는 것이며, 변태점 이하의 온도(600~650℃)에서 약 1시간 가열한 후 서랭하는 조작을 말한다. 결과적으로 얻는 연성이나 연화 정도는 완전 어닐링한 것에

미치지 못한다. 이 밖에 스페로다이징(구상화풀림, spheroidizing)이라는 열처리법이 있다. 이것은 구상탄화물을 만드는 것이 목적이며, 임계온도 바로 밑의 온도에 오래 두었다가 서랭하거나 임계온도의 상하로 교대로 장시간 가열하여 목적에 달한다.

(4) 노멀라이징(normalizing)

완전 어닐링으로 생기는 큰 입도와 과도한 연화를 피하기 위하여 흔히 노멀라이징을 한다. 강을 오스테나이트의 범위(A_{c3} 또는 A_{cm}보다 50~100℃ 높은 온도)까지 가열하고 완전한 오스테나이트로 한 후, 조용한 공기 중에서 냉방하는 조작을 노멀라이징(normalizing)이라 한다. 노멀라이징을 행함으로써 강의 스트레인이나 내부응력을 제거할 수 있으며 미세한 표준 조기로 할 수가 있다. 주로 저·중탄소강과 합금강에서 행해진다. 대개의 상용 강재는 압연이나 주조 후 노멀라이징 처리를 한다.

98. 철강제조에서 연속주조법(continuous casting)

1 개요

철광석은 제선공정을 거쳐 용선으로 제조된다. 제선공정은 철광석을 코크스, 석회석 등과 함께 고로에 투입함으로써 이루어진다. 제선공정은 넓은 의미에서 소결공정도 포함한다. 용선은 제강공정을 거쳐 용강으로 제조된다. 제강공정은 용선예비처리, 전로제강, 2차 정련 등을 포함한다.

2 철강제조에서 연속주조법(continuous casting)

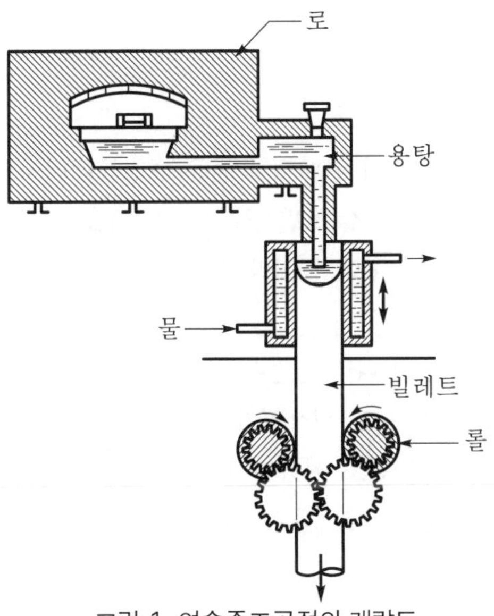

그림 1. 연속주조공정의 개략도

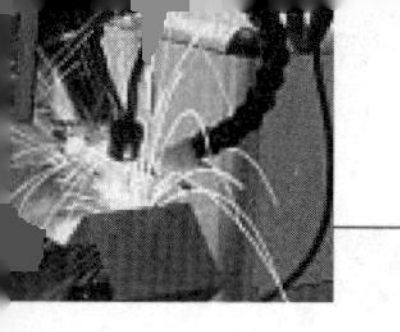

용강은 연속주조공정을 거쳐 주편, 예를 들어 슬래브(slab), 블룸(bloom), 빌릿(billet) 등의 철강 반제품으로 성형된다. 철강 반제품은 압연공정을 거쳐 최종적으로 압연코일 등의 최종 제품으로 성형된다. 연속주조공정에서 용강은 래들(ladle)에서 턴디쉬(tundish)를 거쳐 연주몰드(continuous casting mold)로 유입된다. 용강은 연주몰드에서 1차 냉각된다. 즉 용강은 연주몰드에 인접하는 용강 표면에서 용강 내부로 응고가 진행되면서 응고셸(solidified shell)을 형성한다. 용강과 응고셸로 이루어지는 스트랜드(strand)는 연주몰드를 빠져 나와 스트랜드냉각장치를 통과하면서 2차 냉각된다. 스트랜드는 스트랜드냉각장치를 통과하면서 완전히 냉각된 후 절단기에 의해 절단됨으로써 주편으로 제조된다.

99. 소성가공에서 회복(recovery), 재결정(recrystallization), 결정립 성장(grain growth)

1 개요

가공경화를 통해 변화된 성질들은 적절한 열처리를 통하여 가공 전의 상태로 복귀시킬 수 있다. 높은 온도에서 나타나는 복귀과정은 '회복 → 재결정 → 결정립 성장' 순으로 복귀한다.

2 회복(recovery), 재결정(recrystallization), 결정립성장(grain growth)

(1) 회복(recovery)

회복 과정 중에는 높은 온도에서 활발해진 원자의 확산에 따른 전위의 움직임에 의해 내부에 저장된 변형률에너지가 제거된다.

(2) 재결정(recrystallization)

회복이 완료된 후에도 결정립들은 아직 대체로 높은 변형률에너지상태에 있다. 재결정이란 가공 전 상태의 특징인 낮은 전위밀도를 갖는 변형률이 없는 새로운 등방형 결정립을 형성하는 것이다. 새로운 결정립의 핵이 형성된 후에 근거리 확산과정을 통하여 기존 재료를 완전히 바꿀 때까지 성장을 계속한다.

그림 1에서 annealing이 진행됨에 따라 연성은 증가하고, 인장강도는 감소하고 있는 것을 볼 수 있다. 또한 결정립들이 새로 생겨나고 성장해가는 것을 볼 수 있다. 재결정온도란 1시간 안에 재결정이 완료되는 온도이다. 재결정온도 이상에서의 소성가공을 열간가공이라고 하고, 열간가공 중에는 가공경화가 일어나지 않으므로 재료는 대체로 무르고 연하며 많은 양의 변형을 일으킬 수 있다.

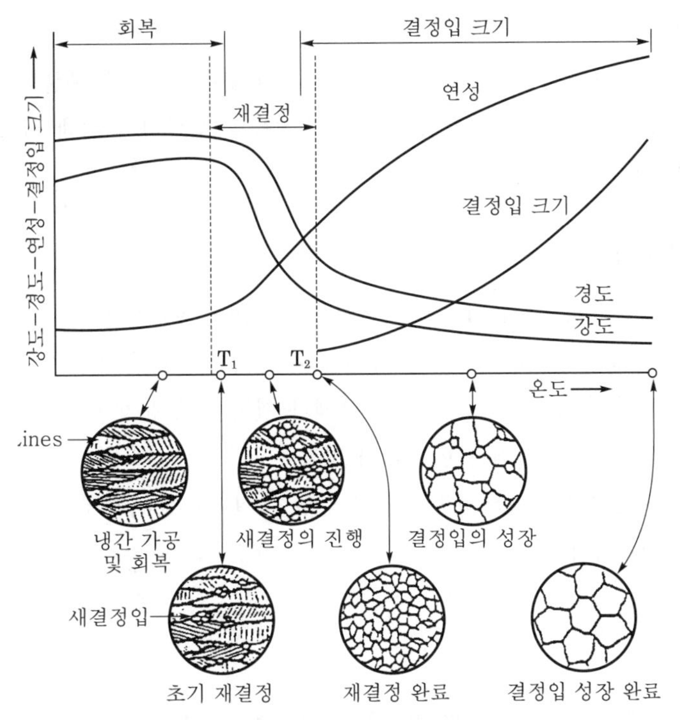

그림 1. 소성가공의 회복, 재결정, 결정립 성장

(3) 결정립 성장(grain growth)

재결정이 완료된 후에 금속시편을 높은 온도에 놓아두면 변형률이 없는 결정립은 성장을 계속하는데, 이 현상을 결정립 성장이라고 한다. 결정립 크기가 증가함에 따라 총입계면적은 감소하므로 총에너지의 감소효과를 가져오며, 이것이 결정립 성장의 구동력이 된다. 모든 결정립이 성장하는 것이 아니라 작은 결정립은 소멸되고 큰 결정립들이 계속 성장한다.

100. 용접품질관리대상 4M(Man, Machine, Material, Method)의 생산 관리측면

1 개요

제조업체에서 '4M', 즉 생산시스템의 투입요소 중 주요 4요소인 인력(Man), 설비(Machine), 재료(Material), 작업방법(Method)의 관리는 기본 중의 기본이며 사업의 성패를 좌우하는 중심축으로 다음을 의미한다.

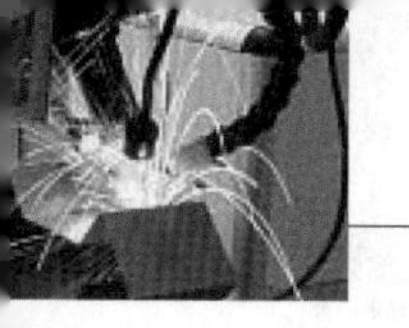

① Man : 작업장 내에 설치되어 있는 설비를 운전하는 운전요원
② Machine : 제품을 만드는데 필요해 설치한 각종 기계
③ Material : 생산하는 제품을 구성하고 있는 각종 원재료(원부자재, 부품)
④ Method : 설비 및 공구를 이용하여 요구하는 제품을 생산하기 위해 필요한 검증된 작업 기준 및 작업조건

2 용접품질관리대상 4M

4M법은 공정관리를 할 때 많이 사용하고 있다. 즉 공정이 불안정할 경우나 품질문제가 발생할 경우 그 원인을 찾아내기 위하여 4M을 사용한다. Man에 문제가 있는지, Material에 문제가 있는지, Method에 문제가 있는지, Machine에 문제가 있는지 그 문제점에 대한 원인을 찾아 그에 대한 해결방법과 대책을 제시해야 한다. 4M 변경사항이 품질, 생산성, 원가, 납기 등에 영향을 미치는 경우 이를 신속히 제거하여 변경으로 인한 품질사고를 사전에 예방하고 지속적인 품질 유지 및 개선에 필요하다.

101. 용접절차시방서(WPS)의 필수 변수, 추가 필수 변수, 비필수 변수

1 개요

WPS(용접절차시방서)는 제품의 생산 중 용접이 어떻게 진행되어야 하는지를 나타낸 지침서이다. 그 목적은 용접작업의 계획 및 품질관리를 지원하는 데 있다. EN ISO 15609(예전 EN 288 Part 2)는 기록이 필요한 품목을 리스트의 형태로 상세사항을 명시하고 있다. 특정 코드 또는 특정 기관의 경우 용접절차 및 용접사 자격의 인증서를 강제화하였으며, 이는 유럽의 경우 NB(Notified Body, 유럽회원국이 인증하는 검사기관) 또는 지침에 따라 유사하게 승인된 제3자 인증기관에 의해 승인되어야 한다.

이와 같은 기관에 의해 승인된 결과는 적용 기준과 기술규격에 따라 적합함이 관련 국가에서 인정된다. 미국의 경우 미국용접협회(AWS, American Welding Society)에서 특정 용접적용에 있어 요구되는 상세사항을 명시하였으며, ASME(American Society of Mechanical Engineers)에서도 코드요구사항에 따른 WPS규정을 명시하고 있다.

2 용접절차시방서(WPS)의 필수 변수, 추가 필수 변수, 비필수 변수

Essential(필수), Supplementary Essential(추가), Nonessential(비필수)은 순서대로 필수 변수, 추가 필수 변수, 비필수 변수이다. 그 각각의 의미는 다음과 같다.

① Essential Variable(필수 변수) : 반드시 요구되는 항목으로 뭔가 변하거나, 더하거나, 빼거나, 증가하거나, 감소하면 PQ시험이 필요하다는 의미이다.
② Supplementary Essential Variable(추가 필수 변수) : 요건충격시험이 요구될 경우 반드시 요구되는 항목으로 뭔가 변하거나, 더하거나, 빼거나, 증가하거나, 감소하면 PQ시험이 필요하다는 의미이다.
③ Nonessential Variable(비필수 변수) : 요건이 뭔가 변하거나, 더하거나, 빼거나, 증가하거나, 감소하거나 해도 PQ시험 없이 그냥 WPS에 반영해 줄 수 있는 의미이다.

102. 용접모재를 가공할 때 사용하는 선반의 기본적인 구성요소

1 개요

선반이란 회전하는 공작물을 바이트라는 절삭공구를 사용하여 둥근 물체의 가공품을 만드는 공작기계이다.

2 선반의 구성요소

① 주축대 : 공작물을 고정하고 회전시키는 역할을 한다. 주축은 중공축으로 구성되어 있는 경우가 많다.
② 왕복대 : 베드 위에서 바이트나 드릴 등 공구를 장착한 왕복대 위의 공구대를 가로 및 세로로 이송할 때 사용한다.
③ 심압대 : 주축대의 반대쪽에 설치하며 드릴로 구멍을 뚫거나 공작물의 한쪽을 고정할 때 사용한다.
④ 베드 : 선반의 몸체로 주축대, 왕복대, 심압대 등 주요 부분을 지지하고 있으며 절삭의 정밀도를 좌우하기도 한다.
⑤ 이송장치 : 왕복대의 에이프런 속에 장치되어 있으며 수동이송, 가로이송, 세로이송, 나사이송, 자동이송을 위한 손잡이와 레버가 있다.

그림 1. 선반의 구조

103. 압력용기 및 고온, 고압 배관재료인 클래드강의 용접시공 시 고려사항

1 개요

제조법에 의한 클래드강의 분류구조용 재료를 목적으로 강의 한 면 또는 양면에 다른 금속을 접합하여 붙인 강재를 클래드강(clad steel)이라 하며, 접착된 금속을 클래드재라 한다. 스테인리스 클래드강은 그 제조법에 의해 압연클래드강, 폭착클래드강, 육성클래드강으로 구분된다. 제조법의 기본적 지식을 숙지한 후 사용목적에 부합되는지를 판단하고 선택해야 한다. 최근에는 압연클래드강 대신에 폭착클래드강이 많이 사용되는 경향이 있다.

2 클래드강의 용접시공 시 고려사항

(1) 용접기법

스테인리스 클래드강의 용접기법은 일반탄소강용접에 사용되는 기법이 모두 사용될 수 있다. 즉 수동(SMAW), 반자동(GMAW, FCAW), 자동(SAW), 플라즈마(PAW)용접 등이 모두 적용된다.

(2) 용접전원

교류용접기나 직류용접기가 사용될 수 있으며 아크의 안정성과 모재의 적절한 용입 및 희석을 고려할 때 직류역극성(DCRP)을 사용하는 것이 좋다.

(3) 용접재료

클래드재의 종류에 따라 클래드측의 용접재료가 선정되며, 모재의 종류에 따라 모재측의 용접재료가 선정된다. 용접 시 제1층에 있어서는 세플러(Schaeffler)도표를 이용하여 모재 희석을

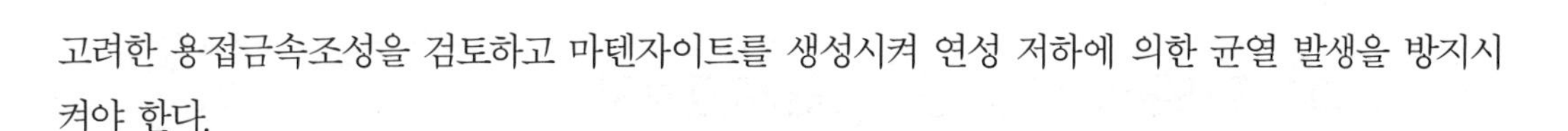

고려한 용접금속조성을 검토하고 마텐자이트를 생성시켜 연성 저하에 의한 균열 발생을 방지시켜야 한다.

(4) 용접부의 청결

산화, 스케일 등 기타 이물질(절단 시 산화막, 녹, 먼지, 페인트, 스패터 방지제, 기름)의 제거는 필수적이며, 가스토치에 의한 용접부의 습기 제거도 추천된다. 그라인더(grinder) 및 와이어브러시(wire brush)는 스테인리스 전용의 것을 사용해야 하며, 그라인딩 또는 브러싱할 때는 스테인리스 클래드 쪽에서 연강모재의 방향으로 실시하여 연강의 찌꺼기가 클래드재측에 묻지 않도록 해야 한다.

(5) 예열

예열을 할 경우 냉각속도가 감소되기 때문에 결정립계에서의 탄화물 석출로 인한 입계부식이 일어날 수 있으므로 오스테나이트 스테인리스강의 클래드재용접에는 일반적으로 예열을 하지 않는다. 그러나 구속력이 커서 균열 발생이 우려되는 부재는 그 방지를 위해 예열할 수 있다. 또한 주위의 온도가 10℃ 이하일 경우는 25~50℃의 예열이 필요하다.

(6) 후열

클래드강의 용접 후 열처리는 스테인리스강측의 용접 잔류응력 제거와 사용성 향상을 위해 유지온도 및 시간이 다르게 시행되나, 열처리에 의해 경계부의 침탄 또는 탈탄 등의 취화현상이 현저한 경우는 용접 후 열처리를 하지 않는다.

(7) 용접봉 관리

용접봉의 습도로 인한 용접부의 결함(스패터 과다, 기공 발생, 미세균열의 발생)을 최대한 줄이기 위해 용접봉은 용접 전에 표 1과 같이 건조시켜 사용해야 한다.

표 1. 용접봉의 건조조건

품명	건조온도	건조시간
스테인리스강용 용접봉(NC-39Mo, S-308 16N 등)	150~200℃	30~60분
저수소계 용접봉(S-7016, H 등)	300~350℃	30~60분

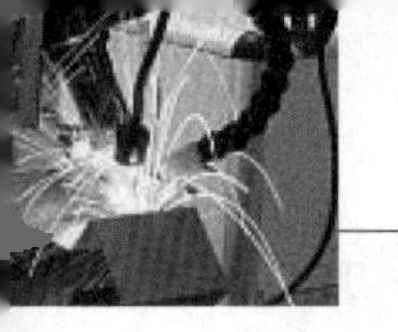

104. 구조물의 용접시공 시 용접시공순서

1 개요

기계구조물의 설계는 우수한 기능, 단위출력당 중량 경감, 세련된 설계 및 저렴한 가격 등을 목표로 하기 때문에 용접기술을 전면적으로 채용하는 것을 특징으로 한다. 각종 기계나 구조물을 제작할 때 사용목적이나 사용조건에 알맞은 값싼 재료의 선택, 이음의 강도계산 및 이음의 형상을 선정하여 타당한 용접방법과 용접순서를 결정함과 동시에 용접 후 검사 및 사후처리방법을 선정하는 것을 용접구조설계라 한다.

2 구조물의 용접시공 시 용접시공순서

구조물에서 용접순서를 결정하는 기준은 가능한 수축변형이나 잔류응력의 누적을 없애는 것이 필요하다. 용접순서는 다음과 같다.

① 조립됨에 따라 용접순서가 잘못되면 용접이 불가능한 곳이 생기므로 용접하기 전에 충분히 검토할 필요가 있다.

② 용접물의 중심에 대하여 항상 대칭으로 용접하여 변형 발생을 최소화한다.

③ 동일 평면 내에서 이음이 많을 때 수축을 가능한 한 자유단으로 흘러 보내도록 함으로써 외적 구속에 의한 잔류응력을 경감시키며 굽힘, 비틀림 등을 적게 한다.

④ 수축이 큰 맞대기이음을 가능한 먼저 용접하고, 수축이 작은 필릿이음은 나중에 용접한다.

⑤ 용접물의 중립축을 생각하여 그 중립축에 대하여 용접으로 인한 수축력모멘트의 합이 0이 되도록 한다.

105. 용접작업 시 예열과 후열의 목적

1 용접예열(Pre-heating)

용접예열(Pre-heating)이란 용접작업의 부속공정으로서, 용접 전 및 용접 중 용접금속이 용착되는 모재면을 어느 일정한 온도 이상으로 가열하는 조작을 말한다. 예열을 실시하는 근본적인 목적은 용접부 및 그 열영향부(HAZ, Heat Affected Zone)의 균열을 방지하기 위한 것이다. 용접 시 예열에 따른 효과는 다음과 같다.

① 열손실을 감소시켜 용접부의 냉각속도를 늦춤으로써 재료의 경화 정도를 감소시킨다.

② 균열을 유발시킬 수 있는 불순물의 편석을 억제한다.

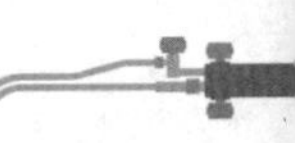

③ 용접으로 인한 열적 변형량을 감소시킨다.
④ 수소 방출을 용이하게 하여 수소취성 등 수소로 인한 균열의 발생을 억제한다.
⑤ 용접금속이 용착되는 모금속상의 수분을 사전에 제거함으로써 용접금속 중에 수소의 혼입을 방지한다.
⑥ 용접금속의 용착을 용이하게 한다.

2 용접후열(Post-Heating)

용접후열(Post-heating)이란 용접이 종료된 후 용접부를 일정 온도로 일정시간 유지하는 조작을 의미한다. 이 작업에 대해서는 용접 후 처리, 용접 후 가열 등으로 용어가 통일되지 않고 사용되고 있으나, 용접 후 열처리(PWHT)와는 구분되어야 한다. 이에 대해 규정하고 있는 규격, Code는 없으며, 이와 비슷한 개념으로 ASME B31.1, B31.3 등에서 PWHT를 용접 직후 실시하지 않고 지연시킬 경우, 또는 용접의 중단 시에, 적절히 통제된 냉각속도로 용접부를 적절히 중간 열처리하거나 다른 적절한 방법을 사용하도록 요구하고 있는 경우는 있다.

용접후열은 용착금속 내의 잔류수소를 제거하기 위한 목적으로 주로 시공되며, 용접완료 후 100~200℃ 정도의 온도로 1~5시간 동안 가열하는 저온후열방법이 유효하다. 또한 압력용기류 등의 용접 시에는 예열온도+(100~200℃) 정도 또는 예열온도+(120~150℃) 정도의 온도에서 1~2시간 정도의 시간 동안 후열하도록 요구하는 경우도 있다.

기본적으로 용접 후 가열의 온도 및 시간에 대해서는 재질, 두께별로 WPS 및 PQR에 의해 Engineering에서 결정되어야 하며, 국내에서도 일부 압력용기류의 제작 등에서 예열과 함께 용접 후 가열을 요구하는 경우도 종종 있다.

106. 리베팅이음과 용접이음을 비교하고, 항공기 부품 제작 시 리베팅 이음을 사용하는 이유

1 개요

리벳은 강판 또는 형강 등을 영구적으로 결합하는 데 사용하는 기계요소로서, 구조가 비교적 간단하고 잔류변형이 없기 때문에 응용범위가 넓다. 자루는 머리 쪽보다 끝 쪽이 약간 가늘게 되어 있으므로 목 밑으로부터 리벳길이의 1/4 되는 곳에서 측정한 리벳의 지름을 호칭지름으로 한다.

용접은 금속 또는 비금속재료를 용접온도까지 열을 가하여 국부적으로 재료를 접합시키는 것이다.

2 리베팅이음과 용접이음을 비교하고, 항공기 부품 제작 시 리베팅이음을 사용하는 이유

(1) 리베팅이음과 용접이음 비교

1) 리베팅이음

상온에서 성형되는 비교적 작은 지름(1~13mm)의 냉간성형리벳과, 가열해서 만든 큰 지름(호칭지름 10~44mm)의 열간성형리벳으로 나눈다. 열간리벳은 리벳 축의 지름보다 1~1.5mm 크게 뚫린 구멍에 연강재로 만든 리벳을 800℃ 전후로 달궈 삽입 후 해머로 두들겨 양측에 같은 모양의 머리를 만들어 조이는 방법이다.

① 장점

㉠ 현장에서 조립과 공작하기 용이하다.

㉡ 시공 정밀도의 좋고 나쁨에 대한 영향이 적다.

㉢ 경합금과 같이 용접이 곤란한 재료에 신뢰도가 높다.

㉣ 열응력에 의한 잔류변형이 없다.

② 단점

㉠ 모재에 구멍을 뚫어야 하기 때문에 유효 단면적이 감소한다.

㉡ 접합재의 모양이나 위치에 따라 적용이 불가하다.

㉢ 기밀과 수밀을 위해 필요시 코킹(caulking)이 필요하다.

㉣ 작업 시 소음공해의 원인이 된다.

㉤ 인장응력이 발생하므로 리벳의 길이방향으로 하중에 약하다.

2) 용접이음

융접(fusion welding)은 모재의 접합부를 가열하여 용가재(용접봉)와 함께 용융 또는 반용융 상태로 접합하며, 압접(pressure welding)은 모재를 반용융 또는 냉간상태에서 기계적인 압력을 가하여 접합한다. 또한 납땜(brazing, soldering)은 융점이 낮은 용가재만을 용융시켜 모세관현상을 이용하여 접합할 부위에 충전하여 모재를 결합하며, 경납땜(brazing)은 450℃ 이상에서, 연납땜(soldering)은 450℃ 이하(주석, 납합금)에서 사용한다.

① 장점(리베팅이음 대비)

㉠ 접합강도가 높고(모재보다 강도가 높은 용접봉 사용) 재료를 절약한다.

㉡ 이음효율 향상과 기밀과 수밀이 양호하다.

㉢ 보수가 용이하고 중량이 감소하며 자동화가 용이하다.

② 단점

㉠ 열응력에 의한 잔류응력과 변형이 발생한다(열영향부).

㉡ 균열 가능성이 있다.

㉢ 숙련기술이 필요하다.

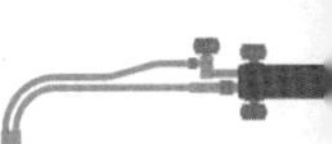

㉣ 검사에 어려움이 있다.

(2) 항공기 부품 제작 시 리베팅이음을 사용하는 이유

에어버스 A330부터 보잉 787까지 거의 모든 상업용 항공기 스킨은 용접된 조인트 대신 리베팅이음으로 제조된다. 비행기가 용접이음 대신 리베팅이음으로 제조되는 이유는 다음과 같다.

① 리벳패널을 제거하거나 교체하는 것이 훨씬 쉽다. 일반 항공기의 수명은 10~20년 이상이며 일부 부품을 교체해야 한다.

② 알루미늄재료가 열에 관대하지 않기 때문이다. 대부분의 상업용 항공기는 알루미늄 본체로 설계되었다. 항공우주제조업체는 알루미늄을 사용하여 비행기 본체를 제작함으로써 다른 금속으로 만든 항공기보다 연료효율이 좋은 더 가벼운 항공기를 만들 수 있다. 그러나 용접의 열을 포함하여 열에 노출되면 알루미늄이 약해지기 때문에 대부분의 항공우주제조회사는 리벳을 사용하여 관절을 연결하는 것을 선호한다.

③ 항공기에서는 리베팅이음이 용접이음보다 강하고 내구성이 뛰어나다. 두 구성요소를 함께 용접하면 구성요소의 외부만 함께 결합된다. 한편 리벳을 사용하면 내부에서 두 구성요소를 연결하여 더 강하고 내구성이 뛰어난 이음이 된다. 해발 30,000피트 상공에서 550mph를 비행하면 항공기 관절에 심각한 스트레스를 가하기 때문에 항공기는 특히 중요하다.

④ 리벳관절은 검사하기 쉽다. 리벳조인트도 용접된 조인트보다 검사가 더 쉽다. 대부분의 수리는 접근을 위해 항공기 구조를 제거해야 하며, 리벳구조는 약간 두꺼운 리벳을 사용하여 수리 후 분해하고 다시 조립하기가 쉽다. 연결된 두 구성요소가 안전한지 확인하기 위해 리베팅이음은 빠른 육안검사만 필요한 반면, 용접이음에서는 결합된 구성요소를 테스트하기 위해 기계 또는 장치를 사용해야 한다. 용접이음의 육안검사를 수행하는 쉽고 효과적인 방법은 없다. 따라서 항공우주제조회사는 리베팅이음을 사용하여 항공기의 생산 및 유지보수프로세스를 모두 단순화한다.

⑤ 일부 상업용 항공기에는 여전히 일부 용접부품이 있지만 항공기 본체의 중요한 구성요소의 경우 파손되거나 손상에 굴복하지 않고 극심한 스트레스를 견딜 수 있기 때문에 리벳이 선호된다.

제7장

용접안전

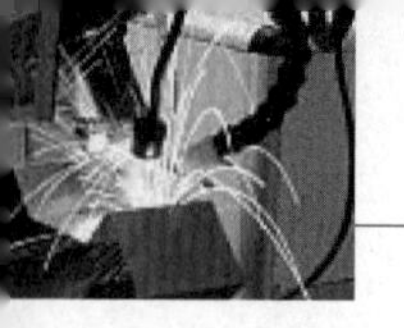

1. 가스텅스텐 아크 용접(GTAW 또는 TIG 용접) 시 사용하는 차광 필터의 적정범위

1 개요

눈 보호는 용접 아크속의 자외선 및 스패터로부터 눈 보호를 위해 필터 스크린이 부착된 안면 마스크를 써야 하며, 안면전부를 덮는 헬멧 장착형이나 핸드 실드형이 있다.

2 가스텅스텐 아크 용접(GTAW 또는 TIG 용접) 시 사용하는 차광 필터의 적정범위

용접종류에 따라 권장되는 차광도 번호를 선택하여 사용하여야 한다

용접의 종류	차광도 번호
피복 아크 용접	10~12
가스금속 아크 용접	11~12
가스텅스텐 아크 용접	12
플럭스코어드 아크 용접	11~12

3 보안경의 구조

(1) 보안경의 일반구조는 다음 각 호를 만족하여야 한다.

1) 취급이 간단하고 쉽게 파손되지 않을 것.
2) 착용하였을 때에 심한 불쾌감을 주지 않을 것.
3) 착용자의 행동을 심하게 저해하지 않을 것.
4) 보안경의 각 부분은 사용자에게 절상이나 찰과상을 줄 우려가 있는 예리한 모서리나 요철부분이 없을 것.
5) 보안경의 각 부분은 쉽게 교환할 수 있는 것.

(2) 보안경의 형식별 구조는 다음 각 호와 같다.

1) 스펙타클형

① 일반안경형 : 공백 2개의 필터렌즈, 틀 및 안경다리로 구성되어 있을 것.
② 단식상하자유형 : 일반안경형과 같고, 올리거나 내릴 수 있을 것.
③ 복식상하자유형 : 필터렌즈를 포함한 4개의 렌즈, 뒤틀, 안경다리 및 앞 틀로 되어있으며 앞 틀만을 상하로 올리거나 내릴 수 있을 것.
④ 안전모부착형 : 2개의 필터렌즈와 틀로 되어 있으며 적절한 방법으로 안전모에 붙이

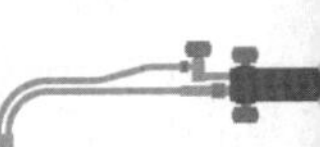

거나 뗄 수 있을 것.

⑤ 측판부착형 : 차광보안경의 스펙타클형의 측사광을 막을 수 있을 것.

2) 프론트형

① 고정형 : 2개의 필터렌즈와 틀로 되어 있으며 일반안경형에 걸어 고정할 수 있을 것.

② 상하자유형 : 고정형과 같고 틀을 올리거나 내릴 수 있을 것.

3) 고글형

① 1안형 : 1개의 차광보호용 필터플레이트와 틀로 되어 있고 시계는 105° 이상일 것이며, 컵 부분은 눈 부분 전체를 덮는 크기로 하고 통기성이 있으며 또한 헤드밴드로 보안경을 고정시킬 수 있을 것.

2. 아크 용접작업 중 감전사고의 요인 및 대책

1 아크 용접작업 중 감전사고의 요인

아크 용접작업에서 감전사고가 발생할 가능성이 있는 것은 교류아크 용접기에서 용접봉 홀더를 사용해서 수동용접을 행하는 경우이다. 아크 용접에서 감전사고 발생요소는 용접봉 홀더, 용접봉의 와이어, 용접기의 리드단자, 용접용 케이블 등이 있다. 장비의 불완전한 접지, 마모나 손상된 전선과 용접홀더, 안전장갑의 미흡 또는 습윤상태 등은 용접작업자에게 위험성을 가중시킨다.

기타 위험요인으로는 회로형태, 전압, 신체의 통전경로, 전류의 세기, 접촉시간 등이다. 특히 몸이 땀으로 젖었을 때나 드럼, 보일러 등과 같이 주위가 철판으로 둘러싸인 좁은 장소에서 용접작업 시는 감전위험이 증대되므로 주의하여야 한다.

2 아크 용접작업 중 감전사고의 예방대책

(1) 전기용접작업 시 주의사항

1) 물 등 도전성이 높은 액체가 있는 습윤장소 또는 철판 · 철골 위 등 도전성이 높은 장소에 사용하는 용접기에는 감전방지용 누전차단기를 설치한다.

2) 습윤장소, 철골조, 밀폐된 좁은 장소 등에서의 용접작업 시에는 자동전격방지기를 부착하고, 주기적 점검 등으로 자동전격방지기가 항시 정상적인 기능이 유지되도록 한다.

3) 용접기의 모재측 배선은 모재의 대지전위를 상승시켜 감전위험성을 증가시키므로 모재나 정반을 접지한다.

4) 용접기 외부상자의 접지, 1차측 전로에 누전차단기 설치, 케이블 커넥터, 절연커버, 절연테이프 등을 사용한다.

5) 기타 전기시설물의 설치는 전기담당자가 취급하도록 조치한다.

(2) 예방대책

1) 감전예방 보호구 착용

용접 중에는 아크열, 스패터 등에 의한 화상방지를 위해 용접용 가죽장갑을 쓰지만, 손이 땀에 젖으면 장갑이 수분을 흡수함에 따라 절연성이 떨어져 감전의 위험이 높다. 그래서 가죽을 실리콘 수지로 처리한 장갑을 사용하면 방수성도 좋고 절연 저항이 높아져 안전하다.

2) 절연형 홀더의 사용

용접봉 홀더의 접촉으로 인한 감전재해를 방지하기 위해 홀더는 용접봉을 물어 고정하여 주는 부분을 제외하고는 충전부가 전부 내열성 또는 내충격성의 절연물로 처리된 절연형 홀더(안전홀더)를 사용하지 않으면 안 된다. 용접봉을 물어주는 부분의 선단 절연물은 아크열에 의해서 소손 및 열화로 인하여 쉽게 파손되며, 또 작업자가 슬래그 제거를 위해 모재를 두드리거나 하여 충전부가 노출되기 쉽다. 이들의 부품은 예비품을 준비하여 위험한 상태가 되었을 때는 즉시 교체하는 등의 조치를 취하는 것이 중요하다.

3) 자동전격방지기의 사용

용접작업에서 용접봉에 접촉되어 일어나는 감전재해는 절연형 홀더를 사용해도 막을 수 없으므로, 용접기의 출력측 무부하 전압을 위험이 없는 전압까지 낮출 필요가 있다. 아크의 발생을 중지시키고 있을 때 용접기의 출력측 무부하 전압을 위험이 없는 전압까지 저하시키는 자동전격방지기는 용접봉에 접촉되어 일어나는 감전재해의 방지는 물론 용접기의 2차측 배선(홀더측 배선)이나 홀더의 절연불량 시 이들에 접촉되어 일어나는 감전재해의 방지에도 효과가 좋다.

작업시작 전에 전격방지기가 확실하게 작동하고 있는가를 시험하여야 한다.

4) 적절한 케이블 사용

용접기 2차측 회로의 배선은 일반적으로 캡타이어 케이블이나 용접용 케이블이 사용되고 있으나, 그 외부가 파손되어 심선이 노출되면 여기에 접촉되어 감전되는 사례가 있다. 외부 표면 손상의 원인은 기계적인 것과 과전류로 인한 열손상에 의한 것 등이 있다. 통로 등을 가로질러 케이블이 지나갈 때에는 방호덮개를 설치하며, 외부가 파손된 경우에는 완전히 절연 보수를 하거나 신품으로 교환하여 사용해야 한다.

5) 작업정지 시 전원차단

자동전격방지기가 부착된 용접기로 용접작업 중 작업을 중지하고 작업장소를 떠날 경우에는 원칙적으로 용접기의 전원개폐기를 차단한다. 용접기가 있는 장소가 용접장소로부터 멀리 떨어져 있고, 작업 정지시간이 짧은 경우에는 용접봉을 홀더로부터 뽑아내고 홀더를 모재나 접지저항치가 작은 물체에 접촉하지 않도록 하는 조치를 강구한다.

 3. 용접위생 관리에 대해 설명

1 위생과 안전

아크 용접 작업자는 눈 장해, 화상, 감전 등의 자해를 받기 쉽다.

재해요소로는 다음과 같은 것이 있다.

(1) 전격에 의한 것.

(2) 아크 빛에 의한 것.

(3) 스패터링 및 슬래그에 의한 것.

(4) 중독성 가스에 의한 것.

(5) 폭발성 가스에 의한 것.

(6) 화재, 기타에 의한 것.

전격(감전)에 의한 재해는 다른 재해에 비하여 사망률이 높다. 특히 몸이 땀으로 젖어 있을 때, 의복이 비에 젖어 있을 때, 발밑에 물이 고여 있을 때, 홀더의 통전부분이 노출되어 있을 때, 용접봉 끝이 몸에 닿았을 때, 케이블의 일부가 노출되어 있을 때, 용접기의 절연이 불량할 때, 전원스위치의 개폐 시 등이 위험하다. 용접기에 의한 사망 사고 중 95%는 홀더의 통전부에 접촉한 것이다.

이 때문에 현재는 전체가 외주에 노출하지 않는 안전 홀더를 사용하는 것으로 되어있다. 아크에는 다량의 자외선과 소량의 적외선이 포함되어 있으므로, 이것이 직접 또는 반사하여 눈에 들어오면 전광성 안염 또는 일반적으로 전안염이라 하는 장해가 나타난다. 급성인 것은 아크 빛에 노출 후 4~8시간에 일어나며 24~48시간 내에 회복하지만, 노출이 오래 계속되면 만성 결막염을 일으킨다. 만일 아크 빛으로 눈병이 났을 때는 냉수로 얼굴을 씻은 후 냉습포로 찜질하거나 의사에게 진찰을 받는다.

2 용접 흄

피복제가 아크열로 분해하여 증발한 물질이 다시 냉각하며 고체의 미립자로 되어 아크 주변에서 발생하는 하얀 연기를 흄(fume)이라 한다. 흄 안에는 진폐를 일으키는 물질(실리카, 석면, 동, 베릴륨 등)을 포함하는 경우와 호흡기 자극성의 물질(불화물, Cd, Cr, Pb, Mn, Mg, Hg, Mo, Ni, V, Zn 등)을 포함하는 경우가 있다. 흄의 대부분은 금속 및 비금속의 산화물이며, 그 밖에 불화물이나 염화물을 포함하는 경우가 있다.

흄의 허용한도에 대해 우리나라에서는 일본 용접협회 규격의 WES 9004에 5mg/m^{2}으로 규정(피복계통에 무관계)하였다가 1981년부터 1mg/m^{2}으로 변경하였으며, 실내의 아크 용접작업(자동 아크 용접작업은 제외)은 분진작업으로 보고 진폐법으로서 규정되어 있다. 흄량이 많아지면 작업자는 마스크를 사용하여야 한다. 따라서 실내의 환기용 팬이나 플렉시블 덕

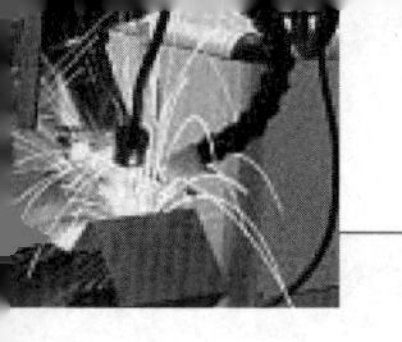

트가 붙은 집진기가 많이 사용되며, 저수소계 용접봉의 흄 발생량은 표 1과 같은데 용접공의 수와 아크 발생시간을 고려하여 소요 환기량을 계산할 수 있다.

표 1. 저수소계 용접봉의 흄 발생량

용접전류(A)	150	200	250	300
발생량(mg/min)	150~300	300~500	400~550	500~700

유해가스 피복 아크 용접의 아크에서는 여러 투명가스(CO, CO_2, H_2O, O_3, NO_2 등)가 발생하고 있다. 수증기(H_2O)를 제외하고, 다른 가스는 유해하므로 환기를 하여야 한다. 또, CO_2 아크 용접에서는 위험한 CO가스(일산화탄소)가 방출되며, 특히 아크의 바로 위에서는 CO가스가 상승하므로, 아크의 바로 위에서 1분간이라도 호흡하면 기절해 버린다.

공기 중의 CO가스의 안전한 한계량은 0.1%(vol)이며, 미국에서 8시간 연속 호흡하여도 안전한 한계를 0.1%(vol)로 정하고 있다. 통풍이 좋지 않은 작은 방에서 CO_2아크 용접은 매우 위험하므로 강제적으로 환기를 하여야 한다. 예를 들면, $150m^3$의 공장에서 CO_2 유량 $12l$/min의 용접에서는 CO는 $0.12l$/min가 생기므로, 이것을 안전한계 0.01% 이하로 유지하려면 약 $3m^3$/min의 환기를 하여야 한다.

4. CO_2 용접하는 경우 발생하는 유해가스의 종류

1 일산화탄소

아크 용접 시 이산화탄소가 일산화탄소로 환원되어 발생하는데, 아크 용접 작업장 주위에는 고농도의 일산화탄소가 집중되며 환기가 어려운 탱크 내부 작업이나 밀폐작업 장소에는 고농도의 일산화탄소가 존재할 수 있다. 일산화탄소에 중독되면 두통, 현기증, 발한, 사지통, 전신권태 등이 생기는데, 고농도의 경우 의식을 잃고 질식 또는 사망하며 노출기준은 50ppm이다.

2 용접 흄

용접 작업은 대부분 수동 작업이기 때문에 직 · 간접적으로 흄에 노출되는 경우가 많으며, 흄 흡입에 의한 인체 장해는 진폐증 유해가스 등의 호흡기관 등에 영향을 미칠 수 있다.

흄의 흡수와 배설은 흡입된 흄의 53%가 흡입되고, 호흡기를 통해서 47%가 배출된다. 흡입된 흄은 시간의 경과에 따라 비인두(10%), 기관지(8%), 폐(35%) 등을 거쳐 가래 또는 변으로 44.2%가 배출되고 혈류, 임파 등에 각각 7.05%, 1.75% 정도씩 흡수된다.

3 오존

오존의 발생은 용접 아크광에서 발생되는 자외선에 의하며, 영향은 오랫동안 혹은 다량으로 마시게 되면 두통, 메스꺼움, 흉부통증과 목, 코 등을 건조하게 하는 등의 증상이 나타난다. 오존 정도에 따라 결막염, 기관지 계통의 염증, 화학성 폐렴, 폐수종, 접촉성 피부염, 피부암, 심장 및 순환기 장해, 중추신경 장해를 일으키며 노출기준은 0.1ppm이다.

SECTION 5. 용접 중 화재 및 폭발을 방지하기 위한 안전조치 작업절차

1 개요

용접작업 시에는 주위의 가연물(기름, 나무조각, 도료, 걸레, 내장재, 전선 등), 폭발성 물질 또는 가연성 가스와 과열된 피용접물, 불꽃, 아크 등에 의해 인화, 폭발, 화재를 일으킬 염려가 있으므로 작업 전에 이들 가연물을 멀리 격리하여야 한다. 만약 이러한 조치가 안 될 경우에는 불꽃비산방지 조치, 기타 폭발화재 등이 일어나지 않도록 조치하고 근처에 소화기를 준비하도록 한다.

2 용접 중 화재 및 폭발을 방지하기 위한 안전조치 작업절차

드럼통, 탱크, 배관 등의 용접 수리작업 시 내부에 인화성 액체나 가연성 가스, 증기가 존재하면 대단히 위험하므로 용접 전에 최소한 다음과 같은 사항에 대하여 사전준비를 하도록 한다.

(1) 구조물 내 모든 가연성 물질, 폐기물, 쓰레기 등의 제거

(2) 가열될 경우 가연성이나 독성물질을 발생할 수 있는 물질의 청소

(3) 압력축적을 막기 위해 구조물 내 환기

(4) 용접부위에 국소적으로 물을 넣거나 불활성기체로 내부청소

밀폐장소에서의 작업은 작업 전에 공기질이 좋았더라도 유독성 오염물질의 누적, 불활성이나 질식성 가스로 인한 산소결핍, 산소과잉 발생으로 인한 폭발 가능성 등이 생길 수 있다. 따라서 최소한 다음과 같은 조치가 취해져야 한다.

(1) 작업자가 밀폐공간에서 작업 시 반드시 사전허가를 받는 시스템을 확립한다.

(2) 밀폐공간에 연결되는 모든 파이프, 덕트, 전선 등은 작업에 지장을 주지 않는 한 연결을 끊거나 막아서 작업공간내로 유출되지 않도록 한다.

(3) 작업 중 지속적으로 환기가 이루어지도록 한다.

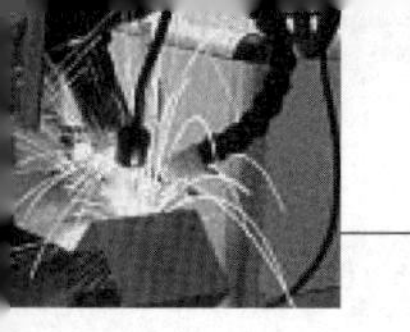

(4) 가연성, 폭발성 기체나 유독가스의 존재여부 및 산소결핍 여부를 작업 전에 반드시 점검하고, 필요시는 작업 중 지속적으로 공기 중 산소농도를 검사한다.

(5) 용접에 필요한 가스실린더나 전기동력원은 밀폐공간 외부의 안전한 곳에 배치한다.

(6) 밀폐공간 외부에는 반드시 감시인 1명을 배치하여 눈이나 대화로 확인하고, 작업자의 입출입을 돕거나 구조활동에 참여한다.

(7) 배치된 사람은 작업자가 내부에 있을 때는 항상 정위치하며, 필요한 개인보호장비와 구조장비를 갖춘다.

(8) 밀폐공간에 출입하는 작업자는 안전대, 생명줄 그리고 보호구를 포함하여 적절한 개인보호장비를 갖춘다.

3 용접 · 용단 시 화재

(1) 용접 · 용단 시 발생되는 비산불티의 특성

전기용접, 가스절단 등 용접 · 용단 시에 발생되는 불티는 인접한 위험물질에 직접적인 점화원을 제공하여 화재 · 폭발로 인한 대형사고로 발전될 가능성이 높으므로 이에 대한 안전대책을 마련하여야 한다.

(2) 안전작업수칙

1) 가스용기는 열원으로부터 멀리 떨어진 곳에 세워서 보관하고 전도방지 조치를 한다.
2) 용접작업 중 불꽃 등에 의하여 화상을 입지 않도록 방화복이나 가죽앞치마, 가죽장갑 등의 보호구를 착용한다.
3) 적절한 보안경을 착용한다.
4) 산소밸브는 기름이 묻지 않도록 한다.
5) 가스호스는 꼬이거나 손상되지 않도록 하고 용기에 감아서 사용하지 않는다.
6) 안전한 호스연결기구(호스클립, 호스밴드 등)만을 사용한다.
7) 검사받은 압력조정기를 사용하고 안전밸브 작동 시에는 화재 · 폭발 등의 위험이 없도록 가스용기를 연결시킨다.
8) 가스호스의 길이는 최소 3m 이상 되도록 한다.
9) 호스를 교체하고 처음 사용하는 경우, 사용 전에 호스내의 이물질을 깨끗이 불어낸다.
10) 토치와 호스연결부 사이에 역화방지를 위한 안전장치를 설치한다.

6. CO_2 용접이나 소량의 산소를 포함하는 실드가스를 사용하는 가스메탈 아크 용접 중에 발생하는 인체에 유해가스

1 유해가스의 종류

유해가스의 종류는 오존, 질소화합물, 일산화탄소, 이산화탄소, 도료나 피막성분의 열분해에 의한 생성물 등 다양한 종류가 있다.

(1) 오존

용접아크광에서 발생되는 자외선에 의해 발생하며, 영향은 오랫동안 혹은 다량으로 마시게 되면 두통, 메스꺼움, 흉부통증과 목 · 코 등을 건조하게 하는 등의 증상이 나타난다. 오존은 그 정도에 따라 결막염, 상기도 기관지 계통의 염증, 화학성 폐렴, 폐수종, 접촉성 피부염, 피부암, 심장 및 순환기계 장해, 중추신경 장해를 일으키고 노출기준은 0.1ppm이다.

(2) 이산화질소

공기 중의 질소는 용접아크작업의 열 효과에 의해 이산화질소를 생성하며, 용접작업으로 발생되는 양은 저농도(1.0 ppm 이하)이지만 가스절단, 플라즈마 용단, 가스버너에 의한 곡직작업 시 고농도의 이산화질소가 발생할 수 있으므로 주의한다. 영향은 눈 · 코 · 목 등을 자극하고 기침 · 흉부통증을 유발하며, 폐에 장기적으로 영향을 끼치고 노출기준은 3ppm이다.

(3) 일산화탄소

아크 용접 시 이산화탄소가 일산화탄소로 환원되어 발생하는데, 아크 용접작업 주위에는 고농도의 일산화탄소가 집중하며 환기가 어려운 탱크 내부작업이나 밀폐작업 장소에는 고농도의 일산화탄소가 존재할 수 있다. 영향은 일산화탄소에 중독되면 두통, 현기증, 발한, 사지통, 전신권태 등이 생기며 고농도의 경우 의식을 잃고 질식, 사망하고 노출기준은 50ppm이다.

2 금속의 종류

(1) 망간

용접봉 및 모재에 망간성분이 포함되어 있을 경우(1~3% 정도 포함) 용접 시 용접흄으로 발생하는데, 영향은 망간에 중독되면 초기에 감정불안정, 신경과민, 정신적 흥분 등의 일시적인 정신적 증상을 보이며, 후기에 가서는 추체외로의 질환을 동반하는 영구적인 신경과적 변화를 나타내고(파킨슨병의 증상과 유사) 노출기준은 $1mg/m^3$(흄)이다.

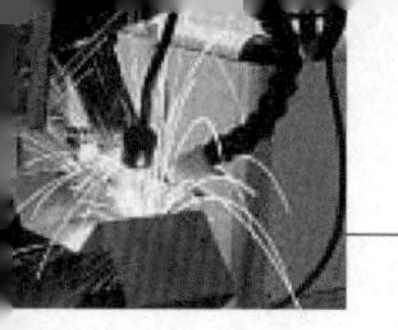

(2) 산화철

용접 시 가장 많이 발생되는 금속이다. 영향은 단기간 흡입 시 금속흄열 발생이 가능하고, 장기간 흡입 시는 폐에 이상이 오며 노출기준은 5mg/m³이다.

3 방지대책

용접 시에 발생하는 흄이나 유해가스의 흡입방지를 위해서는 마스크를 착용하여야 하며, 마스크는 용도에 맞게 사용하여야 한다.

(1) 방진마스크

통풍, 환기가 나쁜 장소에서 용접작업 시 방진마스크를 착용하며(여과재가 분진이나 습기를 흡수하는 역할을 함), 사용 후에는 분진의 제거나 건조 등 손질을 자주한다.

(2) 방독마스크

탱크내부 등 좁은 장소에서 환기가 불충분하면 방독마스크를 착용하고 차광안경과 병용할 수 있는 구조의 것을 선정한다. 방독마스크의 제독작용을 하는 정화통은 대상 유해물에 따라 구분하여 사용한다.

(3) 송기마스크

자연대기를 이용한 호스마스크와 압축공기를 이용한 에어라인마스크를 사용하고 있으며, 용접작업에는 보통 에어라인마스크를 사용한다.

7. 용접 시 Fume의 인체에 미치는 영향을 고려하여 미국에서는 1973년도부터 Iron Oxide(Fe_2O_3)의 TWA-TLV(Time Weighted Average-Threshold Limit Value)를 10mg/m³(ppm)로 규정하는 의미

1 개요

TLV는 알루미늄, 연강, 철의 금속아크 용접 혹은 아세틸렌 용접에만 적용되며 철판, 도금된 철, 알루미늄의 전기, 가스용접의 흄의 주성분은 철, 아연, 알루미늄의 산화물 순이다. 독성가스뿐만 아니라 그 밖의 흄도 상당량 존재하지만, 망간 실리카, 유기물 바인더 등은 철 용접 시 사용하는 용접봉의 코팅성분에 포함되어 있다(알루미늄 용접에 사용하는 용접봉에는 불소가 들어 있음). 비소나 구리 같은 성분들도 발견되곤 한다.

다수의 알루미늄 용접봉에는 소량의 규소와 극미량의 베릴륨도 들어 있다. 피복아크 용접에서는 오존이 형성되고, 피복가스로 이산화탄소가 사용될 때에는 일산화탄소가 발생된다는 보고가 있다. 연강용접 시 발생하는 흄은 주로 용접금속, 용접봉 금속성분과 피복제에서 나온 금속산화물로 구성되며, 기타 다른 성분들도 존재한다.

이들은 대부분 플럭스에 의한 것으로 실리카, 티타늄, 불소, 실리케이트 등의 18가지를 포함하고 있다.

2_ 용접 시 Fume의 인체에 미치는 영향을 고려하여 미국에서는 1973년도부터 Iron Oxide(Fe_2O_2)의 TWA-TLV(Time Weighted Average-Threshold Limit Value)를 10mg/m³(ppm)로 규정하는 의미

용접관련 화합물에 대한 허용기준은 OSHA와 ACGIH에 의해 설정되어 왔다. ACGIH가 설정한 기준은 지침으로는 유용하지만 법적 강제력은 없다. 이것들은 매년 재검토되고 최신정보에 의거해 업데이트된다.

기준들은 주로 8시간 시간가중평균치(TWA)로 나타내며, 어떤 화합물과 금속들은 작업 중 잠시라도 초과해서는 안 되는 천장값(Ceiling)을 가지고 있다. ACGIH는 몇몇 화합믈과 금속들에 대해서는 단시간노출 허용기준(STEL)을 추천한다. STEL은 15분을 초과해서는 안 되며, 또한 1일 4회를 초과해서도 안 되는 농도이다. ACGIH는 총 용접흄(total welding fume)에 대해 5mg/m³의 허용기준을 추천하고 있다. 이러한 기준은 금속함량에 따라 구분하지 않고(not classified) 단지 흄에 대해서만 적용된다. 다시 말해 크롬이나 구리 같은 독성 오염물질이나 금속이 흄 내에 존재한다고 알려진다면, 금속의 허용기준이 관리요소(controlling factor)가 될 수 있다.

만약 산화철 흄만이 존재한다고 알려진다면, OSHA의 PEL 10mg/m³, ACGIH의 TLV 5 mg/m³ 중에 어느 것이나 관리기준(control)으로 이용할 수 있다. OSHA는 총 용접흄에 대한 기준을 가지고 있지는 않다. 유사한 생리적 영향을 가지고 있는 물질이 둘 이상 존재한다면, 그것들의 combination effect가 고려되어야 한다. 이러한 상가작용(addition action)은 개별적인 노출(fractional exposure)에 의해 고려되어야 한다. 만약 이들 합이 1단위 이상이라면, 오염물질의 combination concentration은 혼합물의 허용기준을 초과하는 것이다.

3_ 허용기준의 적용

용접흄에 존재하는 구성성분에 관한 허용기준이 표 1에 나와 있다. ACGIH의 TLV는 총 흄농도와 각 성분농도 두 가지로 제시되고 있다. 흄 구성성분 중에 유해한 성분이 없으면 노출을 평가하기 위하여 총 흄에 관한 TLV를 적용한다. 그러나 유해한 성분이 존재할 때는 각 성분을 분석하여 각각의 노출기준도 적용하여야 한다.

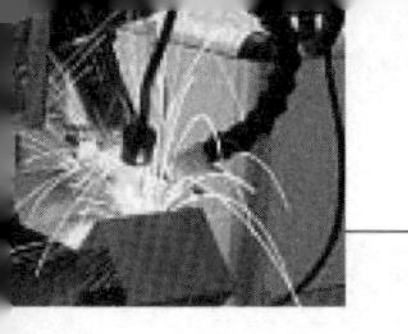

미국 용접협회(american welding socity, AWS)에서는 노출 기준 적용시 일반적인 가이드로서 다음처럼 제시하고 있다. 합금성분이 5% 미만이고 크롬이 3% 미만인 일반 구조 철강(structural steel)인 경우 총 흄농도를 측정하여 노출기준을 5mg/m³을 적용하고, 합금의 함량이 높은 경우, 특히 크롬의 함량이 높은 경우는 각 성분의 TLV를 적용하라고 하고 있다(AWS, 1992). 그러나 많은 경우 모재보다는 용접봉, 피복제, 플럭스 등의 함유량이 흄의 성분을 지배함으로 AWS의 안내처럼 일률적으로 적용하면 위험성을 과소평가할 수 있으므로 작업환경 측정 시 몇 개의 시료는 반드시 구성성분을 파악하여 총 농도와 같이 평가하는 것이 바람직할 것이다.

표 1. 용접흄 및 용접과 관련된 화합물과 금속들의 허용기준 요약

오염물질	OSHA PEL, (mg/m³)		1983/84 ACGIH TLV, (mg/m³)		우리나라 노동부, (mg/m³)	
	TWA	Ceiling	TWA	STEL	TWA	STEL
알루미늄	-	-	5	-	5	-
베릴륨	0.002	0.005	0.002, A1	0.01, A1	0.002	-
산화카드뮴(카드뮴)	0.1	0.3	0.01, (i)A2 0.002, (j)A2	-	0.05	-
일산화탄소	50ppm	-	25 ppm	-	50ppm	400ppm
크롬(soluble chromic/chromous salts)	0.5	-	0.5, A4	-		
크롬금속	1		0.5, A4		0.5	-
크롬 3가 화합물, as Cr	-	-	0.5	-	0.5	-
크롬 6가 화합물, as Cr water soluble Certain water-insoluble	-	0.1	0.05, A1 0.01, A1	-	0.05	-
구리	0.1	-	0.2	-	0.1	-
불소, as F	2.5	-	2.5, A4	-	C 2.5	-
산화철	10	-	5, A4	-	5	-
납	0.05	-	0.05, A3	-	0.05	-
망간	-	5	0.2	-	1	3
수은 alkyl compounds aryl compounds Inorganic forms including metallic mercury	-	0.1	0.01 0.1 0.025, A4	0.03	0.05	-

몰리브덴	5	-	5(수용성) 10(불용성)	5(수용성) 10(불용성)	-	-
니켈	1	-	1	-	1	-
질소산화물(NO_2)	-	5ppm	3ppm, A4	5ppm, A4	3ppm	5ppm
오존	0.1ppm	-	0.1ppm (light work), A40.08ppm (moderate work), A4 0.05ppm (hard work), A4	-	0.1ppm	0.3ppm
주석	2	-	2	-	2	-
티타늄, as TiO_2	-	-	10, A4	-		
바나듐, as V_2O_5	-	0.1	0.05(resp.), A4	-		
산화아연	5	-	5	10	5	10
산화칼슘			2	-		
산화마그네슘			10	-		
NO			25ppm		25ppm	-
포스겐			0.1ppm	-	0.1ppm	-
용접흄	-	-	5, B2	-	5	-

8. 아크 용접작업 시 감전사고 방지대책과 응급처치 방법

1 감전재해의 예방

(1) 전기용접 작업 시 주의사항

1) 물 등 도전성이 높은 액체가 있는 습윤장소 또는 철판 · 철골위 등 도전성이 높은 장소에 사용하는 용접기에는 감전방지용 누전차단기를 설치한다.
2) 습윤장소, 철골조, 밀폐된 좁은 장소 등에서의 용접작업 시에는 자동전격방지기를 부착하고, 주기적 점검 등으로 자동전격방지기가 항시 정상적인 기능이 유지되도록 한다.
3) 용접기의 모재측 배선은 모재의 대지전위를 상승시켜 감전위험성을 증가시키므로 모재나 정반을 접지한다.
4) 용접기 외부상자의 접지, 1차측 전로에 누전차단기 설치, 케이블 커넥터, 절연커버, 절연테이프 등을 사용한다.
5) 기타 전기시설물의 설치는 전기담당자가 취급토록 조치한다.

(2) 감전예방 보호구 착용

용접 중에는 아크열, 스패터 등에 의한 화상방지를 위해 용접용 가죽장갑을 쓰지만, 손이 땀에 젖으면 장갑이 수분을 흡수함에 따라 절연성이 떨어져 감전의 위험이 높다. 그래서 가죽을 실리콘 수지로 처리한 장갑을 사용하면 방수성도 좋고 절연 저항이 높아져 안전하다.

(3) 절연형 홀더의 사용

용접봉 홀더의 접촉으로 인한 감전재해를 방지하기 위해 홀더는 용접봉을 물어 고정하여 주는 부분을 제외하고는 충전부가 전부 내열성 또는 내충격성의 절연물로 처리된 절연형 홀더(안전홀더)를 사용하지 않으면 안 된다.

용접봉을 물어주는 부분의 선단 절연물은 아크열에 의해서 소손 및 열화로 인하여 쉽게 파손되며, 또 작업자가 슬래그 제거를 위해 모재를 두드리거나 하여 충전부가 노출되기 쉽다. 이들의 부품은 예비품을 준비하여 위험한 상태가 되었을 때는 즉시 교체하는 등의 조치를 취하는 것이 중요하다.

(4) 자동전격방지기의 사용

용접작업에서 용접봉에 접촉되어 일어나는 감전재해는 절연형 홀더를 사용해도 막을 수 없으므로, 용접기의 출력측 무부하 전압을 위험이 없는 전압까지 낮출 필요가 있다. 아크의 발생을 중지시키고 있을 때 용접기의 출력측 무부하 전압을 위험이 없는 전압까지 저하시키는 자동전격방지기는 용접봉에 접촉되어 일어나는 감전재해의 방지는 물론 용접기의 2차측 배선(홀더측 배선)이나 홀더의 절연불량 시 이들에 접촉되어 일어나는 감전재해의 방지에도 효과가 좋다.

작업시작 전에 전격방지기가 확실하게 작동하고 있는가를 시험하여야 한다.

(5) 적절한 케이블 사용

용접기 2차 측 회로의 배선은 일반적으로 캡타이어 케이블이나 용접용 케이블이 사용되고 있으나, 그 외부가 파손되어 심선이 노출되면 여기에 접촉되어 감전되는 사례가 있다. 외부 표면 손상의 원인은 기계적인 것과 과전류로 인한 열손상에 의한 것 등이 있다. 통로 등을 가로질러 케이블이 지나갈 때에는 방호덮개를 설치하며, 외부가 파손된 경우에는 완전히 절연보수를 하거나 신품으로 교환하여 사용해야 한다.

(6) 작업정지 시 전원차단

자동전격방지기가 부착된 용접기로 용접작업 중 작업을 중지하고 작업장소를 떠날 경우에는 원칙적으로 용접기의 전원개폐기를 차단한다. 용접기가 있는 장소가 용접장소로부터 멀리 떨어져 있고, 작업 정지시간이 짧은 경우에는 용접봉을 홀더로부터 뽑아내고 홀더를 모재

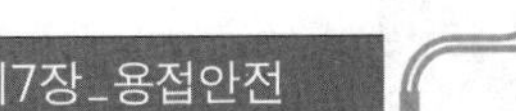

나 접지저항치가 작은 물체에 접촉하지 않도록 하는 조치를 강구한다.

2 감전사고 응급처치 방법

(1) 사고발생 시 응급처치 요령

감전재해가 발생하면 우선 전원을 차단하고 피재자를 위험지역에서 신속히 대피시키고 2차 재해가 발생하지 않도록 조치하여야 한다. 그리고 재해상태를 신속, 정확하게 관찰한 다음 구명시기를 놓치지 않기 위해 불필요한 시간을 낭비해서는 안 된다.

감전에 의하여 넘어진 사람에 대한 중요 관찰사항은 의식상태, 호흡상태, 맥박상태이며, 높은 곳에서 추락한 경우에는 출혈상태, 골절유무 등을 확인하고, 관찰결과 의식이 없거나 호흡 및 심장이 정지해 있거나 출혈을 많이 하였을 때는 관찰을 중지하고 곧 필요한 응급조치를 하여야 한다.

사고발생 시 일반적인 응급처치 요령은 다음과 같다.

1) 인공호흡 등 기본적인 구급 처치법을 평소에 훈련한다.
2) 비상시 구급처치를 위해 구조용구가 있는 장소나 연락방법 등을 평소에 확인하여 둔다.
3) 사고발생 시 연락방법을 정확하게 알아둔다.
4) 침착하고 냉정하게, 신속히 재해자의 상태를 관찰하여 처치한다.
5) 높은 곳에서 추락한 경우 출혈상태, 골절유무 등을 확인한다.
6) 재해자를 함부로 움직이지 말고 편안한 자세를 취하게 한다.
7) 호흡곤란 시 인공호흡을 실시한다. 호흡정지 시 최소 5분 이내에 실시토록 한다.
8) 응급처치 후 신속히 병원으로 후송한다.

(2) 인공호흡(구강 대 구강법)

감전쇼크로 인해 호흡정지 시는 혈액 중 산소함유량이 약 1분 이내에 감소되기 시작하여 산소결핍이 급격히 일어난다. 인체의 장기 중에는 뇌가 가장 산소결핍에 대한 저항력이 약하며, 호흡정지가 3~5분간 계속되면 그 기능이 장해를 받는다. 그러나 호흡 정지상태인 사람을 1분 이내에 인공호흡을 시킬 경우 감전재해자의 95% 이상을 소생시킬 수 있으나 늦어지면 소생률은 대단히 저하되므로 신속한 인공호흡이 필요하다.

1) 재해자의 입으로부터 오물, 이물질 등을 제거하고 평평한 바닥에 반듯하게 눕힌다.
2) 왼손의 엄지손가락으로 입을 열고 오른손 엄지손가락과 집게손가락은 코를 쥐고, 재해자 입에 처치자의 입을 밀착시켜서 숨을 불어 넣는다.
3) 상황에 따라 손수건을 사용하되 종이수건의 사용은 금한다.
4) 처음 4회 크게 불어넣을 때는 신속하게 하여 폐가 완전히 수축되지 않도록 한다.
5) 재해자의 가슴이 불룩해진 것을 확인하고 입을 뗀다.

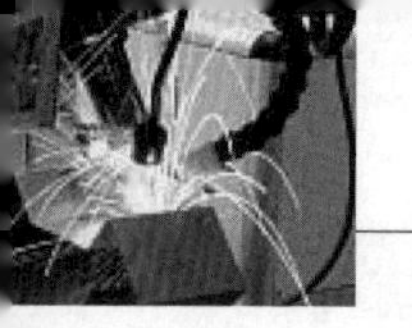

6) 정상적인 호흡간격인 5초 간격으로 약 1분에 12~15회 정도의 호흡을 위와 같이 반복한다.

※ 구강 대 구강법으로 인공호흡시 주의사항

1) 환자가 발견된 장소에서 곧바로 실시한다.
2) 우선 인공호흡을 실시하고 다른 사람은 구급차나 의사를 부른다.
3) 추락 등에 의해 출혈이 심한 경우 지혈 후 인공호흡을 실시한다.
4) 환자가 소생하지 않을 경우 구급차로 이송하면서 계속 인공호흡을 실시한다.

(3) 심장마사지(인공호흡과 동시에 실시)

1) 피재자를 딱딱하고 평평한 바닥에 눕힌다.
2) 한손의 엄지손가락을 갈비뼈의 하단에서 3수지 윗부분에 놓고 다른 손을 그 위에 겹쳐 놓는다.
3) 응급처치자의 체중을 이용하여 엄지손가락이 4cm 정도 들어가도록 강하게 누른 후 힘을 빼되 가슴에서 손을 떼지 않는다.
4) 심장마사지 15회 정도와 인공호흡 2회를 교대로 연속 실시한다.
5) 심장마사지와 인공호흡을 2명이 분담하여 5 : 1의 비율로 실시한다.

(4) 전기화상 사고 시 응급처치 요령

1) 불이 붙은 곳은 물, 소화용 담요를 이용하여 소화하고, 급한 경우에는 피재자를 굴리면서 소화한다.
2) 상처에 달라붙지 않은 의복은 모두 벗긴다.
3) 화상부위를 세균감염으로부터 보호하기 위하여 화상용 붕대를 감는다.
4) 화상을 사지에만 입었을 경우 통증이 줄어들도록 약 10분간 화상부위를 물에 담그거나 물을 뿌릴 수도 있다.
5) 상처부위에 파우더, 향유, 기름 등을 바르지 않도록 한다.
6) 진정 · 진통제는 의사의 처방에 의하지 않고는 사용하지 않는다.
7) 의식을 잃은 환자에게는 물이나 차를 조금씩 먹이되 알콜은 삼가야 하며, 구토증 환자에게는 물 · 차 등의 취식을 금한다.
8) 피재자를 담요 등으로 감싸되 상처부위에 닿지 않도록 한다.

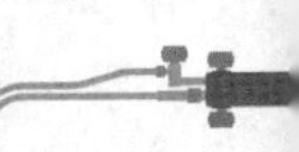

9. 소음지역의 소음정도와 귀마개 착용시기와 용접 시 보안경의 차광번호

1 귀마개의 사용 및 관리방법

(1) 소음수준, 작업내용, 개인의 상태에 따라 적합한 보호구를 선정한다.

(2) 오염되지 않도록 보관 및 사용을 하며, 특히 귀마개 착용 시 더러운 손으로 만지거나 이물질이 귀에 들어가지 않도록 주의한다.

(3) 귀마개는 불쾌감이나 통증이 적은 재료로 만든 것을 선정하며 고무 재질보다 스폰지 재질이 비교적 좋다. 귀마개는 소모성 재료로 필요하면 누구나 언제든지 교체 사용할 수 있도록 작업장 내에 비치한다.

(4) 소음의 정도에 따라 적정한 보호구를 선택하여 착용하며 85~115dB은 귀마개 또는 귀덮개, 110~120dB 이상은 귀마개와 귀덮개 동시 착용한다.

(5) 활동이 많은 작업인 경우에는 귀마개를 착용하며, 활동이 적은 경우에는 귀덮개를 착용한다.

(6) 중이염 등 귀에 이상이 있을 때는 귀덮개를 착용한다.

(7) 귀마개 중 EP-1형은 대화가 가능한 고음만을 차단시키므로 대화가 필요한 작업에 사용한다.

(8) 귀마개의 재질이 고무인 것보다 스폰지가 귀에 통증을 적게 유발한다.

2 보호 안경

(1) 보안경은 작업 중 유해한 자외선과 적외선의 피해를 방지한다.

(2) 용융 금속의 스패터나 비산하는 불티 등이 눈에 들어가는 것을 방지한다.

(3) 눈에 염증이 생겼을 때는 응급수단으로 냉습 수건을 하고 병원의 치료를 받아야 한다.

(4) 불티나 스패터 등이 눈에 들어갔을 때는 눈을 비비지 말고 즉시 치료를 받아야 한다.

(5) 작업자의 눈을 보호하기 위한 보안경의 착용은 필수적이다.

표 1. 차광번호와 용접법

차광번호	용접법	용도
2	공기-아세틸렌 용접	연납땜
3~4	산소-아세틸렌 용접	경납땜
4~8	산소-아세틸렌 용접	가스 용접

10. 아크에서 발광되는 광선의 종류와 인체에 미치는 영향

1 용접과 자외선

용접작업 중 발생하는 자외선의 세기는 용접방법, 사용전류의 세기, 용가재의 직경 및 종류, 보호가스의 종류, 모재의 종류, 용가재와 모재간의 거리, 용접작업자의 자세 등에 따라 달라진다. 일반적으로 용접방법별로 보면 사용 전류량이 많은 가스금속 아크 용접작업에서 자외선의 세기가 가장 높으며 피복금속 아크 용접, 가스텅스텐 아크 용접, 잠호용접(Submerged Arc Welding, SAW) 작업 순으로 알려져 있다. 아크는 처음 형성될 때 가장 자외선의 세기가 높으며, 아크발생 후 50m/sec 이내에서 세기가 아크 안정 시 세기보다 10배 이상이라고 하였다.

다음 그림은 대표적인 비이온화 방사선의 발생작업인 아크 용접에서 방출되는 적외선, 가시광선, 자외선이 혼합된 형태의 광학방사선(optical radiation)을 모식적으로 나타내고 있다. 이중 가장 문제가 되는 것은 역시 자외선이다.

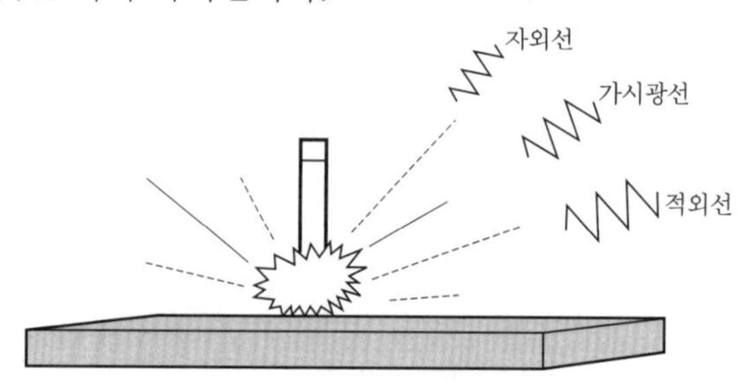

그림 1. 아크 용접에서 발생되는 방사선

2_ 아크광선에 의한 건강장해

(1) 아크광선의 영향

용접아크는 대단히 고온이며 강렬한 광선을 발한다. 이 광선에는 가시광선과 자외선이 포함되어 있으며, 이 강한 빛은 시신경을 자극시켜 작업을 방해한다. 자외선은 조직을 손상시키는 작용을 하며, 눈에 들어가면 결막, 각막 등에 침투하여 통증을 일으킨다. 용접 시 발생하는 아크광은 눈에 전광성 안염이라 불리우는 급성 각막표층염을 일으키며, 대부분 노출된 지수시간 경과 후 발생한다.

노출이 심한 경우 각막표층박리, 궤양, 백색혼탁, 출혈, 수포형성이 될 수 있는데, 특히 백내장, 망막황반변성 등 눈에 치명적인 질환을 가져올 수도 있다. 강한 가시광선은 눈의 피로를 가져오며, 자외선에 의해서 생기는 각막과 결막에 대한 급성 염증증상은 용접근로자 자신이 느끼는 증상에 의해 쉽게 발견될 수 있다. 적외선에 의해서는 열성 백내장이 발생할 수 있는데, 적외선에 의한 눈의 이상은 늦게 나타나므로 제때 발견하기가 어렵다. 또한 자외선과 방사선은 피부를 붉게 하고 살갗을 태우며 피부의 화상을 유발할 수 있다. 아크와의 거리가 가까울수록 그 영향은 크다.

(2) 방지대책

용접아크로부터 발산하는 유해광선을 차단하여 눈을 보호하기 위해서는 가시광선을 적당한 밝기로 조절하여 작업을 용이하게 하기 위한 차광보호구를 사용한다. 아크광의 각 스펙트럼에 따라 조도에 맞는 차광도 번호의 차광안경을 사용해야 하며, 용접작업장의 차광용 커튼의 설치도 고려되어야 한다.

1) 보호안경

보통안경형, 사이드시일드형, 아이캡형이 있다.

2) 보안면

안면전부를 덮는 구조로서 헬멧장착형이나 핸드시일드형

용접종류에 따라 권장되는 차광도 번호는 다음과 같다.

표 1. 용접종류와 차광도 번호

용 접 종 류	차광도 번호
산소-아세틸렌 용접	4 ~ 5
피복아크 용접	10 ~ 12
가스금속 아크용	11 ~ 12
가스텅스텐 아크 용접	12
플럭스코어드 아크 용접	11 ~ 12

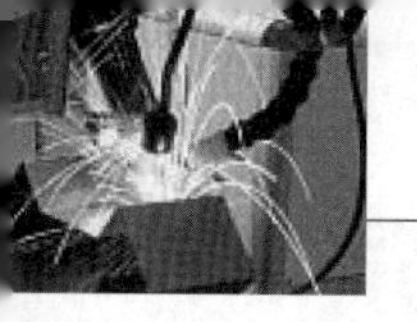

11. 옥내외 용접현장에서 용접사가 지켜야 할 위생관리

1 용접사가 지켜야 할 위생관리

(1) 용접작업 수행 시 항상 적절한 개인보호구를 착용해야 한다.

(2) 개인보호구는 사용 전 청결상태를 확인하고, 사용 후에는 불순물을 제거하여 청결한 장소에 보관한다.

(3) 개인보호구는 주기적으로 교체하며 보관장소도 적절해야 한다.

(4) 용접 작업장에서 음식을 먹거나 흡연을 하지 말아야 한다.

(5) 식사 전에 손이나 얼굴을 깨끗이 씻고 별도의 장소에서 식사를 한다.

(6) 작업이 끝나고 용접관련 장비 및 소모품을 모두 제자리에 정돈한다.

(7) 작업이 끝나면 샤워를 하고 적어도 손, 얼굴, 머리를 깨끗이 닦는다.

(8) 작업이 끝나고 평상복을 입고 출퇴근한다.

(9) 용접장소와 격리된 곳에 휴게시설이 있어야 이용 가능하다.

(10) 용접 작업자를 위한 세면, 목욕, 탈의, 세탁 및 건조 시설, 개인보호구 보관함이 있어야 한다.

(11) 작업장 내 음료수, 특히 식수를 비치하지 않도록 한다.

12. 피복아크 용접(SMAW)작업 시 감전사고 대책

1 개요

아크 용접작업에서 감전사고가 발생할 가능성이 있는 것은 교류 아크 용접기에서 용접봉 홀더를 사용해서 수동용접을 행하는 경우이다. 아크 용접에서 감전사고 발생요소로는 용접봉 홀더, 용접봉의 와이어, 용접기의 리드단자, 용접용 케이블 등이 있다. 장비의 불완전한 접지, 마모나 손상된 전선과 용접홀더, 안전장갑의 미흡 또는 습윤상태 등은 용접작업자에게 위험성을 가중시킨다.

기타 위험요인으로는 회로형태, 전압, 신체의 통전경로, 전류의 세기, 접촉시간 등이다. 특히 몸이 땀으로 젖었을 때나 드럼, 보일러 등과 같이 주위가 철판으로 둘러싸인 좁은 장소에서 용접작업 시는 감전위험이 증대되므로 주의하여야 한다.

2 피복 아크용접(SMAW)작업 시 감전사고 대책

전기용접작업 시 주의사항은 다음과 같다.

(1) 물 등 도전성이 높은 액체가 있는 습윤장소 또는 철판 · 철골위 등 도전성이 높은 장소에 사용하는 용접기에는 감전방지용 누전차단기를 설치한다.

(2) 습윤장소, 철골조, 밀폐된 좁은 장소 등에서의 용접작업 시에는 자동전격방지기를 부착하고, 주기적 점검 등으로 자동전격방지기가 항시 정상적인 기능이 유지되도록 한다.

(3) 용접기의 모재측 배선은 모재의 대지전위를 상승시켜 감전위험성을 증가시키므로 모재나 정반을 접지한다.

(4) 용접기 외부상자의 접지, 1차측 전로에 누전차단기 설치, 케이블 커넥터, 절연커버, 절연테이프 등을 사용한다.

(5) 기타 전기시설물의 설치는 전기담당자가 취급토록 조치한다.

13. 산업현장에서 용접작업 시 화재 및 가스폭발의 사고예방을 위하여 용접기술자가 작업 전에 꼭 확인해야 할 사항 및 용접사가 갖추어야 할 보호구

1 용접작업 시 화재 및 가스폭발의 사고예방을 위하여 용접기술자가 작업 전에 꼭 확인해야 할 사항

용접작업 시 화재폭발 예방대책은 다음과 같다.

(1) 용접작업 시 사전조치 사항

1) 화기작업 허가서 작성 : 작업장소의 해당부서장 승인과 안전관리부(실)의 승인을 받아야 한다.
2) 화기 감시자 배치 : 화기작업 완료시까지 감시자를 상주시킨다.

(2) 용접장소에 비치해야 할 소화용 준비물

1) 바닥에 깔아 둘 불티 받이 포(불연성 재료로서 넓은 면적을 가질 것)
2) 소화기(제 3종 분말소화기 2개)
3) 물통(바켓 1개에 물을 담은 것)
4) 건조사(바켓 1개에 마른 모래 담은 것)

2 용접사가 갖추어야 할 보호구

(1) 눈 보호구

차광 보안경, 유리 보안경, 플라스틱 보안경, 도수렌즈 보안경 등이 있다.

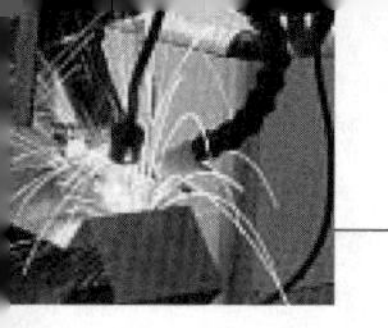

(2) 얼굴 보호구

용접용 보안면, 일반용 보안면 등이 있다.

(3) 호흡용 보호구

1) 방진마스크 : 격리식(전면형, 반면형), 직결식(전면형, 반면형), 안면부 여과식 마스크 등이 있다.
2) 방독마스크(격리식, 직결식, 직결식 소형) : 유기가스용, 할로겐 가스용, 일산화탄소용, 암모니아용, 아황산 가스용, 아황산 황용 등이 있다.
3) 송기마스크 : 호스마스크, 에어라인 마스크, 복합식 에어라인 마스크 등이 있다.

(4) 손 보호구

안전장갑으로 A종, B종, C종 등이 있다.

(5) 발 보호구

가죽제 안전화, 고무제 안전화, 정전기 안전화, 발등 안전화, 절연화, 절연장화 등이 있다.

(6) 방열복

방열상의, 방열하의, 방열일체복, 방열장갑, 방열두건 등이 있다.

14. 용접작업으로 인해 발생될 수 있는 산업재해와 방지책

1 용접의 정의

용접이란 2개 또는 그 이상의 물체나 재료를 접합하는 것을 말한다. 작업방법을 보면 용융 또는 반용융 상태로 접합하는 방법과 상온상태의 부재를 접촉시킨 다음 압력을 작용시켜 접촉면을 밀착하면서 접합하는 금속적 이음, 두 물체 사이에 용가재를 첨가하여 간접적으로 접합하는 방법이 있다.

2 용접작업 중 감전재해 위험점과 예방대책

(1) 고열 · 불티에 의한 화재 · 폭발

1) 용접 · 용단 시 불티의 특성

표 1. 용접 종류별 불티의 온도

종류	최고온도(℃)	종류	최고온도(℃)
산소-아세틸렌불꽃	3,200	테르밋	2,300
철 아크	6,000	원자소수	4,000
탄소 아크	5,300	용해금속	2,000

작업 시 수천 개가 발생 · 비산되며 용융금속의 점적은 작업장소의 높이에 따라 수평 방향으로 최대 11m 정도까지 흩어진다. 축열에 의하여 상당시간 경과 후 불꽃이 발생되어 화재를 일으키는 경향이 있으며, 절단작업 시 비산되는 불티는 3000℃ 이상의 고온체이다.

산소의 압력, 절단속도, 절단기의 종류 및 방향, 풍속 등에 따라 불티의 양과 크기가 달라지며, 발화원이 될 수 있는 불티의 크기는 직경이 0.2~3mm 정도이다.

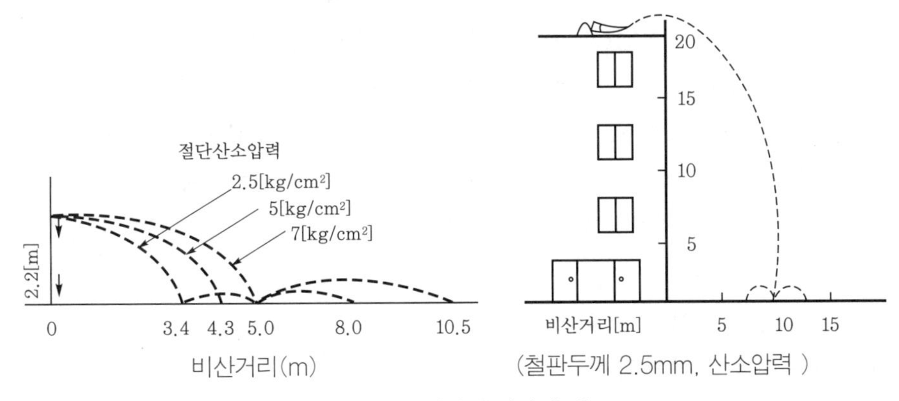

그림 1. 절단불티 비산의 예

2) 용접작업 시 화재폭발 예방대책

① 용접작업 시 사전조치 사항 : 화기작업 허가서를 작성하여 작업장소의 해당부서장 승인과 안전관리부(실)의 승인을 받으며 화기 감시자를 배치하여 화기작업 완료시까지 상주한다.

② 용접장소에 비치해야 할 소화용 준비물

- 바닥에 깔아 둘 불티 받이 포(불연성 재료로서 넓은 면적을 가질 것)
- 소화기(제 3종 분말소화기, 2개)
- 물통(바켓 1개에 물을 담은 것)
- 건조사(바켓 1개에 마른 모래 담은 것)

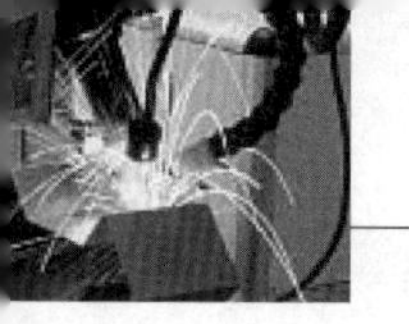

표 2. 인화점이 대부분 65℃ 이하로 화재 · 폭발의 위험 유기용제의 특성

종류	인화점(℃)	폭발위험(Vol.%)		비고
		하한	상한	
톨루엔	4.4	1.27	7.0	용접비가 상한과 하한 사이에 있을 때 폭발
크실렌	27.2	1.1	7.0	
IPA	11.7	2.0	12.7	
MEK	-4.0	1.8	10.0	
MIBK	18.0	1.2	8.0	

3) 용접작업 시 화재 · 폭발 예방

① 용접작업 장소에 인접한 인화성 · 가연성 물질의 격리 후 작업한다.

② 가연성 가스가 체류할 위험이 있는 용기내부 작업 시에는 가스 농도 측정 후 폭발 하한계 1/4이하일 때 작업(계속적인 치환 및 환기)한다.

③ 도장작업 장소에서는 동시작업을 절대 금지한다.

④ 도장작업이 된 장소는 유기용제에 의한 폭발위험이 없도록 충분한 건조 후 가스농도가 폭발 하한계 1/4이하일 때 작업하며 유기용제의 특성은 다음과 같다.

- 상온 · 상압에서 액체상태로 존재한다.
- 대부분 휘발성이 높다.
- 다른 물질을 쉽게 녹일 수 있다.
- 충전부 접촉에 의한 감전

(2) 용접작업 중 감전재해 위험점과 예방대책

아크 용접작업 중 충전부 접촉에 의한 감전재해가 발생할 수 있는 위험요소가 많이 존재하고 있으므로 항상 감전위험에 유의해야 한다.

1) 아크 용접작업 중 감전재해 위험점

① 용접봉 끝부분, 피복 아크 용접봉의 경우 피복 손상부

② 용접 홀더의 파손된 부분

③ 용접 홀더선의 피복 손상으로 노출된 충전부 및 본체와의 연결부

④ 기타 전원 공급장치 충전부

2) 용접작업 시 감전재해 예방대책

① 용접작업 중 용접봉 끝부분 등이 충전부에 접촉되지 않도록 특히 유의한다.

② 파손된 용접홀더는 신품으로 교체하여 사용한다.

③ 피복이 손상된 용접 홀더선은 절연테이프로 수리한 후 사용하고 손상이 심할 경우에는 신품으로 교체한다.

④ 본체와의 연결부는 절연테이프로 감아서 감전재해를 예방한다.

⑤ 교류 아크 용접기는 자동 전격방지기 검정 합격품으로 설치 후 사용한다.

⑥ 전원공급장치는 규정대로 설치한다.

⑦ 감전사고 발생 시 응급조치를 실시한다.

3) 감전사고의 응급조치 요령

① 감전사고 발생 시 조치순서

첫째는 사고전원 차단, 사고자를 안전장소로 구출, 의식/외상/출혈상태 등을 확인하고, 둘째는 인공호흡 등 응급조치 실시와 동시에 119에 사고발생을 신고한다.

② 인공호흡 실시 시 소생률

표 3. 감전사고 후 응급조치 개시시간에 따른 소생률

경과시간(분)	소생률(%)
1	95
2	85
3	70
4	50
5	20

4) 인공호흡법

① 구강 대 비강 호흡법(입 대 코의 인공호흡법) : 한손은 환자의 이마를 누르고 한손은 환자의 턱을 들어올려 환자의 입을 다물게 하고 그 다음 크게 숨을 들어 마신 후 환자의 코를 처치자의 입으로 완전히 덮는다. 곧 바로 환자의 가슴이 올라가면서 폐가 확장되는 것이 느껴질 때까지 숨을 불어 넣는다. 환자의 코에서 입을 뗀 뒤 환자가 공기를 내쉬도록 입을 열어준다. 호기(내뱉는 소리)를 위하여 환자의 입을 열어주지 않으면 위장이 팽만하게 된다. 환자가 입을 벌릴 수 없거나 구강(입)주변에 상처가 심할 때는 구강 대 구강 호흡법보다 구강 대 비강 호흡법이 더 적합하다.

② 구강 대 구강 인공호흡법 : 환자의 머리를 뒤로 젖히고 한손으로 코를 막고 숨을 힘껏 들어 마시고 환자의 가슴이 약간 불룩해질 때까지 숨을 불어 넣는다. 이때 코로 바람이 새지 않도록 주의하며 직접 입을 대기 싫을 경우 손수건으로 환자의 입을 가리고 숨을 불어 넣도록 한다. 환자가 숨을 내쉬는 것을 귀로 듣고 눈으로 가슴을 보아 확인한다. 인공호흡 초기의 첫 번째 호흡은 숨통 개통상태를 보기 위해 천천히 불어 넣고, 이후 3번 연속해서 강하게 불어 넣는다. 5초에 1회씩 반복한다.

3 용접작업으로 인해 발생될 수 있는 산업재해와 방지책

용접은 2개 이상의 고체금속을 하나로 접합시키는 금속가공 기술방법이다. 용접을 하기 위해서는 높은 에너지 열원이 필요한데, 이러한 에너지원으로 고압전기나 산소, 아세틸렌, 아르곤 등의 고압 · 폭발성 가스가 사용된다.

표 4. 용접작업의 방법에 따른 유해인자

용접방법 \ 유해인자			X선	자외선	가시광선	적외선	마이크로파	전격감전	슬러그	소음	산화철흄	합금흄	쇼프라이머	플러스흄	오존	이산화질소	이산화탄소	일산화탄소	불활성가스	포스겐	포스핀	불화수소	산소결핍
아크 용접	가스실드	MIG		◎	◎	○	△	○	○	○	○	◎	○		◎	○		△	○	△	△		△
		TIG		○		○		○			△	○	○		○				○				△
		MAG CO_2		○	◎	○		○	○	○	◎	◎○	△	○	○	○	○				△	○	
		MAG Ar+CO_2		◎	◎	○	△	○	○	○	◎	◎	○	△	◎	○		○	△	△	△	△	○
	서브머지드					○		○						△		△							
	피복아크			◎	◎	○			◎	○	◎	◎	○	○	○	○		△		△	△	◎	
기타	전자빔		○	○	◎	○	△	○				△			○								
	레이저			◎	◎	○			○		○	○	△		◎					△	△		
	플라즈마			○	○	○	△		○	○	○	○	△		○	△		△	○	△	△		△
	스포트					○	◎	○															

◎ : 유해성,독성이 강한 것 ○ : 중등도인 것 △ : 의심스러우나 경미한 것

용접에 의한 유해성과 위험성은 용접작업에서 발생하는 용접흄(흄 중에 포함된 금속성분) 또는 유해가스, 유해광선, 소음, 고열환경 등이 나타나게 된다. 특히 좁고 폐쇄된 작업장에서 아크 용접을 하는 경우 용접 근로자들은 용접과정에서 발생되는 용접흄, 질소 산화물 등에 의해 건강손상을 입게 된다.

최근에는 용접 시 발생되는 흄에 의한 진폐증(용접폐증)뿐만 아니라 망간에 함유된 용접봉의 사용으로 인한 망간중독 사고가 발생하고 있어 용접 근로자들의 건강문제에 대한 대책이 요구되고 있다.

(1) 용접작업 시 발생되는 유해인자와 건강장해

용접작업 시 발생할 수 있는 유해인자는 용접흄, 유해가스, 유해광선, 소음, 고열 등이 있다.

1) 용접흄

용접흄이란 용접 시 열에 의해 증발된 물질이 냉각되어 생기는 미세한 소립자를 말한다. 용접흄은 고온의 아크 발생열에 의해 용융금속 증기가 주위에 확산됨으로써 발생된다. 피복 아크 용접에 있어서의 흄 발생량과 용접전류의 관계는 전류나 전압, 용접봉 지름이 클수록 발생량이 증가한다. 또한 피복재 종류에 따라서 라임티타니야계에서는 낮고, 라임알루미나이트계에서는 높다. 그 외 발생량에 관해서는 용접토치의 경사각도가 크고 아크길이가 길수록 흄 발생량도 증가된다.

표 5. 아크 용접에서 용접흄 발생량에 미치는 조건인자

조건인자	흄 증가의 원인조건
아크전압	전압이 높다
토치 각도	경사각도가 크다
봉극성	(-) 극성
아크길이	길다
용융지의 깊이	얕다

2) 유해가스

용접으로 인해 발생되는 유해가스에 대해서는 용접흄만큼 중요시 되어오지 않았으며, 그 유해성에 대한 인식도 흄보다 낮다. 가스의 종류에는 오존, 질소산화물, 일산화탄소, 이산화탄소, 불화수소, 포스겐, 포스핀, 도료나 피막성분의 열분해에 의한 생성물 등 다양한 종류가 있다.

3) 유해광선

용접 시 발생하는 아크광은 눈에 '전광성 안염'이라 불리우는 급성 각막표층염을 일으키며, 이 안염은 대부분 폭로된 지수시간이 경과한 후에 발생한다. 폭로가 심한 경우 각막 표층박리, 궤양, 백색혼탁, 출혈, 수포형성을 일으킬 수 있는데 특히 백내장, 망막황반변성이라는 눈에 치명적인 질환을 가져올 수도 있다.

강한 가시광선은 눈의 피로를 가져오며 자외선에 의해서 생기는 각막과 결막에 대한 급성 염증 증상은 용접 근로자 자신이 느끼는 증상에 의해 쉽게 발견될 수 있다. 적외선에 의해서는 열성 백내장이 발생할 수 있는데, 이는 증상이 늦게 나타나기 때문에 제때 발견하기가 어렵다.

자외선과 방사선은 피부를 붉게 하고 살갗을 태우며 피부의 화상을 유발할 수 있다.

4) 소음

용접작업은 특성에 따라 소음이 발생하며 특히 플라즈마아크 용접 및 아크가우징 작업 시 강한 소음이 발생한다. 사업장에서 발생하는 소음에 의한 난청은 다음 두 가지가 있다.

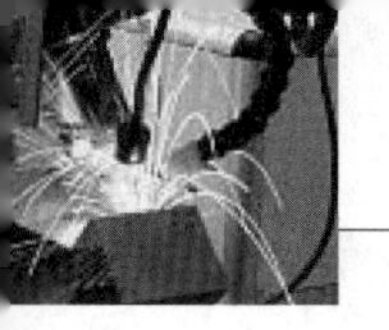

① 일시적 난청 : 소음에 폭로된 직후부터 발생한다. 고음역대(3,000~1,000Hz)에서 강한 장애가 발생하며 대개 10~40dB(A)의 청력손실을 초래한다. 감각수용기의 대사성 피로현상으로서 소음의 강도와 폭로시간에 비례하여 서서히 회복되며 대개 48시간이 지나면 정상으로 회복된다.

② 영구적 난청 : 소음에 지속적으로 폭로될 경우 감각수용기 및 이에 관여하는 청신경 말단에 불가역적인 변성이 생기며 이로 인해 영구적 난청이 발생된다. 초기에는 고음역대 특히 4,000Hz 부근(3,000~6,000Hz)에서 청력손실이 생기지만, 계속 폭로되면 이 영역을 중심으로 주위 음역으로 청력손실이 파급된다.

5) 고열

탱크제작 등 밀폐공간에서의 작업 시 또는 선박건조 등 강판 위에서 강렬한 적외선을 받는 경우, 용광로 등의 열원 주위에서 함께 폭로될 경우 고열작업으로 인한 열성발진, 열경련 등이 발생할 수 있다.

(2) 용접작업 중의 건강 보호대책

1) 용접흄, 유해가스 제거를 위한 환기대책

흄, 유해가스의 발생량은 용접방법에 따라 차이가 있으며, 용접조건(전류, 전압, 숙련도, 소재의 종류)에 따라서 양과 성분에 많은 변수가 작용되므로 다음에 열거된 환기설비를 설치하여야 한다.

① 국소 배기장치

② 전체 환기장치

③ 흄용 방진마스크, 송기마스크 활용

2) 유해광선 차단을 위한 대책

① 차광안경을 착용하고 작업한다.

② 용접 보안면을 착용하고 작업한다.

③ 인접 작업장에 영향을 미칠 우려가 있을 때에는 차광막을 설치하여 다른 근로자에게 유해광선이 영향을 미치지 않도록 한다.

3) 소음에 대한 대책

① 소음이 85dB(A) 이상일 때 시 귀마개 등 개인보호구를 착용한다.

② 필요시 귀덮개를 착용하고 작업한다.

4) 고열에 대한 대책

① 탱크제작 등 밀폐된 공간에서의 작업으로 인한 고열 장소에는 신선한 공기를 불어넣어 열성발진, 열경련 등을 예방한다.

② 선박 건조 등 강판 위에서 강렬한 적외선을 받는 경우에는 수시로 휴식을 취하고 냉수를 마신다.

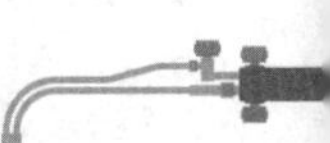

(3) 유독물 체류장소 및 밀폐장소에서의 중독 또는 산소 결핍

유독물이 저장되었던 장소 내부는 질소가스를 사용하여 치환을 시키기 때문에 용접작업 시 산소결핍 재해가 발생할 위험이 높으며, 잔류가스에 의한 중독의 위험이 있다. 또한 저장창고 내부, 폐수 처리시설 등에서도 산소부족 현상이 있으므로 유의해야 한다.

1) 유독물 체류장소 및 밀폐장소의 위험성

유독가스에 의한 중독 재해와 산소농도 18% 이하일 때 산소결핍 현상에 의한 재해가 있다.

2) 산소농도별 위험 정도

① 산소농도 18% : 안전한계이나 연속 환기가 필요

② 산소농도 16% : 호흡, 맥박의 증가, 두통, 메스꺼움

③ 산소농도 12% : 어지럼증, 토할 것 같음, 근력저하, 체중지지 불능으로 추락(죽음에 이른다)

④ 산소농도 10% : 안면창백, 의식불명, 구토(토한 것이 기도를 폐쇄하여 질식사)

⑤ 산소농도 8% : 실신혼절(7~8분 이내에 사망)

⑥ 산소농도 6% : 순간에 혼절, 호흡정지, 경련, 6분 이상이면 사망

3) 유독가스에 의한 중독 및 산소 결핍 재해 예방대책

① 밀폐장소에서는 유독가스 및 산소농도 측정 후 작업 : 유독가스 체류농도 측정 후 안전을 확인하고 산소농도를 측정하여 18% 이상일 때만 작업을 하며, 작업 중 산소농도가 떨어질 수 있으므로 수시로 점검을 해야 한다.

② 급기 및 배기용 팬을 가동하면서 작업한다.

③ 탱크 맨홀 및 피트 등 통풍이 불충분한 곳에서 작업할 때에는 긴급사태에 대비할 수 있는 조치를 취한 후 작업한다.

(4) 용접작업에 의한 화상과 화상의 방지

1) 용접작업에 의한 화상

① 아크 용접에서 화상 : 용접작업 중 스패터가 튀거나 용접 후 햄머로 슬래그를 떼어내는 작업 중 뜨거운 슬래그 파편이 날아와 피부에 접촉되면서 화상을 입을 수 있으며, 역시 용접부 및 그 부근의 모재에 직접 접촉되는 경우 화상을 입을 수 있다. 또한 스패터가 튀어 의복 등에 불이 붙어 화상을 입는 경우도 있다.

② 가스용접에서 화상 : 용접작업 중 화구에 불을 붙이는 순간 화염이 뻗치면서 화상을 입을 수 있고, 착화 취관의 조정을 잘못하여 손이 흔들려서 또는 취관으로부터 새어나온 아세틸렌에 착화해서 화상을 입기도 한다.

③ 레이저 광선에 의한 피부의 장애 : 레이저 광선이 피부에 조사되면 그것의 강한 에너지로 인해 피부에 상해를 입게 되는데, 조사되는 에너지의 밀도에 따라 경미한 화상으로부터 탄화에 도달할 정도의 심한 화상이 발생된다. 광파장으로부터 피부에 흡수

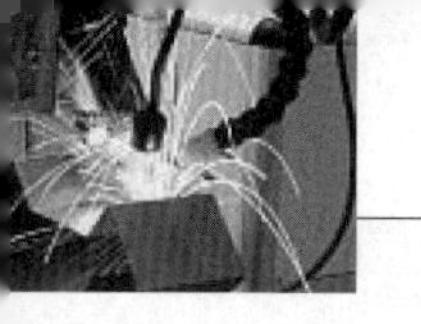

되는 깊이에 따라 다른데 파장이 750nm인 것은 흡수된다. 그밖에 사람의 피부색에 따라 빛의 반사율이 다른데, 백색의 피부보다 유색의 피부 쪽이 반사율이 낮으며 흡수율은 높다. 금속가공용으로 사용하는 레이저의 출력도 상당히 높으므로 피부에 적중되지 않도록 각별한 주의를 요한다.

2) 화상의 정도

화상은 피부 변화의 경중에 따라 4가지로 구별된다.

① 제 1도 화상 : 환부가 붉게 되고 따끔따끔 아픔을 느끼다가 얼마 안 되어 정상으로 돌아오거나 피부가 한 꺼풀 벗겨지면서 치유되며, 처치방법은 통증이 감소될 때까지 찬물에 담그면 며칠 이내에 완쾌된다.

② 제 2도 화상 : 통증이 있고 피부가 부어오르고 더 나아가 물집이 생기며 표피가 벗겨지고 심한 통증과 작렬감이 있다. 처치방법은 물집이 터지거나 벗겨지지 않는 한 찬물에 담궈야 하며, 멸균한 후 깨끗이 건조시킨 붕대로 덮고 즉시 의사에게 의료처치를 받는다. 물집이 터진 후에는 진무른 면이 오염되지 않도록 주의를 요하며, 세균감염을 일으킬 수 있는 징크유, 간장, 된장, 핸드크림 등은 바르지 않는다.

③ 제 3도 화상 : 피부가 붉게 되거나 표피가 벗겨져 속살이 보이게 된다. 속살은 뭉개지고 부풀은 흔적이 남으며 심한 통증이나 작렬감이 있다. 모발이 있는 부위의 경우 재생되지 않는다. 처치방법은 물집이 터지거나 벗겨지지 않는 한 찬물에 담궈야 하며, 멸균한 후 깨끗이 건조시킨 붕대로 덮고 즉시 의사에게 의료처치를 받는다. 물집이 터진 후에는 진무른 면이 오염되지 않도록 주의를 요하며, 세균감염을 일으킬 수 있는 징크유, 간장, 된장, 핸드크림 등은 바르지 않는다.

④ 제 4도 화상 : 제 3도 화상의 꺼칠꺼칠한 모양이 심하게 나타나며 국소부위가 탄화된다. 용접작업에서는 지나칠 정도의 화상발생이 적으나 용접작업에 동반되는 상해로는 최고의 건수를 점하기 때문에 화상 방지를 위해 주의를 게을리하지 말아야 한다. 처치방법은 즉시 의사에게 의료처치를 받는다.

3) 용접작업에 의한 화상의 방지

화상을 방지하기 위해서는 용접작업자 자신 및 주변 작업자의 피부를 노출시키지 않도록 하여야 하고, 차선책으로 작업조건에 맞는 보호구를 사용하는 것이 바람직하다.

① 적당한 차광도를 가진 보호 안경을 착용하면 스패터 및 슬러그 조각이 눈으로 튀어 들어오는 것을 막을 수 있다.

② 가죽장갑을 착용하면 손 부위의 화상방지가 가능하고 팔덮개를 병용하면 장갑 틈 사이로 스패터 등이 날아드는 것을 막을 수 있다.

③ 앞치마를 착용하면 작업자의 가슴부터 무릎까지 보호하는 역할을 하며 가죽제가 바람직하다.

④ 작업화의 상부에 뜨거운 스패터 등이 들어가는 것을 막기 위해 가죽 발덮개를 착용

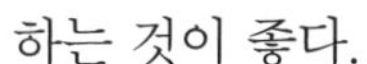

하는 것이 좋다.

⑤ 목 주위를 수건 등으로 보호하는 것은 스패터나 슬래그뿐만 아니라 방사선 등으로부터 화상을 입는 것을 방지할 수 있다.

15. 가스용접에서 사용되는 아세틸렌가스의 폭발성

1 가스용접에서 사용되는 아세틸렌가스의 폭발성

아세틸렌(acetylene, C_2H_2)의 특성은 다음과 같다.

(1) 아세틸렌은 고압가스 중에서 가장 위험한 가스로서 산화폭발, 화합폭발, 분해폭발을 일으킨다.

(2) 무색의 기체로서 불순물로 인해 특유한 냄새가 나며, 불순물은 포스핀, 황화수소, 실란, 암모니아가 있다.

(3) 비점 -84℃, 융점 -81℃이며 고체 아세틸렌은 융해되지 않고 승화한다.

(4) 액체 아세틸렌보다는 고체 아세틸렌이 비교적 안정하다.

(5) 15℃에서 물 1*l*에 1.1*l* 용해하지만 15℃ 아세톤에는 25*l* 용해한다.

(6) 아세틸렌을 산소 중에서 연소시키면 3,000℃ 이상의 고온을 얻을 수 있다

16. 용접사가 착용하는 복장(앞치마, 보호커버를 의미하는 것은 아님)의 옷감재질 중 안전상 권장되는 것과 착용해서는 안 되는 재질

1 용접복(Welding Suit)

용접불똥과 고열에 특히 강한 첨단소재를 사용하며 모든 용접작업 현장에서 용접불똥과 고열로부터 작업자의 신체적 손상을 보호하는 용접복은 파라계아라미드와 탄소섬유를 혼방한 PYKE 섬유를 직조하여 용접불똥이 튀거나 달라붙어도 연소는 물론 용융되지 않는 첨단소재의 용접복이 사용된다. 세탁 시에도 수축되지 않고 내열성이 매우 강하며, 착탈이 용이하고 통풍이 원활하도록 디자인하여 작업활동에 불편을 주지 않고 작업능률과 안전도를 상승시켜 준다. 하지만 내열에 약하고 인화성이 낮은 재질은 작업 중에 화재 및 화상의 우려가 있으므로 반드시 착용을 하지 말아야 한다.

17. 전체 환기 장치를 설치해야 할 경우 고려사항과 후드의 종류

1 국소배기장치

후드는 작업방법, 분진의 발산상황을 고려하여 분진을 흡입하기에 적당한 형식과 크기를 선택하며, 덕트는 가능한 길이가 짧고 굴곡의 수가 적으며 적당한 부위에 청소구를 설치하고 청소하기 쉬운 구조로 설치한다. 배풍기는 공기 정화장치를 거친 공기가 통과하는 위치에 설치하여야 하며 배기구는 옥외에 설치하여야 한다.

2 전체환기장치

필요 환기량인 작업장 환기횟수는 15~20회/시간을 충족시켜야 하며 후드는 오염원에 근접시켜 설치한다. 유입공기가 오염장소를 통과하도록 위치를 선정하며 공기는 청정공기를 공급하여야 한다.

배출된 공기가 재유입되지 않도록 배출구 위치를 선정하며 난방 및 냉방, 창문 등의 영향을 충분히 고려해서 설치하고 흡용 방진 마스크, 송기 마스크를 활용한다.

3 후드의 종류

(1) 포위식(부스식) 후드

발생원을 완전히 포위하는 형태의 후드로 유해물질을 외부로 나가지 못하게 하는 후드로서 발생원이 후드 안에 있으며 외부기류의 영향을 받지 않아 배기효율이 높다.

1) 포위형후드

분쇄, 파쇄, 혼합, 건조작업 등에서 사용하는 후드이며 가장 기대효과가 크다.

2) 부스형후드

연마작업, 포장작업, 화학실험 및 분무도장 작업에서 사용하는 후드이며 통상 전면이 개방되어 있다.

3) 글로브박스형후드

독성인 가스물질이나 동위원소 취급 작업에서 사용하는 후드이며 전면상부는 투명판으로 안을 들여다볼 수 있다.

(2) 외부식 후드

작업특성상 유해물질 바깥에 설치한 후드(발생원이 후드 밖에 있음)로 송풍기의 규격이 커져 설치, 운전비용이 많이 소요된다. 외부 난기류가 심할 경우 포착효율이 떨어진다.

1) 슬롯후드(Slot)

도금세조, 용해, 분무도장, 주물작업 등에 효과적이다. 도금탱크의 작업대 끝에 붙인 가늘

고 긴 개구를 가진 형태로 포위식(부스식) 후드를 사용할 수 없을 때 부득이하게 발생원에서 격리시켜 설치하는 형태이다.

2) 루프형후드

주로 주물 등에서 모래털기(해체작업) 등의 작업에 효과적인 후드이다.

3) 그리드형후드(Grid)

도장이나 분무보장, 주형 털기 등 작업에 효과적인 후드이다.

4) 장방형후드

용접, 혼합, 용례, 분쇄 작업 등에 적합한 후드로 개구부의 형상에 따라 원형, 장방형으로 구분한다.

(3) 레시버식 후드

유해물질의 유동속도 방향으로 수평 설치하여 흡입하는 후드로 일정한 방향으로 유해물질이 이동할 때 사용한다.

1) 캐노피형후드(Canopy)

발생원 상방에 후드를 설치하여 비상하는 오염공기를 흡입하는 형태이다. 열상승기류가 있는 경우에 사용한다.

2) 커버형후드

연마작업에 활용되는 후드로 유해물질이 일정방향으로 비산하는 경우에 사용한다.

3) 원형후드

연마작업에 사용한다.

18. 물질안전보건자료(Material safety data sheet)

1 개요

물질안전보건자료(MSDS)란 화학물질 및 화학물질을 함유한 제제(대상 화학물질)의 명칭, 구성성분의 명칭 및 함유량, 안전·보건상의 취급주의 사항, 건강유해성 및 물리적 위험성 등을 설명한 자료를 말한다.

2 물질안전보건자료(MSDS : Material Safety Data Sheet)

대상은 물리적 위험성, 건강 및 환경 유해성 분류기준에 해당하는 화학물질 및 화학물질을 함유한 제제(대상화학물질)로서 화학물질의 분류·표시 및 물질안전보건자료에 관한 기준에 따라 16개 항목으로 작성한다.

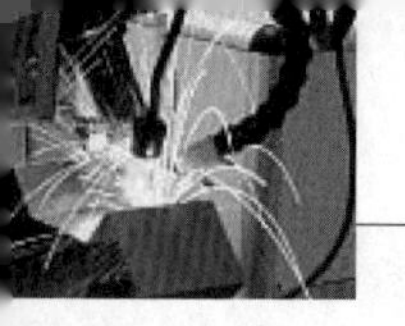

19. 작업장에서 재해예방활동을 위해 지켜야 할 기본적인 안전수칙을 4대 추진과제 및 17대 실천수칙으로 정리한 이크(IECR)

1 개요

산업재해예방 필수 안전수칙인 이크(IECR)란 최근 발생한 대부분의 대형 산업재해가 안전수칙 미준수 등의 원인으로 발생하고 있어 이에 대한 문제점을 토대로 사업장에서 자율적 재해예방활동을 위해 지켜야 할 기본적인 안전수칙을 산업재해예방을 위한 필수 4대 추진과제 및 17대 실천수칙으로 요약, 정리하여 4대 추진과제를 쉽게 이해하도록 영문 첫 글자를 따서 조합한 단어이다. 이크(IECR)는 4대 추진 과제, 즉 위험 발굴(Identify), 위험 제거(Eliminate), 위험 통제(Control), 신속 대응(Response)의 영문 이니셜(IECR)을 한글화한 것으로 갑작스러운 위험상황에 직면했을 때 본능적으로 나타내는 방어적 표현이고, 위험상황을 벗어나려는 의도를 포함한다.

2 4대 추진과제 및 17대 실천수칙

4대 추진과제에 대하여 이해하기 쉽도록 다시 17개의 세부 실천수칙으로 나누면 다음과 같다.

(1) 위험요인 발굴(Identify)

① 작업장 위험요인 찾아내기
② 위험요인목록 작성하기
③ 작업장 위험요인 알려주기
④ 확인된 위험요인 표시(겉으로 드러냄) 및 표지(다른 것과 구별)하기

(2) 사고위험 제거(Eliminate)

⑤ 작업자가 위험요인 개선 요청하기
⑥ 위험요인에 대해 근원적으로 안전조치하기
⑦ 안전조치 이상 유무 감시(담당자 지정)하기

(3) 잠재위험 통제(Control)

⑧ 사고위험성(발생 가능성 및 예상피해) 최소화하기
⑨ 작업별 위험요인 관리책임자 지정하기
⑩ 작업 전 안전교육 및 개인별 위험요인 숙지하기
⑪ 개인보호구 지급 및 착용하기
⑫ 안전작업절차 표시 및 준수하기
⑬ 작업시작 전(前)·중(中)·후(後) 안전점검하기

⑭ 하청업체 안전작업책임자 지정 및 작업관리하기

(4) 사고 시 신속 대응(Response)

⑮ 개인별 대피요령과 역할 숙지하기

⑯ 사고 발생 시 긴급대피 및 관계기관에 신고하기

⑰ 사고원인·대응 적절성 조사 및 재발 방지 조치하기

20. 피복아크용접의 안전수칙

1 개요

피복아크용접은 피복아크용접봉과 피용접물의 사이에 아크를 발생시켜 그 에너지를 이용하는 용접방법이다. 홀더에 물린 피복아크용접봉(이하 용접봉)과 피용접물(모재) 사이에 교류 또는 직류 전원을 가해서 그 사이에 아크를 발생시키면 그 아크열에 의해서 용접봉이 용해되어 용적의 형태로 아크기둥을 통과하여 모재의 일부가 녹인 용융지로 이행된다. 이때 피복제는 고온에서 분해되어 가스를 방출하여 아크기둥과 용융지를 보호해 용작금속의 산화 및 질화가 일어나지 않도록 보호해준다. 그리고 피복제의 융융은 슬래그가 형성되고 탈산작용을 하며 용착금속의 급랭을 방지하는 역할을 한다.

2 피복아크용접의 안전수칙

피복아크용접의 작업안전수칙은 다음과 같다.

① 용접작업 시 물기 있는 장갑, 작업복, 신발을 절대 착용하지 않는다.

② 용접작업 시 안전보호구를 철저히 착용한다.

③ 용접기 주변에 물을 뿌리지 않는다.

④ 용접기를 사용하지 않을 때는 스위치를 차단시키고 전선을 정돈해둔다.

⑤ 접지 어스선의 접속상태를 확인한다.

⑥ 용접작업 중단 시 전원을 차단시킨다.

⑦ 용접작업장 주위에는 기름, 나뭇조각, 도료, 헝겊 등 타기 쉬운 물건을 두지 않는다.

⑧ 전압이 걸려있는 홀더에 용접봉을 끼운 채 방치하지 않는다.

⑨ 절연커버가 파손되지 않은 홀더만을 사용한다.

⑩ 탱크 등 좁은 공간에서 용접 시 물체에 기대지 않는다.

⑪ 용접장소에 소화기, 물통, 건조사(마른 모래) 등의 화재예방설비를 비치한다.

⑫ 작업 전에 환기장치를 가동하여 밀폐공간 내부를 신선한 공기로 충분히 치환한다.

⑬ 작업장소 주변은 항상 정리정돈을 실시한다.

21. 건축시공현장에서 용접·용단 시 발생되는 불티의 특성과 화재 및 폭발사고에 대한 예방·안전대책

1 개요

용접작업이란 두 개 이상의 모재(주로 금속) 간에 연속성이 있도록 접합 부분에 열 또는 압력을 가하여 결합시키는 과정으로, 종류로는 융접, 압접, 납땜 등이 있다.

① 융접 : 모재의 접합부에 열을 가하여 접합하는 방법

② 압접 : 접합부 가열 후 압력을 주어 접합하는 방법

③ 납땜 : 용융점이 낮은 납 등을 용융시켜 접합하는 방법

2 불티의 특성과 화재 및 폭발사고에 대한 예방·안전대책

(1) 용접 · 용단작업 시 발생되는 비산 불티의 특성

① 용접·용단작업 시 수천 개의 불티가 발생하고, 비산 불티는 풍향, 풍속에 따라 비산거리가 달라진다.

② 1,600℃ 이상의 고온체로 발화원이 될 수 있는 비산 불티의 크기는 최소 직경 0.3~3mm 정도이다.

③ 가스용접 시 산소압력, 절단속도 및 절단방향에 따라 비산 불티의 양과 크기가 달라질 수 있다.

④ 비산된 후 상당시간 경과 후에도 축열에 의하여 화재를 일으킬 수 있다.

(2) 기인물질별 주요 사고 발생형태

① 인화성 가스, 인화성 물질(인화성 유증기 및 인화성 액체 등)이 체류할 수 있는 용기·배관 또는 밀폐공간 인근에서 용접·용단작업 실시 중 불티가 유증기 등에 착화한다.

② 발포우레탄, 스티로폼(발포우레탄폼 또는 스티로폼) 인근에서 용접·용단 중 불꽃이 튀어 폼에 축열되어 발화한다.

③ 샌드위치 패널, 우레탄 단열판 또는 스티로폼으로 용접·용단불꽃이 튀어 축열되어 발화한다.

④ 기타 발화재의 용접·용단불꽃이 비산하여 가연물(자재, 유류가 묻은 작업복 등)에 착화한다.

⑤ 밀폐공간 환기용으로 공기 대신으로 산소를 사용하여 산소에 발화한다.

(3) 위험성평가 및 근로자 안전교육 실시

① 원·하청 간 명확한 작업지시체계를 확립하고 화기작업 지역의 모든 공사참여협력업체별 관리감독자가 함께 위험성평가 실시 및 결과를 공유한다.

② 용접·용단작업 시 인화성 물질 착화 화재의 특징, 대처방법 등에 대해 근로자 안전보건교

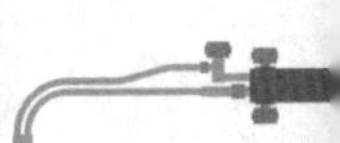

육 실시 관리감독 및 점검활동을 실시한다.

③ 인화성 물질 또는 가스 잔류 배관·용기에 직접 또는 인근에서 용접·용단 시 위험물질 사전 제거 조치용기 및 배관에 인화성 가스, 액체 체류 또는 누출 여부 상시점검 후 위험요인을 제거한다.

④ 전기케이블은 절연조치하고 피복손상부는 교체, 단자부 이완 등에 의해 발열되지 않도록 조인다.

⑤ 작업에 사용되는 모든 전기기계기구는 누전차단기를 통하여 전원 인출가스용기의 압력조정기와 호스 등의 접속부에서 가스 누출 여부를 항상 점검한다.

⑥ 착화위험이 있는 인화성 물질 및 인화성 가스 체류 배관·용기, 우레탄폼 단열재 등의 인근에서 용접·용단작업과 같은 화기작업 시에는 화재감시인을 배치한다.

▣ 화재감시인 배치장소

① 작업현장에서 반경 10m 이내에 다량의 인화성 물질이 있을 때
② 작업현장에서 반경 10m 이내에 벽 또는 바닥 개구부를 통해 인접 지역의 인화성 물질에 발화될 수 있을 때 : 금속 칸막이, 벽, 천장 또는 지붕의 안쪽이나 반대쪽 면에 인화성 물질이 인접하여 열전도 또는 열복사에 의해 발화될 수 있을 때
③ 인화성 물질이 작업현장에서 반경 10m 이상 떨어져 있어도 불티에 의해 발화될 수 있을 때
④ 밀폐공간에서 유증기가 발생하는 작업을 할 때

▣ 화재감시인의 임무

① 즉시 사용할 수 있는 소화설비를 갖추고 그 사용법을 숙지하여 초기에 화재 진화능력 구비
② 인근의 소화설비 위치 확인 : 비상경보설비를 작동할 수 있도록 상시 유지 및 점검
③ 용접·용단작업이 끝난 후에도 30분 이상 계속하여 화재 가능성 및 발생 여부 확인
④ 안전작업방법 준수
㉠ 용접작업방법을 비용접작업방법으로 변경하거나, 외부단열은 내부단열로 변경하여 가연성 물질인 스티로폼 인근에서 용접작업이 되지 않도록 시공계획을 변경한다.
㉡ 인화성 물질은 용접·용단 등 화기작업으로부터 10m 이상 떨어진 안전한 곳으로 이동조치(인화성 물질을 옮길 수 없다면 방화덮개나 방화포로 보호)를 한다.
㉢ 용접·용단작업 실시장소에는 "경고·주의" 표지판 설치, 작업장소 인근에 적정 능력의 소화기를 비치한다.
㉣ 지하층 및 밀폐공간은 강제환기시설을 설치하여 급·배기를 실시 : 화재로 정전되더라도 비상작동되는 경보설비(연면적 400m² 이상 또는 상시근로자 50명 이상 시)와 외부와의 연락장치, 유도등, 비상조명시설 등 설치로 비상대피로를 확보한다.
㉤ 용접·용단작업은 우레탄폼시공보다 선행하는 등 작업공정계획 수립 시 화재예방을 면밀히 고려한다.

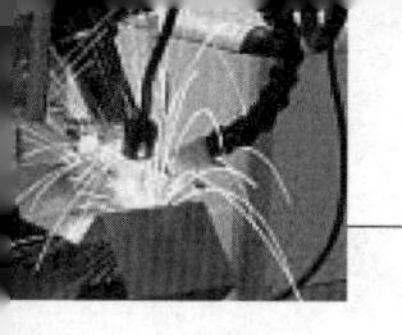

22. 용접작업 시 발생하는 유해가스

1 개요

유해광선이라 함은 용접작업 시 발생되는 자외선, 가시광선, 적외선 등을 말하며, 유해가스라 함은 용접작업 시 발생되는 가스로서 오존, 질소산화물, 일산화탄소, 이산화탄소 등을 말한다.

2 용접작업 시 발생하는 유해가스

용접작업 시 발생하는 유해가스에 대하여 설명하면 다음과 같다.

(1) 가스

가스는 모든 용접작업공정에서 발생된다. 오존, 질소산화물과 일산화탄소는 용접 시 발생하는 가스의 주성분이다. 보통의 농도에서 이러한 가스들은 눈에 보이지 않으며, 일산화탄소의 경우는 냄새도 없다.

(2) 오존(O_3)

대기 중의 산소와 용접 시 발생되는 자외선에 의해 오존가스가 생성된다. 오존은 폐충혈, 폐기종, 폐출혈과 같이 매우 유해한 급성영향을 유발한다. 1ppm 미만의 저농도로 단기 노출되더라도 두통과 눈의 점막 이상을 초래할 수 있으며, 만성 노출 시 폐기능에 심각한 변화를 초래할 수 있다.

(3) 질소산화물(NO_x)

오존과 마찬가지로 아크용접 시 자외선에 의해 생성된다. 질소산화물은 보통 이산화질소(NO_2)와 일산화질소(NO)로 구성되며, 이산화질소가 주종을 이룬다. 이산화질소는 10~20ppm의 저농도에서도 눈, 코와 호흡기관에 자극을 유발하며, 고농도의 경우 폐수종과 기타 폐에 심각한 영향을 줄 수도 있다. 만성 노출 시 폐기능에 중대한 변화를 초래한다.

(4) 일산화탄소(CO)

전극 봉피복과 용재의 연소와 분해 시 생성되며, 무색무취의 화학질식제이다. 급성영향으로는 두통, 현기증과 정신혼란 등을 유발하며, 만성 노출의 경우에 있어서도 보통 용접 시 발생되는 농도는 심각하지 않다.

(5) 포스겐($COCl_2$, 카르보닐 클로라이드)

트리클로로에틸렌 등으로 피용접물을 세척한 경우에 남아있는 염화수소(염소계 유기용제)가

불꽃에 접촉되면 맹독가스인 포스겐($COCl_2$)이 발생한다. 포스겐은 만성중독이 거의 일어나지 않고 대부분 급성중독으로, 주증상은 호흡부전과 심부전증이다. 호흡기나 피부로 흡수되면 노출 후 24시간 이내에 나타날 수 있으며, 초기증상은 목이 타며 가슴이 답답하다. 호흡곤란, 청색증, 극심한 폐수종 등이 나타나며 호흡 및 심부전증으로 인한 사망을 초래한다.

(6) 포스핀(PH_3)

도장부에서 전처리공정으로 녹 방지용 인산피막처리를 한 피용제를 용접하는 경우 포스핀(PH_3)이 발생하는 것으로 알려지고 있으며, 포스핀의 유해성은 포스겐과 거의 비슷하다.

23. 용접작업 시 발생할 수 있는 화재 및 폭발사고 방지대책

1 개요

용접·용단작업 작업 시 발생하는 화재사고의 원인으로는 위험물 제거, 불꽃 비산 방지조치 등 안전수칙을 지키지 않아 일어나는 경우가 대부분이다. 즉 작업 전 점검과 안전조치를 하지 않아 용접불티가 가연물에 옮겨 붙어 대형 화재사고로 번지게 되는 경우가 많다. 이에 용접·용단작업 등 화기작업에서의 화재·폭발사고사례조사 및 원인을 시스템적 관점에서 분석하고, 화재감시자 배치 확대, 용접·용단 등의 작업 사전승인, 가연물의 관리 등의 적용 여부를 검토하여야 한다.

그 결과 산업안전보건기준에 관한 규칙 중 제236조(화재위험이 있는 작업의 장소 등), 제240조(유류 등이 있는 배관이나 용기의 용접 등), 제241조(화재위험작업 시의 준수사항), 제241조의 2(화재감시자)의 제도적 개선이 이루어졌다.

2 용접작업 시 발생할 수 있는 화재 및 폭발사고 방지대책

국내에서 발생한 용접·용단사고를 조사하고 용접작업현장의 인적 부주의에 의한 화재·폭발 사고사례를 토대로 그 문제점과 발생원인을 분석하였다. 이를 바탕으로 용접작업현장에서 발생하는 화재·폭발예방을 위한 안전대책을 표 1과 같이 제시하였다.

사고사례에서 알 수 있듯이 사고피해를 줄이기 위해서는 용접·용단작업 시에 고온의 용융염에도 견딜 수 있는 용접·용단용 불받이포를 개발하여 장시간의 작업에도 대응 가능할 수 있어야 한다. 또한 인체에 해롭지 않으며 운반이 용이한 제품을 개발하여 보급하는 것도 중요하다. 화기작업허가서 제출 및 승인, 화재감시자 배치, 작업 중 가연성 물질 격리, 감전예방대책, 사고 시의 응급조치 등도 필요하다.

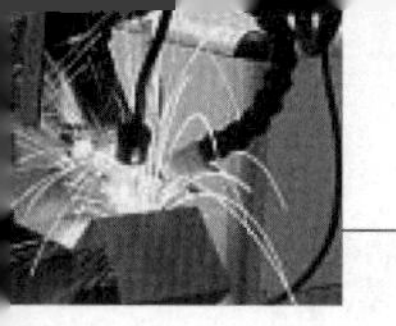

표 1. 용접·용단작업 시의 화재·폭발사고의 발생원인 및 안전대책

구분	발생원인	안전대책
화재	불꽃 비산	•불꽃받이나 방염시트 사용 •불꽃 비산구역 내 가연물질 제거 및 정리정돈 •소화기 비치
	열을 받은 용접 부분 뒷면에 있는 가연물	•용접부 뒷면 점검 •작업 종료 후 비치
폭발	토치나 호스에서 가스 누설	•추위를 느끼는 정도가 증가함 •옷을 따뜻하게 입고 방한모, 장갑, 목도리 등을 착용함 •옷이나 신발 등이 젖지 않도록 함
	드럼통이나 탱크를 용접, 절단 시의 잔류 가연성 가스 및 증기의 폭발	•내부에 가스나 증기가 없는 것을 확인
	역화	•정비된 토치나 호스 사용 •역화방지기 설치

제8장

용접부 검사

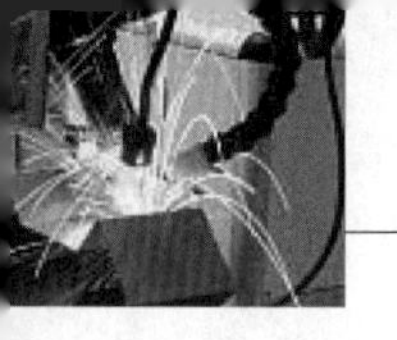

1. 마찰압접 접합부의 성능평가법

1 개요

마찰용접은 모재를 용융시키지 않는다는 점과 생산효율이 높고 자동화하기 쉬운 점 등 많은 장점이 있다. 종래에는 마찰용접이 환봉재의 경우에만 적용될 수 있다는 제약이 있었으나 최근에는 많은 발전을 이루어 위상제어방식을 도입하면 대상재의 형상에는 거의 제약이 따르지 않는다. 이러한 측면에서 마찰용접이 오버레이용접의 분야에 적용되기에 이르렀다. 따라서 종래의 고전적인 기술로 치부되던 마찰용접이 새로운 관점에서 연구되고 있으며, 앞으로 마찰용접의 적용 분야는 더욱 확대될 것으로 기대된다.

2 마찰압접 접합부의 성능평가법

마찰압접 인자를 기록하기 위하여 레이저 변위계, 주축의 회전계 및 유압계를 이용하여 이들 인자의 시간적인 변화를 기록하며, 마찰용접부는 인장시험, 마크로 단면 검사, 현미경 검사 및 파면 관찰 등에 의해 평가를 한다.

2. 방사선투과 검사 시 방사선 피폭을 줄이기 위한 조치

1 방사선 방어의 목적

국제 방사선 방어위원회(ICRP)에서는 방사선 방어에 관한 많은 권고를 하고 있는데 ICRP26에 따른 방사선 방어의 목표는 다음과 같다.

"방사선 피폭에 의한 비확률적 영향의 발생을 방지하고 확률적 영향의 발생확률을 합리적으로 달성할 수 있는 한 낮게 유지한다."

방사선 방어의 목표에서 언급하고 있는 "합리적으로 달성할 수 있는 한 낮게"라는 서술은 이른바 ALARA(As Low As Reasonably Achievable)라고 불리우는 방사선 방어의 새로운 개념으로서 "정해진 선량당량 한계를 절대로 초과해서는 안 된다는 조건을 지키면서 모든 것에 정당화할 수 있는 피폭을 경제적 사회적 요인을 고려하여 합리적으로 달성할 수 있는 한 낮게 유지하는 것"을 의미한다.

2 외부피폭 방어원칙

방사선투과 검사 시 방사선 피폭을 줄이기 위해서는 외부피폭의 "3대 방어원칙"을 적절히 병행하여 합리적으로 피폭선량을 가능한 한 낮게 유지해야 하며, 방사선 작업을 할 때 외부피폭

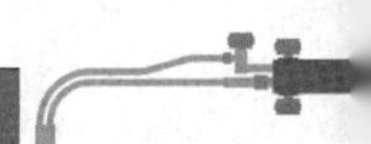

선량을 낮추기 위한 조건은 다음과 같다.

(1) 시간 : 필요이상으로 선원이나 조사장치 근처에 오래 머무르지 말 것

(2) 거리 : 가능한 한 선원으로부터 먼 거리를 유지할 것

(3) 차폐 : 선원과 작업자 사이에는 차폐물을 사용할 것

(1) 시간

방사선에 피폭되는 시간을 의미하며 방사선 피폭량은 피폭시간과 비례하게 된다. 따라서 방사선을 취급하는 시간을 가능한 한 짧게 해야 하며, 방사선량과 피폭시간에 대하여 방사선 피폭선량을 계산하는 방법은 다음과 같다.

$$D=R\times T$$

여기서, D : 방사선 피폭선량(R), R : 방사선량률(R/hr), T : 노출시간(hr)이다.

(2) 거리

선원과 방사선 작업종사자의 거리를 의미하며 선원으로부터 거리를 멀리하면 멀리할수록 방사선량률은 거리 제곱에 반비례하여 감소하기 때문에 작업 시 가능한 한 거리를 멀리하여야만 인체에 피폭되는 방사선량을 줄일 수 있다.

거리의 변화에 따른 방사선량(률)을 계산하는 방법은 다음과 같다.

$$D/D_o=(R_o/R)^2$$

여기서, D : 선원으로부터의 거리 R만큼 떨어진 곳에서의 선량(률)

D_o : 선원으로부터의 거리 R_o만큼 떨어진 곳에서의 선량(률)

R_o : 선원으로부터의 거리

R : 선원으로부터의 거리이다.

(3) 차폐

방사선량률을 줄이기 위하여 방사선원과 방사선 작업종사자 사이에 방사선을 흡수하는 물질, 즉 납(Pb), 철판, 콘크리트 등을 차폐물로 이용하는 방법을 말하는데, 차폐체의 재질은 일반적으로 원자번호 및 밀도가 클수록 방사선에 대한 차폐효과가 크며, 차폐체는 선원에 가까이 할수록 차폐체의 크기를 줄일 수 있어 경제적이다. 방사선 투과 검사 시에는 γ(감마) 선이 촬영 방향으로만 나오도록 납이나 텅스텐으로 된 차폐체인 콜리메이터(Collimator)를 사용함으로써 검사원의 방사선 피폭을 줄일 수 있다.

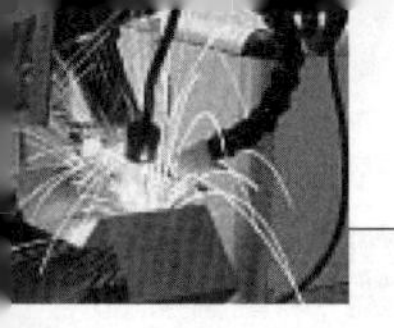

3. 초음파를 이용한 열가소성 수지의 접합에서 에너지 디렉터(Energy Director)

1 초음파 용착기의 원리

초음파 플라스틱 용착기는 AC110~220V, 50/60Hz의 전원을 파워 서플라이를 통해 15000~50000Hz의 전기에너지로 변환시키고, 이것을 다시 컨버터를 통해 기계적 진동에너지로 바꾼 후 부스터로 그 진폭을 조절한다. 이렇게 하여 형성된 초음파 진동에너지가 혼을 통하여 용착물에 전달되면 용착물의 접합면에서 순간적인 마찰열이 발생하며 플라스틱이 용해 접착되어 강력한 분자적 결합이 이루어진다.

초음파 플라스틱 용착기는 열가소성 플라스틱과 플라스틱, 필름과 필름, 합성섬유 등에 초음파를 이용하여 신속하고 청력하게 효율적으로 용착하는 방법이다.

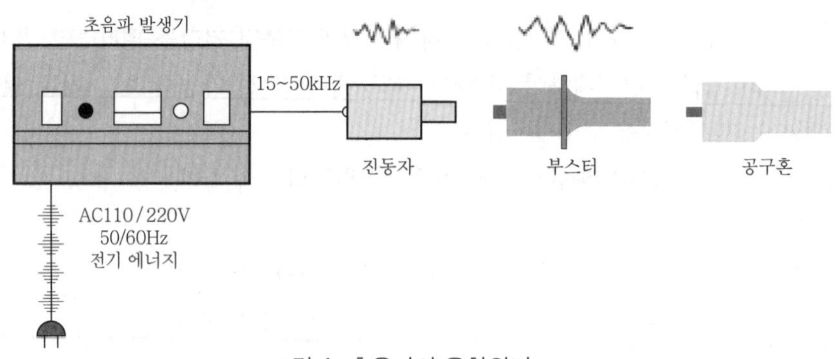

그림 1. 초음파의 용착원리

2 초음파 용착의 특징

(1) 내부 가열

고주파 용착은 유전체 손실이 큰 일부의 플라스틱에만 적용 가능하나, 초음파 용착은 모든 열가소성 플라스틱에 적용 가능하고 플라스틱 자체를 발열시키며 가열은 극히 단시간에 행해진다.

(2) 개재물의 세척

용착하는 표면은 초음파 진동을 행하므로 용착부분에 부착하고 있는 먼지나 분체, 액체는 물론 점도가 높은 기름, 도장막, 증착망, 인쇄잉크도 불어 날려서 용착한다.

(3) 연속 실(Seal)

초음파를 부여하는 공구혼의 선단은 큰 진폭으로 진동하고 있으므로 표면마찰이 적어 상대

적으로 이동시키는 것이 용이하다.

(4) 용착동시 용단

공구혼 선단을 날카롭게 해서 용착을 행하면 용단(溶斷)하는 것이 가능하다. 고주파 용착의 경우는 용착물의 전열파괴에 의한 스파크가 생길 염려가 있으나 초음파에서는 그 트러블이 없다.

(5) 이종플라스틱의 용착

염화비닐과 Aryl, Poly Carbonate, 또한 ABS와 Acryl, Poly Carbonate 혹은 Poly Carbonate와 Acryl 등의 이종 재질의 용착이 가능하나 원재료 정도의 강도는 나오지 않는다.

(6) 선택발열

초음파에 의한 발열효과가 큰 재료나 접착제 등을 선택적으로 발열시키는 것이 가능하다.

(7) 전달효과

제품의 표면 손상 없이 플라스틱자체에 초음파를 전달시켜 멀리 떨어진 용착될 부위에 응력이 집중되도록 하여 발열시키는 것이 가능하다.

(8) 충돌효과

이 효과는 특히 전달용착에서 현저하다. 플라스틱내의 내부응력에 의한 발열작용 외에 플라스틱 접합면에 약간의 갭이 있는 경우 초음파 진동에 의해 플라스틱 간 표면충돌이 일어나고 강한 응력이 발생되어 접합 부위만 발열한다.

(9) 응력효과

공구혼에서 전달된 초음파 진동이 플라스틱내의 특정한 부분에 집중하면 강한 응력을 일으켜 그 부분이 발열 용융한다.

(10) 금속의 삽입과 리벳팅(Riveting)

플라스틱자체 내로 금속부품(암나사)을 초음파진동을 이용하여 삽입하는 것도 가능하고, 또한 이종 플라스틱, 금속과 플라스틱을 접합할 때 플라스틱 돌출부를 용착시켜 리벳팅한다.

3 초음파를 이용한 열가소성 수지의 접합에서 에너지 디렉터(Energy Director)

초음파 용착에 있어서 중요한 것 가운데 하나는 조인트 디자인(마주 닿는 두 표면의 요철)이다. 조인트 디자인 설계에 앞서 신중을 기해야 할 것이다.

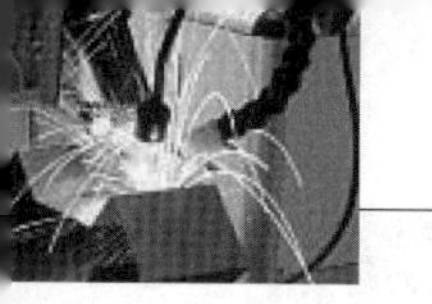

조인트 디자인 방법에는 버트 조인트, 스텝 조인트, 텅앤드그루브 조인트, 시어 조인트, 스카프 조인트 등이 있는데 플라스틱의 재질, 부품의 형상, 용착 후 상태, 외관, 제품에 요구되는 강도와 기능을 고려해서 선택해야 한다.

(1) 에너지 디렉터를 이용한 버트조인트(Butt Joint with Energy Director)

버트 조인트는 제일 쉽고 일반적인 방법으로 에너지 디렉터의 각을 90도 이내로 하는 것이다. 이렇게 하여 조인트 접촉면은 최소로 되면서 초음파 에너지는 최대로 응집시킬 수 있다. 이때 응집된 초음파 에너지는 에너지 디렉터를 쉽게 녹여 용착이 이루어진다.

에너지 디렉터의 높이는 용착부위의 크기에 따라 결정되지만, 용착이 쉬운 ABS, SAN, Acrylic, Polystyrene과 같은 아몰퍼스폴리머(Amorphous Polyme)는 0.2-0.6mm가 적당하고 Polycarbonate, Sulfone과 같이 융점이 높은 아몰퍼스수지와 Nylon, Thermoplastic Polyester, Acetal, Polyethylene, Polypropylene, Polyphenylene Sulfide와 같은 크리스털라인폴리머(Crystalline Polymer)는 용착이 다소 어렵기 때문에 이러한 수지들의 에너지 디렉터 높이는 최소한 0.5mm 정도는 되어야 한다.

일반적으로 에너지 디렉터의 높이는 조인트 넓이의 10% 정도는 되어야 하고 에너지 디렉터의 넓이는 조인트 넓이의 20% 정도가 적당하다. 또한 조인트가 넓어 에너지 디렉터가 둘 이상 필요한 경우도 여러 에너지 디렉터 높이의 합이 조인트 넓이의 10%가 되도록 하는 것이 좋다. 특히 Polycarbonate 용착에서 수밀이나 기밀이 요구될 경우 에너지 디렉터의 높이와 넓이는 조인트 넓이의 25%~30% 정도는 되어야 하고 에너지 디렉터의 각은 60도 정도가 적당하다.

(2) 에너지 디렉터를 이용한 스텝 조인트(Step Joint whith Energy Director)

스텝 조인트는 최소의 노력으로 높은 효과를 얻을 수 있는 방법으로 수직으로도 용착이 되기 때문에 버트 조인트와 비교해 강력한 접합방법이다. 또한 스텝 조인트는 인장력만큼 전단력도 좋으며, 미려한 외관이 요구되는 제품에 이 방법이 추천되기도 한다.

(3) 에너지 디렉터를 이용한 텅앤드그루브 조인트(Tongue and Groove Joint whit Energy Director)

텅앤드그루브 조인트 방식은 정 치수 용착, 용착 후 상하부품의 일직선 정렬이 요구될 때 미관 또는 기능상의 이유로 플래시(Flash:용착할 때 녹아 흐르는 수지) 안팎으로 흘러나오는 것이 허용되지 않는 제품일 때 적당하며 버트 조인트, 스텝 조인트보다 용착력이 강하다.

(Note) 에너지 디렉터를 이용한 용착방법은 밀봉합 상태에서 강력하고 반복적인 압력이 작용되는 제품과 투명수지(Crystalline Resins) 제품의 적용은 적당하지 않다.

(4) 플래시 웰을 이용한 시어 조인트(Shear Joint with Flash Wells)

각이 있는 제품, 사각제품과 특히 투명수지(Crytalline Resins)의 강력한 밀봉합이 요구되는 제품에 추천되는 방법이다.

최초의 접촉과 용착은 상하부품의 요철부 한쪽 모서리에서부터 이루어진다. 수직으로 플래시 웰을 따라 용착이 이루어지는데 이 방법은 완전한 밀봉합이 가능하며 시어 조인트 형상의 중요한 포인트는 다음과 같다.

1) 가능한 위 부품은 얇게 해야 한다.
2) 아래부품의 외부 벽은 완벽하게 잘 받혀주어야 한다.
3) 형상은 제품의 기능과 성능에 적합한 시어 조인트 형상으로 설계되어야 한다.
4) 가이드부위가 용착되어야 한다.

(5) 스카프 조인트(Scarf Joint)

스카프 조인트는 원형이나 타원형 제품, 특히 강력한 밀봉합이 요구되는 투명수지 제품에 적당한 방법이다. 이 방법의 위아래 접촉각은 30°~60°가 적당한데 부품벽 두께가 0.63mm 이내이면 접촉각은 60° 정도가 적당하고 부품 벽 두께가 1.52mm 이상이면 30°가 적당하며 30°~60° 사이의 각은 부품 두께가 0.63~1.52mm일 때 적용된다.

스카프 가장자리 끝의 두께는 위 부품이 밑으로 빠지는 것을 방지하고 용착에 필요한 최소한 0.76mm 정도의 여유치수를 두어야 한다. 스카프 조인트는 중심선이 같거나 정 치수가 요구되는 제품에 적용하기는 어렵지만, 시어 조인트 방법의 적용이 어려운 부품의 두께가 제한된 제품에 알맞은 방법이다.

4. 용접부에 대한 비파괴검사 시 체적검사와 표면검사

1 개요

비파괴검사란 재료나 제품, 구조물 등에 대하여 검사 대상물에 손상을 주지 않고 시험품의 성질이나 상태, 구조 등을 알아내기 위한 검사를 말한다. 검사법으로서는 육안검사를 비롯하여 방사선투과검사(Radiographic Testing : RT), 초음파탐상검사(Ultrasonic Testing : UT), 자분탐상검사(Magnetic particle Testing : MT), 액체침투탐상검사(Liquid penetrant Testing : PT), 와류탐상검사(Eddy current Testing : ET), 음향방출시험(Acoustic Emission Testing) 등이 있다.

이와 같은 비파괴검사법은 검사대상 및 목적에 따라 적용방법이 다르므로, 각기 그 목적에 따라서 가장 적절한 검사법 및 검사조건을 선택하는 것이 바람직하다.

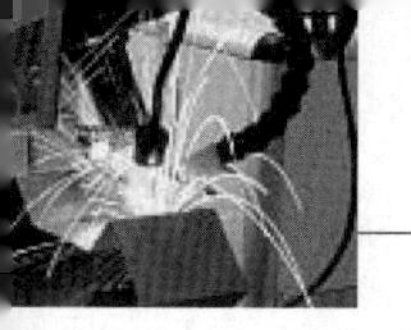

2 용접부에 대한 비파괴검사 시 체적검사와 표면검사

(1) 체적검사

원자로 냉각재 압력경계에 대한 사용기간 중 검사법의 하나로서 검사부의 전 체적을 시험하여 내부의 불연속부를 검사하는 방법이다. 내부의 불연속부를 검출할 수 있다는 것이 증명된 방사선투과시험, 초음파탐상시험 또는 기타 새롭게 개발된 시험방법을 사용하고 있다.

방사선(放射線)투과검사(Radiographic Testing : RT)는 물체의 내부를 투과하여 필름을 감광할 수 있는 특성을 이용하며, 대상의 내부에 존재하는 불연속을 탐지하는 데 적용한다. 모든 종류의 재료에 적용가능하나 용접부의 위치, 모양 또는 두께에 따라 적용에 제한을 받는다.

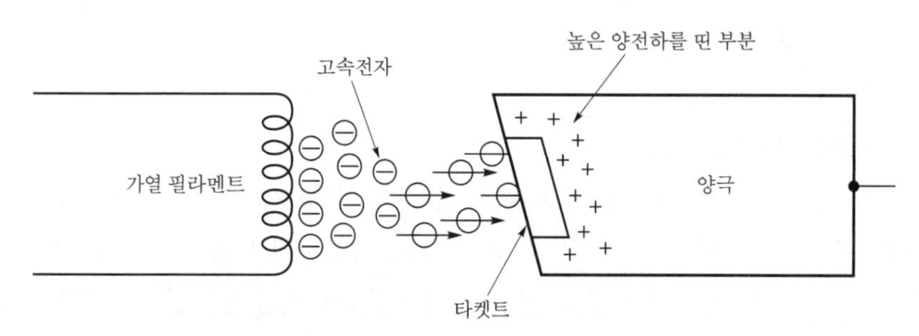

그림 1. X선 발생기

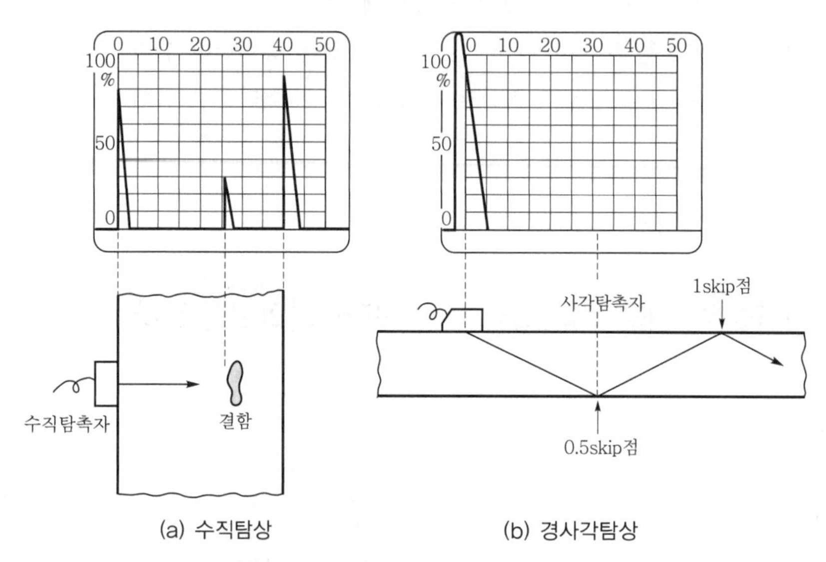

(a) 수직탐상 (b) 경사각탐상

그림 2. 초음파 탐상법의 수직탐상과 경사각탐상의 비교

초음파탐상시험(Ultrasonic Test : UT)은 초음파가 물체의 내부를 직진하며, 또 음향임피던스가 다른 경계면에서 반사(反射), 굴절(屈折)하는 현상을 이용하여 대상의 내부에 존재하는 불연속을 탐지하는 기법이다. 방사선투과검사와는 내부결함의 탐지가 가능한 점과 여러 종류의 재질에 적용이 가능한 점에서는 유사하지만 방향성이 다른 특징이 있다.

(2) 표면검사

표면에 결함이 노출되어 있거나 표면 가까이 있을 때에 탐상 가능한 비파괴검사법으로 자분탐상검사와 액체침투탐상검사가 있다. 두 가지 방법 모두 육안으로 관찰이 어려운 미세한 표면균열을 육안으로 용이하게 관찰할 수 있도록 확대 현시하는 방법이다.

자분탐상검사(Magnetic Particle Test)는 강자성체(ferromagnetic)의 대상에 존재하는 표면 및 표면직하의 불연속을 탐지하기 위한 기법이다.

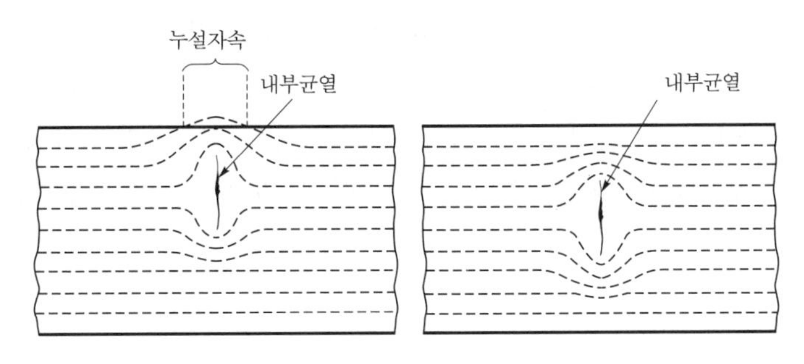

그림 3. 불연속에 의한 자장의 누설

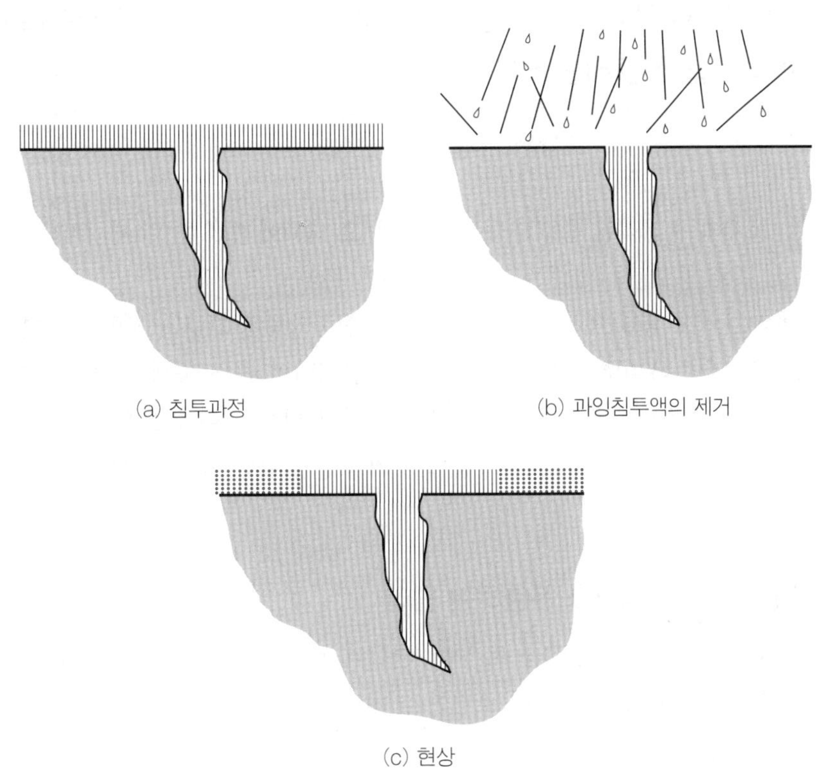

그림 4. 액체침투탐상시험 절차

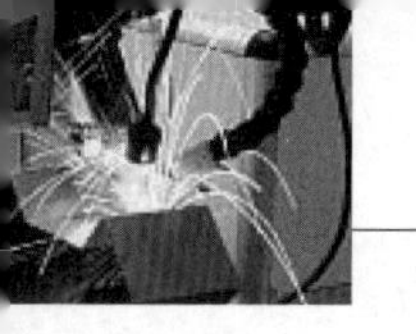

검사대상을 자화시키면 불연속부에 누설자속이 형성되며 이 부위에 자분을 도포할 때 자분이 집속되어 불연속의 존재가 실제 크기보다 확대 관찰되는 현상을 이용한다. 자화방법, 자분의 종류 등에 따라 여러 가지 기법이 있으나 압력플랜트에서는 요크법이 주로 사용된다.

액체침투탐상시험(Liquid Penetrate Test)은 표면으로 열린 결함을 탐지하는 기법으로 대상의 표면개구부로 침투액이 모세관현상에 의하여 침투하도록 하여 현상함으로써 실지 육안으로 식별 가능하지 못한 불연속을 가시화하는 기법이다. 침투 및 현상재료에 따라 여러 가지 기법이 있으며, 시공/제작 현장에서는 주로 용제 제거성 염색침투탐상기법이 적용된다.

방사선 방호분야에서 방사성 물질에 의한 물체표면의 오염 유무를 검사하는 것이다. 서베이미터, 바닥모니터, hand·foot·cloth 모니터 등의 측정기를 사용하는 방법과 물체표면의 오염을 닦아 내어 측정하는 smear법이 있다. 누설방사선에 의한 표면 선량률을 측정하는 것도 표면검사의 하나로 생각할 수 있다.

5. 샤르피 충격시험에 대하여 기술하고 시험 후 시편의 충격흡수 에너지를 산출하는 원리

1 개요

시험편 또는 물체에 순간적인 충격하중을 가하여 그 파괴에 필요한 일(에너지)로 그 물체 또는 물질의 점성, 무름 정도를 나타내는 시험법을 충격시험이라고 한다.

따라서 충격강도는 그 물질 또는 물체의 순간적인 집중외력에 견디는 저항의 하한 값을 나타내는 것이라고 여겨지며 재질뿐만 아니라 그 형상이나 외력의 종류 등에 따라 다르다. 충격시험의 목적은 재료의 충격적인 기계적 성질은 정적인 그것과 다른 것이 많으므로 기계들의 안전설계의 자료를 얻기 위하여나, 고속의 소성가공에서 가공성의 판단, 또는 변형기구의 해명을 위하여 충격시험이 행하여진다.

2 시편의 충격흡수에너지를 산출하는 원리

샤르피 충격시험에서 해머의 중량을 W, 해머 중심의 최초의 높이 h_1, 시험편을 절단 후 번쩍 올린 높이를 h_2라고 하면 시험편 절단에 소비한 에너지 E는 다음과 같다.

$$E = W(h_1 - h_2)$$

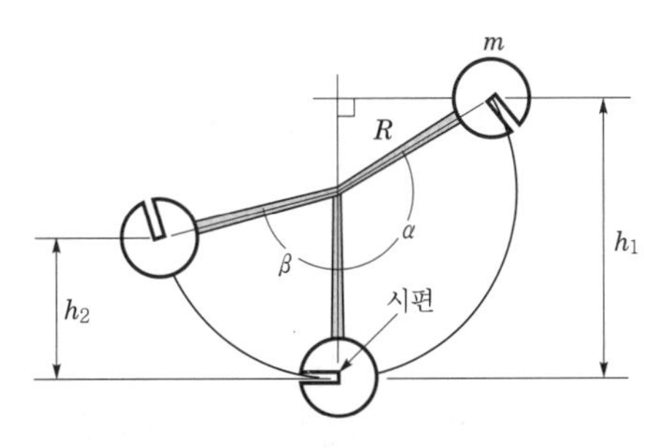

그림 1. 샤르피 충격시험기 원리

이 에너지를 시험편의 노치부의 최소단면적으로 나눈 값을 샤르피 충격치라고 한다.

6. 용접시험편의 파괴시험 수행 후 연성(Ductility)파면의 특징

1 개요

연성 파괴는 파괴하기까지 큰 소성변형이 발생하는 것이 특징이다. 상온에서의 강이나 동, 알루미늄 등 비교적 늘어나는 성질이 좋은 금속재료에서 큰 하중을 파괴시킬 때 자주 보이는 파괴형태이다.

금속이 하중을 받아서 충분한 소성변형을 일으킨 후에 파단하면, 결정이 미끄럼 변형의 영향을 받아서 가늘고 길게 늘어나며 파면이 미세한 회색이 된다. 이와 같은 파단면을 연성파면 또는 전단파면이라고 한다.

2 용접시험편의 파괴시험 수행 후 연성(Ductility)파면의 특징

재료에 인장력이 걸린 경우, 계속적으로 큰 변형이 진행하여 어떤 면을 따라 크게 미끄러진 것처럼 파괴하는 경우를 말한다. 이 경우 파단면은 심한 요철을 가진 파면을 갖게 된다. 이것과 반대되는 것으로서 메짐성 파괴가 있다.

이것은 비교적 변형이 작고, 어떤 단면이 분리된 것처럼 파괴되는 것으로, 파단면도 광택이 있는 결정성 파면이 된다. 이 두 가지의 차이는 재료 고유의 물리적 성질 및 외적 조건, 즉 온도, 하중 속도, 변형 속도 등에 크게 영향을 받는다.

재료에 따라 다양한 형상으로 발생하며 연성파괴 기구(dimple 생성파괴와 전단 분리파괴)로 분류한다. dimple 생성파괴는 소성변형에 의해 재료 내부의 석출물, 개재물 등의 미소 입자가 핵이 되어 micro-void가 발생하고, 이들 void가 결합하여 파단면에 dimple 모양의 특징을 남긴다.

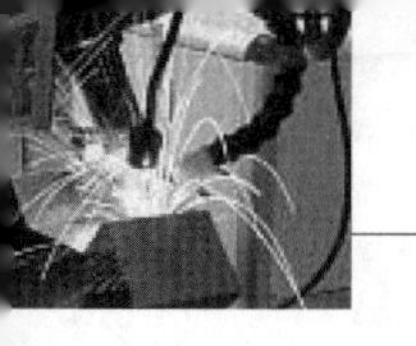

전단 분리파괴는 순도가 높은 금속에서 핵의 역할을 하는 미소 입자가 적은 경우에는 dimple 생성파괴가 발생하지 못하고 큰 소성변형에 의해 미끄럼 면에서 분리하게 된다. 파단면에서는 띠 형상의 뱀 모양 미끄럼과 잔물결 모양의 dimple이 나타난다.

7. 샤르피(Charpy) 충격시험을 통하여 연성-취성 천이온도를 정의하는 방법

1 개요

충격시험은 부하를 가한 후 10^{-2}~10^{-3}sec이내에서 파단하거나 부하를 가한 후에 항복까지의 시간이 10^{-3}~10^{-5}sec 정도의 단시간인 고속파괴시험을 의미하며 재료의 충격 저항치를 구한다. 시험결과에서 충격흡수에너지가 크면 연성재료의 특성이고, 충격흡수에너지가 작으면 취성재의 성질을 가진다.

2 샤르피(Charpy) 충격시험을 통하여 연성-취성 천이온도를 정의하는 방법

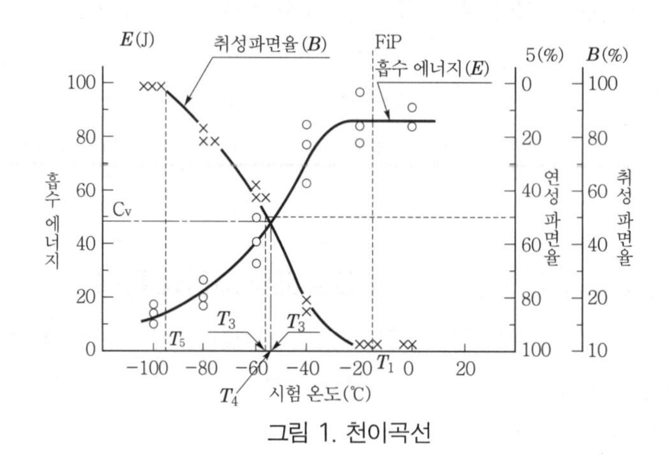

그림 1. 천이곡선

천이온도 곡선을 이용하는 설계에서는 탄성 응력 수준에서 취성파괴가 일어나지 않는 온도를 결정하는 것이 중요하다. 이러한 천이온도가 낮을수록 재료의 파괴 인성이 높다는 것은 분명하다. 전형적인 C_v온도 곡선(그림 1)을 보면 단일 기준으로 천이온도를 결정할 수 없다는 것을 알 수 있다. 에너지-온도 곡선이나 파괴 양상-온도 곡선으로부터 얻는 천이온도의 여러 가지 정의를 그림 1에 도시해 놓았다. 천이온도에 관한 가장 안전하게 사용되어온 기준은 파괴 에너지의 상단(upper shelf)에 대응하는 온도로서 그 온도 이상에서는 100% 섬유 파괴(0% 벽개 파괴)가 발생하는 온도 T_1을 선택하는 것이며, 이러한 천이온도 기준을 파괴 천이 소성(fracture

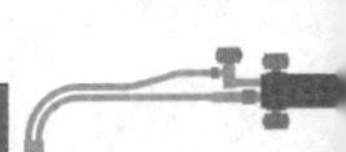

transition plastic: FTP)이라 한다. FTP는 파괴가 완전 연성에서 취성으로 변하는 온도이다. FTP 이상에서 취성파괴가 일어날 가능성은 무시할 만하다.

FTP는 너무 안전하게 정하였기 때문에 많은 응용 분야에서 비현실적이다. 임의적이긴 하지만 다소 덜 안전하게 잡는 기준으로서 50% 벽개-50% 전단일 때인 온도 T_2를 천이온도로 하는 규정도 있는데, 이 경우를 파괴-양상 천이온도(fracture-appearance transition temperature; FATT)라 한다.

Charpy 충격시험과 실제 파괴 사이의 상호 연관성에 따르면, Charpy 충격시편에서 벽개 파괴가 70% 이하일 경우 응력이 항복 응력의 1/2값을 초과하지 않는 한 FATT나 그 이상의 온도에서 파괴가 일어날 가능성은 희박하다는 것이다. 파괴 에너지의 상단값과 하단값의 평균값에 해당하는 온도인 T_3를 천이온도로 정의하는 경우에도 대략적으로 유사한 결과를 얻게 된다. 일반적인 기준은 임의의 낮게 흡수된 에너지값 C_V에 해당하는 온도 T_4를 천이온도로 규정하는 것으로서 흔히 연성 천이온도(ductility transition temperature)라 한다.

100% 벽개 파괴가 발생하는 온도인 T_5를 천이온도로 규정하는 기준도 있다. 이 점을 무연성 온도(nil ductility temperature; NDT)라 하며, NDT는 파괴 시작 시 소성 변형을 전혀 수반하지 않는 온도이다. NDT 이하에서 연성파괴가 일어날 가능성은 희박하다.

8. 용접부의 방사선 비파괴검사와 열형광선량계(TLD Badge)

1 개요

용접구조물을 제작하여 사용하는 것이 목적이기 때문에 생산한 구조물을 파괴시험법으로 용접부의 품질을 확인할 수는 없으므로 용접부의 품질을 파괴 없이 확인할 수 있는 비파괴시험법(Non-destructive Testing)이 있다.

비파괴시험 방법에는 여러 가지가 있지만 용접부의 내부결함탐상에 사용되는 비파괴시험법은 체적검사법으로 분류되는 방사선투과시험법이나 초음파탐상시험법이 있는데, 그 중에서도 우리나라에서는 방사선투과시험법이 압도적으로 많이 적용된다.

X-선이나 감마선과 같이 짧은 파장의 방사선이 물질 속으로 들어가면 물질의 원자와 상호작용을 하여 에너지를 잃어버림으로써 방사선의 강도가 감소하게 되는데, 방사선투과시험은 이와 같이 시험체를 투과하는 방사선의 강도가 시험체의 밀도나 두께에 따라 달라지는 성질을 이용함으로 가능하게 된다.

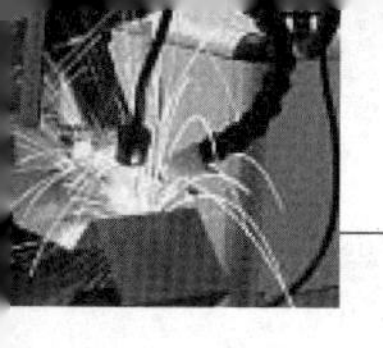

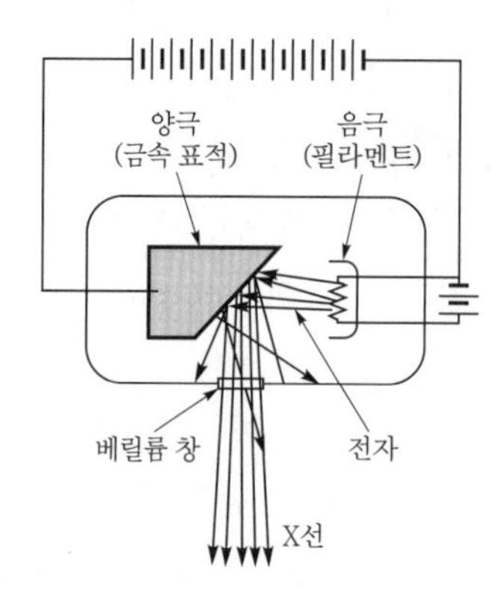

그림 1. X선 발생원리

2 용접부의 방사선 비파괴검사

일반적으로 방사선투과시험에 사용되는 방사선은 주로 X-선과 감마선이다. X-선은 그림 1과 같이 필라멘트를 가열할 때 발생한 열전자가 음극과 양극 간에 가해진 고전압에 의해 양극으로 끌려가 타깃에 충돌할 때 발생하며, 감마선은 방사선 동위원소가 붕괴할 때 발생하나 근본적으로는 둘 다 동일한 종류의 전자기파이다. 감마선을 방출하는 동위원소는 한 개 또는 여러 개의 서로 다른 에너지를 방출하는 데 비해 X-선의 경우에는 연속스펙트럼 에너지를 방출한다.

물질에 대한 방사선의 투과능은 그 방사선이 갖는 에너지에 의해 결정되며, 감마선의 경우 이 에너지는 동위원소의 종류에 따라 일정한 값을 갖는 데 비해 X-선은 튜브에 가해지는 전압에 의해 에너지가 좌우된다.

그리고 방출되는 방사선의 강도에 있어서 동위원소의 경우는 큐리(Ci)의 크기에 따라, X-선의 강도는 X-선 튜브에 적용되는 전류량에 비례하게 되는데, 이 강도 값은 주어진 시험체에 대한 촬영 시 방사선의 노출시간을 결정하는 주요 요소가 된다.

3 용접부의 열형광선량계(TLD Badge)

방사선의 측정에 있어서 인체에 관한 체외 피폭 방사선 측정으로서 일반적으로 많이 쓰이는 것으로, 아래와 같은 기준 선량계와 보조적으로 쓰이는 선량계가 있다.

(1) 기준 선량계

Film Badge(필름뱃지)와 TLD(Thermal luminescence dosimeter : 열형광선량계)가 있다.

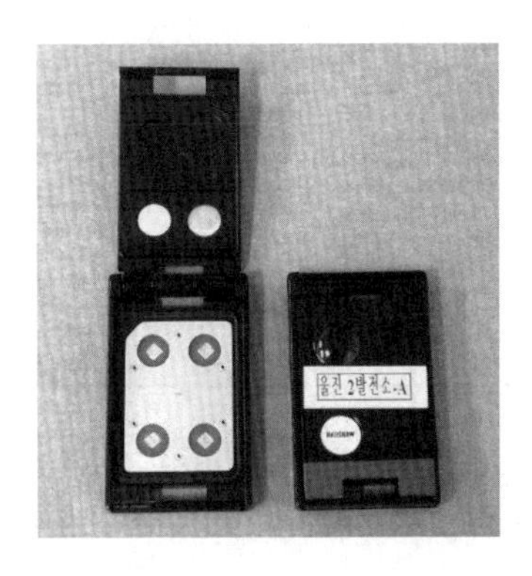

그림 2. 열형광선량계(TLD)

(2) 보조 선량계

포켓 선량계와 알람메타 등이 있다. 기준 선량계로 쓰이는 선량계는 공식적으로 개인의 피폭량 계산에 적용되며, 보조 선량계는 즉시 판독할 수 있다는 장점 때문에 기준 선량계의 선량이 판독되기 전에 임시로 대략적인 선량을 판단할 때 사용된다.

9. 방사선투과검사(RT)에서 투과도계(상질지시계, IQI) 사용목적

1 개요

방사선투과시험은 그림 1과 같이 시험하고자 하는 물체를 X선 발생장치 또는 감마선 조사장치로부터 적당한 거리에 방사선이 투과하는 두께가 최소가 되는 방향으로 두고, 필름을 장진한 카세트를 시험체의 뒷면에 밀착시킨 후 방사선을 조사하여 적당한 시간동안 노출시킨다. 노출된 필름은 암실에서 현상, 정착한 후 물로 세척하고 건조시켜 관찰기(film viewer)위에 놓고 관찰하면, 기공이나 균열, 수축공, 개재물 등의 용접결함이 있는 부위는 다른 부위에 비하여 방사선이 많이 투과하기 때문에 필름에 도달하는 방사선의 강도가 커서 필름 위에 다른 부위에 비해 상대적으로 더 검은 상이 나타난다.

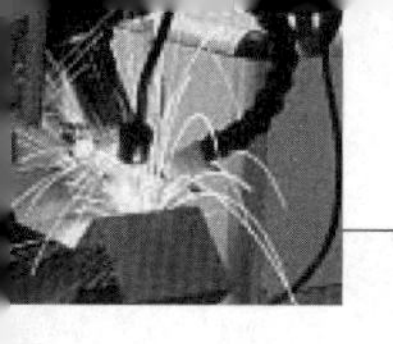

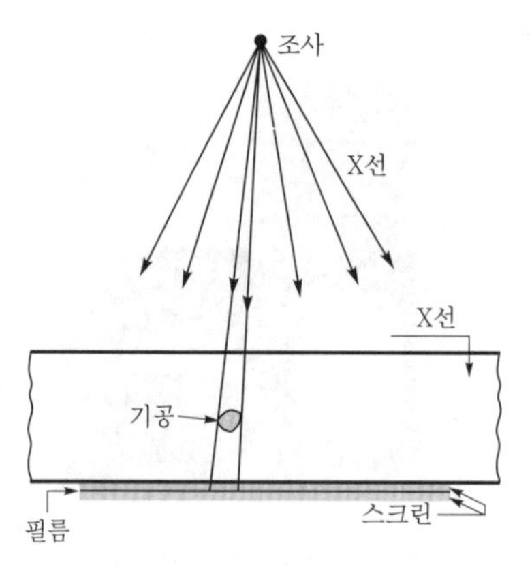

그림 1. 방사선투과시험의 기본원리

2 용접부 촬영 시의 배치

시험체의 구조나 용접부의 위치에 따라 여러 형태로 배치할 수 있다. 또 기공이나 수축공과 같이 부피를 가진 3차원적인 결함의 탐상에는 크게 방향성이 없으나 균열, 융합불량, 불완전용입, 라미네이션 등과 같은 2차원적인 결함 탐상 시에는 방사선의 조사방향과 결함의 방향이 가능한 한 서로 평행하도록 방사선을 조사하지 않으면 검출이 매우 어렵다.

3 방사선투과검사(RT)에서 투과도계(상질지시계, IQI) 사용목적

방사선 투과사진의 상질을 점검하는 데는 표준시험편을 사용하며 이것을 투과도계 또는 IQI(Image Quality Indicator)라고 한다. 즉, 투과도계는 촬영한 필름의 상질이 요구하는 기준 이상으로 되었는지를 판단하는 기준이 되는 것으로 유공형 및 선형 투과도계가 있는데, 그림 2에 유공형 투과도계와 선형 투과도계를 나타내었다.

유공형 투과도계를 사용하는 경우 투과사진의 기준감도를 2-2T로 하는 경우가 많은데, 이는 투과도계의 두께 T가 시험체 두께의 2% 이하가 되는 것을 사용하여 투과사진상에 직경이 2T인 구멍이 나타나도록 촬영해야 함을 의미한다.

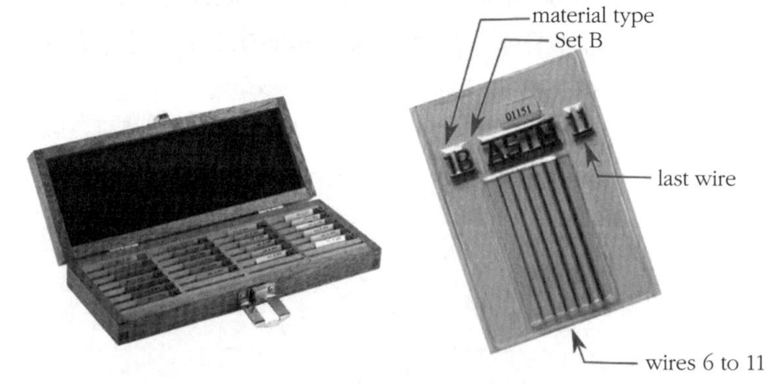

그림 2. 유공형 투과도계와 선형 투과도계

10. 스테인리스강의 델타 페라이트량을 측정하는 방법

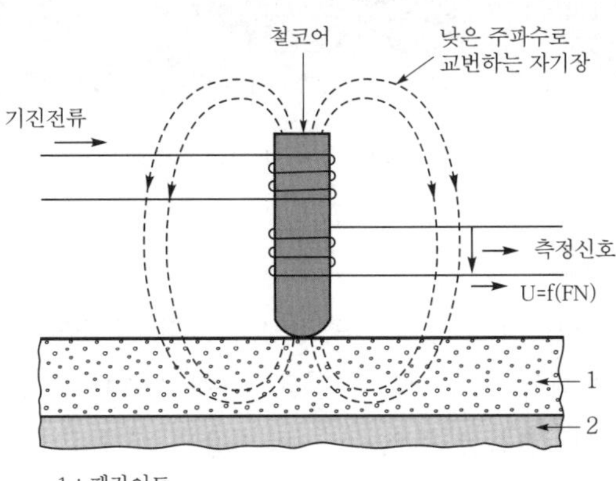

그림 1. 스테인리스강의 델타 페라이트량 측정방법

1 측정원리

측정원리는 자기유도방법에 따라 측정한다. 코일에 의해 발생된 자기장은 시험체의 자기 성분과 상호작용하고, 자기장의 변화는 2차 코일 내에 페라이트 성분에 비례하는 전압변화를 일으킨다. 이 전압을 평가하여 페라이트 성분을 측정하게 된다.

2 적용범위

(1) 오스테나이트강 용접부내 페라이트 성분 측정

(2) 건축용 강재와 오스테나이트 크롬 합금강이 용접된 클래딩 부위

(3) 듀플렉스 강

3 특징

(1) 오스테나이트와 듀플렉스 강에 함유된 페라이트 성분을 0.1-120 FN(Ferrite Numbers) 또는 0.1-80% Fe 범위로 측정한다.

(2) 소형 센서로 용접부나 클래딩에서의 페라이트 함량을 현장에서 즉시 정확히 읽을 수 있다.

(3) 측정 calibration에 대한 100개의 적용 메모리 및 최대 10,000개의 측정치 저장이 가능하다.

(4) 시험체의 복잡한 형상도 측정이 가능하다.

(5) 밧데리 또는 AC전원 사용 가능/LCD 표시 방법/측정 시 음향신호가 가능하다.

(6) 시험체의 전기 전도도에 영향을 거의 받지 않는다.

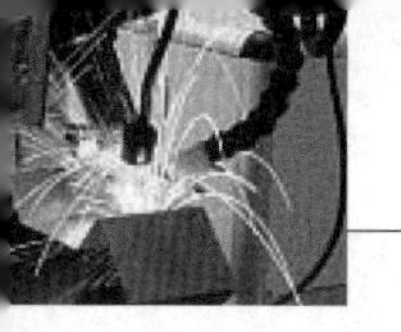

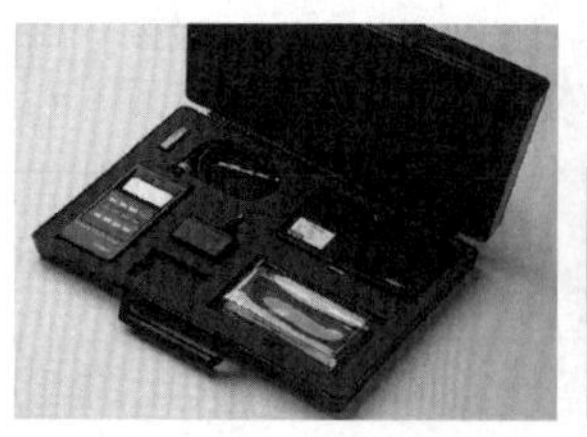

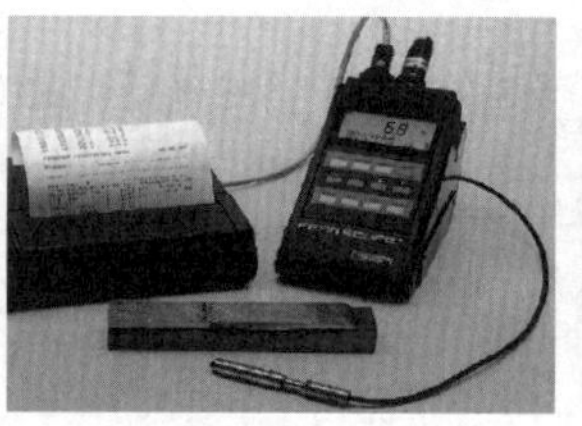

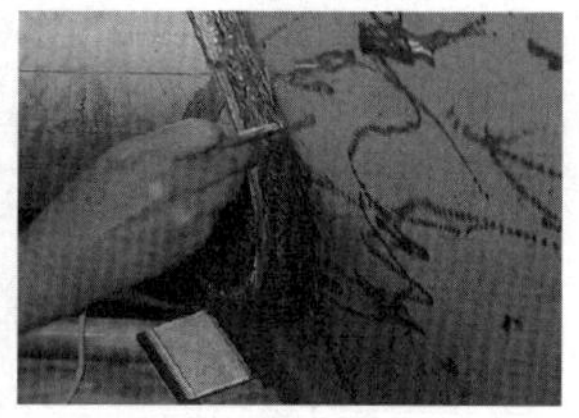

그림 2. 델타 페라이트량 측정기

4 간접측정과 직접측정

간접측정과 직접측정에 있어서 현장에서 측정원리는 자기유도방법에 따라 측정한다. 코일에 의해 발생된 자기장은 시험체의 자기 성분과 상호작용하고, 자기장의 변화는 2차 코일 내에 페라이트 성분에 비례하는 전압변화를 일으킨다. 이 전압을 평가하여 페라이트 성분을 측정하는데, 현미경 조직검사를 하고 성분의 분포도를 검토하여 델타 페라이트량을 측정할 수가 있다.

11. 음향방출시험

1 개요

재료가 충분히 높은 응력을 받으면 음향을 발생하고 불연속 펄스를 방출하는데, 이것을 음향방출(acoustic emission) 또는 응력파 방출(stress wave emission)이라 한다.

음향방출은 재료에서 균열성장, 소성변형 또는 상태변화 중 발생하는 스트레인 에너지(strain energy)의 방출로 생성된 고주파 응력파이다. 이 에너지는 균열 전파시 저장된 탄성에너지 또는 상변태시 저장된 화학적 자유에너지(chemical free en-ergy)로부터 초래된다.

재료에서 응력파를 발생하는 음향방출원은 균열 생성과 전파, 쌍정(twinining), 슬립(slip), 급격한 결정립계 재방위(reorientation) 또는 마르텐사이트(martensite) 상변태와 같은 국부적 동적 이동 등이다. 금속에서 응력이 탄성한계보다 훨씬 낮아도 결함 또는 균열 선단(chack tip) 인정영역이 소성변형되며, 국부적으로 고응력에서 파괴될 수 있으므로 궁극적으로는 사용 중 조기 또는 급격한 파괴를 초래한다. 음향방출 탐상시험은 응력 하에 있는 재료의 불연속으로부터 발생한 미소 음향방출 신호들을 검출 및 분석하는 것이다. 이 신호들을 적절히 분석하면 불연속의 위치와 구조적 의미를 알 수 있게 된다.

음향방출의 또 다른 중요한 특징은 비가역적인 것이다. 재료를 어떤 수준의 응력으로 하중을 가하였다 제거한 후 재하중을 가할 때는 선행하중 이상으로 증가할 때까지 음향방출이 관찰되지 않는다. 이것이 카이저 효과(kaiser effect)로 음향방출은 소성변형 및 파괴와 밀접한 관계가 있다.

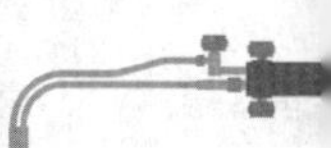

2 시험의 응용

음향방출 탐상시험의 주요 응용은 다음과 같다.

(1) 압력용기와 원자로 1차 압력경계에서 결함 탐상을 위한 연속 감시

(2) 항공기 구조에서 초기 피로파괴 검출

(3) 응용 및 저항 용접부의 용접 및 냉각 중 모니터링

(4) 응력 부식균열과 수소 취성에 감수성 있는 구조

(5) 파괴기구 및 재료거동 조사 연구장비

3 시험의 장점

음향방출 탐상시험은 초음파 및 방사선 투과 탐상시험 등의 기타 비파괴 탐상시험과 비교하여 다음과 같은 장점이 있다.

(1) 구조물의 특정 영역을 시험할 필요 없이 큰 부피를 한꺼번에 시험할 수 있다.

(2) 시험이 빠르고 일 단계 시험 중에 구조의 완전한 건전성 분석이 가능하다.

(3) 구조물에 응력이 가하여질 때 불연속의 반응을 측정하는 동적 검사 장비이다.

(4) 기타 비파괴 탐상시험으로는 접근이 어려운 구조적 결함의 탐상 및 평가가 가능하다.

(5) 압력용기 검사 중 최대 압력한계 및 구조에 포함된 불연속에 의한 파괴 방지에 사용된다.

12. 파이프 이음용접부에 대한 육안검사의 항목

1 개요

육안검사는 가장 널리 이용되고 있는 비파괴검사의 하나로서, 간편하고 쉬우며 신속하고 염가이며 아무런 특별한 장치도 필요치 않고 육안 또는 낮은 비율의 확대경으로 검사할 수 있는 방법이다.

육안검사에서 대상이 되는 것은 재료표면의 결함, 예를 들면 균열, 용접에서는 언더컷, 오버랩, 다듬질의 양부, 치수의 오차 및 이들의 결함을 통해서 종합적 판정 등을 검사할 수 있으며, 경우에 따라 정성적으로 또는 정량적으로 비교적 정확하게 결정할 수 있다. 다만 육안검사를 하려면 오랜 경험이 필요하다.

2 용접부 육안검사 항목

용접부 육안검사 항목은 다음과 같다.

(1) 각장(Leg Length)

(2) Under cut

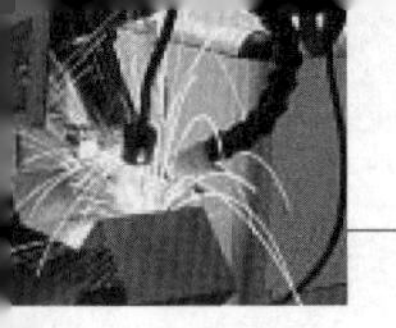

(3) Overlap
(4) 용접 누락
(5) 용접부 크랙
(6) Bead의 이음
(7) Crater
(8) Bead형상과 높이
(9) Bead 폭 불균일
(10) Spatter
(11) 연결부의 어긋남
(12) 용입 깊이

13. 솔더링(Soldering) 접합부의 성능시험방법

1 개요

샘플링 시료는 대표성을 갖는 로트에서 채취한 솔더를 이용한 접합부에 평가하고, 평가시험은 최소 10개 이상의 기판시료를 사용하며, 시험편은 실제 제작 및 사용조건을 고려하여 사용한다.

솔더링 접합부의 성능시험 방법은 솔더 표면관찰 시험, 솔더 내부관찰 시험, 열충격 시험, 고온방치 시험, 접합강도 시험 등이 있다.

2 접합부 시료샘플링 및 형상

샘플링 시료는 대표성을 갖는 로트(lot)에서 채취한 솔더를 이용한 접합부에 평가하고, 평가시험은 최소 10개 이상의 기판시료를 사용하며, 시험편은 실제 제작 및 사용조건을 고려하여 사용한다.

3 솔더링(Soldering) 접합부의 성능시험 방법

(1) 솔더 표면관찰 시험

1) 평가기준 합격여부는 당사자 간 결정한다.
2) 시험장비는 현미경으로 시험방법 접합부의 솔더 표면을 관찰하고, 핀홀, 균열 등의 결함 유무를 확인한다.

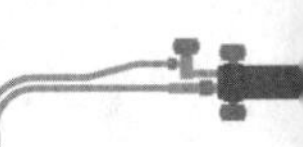

(2) 솔더 내부 관찰시험

1) 평가기준 판단기준은 IPC-A-610C에 따른다(외관, 필렛 높이).
2) 시험장비는 절단기 혹은 X-ray 장비이며, 시험방법은 젖음각도, 젖음면적 및 내부 충전 정도를 파악한다.

(3) 열충격 시험

1) 전자부품의 접합부가 반복되는 온도 변화를 받을 때 접합부를 구성하는 재료의 파괴를 측정하는 시험이다.
2) 평가기준은 시험 후 초기 접합 강도 대비 50% 이상이어야 한다.
3) 시험장비는 열충격시험기로서 방법은 -55℃에서 10분 유지, 5분 이내 승온, 150℃에서 10분 유지, 5분 이내 냉각, 1사이클로 총 1357회 반복하며 구체적인 시험은 MIL-STD-202C-107에 따른다(그림 1).

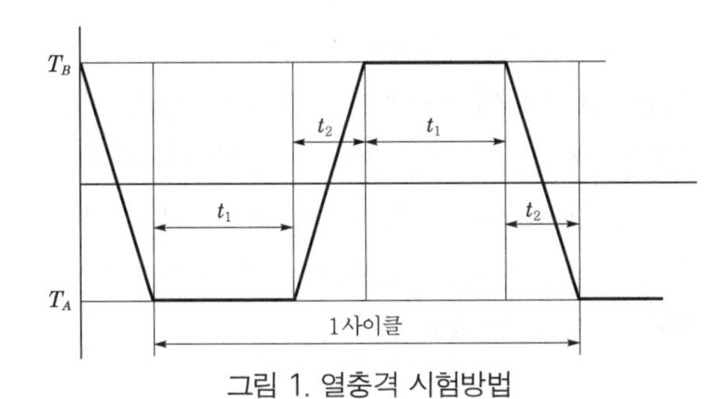

그림 1. 열충격 시험방법

여기서

T_A : 저온시험의 온도(-55℃), T_B : 고온시험의 온도(150℃), t_1 : 10분, t_2 : 5분

(4) 고온방치 시험(High Temperature Storage Test)

1) 기준 시험 후 초기 접합 강도 대비 50% 이상이어야 한다.
2) 시험장비는 항온시험기이며 방법은 100℃에서 500시간 방치한 후 강도변화를 측정한다. 구체적인 방법은 MIL-STD-202F, Method 108A를 따른다.

(5) 접합강도 시험

1) 접합강도 시험은 기판과 부품 간의 솔더링부의 접합강도를 측정하기 위한 실험이다. 평가기준을 QFP의 경우 5N 이상, 칩의 경우 50N 이상, 커넥터의 경우 20N 이상이어야 한다.
2) 시험장비는 다음을 따른다.
   ① 압축강도 시험기는 커넥터의 압축강도를 시험하기 위한 것이다.
   ② 당김강도 시험기는 QFP의 강도를 시험하기 위한 것이다.

③ 전단강도 시험기는 칩의 강도를 시험하기 위한 것이다.

3) 시험방법

① QFP 경우는 RS D 0026 7.1항에 준하여 실험한다.

② 칩(Chip)의 경우는 JIS Z 3198-7에 준하여 실험한다.

③ 커넥터(Connector)의 경우는 기판을 고정한 상태에서 강도기를 사용하여 커넥터의 솔더링부가 파괴되어 분리될 때까지 압축력을 가하여 기판과 부품간의 압축강도를 측정한다.

14. 용접부의 피로강도 평가법

1 개요

용접은 금속을 접합하는 데 있어 매우 유용한 수단이지만 강도평가 측면에서는 용접부의 결함이나 비드의 복잡한 형상으로 인하여 어려움이 많다. 미국, 영국, 일본 등 선진 외국에서는 용접부의 피로설계기준 제정을 위해 많은 비용과 시간을 투자하여 자체 기준을 확보하고 있다.

이러한 규정의 제정에는 20-30여년의 오랜 시간이 소요되고, 많은 비용이 투입되어야 한다. 외국의 기준을 비교 분석하여 향후 용접구조물 설계나 피로수명 평가에 활용할 수 있도록 하였으며 해외 규격은 BS 7608, ENV-1993, AWS이다.

2 용접부의 피로강도 평가법

BS 7608 규격에서는 피로설계에 대한 일반적인 지침과 피로특성에 따라 연결부위에 대한 세부 분류를 하였으며, 그 특징은 다음과 같다.

(1) 피로균열을 유발하는 응력의 반복적인 횟수는 응력진폭에 영향을 받으며, 최대응력과는 무관하다.

(2) 연결부위 분류에 따라 S-N선도를 구분하여 규정하였다(이때 각각의 S-N선도의 기울기 $m \geq 3$). 피로설계의 기본적인 사항으로서 연결부위에 대한 세부 분류는 피로강도별로 10개의 등급으로 분류하고 있으며, 이때 용접세부에서의 잔류응력, 용접세부 자체 및 볼트, 리벳, 작은 드릴구멍 등에 의한 응력집중 효과는 응력계산에 무시하였다. 모재의 피로설계 응력은 잠재균열에 인접한 모재의 주응력으로 하며, 단면은 진단면을 사용하였다.

피로수명의 예측은 Palmgren-Miner법칙을 기초로 하였다. 이밖에도 관심이 되는 저 응력에 대한 사이클의 처리는 다음과 같다.

(1) 일정진폭하중의 경우 비 진전 응력범위(non-propagation stress range)는 외부환경과

초기결함의 크기에 영향을 받지만, 일반적으로 N=10^7cycle에 준하는 σ_o로 정의한다.

(2) 응력범위 σ_r이 σ_o를 기준으로 크거나 작은 값을 갖는 변동하중 하에서는 σ_o보다 큰 σ_r은 초기결함을 성장시키며, 이는 σ_o 수준을 낮추는 효과를 갖는다.

(3) 일반적으로 σ_o 이하의 σ_r을 무시하고 계산된 파손수명은 실제 수명보다 큰 값을 갖는다.

(4) 응력범위 σ_r이 σ_o 보다 작은 경우, σ_r에 의한 반복횟수를 그대로 적용하지 않고, 일정비율로 감소시켜가며, Palmgren-Miner법칙을 적용한다. BS 7608에서 규정한 S-N 선도와 세부분류 및 계수는 다음 표 1, 그림 1과 같다. 표 1에서 σ는 LogN의 표준편차이며 d는 상수이다.

표 1. BS 7608의 파라미터

Class	Co		m	표준편차(σ)	
	Log 10	Loge		Log 10	Loge
B	15.3697	35.3900	4.0	0.1821	0.4194
C	14.0342	32.3153	3.5	0.2041	0.4700
D	12.6007	29.0144	3.0	0.2095	0.4824
E	12.5169	28.8216	3.0	0.2509	0.5777
F	12.2370	28.1770	3.0	0.2183	0.5027
F2	12.0900	27.8387	3.0	0.2279	0.5248
G	11.7525	27.0614	3.0	0.1793	0.4129
W	11.5662	26.6324	3.0	0.1846	0.4251
S	23.3284	53.7156	8.0	0.5045	1.1617
T	12.6606	29.1520	3.0	0.2484	0.5720
S-N curve: $\log N = \log Co - d\sigma - m\log\sigma_r$					

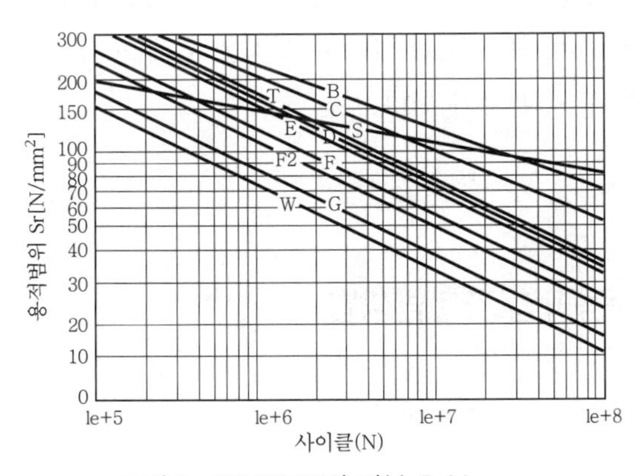

그림 1. BS 7608의 기본 S-N curves

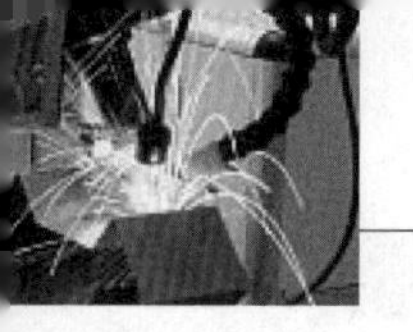

15. 자분탐상과 침투탐상의 원리를 간단히 설명하고 장단점 비교

1 자분탐상검사

강자성체로 된 시험체의 표면 및 표면 바로 밑의 불연속(결함)을 검출하기 위하여 시험체에 자장을 걸어 자화시킨 후 자분을 적용하고, 누설 자장으로 인해 형성된 자분 지시를 관찰하여 불연속의 크기, 위치 및 형상 등을 검사하는 방법이다.

미세한 표면 균열 검출에 가장 적합하며, 시험체의 크기, 형상 등에 크게 구애됨이 없이 검사 수행이 가능하다. 단점으로는 자분탐상검사는 모든 재질에 대해 적용할 수 있는 것이 아니라 자화가 가능한 강자성체에만 국한되고, 시험체의 표면 근처에 존재하는 결함만을 검출할 수 있어 내부 전체의 건전성을 판별하기 위해서는 다른 검사 방법을 병행하여 수행해야 하며, 검사 방법에 따라서는 전기 접촉 부위에서의 아크 발생으로 시험체가 손상될 우려가 있다.

2 침투탐상검사

시험체 표면에 침투액을 적용시켜 침투제가 표면에 열려있는 균열 등의 불연속부에 침투할 수 있는 충분한 시간이 경과한 후, 표면에 남아 있는 과잉의 침투제를 제거하고 그 위에 현상제를 도포하여 불연속부에 들어 있는 침투제를 빨아올림으로써 불연속의 위치, 크기 및 지시 모양을 검출하는 비파괴 검사방법이다.

액체 침투탐상검사는 용접부, 주강품 및 단조품 등과 같은 금속재료뿐만 아니라 세라믹, 플라스틱 및 유리와 같은 비금속 재료에도 폭넓게 이용할 수 있으며, 시험체의 형상이 복잡하더라도 검사가 가능하다. 그러나 표면에 열려진 결함만이 검출 가능하고 표면이 너무 거칠거나 다공성 시험체에서는 검사가 곤란하며, 표면 오염 제거와 세척을 위해 시험체의 표면에 접근이 가능해야 검사를 수행할 수 있는 등의 문제가 있다.

16. 자분의 적용방법(자분탐상법)

1 건식법(乾式法)

건식법이란 건조된 자분을 공기 중에 분산시켜 그 흐름을 시험면에 적용하는 방법이다. 따라서 건식법에 의한 자분적용에서 우선 중요한 것은 시험면 위에 미세한 자분이 균일하게 분산되어 부유하고 있는 공기층을 만드는 것이다.

공기 중에 자분이 균일하게 분산된 상태란, 공기 중의 자분밀도가 어느 부분이나 일률적으로 농도차가 없는 상태이다. 그렇게 하기 위해서는 사용할 자분의 성질과 상태, 건식용자분 산포기의 기능과 산포기술 등 모두가 좋은 상태이어야 한다. 지정된 종류의 자분 및 산포기를 사용하는 것만으로는 만족스런 적용상태를 얻을 수가 없으므로 자분을 산포하는 작업자는 항상 공기 속 자분의 분산상태가 이상적인 상태에 가깝도록 노력하는 것이 대단히 중요하다. 또한 이 경우 주의해야 할 것은 사용할 자분의 성질이다. 공기 중에 잘 분산되기 위해서는 자분이 잘 건조되어 있고, 어느 정도의 자분입자가 응집한 덩어리가 섞이지 않아야 한다.

일반적으로는 건식자분이 사용되지만 습식자분을 사용해도 상기의 성질을 갖추고 있으면 사용해도 지장은 없다. 다만 형광자분은 안전위생 및 다음에 기술할 결함자분 모양의 식별성의 관점에서 좋지 않다. 따라서 건식법에서 사용하는 것은 바람직하지 않으므로 주의할 필요가 있다. 다음으로 중요한 것은 시험면에 자분을 너무 부착시키지 않는 것이다.

시험면에 자분을 너무 많이 부착시키면 결함자분 모양의 식별성이 나빠지거나 의사모양이 나타나기도 한다. 따라서 시험면은 잘 건조시켜 놓고 약한 공기흐름을 사용해서 건전한 면에 붙어 있는 자분을 불어내며 시험면에 될 수 있는 한 부착되지 않도록 해야만 하며, 건식법으로 자분을 적용할 경우 특별히 주의해야 할 점을 요약하면 다음과 같다.

(1) 잘 건조되어 있고, 덩어리가 섞이지 않은 사분을 사용할 것.

(2) 약한 공기의 흐름을 이용할 것(강한 흐름은 쓰지 말 것).

(3) 자분은 시험면 위의 공기 속에 일정하게 분산시키며 덩어리 상태로 되어 시험면에 떨어지지 않도록 할 것.

(4) 시험면은 자분을 적용하기 전에 충분하게 건조시켜 놓을 것.

2 습식법(濕式法)

습식법이란 자분을 물이나 등유 같은 액체 속에 분산 현탁시킨 상태에서 시험면에 적용하는 방법이다. 이 액체에 자분을 분산 현탁시킨 것을 검사액이라 한다. 따라서 자분은 검사액의 흐름과 함께 이동하기 때문에 자분의 적용대상이 되는 시험면 전역에 검사액이 묻도록 해야 한다. 또 자분이 결함에 잘 흡착되도록 검사액의 세기(흐름성)를 될 수 있으면 약하게 해야 한다. 이것은 습식법에 의해 자분을 적용할 경우에 우선 주의해야 할 중요 사항이다.

다음으로 중요한 것은 검사액이 시험면에 고이지 않도록 해 주는 것이다. 검사액이 고이면 그 부분의 시험면은 검사액이 고이지 않는 곳에 비해 자분의 흡착이 많아지며, 그 부분에서의 결함자분 모양의 Background에 대한 Contrast를 나쁘게 하여 식별을 곤란하게 한다. 따라서 움직일 수 있는 시험체에 대해서는 시험면을 검사액이 자연스럽게 흘러내리도록 기울여 주거나, 또 검사액이 시험면의 어느 곳에도 고이지 않고 배액되도록 시험체의 거치방법을 생각해서 자분을 적용해야만 한다.

좋은 결함검출 성능이 얻어지도록 검사액을 적용하기 위해서는 상기와 같이 검사액을 적용하는 사람의 기술과 경험이 큰 비중을 차지하지만, 시험면의 전처리 정도 및 검사액의 성질도 좋아야 한다. 이것은 시험면에 대한 검사액의 적심성이 시험면에 있어서 검사액의 흐름상태에 영

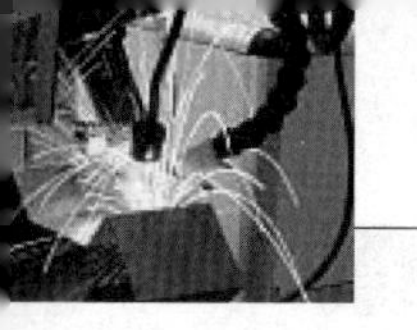

향을 미친다는 의미이며, 또 검사액 농도(검사액 중에서의 자분의 분산농도를 말함)나 오염이 결함자분 모양의 형성이나 식별성에 영향을 미친다는 의미이다. 습식법으로 자분을 적용할 경우 특별히 주의해야 할 점을 요약하면 다음과 같다.

(1) 자분을 잘 분산, 현착시킨 검사액을 사용할 것.

(2) 농도가 적정하고 적심성이 좋으며, 오염되지 않는 검사액을 사용할 것.

(3) 적용해야 할 범위의 시험면 전역에 검사액이 묻도록 한다.

(4) 검사액이 시험면을 일정하게 천천히 흐르도록 하고 고이지 않도록 할 것.

(5) 시험면에 검사액의 적심성을 나쁘게 할 만한 것이 부착되어 있지 않는가를 확인한 후에 검사액을 적용할 것.

17. 금속의 수명평가를 위한 표면복제법

1 개요

석유화학 설비나 발전설비에 사용되는 재료들은 사용 중에 장시간 고온과 유해물질 등에 노출되기 때문에 재료의 손상에 의하여 성능이 저하되거나 균열 등의 결함이 발생된다. 이러한 현상을 검출하여 설비의 잔여수명을 평가함으로써 사전에 대비하도록 하는 기술은 설비의 안전성 확보나 경제적인 측면에서 매우 중요하다.

화학플랜트 및 발전설비는 조업의 고도화 및 가동율을 높이기 위하여 장기간 연속운전에 대응하는 안전성 확보와 적절한 유지 보수시스템이 요구되고 있다. 특히 1960년대부터 1970년대에 석유화학 공장이 많이 건설되었기 때문에, 다수의 설비들이 10만 시간 이상 장기간 운전되어 오고 있다.

최근 이러한 설비들에 대한 잔여수명을 평가함으로써 설비의 안전성 향상과 수명 연장을 통해 경제성 향상에 대한 요구가 높아지고 있다. 설비의 안전한 운용을 위하여 실시하는 비파괴검사는 균열을 검출하는 비파괴 검사와 균열발생 이전의 손상을 포함한 조기손상을 검출하는 비파괴 검사로 구분할 수 있다. 후자의 경우는 금속조직학적인 방법으로 손상을 미리 검출할 수 있어서 실용성과 정확도가 높기 때문에 수명평가 수단으로 널리 사용되고 있다.

2 금속의 수명평가를 위한 표면복제법

(1) 금속 표면복제기술의 필요성

석유화학 설비 및 발전설비에 사용되는 재질은 용접성을 높이기 위해 저탄소 내열강을 주로 사용하는데, 이러한 재질은 물성치의 변화가 적기 때문에 대부분의 경우 금속조직의 변화를 관찰하여 손상의 정도를 평가할 수 있다.

그러나 고온, 고압을 받으며 사용되고 있는 설비에서 시료를 채취한다는 것은 매우 어려운 일이며, 이동식 연마기와 현미경을 이용한다 해도 설비의 구조가 복잡하고 현장 여건이 여의치 않아 해상도가 떨어지는 경우가 많다.

이러한 이유 때문에 금속조직을 현장에서 복제하여 실험실에서 관찰 및 분석할 수 있는 표면복제법이 많이 사용되고 있다.

관찰시 광학현미경이나 주사현미경을 사용하며 광학현미경은 50~500배, 주사현미경(SEM)은 100~10,000배 정도까지 확대시켜 관찰할 수 있다.

(2) 표면복제 및 관찰관련 규격

Replica의 채취 및 관찰방법에 대해서는 1974년에 제정된 ISO 3057(Non-Destructive Testing-Metallographic Replica Techniques of Surface Examination)이 있으며, 미국의 경우에는 1990년에 ASTM E 1351(Standard Practice for Production and Evaluation of Field Matallographic Replicas)이 있다.

(3) 표면복제법의 기본원리

관찰대상의 표면을 연마, 부식시켜 필름을 붙이면 표면의 요철대로 녹아 붙는다. 필름이 굳어지면 떼어내어 광학현미경이나 주사현미경(SEM)으로 관찰한다. 복제방법에는 1단계 복제(Replica)법, 2단계 복제(Replica)법, 추출 복제(Replica)법 등이 있다.

1) 1단계 Replica법

떼어낸 필름(Replica)의 요철이 대상 물체표면의 요철과 반대인 그림 1과 같다.

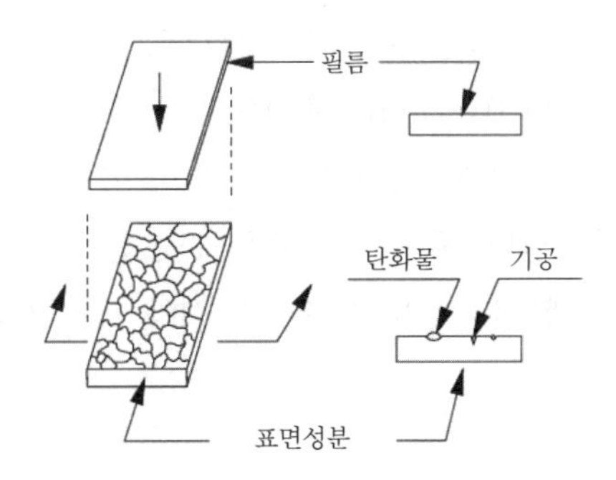

그림 1. 1단계 Replice법

2) 2단계 Replica법

시험편의 요철이 심한 경우나 필름을 떼어낼 때 필름이 손상되기 쉬운 경우에는 플라스틱으로 두꺼운 Replica를 만든 다음 1단계의 Replica법과 같은 얇은 Replica를 만든다. 이때의 Replica의 요철은 시험편 표면과 일치한다.

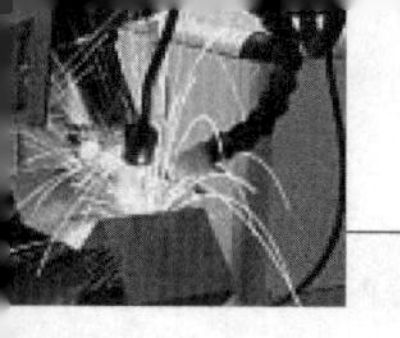

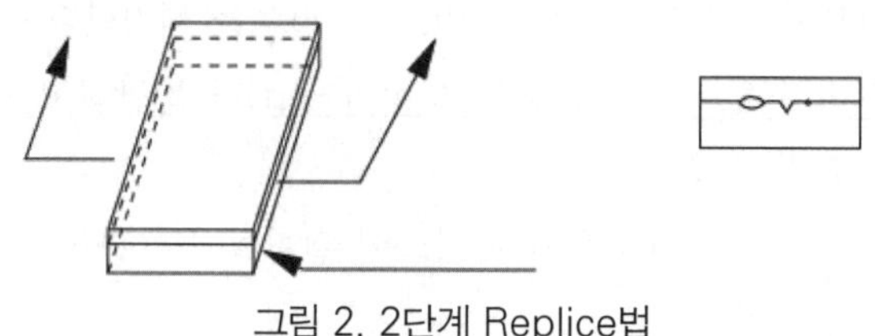

그림 2. 2단계 Replice법

3) 추출 Replica법

부식액으로 대상 물체(기지:matrix)를 먼저 녹여 내어 석출물이나 개재물을 돌출시켜 Replica를 만들고, 떼어내기 전에 다시 기지만을 더 부식시켜 석출물이나 개재물이 Replica에 붙도록 하여 이를 분석하는 방법이다.

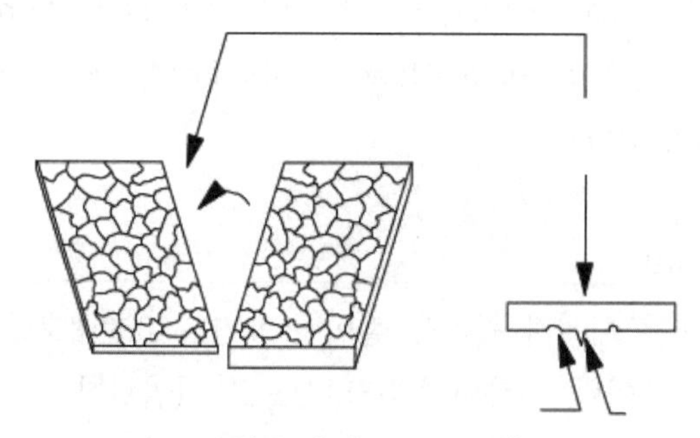

그림 3. 추출 Replice법

(4) 복제 방법

1) 복제 필름(Replica Film)

금속조직 검사용으로 사용되는 필름은 아세틸 셀룰로오스 필름(acetylcellulose film)과 양초(paraffin)를 조합한 것으로 두께 0.035mm 및 0.08mm의 두 종류가 있다. 보통의 경우 두께 0.035mm 필름을 사용하며, 요철이 심하고 온도가 높아 필름이 연화되기 쉬운 경우에는 두께 0.08mm의 필름을 사용한다. 필름의 비중은 1.3, 흡수율은 24시간 침적 시 5%, 최고 사용온도는 100℃, 연소성은 완연성이며, 용재로는 시약 1급 규격 이상의 메틸 아세테이트(methylacetate)를 사용한다.

2) 복제 순서

현장에서 Replica를 채취하는 것은 작업장소의 협소, 안전성, 석탄 및 단열재 등의 분진, 작업자의 왕래 등에 의해 제약을 받는다. 그러나 정밀한 분석을 위해서는 실험실에서 채취한 것과 같은 양질의 Replica가 요구되므로 상호간의 유기적인 작업협조, 숙련, 경험 등이 요구된다. 또한 설비 특성상 주 검사부위가 용접부이므로 연마에 많은 시간이 소요되며, 필름을 붙이거나 제거 시에도 어려움이 따른다.

① 거친 연마(Rough Grinding)

그라인더로 가로, 세로 약 15~20mm의 정도를 깊이 0.3~2.0mm로 연마하여 탈탄층, 가동층 등의 변질층을 완전히 제거한다.

② 가는 연마(Fine Grinding)

100번, 220번, 400번, 600번, 800번, 1200번 등의 연마지를 이용하여 단계별로 연마하며, 한 공정이 끝날 때마다 중 부식(heavy etching)을 한 후 알코올로 세척 후 다음 공정으로 넘어간다.

③ 폴리싱(Polishing)

6미크론에서 1미크론까지의 산화알루미늄(alumina)이나 다이아몬드(diamond) 입자를 사용하여 광택을 낸 후 연마가루를 완전히 제거한다.

④ 부식(Etching)

부식(Etching)은 Replica 채취 시 가장 중요한 작업 중의 하나로 부식 정도에 따라 기공(Cavity)의 관찰여부가 결정되므로 주의해야 한다. 부식은 재질의 열화도, 진단부위, 온도 등에 매우 민감하므로 부식시간이 규정되어 있지 않아 육안으로 판별을 해야 하기 때문에 많은 경험을 필요로 한다.

기공(Cavity)을 관찰하기 위해서는 경 부식(Light Etching)을 하는 것이 좋다.

⑤ Replica 채취

용제를 적게 사용하면 피검면과 필름의 밀착성이 나빠져 금속조직을 정확하게 복제할 수 없다. 용제를 너무 많이 사용하면 Replica film이 녹아 기포가 발생하는 경우가 있다. 특히 굴곡이 심한 열영향부는 세심한 주의가 요구된다. 완전히 마르지 않은 상태에서 Replica를 떼어내면 필름이 오그라들거나 쭈글거림이 생긴다. Replica를 떼어낼 때 속도가 너무 빠르면 줄무늬(Striation)가 발생하므로 가능한 한 동일한 속도로 천천히 떼어낸다.

⑥ 식별표시(Marking)

필름을 슬라이드 유리에 붙인 후 마르는 동안 Replica 가장자리에 견출지를 이용하여 채취위치, 관리번호, 부식상태, 모재부와 용접부 경계, 붙이는 방향 등을 표시한다. Replica film에 모재종류, 열영향부(HAZ), 용접부, 모재부 등의 경계를 표시해 두는 것이 현미경 관찰할 때 유리하다.

⑦ 슬라이드 유리(Slide Glass)에 부착

유리에 Replica 필름의 뒷면을 양면테이프를 이용하여 붙인다. 이때 Replica가 고르게 접착되도록 한다. 고르지 못한 경우 밑면이 떠서 해상도가 떨어진다.

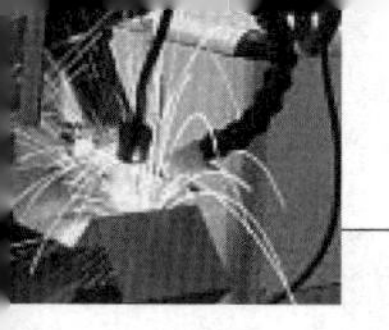

18. 방사선 투과시험(RT, Radiography Test)과 초음파 탐상시험(UT, Ultrasonic Test) 시 용접부의 결함 형태에 따른 결함 검출능력 비교

1 비파괴검사의 종류

(1) 내부결함 검출을 위한 비파괴검사

1) 방사선투과검사(RT : Radiographic Testing)

방사선투과검사는 방사선의 조사방향에 수평으로 놓여 있는 결함의 검출능력이 우수하며 필름을 판독할 수 있어 결함의 종류, 형상 등의 판별이 용이하고 기록성과 보존성이 탁월하다.

2) 초음파탐상검사(UT : Ultrasonic Testing)

방사선투과검사에 비해 균열 등 면상결함의 검출능력이 우수하고 적은 비용으로 미세한 결함의 발견이 가능하다.

(2) 표면결함 검출을 위한 비파괴검사

1) 장비나 보조기구 등을 이용한 육안검사(VT : Visual and Optical Testing)

내시경, 확대경, 거울, 전용 게이지 등을 사용하거나 육안으로 균열, 오버랩, 기공 등의 유무, 용접부 돋움살의 높이, 언더컷의 깊이 등을 관측하거나 측정할 수 있다.

2) 자분탐상검사(MT : Magnetic particle Testing)

표면이나 표면직하의 결함검출이 가능하나 강자성 재료에만 적용이 가능하다.

3) 침투탐상검사(PT : Liquid Penetrant Testing)

적용이 간단하고 용이하며 저렴하게 검사할 수 있으나 표면으로 열려있는 결함만 검출할 수 있으며, 금속재료나 비금속재료에도 적용이 가능하나 주위 온도의 영향이 크므로 동절기에는 사용조건을 고려하여 적용해야 한다.

4) 와전류탐상검사(ECT : Eddy Current Testing)

피검체와 접촉하지 않고 도체의 표층부를 고속으로 탐상할 수 있기 때문에 봉이나 관 등 긴 재료의 자동 탐상에 주로 사용한다.

(3) 기타

1) 변형량 측정

구조물의 안전성은 외력을 가한 상태에서 응력을 측정하여 평가한다. 그러나 응력을 직접 측정할 수는 없으므로 응력과 변형량이 비례함을 이용, 구조물의 변형량을 측정하여 응력을 구하고 응력을 이용하여 안전성을 평가한다.

2) 누설시험

시험체의 내부와 외부의 압력차를 이용하여 유체가 결함을 통해 흘러 들어가거나 흘러나오는

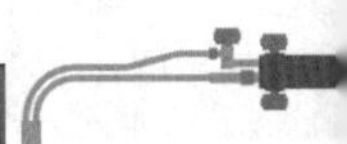

것을 감지하는 방법으로 압력용기검사, 배관검사 등에 사용된다.

2 방사선 투과시험(RT, Radiography Test)과 초음파 탐상시험(UT, Ultrasonic Test) 시 용접부의 결함 형태에 따른 결함 검출능력 비교

시험방법			방사선 투과시험(직접촬영법)	초음파 탐상시험(펄스반사법)
원리			건전부와 결합부에서 투과선량의 차이에 의한 필름상의 농도차	결함에 의한 초음파의 반사
대상결함	체적결함		◎	○
	면상결함		○(조사방향) △(조사방향의 경사)	◎(초음파빔에 수직) ○(초음파빔에 경사)
결함에 관한 정보	형상		◎	△
	치수	길이	◎(체적결함) ○(면상결함)	○
		높이	△(조사방향을 변화시키는 방법) △(농도차에 의한 방법)	○
위치(깊이)			△(조사방향을 변화시키는 방법)	◎

◎ : 양호, ○ : 가능, △ : 어려움

19. 겹침 저항용접부의 시험 시 현장에서 정식시험이 어려울 때 실시하는 파괴시험

1 겹침 저항용접부의 시험(점용접부)

(1) 정적 인장시험

점용접 이음부에 대한 인장시험 방법은 KS B 0852에 규정되어 있으며, 시험 방법은 KS B 0802의 금속 재료 인장시험 방법에 따라 실시하여 최대 하중을 측정한다. 모든 두께의 철, 비철 금속에 적용할 수 있으며, 점 용접부의 수직한 방향의 강도를 측정하는 데 사용한다. 시험은 십자형 인장시험과 U자형 인장시험의 2가지가 있다. 그림 1은 점용접부에 대한 U자형 인장시험편을 보여준다.

(2) 정적 인장전단시험

이 시험방법은 판 두께가 5.0mm 이하인 금속 재료에 대하여 적용하며, KS B 0851의 점용접 이음의 인장전단시험 방법에 규정되어 있다.

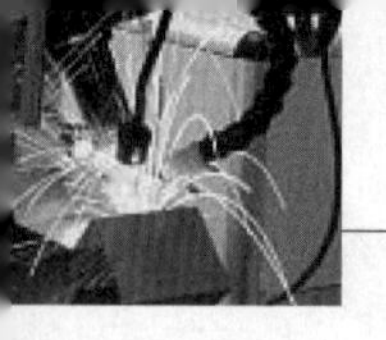

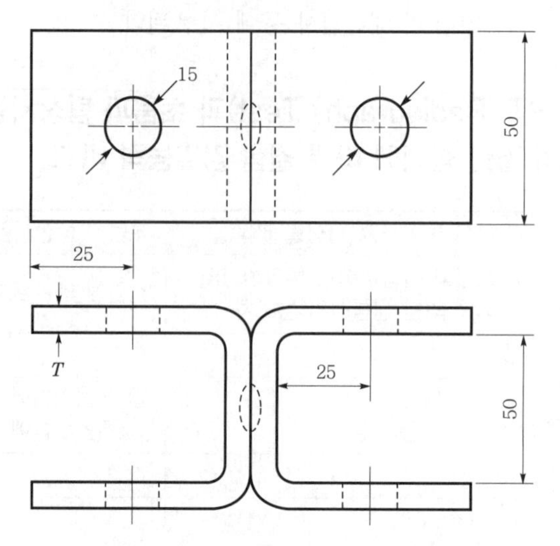

그림 1. 점용접부에 대한 U자형 인장시험편

시험편의 모양은 그림 2와 같으며, 연속 10점 이상의 점용접 시험재로부터 절단한다. 그림 2는 시험판재 2매를 겹친 경우이며, 이외에 3매 이상을 겹친 시험편도 있다. 시험은 KS B 0802의 금속재료 인장시험 방법에 따라 시행하며, 정적 인장시험과 마찬가지로 최대하중을 측정한다.

십자형 인장시험 또는 전단 인장시험에서의 파단양식은 용접부족으로 인해 너깃부에서 분리되는 시어 파단(Shear fracture), 양호한 용접으로 반대쪽의 피용접재를 찢으며 분리되는 티어 파단(Tear fracture) 그리고 과도한 용접으로 반대쪽 너깃부가 쏙 빠지는 것과 같은 플러그 파단(Plug fracture)과 같이 3가지로 나누어진다. 그림 3은 대표적인 파단양식이다.

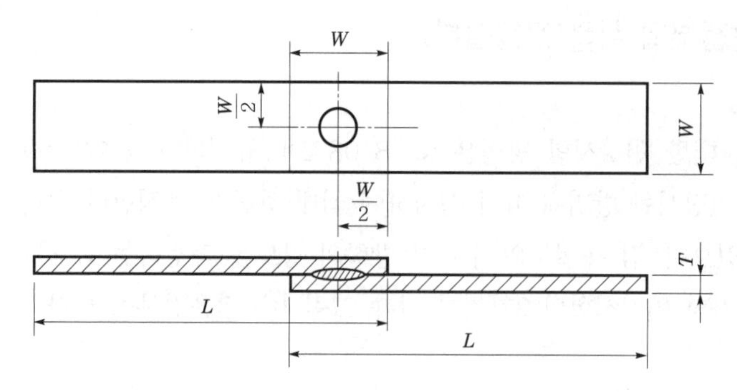

그림 2. 점용접부에 대한 인장시험편

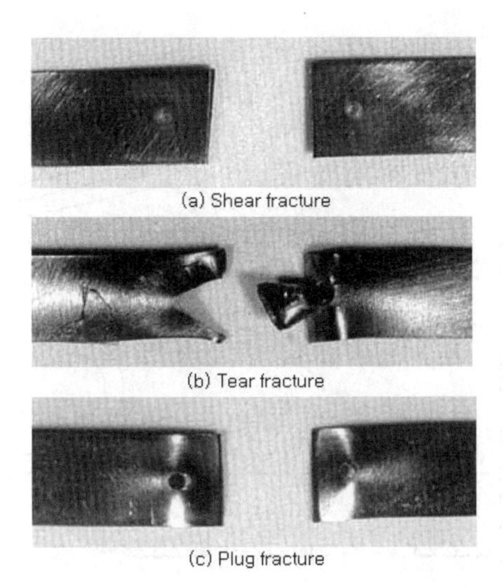

그림 3. 대표적인 저항용접부의 파단양식

(3) 피로 및 충격시험

이들 시험은 KS에 규격이 정해져 있지 않으며, 피로시험에는 인장전단 피로시험과 십자형 피로시험이 있다. 그리고 점용접의 경우 피로시험의 결과는 하중 L을 사용하므로 L-N 곡선으로 표시된다.

(4) 단면 및 외관시험

단면 시험에 사용되는 시험편 및 시험편의 치수는 위의 (2)항에 있는 정적 인장전단시험에 쓰이는 것과 동일하며, KS B 0854의 점용접 이음의 단면 시험방법에 규정되어 있다. 시험편은 판 두께 5mm 이하인 금속재료에 대해 판 표면과 수직인 단면에 대하여 시행하며, 용접 점의 중심을 지나는 단면을 적절한 방법으로 절단하여 연마, 부식시킨 후 너깃 지름, 용입, 균열, 기공 등의 내부 결함에 대하여 조사한다.

KS B 0853에는 점용접 이음부의 겉모양에 대한 시험방법이 규정되어 있으며, 용접부 표면의 형상, 결함 등을 조사하는 시험이다. 표면 갈라짐의 경우 갈라짐이 조금이라도 있으면 안 되며, pit의 경우는 직경 1.5mm 이상의 것이 있어서는 안 된다.

(5) 간이시험

현장에서 설비 부재 등의 문제로 정식으로 시험을 실시하기 어려울 경우에 쉽게 실시할 수 있는 파괴시험방법으로 아래와 같은 시험들이 사용된다.

1) 필 시험(Peel test)

용접부를 강제로 분리 파단시켜서 용착상태의 양부를 판정하는 시험을 말한다. 그림 4와 같이 한쪽을 고정시켜 놓고 다른 한쪽을 잡아 당겨 용접부를 분리시켜서 용착 상태를 조사하는

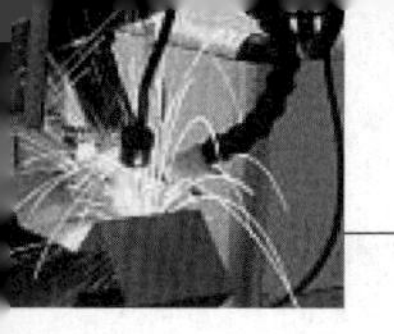

방법이다.

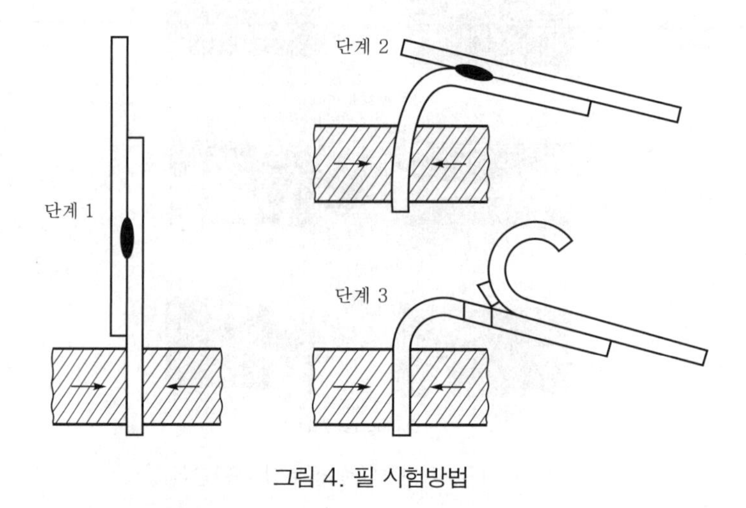

그림 4. 필 시험방법

2) 비틀림 및 압축 전단시험

이 시험편들은 판이 두꺼워 필 시험을 실시하기 어려울 경우에 사용되며, 용접부를 비틀거나 압축전단 하중을 가해서 파괴하여 용접부의 품질을 판정한다.

20. 용접부에 방사선 투과시험 적용 시 X(엑스)선과 γ(감마)선의 공통점과 차이점

1 감마(γ)선

빛보다도 더 높은 에너지를 갖는(즉, 파장이 더 짧은) 전자파 또는 전자기파이며, 알파선이나 베타선을 낼 때 또는 중성자를 흡수한 원자핵이 변환(또는 붕괴)한 직후에 여분의 에너지를 전자기파 형식으로 내는 것이다.

2 엑스(X)선

엑스선은 일반적으로 감마선보다 파장이 길고 빛보다는 짧은 전자기파이며, 물질을 뚫고 지나가는 성질(투과성)이 있어서 의료분야에서 많이 쓰인다. 들뜬 원자나 분자가 바닥상태로 될 때나 또는 속도가 빠른 전자가 물질 속에서 속도를 줄일 때에 엑스선이 나온다. 엑스선의 성질은 감마선과 거의 같다.

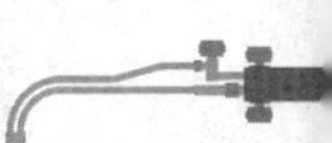

21. 용접부 파괴시험 중 용접성(Weld-ability)시험의 종류

1 용접성의 정의

용접성이란 용접 난이도를 의미하며, 접합성(joinability)과 사용성능(performance)을 모두 포함한다. 단지 용접작업의 난이도만이 아니라 완성된 용접이음 및 용접 구조물이 목적하는 특성을 발휘하는 척도가 된다.

2 용접성의 분류

(1) 접합성

모재 및 용접 금속의 열적 성질로서, 용접 결함은 모재의 고온 및 냉간 균열, 용접 금속의 고온 및 냉간 균열 기공과 슬래그 혼입, 형상 및 외관 불량 등이 있다.

(2) 사용성능

용접 구조물이 충분한 사용성능을 나타내기 위해서는 모재 및 용접부에 강도(strength), 연성(ductility) 및 노취 인성(notch toughness)이 요구된다.

반복 하중을 받는 구조물에서는 피로강도(fatigue strength), 고온에서 사용하는 재료에는 고온강도 외에 크리프(creep), 열 충격(thermal shock), 열 피로(thermal fatigue) 등에 대한 저항 응력도 필요하다.

3 용접성 시험

(1) 노치취성시험

노치취성시험은 노치로 인한 균열의 진전 상태와 용융열에 따른 취성의 특성을 파악한다.

(2) 용접경화시험

용접경화시험은 용융열에 의한 내부 경화상태를 파악하기 위함으로 탄소량의 함유량에 따라 경화정도는 다르게 나타난다.

(3) 용접연성시험

용접연성시험은 인접 모재와의 유연성의 정도를 시험하여 내부응력에 따른 변화를 파악한다.

(4) 용접균열시험

용접균열시험은 노치와 취성과 관계가 있으며, 미세균열의 유무에 따라 거시적 균열로 진전할 수 있는 상태를 시험한다.

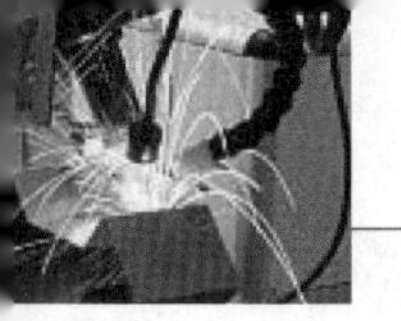

(5) 낙하시험

낙하시험은 구조물의 용접부위가 낙하로 인한 내충격력을 파악하기 위한 시험이다.

(6) 압력시험

압력시험은 용접부위가 밀폐 공간 상태에서 누수여부를 파악하기 위한 시험이다.

22. 건축, 교량의 구조용 용접재료에 많이 사용되는 5가지 구조용 압연강판(KS D3515의 SM490B, SM520C, SM570과 KS D3868의 HSB500, HSB600)의 샤르피(Charpy V-notch) 충격시험온도 및 흡수에너지 값에 대하여 각각 얼마인지 설명

1 건축, 교량의 구조용 용접재료에 많이 사용되는 5가지 구조용 압연강판

(1) 용접구조용 압연 강재는 형태가 양호하고 품질이 균일하여야 하며 사용상 해로운 결함이 없어야 한다.

(2) 용접구조용 압연 강재의 화학 성분은 레이들 분석으로 표 1에 따른다.

(3) 용접구조용 압연 강재의 기계적 성질은 표 2에 따른다. 다만 굴곡의 경우 바깥쪽에 균열이 생겨서는 안 된다.

(4) 두께 12mm를 초과하는 용접구조용 압연 강재의 충격시험은 표 3에 따른다. 다만 충격에 대한 샤르피 흡수에너지는 3개 시험편의 평균값으로 정한다.

(5) 탄소당량 및 용접 갈라짐 감수성 조성은 표 4에 따른다. 다만 용접구조용 압연 강재의 두께가 100mm 이상일 경우에 탄소당량 용접 갈라짐 감수성 조성은 인수 인도 당사자 사이의 협정에 따라 적용할 수 있다.

(6) 용접부분의 최대경도는 두께 12mm 이상의 강재에 대하여는 적용하지 않고 Hv(10) 350 이하이어야 한다.

(7) 비드(Bead) 굴곡은 두께 19mm를 초과하는 강재에 대하여서는 적용하지 않으며, 열 영향부분에 균열(용접 끝부분으로부터 약 2mm)이 생길 때까지의 굴곡각도는 그림 1의 곡선이 표시하는 값 이상이어야 한다. 다만, 시험기의 용량에 따라서 원래의 두께에 용접 비드를 할 때는 반대측 표면으로부터 판 두께를 깎아내어 굴곡시험을 하여도 좋다. 이때 그림 1의 판 두께는 깎아낸 후의 판 두께를 취한다.

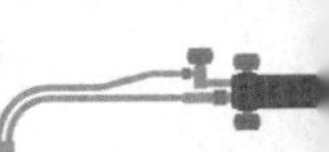

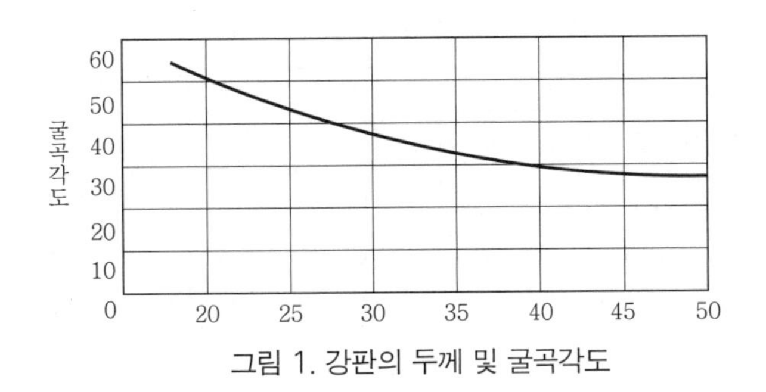

그림 1. 강판의 두께 및 굴곡각도

표 1. 용접구조용 압연 강재의 화학 성분

종류		기호	화학 성분 (%)				
			C	Si	Mn	P	S
1종	A	SM 400 A	두께 50mm 이하 0.23 이하 두께 50mm 초과 200mm 이하 0.25 이하	-	2.5×C 이상(1)	0.035 이하	0.035 이하
	B	SM 400 B	두께 50mm 이하 0.20 이하 두께 50mm 초과 200mm 이하 0.22 이하	0.35 이하	0.60~1.40	0.035 이하	0.035 이하
	C	SM 400 C	두께 100mm 이하 0.18 이하	0.35 이하	1.40 이하	0.035 이하	0.035 이하
2종	A	SM 490 A	두께 50mm 이하 0.20 이하 두께 50mm 초과 200mm 이하 0.22 이하	0.55 이하	1.60 이하	0.035 이하	0.035 이하
	B	SM 490 B	두께 50mm 이하 0.18 이하 두께 50mm 초과 200mm 이하 0.20 이하	0.55 이하	1.60 이하	0.035 이하	0.035 이하
	C	SM 490 C	두께 100mm 이하 0.18 이하	0.55 이하	1.60 이하	0.035 이하	0.035 이하
3종	A	SM 490 YA	두께 100mm 이하 0.20 이하	0.55 이하	1.60 이하	0.035 이하	0.035 이하
	B	SM 490 YB					
4종	B	SM 520 B	두께 100mm 이하 0.20 이하	0.55 이하	1.60 이하	0.035 이하	0.035 이하
	C	SM 520 C					
5종		SM 570	두께 100mm 이하 0.18 이하	0.55 이하	1.60 이하	0.035 이하	0.035 이하

주 (1) C값은 레이들 분석값을 적용한다.

비고: 1. 필요에 따라 규정 성분 이외의 합금원소를 첨가할 수 있다.

2. SM 520 B, SM 520 C 및 SM 570의 두께 100mm를 초과하고, 150mm 이하인 강판의 화학 성분은 인수, 인도 당사자 사이의 협정에 따른다.

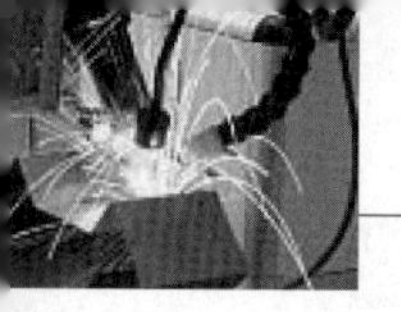

표 2. 용접구조용 압연 강재의 기계적 성질

종류	기 호	인 장 시 험										
		항복점 또는 내력 N/mm²(kgf/mm²)						인장강도 N/mm²(kgf/mm²)		연 신 율		
		강재의 두께(mm)						강재의 두께 (mm)		강재의 두께 (mm)	시험편	연신율 (%)
		16 이하	16 초과 40 이하	40 초과 75 이하	75 초과 100 이하	100 초과 160 이하	160 초과 200 이하	100 이하	100 초과 200 이하			
1종	SM400A	245 이상 (25 이상)	235 이상 (24 이상)	215 이상 (22 이상)	215 이상 (22 이상)	205 이상 (21 이상)	195 이상 (20 이상)	400-510 (41-52)	400-510 (41-52)	5 이하	5 호	23 이상
	SM400B									5 초과 16 이하	1A호	18 이상
	SM400C					-	-			16 초과 50 이하	1A호	22 이상
										40 초과하는 것	4 호	24 이상
2종	SM490A	325 이상 (33 이상)	315 이상 (32 이상)	295 이상 (30 이상)	295 이상 (30 이상)	285 이상 (29 이상)	275 이상 (28 이상)	490-610 (50-62)	490-610 (50-62)	5 이하	5 호	22 이상
	SM490B									5 초과 16 이하	1A호	17 이상
	SM490C					-	-			16 초과 50 이하	1A호	21 이상
										40 초과하는 것	4 호	23 이상
3종	SM490YA SM490YB	365 이상 (37 이상)	355 이상 (36 이상)	335 이상 (34 이상)	325 이상 (33 이상)	-	-	490-610 (50-62)		5 이하	5 호	19 이상
										5 초과 16 이하	1A호	15 이상
										16 초과 50 이하	1A호	19 이상
										40 초과하는 것	4 호	21 이상
4종	SM520B SM520C	365 이상 (37 이상)	355 이상 (36 이상)	335 이상 (34 이상)	325 이상 (33 이상)	-	-	520-640 (53-65)		5 이하	5 호	19 이상
										5 초과 16 이하	1A호	15 이상
										16 초과 50 이하	1A호	19 이상
										40 초과하는 것	4 호	21 이상
5종	SM520C	460 이상 (47 이상)	450 이상 (46 이상)	430 이상 (44 이상)	420 이상 (43 이상)	-	-	570-720 (58-73)		5 이하	5 호	19 이상
										16 초과 50 이하	5호	26 이상
										20 초과하는 것	4 호	20 이상

비고: 1. 강대의 양끝에 대하여는 상기 표를 적용하지 않는다.
2. 두께 90mm를 초과하는 강판의 4호 시험편의 연신율은 두께 25.0mm 또는 그 끝수를 늘릴 때마다 상기 표의 연신율 값에서 1%를 줄인다. 다만, 줄이는 한도는 3%로 한다.
3. SM 520 B, SM 520 C 및 SM 570의 두께 100mm를 초과하고, 150mm 이하인 강판의 항복점 또는 내력, 인장 강도 및 연신율은 인수 인도 당사자 협정에 따른다.

표 3. 용접구조용 압연 강재의 충격시험 기준

종류		기호	적요		
			시험온도(℃)	샤르피흡수에너지 J(kgf.m)	시험편
1종	B	SM 400 B	0	28(2.8) 이상	4호 압연방향
	C	SM 400 C	0	47(2.8) 이상	
2종	B	SM 490 B	0	27(2.8) 이상	
	C	SM 490 C	0	47(2.8) 이상	
3종	B	SM 490 YB	0	27(2.8) 이상	
4종	B	SM 520 B	0	27(2.8) 이상	
	C	SM 570 C	0	47(4.8) 이상	
5종		SM 570	-5	47(4.8) 이상	

표 4. 탄소당량 및 용접 갈라짐 감수성 조성

구 분		담금질(Quenching tempering)한 SM 570		열가공 제어를 한 강판 SM 490A, SM 490YA, SM 490B SM 490YB, SM 490C		SM 520B, SM 420C	
		탄소당량(%)	용접갈라짐 감수성 조성(%)	탄소당량(%)	용접갈라짐 감수성 조성(%)	탄소당량(%)	용접 갈라짐 감수성 조성
적용할 두께(mm)	50 이하	0.44 이하	0.28 이하	0.38 이하	0.24 이하	0.40 이하	0.26 이하
	50 초과 100 이하	0.47 이하	0.30 이하	0.40 이하	0.26 이하	0.42 이하	0.27 이하
	100 초과	인수, 인도 당사자 간의 협정에 따른다.					

23. 초음파탐상시험에서 불감대(Dead Zone)

1 개요

시험면과 탐촉자의 원활한 접촉을 위해 일반적으로 액체 접촉매질을 사용하는데, 시험체의 형상에 따라 접촉의 정도가 달라져 검사결과에 영향을 줄 수 있다. 또한 탐촉자를 시험면에 주사할 때 검사원이 탐촉자를 누르는 압력의 변화에 따라서도 검사결과에 영향을 줄 수 있으며 불감대가 존재한다. 탐촉자에서 초음파가 발생되는 면 근처에서는 불감대(Dead Zone)가 있어 정확한 검사결과를 얻을 수 없으며, 시험체의 두께가 매우 얇은 경우에는 초음파를 시험면에 직접 접촉하여 검사할 수 없을 경우가 많이 발생한다. 검사자의 폭넓은 지식과 경험이 필요하며, 결함과 초음파 빔의 방향에 따른 영향이 클 뿐만 아니라, 결함종류의 식별이 극히 곤란한 경우가 많이 발생한다.

2 불감대(Dead Zone)

송신펄스 폭 때문에 탐상을 할 수 없는 최소 빔 노정이다. 즉 시험체 표면에서 가까운 부분은 송신펄스의 영향으로 인하여 지시 신호가 펄스 신호에 묻혀서 지시 신호의 구별이 어렵게 되는데, 이 영역을 말한다. 따라서 불감대는 짧을수록 좋다.

24. 용접 시공 시 용접 전 육안검사에서 검토해야 하고 확인해야 하는 사항

1 개요

최종 용접물이 사양서, 절차서 및 코드의 요구사항을 만족하고 있다는 확신을 얻기 위하여는

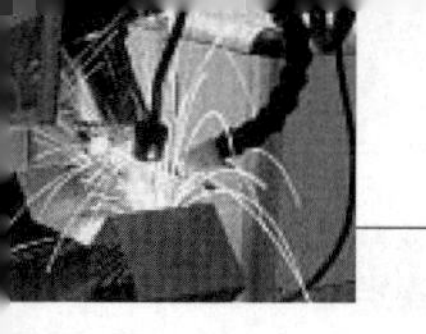

용접 전에 여러 가지 검사를 수행해야 한다. 만일 용접 전의 조건이 사양서, 절차서 및 코드의 요구사항을 만족시키지 못한다면 최종 용접물도 만족스럽지 못하기 쉽다. 용접 시작 전에 문제를 발견함으로써 수정에 소요되는 비용과 시간을 최소로 할 수 있다. 이것은 비용이 많이 들고 시간 소모가 많이 드는 용접 제품의 재작업, 수정작업, 폐기 등을 방지하여 큰 절약이 될 수 있다.

2 용접 시공 시 용접 전 육안검사에서 검토해야 하고 확인해야 하는 사항

(1) 용접 절차서

용접 검사원은 특정 용접부위에 있어서 사용되고 있는 절차서가 그 회사의 기술부서 내에서 승인되었는지를 확인해야 한다. 일반적으로 이러한 승인은 용접 절차서를 도면상 또는 사양서에 표시하고 있다. 이러한 도면이나 사양은 통상 기술부서의 공사 담당자 또는 책임자급에 의해 서명되는데, 어떤 회사에서는 용접 기사 등과 같은 타 조직에 의한 승인도 받아들여지고 있다. 용접 검사원은 사용 중인 절차서가 완전하고, 검토 조직에 의해 승인되었으며, 시험을 통하여 확인되었음을 확인해야 한다.

(2) 재료 적합성

용접면이 고르고 용접부위가 충분한 요구 강도를 갖고 있음을 확인하기 위하여 용접 검사원은 모재, 용접봉, 용접 가스 등이 적절히 확인되고, 절차서 및 사양서의 요구사항에 따르고 있음을 확인해야 한다. 또한 용접 검사원은 용접개선 주변의 모재에 용납할 수 없는 불연속 부위가 없음을 확인해야 한다. 모재의 나머지 부분에 대해서도 용접물의 수령 시 또는 최종 검사 시에 불연속 부위에 대한 검사가 있어야 한다.

(3) 개선 및 착부상태

용접 검사원은 개선상태가 용접 절차서의 요구사항을 만족시켜 주고 있는가를 확인하기 위하여 개선 상태를 검사한다. 이때 베벨각도, 루트간격, 반대쪽 구멍의 깊이 및 필요시 내부 및 외부 직경 등도 점검한다. 그리고 용접에서의 최소 두께가 침해되는가를 확인하여야 한다.

청소 상태가 절차서 및 사양서의 요구사항을 만족시키고 있는지를 확인하기 위하여 접합부 양면의 모재의 청소 상태를 검사해야 한다. 이 검사는 습기, 오염물(그리스, 기름, 윤활제, 페인트 등), 녹, scale 등을 점검한다. 용접 검사원은 용접부 설치 상태가 절차서 및 사양서의 요구사항을 만족시키고 있는지를 검사해야 한다.

이 검사는 루트간격 및 mismatch의 정도를 점검하는 것이다. AWS D1.1과 그 밖의 용접 규정을 따르는 구조용강의 용접에 있어서는 최종 용접 상태의 크기가 루트 간격만큼 최소 크기보다 증가했다는 것을 확인하기 위하여 필렛 용접에 있어서 루트 간격을 측정할 필요가 있다. 특히 용접 변형이 일어나기 쉬운 경우에는 용접에 앞서 조립물의 치수를 측정하는 것이 바람직하다. 차부 용접의 경우도 용접 시 변형을 피할 수 있는지, 균열이 없는지, 그리고 완전 용입이 가능하도록 준비되었는지 등이 용접 전에 검사되어야 한다.

(4) 용접장비

용접 검사자는 용접장비가 적절히 설치되었고 적합한 작업순서로 되어있는가를 점검해야 한다.

이때는 전원, 연결선, 와이어 송급기, 토치, 그리고 유량계 등을 점검해야 한다.

(5) Purge

Back purge가 요구될 때 용접 검사원은 용접에 앞서 back purge가 허용될 수 있는지를 점검해야 한다. 이는 유속, 파이프 직경, purge dam사이의 거리 등에 근거한 가스의 체적 변화의 횟수에 근거를 둔 것일 수 있고, 산소 분석기를 갖고 산소함량을 측정한 것에 근거를 둘 수도 있다.

(6) 예열

용접 검사원은 용접 전에 요구되는 예열이 행해지고 있는지를 점검해야 한다. 온도지시 Crayon, Pyrometer의 부착 또는 그 밖의 측정기구를 사용하여 용접 개선주위의 모재의 온도를 측정해야 한다.

(7) 용접사 자격

용접 검사원은 용접사가 특정 용접을 행하도록 자격이 주어졌는지를 확인해야 한다. 점검해야 할 요소는 용접과정, 모재의 두께, 용접봉, 용접 자세 등이다.

25. 강용접부의 모서리 및 T형 용접부에서 발생하는 라멜라 티어(Lamellar tear)의 시험방법

1 정의

십자형 맞대기이음부 및 필릿 다층용접 이음부와 같이 모재 표면에 직각방향으로 강한 인장 구속응력이 형성되는 이음부의 경우, 용접열영향부 및 그 인접부에 모재 표면과 평행하게 계단 형상으로 발생하는 균열을 말한다.

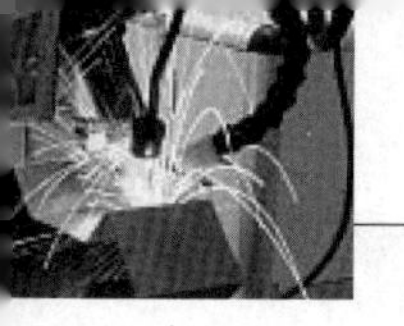

2 원인과 대책

균열은 저온균열로 모재의 두께방향 연성부족, 높은 구속도, 연신된 개재물의 높은 체적분율, 두께방향의 잔류응력을 증가시키는 디자인 또는 용접시공 때문에 발생한다. 따라서 라멜라 티어를 방지하기 위해서는 적절한 강재의 선정, 두께방향으로의 구속응력을 완화시킬 수 있는 이음부의 설계, 용접봉의 건조, 적정한 입열과 예열 및 층간온도의 선정 등이 필요하다.

3 시험방법

라멜라 티어 감수성을 평가하기 위한 시험으로는 두께방향 인장시험, 창형십자 균열시험, 크랜필드시험, H형 구속균열시험 등이 있다.

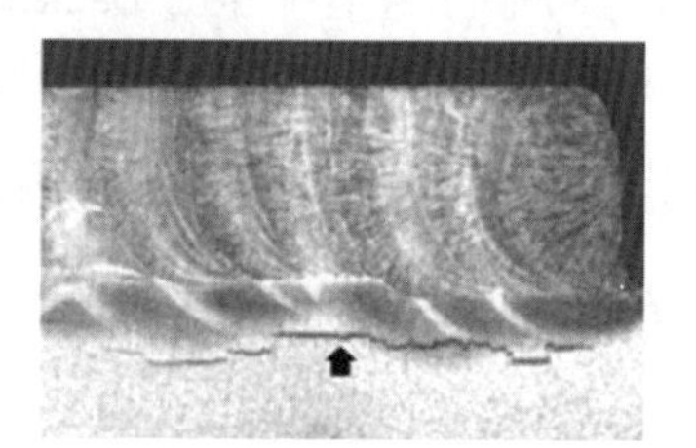

그림 1. 라멜라 티어의 발생 예

26. 초음파탐상검사에서 접촉매질(Couplant)의 사용목적과 선정 시 고려사항

1 접촉매질의 역할

탐촉자와 시험편 사이의 공기의 층을 없애 초음파가 잘 통과할 수 있도록 통로를 만드는 역할을 하며, 거친 표면을 채워서 불균일한 표면을 평평하게 만든다.

2 접촉매질의 종류

많은 종류의 액체, 반액체, 풀 및 때때로 고형의 매질까지도 이용되며, 접촉매질은 충분히 젖어있는 상태로 시험편 표면과 탐촉자 표면에 접촉되어 표면사이로부터 공기를 제거하여야 한다.

Wetting agent(수접 방지제)는 좋은 접착성을 갖도록 점성을 주기 위해 첨가하는데(수침법), 접촉매질의 재료는 동질이며 고체입자 또는 기포 등이 없어야 한다. 실제 사용되는 접촉매질은 적용과 제거가 쉽고 표면에 머무르는 성질이 있어야 한다.

3 접촉매질의 선택

접촉매질의 선택은 시험편 표면의 조건이 중요한 요인이 되며 물, 글리세린 혼합제 또는 맑은 기름은 시험표면이 비교적 매끄러운 경우에 적당하다. 약간 거친 표면은 중간 정도의 점도를 갖는 기름을 사용하고, 거칠거나 수직인 표면에는 중유나 구리스를 사용하며, 시험편의 성분이나 온도에 따라서 액체 또는 풀 형태로 된 접촉매질을 사용할 수 없을 때는 얇은 고무와 같은 재료를 사용하기도 한다.

4 접촉매질의 적용

모든 경우에서 접촉매질의 막은 가능한 한 얇을수록 좋은데, 탐촉자와 시험편 표면사이의 음에너지를 일정하게 연결시킬 수 있어야 하며 접촉매질이 두꺼우면 감쇄 및 간섭현상으로 음에너지를 손실하게 된다. 접촉매질의 두께가 일정하지 않으면 쐐기와 같은 작용을 하여 지시모양의 혼란과 음에너지의 입사방향의 변화가 생기며, 접촉매질은 되도록이면 시험편의 음향 임피던스와 근접한 것을 써서 불필요한 음에너지의 손실을 막는다.

SECTION 27. 용접부 잔류응력 및 내부응력검사에 이용하는 검사방법

1 개요

잔류응력을 측정하기 위한 일반적인 방법은 크게 기계적 방법과 물리적 방법으로 나눌 수 있다. 우선 기계적 방법으로는 홀드릴링(hole drilling), 톱절단(saw cutting)방법과 같이 피측정물을 부분적 또는 전체를 절단하여 발생하는 변형률(strain)의 변화를 스트레인 게이지(strain guage)로 측정하고, 이로부터 응력-변형률의 탄성영역에서의 선형적인 관계를 이용하여 잔류응력을 평가하는 응력이완에 의한 방법으로서 비교적 정확한 측정이 가능하다. 물리적인 시험법은 X-선 회절(X-ray diffraction)방법, 자기적 방법인 바크하우젠 노이즈(BHN, Barkhausen Noise)방법, 초음파법(ultrasonic method), 금속의 탄소성 특성을 이용한 압입시험법(Indentation method) 등과 같이 재료 고유의 특성에 대하여 비파괴적인 방법으로 잔류응력을 평가하는 방법이다.

2 용접부 잔류응력 및 내부응력검사에 이용하는 검사방법

(1) 응력이완 기술

1) 기계적 방법

응력이완 기술은 잔류응력에 대해 시편을 절단하거나 또는 시편의 일부를 제거했을 때 발생하는 탄성변위의 이완을 Strain Gauge를 이용하여 측정하는 방법이다. 응력이완 기술에 의한 잔류응력 측정은 정량적인 결과를 얻을 수 있는 방법이지만 구조물을 파괴해야 하는 단점이 있다.

기계적 측정방법으로는 크게 톱절단(saw cutting)방법과 홀드릴링(hole drilling)방법으로 나눌 수 있는데, 이 두 가지 방법 모두 잔류응력을 완화시키면서 발생하는 변형률의 변화를 스트레인 게이지로서 평가하고, 이로부터 구속되었던 잔류응력을 구한다는 공통점을 가지고 있다.

2) 물리적 성질을 이용하는 법

① X-선 시험법(X-ray Diffraction Method)

물리적인 잔류응력 평가법으로서 가장 널리 알려진 X-선 회절시험법은 앞에서 소개한 기계적 시험법이 재료를 직접 절단하는 시험법인 반면에 주어진 시험편을 절단하지 않고 평가할 수 있고 국소부위에 대한 평가가 가능하다는 장점 때문에 오랫동안 잔류응력 측정법으로 사용되어왔다 .

② 초음파에 의한 방법(Ultrasonic Method)

초음파를 이용하여 잔류응력을 측정하는 기본원리는 고체에 힘이 작용할 경우 원자의 간격이 변하여 초음파의 속도가 바뀌게 되는 것을 이용하는 방법이다.

③ 자기적 방법을 이용한 잔류응력 측정기술

강자성체에 있어서 자기적 현미경 구조는 자구로 구성되어 있고 자구 안에서는 원자의 자기적 모멘트가 배열되어 있다. 각 자구들은 자구벽에 의하여 서로가 구별되는데, 예를 들어 〈100〉방향으로 쉽게 자화되는 철과 같은 재료에 있어서는 자기적 모멘트의 방향이 자구 안에서 90°나 180° 변한다. 그 벽을 90°나 180°벽이라고 부른다. 만약에 자구벽이 결정립계나 다른 불순물들과 만나게 될 때에는 자구 방향의 차이가 90°나 180°와 다르게 된다. 자구의 모양과 크기는 조성, 온도, 현미경 조직, 불순물 그리고 응력상태에 따라 달라진다.

잔류응력이 존재하는 시편에 압입을 행할 경우 그림 1과 같은 현상을 나타내게 된다. 즉 경도값에는 차이가 없지만 재료가 반응하는 현상에는 차이를 보여 연속적으로 하중과 변위를 측정하게 되면 그 값에 차이를 보이게 된다.

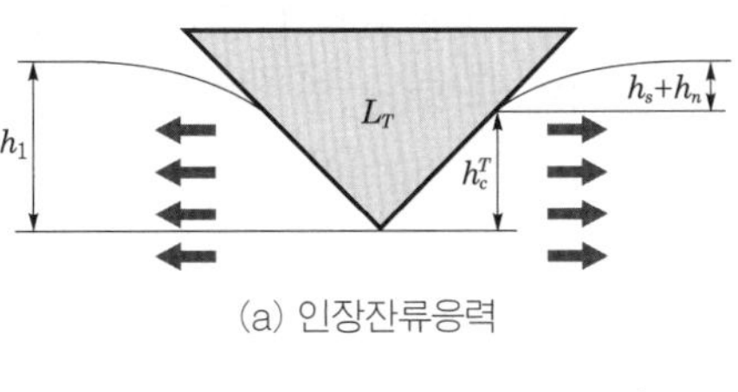

(a) 인장잔류응력

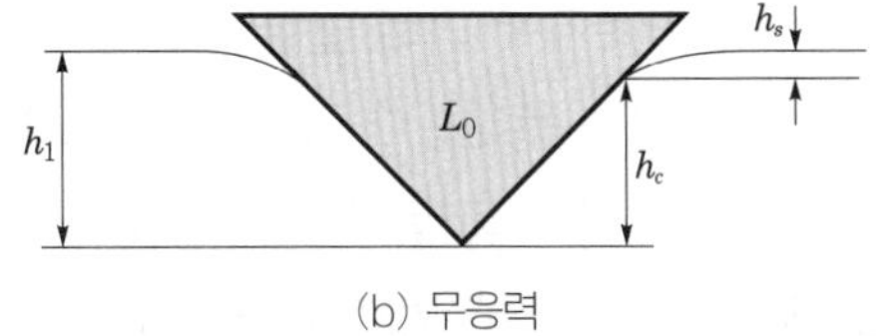

(b) 무응력

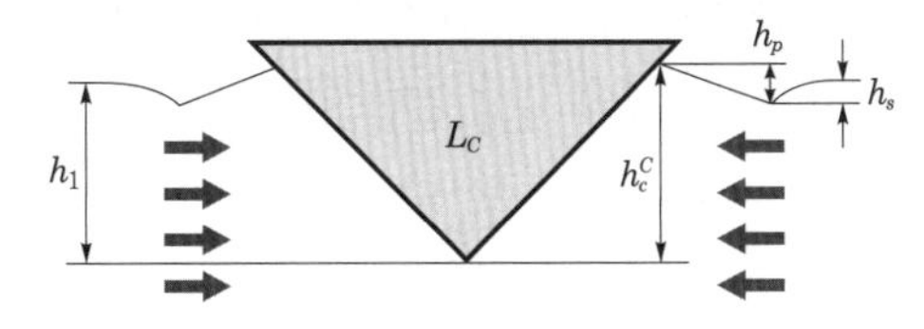

(c) 압축잔류응력이 존재하는 경우

그림 1. 이론적으로 모델링된 압입자 주위의 표면 형상

28. TOFD(Time of Flight Diffraction)와 초음파탐상검사(UT) 비교

1 개요

TOFD(Time of Flight Diffraction)법은 초음파탐상시험(UT)에 속하는 방법이나 보통의 UT에서 측정이 곤란한 결함 높이를 고정밀도로 구하는 방법으로 1980년대에 영국에서 개발되었다.

TOFD법은 1993년 BS규격으로, 그 수년 후 미국 ASME 규격에서 RT의 대체기술로 적용이 가능하게 되었다. 현재 TOFD법은 용접부의 비파괴검사 방법으로 널리 알려지게 되어 기존 설비의 진단기술로 매우 중요시되어 있다.

2 TOFD법의 원리와 규격

(1) TOFD법의 원리

용접부를 사이에 두고 송신과 수신, 2개의 종파 사각 탐촉자를 대향 배치하여 종파초음파를 시험체 내부에 송신하며, 양 탐촉자의 거리를 일정하게 유지하면서 용접선에 따라 주사한다. 결함이 존재하면 D스캔 화면상에 표면 근방을 전파하는 측면파(Lateral wave)와 뒷면 반사파 사이에 결함 상단 및 하단으로부터 회절파가 검출되기 때문에 화면을 관찰함으로써 결함 유무를 판정할 수 있다.

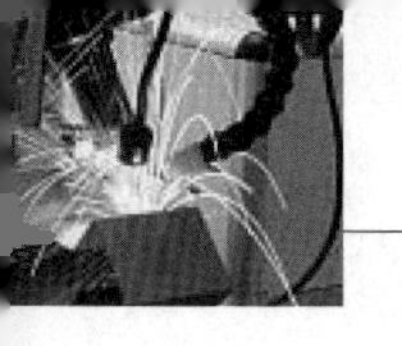

결함 높이는 결함 상단과 하단으로부터의 회절파와 측면파의 검출시간의 차이, 시험체 중의 종파음속 및 탐촉자 간 거리를 이용하여 구할 수 있으며 전용의 소프트웨어에 의해 자동적으로 계산된다.

(2) TOFD법의 특징

일반적인 UT에서는 송수신 일체의 탐촉자에 의해 결함으로부터의 반사파를 검출하여 그 강도나 탐촉자 이동거리로부터 결함의 크기를 추정한다. 그러나 TOFD법은 결함의 상단과 하단에서의 회절파를 이용하기 때문에 결함 높이를 고정밀도로 측정할 수 있다. 또한 광범위하게 퍼지는 종파초음파를 이용하기 때문에 결함검출 가능범위가 넓어 검사시간의 단축을 기대할 수 있다. TOFD법에서는 송신과 수신 탐촉자 간의 표면층과 시험체 뒷면 표층부에 불감대(결함 검출이 불가능한 범위)가 존재함으로 이 부분에서의 결함검출이 필요한 경우에는 별도의 보완검사가 필요하다.

(3) TOFD법의 규격

TOFD법은 국제적으로 표 1과 같이 규격화되어 보일러 또는 압력용기 제작 시 용접부에 적극적으로 적용되고 있다.

표 1. TOFD법의 규격

국제규격	ISO 10863 : 2011 ISO 15626 : 2011
미국	ASME Code Section V Article 4 Appendix III ASME Code Section VIII Division 2 ASME Code Case 2235 ASTM E 2373-09
영국	BS 7706 : 1993
유럽	ENV 583-6 CEN/TS 14751
일본	NDIS 2423 : 2001 JEAC 4207 : 2008

29. 용접부의 육안검사 절차에 포함되어야 할 항목 5가지를 쓰고 설명

1 개요

육안검사는 비파괴검사의 한 분야로 제품의 조건에 따라서 다른 여러 가지 비파괴검사와 함께 적용되어 표면균열의 검출과 맞대기 용접의 입체적인 검사도 가능하다.

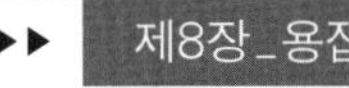

육안검사의 지침과 기본적인 요구사항은 BS EN 970(Non-destructive Examination of Fusion Welds-Visual Examination)에서 언급하고 있다.

2 육안검사의 기본적인 요구사항(BS EN 970)

다음의 사항을 언급하고 있다.

(1) 용접 검사원에 관한 요구사항
(2) 육안검사를 위해 적합한 조건에 관한 추천사항
(3) 용접검사에 필요하고 도움이 되는 검사기구의 사용
(4) 제작 공정 중에 필요한 검사에 대한 지침
(5) 검사보고서에 포함되어야 하는 정보에 대한 지침

3 용접육안검사의 조건

(1) 조명

BS EN 970은 최소한 350Lux의 조명을 요구하지만 500Lux를 추천하고 있다(일반적인 공장과 사무실의 조명을 의미한다).

(2) 접근성

검사해야 할 표면을 직접 검사할 수 있어야 하고, 시야의 각도는 30도보다 작지 않도록 유지해야 한다.

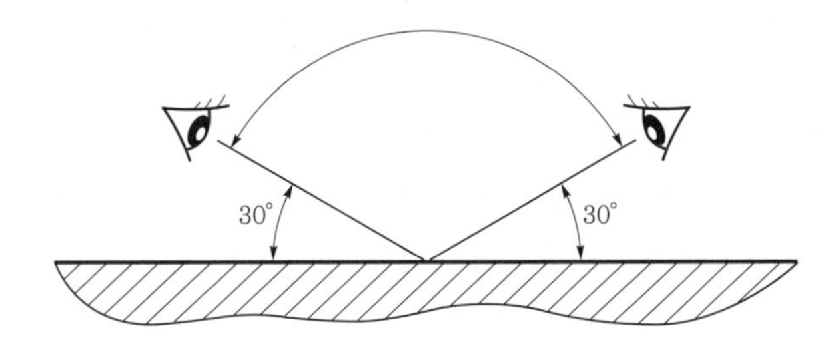

그림 1. 시험을 위한 눈의 위치

4 육안검사에 필요한 공구

직접 육안검사가 어렵고 접근이 제한된 장소에서는 보로스코프나 내시경을 사용할 수 있다. 보통은 계약 쌍방의 협의에 따라서 결정하게 된다. 또 적절한 대비 조명을 얻기 위해서 보조전등의 사용이 필수적인 경우도 있다. 배경과 표면결함 사이의 돌기 같은 요철 표면의 그림자 효과를 이용할 수 있다. 그 외의 용접검사에 활용할 수 있는 기구들은 다음과 같다.

(1) 용접게이지(개선각도, 용접형상, 필렛용접 크기, 언더컷 측정 등에 사용)
(2) 갭게이지와 하이로우(high-low)게이지

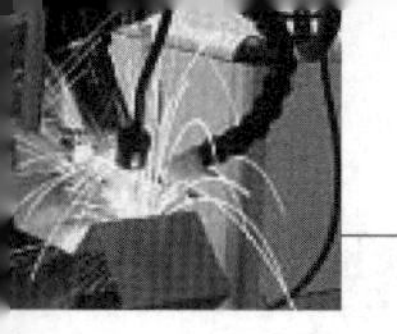

(3) 직선자와 줄자
(4) 확대경(용접검사를 위한 확대경은 X2 또는 X5를 사용한다)

5 육안검사가 요구되는 단계

(1) 용접 전(before welding) 검사
(2) 용접 중(during welding) 검사
(3) 용접 후(after welding) 검사
BS EN 970은 일반적으로 용접이 완성된 상태에서 검사하도록 하고 있다.

30. 오스테나이트계 스테인리스강(austenitic stainless steel)을 이용한 용접부의 인장시험에서 기계적 성질을 나타내는 항목 3가지와 항복점(yield point)의 결정방법에 대하여 그림을 그리고 설명

1 개요

스테인리스강은 우수한 내식성과 기계적 성질 때문에 많은 산업에서 널리 사용되고 있다. 특히 오스테나이트계 스테인리스강의 용접기술은 발전플랜트 및 석유화학 등 에너지 산업에서 중요한 역할을 담당하고 있다. 일반적으로 오스테나이트계 스테인리스강의 용접부 및 열영향부에서는 고온응고균열(solidification cracking)과 용접부식(weld decay)이 발생할 수 있다.

오스테나이트계 스테인리스강의 조성은 일반적으로 16~25% Cr과 7~20% Ni를 함유한 Fe-Cr-Ni의 삼원계를 중심으로 한다. Cr은 페라이트(α-Fe, δ-Fe)조직을 안정화시켜 폐오스테나이트루프(closed γ loop)를 형성시킨다. Ni는 오스테나이트(γ-Fe)조직의 안정 구역을 확장하고, 마르텐사이트 조직이 형성되기 시작하는 온도를 낮추어 상온에서 오스테나이트 조직을 안정화 시킨다.

2 오스테나이트계 스테인리스강(austenitic stainless steel)을 이용한 용접부의 인장시험에서 기계적 성질을 나타내는 항목 3가지와 항복점(yield point)의 결정방법

특성을 평가하기 위하여 5개의 시편을 이용하여 인장시험을 실시한 결과, 용접시험편의 항복 및 인장강도는 모재시험편에 비하여 증가되어 있음을 알 수 있었다. 변형률의 경우에는 용접시험편이 모재보다 감소되어 있음을 알 수 있다.

또한 모재시험편의 정적거동을 나타낸 그림 1(점선)로부터 STS304 재질의 모재시험편의 항복 및 인장강도는 데이터의 산포 현상이 거의 발생하지 않고 있으며, 이러한 경향은 파괴변형률의 경우에도 동일하게 나타나고 있음을 알 수 있다.

그러나 용접시험편 정적거동을 나타낸 그림 1(실선)를 살펴보면 용접시험편의 경우에는 모재시험편의 경우에 비하여 항복강도, 인장강도 및 파괴변형률의 산포현상이 상당히 크게 발생함을 알 수 있다.

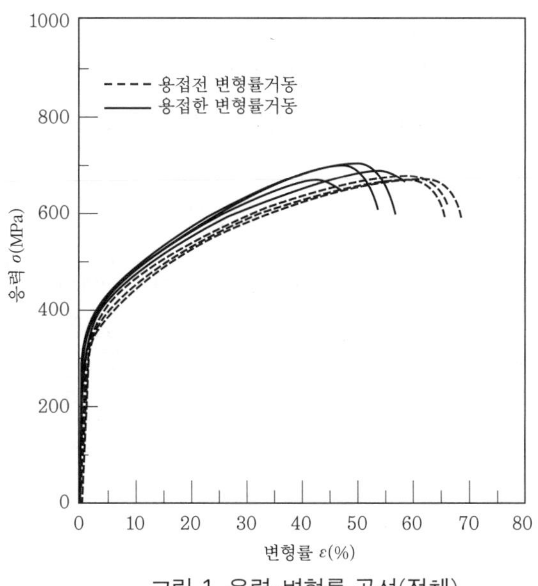

그림 1. 응력-변형률 곡선(전체)

그림에서 알 수 있듯이 용접시험편의 항복 및 인장강도는 모재시험편에 비하여 증가되어 있음을 알 수 있고, 또한 변형률의 경우에는 용접시험편의 경우가 감소되어 있음을 알 수 있으며, 이는 용접으로 인한 취성의 증가에 기인한다고 판단된다.

표 1. 강도와 신장율(용접하지 않은 재료)

No	Yield Strength(MPa)	Tensile Strength(MPa)	Fracture Strain(%)
1	311.07	658.85	66.95
2	315.59	662.60	68.48
3	311.92	658.84	65.97
4	323.99	671.30	66.67
5	316.34	659.04	69.59
Average	315.78	662.12	67.46
St.dev	5.12	5.37	1.52

이러한 경향을 보다 명확히 검토하기 위하여 항복강도, 인장강도 및 파괴변형률 자료를 표 1, 표 2에 정리하여 나타내었다. 항복강도의 경우 용접시험편의 경우가 약간 증가된 결과를 보이고 있으나 용접시험편의 인장강도의 경우 모재시험편에 비하여 상당한 증가를 나타내고 있으며, 특히 재질의 연성을 나타내는 변형률의 경우 용접시험편에 급격한 감소양상을 보이고 있다.

이러한 경향의 원인은 용접에 따른 재료의 취성 강화로 판단되며, 이로부터 STS304 재질의 정적강도 특성은 용접의 영향을 크게 받음을 알 수 있다. 이러한 용접의 영향을 보다 면밀히 검토하기 위하여 용접시험편을 대상으로 용접 중심선으로부터 모재방향으로의 로크웰 경도(Rockwell hardness)를 측정하여 이의 결과를 그림 2에 나타내었다.

표 2. 강도와 신장율(용접한 재료)

No	Yield Strength (MPa)	Tensile Strength (MPa)	Fracture Strain (%)
1	341.22	681.78	57.02
2	327.71	697.36	57.22
3	218.34	692.07	54.47
4	294.96	666.70	41.21
5	297.83	664.68	46.33
Average	316.01	680.52	51.25
St.dev	19.69	14.67	7.15

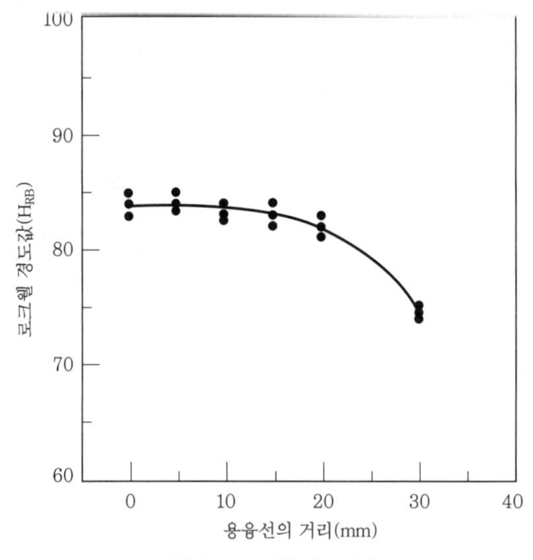

그림 2. 로크웰 경도 분포도

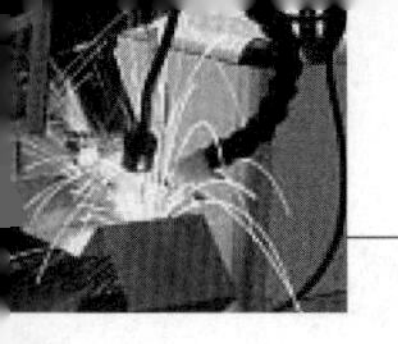

그림 2에서 알 수 있듯이 용접 중심점에 가까울수록, 즉 열영향부(HAZ, Heat Affected Zone)에서는 경도가 증가하고 반대로 용접 중심점에서 멀어질수록 용접으로 인한 열영향을 받지 않은 모재부에서는 이의 크기가 용접 중심점에 비하여 20% 감소됨을 알 수 있었다. 이러한 경향은 용접으로 인한 열영향이 존재하면 재료의 취화현상으로 인하여 취약해지는 현상으로 설명될 수 있다.

31. 방사선투과검사(RT)의 필름상에 나타난 용접결함의 판독방법과 특징 및 작업순서

1 원리

그림에서와 같이 용접이음의 한쪽에서 방사선을 입사시켜 다른 한쪽의 방사선에 의하여 감광되는 필름을 놓고 모재부와 용접부와의 두께 차에 의해(보통 덧살이 있기 때문에 용접부 쪽이 두껍다) 방사선의 투과량(필름의 투과량)이 달라지고 용접부는 모재부와 구별된다. 또한, 용접부의 표면 또는 내부에 큰 결함이 있다면 그 부분의 투과량(감광량)이 다른 부분과 다르기 때문에 이것을 쉽게 검출할 수 있다.

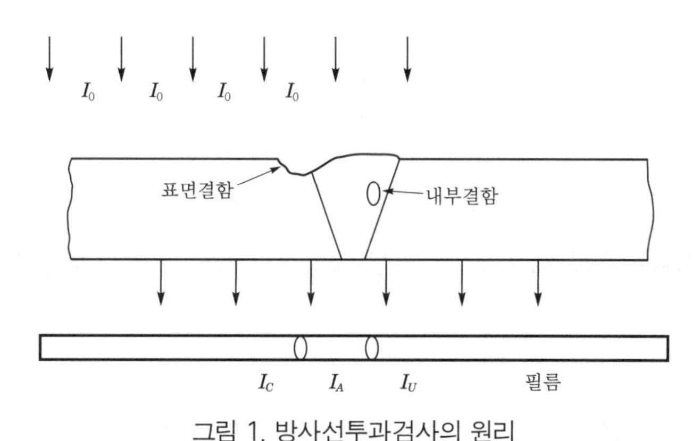

그림 1. 방사선투과검사의 원리

이와 같이 RT는 검사물을 투과한 방사선을 감광한 필름의 농도차(Contrast)에 의하여 판정하는 검사법이다. RT에 의하여 검출되는 결함으로는 균열(Crack), 용입부족(Incomplate-Penetration), 융합불량(Lock of Fusion), 기공(Porosity), 슬래그개입(Slag Inclusion), 언더컷(Undercut) 등이 있다.

2 RT의 특성

(1) 결함을 눈으로 확인할 수 있다.

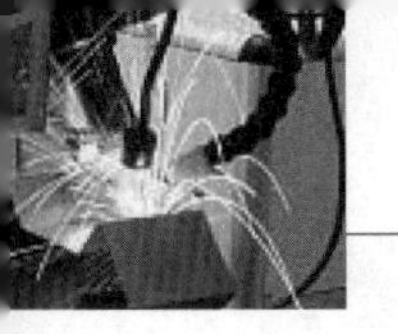

(2) 결함의 종류를 알 수 있다.
(3) 국내에서 가장 많이 사용되고 있는 검사법이다.
(4) 방사선 피폭에 주의하여야 한다.
(5) 주위에 사람이 있으면 안 되므로 주로 야간에 검사하여야 한다.
(6) X선은 얇은 두께의 물체 촬영에, γ선은 두꺼운 물체의 촬영에 보통 쓰인다.

3 RT의 작업순서

RT의 작업순서는 다음과 같다.

부재확인→장비조작 및 점검→촬영배치→촬영→필름현상(암실작업-현-정지-정착-세척-건조)→판독→보고서 작성 순이다. RT 작업 시에는 반드시 개인피폭선량계(Film Badge, Plket Dosimeter, Alarm monitor)를 착용하고 작업에 임하여야 하며, Survey mater로 주위선량 등을 수시로 측정하여야 한다.

4 촬영결과

KS B 0845에서 규정한 결함의 분류 및 등급 분류에 대한 사항을 나타낸다. 투과사진은 어두운 곳에서 충분히 밝은 필름 관찰기로 관찰한다. 결함의 분류는 다음과 같다.

(1) 제 1종 : 기공 및 이와 유사한 둥근 결함
(2) 제 2종 : 슬래그 혼입 및 이와 유사한 결함
(3) 제 3종 : 터짐 및 이와 유사한 결함으로 분류하고 있다.

32. 용접부 열화평가 방법인 연속압입시험 원리와 활용도

1 개요

현대 사회에서는 끊임없이 새로운 기술과 제품이 급속도로 쏟아져 나오고 있다. 재료분야도 예외가 아니어서 박막, MEMS 등의 미소재료를 비롯하여 초고강도강 등의 기존 벌크 재료에서도 신소재가 개발되고 있다.

이들 재료는 제조 목적에 관계없이 상용화가 되기 위해서는 일정 기준 이상의 기계적 특성을 만족시켜 신뢰성을 보장받아야 한다. 그러나 이들 신소재들은 크기가 매우 미소하거나, 국소 부위의 특성 변화가 존재하는 경우가 많기 때문에 일반적인 일축 인장시험 등의 적용이 불가능한 경우가 대부분이다. 이러한 단점을 개선하기 위해 개발되어온 차세대 실험법이 연속압입시험법(continuous indentation test)이다.

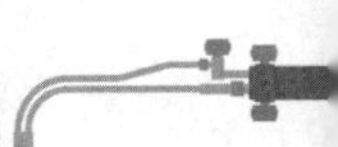

2 연속압입시험법의 기본 원리

과거로부터 브리넬, 빅커스 등 많은 연구자들이 경도와 탄성계수의 측정을 위해 압입시험을 수행하여 왔다면, 연속압입시험법은 그보다 한 차원 더 높은 수준의 압입시험법이라고 할 수 있다. 특히, 과학기술의 발달로 컴퓨터 등과 결합하여 넓은 범위의 스케일과 보다 정확한 하중-변위 곡선을 얻을 수 있게 되어, 연속압입시험을 통하여 기존의 경도와 탄성계수뿐 아니라 재료의 인장물성, 파괴인성, 잔류응력을 평가하는 수준까지 이르렀다.

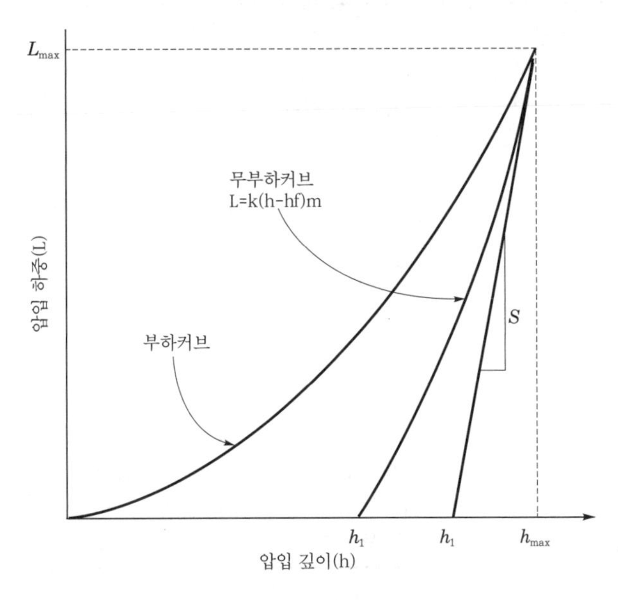

그림 1. 연속압입시험으로부터 얻어지는 하중-변위 곡선

연속압입시험기는 작게는 수 mN에서부터 크게 수백 kgf까지 제어할 수 있는 하중 구동부와 전달부, 그리고 압입 깊이를 실시간으로 체크하는 변위 센서로 구성되어, 기존의 경도 압입 시험과 다르게 하중 또는 압입 깊이를 제어하여 서서히 압입시험을 실행한 후 그에 따른 하중-변위 곡선을 얻는 것으로 수행된다.

연속압입시험으로부터 얻은 시험결과는 위 그림 1과 같이 나타난다. 기존의 일반적인 압입시험법에서는 하중제어를 통해 압흔의 면적을 관찰하여 경도를 평가했던 반면, 연속압입시험은 시시각각으로 변하는 하중과 압입 깊이를 화면으로 나타냄으로써 비파괴적이면서 재료의 미소단위 특성을 평가할 수 있다. 하중-변위 곡선에서 압입 깊이를 통해 압흔의 크기를 측정할 수 있고 이를 통해 경도를 측정할 수 있으며, 하중제거 곡선을 통해 얻은 Stiffness를 통하여 탄성계수 역시 얻을 수 있다. 또한 압입자의 형태를 달리하여 다양한 물성을 평가하는 연구가 진행되었고 잔류응력, 강도 등의 물성을 평가할 수 있게 되었다.

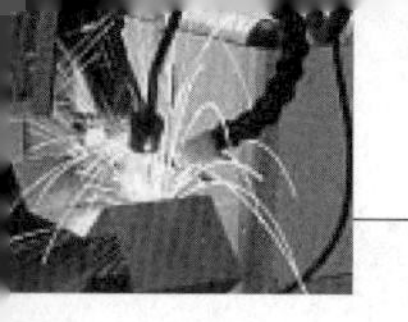

3 활용도

연속압입시험은 하중 범위에 따라 다양한 활용분야를 갖는다. 하중이 낮을수록 국소영역의 물성을 측정할 수 있다는 장점을 갖고 있으나, 실험의 재현성이 떨어지며 시편 준비가 어려운 등의 단점을 갖고 있다. 하중 범위에 따른 주요 활용가능 분야는 표 1과 같다.

표 1. 주요 활용가능 분야

하중 범위	주요 분야	활용 분야
Macro range (kgf order)	설비, 구조물의 안전진단	• 인장시험편 채취가 어려운 가동 전후 및 가동 중의 설비/구조물의 인장물성 평가 • 발전설비 및 유화설비 등 고온고압에서 운용되는 주요 설비의 열화 물성 및 수명 평가 • 신축된 설비/구조물 부재의 PQ(pre-qualification) 시험 • 철강 및 금속가공품 생산 공정 시 경제적이고 신속한 품질 검사
Micro range (gf order)	실험실적 국부영역 특성 평가	• 용접 열영향부와 같이 미세조직적 경사를 가진 국소영역의 강도 및 잔류응력 변화 평가 • 개발 중인 소규모 신합금의 기계적 특성 평가 • 다상 재료의 상별 강도 특성 평가
Nano range (mgf order)	극미소시편의 특성평가	• 박막의 공정별 신뢰성 평가를 통한 최적 공정 결정 • 반도체 공정에 사용되는 wafer 코팅의 강도 및 wear 특성 평가 • 치아, 뼈 등의 bio-materials의 계면부 특성 평가 • Cantilever beam 재료의 항복강도 및 탄성계수 평가

33. 강재 용접부의 안전진단 및 수명평가에 적용하는 초음파탐상검사(UT)와 음향방출검사(AE)의 차이점을 비교 설명

1 초음파탐상검사(Ultrasonic Testing)

(1) 원리

초음파탐상검사란 가청 주파수 이상의 주파수를 갖는 초음파를 이용하여 소재의 내부결함을 검출하거나 두께측정에 이용하는 것으로, 탐촉자에서 발생한 초음파는 소재의 내부로 침투되어 진행하며 초음파의 경로상에 결함이 존재할 경우, 그 결함에 의해 초음파는 반사되어 되돌아오고 그 신호를 받아 초음파가 진행한 거리만큼 CRT 화면에 신호로 나타나게 된다. CRT 화면에 나타난 신호의 위치 및 크기를 읽어 그 결함이 존재하는 깊이 및 크기를 평가한다.

시험체에 초음파를 전달하여 내부에 존재하는 불연속으로부터 반사한 초음파의 에너지량, 초음파의 진행시간 등을 분석하여 불연속의 위치 및 크기를 정확히 알아내는 방법으로서, 시험체 내의 불연속 시험체의 크기 및 두께, 시험체의 균일도 및 부식 상태 등의 검사에 적용하며,

이외에도 유속측정 및 콘크리트검사 등 그 적용범위가 매우 넓어지고 있다.

장점으로는 불연속의 위치를 정확히 알 수 있고, 검사결과를 즉시 알 수 있음은 물론이고 방사선과 같이 인체에 유해하지 않으며 균열과 같은 면상의 결함 검출능력이 탁월한 반면, 단점으로는 대부분의 경우 검사결과를 검사자의 검사보고서에 의존해야 하며 결함의 종류를 식별하기 어렵고 금속조직의 영향을 받기 쉽다는 점이다.

(2) 적용분야

초음파 결함 탐상에는 A-Scan방식, B-Scan방식, C-Scan방식을 적용하고 초음파 두께 측정에는 Corrosion 측정과 정밀측정 분야가 있으며, 또한 초음파 경도 측정, 구상화율 측정, 표면결함, 깊이 측정을 할 수 있다.

2 음향방출검사(Acoustic Emission Testing)

재료에 외력을 가하면 전위가 움직여 어느 점에서 수립하거나, 또는 쌍정변형을 일으켜 소성변형이 일어나게 되고 더 큰 힘을 받으면 균열이 발생한다. 전자일 경우 외부로 방출되는 에너지는 작고 연속적이나, 후자일 경우 변위의 개방에 의해 큰 에너지가 방출된다. 이 에너지는 주파수 범위가 50MHZ 정도의 초음파로 방출되며, 이 초음파를 검출함으로써 시험체 내부의 변화를 알아내고 파괴를 예지할 수 있게 된다.

시험체에 하중을 가했을 때 처음에는 소성변형으로 진폭이 작은 연속형 음향방출이 일어나지만 균열이 발생하기 시작하면서 진폭이 큰 음향방출이 돌발적으로 일어나는데, 이를 돌발형 음향방출이라고 한다. 파단이 가까워지면 진폭이 큰 음향방출이 빈번하게 일어나게 되므로 파단을 예측할 수 있게 된다.

34. 비파괴검사 방법 중 와전류 시험법에 대하여 설명

1 원리

유도코일에 전류가 흐르면 그 전류 주위에는 자장이 형성되고, 그 자장의 영향을 받아 검사재의 표면에는 자장으로부터 유도되는 와전류가 발생하게 되며, 이 와전류를 2개의 감지코일로 결함의 유무 및 크기를 측정한다. 도체에 생긴 와전류의 크기 및 분포는 주파수, 도체의 전도도와 투자율, 시험체의 크기와 형상, 코일의 형상과 크기, 전류, 도체와의 거리, 균열 등의 결함에 의해 변한다. 따라서 시험체에 흐르는 와전류의 변화를 검출함으로써 시험체에 존재하는 결함의 유무, 재질 등의 시험이 가능해진다.

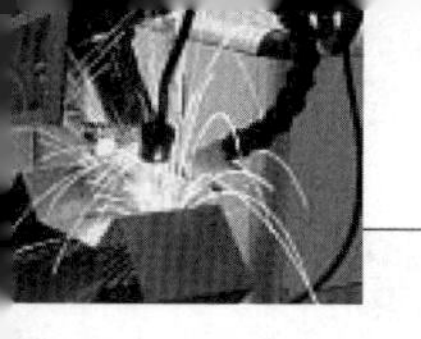

코일의 종류에 따라 Through-type Coil(관통형) 방식, Rotating Coil(회전형) 방식 및 Inner-type Coil(내삽형) 방식으로 구분한다. 특히 발전설비나 화학장치 내 열교환기 Tube 등의 부식, 흠, 감육 등 검출에 유용한 검사법이므로 시설의 안전성 유지나 가동률 제고를 위해 주기적 검사가 필요하다.

2 적용분야

(1) 항공기 및 자동차 부품의 결함 측정
(2) 전기 전도도, 항자력 측정
(3) Bar, Wire, Rail 등의 표면 결함 측정
(4) Pipe 내외면의 표면 결함 검사
(5) 표면 경도, 경화 깊이, 강도 및 이종 재질의 선별
(6) 금속 및 지뢰 탐지
(7) 열처리 검사

35. 초음파탐상시험으로 검출한 용접결함의 측정방법인 결함 에코 높이 측정방법, 결함위치 추정방법, 결함치수 측정방법

1 일반사항

(1) 목적

이 절차서는 두께 6mm 이상 페라이트계 강의 완전 용입 용접부 및 그 열영향부에 대한 초음파탐상시험에 대하여 규정한다. 이 절차서에 명기되지 않은 사항은 관련 규격에 따른다.

(2) 관련 규격

1) KS-B-0896 : 강용접부의 초음파 수동 탐상 시험방법 및 시험결과의 등급 분류
2) KS-B-0817 : 금속재료의 펄스 반사법에 따른 초음파 탐상 시험방법
3) JIS-Z-3060 : 강용접부의 초음파 수동 탐상 시험방법 및 시험결과의 등급 분류

(3) 용접부의 탐상은 원칙으로 경사각법을 시행하며, 수직법은 경사각법의 적용이 곤란한 곳이나 경사각법에 따르는 것보다 수직법에 따르는 것이 결함의 검출에 적합한 곳에 적용한다.

(4) 용접부에 용접 후 열처리 등의 지정이 있는 경우, 각부의 판정을 위한 탐상은 최종 열처리 후에 하여야 한다.

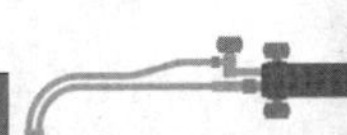

(5) 시험방법 및 등급분류는 이 절차서에 따라서 실시하고, 시험범위와 허용등급은 발주자, 제작자 및 검사자가 사전에 협의하여 결정한다.

(6) 검사원

1) 이 절차서에 따라 침투 탐상 검사를 수행하는 검사원은 국가 기술자격 소지자나 미국 비파괴 검사학회 권고 지침인 SNT-TC-1A에 근거한 비파괴 검사요원의 자격인정 절차서에 따른 자격소지자만이 수행한다.
2) 시험 결과의 판정 및 등급분류는 국가 기술자격 1, 2급 기능사 또는 SNT-TC-1A에 따른 비파괴검사 레벨 Ⅱ, Ⅲ만이 수행할 수 있다.
3) 시험방법 및 등급분류는 이 절차서에 따라서 실시하고 시험범위와 허용등급은 발주자, 제작자 및 검사자의 협의에 의해 결정한다.

2 경사각 탐상

(1) 적용

탐상면에서 평판상의 시험재의 용접부 및 곡률 반지름이 250mm 이상 시험재의 원둘레용접이음의 경사각 탐상 방법에 대해 규정한다.

(2) 측정범위

측정범위는 사용하는 Beam 행정 이상이고, 사용하는 Beam 행정에 0.5S에 해당하는 Beam 행정을 더한 값 이하로 한다.

(3) 정치의 조정

1) 입사점의 측정과 표시 : STB A1이나 STB A3 시험편을 사용하여 ±1mm의 정밀도로 측정하여 그 위치를 탐촉자에 표시한다.
2) 굴절각의 측정 : STB A1을 사용하여 0.5°까지 읽는다.
3) 기간축의 조정 및 원점의 수정 : STB A1이나 STB A3 시험편을 사용하여 ±1%의 정밀도로 조정하고 원점을 수정한다.
4) 탐상 감도 조정용 시험편의 지정 : STB A2를 지정한다.

(4) 거리진폭 특성곡선에 의한 Echo 높이 구분선 작성

1) DAC 회로를 사용하지 않는 경우

① 실제 사용하는 탐촉자를 사용하여 보판에 기입한다.
② 교정 눈금판에는 3개 이상의 Echo 높이 구분선을 기입하며 인접하는 구분선 작성의 감도치는 6dB로 한다.

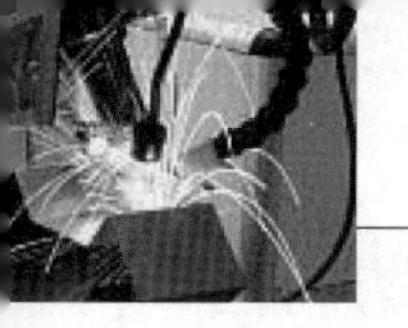

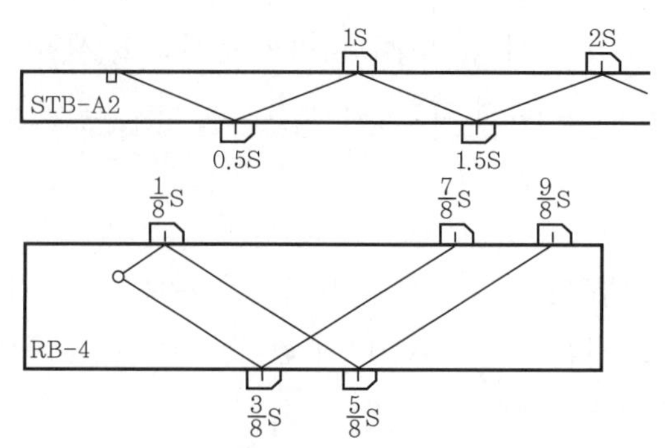

그림 1. 에코높이 구분선 작성을 위한 탐촉자 위치

③ STB A2 4×4mm의 표준 구멍을 사용하여 Echo 높이 구분선을 작성한다.

④ Echo 높이 구분선의 작성에 있어서는 그림 1에 예시한 위치에 탐촉자를 놓고 눈금판에 있어서 각각 최대 Echo 위치에 pb±한다.

⑤ 일정한 감도에 있어서 각점을 직선으로 연결하여 하나의 Echo 높이 구분선으로 한다.

⑥ 0.5S 거리 이내의 범위는 0.5S의 Echo 높이로 한다. 다만 진동자의 치수가 20mm×20mm의 45° 의 탐촉자 경우에는 1S거리 이내의 범위를 1S의 Echo 높이로 한다.

2) DAC 회로를 사용하는 경우

① DAC 회로를 사용하는 경우에는 Echo의 높이 구분선은 6dB Step으로 3개 작성한다.

② DAC 기점의 위치는 규정에 대응시킨 0.5S, 1S 혹은 그보다 우측의 위로 한다.

③ H선, M선, L선의 결정 : 탐촉자법의 경우 먼저 작성한 Echo 높이 구분선 중, 목적에 따라 적어도 하위에서 3번째 이상의 선을 선택하여 H선으로 하고 이를 감도 조정 기준선으로 한다. H선은 원칙으로 결함 Echo의 평가에 사용되는 BEAM 행정의 범위로서, 그 높이가 40% 이하가 안 되는 선으로 한다. H선보다 6dB 낮은 ECHO 높이 구분선은 M선으로 하고, 12dB 낮은 Echo 높이 구분선을 L선으로 한다.

④ 영역 : H선, M선 및 L선으로 구획된 영역에 표 1에 표시하는 이름을 붙인다.

표 1. Echo 높이의 영역 구분

Echo 높이의 범위	Echo 높이의 영역 구분
L선 이하	Ⅰ
L선 초과 M선 이하	Ⅱ
M선 초과 H선 이하	Ⅲ
H선 초과	Ⅳ

(5) 탐상 감도

1) 1 탐촉자법에 의한 경우의 탐상 감도 : 굴절각 60° 또는 70°를 사용하는 경우 STB A2 4×4mm의 표준구멍의 Echo 높이가 H선에 맞도록 Gain을 조정하여 이를 탐상 감도로 한다. 굴절각 45°를 사용하는 경우 STB A2 4×4mm의 표준구멍의 Echo 높이가 H선에 맞도록 Gain을 조정한 후 감도를 6dB 높여 이것을 탐상 감도로 한다.
2) 시험재의 표면이 거칠어 초음파의 입사가 방해되는 경우, 또는 강재나 용접부의 재질의 영향으로 초음파가 현저하게 감쇄할 때는 필요에 따라 수정 조작하여 탐상 감도를 보정한다.

(6) 검출 Level의 지정

1) M검출 Level : M선을 초과하는 높이의 결함 Echo가 평가의 대상
2) L검출 Level : L선을 초과하는 높이의 결함 Echo가 평가의 대상

(7) 탐상 방법

1) 탐상 위치, 범위 및 방향

① 맞대기 이음의 탐상 : 표 2에 따른다.

표 2. 맞대기 이음의 탐상

모재의 두께(mm)	굴절각	탐상 방법
판 두께 40 이하	70°	한쪽 면 양쪽에서 탐상
40 이상 60 이하	70°또는 60°	한쪽 면 양쪽에서 탐상
60 이상 100 이하	70°와 45°또는 60°와 45°	한쪽 면 양쪽에서 탐상
100 이상	70°와 45°또는 60°와 45°	양면 양쪽에서 직사법으로 탐상

② T이음 및 모서리 이음의 탐상 : 표 3에 따른다.

표 3. 맞대기 이음의 탐상

모재의 현상	굴절각	탐상 방법
벌림 끝을 취한 쪽의 판 두께가 40mm 이하	70°	한쪽 면에서 탐상
벌림 끝을 취한 쪽의 판 두께가 40mm 이상 60mm 이하	70° 또는 60°	한쪽 면에서 탐상
벌림 끝을 취한 쪽의 판 두께가 60mm 이상	70°와 60° 및 45°	한쪽 면에서 직사법으로 탐상

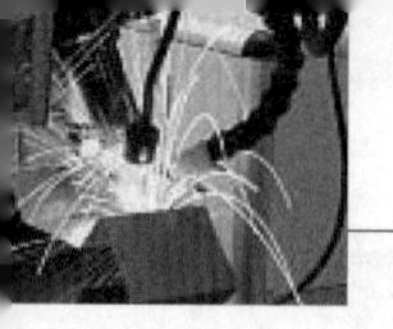

2) 거친 탐상

① 거친 탐상 감도의 조정 : 결함의 빠짐을 방지하기 위하여 규정한 탐상 감도보다 높은 감도로 Gain을 조정할 수 있다.

② 주사방법 및 탐상 방법 : KS-B-0896 부속서 2에 규정한 방법으로 거친 탐상을 한다.

③ 이상부의 검출

1 탐촉자법의 경우 : 검출 Level(M이나 L)을 초과하는 Echo를 검출한다.

2 탐촉자법의 경우 : 눈금판의 20%를 초과하는 Echo를 검출한다.

④ 결함의 확인과 표시 : 최대 Echo 높이를 표시하는 위치에 탐촉자를 놓고 탐촉자의 위치, 방향, Beam의 행정, 용접부의 상황 등으로부터 이상부가 결함인가 아닌가를 판정하여 결함으로 판정된 곳의 용접부의 표면에 표시한다

3) 정밀 탐상

① 대상위치 : 거친 탐상에 있어서 표시된 곳

② 정밀 탐상 감도의 조정 : 규정한 탐상 감도에 Gain 조정

③ Echo 높이의 측정 : 최대 Echo 높이를 표시하는 위치 및 방향에 탐촉자를 놓고 최대 Echo 높이가 교정 눈금판의 어느 영역에 있는가를 읽는다.

④ 평가를 대상으로 하는 결함

1 탐촉자법의 경우 : 검출 Level(M이나 L)을 초과하는 Echo를 검출한다.

2 탐촉자법의 경우 : 최대 Echo 높이가 20%를 초과하는 결함

⑤ 결함지시 길이의 측정 : M, L 어느 검출 Level에 있어서도 Echo 높이가 L선을 초과하는 범위의 이동거리를 1mm 단위로 측정하여 결함지시의 길이로 한다. 단, 판 두께 75mm 이상, 주파수 2(2.25)MHz, 진동자 치수 20×20mm의 탐촉자를 사용하는 경우에는 최대 Echo 높이의 1/2을 초과하는 범위의 탐촉자 이동거리를 측정하여 결함지시의 길이로 한다.

⑥ 결함의 위치 표시 : 결함의 길이 방향의 위치는 결함지시 길이의 기점으로 표시하고, 깊이 방향의 위치는 최대 Echo 높이를 표시하는 위치로 표시한다.

36. 코메럴 시험(Kommerell bend test)

1 정의

코메럴 시험(Kommerell bend test)인 종 비드 벤딩 시험편에 사용되는 벤딩 시험지그는 1952년 오스트리아 용접규격에 의해서 판 두께는 20mm로 그림 1에 표시하였다. 이 표준시험법에 따르면 실온(20℃ 또는 그 이하의 온도)에 있어서 파단시의 벤딩 각도가 연성파괴에서 116°, 취성파괴에서 60℃가 되면 좋다.

2 적용방법

현재의 용접성 시험에서는 저온에 있어서 취성은 중요한 인자가 되기 때문에 각 비드의 벤딩 시험에서 파단시의 벤딩 각도보다 최대 하중시의 벤딩 각도의 부분에 천이온도의 기준을 중요시하기 때문에 각각의 시험온도를 측정한다.

시험편으로 온도시험을 행할 경우 시험편을 항온조에서 예냉 또는 예열을 한 후 대기 중 방랭 상태에서 시험하고, 소요시간에 따라서 시험온도의 보정을 행하는 경우가 많다. 코메럴 시험(Kommerell bend test)은 시험 중에도 시험편을 치구와 함께 습도조에 넣어 비교하여 5℃ ~15℃ 정도의 상태가 되면 시험을 행하고, 시험 중에 온도조에서 행한다.

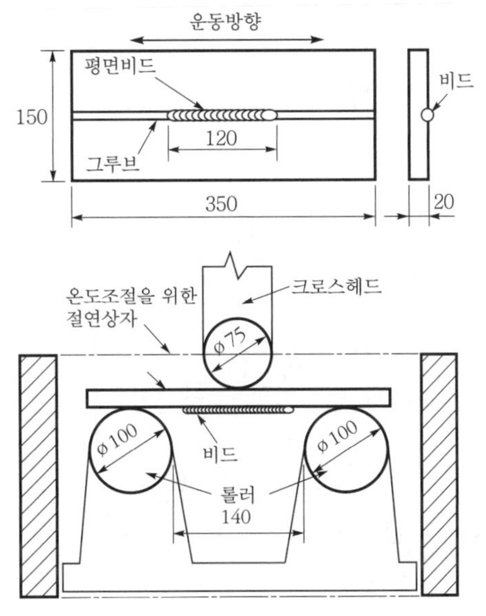

그림 1. 코메럴 시험(Kommerell bend test)의 시험지그

37. 적외선 열화상법(Infrared thermography)에 의한 탐상방법

1 개요

도체에 직류전류를 흘리면 줄(Joule)열에 의해 도체는 발열하며, 이러한 도체에 그림 1과 같은 모양의 균열결함이 존재하면 줄 발열 온도분포는 결함에 의해서 균열 끝에 전류밀도가 높은 특이점이 생긴다. 이러한 특이 전류장은 발열 집중부가 되기 때문에 이것을 계측함으로써 균열 검출이 가능하며, 이 방법이 자기발열 온도분포 계측방법이다.

2 적외선 열화상법(Infrared thermography)에 의한 탐상방법

균열이 표면으로 열려있지 않은 경우라도 균열이 표층부 근방에 있으면 이 방법의 적용이 가

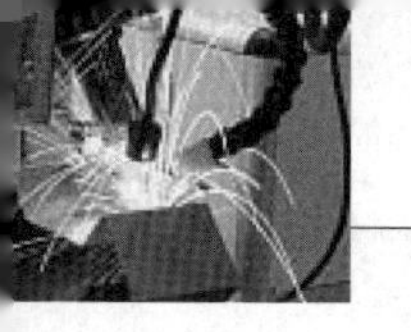

능하다. 한편 단열온도 계측방법은 시험체의 외부에서 가열하고 열을 흡수하는 조작을 하면 내부결함의 존재로 시험체 내에서 열의 확산이 방해를 받게 되며, 결함의 단열효과로 시험체 표면에 국소적인 온도차가 생긴다. 이 국소적인 온도변화 영역의 온도분포나 형상, 위치는 내부에 존재하는 결함의 형상, 크기를 나타내므로 이것을 적외선 열화상으로 정량적으로 계측하면 결함의 위치나 형상을 알아낼 수 있다. 적외선 열화상기술은 ISO 비파괴시험 분야에서 열 및 열간섭을 이용한 기술(ISO/TC135/SC8)로 분류되어 국외에서는 이미 다양한 산업분야에서 활용하고 있으나, 열 및 열간섭에 대해 국내에서는 산업적 활용 및 관련기술의 보급이 매우 부족한 상황이다.

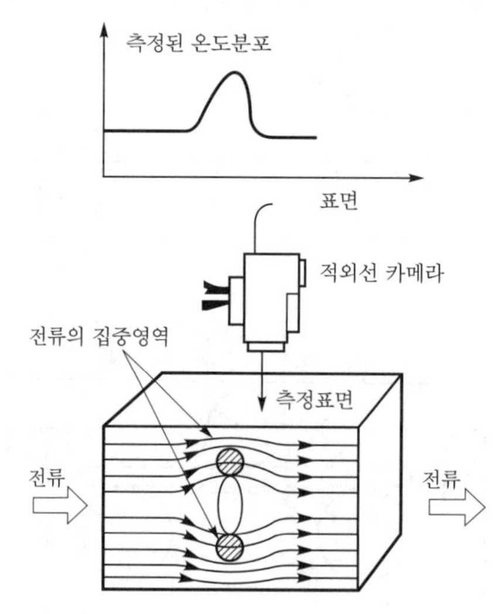

그림 1. 적외선 열화상법(Infrared thermography)에 의한 탐상방법

38. 불연속지시에 대한 비파괴검사 방법별 검출능력 비교표

1 적용범위

표 1은 일반적인 불완전부와 일반적으로 불완전부를 검출할 수 있는 비파괴시험 방법을 열거하였는데, 일반적인 지침으로만 고려하는 것이 바람직하며, 특수한 적용을 위해 특별한 비파괴시험 방법을 요구하거나 금지하기 위한 근거로 사용하는 것은 좋지 않다. 예를 들어, 재료 및 제품 형상은 표에서 의미하는 효과에 차이가 생기는 인자이다. 사용 중에 발생한 불완전부의 경우, 접근성과 시험장소에서의 기타 조건이 특정한 비파괴시험 방법을 선택하는 데 고려해야 되는 중요한 인자이며, 표 1에 열거되지 않은 여러 가지 비파괴시험 방법/기법 및 불완전부가 있으므로, 표 1은 다음의 모든 것을 포함하는 것으로 고려해서는 안 되며 특수한 용도로 비파괴시험을 선택하는 경우 사용자는 해당조건을 고려해야 한다.

표 1. 불연속지시에 대한 비파괴검사 방법별 검출능력 비교표

	표면 불완전부 (비고 1)		표면 직하 불완전부 (비고 2)		체적 불완전부 (비고 3)				LTT
	VT	PT	MT	RT	RT	UTA	LTS	AE	
사용 중에 발생한 불완전부									
마모결함(국부)	●	◑	◑		●	◑	◑		◑
버플(buffle), 마모(열교환기)	●			◑					
부식촉진, 피로균열	○	◑	●		○	●		●	
틈부식	●								○
일반/균열 부식				○	◑		◑		●
피팅부식	●	●	○		●	○	○	◑	○
선택부식	●	●	○						○
크리프(초기)(비고 4)									
침식(errosion)	●				●	○	◑		◑
피로균열	○	●	●	◑	◑	●		●	
프렛팅(열교환기, 튜브)	◑			◑					◑
고온균열		◑	◑		◑	○		◑	
수소기인균열		◑	◑		○	◑		◑	
입계 응력부식균열						○			
입내 응력부식균열	○	◑	●	○	◑	◑		◑	
용접 불완전부									
용락(burn through)	●				●	◑			○
균열(crack)	○	●	●	◑	◑	●	○	●	
과잉/부족 덧살(reinforcement)	●				●	◑	○		○
개재물(슬래그/텅스텐)			◑	◑	●	◑	○	○	○
용입불량(incomplete fusion)	◑		◑	◑	◑	●	◑	◑	
용입부족((incomplete penetration)	◑	●	●	◑	●	●	◑	◑	
정렬불량(unalignment)	●				●	◑			
오버랩(overlap)	◑	●	●	○		○			
기공(porosity)	●	●	○		●	◑	○	○	
루트 오목부(root constriction)	●				●	◑	○	○	○
언더컷(under cut)	●	◑	◑	○	●	◑	○	○	
제품형상 불완전부									
티결(burnt)주조품	○	●	●	◑	◑	◑	◑	●	
콜드숏(cold shot)(주조품)	○	●	●	○	●	◑	◑	○	
균열(crack)(모든 제품)	○	●	●	◑	◑	◑	○	●	
핫 티어(hot tear)(주조품)	○	●	●	◑	◑	◑	○	○	
개재물(모든 제품)			◑	◑	●	◑	○	○	
라미네이션(lamination)(판재, 파이프)	○	◑	◑			○	●	○	●
겹침(lap)(단조품)	○	●	●	○	◑		○	○	
기공(주조품)	●	●	○		●	○	○	○	
심(seam)(바, 주조품)	○	●	●	◑	○	◑	◑	○	

1) 범례: VT-Visual, PT-Liquid Penentration, MT-Magnetic Particle, ET-Eddy Current(Electronic magnetic), RT-Radiography, UTA-Ultrasonic Angle Beam, UTS-Ultrasonic Straight Beam, AE-Acoustic Emission, UTT-Ultrasonic Thickness Measurement

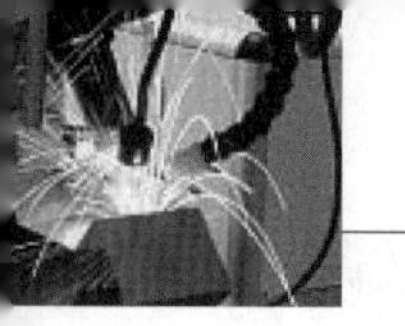

● : 모든 조건하에서 이 불완전부를 검출할 수 있는 모든 표준기법
◑ : 어떤 조건하에서 이 불완전부를 검출할 수 있는 하나 이상의 표준기법
○ : 이 불완전부를 검출하기 위해 요구되는 특수한 기법, 조건 또는 시험요원의 자격인정

2) 일반사항

표 1은 불완전부와 그것을 검출할 수 있는 비파괴시험 방법을 열거하였다. 이 표는 매우 일반적인 사항이라는 것을 고려해야 한다. 결함의 검출능에는 많은 인자가 영향을 미친다. 이 표는 단지 인정된 시험요원이 비파괴시험을 실시하고 시행이 가능한 좋은 조건이어야 한다는 것을 가정한다(접근 편의성, 표면조건, 청결 등).

3) 비고

(1) 표면에 개방된 불연속부 만을 검출할 수 있는 방법
(2) 표면에 개방되거나 표면 직하에 있는 불연속부를 검출할 수 있는 방법
(3) 시험되는 체적내의 모든 곳에 위치할 수 있는 불연속부를 검출할 수 있는 방법
(4) 여러 가지 비파괴시험 방법으로 3차 크리프를 검출할 수 있고, 특히 특수한 기법을 사용하는 몇 가지 비파괴시험 방법으로 2차 크리프를 검출할 수 있다. 거기에는 크리프 단계별로 여러 가지 설명/정의가 있고, 특별한 설명/정의가 모든 재료 및 제품형상에 적용되지는 않는다.

39. 디지털방사선투과검사

1 개요

디지털방사선투과검사(Digital radiography inspection)는 반도체형 미소 센서나 광자극성 인광물질의 영상판을 이용하여 방사선투과영상을 획득하는 방법으로서, 필름현상작업이 필요 없으며 방사선조사시간을 기존의 1/10로 대폭 줄일 수 있는 장점이 있어 방사선투과검사의 획기적인 전기가 되고 있다.

2 디지털방사선투과검사

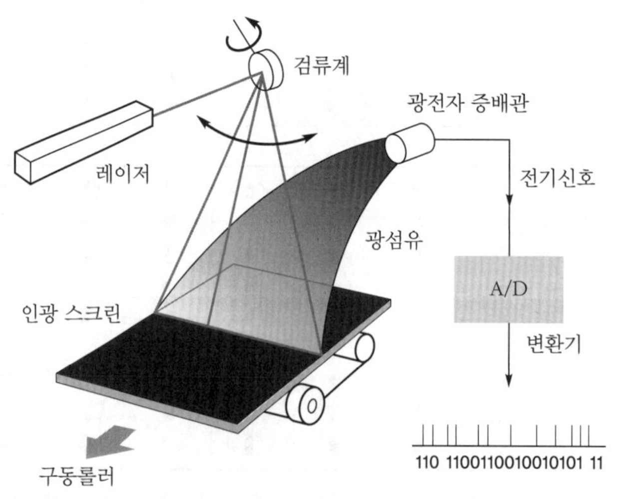

그림 1. 직접 디지털방사선센서의 구조

디지털방사선영상을 취득하는 방법에 따라 직접 디지털방사선(Directed digital radiography)과 간접 디지털방사선(Computed radiography)으로 구분된다.

직접방식은 Ar-Si, Ar-Se, CMOS 등과 같은 반도체형 미소 센서에 의해 투과영상을 획득하는 방식으로, 그림 1은 디지털방사선센서의 구조를 나타내고 있다. 그림 1에서 신터레이터(Scintillator)는 방사선이 센서에 조사될 때 방사선을 빛으로 변환하는 역할을 하는 CsI물질이고, 매트릭스 형태의 미소한 반도체센서들은 빛을 전기적 신호로 변환하는 역할을 한다. 이 전기적 신호를 증폭한 후 아날로그-디지털변환기를 거치면서 디지털투과영상으로 표현하게 된다.

직접 디지털방사선영상시스템은 센서와 운용컴퓨터가 온라인으로 연결되어 있어 투과시험을 완료하는 즉시 투과영상을 모니터에서 관찰할 수 있다. 간접방식은 방사선이 광자극성 인광물질(Photostimulable phosphor)에 축적되고 발산되는 원리를 이용한다.

40. 용접재료의 시험법 중 금속학적 시험방법과 특성

1_ 개요

용접은 짧은 시간에 고온으로 올라가는 금속적 접합이므로 용접된 재료는 모든 조건이 균일하게 될 수 없다. 즉 용접열에 따른 모재의 변질, 변형, 잔류응력 등의 변화와 화학적 성분 및 조직 등의 변화는 어느 정도까지는 피할 수 없다. 그러나 현재는 용접기술의 발전과 개선으로 이러한 변화에 대하여 대책이 연구되고 각종 불안도 해소되고 있다.

일반적으로 용접부의 안정도 및 신뢰성을 시험하기 위한 여러 가지 방법을 대별하면 작업검사와 용접완성검사로 분류된다. 작업검사는 우수한 용접을 하기 위한 검사로서 용접공의 기능, 용접재료, 용접설비, 용접순서, 용접시공상태, 용접 후의 열처리 등의 적부를 검사하는 것을 말한다. 그리고 용접완성검사는 용접이 완료된 후에 제품이 요구조건에 만족하고 있는가를 검사한다.

2_ 금속학적 시험방법과 특성

용접제품에 하중 또는 수압을 작용시켜 그 강도를 시험하거나, 용접한 것을 재료시험기를 사용하여 인장강도, 압축강도, 연율, 경도, 충격, 피로, 굽힘 등의 시험을 함으로써 기계적 성질 및 결함을 시험한다. 기계적 시험방법을 일부 특수한 것을 제외하면 일반 금속재료시험법과 같은 방법이 쓰인다. 그러나 시험편 제조방법 및 용접부의 시험위치 등에 대해서는 규정되어 있는 규격으로 해야 한다.

(1) 인장강도

인장시험방법은 금속재료 전반에 걸쳐 공통된 것이 쓰인다. 용접부에 대해서는 특히 용착금

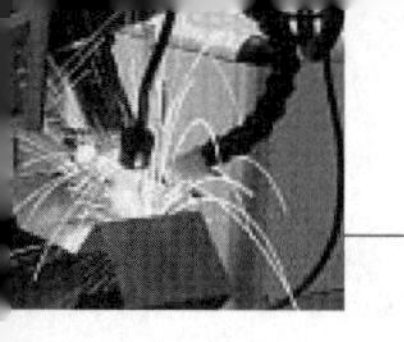

속의 인장강도시험 및 용접이음의 인장강도시험 등이 있다. 용착금속 인장시험은 용착금속의 각종 성질을 조사하여 용접봉을 선택·결정할 경우에 실시하는 시험 중에서 가장 중요한 것으로서 인장강도와 연율을 알기 위하여 시험하는 것이다.

용접이음부의 인장강도시험은 실제 재료를 용접하였을 경우에 모재를 포함한 용접부의 강도가 어느 정도인가를 알기 위한 시험이다. 이 시험에는 대기용접시험과 필릿용접시험이 있다.

(2) 굽힘시험

용접부의 연성을 조사하기 위하여 사용하는 방법으로 자유굽힘, 형틀굽힘 등 2종이 있다. 형틀굽힘시험은 용접공의 기능검정에도 채용된다. 굽힘에는 용접부의 표면굽힘, 뒷면굽힘, 축면굽힘 등 3종이 있다. 연강의 경우에는 굽힘각도의 크기로서 용접성을 검사한다. 최대 180°까지 굽힘하며, 시험결과의 합격 판정기준은 다음과 같다.

① 3.0mm를 넘는 균열이 용접방향에 관계없이 없을 것. 언더컷 내의 균열이 기공과 연속되고 있을 때 이 전체를 균열의 길이로 한다. 단, 열영향부의 균열은 불문으로 한다.

② 3.0mm 이하일 때는 합계의 길이가 7.0mm를 넘지 않을 것. 또한 기공과 균열의 수가 10개를 넘지 않을 것

③ 언더컷, 슬래그 잠입, 파임깊이의 결함이 없을 것

(3) 경도시험

① 브리넬경도시험기 : 지름 10mm 또는 5mm의 강구를 500~3,000kg의 하중으로 누른다. 일반구조용 재료로서 강철, 주철, 구리합금 등에 쓰인다.

② 로크웰경도시험기 : 지름 1/16mm의 강구를 100kg의 하중으로 누르는 방법과, 120°의 다이아몬드 원추압자를 150kg의 하중으로 누르는 방법이 있다. 전자는 일반적으로 연한 금속 등에, 후자는 고경도의 강철, 특수강, 고속도강 등 금속재료에 사용한다.

41. 위상배열초음파검사(Phased Array Ultrasonic Test) 중 DMAP(Dual Matrix Array Probe)

1 개요

위상배열초음파기술은 임상분야에서 사용되는 초음파검사와 동일한 원리로, 검사체 내부의 이미지를 도출하여 건전성 진단을 수행할 수 있는 기법이다. 위상배열초음파탐상기법의 기본원리는 여러 개의 미소진동자(element)로 구성된 탐촉자를 이용하여 각 진동자에서 개별적으로 초음파를 발생시키고, 수신한 초음파신호를 전자적으로 처리 후 조합하여 이미지를 도출하게

된다.

따라서 미소진동자의 숫자를 증가시켜 그림 1과 같이 기존 초음파검사보다 넓은 면적의 검사가 가능하다. 세부적으로 검사체 내부로 진행하는 초음파의 전파각도와 집속위치를 전자적으로 시간지연을 발생시켜 조절할 수 있고, 이에 따른 수신신호처리를 통해 특정 영역의 영상을 실시간으로 획득할 수 있다.

따라서 하나의 탐촉자를 이용하여 면적검사를 수행할 수 있어 그림 2와 같이 다양한 위치의 결함을 검출하고, 검사 정확도를 높일 수 있다. 또한 이미지결과의 도출로 객관적인 검사결과의 확인이 가능하고, 이미지 및 데이터 분석을 통한 정밀평가를 수행할 수 있다.

그림 1. 일반초음파검사기법과 위상배열초음파검사기법 비교

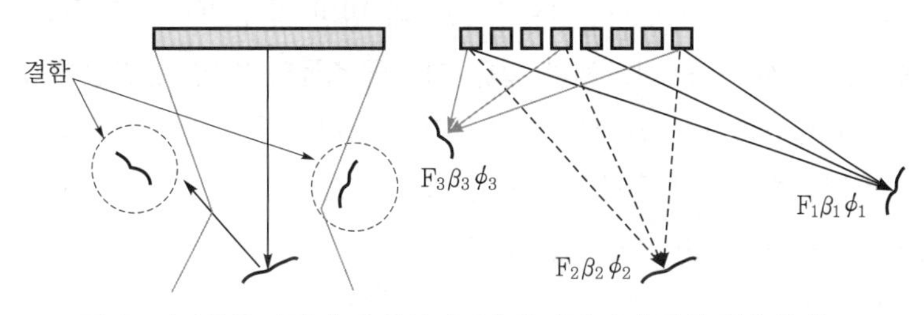

그림 2. 일반초음파검사와 위상배열초음파검사의 결함 검출특성

2 위상배열초음파탐촉자

위상배열초음파검사에 사용되는 탐촉자는 여러 개의 요소(압전소자)를 일정하게 배열하여 구성된다. 이때 배열되는 요소는 다양한 형태와 면적으로 구성되며, 이에 따라 초음파 빔의 집속, 음장, 조향 등의 특성이 달라진다. 일반적인 요소의 배열은 그림 3에서 보이는 바와 같이 선형, 2차원 배열, 환형(annular) 등으로 초음파 빔 전파특성에 따라 구성된다. 또한 검사대상체의 형상에 따라 효율적인 초음파 전파를 위하여 convex, concave, internal focus, dual 타입 등, 다양한 형태로 구성된 탐촉자가 개발되고 있다.

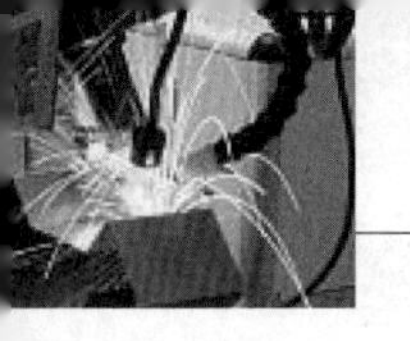

그림 3. 위상배열초음파탐촉자의 요소(압전소자) 배열 형태

금속재료로 구성된 산업설비의 검사에는 일반적으로 선형배열의 탐촉자를 사용하여 단면적 단위로 수행한다. 선형배열탐촉자검사는 용접부 등 검사대상의 단면이미지 취득이 가능하고, 이미지 조합에 적용된 각 요소의 초음파신호를 일반적인 초음파검사결과와 동일하게 분석할 수 있어 결함의 검출과 정밀분석에 유용하다.

환형배열탐촉자는 탐촉자의 수직방향으로 초음파 빔의 집속성능을 극대화시킬 수 있어 검사체의 두께방향 정밀검사 또는 반도체와 같은 다층구조물의 박리, 층간결함 검출 등의 검사에 적용된다. 2차원 배열탐촉자는 면상이 아닌 공간상의 다양한 지점에 초음파 빔의 집속이 가능하여 탐촉자의 이송 없이 일정 공간의 검사가 가능하고, 수직 및 수평 단면의 이미지를 포괄적으로 도출하여 3차원 검사이미지를 도출할 수 있다.

그림 4는 2차원 배열탐촉자의 빔 집속특성을 보여준다. 이러한 특징으로 2차원 배열탐촉자는 특히 국소분야 정밀검사가 요구되는 임상분야에 매우 유용하게 적용되고 있다.

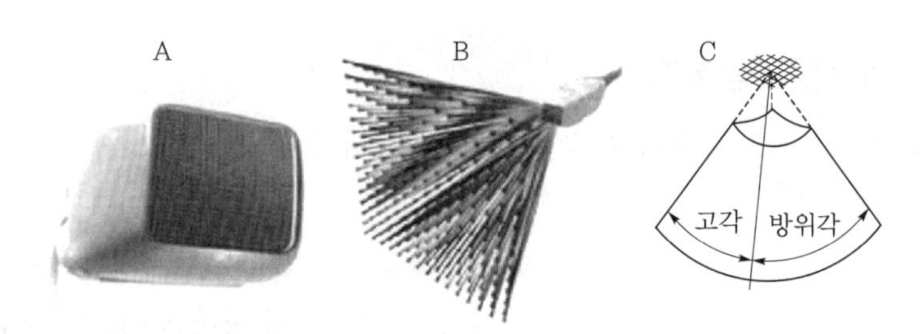

그림 4. 2D 배열 초음파 탐촉자와 빔 집속 특성 및 공간 검사 원리

42. 슬릿형 용접균열시험, U형 용접균열시험, 리하이 구속형(lehigh restraint type) 용접균열시험, 임플란트(implant)시험

1 개요

용접부에서 발생하는 저온균열은 발생위치에 따라 열영향부 균열과 용착금속부 균열로 대별된다. 열영향부에서 발생하는 균열은 모재의 용접성에 크게 의존하기 때문에 강재의 용접성 향상과 더불어 많은 연구가 수행되어 왔으며, 이를 평가하는 방법도 여러 가지 제안되어 있다. 그런데 최근 강재의 용접성이 획기적으로 향상되면서 용착금속에서의 저온균열 발생빈도수가 증가함에 따라 용착금속에 한정하여 저온균열 감수성을 평가할 수 있는 시험방법이 필요하게 되었다.

2 슬릿형 용접균열시험, U형 용접균열시험, 리하이 구속형(lehigh restraint type) 용접균열시험, 임플란트(implant) 시험

(1) 외부구속시험(External restraint test)

외부구속시험을 실시하면 균열저항성이 한계응력이라는 수치로 표현되기 때문에 재료의 균열 감수성을 매우 정량적으로 평가할 수 있다는 장점이 있다. 따라서 용접재료의 수소함량변화에 따른, 또는 용접재료의 화학조정의 변화에 따른 저온균열 감수성을 한계응력이라는 수치로 정량화할 수 있는 것이다. 거의 대부분 외부구속시험들은 용접 열영향부의 저온균열 감수성을 평가하고자 개발된 임플랜트시험(implant test)이 가장 잘 알려져 있으며 TRC시험(tensile restraint test), RRC시험(rigid restraint test) 등이 있다.

1) 정하중파단시험(Constant load rupture test)

이 시험은 재료의 물성 및 조직이 수소취성에 미치는 영향을 평가하고자 수행하는 가장 고전적인 시험방법으로써 재료의 수소취성현상 발생 여부, 발생 정도, 발생기구 등을 연구하는 데 많이 사용되는 시험방법이다.

2) 용착금속임플란트시험(Weld metal implant test)

임플란트시험방법은 1969년에 Granjon에 의해 보고된 시험방법인데, 이후 시험결과의 신뢰성을 향상시키기 위하여 시편형상이 다소 변형되어 사용되고 있다. 이 시험방법은 모재의 저온균열 감수성을 평가할 목적, 즉 용접 열영향부에서 발생하는 저온균열을 모사하기 위하여 용접 열영향부를 실제에 가까운 상태에서 재현하는 것이다.

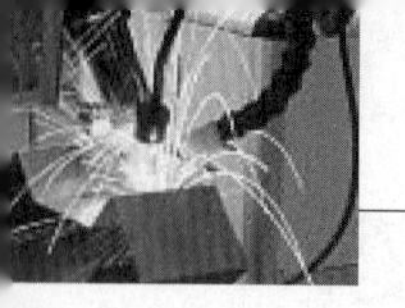

3) LB-TRC시험(Longitudinal-butt tensile restraint cracking test)

이 방법은 기존의 TRC시험과 유사한데, 이를 용착금속의 저온균열 감수성을 평가할 수 있도록 한 것이다. 그림 1과 같이 시편 중앙에 U홈이 가공된 두 개의 시편을 서로 밀착시킨 상태에서 U홈에 용접을 실시한 다음, 외부에서 응력을 가하여 용접부가 횡방향으로 파단되도록 하는 시험이다.

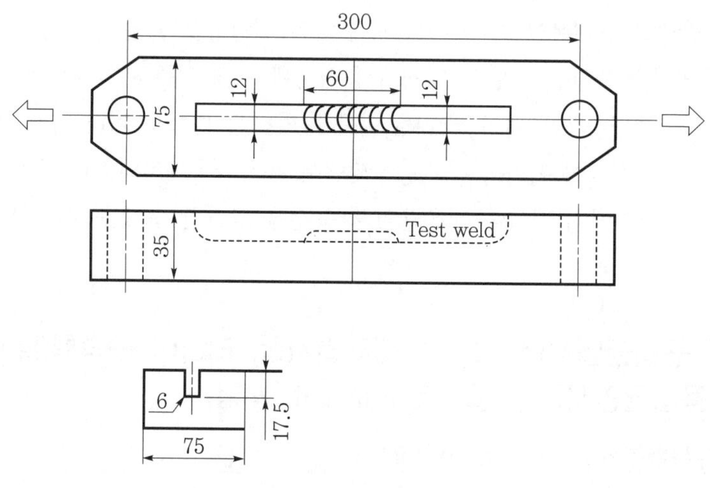

그림 1. LB-TRC시험

(2) 자체 구속시험(Self-restraint test)

외부구속시험에서는 시편에 하중을 부가하여야 하기 때문에 이를 위한 장비가 구비되어 있어야 한다. 또한 파단에 이를 때까지 장시간 기다려야 하므로 여러 대의 장비를 구비하고 있어야 한다. 그리고 용접부에서 발생하는 잔류응력은 용접 개선 및 구속 정도에 의해서 결정되는 사항이기 때문에 용접시공자가 변경시킬 수 있는 변수가 되지 못한다. 즉 '외부구속시험'에서 실험변수로 사용하는 외부응력이 실제 용접시공에서는 변수로써의 역할을 하지 못한다는 것이다.

1) Y-그루브 균열시험

모재의 저온균열 감수성을 평가하기 위하여 제안된 Y-groove 균열시험은 매우 광범위하게 사용되었는데, Alcantara 등은 용착금속에서의 저온균열 감수성평가를 위하여 Y-그루브 형태의 시편을 사용하여 초층용접만을 실시하고 루트부로부터 발생한 저온균열의 정도를 평가한다. 시편의 형상은 그림 2와 같이 Y-그루브 시편과 유사한데, 단지 그루브 형상만 Y형으로 변화시킨 것이다.

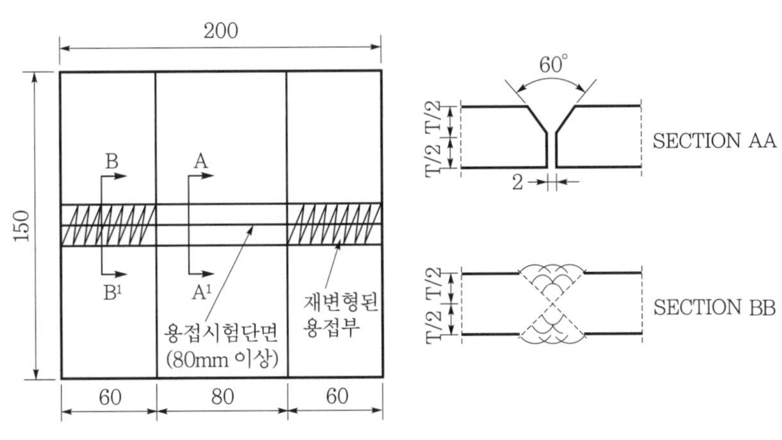

그림 2. Y-그루브 균열시험

2) G-BOP시험(Gapped bead on plate test)

이 시험은 1974년에 Graville 등에 의해 제안된 방법으로써, 50mm 두께의 한쪽 강판에 그림 3과 같이 0.75mm의 틈새를 가공하고 두 판재를 밀착시킨 상태에서 틈새에 수직되는 방향으로 bead on plate용접을 실시하는 것이다. 용접 후 시편이 냉각되면 용착금속의 수축에 의해 용착금속부에는 인장응력이 자체적으로 형성된다. 이러한 응력으로 인하여 비드 하단의 노치(notch)로부터 균열이 생성되고 성장하게 된다.

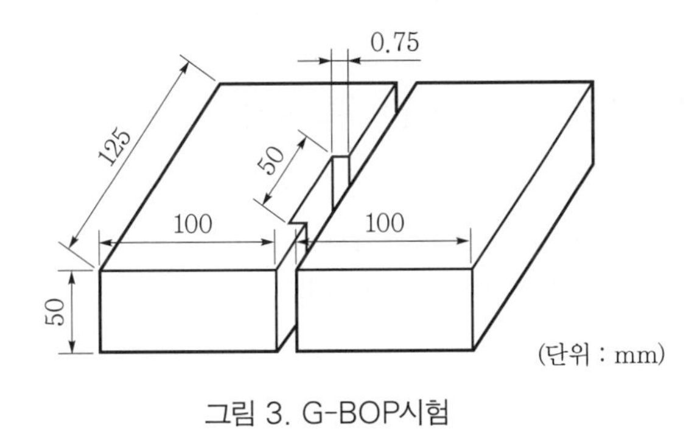

그림 3. G-BOP시험

(3) 다층용접 저온균열시험

이상에서 설명한 자체 구속시험들은 모두 단층용접에 의한 시험이다. 하지만 실제 현장에서 발생되고 있는 용착금속부 저온균열은 대부분 다층용접에서 나타나고 있으며, 그것도 최종 층 바로 아래에서 발생하고 있다.

1) U-그루브 균열시험

이는 일본용접협회의 용접봉부회기술위원회에서 개발된 방법으로써 그림 4와 같이 25mm 판재에 U자 모양의 그루브를 가공하고 그루브 내에 5패스를 3층으로 용접한 것이다. 이 시험에

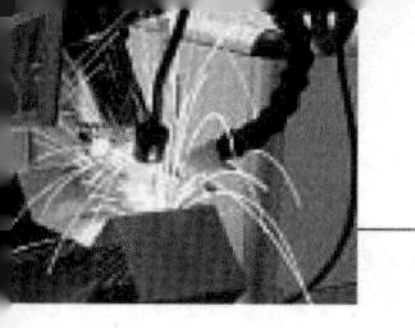

서의 실험변수는 예열온도이다. 용접 후에 2번째 층까지 연마하고 연마된 면으로부터 균열 발생 여부를 관찰하며, 균열이 확인되면 모든 균열의 길이의 합(Σl)은 예열온도가 상승함에 따라 감소할 것으로 예상된다.

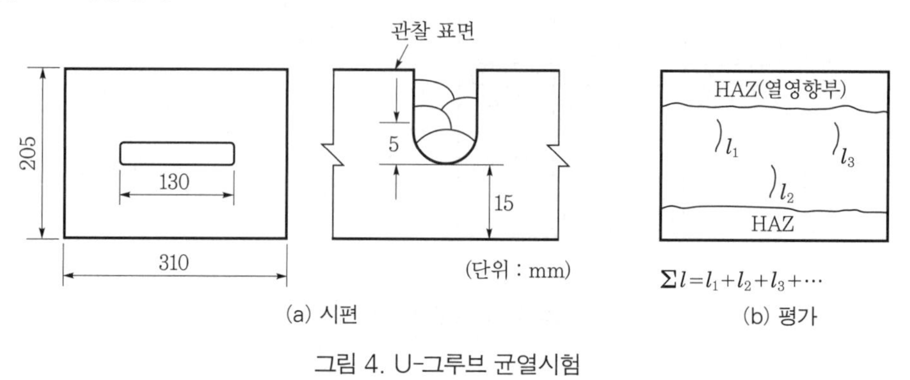

(a) 시편 (b) 평가

그림 4. U-그루브 균열시험

43. 초음파탐상검사방법에서 거리진폭특성곡선

1 개요

초음파의 진행시간(송수신 시간간격, 거리)과 초음파의 에너지양(반사에너지양, 진폭)을 적절한 표준자료와 비교, 분석하여 불연속의 존재 유무 및 위치, 크기를 알아낸다.

2 초음파탐상검사방법에서 거리진폭특성곡선

거리진폭특성곡선은 빔 행정에 의한 에코높이의 변화를 표시하는 곡선이다. 거리진폭교정은 STB-A2 사용 시 $\phi 4$ 구멍에 맞춰 0.5Skip, 1Skip, 1.5Skip을 측정하여 최대의 에코를 얻어, 이 점들을 연결하여 거리진폭특성곡선을 구할 수 있다.

제9장

용접 결함

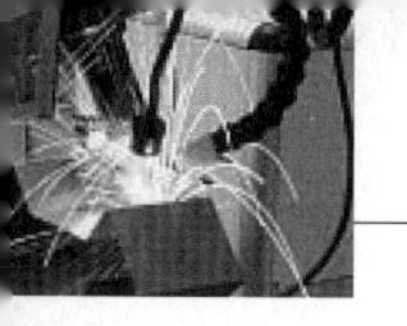

1. 가스텅스텐 아크 용접 시 용접부에 텅스텐이 오염될 수 있는 일반적인 원인 및 관련 대책

1 개요

비소모식 텅스텐 전극을 사용하는 가스텅스텐 아크 용접(GTAW, TIG용접)은 그림 1(a)와 같이 용접부가 불활성 가스로 둘러싸였기 때문에 용융금속과 대기와의 사이에 산화, 질화 등의 화학반응을 방지할 수 있어 우수한 이음부를 얻을 수 있고, 산화막이 견고하거나 산화물이 생성되기 쉬운 금속이라도 청정효과(cleaning action)에 의해 용제를 사용하지 않고도 용접이 가능하다. 또한, 직류 전원을 사용할 때 역극성에서는 폭이 넓고 용입이 얕으며 정극성에서는 폭이 좁고 용입이 깊은 용접비드를 얻을 수 있으며, 역극성에서는 전극의 가열도가 크고 정극성에서는 전극의 가열도가 작다.

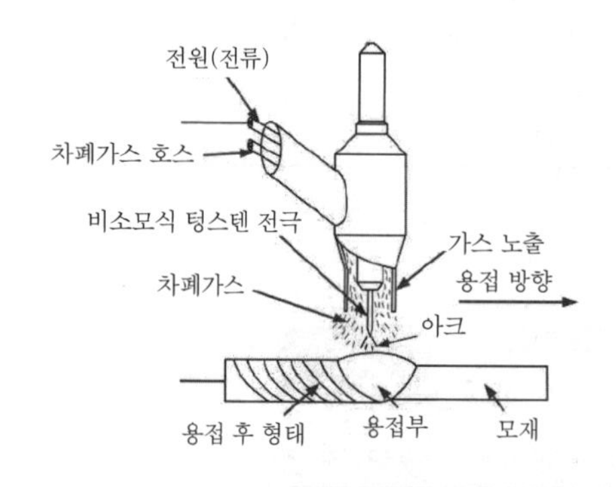

(a) 가스텅스텐 아크 용접 개요도

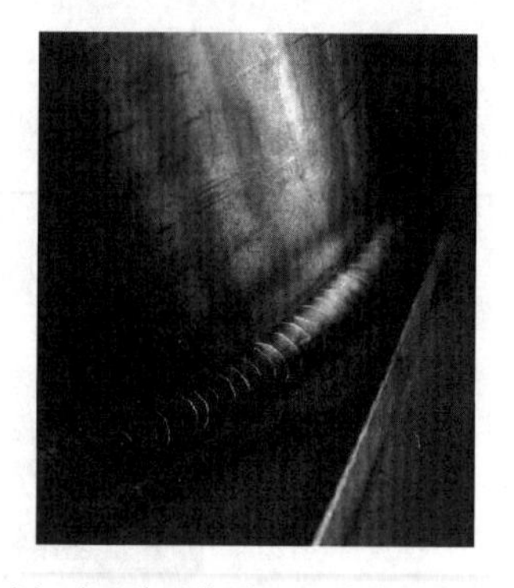

(b) 가스텅스텐 아크 용접비드 외관

그림 1. 가스텅스텐 아크 용접의 개요도와 용접비드의 외관

2 가스텅스텐 아크 용접 시 용접부에 텅스텐이 오염될 수 있는 일반적인 원인 및 관련 대책

텅스텐 혼입에 대한 원인은 Electrode로부터 유입하며 방지대책은 다음과 같다.

(1) Electrode의 품질을 향상시킨다.

(2) 작업물과의 접촉을 방지한다.

(3) 전류밀도를 줄인다.

2. CO_2 용접 시 실드가스 노즐 내에 부착한 스패터를 자주 청소하지 않을 때에 발생하는 문제점을 들고, 그 이유에 대해 상세히 설명

1 개요

CO_2가스 아크 용접(CO_2 gas arc welding)은 불활성 가스 대신에 이산화탄소를 이용한 용극식 용접 방법으로 와이어 송급 롤러에 의해 송급되는 용접 와이어가 콘택트 팁(contact tip)을 통과할 때 용접전류가 와이어에 전도되며, 와이어와 모재 간에 아크를 발생시켜 용융 접합한다. 이때 아크 및 용융금속을 대기로부터 보호하기 위해서 가스 디퓨즈, 오리피스 및 토치 선단의 노즐(nozzle)을 통하여 CO_2 가스가 흐르게 된다. 용접토치는 와이어 송급 장치에서 밀어주는 와이어를 용접부의 정확한 위치까지 속도 변화를 일으키지 않고 공급되도록 안내하고, 용접 전원으로부터 공급되는 소요 전력을 토치 끝단의 와이어까지 최소한의 전력손실 조건으로 전달, CO_2 가스의 공급, 용접시작, 용접종료, 스위치 기능 역할을 한다. 노즐(Nozzle)은 토치바디를 통해 공급되는 CO_2 가스를 용접부까지 안내하여 용접부 용융금속 전체 부위를 균일하게 보호할 수 있도록 분산 공급한다. 가스 디퓨즈는 가스 호스를 통해 전달된 CO_2 가스가 이곳에서 분출되어, 노즐(Nozzle)을 통하여 용접금속 위로 흘러나간다.

2 CO_2 용접 시 실드가스 노즐 내에 부착한 스패터를 자주 청소하지 않을 때에 발생하는 문제점을 들고, 그 이유에 대해 상세히 설명

용접 시에는 가스 디퓨즈에 의해 분출된 CO_2 가스의 흐름이 균일하지 않아 용접 금속을 잘 보호하지 못하며, 노즐에 스패터가 많이 부착되어 노즐 내부로 흐르는 CO_2 가스 흐름을 방해하여 용접 결함을 유발시키는 원인이 되므로, CO_2 가스 흐름을 균일하게 하고 노즐에 부착되는 스패터량을 감소시킬 수 있도록 용접 토치를 개선하여 용접부 품질을 향상시킬 필요가 있으며 스패터가 많은 원인은 다음과 같다.

(1) 용접 통전이 불안전하다.
(2) 접속선이 너무 가늘다.
(3) 용접조건이 부적당하다.
(4) 용접물의 상태가 나쁘다.
(5) 토치의 조작이 나쁘다.

스패터가 많은 경우 방지하는 방법은 다음과 같다.
(1) 접속부 용접물의 통전 접속부를 점검하여 통전을 확실히 한다.
(2) 삼상전원측 용접 케이블은 충분한 굵기의 것을 사용한다.
(3) 용접전압이 낮거나 Wire 송급이 빠른지 확인한다.

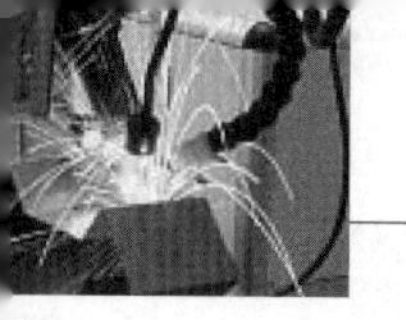

(4) 오물 절연물 슬러그를 제거한다.
(5) Wire 돌출길이를 적당히 하고 토치 각도를 변화시켜본다.
(6) 용접 속도가 너무 빠르다.

3. 용접변형에 영향을 주는 요인과 변형 방지법

1 개요

용접변형을 용접 후에 교정하는 데 많은 경비와 시간을 요하므로 사전에 그 발생을 경감시키는 조치가 필요하다. 이를 위해서는 구속을 크게 하여 변형발생을 방지하는 것이 가장 효과적이지만, 이에 의하여 잔류응력이 크게 되고 또한 용접 터짐이 일어나기 쉽게 된다.

2 용접변형에 영향을 주는 요인

변형을 적게 하는 데 필요한 방법은 다음과 같다.
(1) 전 공급 열량을 될 수 있는 대로 적게 한다.
(2) 열량을 1개소에 집중시키지 않도록 한다.
(3) 처짐 변형의 방지에 주의한다.
면내의 수축을 어느 정도 허용하고 굽힘 변형을 방지하는 데 적당한 고정구 또는 중량물을 누르거나 앞의 방법으로 열변형을 주는 방법이 허용된다. 또한 V형과 X형 또는 H형으로 하고 앞 뒷면의 용착비를 6:4 또는 7:3으로 하는 것은 앞의 설명한 것과 같다. 변형을 방지하는 것은 기계적으로 하는 방법과 가열하는 방식이 있다.

3 변형 방지법

한번 발생한 변형을 완전히 교정하는 것은 일반적으로 곤란하고 많은 경비와 시간을 필요로 하며, 또한 제품의 외관을 손상시키는 경우가 많으므로 될 수 있는 대로 변형발생이 적게 되도록 공작을 행하여야 한다. 그러나 수축변형을 억제하면 동시에 잔류응력이 발생하고, 또 원칙으로서 한쪽을 억제하면 다른 쪽이 증대하는 상반관계가 있다. 일반적으로 구조물의 강도상 중요한 부재로서 사용되는 두꺼운 판에 있어서는 잔류응력의 경감에 주의를 하고, 그렇지 않은 부재에 대하여서는 변형방지에 주안점을 두어 공작한다.

(1) 일반적인 원칙

1) 가능한 용착량을 적게 하여야 하고 개선각도, 루트거리를 전 용접선을 통하여 정확하게 유지할 필요가 있다.

2) 용착법에 주의하며 대칭법, 후퇴법, 비석법을 이용한다.

3) 용접순서를 정확하게 한다.

4) 사용 용접봉의 선택에 주의하고, 특히 층수를 감하고 용접속도가 너무 늦어지지 않도록 주의한다.

5) 처짐변형의 방지에 특히 주의한다.

6) 정규의 용접각목을 엄수하고 크게 하지 않아야 한다.

7) 가공 정밀도를 향상시키는 것은 변형방지에 극히 유효하다.

(2) 굽힘변형 방지법

1) 맞대기 조인트의 경우

① 스트롱 백에 의한 구속 : 용접선 위 적당한 간격으로 스트롱 백을 가용접하여 각 변형을 방지한다. 수동용접, 맞대기 용접에 대하여 널리 사용된다.

② 주변 고착법 : 강판주변 및 용접 조인트 부근을 지그로 정반에 고정한다.

③ 미리 조인트에 역각도를 주는 방법 : 용접에 의한 각 변화를 예측하여 미리 역방향으로 적당한 각도를 주어서 용접한다. 현재로서는 직각심의 판이음에는 전면적으로 자동용접이 채용되고 있어 거의 사용하지 않지만, 버트를 미리 아크 용접으로 이어서 장척으로 할 때 사용한다.

2) 필릿 조인트의 경우

① 소성적 역변형법 : 용접에 의한 각 변형량을 예측하여 약 1/3의 역변형을 가공 때에 수압기 등에 의하여 부재에 주는 방법으로서 페이스 플레이트, 커튼 플레이트, 빔 등에 사용된다.

② 탄성적 역변형법 : 역변형을 지그를 사용하여 탄성적으로 주는 방법으로서 지그는 여러 가지의 것이 고안되어 널리 채용되고 있다.

③ 주변 고착법 : 판의 주변을 정반 위에 고착하는 방법으로서 어느 정도 효과가 있고, 역변형법에 의할 필요가 없는 구조에 대하여 사용된다.

④ 가보강법 : T형, I형 부재의 조립, 또는 블록조립에 있어서 판과 스티프너와의 결합을 용접할 때 플랜지의 절곡을 방지하기 위하여 브래킷 또는 스티프너를 지주로 하여 다수가 용접하는 방법이다.

⑤ 용접보류 : 블록 조인트에 평행하게 붙는 부재의 블록 조인트 측의 필릿용접을 보류하여 두고 단독탑재 후 시공하는 것에 의하여 물결형 변형을 방지한다.

⑥ 포지셔너법 : 항상 하향자세를 취하고 용접자세를 좋게 하여 용접속도를 높임으로써 열공급량을 적게 하고, 이에 따라서 변형의 발생을 적게 한다. 유사 부품 또는 같은 부품의 다량생산 때에 주로 이용된다.

⑦ 원 패스 필릿봉의 이용 : 하향 및 수평 필릿용접은 선체에 있어서는 전용접 길이의

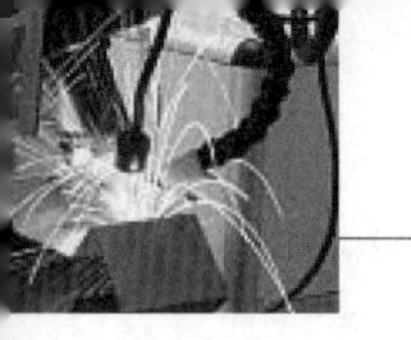

40% 이상을 차지한다. 이와 같은 조인트를 종래의 소경봉으로 용접한다는 것은 변형이 크고 공수도 걸리므로, 하향 수평필릿 전용으로서 고능률 용접봉이 생겨서 원패스에 의하여 용접이 행하여지고 있다.

4. 자기불림(Arc Blow)의 현상과 방지책

1 개요

용접을 시작하는 부분과 끝나는 부분에서 아크가 안쪽 방향으로 강하게 쏠리게 되는데, 이를 방지하기 위해서는 교류 용접을 사용하는 것이 효과적이다. 또 낮은 전압일수록 아크가 짧고, 직지성이 강하여 높은 전압일 때와 비교하여 아크쏠림의 영향이 적게 된다. 그리고 접지 상태 및 위치 선정에도 유의하여야 한다.

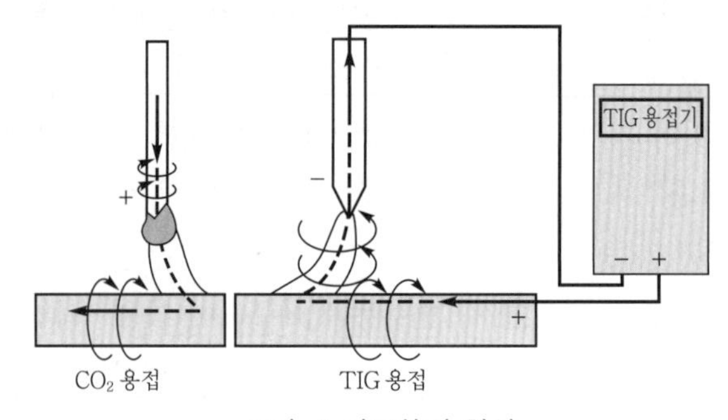

그림. 1 아크쏠림 현상

2 자기불림(Arc Blow)의 현상과 방지책

(1) 현상

Arc Blow(Arc쏠림)는 철계 금속을 직류를 사용해서 용접할 때 주로 발생되고 교류 용접에서는 거의 없다. 이러한 현상은 용접봉과 모재 사이에 형성된 자기장에 의해서 일어나며, 용접 Arc의 방향을 굴절시켜서 정상적인 Metal Transfer Flow를 방해한다. Arc Blow는 불완전한 용입이나 용착을 유도하게 되고, 과도한 Spatter의 원인이 된다. 특히 용접 부재의 끝부분에서 잘 발생하며 Crater부의 결함 원인을 제공하기도 한다. 그림 1은 용접봉의 위치에 따른 Arc의 쏠림 현상을 도식화한 것이다.

(2) 방지대책

Arc Blow의 피해를 줄이는 방법은 다음과 같다.

1) 모재에 연결된 접지점을 용접부에서 최대한 멀리 놓는다.

2) 용접이 끝난 용접부 또는 큰 가용접부(Tag Weld)를 향하여 용접한다.
3) Arc의 길이를 용접에 지장이 없는 범위에서 최대한 짧게 한다.
4) 용접 전류를 줄인다.
5) Run off Tab을 설치해서 용접을 진행한다.
6) 긴 용접부는 후진(Back Step) 용접법을 선택한다.
7) 교류로 바꾸어 용접을 진행한다.
8) 직류 전원 2개를 연결하여 자기장의 방향이 서로 상쇄되도록 사용한다.
9) 용접봉 끝을 Arc쏠림 반대 방향으로 기울인다.

5. 용접 열영향부(HAZ)

1 개요

융합부에 인접한 부분은 용접열에 의하여 조직이 변하는데 이 부분을 열영향부(Heat Affected Zone, HAZ)라 하며, 뚜렷한 경계선은 없으나 편의상 용접부를 구분하면 그림 1과 같다.

그림은 강의 arc 혹은 gas 용접에서 나타나는 용접부의 온도와 조직을 보여준다. 일반적으로 C는 저온 측에서 고온 측으로 이동하므로 융합부에서는 C가 많아지고, 융합부에 인접한 모재에서는 C가 적어지며, 융합부는 급랭에 의한 영향을 크게 받는다.

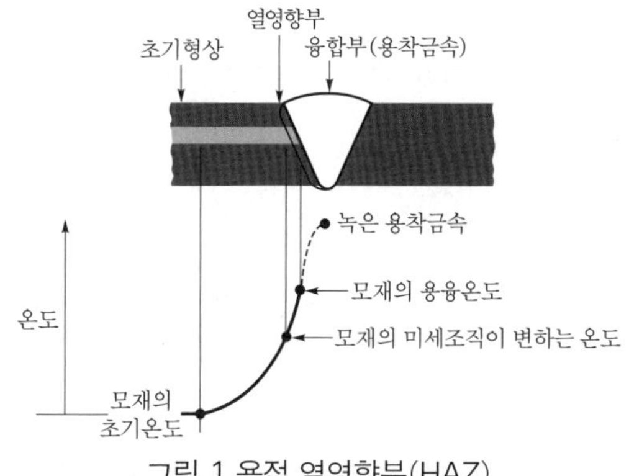

그림 1 용접 열영향부(HAZ)

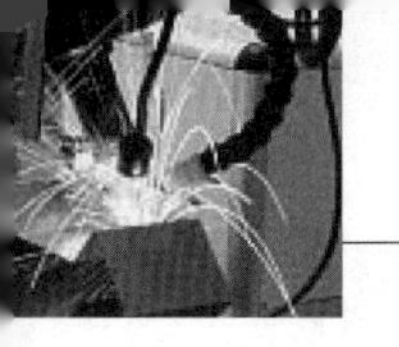

2 용접 열영향부(HAZ)

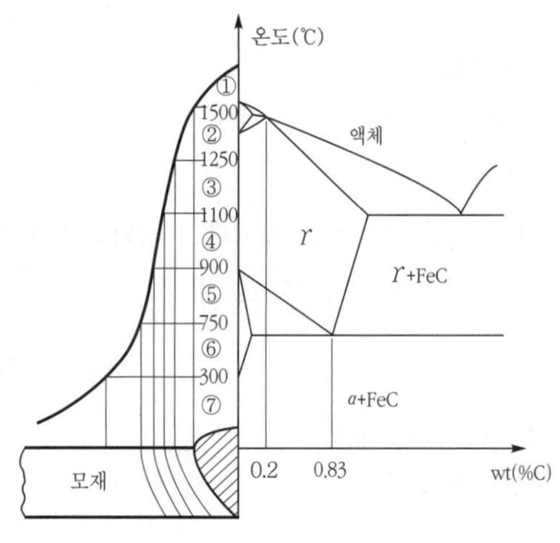

그림 2. 열영향부의 온도변화

강의 열영향부의 조직은 다음과 같은 특징이 있다.

(1) 용융금속

용융온도는 1500℃ 이상으로 용융온도 이상으로 가열될 때 용가재와 모재가 용융하여 재응고한 부분으로 주조조직 또는 수지상(dendrite)조직을 나타낸다.

(2) 조립역

용융온도는 1250℃ 이상으로 결정립이 조대화되어 마르텐사이트 등의 경화조직이 되기 쉽고 저온균열이 발생될 가능성이 크다.

(3) 혼립역

용융온도가 1250℃~1100℃로 조립과 세립이 중간이며 성질도 중간 정도이다.

(4) 세립역

용융온도가 1100℃~900℃로 결정립이 A_3변태(재결정)에 의해 미세화되어 인성 등 기계적 성질이 양호하다.

(5) 구상 펄라이트역

용융온도가 900℃~750℃로 pearlite만 변태하거나 구상화하며, 서냉 시에는 인성이 양호하나 급랭 시에는 martensite화하여 인성이 저하한다.

(6) 취화역

용융온도가 750℃~300℃로 열응력 또는 석출현상에 의해 취화되는 경우가 많다. 현미경 조직으로는 변화가 없다. 정적연성은 변화가 없지만 충격 특성은 열화 킬드강은 취화정도가 약하나, 세미킬드 및 림드강은 충격 특성의 열화가 광범위한 영역에서 발생한다.

(7) 용융온도가 300℃~실온으로 열영향을 받지 않은 모재부분이다.

6. 고장력강 및 저합금강의 용접에서 발생되는 저온 균열

1 저온 균열의 특징

용접작업 후 실온 근처로 냉각된 뒤에 시간의 경과에 따라 발생하는 균열로서 다음과 같은 특징을 나타낸다.

(1) 200℃ 이하의 저온에서 발생한다.

(2) 주로 철강재료의 용접금속 및 HAZ의 경화부에서 발생한다.

(3) 저강도강의 경우 주로 HAZ에서 발생하나, 고강도 강일수록 용접금속에서의 발생빈도가 증가한다. 이러한 저온 균열은 용접부의 확산성 수소량, 구속력의 크기, 조직의 강도(경화도)에 크게 의존하며 이중 한 가지 이상이 억제되면 균열의 발생이 억제된다.

2 발생기구에 따른 종류

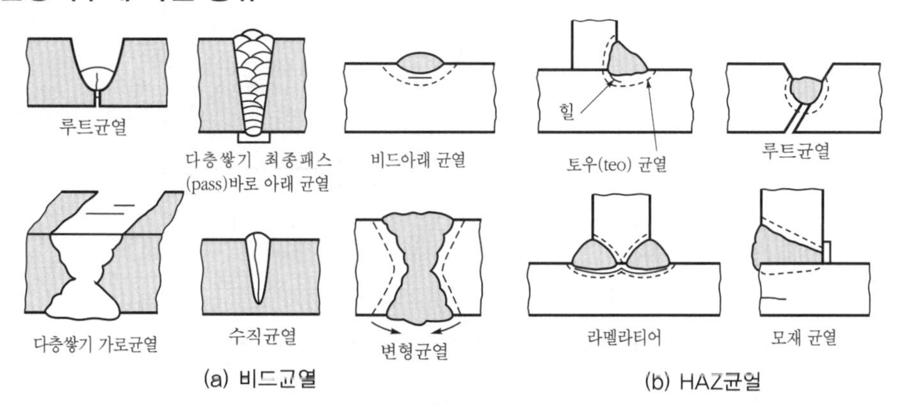

그림 1. 저온 균열의 발생 위치 및 형태

(1) 수소농도와 구속응력에 의한 지연균열(Delayed cracking)형 저온 균열

(2) 냉각 중 발생하는 조직의 경화와 변태응력에 의한 담금질 균열(Quenching cracking)형 저온 균열이 있으며, 그림 1은 저온 균열의 발생 위치 및 균열의 형태를 나타낸 것으로 거의 모든 위치에 다양한 형태로 발생함을 알 수 있다.

3 Delayed cracking형 저온 균열

(1) Delayed cracking형 저온 균열 특징

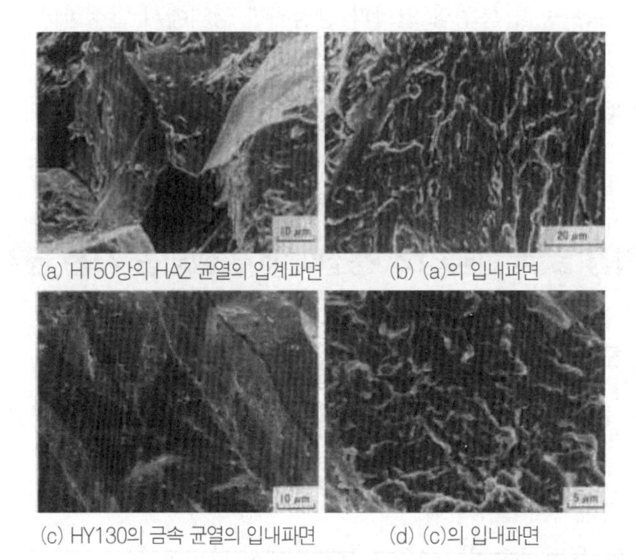

(a) HT50강의 HAZ 균열의 입계파면 (b) (a)의 입내파면

(c) HY130의 금속 균열의 입내파면 (d) (c)의 입내파면

그림 2. HT50강의 HAZ 및 HY130의 용접금속의 균열의 입계/입내 파면

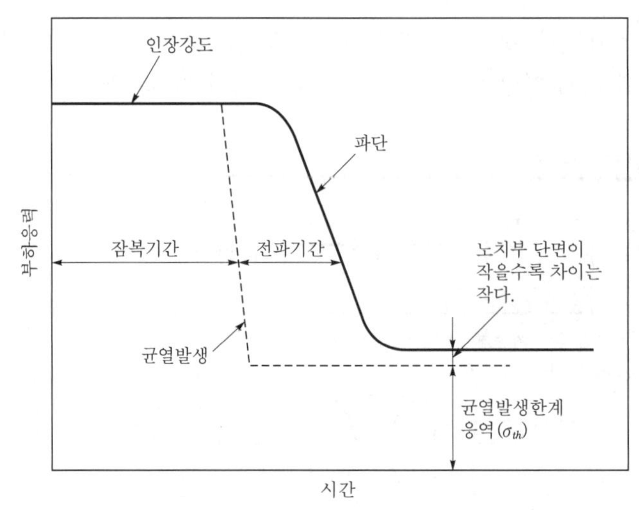

그림 3. 수소를 첨가한 강의 노치시험편에 일정응력을 부가한 경우의 지연파괴

잔류응력과 확산성 수소농도에 민감한 Delayed cracking형 저온 균열의 특징은 다음과 같다.

1) 실온부근의 온도(약 200℃ 이하)로 냉각한 후에 주로 발생한다.
2) 용접 후 일정시간 경과 후 발생하며, 발생시간은 구속응력에 반비례하여 구속이 큰 경우 균열발생 시간이 짧게 걸린다.

3) 저·중합금 고장력강의 HAZ 경화부에서 주로 발생하나 용접금속에서도 일부 발생한다.
4) 이러한 Delayed cracking형 균열이 저온 균열의 대부분을 차지한다.
5) 균열발생의 지배요인은 소재의 강도로서 용접부의 강도, 경화능이 클수록 발생하기 쉬우며, 용접금속 중의 확산성 수소농도에 민감하고 구속된 용접부의 루트부 등 응력집중부에서 발생하기 쉽다.

(2) 저온 균열 감수성 지수

저온 균열은 국부응력, 국부수소농도 및 그 부분의 금속 조직에 의존하므로 이러한 인자를 고려한 여러 가지 저온 균열 감수성 평가지수가 제안되어있다. 그 중 한 가지를 예로 들면 다음과 같으며 식으로부터 탄소당량이 높을수록, 확산성 수소량이 많을수록, 피용접재의 두께가 두꺼워 냉각속도가 빨라질수록 값이 증가함을 알 수 있다.

$$P_w = P_C + H/54 + h/600$$

단, $P_C = C + Si/30 + Mn/20 + Cu/20 + Ni/60 + Cr/20 + Mo/15 + V/10 + 5B$

여기서, H : 확산성 수소량

h : 피용접재의 판 두께

아래의 그림 4는 저온 균열을 방지하기 위한 최저 예열온도 추정곡선으로서 P_w 값의 증가에 따라 균열방지를 위한 높은 예열온도가 요구되며, 동일한 P_w 값일 경우 두께가 두꺼울수록, 용접입열량이 적을수록 용접부의 냉각속도가 빨라져 균열의 발생감수성이 증가하므로 더욱 높은 예열온도가 요구됨을 알 수 있다.

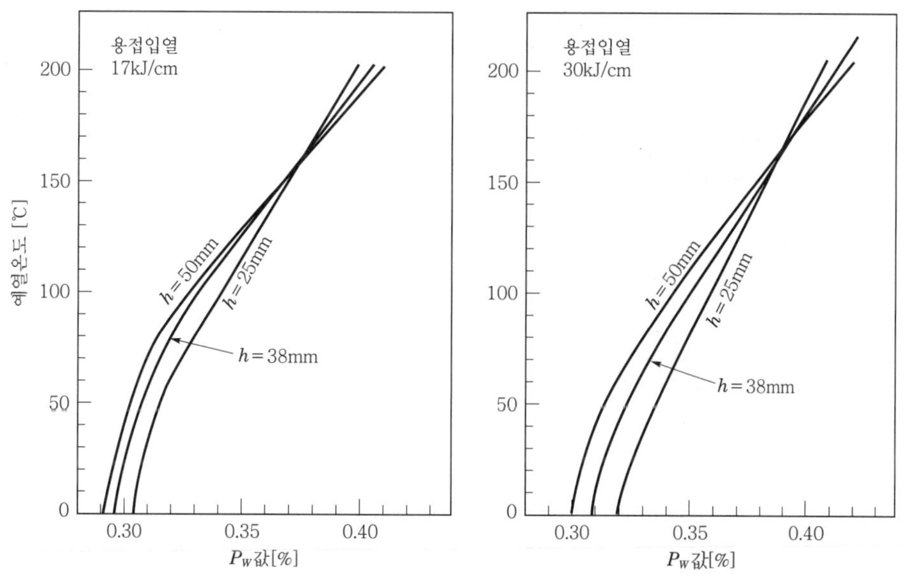

[주] 용접균열 감수성지수 P_W에서 추정된 실구조물의 균열방지를 위한 국부예열온도(예열범위 : 용접선을 중심으로 폭 200mm. 예열온도의 측정위치 : 용접선에서 5cm 떨어진 곳. 가열은 전기히터로 한다.)

그림 4. 일본 강구조협회 용접 균열 연구반 보고서에 의한 인용 그림

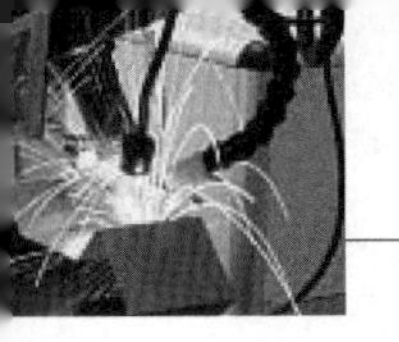

(3) 균열 방지 방안

1) 기본적인 접근 방법

저온 균열 발생의 3대 요소인 용접부 강도, 확산성 수소농도 및 구속응력 중 한 가지 이상을 저감시킴으로써 발생을 효과적으로 억제할 수 있다. 예로서 그림 6과 같이 용접부 상태가 국부 구속응력과 수소농도 값이 균열발생 한계곡선인 A선 위쪽에 위치한 P점일 경우 균열이 발생하게 된다. 이의 방지수단으로서 다음 세 가지를 생각할 수 있다.

첫째, 그림의 화살표 1과 같이 국부 수소농도를 낮추는 방법과,

둘째, 국부 구속응력을 화살표 2와 같이 줄이는 방법이 있다. 화살표 2′는 이 두 가지를 동시에 적용할 경우이다.

세 번째 방안으로는 화살표 3으로 나타낸 것과 같이 용접부의 화학성분 및 조직을 변경시켜 균열 민감도를 변화시켜 균열발생 한계곡선을 높이는 방안이다.

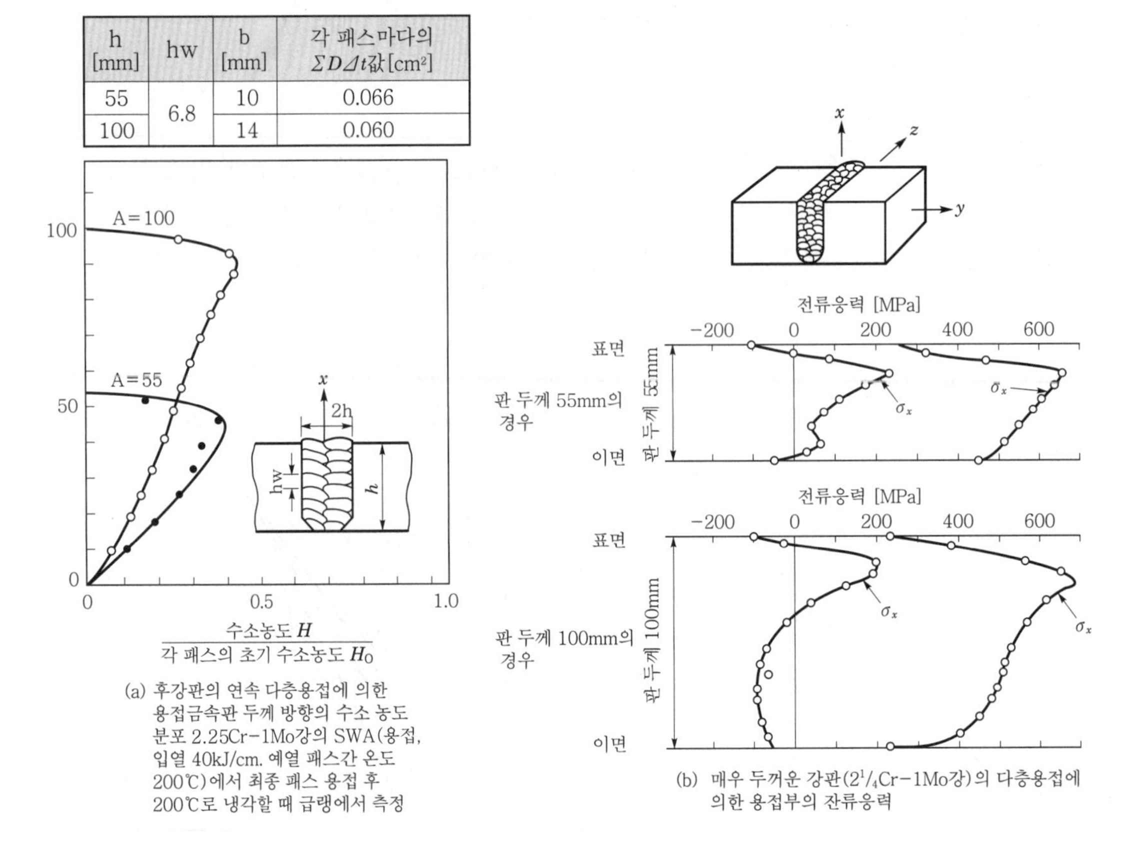

h [mm]	hw	b [mm]	각 패스마다의 $\Sigma D\Delta t$값 [cm²]
55	6.8	10	0.066
100		14	0.060

(a) 후강판의 연속 다층용접에 의한 용접금속판 두께 방향의 수소 농도 분포 2.25Cr-1Mo강의 SWA(용접, 입열 40kJ/cm. 예열 패스간 온도 200℃)에서 최종 패스 용접 후 200℃로 냉각할 때 급랭에서 측정

(b) 매우 두꺼운 강판(2¹/₄Cr-1Mo강)의 다층용접에 의한 용접부의 잔류응력

그림 5. 2.25Cr-1Mo 후판강 연속 다층 용접법에 의한 용접부 단면의 수소농도 분포와 잔류응력 분포

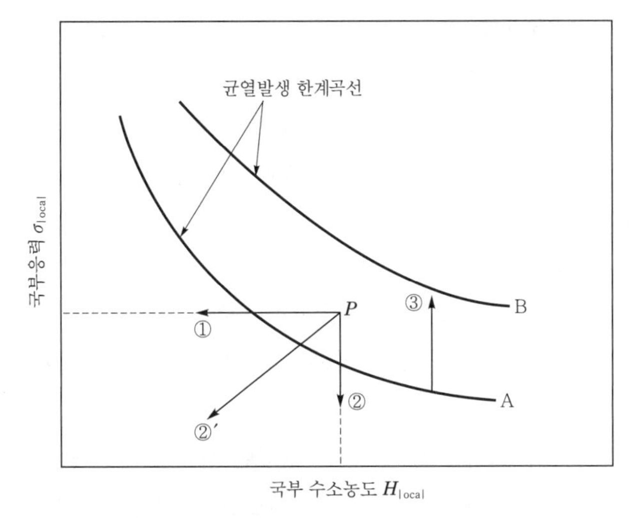

그림 6. 용접부의 저온 지연 균열을 방지하는 방법의 모식도

2) 국부 수소농도의 저감

① 저수소계 용접봉, 극저수소계 용접봉, 난흡습성 용접봉을 사용한다.

② 용접방법의 변경은 SMAW에 비해 불활성 가스분위기 하에서 용접함으로써 흡장수소량이 낮은 GMAW, GTAW 용접법으로 변경한다.

③ 용접자재의 건조 및 Cleaning을 통해 대기 중 습분의 흡착을 억제한다.

④ 예열 및 후열에 의해 냉각속도를 느리게 하여 확산성 수소를 방출시킨다.

3) 국부응력의 감소

① Welding Design 최적화에 의해 루트부의 국부 응력을 저감시킨다.

② 응력집중계수의 최소화를 위한 Groove 형상으로 설계하여야 한다.

4) 저강도 용접재료의 채용

모재보다 강도 레벨이 약간 낮은 용접재료를 사용하면 다른 조건이 같더라도 용접 루트부의 국부 구속응력과 국부 수소농도가 동시에 감소한다.

5) 균열감수성이 낮은 재료의 선택

① 균열발생 한계곡선의 높이는 균열 발생점의 금속조직에 의해 결정된다. 따라서 탄소당량이 낮은 강종일수록 균열발생 한계곡선이 높아져 저온 균열 저항성이 높아진다.

② 조질 고장력강에서 주로 사용되는 탄소당량식은 다음과 같다.

$P_c[\%]=C+Si/30+Mn/20+Cu/20+Ni/60$

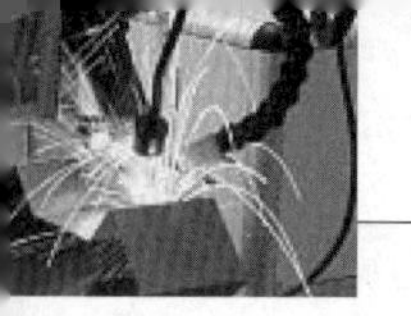

4 Quenching crack형 저온 균열

(1) Quenching crack형 저온 균열의 특징

중·고탄소강이나 그 합금강을 용접하는 경우, 냉각 도중 약 100℃ 전후에서 마르텐사이트 변태에 의한 균열이 발생하는 경우가 있다. 이것을 Quenching crack형 저온 균열이라 하며 균열의 특징은 다음과 같다.

1) 수소와 무관하며 Quenching crack과 유사한 형태의 균열이다.
2) 중·고탄소강, 중·고탄소 합금강의 HAZ 조립역에서 주로 발생한다.
3) 용접 후 냉각 시 Martensite변태 직후 발생하며, 변태에 의한 체적변화에 따른 내부응력에 기인한다.
4) 그림 7에서와 같이 구 Austenite 입계를 따른 명료한 입계파괴 형태를 나타낸다.
5) P 등 불순물에 의한 구 Austenite 입계취화와 입내경화에 기인한다.

(2) 담금질형 저온 균열의 방지책

1) Ms점 이상으로 예열을 실시하고 가열 냉각속도를 느리게 한다.
2) 용접 직후에 후열을 실시한다.
3) 구속을 낮게 한다.
4) 저강도의 용접봉을 사용한다.
5) 수소량이 적은 용접봉을 사용한다.

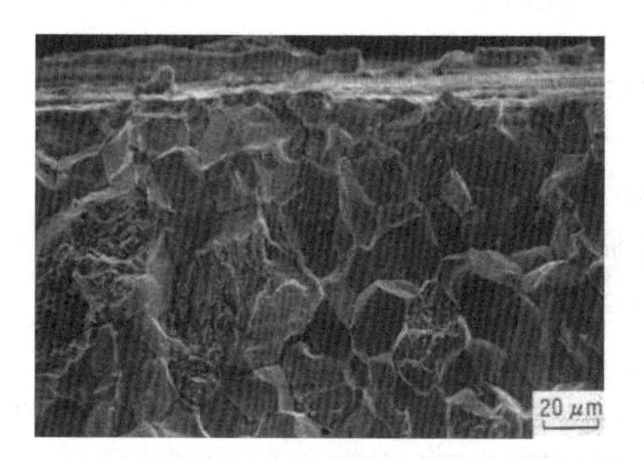

그림 7. Quenching crack형 저온 균열의 파면(SNCM 8강)

7. 수소유기 지연균열(Hydrogen Induced Delayed Cracking)

1 개요

수소취성은 전위를 고정시켜 소성변형을 곤란하게 하는 원자상수소에 의해 생기는 금속의 취성이다. 재료내부에 공동(cavity)이 있으면 그 표면에서 접촉반응에 의해 분자상수소를 발생시켜 고압의 기포를 형성하게 된다. 이와 같은 브리스터(blister)는 스테인리스 칼에서 종종 볼 수 있다. 수소에 의해 취화된 강에 어느 임계값 이상의 인장응력이 가해지면 수소균열이 발생한다. 이러한 임계응력은 수소함유량이 증가함에 따라 저하하며, 때로는 필요한 인장응력이 수소자체에 의해 생기고 수소균열은 외부부하에 관계없이 생긴다.

2 특성

원자상수소는 금속자체의 부식보다 금속과의 접촉에 의해 생긴다. 또한 수소는 산세, 음극청정(cathode cleaning), 전기도금과 같은 공업적 공정에서 금속 중으로 녹아들어간다. 강의 수소취성은 Bi, Pb, S, Te, Se, As와 같은 원소가 존재할수록 더 잘 일어나게 된다. 그 이유는 이들 원소들이 $H+H=H_2$의 반응을 방해하여 강 표면에 원자상 수소농도를 높게 하여 주기 때문이다. 황화수소(H_2S)는 석유공업에서 부식균열의 원인으로 된다. 수소균열은 탄소강에서 생기며 특히 고장력 저합금강, 마르텐사이트계 및 페라이트계 스테인리스강 및 수소화물(hydride)을 만드는 금속에서 현저히 발생한다.

마르텐사이트 구조인 고장력 저합금강의 경우 약간 높은 온도, 즉 250℃ 대신에 400℃에서 템퍼링하면 수소취성 감수성을 저하시킬 수 있다. 비교적 고온에서 템퍼링하면 $Fe_{24}C$와 같은 조성을 갖으며, 수소를 간단히 흡수하는 특수한 템퍼링 탄화물인 수소 탄화물로부터 일반적인 시멘타이트가 생성한다. 수소취성은 음극분극에 의해 SCC와 실험적으로 구별할 수 있다. 이는 음극분극이 수소발생에 의해 수소취성을 조장하지만 SCC는 억제하기 때문이다.

8. 오스테나이트계 스테인리스강의 용접금속에서 고온 균열

1 개요

스테인리스강의 용접방법은 용접되는 모재의 종류, 용접금속의 요구성능, 용접자세, 용접 능률, 경제성 등을 고려하여 가장 적합한 방법을 선정하여야 한다. 오스테나이트계 스테인리스강에 이용할 수 있는 용접방법으로는 피복아크 용접(SMAW), 티그용접(GTAW), MIG용접(GMAW), 서브머지드아크 용접(SAW), 전자빔(EBW), 레이저 용접(LBW) 등의 거의 모든 종류의

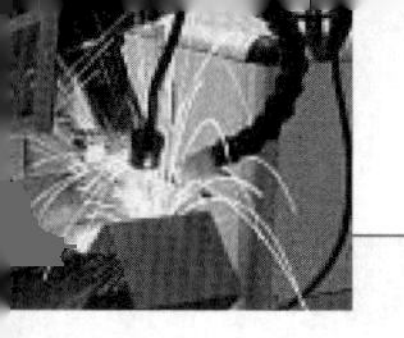

용접방법을 들 수 있다.

2 오스테나이트계 스테인리스강의 용접금속에서 고온 균열

오스테나이트계 스테인리스강 중에서도 응고균열 감수성이 높은 강종을 용접할 때는 용접금속의 고온 균열을 방지하기 위하여 용접금속에 수 %의 페라이트가 함유되도록 용접재료를 선정하여야만 한다.

그러나 이 같은 페라이트는 응고균열 방지에는 효과가 있으나 내식성 및 기계적 성질을 열화시키기 때문에 강종, 용접방법, 용도에 적절한 페라이트 함량을 갖도록 설계된 용접재료를 사용하여야만 한다. 또 적절한 용접재료를 선정하여 사용하더라도 보호가스가 부족하거나 아크 전압이 과다하게 높으면 대기 중으로부터 질소 등의 가스가 혼입되어 페라이트량이 변할 수 있기 때문에 용접시공이 주의 깊게 행해져야 한다.

고온용도로 사용되는 오스테나이트계 스테인리스강의 내산화성, 고온강도가 우수하기 때문에 고온용도로는 폭넓게 사용되고 있다. 고온용도로 사용되는 오스테나이트계 스테인리스강의 경우 용접금속에 페라이트가 함유되어 있으며, 650~900℃의 온도구간에서 장시간 사용 시 페라이트로부터 취약한 시그마상이 생성되기 때문에 연성과 인성이 크게 떨어지게 된다.

이 시그마상은 Cr, Nb, Mo 등의 합금원소 함유량이 많을수록 쉽게 생성되며, 강종과 용도에 따라서는 고온 균열에 대한 내식성도 저하시킬 수 있기 때문에 용접금속 중의 페라이트량을 낮게 억제할 수 있는 용접재료 또는 완전 오스테나이트 조직을 얻을 수 있는 용접재료를 사용하는 것이 바람직하다.

9. 강의 용접균열 감수성

1 개요

탄소함량을 기준으로 하여 각 합금성분의 비율을 환산한 실험 예측식으로서, WES(일본용접협회)에 규정되어 있는 용접균열 감수성을 예측할 수 있는 지표의 일종이다.

$$P_c(\%)=C+(1/30)Si+(1/20)Mn+(1/20)Cu+(1/60)Ni+(1/20)Cr+(1/15)Mo+(1/10)V+5B$$

2 적용

WES에서는 용접균열 감수성을 추정할 수 있는 식으로서 균열 감수성지수 P_c를 도입하였지만, WES-135가 강판의 규격이기 때문에 P_c 식으로부터 판 두께 및 수소에 대한 항을 제외시킨 P_c 값으로 용접균열 감수성을 규정하게 되었다. 현재 WES 3001에 강재의 강도 수준별로 P_c

값이 규정되어 있다. P_C 값이 낮을수록 저온 균열 감수성은 낮다.

10. 고장력강의 비드하 균열(Under Bead Cracking)의 발생원인과 용접시공상의 방지대책

1 비드하 균열(Under Bead Cracking)의 발생과 발생기구

(1) 비드하 균열(Under Bead Cracking)의 발생

저합금강, 고장력강에 발생하기 쉬운 미소균열이며 bead 직하에 발생하고 bond부와 접하는 조립부에 발생한다. 또한 3가지 원인에 의한 응력에 의해 200℃ 이하에서 발생한다.

1) 용착강 및 열영향부의 수축
2) 오스테나이트에서 마르텐사이트 변태 시
3) H_2가 갖는 정역학적 압력에 따른 원인이다.

(2) 발생기구

1) H_2 발생이 용이한 용접봉 사용으로 용접봉에서 arc 분위기를 통과한 금속입자가 수소를 흡수하여 용접금속은 다량으로 수소를 함유한다.
2) 용융금속이 응고할 때 용해도가 급격히 감소하여 미방출 수소가 일부 용착금속에 잔존하여 일부 열영향부의 오스테나이트에 확산한다.
3) 냉각이 진행되면 용착금속의 수소의 흡수능력이 감소하고 공기 중 배출될 때 일부는 열영향부 내로 확산하여 HAZ부분에 수소가 증가한다.
4) 열영향부도 냉각하여 오스테나이트 상태에서 변태하면 수소의 흡수 능력이 감소한다.
5) 저탄소강의 경우에는 급랭하면 잔류 오스테나이트가 존재한다.
6) 잔류 오스테나이트에 수소가 과포화되면 마르텐사이트 변태 시 미세균열을 발생한다.

2 Under bead crack 발생원인

(1) 마르텐사이트 격자 중의 수소에 의한 취화
(2) 용착금속 및 열영향부의 수축 응력
(3) 오스테나이트가 마르텐사이트 변태의 체적 팽창에 의한 변태 응력
(4) 미시적 공기 중에 존재하는 분자상 수소가 갖은 정역학적 압력

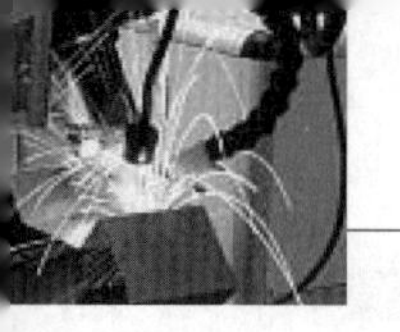

3 방지대책

방지대책은 마르텐사이트와 수소 생성과정의 어느 한 가지를 제어함으로써 방지를 할 수가 있으며 다음과 같다.

(1) 저수소계 용접봉을 사용한다.

(2) 마르텐사이트 생성을 감소시키기 위해 100~150℃ 예열한다.

(3) 오스테나이트계 Cr-Ni 용접봉을 사용하면 용착금속이 상온에서도 오스테나이트이기 때문에 수소의 다량 흡수가 불가능하여 열영향부에 수소가 과포화로 인한 용입이 불가능하다.

11. 용접으로 H-형강을 제작할 때에 플랜지 두께가 너무 두꺼워졌을 때, 발생할 수 있는 문제점

1 문제점

일반 구조용 압연 강재는 KS D 3503(일반 구조용 압연 강재)의 규정에 적합한 것을 사용하여야 한다. 일반 구조용 압연 강재 중 SS 490은 용접구조에 사용하여서는 안 되며, SS 400은 용접구조에 사용할 수 있지만 판 두께가 두꺼워짐에 따라 강재의 조직이 거칠어지고 생성이 증가하며 또한 수축응력에 따라 다축응력상태를 발생할 염려가 있기 때문에 두께 22mm 이하일 때만 사용하여야 한다.

12. 강의 용접금속에 발생하는 기공의 발생원인과 이의 방지대책

1 강의 용접금속에 발생하는 기공의 발생원인

용접금속에 생기는 기포 중에 내부에 있는 것을 기공이라 한다. 기공은 방출된 가스가 떠서 위로 나오기 전에 응고된 것으로, 이는 용접금속이 응고할 때에 방출된 가스 때문이다. 피복금속아크 용접에서 기공은 비드를 갑자기 중단시킬 때 일어날 수 있다.

2 강의 용접금속에 발생하는 기공의 방지대책

강의 용접금속에 발생하는 기공을 방지하기 위해서는 새로운 용접봉으로 용접해야 한다. 이와 같이 기공현상은 일정한 용접속도의 유지 및 가스방출이 원활히 되게끔 용융된 용융지의 유동을 지속시키면 방지할 수가 있다.

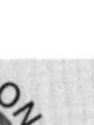

13. 강철 용접부위에 존재할 수 있는 불순물 및 결함

1 존재할 수 있는 불순물

강철 용접부위에 존재할 수 있는 불순물은 인(P), 황(S), 주석(Sn), 동(Cu), 아연(Zn) 등이 있다.

2 결함의 종류

(1) 기공과 피트

기공은 방출된 가스가 떠서 위로 나오기 전에 응고된 것이고, 피트는 상당히 큰 거품으로 주위가 먼저 응고된 경우에 형성된 것이다.

(2) 은점

용접금속을 인장 또는 굽힘시험으로 파괴해 보면 단면의 중심부에 보이는 비금속 개재물을 포함하는 은백색 결함을 은점이라 한다. 원인은 기공 또는 수소가 모여서 취화를 일으켜 외력에 의해 그 부분만이 늘어나지 않고 파단되기 때문에 생긴다.

(3) 슬래그 섞임

용착금속 또는 모재와의 접합부 중에 슬래그(slag) 또는 불순물이 함유되는 경우가 있다. 일반적으로 용접봉의 피복물질 때문에 생기는 슬래그가 많다.

(4) 균열

이 결함은 용접부에 생기는 결함 중에 가장 좋지 못한 것이고, 또 위험한 결함이다. 금속학적 요인은 모재의 연성이 저하, 용융 시 침입한 수소의 영향에 의하여 취화되는 요인, 불순물에 의한 요인들이 있다. 역학적 요인으로는 용접 시 생긴 열응력, 강의 체적변화, 용접부의 내부 및 외부에 작용하는 힘의 영향 등이 있다.

(5) 접합불량

용접속도가 너무 빠르다거나 용접전류가 너무 낮을 때, 용접부분이 적합한 온도에 도달하지 않은 상태에서는 용착금속의 접합이 불연속으로 되는 결함이 생긴다.

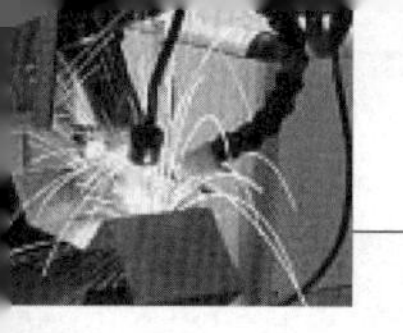

14. 응력부식 균열현상 발생을 막기 위해서 모재 재질변경을 검토할 때에 모재에 포함되어야 하는 합금원소의 종류

1 개요

응력부식 균열은 그 발생 과정과 원인이 부품 혹은 구조물에 가해지는 응력 조건과 부식 분위기 조건의 두 가지 요인에 기인하므로 각각의 손상 조건을 밝힐 때 그 예방과 억제가 어느 정도 가능하다. 먼저 응력부식 균열에 원인을 제공하는 응력이라는 것은 부품 가공 시 형성되는 가공 잔류응력이나 용접 혹은 열처리 공정시의 잔류 열응력과 같은 내적인 요인과 사용압력이나 구조물에 가해지는 외부 하중과 같은 외적인 요인으로 나눌 수 있다.

가공 잔류응력으로는 냉간 압연(Cold-rolling), 압출(Extrusion) 및 단조(Forging)의 일반성형공정과 Straightening, Edging, Punching, Cutting, Stamping 등의 성형 후 가공공정 시에 잔류하는 응력의 유형을 들 수 있다. 이러한 성형이나 가공의 응력이 잔존하는 소재나 부품을 부식 분위기에서 사용할 경우 단순한 부식손상이 아니라 부식손상의 속도가 가속화되는 응력부식 손상의 위험성이 배가되므로 반드시 응력 제거를 위한 후 처리가 뒤따라야 하는데, 이를 위해서 응력 제거 열처리가 일반적으로 시행된다.

응력 제거 열처리의 예로서 응력부식 균열의 위험성이 큰 Austenite계 Stainless강의 응력 제거는 900℃에서 실시할 수 있지만, 탄화물의 예민화에 따른 입계 취성이 우려되는 18-8(SS 304)이나 Mo Stainless강(SS316)은 반드시 1050℃-1100℃ 온도 구간에서 열처리를 하여 성형과 가공의 잔류 응력을 완화하고, 입계 예민화 취화를 일으키는 2차 탄화물 석출을 억제하고자 하는 급랭의 과정이 필요하다.

2 응력부식 균열현상 발생을 막기 위해서 모재 재질변경을 검토할 때에 모재에 포함되어야 하는 합금원소의 종류

응력부식 균열의 다른 손상원인으로서 부식조건은 H_2S 화합물이 관련되는 Sulfide corrosion이나 염화이온(Cl^-)이 관련되는 균열 부식(Crevice corrosion) 효과를 부식 분위기의 주된 요인으로 들 수 있으며, 소공 부식(Pitting corrosion)등의 부식조건이 응력부식 균열의 생성과 전파의 가속화를 조장하는 것으로 알려져 있다. 특히 H_2S의 Sulfide corrosion은 사용 철강과 용액 혹은 가스 분위기 중의 H_2S가 상호 반응함으로써 철강의 부식균열을 유발하는 부식현상이다.

이때 발생하는 수소는 크기가 작아 결정립계를 통해 결정 내로의 확산이 용이하여 부품 내면 깊이까지 확산하게 되며, 이로 인하여 입계의 결합력을 떨어뜨리는 입계 수소취성을 유발하는 매우 위험한 부식손상에 해당한다. 지연 파괴의 방지대책은 다음과 같다.

(1) 수소취성의 원인을 방지하는 방법으로 고장력 볼트의 표면 전처리 과정에서 녹을 제거할

때 화학적 방법(산 세척 등)으로 제거하지 말고 기계적인 방법(샌드 블라스트, 쇼트 블라스트, 그라스 비트 등)으로 행하는 것이 좋으며, 전기도금 시 취성 발생이 적은 방법으로 도금하고, 도금 후 반드시 규정에 의한 탈수소 처리를 하며 안전을 위하여 전기도금을 피하는 것도 한 방법이다. 용접균열에 대하여는 용접 전 예열을 한 후 열처리에 의하여 수소를 제거하는 등의 대책이 있다.

(2) 응력부식 균열을 방지하기 위하여 철저히 물과 접촉을 차단하는 방법으로 페인트류 또는 표면피복제 등을 사용하면 대기 중 염분, 수분, 산성가스에 의한 국부적 부식이나 용해를 막는다. 무기질 아연말도료 도장이나 다크로 처리는 아연의 자기희생 보호작용으로 염분이나 산성가스의 국부적인 부식작용을 억제한다.

(3) 강재의 원소 성분 중 Cu, Cr, P 원소를 단독으로 또는 Ni, Mo, Al 등 성분과 함께 첨가하면 부식속도를 늦추는 등 어느 정도의 방지효과를 볼 수 있으며 내후성 강(耐候性鋼)이 이러한 방법의 하나이다.

15. Al합금 용접 시 기공발생과 용접입열이 접합품질에 미치는 영향과 관리방법

1 개요

알루미늄 합금의 용접금속 내에 많은 기공(blow hole, porosity)이 생기기 쉽고, 특히 정밀한 X선 검사에 의하면 0.1mm의 작은 기공이 가득 있으며, KS D 0242에서 판정하면 대부분 최저급으로 되는 경우가 많다.

2 Al합금 용접 시 용접입열이 접합품질에 미치는 영향과 관리방법

불활성가스 아크 용접, 특히 MIG용접에서는 용융금속의 응고속도가 매우 크므로, 그 중에 포착되어서 기공으로 되기 때문이다. 이 기공의 원인이 되는 가스는 주로 수소이다.

또, 기포의 부상을 촉진하기 위하여 용융금속의 응고속도가 작아지도록 용접조건에 주의하는 것도 좋은 결과를 얻고 있다. 예를 들면, 냉각속도가 같아도 비드 용접보다도 맞대기나 필릿 용접에서 기공이 발생하기 쉽다. 이것은 홈면에서 습기를 흡수하기 쉽기 때문이다.

또, 상향용접에서는 기포의 부상이 곤란하므로 기공감소에 대하여는 연구가 더 필요하다. TIG용접에서는 냉각속도가 극선의 화학적 크리닝(표면의 유지나 수분제거)에 특히 효과가 있으며, 또 입열의 증대(냉각속도의 감소), 입열(홈에서의 습기제거 및 냉각속도의 감소), 이면치핑으로써 제 1층의 이면 쪽의 오염된 비드를 깎아내고 이면 쪽을 용접하는 것이 좋은 결과를 얻는다.

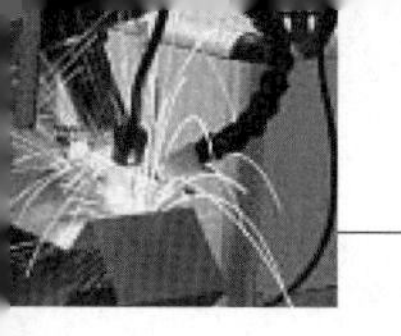

또, 큰 지름의 와이어(지름 5~6mm)에 의한 큰 전류 MIG용접도 기공감소에 매우 유효하다. 여기에는 400~1000A의 용접전류와 2중 노즐을 사용한다.

16. 용접부의 결함과 발생원인

1 외부 결함

(1) 스트레인에 의한 변형

금속은 일반적으로 가열하면 열팽창이 생기고 냉각하면 수축하는 성질을 갖고 있으나, 특히 용융 상태에서 응고하여 고체가 될 때에 생기는 수축이 크다. 그러므로 용접부는 용착 금속의 응고, 수축, 용접열에 의한 모재의 팽창 및 수축으로 인하여 복잡한 변형이 생긴다.

(2) 치수 불량 및 형상 불량

특히 코너부의 용접에서 필릿의 각장의 불균일, 덧살붙이의 과다, 부족, 두께의 치수 불량 등이 생겨 결함을 형성하는 일이 많다. 게이지를 사용하든가 외관을 검사하여 치수 불량을 조사할 수 있다. 형상 불량으로 가장 많은 것은 언더컷과 오버랩이다.

이들의 결함은 용접공의 기술 향상, 용접봉의 종류, 용접 조건, 비딩 방법의 개선, 용접 자세의 조정 등의 개선에 주력하면 된다. 형상 불량은 용접 제품의 가치를 떨어뜨리고 응력 집중이 생기게 되어 파괴의 원인이 되므로 결함을 검사할 때에는 적당한 표준을 세우고 조심스럽게 외관 검사, 침투 검사 등을 해야 한다.

(3) 피트(pit)

비드 표면에 분화구 모양으로 된 구멍을 피트라고 한다. 이것은 용착 금속이 응고할 때에 용융지 모양을 한 부분인 크레이터부에 생긴 기포가 크게 되어 표면에 뚫린 구멍을 말한다. 이것의 발생 원인은 블로우 홀과 마찬가지로 조악한 모재, 페인트, 혹은 스케일의 불순물, 용접봉의 습기, 용접 조건의 부적당 등에서 오는 것으로 볼 수 있다.

(4) 균열

이 결함은 용접부에 생기는 결함 중에서 가장 좋지 못한 것이고 또한 위험한 결함이다. 용접 기술의 개선 중에서 대부분은 이 균열을 방지하기 위한 것으로 볼 수 있다. 이 균열의 발생 원인 및 방지 대책에 대하여 많은 연구들이 진행되어 왔으나 아직 해결되지 않은 분야들이 있다. 용접 균열의 발생은 많은 인자의 영향이 있으나, 그 형성 원인을 크게 분류하면 금속학적 요인과 역학적 요인으로 구분할 수 있다.

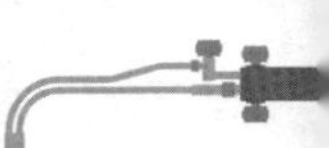

1) **금속학적 요인**

① 열영향에 따라서 모재의 연성이 저하되는 것,

② 용융 시에 침입하였다가 또는 확산하는 수소의 영향에 의하여 취화되는 경우라든가,

③ 인, 황, 주석, 구리, 아연 등의 유해한 불순물의 포함 등을 들 수 있다.

2) **역학적 요인**

① 용접 시의 가열, 냉각으로 생긴 열응력

② 강의 변태에 따른 체적 변화

③ 구조상 또는 판재의 두께에 기인되는 용접부의 내부 및 외부에 작용하는 힘의 영향 등을 들 수 있다.

2 내부결함

(1) 다공성

용착 금속 중에 남아 있는 가스의 구멍으로서 블로우 홀, 또는 길고 가느다란 공기 구멍이 내부에 남아 있는 파이핑 등을 말한다. 이것들은 주로 습기, 공기, 용접면의 상태에 따라 수소, 산소, 질소 등의 침입이 원인인 경우가 많다. 이것들을 제거하기 위해서는 용접 기술의 향상과 용접 조건을 좋게 함으로써 해결할 수 있다.

(2) 접합 불량

용접 속도가 너무 빠르다든가 용접 전류가 너무 낮은 때 용접 부분이 적합한 온도에 도달하지 않은 상태에서는 용착 금속의 접합이 불연속으로 되는 결함이 생긴다. 주로 모재와의 용착 불완전 또는 융합 불량으로 인한 균열이 우발되는 경우가 많다. 또한 용접봉의 크기가 부적당하든가 용접 전류가 너무 낮으면 접합부의 밑 부분까지 용착 금속이 도달하지 못하는 경우가 생긴다. 이것은 용착 금속 부족으로 용접부에 균열을 일으키는 원인이 된다.

(3) 슬래그 혼입

용착 금속 또는 모재와의 접합부 중에 슬래그 또는 불순물이 함유되는 경우가 있는데, 일반적으로 용접봉의 피복 물질로 생기는 슬래그가 많다. 이 결함을 방지하기 위해서는 용접봉의 비딩 방법, 접합부의 청정, 용접 전류 등에 주의할 필요가 있다.

(4) 성질상 결함

용접부는 국부적인 가열로 융합되어 접합부를 형성하므로 모재의 성질과 완전히 균일한 성질을 갖게 할 수는 없다. 용접 구조물은 어느 것이나 사용 목적에 따라서 그 용접부의 성질 즉 기계적 성질, 물리적 성질, 화학적 성질에 대하여 각각 규정된 요구 또는 조건이 있다. 따라서 이것을 만족할 수 없는 것은 넓은 의미의 결함이라고 생각할 수 있다. 기계적 성질로서는 항복점, 인

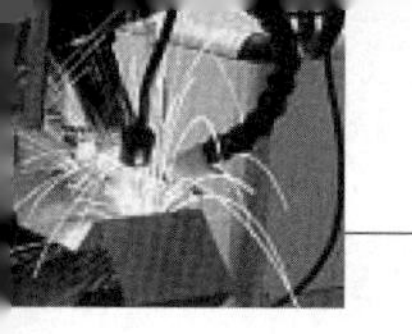

장 강도, 연율, 경도, 충격치, 피로 강도, 고온 크리프 등의 특성을 들 수 있다. 화학적 성질로서는 화학 성분, 내식성 등, 그리고 물리적 성질로서 열전도도, 전기 전도도 및 자기적 성질, 열팽창 등의 성질이 대상으로 된다.

3 팽창과 수축

금속이 가열되어 그 치수가 증가되었을 때 팽창했다고 한다. 모재의 온도 변화는 용접할 때 팽창과 수축 문제를 야기시킨다. 주철 같은 연성이 낮은 금속은 용접 구역 내부처럼 바깥쪽도 균열이 생기거나 깨진다.

(1) 팽창과 수축 계산

금속 1인치당 1°F 올랐을 때 그 금속의 1인치당 팽창량을 팽창계수라 한다. 물질의 새로운 규격을 산출하는 공식은 다음과 같다.

$$L \times F^{\circ} \times C = N$$

여기서, L : 가열 전의 원래 길이

F°: 화씨온도로 가열됨

C : 물질의 팽창계수

N : 가열 후의 새로 늘어난 길이

(2) 비틀림

온도가 증가함에 따라 비열과 열팽창계수는 증가하며 항복강도와 온도 전도도는 감소한다. 비틀림은 억제효과를 포함하며 외부를 비틀림으로 죄는 구속질량 때문에 생기는 내부구속과 강판 자체의 경도가 고려되어야 한다. 또한, 급속히 변화하는 상태에 영향을 미치는 시각을 고려하는 것이 필요하다.

수축 구조의 구성은 가로수축이나 세로수축과 같은 상태를 나타낼 수 있다. 이러한 것은 차례로 각변형과 마찬가지로 bowing 또는 cambering을 생기게 한다. 비틀림이 어떠한 요인이 될 때 비틀림은 세로수축 또는 가로수축으로 알려진 용접구역의 수축으로서 나타난다. 용접 금속이 모재와 응결하거나 융합함으로써 최대 팽창상태에 있고 실제적으로 최대의 부피를 차지하면서 고체로 존재할 수 있다. 용접금속이 냉각될 때보다 낮은 온도에서 정상적으로 차지하는 부피보다 줄어들려고 한다. 그러나 인접한 모재 때문에 수축될 수 없다. 응력은 용접금속의 항복강도가 최종적으로 접근하는 모재의 내부에 나타난다. 이때 용접물은 용접할 때의 접합에 요구되는 체적을 조정하여 잡아당긴다거나 휘거나 성기게 한다. 어쨌든 용접금속의 항복강도를 넘는 응력은 오로지 이러한 잡아당김에 의해서 완화된다. 용접물이 실온에 이르고 clamping restraint이 제거되었을 때 응력은 모재를 움직이므로 부분적으로 완화된다. 이 움직임은 용접물을 변형시키거나 비틀리게 한다.

17. 후판의 맞대기 용접을 FCAW와 GMAW로 시공하는 경우, 홈 각도가 감소되어도 불량이 생기지 않는 이유

1 개요

후판을 맞대기 용접하는 경우, I형 또는 I형과 유사한 형태로 두 판재 사이의 틈새가 좁은 그루브에서 행하는 내로우갭 용접(일명 협개선 용접)은 용접변형을 감소시킬 수 있고 용착 금속량도 저감시킬 수 있는 특징이 있기 때문에 MIG, TIG, 서브머지드 아크 용접 등에서 적용이 확대되고 있다. 특히 최근에 개발된 초내로우갭 용접시스템은 펄스전류에 의해 용접입열을 분산 제어함으로서 발전설비의 압력용기와 천연가스 저장탱크를 비롯하여 중화학 산업의 후판구조물 용접제작에서 폭넓게 사용될 것으로 예상되고 있다.

2 후판의 맞대기 용접을 FCAW와 GMAW로 시공하는 경우, 홈 각도가 감소되어도 불량이 생기지 않는 이유

초내로우갭 용접공정은 펄스전류의 최대값과 최소값, 펄스폭과 같은 용접변수를 선정하고 도출하는 작업에 있어 어려운 점이 많다. 기존의 방법들을 보완하여 5mm의 그루브의 폭을 갖는 초내로우갭 용접공정에 적용이 가능하고 그루브 내에서 아크입열을 고루 분산시키는 기계적인 상하 토치요동 기술을 제안하였으며, 일반적인 신뢰성이 높은 용접품질을 얻기 위한 최적의 용접조건을 도출하였다.

일반적인 서브머지드 아크 용접과 대전류 MIG 용접(GMAW), 그리고 종래의 내로우갭 MIG 용접에 비해 용접의 생산성과 효율성이 뛰어나고 용접변형과 잔류응력이 적게 발생하며 용접 열영향부의 폭이 작은 장점을 지닌 초내로우갭 용접의 활성화를 위해서는 저입열을 위한 용접 기술과 용접재료, 용접공정의 개발이 뒤따라야 한다.

18. 용접부 표면의 피닝(peening)과 기계적 결함

1 피닝(peening)

피닝은 용접부를 구면상의 특수해머(hammer)로 연속적으로 타격하여 표면층에 소성 변형을 주는 조작이다. 피닝은 용착부의 인장응력을 완화하는 효과가 있으며, 잔류 응력의 완화 외에 용접변형의 경감이나 용착금속의 균열방지 등을 위해서도 적용한다.

피닝으로 잔류응력을 완화시키는 데 있어 고온에서 하는 것보다 실온으로 냉각한 다음 하는 것이 효과가 있는 것은 당연하며, 또한 다층 용접에서는 최종 층에 대해서만 하면 충분하다. 잔

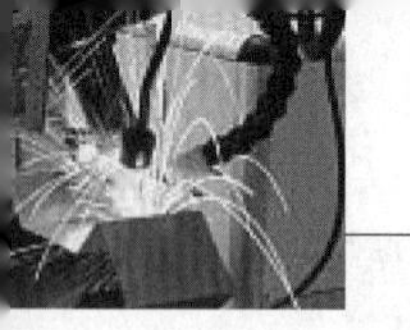

류응력 제거의 목적에서 보면, 피닝을 용착금속 부분뿐만 아니라 그 좌우의 모재 부분에도 어느 정도(폭-약 50mm) 하는 것이 효과적이다.

2 기계적 결함

피닝의 효과는 표면 근처밖에 미치지 못함으로 판 두께가 두꺼운 것은 내부응력이 완화되기 힘들며, 또한 용접부를 가공 변화시켜 연성을 해치는 결점이 있다. 연강에서는 피닝에 의해 인성이 저하되고 또한 변형시효를 일으켜 취약하게 되므로 무조건 피닝을 하는 것은 좋지 않다.

19. 재열 균열(Re-heat cracking, SR cracking)

1 개요

잔류응력이 존재하는 용접부가 용접 후 열처리 또는 후행 Bead의 용접에 의해 재가열될 때 응력완화와 동시에 발생한 소성 Strain이 응력 집중부에 집적되어 균열이 발생한다. HT-80강, Ni-Cr-Mo강, Cr-Mo강, Ni-base Super Alloy 등에서 주로 발생하고, 균열발생 장소는 HAZ 균열 및 Under Clad(Bead) Cracking으로 대별된다.

2 특징

(1) 용접 후 열처리 중(가열 중 및 유지 중) 또는 고온에서의 사용 중 발생한다.

(2) 구속도가 크고 잔류응력이 높은 용접부에서 발생가능성이 크다.

(3) P, S, As, Pb 등 불순물 원소량이 많을수록 발생가능성이 크다.

(4) 저합금강의 경우 500~750℃에서 주로 발생한다.

(5) 그림 1과 같이 HAZ의 조립역 입계에서 발생하여 HAZ 조립역의 구Austenite 입계를 따라 전파하며, 인성이 큰 HAZ 세립역에서 정지한다(세립역에서는 거의 발생하지 않음). 따라서 파면은 대부분 그림 2와 같이 입계파괴의 형태를 나타낸다.

(6) HAZ에 Toe부 또는 융합불량 등의 응력집중부가 있을 경우 극히 발생의 우려가 높다.

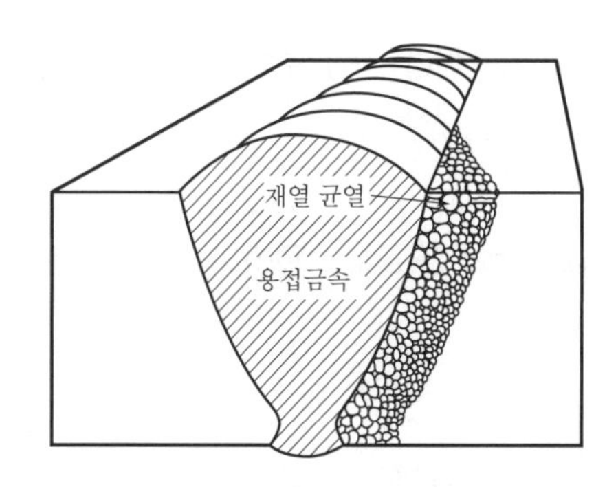

그림 1. 재열 균열의 모식도

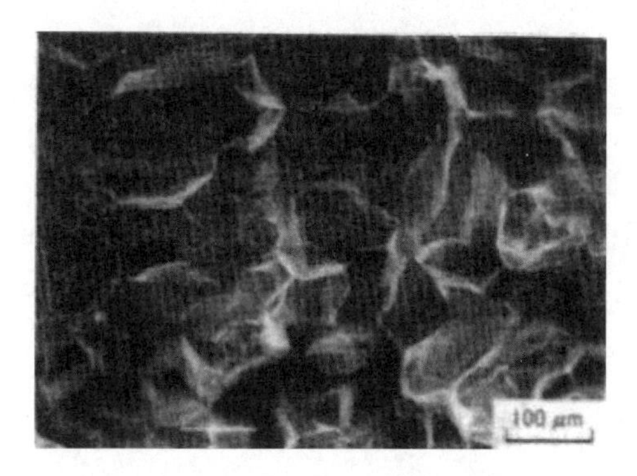

그림 2. A387-12강(1Cr-0.5Mo)의 HAZ에 발생한 재열 균열의 파면 조직 사진

3 재열 균열 민감성

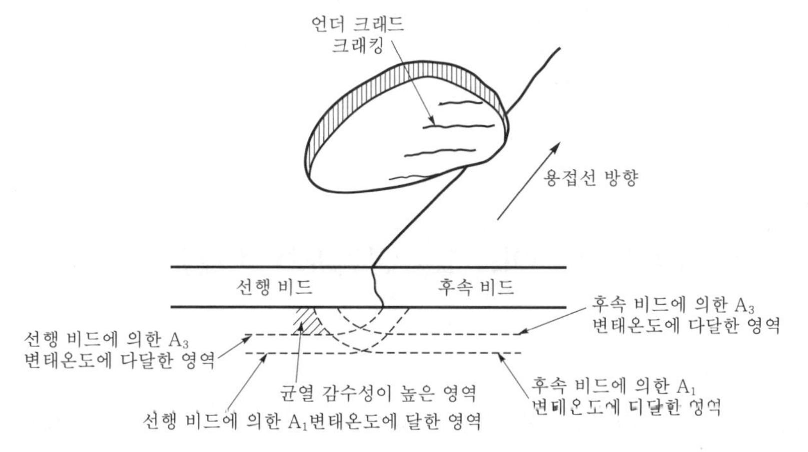

그림 3. Under Clad Cracking 모식도

(1) 재가열시 2차 경화의 정도에 의한 평가 지수

$$G = Cr + 3.3Mo + 8.1V - 2$$

G가 0이면 균열발생이 우려된다.

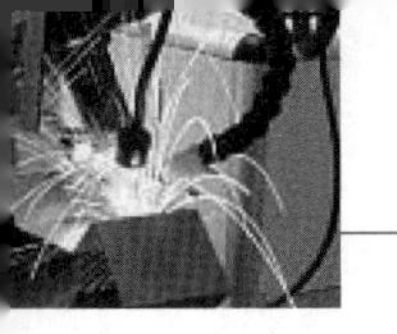

$$PSR=Cr+Cu+2Mo+10V+7Nb+5Ti-2$$

PSR가 0이면 균열발생이 우려된다.

(2) 저합금 내열강에 Stainless강의 Overlay 용접 시 발생하는 Under Bead (Clad) Cracking 발생 지수

$$T=20V+7C+4Mo+Cr+Cu-0.5Mn+1.5\log[X]$$

단, A*l*이 2N일 경우 [X]=A*l*

A*l*이 2N일 경우 [X]=N

T의 증가에 따라 균열발생 가능성 증가

4 균열 방지방안

(1) 역학적 관점

1) 후열처리 과정에서 잔류응력의 완화에 따라 발생하는 소성 Strain을 저감시킨다.
2) 소성 Strain의 집중도 완화는 Under Cut, Toe 등 응력 집중원이 될 수 있는 부분을 제거 또는 완화시킨다.

(2) 야금학적 관점

1) 입내 석출강화 원소를 최적화한다.
2) 입계 취화원소를 저감시킨다.
3) 용접 입열량의 제어를 통해 HAZ 입경을 미세화시킨다.
4) 입계부근 무석출대를 제거한다.
5) 최종 용접 후 Temper Bead를 실시한다.

20. Form Factor의 의미와 고온 균열과의 상관관계

1 Form Factor

재료의 형상인자(보통 e)로 방사율이라고도 하며 다른 물질에 전달하는 물질의 에너지에 비례를 한다. 예를 들면 표면적이 A이고, 열전달율이 H라고 하면, 다음과 같은 방정식이 성립한다.

$$H=Ae\sigma T^{4}$$

주로 초층용접 시 Form factor가 낮아 고온 균열이 발생(그림 1)할 수 있지만, 이 경우 용접재료 내 적절한 합금설계와 함께 초층용접 시 상대적으로 저강도, 고인성의 용접재료를 적용하되, 입열을 낮추어 용착량을 줄이거나 개선각을 증가시키는 방식으로 극복 가능하며 Form

factor는 다음과 같다.

(Form factor (%)=Width/depth×100)

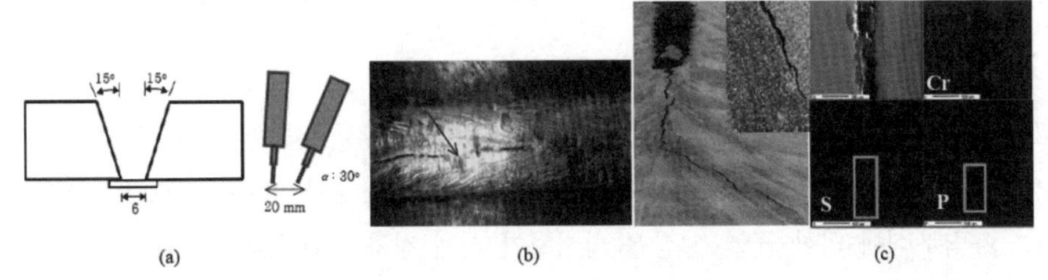

그림 1. (a) 용접조건 (b) SAW의 루트패스 후 고온 균열 관찰 (c) EPMA의 분석자료

2 고온 균열

용착금속 및 용착금속에 가까운 열영향부에서 용접 직후 충분히 고온일 때 발생하며, 고온균열을 발생하기 쉬운 금속으로는 저융점 화합물을 형성하는 S와 P가 비교적 많은 일반 구조용강, 고장력강, Ni을 함유하는 저합금강, 스테인리스강 등이 있다.

(1) 발생원인

1) 불순물 및 비금속 개재물의 편석이 발생하며 S, P 등 저융점 개재물로 구속응력이 생기고 Sulphur crack은 FeS에서 MnS로 처리한다.

2) 응고형태

용착금속의 용입 깊이가 폭에 비해 지나치게 클 경우 발생하며, 용착금속의 결정립이 용착금속의 중앙선으로 성장하게 되어 이 부분에서 편석이 일어나기 쉽고 구속응력이 집중하기 쉽기 때문이다.

3) 용접 구속응력

용접은 국부적으로 금속가열, 냉각되기 때문에 용접부는 항상 구속응력이 발생하며 편석부위에 쉽게 작용한다.

(2) 방지대책

1) S, P 함량이 적은 재료를 선정하고 Mn을 함유한 재료를 선정하여 MnS를 형성한다.
2) 용입이 너무 깊지 않게 설정하며 입열량을 제어하여 결정립 조대화를 방지한다.
3) 구속응력이 적게 걸리도록 설계한다.

21. 우주왕복선 애틀랜티스호의 연료라인 벨로우즈(Bellows)에서 두께가 얇은 고 Ni 합금인 인코넬(Inconel)의 미세균열을 보수하는 적절한 용접법

1 개요

인코넬 합금은 내부식성과 고온에서의 우수한 기계적 특성으로 원전 압력기기의 주요 재료로서 사용되고 있다. 초기에는 오버레이 용접에 600합금 소재가 사용되었으나 장기간 운전 후 발생되는 응력부식에 의한 균열 손상을 방지하기 위해 점차 690합금으로 대체되었다. 690합금은 크롬 함유량을 증가시켜 반연속적인 입계 탄화물에 의해 응력부식 균열의 저항성을 향상시킨 소재이다.

690합금 용접금속은 고온 균열에 민감하고 기공, 용입불량 등의 결함이 발생하기 쉽다. 특히 연성저하 응고구간에서 발생하는 연성저하균열(DDC: Ductility Dip Cracking) 결함에 민감하여 이를 방지하기 위해서는 적절한 시공 조건의 설정과 용접 재료의 선택이 중요하다. 인코넬 오버레이의 용접 프로세스는 주로 아크 용접이 사용되고 있으며, 용착효율이 높은 스트립 용접 이외에 최근에는 자동화된 고능률 가스텅스텐 아크 용접(GTAW) 등 고품질 용접의 적용이 확대되고 있다. 또한 인코넬 오버레이는 원전기기의 수명연장을 위한 예방 용접에도 적용된다. 이 경우에는 690합금 소재를 사용한 템퍼비드 기법이 요구되며 코드 요건에 따른 이종재질 간의 공정절차 확립이 필요하다.

2 인코넬 용접특성

인코넬 용접은 고청정도 유지, 용융금속의 저유동성, 얕은 용입 등의 특성을 갖고 있다. 용접구역은 고청정도가 요구되며 두꺼운 산화물이나 인, 황, 납 등의 취화원소에 유의해야 한다. 니켈 용융금속은 유동성이 낮아 고전류 하에서는 기공 결함을 가지므로 용접 시 와이어 직경의 3배 이내로 위빙기법을 적용한다. 니켈 합금의 용접부는 연강이나 스테인리스강에 비해 용입 깊이가 얕다. 용접 개선면 각도는 일반 V 이음부에서는 10~20° 더 크게 하고 루트면은 1.6mm 정도로 적게 한다.

필렛 형태에서 용접비드는 일반 용접과는 달리 약간 볼록한 형태가 결함 방지에 유리하며, 이것은 잔류응력에 의한 응력집중을 완화시켜 균열에 대한 민감성을 낮추게 한다. 690합금은 Ni-Cr-Fe계의 고용강화형 합금으로 완전한 오스테나이트 조직을 갖고 있다. 용접부는 균열에 민감하므로 용가재는 불순물이 적고 연성저하균열 저항성이 높은 재료를 선택해야 한다. 산화된 불순물로 이루어진 용융부의 부유물은 오염된 비드 표면을 형성하므로 매 층간 크리닝에 유의한다.

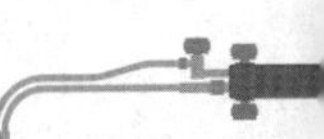

3 오버레이 용접시공

인코넬 오버레이 용접은 원전기기의 튜브시트, 주기기 노즐 등에 적용된다. 주로 적용하는 용접 프로세스는 서브머지드 아크 스트립 오버레이, 일렉트로 슬래그 스트립 오버레이, 가스텅스텐 아크 용접 및 수동용접(SMAW) 등이 있다.

SECTION 22. 용융아연 도금판의 저항점용접 시 발생하는 무효분류 현상의 원인 및 대책

1 개요

전극을 이동하면서 반복적인 용접을 수행해야 하기 때문에 용접위치 사이의 적절한 간격을 선정하는 것이 필요하다. 일반 점용접에서는 전극 직경의 5배 이상의 거리를 유지하면서 용접부 주위를 용접한다.

2 무효분류 현상의 원인 및 대책

기존 용접부로 용접전류의 일부가 빠져나가는 무효분류의 영향을 방지할 수 있는 것으로 알려져 있으며, 용접 시 여러 접점이 동시에 용접되는 등 기존의 방법과는 많은 차이가 있기에 해석을 통해 적절한 용접위치 사이의 간격을 예측한다.

분류의 영향을 알아보기 위해 전극을 접촉점과 접촉점 사이의 거리만큼 이동시켰을 때 전체 입력전류의 72%가 두 번째 접촉점으로 흐르게 되고, 접촉점과 접촉점 사이의 거리 2배만큼 이동시켰을 때 전체 입력전류의 51%, 3배의 거리를 이동시킨 경우에는 입력전류의 30%가 두 번째 접촉점으로 흐르게 된다.

이를 통해 용접기의 용량, 1회 용접 시 용접이 일어나는 접점의 수 등을 고려하여 기 용접위치와 다음 용접위치 사이의 거리를 선정할 수 있을 것으로 예상된다.

SECTION 23. TIG용접의 험핑비드(Humping Bead) 원인과 방지대책

1 원인

용융 Pool로부터 후방으로 공급되는 용융금속이 단속적 또는 불안정해 Bead가 균일하지 못하게 되는 현상이다. under cut과 동시에 발생하는 경우가 많고 원인도 거의 같다.

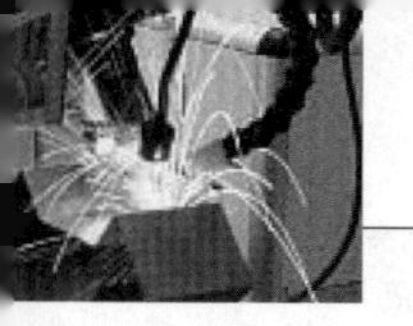

2 대책

(1) 필요 이상의 과대전류를 금지한다.
(2) 적정한 용접봉, Torch 위치, 각도, Arc Length를 유지한다.
(3) 적정한 Weaving을 시킨다.
(4) 적정한 용접자세를 선택한다.

24. 오스테나이트계 스테인리스강의 용접부에 쉽게 발생하는 고온 균열을 방지하기 위한 방안으로 용접재료의 선정 시 주의가 필요한 항목을 쓰고 설명

1 용접부 미세조직에 따른 고온응고 균열

Fe-Cr-Ni의 pseudo-상태도 그림 1(c)를 통해서 살펴보면, 냉각경로 (1)을 통해 용접부가 응고되면 오스테나이트상이 우선 형성되고 응고가 진행되면서 다른 상변태는 더 이상 발생하지 않는다. 냉각경로 (2)에서는 오스테나이트상이 먼저 형성된 후 잔류 액상에서 조성적 과랭에 의해 생성된 δ-페라이트상이 공존한다.

경로 (3)에서는 먼저 페라이트상이 응고된 후 잔류 액상에서 조성적 과랭에 의해 생성된 오스테나이트상과 공존한다. 응고가 계속되면서 페라이트상은 오스테나이트상으로 고상변태하게 된다. 경로 (4)는 페라이트 단상으로 응고하여 다른 고상변태는 더 이상 발생하지 않는다. 합금조성이 냉각경로 (1)~(2)를 거치는 경우 용접부의 최종 미세조직은 오스테나이트상만으로 또는 미량의 δ-페라이트상이 존재하게 된다. 그러나 냉각경로 (3)~(4)의 용접부 조직에서는 δ-페라이트상의 분율이 점차 증가한다. 결과적으로 Cr 당량이 증가하고 Ni 당량이 감소하면 δ-페라이트의 함량이 증가한다.

경로 (1)~(2)의 오스테나이트계 스테인리스강 용접부에서는 수지상 입계에 저융점 편석물을 쉽게 형성시키는 S, P, Si, Cu 등의 합금원소에 대한 고용도가 낮아 고온 균열에 대한 저항성이 매우 낮다. 이 균열은 최종적으로 응고되는 부분에 쉽게 발생하므로 비드 중앙부에서 주로 용접방향에 평행하게 발생한다.

고온 균열은 용접금속 내에 적당한 함량(대략 4~10%)의 δ-페라이트 조직이 존재하면 방지할 수 있다. 그 이유는 δ-페라이트는 오스테나이트상에 비해 S, P와 같은 불순물 원소의 고용도가 크므로 편석량이 감소하기 때문이다. Schaeffler와 DeLong도표를 이용하면 용접 후 미세조직을 정량적으로 예측 가능하다 .

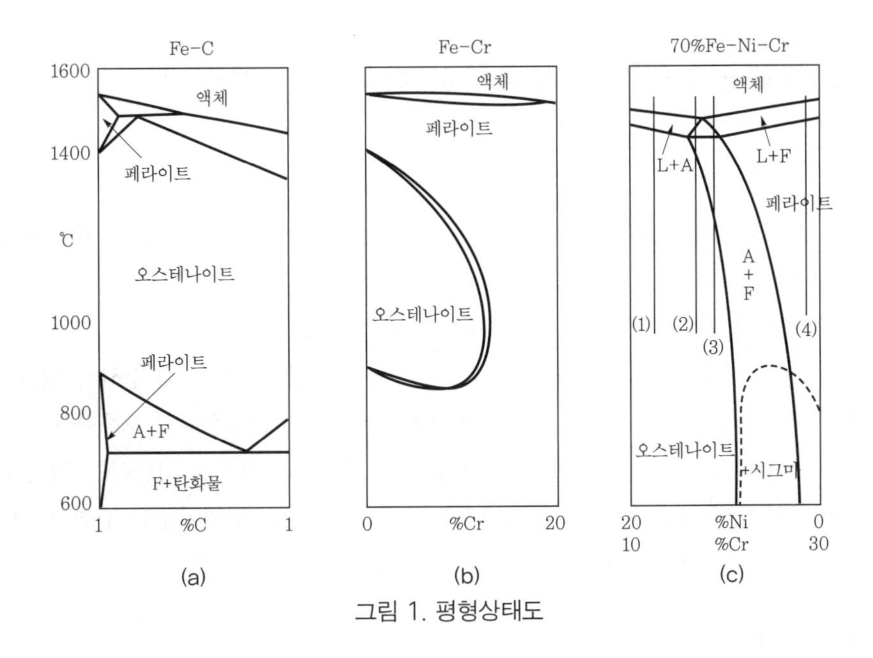

그림 1. 평형상태도

2 방지방법

오스테나이트계 스테인리스강, Fe기/Co기/Ni기 내열 초합금과 같은 합금재료의 용접에서 자주 발생하는 응고균열과 액화균열은 용접부의 품질을 저하시키는 요인으로 작용하고 있으며, 특히 관련된 용접구조물의 고온에서의 기계적 성질과 내부응력, 부식 저항성을 크게 저하시킬 수 있으므로 사전에 그 방지책과 예방을 준비해야 한다.

(1) 응고균열은 대부분의 용융금속이 수지상으로 석출하고 잔류 액체가 수지상과 수지상 사이에 액막(liquid film)으로 존재하는 응고의 마지막 단계에서 용접부에 인장응력/변형이 작용하는 경우에 발생한다. 용접 열영향부의 부분 용해역(partially melted zone)에서 발생하는 액화균열은 모재금속의 액화의 정도와 미세조직, 그리고 고온연성 등의 영향을 많이 받으며, 모재금속이 많이 액화될수록 액화균열이 발생하기 쉽다.

(2) 내열합금 용접부의 응고균열과 액화균열을 예방하는 방법은 ① 용접 시 기계적인 아크 진동(arc oscillation)이나 자화 아크 진동(magnetic-arc oscillation)을 실시하면 균열의 성장 방향이 주기적으로 변하여 결과적으로 응고균열의 발생이 감소하고, ② 용접금속의 화학성분과 용접공정 조건, 그리고 모재금속을 조절하면 액화균열의 발생을 막을 수 있다. 이때 용접금속의 화학성분은 용가재를 적절하게 선정하고 알맞은 희석률을 채택하여 조절한다.

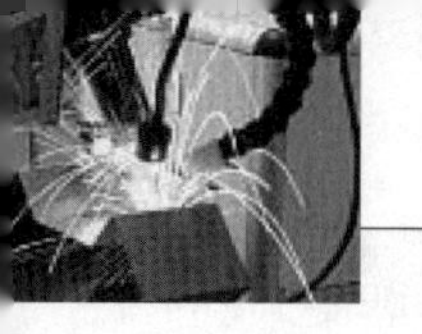

25. 용접부에 결함과 불연속(Dis continuity) 지시의 차이

1 개요

이론적으로 무결함(defect)이란 존재하지 않으므로 용접부는 제각기 규모의 차이가 있을 뿐 반드시 용접결함(불연속의 일반적인 표현, discontinuity)이 존재하기 마련이다. 모든 규격들은 허용 가능한 불연속에 대해 합격기준을 최소한으로 규정하고 있다.

이 규격들은 발주자, 설계자, 시공자 및 규제기관 등 관계 전문가와 이해 당사자 집단의 참여에 의해 개발 후 공시를 거쳐 확정되며, 상황 변화와 기술 개발에 부응하고 오류를 수정하기 위해 주기적으로 개정되고 있다. 그러므로 특별한 경우를 제외하고 규격을 적용하는 것이 가장 합리적이다. 특별한 용도나 조건 등의 경우 계약서 및 시방서에 의해 합격기준을 강화할 수도 있으나 기술적인 근거에 기초하여 충분히 검토하고, 합리적이어야 할 것이다.

2 불연속과 결함

불연속(discontinuity)은 "기계적, 야금적, 물리적 특성들의 균질성 결핍 등 재료의 전형적인 구조를 저해하는 것"으로, 흠(flaw)은 "바람직하지 않은 불연속"으로, 결함(defect)은 "부품 또는 제품이 관련 최소한의 합격기준 또는 시방을 만족시키지 못하게 하는 특성 또는 축적된 결과에 의한 불연속"으로 AWS A3.0에 정의되어 있으며, "결함이란 관련 시방서에 불합격으로 규정된 종류나 크기를 초과하는 불연속"으로 AWS B1.10에 기술되어 있다. 즉, 결함은 불합격의 의미를 포함하는 용어로 계약적, 법적 의무를 수반하며, 불연속은 흠이나 결점(fault)등 원래의 상태와 다른 모든 것을 지칭하는 총체적인 용어로 해석된다.

결함은 합격기준에 의해 판정하여 불합격된 것으로 관련 기술기준, 규격, 표준 또는 시방서 요건에 의해 보수되어야 한다. 따라서 합격기준 등에 의한 불합격 판정 이전의 모든 흠과 결점은 불연속이 된다. 대부분 규격들은 이를 명확하게 구분하여 적용해 왔으나 ASME BPVC Sect.IX은 2000년 추록에서 이를 반영하여 관련 조항을 개정하였다.

(1) 불연속=결함+합격기준을 초과하지 않는 것이다.

(2) 결함=합격기준을 초과하는 것이다.

26. 라멜라 티어링(Lamellar Tearing)의 발생원인, 방지방안 및 시험방법

1 개요

재료의 두께방향(through thickness, short transverse or Z direction)으로 길게 늘어난 비

금속 개재물이 용접 열영향 주기에 의해 열적 변형 및 용접이음의 구속 때문에 모재와 비금속 개재물 사이의 분리에 의해서 발생하고 열영향이 인접한 모재에 존재한다. 탄소강, C-Mn, Quenched & Tempered 강, 해양구조물, 교량, 압력용기 등의 구속응력이 유발하기 쉬운 용접이음설계(모서리, T형상)에 나타난다.

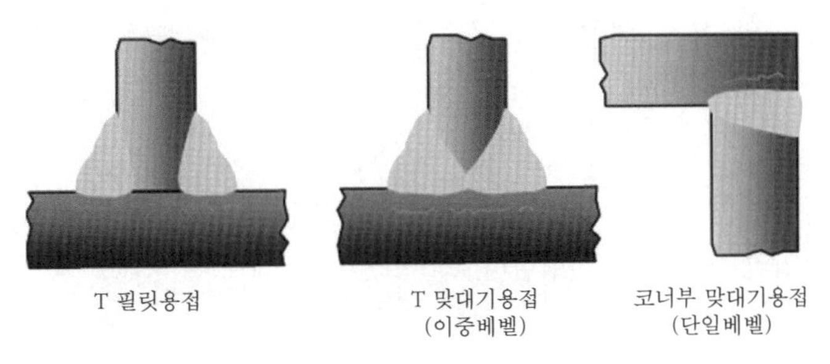

그림 1. 라멜라 티어링 발생부위

2 발생영향 인자

(1) 재료의 두께방향은 낮은 연성과 이방성으로 용접에 의해 부과되는 높은 변형에 의해 발생하는데 낮은 연성은 비금속 개재물, 모재 재질 및 취성기구이며, 변형은 용접이음 중 구속력, 용접에 의한 열적 변형, 금속의 상변태에 따른 변형이 있다.

(2) 비금속 개재물의 영향

MnS, Silicate, 알루미나 및 산화물

(3) 재료상의 이유

재료의 이방성은 X>Y>Z 순이다.

(4) 기타 금속적인 인자

편석, 수소, 산소, 인, 유황, 가공시효, 철강의 두께, ferrite-pearlite bend 미세조직이 존재하고, 발생기구(메커니즘)는 3단계로 구성되며 다음과 같다.

1) 1단계 : void formation
2) 2단계 : terrace linkage
3) 3단계 : shear wall로 진행

3 방지방안

(1) 재료

압연강 사용을 배제하고 구속력이 큰 용접이음에서는 Vacuum degassing 공정으로 제조된

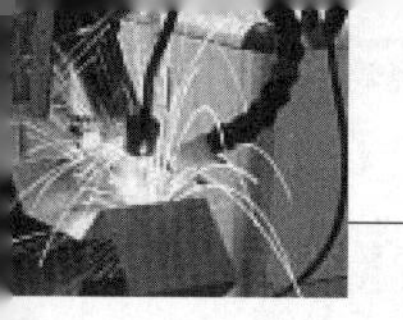

cleaning steel을 사용하며, 큰 구속이 부과되는 중요 이음부는 주조강 또는 단조강을 사용한다.

(2) 강판의 층상 개재물인 MnS를 감소하고 구상화 처리로 CaS의 분위기로 전환한다.

(3) 설계

두께방향으로 최소한의 용접 변형부는 구속을 최소로 받도록 균형 잡힌 용접이음설계로 RA>25% 확보한다.

(4) 시공

예열, buttering, 저입열 용접으로 진행한다.

4 시험방법

UT, MT/PT로 시험하여 발생유무를 확인할 수가 있다.

27. 재열 균열(Re-heat cracking, SR cracking)의 발생원인과 방지방안

1 개요

용접 후 열처리 과정 혹은 용접구조물을 고온에서 사용하는 도중에 발생하는 것으로 Cr-Mo, Cr-Mo-V강 및 Ni계 내열 alloy에서 주로 발생한다.

2 발생원인

(1) 용접 후 열처리 온도로 가열 중이거나 유지 중, 혹은 용접구조물은 고온에서 사용 중에 발생하고 구속도가 크고 잔류응력이 높은 용접부에서 발생한다.

(2) Low alloy의 경우 450~650℃ 온도 부근에서 발생하기 쉽다.

(3) HAZ의 조립역에서 발생(1100~1500℃ 부근)

(4) HAZ의 세립역에서는 발생하지 않고 오히려 정지하는 경우도 있으며, 파면조직은 대단히 평탄한 입계파면과 입계 dimple 파면 조직을 나타내는 경우도 있다.

3 발생기구

잔류응력이 존재하는 용접부를 크립변형이 생길 정도의 고온까지 가열하였을 때 응력 완화와 더불어 발생한 소성 strain이 응력집중부에 집적함으로 생기는 crack으로 Toe, 융합 불량부, crack 등이 응력집중의 원인이 되고, 야금학적으로는 조대 결정립계가 응력집중의 원인이 된다.

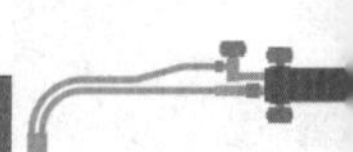

PWHT시 재료의 종류, 두께에 따라 열처리조건, 즉 heating rate, holding temperature, time 및 cooling rate를 달리하는 것도 SR crack의 발생을 방지하는 목적이 된다.

4_ 학설의 관점

(1) 입내강화설

강의 석출강화 원소로 첨가되는 V, Mo 등이 미세 탄화물을 형성하고 입내에 균일하게 분산하여 matrix(기지)를 강화한 결과로 보는 설이다.

(2) 입계취약설

입계 혹은 입계석출물(MnS)과 matrix계면으로 P, S, Sb 등의 불순물원소가 편석하여 입계강도를 저하시킨 결과로 발생한다는 설이다.

5_ 방지대책

(1) 역학적 측면

PWHT과정에서 잔류응력의 완화와 함께 발생하는 소성 strain양을 가능한 억제한다.

즉, 소성 strain의 집중도를 완화시키기 위해 응력 집중원 제거와 각종 결함을 제거한다.

(2) 야금학적 측면

1) 입내 석출강화원소인 Mo, V를 적정하게 배합한다.
2) 입계 취약원소인 P, S, Sb를 저감시킨다.
3) HAZ의 입자를 미세화한다.

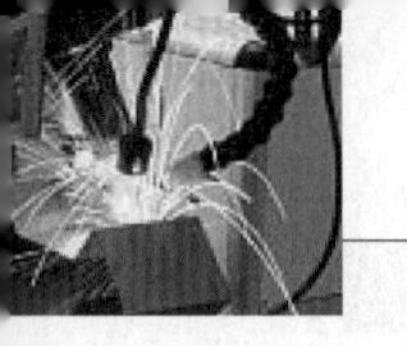

28. HAZ의 액화균열

1 발생기구

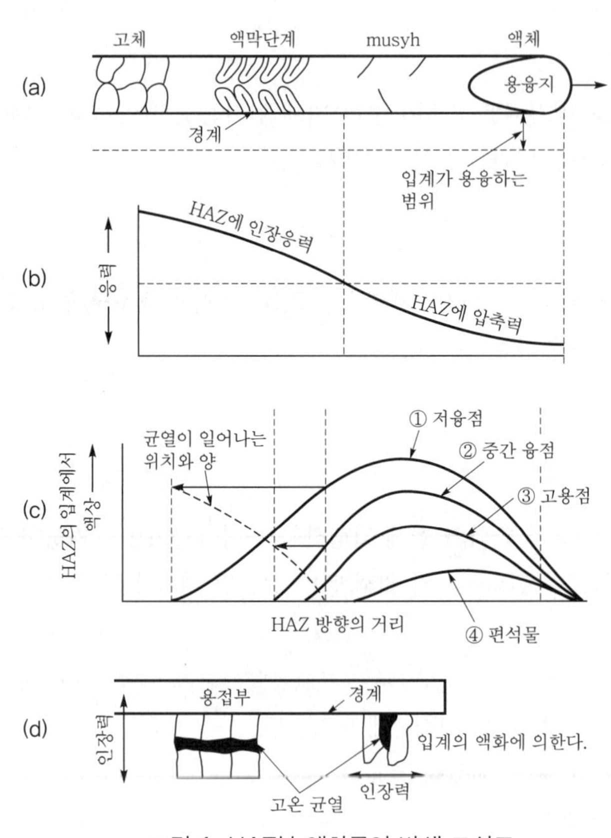

그림 1. HAZ부 액화균열 발생 모식도

가열된 HAZ의 냉각 시 입계에 편석한 P, S, Si, Nb 등의 불순물 또는 합금원소가 저융점의 액막(Liquid Film)을 형성함으로써 현저한 연성저하를 초래한다.

HAZ의 응력분포는 승온 시에는 압축응력이 발생하나 아크 통과 직후부터 차츰 인장응력이 발생한다. 용접금속의 최종 응고단계까지 HAZ의 입계가 액막상으로 남아 연성이 저하된 시점에 인장응력에 의한 수축변위가 작용함으로써 입계가 파단된다. 따라서 열영향부의 Bond부 근방에서 주로 발생한다.

2 액화균열 민감지수

그림 2는 Cr-Mo계 강의 바레스트레인 균열 시험 결과로서 합금성분에 응고 균열의 감수성 차이가 발생한다. 다음의 식들은 기존의 연구에 의해 제안된 탄소강, 저합금강의 용접 시 액화 균열 감수성과 합금원소의 관계를 나타낸 것이다.

(1) 탄소강, 저합금강, 고장력강

1) Morgan-Warren 등, 1974년, 저합금강

CSF=42[C+20S+6P-1/4Mo-72Mo]+19

2) Kihara, Matsuda, 1974년, 저 Ni 합금강

LT=70[C-1/12Si-1/9Mn+3P+4S+1/23Ni+1/35Cr+1/70Mo]

3) Phillips, Jordan, 1976년, 저합금강

CSF=5.47C+27.27S+75.29P+2.79Si-2.77

4) Matsuda, 1979년, 탄소강, 저합금강

HCS=C-1/12Si-1/6Mn+87P+11S+1/12Ni-1/16Cr-1/3.4Mo

(2) Stainless강

1) Suzuki, 1963년

Ihd(고온연성지수)=100-(500C+100Ta+50Nb+Cr-10Mo)%

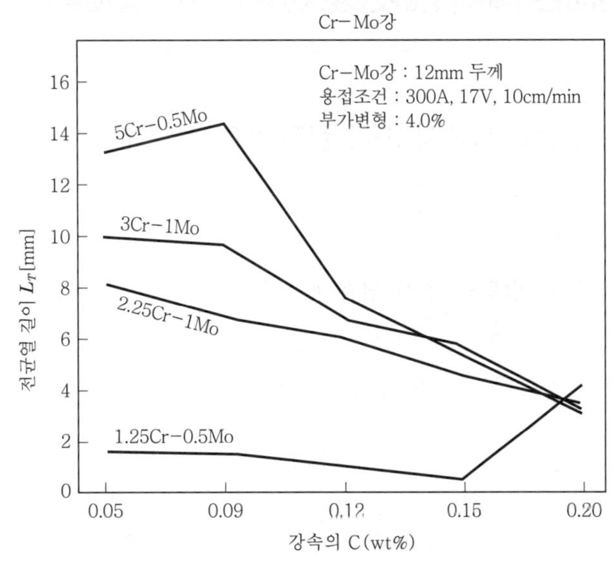

그림 2. Cr-Mo강의 롱지식 바레스트레인 균열 시험에서 전균열 길이와 C량의 관계

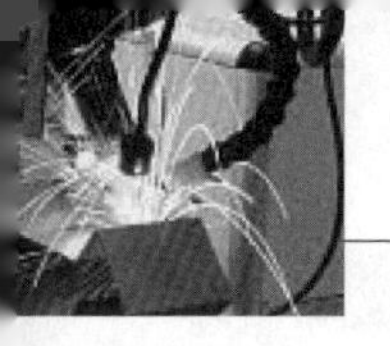

29. 알루미늄 합금의 용접결함에서 가장 문제가 되고 있는 기공의 발생원인과 방지대책

1 개요

Al합금의 용접에는 기공이 발생하기 쉽다. 용접 금속에 균일하게 분산된 기공은 이음부의 강도에는 큰 영향을 주지 않지만, 국부적으로 집중하거나 크기가 큰 기공 등은 영향을 미친다. 기공의 발생은 주로 수소에 의한 것이다. Al합금의 용융 응고 시 수소의 용해도 변화가 현저하기 때문이다. 용해도 차이에 의해 조직 내로 빠져 나온 수소가 외부로 방출되지 못하고 조직 내에 남아서 기공이 되는 것이다. 수소 발생원으로서는 모재, 용접 재료 중의 용해수소, 표면에 부착한 수분, 유기물, 산화막에 부착한 수분, 보호가스 중의 수소, 분위기 중에 침입하는 공기 중의 수분 등이다. 이중에서 가장 문제가 되는 것은 공기 중의 수분 침입이고, 다음이 용접 재료 표면의 수소 발생원이다.

그림 1. 알루미늄 합금 용접부의 기공

2 알루미늄 합금의 용접결함에서 가장 문제가 되고 있는 기공의 발생원인과 방지대책

(1) 설계에 의한 요인

1) 기공이 발생하기 쉬운 용접부를 설계 단계에서 제외한다.

① 횡향, 상향 용접부의 감소

② 어려운 자세 또는 복잡한 형상의 용접개소를 적게 한다.

2) 용접선을 감소시킨다.

① 폭이 넓은 판재의 사용

② 형재(形材)의 사용

(2) 시공 및 시공관리

1) 적정한 용접조건을 선정한다.

① 판 두께, 용접자세, 용접법, 적정전류, 전압, 용접속도의 선정

② 보호가스 유량의 선정

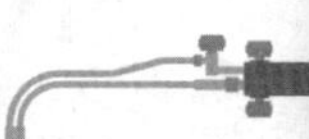

2) 적정한 전 처리법을 채용한다.

① 판 표면의 이물질 제거, 개선면의 아세톤 탈지

② 산화피막의 제거

3) 모재, 용접 재료를 관리한다.

① 모재, 개선면의 보호

② 용접 재료를 건조로 또는 청정한 장소에 보관

4) 용접기기를 점검한다.

① Torch의 수냉 유무 확인

② Touch 선단에서의 보호가스 이슬점의 계측(233K 이하)

③ 작업 개시 전 Arc 상태의 확인

5) 적정한 start 처리를 한다.

① 가스흐름 확인

② End-TAB 사용

③ Bead 이음부 처리(전층의 start부 제거)

6) 환경관리를 행한다.

① 고습도하에서 방습조치(습도 85~90% 이상에서는 특히 주의)

② 용접 시의 방풍조치(풍속 1m/sec 이상에서는 특히 주의)

(3) 검사

1) 실제 시공 전에 시험판으로 검사를 실시하여 시공법이 적정한가 확인한다.

2) 구조물 건조의 초기단계에서 검사를 도입한다.

3) 검사 결과를 용접 감독관에게 신속히 Feedback시킨다.

30. 용접 균열시험법 4가지를 설명

1 개요

일반적으로 저온 균열은 경화된 조직, 확산성 수소, 높은 구속도(잔류응력)의 3가지 요인으로 발생하며, 경우에 따라 3가지 원인 중 지배적인 요인은 있으나 항상 복합적으로 작용하여 발생한다. 대부분의 under bead cracks, toe crack, root crack의 주된 요인은 경화된 조직과 응력에 기인하며, 용착금속부의 횡 크랙은 응력이 주된 영향을 미치지만 확산성 수소도 영향을 미친다. 경우에 따라 대처할 수 있는 한계가 정해지며 주된 요인이 있으므로 보완하는 방법 또한 각각 달라져야 한다. 가장 손쉽고 간단한 방법은 예열의 적용이다.

2 용접 균열시험법 4가지를 설명

저온 균열 방지대책을 위해 상기 원인에 따른 강재의 선택, 용접재료 및 용접법의 선택, 용접이음부의 설계검토가 세워져야 한다. 또한 저온 균열 시험방법으로는 TRC시험법(Tensile restraint cracking test), RRC시험법(Rigid restraint cracking test), Implant시험법, 슬릿형 균열시험법(U-, Y-균열시험), 창형구속 균열시험법, CTS시험법(controlled thermal security cracking test), 변형 균열시험법이 있다.

(1) TRC시험법(Tensile restraint cracking test)

용접금속 내에서 발생하는 루트균열을 검토하기 위하여 TRC 시험을 개량하여 개발된 시험방법이다. TRC 시험과 원리는 같지만 비드의 길이방향으로 인장하중을 가한다는 점이 다르다. 이 시험법은 TRC 시험에 비하여 시험편 및 시험기를 소형으로 할 수 있으며, 시험편을 재활용할 수 있다는 장점이 있다. LB-TRC 시험에 의한 균열발생 한계응력은 루트간격 0mm의 TRC 시험 결과와 일치한다.

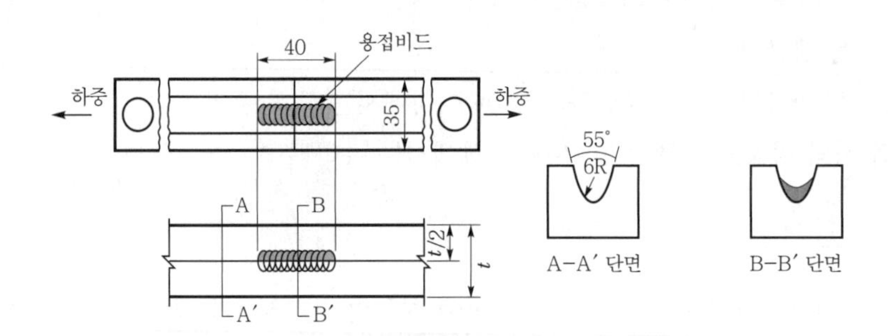

그림 1. TRC시험법(Tensile restraint cracking test)

(2) 슬릿형 용접균열시험(slit type weld cracking test)

시험판을 구속한 상태에서, 슬릿형의 그루브를 가공한 시험편에 시험용접을 하여 용접금속이 응고할 때 발생하는 수축응력과 시험판의 구속응력이 상호작용하여 균열이 쉽게 발생할 수 있도록 고안된 시험을 총칭한다. 용접균열시험의 대표적인 형태로는 Y형그루브 용접균열시험, U형그루브 용접균열시험, 경사 Y형그루브 용접균열시험, H형 용접균열시험, 테켄(Tekken)식 용접균열시험, 리하이(Lehigh) 구속균열시험 등이 있다. 다른 시험방법에 비하여 감도가 대단히 높고 널리 사용되고 있다.

(3) CTS시험법(controlled thermal security cracking test)

필릿용접부의 저온 균열 감수성을 평가하기 위한 시험방법의 일종이다. 두 개의 시험편을 포개어 양쪽을 구속용접으로 고정하고 좌우 양면에 필릿용접을 실시한 후, 두 개의 시험비드에서 발생한 균열을 조사하는 시험을 말한다. 시험용접한 다음 48시간 이상이 경과한 후에 두 개 시험비드의 각 세 부분을 절단하여 횡단면에서 균열의 발생 유무 및 균열의 길이 등을 측정하여 균열감수성을 평가한다.

이 시험은 영국에서 주로 저합금강의 저온균열시험법으로 개발하여 처음에는 주로 비드밑 균열을 조사하는 데 사용하였다. 현재는 저수소계 용접봉을 사용하면 비드밑 균열은 거의 발생하지 않으므로, HT60 및 HT80강 필릿용접부의 루트균열시험으로 사용하고 있다. 십자형 균열시험에 비해 감도가 낮다.

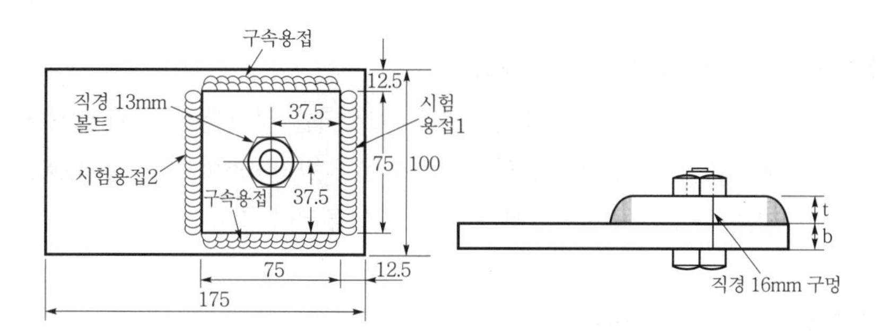

그림 2. CTS시험법(controlled thermal security cracking test)

(4) LTP 균열시험(LTP test)

고온균열시험의 일종으로, 용접 중의 용접부에 인장변형을 가하여 균열발생에 대한 한계속도를 구함으로써 균열감수성을 평가하는 시험을 말한다. 시험편 및 개략적인 시험방법은 그림 3과 같으며, (a)는 종균열, (b)는 횡균열의 발생을 조사하기 위한 시험편이다. 시험은 시험편의 뒷면에 있는 슬릿을 이용하여 고정하며, 용접방법은 GMAW, GTAW 및 SAW의 어느 것도 적용할 수 있다. 용접 중의 임의의 위치에서 일정한 인장속도로 인장하여 균열발생시의 한계속도를 구한다. 균열감수성은 균열발생 한계속도가 클수록 낮다. 그리고 이 시험법은 맞대기뿐만 아니라 필릿용접부에도 적용할 수 있다.

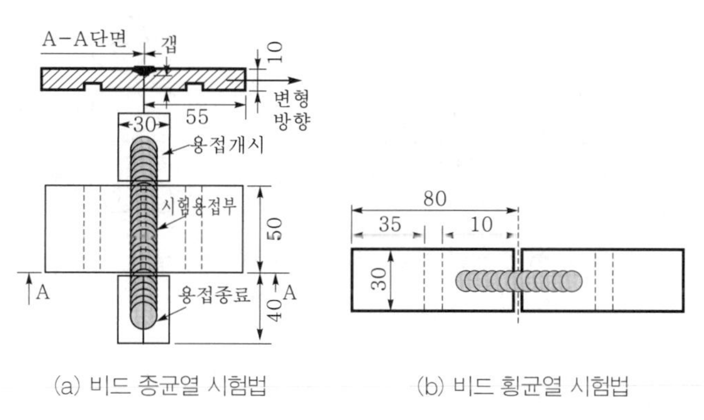

(a) 비드 종균열 시험법 (b) 비드 횡균열 시험법

그림 3. LTP 균열시험

31. 용접 균열의 분류

1 용접 균열의 분류

실용재료의 용접 시에 발생되는 균열의 종류는 발생장소, 균열형태, 발생온도 등에 따라 다음과 같이 분류할 수 있다.

(1) 균열의 방향 및 발생장소에 따른 분류

그림 1에서와 같이 용접선과 동일한 방향으로 발생되는 종균열(세로균열)과 용접선에 직교하는 방향으로 발생되는 횡균열(가로균열)로 분류된다. 발생장소에 따른 분류로서는 용접금속(Bead) 균열, 열영향부(HAZ) 균열 및 모재 균열로 분류된다.

(2) 균열 발생온도에 따른 분류

고온(Hot) 균열, 저온(냉간, Cold) 균열, 재열(SR) 균열로 분류되며, 이는 균열발생 시기로도 분류할 수 있다.

(3) 크기에 따른 분류

균열이 육안으로 쉽게 관찰되는 Macro 균열과 현미경을 이용해야 볼 수 있는 Micro 균열로 균열 크기에 따라 분류할 수 있다.

(4) 조직에 따른 분류

균열의 파단면의 형상에 따라 결정립계를 가로질러 균열이 진전하는 입내(Trans-granular) 균열과 입계를 따라 전파하는 입계(Inter-granular) 균열로 나눌 수 있다.

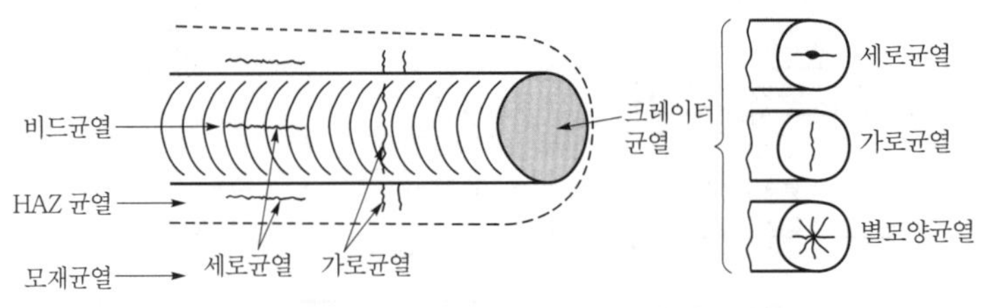

그림 1. 용접 균열 발생위치 및 방향에 따른 분류

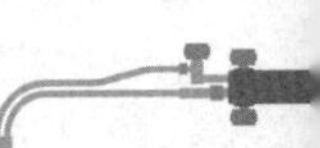

32. 용접보수가 필요한 경우 결함내용을 열거하고 보수방법

1 개요

용접결함 종류 및 보수방법은 결함의 종류에 따른 보수방법으로 진행하며, 아래에서 언급하지 않은 용접부 결함 보수방법 및 보수 허용 규정치는 사전에 절차서를 제출하여 담당원의 승인을 받아 시행해야 한다.

2 용접보수가 필요한 경우 결함내용을 열거하고 보수방법

(1) 강재의 표면상처로 그 범위가 분명한 것

덧살용접 후 그라인더 마무리, 용접 비드는 길이 40mm 이상으로 한다.

(2) 강재의 표면상처로서 그 범위가 불분명한 것

정이나 아크 에어 가우징에 의하여 불량 부분을 제거하고, 덧살용접을 한 후 그라인더로 마무리한다.

(3) 강재 끝 면의 층상 균열

판 두께의 1/4 정도 깊이로 가우징을 하고, 덧살용접을 한 후 그라인더로 마무리한다.

(4) 아크 스트라이크

모재 표면에 오목부가 생긴 곳은 덧살용접을 한 후 그라인더로 마무리한다. 작은 흔적이 있는 정도의 것은 그라인더 마무리만으로 좋다.

(5) 가용접

용접 비드는 정 또는 아크 에어 스커핑법으로 제거한다. 모재에 언더컷이 있을 때에는 덧살용접 후 그라인더로 마무리한다.

(6) 용접 균열

균열부분을 완전히 제거하고 발생원인을 규명하여 그 결과에 따라 재용접을 한다.

(7) 용접 비드 표면의 피트, 오버랩

아크 에어 가우징으로 결함 부분을 제거하고 재용접한다. 용접 비드의 최소길이는 40mm로 한다.

(8) 용접 비드 표면의 요철

그라인더로 마무리한다.

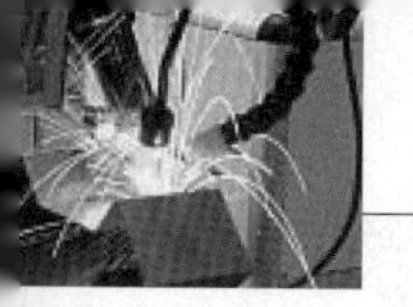

(9) 언더컷

비드 용접한 후 그라인더로 마무리한다. 용접 비드의 길이는 40mm 이상으로 한다.

(10) 스터드 용접의 결함

굽힘실험으로 파손된 용접부 또는 결함이 모재에 파급된 경우에는 모재면을 보수용접한 후 갈아서 마감하고 재용접한다.

33. 응고균열 (Solidification Crack)

1 발생기구

재료의 응고 중에 발생하는 저연성(취성) 특성과 용접 중에 발생하는 변형(변위)의 조합으로 발생한다. 즉, 그림 1과 2에 나타낸 것과 같이 용융금속의 응고에 따른 수축변위와 용접 중 발생하는 외부변위의 합이 한계 연성치를 넘어설 경우 균열이 발생한다.

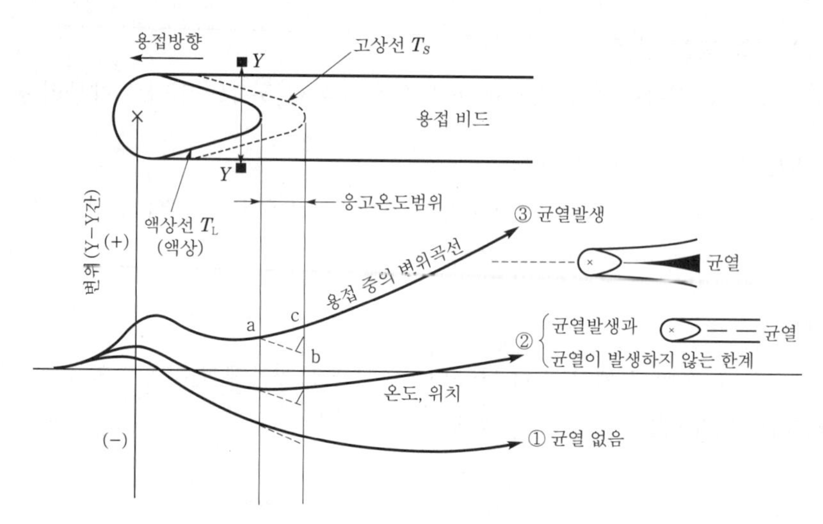

그림 1. 용접 중의 용융부(Molten pool) 부근의 변위 동향의 모식도

2 응고균열 시기에 관한 가설

균열의 발생 시점에 대한 가설로는 다음의 그림에서 설명하는 Strain Theory, 합금의 응고 시 고상선 부근의 고온에 재료를 현저히 취약하게 하는 온도역이 존재한다는 Shrinkage-brittleness Theory, 그리고 이를 보완한 Generallized Theory 등 다양한 가설이 제안되어 있다. 그중 Strain theory에 대한 모식적인 설명도를 그림 3에 나타내었다.

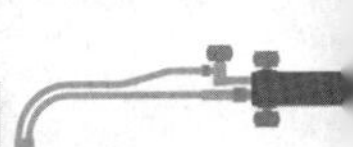

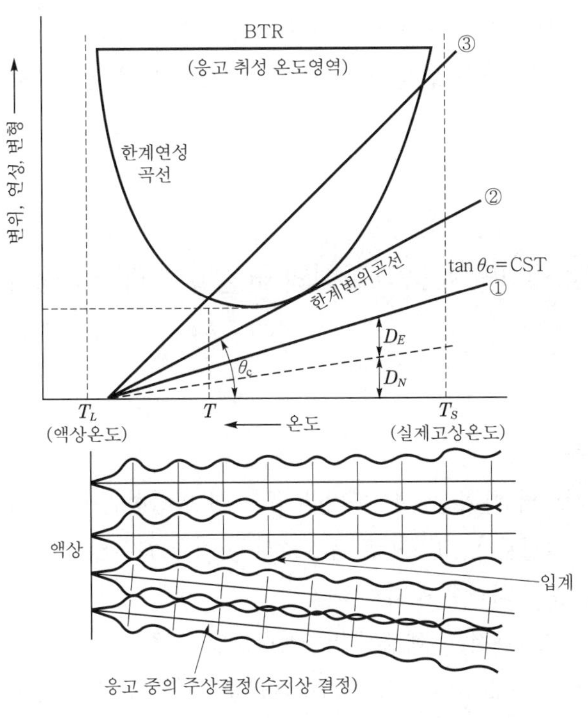

그림 2. 응고균열 발생기구 설명도

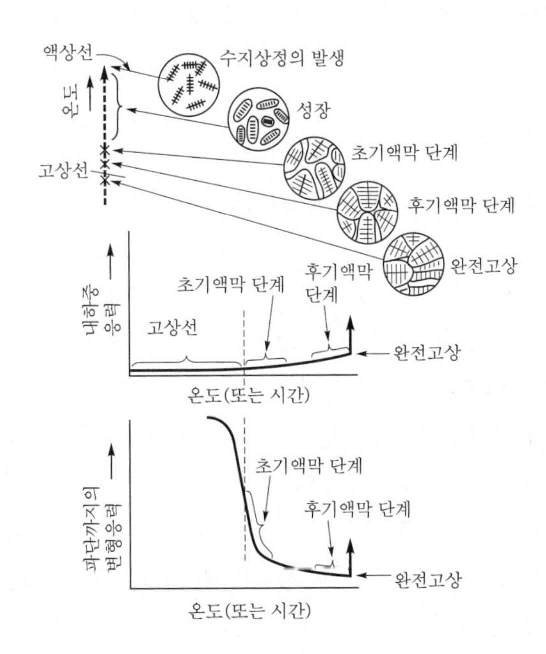

그림 3. Strain theory에 의한 응고의 단계별 조직모식도 및 내하중 응력 및 파단변형응력 변화

즉, 응고의 진행에 따라 이미 응고한 결정의 사이에 미 응고된 얇은 액막이 형성되는 초기 액막 단계에서는 용융금속의 이동이 원활치 않아 변형능력이 현저히 감소하고, 응고가 완료되지

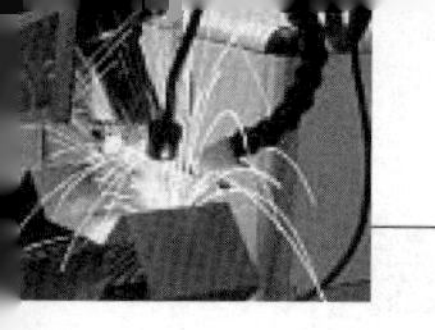

않아 내하중 응력이 낮으므로 약간의 변위에 의해 쉽게 균열이 발생한다.

더욱이 입계에 저융점 편석물을 만들 경우 액막단계가 길어져 응고균열이 발생할 가능성은 더욱 높아진다.

34. 응고균열의 4단계 응고과정의 균열발생 메커니즘(Mechanism)을 설명

1 용착금속의 응고

용착금속의 특성은 재료의 화확성분뿐 아니라 응고 시 발생하는 여러 가지 금속학적 요인과 응고 기구 등에 의하여 결정된다. 그러므로 응고조직을 이해하지 않고서는 용착금속의 균열특성, 기공생성 및 기계적 특성 파악은 불가능하다.

일반적으로 금속의 응고 과정은 핵생성 및 성장으로 이루어지며, 응고는 평형 반응온도(equilibrium reaction temperature) 이하로 과랭되었을 경우에만 유한한 속도로 진행된다.

그러나 용착금속의 응고에서 핵생성 과정은 그다지 중요하지 않다. 왜냐하면 용접은 일종의 이동하는 열원(moving heat source)에 의한 국부적인 용융 및 응고의 반복이며, 용융지(weldi pool)에는 고상-액상 계면이 항상 존재하여 계면과 접촉하고 있는 고상의 결정립이 직접 성장할 수 있기 때문이다.

바꾸어 말하자면, 고액 계면에 존재하는 고상 결정립이 이미 형성된 핵으로 작용하여 약간의 과랭이 있다고 하더라도 쉽게 성장을 한다(epitaxi growth).

통상의 용융용접에서는 대부분의 경우 용착금속과 모재의 성분이 동일 혹은 비슷하여 같은 결정형태를 보유하고 있으므로, 성장하는 용착금속 결정립의 결정학적 방위가 용융 경계선(fusion line)에 존재하는 고상 결정립과 동일하다면 결정성장은 새로운 결정립계를 생성하는데 소요되는 표면에너지를 소비할 필요 없이 쉽게 일어날 수 있다.

응고는 일반적으로 쉽게 성장할 수 있는 방향을 따라 진행이 되는데, 용접 공정에서 이 방향은 용융금속내의 최대 온도 기울기 방향인 고액 계면의 수직 방향이므로 결정립의 형태도 용접 속도 제어 등을 통하여 용융지의 형태 변화를 유도함으로써 어느 정도 쉽게 제어할 수 있다.

용착금속이 응고 구간을 통하여 냉각될 때, 용질은 전진하는 고상-액상 경계면에서 액상 쪽으로 밀려난다. 이때 경계면 주위의 액상에서의 기계적인 혼합이 거의 일어나지 않기 때문에 밀려난 용질은 확산에 의해서만 재분배된다.

이 경우 응고 속도가 상당히 빠르기 때문에 동적 평형 상태가 도달하기 전까지 확산에 의한 과잉 용질의 완전제거는 일어나지 않는다. 이 결과로 경계면에서 액상 쪽으로 얼마간의 구간 사이에 농도구배가 존재함으로써 실질적인 액상선 온도가 농도구배에 맞추어 변화하게

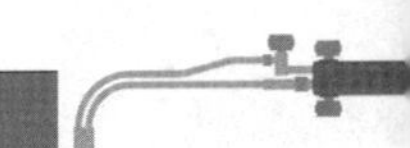

된다(조성적 과랭). 조성적 과랭의 정도는 응고형식과 미세 응고 조직에 상당한 영향을 미치며, 응고 패턴은 G와 R의 변화에 의해 조성적 과랭 정도가 증가할수록 planar, cellular, cellular dendritic, columnar, 그리고 equiaxed dendrite로 변화한다.

용착금속에서의 조성적 과랭 정도는 용접 경계선에서 가장 낮고 용융지 중심으로 갈수록 증가하여 여러 조직이 함께 존재한다(그림 1).

이상과 같이, 용착금속의 응고는 일반적인 응고 이론으로 쉽게 설명될 수 있으나, 핵생성 과정이 무시될 수 있고 용접 열영향부(HAZ)의 결정립 크기 및 특성에 따라 결정성장(epitaxial 및 competitive growth)형태가 결정되므로 모재의 특성도 용착금속 응고 도중 또는 후의 특성에 큰 영향을 미치게 된다.

그리고 각 성분의 응고조직에 미치는 영향을 고찰할 때에는 각 원소 그 자체보다 상승작용의 (synergistic) 영향이 더 중요할 때가 있으므로 항상 함께 고려해야 한다.

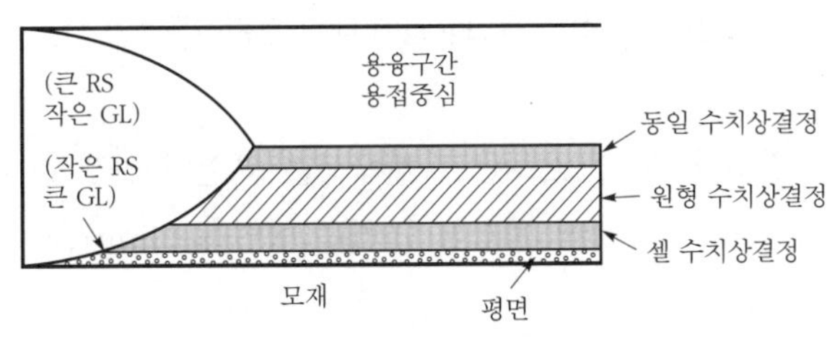

그림 1. 용접의 용융영역에서의 전형적인 조직형태

2 응고균열의 4단계 응고과정의 균열발생 메커니즘(Mechanism)을 설명

용착금속의 고온 균열 이론 중에는 액상이론이 중요하게 다루어지고 있다. 액상이론에서 가장 중요한 점은 고온 균열 발생을 위하여는 결정립계에 액막(liquid film)의 존재를 필요조건으로 한다.

고온 균열의 이론 중에서는 Boland의 일반화 이론이 가장 적합한 이론이라고 알려져 있다. 일반화 이론은 수축취화설과 변형설을 일반화시킨 이론으로서 용착 금속의 응고를 다음 4가지 단계로 구분하여 설명하였다(그림 2).

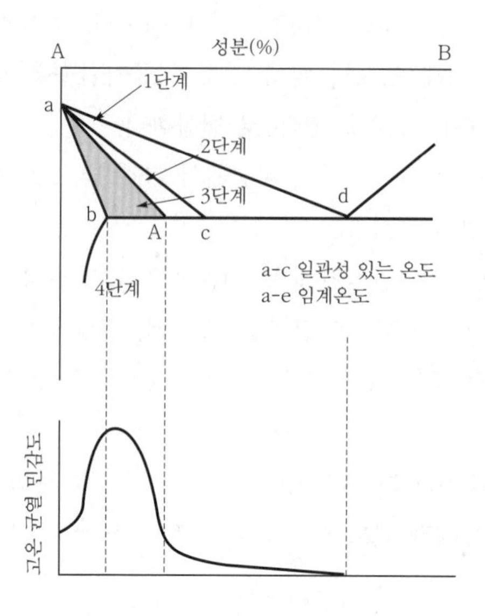

그림 2. 용접의 응고균열에 대한 관련이론

제 1단계에서는 균열이 발생할 수 없고, 제 2단계에서는 균열이 발생할 수는 있으나, 액상이 고상 사이에 연속적으로 존재하기 때문에 형성된 균열을 메워(healing)줄 수 있으므로 이미 형성된 균열도 소멸된다.

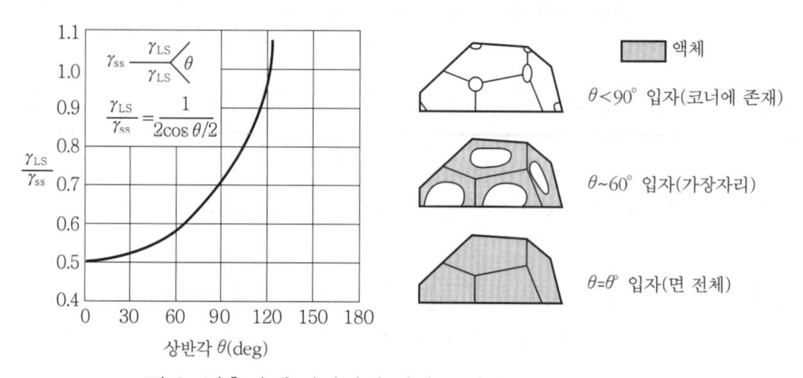

그림 3. 접촉각에 있어서의 입자 표면에 대한 액체상태

제 3단계에서는 액상 이동이 제한되어 있고 healing현상도 일어나지 않는다. Boland는 이와 같은 제 3단계를 고온 균열 발생에 있어서 가장 중요한 온도구간이고 이 구간을 임계 응고구간(critical solidification range)이라고 명명하였다. 용착금속의 응고는 비평형조건 응고 과정이므로 액상선과 고상선이 낮아지는데, 특히 고상선은 용착금속의 빠른 냉각에 따라 용질 원자들의 확산이 시간을 제한하기 때문에 더 낮아질 수 있다.

그래서 임계 온도구간이 확대되기 쉽고 나아가서 균열 발생 확률도 증가된다, 그러나 임계 온도구간 증가만이 균열발생의 필요 충분조건은 아니다. 아무리 응고구간(특히 임계 응고구간)이 넓다 하더라도, 만약 응고된 고상이 발생한 변형을 균열 형성없이 저항할 수 있다면 고온 균열은 형성되지 않는다.

따라서 boland는 결정립 표면에 거의 일정하게 액상이 존재한다면 결정립 사이에 응력이 집중되어 균열이 쉽게 일어나지만, 액상이 결정립 일부(edge and corner)에만 존재하면 높은 응력을 작용하지 않는다고 주장한다. 그러므로 액상이 결정립 표면에 어떻게 존재하느냐에 따라 재료의 균열성 여부가 결정되는데, 이 액상의 분포는 결정립계(solid/solid)와 상 경계에 상대적인 자유에너지 크기에 의해 결정된다.

표면에너지는 그림 3에서 보인 바와 같이, 두 면의 접촉각과 깊은 관계가 있다. 즉, 표면에너지의 비를 τ라고 할 때, 또 그림 3에서 $\theta=0°$일 때 액상은 결정립 전 표면을 덮고 있고, θ가 증가할수록 표면적(비율)은 감소하여 90°보다 큰 영역에서는 결정립 모서리에만 액상이 존재하는 것을 알 수가 있다. 그러므로 θ를 60°이내로 유지하기 위해서는 γ_{SL}과 γ_{SS}의 비율을 0.5 이내로 하면 고온 균열이 쉽게 발생한다. Boland의 일반화이론을 요약하면 다음과 같다.

(1) 액막이 거의 연속적으로 존재할 때 고온 균열은 쉽게 일어난다. 이렇게 액막이 전면에 존재할 때에는 비록 주어진 응력이 낮을지라도 주상정 사이의 좁은 구간에서는 높은 응력이 작용된다. 그러나 만약 액막이 불연속으로 존재할 때는 균열을 발생시키기 위해서 보다 높은 응력을 필요로 한다.

(2) 액상의 분포는 표면에너지 비율(τ)에 의해 결정되고 τ값이 0.5근처를 보일 때 균열 발생 확률이 가장 높다.

(3) 임계 온도구간은 응고하는 재료의 균열 발생 가능 시간을 결정한다. 대부분의 열영향부 고온 균열이론은 용착금속 균열 이론과 거의 같다. 열영향부에서의 고온 균열 발생도 결정립계에 액막이 존재할 때 형성되고, 이러한 액막은 다음과 같은 이유 및 과정에 의해 형성된다.

1) 선택적인 결정립계의 용융(preferential grain boundary melting)

2) 용융된 용착금속으로부터의 침투 및 흡수(absorption from molten pool)

용접 시 용접 경계부인 열영향부의 결정립계에 존재하는 석출물들이 녹기 시작한다. 그 용융 넓이(경계부에서의 거리)는 석출물, 혹은 편석의 종류나 열영향부에서의 온도 편차에 의하여 결정된다. 용접열원이 전진함에 따라, 열영향부는 용착금속의 수축에 의하여 인장 응력을 받는다. 이때 이 인장 응력이 액막을 보유하고 있는 결정립 경계를 분리시켜 균열을 발생시킨다. 균열의 위치나 상대적인 크기는 존재하는 액막의 양, 변형량(응력 크기) 및 액상의 수명에 의해 좌우된다.

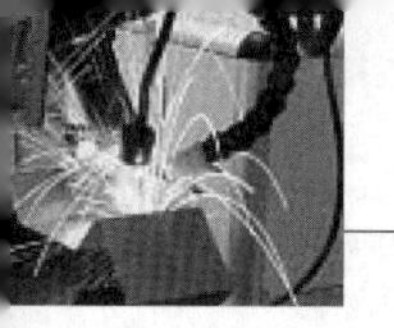

 35. 후크균열(Hook crack)이 무엇인지 설명하고 후크균열 저감대책

1 정의

플래시용접 또는 고주파 전기저항 용접부에 대한 평편시험(flattening test)을 하면 나타나게 되는 메탈 플로우(metal flow)를 따라 균열형상으로 개구(開口)되는 용접결함을 말한다.

2 후크균열 저감대책

후크균열은 그 모양이 후크와 같이 굽어있기 때문에 붙여진 이름이다. 이러한 후크균열은 강재 내부에 존재하는 MnS계 비금속 개재물들이 열간압연에 의하여 띠모양으로 연신되었을 때 발생하기 쉬우므로 비금속 개재물의 총량을 줄임으로써 방지할 수 있다.

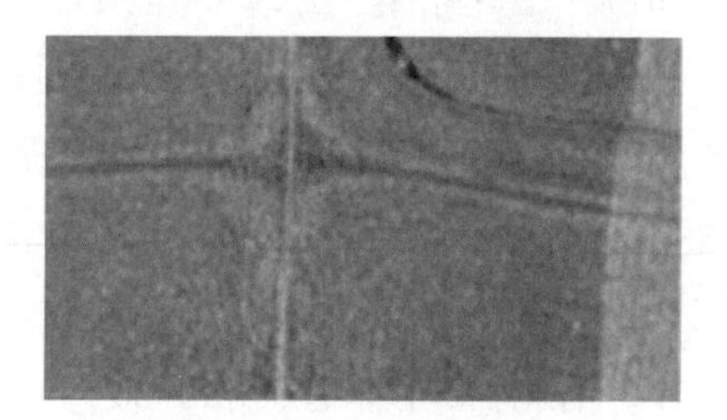

그림 1. 후크균열(Hook crack)

 36. 토우균열(Toe crack)을 정의하고, 대책방안

1 토우균열(Toe crack)의 정의

토우는 모재의 면과 용접비드의 표면이 교차하는 점을 말하며 토우부라고도 하는데, 이 부분에서 발생하는 균열을 토우균열이라고 한다.

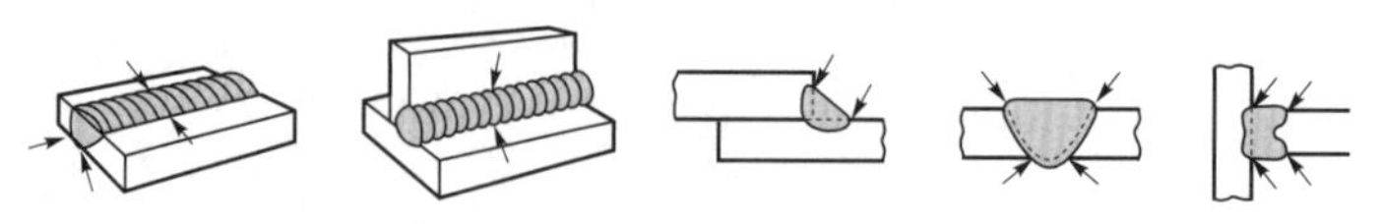

그림 1. 토우균열 발생부위

2 토우균열(Toe crack)의 대책방안

비드 표면과 모재의 경계부에 발생, 언더컷에 의한 응력집중이 큰 것이 원인이며, 예열 또는 강도가 낮은 용접봉 사용으로 방지가 가능하다.

37. 두께 45mm 고장력 강판끼리의 용접이음이 두께 10mm 연강판끼리의 용접이음에 비해 저온균열 발생이 쉬운 이유와 방지대책

1 개요

용접부에서 균열은 가장 치명적인 것으로 균열부에 응력이 작용하면 균열이 성장한다. 용접부에 가해지는 하중이나 응력이 사용하는 재질의 인장강도를 초과하여 작용하면 균열이 시작되는 것이다. 용접균열은 몇 가지 방법으로 분류되며 균열이 발생하는 금속의 온도를 기준으로 고온균열과 저온균열로 분류할 수 있다.

2 두께 45mm 고장력 강판끼리의 용접이음이 두께 10mm 연강판끼리의 용접이음에 비해 저온균열 발생이 쉬운 이유와 방지대책

고온균열은 금속이 응고되면서 결정립계에서 발생하기 때문에 고온균열은 결정립 사이로 진행한다. 저온균열은 금속이 응고된 후 현장에서 사용하는 과정에서 발생을 한다. 수소취성에 의한 지연 또는 언더비드균열은 저온균열로 분류된다. 저온균열은 결정립 사이나 결정립을 관통하는 형태로 전파 성장된다.

두께 45mm 고장력 강판끼리의 용접이음이 두께 10mm 연강판끼리의 용접이음에 비해 저온균열 발생이 쉬운 이유는, 용접 시 용융된 조직이 두께가 얇은 조직은 두께가 두꺼운 조직보다 내부의 조직 형성이 일정하지만 두께가 두꺼우면 냉각하는 시간차로 조직이 상이하여 결정립 사이로 수소가 침투하는 조건을 촉진한다. 방지대책은 예열이나 후열을 진행하여 온도차로 인한 냉각시간을 동일하게 유지하는 것이 중요하다.

38. 강용접부의 루트(root)균열 발생을 방지하기 위한 예열온도 결정방법

1 개요

균열의 발생부위에 따라 throat, root, toe, crater, under bead, HAZ crack 등이 있다. throat crack은 fillet 용접부의 중앙부에서 잘 발생하며 용접축의 횡방향으로 강한 응력이 작용하는 경우 얇은 루트패스와 오목한 필릿용접과 같은 것들은 throat 균열이 잘 발생된다. root crack은 root 간격이 너무 넓은 경우 루트용접부에 응력이 집중되는 경우 발생한다. toe 균열은 용접부의 toe에서 발생되는 모재의 균열이다. 용접덧살 또는 지나치게 볼록한 용접부의 형상에서 기인한 응력의 집중으로 발생된다.

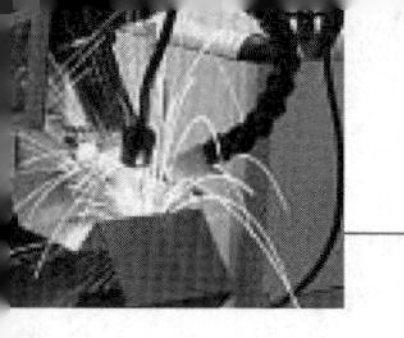

crater 균열은 용접패스가 끝나는 지점에서 발생된다. 용접 마무리 지점에서 용접부가 완전히 채워지지 않은 경우 그 부위에 얇은 용착부위가 형성되어 용접 수축응력에서 균열이 발생되는 것이다. under bead 균열은 용착금속이 아닌 열영향부에서 발생한다. 언더비드 균열은 용접이 완료된 후 많은 시간이 지나도록 진행되지 않을 수도 있기 때문에 특별히 위험한 균열로 지연균열(delayed crack)로 부리기도 한다.

2 강용접부의 루트(root)균열 발생을 방지하기 위한 예열온도 결정방법

루트(root)균열 루트간격이 너무 넓은 경우, 루트용접부에 응력이 집중되는 경우 발생된다. 용접예열의 목적은 냉각속도를 낮추어 용접 열영향부에서 마텐자이트와 같은 경한 조직이 생성되지 않도록 하는 것(미세조직 제어효과)과, 확산성 수소가 대기 중으로 방출되는 시간을 연장하여 실제 잔류하는 확산성 수소량을 최소화하고자 하는 것(수소량제어효과)이다.

수소량제어효과는 강재의 종류에 관계없이 나타나는 효과이지만, 미세조직제어효과는 경화능이 충분히 낮은 경우에만 나타나는 효과이다. 예열의 목적은 확산성 수소의 방출을 조장하기 위한, 즉 수소량제어효과를 얻고자 하는 것이라고 할 수 있다. 중공업계에서 현재 사용되고 있는 모든 예열기준들은 모재를 기준으로 하여 용접 열영향부에서의 균열 방지를 위한 목적으로 설정되어 있다. 이러한 목적으로 규격화되어 있는 기준들에는 AWS D1.1, BS(515310), Yurioka 등이 제안한 기준 등이 있다. AWS기준은 강종에 따라 예열온도를 규정하고 있는 반면, BS기준은 강재의 탄소당량과 모재의 두께, 입열 등을 모두 고려하여 예열온도를 결정하도록 되어 있다.

39. SR균열(stress relief crack)의 발생원인과 발생기구, 방지법

1 개요

용접 후 후열처리과정 또는 용접 구조물이 고온에서 사용 중에 발생하는 것인데, Ni-Cr-Mo, Cr-Mo, Cr-Mo-V 등 페라이트 고용용 저합금강, Ni기 내열강 등에서 종종 관찰되며 항상 HAZ의 조립역에서 결정입계를 따라 전파한다.

2 SR균열(stress relief crack)의 발생원인과 발생기구, 방지법

(1) 재열균열이 일어나기 위한 조건

① HAZ에서 오스테나이트 입자의 조대화가 일어날 수 있어야 한다.

② 오스테나이트 영역에서 탄화물의 고용도가 충분하여 2차 경화형 탄화물이 존재해야 한다.

③ 탄화물이 재석출하는 온도범위에서 재가열되어야 한다.

④ 용접부의 잔류응력이 커야 한다.

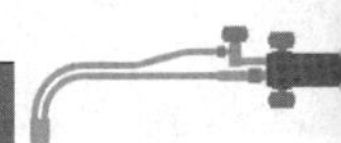

(2) 발생원인(기구)

① 재가열 중 탄화물이 결정립 내에 석출하고 응력이완에 의한 변형 시 결정립 내가 입계보다 강하여 입계균열이 발생한다.

② 용질원자의 입계편석에 의해 재가열 시 입계강도 저하에 의해 입계를 따라 균열의 발생불순물의 석출로만으로는 재열균열이 발생하기 어려우며 탄화물의 석출이 일어나야 한다.

(3) 방지방법

① 불순물 원소의 저감

② 용접부 예열로 잔류응력 최소화

③ 모재보다 낮은 인장강도의 용접재료 선택

④ 응력집중이 일어날 수 있는 부분 제거

⑤ 용접 중 각 pass 간 peening으로 잔류응력 최소화

초기 발견 시 마치 저온균열의 하나인 under bead cracking 또는 toe cracking으로 착각할 수 있다.

40. 스테인리스강 용접결함

1 개요

스테인리스강을 용접하면 아크열에 의해 모재가 액상과 고상이 혼합하여 존재하는 부분용해역(PMZ, Partially Melted Zone)과 아크열의 영향을 전혀 받지 않는 모재(BM, Base Metal) 사이에서 형성되는 용접 열영향부는 모재의 미세조직이 아크열에 의해 변태를 일으켜서 용접부의 성능을 크게 약화시키므로 용접 열영향부의 크기를 최소화하는 용접시공기술과 용접 모재의 개발이 중요하다.

2 스테인리스강 용접결함

오스테나이트계 스테인리스강의 경우는 Schaeffler's diagram, DeLong's diagram 등을 이용하여 용접부에 5~10%의 δ-페라이트가 생성될 수 있도록 용접재료의 화학성분과 희석률(dilution ratio)을 조합하여 용접시공을 하는 것이 필요하다. 용접입열에 의한 예민화 작용으로 용접부에 발생하는 웰드 디케이(weld decay)는 C함량이 많아 Cr탄화물을 형성하기 쉬운 AISI304 및 AISI316 스테인리스강에서 자주 발생하므로 주의가 요구된다.

오스테나이트계 스테인리스강 용접부의 입계부식을 방지하기 위해서는 Ti, Nb과 같이 C와

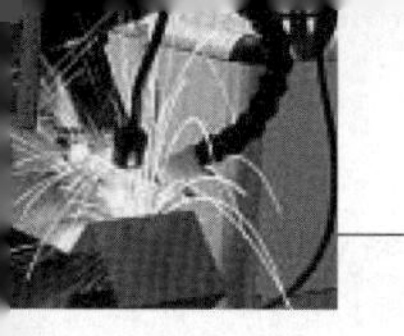

친화력이 강하여 안정한 탄화물을 만드는 안정화 스테인리스강 모재와 용접재료를 사용해야 한다. 만일 예민화온도 이상의 고온상태에서 Ti탄화물과 Nb탄화물이 분해되면 나이프라인어택(knife line attack)이 발생하게 되므로 안정화된 Ti탄화물과 Nb탄화물이 재생성되도록 880℃ 근방에서 용접부에 대한 안정화 열처리가 필요하다.

제 10장

용접 부식과 피로

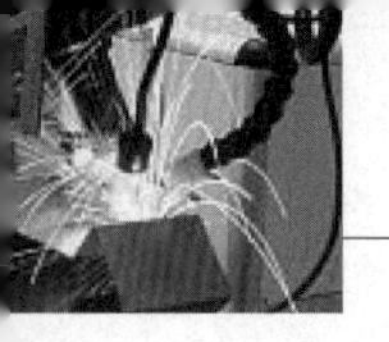

1. 304 스테인리스 강재 용접부에 발생하기 쉬운 부식현상의 명칭과 발생기구

1 개요

스테인리스강은 표면의 부동태 피막에 의해 여러 환경조건에서 우수한 내식성을 나타낸다. 그러나 놓여진 환경에 따라서는 부동태 피막의 보호성이 떨어지게 되고 여러 가지 부식을 일으키게 되므로 주의가 필요하다.

2 304 스테인리스 강재 용접부에 발생하기 쉬운 부식현상의 명칭과 발생기구

(1) 스테인리스강의 부식형태

스테인리스강의 부식형태는 황화, 산화, 질화 같은 고온에서 주로 발생되는 건식과 일반 환경하에서의 습식으로 크게 구분이 되며, 습식에는 전면 부식과 국부 부식으로 구분하고 일반적으로 우리가 말하는 입계 부식, 공식, 틈새 부식 등은 이에 속한다.

부식형태에서 습식과 건식을 비교하면 습식조건에서 72.5%, 건식조건에서 7.9%, 기타환경에서 19.5%이며, 하중과 압력이 작용하는 상태에서 응력부식균열(SCC)은 40.8%, 피팅은 29.0%, 전면 부식은 8.5%, 입계 부식은 7.0%, 변색은 7.0%, 틈새 부식은 8.3%, 기타는 1.6%이다.

(2) 전면 부식

전면 부식은 스테인리스강 표면이 부동태화 할 수 없는 이상환경에 놓였을 때 일어나며 염산, 황산 등의 용액 하에서 발생된다. 이 경우 표면이 고르게 부식 또는 침식이 일어나므로 시간에 따른 감량으로 측정할 수 있다. 일반적으로 국부 부식에 비해 예측이 쉽고 다루기 쉬우므로 사전에 정확한 사용환경을 알고 이에 맞는 재질이나 두께를 선정하면 충분히 사전에 문제를 예방할 수 있다.

(3) 갈바닉 부식(Galvanic corrosion)

두 개의 금속 혹은 같은 금속이라 할지라도 부식환경 조건이 국부적으로 다름에 의하여 두 지점 간 전위차이가 있을 때 전자의 이동에 의하여 산화, 환원 반응계를 형성하여 금속이 부식되는 현상인데, 부식의 종류로 보기보다는 스테인리스강의 부식발생 원리로 생각할 수 있다.

따라서 모든 스테인리스강의 부식을 미시적으로 보면 기본 원리는 갈바닉 부식의 이론을 따르게 되며, 갈바닉 시리즈로 통하는 각 금속의 표준전위를 알면 부식 발생 예측이 가능하게 된다.

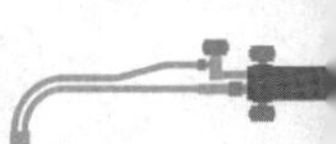

(4) 공식(Pitting Corrosion)

Pitting은 부동태 피막을 파괴시킬 수 있는 높은 염소 이온 농도가 존재하는 분위기 하에서 스테인리스강이 놓일 때 부동태 피막이 국부적으로 파괴되어 그 부분이 우선적으로 용해됨으로써 발생한다. 특징은 처음 부식이 발생되는 데는 다소 시간이 걸리나 일단 pit가 생기면 pit내부는 small 양극(Active상태)이 되고, 외부 전체는 large 음극(Noble상태)이 되어 부식이 급가속으로 진행되어 수일 만에 관통하게 된다. Pit부 입구는 매우 적어 조그만 구멍이 뚫려 있는 형태이나 내부는 크게 확대되어 존재하므로 외부에 작은 결함이 존재할 경우도 수일 내 파단이 발생할 가능성이 있기 때문에 즉시 보수를 하는 것이 좋다. .

(5) 틈새 부식

부식의 발생기구는 공식과 동일하며 스테인리스강 위에 이물질이 부착한 경우나 구조상 생긴 틈새가 부식 환경에 놓여올 때 집중 발생한다.

1) 부식 발생 기구

틈새 형성 → 틈새부에서 용액의 정체 발생 → 틈새부에 용존 산소 고갈 → 양이온 과다 → 염소이온 끌어들임(전하평형을 위해) → HCl형성 → 부식의 가속화(공식과 동일한 원리)

2) 부식 발생 특징

① 틈새가 있는 경우나 침전물이 있는 환경에서 많으며 Rivets, Bolts, Gaskets이 있다.
② 염화물 환경에 노출 시 발생한다.
③ 처음 부식이 발생되는 데는 다소 시간이 걸리나 일단 생기면 부식이 급가속한다.
④ 육안 관찰이 어렵기 때문에 상당히 진행된 후에나 발견이 가능하다.
⑤ 공식과 더불어 STS강에 가장 많이 발생되는 부식 형태이다.

3) 틈새 부식 방지방법

① 염화물 환경을 제거한다.
② 내공식 합금인 Mo, N, Cr, Ni 합금을 사용한다.
③ 틈새가 생기지 않도록 Rivet, Bolt로 체결보다는 용접으로 설계한다.
④ 용액이 고이지 않고 완전히 배수되는 구조로 설계한다.
⑤ 틈새가 발생되었을 때는 충진물로 충진한다.

(6) 입계 부식

입계 부식이란 부식이 결정립계에 따라 진행하는 형태의 국부 부식으로 이 부식은 내부로 깊게 진행되면서 결정입자가 떨어지게 된다. 용접 가공 시 열영향부, 부적정한 열처리 과정, 고온에서의 노출 시 주로 발생된다. 크롬은 탄소와 결합하기 쉬운 성질을 가지고 있으며 고온으로 가열되면 쉽게 결합하여 크롬탄화물($C_{r23}C_6$)을 형성하고 이 물질은 전부 결정립계에 석출하게 되는데, 크롬탄화물이 석출된 주변에는 크롬을 빼앗겨 크롬 고갈층이 존재하게 되고 이 부분이 내

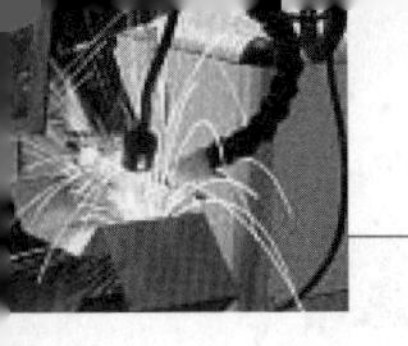

식성이 떨어져 우선적으로 부식을 일으키게 된다. 이렇게 크롬탄화물이 석출된 것을 예민화되었다고 하며, 이런 예민화는 약 550~800℃ 온도 구간에서 유지되거나 더 고온에서 유지된 후 이 온도 구간에서 서서히 통과할 때 발생된다. 그러나 페라이트강의 경우에는 오스테나이트와 달리 90℃ 이상에서 급랭 시 발생되는 특징이 있다.

1) 부식발생 방지대책

가장 좋은 방법으로는 오스테나이트강의 경우 약 1050~1150℃ 구간에서 고용화 열처리를 실시하는 방법이다. 실제로 POSCO에서 스테인리스 제품을 생산하여 출하 당시에는 전 제품이 이런 고용화 열처리를 실시한다. 그러나 현장에서 용접 후 이런 열처리를 행하는 것은 가능하지 않기 때문에 강 중에 탄소 농도 자체가 작은 강종(L Grade : 예)304L, 316L)을 선택하거나 Ti 또는 Nb 등을 첨가한 탄소를 안정화시킨 강종(STS 321, 347 등)을 선택하면 좋으며, 용접 후에는 가능한 급냉각을 행하는 것이 좋다. 또한 용접 후에는 용접부를 잘 연마해 주고 질산염처리를 해주면 좋다.

(7) 응력 부식 균열(SCC: Stress Corrosion Cracking)

부식환경에 노출된 부식 감수성이 있는 금속에 인장응력이 주어졌을 때 응력과 부식의 협동작용에 의해 취성 균열이 발생되며, 이 부식은 오스테나이트강 특유의 현상이다. 주로 인장응력의 90도 방향으로 발생하고 균열의 전파가 입계, 입내 구분 없이 무차별로 전파되는 것이 특징이다.

부식 환경으로는 염소 이온이 대부분이지만 간혹 고온 고농도 알칼리, 고온 고압수, 폴리티온산 등에서도 응력 부식이 일어나고, 응력원으로 조업 시 재료에 걸리는 응력이나 용접 시 받은 열응력, 그라인더 등에 의한 강한 표면 연삭에 의한 응력 등이 원인으로 작용한다.

균열의 전파속도가 매우 빨라 부품의 파괴가 수일 혹은 수 시간 내에 일어날 수도 있으며, 중량의 구조물들을 오스테나이트계 wire 등으로 지지해 놓은 환경 하에서 염소 농도가 미친다면(수영장 지붕 구조물 등) 매우 위험하므로 주의가 필요하다.

1) SCC 대책

SCC의 필수 요소로는 Susceptible alloy, corrosive environment, Tensile stress의 3작용이 동시에 있어야 일어나므로 세 가지 중의 한 가지의 인자를 제거하면 방지가 가능하다.

① 염소이온농도와 사용온도를 내린다.
② 용존 산소와 산화물질을 제거한다.
③ 표면 부착물을 제거(수시 청소)한다.
④ 구조상 응력이 집중되는 모양이나 틈새를 피한다.
⑤ 용접 또는 가공 후 응력제거 열처리를 실시(주로 용접부 근처에서 발생)한다.
⑥ 쇼트피닝에 의한 압축응력을 부여한다.
⑦ 적절한 재질을 선택(페라이트강은 SCC가 발생하지 않으나 강도가 낮으므로 신중한 고려

가 필요하고, Mo가 첨가되어 내 Pitting성을 개선한 강종이나, 고 Ni계 오스테나이트강이 유리함. 최근에는 강도와 SCC성, 내식성을 동시에 개선한 Duplex강이 개발되어 사용 중) 한다.

(8) 피로 부식 균열(corrosion fatigue cracking)

재료가 주기적으로 변하는 하중을 받으면 인장강도보다 매우 낮은 응력에서도 파괴가 일어나는데, 부식분위기에서 주기적인 하중을 받으면 더 낮은 하중에서도 단기간에 파괴가 일어날 수 있으며 이런 현상을 피로 부식 균열이라고 한다.

발생 특징으로는 생성된 균열이 사방으로 분기하는 일이 거의 없으며 파단면이 줄무늬 혹은 해변의 모래 무늬를 나타내고 있다는 것이다. 또한 인장응력의 90도 방향으로 발생하고 모든 환경에 발생할 수 있으나 노출된 환경의 부식성에 따라 피로수명의 차이가 발생한다. 그리고 표면에 Notch가 있을 때 발생가능성이 더욱 높아진다.

1) 부식피로 방지대책

재료 표면에 Shot peening처리로 압축 응력을 부여하거나 용접 후 잔류 응력을 제거할 수 있도록 열처리를 행하고, 항복 강도가 높은 강종일수록 내피로 부식성이 우수하므로 Duplex강 같은 항복 강도가 높은 강재를 선택하는 것이 좋다.

(9) 해수 부식

스테인리스강을 해수에서 사용시에는 일반 환경에서보다 매우 왕성한 부식 특성을 나타냄을 알 수 있다. 이는 해수 중에 부식을 유발하는 인자로 약 3.4%의 염을 포함하고 있어 pitting, 틈새 부식과 같은 국부 부식을 유발하기 쉽기 때문이다.

표 1. 해수의 조성

구분	$CuCl_2$-$2HC$	$MgCl_2$-$6H_2O$	$NaCl$	Na_2SO_4	KBr	$SrCl_2$-$6H_2O$
함량(g/l)	1.54	11.8	24.53	4.09	0.1	0.017

해수 속에서의 부식 특성에는 해조류의 부착, 침전물 등에 의해 틈새 부식 환경조성이 용이하고 용액 중의 Cl이온 농도가 높은 점 등에 의해 공식, 틈새 부식이 가장 문제가 되고 있으며 일반강에 비해 전면 부식량은 비교적 적기 때문에 전면 부식은 크게 문제가 없다. 그러나 해수 중의 부유 물질 등에 의해 마모 부식 문제가 나타나기도 한다.

1) 공식에 미치는 해수 환경의 영향

① Cl 이온 농도 : Cl 이온 농도가 증가할수록 pitting이 증가한다.

② 용존 산소 : 용존 산소가 5ppb 이하에서는 공식 발생이 어려우나 40~600ppb에서는 공식이 성장한다.

③ 온도 : 온도가 높아질수록 공식 전위는 발생하지만 20℃ 이하에서는 공식 발생이 어려워진다.

④ 유속 : 유속이 빠를수록 공식이 발생되지 않으며(염분 집적이 어려움), 유속이 1.5~1.8mm/sce 이하로 느릴 경우 공식 발생이 용이하다.

2) 해수 부식에 대한 대응

① Duplex, Super austenite 등 내해수용 강재를 선정한다.

② 해수의 정체가 일어나지 않도록 설계하고 가능한 유속을 빠르게 해준다.

③ 부착물을 수시로 제거한다.

④ 설비가 가동을 중지한 경우는 가능한 담수로 세척을 해준다.

(10) 대기 부식

대기 부식의 유발 인자로는 유황, 질소, 염화물, 탄소 등의 대기 중 부식성 미립자가 스테인리스 강판 위의 침적에 의해 발생되며 오염이 심한 공단 지역 등에서 발생이 용이하다.

1) 대기 부식의 유형

① 침전물 직하에서의 pitting

② 물이 고이거나, 세척이 곤란한 부분에서의 pitting

③ 틈새부의 틈새 부식

2) 대기 부식 방지대책

① 주기적인 청소

② 환경에 적절한 소재의 선택

③ 소재의 표면 처리(매끈한 표면일수록 부식이 적게 일어난다)

표 2. 사용 환경별 대기 부식 사례

노출시간(년)	표면마무리	장소	최대 pit 깊이 ìm					
			17Cr		18Cr-10Ni		17Cr-12Ni-2.5Mo	
			노출세척	차폐무세척	노출세척	차폐무세척	노출세척	차폐무세척
23	냉간압연 어닐링처리 후 산화막제거	해양 준공업지역 시골	-	-	100	160 200 30	50	100
21	거친 연마	해양 준공업지역 시골 중공업지역	 50 30	 250 85	45 30 20 40	150 155 35 410	50 10 10 20	80 40 15 530

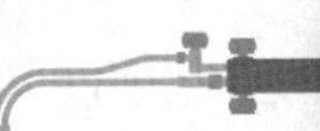

3 스테인리스강의 부식조건

스테인리스강은 알루미늄, 보통강에 비하여 훨씬 내식성이 우수하지만 금이나 백금과 달리 절대로 녹이 슬지 않는 것은 아니다.

스테인리스가 녹이 슬기 어려운 이유는 강중에 함유된 Cr이 산소와 결합해서 치밀한 부동태 피막을 형성하고, 이 피막이 녹을 방지하기 때문이다. 따라서 어떠한 이유에서든지 만일 이 부동태 피막이 손상되고 재생이 방해를 받게 되면 녹이 발생되게 된다.

부동태 피막을 파괴하고 재생을 방해하는 물질로는 주로 염소 이온과 황산화물이 있는데, 염소 이온은 염분, 표백제, 염화비닐 소각제의 매연, 염산 등이 이에 속하고 황산화물은 자동차 공장 등의 연소배기 가스, 온천의 증기 등이 우리 주변에서 흔히 발견되는 것들이다.

이 밖에도 강한 마찰 등에 의해 표면이 벗겨진 경우 또는 부동태 피막을 직접 파괴하지는 않지만 표면에 대한 산소 공급을 방해하는 경우, 즉 분진, 먼지 등이 스테인리스 표면에 집적되어 있을 때도 문제가 발생한다. 또한 철분을 주로 한 이종 금속 입자들이 스테인리스 표면에 달라붙으면 두 금속간의 표준전극전위 차이에 의한 갈바닉 부식이 발생되어 이물질이 녹이 슬고, 이 이물질의 영향으로 스테인리스 자체까지도 영향을 받게 되므로 주의가 필요하다. 흔히 공장지대, 철공소 주변에서 많이 발생된다.

2. 오스테나이트계 Cr–Ni 스테인리스강에서 용접열에 의해 용접부식이 나타나는 상태와 예방

1 오스테나이트계 Cr-Ni 스테인리스강에서 용접열에 의해 용접부식이 나타나는 상태

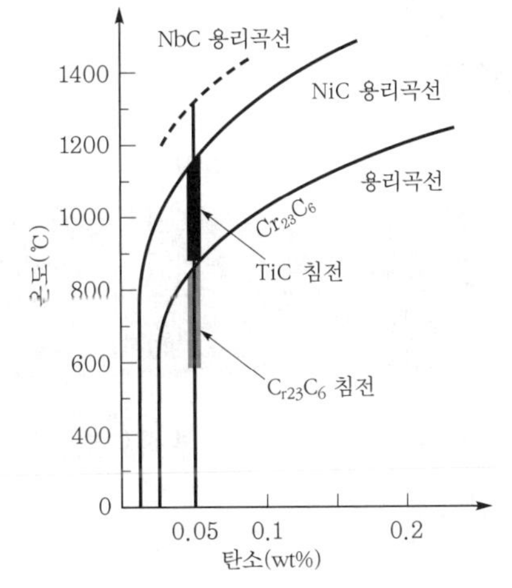

그림1. 304 스테인리스강의 탄수화물에 대한 용리곡선(Solvus Curves)

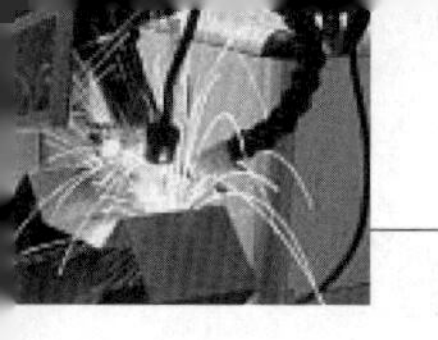

상온에서 오스테나이트 조직의 C 용해도는 대단히 낮으며, Cr과 Fe와의 친화력이 강하기 때문에 $Cr_{23}C_6$형태의 탄화물을 쉽게 형성한다. 따라서 0.05% 이상의 C가 함유된 오스테나이트계 스테인리스강의 열영향부(HAZ)는 입계 부식(intergranular corrosion) 형태의 용접부식에 노출되기 쉽다. 입계 부식은 입계에 쉽게 생성되는 Cr-Fe 복합탄화물의 석출로 인해 주위에 Cr결핍층이 생성되는 예민화(sensitization) 영역 때문에 발생한다. 탄화물이 석출되는 온도는 그림 1에서와 같이 합금원소에 따라 다르다.

$Cr_{23}C_6$ 탄화물은 600~850℃, TiC 탄화물은 900~1100℃, NbC 탄화물은 1100~1300℃ 온도 영역에서 주로 석출이 된다. 용접 시편에서 탄화물의 석출에 따른 영향은 용접부의 위치에 따라 다르게 나타난다. 용접부 내부와 용접부 경계에서 인접한 열영향부에서는 용접 시 최고온도가 탄화물 석출 온도보다 높고 냉각속도도 매우 높기 때문에 탄화물 석출이 쉽지 않고 용접부식(weld decay)도 발생하지 않는다. 그러나 용접부 경계에서 조금 떨어진 열영향부에서는 용접 시 최고온도가 탄화물 석출온도와 일치하고 예민화 온도에서 지체되는 시간이 증가하여 탄화물이 석출될 수 있고 용접부식에 대한 위험이 크다.

2 오스테나이트계 Cr-Ni 스테인리스강에서 용접열에 의해 용접부식의 예방

용접부 경계에서 멀리 떨어진 열영향부에서는 용접 시 최고온도가 탄화물 석출 가능온도 영역보다 낮기 때문에 용접부식의 우려가 없다. 용접부식이 발생하는 예민화 영역을 줄일 수 있는 방법은 강한 탄화물 석출 원소(Ti, Nb, Mo)를 합금원소로 첨가하거나 탄소의 함량을 줄이거나 용접 입열량을 줄이는 방법이 일반적이다.

3. 이종금속 이음부의 갈바닉(Galvanic) 부식을 설명하고 방지법

1 Galvanic Corrosion이란

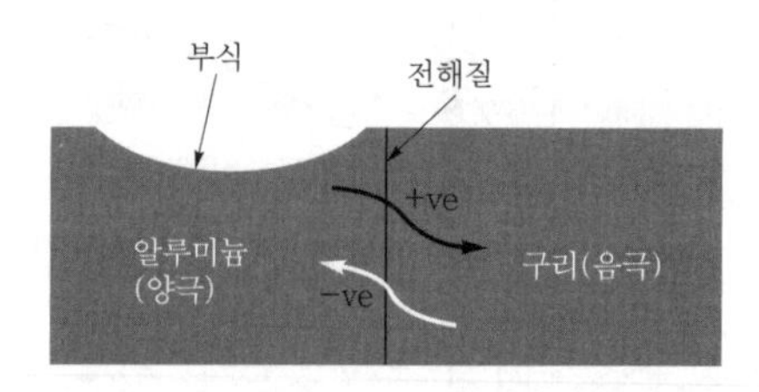

서로 다른 금속이 접촉하고 있을 경우 발생하는 부식으로 비금속(녹슬기 쉬운 금속)과 귀금속(잘 녹슬지 않는 금속)에서 반응을 한다.

2 Galvanic Corrosion의 원인

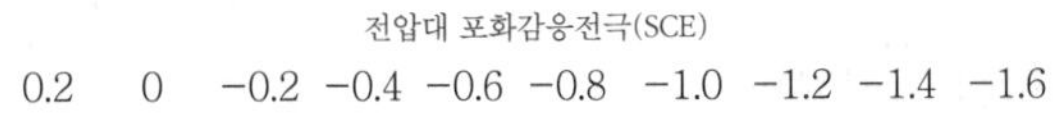

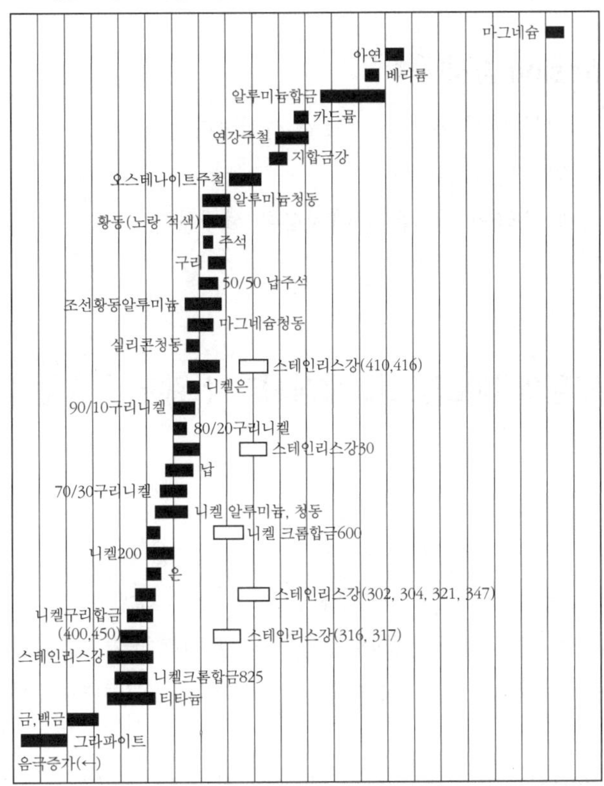

그림 1. 갈바닉 테이블

(1) 금속은 자체적으로 전기적 위치를 갖고 있는데 이를 전위라 하며 금속이 다를 경우 전위의 차이가 발생한다.

(2) 두 이종 금속이 접촉하고 있을 경우 전위가 낮은 금속에서 양극(전자를 잃는 부위), 전위가 높은 금속에서 음극(전자를 얻는 부위)을 형성하여 Cell(전지)이 형성된다.

(3) 이로 인해 양극에서 금속이 이온화되고 전자를 음극으로 전달하며 부식이 발생한다.

(4) 전위가 높은 STS(0.3~0.6)가 음극, 전위가 낮은 Al(-1.1~0.7)이 양극으로 작용하여 Al에서 부식이 발생한다.

3 Galvanic Corrosion의 예

(1) STS 강판을 탄소강제 볼트로 고정시킬 경우 볼트가 부식된다.

(2) 보일러 본체 드럼이나 배관에서 탄소강과 황동이 접합되어 있을 경우 탄소강 부근에 부식이 일어난다.

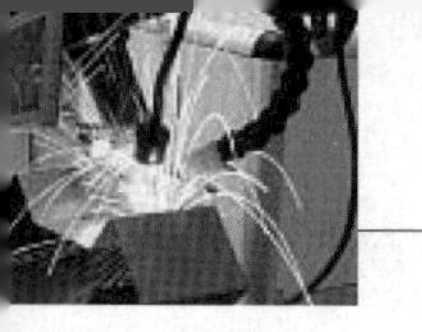

(3) 구리판에 박힌 철 못은 소양극에서 대음극으로, 철판에 박힌 구리 못은 소음극에서 대양극으로 전이된다. 양극 면적에서의 전류 밀도가 높을수록 부식도 증가한다. 즉, 소양극에서 대음극 조건에서 부식이 심하게 일어난다.

4 Galvanic Corrosion 방지대책

(1) 금속의 전기화학적 서열에서 가까운 재료를 선택한다.

(2) 이종 금속 간에 절연물을 삽입한다.

(3) 양극의 면적은 넓게, 음극의 면적은 좁아지도록 설계한다.

4. 용접구조물의 피로강도를 향상시키기 위해서 취할 수 있는 방법

1 개요

용접구조물의 피로손상에서 파손의 발생점은 일반적으로 용접 덧살이나 필렛용접의 토우부 또는 구멍이나 개구의 필릿부 등과 같이 기하학적으로 형상이 급변하는 곳이다.

발생에 기여하는 하중은 오작동 및 설계조건을 초과한 반복하중, 예기치 못했던 열응력의 반복, 부식에 의한 판 두께의 감소에 따른 응력의 증가, 설계 시 고려하지 못했던 잔류응력의 중첩 등이다.

이러한 피로손상을 방지하기 위해서는 설계 단계에서부터 많은 검토가 이뤄져야 한다.

2 용접구조물의 피로강도를 향상시키기 위해서 취할 수 있는 방법

용접구조물의 피로강도를 향상시키기 위해서 취할 수 있는 방법은 다음과 같다.

(1) 냉간가공 또는 야금적 변태 등에 따라 기계적인 강도를 높일 것.

(2) 표면가공 또는 표면처리, 다듬질 등에 의한 단면이 급변하는 부분을 피할 것.

(3) 열 또는 기계적 방법으로 잔류응력을 완화시킬 것.

(4) 가능한 응력 집중부에는 용접 이음부를 설계하지 말 것.

(5) 국부 항복법 등에 의하여 외력과 반대 방향 부호의 응력을 잔류시킬 것.

(6) 덧붙이 크기를 가능한 최소화시킬 것.

(7) 뒷면 용접으로 완전 용입이 되도록 할 것.

(8) 용접 결함이 없는 완전 용입이 되도록 할 것.

5. 철강용접부의 취성파괴와 피로파괴의 특징

1 취성파괴

용접부위가 저온, 충격하중 또는 노치에 응력이 집중되기 때문에 파괴되는 현상으로 취성파괴의 특징은 다음과 같다.

(1) 저온일수록 일어나기 쉽다.

(2) 파면은 보통 연성파면과 다른 결정모양의 벽 파단면을 나타내며, 파괴방향은 거의 파면에 대하여 수직이고, 산맥모양으로 나타난다.

(3) 파괴가 발생하는 것은 구조상의 불연속부, 용접균열, 용입부족, 슬래그용입, 언더컷 등의 용접결합부, 가스절단의 언저리, 아크 스트라이크에 의한 경화부 등의 재질상의 불균일에 의해서 생기는 일이 많다.

(4) 항복점 이하의 낮은 응력에서도 신속하게 불안전상태로 전파된다.

2 피로파괴

재료가 반복응력을 받았을 때 인장강도 또는 항복점에 도달하지 않는 힘에서도 파괴되는 것을 피로파괴라 하는데, 이러한 피로파괴는 특히 용접부의 불량과 같은 결함이 재료에 큰 영향을 미친다. 용접이음은 녹은 부분, 변질하는 부분을 통해 불연속성을 일으키기 쉬우므로 피로한계는 모재보다 일반적으로 낮다.

6. 강 용접구조물의 파괴형태에 대한 파단면의 미세(micro) 특징

1 개요

파괴라 하는 것은 일반적으로 외부의 역학적 부하 하에서 물체가 비가역적 과정을 통해서 새로운 파면을 형성하는 현상이라 정의할 수 있을 것이다. 다만 파괴는 어떠한 하나의 확정된 과정에 의해서 일어나는 물리현상은 아니므로, 인간의 사망의 경우와 마찬가지로 여러 상이한 과정에 의해서 파괴라는 공통된 현상이 일어난다고 생각하는 것이 타당하다.

따라서 실제로 파괴에 대한 재료의 저항 또는 강도를 평가하여야 할 경우에는 파괴를 그 과정에 따라 형식별로 분류하여, 각 형식에 대해 각각 생각하는 것이 합리적이고 또한 간편할 것이다.

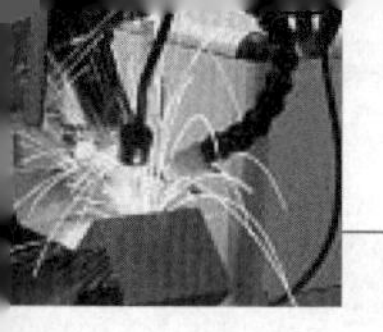

2 강 용접구조물의 파괴형태에 대한 파단면의 미세(micro) 특징

(1) 취성파괴(brittle fracture)

파괴에 이르기까지 큰 소성변형을 동반함이 없이 균열이 발생하며, 그 균열이 상당한 속도로 전파하여 불안정파괴(unstable fracture)를 일으키는 형식이다. 파괴 중에서는 이론적으로 가장 잘 알려진 형식으로서, 유리의 파괴가 그 대표적인 예가 될 것이다. 금속재료로서는 강과 같은 체심입방격자(BCC) 구조를 갖고 있는 금속이 저온에서 이와 같은 형식으로 파괴되는 경우가 있다.

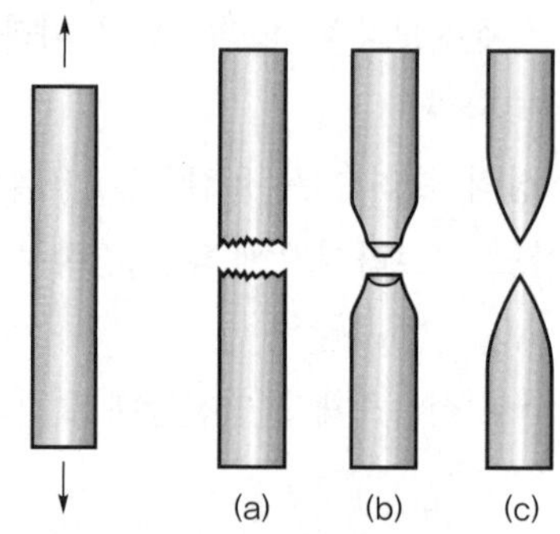

(a) 취성이 많은 재료 (b) 연성이 적당한 경우 (c) 연성이 많은 재료

그림 1. 재질의 성질에 따른 파단형태

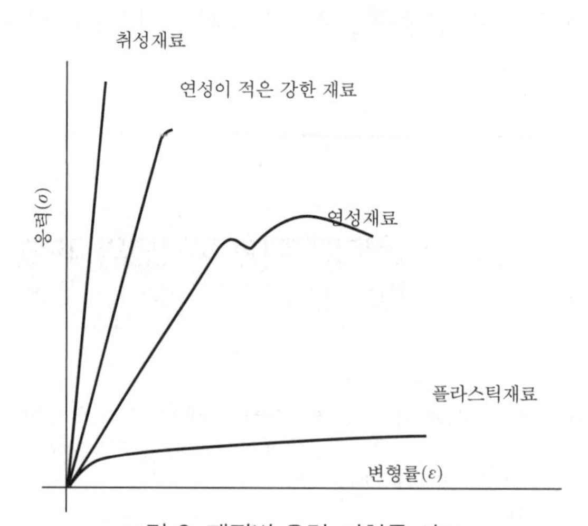

그림 2. 재질별 응력-변형률 선도

(2) 연성파괴(ductile fracture)

취성파괴와 대비하여 비교적 균일한 큰 소성변형을 동반하여 일어나는 파괴형식을 말하며, 균열전파는 비교적 완만하고 재료에 과대한 응력이 부하된 과하중파괴(overload fracture)라 할 수가 있다. 연성이 있는 금속재료를 인장시험할 때 일어나는 파괴형식이 대표적인 경우가 된다.

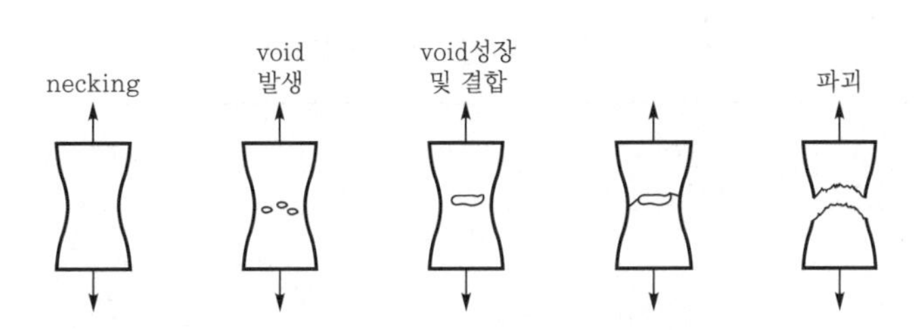

그림 3. 연성파괴의 진전단계

(3) 피로파괴(fatigue fracture)

부하방향이 변동하는 하중이 되풀이될 때 일어나는 파괴형식으로서, 특히 부하되는 응력이 탄성한도 이하일 경우에도 일어나며, 파괴에 이르기까지 거시적으로 인지할 수 있는 소성변형을 동반하지 않는 것이 특징(high-cycle fatigue의 경우)이기도 하다. 실제의 기계, 구조물의 대부분은 정도의 차이는 있으나 부하방향이 변동하는 하중을 받고 있는 것이 일반적이므로 파괴의 대부분은 피로와 직접적 또는 간접적으로 관계를 갖고 있는 것이 보통이다.

(4) 크리프파괴(creep fracture)

어떠한 온도 이상의 분위기속에서 재료에 하중 또는 응력을 부하할 경우 변형이 시간과 함께 증가하는 현상을 크리프(creep)라 하고, 이 크리프 변형이 어느 시점에서 가속도적으로 증가하여 파단에 이르는 형식을 크리프파괴라 한다. 크리프는 변형자체가 공학적으로 문제되는 점에서 그 특이성이 있으며, 대변형 후에 파괴가 일어난다는 점에서는 연성파괴의 범주(category)에 포함할 수도 있으나, 파괴기구(fracture mechanism) 면에서 상이한 점이 많아 별도로 분류하는 것이 일반적이다.

즉, 연성파괴가 입내변형을 근본으로 한 비교적 균일한 변형을 동반한 결정립내파괴(trans crystalline fracture)인 데 반해, 크리프파괴는 결정립계파괴(inter crystalline fracure)로서, 입내변형 역시 변형의 주요기구이기는 하나 입계에서의 점결함의 확산 등에 의한 소성유동이 크리프변형 및 파괴의 주원인으로 그 현상은 일반적으로 불균질적이다.

(5) 지연파괴(delayed fracture)

근래 많이 언급되는 "환경에 기인된 파괴(environment assisted fracure)"로 거시적으로 보아 부재에 정적 하중이 작용하고 있을 때, 그 크기가 항복점보다 훨씬 낮은 응력이라 할지라도 장시간 부하될 경우에는 외견상 소성변형을 동반함이 없이 돌연히 취성적으로 파괴하는 경우가 있다. 이러한 파괴형식을 말하며, 표면 또는 내부의 gas분자의 작용이 주원인으로, 근년 문제가 되고 있는 수소취성파괴(hydrogen embirttlement cracking), 응력부식파괴(stress corrosion cracking, SCC)가 이 형식에 속한다.

표 1. 파괴원인에 따른 파괴형식

원인		파손, 파괴 형식	재료 강도
주원인	부가(附加) 원인		
과대(過大)응력		연성(延性)파괴	항복강도, 인장강도, 파단연성
되풀이 응력	-	피로	피로강도 (피로손상, 균열발생 및 진전)
	열응력	열피로	고온피로강도, 저(低)되풀이수(數)피로강도
	부식환경	부식피로	부식피로강도 (피로손상, 균열발생 및 진전)
	접촉응력과 부식환경	프렛팅(fretting)	프렛팅 강도 (프렛팅손상, 균열발생 및 진전)
결함 또는 균열	-	취성(脆性) 불안정파괴	파괴인성
	부식환경	응력부식파괴(SCC)	응력부식 강도 및 파괴인성
	수소취화	수성취소파괴(HE)	수소취성 강도 및 파괴인성
	유황화물	유황화물응력파괴 (SSC)*	유황화물응력파괴 강도 및 파괴인성
고온 분위기	-	크리프 파손 및 파괴	크리프 강도 (변형, 균열진전)
	되풀이 하중 중첩	크리프-피로 파괴	크리프-피로강도 (변형, 균열발생 및 진전)
변형	정적(靜的) 하중과 되풀이 하중 조합	래칫(ratchet)변형	래칫(ratchet)변형 강도
	압축하중	좌굴	좌굴 강도
기타	부식	부식손상	부식 내구성
	마모	마모손상	마모 내구성
	시간경과	재질변화	재질 안정성

SCC : Stress Corrosion Cracking
HE : Hydrogen Embrittlement
*SSC : Sulfide Stress Cracking. 이 용어를 사용하지 않고, 수소취성파괴로 다루는 경우도 많다. 일반적으로 수성취성파괴는 유황화물(硫黃化物)이 있는 유정(油井, 석유우물, oil well), 보통 물, LP 가스 탱크 등에서 일어나는 경우가 많아, 실제로는 이 유화물 영향에 의한 파괴가 그 대표적인 예가 된다. 특히 유화물의 영향 등을 상세히 다룰 때에는 구별하여 사용한다.

7. 용접구조물의 피로강도에 영향을 미치는 노치에 대한 정의

1 노치에 의한 피로강도 감소

노치재의 피로강도는 응력집중효과에 의한 평활재에 비교하여 저하한다. 그것의 저하의 정도는 식(1)에 나타낸 피로강도감소계수 kf에 의해서 표시한다.

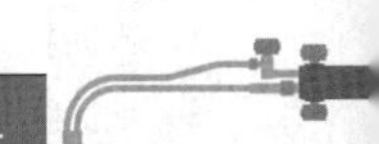

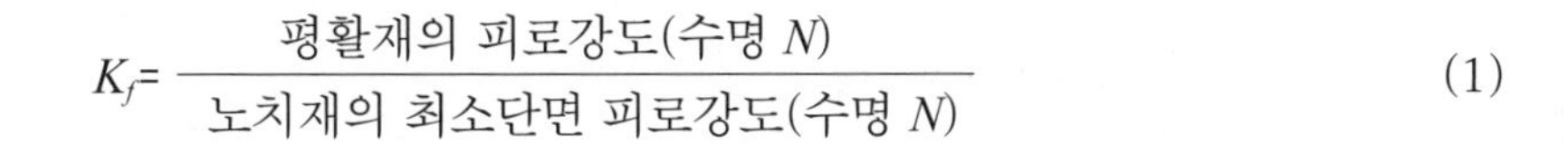

$$K_f = \frac{\text{평활재의 피로강도(수명 } N)}{\text{노치재의 최소단면 피로강도(수명 } N)} \qquad (1)$$

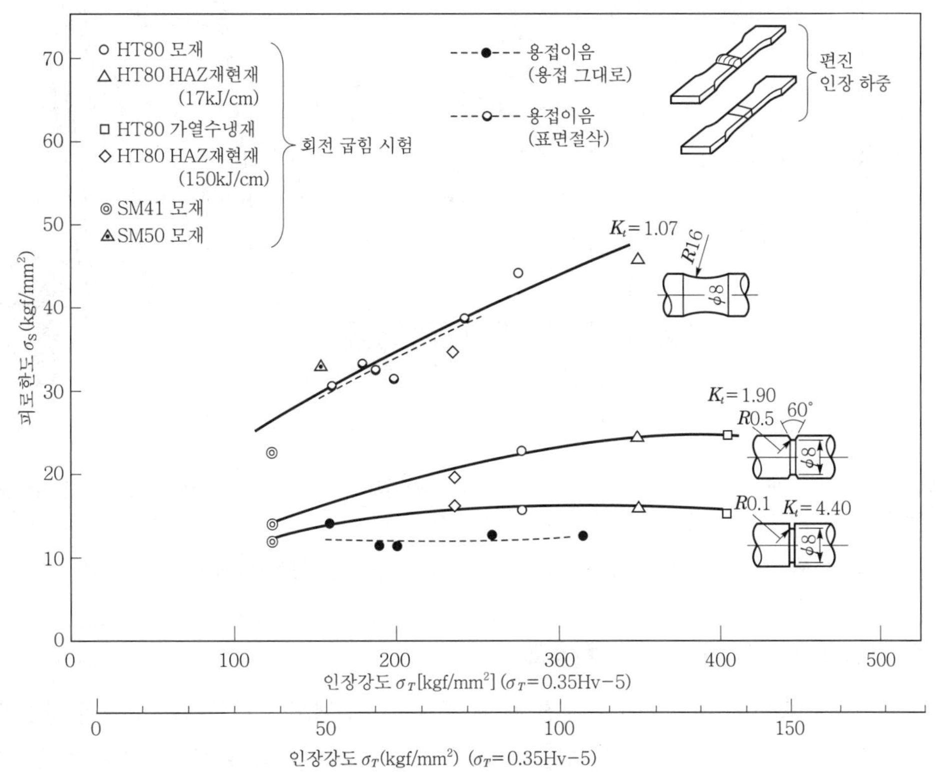

그림 1. 강재, 재현 열사이클 재 및 용접이음의 피로한도(양진)에 미치는 응력집중의 영향

피로강도감소계수 K_f와 응력집중계수 K_t와의 사이에서는 강에 대해서는 그림 1과 같은 관계이다. K_t가 작은 경우에는 $K_f \fallingdotseq K_t$에서 피로강도는 응력집중계수에 거의 반비례하여 감소한다. 그러나 K_t가 크면 K_f와 K_t에 그다지 의존하지 않고 피로강도는 거의 일정하게 된다. 이 경우의 피로강도의 저하의 정도는 재료의 인장강도에 의해서 다르며 노치 감도 계수 q를 적용한다.

$$q = \frac{K_f - 1}{K_t - 1}$$

q는 항상 1이하의 값을 가진다. 다시 말해서 K_f는 항상 K_t에 의해서도 작은 값이 된다. 이것은 필요강도를 지배하는 것은 노치선단부의 최대 응력집중이 되고, 미소깊이 ε_o만 내구의 응력이라고 생각하는 것에 의해서 쉽게 이해할 수 있다. 그림 2에 평활재와 노치재의 피로한도와 인장강도의 관계를 나타내었지만, 인장강도가 큰 강재일수록 노치재에 의한 강도저하가 크다.

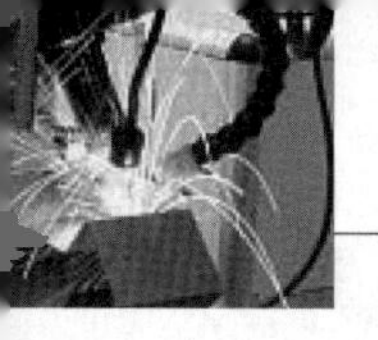

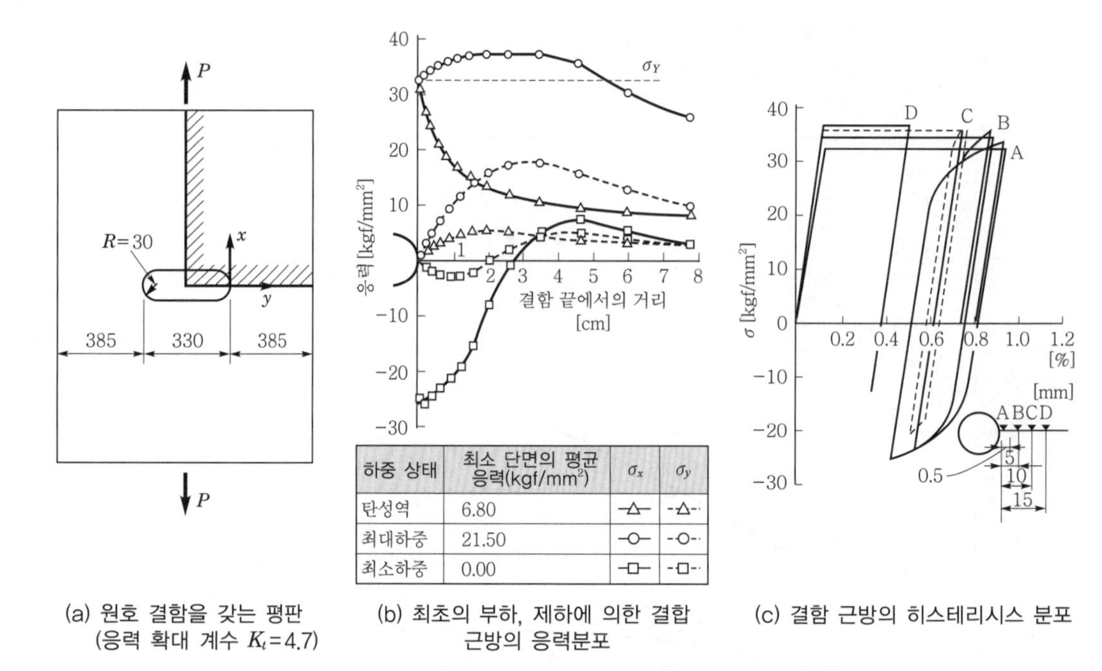

(a) 원호 결함을 갖는 평판 (응력 확대 계수 K_t=4.7)

(b) 최초의 부하, 제하에 의한 결함 근방의 응력분포

(c) 결함 근방의 히스테리시스 분포

그림 2. 원호 결함을 갖는 평판의 저 사이클 피로에 있어서 결함끝단의 응력 변위거동

2 저 사이클 피로에 있어서 노치효과

노치재에 일정진폭의 반복하중이 가해질 때 노치선단 근방에서는 변위진폭이 거의 일정의 응력-변위이력곡선이 반복되는 것이 인정되고 있다. 그림 2는 이것을 나타내는 예로서 원호노치를 갖는 평판(항복응력 31kgf/mm^2)에 0~21.5kgf/mm^{2}의 편진 하중을 부여하는 경우에 대하여 계산한 것이다.

그림에서 나타낸 것과 같이 외부응력은 탄성범위를 반복해도 노치선단 부근에서는 변위제어에 가까운 소성변위의 반복을 받고 있다. 따라서 노치재가 탄성범위의 반복응력을 받을 때 비교적 작은 반복수에서 노치선단 부근에 피로균열의 발생이 예상된다.

SECTION 8. 용접부의 수명평가 방법

1 개요

크리프 발생 온도영역에서 사용되는 발전설비나 석유화학 플랜트 요소들은 보통 저합금강(1Cr-0.5Mo, 0.5Cr-Mo-V, 2.25Cr-1Mo 등)으로 제작되는데, 이들 모재의 미세조직은 불림(소준)상태에서 양호한 크리프 특성을 나타내며 기공은 크리프 후반(수명의 50%) 이후에 나타난다. 그러나 합금조성이 약간 변하거나, 용접에 의해 오스테나이트 변이온도(Austenitizing

Temperature)에 도달되거나, 냉각속도가 빠르면 미세조직은 베이나이트가 되고 초기 오스테나이트 입계가 남게 된다.

열영향부(HAZ)의 조대결정립 영역(Coase-grained region)에서 결정립 크기, 경도, 강도(인장 및 크리프 강도)는 상당히 증가하지만 크리프 연성은 크게 감소되며 초기 오스테나이트 입계에서 기공이 쉽게 생성된다. 대표적인 기공의 정량적 평가방법 중의 하나로 A-변수(A-parameter)법을 들 수 있다.

2 용접부의 수명평가 방법

(1) 기공에 의한 손상도 평가

1) A-변수의 정의

A-parameter법은 영국의 ERA, CEGB 및 미국의 EPRI에서 제안한 방법이다. 평가 대상물의 광학현미경 조직에 최대 주응력 방향으로 직선을 그어 그 직선과 입계와의 교차점(nD + nU)에 있는 크리프 기공발생 입계수와 정상적인 입계수의 비율을 A-변수라 한다.

2) A-변수(A-parameter)의 산출방법

A-parameter는 광학현미경으로 400~500배 정도로 확대하여 측정하며, 결정립이 큰 경우에는 배율를 낮추어 관찰한다. 탄화물이나 비금속 개재물의 크기가 0.5㎛~0.1㎛ 이하이면 기공과 구별하기가 쉽지 않다. 정확한 결과를 얻으려면 최소한 400개 이상의 교차점을 관찰하여야 한다. 관찰규칙은 다음과 같다.

규칙 1 : 직선과 교차점 양쪽에 있는 최초의 입계 삼중점 사이만을 관찰 대상으로 한다. 입계가 시야 밖에까지 걸쳐 있으면 입계가 시야에서 벗어나는 점을 삼중점으로 한다.

규칙 2 : 관찰대상 입계(삼중점 포함)에 1개 이상의 기공이나 미세균열이 존재하면 손상을 받은 것으로 분류하고, 그렇지 않으면 손상을 받지 않은 것으로 분류한다.

규칙 3 : 동일한 입계에 여러 교차점이 존재할 때에는 각각 셈을 하고, 손상 여부는 관찰대상 입계 전체의 상태로 결정한다.

규칙 4 : 삼중점과 일치하는 교차점은 1개로 셈하며, 손상 여부는 삼중점을 이루는 세 입계의 손상 상태를 고려하여 우세한 쪽을 택한다. replica에서의 기공 밀집부분을 선택하여 최대 주응력 방향으로 직선을 그어 입계와의 교차점을 규칙에 따라 세어야 한다. 앞서 측정했던 것과 겹쳐 측정하면 안되기 때문에 다음 측정 방향이 처음의 직선과 평행한 방향이 되도록 측정 부위를 등간격으로 이동하며 측정한다.

(2) A-parameter를 이용한 잔여수명 평가

산출된 "A"값으로부터 잔여수명을 평가하는 방법으로는 계산 모델에 의한 접근방법, 경험적 접근방법, 손상등급 분류에 의한 방법 등이 있다. 분석 결과로부터 계속적인 상시 감시가 필요한지, 보수를 해야 되는지를 결정할 수 있고, 필요시에는 보수시기도 결정할 수 있다.

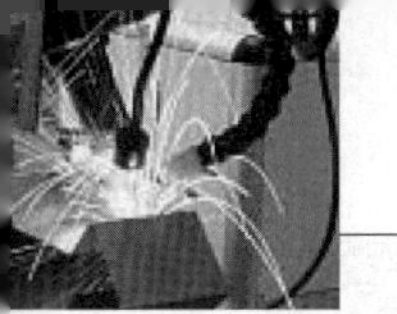

표 1. 일반적으로 사용되는 상온에서의 부식조건

대상재료	부식액	조성	부식시간
탄소강 저합금강	Nital	질산 5cc 에탄올 95cc	약 40초
스테인리스강	피크린산 염산알코올	피크린산 5g 염산 5cc 에탄올 95cc	약 80초

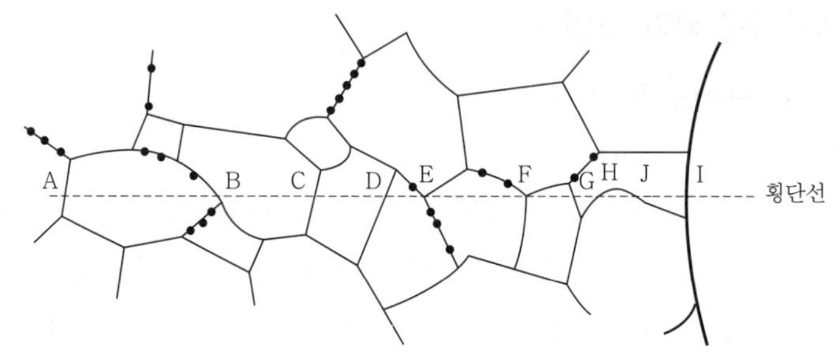

손상경계: A. B. C. E
손상되지 않은 경계: D. F. G. H. I. J

$N_D=4, \ N_u=6$

$A=\dfrac{N_D}{N_D+N_u}=0.4$

그림 1. A-변수(A-parameter) 측정에 의한 레프리카 분석법

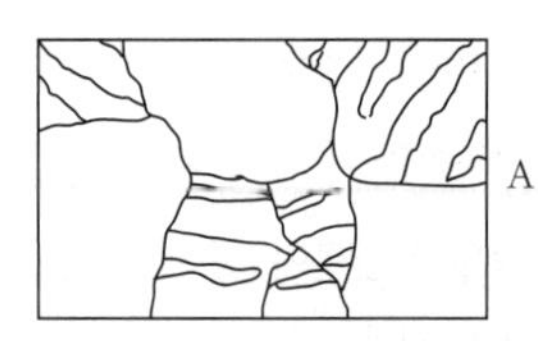

A 페라이트
라멜라 페라이트

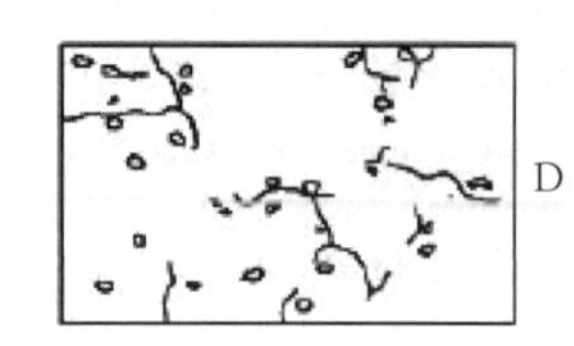

D 구상화 처리는 완료되었지만 원래 펄라이트 입자에 탄화물이 존재한다.

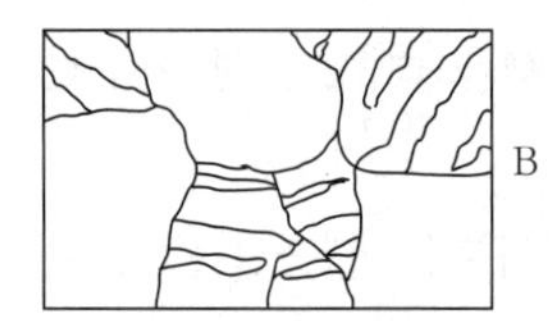

B 입자경계에서 탄화물이 침전되고 구상화 처리가 시작한다.

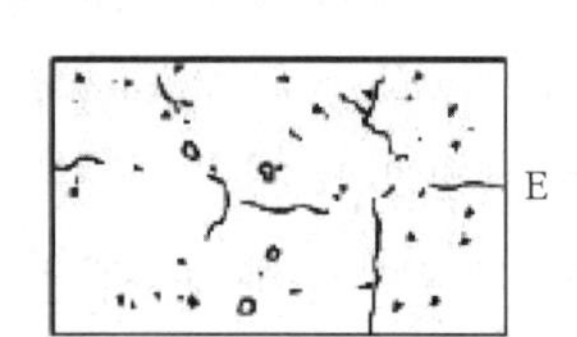

E 균등하게 탄화물이 분산된 상태(이전 페라이트와 펄라이트 조직이 없어짐)

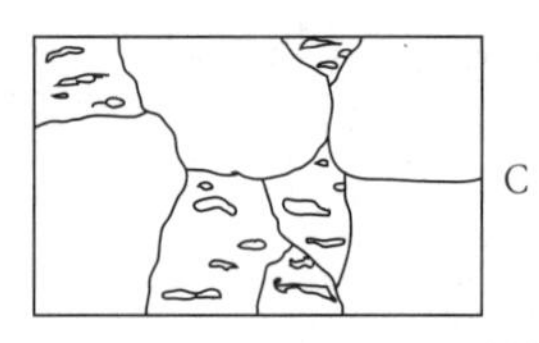

C 구상화 처리 중간 단계로 구상화로 펄라이트가 시작되지만 라멜라는 존재한다.

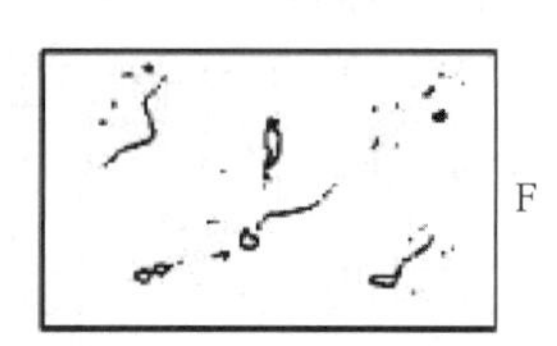

F 균등하게 탄화물이 분산되었지만 탄화물이 성장하여 다른 조직과 융합한다.

그림 2. 금속 조직 열화도에 따른 조직분류표

9. 용접부의 저주기피로(Low cycle fatigue)와 고주기피로 (High cycle fatigue)의 피로수명

1 개요

피로파괴란 일정시간을 주기로 반복하중을 가했을 때 항복강도보다 훨씬 낮은 응력에서 파괴되는 현상을 말하며, 피로한도란 이러한 파단이 절대 발생하지 않는 안전한 응력범위 아래를 뜻한다. 이러한 피로한도는 철금속과 비철금속에서 뚜렷한 차이를 나타내는데, 일반적으로 철금속에서는 비철금속보다 유효한 피로한도를 나타내며, 수명은 일반적으로 10^6~10^7의 반복하중 범위에서 결정되는 것으로 알려져 있다. 피로수명 거동은 피로주기 영역에 따라 저주기피로(Low Cycle Fatigue, LCF, $N_f=10^4$~10^5)와 고주기피로(High Cycle Fatigue, HCF, $N_f=10^6$~10^7)로 구분되는데, 최근에는 그 영역을 넘어서는 초고주기피로(Very High Cycle Fatigue, VHCF, $N_f>10^7$)에 대한 연구가 활발히 진행되고 있다.

2 용접부의 저주기피로(Low cycle fatigue)와 고주기피로 (High cycle fatigue)의 피로수명

(1) 고주기피로(High cycle fatigue)

수명이 10^6~10^7Cycle 이상으로 되는 피로를 High Cycle Fatigue라고 한다. 균열의 발생 기점은 표면 및 표면 직하에 존재하는 개재물, 결정립계, 반복하중 중에 형성된 Slop Band 등으로 알려져 있다. 또한 부품의 표면 상태는 피로 강도에 큰 영향을 주고, 고강도 재료일수록 표면 결함 및 Notch 등에 대한 민감성이 매우 크며, 피로파면의 거시적 특성은 다음과 같다.

1) 파면은 평탄하고 소성변형이 적다.
2) Beach Mark가 나타나며 Beach Mark는 균열의 진전 과정에서 하중의 변동에 의하여 형성된다.
3) 경한 재료와 표면 경화된 재료 등에서는 균열의 기점이 표면 직하의 개재물이 되는 경우가 있다. 이 경우 파면상에는 개재물의 주위에 Fish Eye라고 하는 백색의 원형 모양이 나타난다(그림 1). 또한 미시적으로는 다음과 같은 특징이 있다.

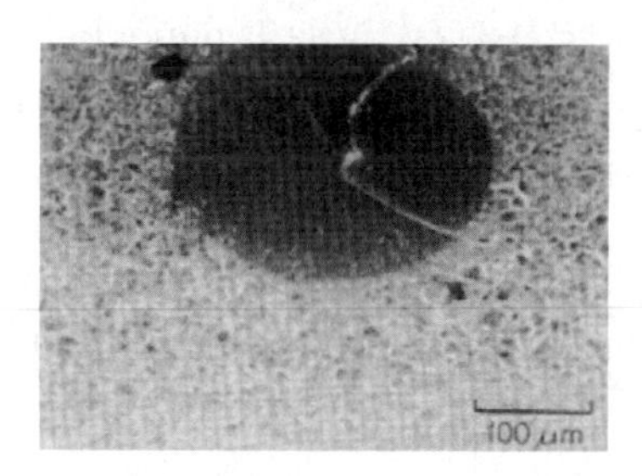

그림 1. Fish Eye의 관찰 이미지

① 줄무늬(Striation)

줄무늬(Striation)는 띠 모양의 평탄부에 연속적으로 평행하게 형성되는 끈 모양이다. 이와 같은 끈 모양은 하중의 1Cycle 중에 형성된다. Striation의 형성에 커다란 소성 변형을 수반하는 것을 연성 Striation, 소성 변형의 흔적이 적은 것을 취성 Striation이라고 한다.

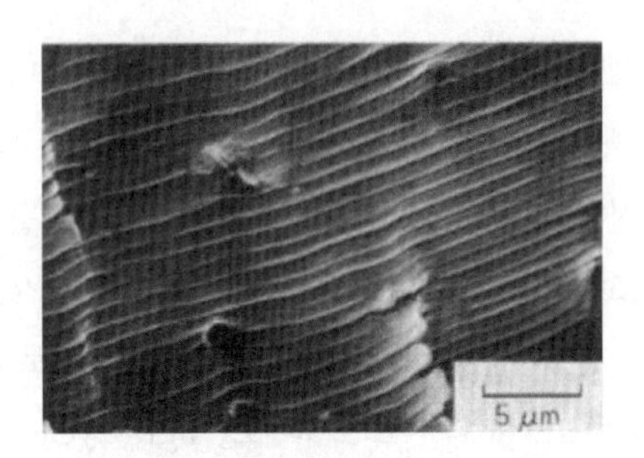

그림 2. Striation 현상의 실제 관찰 이미지

② 타이어 트랙(Tire Track)

균열 끝단에서 형성된 것은 아니지만 피로 파면 특유의 모양으로 Tire Track이 있다. 이것은 일방향의 균열면상에 존재하는 개재물 등의 경한 돌기물이 균열면의 개폐에 의하여 양쪽면에 눌린 압흔의 연속 모양이다.

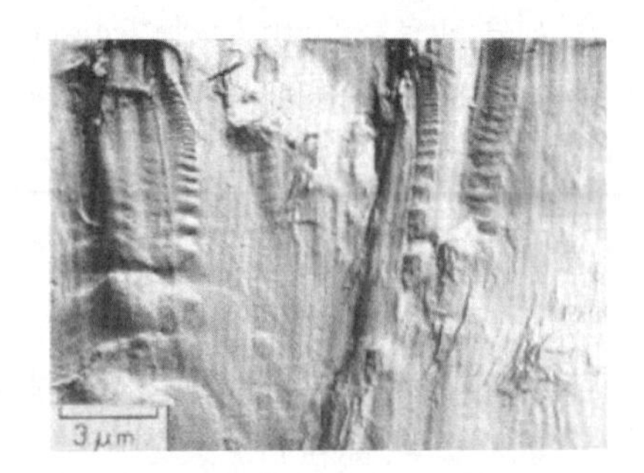

그림 3. Tire Track 현상의 실제 관찰 이미지

(2) Low Cycle Fatigue(소성피로)

수명이 10^4~10^5Cycle 이하의 피로를 Low Cycle Fatigue라고 한다. Low Cycle Fatigue에서는 재료의 변형량이 크고, 반복 소성 상태로 되기 때문에 소성피로라고도 한다.

(3) 저온피로

상온(현상학적 관점으로부터는 재결정 온도)을 경계로 저온피로와 고온피로로 구별된다.

(4) 고온피로

고온피로 균열의 발생에는 점 소성변형, Cavitation, 산화부식이라고 하는 현상이 관여된다.

(5) 열피로

가열, 냉각의 반복공정을 받으면, 열응력의 발생에 의하여 부품에 반복응력을 받음과 동시에 재질 열화를 일으켜 손상이 발생된다. 이와 같은 현상을 열피로라고 한다. 균열의 발생은 파단까지 Cycle 수가 큰 경우는 입계인 경우가 많고, 작은 경우는 입내인 경우가 많다.

10. 용접의 노치인성 개선방법

1 개요

취성파괴의 실제적인 기점이 되는 노치는 용접결함(균열, 용입부족, 날카로운 언더컷, 오버랩 등)과 용접 불연속부로부터 발생, 성장한 날카로운 피로균열이 대부분이다.

손상선박을 대상으로 조사한 자료에 의하면 취성파괴 기점이 되는 노치의 종류와 특징은 표 1과 같다. 조사에 의하면 구조적 응력집중부와 용접결함을 기점으로 대부분 발생하는 것으로 나타났다. 용접결함별 특성을 보면 블로홀과 슬래그혼입과 같은 입체결함의 대부분은 안정적으로 균열이 발생하여 전파되므로 연성파괴로 이어지고, 용접균열, 용접부족, 언더컷과 같은 표면균열은 취성파괴 또는 연성파괴로 나타난다. 따라서 취성파괴를 방지하기 위해서는 표면균열을 발생하지 않도록 주의해야 한다.

표 1. 취성파괴의 노치의 종류와 특징

노치의 종류	취성파괴 발생 비율(%)	내용
구조적 불연속에 의한 노치	50	응력집중
용접결함에 의한 노치	40	블로홀, 슬래그혼입, 균열, 용입부족, 언더컷 등
금속적 노치	10	가스절단, 열영향부의 강도 불균일부 등

2 용접의 노치인성 개선방법

취성파괴가 발생하기 위해서는 ①응력집중에 의한 노치, ②인장응력, ③노치인성 부족과 같은 3가지 조건을 모두 만족해야 한다. 첫 번째 조건인 응력집중부의 일반적인 노치는 비파괴검사를 통해 검출할 수 있으나, 제작상의 미소균열이나 사용 중에 발생하는 미소 피로 균열을 완

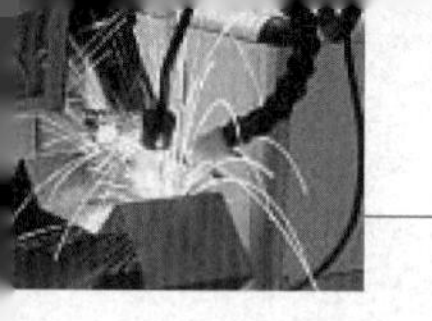

전히 검출하는 것은 불가능하다. 두 번째 조건인 인장응력은 외적 하중과 용접 잔류응력에 의해 발생한다.

용접 잔류응력은 응력제거법(SR)에 의해 어느 정도는 제거할 수 있으나, 외적 하중에 의한 인장응력은 감소시킬 수는 있지만 완전하게 제거할 수 없다. 세 번째 조건인 노치인성은 모재와 용접부에 대해 파괴인성 평가법에 의해 평가를 해야 한다. 위에서 설명한 것과 같이 어떠한 조건도 완벽하게 제거할 수 없으므로, 구조물의 중요성과 용도에 맞는 취성파괴가 발생하지 않도록 3가지 조건을 적절히 관리를 해야 한다.

11. 파괴인성 값인 K_c와 K_{IC}의 차이

1 개요

같은 이론에 의한 노치를 갖는 두꺼운 판에 적용하면 인장 원통은 z방향으로 압축되고 있기 때문에 z방향으로 응력이 작용해 평면응력 조건이 만족되지 않는다. 그러나 z방향 바깥쪽 부분의 질량에 의해 노치 중간(두께방향으로)에 있는 부분은 압축되고 있으므로 얇은 시편에서처럼 바깥쪽에서 안쪽으로 자유롭게 국부적으로 수축할 수 없다. 따라서 z방향으로의 변형은 0에 가깝다. 그림 1에 대한 표제에서 z방향 응력 발생에 대해 설명하였다. 변형은 x, y방향에 한정되고 두 벡터는 한 평면 위에 있다. 그림 1은 평면변형 조건을 간단히 보여준다.

(1) 노치 가까운 부분은 작은 인장막대로 나누어 생각하면 판의 두께는 막대 두께의 여러 배이다.

(2) 평면응력에서와 마찬가지로 응력 σ_x가 x방향으로의 수축을 막는다. z방향에서는 많은 수의 막대(두께)가 수축을 방해하기 때문에 응력이 발생한다.

(3) 평면변형에서 발생한 응력은 시편이 얇을 때는 평면응력 발생조건이 충족되고, 시편이 두꺼울 때는 평면변형이 생기는 조건이 만족된다고 할 수 있다.

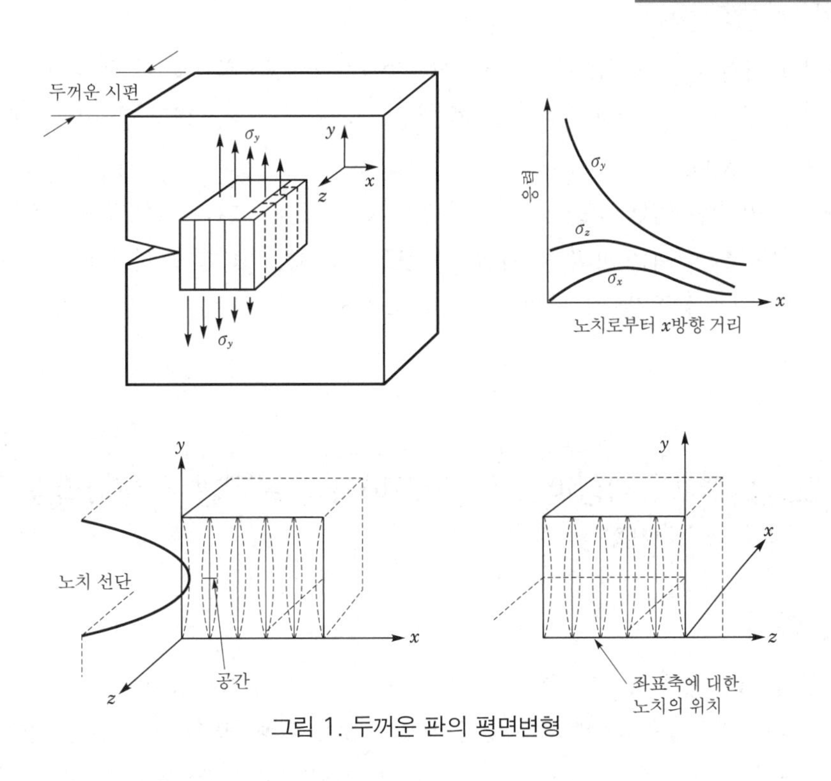

그림 1. 두꺼운 판의 평면변형

2 파괴인성 값인 K_c와 K_{IC}의 차이

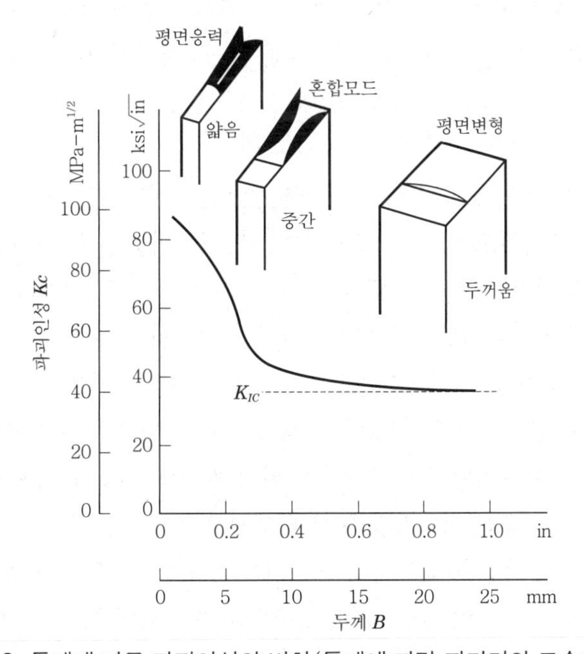

그림 2. 두께에 따른 파괴인성의 변화(두께에 따라 파단면의 모습이 다름)

평면응력과 평면변형은 노치 끝에서 소성변형이 일어나는 데에 영향을 미친다. 얇은 시편에서

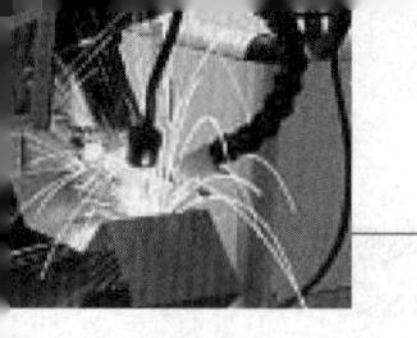

는 평면응력이 생겨 넓은 범위에서 소성변형이 일어나므로 결과적으로 파괴인성이 증가한다. 그림 2에 나타낸 것처럼 시편두께가 두꺼울 때 갖는 파괴인성의 최소값을 평면변형 파괴인성이라 부르고 K_{IC}로 나타낸다.

얇을 때는 평면변형 파괴인성을 K_C로 나타낸다. K_C는 두께에 따라 다른 값을 갖기 때문에 평면변형이 생기는 조건에서는 파괴인성과 함께 반드시 두께를 나타내 주어야 한다. 평면응력에서 평면변형 파괴인성은 항복강도에 따라 결정되며 물질에 따라 다른 값을 갖는다.

12. 용접부의 취성파괴 및 피로파괴의 특징과 취성파괴를 일으키는 주요 인자

1 취성파괴

구조용 강제 또는 용접 부위가 저온, 충격하중 또는 노치의 응력집중 때문에 파괴되는 현상으로, 취성파괴는 저온일수록 일어나기 쉽다. 파면은 보통 연성파면과 다른 결정모양의 벽(壁)파단면을 나타내며, 파괴의 방향은 거의 판면에 대하여 수직이고 산맥모양으로 나타난다.

파괴가 발생하는 것은 구조상의 불연속부, 용접균열, 용입 부족, 슬래그 혼입, 언더컷 등의 용접결함, 가스절단의 언저리, 아크 스트라이크에 의한 경화부 등의 재질상의 불균일에 의해서 생기는 일이 많다. 항복점 이하의 낮은 응력에서도 신속하게 불안정상태로 전파된다.

2 피로파괴

고체재료에 반복 응력(應力)을 연속으로 가하면 인장강도보다 훨씬 낮은 응력에서 재료가 파괴된다. 이것을 재료의 피로라고 하며, 피로에 의한 파괴를 피로파괴라 한다. 어떤 응력(S)을 반복했을 경우 파괴하기까지의 반복횟수(N)를 나타낸 것이며 S-N곡선이라 한다.

기계나 구조물에 있어서 실제로 일어나는 파괴에는 재료의 피로에 의한 파괴가 많으며, 재료의 강도를 파악하는데 정하중이나 충격하중 이상으로 필요한 경우가 많다. 피로파괴의 특징은 대부분이 눈으로 볼 수 있는 변형을 발생하지 않고 파괴가 발생하는 일이 있으므로 이렇게 서서히 진행하는 피로파괴를 초기단계에 파악하기 위해 컬러체크(color check), 자분탐상, 초음파탐상을 비롯해 방사선을 이용한 시험방법 등이 취해지고 있다.

피로파괴에 있어서는 그 단면은 대부분이 거시적으로 소성변형을 수반하지 않기 때문에 외력에 대한 저항력이 약한 재료(brittle material)로서의 파괴를 나타내고 있으며, 또 일반적으로 파면(破面)에 조가비형상의 물결모양이 나타나는 것이 특징이다. 조가비형상의 파면은 피로에 의한 시시각각 파괴의 진행된 상태를 나타낸 것이며, 이 조가비형상 파면에서 균열의 기점(起點)을 파악할 수 있다.

제11장
용접 일반

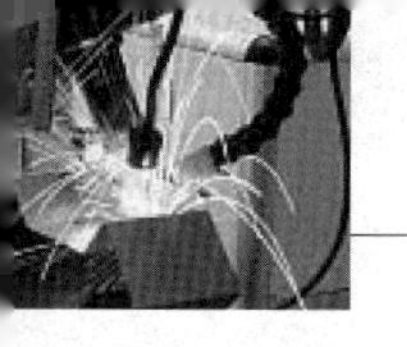

1. WPS와 PQR

1 개요

국내 원자력발전소와 화력발전소는 물론 중공업, 가스, 석유화학 등의 각종 대형 플랜트 산업에 적용되는 용접 기술기준은 거의 대부분 미국의 ASME B & PV Code 및 ASME B31 압력배관 Code에서 공통적으로 준용하고 있는 ASME Sec.Ⅸ이 사용되어 왔으며, 우리나라의 산업규격인 KS의 용접관련 기술기준에는 ASME Sec.Ⅸ과 동등한 수준의 기준이 제정되어 있지 않은 상태이다. 따라서 기기의 용접에 있어 중요한 영향을 미치는 요소로서 용접 품질관리에 있어 필수적인 사항인 용접절차시방서 인정과 용접작업자 자격인정과 관련한 기술기준을 국내 대형 플랜트 산업분야에 일반화된 ASME Sec.Ⅸ을 참조하여 제정하고자 하였으며, ASME Sec.Ⅸ의 범위 중 Part QW는 용접인정 기술기준(KEPIC-MQW)으로, Part QB는 경납땜인정 기술기준(KEPIC-MQB)으로 분리하여 제정하였다.

2 WPS와 PQR

(1) WPS(Welding Procedure Specification : 용접 절차서)

Code의 기본요건에 따라 현장의 용접을 최소한의 결함으로 안정적인 용접금속을 얻기 위한 각종 용접 조건들의 변수를 기록하여 만든 작업 방법과 지시가 담겨있는 용접 절차서이다.

(2) PQR(Procedure Qualification Record : 용접 절차 검증서)

WPS에 따라 시험편을 용접하는 데 사용된 용접 변수의 기록서로 PQR은 용접 절차서에 따라 용접된 시편의 Mechanical, Chemical 특성을 시험한 결과를 포함한다. 이 시험 기록을 통하여 기록된 용접 변수의 실무 적용의 합부를 평가한다.

(3) WPS와 PQR의 목적

1) 용접부가 적용하고자 하는 용도에 필요한 기계적 성질을 갖추고 있는가를 결정하는 것이다.
2) WPS는 용접사를 위한 작업 지침의 제공을 목적으로 하며, PQR은 WPS의 적합성을 평가하고 검증하는 데 사용된 변수와 시험결과를 나열한다.
3) PQ Test를 수행하는 용접사는 숙련된 작업자이어야 하며, PQ Test는 용접사의 기능을 검증하는 것이 아니라 제시된 용접 조건에 따른 용접부의 기계적 성질을 알아보는 데 목적이 있다.
4) 용접 작업을 위한 Welding Procedure와 Welder Qualification에 대한 상세 사항은 API 650 section 9(Welding Procedure and Welder Qualification)에 따른다.

2. 용접품질향상을 위한 조건(현장용접기준)

1 개요

국내 현장용접의 경우 용접이 이루어지는 현장의 온도, 바람, 습도 등의 현장 날씨 조건과 용접방법 및 용접자세, 작업대, 방풍시설, 용접사, 현장관리감독에 따라 용접의 품질의 차이가 많을 것으로 예상되며, 현재 설계기준에서는 현장 용접부와 공장 용접부에 동일한 강도를 적용하고 있으므로 현장용접부의 품질확보와 현장용접부 검사와 관리 강화가 필요할 것으로 판단된다.

2 현장용접 품질관리 현황 및 문제점

(1) 현장용접 시 사용되는 용접봉, 와이어, 플럭스 등의 용접재료에 대한 보관창고 설치 및 관리가 미흡한 현장이 다수이고, 현장용접의 경우 기후조건에 따른 영향이 큼에도 불구하고 현장의 온도나 습도, 바람을 고려하지 않은 상태에서 작업이 진행되고 있으며, 방풍막 등의 방풍시설 관리도 이루어지고 있지 않다.

(2) 현장용접 시공품질관리 측면에서는 용접 전 개선면에 대한 청소 불량으로 녹이나 이물질이 잔존한 상태에서 용접 작업이 실시되고 있다. 현장용접이 가능한 부재의 최대두께 규정과 현장용접 방법, 용접이음부 형상 등에 대한 규정이 미비하며, 용접사 기량시험 조건 등은 현장작업조건과 상이하다.

(3) 현장용접 이음부 초음파 검사의 경우, 현장에서 RT 적용이 불가능해짐에 따라 위상배열 초음파 탐상검사(PAUT)를 적용해야 하나 PAUT 장비의 요건, 적용방법, 검사결과에 대한 평가기준 등의 미비로 현재 현장에서 적용할 수 있는 적절한 매뉴얼 등이 없는 실정이다.

3 용접품질향상을 위한 조건(현장용접기준)

(1) 현장용접 적용이 가능한 요건으로 사용강재에 대해서 강재의 종류, 강도, 용접법에 따른 용접재료는 감독원의 승인을 받은 WPS에 준하며, 사용할 용접재료는 해당 규격별 용접 시험결과서와 시험성적서에 대해 감독원의 승인을 받도록 한다. 또한 일정 두께 이상의 강재를 용접할 경우에는 사전에 감독원에게 용접방법, 이음형상, 용접순서 등을 득한 후 현장용접을 진행해야 한다.

(2) 용접부재의 최대두께로 설계 시 현장용접 시공 이음부에 대해 TMCP법에 의해 제조된 강재는 두께가 100mm를 초과하지 않도록 하고, 그 이외의 강재는 두께가 40mm를 초과하지 않도록 한다.

(3) 용접이음부 형상에 대해 맞대기 용접의 경우 이면에 뒷댐재를 부착한 V개선용접을 실시하며, 과도한 용접 열변형 및 잔류응력이 발생할 우려가 있거나 두께 25mm 이상의 후판의 맞

대기 용접에 대해서는 X개선을 적용한다. X개선을 적용할 경우 용접이음 상세, 용접법, 용접 시공 순서, 백가우징 여부, 유자격 용접사(4G) 투입 등 관련사항에 대해 감독원의 승인을 받는다.

(4) 현장에서는 바람의 방향 및 세기가 수시로 바뀔 수 있고, 용접 불꽃에 의한 민원 제기 등이 있을 수 있으므로 풍속에 관계없이 방풍구조물을 사용하여 현장용접을 진행하여야 한다. 방풍구조물은 방염 처리가 된 방염포로 구성되어야 하며, 해당 용접길이 전체를 감쌀 수 있는 크기와 용접작업에 지장이 없을 정도의 공간 확보가 필요하다.

(5) 현장용접 재료의 보관은 사용 전에는 포장된 상태로 전용 공간에 종류별, 규격별로 구분하여 보관해야 하며, 전용공간의 온도는 30±10℃, 습도는 70% 이하로 유지하여야 한다. 그리고 용접재료는 불출입 대장에 의해 관리되어야 하며, 1일 사용량만 전용공간에서 불출하여 용접사에게 지급하고 사용 후 잔량은 재사용하지 않고 폐기 조치해야 한다.

(6) 현장용접 고소작업 시에는 작업자가 공포를 느끼지 않고 흔들림이 없도록 낙하 및 우락 방지용 안전장치가 설치된 용접작업대에서 실시해야 하며 방풍시설로 차폐하도록 한다.

(7) 현장 용접사 관리 기준으로 공인된 또는 공사감독자의 승인을 받은 용접업무 조정담당자를 임명하도록 하였으며, 용접업무 조정담당자는 설계검토, 생산계획, 장비, 용접작업, 시험, 용접승인, 용접 시공기록 문서화 등과 관련된 준비작업, 업무조절, 통제관리, 검사 및 점검 또는 입회의 임무와 책임을 갖도록 한다.

(8) 현장용접이 가능한 기후 조건으로 대기온도가 40℃ 이상이거나 5℃ 이하인 경우 용접을 금지하여야 하며, 우천 또는 작업 중 우천이 될 가능성이 있는 경우, 비가 그친 직후에 이음개선부가 젖어있는 경우, 높은 습도에 의한 결로, 서리 등이 있는 경우에는 현장용접작업을 수행하지 않도록 한다.

(9) 현장용접부 도장 시 기후 조건은 대기온도가 5℃ 이상에서 수행하여야 하며, 도장하려는 용접부 표면온도는 이슬점 온도보다 3℃ 이상 높아야 한다. 또한 비, 눈, 안개, 이슬 환경에서는 작업을 중지해야 한다.

(10) 현장 용접부 비파괴 검사방법으로 현장용접에 의한 이음부는 모두 위상배열 초음파탐상검사(PAUT)를 실시한다. 단, 주변 보강재의 간섭 등으로 인해 부득이 PAUT를 실시할 수 없는 경우에는 감독원의 승인을 받아서 초음파탐상검사(UT)를 실시할 수 있도록 하였으며, 주부재의 필릿 용접부는 자분탐상검사(MT)와 위상배열 초음파탐상검사(PAUT)를 병행하도록 한다.

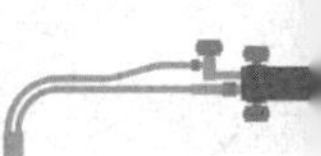

3. 용접절차검증(Procedure Qualification)에서 시험쿠폰 (Test Coupon)과 시험편(Test piece)의 차이점

1 시편(Test Piece/Coupon)

기량시험에 사용되는 용접물로 시험 감독관의 확인을 거친 것을 의미한다.

2 시험편(Test Specimen)

규정된 파괴시험을 수행하기 위하여 시험재(시편)로부터 잘라낸 부분을 의미한다.

4. 용접절차사양서(WPS)에서 Root 간격을 최소 2mm 유지하게 되어 있는데 용접사가 편의상 0~2mm 이하로 용접 시 용접품질상 문제가 없었다면 조치방법

1 용접모재와 루트간격과의 상관관계

모재와 루트간격의 상관관계는 없다. 그러나 왜 루트간격이 필요한가에 대한 접근이 필요한데 루트간격이 있다는 것은 두 모재의 전 두께에 걸쳐 완전용입을 필요로 하기 때문이다.

2 모재두께와 베벨링 각도와의 상관관계

모재두께와 베벨링 각도와의 상관관계는 없다. 용접 프로세스와 상관이 있으며 용접 프로세스상 개선각도 없이 용접할 수도 있고 개선각도를 작게 혹은 크게 할 수도 있다. 또한, 베벨링 각도와 루트간격과의 상관관계에 대해 용접개선부의 루트간격이 필요하다는 것은 앞서 언급한 바와 같이 완전 용입이 필요할 때 관계가 있다.

3 모재가 두껍고 개선각도가 작고 루트가 작을 경우

(1) GTAW의 경우 gas cup의 방해로 인해 텅스텐전극이 루트 끝단부까지 닿지 않아 용접이 어렵다.

(2) SMAW의 경우 용접봉의 직경이 작은 것을 사용하더라도 용접봉의 운봉이 자유롭지 못하여 용접이 어렵다.

위와 같은 이유로 인해 용접 프로세스에 적합한 개선각도 및 루트간격이 필요하며, 경제적인 측면 및 용접부의 품질은 최소한의 개선각도와 루트간격의 조건선정이 우선시된다, 물론 개선각도가 크고 루트간격이 클 경우 용접이 안 되는 것은 아니지만, 과도한 입열로 인해 용접부의 변형 및 기계적 성질이(특히 충격치) 저하되는 것은 피할 수가 없다.

5. 탄소강 용접부 균열의 보수용접(Repair Welding) 절차

1 탄소강 용접부 균열의 보수용접(Repair Welding) 절차

본 절차서에 명시되지 않은 일반사항은 일반용접 절차서의 제반 요건을 따른다.

(1) 용접부나 모재에서 발견된 허용치를 초과하는 결함은 제거되어야 하며 필요시 보수용접을 해야 한다.

(2) 보수용접을 요하는 결함의 위치는 생산부 담당자 또는 육안 검사자에 의해 식별이 용이하도록 마킹(Marking)되어야 한다.

(3) 공사용 기자재의 모든 보수용접 작업은 용접사 관리 절차서에 따라 자격이 부여된 용접사가 승인된 WPS에 따라 용접을 수행해야 한다.

(4) 각 보수용접 부위는 "일반용접 절차서(WP-001)"와 동일하게 용접사 관리 번호를 마킹하여 추적이 가능하도록 한다. 각 용접부위에 마킹이 곤란한 경우에는 용접부 검사 기록서에 용접사 관리 번호를 명기한다.

(5) 용접부의 표면 결함은 그라인딩(Grinding) 또는 기계가공 등으로 제거한다. 이때 잔존 두께가 규정 두께 이하로 감소되지 않을 경우에는 육성 용접을 하지 않아도 된다.

(6) 보수용접 후의 표면은 주위 면과 완만한 형상이 되도록 한다.

(7) 비파괴검사 시 발견된 결함 중 중요한 결함(Major Defect)이 아닌 결함은 그라인딩, 기계가공 및 탄소 가우징(Gouging) 방법으로 결함을 제거한 뒤 원래의 용접 방법과 같은 용접 방법 또는 고객의 승인된 용접 방법으로 재용접을 한 후 처음 실시했던 검사 방법대로 재검사를 수행한다. 이때 재검사 시의 검사 종류, 범위, 방법 및 보수 용접의 결함 허용치는 원래의 용접 시와 동일하게 적용한다.

(8) 중요한 결함(Major Defect)이 발생시 품질보증 담당자는 필요하다면 불량 관리 절차서에 따라 부적합 보고서를 작성하여 처리할 수 있다. 부적합 사항 보고서에는 용접 결함의 종류, 크기, 깊이, 위치 및 범위를 기록하여야 하며 보수방법, 열처리 실시 여부 및 필요한 타 검사 보고서 등이 명기되어야 한다.

(9) 결함부의 보수용접 시 용접 전에 결함부 주위 최소 51mm 이내에는 모든 이물질이 없도록 청소해야 한다.

(10) 임시 부착물을 제거할 부위는 일반용접 절차서(WP-001)에 따라 제거하며, 제거한 부위의 모재가 손상되었을 경우에는 (2)항의 모재의 보수 작업 방법에 따라 처리한다.

(11) 결함 부위 보수용의 용접재료는 최초 용접봉에 사용한 것보다 작은 용접봉을 사용해야 한다. 피복 용접봉에 대해서는 최대 4mm로 한다.

(12) 용접 표면의 언더컷 깊이가 0.8mm를 초과하는 경우 또는 깊이 0.4~0.8mm인 언더컷의 전체 길이 합계가 용접길이 500mm당 50mm 이상인 경우에는 보수용접을 해야 한다.

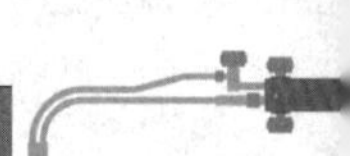

(13) 모재의 아크 스트라이크가 발생했을 경우는 규정한 절차에 따라 처리한다.

6. AWS D1.1의 가용접사 자격시험에 대하여 설명

1 용접사 기량시험

(1) 용접사 기량시험 적용 Code : AWS D1.1 Structural Welding Code

(2) 자격(허용두께)

Weld Type	Thickness Of Test Plate(mm)	Inspection & Test	Qualified Thickness(mm)	Remark
Groove	9	Visual Root & Face Bend	3 이상 18 이하	Bend Test 대신 RT 촬영 가능
Groove	9≤T<25	Visual, Side Bend	3 이상 2T	
Groove	25 이상	Visual, Side Bend	3 이상	
Fillet	12	Visual, Break Etching	3 이상	

(3) 자격(Position)

Qualification Test		Qualified Position	
		Groove	Fillet
Groove	1G 2G 3G 4G 3G + 4G	F F, H F, H, V F, H, OH All	F, H F, H F, H, V F, H, OH All
Fillet	1F 2F 3F 4F 3F + 4F		F F, H F, H, V F, H, OH All

F : Flat(아래보기) H : Horizontal(수평자세) V : Vertical(수직자세)
OH : Overhead(위보기) All : 전자세

1) Visual : 육안 검사

2) Root & Face Bend : 루트 & 앞면 굴곡시험은 굴곡시험 시 인장력을 많이 받는 면이 앞면일 때에는 앞면 굴곡시험편이고, 루트 부위가 인장력을 많이 받으면 루트 굴곡 시험편이 된다.

3) Side Bend : 측면 굴곡시험은 철판 두께가 두꺼울 경우 시편을 종방향으로 절단하여 시험한다.

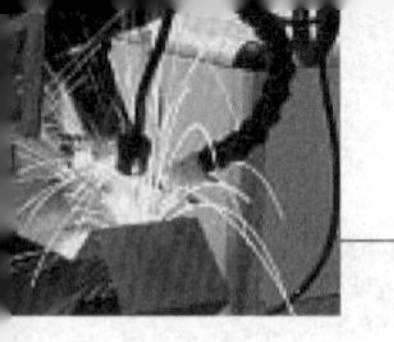

4) Break : Fillet 파괴시험

5) Etching : 부식 시험

7. 용접절차인증(PQT)과 용접사 자격인증의 주된 차이점을 설명

1 용접절차인증(PQT)

WPS의 인정(qualify)은 여러 가지 방법이 있으나 주로 시험에 의해 인정(qualify)하거나 사전 인정된 PWPS 또는 인정이 필요 없는 SWPS를 사용한다. 미국계 규격 및 표준에는 다음의 4가지 인정방법이 있으며, 이들 중 작업 전 시험(pre production test)은 작업착수 전에 확인한다는 개념으로 일종의 작업절차에 속한다.

건조기술 기준인 ASME B31.1은 타 그룹이나 기관이 인정한 WPS의 사용을, AWS D1.1은 타 기술기준에 의해 인정된 WPS의 사용을 허용한다.

(1) 사전인정(pre qualified)된 WPS에 의한 인정

(2) 인정시험에 의한 인정

(3) 표준(standard) WPS에 의한 인정

(4) 작업 전 시험(pre production test)에 의한 인정

유럽계 기술기준인 EN에 기초한 ISO 9956은 5가지 WPS 인정(approve)방법이 있는데, 이들 중 승인된 용접재료에 의한 인정은 미국계의 PWPS와 유사한 개념이며, 작업 전 시험은 ASME BPVC Sect.IX의 시공인정시험 개념과 동일하다. 그러나 미국계에는 없는 과거경험에 의해 인정한다는 새로운 개념도 도입하고 있다.

(1) 과거경험에 의한 인정

(2) 승인(approve)된 용접재료에 의한 인정

(3) 인정시험에 의한 인정

(4) 표준(standard) WPS에 의한 인정

(5) 작업 전 시험(preproduction test)에 의한 인정

2 용접사 자격인증

용접사 자격인정은 용접법, 모재종류 및 두께, 용접자세에 따라 구분 확인되어야 하며, 이에 관한 내용은 해당별 ASME CODE, AWS 등에 자세히 규정되어 있다. 용접 절차서 검정 못지않게 중요한 사항이 용접사 검정에 관한 사항으로서, 그 이유는 아무리 용접 절차서를 잘 만들었다고 하더라도 이를 잘 이해하고 실 용접 시 적용하여 요구하는 품질의 용접을 해낼 수 있는 능력이 용접사에게 요구되기 때문이다.

또한 제품의 품질 등급정도에는 무관하게 용접부 그 자체는 어떠한 경우에서라도 규정 이상의 결함 등 하자가 있어서는 안 된다.

용접품질을 저하시키는 요인에 있어서는 크게 용접설계, 자재선정, 용접조건, 용접사의 기량정도로 구분할 수 있는데 이중 주어진 설계, 자재 및 조건하에서 얻고자 하는 최소한의 용접품질을 위해서는 적정 용접방법, 자재, 용가재 종류, 모재형태, 두께 등의 변수에 맞게 기량이 갖추어져 있는 용접사를 선정하여 적소에 투입, 적용해야만 한다. 따라서 이러한 용접사를 선정하기 위한 방법으로 주어진 Code, Rule, 표준규약 또는 법령 등에 따라 사전에 시행되는 행위가 바로 용접사 검정(Welder Qualification)이라고 한다.

어느 용접 Code에서나 용접사 검정과 더불어 유능한 용접사를 확보하는 문제가 중요하므로 단순한 기능을 보유한 용접사가 아니라 용접절차서의 내용을 이해하고 적용할 수 있는 용접사를 확보하도록 신경을 써야 한다. ASME Sect. Ⅸ에서는 용접사가 어느 정도로 용접에 관한 지식을 보유하고 있으며 용접 절차서의 내용을 잘 이해할 수 있는지 Test하는 사항이 별도로 규정되어 있지 않으나, 독일의 Din 8563에서는 Welding Engineer가 용접사의 지식 보유 정도를 Test하게끔 규정되어 있다.

따라서 ASME Sect. Ⅸ을 적용하더라도 용접사 검정 시에는 단순한 기량 측정뿐만 아니라 양호한 용접을 책임감 있게 수행해 낼 수 있고 주어진 용접절차의 정보를 소화할 수 있는 용접사로서 지식과 자질을 판별하는 데에도 중점을 두어야 할 것이다.

8. 서브머지드 아크 용접(SAW: Submerged Arc Welding)에서 미국용접학회(AWS : American Welding Society) 규격에 따른 F6A2-EM12k 용접봉 분류체계를 설명

1 Spoolarc 81(AWS Class EM12K)

Spoolarc 81은 적절한 청정재료를 위해 잠호아크 와이어를 일반적으로 사용하고 있다. 적용은 탐소함유량이 낮거나 중간정도의 탄소강을 포함하는 압력용기나 선박의 제작을 위한 용접 등에 사용하고 있으며, 와이어의 화학적 성분과 기계적 성질은 다음과 같다.

표 1. 와이어의 화학적 성분

carbon	0.11	Phosphorus	0.006
Manganese	0.956	Sulfur	0.008
silicon	0.22	Copper	0.34

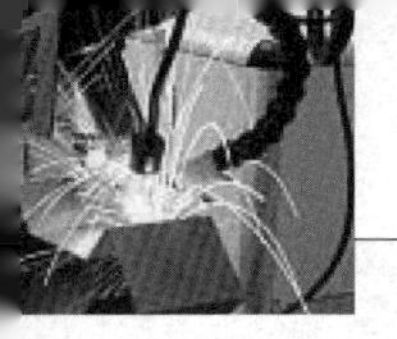

표 2. 기계적 성질

	Weld	UTS	YS	%	CVN(ft-lbs)	AWS/ASME
Flux	Cond	(ksi)	(ksi)	Elong	@-20℉	SFA 5.17 Class
231	AW	82~90	75~80	25~29	24~29	F7A2-EM12K
429	AW	75~82	65~72	25~30	35~45	F7A2-EM12K
	SR(a)	70~75	58~64	25~30	35~45@-40℉	F7P4-EM12K
80	AW	70~75	60~65	27~31	35~45	F6A2, F7A2-EM12K

(a) stress-Relieved @1150℉-1hr

9. ASME Sec. IX에 의한 용접사 시험관리

1 관리 및 유지

자격에 합격한 용접사는 RWQT에 Test 조건과 자격범위, 시험결과 등을 기록한 후 책임자의 서명을 한 후라야 비로소 그 권한이 인정되며, 실용접에 임할 수 있다.

한번 자격이 갖추어진 후 연장기간 및 방법은 Code 또는 Rule마다 다소 차이가 있으며 표 1과 같다. ASME 또는 AWS Code와 같이 용접을 행하면 자격이 연장될 수 있도록 하는 방법 중에는 용접사가 매일 불출하는 용가재를 근거로 용접을 인정하는 방법과 그날의 작업일보에 의한 용접 조장급 이상의 기록 서명으로 실용접 근거를 갖추는 방법의 2가지로 구분될 수 있으나, 용가재 불출 기록 및 효과적인 자재관리도 겸할 수 있으므로 전자의 방법을 많이 사용하고 있다.

이렇게 하여 자격이 인정되는 용접사에 대해, 용접사 본인뿐만 아니라 감독자 및 검사자 등도 쉽게 그 현황을 파악하여 자격이 만료되어 재검정을 치르는 경우가 없게끔 하기 위해 첨부하는 "유자격 용접사표"(Tcw : Table Fo Certified Welder Or Welding Operator)를 매월 단위로 작성하여 배포, 관리 및 유지한다. 용접사 자격 검정은 그 용접사가 적용되는 공장마다 독자적으로 실시되어 보유, 관리 및 유지되어야 하며, 자격이 인정된 각 용접사에 대해서는 각인 또는 번호가 주어지고 실용접 후 각 용접된 이음부 또는 트레블러 상에 표기하여 용접 기록을 유지하여야 한다.

용접은 금속과 금속을 용융하여 접합하는 하나의 방법으로서 크게 4가지로 사람, 장치, 자재 및 절차서로 구분하는데, 이중 사람 즉 용접사 기량의 정도가 제품의 품질을 좌우하는 데 큰 비중을 차지하고 있는 바, 적정 용접사의 자격 검정, 관리, 유지 등은 훌륭한 용접 제관물을 만들어 내는 데 있어서 가장 중요한 인자들 중의 하나라고 본다.

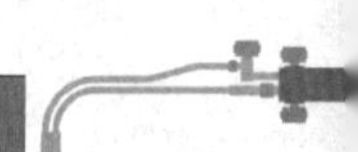

표 1. 각 CODE별 용접사 자격 유효기간

구 분		내 용
ASME		최종 작업일로부터 6개월
AWS		최종 작업일로부터 6개월
IBAQ, RCCM, AFNOR		최종 작업일로부터 6개월
DIN		자격 취득일로부터 12개월, 최종 작업일로부터 6개월
선 급	KR	자격 취득일로부터 36개월
	NK	자격 취득일로부터 36개월
	BV	자격 취득일로부터 12개월
	GL	자격 취득일로부터 24개월, 최종 작업일로부터 6개월
	DNV	자격 취득일로부터 12개월마다 자격갱신, 최종 작업일로부터 6개월
	ABS	퇴사 전까지 자격 유효

첨부-1 : 유자격 용접사표(TCW) 해설

목적은 유자격 용접사표에는 Qualification 내용만을 기록하고 있어, 실제 용접작업 시 용접 반장, 또는 검사원이 유자격 용접사표를 보고 쉽게 작업 범위를 알 수 있도록 상세하게 설명하기 위함이다.

표 2. 적용코드 : ASME Section IX

항목			내용
용접사ID (ID No)			
이름(NAME)			
사번(CLOCK NO)			
등급(CLASS)			
검정일자(QUALIFIED DATE)			1. TCW해설 검정일자 참조
자격코드(CODE)			2. TCW해설 자격코드 참조
용접방법(PROCESS)			3. TCW해설 용접방법 참조
F-No			4. TCW해설 용가재 분류 참조
P-No			5. TCW해설 모재 참조
자세(POSITION)			6. TCW해설 용접자세 참조
적용(APPLICATION)	두께(THICKNESS)	최소	7. TCW해설 두께 참조
		최대	
	직경(DIAMETER)	최소	8. TCW해설 직경 참조
		최대	
백킹(BACKING)			9. TCW해설 백킹 참조
전류(CURRENT)			10. TCW해설 전류형태 참조
전달형태			11. TCW해설 전달형태 참조
최종작업 일자(LAST WORKING DATE)			
자격 완료일			12. TCW해설 자격유효기간 참조
입회(WITNESS)			
비고(REMARK)			

10. ASME Sec. IX에서 용접절차시방서(WPS, Welding Procedure Specification)의 필수변수와 비필수변수를 설명

1 용접변수(Welding Variables)

용접변수의 종류는 필수, 추가필수, 비필수변수로 구분한다(QW252~QW265).

(1) 필수변수(Essential Variable)

필수변수로 지정된 용접조건의 변경은 용접부의 기계적 성질(노치인성은 별도요구)에 영향을 미치는 것으로 용접절차 사양서의 재인정을 실시하여야 한다.

(2) 비필수변수(Nonessential Variable)

용접절차 사양서의 재인정을 실시하지 않아도 된다.

(3) 특수용접방법의 용접변수

용접절차 사양서의 용접방법별 변수에서 ASME Section 9의 QW252~QW264를 참조한다.

11. 용접사 자격인정시험(welder or welding operator qualification test)의 기계적 시험

1 개요

용접 절차서를 잘 만들었다고 하더라도 이를 잘 이해하고 실용접 시 적용하여 요구하는 품질의 용접을 해낼 수 있는 능력이 용접사에게 요구되기 때문이다.

또한 제품의 품질 등급정도에는 무관하게 용접부 그 자체는 어떠한 경우라도 규정 이상의 결함 등 하자가 있어서는 안 된다. 용접품질을 저하시키는 요인에 있어서는 크게 용접설계, 자재선정, 용접조건, 용접사의 기량 정도로 구분할 수 있는데 이중 주어진 설계, 자재 및 조건하에서 얻고자 하는 최소한의 용접품질을 위해서는 적정 용접방법, 자재, 용가재 종류, 모재형태, 두께 등의 변수에 맞게 기량이 갖추어져 있는 용접사를 선정하여 적소에 투입, 적용해야만 한다.

따라서 이러한 용접사를 선정하기 위한 방법으로 주어진 Code, Rule, 표준 규약 또는 법령 등에 따라 사전에 시행되는 행위가 바로 용접사 검정(Welder Qualification)이라고 한다.

2 기계적 시험

시편에 의해서 시험한 파괴시험 허용기준에서 파면상에 균열 또는 루트 용융부족은 불허하고, 파면상에 혼입이나 기공 합산길이가 9.5mm 또는 4등분 단면의 100%를 초과해서는 안 되며, 기계적 시험 종류 및 방법은 다음의 표와 같다.

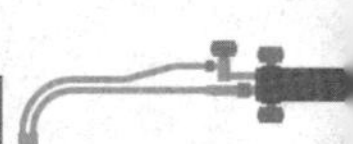

표 1. 시편의 종류(홈용접 횡방향 굽힘)

시험편의 용접 두께 t(mm)	검정용접 두께	굽힘시험 수량		
	최대	side	face	root
t ≤9.5	2t	(2)	1	1
9.5<t<19	2t	(2)	1	1
t≥19	상한 없음	2	*	*

주 1) 3면 이상이 결합할 때는 반드시 19mm 이상 사용
2) 9.5mm 시험편의 경우 face 1개, root 1개를 side 2개로 대치 가능
3) face 1개, root 1개를 side 2개로 대치 가능

표 2. 홈용접 종방향 굽힘

시험편의 용접 두께 t(mm)	검정용접 두께	굽힘시험 수량	
	최대	face	root
t ≤9.5	2t	1	1
t≥19	2t	1	1

주 1) 3면 이상이 결합할 때는 반드시 19mm 이상 사용
2) 9.5mm 시험편의 경우 face 1개, root 1개를 side 2개로 대치 가능

표 3. 필렛용접 Tee

시험편의 용접 두께 t(mm)	검정용접 두께	굽힘시험 수량	
	최대	Macro	root
4.8≤t≥9.5	외경 73mm 이상 모두	1	1

12. 용접에서 용접성(Weldability)평가와 용접기능(Weld Performance) 평가

1 개요

용접은 금속 또는 열가소성 플라스틱과 같은 재료를 융합하거나 합치는 데 사용되는 프로세스로 일반적으로 재료를 녹이고 강력한 접합부를 형성하기 위해 용접되는 영역에 소위 충전재를 추가하거나 냉각된다.

2 용접에서 용접성(Weldability)평가와 용접기능(Weld Performance)평가

(1) 재료의 용접성 또는 접합성은 균열 없이 함께 용접할 수 있는지 여부를 나타낼 수 있으

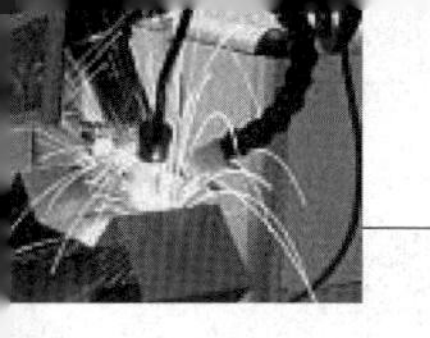

며, 이 경우 용접 가능한 재료는 함께 용접되어 균열 없는 용접을 생성하는 재료이다. 용접성은 또한 기능 용접을 달성하는 것이 얼마나 쉽고 어려운지 질적 특성을 지칭할 수 있다. 이러한 종류의 용접성은 쉽게 계량화되지 않으며 용접 방법, 생성된 조인트의 물리적 특성, 용접 구조물의 용도 등 다양한 요인에 따라 달라질 수 있다. 몇 가지 용접 방법이 있으며 재질의 용접 가능성에 대한 지식은 적절한 용접 프로세스를 선택하는 데 중요하다.

용접 프로세스의 목표는 기능적이며 손상을 견딜 수 있는 균열 없는 접합부를 만드는 것이다. 일반적인 용접 방법에는 아크 용접, 납땜 및 옥시 아세틸렌 용접이 포함된다. 선택되는 방법은 주로 어떤 재료가 용접되는지에 달려 있다. 구리는 납땜이 사용되는 경우 양호한 용접을 생성하는 용접 가능한 재질이다. 옥시 아세틸렌 용접은 주철로 작업할 때 바람직하며 아크 용접은 스테인리스 스틸에 적합하다.

(2) 용접성 테스트는 다양한 용접 방법으로 인해 재료가 어떻게 영향을 받는지에 대한 연구로 여러 요소를 고려해야 한다. 왜냐하면 용접 품질은 사용된 재료 및 용접 방법뿐 아니라 용접 후 재료가 얼마나 빨리 냉각되는지 용접 속도에 영향을 받기 때문이며, 알루미늄은 용접 열에 의해 크래킹되기 쉽고 용접 시간이 짧으며 열 입력이 적어 용접이 더 잘된다. 다양한 용접 방법을 사용할 때 다양한 재질의 용접성을 나열하고 평가하는 다양한 차트와 비교가 가능하다.

철강은 일반적으로 다양한 산업 공정에서 용접되며 이 소재에 대해 다른 용접 방법을 사용할 수 있다. 다양한 유형의 강철의 용접성은 다양하며, 탄소강, 니켈 및 크롬과 같은 특정 강철 합금을 만드는 데 사용된 재료에 달려 있다. 스틸의 용접성 등급에 영향을 미치는 일반적인 문제는 스폿 용접 박리, 라멜라 찢어짐 및 수소 인덕터이다.

13. Arc란

1 정의

음극과 양극의 두 전극을 일정한 간격으로 벌려놓고 여기에 전기를 통하면 두 전극 사이에 활 모양의 불꽃방전이 발생하는 현상을 말한다.

2 특징

전기 아크는 가장 높은 전류 밀도와 방전의 형태이다. 아크 양쪽 끝의 전압은 그것을 동적 부성 저항 특성을 주는 전류가 증가함에 따라 감소한다. 전극을 통해 전류가 증가함에 따라 두 전극 사이의 아크는 이온화 및 글로우 방전으로 초기화될 수 있다. 전극 간극의 내압은 압력 및 전극을 둘러싸는 가스 형태의 함수이다.

아크가 시작되면, 그 단자 전압이 글로우 방전보다 훨씬 덜하며, 전류는 높다. 대기압 근처

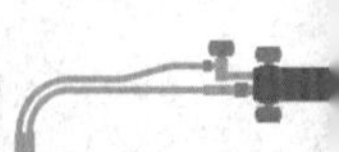

에서 가스 아크 가시 발광, 높은 전류 밀도 및 높은 온도로 특징된다. 아크는 부분적으로 전자와 양이온 모두 거의 동일한 효과로 온도에 따라 글로우 방전에서 구별된다. 글로우 방전에서 이온은 전자보다 훨씬 적은 열에너지가 있다.

14. 두께 40mm의 연강판과 두께 20mm의 스테인리스 강판을 각각 열절단 시 각각의 재료에 맞는 경제적인 절단방법을 선정하고, 각각의 재료에 대한 절단원리를 설명

1 개요

금속의 절단은 chip을 발생하는 기계적인 절단과 열에 의한 용단(熔斷)으로 절단하는 방법으로 나눌 수 있으며, 용단이 기계적인 절단에 비하여 절단면이 매끄럽지 못하고 용단이 되지 않는 금속이 있지만, 구조상 기계적 절단이 어려운 것을 용단이 절단할 수 있어 편리하게 사용되고 있다.

용단의 열원은 전기, 레이저, 플라즈마, 분말인 경우가 있으며, 금속의 종류에 따라 적합한 절단방법을 선택하여 적용하면 된다.

2 절단방법의 분류

(1) 가스 절단

연료(아세틸렌, 프로판, 수소 등)와 산소의 혼합 가스를 이용하여 고열 불꽃으로 절단하는 것으로, 절단 범위는 철판 두께 6mm부터 극후판 200mm 이상도 절단이 가능하며 장점은 다음과 같다.

1) 가스 용기를 사용하므로 큰 설비가 없이 장소에 구애받지 않고 절단할 수가 있다.
2) 적당한 설비를 갖추면, 복잡한 형상물뿐 아니라 극후판까지 절단이 가능하다.
3) 절단 정도는 조건에 따라 다르지만, ±1.0mm 범위내로 절단이 가능하다.
4) 적정한 절단조건(절단 속도, 가스 압력, 화구의 선택 등)으로 절단시 평활한 절단면을 얻을 수 있다.
5) 절단 비용은 비교적 저렴하다.

단점은 다음과 같다.

1) 많은 열량을 용융시키는 절단 방법이므로 철판에 열 영향이 많다.
2) 절단면의 결함으로서 거칠음, 노치(notch), 경사, 윗부분의 녹음 등이 발생할 수 있다.

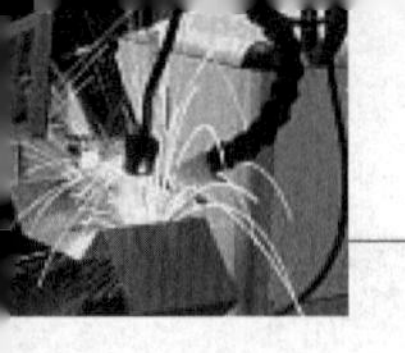

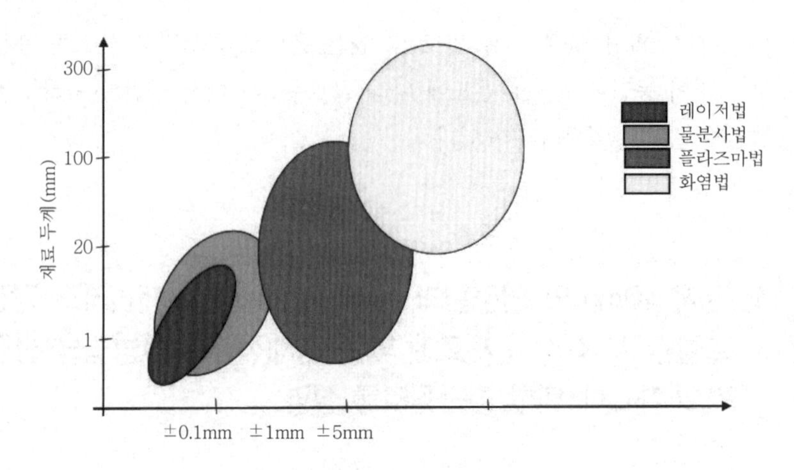

그림 1. 열절단 방법의 비교

(2) 플라즈마 절단

플라즈마 아크에 작동 가스(산소, 질소, 에어 등)와 노즐로 열적인 핀치효과(플라즈마가 자기장에 의해 끈 모양으로 비틀리는 현상)를 주어, 고온에서 철판 절단부를 용융시켜 플라즈마 기류로 불어냄으로써 절단하는 것으로, 일반적인 절단 범위는 3mm에서 40mm 정도이며 장점은 다음과 같다.

1) 가스 절단에 비해 절단 속도가 상당히 고속이기 때문에, 절단 강판에 대한 총 가열량이 적어 열 영향이 적다. 절단 정도(精度)는 조건에 따라 다르지만 ±1.0mm 이내가 일반적이다.

단점은 다음과 같다.

1) 절단 시 유해한 분진이 다량 발생하므로 강력한 집진(集塵) 설비가 필요한 경우가 많다.
2) 플라즈마 아크의 특징으로서 통상 절단면의 경사가 발생한다. 이 비스듬한 경사 절단면을 보정하기 위해 철판 두께와 절단 상황에 맞게 토치의 각도를 변경할 수 있는 기구(機構)가 필요하다.
3) 절단면 자체는 매끄럽지만 약간 둥그스름하다. 이 둥근 정도는 철판 두께가 두꺼울수록 현저한 경향이 있다. 얇은 박판에서는 절단면 상부에 녹음 현상이 발생하는 경우가 있는데, 이것을 보정하기 위해서는 적정한 전류치 설정이 필요하다.

(3) 레이저 절단

레이저 발진기(절단용 열원(熱源)으로서 탄산가스 이용이 일반적) 내부에서 발생시킨 레이저 광선을 집광(集光)하여, 직접 철판의 절단 부위에 조사(照射)하여 용융시켜, 보조 가스(assist gas)로 용융 부분을 불어냄으로써 절단하는 방법이다. 절단 범위는 일반적으로 박판에서 후판 22mm 정도까지 절단이 가능하며 장점은 다음과 같다.

1) 가열 부위가 국소(局所)적이기 때문에 절단 강판에 대한 열 영향이 거의 없이 미세한 절단이 가능하다.

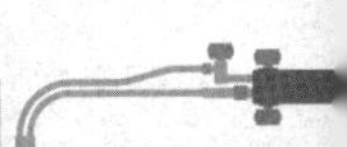

2) 화력(火力)을 이용하지 않기 때문에 장시간의 무감시(無監視) 운전이 가능하다.

단점은 다음과 같다.

1) 절단 정도(精度)는 조건에 따라 다르지만 일반적으로 ±0.1mm 이내로 가능하다. 다른 절단법에 비해 초기 설비 투자비가 많고 절단 비용도 높지만 생산성은 기대할 수 있다.

2) 절단면 조도(粗度) 자체는 다른 절단법과 비교 시 큰 차이는 없으나, 절단 폭의 간격과 깊이가 미세하기 때문에 좋은 인상을 주는 것은 사실이다. 절단면의 정도를 유지하기 위해서는 레이저 출력 유지에 대한 정기적인 보수 및 정비가 필요하다. 출력이 저하되면, 절단 강판의 두께가 두꺼워질수록 절단면의 조도가 즉시 나빠진다.

(4) 분말 절단(powder cutting)

철 분말 또는 철 분말과 플럭스를 자동적, 연속적으로 절단부에 공급하여 그 산화열 및 플럭스의 작용을 이용하는 가스(산소) 절단 방법을 말한다. 통상의 가스 절단으로는 절단이 곤란하거나 불가능한 재료, 예를 들면 두꺼운 스테인리스강 등의 절단에 사용된다. 유사한 절단법으로 철 분말 대신에 화학적 플럭스를 이용하는 플럭스 절단이 있다.

3 두께 40mm의 연강판과 두께 20mm의 스테인리스 강판을 각각 열절단 시 각각의 재료에 맞는 경제적인 절단방법을 선정하고, 각각의 재료에 대한 절단원리를 설명

산소 절단은 탄소강, 저합금강과 같이 연소 시 발열반응이 심한재료에는 절단이 쉽게 이루어지나 주철, 비철금속 및 10% 이상의 크롬을 함유한 스테인리스강과 같은 고합금강에서는 곤란하다. 그 이유는 주철에서는 용융점이 연소온도 및 Slag의 용융점보다 낮고, 또 주철 중의 흑연은 연속적인 연소를 방해하기 때문이다. 스테인리스강이나 Al의 경우에는 절단 중에 생기는 산화물인 산화크롬($Cr_{23}O_3$), 산화Al(Al_2O_3)이 모재보다 융점이 대단히 높기 때문에 이들 유동성이 나쁜 Slag가 절단 표면을 덮어서 산소와 모재의 반응을 방해하므로 철이나 탄소강과 같이 쉽게 절단되지 않는다. 이 경우 내산화성의 산화물을 용해, 제거하기 위해 적당한 분말상태의 Flux를 산소 기류 중에 혼입하든가, 또는 가스 불꽃 중에 철분을 혼입하여 불꽃의 온도를 높인다. 이것을 분말 절단이라 한다.

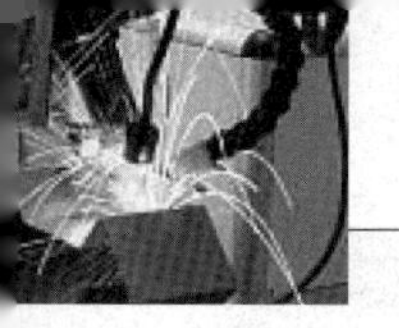

15. 가스 절단면에서 드래그 라인(Drag line)의 품질에 미치는 절단 속도와 산소함량의 영향

1 개요

드래그 라인(Dragline)은 열절단에서 절단가스의 입구(소재의 표면)와 출구(소재의 이면) 사이의 수평거리를 말한다. 대부분의 경우 철강재료의 열절단은 산소를 사용하며, 절단 노즐과 인접한 표면에서의 산소량과 이면에서의 산소량은 동일할 수가 없다. 이러한 차이는 상부와 하부의 연소조건을 변화시키기 때문에 절단면에서는 표면에 비하여 이면의 절단작용이 지연된다.

2 가스 절단면에서 드래그 라인(Drag line)의 품질에 미치는 절단속도와 산소함량의 영향

노즐에서 먼 위치인 하부로 갈수록 산소압의 저하, 슬래그와 용융물에 의한 절단 생성물 배출의 곤란, 산소의 오염, 산소분출 속도의 저하 등에 의하여 산화작용이 지연된다. 그 결과 절단면에는 거의 일정한 간격으로 평행된 곡선이 나타나며 그것을 드래그 라인(지연곡선)이라고 하고, 절단 진행방향으로 측정한 한 개의 드래그 라인에서 표면과 이면의 거리를 드래그라고 한다.

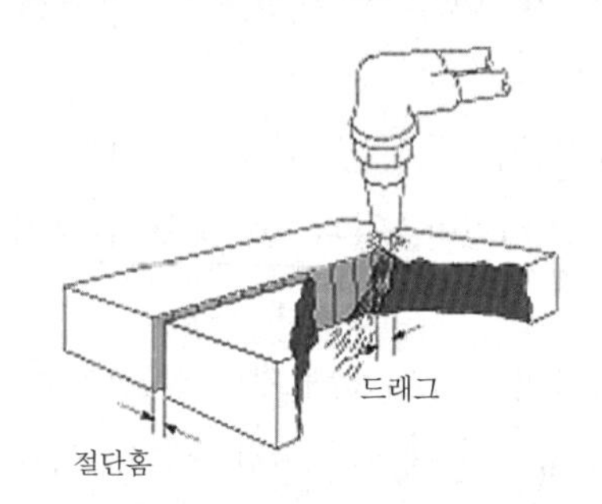

그림 1. 가스 절단의 절단홈과 드래그 형성

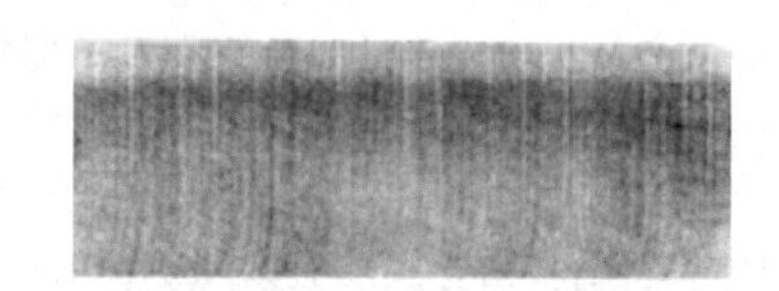

그림 2. 산소절단의 드래그 라인 형상

16. 용접기에 콘덴서를 설치했을 때 장점 4가지를 설명

1 용접기에 콘덴서를 설치했을 때 장점 4가지를 설명

교류 용접기에서 역률을 개선하기 위하여 콘덴서를 설치하는 방법은 전력용 콘덴서를 용접기의 1차 측에 병렬로 접속하는 방법이며 장점은 다음과 같다.

(1) 1차 전류를 감소하면 전원입력이 작게 되어 전기요금이 싸진다.

(2) 배전선의 재료를 절감한다.

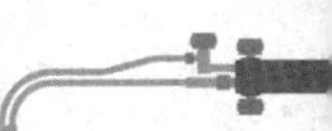

(3) 전압 변동률이 작다.

(4) 전원용량이 작으면 같은 용량으로 여러 개의 용접기를 접속한다.

17. 아크 용접기에서 전류가 증가하면 단자전압도 같이 증가하는 특성

1 개요

용접기는 아크를 안정시키는 데 필요한 외부특성 곡선을 가져야 한다. 외부특성 곡선이란 부하전류와 부하단자 전압의 관계곡선으로 피복아크 용접에서는 수하특성, MIG 용접과 탄산가스 아크 용접에서는 정전압특성 또는 상승특성이 이용되고 있다.

2 아크 용접기에서 전류가 증가하면 단자전압도 같이 증가하는 특성

상승특성은 전류가 증가하면 단자전압도 약간 증가하는 특성이며, 정전압특성과 같이 자동 및 반자동용접에 이용된다. 정전압특성이나 상승특성은 전극 와이어 송급의 고장으로 급히 정지되었을 때는 작동점은 전류가 0점의 방향으로 이동하므로 아크가 즉시 소실되어 용접기 콘택트 팁의 녹음을 막아주는 효과가 있다.

18. Arc와 전류 및 전압의 관계

1 Arc의 성질

(1) Arc의 의미

음극과 양극의 두 전극을 일정한 간격으로 벌려놓고 여기에 전기를 통하면 두 전극 사이에 활 모양의 불꽃방전이 발생하며 이것을 arc라 한다.

(2) 직류 arc 중 전압의 분포

1) Arc에서의 발생전력 Pa는

$$Pa = Va \cdot I \quad (I : \text{arc전류})$$

2) Arc 기둥의 온도는 5000~50000K이며, 다만 전류와 분위기 gas의 종류 등에 의해서 다소 변화한다.

3) 양극과 음극 부분에서의 전압강하는 재질에 따라 변하여 arc 길이 및 전류크기와는 관계가 없으며, Arc 기둥 부분에서의 전압강하는 arc 길이에 거의 비례하여 강하한다.

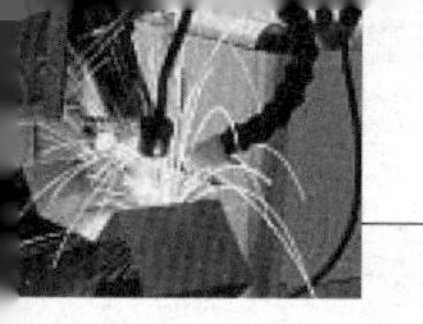

4) 아크 용접은 arc 발생열(arc전력)을 이용하여 융접하며 발생열의 일부는 대기 중 비산한다. 주어진 열량은 50~90%(Arc용접법에 따라 차이)이며 전기 에너지를 열 에너지로 변화하며 융접한다.

2 Arc의 특성

(1) 부저항 특성

일반 전기 회로는 옴의 법칙에 따라 동일 저항에 흐르는 전류는 전압에 비례(I=V/R)하지만, arc의 경우는 전류가 크게 되면 저항이 감소하므로 전압도 낮아지는데, 이것을 arc의 부저항 특성이라 한다.

(2) Arc 길이 자기제어 특성

Arc 전류가 일정할 때 arc 전압이 높아지면 용접봉의 용융속도가 늦어지고 arc 전압이 낮아지면 용융속도는 빨라지며 전류밀도가 클 때 잘 나타난다.

(3) 절연 회복 특성

교류 arc에서 1cycle에 두 번 전류 및 전압의 순간 값이 0으로 되어 arc발생이 중단되고, 용접봉과 모재 간 절연되며, 이때 arc 기둥을 둘러싼 보호 gas는 절연을 방지하여 arc를 다시 일어나게 한다.

(4) 전압회복 특성

Arc가 발생되는 동안 arc 전압은 매우 낮지만 arc가 꺼진 후에는 용접봉과 모재 간 전압은 매우 높다. 일단 arc가 꺼진 다음 다시 arc를 발생시키려면 매우 높은 전압이 필요하지만 Arc 용접전원은 arc가 중단된 순간에 arc회로의 과도전압을 급속히 상승 회복시키는 특성으로 arc의 재발생이 용이하다.

19. 아크 용접장치에 있어 와이어 송급방식에 따른 용접전류 특성을 2가지 열거

1 개요

자동 아크 용접은 전극을 연속적으로 이송하는 용접 방법으로 용접장치에 용접 아크를 자동적으로 제어할 수 있게 해야 한다. 그러므로 자동용접은 심선의 공급장치와 용접전원이 별개로 되어 있으며, 심선의 이송 방식에는 2종류가 있다.

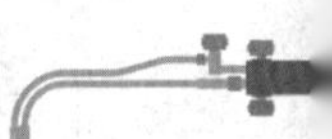

2 아크 용접장치에 있어 와이어 송급방식에 따른 용접전류 특성을 2가지 열거

(1) 아크 전압 제어 송급방식(수하 특성의 전원을 사용함)

자동용접 중에서 굵은 심선을 사용하는 비교적 전류밀도가 낮은 잠호용접과 복합 심선을 사용하는 탄산가스 용접 등에 이용된다. 이 방식의 원리는 아크 전압이 변동하는 것을 이용하여 심선의 송급 속도를 제어하여 아크의 길이를 일정하게 하는 것으로 직하특성을 사용하며, 전원은 교류와 직류 어느 것이나 좋다.

(2) 정속도 송급방식(정전압 혹은 상승 특성의 전원을 사용함)

정속도 송급방식은 주로 MIG와 고상심선을 사용하는 탄산가스 용접에 사용되는 것으로, 그 원리는 심선을 일정 속도로 송급하고 정전압 전원의 자기 제어 작용을 이용하여 아크의 길이를 일정하게 하는 것이다. 정상인 아크의 길이가 약간 증가하면 용접전류가 순간적으로 크게 감소하여 심선의 용융속도를 감소한다.

그러므로 아크의 길이는 원상태로 돌아간다. 반대로 아크의 길이가 정상보다 짧아지면 용접전류는 급격히 증가하여 심선의 용융속도가 크게 되므로 아크의 길이는 원상태로 돌아간다. 단, 이와 같은 방식은 직류를 사용하는 경우가 많고 교류는 거의 없다. 그리고 상승특성의 전원을 사용할 때에는 정전압특성의 전원을 사용할 때보다도 아크의 길이가 변화할 때 전류의 변화가 크므로, 아크의 길이는 자기제어작용이 더 좋다. 그러므로 용접법에 따라서 이 특성을 가진 전원을 사용하는 수도 있다.

20. 전기용접에서 엔드 탭

1 전기용접에서 엔드 탭

중요 부분의 용접에는 용접 개시점의 불완전 용착부와 종점의 크레이터가 용접 결함을 발생시키므로 용접 작업 전에 용접선의 전후에 약 150×150mm 정도의 모재 판 두께와 같은 엔드 탭(end tab)을 붙여 용접 비드를 이음끝에서 약 100mm 연장시켜 용접완료 후 절단한다.

보일러나 중요한 이음에서의 엔드 탭은 300×500mm 정도 크게 하여 용접 완료 후 절단하여 기계적 성질을 시험할 때는 그 시편으로 사용한다.

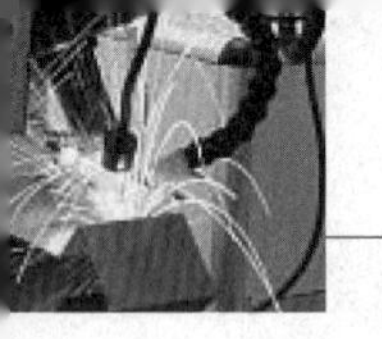

21. 전격방지장치

1 개요

교류 아크 용접기는 무부하 전압이 비교적 높기 때문에 감전의 위험이 있어 용접 작업자를 보호하기 위하여 전격방지장치(voltage reducing divice)를 사용한다.

2 적용

전격방지장치는 교류 아크 용접기나 엔진구동 교류 아크 용접기에 설치하여 사용하는데 그 기능은 작업을 하지 않을 때 보조전압기에 의해 2차 무부하 전압을 20~30[V] 이하로 유지하고, 용접봉을 모재에 접촉하는 순간에만 릴레이(reley)가 작동하여 용접작업이 가능하도록 되어 있다. 그리고 아크를 끊음과 동시에 자동적으로 릴레이가 차단되어 2차 무부하 전압을 25[V] 이하로 하여 전격을 방지할 수 있게 하였다. 전격방지장치는 높은 장소, 도전체의 분위기, 좁은 장소 등에서 용접할 때 반드시 부착하여 사용하는 것이 좋다.

22. 용접기의 전압강하(Voltage Drop)

1 개요

양전하를 가진 물체 A와 음전하를 가진 물체 B를 도체로 연결하면 A에서 B로 향하여 전류가 흐른다. 이때 물의 경우의 수위와 같은 전위(electric potential)를 정의하여 전류는 전위가 높은 A에서 전위가 낮은 B쪽으로 흐른다고 가정하고, A와 B의 전위의 차를 전위차(electric potential difference) 또는 전압(voltage)이라 한다. 전류는 전위차에 의하여 전위가 높은 쪽에서 낮은 쪽으로 흐르는 것이다.

어떤 도체에 Q[C]의 전기량이 이동하여 W[J]의 일을 했다면, 이때의 전위차 V는 V=W/Q[V]이다. 전위차를 만들어 주는 힘을 기전력(electromotive force, emf)이라 한다. 기전력의 크기는 기전력에 의하여 만들어지는 전위차, 즉 전압으로 표시한다. 전위, 전위차, 기전력, 전압의 단위는 볼트(volt, [V])를 사용한다.

2 용접기의 전압강하(Voltage Drop)

발전기나 전지 등의 전원은 내부에 작은 저항을 가지고 있다. 이와 같은 저항을 전원의 내부저항(internal resistance)이라 하며, 이 내부저항 R에 의해서 전지는 자연방전을 한다. 단자전압(terminal voltage)은 측정할 경우에 전압으로 확인을 한다. 이때 양단자(그림의 a와 b)를 측정을 하면 전원(전지)의 단자전압이 되고, 그림의 c와 d는 저항 R에 의해 전압강하로 인하여 부하에는 단자전압이 낮게 걸린다. 이렇게 양단을 측정했을 때의 전압이 단자 전압이다. 즉, 일상적으로 전압을 측정 시에 그 양단의 단자 전압이 된다. 전압강하(voltage drop)는 그림의 V_{ab}의 측정값과 V_{cd}의 측정값이 다르다. 전원의 단자 전압은 부하저항 R에 의하여 소모되고 나머지 전압이 걸린다. 이때 부하저항 R에 의해 전압강하가 생겼다고 한다.

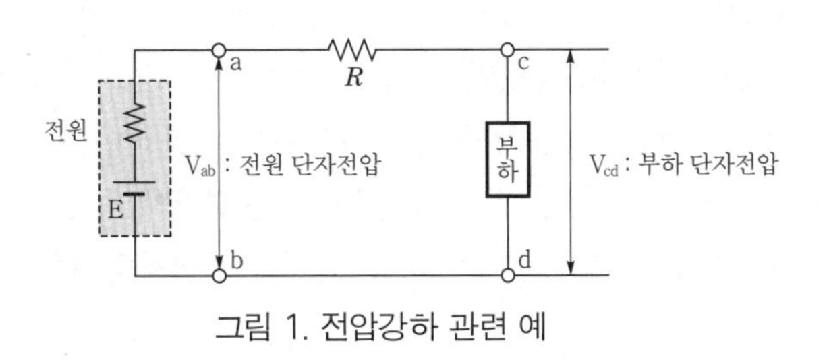

그림 1. 전압강하 관련 예

23. 용접기의 정전압과 정전류의 특성

1 정전압특성 및 상승특성

내부의 저항에 관계없이 일정한 전압을 유지하는 특성을 가지고 있어야 하지만 부하전류의 증가와 더불어 다소간의 전압강하가 일어난다(7V 이하). 따라서, 정전압 특성의 용접기를 사용하게 되면 용접 중의 인위요소에 따른 변화(용접사 기량에 따른 아크 길이의 변동 등)에 대하여 전압은 작은 범위 내에 일정하게 유지되고, 전류의 증감에 따라 와이어의 송급조정과 용융속도를 조정하여 아크 길이가 정상으로 유지된다. 이를 정전압 특성의 아크 자기제어 특성이라 한다. 주로 지름이 가는 와이어를 사용하는 방식에 적용하고 용접속도가 빠른 GMAW의 소모 전극식 자동 및 반자동용접에 많이 쓰이고 고속용접에 적합하며, 정전압과 상승특성은 다음과 같다.

(1) 정전압특성은 부하전류가 변하여도 단자 전압이 거의 변하지 않는 특성이다.

(2) 상승특성은 부하전류가 증가할 때 전압이 다소 높아지는 특성이다.

(3) 자동 또는 반자동용접기는 정전압특성이나 상승특성을 채택하고 있다.

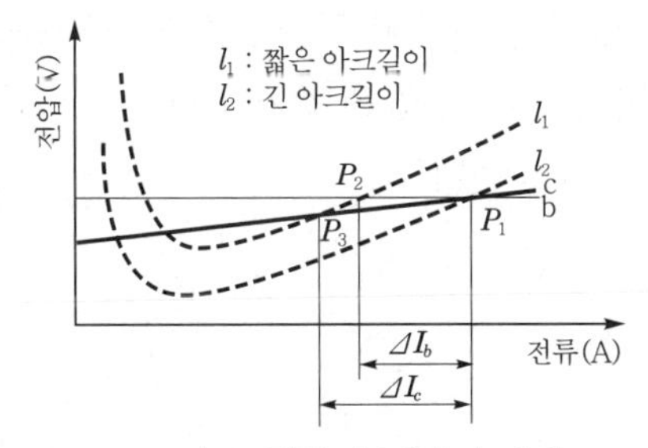

그림 1. 전류와 전압의 관계

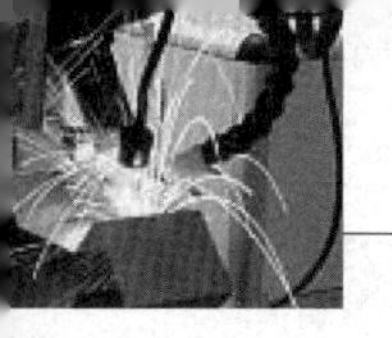

2 정전류의 특성

아크 길이가 변화하여도 항상 일정량의 전류을 공급함으로 와이어의 송급속도 및 용융속도에 큰 영향을 주지 않고 용접품질에도 영향을 주지 않음으로 수동 Manual에 주로 사용되며 SMAW, GTAW, PAW 용접처럼 수동토치 조작에 의한 용접법에 주로 사용된다.

와이어의 지름이 비교적 크고 용접속도가 느린 방법에 주로 사용된다. 예를 들어 SAW경우 굵은 와이어를 사용하는 경우 외부특성인 정전류특성을 이용한 교류전원이 유리하고, 가는 와이어의 경우 외부특성인 정전압특성을 이용한 직류전원을 사용하여 와이어의 정속도 송급과 자기제어특성에 따른 안정된 용접품질을 얻을 수 있으며, 용접기의 정전류의 특성은 다음과 같다.

(1) 수하특성은 곡선 중에서 아크 길이에 따라서 전압이 변동하여도 아크 전류는 거의 변하지 않는 특성이다.

(2) 수동 아크 용접기는 수하특성인 동시에 정전류특성을 갖고 있다.

(3) 균일한 비드로 용접불량, 슬래그 잠입 등 결함방지에 영향이 크다.

24. 인버터형 용접전원의 장점

1 개요

인버터 소자로서는 사이리스터와 GTO(Gate Turn-off thyristor)와 같은 반도체 디바이스 외에 오늘날 주로 사용되는 전력 트랜지스터가 있다.

(1) MOSFET(MOS전계효과 트랜지스터 : Metal Oxide Semiconducror Field Effect Transistor)

일반적으로 전류를 제어하는 게이트 전극부가 금속(Metal), 산화막(Oxide), 반도체(Semiconductor)로 되어 있는 구조를 MOS구조라 한다.

그림 1은 MOSFET의 구조를 간단하게 나타낸 것이다. 이 소자는 p형 실리콘 기판 표면에 n층으로 된 소스(S)와 드레인(D)을 붙이고, 소스와 드레인 사이의 전류를 게이트 전압에 의하여 제어하도록 한 구조를 가진다. 게이트 G1에 전압을 걸기 전에는 드레인과 소스 사이에는 npn구조로 되어 있기 때문에 전류는 흐르지 않는다.

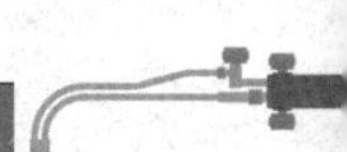

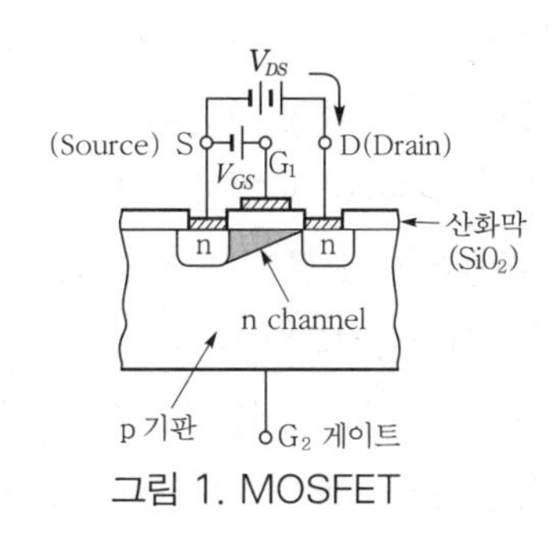

그림 1. MOSFET

(2) IGBT(절연게이트 바이폴라 트랜지스터 : Insulated Gate Bipolar Transistor)

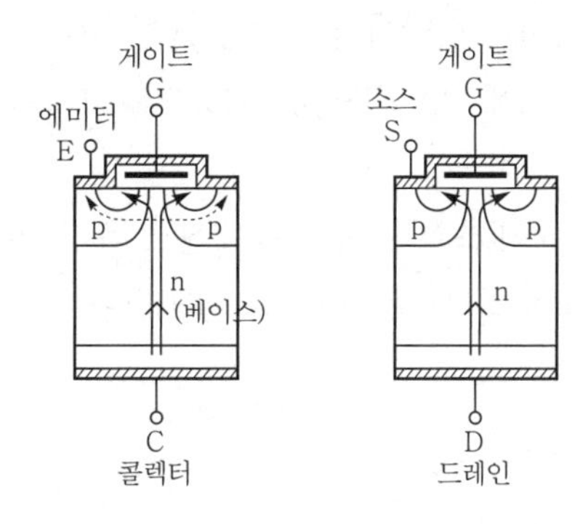

그림 2. IGBT

중소 용량의 전력 트랜지스터에는 주로 바이폴라형(Bipolar Type) 전력 트랜지스터와 전력-MOSFET형이 사용되고 있다. 그림 2는 IGBT와 MOSFET를 비교한 것으로서 기본적으로는 MOSFET의 드레인 측에 p 에미터 층을 부가한 형으로 된다. 따라서 스위칭 동작도 MOSFET와 마찬가지로 게이트에 순(順)바이어스 전압을 가하면 ON 상태로 되고, 게이트에 0이나 부(負)전압이 가해지면 OFF 상태로 된다.

2 인버터형 용접전원의 장점

인버터형 용접전원의 장점은 다음과 같다.

(1) 인버터형 용접용 변압기를 이용한 저항스폿 용접기로서 소형 경량화되어 있다.

(2) 제어장치에는 입열량 제어기능(선택사양)이 있어, 용접 시 스패터를 억제하고 양호한 용접 품질을 만든다.

(3) 가변 주파수 제어기능을 이용하여 소전류 시 출력전류의 맥동을 적게 하는 출력파형을 만들어 가능한 한 용접열을 일정하게 한다.

(4) 인버터 제어식은 교류 위상제어식의 동일한 용접전류 조건에서는 약 25% 정도의 통전시

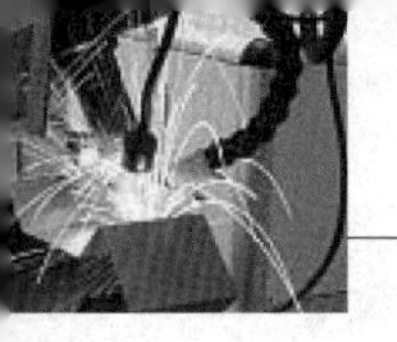

간을 절감할 수 있어 생산성을 향상시키고, 에너지 절감이 된다.

(5) 3상 전원을 이용하여 전기설비의 불평형 현상이 없고, 역률을 90% 이상으로 개선한다.

(6) 전원전압의 변동에서도 교류 위상제어식 정전류형보다 안정된 출력전류를 유지한다.

(7) 용접 너겟을 형성하는 전류범위가 교류인 상용 주파수형보다 인버터 제어형에서는 전류범위가 3배 이상 넓어 용접품질을 안정화시킨다.

(8) 제어장치에는 용접결과 모니터링 기능이 있어 용접품질은 철저히 관리할 수 있다.

(9) 제어장치는 3000타점의 용접데이터를 기억하고 있으므로, 용접결과를 분석할 수 있어 용접품질을 관리할 수 있다.

(10) 변압기 코일과 다이오드에 온도감지기가 설치되어 있어 용접기가 온도 상승 시 출력신호를 받아 제어장치의 동작을 정지시켜 변압기의 소손을 방지한다.

(11) 변압기 부분은 에폭시 수지에 의한 몰딩된 제품으로서 절연이 우수하고 진동을 억제시키며 내구성이 우수하다.

(12) 변압기의 정류기 부분은 분해가 가능한 특수재질로 몰딩되어 있으며, 정류 다이오드에서 문제가 발생되었을 경우 점검 및 수리가 가능하도록 되어있다.

25. GMAW(Gas Metal Arc Welding)의 연질 와이어와 일반 와이어의 송급장치 차이점과 송급방식 4가지

1 개요

와이어 송급장치는 와이어를 스풀(spool) 또는 릴(reel)에서 뽑아 토치 케이블을 통해 용접부까지 정속도로 공급하는 장치이다. 와이어 송급장치는 그림 1과 같이 직류전동기, 감속장치, 송급기구, 송급속도 제어장치로 구성되어 있다.

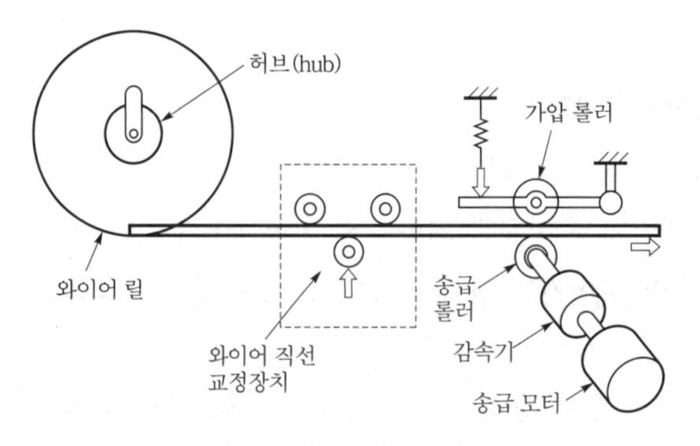

그림 1. 와이어 송급장치의 기본 구성

2 GMAW(Gas Metal Arc Welding)의 연질 와이어와 일반 와이어의 송급장치 차이점

송급기구는 가압롤러(상단)와 송급롤러(하단)가 각각 한 개씩 1조가 된 것이 주로 사용되고 있지만, Al 등과 같이 연질의 와이어를 사용할 경우에는 와이어 단면형상이 변형되거나 와이어 표면이 손상되는 것을 방지하기 위하여 2조(4롤러)로 된 것을 사용하고 있다(그림 2).

3 송급방식 4가지

와이어 송급방식에는 송급장치의 배치에 따라 그림 3과 같이 4종류가 있으며 반자동 용접기에는 주로 푸쉬 방식이 사용되고 있다.

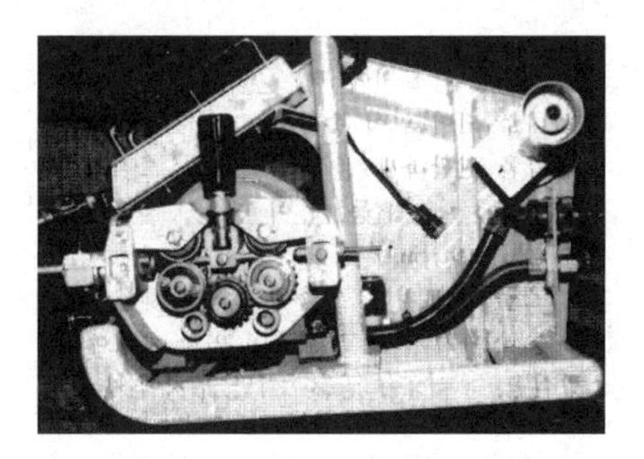

그림 2. 4롤러 송급방식의 와이어 송급장치

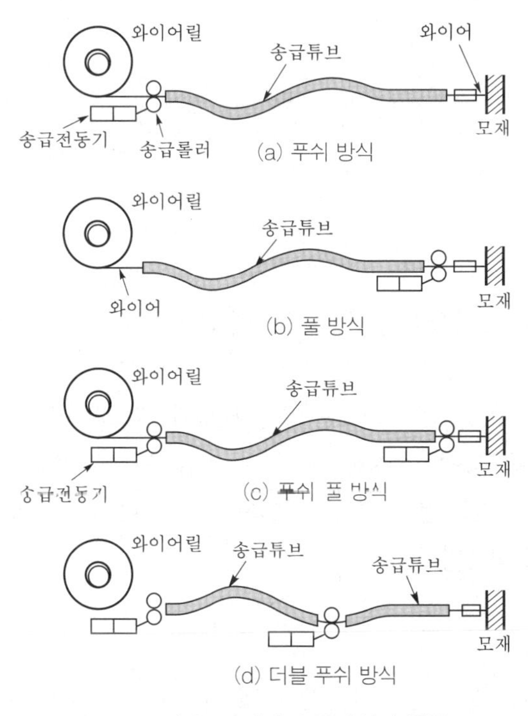

그림 3. 와이어 송급방식의 종류

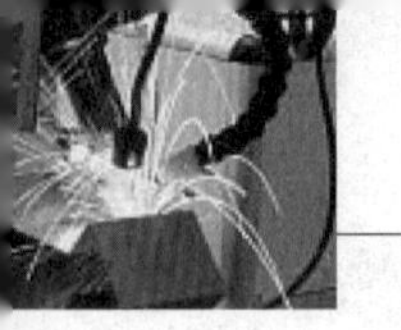

(1) 푸쉬(push) 방식

푸쉬 방식은 와이어 스풀 바로 앞에 송급장치를 부착하여 송급튜브를 통해서 와이어가 용접 토치에 송급되도록 하는 방식으로, 용접 토치가 가볍게 되기 때문에 반자동 용접에 적합하다.

(2) 풀(pull) 방식

송급장치를 용접 토치에 직접 연결시켜 토치와 송급 장치가 하나로 되어 있어 송급시 마찰 저항을 작게 하여 와이어 송급을 원활하게 한 방식으로, 주로 직경이 작고 재질이 연한 와이어(Al 등)에 이 방식이 사용된다.

(3) 푸쉬-풀(push-pull) 방식

와이어 스풀과 토치의 양측에 송급장치를 부착하는 방식으로 송급튜브가 길고 재질이 연한 재료에 사용된다. 이 방식은 송급성은 양호하지만 토치에 송급장치가 부착되어 있어 조작이 불편하다.

(4) 더블 푸쉬(double push) 방식

이 방식은 푸쉬식 송급장치와 용접 토치와의 중간에 또 하나의 푸쉬 송급장치(보조 송급장치)를 장착시켜 2대의 푸쉬 전동기에 의해 송급하는 방식으로, 송급튜브가 매우 긴 경우에 사용된다. 용접 토치는 푸쉬 방식의 것을 사용할 수 있어 조작이 간편하다.

26. 용접비용

1 개요

용접 재료에 따른 비용을 평가하는 것은 많은 변수들을 수반하므로 매우 어려운 일이라 할 수 있다. 설계 기술자는 용접부를 산출하는 업무를 잘 수행하기 위해 용접 연결부의 크기 및 형상을 결정하여야 한다. 또한, 용접 기술자는 용접 방법과 최소의 비용으로 용접부의 요구 특성을 만족시킬 수 있는 용접 재료를 선정하여야 한다. 임금 및 작업 비용의 증가와 관련하여 가장 적합한 용접부를 얻을 수 있는 용접 방법의 선정은 매우 신중하게 검토하여야 한다. 총 용접 비용의 약 85%가 인건비와 고정비이다.

2 용접비용

용접비용에 영향을 미치는 인자는 대기시간, 용접 이음부, 용접봉의 선택, 용접지그의 활용 여부이며 용접비용 계산에 필요한 항목은 다음과 같다.

(1) 재료비

각종 재료의 단가, 용착효율, 개선단면적, 용접덧살, 비중, 플럭스 소모비, 가스유량 등

(2) 인건비

용착속도, 아크 발생률, 가우징 시간, 이면재 취부시간, 시간당 공임 등

(3) 기타

용접기 가격, 전력 단가, 용접기 전력효율, 감가상각비, 보수율 등이 있다.

따라서 용접비용을 다음 식으로 구한다.

용접비용=(용접재료비 혹은 용착금속 1kg당 비용)+(인건비)+(전력요금)+
(감가상각비 및 유지보수비)

27. 용접비용 계산방법

1 개요

(1) 용착효율

전체 사용된 용접금속에 대한 실제 용접부에 용착된 용접금속의 무게 비를 의미한다.

용착효율=용착 금속 중량/사용된 용접봉 중량×100%

(2) 용착속도

단위시간(분)에 용착되는 용착 금속의 중량(g/분)으로 표시된다. 이는 용착효율과 함께 용접의 효율성을 평가하는 중요한 요소이다.

(3) 아크 발생률

기본적으로 용접기의 효율에 좌우되지만 용접 작업 중 용접봉 교환, 예열, 슬래그 제거 등 기본적인 작업 외에 각종 여유시간이 많아 전체작업 시간 중 실제 아크가 발생되는 작업 시간은 매우 적다. 일반적으로 수동용접은 35~40%, 자동용접은 40~50% 정도가 된다. 또한 용접 작업에 소요되는 시간은 용가재 종류, 직경, 적용 제품의 종류에 의해서 달라지며, 특히 용접자세가 하향이면 상향자세에 비해서 절반정도 감소하므로 가능하면 하향자세의 용접을 수행하는 것이 용접공정의 단축에 유리하다.

(4) 용접 재료량 계산

용접이음의 용착금속 단면적에 용접길이를 곱하여 얻어지는 용착 금속량과 손실량을 가산하여 계산된다.

(5) 용접봉의 소모량

용접이음부의 단면적에 용접길이와 용착금속의 비중을 곱하여 용착금속의 중량을 구하고 다음에 용접봉의 손실량을 감안하여 산출한다. 즉 용착효율을 알면 용접봉의 소모량을 알 수 있다.

2 용접비용 계산방법

먼저 가장 기본이 되는 예상 용착금속 중량을 아래 식에 따라서 구하고,

용착금속 중량$=pV$

여기서, p : 용착금속의 비중량(kg/cm^3), V : 용착금속의 부피(mm^3)

이에 따른 용접비용을 다음 식으로 구한다.

용접비용=(용접재료비 혹은 용착금속 1kg당 비용)+(인건비)+(전력요금)+(감가상각비 및 유지보수비)

$$\text{용착금속 1kg당 비용(용접봉 단가)} = \frac{1\text{ kg}}{\text{용접봉(심선)사용율} \times \text{용착율}} \times \text{심선단가}$$

이때 SAW일 경우 Flux 비용, Inert Gas 용접일 경우 가스비용을 추가한다.

Gas 비용=Arc Time×Gas Flow Rate 단가

인건비는 (작업시간×공임단가)로 산출한다.

$$\text{작업시간} = \frac{\text{아크시간(Arc Time)}}{\text{아크시간 효율(Arc Time Efficiency)}}$$

전체 용접 시간은 아크 발생시간(Arc Time)+전처리시간+후처리시간을 말하며, 아크시간 효율이라 함은 아크시간이 전 용접 시간 중에 점유하는 것을 나타내며, 아크시간효율은 수동일 때 30~40%이고 자동일 때 40~50%로 한다.

전력요금은 (전력량)×(전력요금 단가)로 산출한다.

$$\text{전력요금} = \frac{(\text{전류} \times \text{2차부하전압})}{\text{용접기 효율}} \times \text{Arc Time} \times \text{전력요금 단가}$$

용접기의 종합효율로 AC는 50%, DC는 70%로 본다.

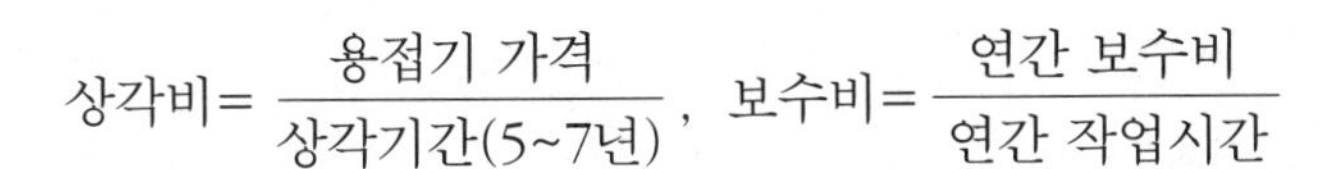

$$상각비 = \frac{용접기\ 가격}{상각기간(5\sim7년)},\quad 보수비 = \frac{연간\ 보수비}{연간\ 작업시간}$$

보수비는 연간 기계대금의 10%로 보는 것이 좋으며, 이외에 용접 준비비, 열처리비, 검사비도 포함시킨다.

28. 용접경비를 줄이는 데 필요한 사항

1 개요

용접에 의한 공사, 기타 제작에 필요한 경비의 견적 산출에는 재료비, 노무비, 전기료, 일반 간접비 및 이익을 고려하지 않으면 안 되며, 일반적으로 용접경비를 분석해 보면 다음과 같다.

(1) 재료와 준비 가공비 35~45%

(2) 용접비용 15~20%

(3) 조립비용 10~15%

(4) 기타, 마무리비용, 이익 등으로 산정한다.

용접설계의 불량, 홈 가공의 불량 및 용접부재 불량의 경우는 용접 시간에 영향을 크게 미치며 비용도 많아지게 된다.

2 용접경비를 줄이는 데 필요한 사항

용접경비를 줄이는 데 필요한 유의사항은 다음과 같다.

(1) 재료절약을 위한 연구가 필요하다.

(2) 용접봉의 선정과 경제적 사용방법을 선택한다.

(3) 고정구, 용접지그 사용에 의한 일의 능률을 향상(아래보기자세 채용)시킨다.

(4) 용접공의 작업능률을 향상시킨다.

(5) 적당한 품질관리와 검사이행으로 재용접하는 일이 없게 한다.

29. 용접기호

1 개요

용접기호는 용접구조물의 제작도면에서 설계자가 의도하는 이음형식과 홈의 형상, 필릿의 다리길이(각장), 용접깊이, 이면용접, 비드표면의 끝내기방법, 용접법, 용접 장소 등을 나타내기 위한 것이다.

KS B 0052에서 용접기호는 설명선(기선, 지시선, 화살표), 기본용접기호, 보조용접기호, 치수와 그 밖의 자료 및 특별한 지시사항을 나타내는 꼬리부분으로 되어있다.

2 설명선

설명선은 용접이음이 존재하는 위치를 표시하기 위하여 화살표를 이용하고 이음의 종류, 용접의 종류, 홈의 치수 및 용접구조물의 제작에 필요한 사항을 기호와 숫자로 설명하는 것으로서 기선, 화살, 꼬리로 구성되는데 꼬리는 필요가 없으면 생략해도 좋다.

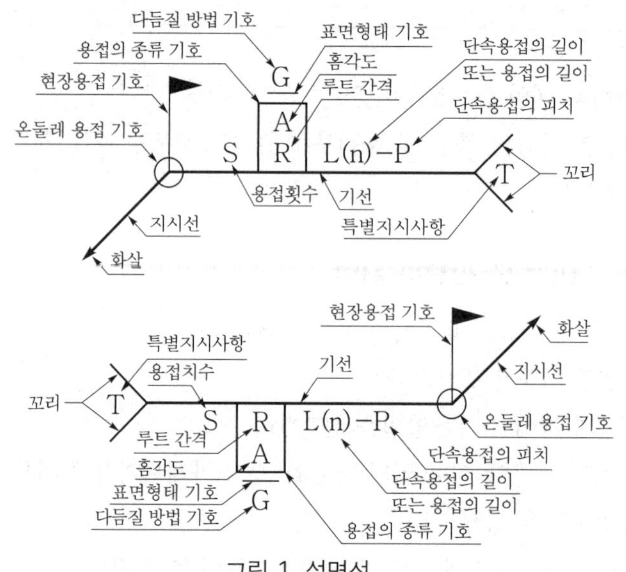

그림 1. 설명선

(1) 적용 예

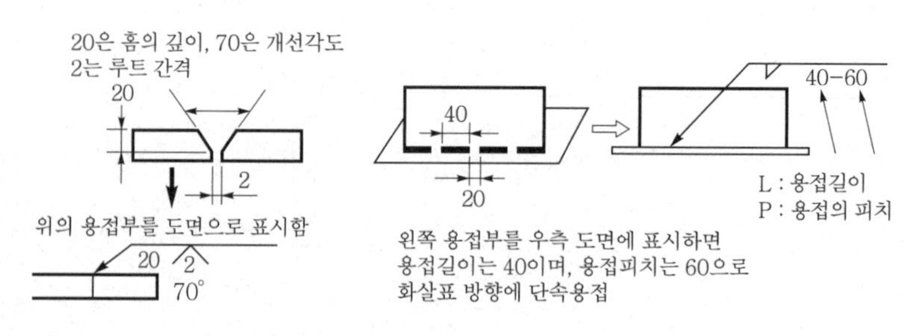

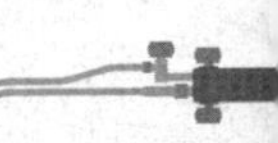

3 기본용접기호

용접부의 모양	기본 기호	비고
양쪽 플랜지형	八	
한쪽 플랜지형	|(	
I 형	||	업셋 용접, 플랜지 용접, 마찰 용접 등을 포함한다.
V형, X형(양면 V형)	∨	X 형은 설명선의 기선(이하 기선이라 한다)에 대칭으로 이 기호를 기재한다. 업셋 용접, 플랜지 용접, 마찰 용접 등을 포함한다.
L형, K형(양면 L형)	|/	K형은 기선에 대칭으로 이 기호를 기재한다. 기선의 세로선은 왼쪽에 그린다.
J형, 양면J형	|)	양면 J형은 기선에 대칭으로 이 기호를 기재한다. 기호의 세로선은 왼쪽에 그린다.
U형, H형(양면U형)	◡	H형은 기선에 대칭으로 이 기호를 기재한다.
플레어 V형 플레어 X형	)(	플레어 X형은 기선에 대칭으로 이 기호를 기재한다.
플레어 L형 플레어 K형	|(	플레어 K형은 기선에 대칭으로 이 기호를 기재한다. 기호의 세로선은 왼쪽에 그린다.
필렛	◺	◺는 단속 필렛용접, ⧖는 연속(병렬) 필렛용접, ⧖는 지그재그 필렛용접을 나타낸다.
플러그, 슬롯, 비드, 살돋움	⊓	살돋음 용접의 경우는 이 기호 2개를 나열하여 기재한다.
점, 프로젝션, 심	⋇	겹치기 이음의 저항용접, 아크 용접, 전자빔 용접 등에 의한 용접부를 나타낸다. 다만, 필렛 용접은 제외한다. 심 용접일 경우는 이 기호를 2개 나열하여 기재한다.

4 용접보조기호

구분	보조기호	비고
용접부의 표면모양	—	
	⌒	기선의 밖으로 향하여 볼록하게 한다.
	◡	기선의 밖으로 향하여 오목하게 한다.
용접부의 다듬질 방법	C	
	G	그라인더 다듬질일 경우
	M	기계 다듬질일 경우
	F	다듬질 방법을 지정하지 않을 경우
현장용접	⚑	
전체둘레 용접	○	
전체둘레 현장용접	○⚑	

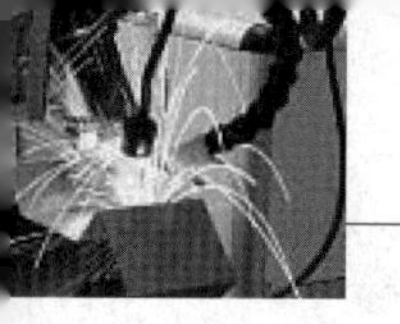

비파괴시험	방사선투과 시험	일반	RT
		2중벽촬영	RT-W
	초음파 탐상시험	일반	UT
		수직탐상	UT-N
		경사각 탐상	UT-A
	자기분말 탐상시험	일반	MT
		형광탐상	MT-F
	침투탐상 시험	일반	PT
		형광탐사	PT-F
		비형광탐사	PT-D
	전체선 시험		○
	부분 시험(샘플링 시험)		△

5 모살용접부 표기사례

용접내용	용접형상	용접표기(단면)	용접표기(입면)
용접길이 L=500mm	500	500	500
양쪽모살 용접치수 S=6mm	6 6	6	6
양쪽모살 용접치수 다른 경우	6 9	6 9	6 9
병렬용접 용접길이, L=50mm 용접수, n=3 피치, P=150mm	50 50 50 150 150	50(3)-150	50(3)-150
지그재그 용접 용접치수, S=6 또는 9mm 용접길이, L=50mm 용접수, n=2 또는 3 피치, P=150mm	9 6 50 50 50 50 50 150 150	지그재그 용접표시 9 50(2)-150 6 50(3)-150	9 50(2)-150 6 50(3)-150
지그재그 용접 용접치수, S=6mm 용접길이, L=50mm 용접수, n=2 또는 3 피치, P=100mm	6 6 50 50 50 50 50 100 100	50(2)-100 6 50(3)-100	50(2)-100 6 50(3)-100

6 맞대기용접부 표기사례

용접 내용	실체 모양	기호 표시
완전용입용접 • 판 두께=12mm • 받침쇠사용 • 개선각도(A)=45° • Root간격=4.8mm • 다듬질 방법(G)=절삭	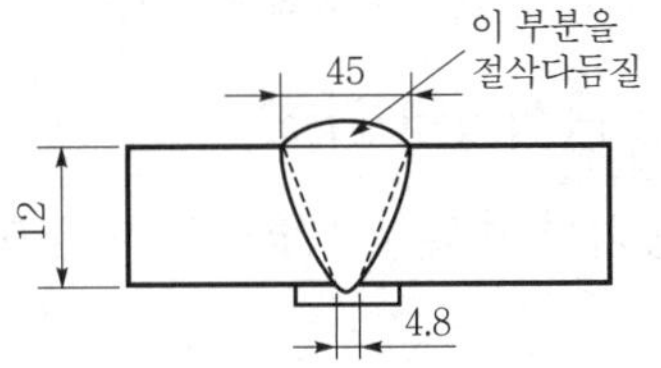	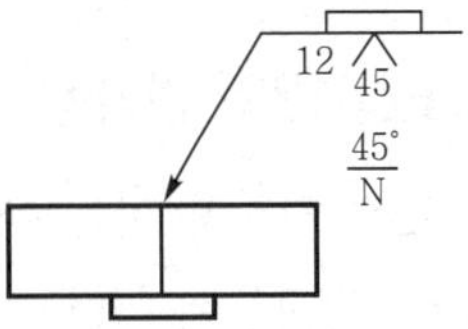
부분용입용접 • 판 두께=10mm • 홈깊이(S)=16mm • 개선각도(A)=60° • Root간격=4mm	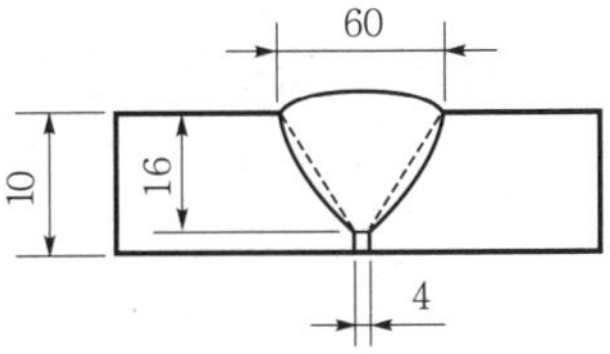	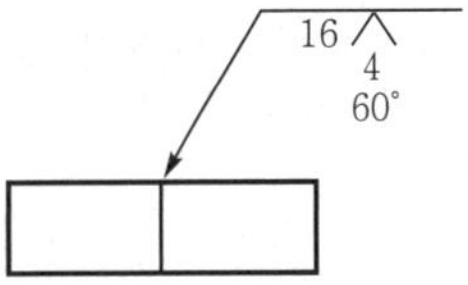
완전용입용접 • 판 두께=12mm • 홈두께=5mm • 개선각도(A)=60° • Root간격=0	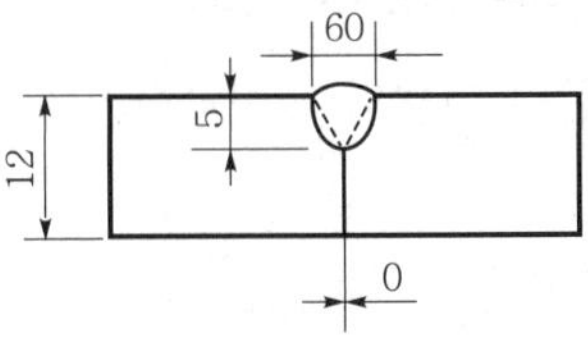	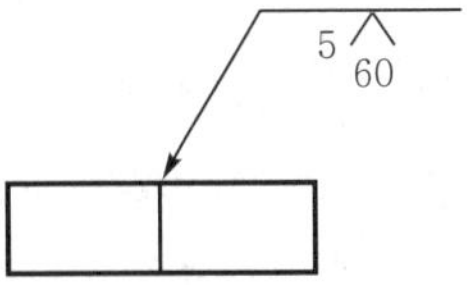
플레어 용접 봉강, 철근, 절곡에 의해 모서리가 둥글게 되어 있는 부재를 용접하는 방법으로 플레어 용접은 부분용입도량 용접의 특별한 경우	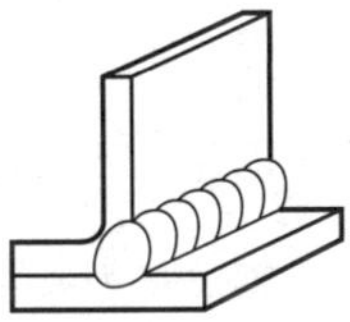	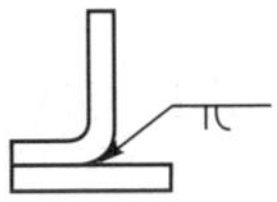 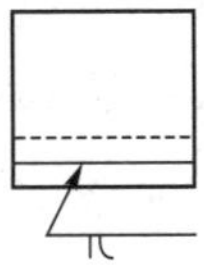

30. 용접봉에서 피복제의 역할

1 용접봉에서 피복제의 역할

피복제의 중요한 역할은 다음과 같다.

(1) 아크 발생제 : 아크의 발생을 용이하게 하고 더욱이 안정시킨다.

(2) 가스 발생제 : 대기로부터 용융지(molten pool)를 보호한다.

(3) 슬래그 형성제 : 비드(bead), 파형(波形) 등을 조절한다.

(4) 탈산제 : 용착금속을 청정하게 한다.

(5) 금속 첨가제 : 강도 등을 낸다.

(6) 고착제 : 위의 약품류를 심선에 고착시킨다.

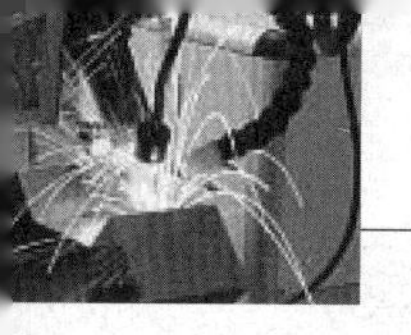

31. E6013의 연강용 피복 아크 용접봉과 E71T-1의 플럭스 코어드 아크 용접봉의 기호가 의미하는 것을 설명

1 E6013의 연강용 피복 아크 용접봉의 기호

E6013의 연강용 피복 아크 용접봉의 기호의 표시방법은 다음과 같다.

(1) E : 전기용접봉(Electrode)

(2) 60 : 용착금속의 최소 인장강도(Ksi)

(3) 1 : 용접자세(0, 1 : 전자세, 2 : 아래보기 및 수평필릿자세, 3 : 아래보기, 4 : 전자세 또는 특정자세)

(4) 3 : 피복제의 종류(극성에 영향)

2 E71T-1의 플럭스 코어드 아크 용접봉의 기호

E71T-1의 플럭스 코어드 아크 용접봉의 기호의 표시방법은 다음과 같다.

(1) E : 전기용접봉(Electrode)

(2) 7 : 용착금속의 최소 인장강도(Ksi)

(3) 1 : 용접자세(전자세)

(4) T : FCW(Tubular)

(5) 1 : 용접봉 사용특성(1 : CO_2, DC +, 다층용접, 1M : Ar혼합가스, DC +, 다층용접, 4 : 논가스, DC +, 다층용접)

32. 용접재료 중에서 피복 배합제의 종류에 대해서 4가지를 쓰고, 각각에 대한 기능을 설명

1 개요

피복 배합제 종류는 위의 피복제의 역할에서 나타낸 아크 안정제, 환원제(가스발생제), 탈산제, 합금제, 고착제, 슬래그 생성제 외에 유동성 증가제(횡혈염, 형석, 빙정석, 규사, 산화티탄), 고착제(규산소다, 소맥분, 아교, 당밀), 슬래그 이탈성 증가제가 있으며 표 1과 같다.

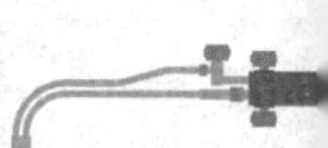

표 1. 피복 배합제의 성질

물질 성질	아크의 안정	슬래그 생성제	탈산제	환원가스발생제	산화제	합금제	유동성 증가	고착제	슬래그 생성제
탄산소다, 중탄산소다, 산성백토	O	O							
탄산칼리, 석탄, 석회석	O	O							
황혈염	O	O					O		
형석	O	O					O		O
붕사, 붕산, 고토, 제강 슬래그		O							
탄산마그네슘, 알루미나		O							
빙정석		O					O		
규사, 이산화망간									
산화티탄, 석면	O	O					O		O
밀스켓, 사철	O	O			O		O		O
페로실리콘, 페로티탄, 페로바나륨			O		O				
산화몰리브덴, 산화니켈					O	O			
망간, 페로망간, 크롬, 페로크롬			O			O			
알루미늄, 마그네슘			O						
니켈, 크롬선, 구리						O			
규산소다, 규산칼리	O	O					O		
소맥분	O		O	O			O		
면사, 면포, 종이, 목재, 톱밥	O		O	O					
탄분	O		O	O		O			
해초풀, 아교, 카세인, 젤라틴, 아라비아 고무, 당밀				O			O		

2 용접재료 중에서 피복 배합제의 종류에 대해서 4가지를 쓰고, 각각에 대한 기능을 설명

(1) 아크 안정제

아크의 발생과 지속을 쉽게 하여(작업성) 안정시키는 것으로서 교류 아크 용접에서 재점화 전압이 낮을수록 좋으므로 이온화 전압이 낮은 물질이 좋으며 산화티탄(TiO_2), 규산나트륨(Na_2SiO_3), 석회석($CaCo_3$), 규산칼륨(K_2SiO_3) 등이 사용된다.

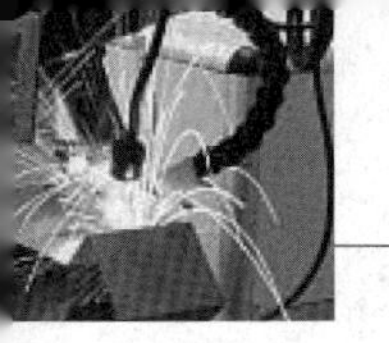

(2) 가스발생제

가스를 발생시켜 용접부를 대기와 차단하여 산화, 질화를 방지하는 것으로서 녹말, 석회석($CaCo_3$), 톱밥, 탄산바륨(K_3SiO_3), 셀룰로오스(cellulose) 등이 있다.

(3) 탈산제

용융 금속 중에 침입한 산소를 제거하는 것으로서 규소철(Fe-Si), 티탄철(Fe-Ti), 망간철(Fe-Mn), 알루미늄(Al) 등이 사용된다.

(4) 슬래그 생성제

용접부의 표면을 덮어 산화와 질화를 막으며 냉각 속도를 느리게 하는 것으로 규사, 운모, 석면, 석회석, 사철, 일미나이트, 이산화망간, 형석, 장석 등이 사용된다.

(5) 합금첨가제

용융 금속 중에 합금 원소를 첨가하여 그 화학 성분을 조성하는 것으로 망간, 실리콘, 크롬, 구리, 바나듐 등의 금속원소가 이용된다.

(6) 고착제

피복제를 단단하게 심선에 고착시키는 것으로서 규산나트륨, 규산칼륨, 소맥분 등이 사용되며, 한편 피복 용접봉을 용착금속을 보호하는 방식에 따라 분류하면 슬래그 생성식, 가스 발생식, 반가스 발생식으로 나눌 수 있다.

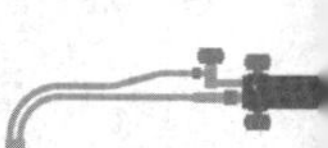

33. 연강용 피복아크 용접봉의 종류 5가지와 각각의 용접특성을 설명

표 1. 연강용 피복아크 용접봉의 규격 KS D 7004

종류	피복제 계통	자세	전류	기계적 성질			
				인장 강도	항복점	연신율	샤르피 흡수에너지
E4301	일루미나이트계	F,V,O,H	AC 또는 DC(±)	420(43) 이상	345(35) 이상	22이상	47 이상
E4303	라임티타니아계	F,V,O,H					27 이상
E4311	고셀룰로오스계	F,V,O,H					
E4313	고산화티탄계	F,V,O,H	AC 또는 DC(-)			17 이상	-
E4316	저수소계	F,V,O,H	AC 또는 DC(+)			25 이상	47 이상
E4324	철분 산화티탄계	F,H	AC 또는 DC(±)			17 이상	-
E4326	철분 저수소계	F,H	AC 또는 DC(+)			25 이상	47 이상
E4327	철분 산화철계	F,H	F에서는 AC 또는 C(±) H에서는 AC 또는 DC(-)				27 이상
E4340	특수계	F,V,O,H 또는 어느 자세	AC 또는 DC(±)			22 이상	

자세 및 용어 참조

(1) F 아래보기자세, V 수직자세, O 위보기자세, H 수평자세 또는 수평 필릿용접

(2) V, O는 심선의 지름 5.0mm를 초과하는 것에는 적용하지 않는다.

(3) AC 교류, DC(±) 직류[봉 플러스 및 봉 마이너스]

(4) DC(-) 직류 봉 마이너스

(5) DC(+) 직류 봉 플러스

1 연강용 피복아크 용접봉의 종류 5가지와 각각의 용접특성을 설명

(1) E4311(고셀룰로오스계 용접봉)

셀룰로오스 20~30%를 포함하며 가스 실드에 의한 아크 분위기가 환원성이므로 용착 금속의 기계적 성질이 양호하고 박판용접에 사용하며 수직상진, 하진 및 위보기자세 용접에 우수한 작업성을 나타낸다. 슬래그가 적어 좁은 홈의 용접에 좋으며 비드 표면이 거칠고 스패터가 많고 기공이 생길 염려가 있어 슬래그 실드계 용접봉에 비해 용접전류를 10~15% 낮게 사용하며 사용 전 70~100℃에서 30분~1시간 정도 건조 후 사용한다.

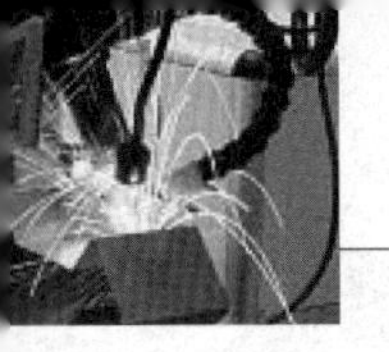

(2) E4301(일루미나이트계 용접봉)

일루미나이트($FeOTiO_2$) 30% 이상 포함하며 용접성이 우수하여 일반 구조물의 중요 강도 부재용접에 사용하고 기계적 성질이 양호하다.

(3) E4303(라임티타니아계 용접봉)

산화티탄 약 30% 이상을 포함하며 전자세 용접이 가능하고 기계적 성질이 우수하다.

(4) E4313(고산화티탄계 용접봉)

산화티탄 약 35%를 포함하며 용접 외관과 작업성이 우수하고 용입이 비교적 얕아서 엷은 판의 용접에 적당하다. 기계적 성질이 다른 용접봉에 비하여 약하고 용접 중고온 균열을 일으키기 쉬우며 경구조물 용접에 사용한다.

(5) E4316(저수소계 용접봉)

주성분은 석회석이며 용접봉의 내균열성이 우수하고 수소 함유량이 극히 적으며 아크의 길이가 짧고 끊어지기 쉬워 아크가 불안정하다. 연성과 인성이 좋아서 고압용기, 후판 중구조물 용접에 사용하며 슬래그의 유동성이 불량하고 균열을 일으키기 쉬운 강재에 적당하며 300~350℃에서 1~2시간 건조 후 사용하며 피복제가 습기를 흡수한다.

(6) E4324(철분 산화티탄계 용접봉)

고산화티탄계 용접봉의 피복제에 약 50%의 철분을 첨가하며 작업하기 쉽고 용착속도가 커서 작업능률이 향상되며 아래보기 및 수평 필릿자세에 한정한다.

(7) E4326(철분 저수소계 용접봉)

저수소계 용접봉의 피복제에 30~50%의 철분을 첨가하고 용착 속도가 크고 작업 능률이 향상되며 아래보기 및 수평 필릿용접에 적합하다.

(8) E4327(철분 산화철계 용접봉)

산화철에 30~45%의 철분을 첨가하며 중력식 아크 용접에 많이 사용하고 아래보기 및 수평 필릿용접에 적합하다.

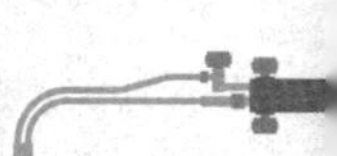

34. 아크 용접용 로봇의 센서

1 개요

아크 용접은 용접 토치의 자세제어나 위치결정 및 용접선의 궤적정밀도에 높은 정밀성이 요구되고, 여러 용접조건의 설정이 어떤 일정한 규칙을 가지지 않아 로봇의 기술구현이 간단하지 않다. 또, 위빙이나 용접이상 검출 등의 특수 기능에도 고도의 기술이 요구되므로 그 보급 및 실용화가 더디게 진행되고 있다. 그러나 아크 용접은 그 작업환경이 매우 열악하기 때문에 로봇을 이용한 자동화가 어느 분야보다 절실히 필요하다. 현재 대표적으로 자동차 · 조선 · 중장비 등의 분야에서 아크 용접용 로봇을 사용하고 있다.

많은 아크 용접 라인이 설치되어 사용되고 있지만 여전히 다른 공정에 비해 자동화하기가 몹시 까다로운 생산공정인 까닭에, 자동화 라인임에도 불구하고 비교적 높은 불량률을 나타내고 있다. 최근에 개발된 로봇은 아크 용접에 필요한 수준의 정밀도를 갖출 만큼 처리하는 속도가 향상되었다.

2 아크 용접용 로봇의 센서

(1) 아크 센서

추적기능 아크 센싱이란 위빙 용접을 하는 중에 용접변수(주로 용접전류, 전압)를 실시간으로 분석하여 용접 토치의 중심점이 용접선으로부터 좌우로 얼마나 벗어났는지를 판별, 용접선을 자동으로 추적하는 방법이다. 아크 센싱에는 용접전류를 구하는 방법에 따라서 두 가지가 있다.

첫 번째는 용접기에서 로봇 제어기로 보내 주는 전류를 분석하는 방법이며,

두 번째는 외부장치를 설치해서 용접전류를 직접 검출하는 방법이다.

외부검출법에서 용접전류량은 Hall-Sensor를 사용하여 검출하며, 이렇게 검출된 전류를 외부 기기에서 분석, 이를 로봇 제어기로 전송하면 로봇은 전송되어진 정보에 따라서 용접선을 추적하게 된다. 따라서 외부검출법은 추가비용이 들지만, 이에 반해 내부검출법은 원래 사용되는 정보를 활용하기 때문에 소프트웨어 개발비 이외의 추가비용이 발생하지 않는다. 최근에는 위빙을 하지 않고도 센싱하는 방법이 개발됐고, 또 이를 사용하는 곳도 있다. 하지만 아크 센서는 박판에서 적용되기 힘들고, 특성상 용접선의 위치를 미리 알 수 없기 때문에 용접선의 변화가 심한 경우에는 안정적인 추적이 힘들게 된다.

(2) 전용 레이저 비전센서

아크 센싱은 매우 유용한 기능이기는 하지만 몇 가지 단점이 있으며, 아크 센서를 적용하기 어려운 경우에도 효과적으로 사용할 수 있는 방법이 레이저 비전센서를 이용한 추적이다. 용접 토치 진행방향의 앞부분에 레이저 센서를 부착하면 레이저 평면이 용접대상물에 조사되는

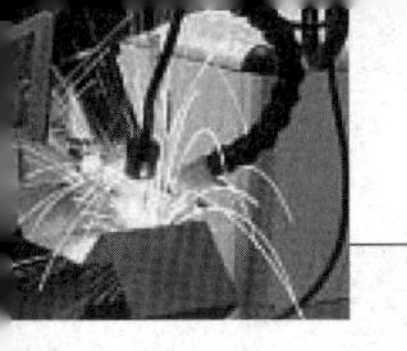

데, 레이저와 용접대상이 만나서 만들어지는 레이저 무늬의 형상을 분석하면 대상용접물의 위치 및 갭 등의 용접조건을 검색할 수 있다.

이러한 값을 기준으로 용접선을 추적할 수 있을 뿐만 아니라 전압, 전류, 속도 등의 용접변수를 제어하는 것도 가능하다. 또, 아크 센서와는 달리 시작점 및 종료점을 미리 검색하며 진행할 수 있다는 장점도 지니고 있다.

35. 항공 및 자동차 분야에서 활용되고 있는 접착제를 이용한 결합(Adhesive bonding)의 원리 및 장점 4가지를 설명

1 개요

접착제를 이용한 결합은 항공기 산업을 중심으로 발달되었으며, 최근 차량의 경량화를 위해 자동차산업에서 활용 범위가 확대되고 있다. 국외에서는 알루미늄 차체에 적용하기 위해 기계적인 접합과 동시에 적용하여 공정 개발하였지만, 국내에서는 경량금속 접합기술에 적용하여 일부 사용하는 것 이외에 자동차 차체부품에 적용은 아직 미미하다.

자동차 차체업체에서는 전통적으로 스폿 용접과 아크 용접, 일부업체에서 레이저 용접이 대부분을 차지하고 있다. 그러나 이종재료 차체의 경우 SPR공정과 더불어 이종재료의 접합강도 향상과 전위차부식을 방지하기 위해 접착제에 관한 연구가 필요하다. 차체 본딩을 위해서는 본드의 젖음성 개선을 위한 예비처리와 최고의 강도를 가지기 위해서는 일정한 gap을 유지하는 기술이 필수적으로 개발되어야 한다.

이러한 일정한 gap에서 본드와 접합 재료 간에 물리적, 화학적 상호작용으로 접합강도를 유지한다.

2 항공 및 자동차 분야에서 활용되고 있는 접착제를 이용한 결합(Adhesive bonding)의 원리 및 장점 4가지를 설명

본딩 공정 병행이 스폿 용접 공정보다 강도가 40% 향상된다고 보고되고, 스폿 용접 공정을 반으로 줄여도 강도는 스폿용접 공정보다 38% 향상된다고 보고됨으로서 본딩 공정이 향후 차체 접합의 중요한 요소기술이 될 것으로 판단된다. 접착제를 이용한 결합은 이종재료의 결합이 가능하며, 결합 설계 및 결합 과정이 단순하다.

또한 접착제 차체가 습기에 대한 차폐막 역할을 하게 되어 부가적인 실링(Sealing)의 필요성이 없어진다. 그러나 결합 시간이 길고, 환경적 문제가 있는 것이 그 단점이다. 일반적인 접착제를 이용한 결합 과정은 시편이 준비된 상태에서 준비된 시편을 전처리 작업을 수행한다. 그다음 접착제를 일정 두께로 도포하고 마지막으로 시편을 겹친 후에 일정압력을 가하여 접착제를 경

화시킨다. Adhesive zone은 접착제와 소재의 접착계면 사이의 화학적, 물리적 반응에 의한 접합 부위를 의미하며, 일반적으로 0.1~0.6mm 간격에서 반응이 일어난다. Cohesive zone은 고온에 의해서 경화된 접착제 차체의 접착력을 의미한다. 접착제를 이용한 결합방법은 다른 결합방법과 달리 다음과 같은 장점이 있다.

첫째, 볼트나 리벳 이음에 의한 결합보다 무게를 감소시킬 수 있다.

둘째, 접합면 전체에 응력이 고르게 분포되어 응력 집중을 막을 수 있다.

셋째, 이종 재료간의 결합에서 발생할 수 있는 화학적 부식을 방지할 수 있다.

넷째, 리벳 이음이나 용접에 비해 뛰어난 피로저항을 갖고 있으며, 감쇠나 소음을 줄이는 효과도 우수하다. 이러한 장점들에 반해서 일반적으로 공정추가로 인한 접합시간이 길고, 분해하기가 곤란하며, 온도나 습도 등에 의한 접합강도가 떨어지는 단점이 있다.

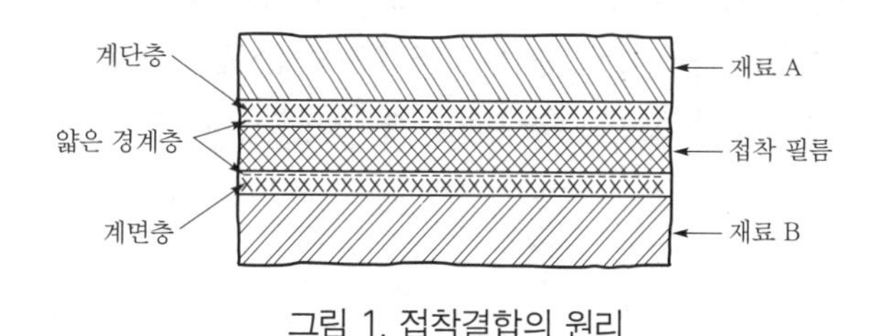

그림 1. 접착결합의 원리

그림 2. 이중 시어랩조인트에서 오버랩과 전단강도의 관계

36. 자동차 경량화 기술인 하이브리드 알루미늄-FRP 설계 부품의 결합기술

1 개요

알루미늄이나 화이버 보강 플라스틱(FRP)은 하이브리드 부품설계에 적합한 소재들의 사용을 통하여 중량의 절감이 결합과정에 유지되지 않는다면 최적화된 결과물로서 취급될 수 없다. 이

러한 결합부위에서의 장기적 강성은 차량의 운행 전기간에 걸쳐 자동차의 특성을 확보하기 위하여 기본적으로 요구되는 항목이며, 또한 생산원가가 저렴한 생산공정이 적용되어야 한다. 금속/플라스틱을 연결하여 제작하는 방법은 기계적 결합이나 접착 그리고 조합되는 기술 등을 포함하고 있다.

2 자동차 경량화 기술인 하이브리드 알루미늄-FRP 설계 부품의 결합기술

(1) 결합 공정

화이버 복합소재 부품의 경우 열저항의 가능성이 없는 대신에, 알루미늄과 화이버 보강 플라스틱인 2가지의 열팽창계수가 매우 상이한 경량화 소재들이 함께 결합되어야 하는 경우 문제가 발생한다. 자동차 차체에 대한 생산공정에 어떻게 결합공정이 구성되어 있는가에 따라서 상이한 열부하 상태를 포함하는 전체 결합방법이 결정된다. 상이한 팽창특성의 결과, 그리고 결합된 부품에 있어 발생이 가능한 상이한 가열 및 냉각조건은 높은 정도의 기계적 하중에 충분하도록 결합되어야 한다. 이는 생산공정 동안 가장 심한 경우 결합부위가 파손되는 손상이 발생하는 결과를 야기할 수 있다.

(2) 기계적 결합

DIN 8593 규격에 따르면, 기계적 결합방법은 "성형공정에 의한 결합" 그룹에 속한다. 이러한 그룹의 분류는 연결되는 소재에 대하여 어떠한 용융없이 결합하는 형태인 저온 생산공정과 연결되는 개념으로서, 결합이 이루어지는 부위는 일반적으로 마찰적 내부연결 형태를 갖는 기계적 체결에 의하여 결합되는 것이다. 이러한 형태는 다시 기술적으로 추가적인 요소를 사용하거나 혹은 사용하지 않는 것으로 세분화된다.

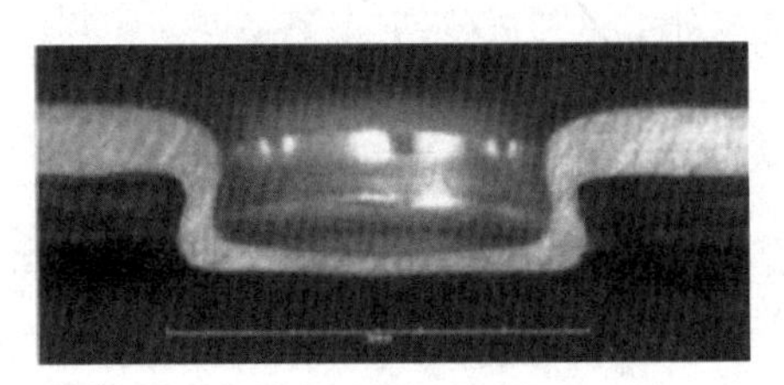

그림 1. Variopunkt 방법을 적용한 스틸과 CRP 소재의 클린칭 방법

그림 1은 Variopunkt 방법을 적용한 스틸과 CRP 소재의 클린칭 방법을 나타내고 있다. 먼저 홀이 CRP 부품을 관통하여 펀칭되고, 스틸소재가 가공된 홀 속으로 펀치에 의하여 압입된다. 또한 언더컷 형태를 만들기 위하여 일치하는 형상의 암놈(Female) 다이를 사용하여 스틸소재를 소성변형시킨다.

자동차 분야에서 많이 사용되고 있으며, 추가적인 결합요소를 사용하지 않는 방법의 하나가 기계적 결합기술인 클린칭 방법이다. 단일공정으로 절단이 없는 클린칭 기술은 연결되는 부품

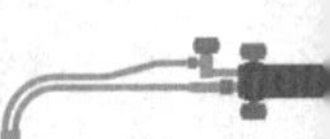

이 상당한 소성특성을 갖는 경우에 적용된다.

이러한 이유로 화이버 복합소재의 결합방법으로는 만족시킬 수 없기 때문에 소재들의 조합을 위해서 보다 특별한 방법의 클린칭 기술이 개발되었으며, TOX Variopunkt와 Eckold Confix 방법이 있다.

37. 레이저를 활용한 3D 프린팅 기술

1 개요

레이저는 에너지를 미세하게 조절하여 재료를 가공할 수 있는 장점을 가지고 있기에 레이저가 발명된 다음부터 많은 관련 응용기술이 연구되고 발전되어 왔다. 선택적 레이저 소결(Selective Laser Sintering)은 레이저를 이용한 재료가공의 한 가지 방법으로, 레이저의 선택적 에너지 전달 기능을 이용해 분말 등의 재료를 선택적으로 고형화시키는 기술을 말한다.

2 레이저를 활용한 3D 프린팅 기술

(1) 재료

SLS는 분말로 만들 수 있고 열에 의해 녹거나 소결되어지는 성질을 가진다면 거의 모든 재료에 대해 사용될 수 있다. 이 점이 SLS가 가진 가장 큰 장점 중의 하나이다. 현재 SLS 에 사용되는 재료의 종류는 polymer, reinforced and filled polymers, metals, hard metals, cermets, foundry sand 등이 있다. 또한, 재료의 혼합여부에 따라 mixture of powders, single component powder, pre-alloyed powder로 나누어지기도 하며, 그림 1에서 SLS에 쓰이는 재료가 분류되어 있다

(2) Binding Mechanism

레이저 소결에 있어 입자 간 결합은 다양하게 이루어지며 고체입자 간의 결합(SSS, Solid State Sintering)은 상승된 온도에 의해 표면 또는 입자 경계부를 따라 존재하는 각각의 입자 사이에 목 형성이 이루어지면서 소결되어진다. SSS의 장점은 넓은 범위의 다양한 재료들에 대해 이 방법이 사용 가능하다는 것이다. 하지만 SSS의 경우 소결 속도가 느리고, 완성이 되기까지 많은 시간이 소요된다.

그러므로 이를 위해 원자확산속도를 증가시키고, 적당한 레이저 스캔속도를 얻기 위하여 분말재료의 예열을 하기도 한다. 액상 소결(LPS, Liquid Phase Sintering-partial melting)은 입자재정립 속도가 빠르고 액체유동이기 때문에 대량의 재료이송이 가능하며, SSS보다 급속조형(rapid form)을 더 신속히 할 수 있다. LPS는 녹는점이 낮은 재료와 녹는점이 높은 재료가 복

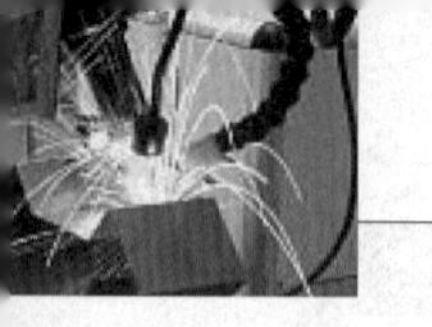

합되어 있는 상태에서, 열에 의해 녹는점이 낮은 재료는 녹지만, 녹는점이 높은 재료는 고체 상태로 존재하게 된다.

이때 액체 상태로 존재하는 녹는점이 낮은 재료가 접합제와 같은 역할을 하여 고체상태의 녹는점이 높은 재료와 서로 결합하면서 소결이 되는 원리이다. LPS는 크게 2가지로 나뉘어지게 되는데, 접합제 역할을 하는 재료(binder material)와 구조 역할을 하는 재료(structural material)가 다른 것의 소결로서 복합분말(composite powder)의 소결이 그것이다. 다른 하나는 binder material과 structural material이 구분이 없는 것으로, binder material와 structural material로 구분하기보다 녹는 재료와 녹지 않은 재료의 영역간의 구분에 의해 판별된다. 이러한 이유 때문에 부분 용융(partially melting)이라 불리어진다.

(3) 가공 변수

레이저 소결부의 품질은 적절한 가공변수들의 선택에 의해 결정되며 레이저 출력, spot 크기, 스캔 속도, 스캔 횟수 등의 기계 변수뿐만 아니라 레이저의 파장 및 재료의 종류, 재료 혼합비, 입자의 크기 등과 같은 분말의 성질도 변수가 된다. 이는 SLS 가공이 에너지 밀도에 의해서만 제어되는 것이 아니라, 레이저와 재료간의 상호작용 또한 밀접하게 연관되어있기 때문이다.

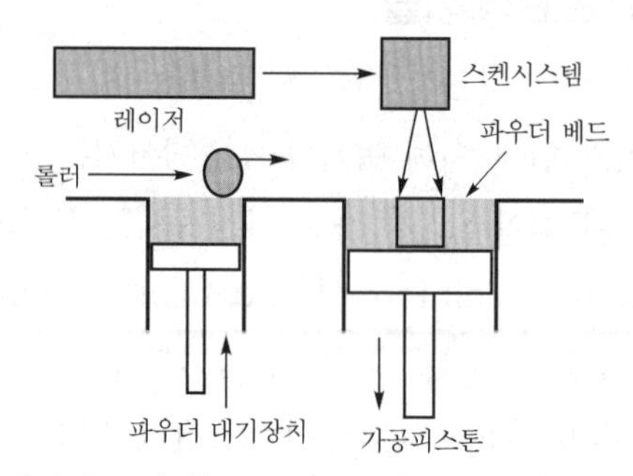

그림 1. 레이저 소결법(SLS, Selective Laser Sintering)

38. 금속 접착 접합(Metal Adhesive Bonding)의 정의, 접착 메커니즘 및 장·단점

1 정의

금속과 플라스틱의 접착 시 대상이 되는 금속은 철강재료, Al과 그 합금, Mg과 그 합금, Cu 및 그 합금, 내열합금, 금속도금 표면 등이다. 플라스틱 재료로서는 폴리프로필렌(polypropylene), 폴리아미드(polyamides : 나일론) 및 복합재료(GFRP나 CFRP)이다.

접착법은 ① 이종재료의 접합이 가능하고, ② 접합온도가 상온 또는 저온이기 때문에 열에 의한 접합부의 변질이 일어나지 않고, ③ 면접합이기 때문에 접합부의 높은 강성이 얻어지며, ④ 접합부의 기밀성이 확보되는 등의 장점을 갖는다.

접착의 원리에 대한 많은 이론적 접근이 시도되었으나 아직 이에 대한 완전한 이론이 밝혀지지 않았다. 현재까지 제시된 접착이론으로 기계적 고착(mechanical interlock), 흡착(adsorption), 확산, 정전기력(electrostatic force) 등을 들 수 있다. 일반적으로 접착은 이들 몇 가지 이론이 혼합되어 발생하는 것으로 추정되고 있다.

2 금속 접착 접합(Metal Adhesive Bonding)의 접착 메커니즘 및 장·단점

(1) SPR(Self Piercing Riveting)법

이 방법은 종래부터 이종금속 재료 등의 접합에 이용되는 자가천공 리벳 방법인 SPR(Self-piercing rivet)방법을 이용한 것으로 SPR 공정의 리벳천공 과정에서 플라스틱 부분의 박리손상이 발생치 않도록 개량한 방법이다.

그림 1은 CFRP의 접합용으로 개발된 SPR의 본체와 CFRP의 박리손상을 방지하기 위한 받침금속을 나타낸 것이다. 사전에 구멍을 가공하지 않고 리벳을 CFRP에 직접 박아 넣을 경우에는 금속과 달리 CFRP의 경우, 구멍 주위에서 박리손상이 일어나 접합 시 문제가 된다. 이를 방지하기 위해 피접합체인 CFRP 표면에 받침금속을 대고 면압을 사전에 가한 상태에서 리벳을 박아 넣도록 설계되어 있다.

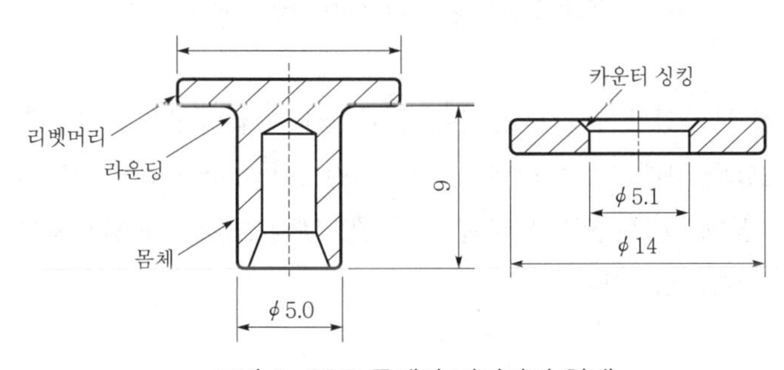

그림 1. SPR 몸체와 지지판의 형태

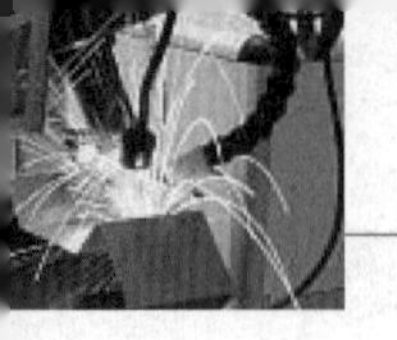

(2) 마찰교반용접(FSW : Friction Stir Welding)

FSW를 이용한 금속과 플라스틱 접합은 주로 겹치기 접합에 이용되며, 열가소성 플라스틱이나 열가소성 플라스틱 기지의 CFRP 및 GFRP와 Al합금과의 접합에 관한 연구개발이 많이 이루어지고 있다.

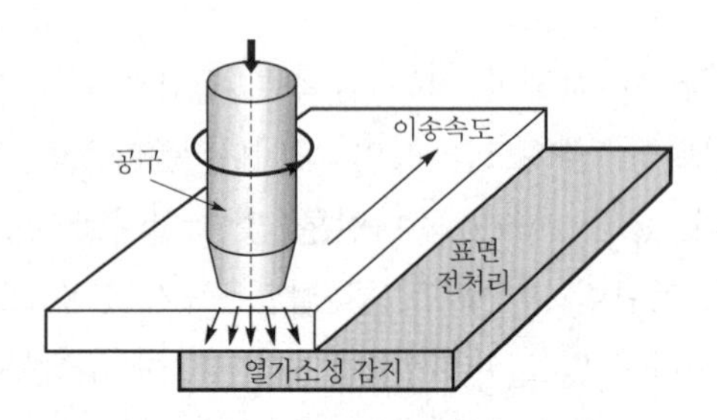

그림 2. 마찰교반용접의 원리

그림 2는 Friction press joining 공정을 보이는 것으로 상부에서 압력을 가하면서 회전을 하면 마찰열이 발생하고 그로 인하여 열가소성 감지는 용융되면서 길이방향으로 이송하면서 접착한다. FSW의 개량형으로 FSSJ(Friction Stir Spot Joining)방법과 FSBR(Friction Stir Blind Riveting)법이 개발되어 있다. 그 중에서 FSBR의 공정을 그림 3에 보인다.

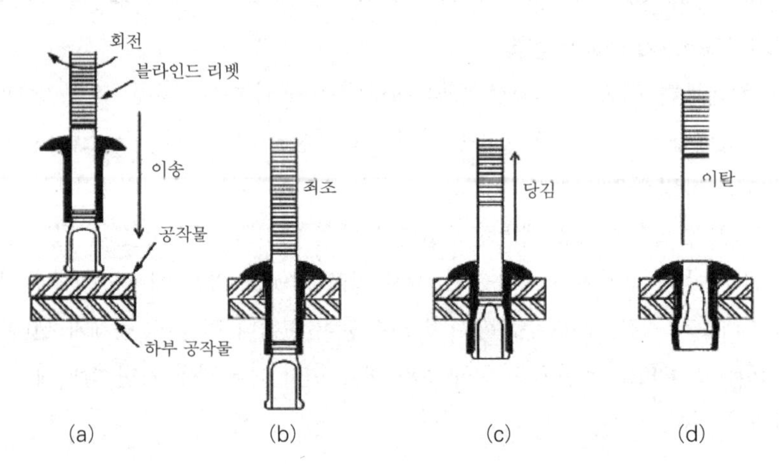

그림 3. FSBR(Friction Stir Blind Riveting)의 과정

여기서 (a)는 회전 블라인드 리벳이 공작물에 접근하는 공정이며, (b)는 블라인드 리벳이 목적하는 위치까지 도달한 상태, (c)는 리벳 지지구인 맨드렐(mandrel)이 위로 올라가면서 리벳에 인장응력을 가하는 상태, (d)는 인장응력에 의해 맨드렐의 노치부가 파괴되어 리벳이 분리되어 접합이 완료되는 공정을 보인 것이다.

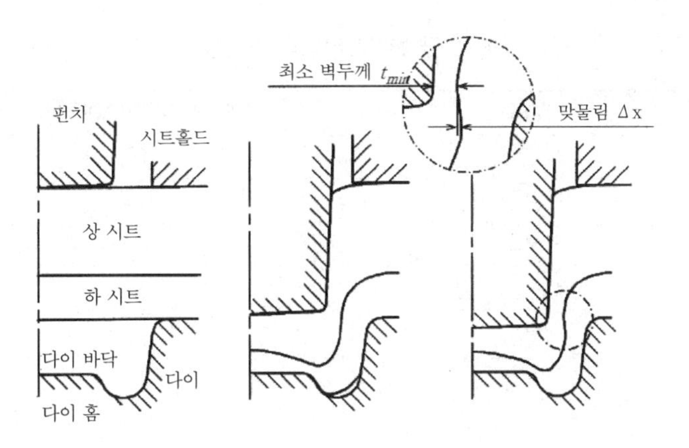

그림 4. 메커니컬 클린칭 과정

(3) 메커니컬 클린칭(Mechanical clinching)

메커니컬 클린칭 공정에 의한 이종소재 접합 연구가 발표되어 있다. 그림 4는 이 공정을 보인 것이다. 위판과 아래 판으로 겹쳐진 피접합 판재는 펀치에 의해 아래 판의 밑 방향으로 확장되어 다이(Die)의 밑부분에 접촉하면서 반경방향으로 확장된다. 확장된 판재는 다이의 측벽과 접촉하여 인터록킹(interlocking)을 형성하며 접합이 완료된다.

39. 세라믹과 금속접합에 있어서 계면부근의 응력발생 시 완화대책

1 개요

금속과 세라믹은 각종 물성에서 많은 차이점을 가지고 있기 때문에, 접합을 위해서는 재료에 관한 폭넓은 지식과 신뢰성 설계의 기초를 필요로 한다.

금속과 세라믹의 접합 방법 중에서도 활성금속 브레이징법은 강도, 신뢰성 및 대량생산성 등을 고려할 때 실용화가 쉬운 접합법으로 알려져 있다. 이러한 금속과 세라믹의 접합에서 중간재로 사용되고 있는 브레이징 합금과 세라믹간의 젖음성 불량과 모재간의 열팽창 계수 차이에 따른 접합계면에서의 열응력 발생은 해결해야 하는 과제이다.

2 세라믹과 금속접합에 있어서 계면부근의 응력발생 시 완화대책

금속과 세라믹의 접합에서는 원자결합 형태의 차이에 의한 결함도 존재하지만, 열팽창계수의 차이에 의한 변형도 고려해야 한다. 일반적으로 금속은 표 1에서와 같이 세라믹에 비해 열팽창계수가 훨씬 크기 때문에, 온도 변화에 따른 잔류응력이 크게 발생하게 된다.

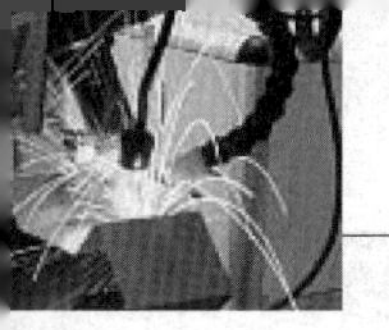

표 1. 금속과 세라믹의 열팽창계수

금속	열팽창계수(10^{-6}/K)
지르코니아	10.5
질화알루미늄	5.3
알루미나	7.1
실리콘 탄화물	2.77
구리	17
은	18
강	13
주석	23.4

발생된 잔류응력은 식 (1)과 같이 접합온도와 금속 및 세라믹의 열팽창계수의 곱에 비례한다.

$$\sigma = \alpha \Delta T \qquad (1)$$

또한, 잔류응력은 접합부의 설계 및 브레이징 합금의 소성변형에 의한 잔류응력의 흡수 정도에 따라서도 달라진다. 잔류응력이 세라믹의 인장강도를 초과할 경우 파괴에 이르게 되므로 설계 시 주의해야 한다. 이러한 잔류응력을 최소화하기 위해서는 열팽창계수의 차이가 최소인 금속과 세라믹의 모재를 선택해야 하며, 금속모재의 탄성계수 및 항복강도가 낮아 모재간의 열팽창계수 차이에 의해 발생되는 잔류응력을 금속의 변형을 통해 흡수할 수 있는 브레이징 합금을 선택해야 한다.

40. 형광침투탐상검사(Fluorescent Penetrant Inspection) 시 안전 유의사항

1 개요

침투탐상(Liquid penetrant inspection)이라 함은 도포(塗布)한 침투액을 표면으로 열린 결함 부위에 충분히 침투시킨 후 표면의 침투액을 닦아내고, 백색 미분말(微粉末)의 현상액으로 내부 결함 내에 침투한 침투액을 빨아내어 그것을 직접 또는 자외선등(紫外線燈)으로 비추어 관찰함으로써 결함이 있는 장소와 결함의 크기를 찾아내는 검사법이다.

2 형광침투탐상검사(Fluorescent Penetrant Inspection) 시 안전 유의사항

형광침투탐상검사(Fluorescent Penetrant Inspection) 시 안전 유의사항은 다음과 같다.

(1) 색조침투액을 분무할 때에는 눈에 들어가지 않도록 주의한다.

(2) 부품을 건조시킬 때는 건조기가 과열되지 않게 감시한다.

(3) 환기가 잘되는 곳에서 검사한다.

(4) 현상액을 분무하기 전에는 잘 흔들어야 한다.

(5) 다 쓴 용기는 구멍을 뚫어서 버려야 한다.

(6) 침투액이나 현상액 등을 분무할 때에는 적당한 거리에서 분무한다.

41. 용접장소에 비치해야 할 소화용 준비물의 종류 4가지

1 용접장소에 비치해야 할 소화용 준비물의 종류 4가지

용접장소에 비치해야 할 소화용 준비물을 세트로 마련한 후 용접을 개시하며 다음과 같다.

(1) 바닥에 깔아 둘 불받이포(불연성 재료로서 면적이 넓은 것)

(2) 소화기(제3종 분말소화기 2대)

(3) 물통(물을 담은 양동이 1개)

(4) 건조사(마른 모래를 담은 양동이 1개)

42. 용접부 검사에서 기계적 인장시험(Tensile Test)의 목적을 설명

1 정의

인장시험(Tensile Strength Test)은 재료의 기계적 특성을 알아내기 위한 가장 기본적인 시험으로 간단하며, 상대적으로 저렴하고 거의 대부분 표준화가 되어있다. 재료를 잡아당겨 그 재료가 인장력에 대하여 어떤 반응을 보이는지를 알아내는 것이다. 즉 재료가 당겨질 때 그 재료가 얼마나 강하며 얼마나 잘 늘어나는지를 알아보는 시험이다.

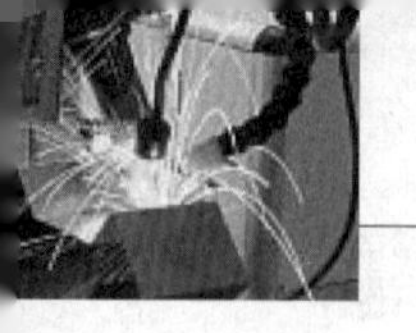

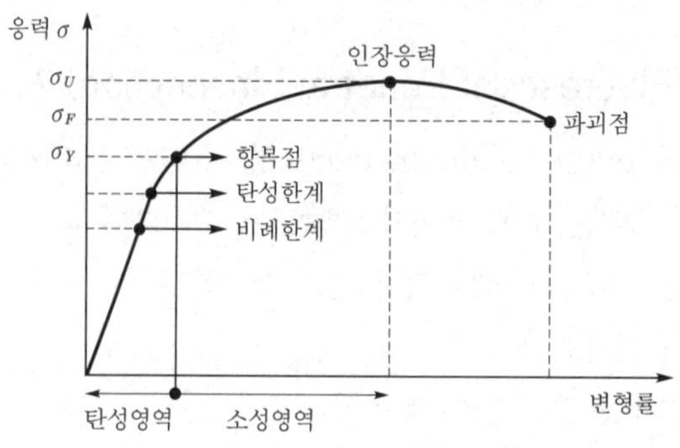

그림 1. 응력-변형률 선도(연강의 경우)

위의 그래프는 일정한 속도로 시편 양쪽에서 잡아당겨 변형량을 증가시키고, 이에 필요한 하중을 측정하여 하중(Load)-변형(Deformation)의 곡선이 얻어진다.

2 용접부 검사에서 기계적 인장시험(Tensile Test)의 목적을 설명

인장시험을 통하여 그 재료의 특성을 잘 알 수 있기 때문이며 재료가 파단이 일어날 때까지 당기게 되면 위의 그림 1과 같은 그래프를 얻을 수 있다. 이는 그 재료가 가해지는 인장력에 대해 어떻게 반응하는가를 보여주는 것이다. 하중이 가장 높은 지점의 응력이 그 재료의 인장강도(Tensile strength)가 되며 최대강도(Ultimate Strength)라고 한다.

(1) 비례한도(proportional limit)

응력과 변형률이 비례관계를 가지는 최대응력을 말한다. 응력(stress)이 변형률(strain)에 비례한다.

(2) 항복점(yield point)

응력이 탄성한도를 지나면 곡선으로 되면서 커지다가 점 B에 도달하면 응력을 증가시키지 않아도 변형(소성변형)이 갑자기 커진다. 이 점을 항복점이라 한다. B를 상항복점, C를 하항복점이라 하고 보통은 하항복점을 항복점이라 한다.

(3) 최후강도 또는 인장강도

항복점을 지나면 재료는 경화(hardening)현상이 일어나면서 다시 곡선을 그리다가 점 D에 이르러 응력의 최대값이 되며 이후는 그냥 늘어나다가 점 E에서 파단된다.

재료가 소성변형을 받아도 큰 응력에 견딜 수 있는 성질을 가공경화(work-hardening)라 한다.

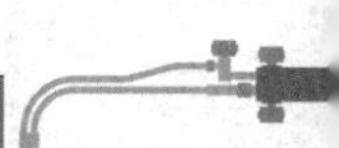

43. 용접봉의 기호인 E 4316-AC-5.0-400의 의미

1 연강용 피복 아크 용접봉의 종류

용접에 사용하는 용접봉의 종류에는 연강용 피복 아크 용접봉, 연강용 가스 용접봉, 고장력 강용 피복 아크 용접봉, 주철용 피복 아크 용접봉이 있다. 연강용 피복 아크 용접봉은 연강의 용접에 사용하는 용접봉을 말한다. 연강용 피복 아크 용접봉의 종류는 피복제의 계통에 따라 구분하고 표 1과 같은 종류가 있다.

표 1. 연강용 피복 아크 용접봉의 종류

종 류	피복제 계통	용접 자세	전류의 종류
E 4301	일루미나이트계	F,V,O,H	AC 또는 DC(±)
E 4303	라임티타니아계	F,V,O,H	AC 또는 DC(±)
E 4311	고셀룰로오스계	F,V,O,H	AC 또는 DC(±)
E 4313	고산화티탄계	F,V,O,H	AC 또는 DC(-)
E 4316	저수소계	F,V,O,H	AC 또는 DC(+)
E 4324	철분 산화티탄계	F,H	AC 또는 DC(±)
E 4326	철분 저수소계	F,H	AC 또는 DC(+)
E 4327	철분 산화철계	F,H	F에서는 AC 또는 DC(±) H에서는 AC 또는 DC(-)
E 4340	특수계	F,V,O,H 또는 어느 자세	AC 또는 DC(±)

비고

1. 종류의 기호 붙이는 방법은 다음 보기에 따른다. 보기) E 4316 여기서, E :피복 아크 용접봉
2. 용접 자세에 사용된 기호의 뜻은 다음에 따른다. F : 아래보기 자세 V : 수직 자세 O : 위보기 자세 H : 수평 자세 또는 수평 필렛 용접. 단, 표 1에 표시한 용접 자세 중, V 및 O는 원칙적으로 심선의 지름(이하 봉지름이라 한다) 5.0mm를 초과하는 것에는 적용하지 않는다. E 4324, E 4326 및 E 4327의 용접 자세는 주로 수평 필렛 용접으로 한다.
3. 전류 종류에 사용된 기호의 뜻은 다음과 같다. AC : 교류, DC(±):직류(봉 플러스 및 봉 마이너스), DC(-) : 직류(봉 마이너스), DC(+) : 직류(봉 플러스). 용접봉의 피복 두께는 균등하고 보통 취급으로 쉽게 손상되지 않으며 유해하다고 인정되는 흠, 갈라짐, 요철 등의 결함이 없어야 한다. 피복은 저장 중에 쉽게 화학변화를 일으키거나 과도하게 습기를 흡수하여서는 안 된다.

2 용착금속의 기계적 성질

용접봉의 기계적 성질은 표 2에 적합하여야 한다.

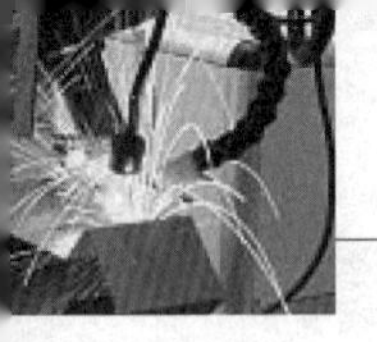

표 2. 용착금속의 기계적 성질

종 류	인장시험	충격시험			
	인장강도 N/mm²(kgf/mm²)	항복점 또는 0.2% 내력 (1) N/mm²(kgf/mm²)	연신율(%)	시험온도(℃)	샤르피 흡수 에너지(J)
E 4301	420(43) 이상	345(35) 이상	22 이상	0	47 이상
E 4303	420(43) 이상	345(35) 이상	22 이상	0	27 이상
E 4311	420(43) 이상	345(35) 이상	22 이상	0	27 이상
E 4313	420(43) 이상	345(35) 이상	17 이상	-	-
E 4316	420(43) 이상	345(35) 이상	25 이상	0	47 이상
E 4324	420(43) 이상	345(35) 이상	17 이상	-	-
E 4326	420(43) 이상	345(35) 이상	25 이상	0	47 이상
E 4327	420(43) 이상	345(35) 이상	25 이상	0	27 이상
E 4340	420(43) 이상	345(35) 이상	25 이상	0	27 이상

주 (1) 항복점인지 0.2% 내력인지를 명기한다.

비고 : 봉지름 3.2mm 이상인 용착 금속의 인장강도, 항복점 또는 0.2% 내력, 연신율 및 샤르피 흡수 에너지는 KS D 7004(연강용 피복 아크 용접봉)의 5.2(용착금속의 인장시험 및 충격시험), KS D 0821(용착 금속의 인장 및 충격 시험 방법)에 따라 시험했을 때 표 2에 적합하여야 한다. 단, 봉지름 2.6mm 이하인 용착 금속의 인장강도의 경우도 마찬가지이다. E 4316 및 E 4326 의 용착 금속 수소량은 KS D 0064(강 용접부의 수소량 측정방법)에 의해 시험했을 때, 용착 금속 100g당 15㎖를 초과해서는 안 된다. 용접 이음쇠의 굽힘성 등을 KS B 0832(맞대기 용접이음의 굽힘 시험방법)에 따라 시험했을 때 굽어진 바깥면에서 어떤 방향으로나 길이 3.0mm를 초과하는 갈라짐, 또는 해롭다고 인정되는 결함이 없어야 한다.

3 용접봉의 치수 및 허용차

용접봉의 치수 및 허용차는 표 3에 따른다.

표 3. 용접봉의 치수 및 허용차

봉 지름	길이				봉지름	길이			
1.6	230	250			5.0	400	450	550	700
2.0	250	300			5.5	450	550	700	
2.6	300	350			6.0	450	550	700	900
3.2	350	400			6.4	450	550	700	900
4.0	350	400	450	550	7.0	450	550	700	900
4.5	400	450	550		8.0	450	550	700	900

비고

1) 봉 지름의 허용차는 ±0.05mm, 길이의 허용차는 ±3mm로 한다.
2) 용접봉의 편심율은 봉 지름 3.2mm 이상인 용접봉에서는 3% 이하이어야 한다.
3) 용접봉의 물림부는 봉 지름 2.6mm 이하인 것은 20±5mm, 봉 지름 3.2mm 이상이고 길이 550mm 이하인 것은 25±5mm, 길이 700mm 이상인 것은 30±5mm로 한다.
4) 용접봉의 앞끝은 아크 발생을 쉽게 하기 위하여, 3mm를 초과하지 않는 범위에서 심선을 노출시키든가 또는 적당한 처리를 하여야 한다.

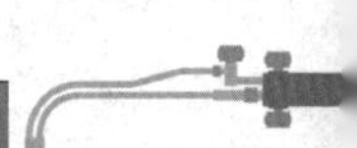

44. 용접 이음재의 피로강도에 미치는 용접 토우 반경과 잔류응력의 영향

1 개요

용접 구조물의 피로손상에서 파손의 발생점은 일반적으로 용접 덧살이나 필렛용접의 토우부 또는 구멍이나 개구의 필릿부 등과 같이 기하학적으로 형상이 급변하는 곳이다.

발생에 기여하는 하중은 오작동 및 설계조건을 초과한 반복하중, 예기치 못했던 열응력의 반복, 부식에 의한 판 두께의 감소에 따른 응력의 증가, 설계 시 고려하지 못했던 잔류응력의 중첩 등이다. 이러한 피로손상을 방지하기 위해서는 설계 단계에서부터 많은 검토가 이뤄져야 한다.

2 용접 이음재의 피로강도에 미치는 용접 토우 반경과 잔류응력의 영향

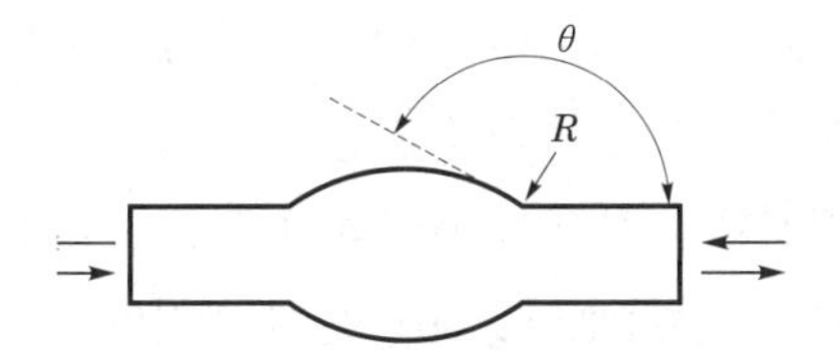

그림 1. 맞대기 이음부의 단면변화와 피로강도의 관계

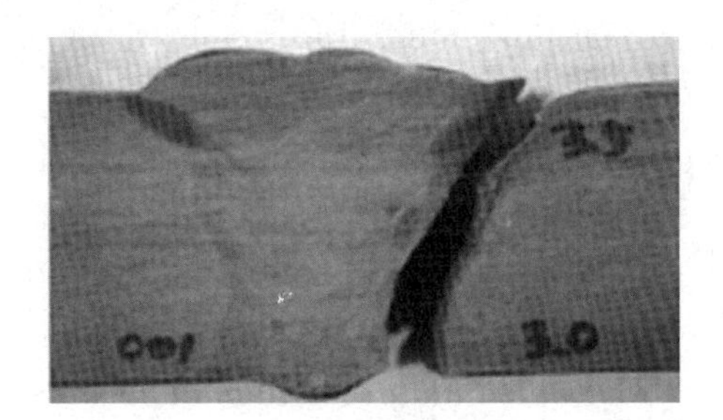

그림 2. 맞대기 이음부의 국부 응력집중에 의한 파괴

토우부의 응력집중에서는 붙임 각도 θ나 토우부의 반경 R 등이 영향을 주며, 그것들의 피로강도에 미치는 영향은 θ가 클수록 또는 R이 작을수록 응력집중은 심하게 되고 피로강도의 저하는 크다는 것을 항상 고려하여야 한다(그림 1 및 그림 2 참조).

45. 자기구동 아크맞대기용접(Magnetically Impelled Arc Butt Welding : MIAB)

1 원리

MIAB(Magnetically impelled arc butt welding) 용접법은 맞대놓은 두 파이프 단면 사이에 틈새를 만든 후에 직류전류를 보내 아크를 발생시키면서 파이프 둘레에 설치한 여자코일의 전자기력으로 이 아크를 회전시켜 단면부를 균일하게 용융시키면서 축 방향으로 가압하여 접합하는 방법이다.

2 특성

MIAB(Magnetically impelled arc butt welding) 용접법의 특성은 다음과 같다.

(1) 모재 파이프나 토치의 회전 없이 자동용접을 한다.

(2) 파이프가 전극이 되어 대전류의 사용이 가능해서 고능률적이다.

(3) 파이프 간 틈새에서 아크가 존재하므로 전력 손실이 적다.

(4) 용접 시간은 직경과 두께에 따라 결정되나 용접 시간이 짧아 생산성이 높다.

(5) 스패터가 적어 용접부위가 깨끗하고 재료 소모량이 적다.

(6) flash butt 용접에 비해 요구전력이 정렬오차가 큰 파이프 간 맞대기 용접도 가능하다.

3 인가코일에 의한 자속밀도

인가코일에 의한 자속밀도는 다음과 같다.

(1) 파이프 틈새의 자속밀도가 클수록 아크 회전수가 증가하여 균일한 용접 품질을 얻을 수 있다

(2) 자속밀도의 인자는 코일에 인가한 여자전류 크기(클수록 증가), 용접부위로부터 코일까지 거리(가까울수록 증가), 파이프 단면 틈새(좁을수록 증가)가 있다.

(3) 용접전류가 높을수록 아크의 회전 개시지연 시간이 짧다.

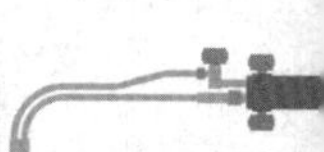

46. 레이저 절단에서 노즐부 제트유동의 영향

1 개요

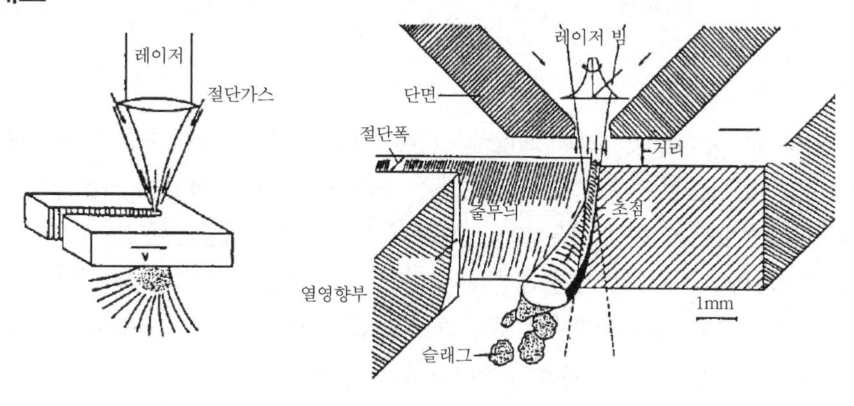

그림 1. 레이저 절단에서의 재료제거의 기구장치

레이저 절단성에 영향을 미치는 주요 인자에는 레이저출력, 재료의 특성, 절단가스, 절단 헤드, 노즐 등 여러 가지를 들 수가 있다. 일반적으로 레이저 절단에서의 재료제거의 기구장치는 (그림 1 참조) ① 레이저에 의해 대상재료를 용융점 이상으로 가열하고, ② 가스 제트를 이용해 용융 또는 증발된 재료를 불어내는 두 단계로 이루어진다. 절단에 있어서 이 가스 제트는 1차적으로 용융된 재료의 제거, 2차적으로 렌즈나 거울 등의 광학계를 보호하고 냉각효과를 갖는 목적이 있고, 금속의 증발 등에 의해 야기되는 플라즈마의 제거로 beam-material coupling을 원활하게 하는 용도도 있다.

2 레이저 절단에서 노즐부 제트유동의 영향

레이저 절단을 돕기 위해 노즐의 형상이나 가스의 조성/혼합비 등을 최적화하고자 하는 시도가 일찍이 80년대 초부터 진행되어 왔다. 노즐을 통해 분사되는 가스 제트의 유동은 속도에 따라 아음속 유동(subsonic flow) 또는 초음속 유동(supersonic flow)으로 나누어진다. 일반적으로 많이 사용되는 가스 제트는 아음속 유동으로 노즐과 재료 사이의 거리(nozzle to workpiece distance : 절단거리 NW)를 가능한 작게 유지하여야 절단성이 좋지만 spatter에 의해 노즐과 렌즈의 손상위험이 있다. 이를 피하기 위해 노즐 압력을 높여 초음속 유동을 얻어 절단거리를 증가시키고자 하는 시도가 진행되어 왔다.

47. 다층 용접 열영향부의 CTOD(Crack Tip Opening Displacement) 파괴인성을 저하시키는 주요 요인을 쓰고, 이를 개선하기 위한 강재의 합금설계 방안을 야금학적으로 설명

1 개요

CTOD(Crack Tip Opening Displacement)시험은 탄소성 파괴역학에 기초하여 재료의 파괴인성을 평가하는 방법 중의 하나이다. 소성변형을 수반하는 균열선단의 개구 변위의 개념으로 재료의 파괴현상을 기술하려는 노력은 1960년대부터 본격화되어 시험법 제정으로 이어졌다.

이 시험법은 실제 사용두께를 시험 대상으로 하고, 샤르피 충격 시험에서와 같은 기계 가공된 노치가 아니라 피로에 의해 발생시킨 실제 균열을 삽입하여 인성을 평가함으로써 보다 현실에 가까운 환경에서의 실용적인 결과를 도출하고자 하는 특징이 있다.

2 다층 용접 열영향부의 CTOD(Crack Tip Opening Displacement) 파괴인성을 저하시키는 주요 요인을 쓰고, 이를 개선하기 위한 강재의 합금설계 방안을 야금학적으로 설명

후물재의 용접 시편의 시험, 특히 열영향부에서의 CTOD시험에서는 기계 노치 선단에서 발생시키는 피로 예균열(fatigue pre-crack)의 진전 정도가 시험편 폭에 걸쳐 불균일하게 되어, 규격에서 정한 적합 범위를 벗어나는 경우가 종종 발생한다.

이러한 문제점은 본시험까지 모두 종료하고 나서야 파단면 관찰을 통해서만 식별이 가능하므로 피로 예균열을 적합하게 생성시키는 것은 매우 중요한 과정이다. 기계 노치 선단에서부터의 피로 예균열 진전이 폭에 걸쳐 균일하지 못하게 되는 것은 내부의 용접 잔류응력의 분포가 균일하지 못한 것이 주요 원인이다.

시험규격에서는 이러한 문제점을 방지할 목적으로 local compression, reverse bending, step wise high-R ratio 방법으로 시험편의 내부 잔류응력 분포를 수정하는 단계를 적용할 수 있도록 하고 있다.

규격에서 제안된 잔류응력의 완화 방법들 중 노치 선단의 잔류응력을 저감시키고 균일하게 하는 데 local compression이 가장 효과적이라는 실험적 연구와 local compression에 의한 내부 잔류응력의 경감현상에 대한 2차원적인 해석적 시도가 있어왔다.

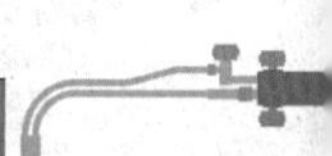

48. 압력용기용 내열강의 고온강도 설계압력 설정방법

1 개요

넓은 의미의 압력용기(Pressure Vessel)는 압력을 가진 유체(액체 또는 기체)를 수용하는 모든 용기로서 보일러도 포함한다. 좁은 의미의 압력용기라 함은 석유화학공업에서 액체 또는 기체를 저장, 반응, 분리 등의 목적으로 만들어진 용기로서 압력에 견딜 수 있도록 설계, 제작된 용기를 말한다. 그리고 운전 중에 연소하고 있는 고체 혹은 화염 등을 취급하는 것은 Fired Pressure Vessel, 화기를 취급하지 않는 것을 Unfired Pressure Vessel이라고 한다.

2 압력용기용 내열강의 고온강도 설계압력 설정방법

압력용기는 운전 중에 발생할 수 있는 가장 엄한 조건에서의 온도 압력을 기준으로 설계한다. 보통 연속하여 장기간 운전하는 용기에는 정상 운전할 때의 압력, 온도가 설계기준으로 되나, 그 압력 및 온도에서 어떤 다소의 변동이 있는 것은 설계 시 반영할 필요는 없다. 이 때문에 용기의 설계압력 및 설계온도는 프로세스에서 요구되는 최고의 운전압력 및 온도의 변동을 고려한 약간의 여유를 보고 결정한다. 대개의 경우 정상 운전압력의 5% 증가한 압력을 최고 운전압력이라고 하고, 최고 운전압력의 10%를 가산한 압력과 최고 운전압력에 1.8㎏f/㎠를 가한 압력 중 큰 수치를 그 용기의 설계압력으로 한다.

설계압력은 용기의 최상부의 압력으로 나타내며, 높은 탑류등 액체가 충만한 경우에 강도계산에서는 설계압력에 정수두를 가산한 압력을 적용하여야 한다. 또한, 설계온도는 설계압력을 기준으로 최고의 운전온도에 10~20℃를 가한 온도로 하는 것이 많다. 그러나 0~10℃를 가산한 온도로 하는 경우도 있다. 설계온도 및 설계압력의 기준은 각 사마다 보유한 설계기준(Owner Specification/Design Criteria)에 따라 다소 차이가 있다.

재료는 화학적 성분에 따라 기계적 및 물리적 성질이 다르다. 기계적 성질 중 인장강도는 압력용기 강도계산의 기준이 되므로 특히 중요하다. 인장강도는 온도에 따라 달라지며, 고온에서의 크리프(Creep)현상, 저온에서의 취성파괴(Brittle Fracture) 등을 고려해야 한다. 탄소강은 300℃ 이상에서 크리프 현상이 나타나고, -20℃ 이하에서 저온 취성파괴를 일으킨다.

재료의 물리적 성질로서 비중, 비열, 열전도율 및 선팽창계수를 들 수 있다. 열전도율은 온도 변동에 따리 국부적 온도 불균일 및 열응력 발생원인이 되고, 선팽창계수는 온도 영향이 큰 압력용기에서 고려하여야 하며, 용기의 길이 및 용적에 따라 열팽창 크기가 달라지며, 이종재료 조합에 의해 열응력 등이 발생하는 문제가 생긴다.

49. 로봇 용접에 사용되는 센서의 종류와 특징

1 개요

온도, 압력, 습도 등 여러 가지의 물리량을 검출하거나 판별, 계측하는 기능을 갖춘 소자라는 의미를 가지고 있으며, 일반적으로 물리적으로 측정된 양을 전기적으로 바꾸어 시스템에서 필요로 하는 외부의 환경에 대한 정보를 전달하는 소자라고 할 수 있다.

사람은 주변 환경에 대한 정보를 청각, 시각, 후각, 미각, 촉각에 의해 주위의 온도, 주변 사물의 형태, 맛, 냄새 등의 정보를 알 수 있듯이 로봇도 주변 환경의 온도, 사물의 형태, 주변의 소리 등을 알기 위해서는 각각의 정보를 취득해서 전달해줄 수 있는 전기/전자 부품을 사용하여야 한다. 특별한 기능을 통해 물리적 정보를 취득할 수 있는 것만이 센서가 아니라, 마이크로폰과 같이 일반적으로 사용되는 전기/전자부품이더라도 물리적 정보를 전달해줄 수 있다면 센서라고 불릴 수 있다.

2 로봇 용접에 사용되는 센서의 종류와 특징

표 1은 여러 가지 센서들 중에서 사람의 오감에 해당하는 대표적인 센서들을 나타낸 것이다.

표 1. 센서의 분류

감각	기관	액추에이터 종류
시각	눈	포토다이오드, 컬러센서, 카메라
청각	귀	정전 용량형 마이크로폰
후각	코	가스센서
미각	혀	바이오센서, 오온센서
촉각	피부	피부 온도센서, 터치센서, 압력센서 등

(1) 빛감지센서(광센서, 적외선 센서)

빛감지센서는 사람의 눈에 해당하는 시각 정보를 얻을 수 있는 센서들을 말하는 것으로서 빛의 파장에 따라 분류되는 적외선, 자외선, 가시광선 중에서 적외선이나 자외선을 비추어 반사되는 정도에 따라 로봇이 진행되는 방향에 벽이 있는지 어떠한 물체가 있는지를 감지하거나, 포토다이오드와 같이 가시광선이 닿으면 동작하는 방법에 따라 빛을 활용하여 사물을 인식하거나 주변의 환경을 인식할 수 있는 센서류를 빛감지센서라 부르기도 한다. 여기에는 포토다이오드, 포토트랜지스터, 포토인터럽트, CdS 광도전센서, 광전센서, 적외선센서, 컬러센서가 있다.

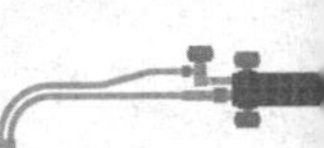

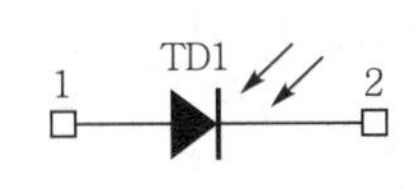

그림 1. 포토다이오드

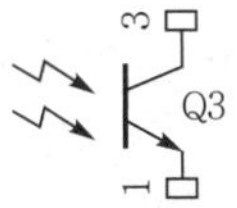

그림 2. 포토트랜지스터

1) 포토다이오드

포토다이오드는 빛감지센서 중에서 가장 간단한 센서로 위 그림 1에서처럼 빛이 감지되면 전류가 흐르게 된다. 자외선에서부터 적외선까지 넓은 범위를 감지할 수 있는 특징을 가지고 있으며, 작은 빛에서도 감지할 수 있다. 주로 조도계, 카메라의 노출감지, 연기감지에 응용되어 사용된다.

2) 포토트랜지스터

포토트랜지스터는 일반적인 트랜지스터의 베이스 단자를 빛감지 단자로 변형하여 만들어진 것으로 포토다이오드와 유사하게 사용되며, 저주파의 빛을 감지하는 데 주로 이용되고 있다.

3) 포토인터럽터

포토인터럽터는 발광부와 수광부를 한 개의 모듈로 만든 것으로 포토커플러라고 할 수 있다. 내부에 장착되어 있는 발광다이오드에 전류를 흘려 빛을 발생시키고 포토트랜지스터에 전달되어 물체를 감지하게 된다. 발광부의 경우 주로 적외선을 발생시키는 적외선 발광다이오드를 사용하고 있으며, 자동 출입문, 소변기 자동세척장치, 로봇 모터의 회전각 측정 등에 응용되고 있다.

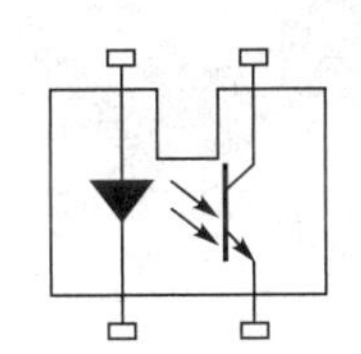

그림 3. 포토인터럽터

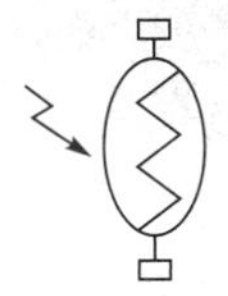

그림 4. CdS 광도전 셀의 기호

4) CdS 광도전 셀

CdS는 빛을 비추면 빛의 강도에 따라 전기적 저항이 변화하여 빛을 감지하게 되는 원리이며, 포토다이오드나 포토트랜지스터 이전부터 빛 감지를 위해 많이 사용되던 센서이다.

CdS의 특징은 포토트랜지스터보다 반응 속도가 늦고 극성이 없어 교류를 사용하는 회로에서도 사용될 수 있으며, 빛이 감지되면 저항값이 변화하는 원리로 빛이 밝아지면 저항값이 작아져 많은 전류를 흘려주게 된다.

5) 적외선센서

적외선(Infrared)은 스펙트럼으로 봤을 때 나타나는 가시광선의 빨간색의 바깥쪽에 해당하는 빛의 범위를 나타내는 것이며, 0.75um~1mm의 범위를 가지는 전자기파로 빛의 파장에 따라 근적외선, 중적외선, 원적외선으로 나뉘게 된다. 적외선센서는 이 적외선을 이용하여 적외선

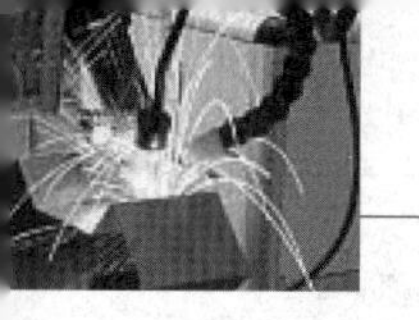

발광다이오드와 수광다이오드를 이용하여 물체를 감지하게 된다.

그림 5. 적외선센서

6) 광전센서, 근접센서

앞에서 설명한 포토다이오드나 포토트랜지스터 등은 큰 전류를 사용하고 먼지 등 주변환경이 악조건인 상태에서는 센서로서의 충분한 역할을 수행하지 못할 수 있으며, 빛에 대한 감지 속도가 아주 빨라야 하는 경우도 많으므로 실제 산업 현장에서는 반응 속도가 빠르고 물체의 판별력이 뛰어나야 되는데, 주변의 영향을 적게 받을 수 있도록 하기 위해 광전센서나 근접센서라는 것을 사용하고 있다.

그림 6. 광전센서와 근접센서

(2) 터치센서와 소리센서

사람의 촉각에 해당하는 기능을 가지는 것 중 하나인 터치센서와 청각에 해당하는 기능을 가지는 소리센서는 같다.

1) 터치센서

사람의 촉각에 해당하는 기능을 가지는 센서로는 터치센서를 예로 들 수 있다. 터치센서는 두 개의 전극판을 지그재그로 배치하여 손으로 만지거나 물을 뿌리거나 할 경우, 두 개의 전극판이 붙게 되어 전류가 통하게 한다.

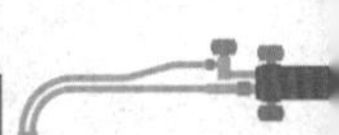

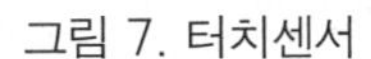
그림 7. 터치센서 그림 8. 소리센서

2) 소리센서

사람의 청각에 해당하는 기능을 가지는 센서로는 정전 용량형 마이크로폰을 사용하게 된다. 마이크로폰은 음성 신호를 전기적 신호로 변환시켜주는 물질로 구성되어 있으며, 오디오와 같은 기기를 이용하여 소리를 증폭하여 녹음할 때 입력장치로 사용되고 있다.

(3) 그 외의 센서

온도 감지를 위한 온도센서, 습도 감지를 할 수 있는 습도센서, 빛의 반사 정도를 감지하여 그림의 색깔을 감지하는 컬러센서, 자석의 자기를 이용하는 자기센서, 초음파센서, 무게를 측정할 수 있는 압력센서, 기울기를 측정하는 각도센서 등 그밖에 다양한 센서들이 있다.

1) 온도센서

외부의 온도나 열을 감지하는 센서로 접촉식과 비접촉식이 있다.

① 측온저항체 : 금속이나 반도체의 저항이 온도에 따라 변화하는 것을 이용해 온도를 측정하는 방식이다.

② 서미스터 : 열에 따라 저항이 변화하는 것을 이용하는 온도센서이다. 재료에 따라 NTC, PTC, CTR로 분류된다.

③ 열전대 : 2가지 서로 다른 금속의 양단에 온도차를 주면 열기전력이 발생하는 원리인 제벡효과를 이용하는 온도센서이다.

④ I.C온도센서 : I.C 형태로 만들어진 센서로 'LM35'와 같이 트랜지스터 형태 또는 다이오드 형태를 가지며, 온도를 측정하여 전류로 출력하는 방법과 전압으로 출력하는 방법을 쓰고 있다.

⑤ 백금측온체 : 일반적으로 백금, 동, 니켈과 같은 금속은 온도 변화에 따라 전기저항이 변화하는 성질을 이용한 온도센서이다.

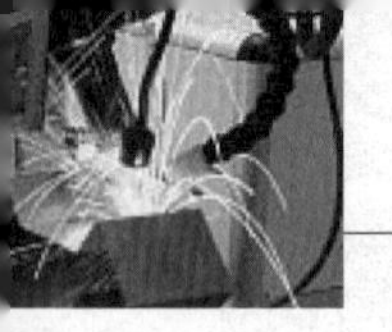

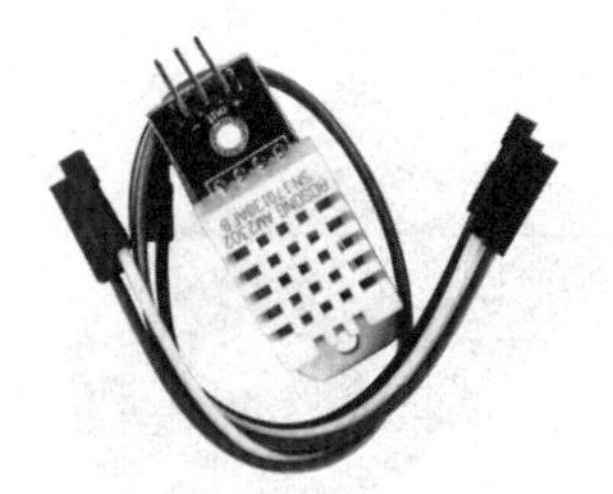

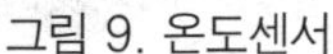

그림 9. 온도센서 그림 10. 습도센서

2) 습도센서

전해질과 같은 물질에 수분이 묻으면 전기저항이나 유전율, 열전도율과 발진주파수 등의 변화에 따라 습도를 측정할 수 있으며, 저항 또는 용량 변화형, 전자파 흡수형 등이 있는데, 병원, 클린룸, 에어컨, 가습기, 제습기, 건조기 등에 응용된다.

3) 가스센서

가스의 화학적 성질을 이용하여 공기 중의 특정한 화학적 성분을 감지하여 전기적 신호로 변환하는 센서이다. LPG 가스 등의 가스 누출 경보기, 불완전 연소 검출, 환기용 팬 자동구동 등에 응용된다.

4) 초음파센서

사람이 들을 수 있는 주파수 대역은 16~20KHz 정도로, 이 이하이거나 이상인 경우 사람의 귀로는 들을 수가 없다. 초음파센서는 사람이 들을 수 있는 가청 주파수보다 큰 주파수를 이용하여 거리측정, 물체의 두께 측정 등에 이용되고 세척기로도 사용된다. 우리가 알고 있는 초음파를 이용하는 동물은 박쥐와 돌고래를 들 수 있다.

5) 압력센서

기름과 같은 것을 원통에 넣고 기름의 높이가 변화하는 것을 측정하여 압력을 측정하는 방식과 눌리는 압력에 따라 전기저항을 측정하는 방식이 있다. 대표적인 압력센서로는 부르동관, 벨로즈, 로드셀 등이 있으며, 압력, 무게, 힘 등을 측정할 수 있다.

그림 11. 가스센서

그림 12. 초음파센서

그림 13. 압력센서

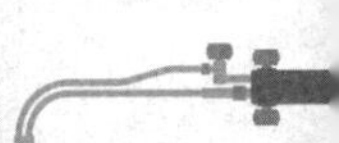

50. GMA(Gas Metal Arc)용접에서 콘택트팁의 한계수명과 마모기구

1 개요

가스메탈아크(gas metal arc, 이하 GMA라고 함) 용접과 서브머지드(submerged)아크 용접에서는 와이어 선단과 모재 사이에서 발생하는 용접아크의 열에 의해 와이어가 용융되어 용융풀을 형성한다. 용접전류는 와이어가 용접토치의 최전방에 위치한 콘택트팁(contact tip, 이하 팁이라고 함)을 통과하는 과정에서 와이어에 전달된다. 따라서 팁은 와이어를 용융풀로 유도하는 역할과 용접전류를 와이어에 전송하여 주는 역할을 담당한다.

2 GMA(Gas Metal Arc)용접에서 콘택트팁의 한계수명과 마모기구

(1) GMA(Gas Metal Arc)용접에서 콘택트팁의 한계수명

팁의 신뢰성 요소는 팁과 와이어 사이에서 아크가 발생하여 야기되는 용융접합(electric erosion)이 가장 크고, 다음으로는 고온(약 450℃)에서의 기계적 마모이다. 따라서 팁의 재질은 전기전도도가 우수하면서 고온에서 충분한 경도치를 유지하여야 한다. 따라서 원소재의 합금조성은 크롬 또는 지르코늄을 함유한 구리 합금을 사용하고 있는데, 이들에 대한 정확한 상대비교평가는 수행된 바 없다. 수요가들은 국산 제품의 신뢰성(수명)이 수입품과 동등한 수준 또는 그 이상이 되기를 희망하고 있다. 일부 수입업자들은 현재 국산품의 수명이 약 3일 정도이며 수입품은 8일 정도라고 얘기하고 있는데, 이러한 경험적인 판단을 신뢰성 평가를 통하여 정량화할 필요가 있다.

(2) GMA(Gas Metal Arc)용접에서 콘택트팁의 마모기구

팁을 교환하게 되는 주된 요인은 크게 두 가지로 대별되며, 첫째는 번백(burn back) 또는 그와 관련된 문제인데, 이들은 아크스타트(arc start)성이 불량하다든가 아크가 불안정하다든가 와이어 송급성이 불량하여 와이어가 팁의 선단에서 용융 접합되는 현상이다. 이러한 번백이 발생하면 와이어 송급이 중단되기 때문에 용접아크가 소멸되어 용접작업이 중단될 수밖에 없다. 이러한 번백현상은 콘택트팁 자체의 성능보다는 용접전원의 특성, 와이어의 품질, 와이어 피더의 성능, 용접 스패터 생성량 등에 의해 크게 영향을 받는다. 두 번째 요인은 팁 구멍이 확장되는 것이다.

와이어가 팁 구멍을 통하여 송급되는 과정에서 구멍 내면은 마모되어 구멍크기가 점차 크게 확장되는데, 이렇게 되면 와이어 선단이 지향하는 위치가 처음에 의도한 위치로부터 벗어나기 때문에 용접을 중단할 수밖에 없는 상황이 된다. 팁이 마모되는 문제는 자동화 용접에서 특히 중요하다. 자동용접에서는 미리 입력된 궤적을 따라서 토치가 진행되는데, 팁이 마모되면 와이어가 지향하는 위치가 변화하여 용접결함을 유발할 수 있기 때문이다. 최근 용접자동화가 확

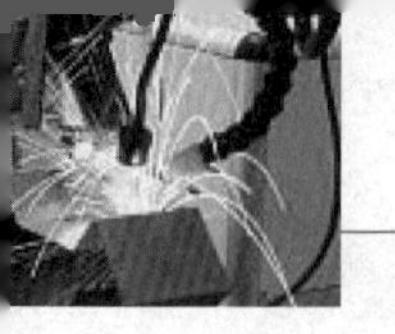

산되고 고전류 용접이 보편화되면서 팁 마모 문제는 더욱 심각해질 수밖에 없는 상황이 되었다. 팁에 적용되는 마모기구(wear mechanism)는 고온에서의 마찰 마모(abrasive wear)와 용융 접합(electrical erosion)이 주된 손상기구(failure mechanism)라고 알려져 있다.

1) 마찰 마모(abrasive wear)

그림 1은 마찰 마모의 개념도로, 마찰 마모는 단단한 면의 돌기나 경질입자의 절삭작용에 의해 일어나는 마모이다. 미끄럼이 발생하는 두 표면 사이에 갇혀 있는 분리된 입자와의 상호작용에 의해 재료표면이 손상된다. 용접이 시작되면 팁은 용접아크열에 의해 가열되는데, 최고 가열 온도는 토치의 수냉 여부, 팁과 모재간의 거리, 용접전류 등에 의해 결정된다. 이와 같이 팁이 고온으로 올라가면 와이어의 재료는 경한 재료이고, 팁 내부는 연한 재료이므로 내부에서 단순 마찰로 인한 마모가 생긴다.

2) 용융 접합(electrical erosion)

용융 접합(electrical erosion)은 와이어와 콘택트팁이 접촉하는 부위에서 순간적으로 아크가 발생하고 팁 표면의 일부가 용융되어 와이어 표면에 융착되어 팁 표면이 손상되는 현상이다.

그림 2는 용융 접합의 개념도이며, 이러한 현상이 발생하면 팁과 와이어가 순간적으로 용접이 되는 상황이 되어서 와이어 송급성에 지대한 영향을 미치게 되고 결과적으로 아크가 불안정하게 된다. GMA용접에서 와이어 송급속도가 변화하면 와이어와 팁이 부착(adhesion)되는 현상이 나타나서 와이어 송급이 불안정하게 되고, 결과적으로는 아크가 불안정하게 되는 원인이 된다고 하였다.

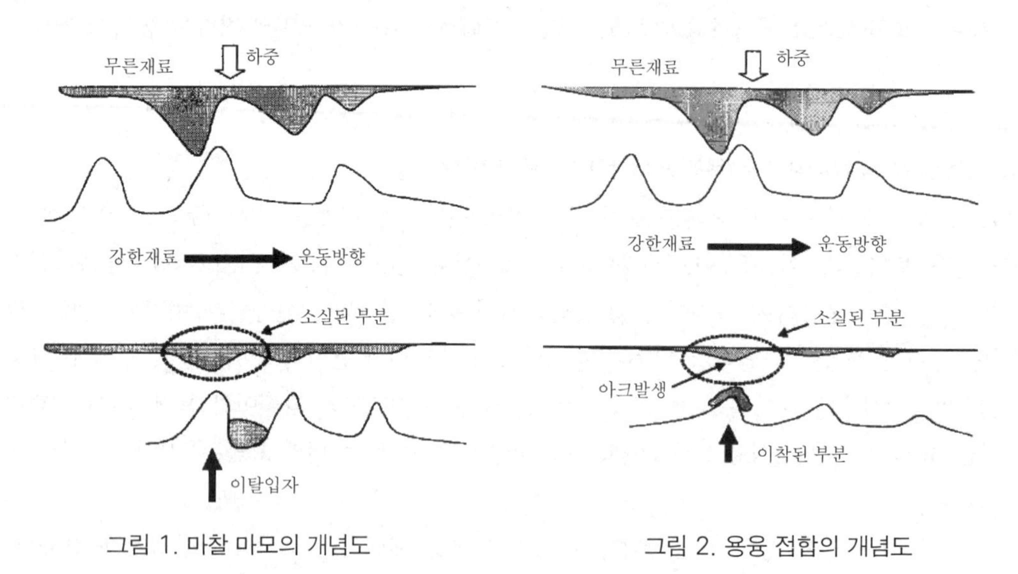

그림 1. 마찰 마모의 개념도

그림 2. 용융 접합의 개념도

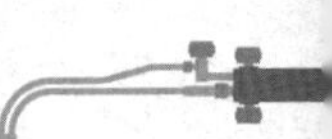

51. 제품의 생명주기(Life cycle)를 단계별로 설명

1 개요

생물이 태어나서 자라고 성숙하여 자손을 퍼뜨리고 결국은 소멸하듯이 제품에도 유사한 주기가 있으며 신제품이 성공적으로 시장에 진출하기 위해 신제품 도입단계, 성장단계, 성숙단계, 쇠퇴단계의 4단계로 진행하는 과정을 제품생명주기(product life cycle)라 한다. 각 단계마다 판매액의 증감과 기업이익에 대한 공헌도가 다르고 각 단계마다 판매기회와 문제가 뒤따르게 된다. 따라서 기업은 현재 특정제품이 어느 단계에 있느냐를 관찰하여 적절한 마케팅 계획을 세워야 한다.

2 제품의 생명주기(Life cycle)를 단계별로 설명

제품의 생명주기(Life cycle)의 단계는 다음과 같다.

(1) 도입단계

신제품을 알리기 위하여 여러 가지 판매 촉진책을 마련하며 신제품 개발을 위한 시험연구비, 판매촉진 비용 등으로 인하여 판매액보다 비용이 많아 결손을 보는 단계이다.

인스턴트커피, 냉동 오렌지 주스, 분말 커피용 크림 등은 수년간 이 도입단계에서 머물러 있었다고 한다. 그 주된 이유는 소비자들이 자기의 소비습관을 쉽게 바꾸려 하지 않았기 때문이며 또한 이 상품을 취급할 소매상을 많이 확보하지 못하였기 때문이었다.

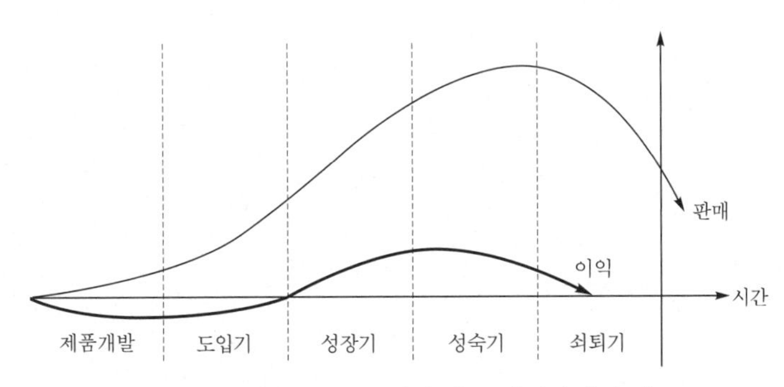

그림 1. 제품의 수명주기에 따른 판매량과 수익

(2) 성장단계

매출은 이 단계에서 급격히 증가하는데, 기존 고객들은 제품을 다시 사며 광고 등으로 인하여 망설이던 고객이 시험적으로 구매를 시작하기 때문이다. 매출 증가로 이익이 증대되기 때문에 경쟁자들이 제품 시장에 뛰어 들어 유사제품이 생기게 된다. 매출이 증가하고 이익이 증대되

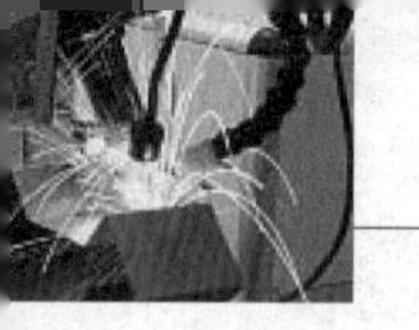

면 기업은 투자를 무리하게 확대하려는 경향이 있는데, 이때 기존 기업체는 이 단계에서 전략적 계획수립에 신중을 기하여야 한다.

(3) 성숙단계

초기 성숙단계에서는 매출이 계속 증가하지만 많은 경쟁자가 이 시장에 나타나고 유통조직의 확장이 포화상태가 되어 새로운 고객은 증가하지 않으므로 결국 매출은 최고에 이르러 더 이상 증가하지 않게 된다.

후발기업체도 제품의 품질향상과 적극적인 마케팅을 하기 때문에 제품에 차별화가 없어진다. 또한 이 단계에서 처음으로 생산능력이 수요를 초과(시장의 포화상태)하게 되어 경쟁은 격렬하게 되며 판매가격을 낮추어 새로운 고객을 확보하려 한다.

(4) 쇠퇴단계

쇠퇴단계에서는 새로운 제품이 출현한다. 새로운 것을 추구하는 소비자들은 기존제품을 구입하지 않고 신제품으로 바꾸게 된다. 따라서 매출은 감소하게 되나 새로운 변화를 원하지 않는 보수적인 소비자들은 아직 기존 제품을 사용하며 매출은 겨우 명맥을 유지하게 된다. 매출의 감소로 이익이 떨어지게 되면 다른 경쟁자들도 이 시장을 떠나게 된다.

부록

과년도 출제문제

72회 이전 과년도 출제문제는 산업의 발전방향에 따라 출제경향이 바뀌어 수록하지 않았습니다. 기출문제를 원하시는 분께서는 엔지니어데이터넷(www.engineerdata.net)이나 edn@engineerdata.net으로 연락 주시기 바랍니다.

2004년도 기술사 제72회

기술사 제72회　　　　　　　　　　　　　　　　　　　제1교시 (시험시간: 100분)

※ 다음 13문제 중 10문제를 선택하여 설명하십시오. (각10점)

1. 용사(thermal spraying 또는 metallizing)의 가스식 용사법과 전기식 용사법에 이용되는 용사법 5가지 이상을 제시하시오.
2. 용접부의 비파괴 검사방법 5가지 이상을 특징적 목적 한 가지씩과 함께 제시하시오.
3. 소유즈 6호에 의한 우주용접 실험에 실시한 용접 3가지 이상을 쓰시오.
4. cl^-이온이 함유된 부식성 유체를 취급하는 유체기계에 304L 스테인리스강재를 사용하였더니 응력부식 균열 현상이 발생하였다. 응력부식 균열 현상 발생을 막기 위해서 모재 재질변경을 검토할 때에 모재에 포함되어야 하는 합금원소의 종류를 제시하시오.
5. 용접구조물 제작 시 구조물의 응력상태를 알 경우 어떤 종류의 응력(인장, 압축, 전단)이 걸리는 부위를 가장 먼저 용접해야 하는가 설명하시오.
6. 용접으로 H-형강을 제작할 때에 플랜지 두께가 너무 두꺼워졌을 때, 발생할 수 있는 문제점들을 열거하시오.
7. 가스텅스텐 아크 용접(GTAW 또는 TIG 용접) 시 사용하는 차광 필터의 적정범위는 얼마인가요?
8. 탄소함량이 0.23% 이하인 탄소강재를 용접할 때에 입열조건(용접전류, 전압, 속도) 이외에 예열결정에 고려해야 하는 인자를 약술하시오.
9. TIG(Tungsten Inert Gas) 펄스 용섭에서 전류파형을 정의하기 위해 필요한 4대 파라미터를 쓰시오.
10. Nd-YAG 레이저 용접 시에 사용되는 광섬유(Fiber)의 종류를 쓰시오.
11. 저항 스폿용접에서 사용되는 전극팁의 역할에 대하여 쓰시오.
12. GMAW(Gas Metal Arc Welding)에서 와이어 송급속도를 일정하게 하면서 아크 길이를 조절하려면 용접기에서 어떤 볼륨을 조절해야 하나요?
13. 철강 아크 용접부의 인성(Toughness)시험 종류에 대하여 열거하시오.

기술사 제72회　　　　　　　　　　　　　　　　　　　제2교시 (시험시간: 100분)

※ 다음 6문제 중 4문제를 선택하여 설명하십시오. (각25점)

1. 플라즈마 용사(plasma thermal spraying)법에 대해서 용사 토치 구조를 간략히 그리고 그 원리와 실무적 작업기술을 설명하시오.
2. CO_2 용접 시 실드가스 노즐내에 부착한 스패터를 자주 청소하지 않을 때에 발생하는 문제점

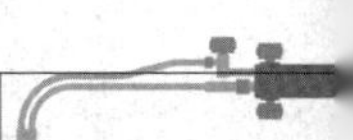

을 들고 그 이유에 대해 상세히 설명하시오.

3. GMAW(Gas Metal Arc Welding)에서 어떤 설정전류(설정 와이어 송급속도)에 대한 "최적전압" 결정시 고려해야 할 사항에 대하여 설명하시오.
4. 두께 50mm의 SM490 강판(가로 1000mm, 세로 1000mm)을 맞대기 용접하여 생산(10개/日)하고자 한다. 적용 가능한 용접법을 2종류 들고 그 채용 배경에 대해 설명하시오.
5. 열가소성 플라스틱 배관재(바깥지름=50~300mm)를 맞대기 이음을 하기 위한 용접방법 3가지를 선택하고 각 용접방법을 상술하시오.
6. Ti 관과 Ti 클래드(clad)된 관판(5mm Ti과 50mm SM490) 연결부를 접합하기 위한 방법을 설명하시오.

기술사 제72회 제3교시 (시험시간: 100분)

※ 다음 6문제 중 4문제를 선택하여 설명하십시오. (각25점)

1. 모재의 용접성(Weldability) 시험에 대해 설명하시오.
2. 용접부의 초음파검사의 원리와 이점을 설명하고, 에코 높이의 신뢰성에 영향을 주는 요인을 설명하시오.
3. 후판 고장력 강판에 대한 가접용접 시는 가접길이를 30mm 이상이 되도록 한다. 그 이유에 대하여 설명하시오.
4. 알루미늄합금 아크 용접 시에는 가공이 자주 발생한다. 그 이유와 방지 대책을 열거하시오.
5. 304 스테인리스 강재 용접부에 발생하기 쉬운 부식현상의 명칭과 발생기구를 설명하고 IC 선도를 이용하여 소재를 바꾸지 않고 부식현상이 생기지 않도록 할 수 있는 방법을 설명하시오.
6. 동일한 두께에 동일한 용접조건으로 용접을 하여도 용접부(용접금속, 열영향부, 모재) 경도분포가 모재의 종류에 따라 달라진다. SM400강재와 QT강재의 용접부 경도분포를 도식적으로 표시하고 경도분포가 서로 다른 이유를 설명하시오.

기술사 제72회 제4교시 (시험시간: 100분)

※ 다음 6문제 중 4문제를 선택하여 설명하십시오. (각25점)

1. 생산시수(生産時數)와 용접능률을 나타내는 공식을 쓰고 용접 접합관리의 생산성 향상책을 설명하시오.
2. 용접위생 관리에 대해 설명하시오.
3. 인화성 물질을 담은 용기 표면에 용접을 하고자 한다. 용접안전을 위해 용접개시 전에 취해야 하는 안전조치를 설명하고 용접작업 중 화재방지를 위해 물을 사용할 수 없는 경우 물대신

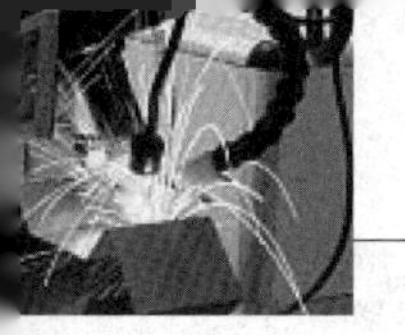

사용할 수 있는 가스의 종류를 들고, 각 가스종류에 따른 작업방법을 그림을 그려 설명하시오.

4. 필릿용접(Fillet Welding) 시 각장(Leg Length)이
   ① 설계도면의 각장보다 크게 되었을 때의 문제
   ② 설계도면보다 각장이 작게 되었을 때의 문제를 기술하시오.
5. 성수대교는 완전용입용접(①)해야 할 부위를 부분용입용접(②) 하여서 문제가 생겼다.
   이 두 용접법에 대하여 비교 설명하시오.
6. 왼쪽 그림과 같은 리프팅러그(Lifting lug)를 용접하고자 한다. 용접이음의 허용응력이 120MPa 일 때에 이 러그가 견딜 수 있는 최대허용 하중을 구하시오.

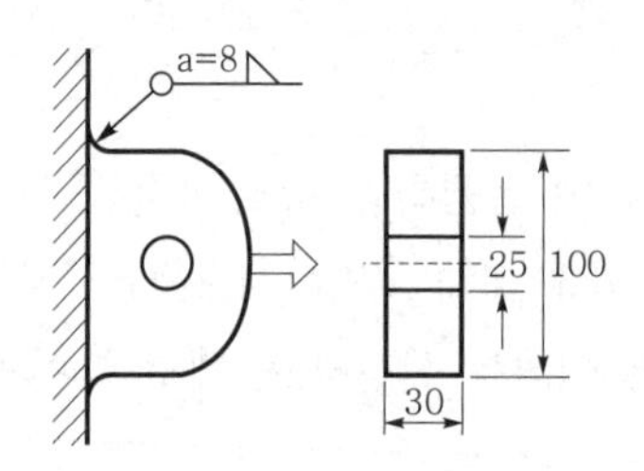

2004년도 기술사 제74회

기술사 제74회 제1교시 (시험시간: 100분)

※ 다음 13문제 중 10문제를 선택하여 설명하십시오. (각10점)

1. 아크(Arc)란 무엇인가 설명하시오.
2. 아크용접의 극성(Polarity)에 대하여 설명하시오.
3. 플럭스코어드 와이어(Flux Cored Wire)와 솔리드 와이어(Solid Wire)를 비교 설명하시오.
4. 자기불림(Arc Blow)의 현상과 방지책을 쓰시오.
5. 탄소당량(Carbon Equivalent)에 대하여 기술하시오.
6. 용접입열(Heat Input)에 대해 간략히 설명하시오.
7. 수소유기지연균열(Hydrogen Induced Delayed Cracking)이란?
8. 용접 열영향부(HAZ)에 대하여 설명하시오.
9. 크리프(Creep)에 대해 설명하시오.
10. 전기저항 점용접에서 션트 효과(Shunt Effect)에 대해 설명하시오.
11. Hot Wire GTAW의 작동원리와 특징에 대해서 설명하시오.
12. 용접결함의 일종인 Hump와 Undercut의 생성과정과 이들이 구조물의 강도에 미치는 영향

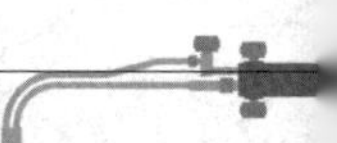

에 대해서 설명하시오.

13. 레이저-아크 하이브리드 용접공정의 원리와 그 효과에 대해서 설명하시오.

기술사 제74회 제2교시 (시험시간: 100분)

※ 다음 6문제 중 4문제를 선택하여 설명하십시오. (각25점)

1. 고상용접(Solid State Welding)에 대하여 설명하시오.
2. 세라믹과 금속의 접합방법에 대하여 설명하시오.
3. 용접 잔류응력 및 변형을 경감하기 위해 용접시공 시 고려할 사항을 기술하고 용접 후 용접 잔류응력을 경감하기 위한 방법을 설명하시오.
4. 오스테나이트계 스테인리스강의 용접금속에서 고온균열에 대하여 아래 물음에 대해 설명하시오.
   1) 영향을 주는 인자(5개)
   2) 고온균열을 조장하는 불순물(2종류 이상)
   3) 고온균열을 방지하기 위한 용접재료 선택 시 주의점
5. 강판을 용접하여 강관을 제작하고자 한다.
   1) 강관의 직경이 작을 때(예를 들어 10mm 직경) 효과적인 용접방법에 대하여 설명하시오.
   2) 강관의 직경이 클 때(예를 들어 700mm 직경) 효과적인 용접방법에 대하여 설명하시오.
6. 브레이징에 관한 다음 물음에 답하시오.
   1) 공정의 원리를 용접과 비교하여 설명하시오.
   2) Flux의 기능을 설명하시오.
   3) 진공브레이징에 대하여 설명하시오.

기술사 제74회 제3교시 (시험시간: 100분)

※ 다음 6문제 중 4문제를 선택하여 설명하십시오. (각25점)

1. 강의 용접 균열감수성에 대하여 설명하시오.
2. 용접 후 열처리(PWHT)에 대하여 설명하시오.
3. 기공(Blow Hole)은 용접금속 응고 중 CO_2, H_2 등의 가스가 빠져나오지 못하여 발생한다. 이 기공결함을 검출하기 위한 비파괴검사 방법과 기공결함의 방지 대책을 기술하시오.
4. 고장력강의 비드하 균열(Under Bead Cracking)의 발생원인과 용접 시공상의 방지대책을 기술하시오.
5. GMAW(Gas Metal Arc Welding)에 관한 다음 물음에 답하시오.
   1) 정전압 전원의 특성에 대하여 설명하시오.

2) Ar 보호가스, CO_2 보호가스와 혼합(Ar 80% + CO_2 20%)보호가스를 비교하여 설명하시오.
3) Short Circuit Metal Transfer에 대하여 설명하시오.

6. 자동 아크 용접에서 용접선 자동추적에 이용되는 대표적인 센서 3가지에 대하여 설명하시오.

기술사 제74회 제4교시 (시험시간: 100분)

※ 다음 6문제 중 4문제를 선택하여 설명하십시오. (각25점)

1. 용접 절차서(WPS)와 용접절차인정서(PQR)에 대하여 설명하고 예를 들어 작성하시오.
2. 용접 중 발생하는 분진(fume)에 대하여 피해와 방지책에 대하여 설명하시오.
3. 탄소강의 용접 열영향부(HAZ)의 영역을 구분하여 설명하시오.
4. 인화성 물질이 들어 있는 탱크(Tank)를 절단 또는 보수 용접 시 화재, 폭발사고를 방지하기 위한 시공방법을 설명하시오.
5. (1) 키홀용접(Keyhole Welding)에 대하여 설명하시오.
   (2) 키홀용접이 가능한 대표적인 용접방법 2가지에 대하여 설명하시오.
6. (1) Narrow Gap Welding에 대하여 설명하시오.
   (2) Narrow Gap Welding이 가능한 용접방법 2가지에 대하여 설명하시오.

2005년도 기술사 제75회

기술사 제75회 제1교시 (시험시간: 100분)

※ 다음 문제 중 10문제를 선택하여 설명하십시오. (각10점)

1. 가스텅스텐아크 용접 시 용접부에 텅스텐이 오염될 수 있는 일반적인 원인 및 관련 대책을 기술하시오.
2. 아크용접 용융부(Weld Pool)의 유동(convection)에 미치는 표면장력(surface tension)에 대하여 논하시오.
3. 웜홀(wormhole)에 대하여 설명하시오.
4. 염기지수(Basicity Index : BI), 산소함량과 인성(toughness)의 상관관계를 간단히 설명하시오.
5. TLP(Transient liquid phase) 접합(Brazing)의 단계를 설명하시오.
6. HIP(Hot Isostatic Pressing)기술의 특징에 대해 설명하시오.
7. 마찰압접 접합부의 성능평가법에 대해 설명하시오.
8. 고장력강 및 저합금강의 용접에서 발생되는 저온균열에 대해 설명하시오.

9. Al합금 용접 시 용접입열이 접합품질에 미치는 영향과 관리방법에 대해 설명하시오.
10. 다전극 서브머지드 아크 용접법에 대하여 기술하시오.
11. 가스금속 아크 용접 시 와이어 돌출길이가 용접성에 미치는 영향을 기술하시오.
12. 저합금강의 박판을 점용접할 때 용접전류의 강약이 용접부 품질에 미치는 영향을 기술하시오.
13. 플라즈마 용접아크의 작동원리를 기술하시오.

기술사 제75회 제2교시 (시험시간 : 100분)

※ 다음 문제 중 4문제를 선택하여 설명하십시오. (각25점)

1. Al 및 Al합금 표면에 형성된 산화막은 가스텅스텐 아크 용접 시 용접 결함(융합불량, 기공, 슬래그혼입 등)의 원인이 된다. 이에 대한 방지책을 기술하시오.
2. 저합금강재 압력용기의 내면을 내식성 향상을 목적으로 육성용접하는 경우에 어떠한 방법이 사용되며 용접 후 열처리 시에 주의해야 할 사항에 대해 설명하시오.
3. 오스테나이트계 스테인리스강 용접부(Weld metal)에서 크롬당량(Creq)/니켈당량(Nieq) 비율 변화에 따른 응고모드(mode)를 논하고 고온균열 감수성에 미치는 영향을 설명하시오.
4. 용접부(Weld metal)의 결정립 미세화 방법을 2가지 이상 나열하고 설명하시오.
5. 컴퓨터제어로봇을 이용한 자동용접의 기술적 장점을 수동용접과 비교하여 기술하시오.
6. 가스금속아크 용접 후 용접부를 방사선투과 검사한 결과 방사선 필름상에 "불완전한 용융결합"이 나타났다. 부적당한 용접이음설계 및 용접기법이 결함원인인 경우 각각에 대한 개선 대책을 기술하시오.

기술사 제75회 제3교시 (시험시간 : 100분)

※ 다음 문제 중 4문제를 선택하여 설명하십시오. (각25점)

1. 용접부(Weld metal or fusion zone)응고에서의 Epitaxial 성장과 경쟁성장(competitive growth)에 대하여 설명하시오.
2. 부분용융부(Partially Melted Zone : PMZ)의 생성기구(mechanism)을 설명하시오.
3. FSW(Friction Stir Welding)법에 의한 용접부의 형성에 대해 설명하시오.
4. 저온 균열의 생성원인과 그의 방지법에 대해 설명하시오.
5. 홈용접 및 필릿용접의 목두께를 설명하시오.
6. 용접 시험편을 제작하기 위하여 후판의 저합금강을 가스 절단 시 절단속도를 좌우하는 인자를 3가지 제시하고 설명하시오.

기술사 제75회 제4교시 (시험시간: 100분)

※ 다음 문제 중 4문제를 선택하여 설명하십시오. (각25점)

1. 금속의 양면 또는 한면에 다른 금속을 완전히 결합시키기 위한 클래딩 용접방법을 3가지 이상 제시하고 설명하시오.
2. 담수 또는 해수 중에서 수행하는 수중아크 용접방법을 기술하시오.
3. Ti 및 Ti 합금 용접 시의 주의사항 및 그의 대책에 대해 기술하시오.
4. TMCP(Thermomechanical Control Process)강과 일반구조용 압연강재의 제조법의 차이점과 용접 시공상 유의점에 대해 설명하시오.
5. 고밀도(Electron Beam or Laser) 용접에서 원소기화(elemental evaporation)와 용입(Penetration)에 대하여 논하시오.
6. 용융부에서 성장속도(Growth rate)와 온도구배(Temperature gradient)변화에 따른 미세조직(Subgrain Structure)변화를 논하시오.

2005년도 기술사 제77회

기술사 제77회 제1교시 (시험시간: 100분)

※ 다음 문제 중 10문제를 선택하여 설명하십시오. (각10점)

1. 다음 용어를 설명하시오.
   ① WPS
   ② PQR
2. 압력 용기의 철판두께를 계산할 때 부식여유두께와 그 이유를 설명하시오.
3. 피복아크 용접 시 아크의 적정길이에 대하여 설명하시오.
4. 탄산가스 아크 용접의 단점을 설명하시오.
5. 용접입열량을 계산하는 식에 대하여 설명하시오.
6. 전기 아크 용접에서 모재의 용입이 깊고 용접봉이 부(-)극인 극성은 무엇인가?
7. 아크 용접 중 전류가 비대칭되어 아크가 한쪽으로 쏠리는 현상을 무엇이라 하는가?
8. 아크 용접기에서 전류가 증가하면 단자전압도 같이 증가하는 특성을 무엇이라 하는가?
9. 전류소자에 흡인력이 생겨 용접봉 원주 지름이 작아지는 경향을 말하는 효과를 무엇이라 하는가?
10. 유황으로 인하여 FeS가 형성되어 열간가공 중 900~1200℃온도 범위에서 재료가 갈라지는 현상을 무엇이라 하는가?

11. 탄소강재의 박판(1mm이하) 용접 시 일반적인 주의 사항을 설명하시오.
12. 구리합금의 용접 시 필요한 예열목적과 후판 고장력강의 용접 시 필요한 예열 목적의 차이를 설명하시오.
13. 초고장력강재의 용접 시 일반적으로 용접 열영향부의 강도가 모재 강도보다 낮아지는 현상이 발생하는 이유를 설명하시오.

기술사 제77회　　　제2교시 (시험시간: 100분)

※ 다음 문제 중 4문제를 선택하여 설명하십시오. (각25점)

1. 용접변형에 영향을 주는 요인을 설명하시오.
2. 중요 용접부의 결함에 대한 보수판정기준을 설명하시오.
3. 불활성가스 금속아크 용접에서 용적이행에 대하여 설명하시오.
4. 용접선 자동추적 아크센서의 작동원리에 대하여 설명하시오.
5. 강의 용접균열감수성에 대하여 설명하시오.
6. 용접에서 생기는 매연(Fume)에 대하여 설명하시오.

기술사 제77회　　　제3교시 (시험시간: 100분)

※ 다음 문제 중 4문제를 선택하여 설명하십시오. (각25점)

1. 저수소계 용접봉의 건조에 대하여 설명하시오.
2. 압력용기에서 몸체철판(Shell)의 두께 20mm, 경판두께 24mm와의 이음설계를 그림으로 표시하고 설명하시오.
3. 방사선 투과 검사 시 방사선피폭을 줄이기 위한 조치를 설명하시오.
4. 초음파를 이용한 열가소성 수지의 접합에서 에너지 디렉터(Energy Director)에 대하여 설명하시오.
5. 토치경납접시 토치불꽃이 직접적으로 납접합금을 향할 경우(납접합금에 토치불꽃이 직접접촉될 경우) 불량이 발생할 위험이 있다. 그 이유를 설명하시오.
6. 각각의 두께가 12mm인 연강과 스테인리스 316L을 맞대기 용접하고자 한다. 쉐플러선도(Schaeffler Diagram)를 이용하여 용접재료를 선택하는 방법을 설명하시오.

※ 다음 문제 중 4문제를 선택하여 설명하십시오. (각25점)

1. 용접품질향상을 위한 조건을 설명하시오.
2. 다음은 X형 홈의 용접부이다. 이를 용접기호로 표시하시오.
   홈의 깊이 : 화살쪽 14mm, 화살 반대쪽 8mm
   홈의 각도 : 화살쪽 60°, Root 간격 3mm, 화살 반대쪽 90°, Root Face 2mm
3. 다음과 같은 설계에 사용되는 강재가 라멜라균열이 발생할 위험이 있는 강재라 가정하여
   1) 라멜라균열을 방지할 수 있도록 설계를 개선하시오.
   2) 라멜라균열 발생기구에 관해 설명하시오.

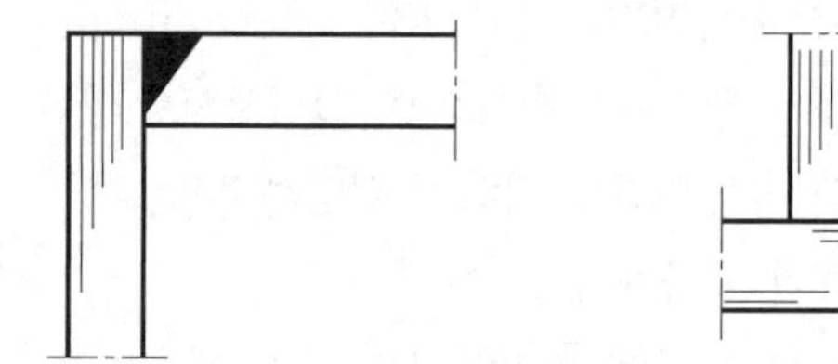

4. 다음과 같은 설계가 주어져 있다. 시공을 용이하게 할 수 있도록 설계를 개선하시오.

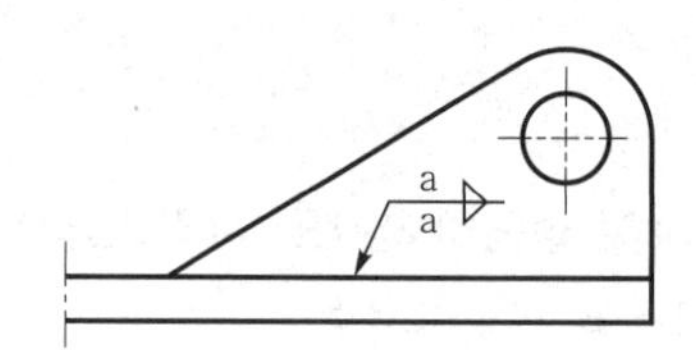

5. 그림과 같은 이음이 있을 때 앞면이음(가)과 측면이음(나)에서의 응력분포선도를 그림을 그리고 설명하시오.

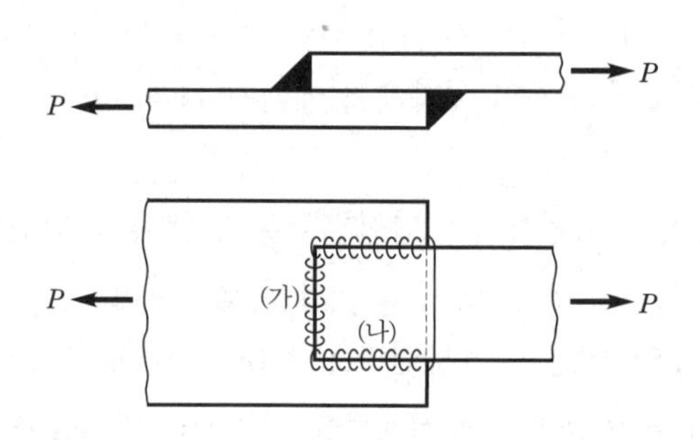

6. 다음과 같은 빔에 최대 모멘트 M=1000kN·m가 작용할 때 용접부(가)에 필요한 최소 목두께를 구하시오. 단, 용접부의 허용응력은 130MPa이다.

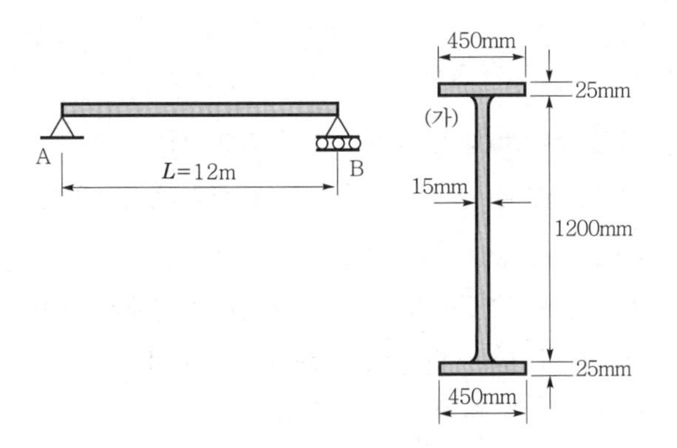

2006년도 기술사 제78회

기술사 제78회 제1교시 (시험시간 : 100분)

※ 다음 문제 중 10문제를 선택하여 설명하시오. (각10점)

1. 가스 절단에서 침몰선 해체, 교량의 개조 등에 적용되는 수중 절단(Underwater cutting)에 대하여 가. 절단토치의 형상, 나. 특징, 다. 시공방법 등을 기술하시오.
2. 산소-아세틸렌 불꽃의 종류와 용도를 기술하시오.
3. 스테인리스강(stainless steel) 용접에서 가)weld decay 나) knife line Attack의 원인, 발생위치, 대책을 기술하시오.
4. 예열 시공에서 가) 온도선정 나) 예열범위 다) 온도측정방법 라) 시공 시 주의점에 대해 기술하시오.
5. 저탄소강용접 시 모재표면에 발생된 아크스트라이크 현상과 동 결함을 검사할 수 있는 비파괴검사 방법에 대하여 설명하시오.
6. 용접부에 대한 방사선투과검사 결과 방사선사진상에 나타난 슬래그 개재물 및 텅스텐 개재물 생성과 관련된 용접기법상의 문제점에 대하여 설명하시오.
7. 50mm 두께의 일반강재를 가스절단할 때 절단속도가 너무 빠르거나 너무 느릴 때 절단면의 특성에 대하여 기술하시오.
8. 용접부의 열영향부 최고 경도치가 용접부 건전성 평가에 중요한 이유를 설명하시오.
9. 용접응력 생성에 대하여 설명하시오.
10. 용접입열량 구성요소 중 용접비드와 용입깊이에 영향을 주는 인자에 대하여 설명하시오.
11. 응력부식균열(SCC) 발생 인자에 대하여 설명하시오.
12. 접착제 접합(Adhesive Bonding)에 대하여 간단히 설명하시오.
13. 피복금속아크 용접(SMAW)을 수행할 때 용접봉 홀더(holder)기능에 대하여 설명하시오.

기술사 제78회	제2교시 (시험시간: 100분)

※ 다음 문제 중 4문제를 선택하여 설명하시오. (각25점)

1. 가스텅스텐아크 용접(GTAW)을 수행할 때 보호가스로 아르곤가스가 헬륨가스보다 일반적으로 더 선호되는 이유는 무엇인지 설명하시오.
2. 100mm 두께의 저합금강을 수동으로 다층 용접할 때 저온균열이 발생될 수 있는 경우 및 이를 예방 또는 저감시킬 수 있는 방안에 대하여 설명하시오.
3. Al용접 시공 시 발생하기 쉬운 용접결함에 대하여
   가. 주로 발생하는 결함의 종류
   나. 발생원인과 대책
   다. 이 결함의 강도(정적강도, 피로강도)와의 관계에 대해 기술하시오.
4. GTAW에 대하여 기술하시오.
   가. 극성과 특징
   나. 청정작용(cleaning action)
   다. 용착속도를 증가시키는 방법
5. 용접구조물의 내구성을 평가하고자 하는 피로시험 평가방법에 대하여 설명하시오.
6. 용접 잔류응력의 발생 원인과 완화 방법에 대하여 설명하시오.

기술사 제78회	제3교시 (시험시간: 100분)

※ 다음 문제 중 4문제를 선택하여 설명하시오. (각25점)

1. 동일 직경의 용접 Wire와 동일전류의 조건으로 탄산가스 아크용접 및 가스금속 아크용접(GMAW)을 각각 수행할 때 일반적인 이행용적의 크기 및 스패터 발생 정도를 비교하여 설명하시오.
2. 저온용강을 용접할 때 관련 용접 시방서의 규정에 따라 용접입열, 예열 및 층간온도를 준수하여야 하는 이유에 대하여 설명하시오.
3. 직사각형 단면(50×100mm)의 양단 고정보에 그림과 같이 전주용접하였을 때 견딜 수 있는 필용접 치수를 구하시오. 단, 허용응력은 500kgf/cm²

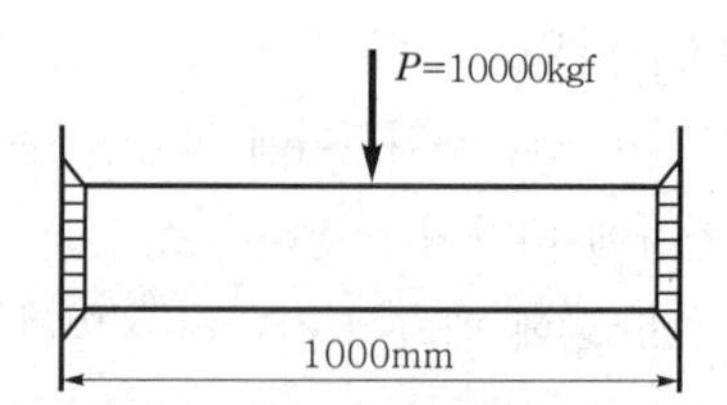

4. 교량용접구조물의 크랙발생 및 모니터링에 대하여 설명하시오.
5. P제철 공장에서 구매한 열간 압연 강재를 S조선에서 용접 시공시 용접부에서 Lamellar Tearing이 자주 발생되었을 경우
   가. 재료상의 원인과 대책
   나. 설계, 시공상의 대책을 기술하시오.
6. 산업현장에서 고장력강의 사용이 증가하는 추세이다. 고장력강에 대하여
   가. 사용목적과 구비조건
   나. 비조질형과 조질형의 차이
   다. 강화기구와 조직
   라. 기계적 성질을 기술하시오.

기술사 제78회 제4교시 (시험시간: 100분)

※ 다음 문제 중 4문제를 선택하여 설명하시오. (각25점)

1. SMAW에서 가)용접봉의 피복제의 역할 5가지 나)피복제의 성분과 작용면에서 분류하여 기술하시오.
2. 스테인리스강(Stainless steel)의 용접성에 대하여
   가. 스테인리스강의 종류와 특징
   나. HAZ부의 입계부식 원인과 대책
   다. 475℃ 취성
   라. σ(sigma)상
   마. 고용화 열처리방법을 기술하시오.
3. 탄산가스아크 용접을 수행할 때 용접 Wire에 함유된 Si 및 Mn에 의한 탈산작용에 대하여 설명하시오.
4. 용접아크 길이를 짧게 하여 깊은 홈(Groove)의 밑부분을 용접할 때 아크드라이브(Arc Drive)의 특성에 대하여 설명하시오.
5. 연·취성재료의 파괴인성시험법에 대하여 설명하시오.
6. 용접구조물을 이용하여 교량을 제작하고자 한다. 용접비용을 계산할 때 필요한 항목 및 방법에 대하여 설명하시오.

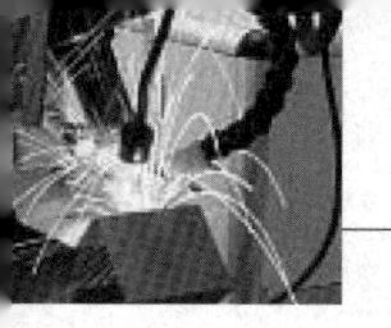

2006년도 기술사 제80회

기술사 제80회 제1교시 (시험시간: 100분)

※ 다음 문제 중 10문제를 선택하여 설명하십시오. (각10점)

1. 레이저 하이브리드 용접의 개요와 장점을 설명하시오.
2. 오스테나이트계 스테인리스강의 용접 시 용착금속에서 소량의 델타페라이트를 형성시켜야 하는데 그 이유에 대하여 설명하시오.
3. AWS(미국용접학회) 용접재료의 표기에 있어서 다음에 대하여 설명하시오.
   1) E7016
   2) ER60S
   3) E71T
   4) F7A4-EL8
4. 다음 용접기호를 설명하시오.

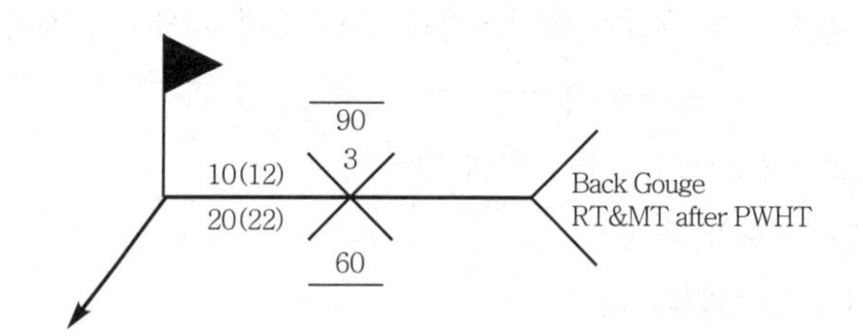

5. WPS의 필수요인(Essential variable), 추가필수요인(supplimentary Essential variable), 비필수요인(Non-Essential variable)을 설명하시오.
6. 용접로봇 구동시스템의 종류 및 장단점을 비교 설명하시오.
7. 아크 용접 작업 중 감전사고의 요인 및 대책을 설명하시오.
8. 용접부에 대한 비파괴검사 시 체적검사와 표면검사를 분류하고 각각의 장단점을 설명하시오.
9. 브레이징에서 용제의 역할을 설명하시오.
10. 강재의 용접 열영향부에서 저온균열의 발생원인을 기술하고 이를 지연균열(delayed crack)이라고 칭하는 이유를 설명하시오.
11. CJP(Completed Joint Penetration)와 PJP(Partial Joint Penetration)를 설명하시오.
12. 샤르피 충격시험에 대하여 기술하고 시험 후 시편의 충격흡수에너지를 산출하는 원리를 설명하시오.
13. 열처리로에서 열처리할 수 없는 대형 원통형 압력용기의 잔류응력 완화 방법에 대하여 설명하시오.

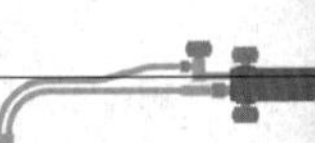

기술사 제80회 제2교시 (시험시간: 100분)

※ 다음 문제 중 4문제를 선택하여 설명하십시오. (각25점)

1. 용사(Thermal Spray)의 원리와 종류 및 적용사례를 기술하시오.
2. 원유 운반용 파이프라인에 있어서 수소유기균열(HIC)이 종종 문제가 되는데 이에 대한 특성과 이를 제어하기 위한 강재 제조방법을 기술하시오.
3. Ti-clad 강의 용접에 대하여 기술하시오.
4. 일반 강재 필렛 용접부의 각변형 발생원인을 기술하고, 하나의 필렛 용접부(free fillet weld) 각변형량에 미치는 강재두께의 영향을 도식화하고 기술하시오.
5. 콘크리트 구조물 내벽에 오스테나이트계 스테인리스강 lining 작업 시 용접방법, 비파괴검사방법, 예상되는 문제 및 그 해결책을 기술하시오.
6. 아크 용접용 로봇의 센서에 대하여 기술하시오.

기술사 제80회 제3교시 (시험시간: 100분)

※ 다음 문제 중 4문제를 선택하여 설명하십시오. (각25점)

1. 용접 시공 중 발생하는 용접매연(Fume)에 의한 건강장해와 그 방지대책을 기술하시오.
2. 용접부 방사선 투과시험의 X-ray와 γ-ray 의 적용기준 및 특성을 비교 기술하시오.
3. ASME Code sec. IX에 따른 용접사 자격시험방법을 기술하시오.
4. 열처리가 필요한 클래드 강재{(저합금강 ASME P-5, 32mm 두께)+오스테나이트계 스테인리스강(P-8, 3mm 두께)}와 열처리가 불필요한 순수 오스테나이트계 스테인리스강(P-8, 35mm 두께)의 용접이음부를 설계하고 그 배경에 대하여 기술하시오.
5. 표면용접의 종류와 목적 및 기능 그리고 그 방법들을 상세히 기술하시오.
6. 용접토우부에서 피로균열이 발생되는 강재 용접부의 피로특성은 무엇이며, 용접 후 용접부의 피로강도를 향상시킬 수 있는 후처리 방법에 대하여 기술하시오.

기술사 제80회 제4교시 (시험시간: 100분)

※ 다음 문제 중 4문제를 선택하여 설명하십시오. (각25점)

1. 강재용접부 미세조직에 있어 용착금속내 미세침상페라이트(acicular ferrite) 형성에 미치는 산소함량의 영향을 기술하고, 열영향부에 형성되는 마르텐사이트 조직, 상부 베이나이트 조직과 하부 베이나이트 조직의 특성을 탄소나 탄화물 관점에서 도식화하여 기술하시오.
2. 용접비용(cost) 분석에 대하여 기술하시오.
3. 9% Ni 강의 용접에 대하여 기술하시오.

4. 용접 열영향부에서의 액화 균열에 대한 특성과 이를 방지할 수 있는 방법에 대하여 기술하시오.
5. 강재용접부의 취성파괴 특징과 취화 인자에 대하여 기술하시오.
6. 저항용접의 원리 및 용접 공정변수와 그들의 영향에 대하여 기술하시오.

2007년도 기술사 제81회

기술사 제81회 제1교시 (시험시간: 100분)

※ 다음 문제 중 10문제를 선택하여 설명하시오. (각10점)

1. 플라즈마아크 용접(PAW)의 전류밀도가 TIG용접보다 더 높게 되는 이유를 설명하시오.
2. 초음파 용접에서는 주로 주파수를 몇 Hz 이상으로 하여 적용하는가?
3. 저항점용접용 전극팁(Cap tip)의 종류를 형상에 따라 열거하시오.
4. GMAW에서 아크길이의 조절은 어떻게 하는가?
5. GTAW 펄스용접에서 저주파 펄스용접(Low frequency pulse welding)은 주로 어떤 목적으로 적용하는가?
6. 용접구조물의 용접설계 시 유의 사항을 5가지 이상 제시하고 설명하시오.
7. 용접 시험편의 파괴시험 수행 후 연성(Ductility)파면의 특징을 설명하시오.
8. Al TIG AC용접에서 주로 사용되는 전극봉의 재료를 설명하시오.
9. 후판용접 시 단층용접(Single layer welding)에 비해 다층용접(Multi-layer welding)에서의 야금학적 효과를 설명하시오.
10. 용접클래딩(Weld cladding)에서 희석률(Dilution)의 정의와 희석률 감소방안에 대하여 설명하시오.
11. 강판의 필릿(Fillet)용접자세 중 2F 및 3F에 대하여 그 형상을 도식화하고 설명하시오.
12. 대표적인 용접결함 5가지를 나열하고 그 용접결함의 방사선투과시험(RT)의 필름상 형상에 대해 기술하시오.
13. 다음 그림의 용접이음형상에 대한 용접기호를 기입하시오.

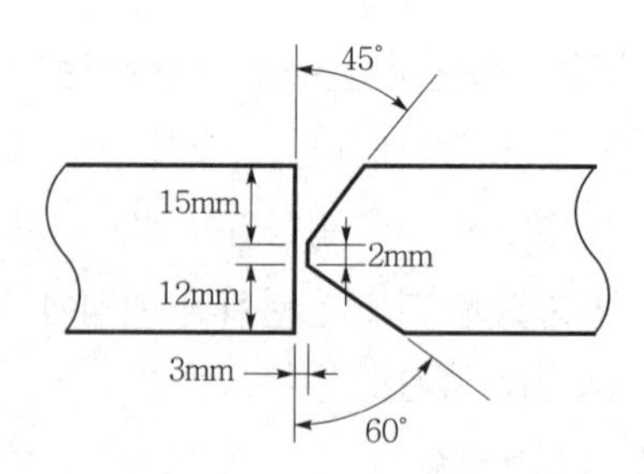

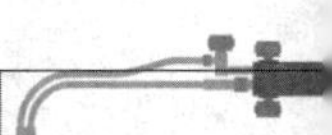

※ 용접조건

① 기계 다듬질로 용접부 외부 Bead를 다듬질할 것.

② 현장용접 이음부 임.

③ 전체둘레 용접할 것.

기술사 제81회 제2교시 (시험시간 : 100분)

※ 다음 문제 중 4문제를 선택하여 설명하시오. (각25점)

1. 박판 I-홈 맞대기 용접(용가재 없는 용융주행)을 TIG나 플라즈마아크 용접할 때 용접선 추적은 정확하게 되는데도 융합불량(Lack of fusion)이 자주 발생한다. 이 문제의 원인과 해결법을 제시하시오.
2. CO_2 아크 용접에서 350A의 용접전류로 작업할 때 ø1.6와이어보다 ø1.2와이어의 경우가 더 높은 용착속도를 나타낸다. 그 이유를 설명하시오.
3. 배관용접에서 파이프의 5G 맞대기용접을 실시한 결과 파이프 길이축소가 예상치 3mm보다 현저히 큰 5mm이었다. 그 원인을 밝히고 그 대책을 제시하시오.
4. 용접금속(Weld metal)의 인성(Toughness)을 향상시키는 방법에 대하여 설명하시오.
5. 국내 교량현장의 강구조물의 단면과 용접상세는 다음 그림과 같다. 강의 재질은 SM520C이며, 제작도중 하부 Flange와 web가 접촉되는 부분에 용접균열이 발생되었다. 예상되는 균열 종류, 발생원인, 균열 방지책을 설명하시오.

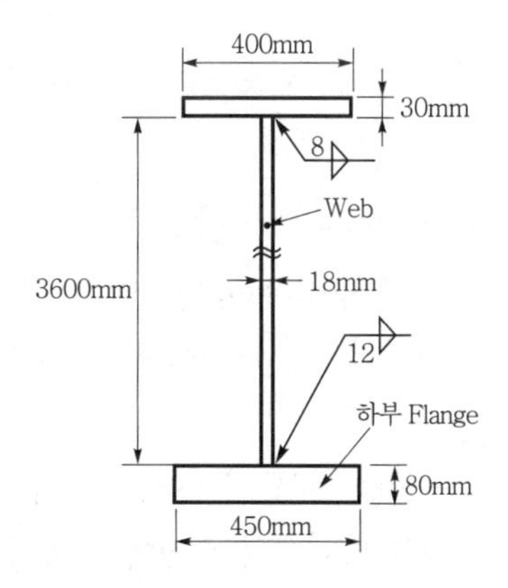

6. 방사선투과시험에서 사용되는 광원 중 X선과 γ선(감마선)에 대해 공통점과 차이점을 비교하여 설명하시오.

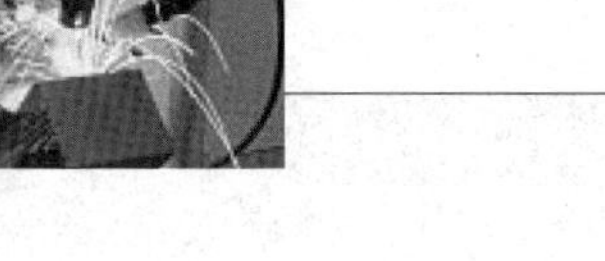

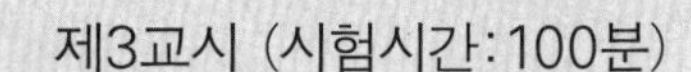

기술사 제81회 제3교시 (시험시간: 100분)

※ 다음 문제 중 4문제를 선택하여 설명하시오. (각25점)

1. 강구조물의 운송을 위해 부착되었던 80mm 강판의 Lug를 가스 절단으로 제거한 후 자분탐상(Magnetic Particle Test)방법으로 그 표면을 검사하였더니 절단부 표면에 균열이 발생되었다. 그 균열의 발생원인 및 방지 대책에 대하여 설명하시오.
2. 강판의 가스 절단에서 드래그 길이(Drag Line)의 정의와 드래그 길이에 미치는 인자에 대하여 설명하시오.
3. 용접부에서의 응고균열(Solidification cracking) 및 액화균열(Liquation cracking)에 대하여 설명하시오.
4. Al GMAW(MIG) 용접에서는 단락이행을 거의 하지 않고 주로 스프레이 이행으로 용접하는데 그 이유를 설명하시오.
5. 압력용기에서 탄소강 강판(Shell)의 두께 50mm인 X형 홈의 서브머지드아크 용접(SAW)이 수행되었다. 이음부에서 비파괴 검사 결과 종방향으로 300mm 길이를 가진 용입부족(Incomplete penetration)이 발생되었다. 이때 용접결함 부위를 그림으로 표시하고, 상세한 보수절차(Repair procedure)에 대하여 설명하시오.
6. 후판의 맞대기용접을 FCAW와 GMAW로 시공하는 경우, 홈 각도가 20년전에 비해 최근에는 점차 감소되는 경향이 있다. 이와 같이 홈 각도가 감소되어도 불량이 생기지 않는 이유를 설명하시오.

기술사 제81회 제4교시 (시험시간: 100분)

※ 다음 문제 중 4문제를 선택하여 설명하시오. (각25점)

1. 아연도금강판의 저항점용접(Resistance spot welding)이 곤란한 이유를 설명하시오.
2. 두께 12mm 강판에 대하여 V-홈 맞대기용접을 실시할 때 각변형을 감소시키는 방법에 대하여 설명하시오.
3. Flux cored wire를 써서 용접하는 현장에서 와이어를 교체한 후 용접비드에서 심한 웜홀(Worm hole)이 발생하였다. 그 원인을 와이어의 관점에서 제시하시오.
4. 파이프의 5G 맞대기 용접에서 아래보기 자세인 12시 방향과 위보기 자세인 6시 방향에서 작업할 때 용융지(Molten pool)에 작용하는 힘과 그 방향에 대하여 비교 설명하시오.
5. Mg 및 Mg 합금용접의 특징 및 유의 사항에 대하여 기술하시오.
6. 서브머지드아크 용접금속에서 침상형 페라이트(Acicular ferrite) 생성에 영향을 주는 주요 인자들을 기술하시오.

2007년도 기술사 제83회

기술사 제83회 **제1교시 (시험시간: 100분)**

※ 다음 문제 중 10문제를 선택하여 설명하시오. (각10점)

1. 용접부 표면을 피닝(peening)할 때 발생할 수 있는 용접부의 기계적 결함에 대하여 설명하시오.
2. 용접부를 방사선 비파괴검사 시 검사 작업자가 반드시 착용하여야 하는 열형광선량계(TLD Badge)에 대하여 설명하시오.
3. 용접이음부의 허용응력을 결정하기 위한 안전율에 대하여 설명하시오.
4. 용접현장에서 용접부 잔류응력을 경감시킬 수 있는 용접 시공 방법을 5가지 열거하고 설명하시오.
5. 완전용입이 요구되는 맞대기 Root Pass를 피복아크 용접할 때 키홀(key hole)을 형성하지 않고 용접하면 어떠한 문제나 결함이 일어날 수 있는지 설명하시오.
6. 오스테나이트계 스테인리스강은 일반적으로 후열처리가 요구되지 않는 기술적 이유를 설명하시오.
7. 용접절차검증(Procedure Qualification)에서 시험쿠폰(Test Coupon)과 시험편(Test piece)의 차이점을 비교 설명하시오.
8. 용접사가 착용하는 복장(앞치마, 보호커버를 의미하는 것은 아님)의 옷감재질 중 안전상 권장되는 것과 착용해서는 안 되는 재질을 구분하시오.
9. 용입불량(Lack of penetration 또는 incomplete penetration)과 융합불량(Lack of fusion)을 그림을 그리고 그 차이점을 설명하시오.
10. 인버터형 용접 전원의 장점을 설명하시오.
11. 용접부의 양호한 페인트 작업을 하기 위해 필요한 작업을 설명하시오.
12. 용접 구조물에서 뒤틀림(변형) 최소화 방안을 5가지 이상 제시하시오.
13. 9%니켈강의 용도와 이점은 무엇이며, 적용가능 용접방법을 제시하시오.

기술사 제83회 **제2교시 (시험시간: 100분)**

※ 다음 문제 중 4문제를 선택하여 설명하시오. (각25점)

1. 오스테나이트계 스테인리스강은 열전도도, 열팽창 등 물리적 성질이 일반 탄소강과 차이가 있다. 스테인리스강 용접 시 더 고려해야 할 사항에 대해 설명하시오.
2. 용접절차사양서(WPS)에서 Root 간격을 최소 2mm 유지하게 되어 있는데 용접사가 편의상 0~2mm 이하로 해서 용접하고 있는 것이 발견되었다. 용접품질 상 문제가 없었다면 어떻게

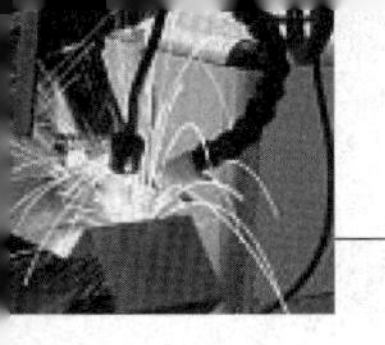

조치하면 되는지 설명하시오.
3. 서브머지드 아크 용접 플럭스의 기능과 제조방법에 따라 두 가지 이상의 종류를 들고 그 특성을 비교 설명하시오.
4. 용접 열영향부는 종종 취성파괴를 초래하기 때문에 인성개선을 위한 많은 연구가 수행되었다. 열영향부의 인성을 개선하는 기구 또는 방법에 대하여 설명하시오.
5. 강구조물을 용접 시공한 후 용접부가 포함된 노치시험편을 제작하여 저온에서 충격시험을 수행할 때 나타나는 취성파괴에 대하여 설명하시오.
6. 오스테나이트계 스테인리스강 용접부에 대한 고용화 열처리 필요성을 설명하시오.

기술사 제83회 제3교시 (시험시간: 100분)

※ 다음 문제 중 4문제를 선택하여 설명하시오. (각25점)

1. 용접은 열원을 사용하여 된다. 열원을 5가지 이상 열거하고, 열이 용접부에 미치는 나쁜 영향에 대하여 설명하시오.
2. 확산성수소(diffusible hydrogen)가 용접부에 미치는 영향과 측정방법을 3가지 이상 열거하고 장단점을 비교하시오.
3. 오스테나이트계 스테인리스 배관의 Root Pass 용접을 TIG(Tungsten Inert Gas) 용접을 한다. 그런데 배관의 직경이 너무 크고, 길이가 과대하여 Back purge하기가 무척 어려운 경우 Back bead의 표면산화를 방지하면서 용접 품질을 확보할 수 있는 방안을 2가지 이상 열거하고 방법을 설명하시오.
4. 방사선투과검사(RT)에서 투과도계(상질지시계, IQI)를 사용한다.
   가. 투과도계의 사용 목적을 설명하시오.
   나. 유공형(Hole Type)을 사용할 때 2-2T Quality의 의미는 무엇인지 설명하시오.
5. 오스테나이트계 스테인리스강을 절단하려 할 때 가스 절단법보다는 분말가스 절단법을 적용하여야 하는 기술적 이유를 설명하시오.
6. 탄산가스아크 용접 시 탄산가스에 의한 용접결함을 방지하기 위한 전극선(와이어)의 탈산작용을 관련 반응식을 이용하여 설명하시오.

기술사 제83회 제4교시 (시험시간: 100분)

※ 다음 문제 중 4문제를 선택하여 설명하시오. (각25점)

1. 고장력강의 기계설비를 용접 시공할 때 용접부에 발생될 수 있는 저온 균열을 예방하기 위한 일반적인 방법 중 최저 예열온도 관련사항에 대하여 설명하시오.
2. 모재와 용가재의 용융온도보다 높은 온도로 가열하여 용접한 결과 용접비드의 중앙부분에

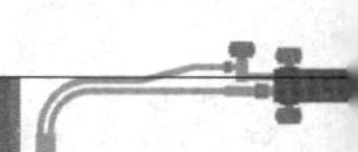

서 응고 균열이 발생하였다.

가. 탄소강 용접부에 대한 응고 균열방지 방안을 설명하시오.

나. 오스테나이트계 스테인리스강 용접부에 대한 응고 균열 방지 방안을 설명하시오.

3. 저항 용접에 관한 다음 사항에 대하여 설명하시오.

가. 줄(joule)열

나. 가압력의 영향

다. 용접이음형태에 따른 저항 용접법 분류

라. 점 용접에서 로브곡선(Lobe Curve)

마. 점 용접에서 너겟

4. 연강의 인장시험 시 얻어지는 ε(변형률)$-\sigma$(응력)곡선을 그리고 다음을 구체적으로 설명하시오.

가. 항복강도 나. 인장강도 다. 연신율과 단면수축률

라. 연신율을 구할 때 시편에 표점거리(Gage Length)를 사용한다. 표준표점거리(예, 50mm)보다 짧게 설정하면 연신율은 어떻게 변화되는지 설명하시오.

5. 탄소강과 오스테나이트계 스테인리스강의 접합은 어렵다. 성공적인 접합을 위하여 고려할 사항들을 제시하시오.

6. 생산/현장 용접을 위해 절차검증을 하고자 한다.

가. 용접절차 사양서(WPS) 초안을 작성할 때 고려해야 할 요소는 무엇인가

나. 일반적인 WPS/PQR 작성절차를 순서적으로 설명하시오. (PQR : Procedure Qualification Record)

2008년도 기술사 제84회

기술사 제84회 | **제1교시 (시험시간: 100분)**

※ 다음 문제 중 10문제를 선택하여 설명하시오. (각10점)

1. 저항용접법인 점(Spot) 용접조건을 결정하는 3가지 주요인자를 쓰시오.
2. 가스레이저인 CO_2 레이저와 고체레이저인 Nd:YAG 레이저의 빔을 전송하는 방법의 차이점에 대하여 설명하시오.
3. 두께 50mm인 조선용 강재를 500A-40V-40mm/min의 용접조건으로 Electro gas 용접하는 경우, 적용된 용접입열량의 계산값을 구하시오. (단위 표시)
4. 파괴인성 값인 K_C와 K_{IC}의 차이를 설명하시오.
5. 용접고온균열을 발생위치에 따라 크게 3종류로 분류하고, 각각의 특징을 설명하시오.
6. 용접부의 인성을 평가하는 시험법은 크게 파괴역학에 기본을 두는 방법과 그렇지 않는 방법

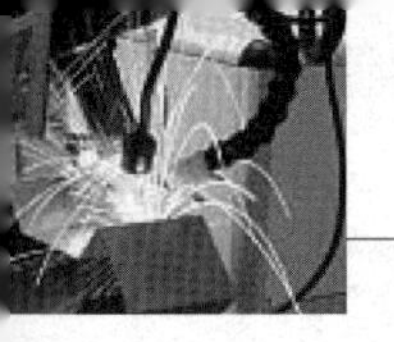

으로 분류할 수 있다. Charpy 충격시험, DWTT시험, NRL 낙중시험, CTOD시험의 4가지 시험방법 중 파괴역학 개념에 근거하는 시험방법을 택하고, 특징을 설명하시오.

7. 고장력강을 비드온 플레이트(Bead-on-Plate) 용접하는 경우, 용접 열영향부(HAZ)를 통상 최고가열온도와 조직학적 특징에 따라 CGHAZ(Coarse-grain HAZ), SCHAZ(Subcritical HAZ), ICHAZ(Intercritical HAZ), FGHAZ(Fine-grain HAZ)의 4가지로 세분한다. 이러한 4종류의 HAZ를 최고가열온도가 높은 쪽에서 낮은 쪽으로 순서대로 배열하시오. 또 이들 중 가장 인성이 나쁜 HAZ를 쓰시오.
8. Charpy 충격시험에 의해 구할 수 있는 천이온도의 정의와, 천이온도를 결정하는 일반적인 2가지 방법을 설명하시오.
9. STS304L, STS409L, 9Cr-1Mo강, 5% Ni강 중에서, LNG 저장탱크 소재로 가장 적합한 강재를 택하고, 그 이유를 설명하시오.
10. 주철을 용접하는 경우, 급랭으로 인해 가장 쉽게 발생할 수 있는 용접결함의 명칭을 쓰고 개선방안을 설명하시오.
11. 광안대교의 안전성 확인을 위해 용접부에 대한 비파괴시험을 실시하고자 한다. 현장에서 적용할 수 있는 비파괴시험법 4가지를 열거하시오.
12. CO_2 용접하는 경우, 발생하는 유해 가스의 종류를 3가지 쓰시오.
13. 그림에 나타낸 용접부의 희석률(%)의 계산식과 희석률의 의미를 설명하시오.

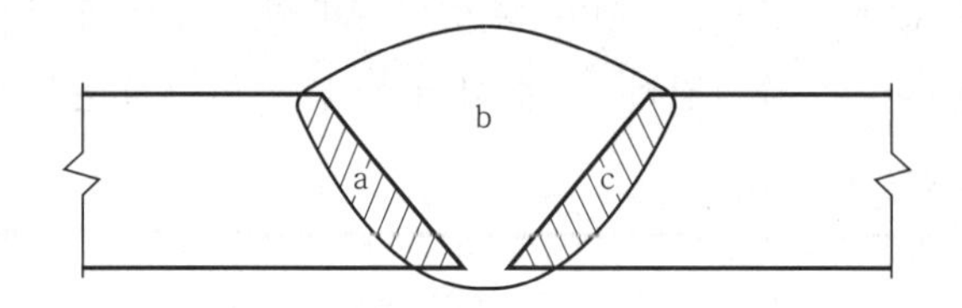

기술사 제84회 제2교시 (시험시간: 100분)

※ 다음 문제 중 4문제를 선택하여 설명하시오. (각25점)

1. TMCP(Thermo-Mechanical Control Process)강의 제조상 특징과 용접 시의 장단점을 설명하시오.
2. 표면처리강판을 저항 점용접(Spot welding)하는 경우, 전극의 연속타점 수명이 중요한 이유와 일반적인 측정방법에 대하여 설명하시오.
3. 일반적인 용접구조용 후판 강재를 입열량이 높은 대입열조건으로 용접하는 경우, 용접부에 발생하는 금속학적 현상과 문제점 및 대책을 설명하시오.
4. 오스테나이트계인 STS310S, STS304L, 이상계인 STS329, 페라이트계인 STS430을 동종끼리 Gas Tungsten 아크 용접하는 경우, 용접고온균열이 가장 발생하기 어려운 강종을 선택하고 그 이유를 델타 페라이트량(δ-ferrite)과 응고모드(Solidification mode)의 관점에서 설명하시

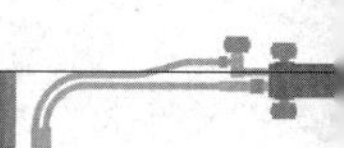

오.

5. 용접 잔류응력을 완화할 수 있는 용접 후처리방법(열적방법과 기계적 방법)에 관하여 설명하시오.
6. 용접부의 저주기피로(Low cycle fatigue)와 고주기피로(High cycle fatigue)를 피로수명의 관점에서 설명하시오.

기술사 제84회 　　　　제3교시 (시험시간: 100분)

※ 다음 문제 중 4문제를 선택하여 설명하시오. (각25점)

1. 탄소강-스테인리스강으로 구성된 클래드 강(clad steel)의 용접에서 그림과 같이 모재의 용접을 완료한 후 스테인리스 클래드 면을 용접할 때의 용접 시공 방법에 대해 설명하시오.

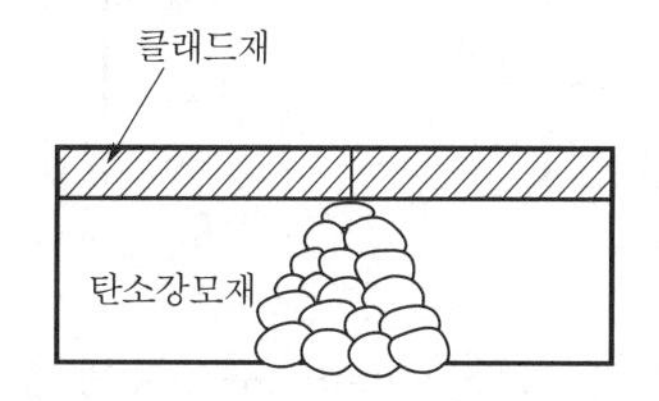

2. 용접구조용 강의 HAZ에는 통상 Martensite, Lower Bainite, Ferrite+Pearlite, Upper Bainite 조직이 나타난다. 이들 조직의 현출순서를 용접 후 냉각속도의 관점에서 배열하시오. 또한 이들 조직을 인성의 관점에서 비교 설명하시오.
3. 마찰 용접, FSW(Friction Stir Welding), 확산용접(Diffusion welding), 폭발압접(Explosion welding), 초음파 용접(Ultrasonic Welding) 등은 대표적인 고상 용접(Solid State Welding) 법의 예시이다. 일반적인 용융 용접(fusion welding)에 비하여 고상 용접법의 이점(장점)을 3가지 이상 열거하여 설명하시오.
4. 용접부의 확산성 수소량을 정량적으로 측정할 수 있는 방법 3가지를 열거하시오. 또한 용접 시공과정에서 확산성 수소량을 저감시킬 수 있는 가장 효과적인 방법과, 그 이유를 설명하시오.
5. KS D ISO 15607에 따른 용접절차 승인 방법 중 용접 시험에 의한 승인방법에 관하여 상세하게 설명하시오.
6. 두께 0.3mm인 무산소 동(Cu) 판재를 이용하여 40mm(가로)×40mm(세로)×5mm(높이)인 밀봉형 6면체 냉각 용기를 제작하고자 한다. 월 생산량이 10만개인 경우 적용할 수 있는 용접법을 2가지 제시하고 각각의 용접부 형상을 제시하시오.

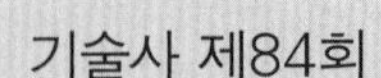

기술사 제84회 　　　　　　　　　　　　　　　　　　　　　　　　　　　　제4교시 (시험시간: 100분)

※ 다음 문제 중 4문제를 선택하여 설명하시오. (각25점)

1. 인장하중을 받는 아래 그림(가), (나)와 같은 2가지 용접구조 단면이 있다. 이 단면들의 관성 모멘트(moment of inertia)를 계산하시오. 또 두 단면의 보를 제작할 때 (가) 단면의 필릿 용접부의 목 두께를 8mm, (나) 단면의 목 두께를 3mm로 설계했을 때 입열량을 고려한 생산성을 비교하시오.

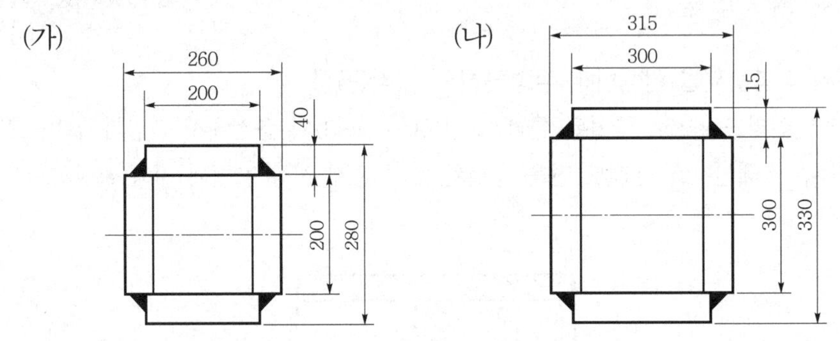

2. 아래 그림과 같이 필릿 용접으로 결합된 용접 구조물에 200kN의 수직하중이 작용하고 있다. 이 용접부의 강도 설계를 위한 용접부의 응력(stress)을 계산하시오.

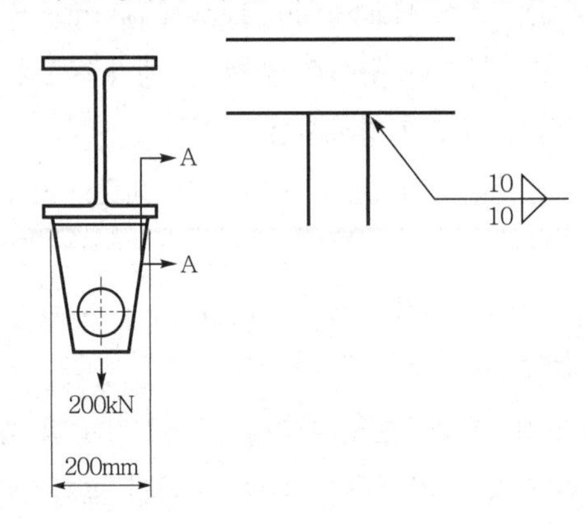

3. 그림과 같이 A, B의 두 판재를 필릿 용접하여 T 형상의 조립보를 제작하게 되면 용접 후 종굽힘 변형이 발생한다.

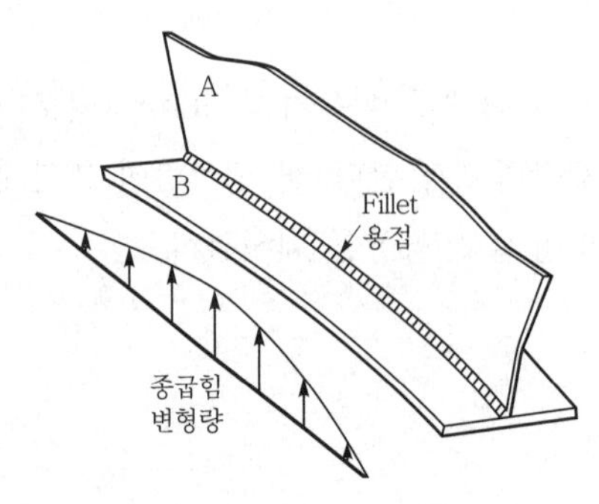

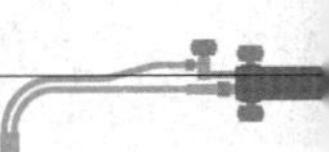

(가) 이러한 종굽힘 변형의 발생기구(mechanism)를 수축(력)과 수축 모멘트의 개념으로 설명하시오. (그림 설명 포함)

(나) 용접 후 과대 종굽힘 변형이 발생했을 때 요구되는 정도의 곧은 보로 교정하기 위한 효과적인 열간 교정방안을 제시하시오. (그림 설명 포함)

4. 연강과 고장력강의 모재 피로강도는 고장력강이 높은 반면 용접부의 피로강도는 큰 차이를 보이지 않는 이유를 설명하시오. 그리고 용접부의 피로강도를 높일 수 있는 용접 후처리 방법(Post-weld treatment)에 대해 설명하시오.
5. 인화성 물질이 있는 지름이 4,000mm, 길이가 5,000mm, 두께가 20mm인 스테인리스강으로 만든 용기 내부에 추가 설치물 부착공사를 위한 절단과 용접작업을 하려고 한다. 용접 중 화재 및 폭발을 방지하기 위한 안전조치 작업절차를 설명하시오.
6. 석유 수송용 파이프를 제작 및 설치하는 seam 용접과 girth 용접이 무엇인지 설명하시오. 또 각각의 용접에 적용하는 대표적인 상용 용접법을 두 가지씩 쓰시오.

2008년도 기술사 제86회

기술사 제86회 제1교시 (시험시간: 100분)

※ 다음 문제 중 10문제를 선택하여 설명하시오. (각10점)

1. 그림에 다음의 지시 내용을 기호로 나타내시오.

지시내용 : 작업현장에서 FCAW(Flux Cored Arc Welding)에 의하여 각장 8mm로 전자세 필릿 용접을 하시오.

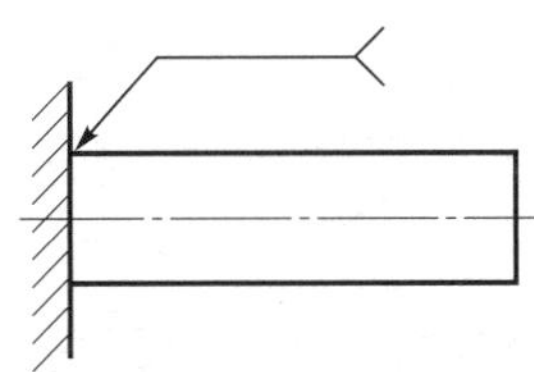

2. 보일러용 압력용기에서의 후프응력(Hoop Stress)에 대하여 설명하시오.
3. GMAW에서 아크 길이의 조절은 어떻게 하는지 설명하시오.
4. 재열균열을 방지하기 위한 대책을 설명하시오.
5. 용접구조물의 변형을 최소화하는 방안에 대하여 설명하시오.
6. 용접입열(Heat Input)에 대하여 설명하시오.
7. 재료두께에 따른 맞대기 용접부의 개선형상(Groove)을 요약하여 설명하시오.
8. 마찰용접의 원리 및 특성에 대하여 간단히 설명하시오.
9. 탄소강의 용접 후 열처리(PWHT) 차트(chart) 검토 시 확인해야 할 필수사항을 열거하시오.

10. Form Factor란 무엇이며, 고온균열과의 상관관계를 설명하시오.
11. 슈퍼 듀플렉스 스테인리스강(Super Duplex Stainless Steel)이란 무엇이며 용접 시 입열과 냉각속도를 어떻게 관리해야 하며, 권장 입열은 얼마인지 설명하시오.
12. 스테인리스강 용접부의 델타 페라이트에 관하여 아래 물음에 답하시오.
    ① 델타 페라이트의 함유목적
    ② 델타 페라이트의 역할
    ③ 일반적 권장 델타 페라이트 함량
    ④ 델타 페라이트 측정방법
13. 가스금속아크 용접(GMAW)에서 극성-전류-용입-금속이행 형태의 관계를 간략히 설명하시오.

기술사 제86회 제2교시 (시험시간: 100분)

※ 다음 문제 중 4문제를 선택하여 설명하시오. (각25점)

1. 듀플렉스(Duplex) 스테인리스강의 (1) 장점을 기술하고, 용접 시의 (2) 용접 열사이클(weld thermal cycle)의 영향검토가 중요한 이유, (3) 용접부에 충분한 오스테나이트상을 얻기 위한 방안, (4) 세컨드상(Secondary phase)의 석물을 피하기 위한 조치를 설명하시오.
2. 용접 열영향부의 가열온도별 영역 및 조직특성을 설명하시오.
3. 용접 잔류응력을 완화할 수 있는 용접 후처리 방법에 대하여 설명하시오.
4. 웰드디케이(weld decay)에 대한 재질상의 대책을 들고, 나이프라인 어택(knife line attack)은 왜 생기며 웰드디케이(weld decay)와 다른 특징을 설명하시오.
5. 스터드용접(stud welding)의 원리와 시공법에 대하여 설명하시오.
6. 수중 아크 용접법에 대하여 설명하시오.

기술사 제86회 제3교시 (시험시간: 100분)

※ 다음 문제 중 4문제를 선택하여 설명하시오. (각25점)

1. 알루미늄 및 알루미늄합금 표면에 형성된 산화막은 가스텅스텐 아크 용접 시 용접결함(융합불량, 기공, 슬래그 혼입)의 원인이 된다. 이에 대한 방지 대책을 설명하시오.
2. 용접재료의 균열 감수성에 대해서 설명하시오.
3. 용접 후 열처리(PWHT)에서 생길 수 있는 문제점 및 원인을 강종별로 대별하여 설명하시오.
4. 방사선시험 필름 상에서 작은 동그라미 흰점의 결함이 보이는 경우 2가지 예를 들고 그 원인 및 방지대책을 설명하시오.
5. 폭발용접법의 원리와 그 특성에 대해서 설명하시오.
6. 산소-아세틸렌 불꽃의 형상 및 온도 분포에 대하여 설명하시오.

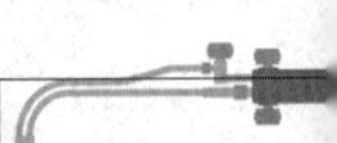

기술사 제86회 제4교시 (시험시간: 100분)

※ 다음 문제 중 4문제를 선택하여 설명하시오. (각25점)

1. 용접구조물의 품질 안정화를 위한 조건을 설명하시오.
2. 십자형 필릿 접합부의 강도 향상을 위한 용접 방법에 대하여 설명하시오.
3. 레이저의 열원을 얻는 방법과 레이저 용접의 특성에 대하여 설명하시오.
4. 비파괴검사법의 종류를 분류하고 그들의 원리에 대하여 설명하시오.
5. 용접재료의 피로강도 및 안전수명 영역 평가방법 각각에 대하여 설명하시오.
6. 선박구조물의 용접자동화 방안에 대하여 설명하시오.

2009년도 기술사 제87회

기술사 제87회 제1교시 (시험시간: 100분)

※ 다음 문제 중 10문제를 선택하여 설명하시오. (각10점)

1. 인장강도 500MPa급 강재를 용융용접하는 경우 용접 입열량이 낮은 쪽에서 높은 쪽으로 변화함에 따라 용접 열영향부에 나타나는 조직을 순서대로 열거하시오. 또 이들 조직 중 가장 인성이 낮은 조직을 기술하시오.
2. 가스메탈 아크 용접을 하는 경우 사용하는 보호가스를 기준하여 크게 세 종류의 방법으로 분류하시오. 또 이들 방법 중 주로 알루미늄(Al)과 같은 비철의 용접에 가장 적합한 방법을 기술하시오.
3. 스테인리스강의 델타 페라이트량을 측정하는 방법을 직접 측정하는 방법과 간접적으로 측정하는 방법으로 구분하여 설명하시오.
4. 저항용접의 원리를 간단히 기술하고, 대표적인 저항용접방법을 3가지 이상 열거하시오.
5. 모재단면에 그루브(groove) 형상을 가공하는 경우 고려사항을 4가지 이상 나열하시오.
6. CO_2 용접이나 소량의 산소를 포함하는 실드가스를 사용하는 가스메탈 아크 용접 중에 발생하는 인체에 유해한 가스 3종류를 기술하시오.
7. 그림을 보고 용접기호를 도시하시오.

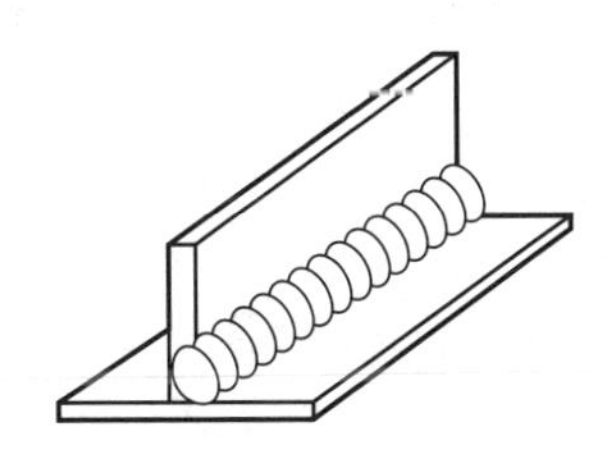

8. 용접부의 안전성을 확인할 수 있는 대표적인 비파괴검사 방법을 4가지 이상 기술하시오.

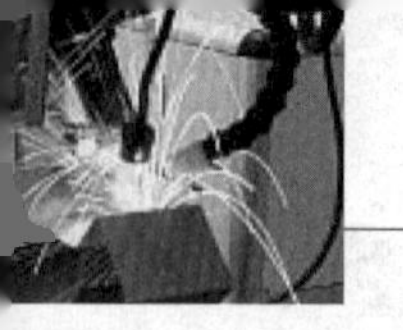

9. 두께가 60mm인 인장강도 500MPa급 TMCP 강재를 600A-40V-40mm/min의 조건으로 Electro Gas 용접하였다. 용접 입열량을 계산하여 단위와 함께 답하시오.
10. 전자빔 용접 및 레이저빔 용접이 일반적인 아크 용접과는 달리 키홀(Key-hole)용접이 가능한 가장 큰 이유를 설명하시오.
11. 용접부의 고주기피로와 저주기피로의 차이점을 반복응력이 부가되는 강도의 관점을 포함하여 간단히 설명하시오.
12. 브레이징과 솔더링의 차이점과 특징을 설명하시오.
13. 용접 시 Fume의 인체에 미치는 영향을 고려하여 미국에서는 1973년도부터 Iron Oxide (FeO)의 TWA-TLV(Time Weighted Average-Threshold Limit Value)를 10mg/m^3(ppm)으로 규정하였는데 그 의미를 설명하시오.

기술사 제87회 제2교시 (시험시간: 100분)

※ 다음 문제 중 4문제를 선택하여 설명하시오. (각25점)

1. 일반 TMCP 강재를 EGW(Electro Gas Welding) 방법으로 대입열 용접하면, 통상 용착부에 인접한 용접 열영향부의 인성이 저하하는 문제가 발생한다. 인성저하의 주요 원인과 함께 개선방법을 야금학적인 측면에서 설명하시오.
2. 스테인리스강의 용접 응고조직 형태로부터 구분되고 있는 대표적인 네 가지 응고모드를 열거하고, 이들 중에서 STS304의 응고모드 형태가 응고균열 감수성이 가장 낮은 이유를 설명하시오.
3. 통상 탄소를 0.3% 이상 포함하는 고탄소강을 용융용접하는 경우, 용접부에 발생할 수 있는 대표적인 두 종류의 용접결함을 열거하고, 각각의 원인 및 방지대책을 기술하시오.
4. 서브머지드 아크 용접용 플럭스의 종류를 제조방법의 차이에 따라 분류하고 특징을 간단히 설명하시오.
5. 용접부 저온균열 감수성을 평가하는 대표적인 시험방법 중, y-groove시험과 CTS(Controlled Termal Severity)시험의 특징과 차이점에 대하여 기술하시오.
6. Stress Intensity Factor인 K값이 유효한 값이 될 수 있는 기본적인 세 가지 조건을 열거하고, 현대의 구조용강에서는 소형 시험편으로 정확한 K_{IC}값을 측정할 수 없는 이유를 설명하시오.

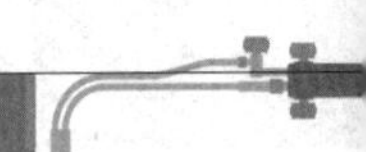

기술사 제87회 제3교시 (시험시간: 100분)

※ 다음 문제 중 4문제를 선택하여 설명하시오. (각25점)

1. 철구조물 공장에서 아래와 같은 H빔 구조물을 용접하려고 한다. 가장 적당한 용접법을 선정하고 용접 시공방법과 용접순서를 기술하시오.
   (단, 빔의 길이 : 12,000mm, 빔의 재질 : SM490B)
   A, B, C, D 용접부를 각장 16mm로 양면 필릿 용접으로 용접함.

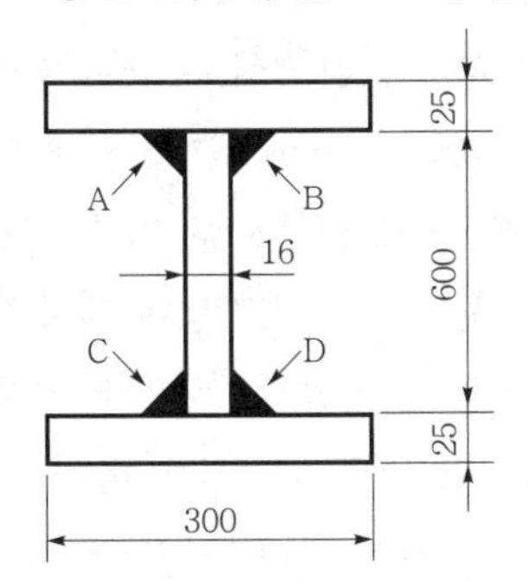

2. 소구경 스테인리스 파이프의 제조에 사용되는 대표적인 3가지 용접방법을 열거하고, 이들 방법을 용접생산성과 품질 측면에서 비교하여 설명하시오.
3. 아크 용접 시 로봇에 의한 자동화 목적을 나열하고 사용되는 로봇센서의 종류와 특징을 기술하시오.
4. 스테인리스강의 용접부에 나타나는 예민화 현상을 설명하고, 방지방법에 대하여 기술하시오.
5. 용접구조물의 설계 시 경제성과 제작성을 고려하여 요구되는 사항을 나열하시오.
6. 지상식 LNG 저장용기의 제작에 주로 사용되는 강재와 용접재료를 열거하고, 특징을 기술하시오.

기술사 제87회 제4교시 (시험시간: 100분)

※ 다음 문제 중 4문제를 선택하여 설명하시오. (각25점)

1. 음향방출(AE : Acoustic Emission)법에 의한 용접부 비파괴검사에 대한 원리와 응용 예에 대하여 설명하시오.
2. 용접 시 발생하는 잔류응력의 영향과 측정방법에 대하여 설명하시오.
3. 마찰교반접합(FWS, Friction Stir Welding)의 원리를 기술하고, 철강소재에는 아직 실용화가 활성화되지 못하고 있는 이유에 대하여 설명하시오.
4. KIC(Critical Stress Intensity Factor)와 CTOD(Crack Tip Opening Displacement)의 개념적인 큰 차이점을 기술하시오.
5. 용접용 레이저인 CO_2레이저와 Nd : YAG레이저의 차이점을, 파장과 빔 전송방법의 관점에서

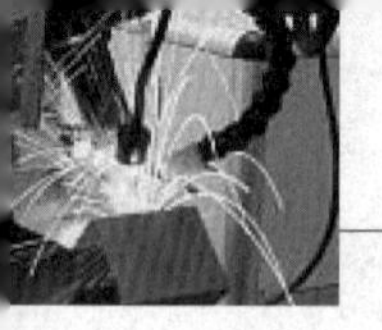

설명하시오.

6. 서브머지드 아크 용접 시 와이어의 진행 경사각도에 따른 비드의 영향에 대하여 설명하시오.

2009년도 기술사 제89회

기술사 제89회 　　　　제1교시 (시험시간: 100분)

※ 다음 문제 중 10문제를 선택하여 설명하시오. (각10점)

1. 용접 작업 시 용접부의 잔류응력을 완화시키는 방법에 대하여 열거하시오.
2. 불활성가스 GMA 용접법의 자기제어 능력에 대하여 설명하시오.
3. 고압력용기 용접 시 주의사항 및 최적 용접방법에 대하여 설명하시오.
4. T형 필렛이음에서 다음 지시내용을 용접기호로 나타내시오.
   지시내용 : 플럭스 코어드 아크 용접(FCAW)에 의하여 전후 단속 필렛 용접 길이 30mm, 피치 50mm 되도록 아래보기 자세로 용접한다.
5. 주강(Cast steel) 용접부의 특성을 3가지 이상 나열하여 설명하시오.
6. 용접구조물의 파괴시험 후 마이크로 관찰(Micrography)에 의한 취성파괴의 특징에 대하여 설명하시오.
7. 주조(Casting)와 융접(Fusion Welding)과의 차이점에 대하여 설명하시오.
8. 아크 용접작업 시 감전 사고를 방지하기 위한 대책을 설명하시오.
9. 기계설비 또는 마모된 부품에 대한 오버레이 용접(Overlay welding) 시공 시 고려 사항에 대하여 설명하시오.
10. 알루미늄 용접에서 산화피막을 제거하는 이유와 전처리 과정을 설명하시오.
11. GTAW에서 전극봉의 끝단 부를 가공하여 사용하는 이유에 대하여 설명하시오.
12. 알루미늄 GMA 용접부의 기포(Porosity) 발생 원인에 대하여 설명하시오.
13. 용접변형의 발생원인과 변형을 최소화하는 방법을 설명하시오.

기술사 제89회 　　　　제2교시 (시험시간: 100분)

※ 다음 문제 중 4문제를 선택하여 설명하시오. (각25점)

1. SMA 용접부에서 용접결함을 열거하고 방지법에 대하여 설명하시오.
2. Ti-Ni 합금(Nitinol)의 형상기억효과(Shape Memory Effect)에 대해서 기술하고, 용융용접 시 고려되어야 할 사항에 대하여 설명하시오.
3. 용접매연(Fume)의 발생인자를 나열하고 그 감소방안에 대해서 설명하시오.
4. 전자부품 및 정밀기기의 제조과정에서 솔더링(Soldering) 제품에 대한 품질검사 시 접합부

의 성능을 확인하기 위한 시험방법을 3가지 이상 설명하시오.
5. 레이저빔 용접의 발진 출력형태를 도식화하여 열거하고 그 특성을 설명하시오.
6. 항공기 제작 시 알루미늄 합금 판넬을 접합할 때 용접보다 리벳팅을 하는 이유에 대하여 설명하시오.

기술사 제89회 제3교시 (시험시간: 100분)

※ 다음 문제 중 4문제를 선택하여 설명하시오. (각25점)
1. 강 구조물에서 발생하는 용접 열영향부(HAZ)의 기계적 성질에 대하여 설명하시오.
2. 파이프 이음용접부에 대한 육안검사의 항목을 열거하고 설명하시오.
3. 업셋 용접(Upset welding) 및 플래시 용접(Flash welding)의 과정과 특성을 비교 설명하시오.
4. 강 용접부의 용착금속 내에 발생하는 기공(Blow hole)의 종류 3가지와 생성원인에 대하여 설명하시오.
5. 확산 용접(Diffusion welding)의 특징에 대하여 설명하시오.
6. 일반 강 구조물 용접부의 강도 향상을 위한 후처리 방법에 대하여 설명하시오.

기술사 제89회 제4교시 (시험시간: 100분)

※ 다음 문제 중 4문제를 선택하여 설명하시오. (각25점)
1. GTA 용접의 스타트(Start) 방식에 대하여 설명하시오.
2. 고강도 알루미늄합금 Al2024 및 Al7075의 용접방법에 대하여 설명하시오.
3. 전자빔 용접의 특징을 설명하시오.
4. 산소-아세틸렌 토치로 절단하는 경우 비철금속이나 오스테나이트계 스테인리스강은 탄소강만큼 절단이 잘 되지 않는 이유에 대하여 설명하시오.
5. 프로젝션 용접(Projection welding)에서 돌기 성형의 구비 조건을 나열하고 주요 공정변수에 대하여 설명하시오.
6. 용접부의 피로강도 평가법에 대하여 설명하시오.

2010년도 기술사 제90회

기술사 제90회 제1교시 (시험시간: 100분)

※ 다음 문제 중 10문제를 선택하여 설명하시오. (각10점)

1. 강판을 가스 절단 시 절단면에 나타나는 드래그 선에 대하여 설명하고 강판두께가 25.4mm 일 때 표준 드래그 길이는 얼마가 적당한지 설명하시오.
2. 탄산가스 아크 용접 중 스패터가 발생할 수 있는 원인에 대하여 설명하시오.
3. 교류 및 직류 아크 용접기의 무부하 전압에 대하여 설명하시오.
4. 티타늄, 마그네슘, 알루미늄 재료에 대한 MIG 용접 시 보호가스로 사용되는 가스 종류와 해당 가스 적용 시 나타나는 특징에 대하여 설명하시오.
5. 동종재의 페라이트 스테인리스강 용접에서 예열 온도가 높을 경우 나타나는 현상과 용접 시 적절한 예열 온도 범위를 제시하시오. 그리고 모재 두께와 구속도에 따른 예열 온도와의 관계에 대하여 설명하시오.
6. 가스 절단 시 사용되는 LP(Liquified Petroleum)가스의 일반적인 특성에 대하여 설명하시오.
7. 용접부를 방사선 투과 검사 시 방사선이 인체에 미칠 수 있는 영향과 방사선 피폭을 최소화하기 위한 3원칙에 대하여 설명하시오.
8. 피복 아크 용접에서 아크길이를 길게 유지하는 경우 어떠한 용접 결함이 발생하기 쉬운지 설명하시오.
9. 이중 펄스(Double Pulse) 또는 웨이브 펄스(Wave Pulse)형식의 MIG 용접의 특성에 대하여 설명하시오.
10. 아크 용접에서 용접 입열을 계산할 수 있는 공식을 설명하시오.
11. 서브머지드 아크 용접에 사용되는 플럭스의 염기도 지수(Basicity Index)에 대하여 설명하시오.
12. TIG(GTAW) 또는 플라즈마(PAW) 자동용접에 사용되는 AVC(Arc Voltage Control) 또는 AVR(Arc Voltage Regulator) 장치에 대하여 설명하시오.
13. 탄산가스 아크 용접법으로 작업한 용접부를 방사선 투과검사한 결과, 용착 금속 내에 기공을 상당수 검출하였다. 용접 중 기공이 발생될 수 있는 원인 5가지를 열거하고 관련 방지 대책을 기술하시오.

기술사 제90회 제2교시 (시험시간: 100분)

※ 다음 문제 중 4문제를 선택하여 설명하시오. (각25점)

1. 연강 및 고장력강의 용접부에서 천이 온도가 가장 높은 취성화 구역에 해당하는 부위의 최

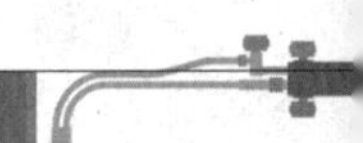

고 가열 온도 및 용접부 인성의 분포를 설명하시오.

2. 피복 아크 용접법으로 20mm 두께의 연강판을 용접하는 경우, 용착 금속에 침입할 수 있는 주요 수소원을 열거하고, 특히 일미나이트계 용접봉을 예열 없이 사용하는 경우 예상되는 확산성 수소의 영향을 설명하시오.
3. 고온에서 용접 시험편에 일정한 인장 하중을 부가하는 경우 발생되는 변형도와 시간의 관계를 크리프 곡선으로 설명하시오.
4. 피복 아크 용접법으로 30mm 두께의 고장력강을 용접하기 위해 저수소계 용접봉을 사용하는 경우, 피복제 중의 성분이 용착 금속에 미치는 영향을 설명하시오.
5. 교류 용접기의 역률과 효율에 대하여 다음 사항을 설명하시오.
   가. 역률과 효율의 정의
   나. 무부하전압 80V, 아크전압 30V, 아크전류 300A, 내부손실 4kw일 때 역률과 효율은 각각 몇 %인가?
   다. 교류용접기의 역률을 개선하기 위한 콘덴서 설치 시의 장점을 설명하시오.
6. 응고 균열이 발생될 수 있는 기본적인 요인에 대하여 설명하시오.

기술사 제90회 제3교시 (시험시간: 100분)

※ 다음 문제 중 4문제를 선택하여 설명하시오. (각25점)

1. 탄산가스 아크 용접에서
   가. 단락 이행 시 용적 이행의 특징을 설명하시오.
   나. 단락 이행에서 용입 부족(Lack of penetration)을 방지하기 위한 시공 기술을 설명하시오.
2. 박판 강재에 대한 저항 용접 시 너겟(Nugget)의 기공(Void)결함에 의한 강도 저하 방지 대책에 대하여 설명하시오.
3. 경납땜(Brazing) 용접 시 용가재로 사용되는 은납(BAg)과 인동납(BCuP)재의 특징 및 용도를 비교 설명하시오.
4. 플라즈마 키홀 용접(Key Hole Welding)에서
   가. 용융지 생성원리를 설명하시오.
   나. 키홀 용접에 적당한 재질과 두께에 대하여 설명하시오.
5. 최대 정격전류 500A, 정격사용률 40%의 용접기를 자동 용접장치에 설치하여 300A의 용접 조건으로 연속 자동용접(예: 10분 이상 연속)을 수행하고자 할 때, 이 용접기를 사용할 수 있는지 여부를 계산하여 설명하시오.
6. 피복 아크 용접봉 및 플럭스 건조에 대한 다음 사항을 설명하시오.
   가. 용접봉의 건조 목적을 설명하고, 건조 과정이 생략된 경우 용접부에 미치는 영향을 설명하시오.

나. 피복 아크 용접봉의 저수소계 및 비저수소계 용접봉과 서브머지드 아크 용접법에 사용되는 용융형 플럭스 및 소결형 플럭스에 대한 건조 온도와 건조 시간을 설명하시오.

기술사 제90회 제4교시 (시험시간: 100분)

※ 다음 문제 중 4문제를 선택하여 설명하시오. (각25점)

1. 가스 용접법에서 온도, 압력 및 화합물의 영향에 의한 아세틸렌 가스의 폭발 위험성을 설명하시오.
2. 용접부에 대한 방사선 투과검사 시 사용되는 증감지의 사용 목적을 설명하고, 종류별 각 특성에 대하여 설명하시오.
3. 용착 금속 중에 함유된 수소에 대한 다음 사항을 설명하시오.
   가. 용착 금속 중에 수소가 함유될 경우 나타나는 결함을 설명하시오
   나. 시험편의 수소 함유량을 측정하는 방법 2가지를 설명하시오.
   다. 연강용 저수소계 용접봉에서 규정하는 용착금속 중에 수소의 함유량에 대하여 설명하시오.
4. 브레이징 용접에 대한 다음 사항을 설명하시오.
   가. 젖음(Wetting) 현상의 정의와 양호한 젖음이 일어나기 위한 조건에 대하여 설명하시오.
   나. 젖음각과 브레이징 용접성과의 상관관계를 설명하시오.
5. 균열이 발생된 주철의 보수 용접 시공 방법을 도시하고 설명하시오.
6. 알루미늄 및 그 합금 용접에 대한 다음 사항을 설명하시오.
   가. 알루미늄 및 그 합금에 대한 용접이 일반 구조용 강재 용접에 비해 물리적 및 화학적 특성 면에서 용접성이 좋지 않은 이유를 설명하시오.
   나. 산업현장에서 알루미늄 재료를 용접할 수 있는 가장 적합한 용접법을 선정하고 그 이유를 설명하시오.

2010년도 기술사 제92회

기술사 제92회 제1교시 (시험시간: 100분)

※ 다음 문제 중 10문제를 선택하여 설명하시오. (각10점)

1. 용접 시 갭 극복성(Gap bridgeability) 능력에 대해 설명하시오.
2. 저수소계 용접봉의 대기 중 최대 노출 허용 시간과 재건조 가능한 횟수를 쓰시오.
3. GMA 용접에서 아크 점화 실패에 미치는 요인 5가지를 설명하시오.

4. 마찰교반접합(FSW) 기술의 철강재 적용 시 접합 툴(tool)의 재료는 크게 3가지로 나눌 수 있다. 그 중 2가지를 설명하시오.
5. 두께 30mm와 20mm 판재를 필릿 용접하려고 할 때 허용할 수 있는 최대 필릿 용접 목두께를 설명하시오.
6. 스테인리스 321 강재와 SM490B 강재를 맞대기 용접할 때 용접 재료를 선택하는 방법을 간략히 설명하시오.
7. 길이 2000mm 폭 1500mm 높이 70mm의 육면체형 구조물을 두께 10~16mm 알루미늄 판재를 이용해서 제작하고자 한다. 아크 용접법의 적용이 불가할 때 적용할 수 있는 용접법 2가지를 설명하시오.
8. 탄소강재의 응력제거 열처리 시 적용하는 온도 범위를 제시하고 가열하는 이유를 설명하시오.
9. 다음 왼쪽 용접부의 용접기호를 오른쪽에 표시하시오. (그림)

 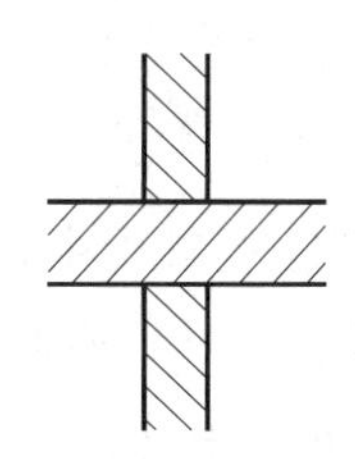

10. 와이어(Wire) 선단의 용적(droplet)에 작용하는 힘 4가지를 열거하고, 전류변화에 따라 용적에 작용하는 각 힘들의 변화를 설명하시오.
11. 압력용기(ASME Sec. VIII)를 설계할 때 맞대기 용접 이음효율(Joint Efficiency)의 정의와, 최대허용 이음효율에 따라 방사선투과시험(RT) 촬영 조건을 설명하시오.
12. 단일패스(One Pass)로 완전 용입이 되는 맞대기 용접에 있어서, 용접부 최고온도를 계산식으로 설명하고, 사용목적을 3가지 쓰시오.
13. 피로파괴에서 파단수명의 정의와 파면 특징에 대해서 설명하시오.

기술사 제92회 제2교시 (시험시간: 100분)

※ 다음 문제 중 4문제를 선택하여 설명하시오. (각25점)

1. 보수 용접에시 보수 계획에 포함되어야 할 사항을 설명하시오.
2. 마모의 종류를 들고 각각을 설명하시오.
3. 용착금속과 관련된 다음 사항을 설명하시오.
   1) 재열균열 개요
   2) 재열균열 감수성에 영향을 미치는 합금원소
   3) 발생 기구

4) 외관 특성

4. 오스테나이트 스테인리스강의 용접 시공 시 아연 오염에 대한 다음 사항을 설명하시오.
   1) 아연 침입 시 문제점
   2) 아연오염방지 대책
   3) 아연의 검출 방법 및 판정
   4) 아연 오염 제거방법
5. 금속재료의 강화기구(strengthening mechanism)의 기본원리 및 방법을 5가지 이상 설명하시오.
6. SMAW에서 스테인리스강의 마르텐사이트(Martensite)계, 페라이트(Ferrite)계, 오스테나이트(Austenite)계 및 이종재의 예열, 패스온도(interpass temperature) 및 용접 후 열처리(PWHT)에 대하여 각각 설명하시오.

기술사 제92회 제3교시 (시험시간: 100분)

※ 다음 문제 중 4문제를 선택하여 설명하시오. (각25점)

1. 저온 분사코팅(Cold Sprayed Coating)기술에 대하여 설명하시오.
2. 용접토치의 각도에 따라 전진법, 수직법, 후진법으로 나눌 수 있다. 각각의 방법에서 용입, 아크안전성, 스패터 발생량, 비드폭, 적용모재두께 등을 비교 설명하시오.
3. 주철재료의 용접 시공 시 기본원칙 5가지 들고 설명하시오.
4. 열간등압성형(HIP: Hot Isostatic Pressing)의 원리, 시공방법, 효과 및 응용분야에 대하여 기술하시오.
5. 발전설비 및 석유화학설비에서 운전 중인 고온배관 용접부 열화 상태를 관찰하는 방법으로 금속조직을 다른 물질에 복제시켜 조직의 상태를 관찰, 분석 등 수명평가방법으로 표면복제법(replication method)이 많이 사용되고 있다.
   1) 시험의 원리
   2) 사용목적
   3) 시험절차
   4) 수명평가방법에 대하여 기술하시오.
6. 용접부 표면결함평가 방법인 자분탐상검사(MT)와 침투탐상검사(PT)의 시험원리 및 장단점을 비교 설명하시오.

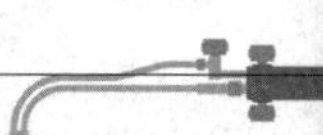

기술사 제92회 제4교시 (시험시간: 100분)

※ 다음 문제 중 4문제를 선택하여 설명하시오. (각25점)

1. 부재에 다른 부재를 그림과 같이 겹침 용접으로 연결하는 경우 겹침길이 제한이 주어진다. 1) 정하중 구조물에서 적용되는 길이 제한 값의 범위를 제시하고, 2) 제한 이유를 응력 분포도를 그려 설명하시오.

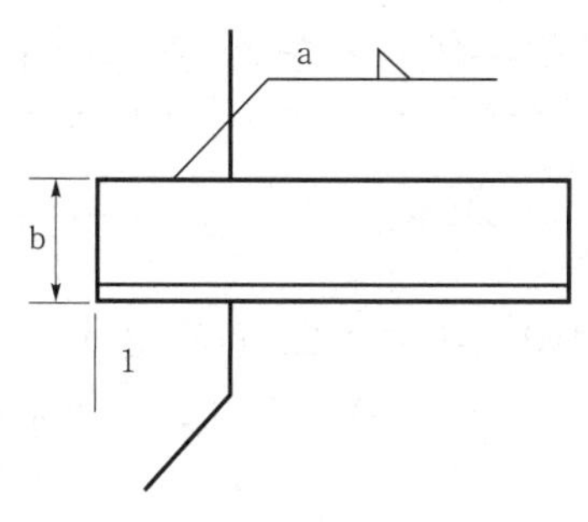

2. 허용응력=140 MPa인 강재를 다음과 같이 용접하여 하중 P=400kN을 받을 수 있도록 하고자 한다. 용접부의 허용 전단응력=100MPa일 때 1) 소요 판재의 치수를 제시하고, 2) 필요한 목두께를 계산하시오.

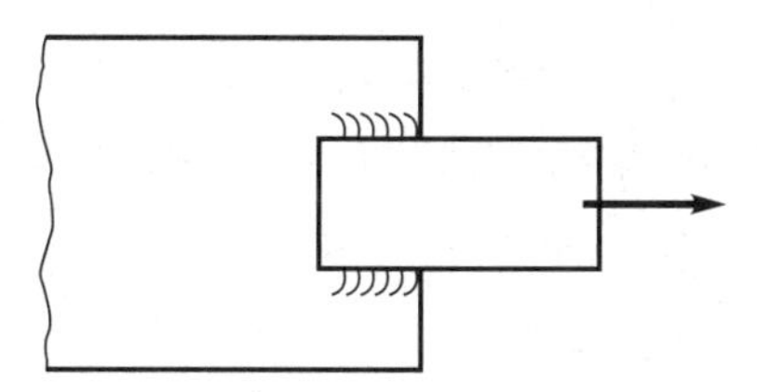

3. 용접 단면적=60, 단면이차모멘트=18,000, 수직하중 Q=400kN일 때 용접부의 최대 수직응력과 최대 평행 전단응력을 구하시오.

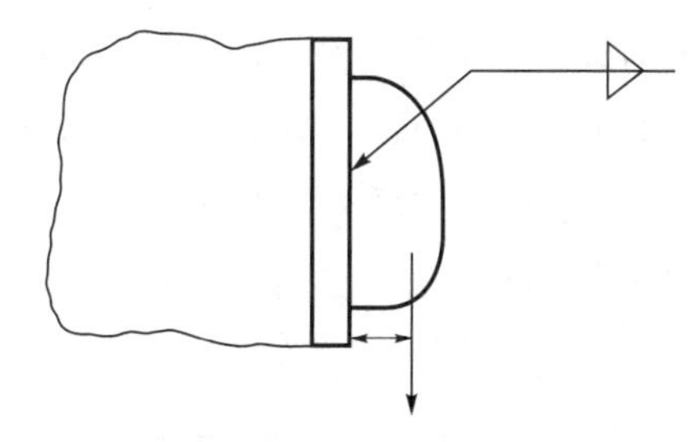

4. T-형 필릿 용접 단면의 형상은 비드 표면의 모양에 따라 볼록 비드, 오목 비드, 편평 비드 등으로 구분할 수 있다. 1) 동하중 구조물에 적합한 용접단면 형상을 그림을 그려 제시하고, 2) 비드 형상에 따른 각 이음의 평균응력과 최대응력을 응력분포도를 이용하여 비교하고, 3) 동하중에 따른 적합한 개선이음을 그림으로 설명하시오.

5. 모든 필릿 용접의 목두께는 5mm, 빔 상부에서 빔에 수직으로 작용하는 응력 Q=500kN일 때 1) 중립축에 대한 관성모멘트를 구하고, 2) 웹과 플랜지 연결 용접부에 걸리는 응력값을

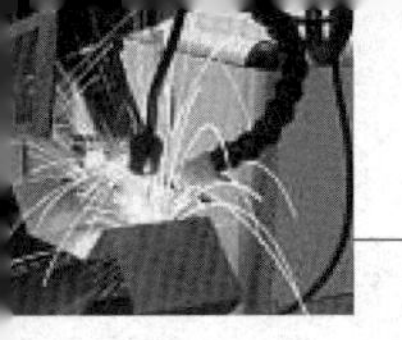

구하시오.

6. 소음지역에서 1) 소음지역의 표시가 필요한 경우와 2) 반드시 귀마개를 착용해야 하는 경우의 소음 정도를 설명하고, 3) 가스금속아크 용접 시와 4) 피복아크 용접 시 보안경의 차광 번호를 각각 설명하시오.

2011년도 기술사 제93회

기술사 제93회 제1교시 (시험시간: 100분)

※ 다음 문제 중 10문제를 선택하여 설명하시오. (각 10점)

1. 스캘럽(scallop)을 하는 목적 및 수문과 강교 등의 강구조물에 적용 시 주의할 사항에 대하여 설명하시오.
2. 용접절차시방서의 3가지 변수를 쓰고 각각을 설명하시오.
3. 용접부 비파괴 검사방법 중 기공이나 슬래그 섞임 등의 내부 결함을 확인할 수 있는 비파괴 검사 방법 4가지 이상을 나열하고 설명하시오.
4. 18Cr-8Ni 스테인리스 용접 시 층간온도를 제한하는 이유에 대해 설명하시오.
5. Al 용접에서 cleaning effect(청정효과)의 원리를 설명하고 현장적용에 대하여 설명하시오.
6. GMAW에서 Ar가스에 약간(2~20%)의 CO_2 또는 O_2를 첨가하여 보호가스를 사용할 경우 어떤 현상이 일어나며 그 이유를 설명하시오.
7. GMAW에서 정전압 모드(constant voltage mode)가 정전류 모드(constant mode)에 비하여 아크소멸로부터 아크안정성이 유리한데 그 이유를 self regulation(자기제어)효과를 이용하여 설명하시오.
8. 스폿(spot) 용접에서 용접성을 결정하는 3가지 인자를 쓰고 설명하시오.
9. 스테인리스강 용착금속의 Schaeffler 조직도에서 Austenite, Martensite, Ferrite, Austenite+Ferrite 구역의 야금학적 문제점을 설명하시오.
10. 아래 그림의 용접부 모양을 용접기호로 표시하시오.

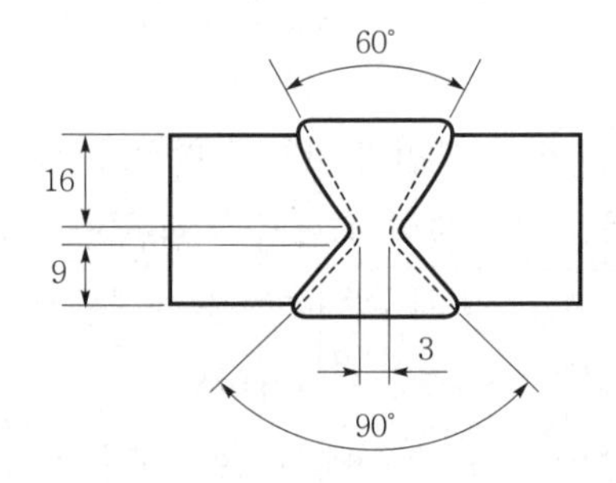

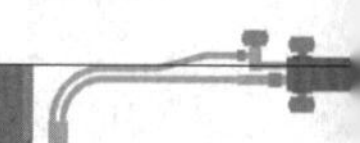

11. 아래 그림의 용접기호에 대하여 설명하시오.

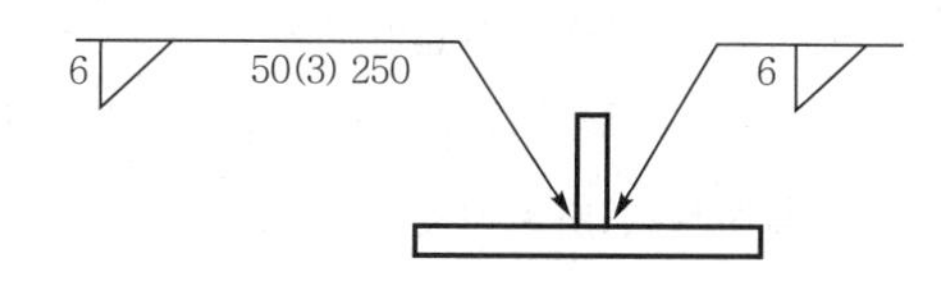

12. 고주파용접은 2가지 중요한 효과에 의해서 이루어진다. 이 두 가지의 효과를 쓰고 설명하시오.
13. 오스테나이트계(austenite) 용접금속에서는 언더비드(under bead) 균열이 잘 발생하지 않는데 그 이유를 설명하시오.

기술사 제93회 제2교시 (시험시간: 100분)

※ 다음 문제 중 4문제를 선택하여 설명하시오. (각 25점)

1. GTAW 용접과 Plasma 용접을 비교 설명하시오.
2. 용접금속에서 수소가 미치는 결함의 종류를 나열하고 각각을 설명하시오.
3. 브레이징(Brazing)과 솔더링(Soldering)의 차이점을 포함하여 각각을 설명하시오.
4. 스테인리스강 용접에 있어서 Weld Decay와 Knife Line Attack은 무엇이며 이들은 서로 어떻게 다르고 또 방지방안에 대하여 설명하시오.
5. 확산접합을 이용하여 금속(metal)과 세라믹(ceramic)을 접합하고자 한다. 그 원리와 장단점을 설명하시오.
6. GMAW에서 Ar, He, CO_2를 보호가스로 사용할 경우 각각이 금속이행(metal transfer)과 용접 비드 형상에 어떤 영향을 미치는지를 설명하고 그 이유을 설명하시오.

기술사 제93회 제3교시 (시험시간: 100분)

※ 다음 문제 중 4문제를 선택하여 설명하시오. (각 25점)

1. Flash Buttdydwjq에 대하여 설명하시오.
2. GTAW 용접에서 정극성(straight polarity: 용접봉이 음극이고 모재가 양극임)과 역극성(reverse polarity: 용접봉이 양극이고 모재가 음극임)을 사용하였을 때 아크와 용접비드에 미치는 영향을 설명하고 그 이유를 논리적으로 설명하시오.
3. Nd:YAG 레이저 용접기와 CO_2 레이저 용접기를 발진기로 사용할 경우 어떤 차이점이 있으며, 응용분야를 구체적으로 설명하시오.

4. 인버터 용접기와 기존의 직류 또는 교류 용접기와의 차이점을 설명하시오.
5. 이종금속 간의 접합 시에 검토해야 할 사항을 설명하시오.
6. 오스테나이트 스테인리스강 용착금속에서 페라이트(ferrite) 함량이 규제되는데 ①그 이유 ② 적정함량 ③함량 과다 시의 문제점을 설명하시오.

기술사 제93회 제4교시 (시험시간: 100분)

※ 다음 문제 중 4문제를 선택하여 설명하시오. (각 25점)

1. Electroslag welding 의 원리를 설명하고 장·단점을 설명하시오.
2. 탄소강 및 저합금강의 고온균열과 합금원소와의 관련성을 설명하시오.
3. 용접부의 잔류응력(residual stress) 발생원인과 잔류응력 완화방법을 설명하고 또한 용접 후 열처리의 효과를 설명하시오.
4. 알루미늄과 그 합금의 용접성을 설명하고, 대표적인 용접 결함의 원인 및 대책을 설명하시오
5. 오스테나이트 스테인리스강은 연강과 물리적 특성이 다르다. ①차이점 4가지를 들고 ②용접 시 유의할 점과 ③저항용접 시 고려사항을 설명하시오.
6. 아크 불림(Arc blow)의 생성 원리를 설명하고 아크 불림 현상을 방지하기 위한 방법을 설명하시오.

2011년도 기술사 제95회

기술사 제95회 제1교시 (시험시간: 100분)

※ 다음 문제 중 10문제를 선택하여 설명하시오. (각 10점)

1. 입계부식(Intergranular corrosion)을 설명하시오.
2. 서브머지드 아크 용접에서 용제(Flux)의 역할을 설명하시오.
3. 금속간 화합물을 설명하시오.
4. 틈새부식(crevice corrosion)을 설명하시오.
5. 다음 지시 내용을 그림의 주어진 용접기호 상에 표기하시오.

   지시내용 : V-Groove로 양면 60° 개선한 두 개의 강 파이프를 GMAW법으로 전 자세 용접하시오.

6. 서브머지드 아크 용접(SAW)에서 Jackson 실험식에 의한 용입길이 P(cm)를 구하는 식을 나타내시오. (단, 전류 I(A), 아크전압 E(V), 용접속도 v(cm/min) 및 용접계수 K이다.)
7. 반복하중을 받는 강 재료의 내구한도 평가 방법을 설명하시오.
8. 가스불꽃에 의한 재료의 절단 시 절단 효율 η를 구하는 방법을 나타내시오.
(단, 절단속도 v(mm/min), 판 두께 t(mm), 산소 사용량 Q(l/min)이다.)
9. GMA용접에서 콘택트 팁(또는 콘택트 튜브)으로 사용되는 재료와 용접 시 콘택트 팁의 기능을 설명하시오.
10. FCAW에서 전극 돌출길이(스틱아웃)는 무엇이며 그 영향에 대하여 설명하시오.
11. 전자빔 용접이 필요한 금속의 예를 들고 그 용접방법에 대하여 설명하시오.
12. 알루미늄을 GMAW로 용접할 때 용접부에 기공이 많이 발생한다. 그 원인과 방지책을 설명하시오.
13. Arc strike에 대하여 설명하시오.

기술사 제95회 제2교시 (시험시간: 100분)

※ 다음 문제 중 4문제를 선택하여 설명하시오. (각 25점)
1. 수중 가스실드 아크 용접법과 수중 플라즈마 아크 용접법에 대하여 설명하시오.
2. 연강용 피복아크 용접봉의 종류 5가지와 각각의 용접특성을 설명하시오.
3. 강의 용접부에서 확산성 수소란 무엇이고, 용접부에 미치는 영향과 확산성 수소량 측정방법 3가지를 설명하시오.
4. 동일한 두께의 두 금속판재를 저항 점용접을 하고자 한다. 허용 너겟을 얻을 수 있는 최적의 용접조건을 확립하기 위한 로브곡선(Lobe curve, 용접전류-통전시간 관계곡선)을 도시하고 설명하시오.
5. 용접 입열량 관리의 목적과 그 측정 방법을 설명하시오.
6. 판 두께 27mm 오스테나이트계 스테인리스강 용접부에 적용할 수 있는 비파괴 검사법의 예를 들고 검사의 한계 및 장단점에 대하여 설명하시오.

기술사 제95회 제3교시 (시험시간: 100분)

※ 다음 문제 중 4문제를 선택하여 설명하시오. (각 25점)
1. ASME code를 적용하여 용접 시공설명서(WPS: Welding Procedure Specification)를 작성하고자 한다. WPS를 작성하기 위한 준비와 Essential variable의 내용을 설명하시오.
2. 가전용 동 파이프에 적합한 용접방법을 설명하고, 용접부에서 가스 누출과 누수의 원인 그리고 그 방지법에 대하여 설명하시오.

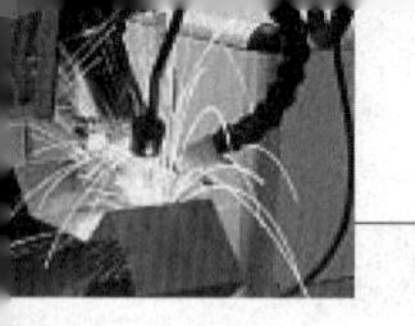

3. 알루미늄 합금 A12024 및 A17075재료는 가볍고 강도가 높아 항공기 재료로 많이 사용되고 있다. 이들 재료는 리벳 접합을 주로 하고 있는데 그 원인은 무엇이며 용접방법이 있다면 그 방법에 대하여 설명하시오.
4. GMA용접에서 금속(용적) 이행에 대하여 설명하시오.
5. 다양한 종류의 금속재료가 용접에 사용되고 있다. 성공적인 용접을 위한 금속의 선별방법(물리적 및 화학적) 중 6가지를 설명하시오.
6. 최근 Canada oil sand에서의 원유개발에 국내업체들이 캐나다 공사 발주 기기 제작에 많이 참여하고 있다. 그리고 용접구조물을 제작 납품하기 위해서는 CSA(Canadian Standards Association)의 요구에 따르도록 하고 있다. 이와 관련하여 CSA W47.1-03에 따른 공장 승인 절차와 Division 1, Division 2, Division 3 차이점을 설명하시오.

기술사 제95회 제4교시 (시험시간: 100분)

※ 다음 문제 중 4문제를 선택하여 설명하시오. (각 25점)

1. 강 구조물을 용접하여 제작하였더니 라멜라티어링(lamellar tearing)이 발생하였다. (1)그 발생 원인과 (2)방지책을 설명하고 (3)구조물 내부에 매몰된 상태로 이 균열이 존재한다면 어떤 비파괴 검사 방법으로 검사할 수 있는지 설명하시오.
2. 피복용접봉의 피복제 역할에 대하여 설명하시오.
3. 현장에서 대단위 블록을 조립하기 위한 용접작업 중 용접부의 결함 검사 방법과 처리방법에 대하여 설명하시오.
4. 선박을 비롯한 해양구소물 제소 분야에서 용접기술과 관련하여 우리나라가 세계를 선도해 나아가기 위해서 취해야 할 일에 대하여 설명하시오.
5. 열교환기의 탄소강 강관과 관판 강도용접이음(carbon steel tube to tubesheet strength welding joint)을 1년 가동 후 검사한 결과 균열이 발생되었을 때 예상되는 원인과 예방책 그리고 조치방안을 설명하시오.
6. 용접부 예열온도의 기준이 되는 내용과 재질별 예열온도에 대하여 설명하시오.

2012년도 기술사 제96회

기술사 제96회　　　　제1교시 (시험시간: 100분)

※ 다음 문제 중 10문제를 선택하여 설명하시오. (각 10점)

1. 용접구조물의 피로 강도에 영향을 미치는 노치에 대한 정의를 설명하시오.
2. 용접부의 잔류응력을 제거하기 위해 용접 후에 열처리를 실시하는 경우가 있다. 이 때 후열처리 온도를 가능한 높게 선정하는 것이 바람직한 이유와 온도 선정에서 주의해야 할 사항을 설명하시오.
3. 다음 그림의 용접부 다듬질 방법 실형모양을 ①용접기호로 표시하고, ②용접부 보조 기호에 대해 설명하시오.

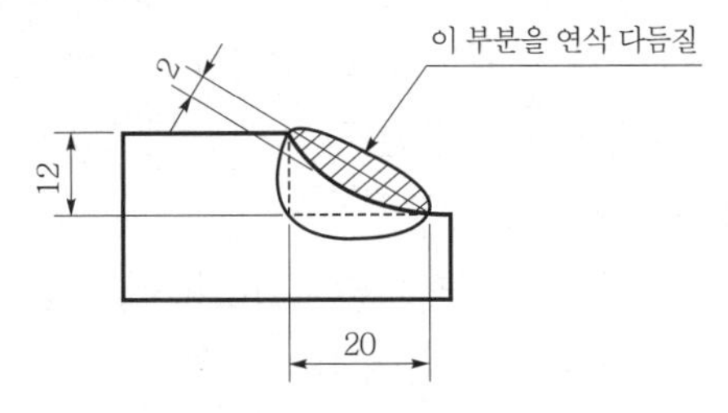

4. 용접비드의 시단(시작점)과 종단(끝점) 처리방법에 대해 설명하시오.
5. 아크에서 발광되는 광선의 종류와 인체에 미치는 영향에 대해 설명하시오.
6. 일반적으로 용접구조물 또는 구조요소에서 피로강도 향상법에 대해 설명하시오.
7. 반자동 아크 용접 시 용접용 토치는 그립(grip)과 케이블(cable)로 구분되는데 용접용 토치 취급 시 주의 사항에 대해 설명하시오.
8. Fe-C(Fe3C) 상태도를 온도와 화학성분 및 상을 포함하여 그리시오.
9. 교류 아크 용접기를 사용하는 용접작업 시 감전 방지 대책에 대하여 설명하시오.
10. 용접구조물 용접 시 응력으로 인한 변형이 발생하게 된다. 용접 변형을 저감시키기 위한 시공 상 주의 사항에 대하여 설명하시오.
11. 방사선 투과시험(RT, Radiography Test)과 초음파 탐상시험(UT, Ultrasonic Test) 시 용접부의 결함 형태에 따른 결함 검출 능력을 비교하여 설명하시오.
12. 용접절차시방서(WPS, Welding Procedure Specification)에서 모재를 모재번호(P-No.)와 그룹번호(Gr-No.)로 구별하는 이유를 설명하시오.
13. 오스테나이트계 스테인리스강(Austenitic Stainless Steel)의 용접특성에 대해 설명하시오.

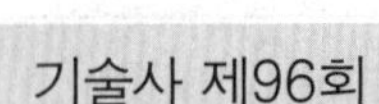
기술사 제96회

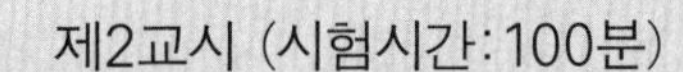
제2교시 (시험시간: 100분)

※ 다음 문제 중 4문제를 선택하여 설명하시오. (각 25점)

1. 정전압을 사용하는 GMAW 용접기에서 아크 길이를 일정하게 유지할 수 있는 제어 방법의 명칭과 원리에 대해 설명하시오.
2. 탄소강재의 용접 시 예열온도 결정에 영향을 미치는 인자를 제시하고, 각 인자들과 냉각 속도와의 관계를 설명하시오.
3. TIG 용접 중 아크 시작 시 전극봉이 모재에 접촉하지 않아도 아크가 발생되는 제어회로에 대한 원리를 설명하고, 용접이 끝나는 부분에서 크레이터 보호 장치의 작동 방법에 대해 설명하시오.
4. 스테인리스강의 조직에 따른 대표적인 화학 조성과 특성을 설명하시오.
5. 스테인리스강(STS-316)이 클래드 되어 있고, 인장강도는 490MPa급 탄소강재를 맞대기 용접할 때 용접 방향(루트 용접부가 탄소강인 경우와 클래드강인 경우)에 따른 용접방법의 차이를 제시하고, 그 이유를 설명하시오.
6. 인장강도 360~490MPa급 일반 노멀라이징(normalizing) 강재와 인장강도 800MPa 이상급 QT(Quenching & Tempering) 강재의 용접 열영향부의 경도 변화 차이를 그림으로 제시하고, 그 이유를 설명하시오.

기술사 제96회 제3교시 (시험시간: 100분)

※ 다음 문제 중 4문제를 선택하여 설명하시오. (각 25점)

1. 겹침 저항용접부의 시험 시 현장에서 설비 등의 이유로 정식시험을 실시하기 어려운 경우에 쉽게 실시할 수 있는 파괴시험 방법의 종류를 제시하고 그 방법을 설명하시오.
2. 용접부에 대한 방사선 투과시험 적용 시 사용되는 X(엑스)선과 (감마)선의 공통점과 차이점에 대해 설명하시오.
3. 오스테나이트계 스테인리스(Austenitic Stainless Steel)강에서 페라이트(Ferrite) 함량 측정 목적과 일반적으로 사용되는 측정 방법 3가지를 설명하시오.
4. 티타늄(Ti) 합금의 일반 특성과 티타늄 용접 시 보호가스의 역할을 3단계 영역으로 구분하여 설명하시오.
5. 다음 그림은 필릿 용접부의 단면을 나타낸 것이다. 각각(a)~(d)에 대하여 경제적인 측면에서 설명하고, 그 중 가장 경제적인 것을 고르고 그 이유를 설명하시오.

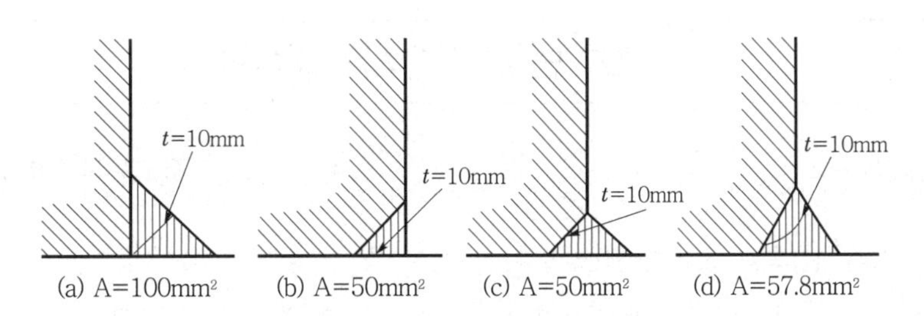

같은 목두께(t)를 갖는 필릿 용접의 단면적 비교

6. 자동차의 경량화를 위하여 사용되고 있는 초 고장력강(UHSS, Ultra High Strength Steel)의 종류를 5가지 들고, 각각의 조직과 용접특성을 설명하시오.

기술사 제96회 제4교시 (시험시간: 100분)

※ 다음 문제 중 4문제를 선택하여 설명하시오. (각 25점)

1. 연강의 응력-변형률 곡선을 도시하고, 공칭응력과 진응력의 관계를 설명하시오.
2. 반복하중을 받는 용접이음의 강도, 즉 ①피로강도에 영향을 주는 인자를 나열하고, ②맞대기 이음 용접에서 덧붙이(Reionforcement) 각도(높이)가 피로강도에 미치는 영향에 대해서 설명하시오.
3. 용접부 파괴시험 중 용접성(Weld-ability)시험의 종류를 나열하고 설명하시오.
4. 용접부에서 발생하는 대표적인 결함을 5가지 나열하고, 방사선 투과 사진에 어떻게 검출되는지 설명하시오.
5. 다음 그림과 같이 평판에 빔을 용접하는 경우 정하중을 받는 구조물과 동하중을 받는 구조물의 이음 길이 l_1이 다르다. 어떻게 다른가를 제시하고, 그 이유를 설명하시오.

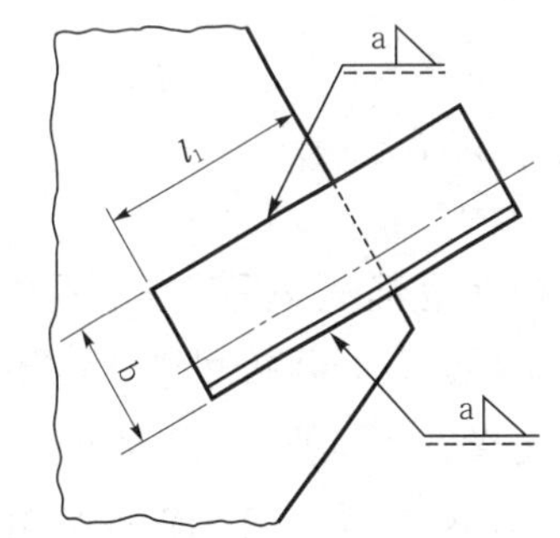

6. 다음 그림과 같은 빔을 제작하려고 할 때 웨브(web)나 플랜지(flange)의 두께를 반으로 나누어 2개의 웨브 또는 보강판을 갖는 플랜지 형태로 제작하는 것이 강도 측면에서 더 유리하다고 한다. 그 이유를 설명하시오.

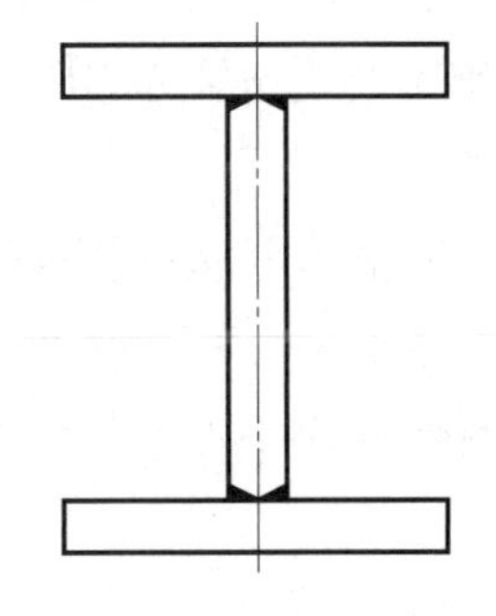

2012년도 기술사 제98회

기술사 제98회 제1교시 (시험시간: 100분)

※ 다음 문제 중 10문제를 선택하여 설명하시오. (각10점)

1. GTAW와 GMAW가 각각 극성에 따라 용접깊이가 어떻게 다른지 그림으로 그 이유를 설명하시오.
2. 용접선 추적용 아크센서의 원리에 대하여 설명하시오.
3. 알루미늄 합금 용접 시 청정효과(Cleaning Effect)에 대하여 설명하시오.
4. 용접기에서 역률에 대하여 설명하시오.
5. 용접부에서 발생하는 고온균열 4가지를 설명하시오.
6. 크리프(Creep)변형에 대하여 설명하시오.
7. 용접금속의 인성에 영향을 미치는 조건 4가지를 쓰시오.
8. 용접 매연의 허용농도 기준을 쓰시오.
9. 주철의 용접성이 일반 압연강에 비하여 열등한 이유를 설명하시오.
10. 용접부의 잔류응력 감소 방안 중 기계적 이완(MSR, Mechanical Stress Relieving)의 원리에 대하여 설명하시오.
11. 비파괴 검사 중 와전류탐상검사의 원리 및 특징에 대하여 설명하시오.
12. 오버레이 용접 시 희석률의 정의와 희석률에 영향을 미치는 용접변수에 대하여 설명하시오.
13. 아크 에어 가우징의 원리 및 야금학적 특징에 대하여 설명하시오.

기술사 제98회 제2교시 (시험시간: 100분)

※ 다음 문제 중 4문제를 선택하여 설명하시오. (각25점)

1. GMAW에서 아크 발생 시 핀치효과(Pinch Effect)와 아크 쏠림(Arc Blow)의 발생원리와 아크 쏠림 방지방법에 대하여 설명하시오.
2. 스폿(Spot)용접의 3대 주요 인자를 쓰고, 일반 연강에 비하여 고장력강 박판 용접 시 이 인자값의 설정방법에 대하여 설명하시오.
3. 용접 시 발생할 수 있는 고온 및 저온균열을 제외한 기타 균열의 종류와 방지책에 대하여 설명하시오.
4. 용접 변형의 방지대책을 설계 및 시공단계로 나누어서 각각 설명하시오.
5. 전자빔 용접 시 발생 가능한 용접결함 5가지를 쓰고, 방지방안에 대하여 설명하시오.
6. 대형 용접 구조물의 취성파괴 평가를 위한 시험방법 2가지를 설명하시오.

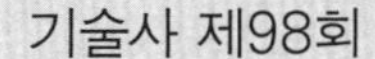

기술사 제98회 제3교시 (시험시간: 100분)

※ 다음 문제 중 4문제를 선택하여 설명하시오. (각25점)

1. GMAW에서 He, Ar, CO_2를 보호가스로 사용하였을 경우 금속이행(Metal Transfer)과 아크 형상, 그리고 용융비드 형상이 보호가스에 따라 어떻게 변하는지 설명하시오.
2. 인버터 용접기의 작동원리와 특징에 대하여 설명하시오.
3. 맞대기 용접이나 필렛 용접 등의 기본적인 이음부에서 발생할 수 있는 수축과 변형 6가지를 설명하시오.
4. 피로시험법에서 저사이클 피로시험과 고사이클 피로시험의 특성에 대하여 설명하시오.
5. TMCP 강재 용접부에서 연화현상이 무엇인지, 그리고 이러한 연화현상이 실제 대형 철구조물의 설계 기준인 인장강도와 피로강도에 미치는 영향을 설명하시오.
6. 플라즈마 아크 용접 시 플라즈마 가스를 Ar(95%)+H_2(5%)를 사용하는데 그 이유에 대하여 설명하시오.

기술사 제98회 제4교시 (시험시간: 100분)

※ 다음 문제 중 4문제를 선택하여 설명하시오. (각25점)

1. CO_2 GMAW에서 자기제어(Self Regulation) 효과에 대하여 설명하시오.
2. CO_2 레이저와 Nd : YAG레이저의 차이점을 설명하고 용접 시 어떤 특성을 갖는지 설명하시오.
3. 용접절차서에서 비필수 변수의 예를 들고 설명하시오.
4. 취성파괴의 특성을 설명하고 용접설계 시 유의사항 5가지를 설명하시오.
5. 해양구조물 용접 열영향부의 우수한 CTOD(Crack Tip Opening Displacement) 특성을 확보하기 위하여 강재에 요구되는 사항을 야금학적 측면에서 설명하시오.
6. 고온, 고압의 수소 분위기에서 운전되는 압력용기 내부의 오버레이 용접부에서 발생되는 수소 유기 박리에 대하여 설명하시오.

2013년도 기술사 제99회

기술사 제99회 제1교시 (시험시간: 100분)

※ 다음 문제 중 10문제를 선택하여 설명하시오. (각10점)

1. 조선분야에서 사용하는 가장 일반적인 대입열 용접방법 2가지를 용접자세별로 구분하여 설명하시오.
2. 오스테나이트계 스테인리스강인 STS304에 발생하는 부식형태를 3가지 열거하고 설명하시오.

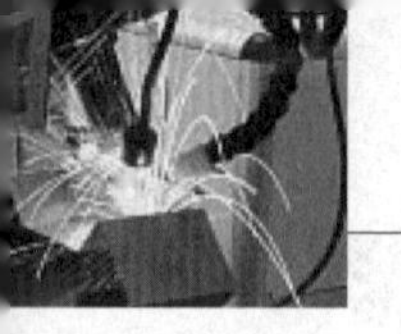

3. Ti합금과 탄소강 혹은 알루미늄의 이종금속 용접이 어려운 이유를 설명하시오.
4. Al합금의 모재 및 용접재료에 미량의 Ti 및 Zr 원소를 첨가하는 이유를 설명하시오.
5. 고장력강의 용접부에서 발생하는 저온균열의 주요 인자 3가지를 열거하고 설명하시오.
6. LNG(액화천연가스) 저장용기 및 LNG 선박에 사용할 수 있는 재료를 3가지 설명하시오.
7. 피복아크 용접(SMAW) 시 사용되는 직류 및 교류 용접기의 장·단점을 5가지 비교 설명하시오.
8. 고장력강용 저수소계 피복아크 용접봉의 건조 조건을 설명하고, 부적절한 건조 시 용접부에 발생할 수 있는 결함의 종류를 설명하시오.
9. 다음과 같이 환봉을 I 형으로 완전용입으로 용접한 경우 용접기호를 도시하시오.

10. 강구조물의 십자(+)형 용접이음부에 발생한 라멜라 티어(Lamellar Tear)를 가장 잘 탐상할 수 있는 비파괴 검사법을 설명하시오.
11. WPS(용접 시공설명서)에 포함되어야 할 대분류 필수항목을 4가지 열거하고 설명하시오.
12. 고온용 압력용기에서 탄소강 또는 저합금강의 내부에 오스테나이트계 스테인리스강을 오버레이(Overlay) 용접하여 사용하는 이유를 설명하시오.
13. 우주왕복선 애틀랜트호의 연료라인 밸로우즈(Bellows)에는 두께가 얇은 고 Ni 합금인 인코넬(Inconel)이 사용된다. 이 연료라인에 발생할 수 있는 미세균열을 보수하는 적절한 용접법을 설명하시오.

기술사 제99회	제2교시 (시험시간: 100분)

※ 다음 문제 중 4문제를 선택하여 설명하시오. (각25점)

1. 오스테나이트계 스테인리스강인 STS304와 용접구조용 강의 이중금속을 맞대기 용접하는 경우, 용접재료의 선택과 그 이유를 설명하고, 이때 주요 변수인 용접전류, 아크전압 및 용접속도의 관리기준을 제시하시오.
2. Ti 및 Ti합금의 아크용접 시 대기오염으로 발생하는 문제점과 대기오염 방지대책에 대하여 설명하시오.
3. 인장강도 600MPa급 고장력강을 아크 용접 시 용접부의 용융선(Fusion Line) 부근에서 인성이 크게 저하하는 원인과 방지대책을 설명하시오.
4. 용융아연 도금강판의 점(Spot)용접 시 주요인자 3가지와 전극의 연속타점수명(Electrode Life Time)에 대하여 설명하시오.
5. V 홈(Groove) 다층용접 시 루트(Root)부에서 불완전 용입이나 균열이 발생하였다면 초음파 검사 시 사각 탐상법과 수직 탐상법을 도시하여 설명하시오.
6. 용접부에서 용접변형을 교정할 수 있는 방법 4가지를 열거하고 설명하시오.

기술사 제99회 제3교시 (시험시간: 100분)

※ 다음 문제 중 4문제를 선택하여 설명하시오. (각25점)

1. 페라이트계 스테인리스강인 STS430의 아크 용접부에서 인성이 저하하는 이유와 방지대책을 설명하시오.
2. Al 및 Al합금이 강에 비하여 아크 용접이 어려운 이유에 대하여 설명하시오.
3. 용접입열량의 계산식을 단위와 함께 나타내고, 이 계산식을 이용하여 인장강도 500MPa급 TMCP 강재의 인성을 보증하기 위해 용접 입열량이 40kJ/cm로 제한한 경우 용접전류 400A, 아크전압 40V 조건에서 최저 용접속도(cm/min)를 제시하시오.
4. 용접용 레이저로서 상용화된 가스레이저와 고체레이저의 종류를 열거하고, 이러한 두 종류의 특징을 비교 설명하시오.
5. 저항브레이징(Resistance Brazing)의 기본 원리와 종류를 열거하여 설명하시오.
6. 강구조물 용접부에서의 피로파손 원인과 대책을 설명하시오.

기술사 제99회 제4교시 (시험시간: 100분)

※ 다음 문제 중 4문제를 선택하여 설명하시오. (각25점)

1. Cr-Mo 강의 용접부에서 후열처리(PWHT)를 실시하는 이유를 설명하시오.
2. 가스절단으로 저탄소강은 쉽게 절단할 수 있지만 합금원소의 함유량이 증가하면 절단이 어려워진다. 이러한 관점에서 스테인리스강을 가스절단하기 어려운 이유를 설명하시오.
3. 레이저를 이용하는 플라스틱용접(Plastic Welding)의 원리와 특징을 설명하시오.
4. 고주파유도용접과 고주파저항용접을 비교 설명하고, 고주파의 특징인 근접효과(Proximity Effect)와 표피효과(Skin Effect)에 대하여 설명하시오.
5. 강구조물의 용접 시 아래와 같이 양단이 구속된 2개의 강판을 맞대기 용접한 경우 잔류응력의 분포를 도식하여 설명하시오.

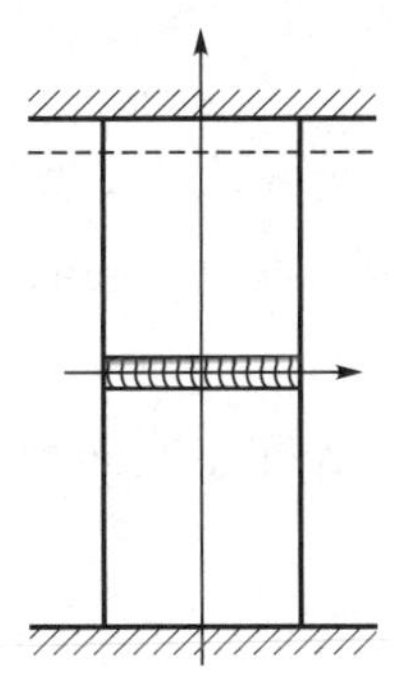

6. 아크 용접작업 시 아크 빛, 가시광선 및 자외선 등이 재해를 유발할 수 있다. 이러한 유해광선이 인체에 미치는 영향을 설명하시오.

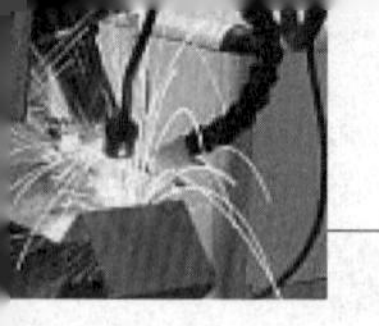

2013년도 기술사 제101회

기술사 제101회 제1교시 (시험시간: 100분)

※ 다음 문제 중 10문제를 선택하여 설명하시오. (각10점)

1. 용접 시 예열(Preheating)의 목적과 방법, 그리고 예열온도 결정방법을 설명하시오.
2. 침투탐상시험(Liquid Penetrant Testing, PT)의 원리를 설명하고, 검사절차를 단계별로 설명하시오.
3. 후판 강재를 600A, 전압 30V, 용접속도를 30cm/min로 서브머지드 아크 용접을 하였다. 입열량을 계산하시오.
4. 용접 시공설명서(Welding Procedure Specification, WPS)와 이 문서에 포함되어야 할 필수적 변수(Essential Variables)에 대하여 설명하시오.
5. 용접 비드의 형상에 영향을 미치는 전류와 전압 및 용접 속도에 대하여 설명하시오.
6. 강판을 가스 절단 시 절단면에 나타나는 드래그(Drag)와 절단폭(Kerf)에 대하여 설명하시오.
7. 강의 용접부에 발생하기 쉬운 기공(Porosity)의 종류를 3가지 쓰고 발생 원인에 대하여 설명하시오.
8. 용접 금속 자체의 결정립(Grain)을 미세화하는 방법에 대하여 설명하시오.
9. 용접결함 종류 5가지를 쓰고 각 특성에 대하여 설명하시오.
10. GTAW에서 순수 텅스텐 용접봉보다 토륨 텅스텐 용접봉을 선호하는 이유를 설명하시오.
11. 무부하 전압 80V, 아크전압 30V, 아크 전류 300A, 내부손실 4kW인 용접기가 있을 때 역률(Power Factor)과 효율(Efficiency)을 구하시오.
12. 인버터 방식 용접기의 원리와 장단점에 대하여 설명하시오.
13. GTAW에서 초기에 아크를 발생시키는 방법 3가지를 쓰고 설명하시오.

기술사 제101회 제2교시 (시험시간: 100분)

※ 다음 문제 중 4문제를 선택하여 설명하시오. (각25점)

1. GMAW 용접에서 용융금속(용적) 이행형태를 용접재료, 보호가스, 전류 등으로 비교 설명하시오.
2. 강 용접부에서 발생하는 라멜라티어(Lamellar Tear)에 대하여 다음을 설명하시오.
   1) 발생원인
   2) 발생기구
   3) 균열 감수성 시험
   4) 방지책

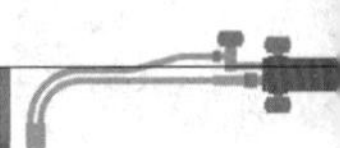

5) 검출방법

3. 확산 용접 방법(Diffusion Welding)의 특징, 종류, 확산용접조건, 확산용접단계 및 장단점에 대하여 설명하시오.
4. 용접 HAZ부의 여러 영역들을 평형 상태와 온도 영역별 내부 조직에 따른 명칭을 쓰고 설명하시오.
5. GTAW와 GMAW 각각의 경우 극성에 따른 비드 형상을 나타내고 이유를 설명하시오.
6. 알루미늄의 GTAW 용접 시 AC 전원을 사용하는 이유를 설명하시오.

기술사 제101회 제3교시 (시험시간: 100분)

※ 다음 문제 중 4문제를 선택하여 설명하시오. (각25점)

1. 내로우 갭 용접(Narrow Gap Welding, NGW)이란 무엇이고 장단점을 설명하시오
2. 초음파 탐상시험에 대하여 다음을 설명하시오.
   1) 표준시험편 STB-1의 용도
   2) 용접부 초음파 탐상시험 시 기공과 균열을 구별하는 방법
3. 풀림(Annealing)과 불림(Normalizing) 열처리 방법에 대하여 설명하시오.
4. Cr계 Stainless강의 Fe-Cr계 2원 상태도를 그리고 상태도 내의 상이 존재하는 영역의 Cr 농도와 온도 범위를 표시하고, Cr계 Stainless강에서 발생되는 475℃ 취성과 취성을 설명하시오.
5. GMAW에서 자기제어(Self-regulation) 특성을 설명하고, 수하모드와 정전압모드 중에서 자기제어 효과가 큰 모드가 무엇이며 그 이유를 설명하시오.
6. GMAW에서 이를 보호가스로 사용할 경우 Mn 혹은 Si을 첨가한 와이어를 사용하는데 이 첨가물의 역할을 설명하시오.

기술사 제101회 제4교시 (시험시간: 100분)

※ 다음 문제 중 4문제를 선택하여 설명하시오. (각25점)

1. 이상계(Duplex) 스테인리스강 용접부에서 발생하는 공식(Pitting Corrosion)의 발생이유와 방지대책에 대하여 설명하시오.
2. 고온균열에 대하여 설명하시오.
3. 용접 시 방생되는 매연과 가스에 대하여 다음을 설명하시오.
   1) 용접 매연의 발생 메커니즘
   2) 용접 매연의 특성
   3) 허용 농도(TLV; Threshold Limit Value)
   4) 매연발생 감소화와 노출 최소방안

4. 재열 균열(Reheat Crack)의 주요 발생 원인 및 방지대책에 대하여 설명하시오.
5. 아크쏠림(Arc Blow)를 설명하고 발생 원인과 방지대책을 설명하시오.
6. 일렉트로 슬래그 용접법의 원리와 장·단점을 설명하시오.

2014년도 기술사 제102회

기술사 제102회 제1교시 (시험시간: 100분)

※ 다음 문제 중 10문제를 선택하여 설명하시오. (각10점)

1. 가스텅스텐아크 용접(Gas tungsten arc welding)에서 직류정극성(DCSP)으로 용접하는 경우, 텅스텐전극 끝의 각도가 용입과 비드폭에 영향을 미친다. 이때 전극 각도 30°, 60°, 120° 사용 시 용입과 비드폭의 관계를 설명하시오.
2. 서브머지드아크 용접(Submerged arc welding) 시 용융금속의 이행에서 볼 수 있는 핀치효과(Pinch effect)에 대하여 설명하시오.
3. 템퍼비드(Temper bead) 용접에 대하여 설명하시오.
4. 강 용접부에서 발생하는 균열은 크게 저온균열과 고온균열로 구분된다. 저온균열의 발생인자 3가지를 열거하고 설명하시오.
5. 철강재료의 용접과 비교하여 알루미늄합금 용접에서 가장 많이 발생하는용접결함을 제시하고, 발생원인 3가지를 열거하고 설명하시오.
6. 용접구조물에서 결함을 검출하기 위한 비파괴검사방법 중 음향방출시험(Acoustic emission test)의 장단점을 설명하시오.
7. 용접결함 중 아크 스트라이크(Arc strike) 및 그 방지대책을 설명하시오.
8. 용접구조물의 설계에서 그림의 완전용입(Full penetration)으로 용접할 경우 용접기호를 도시하시오.

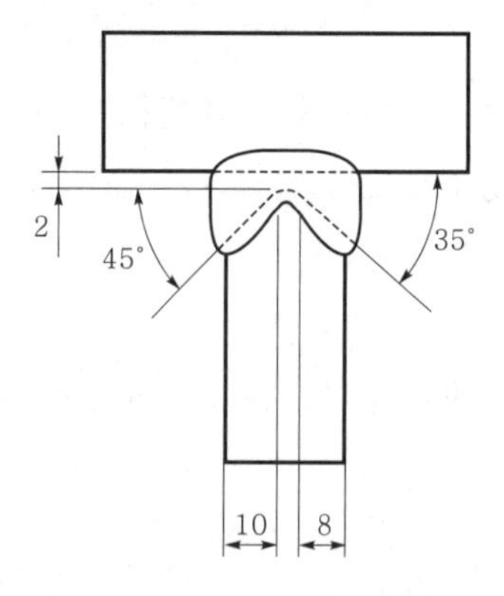

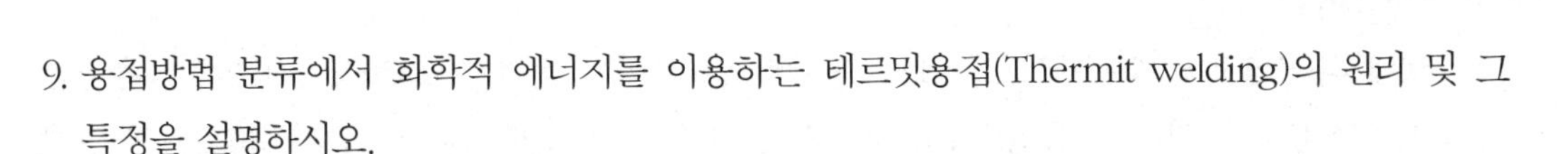

9. 용접방법 분류에서 화학적 에너지를 이용하는 테르밋용접(Thermit welding)의 원리 및 그 특정을 설명하시오.
10. 정격 2차 전류 300A, 정격사용률 40%의 교류아크 용접기를 사용 시, 전류 200A와 사용률 60%로 용접작업을 할 경우 용접기의 안전성에 대해여 설명하시오.
11. 용접사 자격인증시험 시 용접자세 중 1) 6GR, 2) 5F에 대하여 설명하시오,
12. 피복금속아크(Shielded metal arc) 용접 시 크레이터균열(Crater cracking)의 원인과 방지 대책을 설명하시오.
13. 수중용접(Underwater welding)의 종류 2가지를 열거하고 설명하시오.

기술사 제102회 제2교시 (시험시간: 100분)

※ 다음 문제 중 4문제를 선택하여 설명하시오. (각25점)

1. 마찰교반용접(Friction stir welding)의 원리와 특징을 설명하시오.
2. 가스텅스텐아크 용접(GTAW)에서 극성의 종류에 따른 특성(전극, 전자흐름, 용입, 청정작용 및 발생열)을 설명하고 교류용접 시 고주파 전류를 사용하는 이유를 설명하시오.
3. 강구조물에서 폭 50mm 두께 12.7mm의 판재를 길이 50mm 만큼 겹쳐서 그림과 같이 전면 필릿용접을 하려고 한다. 여기서 10000kg의 하중을 가한다면 필릿용접의 예상 각장길이(Leg length)를 계산하시오.
(단, 강구조물의 허용응력은 10이며, 각장길이=1.4x유효목두께(Throat thickness)로 정의한다.)

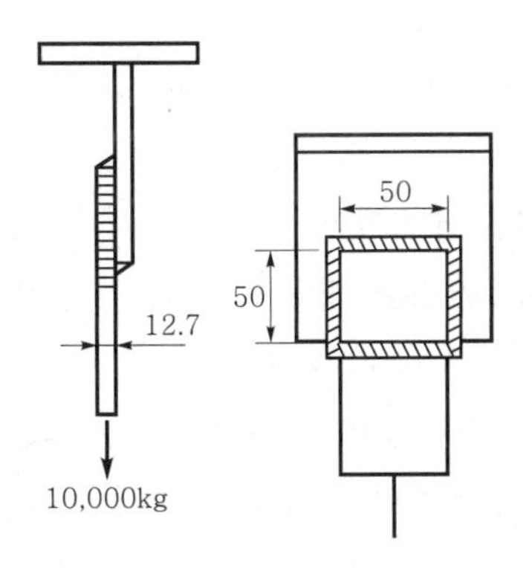

4. Laser-MIG 하이브리드용접에서
   1) Laser-MIG 하이브리드용접의 장점을 laser용접, MIG용접과 비교하고,
   2) 위의 3가지 용접법의 용입 형상을 구분하여 설명하시오.
5. 서브머지드아크 용접(Submerged arc welding) 방법에서 사용하고 있는 용제(Flux) 2가지를 열거하고 설명하시오 .

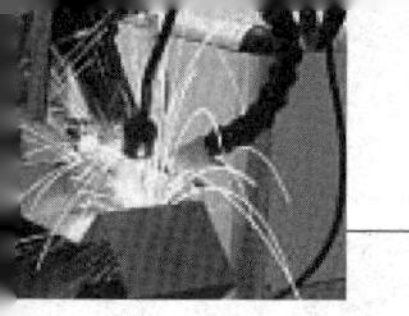

6. 용접에 의한 접합과 오버레이(Overlay) 용접의 큰 차이는 희석률(Dilution rate)이다. 용접금속의 희석률을 정의하고, 용접변수(전류, 극성, 전극 크기, 돌출길이 및 용접 속도)와의 관계를 설명하시오.

기술사 제102회 제3교시 (시험시간: 100분)

※ 다음 문제 중 4문제를 선택하여 설명하시오. (각25점)

1. 용접부에서 발생하는 균열 종류 5가지를 열거하고, 그 발생 기구를 설명하시오.
2. 오스테나이트(Austenite)계 스테인리스강에서 용접 후 내식성이 저하하는 경우와 취성이 증가하는 경우가 있다. 그 발생원인 및 방지대책을 설명하시오.
3. 용융용접(Fusion welding) 시 용접금속의 결정성장(Grain growth)에 대하여 설명하시오.
4. 용접자동화시스템에 적용되는 비전센서(Vision sensor)의 원리 및 특징을 설명하시오.
5. 전기용접기 사용 시 반드시 지켜야 할 준수사항을 열거하고 설명하시오.
6. 판두께 25mm의 알루미늄합금(A6061-T6)을 맞대기용접(Butt welding)하려고 한다. 적절한 용접방법 3가지를 열거하고 시공 시 주의사항을 설명하시오.

기술사 제102회 제4교시 (시험시간: 100분)

※ 다음 문제 중 4문제를 선택하여 설명하시오. (각25점)

1. 용접부의 잔류응력을 감소시키기 위한 용접 후 열처리(Post weld heat treatment)방법, 조건 및 주의사항에 대하여 설명하시오.
2. 강용접 구조물에서 저온 취성파괴(Brittle fracture)를 발생시키는 주요인자 3가지를 열거하고, 그 방지책을 설명하시오.
3. 용접구조물의 시공확보를 위한 용접성(Weld ability) 평가방법을 열거하고 설명하시오.
4. 저항점용접(Resistance spot welding)에서 전극 가압력, 전류 및 시간 별로 나타내는 용접사이클(Welding cycle)을 도시하고 설명하시오.
5. 판두께 25mm, 폭 200mm의 완전용입 맞대기용접이음부에서 용접금속의 인장강도가 40일 경우, 허용응력을 8로 했을 때 허용되는 인장하중과 안전율을 계산하시오.
6. 전기아크 용접 시 안전재해 방지를 위한 대비책을 설명하시오.

2014년도 기술사 제104회

기술사 제104회 제1교시 (시험시간: 100분)

※ 다음 문제 중 10문제를 선택하여 설명하시오. (각10점)

1. AWS D1.1의 가용접사 자격시험에 대하여 설명하시오.
2. 두께 45mm의 연강판 맞대기 용접부를 방사선투과시험 하고자 한다. 선형 투과도계를 선정하고 투과도계 식별도(%)에 대하여 설명하시오.
3. 건축, 교량의 구조용 용접재료에 많이 사용되는 5가지 구조용 압연강판(KS D3515의 SM490B, SM520C, SM570와 KS D3868의 HSB500, HSB600)의 샤르피(Charpy V-notch) 충격시험온도 및 흡수에너지 값에 대하여 각각 얼마인지 설명하시오.
4. 초음파탐상시험에서 불감대(Dead Zone)에 대하여 설명하시오.
5. 용접이음부의 피로 및 크리프 강도 향상 방법에 대하여 설명하시오.
6. 아크스터드 용접 시 알루미늄(Al) 볼(ball)을 첨가하여 용접하는 경우가 있는데 그 이유를 설명하시오.
7. 아래 그림의 왼쪽은 얻고자 하는 용접부 단면이다. 이 용접부를 얻기 위한 용접부를 나타내는 용접기호를 답안지에 오른쪽 그림을 그리고 표시하시오.

8. 두께 40mm의 연강판과 두께 20mm의 스테인리스강판을 각각 열절단하려 한다. 각각의 재료에 맞는 경제적인 절단방법을 선정하고 각각의 재료에 대한 절단 원리를 설명하시오.
9. 용접절차인증(PQT)과 용접사 자격인증의 주된 차이점을 설명하시오.
10. Fe-C 평형상태도에서 공정반응과 공석반응의 반응식과 온도 및 탄소함량을 설명하시오.
11. 고온다습한 분위기에서의 피복아크 용접 시 발생할 수 있는 용접작업안전에 대한 발생 위험현상을 열거하고 그 발생 이유 및 방지대책을 설명하시오.
12. 20mm의 동일한 두께를 갖는 인장강도가 350MPa인 연강판과 1500MPa 고장력 강판을 각각 용접하려 한다. 각각 강판의 예열 필요성을 판단하는 근거와 예열온도 산출 방법에 대하여 설명하시오.
13. 자동차 산업에서 사용되는 1200MPa급 핫스탬프 고장력 강판의 용접부가 갖는 특징에 대하여 설명하시오.

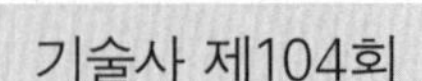
기술사 제104회

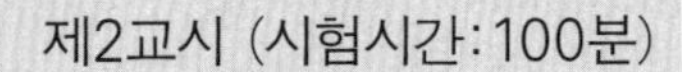
제2교시 (시험시간: 100분)

※ 다음 문제 중 4문제를 선택하여 설명하시오. (각25점)

1. 강을 연화하고 내부 응력을 제거할 목적으로 실시하는 소둔(Annealing)방법 중 완전소둔, 항온소둔, 구상화소둔에 대하여 각각의 열처리 선도를 그려 설명하시오.
2. 용융아연 도금판의 저항점용접 시 발생하는 무효분류현상의 원인 및 대책에 대하여 설명하시오.
3. 서브머지드 용접에서 사용되는 용융형 플럭스와 소결형 플럭스의 제조방법, 입도, 합금제 첨가, 사용 강재, 극성, 슬래그 박리성, 용입성, 고속 용접성, 인성, 경제성 등에 대하여 설명하시오.
4. 500MPa 급의 일반 고장력강과 조질 고장력강의 용접 시 용착금속과 용접 열영향부에서 고려해야 할 입열량과 인성 및 경도와의 관계에 대하여 그림을 그려 비교 설명하시오.
5. CO_2 용접에서 솔리드 와이어(Solid wire)와 플럭스코어 와이어(Flux cored wire)를 사용하여 용접할 때 용착량, 개선 정도에 대한 민감도, 결함발생, 작업성, 비드 형상, 용접자세, 작업성, 용접성에 대하여 비교 설명하시오.
6. 플럭스코어 와이어로 용접 시 CO_2 가스를 100% 사용할 때와 혼합가스(Ar 80%+CO_2 20%)를 사용할 경우의 비드 형상, 용착량, 작업성, 결함발생, 용적이행모드 등에 대하여 설명하시오.

기술사 제104회 제3교시 (시험시간: 100분)

※ 다음 문제 중 4문제를 선택하여 설명하시오. (각25점)

1. 서브머지드 용접법에서 FAB편면(One side welding) 용접에 대하여 설명하고 주요 용접자세와 FAB 백킹재 취부 상태를 그림으로 도시하고 각각의 명칭을 설명하시오.
2. 공정저온용접법의 원리, 용접방법, 사용용접봉, 용접특성에 대하여 설명하시오.
3. 용접 시공 시 용접 전 육안 검사에서 검토해야 하고 확인해야 하는 사항에 대하여 설명하시오.
4. 건타입 아크스터드 용접의 작동원리와 장점 및 적용방법에 대하여 설명하고 뒷면에서의 품질확인이 불가능한 구조인 경우 품질보증 방안에 대하여 설명하시오.
5. 경납땜(Brazing)에 관한 다음 내용에 대하여 설명하시오.
   (1) 경납재 중 Self-Flux 기능을 갖고 있는 납재에 대하여 원리, 용도 및 특성
   (2) 납재(또는 용가재(filler metal))의 습윤성(또는 젖음성)
   (3) 진공브레이징의 원리 및 장·단점
6. 탄소강 내벽에 내식성, 내마모성, 내열성을 목적으로 일렉트로슬래그 오버레이용접(Electro-

Slag Overlay Welding)을 실시하려고 한다. 용접법의 원리, 용접재료 선정, 용접특성, 산업현장에서의 적용분야에 대하여 설명하시오.

기술사 제104회 제4교시 (시험시간: 100분)

※ 다음 문제 중 4문제를 선택하여 설명하시오. (각25점)

1. 필릿 이음에서 용접선과 응력 방향의 관계에 따라 전면 필릿 용접과 측면 필릿 용접으로 구분할 수 있다. 전면 필릿 용접과 측면 필릿 용접에 대하여 그림으로 도시하여 설명하고 필릿 이음 시 각장(다리길이)과 목두께에 대하여 설명하시오.
2. 두께가 6mm로 동일한 SM490강과 STS347스테인리스강을 보호가스용접법(GMAW)으로 맞대기 용접할 때 적합한 이음부를 설계하고, 희석률을 고려하여 적정 용접와 이어를 선정하고, 이 와이어를 사용하여 얻어지는 용접금속의 조직을 쉐플러 선도(Schaeffler diagram)를 이용하여 설명하시오.
3. 가연성 물질이 들어있었던 캔, 탱크, 컨테이너 또는 중공 몸체에 용접할 경우에는 특별한 주의가 필요하다. 그 이유와 화재나 폭발 방지 대책을 설명하시오.
4. 동일한 소재의 모재로 그림과 같이 용접된 2개((b)와 (c))의 용접 시험편과 용접 안 된 모재 시험편(a)을 이용하여 피로시험을 하였을 때 얻어지는 응력-수명(S-N) 곡선을 도식적으로 제시하고 서로 다른 이유를 설명하시오.

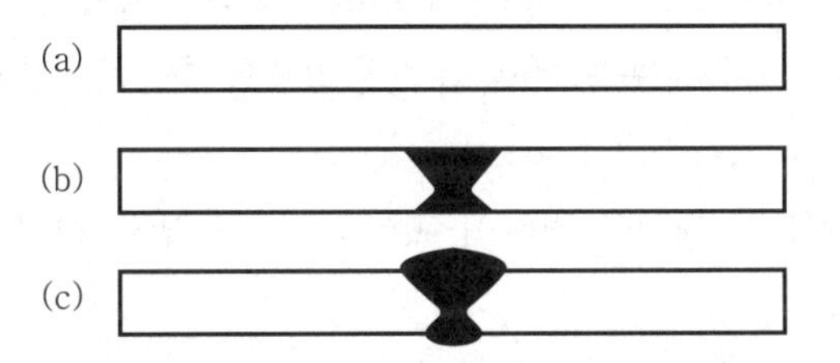

5. 그림과 같은 빔 용접부에 시계방향으로 모멘트 Mb와 수직하향 방향으로 수직 하중 P가 작용할 때 빔의 단면에 발생하는 법선응력과 전단응력을 그림으로 설명하시오.

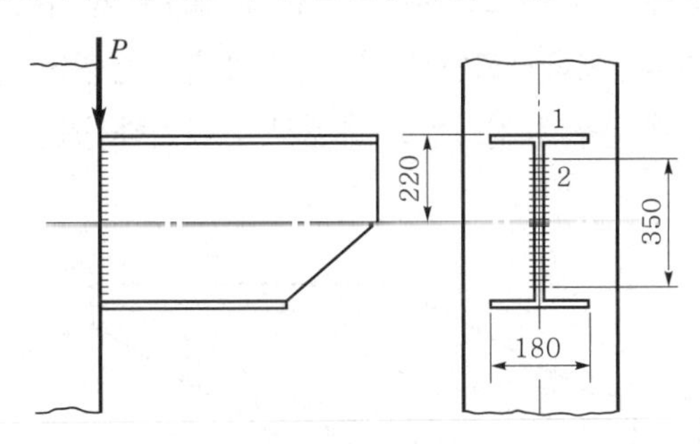

6. 그림과 같은 정하중을 받는 구조물에서 필릿 용접길이 l의 최대 길이와 최소 길이를 $15 \cdot a \leq l \leq 100 \cdot a$로 규정한다.(a=목두께) 그 이유를 설명하시오.

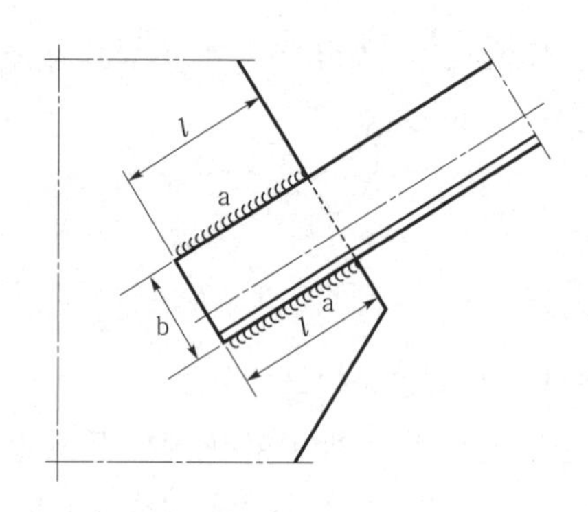

2015년도 기술사 제105회

기술사 제105회 제1교시 (시험시간: 100분)

※ 다음 문제 중 10문제를 선택하여 설명하시오. (각10점)

1. 강 용접부의 모서리 및 T형 용접부에서 발생하는 라멜라 티어(Lamellar tear)의 시험방법에 대하여 설명하시오.
2. 초음파탐상검사에서 접촉 매질(Couplant)의 사용목적과 선정 시 고려사항에 대하여 설명하시오.
3. 강 용접부의 열 피로파괴(Thermal fatigue fracture)에 대하여 설명하시오.
4. 발전소 및 석유화학설비의 유지보수 시 용접부에 발생할 수 있는 결함 종류에 대하여 설명하시오.
5. 용접부의 잔류응력 완화 및 제거를 위하여 피닝(Peening)법을 사용한다. 피닝법의 종류 3가지를 쓰고 설명하시오.
6. 용접결함 중 용접금속(Weld metal)에서 발생하는 은점(Fish eye)의 생성 원인과 예방책에대하여 설명하시오.
7. 옥외 현장용접 작업장에서 아래 그림에서와 같이 알루미늄 합금(t=5mm)인 I형 홈 용접(Square groove welding) 이음구조에서 완전용입과 부분용입(weld depth=2mm)의 판재용접을 하려고 한다. 이러한 경우 용접기호를 사용하여 표기하시오.

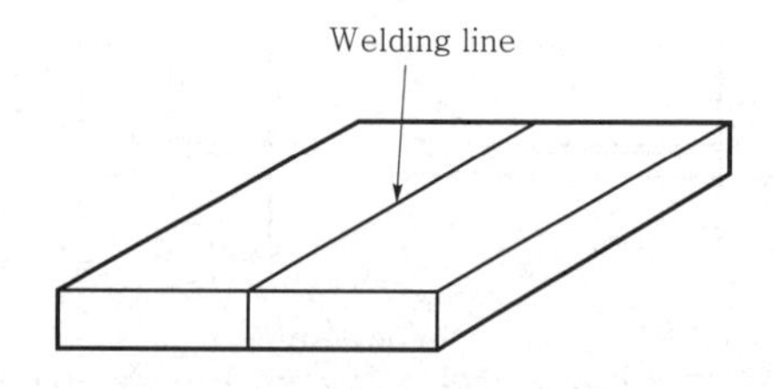

8. 알루미늄 합금(AA6061-T6)을 사용하여 전자빔용접(Electron beam welding) 시 발생되는

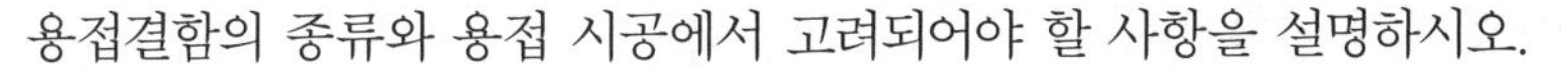

용접결함의 종류와 용접 시공에서 고려되어야 할 사항을 설명하시오.

9. 침투탐상검사에서 용접부의 결함관찰을 위하여 형광침투탐상검사(Fluorescent penetration inspection)와 염색침투탐상검사(Dye penetration inspection)를 사용한다. 이들에 대한 검사 방법의 차이점을 설명하시오.
10. 알루미늄 합금과 스테인리스강의 분말절단 방법 및 종류에 대하여 설명하시오.
11. 아크 용접기의 전기적 특성 중 상승특성과 아크 드라이브(Arc drive) 특성에 대하여 설명하시오.
12. 가스절단 시 드래그 길이(Drag length)에 미치는 인자 2가지를 쓰고 설명하시오.
13. 자동 및 반자동 용접 시 발생하는 번 백(Bum back) 현상에 대하여 설명하시오.

기술사 제105회 제2교시 (시험시간: 100분)

※ 다음 문제 중 4문제를 선택하여 설명하시오. (각25점)

1. 용접절차시방서(WPS)에서 P-Number, Group-Number, A-Number, SFA-Number 및 F-Number에 대하여 설명하시오.
2. 알루미늄 합금 용접에서 용접성(Weldability), 용접부의 조직특성 및 균열에 대하여 설명하시오.
3. 피복아크 용접(Shielded metal arc welding)에서 연강용 용접봉을 선택할 때 고려사항을 설명하시오.
4. 가스텅스텐아크 용접(Gas tungsten arc welding)에서 보호가스로 아르곤(Ar)과 헬륨(He)을 사용할 경우 이들 보호가스의 특성에 대하여 비교 설명하시오.
5. 탄소강의 서브머지드아크 용접(Submerged arc welding)에서 용접금속(Weld metal)의 침상형 페라이트(Acicular ferrite) 생성에 미치는 인자를 금속학적으로 설명하시오.
6. STS 304L와 STS 316L은 오스테나이트계 스테인리스강임에도 불구하고 응고균열의 저항성 차이가 있는데 이를 응고모드에서 금속학적으로 설명하시오.

기술사 제105회 제3교시 (시험시간: 100분)

※ 다음 문제 중 4문제를 선택하여 설명하시오. (각25점)

1. 강 용접부에서 취성파괴의 특징, 파괴기구, 파단면 및 방지 대책에 대하여 설명하시오.
2. 저항 점용접(Resistance spot welding)의 품질평가를 실시할 때, 아래 사항에 대하여 설명하시오.
   1) 용접품질에 영향을 미치는 인자
   2) 점용접 부위의 명칭과 결함 종류

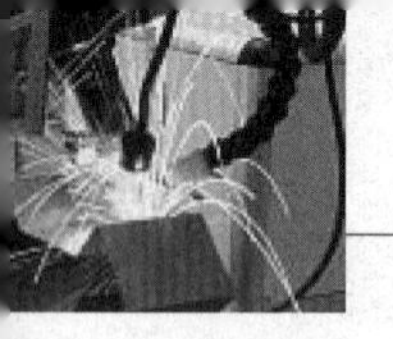

3) 비파괴시험 및 기계적 시험 방법

3. 용접구조물의 용접설계 시 유의 사항에 대하여 5가지를 쓰고 설명하시오.
4. 강 용접부에서 용접금속의 노치인성(Notch toughness)에 대한 개선방법 2가지를 설명하시오.
5. 주철용 용접재료의 종류 3가지를 쓰고, 그 특징에 대하여 설명하시오.
6. 가스텅스텐아크 용접(Gas tungsten arc welding)에서 전류밀도가 플라즈마 아크 용접(Plasma arc welding)에 비하여 낮은 이유를 설명하시오.

기술사 제105회 제4교시 (시험시간: 100분)

※ 다음 문제 중 4문제를 선택하여 설명하시오. (각25점)

1. 탄소강(Carbon steel)과 스테인리스강(Stainless steel)에서 용접부의 금속조직에 대한 차이점과 탄소강 용접부와 비교하여 스테인리스강 용접부에서 초음파탐상검사(UT) 시 어려운 이유를 설명하시오.
2. TIME(Transferred Ionized Molten Energy)을 이용한 용접원리, 금속이행, 혼합가스의 특성에 대하여 설명하시오.
3. 용융용접 시 용접금속의 응고과정에서 편석(Segregation)이 발생될 수 있다. 이러한 현상을 매크로(Macro) 및 마이크로(Micro)로 구분하여 금속학적으로 설명하시오.
4. 용접구조물 제작 시 용접비용(Welding cost)을 예측하기 위한 산출방법에 필요한 항목을 설명하시오.
5. 옥내·외 용접현장에서 용접사가 지켜야 할 위생관리에 대하여 설명하시오.
6. 플라즈마아크 용접(Plasma arc welding)기법에서 키홀(Key-hole) 용접과 멜트인(Melt-in) 용접에 대하여 설명하시오.

2015년도 기술사 제107회

기술사 제107회 제1교시 (시험시간: 100분)

※ 다음 문제 중 10문제를 선택하여 설명하시오. (각10점)

1. X형 그루브 용접의 설계조건이 그루브 깊이는 화살표 쪽 20mm, 화살표 반대쪽 10mm, 그루브 각도는 화살표 쪽 60°, 화살표 반대쪽 90°, 루트(Root) 간격 3mm, 용접 후 열처리(PWHT)를 하는 경우에 대하여 용접부 단면형상과 용접기호를 표기하시오.
2. 직경 D, 웰 두께 t인 원통형 압력용기에 내부압력 P가 작용하고 있다. 원주(지름) 방향과 원통길이 방향의 용접부에 걸리는 각각의 응력을 계산하는 식을 쓰시오.

3. 최근 초고장력강의 후판용접에서는 초 저수소계(Ultra Low Hydrogen)용접 재료가 요구되고 있다. 그 이유에 대하여 설명하시오.
4. 피복아크 용접(SMAW) 작업 시 감전 사고를 방지하기 위한 대책을 설명하시오.
5. 용접부 잔류응력 및 내부 응력검사에 이용되는 검사방법을 열거하고 설명하시오.
6. 고장력강에는 베이나이트(Bainite) 조직이 있으나 평형상태도에서는 베이나이트(Bainite)가 없다. 그 이유와 베이나이트(Bainite) 생성과정을 설명하시오.
7. 카이저 효과(Kaiser Effect)와 펠리시티 효과(Felicity Effect)를 비교하여 설명하고 비파괴검사(NDT)방법 중 TOFD(Time of Flight Diffraction)가 일반적인 초음파탐상검사(UT)와 다른 점을 설명하시오.
8. 해양구조물이나 화학플랜트의 용접작업에서 용접이음부의 내식성에 영향을 미치는 주요 인자 3개를 열거하고 설명하시오.
9. 후판의 구조물 용접작업에서는 용착금속에 대한 노치(Notch) 인성 개선을 위한 방법이 매우 중요하다. 다음의 노치(Notch) 인성 개선 방법에 대하여 설명하시오.
   가. 결정립 미세화 방법에 대하여 열거하고 설명하시오.
   나. 산소 저감 방법을 열거하고 설명하시오.
10. Solid Wire를 사용하는 용접에서 직경 1.2mm 와이어를 쓸 때 전류가 150A, 250A 및 350A 일 때 발생하는 용적의 이행형태를 설명하시오.
11. Flux Cored Wire를 사용하고 가스를 사용하는 FCAW(Flux Cored Arc Welding)에서 전류값을 300A로 일정하게 두고 용접하던 중 어떤 원인에 의해 아크길이가 짧아졌다. 그 이유를 열거하시오.
12. GMAW(Gas Metal Arc Welding)에서 일정한 전류값과 전압값을 설정한 상태에서 CTWD(Contact Tip to Work Distance)를 15mm로 하다가 30mm로 크게 하였다. 이때 출력되는 전류와 전압은 어떻게 되는지 설명하고 수반되는 문제점을 쓰시오.
13. TIG(Tungsten Inert Gas) 용접에서 작업 중 아크길이를 3mm로 하다가 5mm로 증가시키게 되면 출력되는 전류와 전압은 어떻게 되는지 설명하고, 용입의 변동 특성에 대하여 설명하시오.

기술사 제107회 제2교시 (시험시간: 100분)

※ 다음 문제 중 4문제를 선택하여 설명하시오. (각25점)

1. TIG(Tungsten Inert Gas)용접의 생산성을 높이려면 전류를 높이고, 용접속도를 높게 해야 되는데 전류가 300A 이상, 용접속도가 30cm/min 이상이 되면 험핑 비드(Humping Bead)가 생기는 경우가 있다. 그 이유를 설명하고 방지대책을 설명하시오.
2. 후판에 대하여 GMAW(Gas Metal Arc Welding : Ar 80%+CO_2 20%)로 용접할 때 생산성을

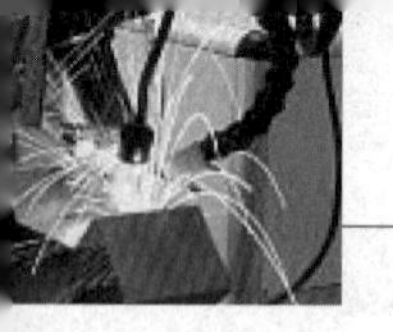

높이기 위해서 전류를 아주 높게 하면 용적의 회전 이행이 발생하게 된다. 그 형성 기구에 대해 설명하고, 그로 인해 생기는 문제점의 방지 대책에 대하여 설명하시오.

3. 항공기 부품 및 구조 재료로 많이 사용되는 티타늄(Ti) 합금의 종류별 재료 특성과 용접성 및 용접 방법에 대하여 열거하고 설명하시오.
4. 용접부의 비파괴 검사 방법 중 복제 현미경 기술(Replica Microscopy Technique)에 대하여 표면 처리, 검사 절차, 장점, 응용 분야, 평가 방법을 열거하고 설명하시오.
5. 경납땜(Brazing)의 원리와 경납재별 특성 및 용도에 대해서 설명하시오.
6. 용접잔류응력이 피로파괴(강도)에 미치는 영향과 용접부 잔류응력 완화방법에 대하여 설명하시오.

기술사 제107회 제3교시 (시험시간: 100분)

※ 다음 문제 중 4문제를 선택하여 설명하시오. (각25점)

1. 다음 그림과 같은 리프팅 러그(Lifting Lug)에서 수직하중 P=51kN이 작용할 때 용접부에 걸려는 응력의 값과 안전율을 구하시오. (단, 용접부 허용응력 σ_a=14kN/cm^2, Za=9kN/cm^{2}이다.)

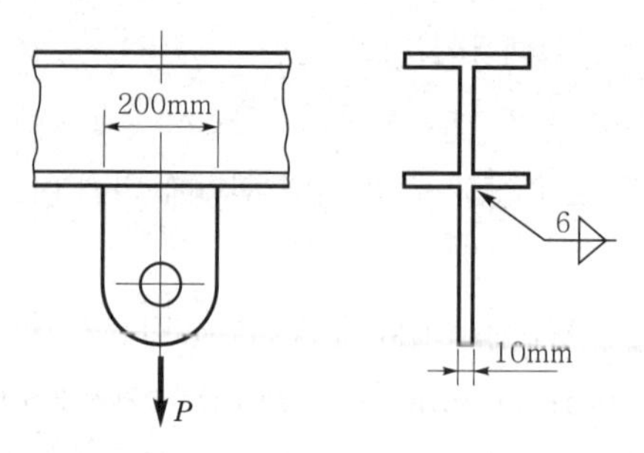

2. 재료 또는 부재의 물리적 특성을 강도(Strength), 강성(Rigidity), 경도(Hardness)로 나타낼 수 있는데 이들 각각에 대하여 설명하시오.
3. 서브머지드아크 용접(SAW)의 용접 금속(Weld Metal)에 대한 저온충격시험을 하면 충격치가 매우 심하게 변동할 수 있다. 그 이유를 공정의 관점에서 설명하고 방지대책을 설명하시오.
4. 소모전극식 아크 용접에서 단락 이행이 발생하면 가는 스패터(Spatter)가 멀리까지 튀어나가게 된다. 이 발생 기구와 방지대책에 대하여 설명하시오.
5. 고속철도 레일(Rail)에 적용하고 있는 용접법 4가지를 공장용접과 현장용접으로 구분하여 각각의 용접원리와 장, 단점에 대하여 설명하시오.
6. 용접부의 저온균열 시험방법에 대하여 열거하고 설명하시오.

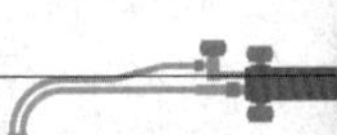

기술사 제107회 제4교시 (시험시간: 100분)

※ 다음 문제 중 4문제를 선택하여 설명하시오. (각25점)

1. 아래 그림과 같이 H 형강(Web) 중간부에 있는 길이 방향 용접부 응력의 값이 얼마인지 계산하시오.

   (조건)
   1) I_x=22100cm^4, I_y=1330cm^4, Z_x=1050cm^3, Z_y=130cm^3, 단면적 A=80cm^2
   2) 단순보의 중앙부 하중은 P=200kN, 반력 R_a=100kN
   3) H형강 자중과 높이 방향의 압축력은 무시

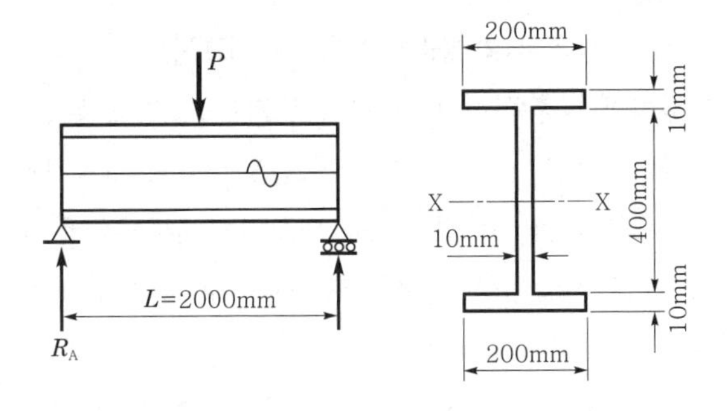

2. 용접 작업 요건 중 와이어 돌출 길이, 와이어 직경, 와이어 송급 속도가 용접 품질에 미치는 영향을 각각 설명하시오.
3. 선박 건조에서 고도의 용접기술이 필요한 LNG 수송선은 형식별로 분류하면 Membrane Type과 독립 Tank Type으로 나눌 수 있다. 다음의 각 항목에 대하여 설명하시오.
   가. Membrane과 독립 Tank를 기능별로 설명하고, Membrane이 독립 Tank보다 우수한 점을 설명하시오.
   나. Membrane과 독립 Tank의 사용 재료별로 제조 특성에 대하여 설명하시오.
   다. Membrane과 독립 Tank의 사용 재료별로 예상되는 용접 결함 발생에 대하여 설명하시오.
4. 강교량 제작에 사용되는 두께 30mm의 SM570-Q/T 강재와 두께 25mm의 HSB600 강재를 혼용하여 맞대기 이음으로 서브머지드아크 용접(SAW)을 하고자 한다. 다음 항목에 대하여 각각 설명하시오.
   가. 강재별 제조 특성을 설명하시오.
   나. HSB600 강재의 장점을 설명하시오.
   다. 혼용 강재 용착금속 시험편의 금속재료 충격시험방법(KSB 0810) 기준치를 선정하고 그 이유를 설명하시오.
5. 클래드(Clad) 용접에서 용접 원가의 구성 요소를 나열하고 각각의 원가를 낮출 수 있는 방법을 설명하시오.

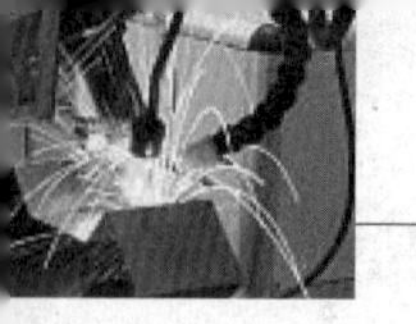

6. 큰 하중의 반복 작용이 예상되어 파괴 안전성을 중시하는 강도 부재로서 파이프 형태의 단순 지지보를 용접 설계하였다. 이 보의 길이 방향 중앙에 원주 용접하도록 하여 보가 길이 방향으로 연결되어 있다. 이 설계에 대한 의견을 쓰고, 그 용접부의 품질 관리상 주요 포인트를 설명하시오.

2016년도 기술사 제108회

기술사 제108회 제1교시 (시험시간 : 100분)

※ 다음 문제 중 10문제를 선택하여 설명하시오. (각10점)

1. 용접부의 육안검사 절차에 포함되어야 할 항목 5 가지를 쓰고 설명하시오.
2. 전기아크 용접에 비하여 레이저용접의 장·단점을 3 가지씩 설명하시오.
3. 인장강도 600MPa급 고장력강의 용접특성을 확보하기 위하여 용접 입열량이 60kJ/cm로 제한되었다고 가정하면, 아크전압 40V, 용접속도 20cm/min의 조건에서 용접전류를 얼마로 관리해야 하는지 계산하시오.
4. Al 용접부에 발생하는 블로우홀(blowhole)의 발생에 가장 큰 영향을 미치는 원소를 쓰고, 이 원소가 용접금속에 침입되는 발생원에 대하여 설명하시오.
5. 저항심용접(resistance seam welding)방법 중, 매시심용접(mash seam welding)과 겹치기 심용접(lab seam welding)의 차이점에 대하여 설명하시오.
6. GMA(Gas Metal Arc)용접에 사용되고 있는 토치의 진행방향이 전진법과 후진법으로 구분된다. 이러한 용접 진행방향에 대한 장·단점 3가지를 쓰고 설명하시오.
7. GTA(Gas Tungsten Arc)용접작업에서 토치(torch)전극을 1~2% 토륨(Thorium) 텅스텐을 사용하는 유리한 점 3가지를 쓰고 설명하시오.
8. 텅스텐 및 텅스텐 합금을 이용한 용접작업에서 어려운 문제점 3가지를 쓰고, 이러한 재료에 적용할 수 있는 용접방법을 설명하시오.
9. 강재 두께와 용접부의 냉각속도와의 관계에 대하여 설명하시오.
10. 오스테나이트계 스테인리스강(austenitic stainless steel)을 이용한 용접부의 인장시험에서 기계적 성질을 나타내는 항목 3가지와 항복점(yield point)의 결정방법에 대하여 그림을 그리고 설명하시오.
11. 용접사 자격인정시험(welder or welding operator qualification test)의 기계적 시험에 대하여 설명하시오.
12. 강 용접부에 발생하는 (1)융합불량(lack of fusion)과 (2)용입부족(incomplete penetration) 결함을 방사선투과시험으로 판독할 때, 각 결함의 판독결과를 그림으로 비교하여 설명하시오.

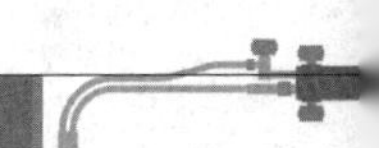

13. 아래 그림은 옥외 현장작업 시 V형 용접구조물에서 맞대기 용접부의 완전용입(full penetration)을 보여준다. 이때 도면에 나타내고자 하는 용접기호를 사용하고 표시하시오.

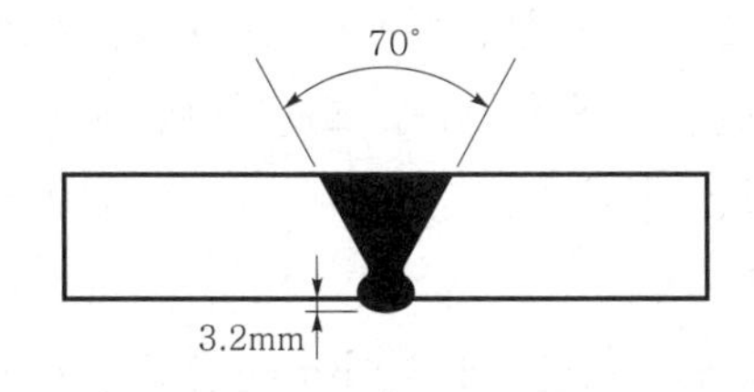

기술사 제108회 제2교시 (시험시간: 100분)

※ 다음 문제 중 4문제를 선택하여 설명하시오. (각25점)

1. 대입열용접부의 인성(toughness)과 용접 열영향부의 연화(softening)현상에 대하여, TMCP(Thermo-Mechanical Control Process)강과 일반압연강을 비교하고 설명하시오.
2. 오스테나이트계 스테인리스강과 탄소강을 이종용접할 때 용접재료의 선정 및 용접조건의 설정기준을 쓰고 설명하시오.
3. Ti 및 Ti합금 용접 시 가장 주의해야 할 문제점 2가지와 방지방안을 쓰고 설명하시오.
4. 솔리드 와이어를 사용하는 MAG(Metal Active Gas)용접으로 강재를 용접할 때, 스패터(spatter)의 저감방안을 용접방법 및 용접기기의 관점에서 3가지를 쓰고 설명하시오.
5. 산업현장에서 용접작업 시 화재 및 가스폭발의 사고예방을 위하여 용접기술자가 작업 전에 꼭 확인해야 할 사항 및 용접사가 갖추어야 할 보호구에 대하여 각각 5가지를 쓰고 설명하시오.
6. 산업현장에서의 용접생산성 향상, 원가절감 및 품질향상을 위하여 아래의 용접방법에 대한 기술의 발전변화를 설명하시오.
   가) 가스메탈아크 용접(GMAW)
   나) 가스텅스텐아크 용접(GTAW)
   다) 서브머지드아크 용접(SAW)
   라) 레이저용접(LBW)

기술사 제108회 제3교시 (시험시간: 100분)

※ 다음 문제 중 4문제를 선택하여 설명하시오. (각25점)

1. 안정화 처리한 오스테나이트계 스테인리스강인 STS347과 STS321의 특징을 화학성분의 관점에서 설명하시오. 그리고 이러한 안전화 처리한 강의 용접 열영향부(HAZ)에 발생하는 입계부식 특성을 오스테나이트계 스테인리스강인 STS304와 비교하고 설명하시오.
2. 강의 용접 후에 열처리하는 방법은 후열처리(PWHT)와 직후열(直後熱)처리의 2가지로 구분

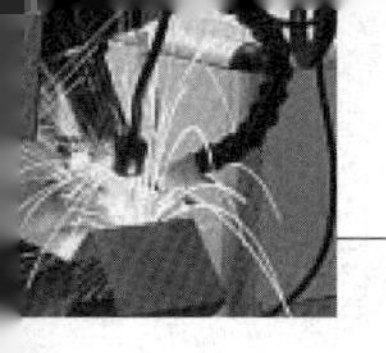

된다. 각각의 열처리 목적과 방법을 설명하시오.

3. 지상식 LNG 탱크의 내조(內曹)에 사용되는 9% Ni강을 피복아크 용접(SMAW)하는 경우, 주로 사용하는 용접재료와 그 이유를 설명하시오. 그리고 피 용접재의 자화(磁化)에 의한 아크 쏠림(magnetic arc blow)현상이 염려된다면 그 방지방법 3가지를 쓰고 설명하시오.
4. 용접현장에 고장력강 후판을 용접하는 경우, 패스간 온도(inter-pass temp.)의 상한을 규제하는 이유에 대하여 설명하시오.
5. GMA(Gas Metal Arc)용접에 아크길이와 와이어 돌출길이의 정의를 그림으로 그리고, 만약 CTWD(Contact Tip to Workpiece Distance)가 일정할 경우 와이어 공급속도를 증가시키면 용접전류가 어떻게 변화하는지 설명하시오.
6. 강 용접구조물이 파단사고가 일어난 경우, 그 원인을 규명하기 위하여 파단면 검사를 한다. 아래의 파괴형태에 대한 파단면의 미세(micro)특징을 쓰고 설명하시오.
   가) 취성 파괴 나) 연성 파괴 다) 피로 파괴

기술사 제108회 제4교시 (시험시간: 100분)

※ 다음 문제 중 4문제를 선택하여 설명하시오. (각25점)

1. 오스테나이트계 스테인리스강의 용접부에 쉽게 발생하는 고온균열을 방지하기 위한 방안으로 용접재료의 선정 시 주의가 필요한 항목을 쓰고 설명하시오.
2. Al 및 Al합금을 전기아크 용접하는 경우, 용융 온도가 높은 표면산화물 때문에 용접품질이 저하된다. 그 방지방안 2가지를 쓰고 설명하시오.
3. 자동차용 강판의 레이서용접에는 가스레이저와 고체레이저가 사용된다. 아래의 사항에 대하여 설명하시오.
   가. 가스레이저(1 가지) 및 고체레이저(2 가지)의 종류
   나. 가스레이저 및 고체레이저의 특징(파장, 빔의 전송 등)
4. 원자력발전 플랜트에서 연료 피복관(fuel cladding tube)을 밀봉하기 위하여 용융용접(fusion welding)을 적용한다. 이때 연료 피복관 소재를 스테인리스강보다 지르코늄(Zr)이나 알루미늄 합금을 사용하면 유리한 점 3가지를 쓰고 설명하시오.
5. 용접구조물의 파괴 및 손상은 다양하고 복합적으로 발생된다. 이러한 파괴 및 손상의 종류와 주요 원인에 대하여 각각 3가지를 쓰고 설명하시오.
6. 강 구조물의 용접부위는 피로 파손의 원인이 되는 인자들이 많이 포함된다. 이러한 피로 파손을 방지하기 위하여 현장용접 후에 피로강도를 향상시키는 방법 3가지를 쓰고 설명하시오.

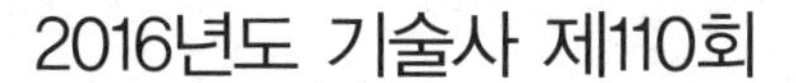

2016년도 기술사 제110회

기술사 제110회　　제1교시 (시험시간: 100분)

※ 다음 문제 중 10문제를 선택하여 설명하시오. (각10점)

1. 강 용접 열영향부의 흑연화(Graphitization)에 대해 설명하시오.
2. 7000계 알루미늄 합금 용접부의 부위별 미세조직 특징에 대해 설명하시오.
3. 오스테나이트계 스테인리스강 용접부의 나이프 라인 어택(Knife Line Attack) 발생기구 및 방지대책에 대해 설명하시오.
4. 전자빔 용접 시 발생되는 아킹(Arcing) 현상, 기공 및 스파이크 결함에 대해 각각 설명하시오.
5. 주철 및 비철금속, 10mm 두께 이상의 스테인리스강을 절단할 때 가스절단이 부적당한 이유를 설명하고, 적합한 절단 방법을 설명하시오.
6. 브레이징(Brazing) 작업절차서의 Flow Position 4가지에 대해 설명하시오.
7. TOFD(Time of Flight Diffraction)법에 의한 용접부의 비파괴검사 방법에 대해 설명하시오.
8. 저변태온도 용접재료를 이용한 용접이음부의 피로강도향상을 위한 용접 시공법에 대해 설명하시오.
9. 다음 그림과 같이 현장용접을 하는 경우에 대해 그림의 용접 기호 표시위치의 용접기호를 표시하시오.

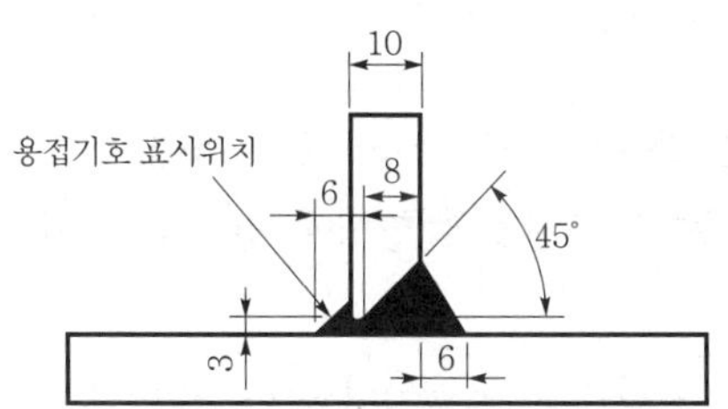

10. SMAW(피복아크 용접) 직류용접의 극성(Polarity)과 특징에 대해 설명하시오.
11. 용접작업 시 화재 및 폭발재해를 방지하기 위한 대책을 설명하시오.
12. 가용접(Tack Welding, 假鎔接) 시의 주의사항을 5가지만 설명하시오.
13. GTAW(가스텅스텐아크 용접)의 용접입열에 대한 전력율(Power Ration)과 에너지 밀도(Energy Density)에 대해 설명하시오.

기술사 제110회　　제2교시 (시험시간: 100분)

※ 다음 문제 중 4문제를 선택하여 설명하시오. (각25점)

1. 용접부의 응고균열(Solidification Crack) 감수성에 영향을 미치는 용접비드의 형상에 대해 설명하시오.

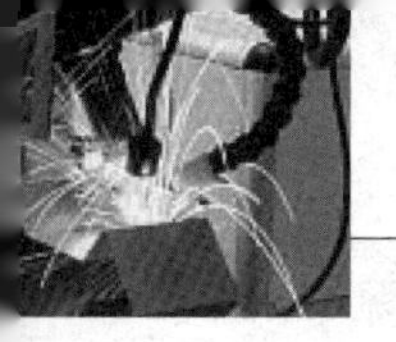

2. 주철의 용접이 어려운 이유와 용접부 부분용융역의 특징에 대해 설명하시오.
3. 원전기기의 인코넬 오버레이 용접(Overlay Welding)의 경우, 초기에는 600계열 합금 소재로 사용되었으나 점차 690계열 합금소재로 대체되었다. 그 이유를 설명하고, 인코넬 용접 특성, 원전기기에 적용되는 인코넬 오버레이 용접방법 및 건전성 평가 방법에 대해 설명하시오.
4. 금속과 플라스틱의 직접 접합기술 및 응용분야에 대해 설명하시오.
5. 아래 그림과 같이 무게 P=84kN의 강구조물을 들어올리기 위해 리프팅 러그(Lifting Lug)를 무게중심에 용접하려고 할 때 리프팅 러그의 최소길이(L)를 계산하시오.
   (단, 용접효율 100%, 안전율 3, 용접부의 허용 인장응력 150N/mm², 허용전단응력 100N/mm², 러그두께 10mm이다.)

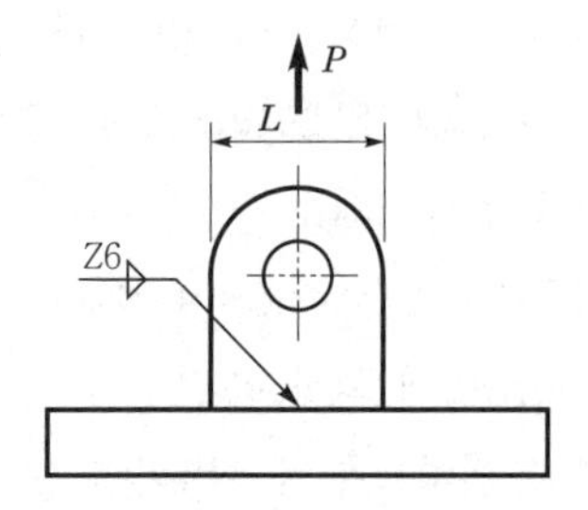

6. 전기 저항용접의 공정변수 3가지를 쓰고 각각 설명하시오.

기술사 제110회	제3교시 (시험시간: 100분)

※ 다음 문제 중 4문제를 선택하여 설명하시오. (각25점)

1. 용접 열영향부에서 발생되는 액화균열의 형성에 영향을 미치는 인자 3가지를 제시하고 설명하시오.
2. TMCP강 용접 열영향부의 연화(Softening)현상이 선박 설계 시 미치는 영향에 대해 인장강도 및 피로강도 측면에서 설명하시오.
3. WPS(Welding Procedure Specification, 용접절차사양서), PQR(Procedure Qualification Record, 절차인정기록서), PQT(Procedure Qualification Test, 절차인정시험)에 대해 정의하고, 각각의 양식을 작성하시오.
4. 용접구조물의 경우 제작과정 중의 결함이나 사용 중의 과부하 또는 반복하중 등으로 결함이나 손상이 발생한다. 이 결함이나 손상을 제거하기 위해 실시하는 용접을 보수용접이라 한다. 이와 관련하여 다음 항목에 대해 각각 설명하시오.
   1) 보수용접 전 조치 사항
   2) 결함이나 손상의 원인도출 방법
   3) 보수용접 절차 및 보수용접 시 주의사항(보수용접과 생산용접 차이 설명포함)
5. 원통형 압력용기에 아래 그림과 같이 셸(Shell)의 길이방향으로 용접한 경우 용접부에 작용

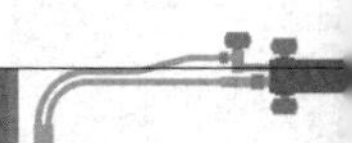

하는 최대 응력을 계산하시오.

(단, 바깥지름(D)=500mm, 셸두께(t)=5mm, 최대압력(P)=3MPa, 여기서 1 MPa=1N/mm^2, 완전용입 용접이며, 용기의 자중은 무시한다.)

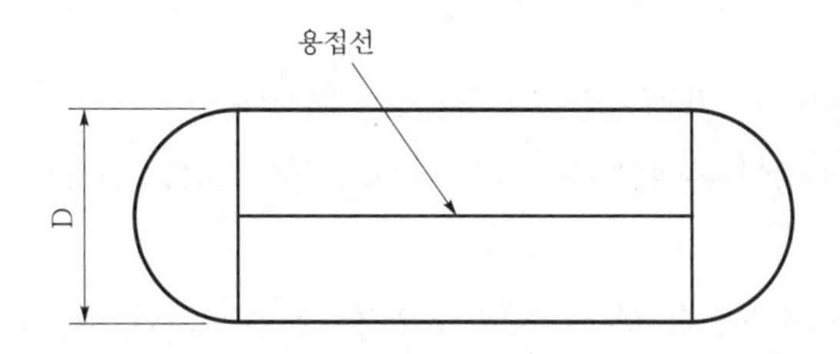

6. 알루미늄과 알루미늄 합금의 용접성이 나쁜 이유를 5가지만 설명하시오.

기술사 제110회 제4교시 (시험시간: 100분)

※ 다음 문제 중 4문제를 선택하여 설명하시오. (각25점)

1. GMAW(가스메탈아크 용접)용 보호가스로 CO_2 가스를 사용할 때 Ar 가스에 비해 용접전압, 용접금속 이행 및 비드 형상이 상이한 이유를 설명하시오.
2. 다층 용접 열영향부의 CTOD(Crack Tip Opening Displacement) 파괴인성 향상 방안을 강재 제조 측면에서 설명하시오.
3. 판두께 100mm 이상의 극후판의 고강도 강재에 고능률 및 고품질의 용접부를 확보할 수 있는 최신 용접법에 대해 설명하시오.
4. 이종 금속간(강과 비철금속)의 용접 및 접합 시 다음 재질의 이음에 대한 문제점, 해결방안 및 적용 가능한 용접방법에 대해 설명하시오.
   1) 탄소강+동합금(Cu alloy)
   2) 탄소강+알루미늄합금(Al alloy)
   3) 탄소강+티타늄합금(Ti alloy)
5. 철골구조물 용접 시 발생되는 용접변형의 원인과 종류를 나열하고 용접변형의 방지대책에 대하여 설명하시오.
6. 가스메탈아크 용접(GMAW)의 입상용적이행으로 용접 중 용접조건 변화에 의해 갑자기 스패터가 다량 발생하였다. 이에 대한 원인과 대책을 설명하시오.

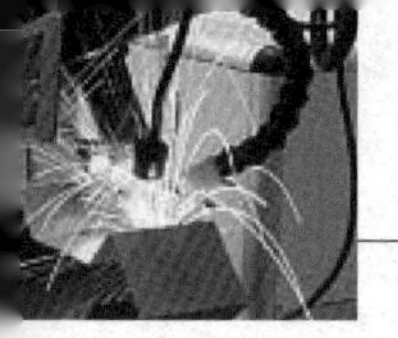

2017년도 기술사 제111회

기술사 제111회　　　　제1교시 (시험시간: 100분)

※ 다음 문제 중 10문제를 선택하여 설명하시오. (각10점)

1. 용접부에 결함(Defect)이 존재할 수 있다. 결함과 불연속(Dis continuity)지시의 차이를 설명하시오.
2. KS강재 규격에는 SS재(KS D 3503; 일반구조용 압연강재)와 SM재(KS D 3515; 용접구조용 압연강재)가 있다. 강도상 중요한 용접구조물에는 어떤 강재를 사용해야 하는지 쓰고, 그 이유를 설명하시오.
3. 판 두께 16mm 강판을 맞대기(Butt-Joint)용접하는 경우, 3패스(3-Pass)로 용접하는 방법과 5패스(5-Pass)로 용접하는 방법 중 어느 쪽 용접부의 충격치가 높은지 쓰고, 그 이유를 설명하시오.
4. 철강재료의 청열취성(Blue Shortness)을 설명하시오.
5. 용접부의 희석률에 대해 그림을 그리고, 설명하시오.
6. SAW(Submerged Ar Welding)에서 용입부족(Incomplete Penetration)의 주요원인을 2가지 쓰시오.
7. PAW(Plasma Ar Welding)의 아크 특성 2종류를 설명하시오.
8. 용접기의 전압강하(Voltage Drop)에 대해 설명하시오.
9. PREN(Pitting Resistance Equivalent Number)에 대해 설명하시오.
10. 탄소강 용접부 균열의 보수용접(Rcpair Welding)절차에 대해 설명하시오.
11. 용접이음부의 허용응력(Allowable Stress)을 결정하는 방법에 대해 설명하시오.
12. 오스테나이트계 스테인리스강을 활용하여 기기 제작 또는 시공 시 요구되는 용체화열처리(Solution Heat Treatment)에 대해 설명하시오.
13. [그림 1]의 용접부 단면을 참조하여 [그림 2]의 용접기호를 완성하시오.

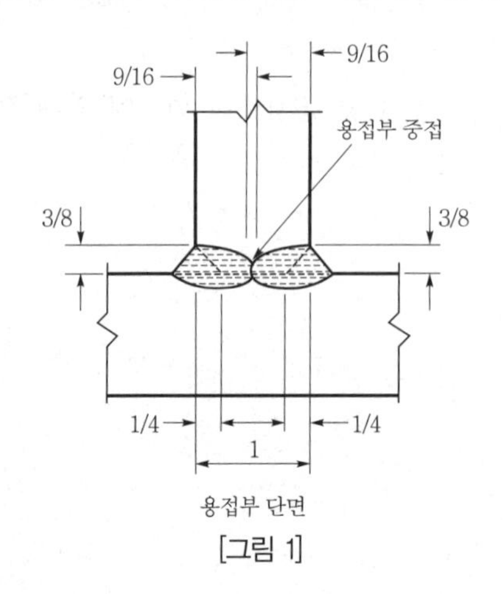

[그림 1]

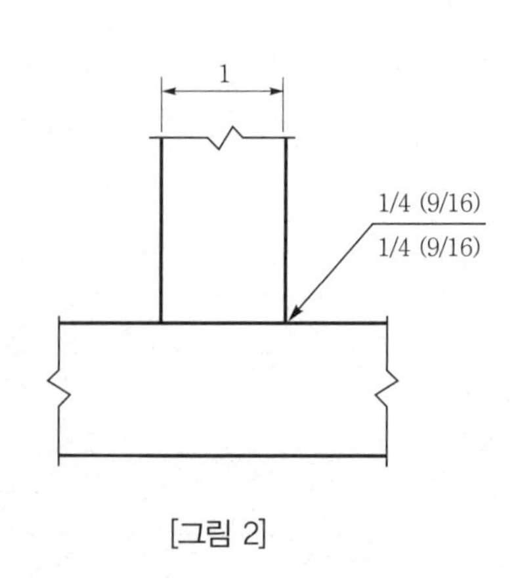

[그림 2]

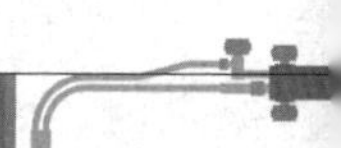

기술사 제111회 제2교시 (시험시간: 100분)

※ 다음 문제 중 4문제를 선택하여 설명하시오. (각25점)

1. 가스텅스텐아크 용접(Gas Tungsten Ar Welding, GTAW)에서 극성에 따른 용입현상과 청정작용에 대해 설명하시오.
2. 강재 및 용접부의 노치인성을 평가하기 위해 샤르피 V노치 충격시험을 할 때, 이 시험에서 얻을 수 있는 특성치 4가지를 설명하고, COD(Crak Opening Displacement)의 의미와 충격흡수에너지와의 관계를 설명하시오.
3. 폭발압접원리와 정상적인 폭발압접일 경우 발생되는 접합계면의 금속조직 형태를 설명하시오.
4. 용접 잔류응력 발생기구에 대해 판재의 피복아크 맞대기용접을 예로 들어 설명하시오.
5. 화공 또는 발전 플랜트 등에서 사용되는 배관 용접물의 모의용접 후 열처리(Simulated Post Weld Heat Treatment)에 대해 설명하시오.
6. 용접 시 용접금속에 흡수되는 질소와 수소가 용접부에 미치는 영향을 설명하시오.

기술사 제111회 제3교시 (시험시간: 100분)

※ 다음 문제 중 4문제를 선택하여 설명하시오. (각25점)

1. 용접부의 비파괴검사 방법 중 초음파탐상검사에 많이 활용되고 있는 TOFD(Time of Flight Diffraction)법의 원리와 특성에 대해 설명하시오.
2. 가스메탈아크 용접(Gas Metal Ar Welding, GMAW)에서 용접봉의 용적이행(Metal Transfer) 형태 4가지를 설명하고, 다음 물음에 답하시오.
   1) 용적이행(Metal Transfer)유형 중 가장 적은 양의 열을 용접부에 제공하므로 융합불량이 발생하기 쉬운 것은 무엇인지 쓰시오.
   2) 용적이행(Metal Transfer)유형 중 용접 입열량이 가장 크고, 완전용입의 아래보기 자세에 적합한 것은 무엇인지 쓰시오.
3. 라멜라 티어링(Lamellar Tearing)의 발생원인, 방지방안 및 시험방법에 대해 설명하시오.
4. CO_2 가스 실딩(Shielding)플럭스 코어드 아크 용접(Flux Cored Ar Welding, FCAW) 시 아르곤 가스혼합에 따른 용접부의 기계적 성질 변화에 대하여 설명하시오.
5. WPS(Welding Procedure Specification)의 작성단계를 설명하고, 가상의 WPS를 작성하시오.
6. 오스테나이트계 스테인리스강 용접 시 델타 페라이트(Delta Ferrite) 함량이 중요한 이유를 설명하시오.

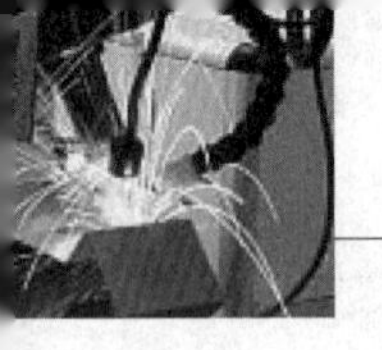

기술사 제111회	제4교시 (시험시간: 100분)

※ 다음 문제 중 4문제를 선택하여 설명하시오. (각25점)

1. 저항용접의 3대 요소에 대해 설명하시오.
2. 아크 쏠림(Ar Blow) 발생원인과 그 방지대책을 설명하시오.
3. C-Mn강 용접 시 예열온도를 결정하는 주요 인자를 설명하시오.
4. 탄소강 용접부의 자분탐상검사(Magnetic Particle Test) 원리, 종류(Yoke, Prod), 장·단점, 활용도 및 의사지시에 대하여 설명하시오.
5. 수중용접 방법 중 습식 용접(Wet Welding)의 특성과 적용에 대하여 설명하시오.
6. 고장력강 용접부에서 발생하는 수소유기균열(Hydrogen Induced Cracking)의 발생원인과 방지대책에 대하여 설명하시오.

2017년도 기술사 제113회

기술사 제113회	제1교시 (시험시간: 100분)

※ 다음 문제 중 10문제를 선택하여 설명하시오. (각10점)

1. 배관 용접 제작 공장에서 탄소강 작업장과 스테인리스강 작업장을 격리하는데 그 이유를 간략히 설명하시오.
2. 아래의 그림(화살표 지시부분)과 방사선투과검사 필름상에 나타난 용접 결함을 판독하고 결함의 발생원인과 방지대책을 간략히 설명하시오.

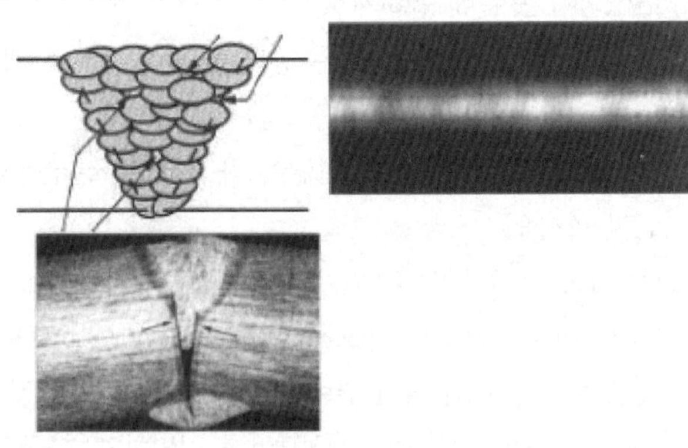

3. 서브머지드 아크 용접(SAW: Submerged Arc Welding)에서 미국용접학회(AWS: American Welding Society) 규격에 따른 아래의 용접봉분류체계를 설명하시오.

F6A2-EM12K

4. 아래의 용접기호에 맞는 용접이음부를 그리시오.

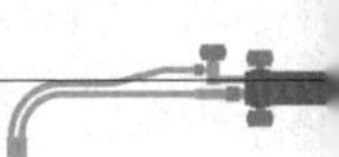

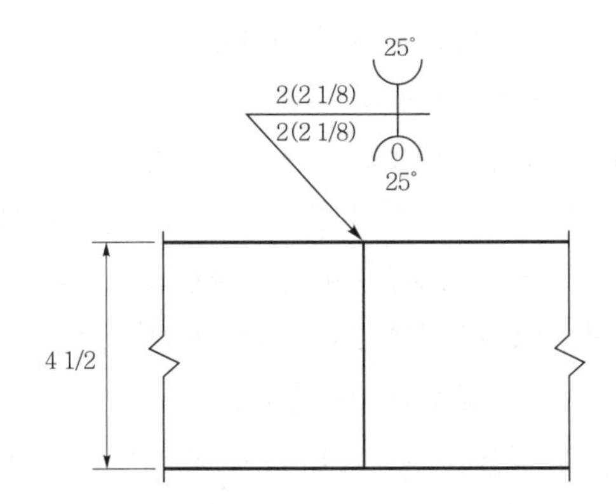

5. 직류용접기를 사용하여 가스 텅스텐아크 수동용접을 하려고 한다. 소재의 특성상 용접부 입열량을 관리하여야 하는 규제 조건으로 190A, 11V 조건으로 입열량 1.39kJ/mm 조건으로 용접하려고 할 때 용접 속도(cm/min)는 얼마로 하여야 하는지 계산하시오.
6. 현재 선박건조에 가장 많이 적용되는 용접법은 무엇이며 그 이유를 설명하시오.
7. 알루미늄 용접부의 경우 다른 금속재료에 비해 기공이 생기기 쉬운 이유를 설명하시오.
8. 쉐플러 다이어그램(Schaeffler Diagram)과 드롱 다이어그램(DeLong Diagram)에서 크롬당량값과 니켈당량값을 계산함에 있어서, 크롬당량과 니켈당량값 계산에 사용되는 각각의 원소들을 3개씩 각각 설명하시오.
9. 페라이트계 스테인리스강 박판 용접에 있어서 가능한 저입열, 고속용접을 추구하는 이유를 설명하시오.
10. 용접부 열화평가 방법인 연속압입시험 원리와 활용도에 대하여 설명하시오.
11. 키홀 용접(Key-Hole Welding) 원리와 효과에 대하여 설명하시오.
12. 주조 응고와 용접 응고의 차이점에 대하여 설명하시오.
13. 용접에서 용접성(Weldability) 평가와 용접기능(Weld Performance) 평가에 대하여 설명하시오.

기술사 제113회 제2교시 (시험시간: 100분)

※ 다음 문제 중 4문제를 선택하여 설명하시오. (각25점)

1. 산업현장에서 발생하는 산업재해 중 부적절한 용접 자업으로 인한 제해로 보고되는 사례가 많다. 용접작업으로 인해 발생될 수 있는 산업재해와 방지책을 설명하시오.
2. 산업플랜트 현장에서는 궤도용접(Orbital Welding)법이 개발 적용되고 있다. 여러 가지 용접법 중에서 가스텅스텐아크 용접법(GTAW)을 궤도용접에 어떻게 적용하는지와 적용범위에 대하여 설명하시오.
3. 피복금속아크 용접(SMAW)에서 용접봉에 피복된 피복재의 역할 3가지를 설명하고 그 역할

을 수행하기 위해 사용되는 물질들을 하나씩 설명하시오.

4. 용접 속도(welding speed)가 증가함에 따라
   1) 용접 비드 폭의 크기와의 상관성에 대해서 설명하시오.
   2) 용접 용융부(weld pool)에서의 응고 시 결정 성장 속도와의 상관성에 대해서 설명하시오.
   3) 용접 용융부의 중심선(center line)에서의 편석 정도와의 상관성에 대해서 설명하시오.
5. 오스테나이트계 스테인리스강의 용접 열영향부 조직의 특성과 용접 후 열처리(PWHT)를 일반적으로 실시하지 않는 이유에 대하여 설명하시오.
6. 강재 용접부의 안전진단 및 수명평가에 적용하는 초음파탐상검사(UT)와 음향방출검사(AE)의 차이점을 비교 설명하시오.

기술사 제113회 제3교시 (시험시간: 100분)

※ 다음 문제 중 4문제를 선택하여 설명하시오. (각25점)

1. ASME Sec. IX에 의한 용접사 시험 관리에 대하여 설명하시오.
2. 알루미늄 합금의 용접과정에서 발생하는 열에 의한 열영향부의 강도 저하에 대하여 설명하시오.
3. 니켈(Ni)강의 용접성(Weldability)에 대하여 설명하고, 니켈강을 피복금속아크 용접(SMAW)으로 시공할 때의 주의사항을 설명하시오.
4. 발전소(ASME B31.1)에서 사용하는 저합금 내열강(P-No. 5B) 배관재의 두께가 100mm이고, 외경이 600mm이다. 이 배관을 현장에서 맞대기 용접으로 시공 시 아래 항목에 대하여 설명하시오.
   1) 용접 시공 절차 및 방법
   2) 예열 및 용접 후 열처리 조건
   3) 비파괴검사 적용 방법 및 시기
5. 오스테나이트계 스테인리스강의 용접 시 고온균열이 잘 발생되는 이유 3가지를 설명하고 또한 고온균열을 예방할 수 있는 방안을 설명하시오.
6. 용접부에 존재할 수 있는 확산성 수소와 비확산성 수소에 대해서 설명하시오.

기술사 제113회 제4교시 (시험시간: 100분)

※ 다음 문제 중 4문제를 선택하여 설명하시오. (각25점)

1. 운전 중인 화학플랜트의 정기 점검을 위하여 운전을 중지하고 검사를 진행하는 중에 배관의 소켓 용접부에서 균열이 발견되었다. 예상되는 많은 원인들을 아래의 측면에서 설명하시오.
   1) 설계 구조적인 측면　　2) 재료 선정적인 측면

3) 사용 환경적인 측면　　　　　　　4) 용접부 결합 측면

2. 용접작업에 사용되는 포지셔너(Positioner)의 종류와 사용 시의 장점에 대하여 설명하시오.
3. 피복금속아크 용접(SMAW)으로 인해 발생한 용접변형을 교정하는 것을 변형교정이라 한다. 이 변형교정 방법에 대하여 설명하시오.
4. 가스텅스텐아크 용접(GTAW) 펄스 용접법(Pulse welding)의 원리 및 장단점을 설명하시오.
5. 통상 용접비드 표면부에 발생되는 응력이 인장잔류응력과 압축잔류응력 중 어느 것인지를 쓰고 그 이유를 설명하시오.
6. 분배계수(Partition coefficient: K) 값에 대하여 설명하시오.
   1) 정의
   2) 분배계수 값의 크기에 따라 고-액 계면(Solid-liquid interface)앞 용융부에 조성적 과랭의 형성 용이성을 설명하시오.
   3) 분배계수 값이 매우 낮은 합금원소를 다량 함유하는 금속의 용접에 있어서 용융부에서 이들 원소의 편석을 가능한 줄이려고 한다면 용접속도와 용융부의 냉각속도는 어떻게 해야 하는지를 설명하시오.

2018년도 기술사 제114회

기술사 제114회　　　　　　제1교시 (시험시간: 100분)

※ 다음 문제 중 10문제를 선택하여 설명하시오. (각10점)

1. GTAW(Gas Tungsten Arc Welding)에서 아크(Arc) 발생방법 3가지를 설명하시오.
2. 용접기에 콘덴서를 설치했을 때 장점 4가지를 설명하시오.
3. 용접 균열시험법 4가지를 설명하시오.
4. 용접봉에서 피복제의 역할을 설명하시오.
5. 용접부 균열의 종류 중 설퍼크랙(Sulfur Crack)과 라멜라균열(Lamellar Tear)에 대하여 설명하시오.
6. 비파괴검사 방법 중 와전류 시험법에 대하여 설명하시오.
7. FCW(Flux Cored Wire)용접에서 와이어 돌출길이에 대하여 설명하시오.
8. 보수용접분야에 응용되고 있는 분밀 인서트 금속의 효과에 대하여 설명하시오.
9. 용접기의 정전압 특성에 대하여 설명하시오.
10. 점용접에서 기계적 성질에 영향을 주는 인자에 대하여 설명하시오.
11. 표면경화용접의 그리트 블라스팅법(Grit Blasting Method)을 설명하시오.
12. 용접 후 수축변형에 영향을 미치는 인자를 4가지 설명하시오.
13. 가스용접에서 사용되는 아세틸렌가스의 폭발성에 대하여 설명하시오.

기술사 제114회	제2교시 (시험시간: 100분)

※ 다음 문제 중 4문제를 선택하여 설명하시오. (각25점)

1. 용접부의 고온균열과 저온균열에 대해 특성을 쓰고, 방지대책을 설명하시오.
2. 주철의 용접에서 저온으로 용접하는 냉간용접(Cold Welding Method)에 대하여 설명하시오.
3. 용접 입열량(Heat Input) 및 입열량 관리가 필요한 강재에 대하여 설명하시오.
4. 플라즈마 아크 용접(Plasma Arc Welding)의 원리와 장단점에 대하여 설명하시오.
5. 아크용접 풀에서 대류 현상은 제시된 4가지로 분류되는데, 4가지 대류의 흐름을 그리고 설명하시오.

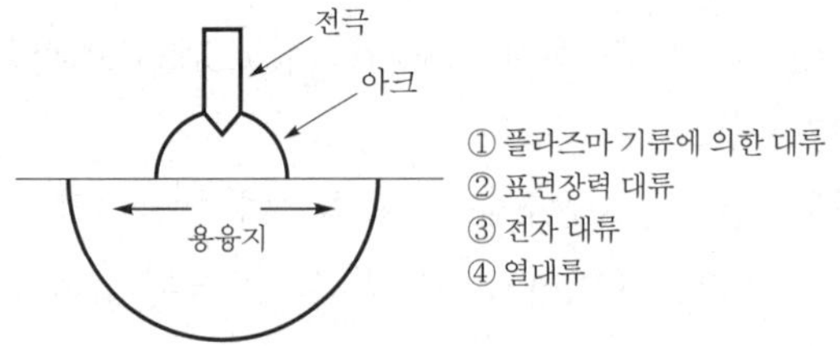

6. 용접이음 설계 주의사항과 용접순서 결정 시 고려사항에 대하여 설명하시오.

기술사 제114회	제3교시 (시험시간: 100분)

※ 다음 문제 중 4문제를 선택하여 설명하시오. (각25점)

1. 용접보수가 필요한 경우 결함내용을 열거하고 보수방법에 대하여 설명하시오.
2. 응고균열은 그림과 같이 4단계의 응고과정으로 분류되는데, ①~④ 단계별로 균열발생 메커니즘(Mechanism)을 설명하시오.

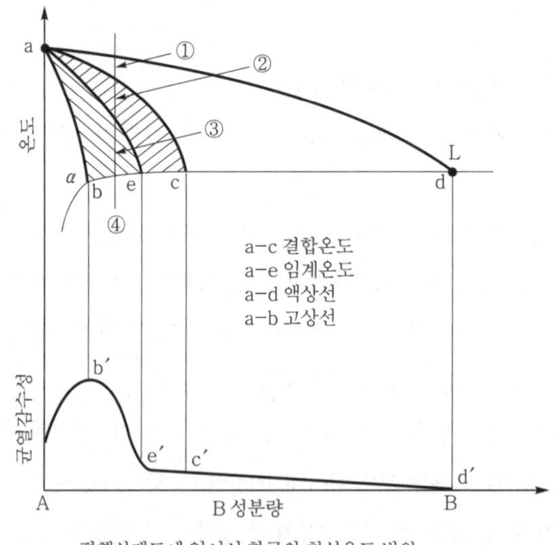

평행상태도에 있어서 합금의 취성온도 범위

3. 주철이나 스테인리스강의 가스절단이 어려운 이유와 절단속도를 좌우하는 인자에 대하여 설명하시오.
4. 오스테나이트계 Cr-Ni 스테인리스강에서 용접열에 의해 용접부식이 나타나는 상태와 예방에 대하여 설명하시오.
5. 탄소강에 미치는 합금원소(C, Mn, Si, P, S)의 영향에 대하여 설명하시오.
6. 고강도 재료에서 수소의 영향으로 발생하는 균열의 특징 및 방지대책에 대하여 설명하시오.

기술사 제114회　　제4교시 (시험시간: 100분)

※ 다음 문제 중 4문제를 선택하여 설명하시오. (각25점)

1. 현장용접에서 불활성가스 텅스텐 아크 용접(GTAW) 시공 시 이종용접 재료의 선정에서 고려해야 할 사항을 설명하시오.
2. 초음파 탐상시험으로 검출한 용접결함의 측정방법인 결함에코높이 측정방법, 결함위치 추정방법, 결함치수 측정방법에 대하여 설명하시오.
3. 전자제품 제조에 많이 사용되는 납땜의 특징과 원리에 대하여 설명하시오.
4. TMCP(Thermo Mechanical Control Process)강재의 용접 시 열영향부의 연화와 절단 시 강판의 변형에 대하여 설명하시오.
5. 화학용 저장탱크의 용접설계 시 재료선정에 고려해야 할 사항을 설명하시오.
6. 알루미늄 합금의 용접결함에서 가장 문제가 되고 있는 기공의 발생원인과 방지대책에 대하여 설명하시오.

2018년도 기술사 제116회

기술사 제116회　　제1교시 (시험시간: 100분)

※ 다음 문제 중 10문제를 선택하여 설명하시오. (각10점)

1. 액체질소가스(LNG) 용기용 소재로 사용되는 9% Ni강을 아크용접하기 전에 탈자화시키는 이유에 대하여 설명하시오.
2. 서로 강성이 다른 연강과 고장력강을 이종용접하고자 하는 경우 용접봉 선택 기준과 예열 및 패스 간 온도 선택기준을 설정함에 있어서, 각각 연강측 기준과 고장력강측 기준 중 어느 쪽 기준을 선택해야 하는지 설명하시오.
3. 레이저빔을 이용하여 용접, 표면개질, 그리고 절단을 하고자 할 때 작업별(용접, 표면개질, 절단) 레이저빔의 적정 초점위치를 시료 두께 단면부의 어느 위치에 설정해야 하는지를 설명하시오.
4. MAG(Metal Active Gas) 용접 시 동일 용접전류 하에서, 동일 직경의 플럭스 코어드 와이어

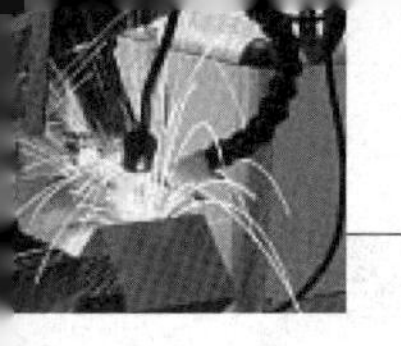

(Flux Cored Wire), 메탈 코어드 와이어(Metal Cored Wire), 솔리드 와이어(Solid Wire)를 사용하는 3가지의 경우를 비교할 때 용착속도가 가장 빠른 것과 가장 느린 것은 무엇인지 쓰고, 용착속도가 차이나는 이유를 설명하시오.

5. GMAW(Gas Metal Arc Welding) 로봇 용접 시 보호가스로 100% Ar 대신에 80% Ar+20% CO_2 혼합가스를 사용하는 이유를 용접성 측면에서 설명하시오.
6. 크레이터 균열(Crater crack)의 발생원인과 방지대책에 대하여 설명하시오.
7. 산소동(Oxygen bearing copper)의 수소 취화 현상에 대하여 설명하시오.
8. 나이프 라인 어택(Knife line attack)의 방지대책에 대하여 설명하시오.
9. ASME Sec. IX에서 용접절차시방서(WPS, Welding Procedure Specification)의 필수변수와 비필수변수를 설명하시오.
10. 스테인리스강의 공식(Pitting corrosion)에 대하여 설명하고 공식을 억제시키는 원소와 촉진시키는 원소를 설명하시오.
11. 이종금속 이음부의 갈바닉(Galvanic) 부식을 설명하고 그 방지법에 대하여 설명하시오.
12. 듀플렉스 스테인리스강(Duplex stainless steel)의 특징과 용접성에 대하여 설명하시오.
13. 가용접(Tack welding)에 대하여 설명하고, 가용접 시 주의할 점 5가지를 설명하시오.

기술사 제116회　　제2교시 (시험시간 : 100분)

※ 다음 문제 중 4문제를 선택하여 설명하시오. (각25점)

1. 플럭스 코어드 와이어를 사용한 오스테나이트계 스테인리스강의 용접에 있어서 보호가스 부족으로 용접부의 실딩(Shielding)이 충분히 이루어지지 않았을 때 발생될 수 있는 용접부의 결함 2 종류를 설명하시오.
2. 자동차 자체(Body) 소재로 사용되는 연강(Mild steel)과 초고강도강(Advanced high strength steel)의 저항용접용 로브곡선(Lobe curve, X축 : 용접전류, Y축 : 용접 시간)들을 그림으로 나타내고, 이들 두 강종들의 로브곡선 간 차이점에 대하여 기술하고 그 차이나는 이유를 설명하시오.
3. 가스 절단면에서 드래그 라인(Drag line)의 품질에 미치는 절단속도와 산소함량의 영향에 대하여 설명하시오.
4. 용접부 잔류응력 제거방법 중에서 정하중에 의한 기계적 응력이완(MSR, Mechanical Stress Relieving)의 원리에 대하여 설명하시오.
5. 금속재료 용접을 위한 예열의 목적과 4가지 소재(탄소강, 알루미늄, 오스테나이트계 스테인리스강, 주철)의 예열온도 결정방법에 대하여 설명하시오.
6. SMAW(Shield Metal Arc Welding)에서 용접봉을 선택할 때 여러 가지 사항들을 고려해야 한다. 이 중에서 작업성 측면과 용접성 측면에서 고려해야 할 중요사항에 대하여 설명하시오.

기술사 제116회 제3교시 (시험시간: 100분)

※ 다음 문제 중 4문제를 선택하여 설명하시오. (각25점)

1. 험핑비드(Humping bead)의 정의를 쓰고, 주로 어떤 용접조건하에서 발생될 수 있는지를 설명하시오.
2. 후크균열(Hook crack)이 무엇인지 설명하고 후크균열 저감 대책에 대하여 설명하시오.
3. GMAW(Gas Metal Arc Welding)를 이용하여 V 개선 용접 시 위빙(Weaving) 작업에서의 자기제어 효과를 설명하시오.
4. 저합금강의 SAW 용접 시 용접부 내의 침상형 페라이트(Acicular ferrite) 형성에 미치는 인자 4가지를 설명하시오.
5. 용접절차시방서(WPS, Welding Procedure Specification) 및 용접인정기록서(PQR, Procedure Qualification Record)의 정의와 사용목적을 설명하고 이들의 작성순서를 설명하시오.
6. 두께 10mm 철판을 사용하여 아래의 그림과 같이 용접구조물 4곳에 측면 필릿(Fillet) 용접으로 이음을 하였다. 하중이 10000N 작용하고 있을 때 다음의 물음에 답하시오.
   1) 직접 전단에 의한 용접면에 부과되는 전단응력(MPa)을 구하시오.
   2) 편심하중 모멘트에 의한 용접면에 부과되는 최대 전단응력(MPa)을 구하시오.
   3) 직접 전단과 편심하중 모멘트에 의한 용접면에 부과되는 최대 합성응력(MPa)을 구하시오.

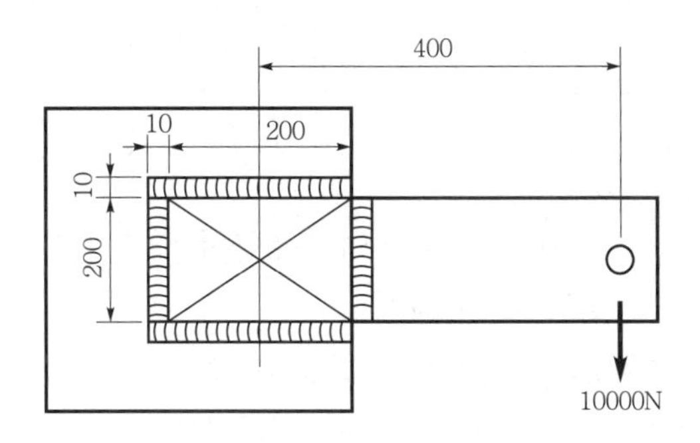

기술사 제116회 제4교시 (시험시간: 100분)

※ 다음 문제 중 4문제를 선택하여 설명하시오. (각25점)

1. 700MPa급 이상 고장력강의 경우 600℃ 전후의 용접 후 열처리(PWHT) 후 용접부 인성이 용접직후(as welded)의 경우보다 오히려 저하되는 경우를 3가지 설명하시오.
2. 판재 강판 저항점용접 시 탄소강에 비해서 스테인리스강인 경우에 보다 높은 전극가압력이 필요한 이유를 설명하시오.
3. GMAW(Gas Metal Arc Welding) 용접 시 와이어 돌출길이가 용접전류, 와이어 송급속도와 용접성에 미치는 영향에 대하여 설명하시오.

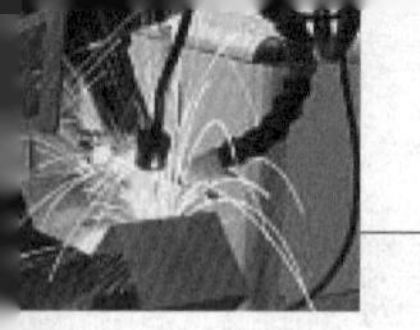

4. 용접부의 응고균열 감수성에 영향을 미치는 용접비드 형상에 대하여 설명하시오.
5. 아연도금강판의 GMAW(Gas Metal Arc Welding) 용접 시 기공(Porosity)이 발생되는 이유를 설명하시오. 그리고 이때 용접인자(전류, 전압, 용접속도 및 보호가스)를 활용한 기공 발생 최소화 방안을 설명하시오.
6. 용접원가 계산 항목 9가지에 대하여 설명하고, 용접원가의 절감 방안에 대하여 설명하시오.

2019년도 기술사 제117회

기술사 제117회 제1교시 (시험시간: 100분)

※ 다음 문제 중 10문제를 선택하여 설명하시오. (각 10점)

1. 코메럴 시험(Kommerell bend test)에 대하여 설명하시오.
2. E6013은 연강용 피복 아크 용접봉의 기호를 나타낸 것이고, E71T-1은 플럭스 코어드 아크 용접봉의 기호를 나타낸 것이다. ①~⑨의 기호가 의미하는 것을 설명하시오.

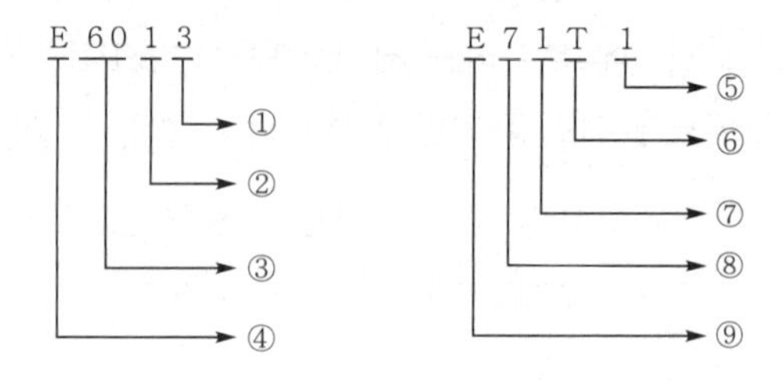

3. 바우싱거 효과(Bauschinger effect)에 대하여 설명하시오.
4. 융합형 하이브리드 용접에 대하여 설명하시오.
5. 피복 용접봉의 피복제 역할 4가지에 대하여 설명하시오.
6. 토우균열(Toe crack)을 정의하고, 대책방안을 설명하시오.
7. 아크 용접의 극성(Polarity)에 대하여 설명하시오.

항목	솔리드 와이어	플럭스 코어드 와이어
보호 효과		
전류 밀도		
용착 속도		
용입		
이행		
비드 외관		
스패터		
아크 안정성		
경화성		
전원		

8. 피복 와이어의 종류 중에서 솔리드 와이어와 플럭스 코어드 와이어의 특성을 동일 직경을 가정하여 비교 설명하시오.
9. 용접덧살(Reinforcement)의 형상에 따라 피로강도에 미치는 영향을 설명하고, 현장에서 기하학적 형상을 개선시켜 피로강도를 향상시키는 방법에 대하여 설명하시오.
10. 탄소강(또는 저합금강)과 오스테나이트계 스테인리스강을 이종 맞대기 용접하여 열피로를 받는 환경 또는 탄소강에 후열처리를 수행하는 조건의 용접 시공방법에 대하여 설명하시오.
11. 용접작업 시 발생하는 유해광선, 유해가스 및 밀폐공간에 대하여 정의하고, 밀폐공간에서 용접작업 시 관리대책 5가지를 설명하시오.
12. GMAW(Gas Metal Arc Welding) 와이어 송급장치에서 알루미늄과 같은 연질의 와이어와 일반 와이어와의 송급기구 차이점 및 이유를 설명하고, 송급장치의 배치에 따른 송급방식 4가지를 설명하시오.
13. 플라즈마 절단에서 절단면 형상이 볼록, 오목 및 하부에 슬래그가 부착되는 현상의 원인을 각각 스테인리스강, 연강, 알루미늄으로 구분하여 설명하시오.

기술사 제117회 제2교시 (시험시간: 100분)

※ 다음 문제 중 4문제를 선택하여 설명하시오. (각25점)

1. 부식의 형태를 분류하고, 부식시험법에 대하여 설명하시오.
2. 항공 및 자동차 분야에서 활용되고 있는 접착제를 이용한 결합(Adhesive bonding)의 원리 및 장점 4가지를 설명하시오.
3. 고상접합법의 한 종류인 확산접합(Diffusion bonding)의 특징에 대하여 4가지 설명하시오.
4. 용접 시 나타나는 다음의 용접변형에 대하여 설명하시오.
   (1) 횡수축
   (2) 종수축
   (3) 회전 변형
   (4) 횡 굽힘변형 또는 각변형
   (5) 종 굽힘변형
   (6) 좌굴 변형
5. 압력용기의 현지용접에서 보수용접 시공의 재료별(고장력강, 저합금강, 스테인리스강) 유의점 및 보수용접 시공 상의 주의사항에 대하여 설명하시오.
6. AWS D1.5(강교 용접코드)에 따른 스터드 용접의 시공방법, 합격기준에 대하여 설명하고, 인증시험 방법 3가지에 대하여 설명하시오.

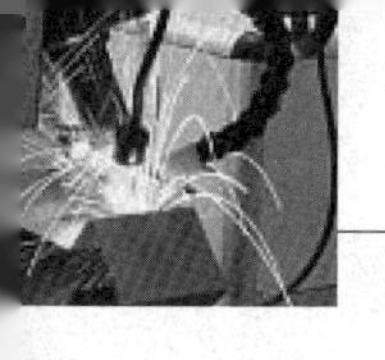

기술사 제117회	제3교시 (시험시간: 100분)

※ 다음 문제 중 4문제를 선택하여 설명하시오. (각25점)

1. 용접절차사양서(WPS: Welding Procedure Specification)와 절차인정기록서(PQR: Procedure Qualification Record)의 변경에 대하여 각각 설명하시오.
2. 적외선 열화상법(Infrared thermography)에 의한 탐상 방법을 설명하시오.
3. 강재 용접 시 발생하는 용접 열영향부(HAZ : Heat Affected Zone)의 상세도를 나타내었다. ①~⑦에 대하여 명칭, 가열온도 및 특징에 대하여 설명하시오.

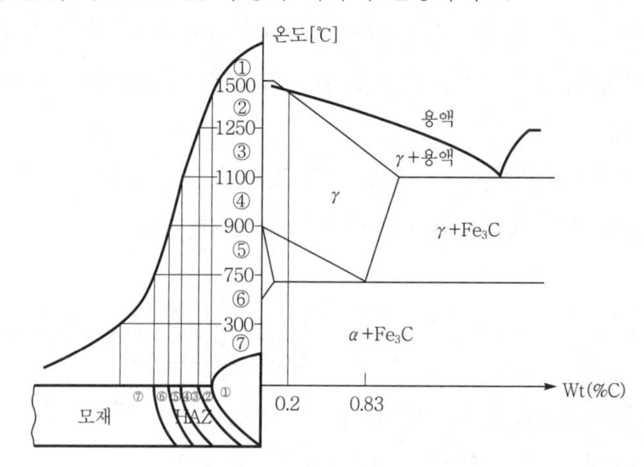

4. 용접재료 중에서 피복 배합제의 종류에 대해서 4가지를 쓰고, 각각에 대한 기능을 설명하시오.
5. 용접자동화 장치에서 용접물이 로봇의 작업 공간보다 클 경우 사용되는 기구에 대하여 설명하시오.
6. 오버레이 용접에서 희석률을 정의하고, 희석률과 1)용접전류, 2)분극성, 3)전극의 돌출길이, 4)용접속도, 5)첨가 용접재료와의 상관관계에 대하여 설명하시오.

기술사 제117회	제4교시 (시험시간: 100분)

※ 다음 문제 중 4문제를 선택하여 설명하시오. (각25점)

1. 자동차 경량화 기술인 하이브리드 알루미늄-FRP 설계 부품의 결합 기술에 대하여 설명하시오.
2. 레이저를 활용한 3D 프린팅 기술에 대하여 설명하시오.
3. 연강용 피복아크 용접봉의 종류 5가지와 각각의 용접특성을 설명하시오.
4. 잔류응력의 완화법 중에서 응력제거 어닐링 효과에 대하여 5가지를 설명하시오.

5. 작업 특성상 국부 배기장치 설치가 곤란하여 전체 환기장치를 설치해야 할 경우 고려사항 7가지와 국부 배기장치의 후드 형식 및 종류에 대하여 설명하시오.
6. 다음의 불연속지시에 대한 비파괴검사(RT/UT/PT/MT/VT/ECT) 방법별 검출능력 비교표를 작성하시오.
[불연속지시 : 기공(Porosity), 슬래그(Slag), 융합불량(Incomplete fusion), 용입불량(Incomplete penetration), 언더컷(Undercut), 오버랩(Overlap), 크랙(Crack), 라미네이션(Lamination)]

2019년도 기술사 제119회

기술사 제119회 제1교시 (시험시간: 100분)

※ 다음 문제 중 10문제를 선택하여 설명하시오. (각10점)

1. 금속 접착 접합(Metal Adhesive Bonding)의 정의, 접착메커니즘 및 장·단점에 대하여 설명하시오.
2. 용접구조물 설계 시 고려사항 5가지를 설명하시오.
3. 세라믹과 금속접합에 있어서 계면부근의 응력발생 시 완화대책 3가지를 설명하시오.
4. 로봇을 이용한 용접자동화에서 포지셔너 사용 시 장점과 구동시스템에 대하여 설명하시오.
5. 형광침투탐상검사(Fluorescent Penetrant Inspection) 시 안전 유의사항 4가지를 쓰시오.
6. 용접장소에 비치해야 할 소화용 준비물의 종류 3가지를 쓰시오.
7. 용접부 검사에서 기계적 인장시험(Tensile Test)의 목적을 설명하시오.
8. 용접 작업 후 실시하는 응력 제거 및 완화방법 5가지를 설명하시오.
9. 용접봉의 기호가 E 4316-AC-5.0-400과 같이 표기되어 있고 E는 피복아크 용접봉을 의미한다. 이하 밑줄 친 부분 각각에 대하여 설명하시오.
10. 탄소강을 Ar 보호가스를 이용하여 MIG(Metal Inert Gas) 용접 시 발생되는 문제점과 대책에 대하여 설명하시오.
11. 오스테나이트계 스테인리스강과 탄소강을 이종 용접할 때 사용하는 용접재료와 그 이유에 대하여 설명하시오.
12. 용접 이음재의 피로강도에 미치는 용접 토우 반경과 잔류응력의 영향에 대하여 설명하시오.
13. 500MPa급 후판 강재를 20kW급의 CO_2레이저로 용접할 때 용입 깊이와 결함 발생 측면에서 유리한 초점위치에 대하여 설명하시오.

기술사 제119회 제2교시 (시험시간: 100분)

※ 다음 문제 중 4문제를 선택하여 설명하시오. (각25점)

1. 자기구동 아크 맞대기용접(Magnetically Impelled Arc Butt Welding : MIAB)에 대하여 설명하시오.
2. 레이저 절단에서 노즐부 제트유동의 영향을 설명하시오.
3. 용접작업에서 화상을 방지하기 위한 방안에 대하여 설명하시오.
4. 와전류탐상검사(Eddy-Current Testing)에 대하여 설명하시오.
   1) 원리
   2) 적용분야
5. 다층 용접 열영향부의 CTOD(Crack Tip Opening Displacement) 파괴인성을 저하시키는 주요 요인을 쓰고, 이를 개선하기 위한 강재의 합금설계 방안을 야금학적으로 설명하시오.
6. 철강재료에 산소동(Oxygen-bearing Copper)을 가스 브레이징(Gas Brazing)한 부품이 사용 도중 산소동 부분에서 파손되었다면, 그 원인을 설명하시오.

기술사 제119회 제3교시 (시험시간: 100분)

※ 다음 문제 중 4문제를 선택하여 설명하시오. (각25점)

1. 압력용기용 내열강의 고온강도 설계응력 설정방법에 대하여 설명하시오.
2. 가스텅스텐아크 용접으로 순티타늄 용접 시 주의사항, 용접부의 실드공법 및 용접방법에 대하여 설명하시오.
3. 용접결함 중 균열(Crack)에 대하여 설명하시오.
   1) 고온균열(Hot Crack)
   2) 크레이터 균열(Crater Crack)
   3) 라멜라 티어(Lamellar Tear)
4. 용접작업의 안전수칙과 조치에 대하여 설명하시오.
   1) 폭발 및 화재 방지를 위한 안전수칙
   2) 감전 재해의 방지를 위한 현장 안전조치
5. 아크 에어 가우징(Arc Air Gouging)에 대하여 다음 사항을 설명하시오.
   1) 원리 및 특징
   2) 야금학적 측면에서 작업속도와 전극각도가 절단품질에 미치는 영향
6. 탄산가스(CO_2)를 보호가스로 사용해 연강을 플럭스 코어드 아크 용접(Flux Cored Arc Welding)할 때 용접금속 내에 발생되는 기공의 형성기구와 이 기공 결함을 제거하기 위한 용접재료의 합금설계 방안에 대하여 설명하시오.

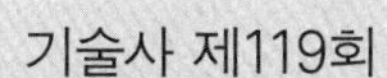

기술사 제119회 제4교시 (시험시간: 100분)

※ 다음 문제 중 4문제를 선택하여 설명하시오. (각25점)

1. 용접 시공계획에서 작업공정의 설정, 설비계획, 품질보증계획에 대하여 설명하시오.
2. 로봇 용접에 사용되는 센서에 대하여 설명하시오.
   1) 기능
   2) 종류별 특징
3. 저항용접(Electric Resistance Welding)에 대하여 다음사항을 설명하시오.
   1) 정의
   2) 특징
   3) 줄(Joule) 법칙의 공식을 쓰고 설명하시오.
4. GMA(Gas Metal Arc)용접에서 콘택트 팁의 한계수명과 마모기구에 대하여 설명하시오.
5. 'ㅍ'자 박스형 철구조물을 아래보기 자세로 고정시킨 후 GMA 용접기를 이용하여 위빙(Weaving) 용접하고 있다. 이 상황을 GMA 용접기 특성과 아크 특성을 고려해서 전압-전류 그래프를 그리고 설명하시오.
6. 연강을 가스절단 시 절단산소와 모재온도가 절단품질에 미치는 영향을 쓰고, 가스절단 후 상부 모서리가 둥글거나 두께방향 하부로 갈수록 절단면 사이의 폭이 좁아질 경우에 대하여 개선대책을 설명하시오.

2020년도 기술사 제120회

기술사 제120회 제1교시 (시험시간: 100분)

※ 다음 문제 중 10문제를 선택하여 설명하시오. (각10점)

1. 탄소강 용접 시 발생된 잔류응력을 제거하기 위해 실시하는 응력제거풀림(Stress relief annealing)에 대하여 설명하시오.
2. 침지 브레이징(Dip brazing)에 대하여 설명하시오.
3. 물질안전보건자료(Material safety data sheet)에 대하여 설명하시오.
4. 고탄소강이나 합금강 용접 시 발생하는 잔류 오스테나이트(Austenite)를 제거하기 위한 서브제로(Subzero)처리에 대하여 설명하시오.
5. 감압플라즈마용사(Low pressure plasma spraying)의 특징 5가지를 설명하시오.
6. 초음파 탐상시험(Ultrasonic inspection)에서 초음파 탐상법의 종류를 3가지만 설명하시오.
7. 제품의 생명주기(Life cycle)를 단계별로 설명하시오.
8. 용접절차시방서의 인정 두께 범위 및 인정시험 종류(ASME Sec. IX 기준)에 대하여 설명하시오.

9. 용접구조물 가공 시 발생되는 버(Burr)에 대하여 설명하시오.
10. 피복아크 용접 시 용접봉 소요량 산출방법에 대하여 설명하시오.
11. 마르텐사이트계 스테인리스강 용접 시 주의해야 할 사항을 4가지만 설명하시오.
12. 아크 절단법의 종류 및 방법에 대하여 설명하시오.
13. 용접 시 용접재료의 온도확산율(Thermal diffusivity)에 대하여 설명하시오.

기술사 제120회 제2교시 (시험시간: 100분)

※ 다음 문제 중 4문제를 선택하여 설명하시오. (각25점)

1. 금속가공 시 고온가공의 장단점 및 공작물의 가열방법에 대하여 설명하시오.
2. 용접 시 발생하는 매연(Fume)의 발생원인 및 감소방안에 대하여 설명하시오.
3. 용접부 방사선 투과검사 시 방사선이 인체에 미칠 수 있는 유전적 영향과 방사선 피폭의 최소화 방안에 대하여 설명하시오.
4. 용접구조물 압력용기에서 AE(Acoustic Emission)의 응용방법에 대하여 설명하시오.
5. 고전류 매몰아크 용접법에 대하여 설명하시오.
6. 맞대기, 전면 및 측면 필릿용접 이음부에서 용접선과 하중방향에 대한 힘의 전달에 대해 도식화하고, AWS D1.1에서 전면 필릿용접 이음을 양면 필릿으로 규정하는 이유 및 필릿 사이즈에 따른 피로수명의 영향에 대하여 설명하시오.

기술사 제120회 제3교시 (시험시간: 100분)

※ 다음 문제 중 4문제를 선택하여 설명하시오. (각25점)

1. 노치인성을 높이는 야금학적 인자 4가지만 설명하시오.
2. Ni-Cr-Fe계(Alloy 690) 후판재 하이브리드 용접(Laser-GMAW) 시 용접부 기공 방지방안에 대하여 설명하시오.
3. 용접절차사양서(Welding Procedure Specification), 절차인정기록서(Procedure Qualification Record)에 대하여 설명하고 용접절차사양서의 세부내용을 설명하시오.
4. 저합금 내열강의 용접성에 대하여 설명하시오.
5. 선박용 프로펠러 재질인 동합금재(Ni-Al-Bronze)에 침투탐상검사 기준을 벗어나는 원형지시 발생 시 보수용접 절차에 대하여 설명하시오.
6. GMAW(Gag Metal Arc Welding)를 이용하여 알루미늄 용접 시 보호가스의 주요기능 및 영향을 설명하고, 기존 보호가스(Ar, Ar+He)에 질소화합물(N_2, NO, NO_2)을 첨가하였을 때 개선효과를 설명하시오.

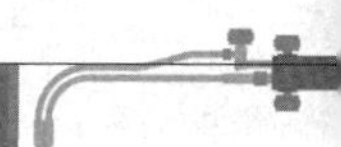

기술사 제120회 제4교시 (시험시간: 100분)

※ 다음 문제 중 4문제를 선택하여 설명하시오. (각25점)

1. 철-탄소 평형상태도를 그리고 강의 열처리 영역을 표시하여 설명하시오.
2. 선박 용접구조물의 용접 시공 전, 중, 후 작업검사 항목과 확인 사항을 설명하시오.
3. LNG 및 LPG 저장탱크에 사용되는 저온용강의 종류, 적용되는 용접법 및 용접 시 주의사항에 대하여 설명하시오.
4. 용접 시 용융철의 질소 용해도에 대하여 설명하시오.
5. 아크 용접용 센서의 종류 및 특징을 설명하시오.
6. 특수내마모강판(Abrasion resistant plate)의 맞대기 용접 시공 방법에 대하여 설명하시오. (단, 용접부 표면경도는 강재와 동일조건이다.)

2020년도 기술사 제122회

기술사 제122회 제1교시 (시험시간: 100분)

※ 다음 문제 중 10문제를 선택하여 설명하시오. (각 10점)

1. SAW, FCAW, SMAW, GTAW의 용착효율에 대하여 설명하시오.
2. 용접선 추적을 위한 아크센서의 종류 2가지를 쓰고 각각의 특징을 설명하시오.
3. 구조물의 용접시공 시 용접시공순서에 대하여 설명하시오.
4. 용접작업 시 예열과 후열의 목적에 대하여 설명하시오.
5. 용접작업 시 언더컷, LF, IP의 원인 및 방지법을 설명하시오.
6. 초음파탐상검사방법에서 거리진폭특성곡선을 설명하시오.
7. 용접작업 시 인체에 영향을 미치는 위험, 유해요소를 설명하시오.
8. 용접부의 검사와 시험을 실시하는 목적 3가지를 설명하시오.
9. 용접작업 시 지그를 사용했을 때 장점 3가지를 설명하시오.
10. CO_2가스를 사용하는 flux cored arc welding의 장단점을 shield metal arc welding과 비교하여 설명하시오.
11. 용접 시 용착금속의 가루방향 균열과 세로방향 균열에 대하여 설명하시오.
12. 항공기 제작 시 용접(welding)이음보다 리베팅(rivetting)이음을 하는 이유에 대하여 설명하시오.
13. 교류용접기의 3가지 종류를 쓰고 각각의 전류조정법을 설명하시오.

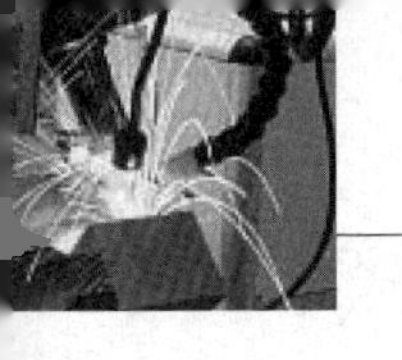

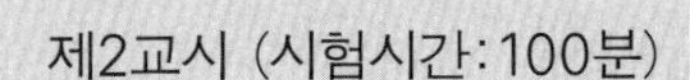

기술사 제122회 제2교시 (시험시간: 100분)

※ 다음 문제 중 4문제를 선택하여 설명하시오. (각 25점)

1. 스테인리스강용접 결함에 대하여 설명하시오.
2. 피복아크용접 시 위빙용접과 용접속도가 슬래그 혼입에 미칠 수 있는 영향을 설명하시오.
3. 대형 선박에서 두께 24mm인 고장력강끼리 아래보기 맞대기이음용접 전 취부상태를 확인한 결과, 용접길이 350mm의 root gap이 20mm로 과대했다. 적용할 용접법, 용접개선(welding groove)의 모양과 수정방법을 쓰고 그 이유와 용접 시 주의사항을 설명하시오.
4. 탄소강용접 구조물 제작 시 변형 및 잔류응력 경감을 위해 용접관리자로서 지켜야 할 사항과, 발생된 용접변형의 교정방법 중 국부가열냉각법 2가지 및 잔류응력을 경감시키는 방법 3가지를 설명하시오.
5. 저항 심(seam)용접에 대하여 설명하시오.
   가. 용접기의 원리
   나. 용접부의 특성
6. AL 및 AL합금을 이용하는 아크용접에서 기공(porosity)을 줄이는 방법을 용접설계와 용접시공의 관점에서 각각 2가지씩 설명하시오.

기술사 제122회 제3교시 (시험시간: 100분)

※ 다음 문제 중 4문제를 선택하여 설명하시오. (각 25점)

1. 두께 3mm의 알루미늄합금판을 로봇을 이용하여 자동용접을 수행할 때 용접가압력과 관련된 특징과 용접부 품질에 미치는 영향을 설명하시오.
2. 원유저장탱크를 더운 지역과 추운 지역에 각각 설치하고자 할 때 각 탱크 소재와 용접법 선정 시 유의사항을 설명하시오.
3. 강(鋼)용접 구조물의 용접부 품질 확보를 위하여 실시하는 비파괴검사의 종류 4가지를 설명하시오.
4. WPS를 제정하는 순서를 설명하고, AWS.CODE D1.1에서 요구되는 WPS 재승인이 요구되는 필수 변수(Essential Variable, E)를 SMAW, GMAW, GTAW, SAW에 관하여 각각 구분하여 설명하시오.
5. 용접 구조물에서 용접부의 인성(toughness)을 향상시키기 위한 방법을 설명하시오.
6. 레이저를 이용하는 이종금속용접 시 고려사항 3가지를 설명하시오.

기술사 제122회	제4교시 (시험시간: 100분)

※ 다음 문제 중 4문제를 선택하여 설명하시오. (각 25점)

1. 압력용기 및 고온고압 배관재료인 클래드강의 용접시공 시 고려사항을 설명하시오.
2. 스테인리스강용접에서 합금원소의 영향에 대하여 설명하시오.
3. 슬릿형 용접균열시험, U형 용접균열시험, 리하이 구속형(lehigh restraint type) 용접균열시험 및 임플란트(implant)시험에 대하여 설명하시오.
4. 용접부의 취성파괴 및 피로파괴 특징과 취성파괴를 일으키는 주요 인자를 설명하시오.
5. 가스텅스텐 아크용접(GTAW)에서 아르곤(Ar), 헬륨(He) 보호가스를 사용할 때 각각의 용접부 특성을 비교하여 설명하시오.
6. 직류용접기와 교류용접기를 비교하여 설명하시오.

2021년도 기술사 제123회

기술사 제123회	제1교시 (시험시간: 100분)

※ 다음 문제 중 10문제를 선택하여 설명하시오. (각 10점)

1. 서브머지드 아크용접에서 다전극용접방식의 종류를 3가지 쓰고 각각 설명하시오.
2. 적외선 브레이징(Infrared Brazing)에 대하여 설명하시오.
3. 용접이음의 피로강도 특성에서 피로수명 3단계를 나열하고 설명하시오.
4. 용접이음성능에 변형 및 잔류응력이 미치는 영향을 설명하시오.
5. 오스테나이트계 스테인리스강과 인코넬합금의 박판용접 시 발생하기 쉬운 좌굴변형 방지법에 대하여 설명하시오.
6. 전자빔용접에서 전자빔 건의 주요 기능 6가지와 전자빔 건 내에 고진공이 필요한 이유를 설명하시오.
7. 비파괴검사방법 중 MT와 PT의 차이점에 대하여 설명하시오.
8. MIG용접에서 직류역극성을 사용하는 이유를 설명하시오.
9. 석유화학 건설현장의 신규 용접사에게 실시해야 할 용접 관련 교육내용에 대하여 기술적인 부분과 안전적인 부분을 나누어 각각 설명하시오.
10. 가스텅스텐 아크용접기에 고주파 발생장치가 설치되어 있는 이유를 쓰고, 취급상의 주의사항을 설명하시오.
11. AW-400인 용접기 30대를 설치하고자 하는 공장에는 어느 정도의 전원변압기를 설비해야 하는지 설명하시오. (단, 400A의 개로전압(무부하전압)은 80V이고, 사용률은 50%, 용접기의 평균사용전류는 200A이다.)

12. 박판 Mg재료를 용접하려고 할 때 연강재료에 비해 용접이 어려운 이유를 쓰고, 가장 적합한 용접법을 선택한 후 그 용접법의 원리를 포함하여 설명하시오.
13. 용접모재를 가공할 때 사용하는 선반의 기본적인 구성요소 4가지를 설명하시오.

기술사 제123회 제2교시 (시험시간: 100분)

※ 다음 문제 중 4문제를 선택하여 설명하시오. (각 25점)

1. 마찰교반용접에 대하여 설명하시오.
   1) 원리
   2) 특징
   3) 마찰교반용접순서
   4) 용접부의 기계적 특성
2. 고장력강용접부를 X선검사한 결과 슬래그 혼입 및 융합불량결함이 발견되었을 때 결함 제거와 보수용접에 대하여 설명하고, 균열부가 발견되었을 때 결함 제거와 보수용접에 대하여 설명하시오.
3. GTAW에서 슈퍼티그(Super TIG)의 목적을 설명하고, 발생할 수 있는 결함과 방지대책에 대하여 설명하시오.
4. 용접이음의 내식성에 영향을 미치는 인자 3가지를 쓰고 부식에 미치는 원인과 방지법에 대하여 설명하시오.
5. 석출경화형 스테인리스강에 대하여 설명하시오.
6. 열처리 종류 중 불림과 풀림의 목적과 차이점에 대하여 설명하시오.

기술사 제123회 제3교시 (시험시간: 100분)

※ 다음 문제 중 4문제를 선택하여 설명하시오. (각 25점)

1. 우주항공, 화학플랜트에 많이 사용되는 티타늄 및 티타늄합금 GTAW용접 시 용접 전, 용접 중, 용접 후 방법과 완성검사에 대하여 설명하시오.
2. SR균열(stress relief crack)의 발생원인과 발생기구, 방지법에 대하여 설명하시오.
3. 일반구조용 압연강재와 용접구조용 압연강재의 특성과 용접성에 대하여 설명하시오.
4. 가스텅스텐 아크용접 자동화용접에서 주로 사용하는 부속장치인 AVC(Automatic Voltage Control)와 아크 오실레이터(Arc Oscillator)에 대하여 설명하시오.
5. 국내 법규기준에 의한 방사선동위원소(Ir-192)를 건설현장에서 안전하게 사용하는 기준과 대응방안에 대하여 설명하시오.
6. 맞대기용접이음에서 정적강도에 영향을 주는 요소를 설명하고 정적강도가 용접선방향으로

하중을 받는 경우와 용접선에 직각방향으로 하중을 받는 경우 용접이음부에 나타나는 현상을 설명하시오.

기술사 제123회 | 제4교시 (시험시간: 100분)

※ 다음 문제 중 4문제를 선택하여 설명하시오. (각 25점)

1. 동관을 Torch brazing할 때 전처리, 용제, 용가재, 가열, 후처리, 검사방법에 대하여 설명하시오.
2. 발전설비재료로 많이 사용하는 니켈 및 니켈합금의 용접방법과 맞대기용접조인트 설계에 대하여 설명하시오.
3. 위상배열초음파검사(Phased Array Ultrasonic Test) 중에서 DMAP(Dual Matrix Array Probe)에 대하여 설명하시오.
4. 용접절차시방서(WPS)의 필수 변수, 추가 필수 변수, 비필수 변수를 설명하시오.
5. 저항용접방법 중 프로젝션용접에 대하여 설명하시오.
   1) 원리
   2) 특징
   3) 용접기가 갖추어야할 조건
   4) 피용접재가 갖추어야 할 조건
6. 용접재료의 시험법 중 금속학적 시험방법 3가지와 특성을 설명하시오.

2021년도 기술사 제125회

기술사 제125회 | 제1교시 (시험시간: 100분)

※ 다음 문제 중 10문제를 선택하여 설명하시오. (각 10점)

1. 아크용접에서 핀치효과가 발생하는 원리에 대하여 설명하시오.
2. 용착금속 중의 온도변화에 따른 수소의 용해도변화와 수소로 인하여 발생할 수 있는 용접결함에 대하여 설명하시오.
3. 스테인리스강의 부동태화현상에 대하여 설명하고, 용접금속에서 발생할 수 있는 응력부식균열의 발생 메커니즘에 대하여 설명하시오.
4. 연성이 풍부한 재료로 제작된 구조물이라도 저온에서 부하응력이 상승할 경우 취성파괴에 의한 손상사고가 발생할 수 있다. 이러한 취성파괴의 특징을 설명하고, 취성파괴를 일으키는 3가지 주요 인자에 대하여 설명하시오.
5. 레이저용접법의 특징에 대하여 설명하고, 레이저빔에너지에 의한 재료의 용융 및 키홀 형성

에 대하여 설명하시오.

6. 플럭스코어드 아크용접에서 와이어 돌출길이의 변화가 용접특성에 미치는 영향에 대하여 설명하시오.
7. 가용접(tack welding) 시 주의사항을 5가지만 쓰시오.
8. 피복금속 아크용접에서 흡습된 용접재료를 사용하였을 때 발생할 수 있는 용접결함과 방지대책에 대하여 설명하시오.
9. 용착속도와 용착효율에 대하여 설명하시오.
10. 용접시공을 할 때 용접사 자격검정절차에 대하여 설명하시오.
11. 용접지그의 사용목적 및 선택기준에 대하여 설명하시오.
12. 아크용접기 설치 및 용접작업 시 주의사항에 대하여 설명하시오.
13. 가스텅스텐 아크용접에서 고주파 교류전원을 사용하는 목적에 대하여 설명하시오

기술사 제125회 제2교시 (시험시간: 100분)

※ 다음 문제 중 4문제를 선택하여 설명하시오. (각 25점)

1. 탄소강 아크용접 시 발생하는 열영향부(HAZ)의 여러 영역과 그에 상응하는 $Fe-Fe_3C$ 평형상태도를 그리고, 온도영역에 따른 조직의 특징을 설명하시오.
2. 세라믹과 금속재료와의 이종재접합에는 각 재료가 가진 물성 차이로 인해 고려하여야 할 다양한 변수가 있다. 이 가운데 계면에서의 열응력을 완화시키는 방법과 그 대책에 대하여 설명하시오.
3. 아연도금강판의 저항용접 시에 발생할 수 있는 문제점과 해결방안에 대하여 설명하시오.
4. 폭이 좁고 길이가 긴 일반강판의 맞대기 아크용접 시 개선폭이 좁아지거나 벌어지는 현상이 발생할 수 있다. 이와 같은 현상이 발생하는 용접조건과 방지대책에 대하여 설명하시오.
5. 클래드강용접 시공 시 발생되는 문제점과 해결방안에 대하여 설명하시오.
6. 초음파용접의 원리, 특징 및 용접시공과정에 대하여 설명하시오.

기술사 제125회 제3교시 (시험시간: 100분)

※ 다음 문제 중 4문제를 선택하여 설명하시오. (각 25점)

1. 금속재료의 피로현상과 피로균열의 전파과정을 3단계로 나누어 설명하고, 피로강도에 영향을 미치는 요인을 5가지만 설명하시오.
2. 최근 세계적인 관심을 모으고 있는 소형 원자로(SMR) 제작기술에는 전자빔용접기술이 적용되고 있다. 이 전자빔열원에 의한 용접 메커니즘과 장단점을 설명하고, 전자빔용접에 의해 발생할 수 있는 용접결함의 종류를 5가지만 설명하시오.

3. 용접이음의 5가지 종류를 들고, 이 가운데 맞대기용접이음부의 홈 형상의 종류와 특징에 대하여 설명하시오.
4. 용접기의 출력특성인 정전압특성과 수하특성에 대하여 설명하시오.
5. 용접시공에서 용접금속의 결정립 미세화방법을 설명하고, 결정립의 미세화가 용접금속에 미치는 영향에 대하여 설명하시오.
6. 마찰용접의 원리, 특징 및 용접시공과정에 대하여 설명하시오.

기술사 제125회 제4교시 (시험시간: 100분)

※ 다음 문제 중 4문제를 선택하여 설명하시오. (각 25점)

1. 용접금속의 용융역에서 응고가 진행될 때 고상과 액상계면에서의 조성적 과냉 또는 국부적인 과냉과 온도기울기 등에 의해 결정되는 5가지의 응고형식을 그려서 설명하시오.
2. LNG(액화천연가스) 연료탱크용 극저온재료로써, 고망간강의 개발과 그 용접법 개발에 최근 가시적 성과가 보고되고 있다. 고망간강을 극저온재료로 사용할 경우의 장점과 문제점에 대하여 설명하시오.
3. 플라스마 아크용접의 원리와 사용되는 가스의 종류 및 특성에 대하여 설명하시오.
4. 하부판재두께 90mm, 상부판재두께 20mm, Web판재두께 20mm인 강재를 사용하여 예열을 생략하고, 가스메탈 아크용접으로 H-beam 구조물을 필릿용접한 후 비파괴검사를 실시한 결과 열영향부(HAZ)에서 균열이 관찰되었다. 균열의 발생원인은 무엇이며, 균열을 보수하기 위한 용접방법에 대하여 설명하시오. (단, 사용된 강재의 최대 경도는 400Hv)
5. 건축시공현장에서 용접·용단 시 발생되는 불티의 특성과 화재 및 폭발사고에 대한 예방·안전대책에 대하여 설명하시오.
6. 음향방출검사의 원리, 음향 발생요인, 특징과 용접시공과정에서 발생되는 용접결함 검출에 대하여 설명하시오.

2022년도 기술사 제126회

기술사 제126회 제1교시 (시험시간: 100분)

※ 다음 문제 중 10문제를 선택하여 설명하시오. (각 10점)

1. Hot Tig 와이어 아크용접의 아크 발생문제 및 아크쏠림(Arc Blow)문제의 해결방안에 대하여 설명하시오.
2. 용접구조의 설계기준 중 용접성(Weldability)에 대한 이음성능 및 사용성능에 대하여 설명하시오.

3. 인(P)이 용접부에 미치는 영향 3가지에 대하여 설명하시오.
4. 탄산가스(CO_2) 아크용접의 스타트순서에 대하여 설명하시오.
5. 마텐자이트(Martensite)변태로 인하여 경도가 증가하는 이유 4가지에 대하여 설명하시오.
6. 층간온도(Interpass Temperature)가 아크용접성에 미치는 영향에 대하여 설명하시오.
7. 용접품질관리대상 4M(Man, Machine, Material, Method)의 생산관리측면에 대하여 설명하시오.
8. 저온분사코팅(Cold Spray Coating)의 원리에 대하여 설명하시오.
9. 재열균열의 일반적인 특징 5가지, 역학적 및 야금학적 방지방안을 1가지씩 설명하시오.
10. 용접작업에서 발생하는 재해사고 중 추락사고를 방지하기 위한 작업의 주의사항 5가지를 설명하시오.
11. 용착금속의 수소량시험에 대하여 설명하시오.
12. 디지털방사선투과검사에 대하여 설명하시오.
13. AWS D1.1(강구조 용접코드) 관의 홈용접 시험자세 5가지에 대하여 설명하시오.

기술사 제126회 제2교시 (시험시간: 100분)

※ 다음 문제 중 4문제를 선택하여 설명하시오. (각 25점)

1. 피복아크용접부에 발생하는 용접결함의 종류 및 방지법에 대하여 설명하시오.
2. 강의 5대 합금원소가 용접에 미치는 영향에 대하여 설명하시오.
3. 산업현장에서 오스테나이트계 스테인리스강용접부의 델타페라이트(δ-ferrite) 형성에 영향을 미치는 요소를 쓰고, 델타페라이트 형성으로 인한 장단점에 대하여 설명하시오.
4. 구조용 강재 중 EN10025의 아래 2가지 재질에 대하여 설명하시오.
   1) EN10025-2 S355 J2Z35M
   2) EN10025-4 S355 ML
5. 용접 및 용융 절단작업 시 발생되는 비산 불티의 특성을 설명하고, 화재감시인을 배치해야 할 경우 및 화재예방안전수칙의 일반사항에 대하여 설명하시오.
6. 발전설비 구조물의 가동 중 비파괴검사방법으로 적용 가능한 연속압입시험법에 대하여 설명하시오

기술사 제126회 제3교시 (시험시간: 100분)

※ 다음 문제 중 4문제를 선택하여 설명하시오. (각 25점)

1. 용접 후 열처리(Post Weld Heat Treatment)의 목적 및 효과를 설명하고, 조질 고장력강(TMCP) 및 저온용 9% Ni강의 모재성능 저하의 원인에 대하여 설명하시오.

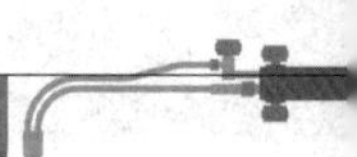

2. 용접현장에서 용접경비를 절감할 수 있는 방안에 대하여 설명하시오.
3. ASME Sec. IX에 사용되는 아래 사항에 대하여 설명하시오.
   1) 용접절차사양서(Welding Procedure Qualification) 인증절차
   2) 용접 3가지 변수 및 내용
   3) P, Group, F, A-Number
4. 아래의 용접부시험검사에 대하여 설명하시오.
   1) 용접부시험검사의 분류
   2) 용접 전/중/후 시험 및 검사
   3) 사용 중 시험 및 검사
5. 플럭스 코어드 와이어(Flux Cored wire) 용접재료에서 용착금속의 수소함유량을 저감할 수 있는 최신 제조기술에 대하여 설명하시오.
6. 쇼트피닝에 대하여 설명하시오.

기술사 제126회	제4교시 (시험시간: 100분)

※ 다음 문제 중 4문제를 선택하여 설명하시오. (각 25점)

1. 저탄소강 열영향부의 미세조직변화를 $Fe-Fe_3C$ 평형상태도와 관련하여 설명하시오.
2. 용접기술에 적용되는 사물인터넷(Internet of Things)과 CPS(Cyber-Physical System)기술에 대하여 설명하시오.
3. 국제해사기구(IMO)에서 정하고 있는 설계기준 중 천연액화가스탱크의 Type 종류 및 내용에 대하여 설명하시오.
4. 예열 중 수분이 발생하는 이유를 탄산가스 연소반응식으로 설명하고, 수분으로 인해 발생되는 수소지연균열에 대하여 설명하시오.
5. 스테인리스 클래드강의 제조방법, 평가시험의 종류에 대하여 설명하시오.
6. 고능률 보수 오버레이용접방법 중 TIG-MIG 하이브리드용접, 펄스MIG용접 및 CMT(Cold Metal Transfer)용접에 대하여 설명하시오.

2022년도 기술사 제128회

기술사 제128회	제1교시 (시험시간: 100분)

※ 다음 문제 중 10문제를 선택하여 설명하시오. (각 10점)

1. 강용접부의 루트(Root)균열 발생을 방지하기 위한 예열온도 결정방법을 설명하시오.
2. 초음파탐상검사의 거리진폭특성곡선을 설명하고, 실제 그 곡선을 나타내는 방법을 설명하시오.

3. 두께 45mm 고장력 강판끼리의 용접이음이 두께 10mm 연강판끼리의 용접이음에 비해 저온 균열 발생이 쉬운 이유를 설명하고, 이의 방지대책을 설명하시오.
4. 강용접부의 취성파괴(brittle fracture)를 일으키는 주요 인자 3가지를 설명하시오.
5. 용접금속의 결함에서 은점, 기공의 원인에 대하여 각각 설명하시오.
6. 아크용접의 기본요소 4가지를 설명하시오.
7. 초음파탐상검사의 진동자 재질의 종류, 장점, 단점 및 용도에 대하여 설명하시오.
8. 철강제조에서 연속주조법(continuous casting)에 대하여 설명하시오.
9. 소성가공에서 회복(recovery), 재결정(recrystallization), 결정립 성장(grain growth)에 대하여 설명하시오.
10. 용사법에서 고속화염용사(HVOF)에 대하여 설명하시오.
11. 피복아크용접의 안전수칙에 대하여 10가지를 설명하시오.
12. 용접기를 안전하고 능률적으로 사용하기 위해서는 정기적인 점검과 사용 전·후의 점검이 필요하고, 안전수칙을 지키며 용접해야 한다. 용접작업 전 용접기 전원스위치상태 점검에 대하여 일상점검과 3~6개월 점검 및 연간 점검으로 나누어서 설명하시오.
13. 파괴검사와 비파괴검사의 개요를 설명하고 장점과 단점을 각각 3가지씩 설명하시오.

기술사 제128회 　　　　제2교시 (시험시간: 100분)

※ 다음 문제 중 4문제를 선택하여 설명하시오. (각 25점)

1. GMAW(Gas Metal Arc Welding)용접기의 각 부품별 기능에 관하여 설명하시오.
2. 대형 선박에 사용되는 폭 1,500mm, 길이 12,000mm, 두께 80mm인 고장력강 EH47급 두 판재를 폭방향(1,500mm)으로 대형 조선소 조립장소에서 아래 보기 용접하고지 할 때 개선 형상, 적용할 용접법, 용접 시 지켜야 할 주의사항을 설명하시오.
3. ASME규격에 따라 용접사는 유자격 용접사로 관리를 해야 한다. 이와 관련하여 아래에 대하여 설명하시오.
   1) 유자격 용접사의 기량시험절차(시험 준비, 용접, 시험 및 검사, 기록서 등)
   2) 유자격 용접사의 식별관리
   3) 유자격 용접사관리
   4) 만약 용접사기량시험에 불합격한 경우라면 재시험과 유자격 용접사 갱신
4. 음향누설시험의 원리, 조건, 장점, 단점 및 주의사항에 대하여 설명하시오.
5. 철강재료 제조 제강법에서 강괴(steel ingot, 鋼塊)의 분류에 대하여 설명하시오.
6. 18Cr-8Ni 스테인리스강 용착금속의 결정립 입계의 부식에 대하여 설명하시오.

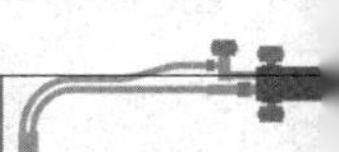

기술사 제128회 제3교시 (시험시간 : 100분)

※ 다음 문제 중 4문제를 선택하여 설명하시오. (각 25점)

1. 대형 선박의 탑재용접에서 두께 22mm, 탄소강 AH32급(Grade)인 이중저(Inner bottom)에 취부된 두께 20mm 탄소강 AH32급(Grade) 횡격벽(Transverse bulkhead)의 취부상태를 검사한 결과 길이 700mm 부분 Tee fillet이음 Gap이 10mm였다. 이 부분의 용접 시 해결방법, 적용할 용접법, 주의사항을 설명하시오.
2. 강(鋼)의 열처리목적과 그 종류를 설명하시오.
3. 용접절차시방서(Welding Procedure Specification)와 절차인정기록서(Procedure Qualification Record)의 개요, 사용목적 및 개발프로세스(Process)에 대하여 설명하시오.
4. 용접부검사는 파괴 유무, 시험목적, 시험시기 등에 따라 분류하는데 아래사항에 대하여 설명하시오.
   1) 용접부 시험검사의 분류
   2) 용접 전, 중, 후 시험 및 검사
   3) 사용 중 시험 및 검사
5. 불활성 가스텅스텐 아크용접(TIG용접)에서 교류용접과 직류용접의 특성을 비교하여 설명하시오.
6. 용착금속에서 S와 P의 영향을 설명하고, 탈황 및 탈인 반응식에 대하여 설명하시오.

기술사 제128회 제4교시 (시험시간 : 100분)

※ 다음 문제 중 4문제를 선택하여 설명하시오. (각 25점)

1. ASME Sec.IX Part QW Article III 용접사 자격인정의 경우 QW-302(필요한 시험편유형)이 수록되어 있다. QW-302.1(기계적 시험)의 경우 용접사 자격인정의 시편(Coupon)과 시험편(Specimen)의 채취방법과 시험편수량에 대하여 기록되어 있는데 이와 관련하여 다음을 설명하시오.
   1) 시편(Coupon)과 시험편(Specimen)의 차이를 설명하시오.
   2) 플레이트(Plate)의 경우 아래의 조건에 따라 시편과 시험편을 그리고 설명하시오.
      ① 19mm 미만인 경우
      ② 19mm 이상인 경우
   3) 파이프(Pipe)의 경우 시편과 시험편을 그리고 설명하시오.
2. 화재를 발생시킬 수 있는 장소에서 용접, 용융 절단작업을 하도록 하는 경우, 화재의 위험을 감시하고 화재 발생 시 사업장 내 근로자의 대피를 유도하는 업무만을 담당하는 화재감시자를 지정하여 장소에 배치하여야 한다. 화재감시자의 배치장소와 임무에 대하여 설명하시오.

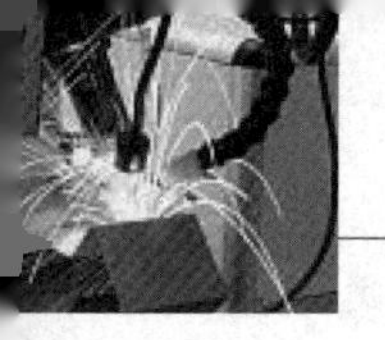

3. 전기로(electric furnace)의 장단점 및 크기, 종류에 대하여 설명하시오.
4. 표면개질법에서 가스질화법과 가스연질화법에 대하여 설명하시오.
5. 주철의 종류 중 가단주철(malleable cast iron)에 대하여 설명하시오.
6. 작업장에서 재해예방활동을 위해 지켜야 할 기본적인 안전수칙을 "4대 추진과제 및 17대 실천수칙"으로 정리한 것을 이크(IECR)라고 한다. 이크(IECR)에 대하여 설명하시오.

2023년도 기술사 제129회

기술사 제129회 제1교시 (시험시간: 100분)

※ 다음 문제 중 10문제를 선택하여 설명하시오. (각 10점)

1. 용접금속의 결정립을 미세화하는 방법 3가지를 설명하시오.
2. 탄소강의 용접결함에서 기공 및 변형의 발생원인을 설명하시오.
3. 클래드재의 희석률(Dilution) 감소방안에 대하여 설명하시오.
4. 용접작업 시 발생하는 유해가스에 대하여 설명하시오.
5. ASME Sec.IX에 따른 용접작업자 자격인증의 필수 변수에 대하여 설명하시오.
6. 고장력강의 용접부에서 발생하는 수소유기균열(Hydrogen induced cracking)의 3대 요인에 대하여 설명하시오.
7. 아크용접에서 용접입열을 계산할 수 있는 공식을 설명하시오.
8. 용접작업 시 사용하는 포지셔너의 사용목적 3가지를 설명하시오.
9. 탄소강용접 시 발생된 잔류응력 제거방법에 대하여 설명하시오.
10. 고탄소강용접작업에서 예열과 후열의 목적에 대하여 각각 설명하시오.
11. 용접봉 선단에서 발생하는 용적이행의 종류 3가지에 대하여 설명하시오.
12. 페라이트계 스테인리스강에서 발생하는 475℃ 취성(Embrittlement)에 대하여 설명하시오.
13. 용접기의 정전압특성 및 수하특성에 대하여 설명하시오.

기술사 제129회 제2교시 (시험시간: 100분)

※ 다음 문제 중 4문제를 선택하여 설명하시오. (각 25점)

1. 아크용접의 용융풀에서 발생하는 대류현상 4가지에 대하여 설명하시오.
2. 스테인리스강용접에서 Fe-Cr계와 Fe-Cr-Ni계에 대한 용접금속의 화학조성에 대하여 세플러선도를 그리고 설명하시오.
3. 이종재료 용접 시 버터링용접을 실시하는 이유를 설명하시오.
4. 와전류탐상검사의 적용분야 및 탐상원리, 특징에 대하여 설명하시오.

5. 용접절차사양서 작성 시 ASME Sec.Ⅸ을 적용한 1) 작성절차, 2) 세부항목별 3가지변수의 종류에 대하여 설명하시오.
6. 일렉트로 슬래그용접과 일렉트로 가스용접의 원리에 대하여 설명하고, 특성을 비교하여 설명하시오.

기술사 제129회 제3교시 (시험시간: 100분)

※ 다음 문제 중 4문제를 선택하여 설명하시오. (각 25점)

1. 박판용접에서 적용되고 있는 저항용접의 3대 요소를 설명하시오.
2. 용접제품에서 발생하는 피로파괴의 발생원인과 방지대책에 대하여 설명하시오.
3. 용접시공에서 용접품질 확보를 위한 4M요소와 관리방법에 대하여 설명하시오.
4. 용접사 자격검증을 위한 용접기량평가 방법과 절차에 대하여 설명하시오.
5. 로봇을 이용한 자동아크용접에서 아크센서의 종류와 특성을 설명하시오.
6. 플라스마 아크용접의 원리와 특성에 대하여 설명하시오.

기술사 제129회 제4교시 (시험시간: 100분)

※ 다음 문제 중 4문제를 선택하여 설명하시오. (각 25점)

1. 알루미늄용접에서 적용 가능한 용접방법 2가지에 대하여 설명하시오.
2. 비파괴검사에서 사용되고 있는 RT, UT, MT, PT의 검사원리, 검출결함의 종류, 특징에 대하여 설명하시오.
3. 리베팅이음과 용접이음을 비교하여 설명하고, 항공기 부품 제작 시 리베팅이음을 사용하는 이유를 설명하시오.
4. 용접자동화의 목적과 로봇을 이용한 자동화시스템의 구성요소 8가지를 설명하시오.
5. 용접작업 시 발생할 수 있는 화재 및 폭발사고 방지대책에 대하여 설명하시오.
6. 강구조물의 필릿이음부에서 발생하는 라멜라테어(Lamella tear)의 발생원인과 방지대책에 대하여 설명하시오.

2023년도 기술사 제131회

기술사 제131회 제1교시 (시험시간: 100분)

※ 다음 문제 중 10문제를 선택하여 설명하시오. (각 10점)

1. 가스텅스텐 아크용접(GTAW)에서 정극성 및 역극성에 따른 극성효과를 비교·설명하고, 아크

의 청정작용(cleaning action)의 원리와 그 효과에 대하여 설명하시오.

2. 가스메탈 아크용접(GMAW) 시에 용융풀로부터 용융금속의 일부가 비산하여 응고 부착되는 스패터(spatter)현상의 발생 메커니즘을 설명하고, 그 억제방법을 설명하시오.
3. 가스텅스텐 아크용접(GTAW)과 비교하여 플라스마 아크용접(PAW)의 장점을 3가지만 설명하시오.
4. 용접이음부형상을 선택 시에 고려해야 할 사항에 대하여 5가지만 설명하시오.
5. 주철용접 후에 행하는 피닝(peening) 처리의 원리와 방법 및 얻어지는 성과에 대하여 설명하시오.
6. 용접설계, 용접방법 및 용접작업 측면에서 용접비용을 절감할 수 있는 방법들을 각각 3가지씩 설명하시오.
7. 용접작업자의 안전 및 위생관리와 관련하여 밀폐장소에서 행하는 용접작업자에 대한 안전보건교육사항에 대하여 설명하시오.
8. CO_2레이저용접과 Nd:YAG 레이저용접장치의 특징을 비교하여 설명하시오
9. 지난 5년(2018~2022년) 동안 용접으로 인한 화재 발생건수는 5,000건 이상 발생하여 수십명이 사망하고 수백명이 부상을 입었다. 용접 중 화재가 발생할 수 있는 원인을 작업자, 환경, 관리자 측면에서 각각 나열하고 그에 대한 예방법을 설명하시오.
10. 투과도계와 계조계에 대하여 설명하시오.
11. 아래 AWS(미국용접학회)규격의 용접재료 표기에 대하여 설명하시오.
    1) E7018-1H4R
    2) ER70S-6
    3) E81T1-K2
    4) F7A6-EM12K
12. 가스메탈 아크용접(GMAW)의 경우 아래와 같은 조건에서 가능한 최소 및 최대 입열량(kJ/inch)을 각각 구하시오.

• 전류(A) : 83~96 • 전압(V) : 18.1~18.2 • 와이어 공급속도(inch/min) : 125(1inch=25.4mm) • 이송속도(cm/min) : 12.6~13.9

13. 스테인리스강 표면의 예열온도 측정을 위해 사용될 크레용(crayon)은 할로겐(halogen)성분의 함량을 제한하고 있다. 그 이유를 설명하시오.

기술사 제131회 제2교시 (시험시간: 100분)

※ 다음 문제 중 4문제를 선택하여 설명하시오. (각 25점)

1. 재료의 피로파괴(fatigue failure)에 대하여 정의하고, 피로균열과 피로파단면의 특징을 설명하시오.
2. 오스테나이트계 스테인리스강의 용접 열영향부에서 주로 발생하는 입계부식인 웰드디케이(weld decay)와 나이프라인 어택(knife line attack)의 형성 메커니즘을 설명하고, 이 결함의 저감 또는 방지대책에 대하여 설명하시오.
3. 경납땜(brazing)접합에서 삽입금속의 유동도, 젖음성 및 접합성과의 상관관계를 설명하시오.
4. 용접 구조물의 제작 시에 변형과 잔류응력을 줄일 수 있는 용접순서에 대하여 설명하시오.
5. 가동 중이던 플랜트현장의 정기점검을 위해 공장 셧다운(shut down)을 하고 기존 배관을 용접으로 수정작업을 하려고 한다. 작업 종료 시까지 필요한 안전조치사항을 설명하시오.
6. 용접부의 표면결함을 검사할 때 적합한 비파괴시험방법 2가지를 쓰고, 그 특성을 비교하여 설명하시오.

기술사 제131회 제3교시 (시험시간: 100분)

※ 다음 문제 중 4문제를 선택하여 설명하시오. (각 25점)

1. 용접재료의 크리프(creep)현상에 대하여 정의하고, 크리프 발생과정을 변형률과 시간과의 관계곡선으로 나타내시오. 또한 크리프취화균열(creep embrittlement crack)의 발생원인과 방지법에 대하여 설명하시오.
2. 전자빔용접에서 대표적인 결함이라 할 수 있는 아킹(arcing), 스파이크(spike), 콜드셧(cold shut), 자계에 의한 전자빔편향 등의 결함이 발생하는 원인과 방지대책에 대하여 설명하시오.
3. 용접시공관리는 계획, 실시, 결과 확인, 조치의 4단계 반복작용으로 이루어진다. 용접엔지니어로서 시공관리를 위하여 각 단계에서 수행하여야 할 사항들에 대하여 설명하시오.
4. 자동용접에 있어서 아크길이의 제어방법인 가변속 송급방식과 정속 송급방식에 대하여 비교 설명하시오.
5. 스테인리스강용접봉의 샤르피 충격인성시험방법과 가로팽창(lateral expansion)에 대하여 그림을 그려서 설명하시오.
6. ASME Sec.IX규격에 따라 용접설차인증(PQR)과 용접사 자격인증(WQT) 진행 시의 아래 사항에 대하여 설명하시오.
   1) 모재두께 인정범위
   2) 배관직경 인정범위
   3) 자세 인정범위

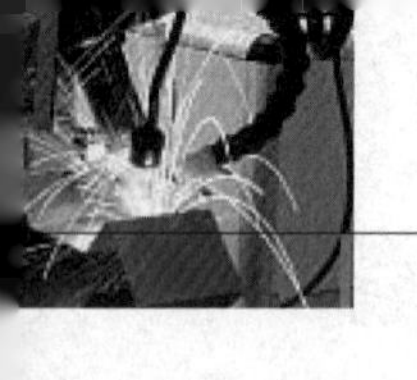

※ 다음 문제 중 4문제를 선택하여 설명하시오. (각 25점)

1. 용접부의 저온균열에 대하여 정의하시오. 또한 저온균열의 대표적인 결함인 수소유기균열의 일반적인 특징과 이러한 균열을 방지하는 방법에 대하여 설명하시오.
2. 적층제조(AM, additive manufacturing)기술로 대표되는 금속 3D프린팅공정은 DED(directed energy deposition)방식과 PBF(powder bed fusion)방식으로 나눌 수 있다. 상기 2개 공정의 목적과 원리를 비교 설명하시오. 또한 금속 3D프린팅공정의 특징과 장점 및 단점에 대하여 설명하시오.
3. 레이저-MIG 하이브리드용접의 원리와 특성 및 공정변수의 영향에 대하여 설명하시오.
4. 용접이음설계 시에 기능성, 안전성, 내구성, 생산성 및 품질 확보 측면에서 고려해야 할 사항에 대하여 설명하시오.
5. API규격에 근거하여 배관용접 시 아래 사항을 설명하시오.
   1) 아르곤 퍼지(purging)가 필요한 강(steel)
   2) 아르곤 퍼지(purging) 방법
   3) 층간온도와 측정수단 및 방법
6. 스테인리스강용접 시 국제코드규정(AWS, ASME, API)에 따른 변색(discoloration)과 퍼지기준농도에 대하여 설명하시오

참고문헌

1. 건설기계기술사, 김순채, 성안당
2. 기계제작기술사, 김순채, 성안당
3. 산업기계설비기술사, 김순채, 성안당
4. 기계안전기술사, 김순채, 성안당
5. 기계기술사, 김순채, 엔지니어데이터넷
6. 금속가공기술사, 김순채, 엔지니어데이터넷
7. 금속재료기술사, 김순채, 엔지니어데이터넷
8. 유체 기계, 하재연 外 2인, 대학도서
9. 기계 공학 문제와 해설, 염영하, 동명사
10. 소성 가공학, 강명순, 보성문화사
11. 재료 역학 연습, 차경옥, 원화
12. 실용 용접 공학, 엄기권, 동명사
13. 기계 열역학, 서정일 外 2인, 대학도서
14. 금속 재료학, 염인찬 外 2인, 성문사
15. 최신 내연 기관, 허영근 外 1인, 동명사
16. 윤활 공학, 정선모, 동명사
17. 기계 설계, 박영조, 보성문화사
18. 설치 시공과 초기 보전, 종효 外 1인, 기전출판사
19. 기계 공학 일반, 박승덕 外 2인, 형설출판사
20. 최신 유체 기계, 이종순, 동명사
21. 기계 진동학 총정리, 이종원, 청문각

[저자 약력]

김순채(공학박사 · 기술사)

- 2002년 공학박사
- 47회, 48회 기술사 합격
- 현) 엔지니어데이터넷(www.engineerdata.net) 대표
  엔지니어데이터넷기술사연구소 교수

〈저서〉

- 《공조냉동기계기능사 [필기]》
- 《공조냉동기계기능사 기출문제집》
- 《공유압기능사 [필기]》
- 《공유압기능사 기출문제집》
- 《현장 실무자를 위한 유공압공학 기초》
- 《현장 실무자를 위한 공조냉동공학 기초》
- 《기계안전기술사》
- 《건설기계기술사》
- 《기계제작기술사》
- 《산업기계설비기술사》
- 《화공안전기술사》
- 《기계기술사》
- 《완전정복 금형기술사 기출문제풀이》
- 《KS 규격에 따른 기계제도 및 설계》

〈동영상 강의〉

기계기술사, 금속가공기술사 기출문제풀이/특론, 완전정복 금형기술사 기출문제풀이, 스마트 금속재료기술사, 건설기계기술사, 산업기계설비기술사, 기계안전기술사, 용접기술사, 공조냉동기계기사, 공조냉동기계산업기사, 공조냉동기계기능사, 공조냉동기계기능사 기출문제집, 공유압기능사, 공유압기능사 기출문제집, KS 규격에 따른 기계제도 및 설계, 알기 쉽게 풀이한 도면 그리는 법 · 보는 법, 현장실무자를 위한 유공압공학 기초, 현장실무자를 위한 공조냉동공학 기초

Hi-Pass

용접기술사

2020. 6. 10. 초 판 1쇄 발행
2024. 1. 24. 개정증보 1판 1쇄 발행

지은이 | 김순채
펴낸이 | 이종춘
펴낸곳 | BM ㈜도서출판 성안당
주소 | 04032 서울시 마포구 양화로 127 첨단빌딩 3층(출판기획 R&D 센터)
10881 경기도 파주시 문발로 112 파주 출판 문화도시(제작 및 물류)
전화 | 02) 3142-0036
031) 950-6300
팩스 | 031) 955-0510
등록 | 1973. 2. 1. 제406-2005-000046호
출판사 홈페이지 | **www.cyber.co.kr**
ISBN | 978-89-315-1136-9 (13550)
정가 | 75,000원

이 책을 만든 사람들
책임 | 최옥현
진행 | 이희영
교정 · 교열 | 류지은
전산편집 | 김인환
표지 디자인 | 박원석
홍보 | 김계향, 유미나, 정단비, 김주승
국제부 | 이선민, 조혜란
마케팅 | 구본철, 차정욱, 오영일, 나진호, 강호묵
마케팅 지원 | 장상범
제작 | 김유석

※ 잘못된 책은 바꾸어 드립니다.